Holzfrei

Nr. 40 1955
S. 9241—9484 5. Oktober

Chemisches Zentralblatt

Vollständiges Repertorium für alle Zweige der reinen und angewandten Chemie

1830 gegründet. 1897—1945 von der Deutschen Chemischen Gesellschaft fortgeführt.
Im Auftrage der Deutschen Akademie der Wissenschaften zu Berlin, der Chemischen Gesellschaft in der Deutschen Demokratischen Republik, der Akademie der Wissenschaften zu Göttingen und der Gesellschaft Deutscher Chemiker
herausgegeben von Prof. Dr. **Maximilian Pflücke**

126. Jahrgang

1955

Chefredakteure: Dr. Eugen Klever und Prof. Dr. Maximilian Pflücke

Akademie-Verlag GmbH., Berlin — Verlag Chemie, GmbH., Weinheim/Bergstr.

Inhalt

Namenregister

Chemisches Zentralblatt

1955 Nr. 40 5. Oktober

A. Allgemeine und physikalische Chemie.

A_1. Kernphysik und Kernchemie.

Joseph Callaway, *Machsches Prinzip und einheitliche Feldtheorie.* Prüfung des nach der einheitlichen Feldtheorie definierten Materialbegriffes vom Standpunkt des MACHschen Prinzips. (Physic. Rev. [2] **96.** 778—80. 1/11. 1954. Princeton, N. J., Univ., Palmer Physic. Labor.) GERHARD SCHMIDT. 80

Dominique Rivier, *Über die Quantentheorie der Felder.* Vf. stellt eine Quantentheorie der Felder ohne expliziten oder impliziten Bezug auf den kanon. HAMILTON-Formalismus auf. Die neben der Invarianzforderung bei infinitesimalen LORENTZ-Transformationen zu erfüllenden Bedingungen zur Beobachtung der Bldg. der durch die Feldvariablen beschriebenen physikal. Systeme werden angegeben. (Progr. theoret. Physics [Kyoto] **9.** 633—61. Juni 1953. Ottawa, Nat. Res. Counc., Dep. of Phys. [Orig.: engl.]) GERHARD SCHMIDT. 80

J. Serpe, *Bemerkungen über die Anwendung der Theorie der Verteilungen in der Quantentheorie der Felder.* (Vgl. GÜTTINGER, C. **1954.** 1870.) Nachprüfung einiger Ergebnisse von GÜTTINGER (l. c.), die bei der Entw. der Quantentheorie der Felder im Rahmen der SCHWARTZschen Theorie der Verteilungen erhalten worden sind. Es zeigt sich, daß im Gegensatz zu GÜTTINGER die Ergebnisse sich nicht von den nach den üblichen Methoden gewonnenen unterscheiden. (Physica [Utrecht] **20.** 736—42. Okt. 1954. Liège, Univ.) GERHARD SCHMIDT. 80

N. M. Hugenholtz, *Variationsprinzip in der Quantenmechanik.* Anwendung des quantenmechan. Variationsprinzips von SCHWINGER (vgl. C. **1954.** 9919) zur Ableitung der Feldgleichungen in den Theorien des quantisierten Feldes u. der POISSONschen Klammerausdrücke für die Feldvariablen. (Physic. Rev. [2] **96.** 1158—59. 15/11. 1954. Kopenhagen, Univ., Inst. for Theoret. Phys., Theoret. Stud. Group, CERN.) GERHARD SCHMIDT. 80

R. J. N. Phillips, *Relativistische Behandlung des Vektormesonenfeldes.* Unter Verwendung des DIRAC-HAMILTON-Formalismus wird eine kovariante Theorie für das quantisierte Vektormesonenfeld (PROCA-Feld) aufgestellt u. mit der STÜCKELBERG-Theorie verglichen. Beide Theorien liefern übereinstimmende Ergebnisse. (Nuovo Cimento [9] **12.** 905—14. 1/12. 1954. Cambridge, Trinity Coll.) GERHARD SCHMIDT. 80

R. L. Ingraham, *Konforme Geometrie und Elementarteilchen.* Vf. untersucht die kinemat. Folgerungen sämtlicher physikal. Theorien (klass. oder Quanten), die sich auf die konforme Gruppe im MINKOWSKIschen Raum als fundamentale Gruppe gründen. Im Rahmen der Auswirkungen einer besonderen Reihe von Feldgesetzen in dieser Geometrie werden die Gravitation, das Elektron u. das Licht beschrieben. (Nuovo Cimento [9] **12.** 825—51. 1/12. 1954. Princeton, N. J., Inst. for Advanc. Stud.) GERHARD SCHMIDT. 80

L. I. Dorman, *Einfluß meteorologischer Faktoren auf den Breiteneffekt der harten Komponente der Höhenstrahlen und der Prozeß der Mesonenerzeugung.* (Vgl. C. **1954.** 9443.) Vf. berechnet die beiden Anteile (erdmagnet. Feld u. meteorolog. Faktoren) für verschied. Breiten u. zeigt, daß nach Abzug der meteorolog. Faktoren der Knick des wahren Breiteneffektes bei 40—35° auftritt, was einer Minimalenergie der prim. Protonen von $6-8 \cdot 10^9$ eV entspricht. Derartige Protonen können wahrscheinlich keine μ-Mesonen mit mehr als $2 \cdot 10^9$ eV erzeugen, was das Verschwinden des wahren Breiteneffektes bei höheren Breiten erklärt. (Журнал Экспериментальной и Теоретической Физики [J. exp. theoret. Physik] **26.** 504—05. April 1954. Forschungsinst. für Erdmagnetismus.) M. WIEDEMANN. 85

Kurt Sitte, *Bericht über neuere Arbeiten an durchdringenden Schauern und durchdringenden Teilchen.* 2. Mitt. (1. vgl. Acta physica austriaca **3.** [1949.] 198.) Rückblick u. Auswertung der Verss. von BROADBENT, JÁNOSSY, ALICHANOW u. Mitarbeitern, MITRA u. von ROCHESTER u. BUTLER. (Acta physica austriaca **4.** 18—61. Juli 1950. Manchester, Univ., Phys. Labors.) G. KIRSCHSTEIN. 85

G. Je. Tschikowani, S. Sch. Mandshawidse, L. D. Gedewanischwili und M. F. Bibilaschwili, *Einige Fälle des Zerfalls von V-Teilchen.* Auf 3900 m Höhe wurden mittels einer WILSON-Kammer von 20 cm Durchmesser u. 4,5 cm Tiefe in einem Magnetfeld von 6800 Gauß, die durch 6fach-Koinzidenzen gesteuert wurde u. womit Impulse zwischen 3—5 GeV/c erfaßt wurden, innerhalb 325 Std. auf 1800 Aufnahmen 4 Zerfälle von V-Teilchen beobachtet. Ein V^0-Teilchen zerfällt wahrscheinlich in ein Proton u. ein leichtes Meson, die M. ergibt sich zu 2400 ± 200 m_e, ein weiteres V^0 zerfällt wahrscheinlich in 2 leichte Mesonen u. hat eine M. von 662 ± 70 m_e. Bei einem V^--Teilchen ist Zerfall in ein π- oder μ-Meson u. ein oder mehrere Neutrinos anzunehmen, die M. berechnet sich dann zu 1468 ± 200 m_e. Das 4. V-Teilchen ist vermutlich positiv geladen. (Журнал Экспериментальной и Теоретической Физики [J. exp. theoret. Physik] 26. 505—06. April 1954. Tiflis, Staatl. Univ., Physikal. Inst. der Akad. der Wiss. der GrusSSR.) M. WIEDEMANN. 85

Philip M. Fitzpatrick, Irving Glazer und **Robert A. Howard**, *Eine ungewöhnliche Höhenstrahlbahn.* In einer Gruppe von EASTMAN-KODAK NTB3-Kernemulsionen, exponiert in 93000 ft, findet sich eine Bahn, die unter leichter Neigung 2170 μ bis zu einem Punkt X, 3 μ oberhalb der Grundfläche der Emulsionen, eindringt. Von X geht die Bahn noch $\sim$ 137 μ aufwärts. Es wird vermutet, daß es sich um ein Zerfallsprod. des die lange Bahn verursachenden Teilchens handelt, mit einer M. in der Größenordnung von $\sim$ 20 m_e. (Proc. Oklahoma Acad. Sci. **33.** 230—33. 1952. Norman, Okla., Univ. of Oklahoma.) H. LIEPACK. 85

R. W. Thompson, *Verbesserte Symbole für die neuen instabilen Teilchen.* (Vgl. C. **1954.** 8734.) Die vorgeschlagene Nomenklatur liefert neben den üblichen spezif. Symbolen 2 Typen gener. Symbole, um die Klassifizierung nach M. u. Zerfallsprozeß anzuzeigen. So gehören zu den K-Mesonen jedes Teilchen mit einer M. zwischen der des π-Mesons u. des Protons u. zu den Y-Teilchen jedes Teichen mit einer M. zwischen der des Neutrons u. des Deuterons ($\Lambda^0 \rightarrow p + \pi^-$, $\Lambda^+ \rightarrow n + \pi^+$ oder $p + \pi^0$). (Science [Washington] **120.** 585—87. 15/10. 1954. Bloomington, Ind., Indiana Univ., Dep. of Phys.) GERHARD SCHMIDT. 90

Takao Okabayashi, *Über die fundamentale Nucleonengleichung.* Vorschlag für eine Modifikation der DIRAC-Gleichungen für Nucleonen. (Progr. theoret. Physics [Kyoto] **10.** 499—504. Nov. 1953. Tokyo, Univ., Fac. of Sci., Phys. Dep. [Orig.: engl.]) K.-H. BILLER. 90

K. M. Case, *Einige Verallgemeinerungen der Foldy-Wouthuysen-Transformation.* (Vgl. C. **1955.** 6902.) Vf. erhält für die Spin Null- u. Spin 1-Theorien eine kanon. Transformation, die der FOLDY-WOUTHUYSENschen analog ist. Für freie Teilchen werden die positiven u. negativen Ladungszustände getrennt durch Wellenfunktionen mit 1 oder 3 Komponenten beschrieben. Durch die transformierte Darst. wird die Beschreibung von Teilchen, die sich in Magnetfeldern bewegen, stark vereinfacht. (Physic. Rev. [2] **95.** 1323—28. 1/9. 1954. Ann Arbor, Mich., Univ. of Michigan, Randall Labor. of Phys.) GERHARD SCHMIDT. 90

Wolhart Zimmermann, *Yang-Feldman-Formalismus und gebundene Zustände.* Am Modell unabhängiger Elektronen im zeitlich konstanten äußeren Feld werden durch die Existenz gebundener Zustände bewirkte Modifikationen des YANG-FELDMAN-Formalismus untersucht. (Z. Physik **135.** 473—82. 1953. Göttingen, Max-Planck-Inst. für Phys.) G. HEINSOHN. 90

G. C. Wick, *Eigenschaften von Bethe-Salpeter-Wellenfunktionen.* Vf. gibt eine allg. Diskussion der vereinfachten BETHE-SALPETER-Gleichung für 2 skalare Teilchen, von denen angenommen wird, daß sie über ein masseloses skalares Feld in Wechselwrkg stehen. Nach Approximationsmethoden werden einige der Lösungen der speziellen Gleichung geprüft. (Physic. Rev. [2] **96.** 1124—34. 15/11. 1954. Pittsburgh, Pa., Carnegie Inst. of Technol.) GERHARD SCHMIDT. 90

R. E. Cutkosky, *Lösungen einer Bethe-Salpeter-Gleichung.* (Vgl. vorst. Ref.) In Fortsetzung der l. c. angeführten Diskussion werden 2 Methoden angewandt, um eine vollständige Lösungsreihe zu finden, nämlich eine integrale Transformationsmeth. u. eine Anpassung der FOCKschen Behandlung des H-Atoms. Für die Entartung ergibt sich der gleiche Wert wie beim nichtrelativist. Wasserstoff. Da die relativist. Gleichung für 2 Bosonen leicht gelöst werden kann, ist eine Anwendung des Verf. auf kompliziertere Gleichungen möglich, woraus sich gleichzeitig eine Erläuterung der allg. Ergebnisse von WICK (l. c.) ergibt. (Physic. Rev. [2] **96.** 1135—41. 15/11. 1954.) GERHARD SCHMIDT. 90

Zensuke Tokuoka, *Über die Äquivalenz des Teilchen- und Wellenformalismus des Mesons.* 2. Mitt. *Wechselwirkende Mesonen- und Nucleonenfelder.* (1. vgl. Progr. theoret. Physics [Kyoto] 8. [1952.] 599.) Anwendung des β-Matrixformalismus auf die Wechselwrkg. geladener Mesonen mit Nucleonen. (Progr. theoret. Physics [Kyoto] **10.** 137—57. Aug. 1953. Wakayama, Univ., Fac. of Liberal Arts. [Orig.: engl.]) K.-H. BILLER. 90

Ss. I. Pekar, *Theorie der starken Bindung von Teilchen (Nucleonen) mit dem Mesonenfeld.* Für ein Teilchen (Nucleon), das starke Wechselwrkg. mit neutralen u. geladenen Mesonen zeigt, wird eine der Theorie der Polaronen (Polarteilchen) analoge Meth. entwickelt. Das Nucleon erzeugt um sich ein Mesonenfeld von großer Trägheit, so daß es eine auf das Nucleon wirkende Kraftquelle darstellt. Für den Zustand des Nucleons in der Potentialmulde werden self-consistent-Gleichungen entwickelt, die HAMILTON-Funktion des Syst. wird abgeleitet. (Журнал Экспериментальной и Теоретической Физики [J. exp. theoret. Physik] **27.** 398—410. Okt. 1954. Inst. für Physik der Akad. der Wiss. der UkrSSR.) M. WIEDEMANN. 90

Ss. I. Pekar, *Das sich frei bewegende Nucleon.* (Vgl. vorst. Ref.) Für das Nucleon mit starker Wechselwrkg. mit dem Feld geladener u. neutraler Mesonen werden die Näherungswellenfunktion u. die Energie des Syst. abgeleitet. Ferner wird die Mesonenfeldmasse des Nucleons in verschied. Isobarenzuständen, das Mesonenfeld-Trägheitsmoment u. dasjenige Trägheitsmoment, das durch die Bewegung im Ladungsfreiheitsgrad charakterisiert ist, berechnet. Die Wechselwrkg. zwischen Translations- u. Rotationsbewegung des Nucleons wird ermittelt. (Журнал Экспериментальной и Теоретической Физики [J. exp. theoret. Physik] **27.** 411—20. Okt. 1954.) M. WIEDEMANN. 90

A. D. Galanin, *Über die Zersetzungsparameter in der pseudoskalaren Mesonentheorie mit pseudoskalarer Bindung.* Vf. untersucht, welche Matrixelemente bei der Strahlungskorrektur im nichtrelativist. Grenzfall den Faktor $(\mu/m)^2$ enthalten. Es wird die pseudoskalare Mesonentheorie mit pseudoskalarer Kopplung zugrunde gelegt. Behandelt wird u. a. die Streuung neutraler Mesonen an Nucleonen. (Журнал Экспериментальной и Теоретической Физики [J. exp. theoret. Physik] **26.** 417—22. April 1954.) M. WIEDEMANN. 90

A. D. Galanin, *Einige Bemerkungen über Unstimmigkeiten in der Theorie des pseudoskalaren Mesons mit pseudovektorieller Bindung.* (Vgl. vorst. Ref.) Es wird eine Meth. zur Eliminierung nichtrenormalisierbarer Unendlichkeiten in der Theorie der pseudoskalaren Mesonen mit pseudovektorieller Kopplung entwickelt, die auf der Verwendung der D'-Funktion beruht. Die Strahlungskorrektur erster Ordnung u. der Zerfallsparameter für die pseudovektorielle Kopplung werden behandelt. (Журнал Экспериментальной и Теоретической Физики [J. exp. theoret. Physik] **26.** 423—29. April 1954.) M. WIEDEMANN. 90

W. T. Chosjainow, *Mesonenerzeugung bei peripheren Nucleonenstößen.* Die Abhängigkeit der Wahrscheinlizhkeit der Mesonenerzeugung vom gegenseitigen Bahnmoment der stoßenden Teilchen (Nucleonen) wird behandelt u. die Rolle der peripheren Stöße aufgeklärt. Die Mesonenbldg. wird als Effekt dritter Ordnung in der Störungstheorie betrachtet. Der Wirkungsquerschnitt bei hohen Energien wird abgeschätzt, er nimmt mit dem Quadrat des Logarithmus der Energie zu. Die Verteilung der Mesonen ist im Schwerpunktsyst. stark anisotrop. (Журнал Экспериментальной и Теоретической Физики [J. exp. theoret. Physik] **27.** 445—57. Okt. 1954. Inst. für Physikal. Probleme der Akad. der Wiss. der UdSSR.) M. WIEDEMANN. 90

Walter Thirring, *Mehrfacherzeugung von Mesonen bei pseudoskalarer Kopplung.* Für die pseudoskalare sowie für die pseudovektorielle Kopplung wird die Mesonenerzeugung beim Nucleonenstoß berechnet. Die Nucleonen werden klass. behandelt. Für 2 GeV ergab sich das Verhältnis der Erzeugungen von einem, zwei u. drei Mesonen etwa zu 1 : $^1/_2$: $^1/_{100}$, experimentell überwiegt jedoch bereits die Paarerzeugung. (Helv. physica Acta **27.** 45—56. 15/3. 1954. Bern, Univ., Physikal. Inst.) M. WIEDEMANN. 90

R. W. Williams und **J. H. Vilain,** *Spektrum der Elektronen aus dem μ^+-Mesonenzerfall.* (Sitzungsbericht.) Vff. beschießen ein Paraffintarget mit Synchrotron-γ-Strahlen u. lassen die dabei entstehenden μ^+-Mesonen in einem Magnetfeld von 9000 Gauß in eine WILSON-Kammer eintreten. Zerfallen die in der Wand der Nebelkammer abgebremsten Mesonen, so lassen sich die aus dem Zerfall stammenden Elektronen, sofern sie in geeigneter Richtung emittiert werden, in der Nebelkammer beobachten. Die an 280 solcher Zerfallsprozesse beobachteten Bahnspuren ergeben ein Positronenspektr., für das sich bei Verwendung einer Mesonenmasse von (207,0 $\pm$ 0,6) m_e der MICHELsche Parameter zu $\varrho = 0{,}50 \pm 0{,}12$ errechnet. (Physic. Rev. [2] **94.** 757. 1/5. 1954. MIT.) F. WEIGEL. 90

B. T. Feld, *Von der π-Mesonenerzeugung herrührende Nucleonenpolarisation.* Bei den 3 „fundamentalen" Meson-Nucleon-Rkk. $\pi + N \rightarrow N' + \pi'$, $\gamma + N \rightarrow N' + \pi'$ u. $\pi + D \rightarrow N + N'$ sind die beobachteten Winkelverteilungen sowohl mit der FERMI- als auch mit der YANG-Lösung verträglich. Die erste nimmt als wichtigsten Zwischenzustand des Meson-Nucleon-Syst. den mit dem Bahnmoment $J = 3/2^+$ u. dem Isotopenspin T = 3/2 an, die zweite den mit J = 1/2⁺ u. T = 3/2. Die Polarisation der Rückstoßnucleonen sollte zwischen den beiden Theorien zu entscheiden gestatten, die zu erwartenden Polarisationen für die 2. u. 3. Rk. sind angeführt. (Nuovo Cimento [9] **12.** 425—37. 1/9. 1954. Padova, Univ., Ist. di Fis., Ist. Naz. di Fis. Nucl.) M. WIEDEMANN. 90

G. F. Sharkow, *Streuung von π-Mesonen an Nucleonen in der Theorie des Abklingens.* Die Streuung der pseudoskalaren π-Mesonen an Nucleonen wird mit Hilfe der Integralgleichung der Theorie des Abklingens in ihrer kovarianten Formulierung für eine Mischung pseudoskalarer u. pseudovektorieller Wechselwrkg. behandelt. Die Theorie liefert ebenso wie die Theorie der Anregung keine befriedigende Übereinstimmung mit dem Experiment, mit Ausnahme des Bereichs zwischen 30—40 MeV. (Журнал Экспериментальной и Теоретической Физики [J. exp. theoret. Physik] **27.** 296—306. Sept. 1954. Physikal. Lebedew-Inst. der Akad. der Wiss. der UdSSR.) M. WIEDEMANN. 90

R. D. Hill, E. O. Salant und **M. Widgoff,** *Durch 3,0 GeV-Protonen erzeugtes τ-Meson.* (Vgl. C. **1955.** 7365.) Bei weiterer Prüfung der l. c. untersuchten Emulsionen wird ein τ-Meson in einem Emulsionsstapel, der unter 90° zum 3,0 GeV-Protonenbündel exponiert worden ist, gefunden. Im gleichen Stapel erscheinen 5 K^+-Mesonen u. eine große Anzahl von π- u. μ-Mesonen. Das τ-Meson durchläuft 3,4 cm in 2 Emulsionen, bevor es abgebremst wird, u. erleidet anschließend den typ. τ-Mesonenzerfall in 3 geladene Mesonen. Aus Streumessungen werden die Massen des K^-- u. K^+-Mesons zu (970 ± 180) m_e bzw. (1040 ± 200) m_e angegeben. Nach der Meth. der Korndichte–Reichweite-Vgll. mit π-Mesonenbahnen ergibt sich die M. für das τ-Meson zu (960 ± 80) m_e. Die Emission eines τ-Mesons von 122 MeV unter 90° zum 3,0 GeV-Protonenbündel läßt es zweifelhaft erscheinen, daß dieses Meson bei einer einzelnen Nucleon–Nucleon-Wechselwrkg., gepaart mit einem anderen K-Meson, erzeugt wird. (Physic. Rev. [2] **95.** 1699—1700. 15/9. 1954. Upton, N. Y., Brookhaven Nat. Labor.) GERHARD SCHMIDT. 90

A. I. Bas und **Ja. A. Smorodinski,** *Wechselwirkung von Protonen mit ³H und angeregte Zustände von α-Teilchen.* Vff. entwickeln das Termschema des α-Teilchens aus den experimentellen Befunden über die Rk. $^3H(p, n)^3He$, deren Wirkungsquerschnitt ein Maximum von $0{,}5 \cdot 10^{-24}$ cm² bei E_p = 3 MeV u. die eine asymm. Winkelverteilung im Bereich von 2—5 MeV zeigt. Aus den Streuverss. von Protonen u. Neutronen an He-Kernen sowie aus den Daten der Rkk. d + d u. $^3H(p,\gamma)^4He$ nehmen Vff. ein Anregungsniveau mit $J = 2^-$, T = 0 bei 22,0 MeV u. ein weiteres mit $J = 1^-$ u. T = 0 bei etwas höherer Energie (1—2 MeV) an. (Журнал Экспериментальной и Теоретической Физики [J. exp. theoret. Physik] **27.** 382—84. Sept. 1954.) M. WIEDEMANN. 90

G. Feldman, *Antiprotonerzeugung.* (Vgl. FOX, C. **1955.** 6444.) Vf. weist auf einen geeigneten Weg zur Erzeugung von Antiprotonen hin, bei dem zuerst ein sehr energiereiches π-Meson erzeugt wird, welches seinerseits beim Zusammenstoß mit einem Nucleon ein Antiproton hervorruft. Die Rk. $p + N \rightarrow p + N + p + \bar{p}$, wo N ein Nucleon ist, besitzt einen Schwellenwert von 6 Mc² (5,6 GeV) für das einfallende Proton. Wird jedoch die Zweistufen-Rk. $p + N \rightarrow N + N + \pi$, $\pi + N \rightarrow N + p + \bar{p}$ betrachtet, so ist der Schwellenwert für diese Doppel-Rk. bei Verwendung des energiereichsten π-Mesons ~4,4 Mc² (4,1 GeV) für das einfallende Proton. Unter der Annahme, daß Protonen mit ~7 Mc² vorliegen, lassen sich die Wirkungsquerschnitte für die erste u. dritte Rk. schätzen. Die Gesamtenergie im Schwerpunktssyst. ist ~4,24 Mc². (Physic. Rev. [2] **95.** 1697. 15/9. 1954. Birmingham, Univ., Dep. of Math. Phys.) GERHARD SCHMIDT. 90

Asher Pressman, *Die Eigenmasse des Photons.* Die Lösung der MAXWELLschen Gleichungen im gekrümmten Raum zeigt, daß die Bewegungsgleichung einer Gruppe elektromagnet. Wellen mit der eines Teilchens (Photon), dessen Eigenmaß in der Größenordnung von 10^{-65} g ist, ident. ist. Die Berechnungen des Vf. führen für die Eigenmasse einer Wellengruppe u. einer Photonenenergie zu Werten, die unabhängig von den Forderungen der Wellenmechanik sind. (C. R. hebd. Séances Acad. Sci. **239.** 1023—25. 27/10. 1954.) GERHARD SCHMIDT. 90

W. Królikowski, *Die Wellenfunktion von Photonen und ihre Konfigurationsgleichung.* Die Konfigurationswellenfunktionen von Photonen werden nach der TAMM-DANCOFF- u. BETHE-SALPETER-Meth. einerseits sowie nach den allgemeineren Darstellungen von GÜNTHER andererseits behandelt. Die der BETHE-SALPETER-Gleichung entsprechende Konfigurationsgleichung wird für Photonen abgeleitet. Sämtliche Ergebnisse lassen sich auch auf Mesonen anwenden. (Nuovo Cimento [9] **12.** 852—58. 1/12. 1954. Warsaw, Univ., Inst. of Theoret. Phys.) GERHARD SCHMIDT. 90

E. G. Fuller und **Evans Hayward,** *Die elastische Streuung von Photonen.* Vff. berichten über Messungen des Wirkungsquerschnitts für die elast. Streuung von Photonen verschied. Energien an *Au, Pb* u. *U*. Die Photonen werden in einem 50 MeV-Betatron erzeugt u. mit einem NaJ-Kristall nachgewiesen. Die Wirkungsquerschnitte zeigen Maxima, die für Pb u. Au bei ~ 15 MeV liegen, der Querschnitt für U bei etwas geringerer Photonenenergie. (Physic. Rev. [2] **94**. 732—33. 1/5. 1954. Washington, D. C., NBS.) D. GEISSLER. 90

Gérard Petiau, *Über die Theorie der elektromagnetischen Bremsstrahlung.* Vf. berechnete den differentiellen Wirkungsquerschnitt der Emission der elektromagnet. Bremsstrahlung für den Fall des Zusammenstoßes zweier geladener, nicht ident. Teilchen, wobei den Rückstößen u. der Emission durch die 2 Teilchen Rechnung getragen wurde. (C. R. hebd. Séances Acad. Sci. **232**. 153—55. 8/1. 1951.) C. GOTTFRIED. 90

J. W. Motz und **William Miller,** *Differentielle Querschnittsmessungen für 1 MeV-Bremsstrahlung.* Vff. messen mit einem großen NaJ(Tl)-Scintillationsspektrometer die Energie- u. Winkelverteilung der Bremsstrahlung, die in dünnen Targets von *Be* (4,3 mg/cm²) u. von *Au* (0,22 mg/cm² u. 0,43 mg/cm²) durch Elektronen mit einer kinet. Energie von 1 MeV erzeugt worden ist. Die Winkelauflösung des Spektrometers liegt bei ~ 1°. Der differentielle Wirkungsquerschnitt für 1 MeV-Bremsstrahlung wird für verschied. Photonenenergien u. für Winkel von 10, 30 u. 90° zur Richtung des einfallenden Elektronenbündels graph. wiedergegeben. Die fraktionellen Standardabweichung der experimentellen Messpunkte sind < 10% für Energien unterhalb 800 keV, < 20% für Energien unterhalb 900 keV u. < 30% für Energien unterhalb 1000 keV. Die experimentellen Werte stimmen befriedigend mit der von SAUTER (Ann. Physik **20**. [1934.] 404) aufgestellten theoret. Kurve überein. (Physic. Rev. [2] **96**. 544—45. 15/10. 1954. Washington, D. C., NBS., Radiat. Phys. Labor.) GERHARD SCHMIDT. 90

A. Fisch, *Bemerkungen zum Atomgewicht.* Der Massendefekt pro Nucleon steigt bei den stabilen Isotopen zwischen ^{12}C u. ^{62}Ni systemat. von 8,24 auf 9,46 mME (Millimasseneinheiten), um dann bis zum ^{238}U auf 8,1 mME abzusinken. Das At.-Gew. A eines Kerns wird in zwei Anteile zerlegt, $A = A_1 + A_2$. A_1 ist der bei Kernumwandlungen nicht als Energie verfügbare Anteil, er wird errechnet aus der Nucleonenzahl P u. dem mittleren „At.-Gew." pro Nucleon von ^{62}Ni : $A_1 = 0{,}99914$ P. Mit Hilfe von A_2 lassen sich z. B. Q-Werte u. Bindungsenergien leicht errechnen. (Helv. physica Acta **27**. 495—97. 15/6. 1954. Aarau.) C. HERRMANN. 95

J. E. Lennard-Jones, *Die räumliche Anordnung von Elektronen in Atomen und Molekülen.* 2. Mitt. (1. vgl. C. **1954**. 10872.) Durch Reihenentw. der Wellenfunktion eines Syst. mit 2 Elektronen im sechdimensionalen Raum gelingt es, den Einfl. des elektrostat. Feldes auf die Elektronenanordnung zu klären. Als Beispiele werden *He* u. H_2 behandelt. (Proc. nat. Acad. Sci. USA **38**. 496—502. Juni 1952. Cambridge, Dep. of Theoret. Chem.) G. KIRSCHSTEIN. 95

L. Garosi, *Das Tritium.* Ausgehend von seiner 1937 entwickelten neuen Theorie über die Entstehung der chem. Elemente erläutert Vf. seine Ansichten über den Aufbau der Atomkerne. Danach enthalten die Atomkerne keine isolierten Protonen u. Neutronen, sondern werden gebildet von Diplonen, Triplonen u. α-Teilchen mit 3 verschied. Massen, α^4, α^5 u. α^6. (Chimica [Milano] [N. S.] **30** (9). 333—37. Okt. 1954.) C. GOTTFRIED. 95

Georges J. Béné, *Magische Zahlen und magnetische Kernmomente.* (Vgl. C. **1953**. 3198.) Krit. Darst. der verschied. Theorien, die im Anschluß an die SCHMIDT-Theorie [1937] zur Erklärung der beobachteten Regularitäten bei der Verteilung der magnet. Kernmomente in dem Period. Syst. der Elemente vorgeschlagen worden sind. Vf. erklärt die Rolle der mag. Zahlen u. zeigt, daß die Modifikationen zu den Vorschlägen von MAYER (C. **1949**. E. 500) die Voraussage eines unbekannten magnet. Momentes mit ausreichender Genauigkeit (einige %) gestatten. Diese Voraussagen sind bes. im Falle der paramagnet. Resonanz von Bedeutung. (J. Physique Radium **13**. 161—68. März 1952. Genève, Univ., Inst. de Phys.) GERHARD SCHMIDT. 95

Robert Beringer und **Mark A. Heald,** *Magnetisches Moment des Elektronenspins in atomarem Wasserstoff.* Es wurde das Verhältnis des g-Faktors des Elektronenspins zu dem g-Faktor des Protons in atomarem H mittels der Meth. der magnet. Mikrowellenresonanzabsorption zu $-g_e/g_P = 658{,}2277 \pm 0{,}0002$ bestimmt, wobei sich g_P auf Protonen im mol. H_2 bezieht. Dieses Verhältnis ist in guter Übereinstimmung mit den Atomstrahlverss. von KOENIG, PRODELL, KUSCH u. bestätigt die Schlußfolgerungen dieser Autoren über die Größe des quantenelektrodynam. Beitrages zu g_e. (Physic. Rev. [2] **95**. 1474—81. 15/9. 1954. New Haven, Conn., Yale Univ., Sloane Phys. Labor.) J. V. HARLEM. 95

J. P. Hobson, J. C. Hubbs, W. A. Nierenberg und **H. B. Silsbee,** *Spin, magnetisches Moment und Hyperfeinstruktur von ^{81}Rb.* Vff. bestimmten Spin, Hyperfeinaufspaltung u. magnet. Kernmoment des ^{81}Rb ($T_{1/2}$ = 4,7 Std.) mittels der Atomstrahlmethode. Es wurden folgende Werte gefunden: Spin 3/2, Hyperfeinaufspaltung 5000 $\pm$ 125 MHz, magnet. Kernmoment 2,00 $\pm$ 0,06 Kernmagnetonen. (Physic. Rev. [2] 96. 1450. 1/12. 1954. Berkeley, Calif., Univ. of California.) J. v. HARLEM. 95

H. Albers-Schönberg, E. Heer, T. B. Novey und **P. Scherrer,** *Die Messung des Kernquadrupolmoments des ersten angeregten Zustands des ^{111}Cd mit Hilfe der γ-γ-Richtungskorrelation.* Ein Verf. zur Messung von Quadrupolmomenten kurzlebiger Kernzustände wird angegeben. Hierzu wird die Winkelkorrelation zweier aufeinanderfolgender γ-Strahlen beobachtet, wobei die strahlende Substanz in einen Einkristall eingebaut wird. Die Korrelation ist gegenüber der einer ungestörten Quelle (Lsg., Schmelze) verändert. Ein zusätzliches äußeres Magnetfeld gestattet die gleichzeitige Messung von magnet. Dipol- u. elektr. Quadrupolmoment. Vff. wenden das Verf. auf ^{111}Cd an, das über seine Muttersubstanz ^{111}In in einen In-Einkristall eingebaut wird. Das Quadrupolmoment des 247 keV-Zustandes ergibt sich zu 10,95 bzw. 0,26 · 10^{-24} cm^2, je nachdem, welche Feldverteilung im Kristall angenommen wird. Das magnet. Moment wird zu $-0{,}725(\pm 0{,}047)\mu_k$ bestimmt. (Helv. physica Acta **27.** 547—71. 15/6. 1954. Zürich, ETH, Phys. Inst.) G. HERRMANN. 95

K. C. Kar und **S. K. Kundu,** *Über eine neue Theorie des α-Zerfalls.* Die von KAR u. CHOUDHURY vorgeschlagene α-Zerfallstheorie wird revidiert. Der obere Grenzwert für E_{max}/E_{min} bei solchen Kernen, die α-Teilchengruppen emittieren, wird zu 1,50 (Experiment 1,44) gefunden. Durch diese Übereinstimmung wird die Annahme der Theorie gestützt, daß das auf das emittierte α-Teilchen wirkende Mesonenfeld sich kontinuierlich in Felder transformiert, die immer leichteren Mesonenmassen entsprechen, bis es beim Emissionsradius ν_1 verschwindet. Demgemäß ist auch die kinet. Energie des α-Teilchens zwischen ν_0 u. $\nu_1 > 0$ im Gegensatz zur GAMOWschen Theorie, die negative kinet. Energie u. somit imaginäre Geschwindigkeit voraussagt. Eine Formel für die Zerfallskonstante λ wird abgeleitet. (Indian J. theoret. Physics **1.** 87—120. Dez. 1953. Calcutta, Presidency Coll., Phys. Labor.) F. WEIGEL. 103

Amita Mitra, *Eine Notiz zur Sargent-Regel beim β-Zerfall.* Bei der Unters. der Elemente in den Bereichen $30 < Z < 35$, $50 < Z < 55$ u. $82 < Z < 92$ zeigt sich, daß an Stelle der von SARGENT [1933] angegebenen Kurven für $\log \lambda - \log E_{max}$ Kurven für $\log \lambda - E_{max}$ für vorgegebene Z-Werte aufgestellt werden müssen. Diese Kurven verlaufen völlig stetig u. besitzen eine allg. steigende Tendenz. Elemente mit komplexen Spektren folgen ebenfalls dieser allg. Aufwärtstendenz, wenn der niedrigste E_{max}-Wert betrachtet wird. Für die mag. Zahlen Z = 50 u. Z = 82 werden doppelte Tendenzen beobachtet, u. zwar steigend für gerade Neutronenzahlen u. fallend für ungerade Neutronenzahlen. (Indian J. theoret. Physics **2.** 25—36. Juni 1954. Calcutta, Presidency Coll., Dep. of Phys.) GERHARD SCHMIDT. 103

W. Tobocman, *Theorie der (d, p)-Reaktion.* Die Modifizierung der BORNschen Approximation der (d, p)-Rk. liefert das nach der BUTLERschen Meth. zu erwartende Ergebnis, vorausgesetzt daß einige zusätzliche physikal. Annahmen aufgestellt werden. Für den Querschnitt der (d, p)-Rk. wird ein Approximativausdruck angegeben, bei dem u. a. die COULOMBsche Wechselwrkg. berücksichtigt wird. (Physic. Rev. [2] **94.** 1655 bis 1663. 15/6. 1954. Ithaca, N. Y., Cornell Univ., Labor. of Nucl. Stud.) GERHARD SCHMIDT. 103

Raymond Chastel, *Untersuchung von Photozertrümmerungen mit photographischen Emulsionen.* 2. Mitt. *Photozertrümmerung von Kohlenstoff in drei α-Teilchen.* (1. vgl. C. **1954.** 8973.) Unters. der Korrekturfaktoren, die bei der Best. der auf die Platte fallenden Strahlendosis eine Rolle spielen, der Rekonstruktion der Ereignisse in der unverarbeiteten Emulsion, der Genauigkeit der mkr. Messungen u. der Unterscheidung der Photosterne von solchen, die von parasitären Neutronen durch die Rk. ^{12}C(n, n')3α hervorgerufen werden. Diskussion der Hypothesen für die Rk. ^{12}C(γ, 3α) für den Fall des Auftretens eines intermediären ^{8}Be-Kerns im angeregten oder Grundzustand u. einer Dreiteilung des angeregten ^{12}C-Kerns durch Strahlungen von 14,8 u. 17,6 MeV. (J. Physique Radium **15.** 240—50. April 1954. Paris, Coll. de France, Labor. de Chim. Nucl.) H.-J. EICHHOFF. 103

Raymond Chastel, *Untersuchung von Photozertrümmerungen mit photographischen Emulsionen.* 3. Mitt. *Die (γ, p)-Reaktion auf Kupfer.* (2. vgl. vorst. Ref.) Bei Bestrahlung von Cu mit einer γ-Strahlung von 17,6 MeV wird der Wirkungsquerschnitt der Rk. ^{65,63}Cu(γ, p)^{64,62}*Ni* zu (6 $\pm$ 3) · 10^{-26} cm^2 u. die Maximalenergie der Photoprotonen zu 9 MeV bestimmt. In Verbindung mit der Diskussion der Möglichkeit des Auftretens anderer Phototeilchen wird der Wirkungsquerschnitt der Rk. ^{65,63}Cu(γ,d)^{63,61}Ni zu 6 · 10^{-31} cm^2 unter Verwendung des statist. Modells von WEISSKOPF berechnet. Es wird gezeigt, daß bei der benutzten Strahlung eine (γ, d)-Rk. nur mit äußerst geringer Wahrscheinlichkeit auftreten kann. (J. Physique Radium **15.** 459—69. Juni 1954.) H.-J. Eichhoff. 103

W. M. Fairbairn, *Der Deuteronenbeschuß von Sauerstoff.* Die von Horowitz u. Messiah (C. **1955.** 8078) modifizierte Theorie von Butler wird auf die Berechnung des Absolutquerschnitts der Rk. $^{16}O(d, p)^{17}O$ angewandt. Die theoret. Querschnitte erweisen sich beim Vgl. mit dem Experiment um den Faktor 2—6 größer als die experimentellen. Die Ursachen für diese Diskrepanz werden diskutiert. (Proc. physic. Soc., Sect. A **67.** 564—65. 1/6. 1954. Glasgow, Univ., Math. Dep.) F. Weigel. 103

S. Devons, G. Manning und **D. St. P. Bunbury,** *Messung der Lebensdauern von γ-Übergängen durch Rückstoßmethoden.* Vff. beschreiben Methoden unter Verwendung der Rückstoßbewegung der bei Zertrümmerungen angeregten Kerne, um Angaben über die Halbwertszeiten der angeregten Zustände zu erhalten. Die Verff. schließen Messungen sowohl der durch den rückstoßenden Kern vor Emission durchlaufenden Entfernung als auch der geringen Doppler-Verschiebung in der Frequenz, die durch die Rückstoßbewegung hervorgerufen wird, ein. Die Anwendung einiger der Verff. auf die Messung der Halbwertszeiten der Niveaus von ^{16}O liefert folgende Ergebnisse: 6,13 MeV (E 3), $5\cdot10^{-12} \lesssim \tau \lesssim 10^{-11}$ sec, 6,9 MeV (E 2), $\tau \lesssim 1{,}2\cdot10^{-14}$ sec u. 7,1 MeV (E 1), $\tau \lesssim 8\cdot10^{-15}$ sec. (Proc. physic. Soc., Sect. A **68.** 18—31. 1/1. 1955. London, Imp. Coll., Dep. of Phys.) Gerhard Schmidt. 103

Rolf Pauli, Katarina Ahnlund und **Curt Mileikowsky,** *Die Reaktionsenergie von $^{17}O(d,\alpha)^{15}N$.* Die beim Deuteronenbeschuß von ^{17}O-Targets sich bildenden α-Teilchen hatten Energien, die den aus den Kernmassen im Grundzustand berechneten entsprachen. Die Messungen wurden mit einem Magnetspektrometer, einem Cockroft-Walton-Beschleuniger u. Kernemulsionplatten durchgeführt. Die Eichung erfolgte mit den Rkk. $^{19}F(d,\alpha)^{17}O$ u. $^{14}N(d,\alpha)^{12}C$. Der Q-Wert der Rk. $^{17}O(d,\alpha)^{15}N$ ergab sich zu 9807 $\pm$ 12 keV. (Ark. Fysik **8.** Nr. 21. 213—17. 1954.) R. Voigt. 103

J. E. Sanders, *Winkelverteilungen von γ-Strahlen aus $^{19}F(p,\alpha\gamma)^{16}O$.* (Vgl. C. **1953.** 4157.) Analog l. c. werden die Resonanzen bei 935 u. 1381 keV untersucht, indem CaF_2-Targets zwischen 10 u. 20 keV Dicke mit einem Protonenbündel beschossen werden. Falls die Ergebnisse durch Ausdrücke der Form $J(\Theta) = 1 + a\cdot\cos^2\Theta$ wiedergegeben werden, sind die Werte für a (γ_1) 0,00 $\pm$ 0,05 u. $-$0,14 $\pm$ 0,03, für a ($\gamma_2 + \gamma_3$) 0,0 $\pm$ 0,1 u. 0,58 $\pm$ 0,13 für die 935 keV- bzw. 1381 keV-Resonanz. Die Ergebnisse bei 935 keV stimmen mit der isotropen Winkelverteilung der gesamten γ-Strahlung bei dieser Resonanz u. mit der Zuordnung 1^+ zum Compoundzustand des beteiligten ^{20}Ne-Kerns überein. (Philos. Mag. [7] **44.** 1302—03. Nov. 1953. Cambridge, Cavendish Labor.) Gerhard Schmidt. 103

Sigvard Thulin, Jean Moreau und **Hugo Atterling,** *Der Zerfall von ^{71}As.* Der Zerfall des 65 Std.-^{71}As wurde an Präpp. untersucht, die durch Deutronenbeschuß von metall. Ge erhalten wurden, das dann gelöst u. das As als AsH_3 isoliert wurde. Das AsH_3 wurde elektromagnet. abgetrennt. ^{71}As zerfällt durch K-Einfang u. β^+-Emission. Das β-Spektr. wurde mit einem Zwischenbildspektrometer gemessen. Das Verhältnis K-Einfang/β^+-Emission ergab sich zu 2,1 $\pm$ 1. Das K/L + M-Verhältnis für die γ-Strahlen von 23,3 u. 174,5 MeV wurde zu 5,4 $\pm$ 0,8 bzw. 8,9 $\pm$ 1 ermittelt. (Ark. Fysik **8.** Nr. 22. 219—28. 1954. Stockholm, Nobel-Inst. of Phys.) R. Voigt. 103

Sigvard Thulin, Jean Moreau und **Hugo Atterling,** *Der Zerfall von ^{79}Kr.* (Vgl. vorst. Ref.) Das β- u. γ-Spektr. von ^{79}Kr wurde an elektromagnet. getrennten Präpp., die aus KBr durch Deuteronenbeschuß erhalten wurden, neu vermessen. Das Positronenspektr. enthält 2 Komponenten von 598 $\pm$ 5 (93%) u. 325 $\pm$ 20 keV (7%). Aus Intensitätsvergleichen folgt das Verhältnis K-Einfang/β^+-Emission zu 9,3 $\pm$ 2. Neben den von Bergström (vgl. C. **1953.** 7718) beobachteten γ-Strahlen wurden die Konversionslinien von 13 weiteren γ-Strahlen gefunden. (Ark. Fysik **8.** Nr. 23. 229—38. 1954.) R. Voigt. 103

L. G. Stang jr., W. D. Tucker, H. O. Banks jr., R. F. Doering und **T. H. Mills,** *Erzeugung von Jod 132.* Vff. berichten über die Erzeugung von 2,33 Std.-^{132}J aus U in Multi-Curiemengen. 200 g U werden als $U_3O_8 \sim$ 10 Tage im Reaktor bestrahlt, in HNO_3 gelöst, Te-Träger zugesetzt u. ^{132}Te durch Ameisensäure in schwach saurer Lsg. gefällt. Das Te wird durch weitere TeO_2-Fällungen u. Te-Metall-Fällungen durch $NaHSO_3$ in saurer Lsg. gereinigt. Eine Lsg. des reinen ^{132}Te wird in eine Glasapp. übergeführt, dort mit CH_3COOH oder HCOOH als TeO_2 ausgefällt u. mit einer Eintauchnutsche filtriert. In der App. wird das trockene TeO_2 mit einem Pb-Schutz umgeben zum Versand gebracht. Zur Gewinnung von ^{132}J wird im Versandbehälter hinter Pb in NaOH gelöst u. TeO_2 wie oben gefällt. Die abfiltrierte Lsg. enthält das ^{132}J trägerfrei zusammen mit 1,6 g Na-Acetat in 30 ml u. hat den p_H 5,5. Neben ^{132}J liegt etwas ^{131}J vor, jedoch stets $<$ 0,3%. Die Behälter können mit 1 Curie Anfangsaktivität des ^{132}Te versandt werden;

werden pro ^{132}J-Abtrennung maximal 10 μCurie benötigt, so ist der Behälter 54 Tage brauchbar. Alle 12 Std. kann die Gleichgewichtsmenge ^{132}J entnommen werden. Die Eigg. von ^{132}J u. von ^{131}J werden verglichen. Danach scheint ^{132}J für experimentelle u. diagnost., weniger für therapeut. Zwecke geeignet zu sein. Die Halbwertszeit von ^{132}J wird zu 2,33 $\pm$ 0,02 Std. neu bestimmt. (Nucleonics **12**. Nr. 8. 22—24. Aug. 1954. Upton, N. Y., Brookhaven Nat. Lab., Hot Lab.) G. HERRMANN. 103

C. F. Cook, C. M. Class und **J. T. Eisinger,** *Elektrische Anregung von* ^{197}*Au.* Vff. untersuchen die γ-Strahlung aus ^{197}Au, die der elektr. Anregung des Kerns durch Protonen von 2—5 MeV folgt. Die Winkelverteilungen u. absol. Ausbeuten der beiden intensiven γ-Strahlen des Spektr. bei 279 u. 555 keV werden gemessen. Die Winkelverteilungen dieser γ-Strahlen stimmen mit jenen überein, die für $^5/_2 \rightarrow {^3/_2}$ (M1 + E2)- bzw. $^7/_2 \rightarrow {^3/_2}$ (E2)-Übergänge berechnet worden sind, die Anregung ist in beiden Fällen vom E2-Typ. Die Ausbeute aus dem 279 keV-Zustand nimmt nach den Messungen mit der Energie des Bündels in der Weise zu, wie sie durch die Theorie für E2-Anregung vorausgesagt wird. Auf der Grundlage des vereinfachten BOHR-MOTTELSON-Modells des Kerns zeigen die Ergebnisse einen größeren als erwarteten Querschnitt für die Bldg. des 555 keV-Zustandes an. Werte für das Quadrupolmoment u. magnet. Moment des Grundzustands von Au, die aus dem Querschnitt für die Bldg. des 279 keV-Zustandes berechnet worden sind, stimmen mit spektroskop. Daten überein. (Physic. Rev. [2] **96**. 658—63. 1/11. 1954. Houston, Tex., Rice Inst.) GERHARD SCHMIDT. 103

Salomon Rosenblum, Manuel Valadares und **René Bernas,** *Das bei der Umwandlung Ionium → Radium emittierte Konversionselektronenspektrum.* (Vgl. C. **1955**. 4512.) Die Ergebnisse der Unterss. des Spektralbereiches von 49—68 keV bei der Umwandlung Io → Ra sowie die Strahlen aus der inneren Konversion einer γ-Strahlung von 67,76 keV werden tabellar. wiedergegeben. Konversionselektronen treten bei 49,27 (L_{II}), 52,28 (L_{III}), 63,26 (M_{II}), 63,99 (M_{III}), 66,78 ($N_{II,\,III}$) u. bei 67,65 (O_{III}) keV auf. Wegen der schwachen Intensität der Quelle konnten die anderen Spektralbereiche nicht mit der gleichen Dispersion aufgenommen werden. Während für die 67,76 keV-γ-Strahlung bestätigt wird, daß es sich um einen E2-Übergang handelt, ist die Zuordnung der γ-Strahlung bei 141 keV unsicher, wahrscheinlich handelt es sich um eine M1- oder E2-Strahlung. (C. R. hebd. Séances Acad. Sci. **239**. 759—61. 27/9. 1954.) GERHARD SCHMIDT. 103

F. Suzor und **G. Charpak,** *Untersuchung der Halbwertszeit des 57 keV-Niveaus beim Zerfall des MsTh 2.* Vff. verwenden ein 4π-Zählrohr mit einem Verstärker, der eine zwischen $2 \cdot 14^{-4}$ u. 1 Sek. regelbare Totzeit besitzt. Die Halbwertszeit des beim Zerfall des RdTh erreichten 57 keV-Niveau des MsTh 2 wird zu $>$0,5 Sek. bestimmt. (J. Physique Radium **15**. 682—83. Okt. 1954. Paris, Coll. de France.) G. HERRMANN. 103

W. W. T. Crane und **G. M. Iddings,** *Neues Isotop Protactinium 237.* Beim Beschuß von ^{238}U mit energiereichen Deuteronen (190 MeV) wird ^{237}Pa nach der Rk. (d,2pn) erzeugt. Die Pa-Probe wird unmittelbar nach dem Deuteronenbeschuß chem. getrennt. Für ^{237}Pa wird eine Halbwertszeit von 10,5 $\pm$ 1 Min. gemessen. Der Querschnitt für die Erzeugung von ^{237}Pa wird durch Beschuß von 10^{-3} in.-U-Folien im inneren Bündel des 184 in.-Cyclotrons u. durch darauffolgende Isolierung des erzeugten Pa bestimmt. Die chem. Ausbeute wird durch Hinzufügung einer bekannten Menge von ^{231}Pa zu jeder Probe ermittelt. Die nach der Reinigung vorhandene ^{231}Pa-Menge wird durch Impulsanalyse der α-Strahlen bestimmt. Der Querschnitt für die Erzeugung von ^{237}Pa wird als Funktion der Deuteronenenergie wiedergegeben, bei E_d = 190 MeV ist $\sigma \sim$ 50 mbarn. (Physic. Rev. [2] **95**. 1702—03. 15/9. 1954. Berkeley, Calif., Univ. of California, Radiat. Labor.) GERHARD SCHMIDT. 103

F. R. Barclay, W. Galbraith, K. M. Glover, G. R. Hall und **W. J. Whitehouse,** *Die spontane Spaltungsrate von* ^{240}*Pu.* Vff. messen die α-Energien u. die spontane Spaltungsrate von 2 massenspektrometr. analysierten Pu-Salzproben (I 95,88 % ^{239}Pu, 3,86 % ^{240}Pu, 0,26 % ^{241}Pu; II 94,03 % ^{239}Pu, 5,58 % ^{240}Pu u. 0,39 % ^{241}Pu, gemessen an in einer therm. Ionenquelle erzeugten PuO^+-Ionen). Das α-Spektr. wird in einem 30-Kanal-Impulsanalysator untersucht. Es zeigt 2 Maxima entsprechend den α-Energien von ^{238}Pu u. ^{239,240}Pu, aus denen sich der ^{238}Pu-Geh. von I u. II zu 0,0097 bzw. 0,017 Gew.-% ergibt. Die Rate der spontanen Spaltung wird an auf Pt-Folien aufgebrachten Proben (I 0,86 $\pm$ 0,01 mg; II 0,42 $\pm$ 0,01 mg) in einer einfachen Ionisationskammer gemessen, die mit Cd umgeben u. in einen Paraffinblock eingelassen sind. Nach Korrektur für die spontane Spaltung von ^{238}Pu werden Häufigkeiten von 52,7 $\pm$ 2,0 Spaltungen/Std. (I) u. 38,2 $\pm$ 0,5 Spaltungen/Std. (II) gefunden, entsprechend (1,59 $\pm$ 0,07) $\cdot$ 10^6 Spaltungen/g ^{240}Pu pro Std. (I) bzw. (1,63 $\pm$ 0,05) $\cdot$ 10^6 Spaltungen/g ^{240}Pu/Std. Der gewogene Mittelwert (1,62 $\pm$ 0,04) $\cdot$ 10^6 Spaltungen/g ^{240}Pu/Std. stimmt mit dem Wert von CHAMBERLAIN, FARWELL u.

SEGRÉ (C. **1955**. 6450) überein. (Proc. physic. Soc., Sect. A **67**. 646—48. 1/7. 1954. Harwell, Didcot, Berks., AERE.) F. WEIGEL. 103

E. K. Hulet, S. G. Thompson und **A. Ghiorso,** *Isotope von Curium, Berkelium und Californium.* (Vgl. u. a. GHIORSO u. Mitarbeiter, C. **1955**. 6209.) Vff. erzeugen einige neue Isotope von Cm, Bk u. Cf durch Beschuß von im Reaktor erzeugten Transplutoniumisotopen mit geladenen Teilchen. Die chem. Trennverff. u. Zählmethoden sind die gleichen wie l. c. ^{245}Cm zerfällt unter Emission von 5,36 ± 0,05 MeV-α-Strahlen mit einer Halbwertszeit von ~ 20000 Jahren. ^{248}Cf zerfällt unter Emission von 6,26 ± 0,03 MeV-α-Strahlen mit einer Halbwertszeit von 250 ± 20 Tagen. Die beobachtete Halbwertszeit von ~ 7000 Jahren für die spontane Spaltung wird als unsicher angegeben. Die Beobachtung des Anwachsens der 5,80 MeV-α-Emission von ^{244}Cm in der untersuchten Probe liefert einen Beweis für die Massenzuordnung von ^{248}Cf. Der Beschuß verschied. Mischungen von ^{241}Am u. ^{243}Am mit 27 MeV–He-Ionen führt wahrscheinlich zu einem 1,8 Tage-Elektroneneinfang-Bk-Isotop, das versuchsweise ^{246}Bk zugeordnet wird. Diese 1,8 Tage-Aktivität löst sich in die $4^1/_2$ Std.-^{243}Bk (u. ^{244}Bk)- u. die 4,95-Tage-^{245}Bk-Aktivität durch Messungen in einem fensterlosen Proportionalzähler auf. Mit einem NaJ-Scintillationszähler wird in der Bk-Fraktion ein 820 ± 10 keV-γ-Strahl beobachtet, der mit einer Halbwertszeit von 1,7 Tagen zerfällt. Der He-Ionenbeschuß von Cm mit einem hohen Prozentsatz von ^{244}Cm liefert nach schneller chem. Trennung der Cf-Fraktion den Nachw. eines Hüllelektroneneinfangisotops von ^{247}Cf. Durch Auflösung der Zerfallskurve der L-Röntgenstrahlen, die mit dem Hüllelektroneneinfang von ^{247}Cf u. dem α-Zerfall von ^{246}Cf verbunden sind, wird eine angenäherte Halbwertszeit von 3 Std. erhalten. Die gemessenen Energien der L-Röntgenstrahlen (L_α = 15,1, L_β = 19,7 u. L_γ = 24,1 keV) stimmen mit denen überein, die aus Bk erwartet werden. Eine Radioaktivität aus der Tochtersubstanz vom ^{247}Cf, nämlich ^{247}Bk, konnte nicht nachgewiesen werden. (Physic. Rev. [2] **95**. 1703—04. 15/9. 1954. Berkeley, Calif., Univ. of California, Radiat. Labor. and Dep. of Chem.) GERHARD SCHMIDT. 103

W. F. Libby, *Chicagoer Radiokohlenstoffaltersangaben.* 5. Mitt. (4. vgl. C. **1954**. 9221.) Fortsetzung der ^{14}C-Altersbestimmungen archäolog. Funde; den Messungen liegt weiterhin eine ^{14}C-Halbwertszeit von 5568 ± 30 Jahren zugrunde. (Science [Washington] **120**. 733—72. 5/11. 1954. Chicago, Ill., Univ. of Chicago, Inst. for Nucl. Stud., u. Dep. of Chem.) GERHARD SCHMIDT. 106

H. G. Heal, *Die chemischen Wirkungen ionisierender Strahlung in festen Körpern.* 1. Mitt. In Verbindung mit Fragen der Reaktortechnologie, der Erzeugung von Radioisotopen durch Bestrahlung fester Verbb. u. der Strahlungsdosimetrie gibt Vf. eine Übersicht über die Theorie der chem. Strahlungswirkungen sowie über die Elektronenbewegung bei der Ionisation u. Anregung in Kristallen. — 61 Literaturhinweise. (Atomics and Atomic Technol. **6**. 205—08. Juli 1955. Belfast, Queen's Univ.) GERHARD SCHMIDT. 108

Eric Hellstrand, *Der Schwedische D_2O-Reaktor. — Zwei kinetische Versuche.* Vf. untersucht einerseits die Phasen- u. Amplitudenmodulation des Neutronenflusses, die durch einen rotierenden Cd-Regler hervorgerufen worden ist, andererseits das zeitliche Verh. des Reaktors nach einer stufenweisen Änderung in der Reaktivität. Aus beiden Messungen wird für die effektive Lebensdauer für therm. Neutronen im vervielfältigenden Medium ein Wert von 0,71 ± 0,03 msec abgeleitet. (Atomics and Atomic Technol. **6**. 187 bis 194. Juli 1955. Stockholm, AB Atomenergi, Dep. of Phys.) GERHARD SCHMIDT. 110

Robert C. Axtmann und **James S. Stutheit,** *Scintillationszählung von Folien aus natürlichem Uran.* Zur Messung der Neutronenverteilung in Reaktoren werden Folien aus natürlichem Uran unmittelbar im Brennstoff selbst ~ 20 Min. bestrahlt; die Intensität der γ-Strahlung der Spaltprodd. mit > 0,5 MeV Energie wird ~ 1 Std. nach Bestrahlungsende mit einem NaJ-Scintillationsspektrometer gemessen. Die Folgeprodd. der ^{238}U(n,γ)-Rk. haben γ-Strahlen mit < 0,5 MeV Energie. 3 Tage später wird die Intensität der starken L- u. M-γ-Linie des ^{239}Pu-K_α-Zerfalls nahe 100 keV gemessen. Der Beitrag der Spaltprodd. zur Intensität dieser Linie ist dann < 1%. Das Verf. gestattet damit die getrennte Messung der räumlichen Verteilung der zur Spaltung u. der zum (n,γ)-Prozeß führenden Neutronen. (Nucleonics **12**. Nr. 7. 52—53. Juli 1954. Lemont, Ill., Argonne Nat. Labor.) G. HERRMANN. 112

G. G. Eichholz, J. W. Hilborn und **C. McMahon,** *Die Bestimmung von Uran und Thorium in Erzen.* Bei der Diskussion der Anwendung verschied. physikal. Methoden zur U- u. Th-Best. in Erzen erweist sich die Best. des U- u. Th-Geh. durch gleichzeitige Messung der β- u. γ-Aktivitäten als geeignet. Die aufgestellten Arbeitsgleichungen ermöglichen eine Best. unabhängig von der Gleichgewichtsbedingung von U in der Probe. Die Messungen werden bei einer fast vollkommenen 2π-Geometrie durchgeführt. Der γ-Detektor besteht aus einem 5819 Photomultiplier mit einem NaJ(Tl)-Kristall (2,6 cm lang, 3,2 cm Durchmesser) als Detektor. Der β-Detektor ist ein halogengefüllter. zylindr. GEIGER-Zähler mit großem Glimmerfenster. Die Ergebnisse einer großen Anzahl von Testen werden tabellar. zusammengestellt, wobei sich zeigt, daß die Th-Bestimmungen geringere Genauigkeit als die U-Bestimmungen aufweisen. — 46 Literaturzitate. (Canad. J. Physics **31**. 613—28. Mai 1953. Ottawa, Dep. of Mines and Techn. Surv., Mines Branch, Radioactivity Div.) GERHARD SCHMIDT. 112

J. Berbezier und **C. Lallemant**, *Beschreibung der vereinfachten γ-Radiosonden-Anordnung für den Bergbau.* Die Anordnung ermöglicht die Lokalisierung radioakt. Zonen durch Messungen längs von Bohrlöchern 150 m senkrecht oder 70 m horizontal. (Ann. Géophysique **8**. 314—15. Juli/Sept. 1952. Fontenay-aux-Roses, Div. des Construct. Électr., Commiss. à l'Énergie Atom.) GERHARD SCHMIDT. 112

F. Terentiuk, *β-Messungen fester Proben mit einem flüssigen Scintillationszähler.* Verbesserung der von BLÜH u. Vf. (C. **1954**. 9929) angegebenen Methode. Zwischen 2 sich gegenüberstehenden Photomultipliern befindet sich in einem geschlossenen Glasbehälter der fl. Phosphor. Die Nachweiswahrscheinlichkeit beträgt für ^{14}C 40%, die Reproduzierbarkeit 2%. Die Empfindlichkeit für β-Strahlen liegt bei 10^{-10} bis 10^{-11} Curie/g. (Nucleonics **12**. Nr. 1. 61—62. Jan. 1954. Vancouver, Univ. of Brit. Columbia, Phys. Dep.) G. HERRMANN. 112

G. N. Harding, *Absolute Eichung von Neutronenzählern mit Po–α-Be.* Vf. beschreibt ein Eichverf. ohne Kenntnis der Quellenstärke allein durch Nachw. der Neutronen aus einer Po–Be-Quelle, die in Koinzidenz mit den 4,43 MeV-γ-Strahlen sind. Zur Ausschaltung von Fehlern werden 1. die Winkelkorrelation zwischen γ-Strahlen u. Neutronen, 2. der gleichzeitige Nachw. der 3,16 u. 4,43 MeV-γ-Strahlen u. 3. unechte Koinzidenzen, die von am Neutronendetektor gestreuten Neutronen hervorgerufen worden sind, berücksichtigt. Die Anordnung wird zur Eichung einer Rückstoßkammer mit einem 10 mg/cm^2 dicken Polythenstrahler benutzt, die γ-Strahlen werden mit einem NaJ(Tl)-Kristall mit Photomultiplier nachgewiesen. (Proc. physic. Soc., Sect. A **68**. 52—53. 1/1. 1955. Harwell, Berks., A. E. R. E.) GERHARD SCHMIDT. 112

M. B. Leboeuf, D. G. Miller und **R. E. Connally**, *γ-Absorptiometrie, eine neue Methode in der analytischen Chemie.* Gegenüber der Absorptiometrie mit Röntgenstrahlen hat die Verwendung von γ-Strahlen den Vorzug einer größeren Stabilität u. größeren spektralen Reinheit der Quelle, einer größeren Reichweite der verfügbaren Strahlungsenergie (20—2000 keV) u. einer einfachen u. billigen Apparatur. Vff. verwenden als Quelle 10 mg ^{241}Am mit 500 mg ^{239}Pu (mittlere γ-Energie $\sim$ 50 keV), als Nachweisgerät verschied. Scintillatoren — NaJ(Tl), Anthracen, ZnS(Ag) u. Ar(CO_2) —, einen Photomultiplier mit stabilisierter Hochspannungsquelle u. ein $\mu\mu$-Amperemeter. Gemessen wird die Abhängigkeit des Multiplierstroms von der Dicke der zwischen Quelle u. Nachweisgerät befindlichen Absorber. Variiert werden dabei Ordnungszahl des Absorbers, γ-Energie der Quelle u. Dicke u. Natur des Scintillators. Für die verschied. Detektoren werden Halbwertsdicke-Energiekurven u. Multiplierstrom–Multiplierspannungskurven gegeben u. das Verhältnis Multiplierstrom/Nullstrom unter gleichen Bedingungen bestimmt. Für Pb u. Al wird die Absorberdicke bestimmt, die den Strom um denselben Betrag herabsetzt, wobei verschied. Quellen (^{241}Am–^{239}Pu, 30 keV-Röntgenstrahlung) verwendet werden. Die Genauigkeit einer einzelnen Strommessung beträgt 0,4%. (Nucleonics **12**. Nr. 8. 18—21. Aug. 1954. Richland, Wash., Gen. Electric Co., Hanford Atom. Prod. Op., Techn. Sect. Engng. Dep.) G. HERRMANN. 112

C. P. Haigh, *γ-Scintillationszähler für schwach radioaktive Lösungen.* Vf. beschreibt einen Scintillationszähler zur Messung von γ-Strahlern in Lösungen. Über einen zylindr. NaJ(Tl)-Kristall von 23,8 mm Höhe u. 17,5 mm Durchmesser, eingeschlossen in 0,4 mm Messing, wird ein 10 ml fassender Polyäthylenbehälter gestülpt, so daß die Lsg. den Kristall bis auf die auf den Multiplier aufgekittete Seite vollständig umgibt. Die Empfindlichkeit der Anordnung wird mit ^{131}J u. ^{59}Fe geprüft. Bei optimaler Einstellung von Multiplierspannung u. Impulsdiskriminator ergeben $2 \cdot 10^{-10}$ Curie ^{131}J bzw. $2{,}8 \cdot 10^{-10}$ Curie ^{59}Fe in 10 ml die doppelte Untergrundaktivität (56 gegen 28 Impulse/Min.). Verglichen mit einem n. GEIGER-MÜLLER-Flüssigkeitszählrohr ist der Zähler für diese Isotope ca. 10mal empfindlicher, die Meßdauer ist zur Erreichung gleicher statist. Genauigkeit ca. 11—20mal kleiner. (Nucleonics **12**. Nr. 1. 34—39. Jan. 1954. Bristol, Barrow Hosp., Res. Dep.) G. HERRMANN. 112

R. Baskin, H. L. Demorest und **S. Sandhaus**, *γ-Nachweiswirksamkeit zweier Topf-NaJ-Kristalle.* Vff. prüfen die Brauchbarkeit zweier topfförmiger NaJ-Kristalle zur Messung fl. Proben. Kristall. I hat 4,3 cm Durchmesser, 5 cm Dicke u. eine Bohrung von 1,8 cm Durchmesser u. 3,8 cm Tiefe, er faßt 4 ml Kristall. II hat 5 cm Durchmesser u. Dicke, eine Bohrung von 3,4 cm Durchmesser u. 4 cm Tiefe u. faßt 20 ml. Die absol. Nachweiswirksamkeit für γ-Strahlen ist bei I etwa doppelt so groß wie bei II u. beträgt bei ^{22}Na 62,7, ^{51}Cr 4,3, ^{59}Fe 22,2, ^{60}Co 38,6, ^{131}J 38,8 u. ^{198}Au 39,8%. Die minimal nachweisbare spezif. Aktivität (entsprechend 100 Impulsen/Min. bei 200 Impulsen/Min. Nulleffekt) ist bei II um den Faktor 3< bei I u. beträgt für ^{22}Na 6, ^{51}Cr 90, ^{59}Fe 19, ^{60}Co 10, ^{131}J 9 u. ^{198}Au $10 \cdot 10^{-6}$ μCurie/ml. (Nucleonics **12**. Nr. 8. 46—48. Aug. 1954. Minneapolis, Minn., Veterans Admin. Hosp., Radioisotope Unit.) G. HERRMANN. 112

John G. Lewis, John V. Nehemias, David E. Harmer und **Joseph J. Martin,** *Analyse der Strahlungsfelder zweier γ-Quellen.* Vff. berechnen die Strahlungsfelder zweier starker ^{60}Co-Quellen unter Berücksichtigung der Selbstabsorption. Eine Quelle von 1 kC besteht aus einem Hohlzylinder aus Co-Metall, die zweite von 10 kC aus 100 Co-Stäben, die in 2 Schichten aufeinanderliegend einen Hohlzylinder bilden. Die berechneten Felder werden durch Messungen mit $FeSO_4$-Lsgg., Ionisationskammern u. geladenen Kondensatoren überprüft. Gefunden wird im Mittel nur 20—30% der berechneten Intensität. (Nucleonics **12**. Nr. 1. 40—44. Jan. 1954. Ann Arbor, Mich., Univ. of Michigan, Fission Prod. Labor.) G. HERRMANN. 112

George E. Pugh, *Ein billiger Kunststoffscintillator.* Mitt. der Zus. u. Polymerisationsbedingungen für einen Scintillator auf *Polystyrol*-Basis mit *p-Terphenyl* u. *Tetraphenylbutadien* zur Erhöhung der natürlichen Scintillation von Polystyrol. Vgl. der Scintillationseigg. mit ähnlichen, handelsüblichen Scintillatoren. (Rev. sci. Instruments **24**. 878—79. Sept. 1953. Cambridge, Mass., MIT, Labor. for Nucl. Sci. and Dep. of Phys.) H.-J. EICHHOFF. 112

A₂. Optisches Verhalten der Materie.

W. W. Ssobolew, *Die Entstehung von Absorptionslinien bei der inkohärenten Lichtstreuung.* Vf. betrachtet die Entstehung von Absorptionslinien in Sternspektren bei Annahme einer vollständigen Inkohärenz der Streustrahlung unter Berücksichtigung der Fluorescenz. Die Annahme einer inkohärenten Streustrahlung führt zu besserer Übereinstimmung mit dem Experiment, als die einer kohärenten. (Астрономический Журнал [Astronom. J.] **31**. 231—48. Mai/Juni 1954. Leningrad, Staatl. Shdanow-Univ.) R. AMBERGER. 113

W. E. Seeds, *Polarisierte Ultraviolettmikrospektrographie und Molekularstruktur.* Zusammenfassender Überblick an Hand der vorliegenden Literatur über Unterss. über die Absorption polarisierter UV-Strahlung durch Kristalle u. orientierte Systeme von biolog. Interesse. — 76 Literaturzitate. (Progr. Biophysics biophysic. Chem. **3**. 27—46. 1953.) C. GOTTFRIED. 118

A. Lagerqvist, U. Uhler und **R. F. Barrow,** *Die Rotationsanalyse des α- und γ-Systems von Zirkoniummonoxyd.* Eine neue Analyse der 0.0-Bande des α- u. γ-Syst. des ZrO wurde durchgeführt. Die Aufnahmen wurden mit einem Konkavgitter u. einem Kohlebogen mit ZrO in der unteren positiven Elektrode gemacht. Die Meßwerte der Linien der einzelnen Zweige werden angegeben. Die Werte für den Kernabstand sind: 1,776; 1,752; 1,728 Å. Die Linien werden Banden u. Zweigen zugeordnet u. die zugehörigen Übergänge diskutiert. Die Dissoziationsenergien u. der Isotopeneffekt werden angegeben. (Ark. Fysik **8**. Nr. 28. 281—93. 1954. Stockholm, Univ., Physics Dep.; Oxford Univ., Phys. Chem. Labor.) R. VOIGT. 118

O. Stasiw, *Das Absorptionsspektrum der photochemischen Reaktionsprodukte von Silberbromid mit Silbersulfid bei tiefen Temperaturen.* AgBr zeigt bei 90° K mit einem Zusatz von Ag_2Se ($1:2 \cdot 10^{-4}$) ein ausgeprägtes Absorptionsmaximum bei 2,42 eV, mit einem Zusatz von Ag_2S ($1:2 \cdot 10^{-4}$) bei ca. 2,54 eV, u. zwar am ausgeprägtesten sofort nach dem Abschrecken von 673 auf 293° K. Träger der Absorption sind demnach die dissoziierten Ionen des Zusatzes. Durch Adsorption von Licht (436 mμ) in den sensibilisierten Zentren werden die entstandenen freien Elektronen an Störstellen zu Farbzentren angelagert. Das Absorptionsspektr. wird dadurch etwas nach längeren Wellenlängen verschoben, u. es treten längerwellige Absorptionsmaxima auf, die noch dadurch modifiziert werden, daß gleichzeitig mit rotem Licht eingestrahlt wird. (Z. Physik **138**. 246—50. 1954. Berlin, Deutsche Akad. d. Wiss., Inst. für Kristallphysik.) D. HAHN. 118

Josef Stuke, *Die optische Absorptionskonstante von Cadmiumoxyd.* Messungen nach einer früher beschriebenen Meth. (vgl. C. **1954**. 1406) an durch Kathodenzerstäubung unter N_2 oder O_2 erzeugten *CdO*-Schichten (vgl. HELWIG, C. **1954**. 6171) zeigen, daß die Lage des exponentiellen Ausläufers der Eigenabsorption (Absorptionskante) stark abhängig ist von Herstellungsbedingungen u. therm. Behandlung. Mit wachsender Tempertemp. (bis 500°) können Rotverschiebungen der Absorptionskante um maximal 0,5 eV auftreten. In deutlichem Zusammenhang damit stehen Änderungen der spezif. Leitfähigkeit. Zunehmende Leitfähigkeit geht parallel einer Violettverschiebung der Absorptionskanten. Vf. diskutiert zwei Deutungsmöglichkeiten. (Z. Physik **137.** 401—15. 1954. Nürtingen, Falkenthal u. Presser K.G.) K. PRCHAL. 119

J. C. De Vos, *Berechnung der Qualität eines schwarzen Körpers.* Im Gegensatz zu früheren Rechnungen wird hier die tatsächliche Reflexion an der inneren Oberfläche in Rechnung gesetzt u. nicht als vollkommen diffus betrachtet. Sie wird für verschied. Typen schwarzer Körper zur Best. des Emissionsvermögens von Metallen durchgeführt. Es wird ein hohlzylindr. schwarzer Körper zur Best. des Emissionsvermögens von *W* entworfen. (Physica [Utrecht] **20.** 669—89. Okt. 1954. Arnhem, Nederland, Res. Dep. of the N. V. KEMA.) H. LINDBERG. 119

J. C. De Vos, *Eine neue Methode zur Bestimmung des Emissionsvermögens von Wolframband.* (Vgl. vorst. Ref.) Die Messungen wurden an gerade gewalztem W-Band, definierter Zus. u. Beschaffenheit, wie es in den Bandlampen verwendet wird, durchgeführt. Das Emissionsvermögen wurde aus dem Vgl. der ausgestrahlten spektralen Intensitäten der Wand u. eines Loches des aus dem W-Band geformten zylindr. schwarzen Körpers bestimmt. Die Ergebnisse werden im Wellenlängengebiet von 0,23—2,7 μ u. im Temperaturbereich von 1600—2800° K wiedergegeben. Die Genauigkeit ist größer als die früherer Messungen. (Physica [Utrecht] **20.** 690—714. Okt. 1954.) H. LINDBERG. 119

G. A. W. Rutgers und **J. C. De Vos,** *Das Verhältnis zwischen schwarzer Temperatur, wahrer Temperatur und Farbtemperatur von Wolfram. Leuchtkraft von Wolfram.* (Vgl. vorst. Ref.) Das Verhältnis zwischen schwarzer Temp., wahrer Temp. u. Farbtemp. wurde für eine W-Bandlampe berechnet u. im Nomogramm sowie Chromazitätsdiagramm wiedergegeben. Die Luminanz eines schwarzen Körpers u. eines W-Bandes werden als Funktion der Temp. angegeben. (Physica [Utrecht] **20.** 715—20. Okt. 1954.) H. LINDBERG. 119

G. Joos und **A. Klopfer,** *Die Temperaturabhängigkeit der optischen Konstanten von Cu, Ag und Au bis herab zu 20° K.* Es werden die opt. Konstanten von Cu, Ag u. Au zwischen 20 u. 428° K im sichtbaren u. UV-Bereich untersucht. Neben der klass. Absorption freier Elektronen tritt bei Ag eine prim. Quantensprungabsorption im UV auf, die nur am langwelligen Abfall des ersten Absorptionsbandes eine Temperaturabhängigkeit zeigt. Dagegen nimmt die Absorption, die durch die mit Gitterschwingungen gekoppelten Elektronenübergänge zustande kommt, bei hohen Tempp. linear zu u. ist bei tiefen Tempp. temperaturunabhängig, zeigt jedoch einen Knick bei 210° K (DEBYE-Temp.). Cu u. Au zeigen schon im Sichtbaren prim. Quantensprungabsorption, das längerwellige Absorptionsband wird einem [(n—1)d^{10}ns—(n—1)d^9ns^2]-Elektronenübergang, das kürzerwellige einem (ns—np)-Übergang wie bei Ag zugeordnet. Die Absorptionskurve zeigt am langwelligen Abfall wie bei Ag infolge der FERMI-Verteilung der Metallelektronen eine Temperaturabhängigkeit. (Z. Physik **138.** 251—65. 1954. München, TH, Phys. Inst.) D. HAHN. 119

Pierre Fleury, *Die Entwicklung der Anwendungen von infrarotem Licht.* Einführung zu einer Infrarot-Tagung. (Rev. Opt. théor. instrument. **33.** 489—91. Okt. 1954. Paris, Inst. d'Opt.) H.-J. EICHHOFF. 120

François Desvignes, *Strahlung verschiedener ausgewählter Körper im nahen Infrarot.* Angabe des allg. Emissionscharakters von schwerschmelzbaren Oxyden im nahen Infrarot u. Vgl. mit der Strahlung des W. (Rev. Opt. théor. instrument. **33.** 494—97. Okt. 1954. Labor. d'Electron. et de Phys. appl.) H.-J. EICHHOFF. 120

L. Couture-Mathieu, *Wasserstoffschwingungsspektren im Kaliumhydrogencarbonat.* Es wurde das Schwingungsspektr. des $KHCO_3$-Kristalls untersucht. Im Gebiet von 600 bis 2100 cm^{-1} wurden folgende RAMAN-Frequenzen im polarisierten Licht festgestellt: 832 cm^{-1} (ε_{zx} schw), 1448 cm^{-1} (ε_{xx} ε_{yy} ε_{zz} schw), 1660 cm^{-1} (ε_{yy} schw), 1680 cm^{-1} (ε_{xx} schw, ε_{zz} m). Die bei 1720 cm^{-1} schon beschriebene Bande erstreckt sich von 1600 bis 2000 cm^{-1} mit einem Maximum bei 1900 cm^{-1}, einer mittelstarken Linie bei 1480 cm^{-1} u. mehrere schwache bei 1960, 2010 u. 2050 cm^{-1}. Das Infrarotspektr. im polarisierten Licht in diesem Gebiet besitzt relativ zur y-Richtung eine starke Absorption bei 1600 cm^{-1}, außerdem relativ zur z-Richtung starke Banden bei 995 u. 1250 cm^{-1}. Das schwache Maximum bei 840 cm^{-1} gehört zur x-Richtung. Eine Bande bei 2030 cm^{-1} erscheint in der y-Richtung stärker als in x. Im Gebiet 2100—3500 cm^{-1} ist im RAMAN-Spektr. eine Bande bei 2590 cm^{-1} (ε_{zz} st). Das Infrarotspektr. ist sehr stark anisotrop u. parallel zur z-Richtung sehr viel ausgeprägter als zur y-Richtung, die Maxima sind jedoch dieselben. Es wird versucht, die obigen Maxima den verschied. Schwingungen zuzuordnen, was nicht widerspruchsfrei möglich ist, da die H-Bindung die Verhältnisse kompliziert. (J. Physique Radium **15.** 531—33. Juni 1954. Paris, Lab. de Recherches physiques.) V. BRAUN. 120

A. M. Prochorow, *Radiospektroskopie und Molekülbau.* Behandlung der Arbeits- u. Berechnungsvorgänge in allg. gehaltenen Zügen ohne Einzelheiten oder Literaturangaben: App. (Klystron), Rotationsspektren der Moll., Breite u. Form der Linien, Best.

der Atomabstände in biatomaren u. linearen Moll., nicht-lineare Moll., innere Rotation, Superfeinstruktur des Rotationsspektr., STARK-Effekt, Vorzüge der Radiospektroskopie vor der optischen. (Природа [Natur] **44.** Nr. 1. 16—24. Jan. 1955.) A. v. WILPERT. 121

K. M. Poliwanow, Ja. N. Kolli und **M. B. Chassina,** *Drehung der Polarisationsfläche von Zentimeterwellen durch eine Ferritscheibe.* In einer Anordnung analog der zur Unters. des opt. FARADAY-Effekts verwendeten wird experimentell die Drehung der Polarisationsfläche der cm-Wellen durch einen Ni–Zn–Ferrit (I), Marke 0—400, untersucht. Dabei ergibt sich eine Zunahme des Drehungswinkels der großen Achse der Polarisationsellipse mit dem konstanten Feld parallel der Achse des Wellenträgers u. Abnahme des Elliptizätskoeff. mit der magnet. Induktion auf der Oberfläche der I-Scheiben. In einer theoret. Unters. werden die Gleichungen für diese beobachteten Erscheinungen abgeleitet. (Известия Академии Наук СССР, Серия Физическая [Nachr. Akad. Wiss. UdSSR, physik. Ser.] **18.** 350—59. Mai/Juni 1954. Moskau, Energet. Molotow-Inst.)
R. K. MÜLLER. 121

Louis P. Lindeman und **M. Kent Wilson,** *Rotationskonstanten von GeH_3D und $GeHD_3$.* Es wurden die Frequenzen der Rotationslinien der ν_2-Fundamentalen von GeH_3D (I) u. der ν_1-Fundamentalen von $GeHD_3$ (II) gemessen. Die erhaltenen numer. Werte sind tabellar. zusammengestellt. Aus den erhaltenen Daten wurden die folgenden Molekularkonstanten errechnet: für I: $B'' = 1{,}95_7 \pm 0{,}005$ cm^{-1}; $B''-B' = 0{,}014$ cm^{-1}; $\nu_0 = 1520{,}4 \pm 0{,}2$ cm^{-1}; Ge—H $= 1{,}52_9 \pm 0{,}003$ Å u. für II: $B'' = 1{,}66_5 \pm 0{,}012$ cm^{-1}; $B''-B' = 0{,}013$ cm^{-1}; $\nu_0 = 2112{,}4 \pm 0{,}2$ cm^{-1}; Ge—H $= 1{,}52_5 \pm 0{,}005$ Å. (J. chem. Physics **22.** 1723—27. Okt. 1954. Cambridge, Mass., Harvard Univ., Mallinckrodt Chem. Labor.)
C. GOTTFRIED. 121

Sidney Levy und **Albert K. Levine,** *Die Herstellung von Leuchtstoffbildschirmen für Farbfernsehröhren.* Bildschirme für Farbfernseh-Wiedergaberöhren haben für jeden „Bildpunkt" drei nebeneinanderliegende Leuchtstoffflecke von ca. 0,3 mm Durchmesser, deren jeder aus einem anderen Leuchtstoff besteht. Lage u. Größe dieser Flecke muß auf ca. 0,02 mm genau sein. Vff. lösen das Problem der Aufbringung in der Weise, daß sie das Leuchtstoffpulver mit einem lichtempfindlichen Bindemittel auftragen, das nach Belichten durch ein Raster seine Löslichkeit in einem Lösungsm. verliert. Die untersuchten Bindemittel waren Gelatine, Polyvinylalkohol, Polyvinylacetat u. ein lichtempfindlicher Lack von KODAK („Kodak Photosensitive Laquer"), letzterer war am geeignetsten. Belichtet wurde mit einer punktförmigen Lichtquelle (Sylvania-300 W-Zirkon-Lampe). Die nach Weglösen der unbelichteten Teile zurückbleibenden Punkte werden durch Ausheizen von dem Lack befreit u. durch Silicat fixiert. (J. electrochem. Soc. **101.** 99—103. Febr. 1954. Bayside, N. Y., Sylvania Electric Products Inc., Phys. Lab.) P. BRAUER. 125

N. A. Tolstoi, *Einige Einzelheiten der Luminescenzkinetik von ZnS–Cu-Phosphoren.* Da die Form der Anklingkurven bei starker Löschung (hohe Temp.) stark von der Erregungsintensität E abhängig bleibt, lassen sich die 3, die übrigen Erscheinungen befriedigend deutenden Annahmen, 1. monomol. Tilgung ($T = \beta$ n), 2. bimol. Luminescenz ($I = \alpha \cdot n^2$) u. 3. Proportionalität zwischen der Zahl der pro Zeiteinheit opt. angeregten Elektronen u. E in Übereinstimmung mit ANTONOW-ROMANOWSKI nur unter der Annahme einer zusätzlichen tilgenden Wrkg. des erregenden Lichts bei hohen Tempp. aufrechterhalten. (Доклады Академии Наук СССР [Ber. Akad. Wiss. UdSSR] [N. S.] **95.** 249—52. 11/3. 1954.) R. AMBERGER. 125

A₃. Elektrizität. Magnetismus. Elektrochemie.

T. E. Browne jr., *Der elektrische Bogen als Schaltelement.* Stat. u. dynam. Strom-Spannung-Charakteristiken von Bögen unter bes. Berücksichtigung des Hochstrombogens werden mitgeteilt. Das typ. Verh. in Gleich- u. Wechselstromkreisen wird an Hand von oscillograph. Beispielen beschrieben. Art u. Anwendung einiger mathemat. Modelle, sowie die Beiträge von Bogensäule u. Elektrodenbereich zum dynam. Verh. werden diskutiert. (J. electrochem. Soc. **102.** 27—37. Jan. 1955. Trafford, Pa., Westinghouse Electric Corp.) H. LIEPACK. 131

Heinz Nöske und **Erwin Schmidt,** *Die Geschwindigkeit des Kathodenstrahls eines Quecksilberdampf-Niederdruckbogens.* Ein etwa quer zur eigentlichen Bogenachse u. senkrecht zur Ebene des Kathodenflecks sich erstreckendes zylindr. Gefäß enthält mehrere Sonden hintereinander, mit denen die Geschwindigkeiten des Hg-Dampfstrahls einer Niederdruck-Bogenentladung (10^{-4}—10^{-2} Torr) gemessen werden. Die Strahlgeschwindigkeit strebt mit fallendem Gasdruck einem wahrscheinlichsten Grenzwert von $1{,}3 \cdot 10^5$ cm/Sek. zu, der dann erreicht wird, wenn die mittlere freie Weglänge die Größenordnung der Gefäßdimensionen annimmt. (Z. Naturforsch. **7a.** 677—82. Okt. 1952. Berlin-Siemensstadt, Schaltwerk der Siemens-Schuckert-Werke.) H. PIEPLOW. 131

T. R. Coleman und **R. G. Fowler**, *Grenzflächen in Überschallströmungen in Gasentladungen.* Die bei elektr. Anregung durch die Röhre laufende Front der Leuchterscheinung wird gedeutet als Grenzfläche zwischen dem sich expandierenden, zwischen den Elektroden angeregten Gas u. der ursprünglichen Füllung im Rest der Röhre. Zum Nachw. dieser Annahme werden Raum zwischen den Elektroden u. Expansionsraum mit verschied. Gasen gefüllt. Sie sind bis zur Entladung getrennt durch einen Parlodianfilm von $5 \cdot 10^{-6}$ cm Dicke. Die Verss. scheinen die Annahme einer Grenzfläche zu bestätigen. (Proc. Oklahoma Acad. Sci. **33**. 227—29. 1952. Norman, Okla., Univ. of Oklahoma.) H. LIEPACK. 131

Th. Peters, *Plasmastrahlen mit Überschallgeschwindigkeit.* Durch einen in einem teilweise mit W. gefüllten Druckkessel brennenden Lichtbogen wird ein Hochdruckplasma gewonnen, das durch eine LAVAL-Düse in die freie Atmosphäre ausströmt. Bei p = 50 at u. T = 12500° K im Kessel ergibt sich unter der Annahme adiabat. Expansion eine Strahlgeschwindigkeit von 6700 m/Sek., entsprechend einer MACH-Zahl M = 1,64 u. einer Temp. in der Düse von 8000° K. Die Struktur des Strahls entspricht der einer Überschallströmung eines n. Gases. Eine Cu-Schneide ergibt am Rand eine MACHsche Linie mit dem Anstieg 1,6, bei tieferem Eintauchen einen (stationären) Verdichtungsstoß mit starker Zunahme der Strahlungsintensität. (Naturwissenschaften **41**. 571—72. 2.Dez.-H. 1954. Erlangen, Siemens-Schuckert-Werke, Forschungslabor.) H. LIEPACK. 131

H. N. Olsen und **W. S. Huxford**, *Dynamische Plasmacharakteristiken in Edelgasentladungen.* Durch exaktes Oscillographieren der Gesamtstrahlung sowie des Stromverlaufs bei Kondensatorentladungen in *Ne* u. *Ar* bei niedrigen Drucken (ca. 50 mm Hg) u. des zeitlichen Verlaufs des ausgestrahlten Kontinuums u. einzelner Linien wird der genaue zeitliche Verlauf der Ionenkonz. aus dem STARK-Effekt erschlossen. Der Zeitpunkt des Auftretens der verschied. Strahlungen kann theoret. plausibel gemacht werden. (Physic. Rev. [2] **87**. 922—30. 15/9. 1952. Evanston, Ill., Northwestern Univ.) H. PIEPLOW. 131

Morton A. Levine und **Winston H. Bostick**, *Eine Sondentechnik zur Messung von Ionendichten im Nachleuchten pulsierender Entladungen.* (Sitzungsbericht.) Relaisanordnung zur Anschaltung der Meßapp. an die Sonde für eine definierte Zeit u. mit einer definierten Verzögerung nach dem Hauptentladungsimpuls. (Physic. Rev. [2] **88**. 153. 1/10. 1952. Tufts College.) H. PIEPLOW. 131

Winston H. Bostick und **Morton A. Levine**, *Direkte Beobachtung der Anwesenheit magnetisch-hydrodynamischer Wellen in ionisiertem Helium.* (Vgl. vorst. Ref.) (Sitzungsbericht.) Die Sondentechnik kann zum Nachw. stehender Wellen in einem toroidförmigen Entladungsgefäß benutzt werden, wenn die Entladung durch Mikrowellenimpulse erregt wird u. ein hinreichend starkes Toroidmagnetfeld vorhanden ist. Die Frequenz der stehenden Wellen stimmt mit der aus Magnetfeldstärke u. Gasdichte hydrodynam. errechneten gut überein. (Physic. Rev. [2] **88**. 153. 1/10. 1952.) H. PIEPLOW. 131

Einar Lindholm, *Ionisierung und Zerfall von Molekülen durch Stöße mit Atomionen.* (Vgl. C. **1954**. 5008.) Zur Unters. der Umladung beim Stoß zwischen Atomionen u. Moll. wurden die Moll. CO_2, H_2O, H_2S, NH_3, CH_4 u. N_2O mit 16 verschied. Atomionen bombardiert; die aus den Moll. entstandenen Bruchstücke wurden magnet. analysiert. Große Stoßquerschnitte wurden nur beobachtet, wenn die Rekombinationsenergie des Atomions mit dem Appearance-Potential des Fragments übereinstimmt. Deshalb sind die hier beobachteten Massenspektren einfacher als die bei Elektronenbeschuß entstehenden. Es wird hier den apparativen Verhältnissen entsprechend angenommen, daß die Wechselwrkg. in relativ großer Entfernung der Stoßpartner stattfindet. Zusätzlich kann das gebildete Molekülfragment jedoch noch Kernschwingungsenergie aufnehmen, allerdings nach dem FRANCK-CONDON-Prinzip in beschränktem Umfang. Die ausführliche Diskussion der Meßergebnisse u. der dafür verantwortlichen Einzelprozesse ergibt Aussagen über höhere Anregungsstufen des Molekülions, über höhere Ionisierungspotentiale der Moll., über die Intensitätsverhältnisse im n. Massenspektr. u. über die Zustände der Ionen in einem Ionenstrahl. (Z. Naturforsch. **9a**. 535—46. Juni 1954. Göteborg, Chalmers TH, Phys. Inst.) H. C. WOLF. 131

Pierre Barret, *Neue experimentelle Beweise für die kathodische Zerstäubung geschmolzener Salze.* Vf. untersucht oscillograph. bei Stromstärken von 10, 18 u. 30 mA u. einer Zündspannung von 8000 V die kathod. Zerstäubung von geschmolzenem $AgNO_3$ (Temp. 220°) u. einer wss. *KCl*-Lsg. (Temp. 20°). Der Elektrodenabstand beträgt 0,4 cm. Nach Vertauschung der Polarität tritt weder in der Schmelze noch in der konz. wss. Lsg. eine Zerstäubung auf. Des weiteren zeigt Vf., daß die Zerstäubung des geschmolzenen u. des wss. Elektrolyten nach einem Mechanismus erfolgt, der in allen Medien, in denen ein Ladungstransport durch Ionen erfolgt, der gleiche ist. Vf. diskutiert im einzelnen den von ihm angenommenen Entladungsmechanismus. (C. R. hebd. Séances Acad. Sci. **239**. 808—11. 4/10. 1954.) H. SURAWSKI. 131

H. Volz, *Das Verhalten der Elektronengesamtheit eines Isolators im elektrischen Feld.* Für die Elektronengesamtheit eines Isolators beim Anlegen eines elektr. Feldes gilt eine Bewegungsgleichung, die dieselbe Form wie für Metalle hat, aber für den Isolator anders gedeutet werden muß. Um das energet. Verh. der Elektronengesamtheit zu verstehen, kann man das nahezu analoge Verh. des Einzelelektrons im Gitter betrachten. Das raumzeitliche Verh. der Wellenfunktion im elektr. Feld gestattet die Möglichkeit von Übergängen aus dem Grundzustand in höhere Zustände. (Z. Physik **138**. 330—35. 1954. Erlangen, Univ., Inst. für theoret. Physik.) D. HAHN. 132

C. G. Le Fèvre und **R. J. W. Le Fèvre,** *Die empirische Berechnung der wahren Dipolmomente aus den scheinbaren Werten des Gelösten in Tetrachlorkohlenstoff.* Es werden für eine Reihe von Stoffen die Polarisationswerte für beliebig kleine Verdünnung in Tetrachlorkohlenstoff bestimmt u. aus diesen Messungen mit Hilfe einer von BUCKINGHAM u. LE FÈVRE angegebenen Gleichung die „wahren", das heißt die auf den Gaszustand bezogenen Dipolmomente berechnet. Die genannte Gleichung bewährt sich an den Messungen in Tetrachlorkohlenstoff ebenso gut wie an Messungen in Benzol. (Austral. J. Chem. **7**. 33—39. Febr. 1954. Sidney, Univ., School of Chem.) K. L. WOLF. 132

S. Parthasarathy, Harkrishan Singh und **M. Pancholy,** *Gedämpfte Schwingungen eines Quarzkristalls in Flüssigkeiten bei verschiedenen Temperaturen.* Vff. messen das Abklingen des piezoelektr. Stromes nach Ausschaltung der Erregerspannung, die an eine in Resonanz schwingende Quarzplatte gelegt war, in *Bzl.*, *Methyljodid*, *Chlf.*, CCl_4, *Xylol* u. *Amylacetat* in Abhängigkeit von der Temperatur. Aus den gewonnenen Ergebnissen geht hervor, daß das Abklingen vorwiegend von der Viscosität der Fl. u. ihren Temperaturänderungen abhängt. Der Absorptionskoeff. von Bzl. nimmt mit steigender Temp. zu; ein Ergebnis, das auf ein Anwachsen der „second viscosity" (im Ultraschallgebiet zusätzlich auftretender Viscositätsfaktor) hindeutet. Die Dämpfung des Quarzkristalls nimmt mit steigender Temp. ab; das heißt daß die Dämpfung eine Funktion der n. Viscosität ist, u. daß die „second viscosity", wenn überhaupt vorhanden, in diesem Fall keinen Einfl. hat. (Ann. Physik [6] **13**. 353—58. 1953. New Delhi, Ind., Nat. Phys. Labor. of India.) G. WILLE. 133

Alvin B. Cardwell, *Photoelektrische Untersuchungen an Eisen.* Von spektroskop. reinem, sorgfältig entgastem Fe wurde zwischen T = 300 u. 1243° K unter Verwendung von 6 verschied. Spektrallinien zwischen $\lambda = 2302$ u. 2536 Å die Abhängigkeit des Photostroms i (bezogen auf die Einheit der Lichtintensität) von T u. λ gemessen. i fällt im Gebiet des α-Fe mit wachsendem T um so stärker ab, je kleiner λ; bei $\lambda = 2482$ u. 2536 geht i durch ein schwaches Maximum. Im Gebiet des β-Fe ist der Abfall etwas stärker, bes. stark unmittelbar vor dem Übergang zum γ-Fe. Im Gebiet des γ-Fe schließlich geht i durch ein Minimum. Wird ln (i/T^2) nach FOWLER als Funktion von h_ν/kT aufgetragen, so liegen die Meßpunkte für verschied. λ aber gleiches T auf den gleichen, zur Abscissenachse konkaven Kurven. Daraus folgt, daß sich die photoelektr. Empfindlichkeit des Fe eher durch eine Änderung der D. der freien Elektronen u. des Faktors der Umwandlungswahrscheinlichkeit erklären läßt als durch eine Änderung der Oberflächenarbeit; bei T = 300° berechnet sie sich zu 4,70 eV; für die 3 Formen α, β u. γ ändert sie sich um nur 0,10 eV. (Physic. Rev. [2] **92**. 554—56. 1/11. 1953. Manhattan, Kans., Kansas State Coll.) O. FUCHS. 134

Makoto Kikuchi und **Tomio Onishi,** *Der Photonachwirkungseffekt von Germaniumkristallgleichrichtern.* Wird die Kontaktstelle eines Ge-Gleichrichters zuerst 90 Sek. bestrahlt u. nach Abschalten des Lichtes eine Spannung von 0,2 V angelegt, so fließt zunächst ein Strom, dessen Stärke ca. 6 mal größer ist als der n. Wert (= i_0); nach etwas über 200 Sek. ist i wieder auf den Wert i_0 abgefallen. Die Halbwertszeit des i-Abfalles ist unabhängig von der angelegten Spannung u. von der Belichtungsdauer, fällt aber mit steigender Temp. ab. Vff. diskutieren verschied. Möglichkeiten zur Deutung der Erscheinungen, doch lassen sich nur einige qualitative Aussagen machen. (J. physic. Soc. Japan **9**. 130—31. Jan./Febr. 1954. Tokyo, Electrotechn. Labor. [Orig.: engl.]) O. FUCHS. 135

H. U. Harten, W. Koch, H. L. Rath und **W. Schultz,** *Die Sperrschichtkapazität des legierten Germanium-Indium-Gleichrichters.* (Vgl. C. **1955**. 7844.) Es wird der Anteil der Raumladung der Elektronen bzw. Defektelektronen in der Inversionsschicht u. des Injektionsmechanismus auf die Kapazität von p- u. n-leitenden Halbleitern am Beispiel des legierten Ge-In-Gleichrichters untersucht. Die differentielle Kapazität C hängt von der Sperrspannung U nach der Beziehung $1/C^2 = \text{const}\ (U + U_0)$ zusammen, was durch die Annahme einer Inversionsschicht gedeutet wird. Der Injektionsmechanismus führt zu einer Phasenverschiebung zwischen Strom u. Spannung, die einer Kapazität entspricht. (Z. Physik **138**. 336—44. 1954. Belecke, AEG-Labor.) D. HAHN. 135

Edmund S. Rittner, *Erweiterung der Theorie des Verbindungstransistors.* Eine Prüfung des Gültigkeitsbereiches der Theorie von SHOCKLEY (Bell System Techn. J. **28**. [1949.] 435) zeigt, daß diese für alle interessierenden Stromwerte im Emittor- u. Kollektorgebiet anwendbar ist, im Gebiet der Basis jedoch nur für sehr kleine Ströme gilt. Unter der Voraussetzung, daß die Oberflächenrekombinationsgeschwindigkeit mit dem Injektionsniveau zunimmt u. die α-Grenzfrequenz für einen Transistor mit planparallelen Übergängen mit dem Emittorstrom um den Faktor 2 wächst, erweitert Vf. die Theorie für das Basisgebiet so, daß sie für willkürliche Injektionsniveaus anwendbar wird u. den Einfl. der Oberflächenrekombination zu berücksichtigen gestattet. (Physic. Rev. [2] **94**. 1161—71. 1/6. 1954. Irvington/Hudson, N. Y., Philips Labors.) R. STEIN. 135

Frank H. Bower, *Die Herstellung von Verbindungstransistoren.* Die fabrikator. Herst. von *Ge*-Schichttransistoren wird kurz zusammenfassend dargestellt: Zonenschmelzverf., Einkristallzüchtung, Dotierung, Montage u. Prüfung. (Electronics **27**. Nr. 12. 130—34. Dez. 1954. Allentown, Pa., Western Electric Co.) W. REUSSE. 135

C. Orman, H. Y. Fan, G. J. Goldsmith und **K. Lark-Horovitz,** *Germanium p–n-Grenzschichten als Zähler.* (Sitzungsbericht.) Ausgehend von der von MCKAY (C. **1950**. II. 1318) vorgeschlagenen Verwendung von Kontaktgleichrichtern als Zähler fanden Vff., daß sich p–n-Grenzschichten von Ge infolge ihres hohen Widerstandes u. der damit verbundenen Empfindlichkeit gegen Ionisationen gut zum Nachw. von α- u. β-Teilchen eignen. Es können prakt. Einzelteilchen nachgewiesen werden. Impulsgröße u. Zeitkonstante hängen nur vom Widerstand u. von der Kapazität der Grenzschicht ab. Ersterer kann durch die Temp. beeinflußt werden, während die Kapazität in gewissen Grenzen durch Nucleonenbeschuß geändert werden kann. (Physic. Rev. [2] **78**. 646. 1/6. 1950. Purdue Univ.) F. SPEER. 135

K. K. Darrow, *Elektroneneigenschaften im festen Zustand.* Abdruck einer Vortragsreihe über die elektr. Eigg. von festen Stoffen, bes. von Halbleitern. (Research **7**. 2—9. Jan. 46—53. Febr. 94—100. März. 137—41. April 1954.) R. STEIN. 135

Yasuo Kanai, *Über die elektrischen Eigenschaften von Siliciumeinkristallen.* 1. Mitt. Zwischen —150 u. 500° wurde die Temperaturabhängigkeit des elektr. spezif. Widerstandes R u. der HALL-Konstante H von Si-Einkristallen vom n-Typ gemessen. R steigt bei wachsendem 1/T zunächst steil an, geht durch ein scharfes Maximum u. dann durch ein flaches Minimum. Die aus H berechnete Elektronendichte fällt mit zunehmendem 1/T ab. Die Elektronenbeweglichkeit μ geht in Abhängigkeit von 1/T durch ein Maximum. Qualitativ ähnlich verhalten sich die von PEARSON u. BARDEEN (vgl. C. **1949**. I. 962; **1950**. I. 669) an polykristallinem Si gemessenen Größen, allerdings bestehen quantitativ zum Teil beträchtliche Unterschiede (z. B. ist μ in Einkristallen größer als in Polykristallen). (J. physic. Soc. Japan **9**. 132—33. Jan./Febr. 1954. Tokyo, Electrical Comm. Labor., Nippon Telegraph Tel. Publ. Corp. [Orig.: engl.]) O. FUCHS. 135

D. K. C. MacDonald, *Metallische Leitfähigkeit. — Der Einfluß der inneren Größe. Ein Nachtrag.* (Vgl. C. **1955**. 1906.) Es wird die Erzeugung eines HALL-Feldes an einem gestreiften Leiter betrachtet, wenn die Streifenaufteilung in der Größenordnung der freien Weglänge der Elektronen liegt. An einer inneren Streifung oder Begrenzung können verschied. Effekte auftreten: 1. alle Elektronen durchdringen die Begrenzung elast. u. ohne besondere Streuung. Dann wird kein Effekt, weder in der Leitfähigkeit noch in dem HALL-Feld eintreten. Wenn 2. die Elektronen elast. reflektiert werden, ändert sich die Leitfähigkeit ohne Magnetfeld nicht. Bei Anlage eines Magnetfeldes entsteht aber die l. c. skizzierte Form des HALL-Feldes. 3. Bei diffuser, unelast. Reflexion nimmt das HALL-Feld zwar wieder dieselbe Form an, aber jetzt wächst der Widerstand ohne Magnetfeld über den des homogenen Metalls an. Bei Anlage eines Magnetfeldes kann dann eine allg. Widerstandsabnahme eintreten. 4. Bei diffuser Streuung kann der Widerstand wieder über den des homogenen Metalls anwachsen, aber das HALL-Feld wird nicht länger bei den inneren Grenzen Null werden, sondern die bereits früher skizzierte Form annehmen. Auch hier kann in einem Magnetfeld eine anfängliche Widerstandsabnahme, aber geringer als bei diffuser Reflexion, eintreten. (Philos. Mag. [7] **43**. 124—25. Jan. 1952. Oxford, Clarendon Labor.) J. KLEFFNER. 136

Jacques Romand, Roger Aumont und **Boris Vodar,** *Nachtrag zur Untersuchung der Änderung des elektrischen Widerstandes von sehr dünnen Metallschichten mit der angelegten Spannung.* Fortführung der C. **1954**. 5690 referierten Verss. von MOSTOVETCH unter Verwendung einer verbesserten Meßtechnik. Die Verss. wurden bei 290° K an *Pt*-Schichten ausgeführt. Die l. c. angegebene Proportionalität zwischen log R (R = elektr.

Widerstand) u. $\sqrt{F}$ (F = elektr. Feldstärke) gilt nur oberhalb von ca. 9 V, bei kleineren Spannungen jedoch ist log R proportional F. (C. R. hebd. Séances Acad. Sci. **237**. 33—35. 6/7. 1953.) O. FUCHS. 136

Emil Németh, *Konduktive Widerstandsmaterialien.* Die gebildete Wärmemenge in einem stromdurchflossenen metall. Leiter ist dem Quadrat des Querschnittes, bei zylindr. Leitern der vierten Potenz des Durchmessers umgekehrt proportional. Wenn der Querschnitt des zu erhitzenden Gegenstandes nicht gleichmäßig ist, muß auf den Teil mit größerem Querschnitt größere Stromstärke geschaltet werden. Als Widerstandsmetalle werden solche mit austenit. u. ferrit. Textur verwendet. Der spezif. Widerstand beider ist 1—1,15 Ohm·mm²/m. Bei höherer Temp. neigen die ferrit. Legierungen zu Kornvergrößerung, sind deshalb spröde u. zerbrechlich u. können nur in erschütterungsfreien Öfen verwendet werden. Die austenit. Widerstände sind gegen Erschütterung weniger empfindlich, ihr F. ist aber um 100—120° niedriger. Salzbäder leiten den Strom nur in geschmolzenem Zustand, ihre Leitfähigkeit ist in der POINCARÉ-Gleichung gegeben. Vf. gibt in einer Tabelle die FF. verschied. Salzgemische u. die Temperaturgrenzen der Verwendbarkeit beim Härten von Rapidstählen. (Kohászati Lapok **8** (86). 116—20. Mai 1953.) J. PLANK. 136

Albert W. Overhauser, *Anlaßeffekt in bestrahltem Kupfer.* (Sitzungsbericht.) Ausführliche Darst. vgl. C. **1954**. 5232. (Physic. Rev. [2] **92**. 530. 15/10. 1953. Univ. of Illinois, Dep. of Phys.) F. WEIGEL. 136

Georges Philbert, *Über eine Definition und die Berechnung des Koeffizienten der Selbstinduktion von Supraleitern.* Ableitung der grundlegenden mathemat. Beziehungen. (C. R. hebd. Séances Acad. Sci. **237**. 1403—05. 30/11. 1953.) O. FUCHS. 136

R. E. Mould und **D. E. Mapother,** *Einfluß der Ausscheidungshärtung auf den Supraleitungsübergang einer Aluminiumlegierung.* Vff. berichten über vorläufige experimentelle Unterss. über die Änderungen der supraleitenden Eigg., die die Ausscheidungshärtung einer Legierung begleiten. Untersucht wurde die Al-Legierung Alcoa 63 S (0,7% Mg, 0,4% Si, mehr als 98% Al, Spuren anderer Elemente). Bestimmt wurden Sprungtemp. u. Temperaturabhängigkeit der krit. Feldstärke für die abgeschreckte, voll ausgehärtete u. geglühte Legierung u. zum Vgl. von reinem Al. Die Sprungtemp. für die abgeschreckte u. die geglühte Legierung entspricht nahezu der des reinen Al, für die voll ausgehärtete Legierung wird eine Verschiebung beobachtet. Die Messungen ergeben weiter, daß die spezif. elektron. Wärme durch den Aushärtungsprozeß nicht beeinflußt wird. Die beobachteten Änderungen der Supraleitungseigg. werden inneren Spannungen zugeschrieben, die im Al-Gitter entstehen, wenn das Mg_2Si beginnt, sich auszuscheiden. Die Ergebnisse werden noch kurz auf Grund der Atomtheorien von FRÖHLICH u. BARDEEN diskutiert. (Physic. Rev. [2] **96**. 797—98. 1/11. 1954. Urbana, Ill., Univ. of Illinois, Phys. Dep.) J. v. HARLEM. 136

Oswald Riedel und **Fritz Schmeissner,** *Die Selbstabsorption von β-aktiviertem Thallium im supraleitenden Zustand.* Die bei einem β-strahlenden, in Materie eingebetteten Atom erfolgende Streuung u. Bremsung der β-Teilchen durch die Atome der Umgebung (Selbstabsorption) wird in Abhängigkeit von der Leitfähigkeit durch Übergang vom normalleitenden in den supraleitenden Zustand an einem 0,4 mm dünnen Tl-Blech mit 10^{-7}% des akt. Isotops ^{204}Tl untersucht. Die Messungen mit einem GEIGER-MÜLLER-Zählrohr FHZ 15 bei Tempp. zwischen 4,1 u. 1,5° K (Sprungpunkt 2,3° K) zeigen, daß für β-Teilchen, deren Energie größer als 50 keV ist, die Selbstabsorption denselben Wert hat wie bei Zimmertemperatur. Das spricht weder für das Vorhandensein von mol. Magnetfeldern im supraleitenden Zustand noch dafür, daß die Atomelektronen beim Supraleiter in anderer Weise an der Selbstabsorption mitwirken als im Normalleiter. (Z. Physik **140**. 92—96. 1955. Mainz, Max-Planck-Inst. für Chem., Herrsching am Ammersee, Bayer. Akad. der Wiss., Inst. für Tieftemperaturforsch.) R. HÜTTENRAUCH. 136

F. J. Donahoe und **F. C. Nix,** *Temperatur- und Feldabhängigkeit des de Haas-van Alphen-Effektes.* (Vgl. C. **1954**. 6430.) Die funktionelle Abhängigkeit des beobachteten DE HAAS-VAN ALPHEN-Effektes in *Zn* wurde verglichen mit den Voraussagen der Theorie des freien Elektrons. Die Abhängigkeit der Periode vom Magnetfeld u. der Amplitude von der Temp. scheint richtig wiedergegeben zu werden. Jedoch ist die vorausgesagte Abhängigkeit der Amplitude vom Magnetfeld nicht in Übereinstimmung mit den experimentellen Ergebnissen. Eine empir. Formel für die Amplitudenabhängigkeit wird gegeben, welche von der Formel für das freie Elektron insofern abweicht, als sie einen zusätzlichen, von 1/H abhängigen Faktor enthält. Diese neue Formel ist in guter Übereinstimmung mit den experimentellen Ergebnissen. (Physic. Rev. [2] **95**. 1395—1402. 15/9. 1954. Philadelphia, Pa., Univ. of Pennsylvania, Randal-Morgan Labor. of Phys.) J. v. HARLEM. 137

G. T. Croft, W. F. Love und **F. C. Nix**, *Der de Haas-van Alphen-Effekt in Zinn und Zinn–Antimon-Legierungen.* (Vgl. C. **1954**. 6430.) Der de Haas-van Alphen-Effekt wurde in Feldern unterhalb 10000 Oe an einer Reihe von verd. Legierungen aus Sn mit Sb untersucht. Im untersuchten Konzentrationsbereich (0—0,23 At.-% Sb) wurde keine beobachtbare Änderung der den Effekt charakterisierenden Parameter beobachtet mit Ausnahme des Verbreiterungskoeff. X infolge von Kollisionen, welcher gleichmäßig mit der Sb-Konz. zunahm. Die Temperaturabhängigkeit der Amplitude der Susceptibilitätsoscillationen ist in Übereinstimmung mit den Voraussagen der Theorie, jedoch ist dies nicht der Fall für die Feldabhängigkeit. Es wurde ferner eine Winkelabhängigkeit des Parameters X gefunden u. mittels der Gittergeometrie gedeutet. Die magnet. Anisotropie bei Zimmertemp. nahm um ca. 25% zu bei einer Konz. von 0,23 At.-% Sb. (Physic. Rev. [2] **95**. 1403—08. 15/9. 1954. Philadelphia, Pa., Univ. of Pennsylvania, Randal-Morgan Labor. of Phys.) J. v. Harlem. 137

Ted G. Berlincourt und **M. C. Steele**, *Temperaturabhängigkeit der Parameter des de Haas-van Alphen-Effektes in Zink.* Vff. untersuchten die magnet. Susceptibilität eines Zn-Einkristalls im Bereich 4,2—300° K in Feldern bis zu 25 kOe. Der de Haas-van Alphen-Effekt macht sich bis zu 200° K hinauf bemerkbar. Die Periode der charakterist. Susceptibilitätsoscillationen nimmt mit steigender Temp. zu, von $6{,}4 \cdot 10^{-5}$ Oe^{-1} bei 4,2° K auf $12{,}5 \cdot 10^{-5}$ Oe^{-1} bei 61,2° K. Die Temperaturabhängigkeit wurde erklärt durch Änderung der Grenzen der überlappten Brillouin-Zone durch die Fermi-Oberfläche infolge anisotroper therm. Ausdehnung des Gitters. Es wurden noch die Hauptschwingungen, die Perioden von ca. $2 \cdot 10^{-7}$ Oe^{-1} enthielten, bei 4,2° K beobachtet, aber nicht im einzelnen untersucht. (Physic. Rev. [2] **95**. 1421—28. 15/9. 1954. Washington, D. C., U. S. Naval Res. Labor.) J. v. Harlem. 137

J. A. Eisele und **F. Keffer**, *Einflüsse der Anisotropie auf die thermodynamischen Eigenschaften antiferromagnetischer Stoffe.* Ausführliche Darst. des C. **1955**. 6920 referierten Sitzungsberichts. (Physic. Rev. [2] **96**. 929—33. 15/11. 1954. Pittsburgh, Pa., Univ. of Pittsburgh, Sarah Mellon Scaife Radiat. Labor.) J. v. Harlem. 137

I. M. Kirko, *Ähnlichkeit der Magnetisierung ferromagnetischer Körper in konstanten Feldern.* (Vgl. C. **1954**. 9938.) Vf. behandelt vom Standpunkt der Ähnlichkeitstheorie die Magnetisierung ferromagnet. Körper als nichtlineares Problem. Für homogene u. isotrope Körper, umgeben von einem homogenen Medium in einem homogenen äußeren Feld, gelten Ähnlichkeitskriterien, gegeben durch: 1. Geometrie des magnetisierten Körpers, 2. Richtung des magnet. Feldes, 3. Verhältnis der Permeabilitäten, 4. Verlauf der Feldlinien, 5. magnet. Vorgeschichte. Als freies Kriterium wird eingeführt $Ki = \mu_k/\mu = \Pi_\mu$ mit der Permeabilität μ_k im Körper u. μ des umgebenden Mediums, ganz dem von Kirpitschew in der Ähnlichkeitstheorie der Wärmeleitung eingeführten Kriterium entsprechend. Bei magnet. weichen Materialien kann auf die Kriterien (4, 5) verzichtet werden, dann gilt für einen ferromagnet. Zylinder der Länge λ im parallelen Magnetfeld $\Pi_H = f(\lambda, \mu/\mu_0)$. Durch affine Ähnlichkeit ist es möglich, sich auch von dem Prinzip der geometr. Ähnlichkeit frei zu machen, für den Fall des Zylinders wird die Affinitätskonstante bestimmt. Analoge Rechnungen unter Einführung des Entmagnetisierungsfaktors folgen für magnet. harte Ferromagnetika (Permanentmagnete). (Известия Академии Наук Латвийской ССР [Nachr. Akad. Wiss. LettSSR] **1954**. Nr. 7. 69—82. Phys. Inst. der Akad. der Wiss. der LettSSR.) J. Geiger. 137

Charles A. Fowler jr. und **Edward M. Fryer**, *Magnetische Bereiche in Kobalt durch den longitudinalen Kerr-Effekt.* (Vgl. C. **1955**. 6684.) In Fortsetzung früherer Unterss. der Vff. (vgl. C. **1955**. 1907) über die Verwendung des longitudinalen Kerr-Effektes zur Photographierung der magnet. Bereiche in einem Einkristall von Si-Eisen, versuchten Vff. die gleiche Technik an der $(1 0 \bar{1} 0)$-Fläche des hexagonalen *Co*, welches nach Pulveraufnahmen antiparallele Bereiche besitzt, die in Richtung der c-Achse, der Richtung leichter Magnetisierbarkeit, liegen. Da Angaben über den longitudinalen Kerr-Effekt bisher nicht vorliegen, maßen Vff. zunächst auf photoelektr. Wege die longitudinale Kerr-Rotation. Diese Rotation, deren Maximum bei einfallendem Licht von ca. 60° auftrat, wurde bei der Sättigung zu 3,5′ gemessen. Dieser Wert liegt genügend nahe dem bei Si-Eisen gefundenen Wert von 5′, so daß es aussichtsreich erscheint, auch hier die antiparallelen Bereiche photograph. zu erfassen. Mit der l. c. beschriebenen experimentellen Technik gelang es auch, zufriedenstellende Aufnahmen der Bereichsstruktur in einer $(1 0 \bar{1} 0)$-Oberfläche des Co zu erhalten. Die bei dem Co erhaltenen Breiten der Bereiche betrugen nur den Bruchteil eines mm gegenüber 1—3 mm bei dem Si-Eisen. (Physic. Rev. [2] **95**. 564—65. Sitzungsbericht: 652. 15/7. 1954. Claremont, Calif., Pomona Coll., Dep. of Phys.) C. Gottfried. 137

W. P. Mason, *Ableitung der Magnetostriktion und Anisotropieenergien für hexagonale, tetragonale und orthorhombische Kristalle.* Um die Messungen festzulegen, die fürdie Charakterisierung der Anisotropie u. der Sättigungsmagnetisierung von hexagonalem *Co* notwendig sind, wird eine phänomenolog. Ableitung für die Gleichungen, die diese Eigg. charakterisieren, gegeben. Bei Verwendung von Tensoren bis zur vierten Ordnung sind die Ergebnisse die gleichen wie für Kreissymmetrie. Wenn Tensoren sechster Ordnung ausgewertet werden, so erscheint eine charakterist. hexagonale Symmetrie. Diese erfordert 4 Konstanten zur Charakterisierung der Anisotropieenergie u. 9 für die der Magnetostriktion. Diese Konstanten können gemessen werden bei Verwendung von zwei orientierten Proben. Vier der Konstanten können bestimmt werden aus Messungen parallel zur Sättigungsmagnetisierung, vier, wenn die Magnetostriktion senkrecht zur Magnetisierung gemessen wird, u. eine, wenn sie unter 45° gemessen wird. Es werden die ersten Näherungen für die Magnetostriktion u. die Anisotropieenergien für tetragonale u. orthorhomb. Kristalle abgeleitet. (Physic. Rev. [2] **96**. 302—10. 15/10. 1954. Murray Hill, N. J., Bell Telephone Labors.) J. v. Harlem. 137

R. M. Bozorth, *Magnetostriktion und Kristallanisotropie von Einkristallen aus hexagonalem Kobalt.* (Vgl. C. **1955**. 5003.) Vf. berichtet über Messung der Sättigungsmagnetostriktion in verschied. kristallograph. Richtungen an einem Co-Einkristall. Die Ergebnisse werden von der Formel von Mason (s. vorst. Ref.) mit vier Konstanten beschrieben, deren Werte gegeben werden. Die Magnetisierung bewirkt Kontraktionen bis zu $100 \cdot 10^{-6}$ u. Verlängerungen bis $150 \cdot 10^{-6}$, je nach der Kristallrichtung. Eine funktionelle Abnahme des Vol., verbunden mit der Orientierung der Elementarbereiche, erreicht den Wert $26 \cdot 10^{-6}$. Dieser Kontraktion ist eine kleine Volumenzunahme von $0,6 \cdot 10^{-9}$ pro Oe überlagert. Es werden ferner die Konstanten der magnet. Kristallanisotropie bestimmt u. benutzt zur Berechnung der Magnetostriktion in Abhängigkeit von der Stärke des angelegten Feldes für eine scheibenförmige Probe mit gegebenem Entmagnetisierungsfaktor. Berechnung u. Beobachtung stimmen überein u. zeigen, daß die Richtung u. die Größe der Magnetisierung u. des wahren Feldes berechnet werden können für jedes beliebige Feld, solange es beträchtlich größer ist als die Koerzitivkraft. (Physic. Rev. [2] **96**. 311—16. 15/10. 1954. Murray Hill, N. J., Bell Telephone Labors.) J. v. Harlem. 137

Jerome I. Kaplan, *Magnetische Dipolwechselwirkung in MnO und in Ferriten.* Es wird für MnO als Beispiel kub. Symmetrie die magnet. Dipolenergie berechnet; ebenso für die n. u. inverse Spinellstruktur. Mit der Dipolwechselwrkg. allein fiele die Spinrichtung in eine (1 1 1)-Ebene, während experimentell [1 0 0] gefordert wird. Es wird vermutet, daß Berücksichtigung der Quadrupolwrkg. den Widerspruch beseitigt. Für die Spinellstruktur wird keine magnet. Dipolenergie gefunden. (J. chem. Physics **22**. 1709—12. Okt. 1954. Berkeley, Calif., Univ. of California, Dep. of Phys.) K. L. Wolf. 137

N. N. Neprimerow, *Über die Messung der paramagnetischen Resonanzabsorption mittels der Methode der stehenden Wellen im Zentimetergebiet.* Aus Messungen der Dispersion χ' u. der paramagnet. Resonanzsättigung χ'' bei $MnSO_4 \cdot H_2O$, $MnSO_4 \cdot (NH_4)_2SO_4 \cdot 6\,H_2O$, CrF_3 u. $CrCl_3$ ergibt sich, daß die dem maximalen u. minimalen Wert von χ' entsprechende Differenz δ' der Feldstärke größer ist als die Halbbreite der Absorptionskurve δ''. Ferner ist der Unterschied der maximalen u. minimalen Werte χ' als Funktion der Feldstärke H gleich dem Wert χ''_{max}; bei den χ''_{max} entsprechenden Resonanzfeldstärken H_{res} ist die Kurve von χ' nahe der von χ_0; bei $H = 2\,H_{res}$ ist χ' annähernd gleich $2\,\chi_0$. (Известия Академии Наук СССР, Серия Физическая [Nachr. Akad. Wiss. UdSSR, physik. Ser.] **18**. 360—67. Mai/Juni 1954. Kasan, Uljanow-Lenin-Univ.) R. K. Müller. 137

N. N. Neprimerow, *Drehung der Polarisationsfläche in Paramagnetiken und Ferriten.* (Vgl. vorst. Ref.) An 12 Salzen der Metalle der Fe-Gruppe werden Messungen der paramagnet. Resonanzdrehung (PRD) u. der paramagnet. Resonanzabsorption (PRA) durchgeführt; das hierfür ausgearbeitete neue Verf. ist unabhängig von Leistung u. Frequenz, ergibt die Größe der Drehung der Polarisationsebene als Funktion der Feldstärke H, frei von Einflüssen der Dispersion von Suszeptibilität u. Absorption; es ersetzt die mechan. Messung des Drehwinkels durch lineare Kalibrierung u. weist noch weitere Vorteile auf. Es zeigt sich in den Unterss., daß alle Substanzen mit PRA auch PRD aufweisen u. daß zwischen der Dispersion der magnet. Suszeptibilität u. der Drehung der Polarisationsebene eine qualitative u. quantitative Beziehung besteht. (Известия Академии Наук СССР, Серия Физическая [Nachr. Akad. Wiss. UdSSR, physik. Ser.] **18**. 368—77. Mai/Juni 1954.) R. K. Müller. 137

Scott Lynn, D. M. Mason und **W. H. Corcoran**, *Ionisation in Lösungen von Stickstoffdioxyd in Salpetersäure aus optischen Absorptionsmessungen.* Die opt. Absorption von HNO_3-Lsgg. verschied. NO_2-Geh. wurde bei 0°, 1 at u. einer Wellenlänge von

425 mμ gemessen. Aus den Meßergebnissen konnte mittels Gleichgewichtsbetrachtungen geschlossen werden, daß in HNO_3-Lsgg. mit weniger als 1 Formelgewichts-% NO_2 das NO_2 zu ca. 70% in NO^+-Ionen übergeht, während die HNO_3 zu ca. 5% NO_2^+-Ionen bildet. Die Unsicherheit dieser Werte ist groß, jedoch ist die Größenordnung korrekt. (J. physic. Chem. **59.** 238—40. März 1955. Pasadena, Calif., California Inst. of Technol.) I. Karutz. 139

Antoine Potier, *Berechnung des Aktivitätskoeffizienten eines der Bestandteile eines binären Gemisches aus dem Aktivitätskoeffizienten des anderen.* Eine vorwiegend theoret. mathemat. Arbeit, in der Vf. den Ausdruck $\log \gamma_2 = -\int (x_1/x_2) \cdot d \log \gamma_1$ (γ_1 bzw. γ_2 = Aktivitätskoeffizienten u. x_1 bzw. x_2 = mol. Konzz. der Bestandteile 1 u. 2 des betrachteten Syst.) graph. bestimmt. Die Durchführung erfolgt an Hand des Diagramms $\log \gamma = f(x)$. An Beispielen wird die Gültigkeit der Meth. bewiesen. (C. R. hebd. Séances Acad. Sci. **240.** 1080—82. 7/3. 1955.) H. Surawski. 139

Arnold Reisman, Melvin Berkenblit, E. C. Haas und **Allison Gaines jr.,** *Kontinuierliche und gleichmäßige Gewinnung von Antimonwasserstoff.* Eine elektrolytische Apparatur Es wird eine App. beschrieben zur kontinuierlichen Erzeugung eines bestimmten Gemisches von SbH_3 u. H_2. Vff. benutzten als Elektrodengefäß einen Weithals-Erlenmeyer. Als Anode diente ein 16 gauge-Platindraht, als Kathode ein 40 gauge-Platin-Iridium (90 : 10)-Draht. Die Stromlieferung erfolgte aus einer regulierbaren Stromquelle. Sechs Verss. in verschieden zusammengesetzten Bädern mit Elektroden wechselnder Größe bei Stromstärken von 0,3—1,0 A werden beschrieben. Es zeigt sich, daß zur gleichmäßigen Erzeugung eines Gemisches von $^1/_{60}$ SbH_3 u. $^{59}/_{60}$ H_2 über 24 Std. eine 3 mm lange Elektrode in einer Lsg. von 4nH_2SO_4, die auf 1700 ml 8 g reines Sb u. 80 g Weinsäure enthält, u. eine Stromstärke von 0,75 A am günstigsten sind. (J. elektrochem. Soc. **101.** 387—88. Juli 1954. Brooklyn, N. Y., New York Naval Shipyard, Material Labor.) G. Maier. 141

Kelso B. Morris, Dolores Z. Douglass und **Clarence B. Vaughn,** *Elektrolytische Abscheidung von Wismut.* Aus geschmolzenen Mischungen von Bi_2O_3 (10- u. 25%ig) u. NaCl oder $CaCl_2$ bzw. dem eutekt. Gemisch von NaCl u. $CaCl_2$ wurde elektrolyt. Bi-Metall von hoher Reinheit abgeschieden. Der Zusammenhang zwischen den Komponenten des Gemisches u. der Abscheidungs-Rk. des Bi wird erörtert. Bei der Elektrolyse erwiesen sich eine W-Kathode u. eine Kohleanode als geeignete Elektrodenkombination. Die Ausbeute an wiedergewonnenem Metall ist gut. (J. electrochem. Soc. **101.** 343—47. Juli 1954. Washington, D. C., Howard Univ., Dep. of Chem.) G. Maier. 141

J. C. Hindman und **Philip Wehner,** *Elektrolytische Reduktion von Perrhenat. 1. Mitt. Untersuchungen in Perchlorsäure, Äthansulfonsäure, Trifluoressigsäure und Salzsäure.* Vff. untersuchten die Reduzierbarkeit von $HReO_4$ an Pt- u. Hg-Kathoden mit kontrolliertem Potential zu lösl. Verbb. niederer Oxydationsstufen. Perchlorsäure wurde bei Ggw. von Re(VII) katalyt. zu HCl reduziert. Red. in 5—10mol. Trifluoressigsäure u. Äthansulfonsäure ergab unlösl. Oxydniederschläge. Ziemlich reine Re(IV)-Lsgg., olivgrün, konnten in 8mol. HCl durch Red. von 0,09mol. $HReO_4$-Lsgg. an Hg-Kathoden erhalten werden. An Pt-Kathoden ergaben sich dabei hellgelbgrüne Re(V)-Lösungen. Die Absorptionsspektren beider Lsgg. werden angegeben u. diskutiert. Vff. schließen daraus auf Beimengung von Re(IV) in Re(V)-Lsgg., die jedoch bei Ggw. von Re(VII) bald verschwinden. Die Oxydation von Re(IV) zu Re(VII) wird durch einsetzende Cl_2-Entw. verhindert. Re(V) läßt sich leicht zu Re(VII) oxydieren. (J. Amer. chem. Soc. **75.** 2869—72. 20/6. 1953. Lemont, Ill., Argonne Nat. Labor., Chem. Div.) H. Löwe. 141

Philip Wehner und **J. C. Hindman,** *Elektrolytische Reduktion von Perrhenat. 2. Mitt. Untersuchungen in Schwefelsäure.* (1. vgl. vorst. Ref.) Red. von Re(VII) in 3—16,9mol. H_2SO_4 an Pt-Kathoden ergab unlösl. Ndd. bzw. Suspensionen von Re(V) u. Re(IV) als Oxyde oder Oxydhydrate. Die Reduzierbarkeit von Oxyden stieg mit der Säurekonzentration. Lediglich in 16,9mol. H_2SO_4 wurde ein Teil der Reduktionsprodd. als echte Lsg. erhalten. In konz. H_2SO_4-Lsgg. vermuten Vff. das Auftreten unbeständiger Re(VI)-Verbindungen. Die Oxydationsstufen der einzelnen Reduktionsprodd. ließen sich nicht sicher feststellen. Farbe u. Absorptionsspektren der erhaltenen Verbb. werden diskutiert. (J. Amer. chem. Soc. **75.** 2873—77. 20/6. 1953.) H. Löwe. 141

A. L. Ferguson und **D. R. Turner,** *Depolarisationseffekte nach dem Umpolen an Silberanoden und -kathoden.* Anoden- u. Kathoden-Rkk. an Ag-Elektroden werden in einer an H_2 gesätt. 2nH_2SO_4-Lsg. nach dem Umpolen des Stromes mit Hilfe einer Potential-Zeit-Kurve verfolgt. Es zeichnen sich drei anod. u. drei kathod. Prozesse ab, wenn man eine Elektrode einmal beim Wechsel von Kathode zur Anode u. einmal von Anode zur Kathode betrachtet. Sie werden an der Anode als Ionisation des adsorbierten H-Atoms, Oxydation des absorbierten H (Silberhydrid) u. Auflsg. von Ag u. an der Kathode als Red. des Ag_2SO_4-Films, Entladung von H^+ zu Adsorptions- oder Absorptionsverbb. in der Ag-Elektrode u. Entladung von H^+ unter Bldg. von mol. H_2 gedeutet. Letztlich ist die anod. Red. eine Ag-Auflösung. Bei einer krit. Ag-Ionenkonz. scheidet sich auch Ag_2SO_4 an den Elektroden ab. (J. electrochem. Soc. **101**. 382—86. Juli 1954. Ann Arbor, Mich., Univ. of Michigan.) G. Maier. 142

Edward D. Black und **Thomas de Vries**, *Polarographie mit Platinmikroelektroden in geschmolzenen Salzen.* In einer *LiCl–KCl*-Schmelze, die die eutekt. Zus. besaß, wurden zwischen 380 u. 450° Strom–Spannungs-Kurven an ruhenden u. rotierenden Pt-Kathoden aufgenommen. Die gemessenen Strom–Spannungs-Kurven für die Abscheidung von *Co* u. *Ni* ließen sich als lineare Funktion zwischen log (i_d — i) u. den angelegten Potential beschreiben. Eine lineare Funktion zwischen Stufenhöhe u. Molenbruch wurde für verd. Lsgg. von $CdCl_2$, $CoCl_2$, $NiCl_2$, $PbCl_2$, $ZnCl_2$ u. K_2CrO_4 in der Salzzschmelze erhalten. Halbwellen- u. Zersetzungspotentiale von $CoCl_2$ u. $NiCl_2$ verschoben sich in der erwarteten Richtung u. Größenordnung. An Polarogrammen von $NiCl_2$ wurde der Einfl. von Temp. u. Rotationsgeschwindigkeit der Elektrode auf den Diffusionsstrom untersucht. Es ergab sich eine lineare Funktion zwischen log i_d u. 1/T, u. eine Aktivierungswärme von —5,6 kcal/Mol bei ruhender, —4,0 kcal/Mol bei rotierender Kathode. In einer Schmelze von $LiNO_3$, $NaNO_3$ u. KNO_3 als Lösungsmittel wurde eine lineare Beziehung zwischen Stufenhöhe u. Konz. an $CuSO_4$ beobachtet. (Analytic. Chem. **27**. 906—09. Juni 1955. Lafayette, Ind., Purdue Univ., Dep. of Chem.) H.-J. Heinrich. 142

U. R. Evans, *Trockene Oxydation und nasse Korrosion.* Der zwischen der Oxydation bei höheren Tempp. u. der Korrosion in Lsgg. gemachte Unterschied besteht zu Unrecht. Die Mechanismen beider Vorgänge sind die gleichen, da die Oxydhautbldg. in gleicher Weise vor sich geht. Die Metallatome wandern als Kationen u. Elektronen an die Oberfläche, an der die Elektronen adsorbierte *O*-Atome in Ionen überführen u. Oxydhäute bilden. Bei der Korrosion in Lsgg. spielt die Anlieferungsgeschwindigkeit des O_2 die entscheidende Rolle, da bei reichlicher Anlieferung die Metallkationen als Oxydhäute (z. B. *Fe*, *Zn*, *Al*) festgehalten u. am Inlösunggehen gehindert werden. Bei O_2-Mangel oder an akt. Stellen kann das Angebot der Kationen in der Oberfläche so weit überwiegen, daß Übertritt in die Lsg. erfolgt, wobei die Elektronen in der Umgebung in Lokalelementtätigkeit u. örtlichem Angriff entladen werden. (Nature [London] **168**. 853—55. 17/11. 1951. Cambridge, Univ., Dep. of Metallurgy.) W. Katz. 142

A$_4$. Thermodynamik. Thermochemie.

Tomoyasu Tanaka, *Bemerkung über die Verteilungsfunktion eines freien Rotors.* Mit Hilfe einer Fourier-Transformation erhielt Vf. einen Integralausdruck der Dichtematrix eines freien Rotors. Unter Verwendung dieses Ausdrucks wurde die Hochtemperaturausdehnung der Verteilungsfunktion erhalten. (J. physic. Soc. Japan **9**. 472—74. Juli/Aug. 1954. Hukuoka, Kyusyu Univ., Fac. of Sci., Dep. of Phys. [Orig.: engl.]) C. Gottfried. 146

M. E. Straumanis, *Der Wärmeausdehnungskoeffizient und der Schmelzpunkt kubischer Elemente.* Trägt man den linearen Ausdehnungskoeff. kub. Elemente graph. gegen den F. (T_F) des gleichen Elementes auf, dann erhält man eine Kurve, aus der hervorgeht, daß der Ausdehnungskoeff. mit steigendem F. kleiner wird. Ausnahmen von dieser Regel wurden nicht beobachtet, nur geringfügige Abweichungen. Die Kurve scheint keine einfache Kurve zu sein, obgleich die FF. der 5 Alkalimetalle sich gut durch die Beziehung $\alpha\sqrt[3]{T_F}$ = const wiedergeben lassen, wo T_F in °C ausgedrückt ist. (J. appl. Physics **21**. 936. Sept. 1950. Rolla, Mo., Univ., School of Mines and Metallurgy, Dep. of Metallurgy.) C. Gottfried. 148

G. Briegleb, H. Scholze und **W. Strohmeier**, *Ist Hydrazin im Gaszustand assoziiert? (Dampfdichte und Adsorptionsmessungen.)* Im Temperaturbereich von 300—330° K haben Vff. die Dampfdichten von Hydrazin durch Best. des Faktors f = p_0 v_0/p·v ermittelt. Es ergibt sich eine Abhängigkeit der erhaltenen f-Werte von der Gesamtmolzahl n_0, die auf eine starke Adsorption des Hydrazins an den Glasoberflächen der Meßapp. schließen läßt. Ergänzende Adsorptionsmessungen an verschieden großen Glasoberflächen zeigen eindeutig, daß die beobachteten Molzahländerungen bei Drucken in der Nähe des Sättigungsdruckes prakt. vollständig auf Adsorptions-, nicht Assoziationseffekte zurückgeführt werden können. Vergleichende Messungen der Wasseradsorption führen zu gleich großen Adsorptionswerten. Vff. vermuten daher, daß die starke Adsorption von W. u. Hydrazin durch Wasserstoffbrückenbindung mit den O-Atomen der Glasoberfläche, —OH···O bzw. —N—H···O, bewirkt wird. Methylierte Hydrazine bzw. Äthylendiamin ergeben um eine Zehnerpotenz kleinere Adsorptionswerte (ster. Einflüsse). Hydrazin-W.-Gemische zeigen anomal hohe Adsorption. (Z. physik. Chem. **199**. 15—21. Jan. 1952. Würzburg, Univ., Chem. Inst., Physikal.-chem. Abt.) H.-U. Woelk. 148

B. N. Jesselsson und **N. G. Beresnjak**, *Oberflächenspannung des leichten Heliumisotops.* Nach der Steighöhenmeth. wurde zwischen 1,324 u. 2,128° K die Oberflächenspannung von fl. ^3He gemessen. Sie nimmt monoton von 0,120 auf 0,078 dyn/cm ab u. ist damit ca. 3—3½ mal kleiner als bei ^4He. Die Abhängigkeit der Oberflächenspannung von der Konz. in ^3He–^4He-Gemischen wird kurz erwähnt. (Доклады Академии Наук СССР [Ber. Akad. Wiss. UdSSR] [N. S.] **99.** 365—67. 21/11. 1954. Phys.-techn. Inst. der Akad. der Wiss. der UkrSSR.) G. KIRSCHSTEIN. 149

J. Duclaux, *Die Zustandsgleichungen vom van der Waals-Typ.* Hinweis auf die Grenzen der Anwendbarkeit der VAN DER WAALS-Gleichung im Gebiet der Verflüssigung u. auf die Theorie der Kompressibilität. Die beobachteten u. nach VAN DER WAALS berechneten pV-Werte für N_2 bei —141,53° u. Drucken zwischen 23,8 u. 50,2 at sind angegeben, bis ca. 35 at ist die Übereinstimmung gut. (J. Chim. physique Physico-Chim. biol. **47.** 201—02. März/April 1950.) J. ROTHE. 149

R. L. Kelly und **P. J. Rice**, *Vakuumverdampfung von Aluminium.* Zur Vakuumverdampfung stellten Vff. einen offenen, kegelförmigen Tiegel aus 0,02 in. starkem W-Draht her, der nach elektrolyt. Reinigung mit einem Hochtemperatur-Alundumzement bespritzt wurde. Nach Trocknen an der Luft wurde der Draht im Hochvakuum mittels Stromdurchgang auf ca. 1500° erhitzt. Hierauf wurde aus einem 0,01 in. dicken Ta-Blech ein Einsatz in den Tiegel geformt, aus dem das Al im Vakuum verdampft werden konnte. (Rev. sci. Instruments **25.** 391—92. April **1954.** Stanford, Calif., Res. Inst.) C. GOTTFRIED. 150

N. Ja. Sseljakow, *Die Verdampfung von Eis während seiner Kristallisation.* Durch Verss. wird festgestellt, daß die Gewichtsabnahme bei der Eisbldg. 2—3% beträgt. Unter bes. günstigen Bedingungen (Verdampfungsgefäß am offenen Fenster) erreicht sie bis zu 4%. Verss. bei —3 bis —9° ergaben eine 5—10mal stärkere Verdampfung während der Eisbldg. gegenüber der Verdampfung nach derselben. (Известия Академии Наук СССР, Серия Геофизическая [Nachr. Akad. Wiss. UdSSR, geol. Ser.] **1953.** Nr. 5. 460—62. Sept./Okt.) O. LEBTAG. 150

Kiyoshi Arakawa, *Über die Löchertheorie der Flüssigkeit.* Es wird eine neue Näherungsberechnung der krit. Konstanten einschließlich des BOYLE-Punktes nach der Löchertheorie der Fll. gegeben, die gegenüber den verschied. bisherigen Berechnungen bei einzelnen Größen besser mit den experimentellen Daten übereinstimmende Werte liefert. (J. physic. Soc. Japan **9.** **647—48.** Juli/Aug. 1954. Kanagawa, Kawasaki, Fuji Denki Seizo, K. K. Mat. Labor. [Orig.: engl.]) W. NIEMITZ. 150

E. G. King, *Wärmekapazitäten bei tiefen Temperaturen und Entropien bei 298,16° K von kristallinen Calcium- und Magnesiumaluminaten.* Die Wärmekapazitäten der kristallinen Verbb. $3\,CaO \cdot Al_2O_3$, $12\,CaO \cdot 7\,Al_2O_3$, $CaO \cdot Al_2O_3$, $CaO \cdot 2\,Al_2O_3$ u. $MgO \cdot Al_2O_3$ wurden im Temperaturbereich von 51—298° K gemessen, wobei sich für alle untersuchten Substanzen ein n. Verlauf der C_p-Kurven ergab. Die Entropiewerte bei 298,16° K wurden zu 49,1 ± 0,3, 249,7 ± 1,5, 27,3 ± 0,2, 42,5 ± 0,3 u. 19,26 ± 0,10 (cal/Grad·Mol) berechnet. Die Bildungsentropien der Aluminate aus den Oxyden bei 298,16° K ergaben sich zu 8,4 ± 0,7, 50,6 ± 2,9, 5,6 ± 0,3, 8,7 ± 0,4 u. 0,6 ± 0,2. Die letzteren Werte liegen für die Ca-Verbb. ungewöhnlich hoch, jedoch konnte Vf. bei den Ca-Ferriten (vgl. C. **1955.** 5728) ein analoges Verh. feststellen. (J. physic. Chem. **59.** 218—19. März 1955. Berkeley, Calif., U. S. Dep. of Interior, Bur. of Min., Reg. III, Minerals Thermodynamics Branch.) I. KARUTZ. 151

K. R. Bonnickson, *Wärmeinhalt von Calcium- und Magnesiumaluminaten bei hohen Temperaturen.* (Vgl. KING, vorst. Ref.) Der Wärmeinhalt von $3\,CaO \cdot Al_2O_3$ (I), $12\,CaO \cdot 7\,Al_2O_3$ α (II) u. β (III), $CaO \cdot Al_2O_3$ (IV), $CaO \cdot 2\,Al_2O_3$ (V) u. $MgO \cdot Al_2O_3$ (VI) wurde im Temperaturbereich von 298—1808° K gemessen u. mit den zugehörigen Entropieinkrementen tabelliert. Bis auf $12\,CaO \cdot 7\,Al_2O_3$, welches bei 1310° K ein Maximum in der Wärmeinhaltskurve zeigt, ergab sich für alle Substanzen n. Verhalten. Die Meßergebnisse können durch die Gleichungen $H_T - H_{298,16}$ = I $62{,}28\,T + 2{,}29 \cdot 10^{-3}\,T^2 + 12{,}01 \cdot 10^5\,T^{-1} - 22801$ (0,5%), II $301{,}96\,T + 32{,}75 \cdot 10^{-3}\,T^2 + 55{,}30 \cdot 10^5\,T^{-1} - 111491$ (0,6%), III $228{,}52\,T + 49{,}22 \cdot 10^{-3}\,T^2 - 39327$ (0,1%), IV $36{,}00\,T + 2{,}98 \cdot 10^{-3}\,T^2 + 7{,}96 \cdot 10^5\,T^{-1} - 13668$ (0,3%), V $66{,}09\,T + 2{,}74 \cdot 10^{-3}\,T^2 + 17{,}80 \cdot 10^5\,T^{-1} - 25919$ (0,6%) u. VI $36{,}80\,T + 3{,}20 \cdot 10^{-3}\,T^2 + 9{,}78 \cdot 10^5\,T^{-1} - 14537$ dargestellt werden. (J. physic. Chem. **59.** 220—21. März 1955.) I. KARUTZ. 151

L. L. Seigle, Morris Cohen und **B. L. Averbach**, *Thermodynamische Eigenschaften von festen Nickel-Gold-Legierungen.* Die Freien Energien, Enthalpien u. Entropien von Gemischen von Ni-Au-Mischkristallen mit 5—95 At.-% Ni wurden durch Messung der EMK. bei Tempp. von 700—900° bestimmt. Die thermodynam. Aktivitäten zeigen starke positive Abweichungen vom RAOULTschen Gesetz, u. die Entropien der Gemische sind fast doppelt so groß wie diejenigen der idealen Lösungen. Die Enthalpien der Gemische sind positiv (Wärme wird absorbiert) u. werden auf die Gitterverzerrungsenergie, die von dem Größenunterschied zwischen den Ni- u. Au-Atomen herrührt, zurückgeführt. Dieser Faktor scheint auch für die Mischungslücke bei niedrigeren Tempp. verantwortlich zu sein. (J. Metals **4**. Trans. AIME **194**. 1320—27. Dez. 1952; **5**. 728—29. Mai 1953. Cambridge, Mass., Massachusetts Inst. of Technol.) H. HOCHSTEIN. 155

N. N. Ssinelnikow, *Adiabatisches Vakuumcalorimeter und einige neue Daten über die $\beta \rightleftarrows \alpha$-Umwandlung des Quarzes.* Vf. beschreibt Konstruktion u. Arbeitsweise eines neuen adiabat. Vakuumcalorimeters zur Messung der Temperaturabhängigkeit der wahren spezif. Wärme c_p im Temperaturintervall 30—700°. Aus den mit Hilfe dieser App. erhaltenen c_p-Werten geht hervor, daß eine isotherme Wärmeaufnahme bei der $\beta \rightleftarrows \alpha$-Umwandlung von Quarz nicht auftritt u. daß diese Umwandlung einen Phasenübergang 2. Art darstellt. Der anomale c_p-Anstieg beginnt bei ca. 553° u. ist bei ca. 577° abgeschlossen. Der Maximalwert von c_p liegt bei 574,1°. Für das Temperaturintervall 553—577° beträgt die Umwandlungswärme des Quarzes 9,2 cal/g. (Доклады Академии Наук СССР [Ber. Akad. Wiss. UdSSR] [N. S.] **92**. 369—72. 11/9. 1953. Inst. für Silicatchem. der Akad. der Wiss. der UdSSR.) O. LEBTAG. 156

Mahinder S. Uberoi, *Stabilität und Struktur der Bunsen-Flamme.* Vf. erzeugte in einer Röhre von 3/4 in. Durchmesser eine schwache Propan–Luft-Flamme. Der Aufwärtsstrom der Flamme wurde durch Verwendung einer Anzahl sehr feiner Gitter gleichmäßig gemacht. Es wurde beobachtet, daß bei konstantem Mischungsverhältnis u. abnehmendem Strömungsvol. sich die Spitze der Flamme von konkav in konvex ändert. Vf. gibt eine versuchsweise Erklärung dieser Erscheinung. Danach ist die übliche Annahme, daß die Form der BUNSEN-Flamme u. das Strömungsfeld unter der Annahme einer konstanten Flammengeschwindigkeit bestimmt werden können, nicht mehr haltbar. (J. chem. Physics **22**. 1784. Okt. 1954. Ann Arbor, Mich., Univ., Dep. of Aeronautical Engng.) C. GOTTFRIED. 157

Werner Pepperhoff, *Strömungsdoppelbeugung in leuchtenden Kohlenwasserstoffflammen.* Vf. untersuchte die Beugungseigg. des Lichts in leuchtenden, d. h. rußhaltigen Flammen. In diesen tritt Strömungsdoppelbeugung auf. Aus der Tatsache, daß das Verhältnis Vorwärts- zu Rückwärtsbeugung mit abnehmendem Winkel zwischen Lichteinfall u. Strömungsrichtung der Flamme wächst, leitet Vf. unter Beachtung der Theorie von MIE über die Optik trüber Medien ab, daß der Ruß eine kettenförmige Struktur besitzt. Bestätigt wird diese Beobachtung durch die Tatsache, daß sich Ruß auf Glasplatten in Form von Schnüren absetzt. Im Strömungsfeld der Flammen drehen sich die Rußketten vorzugsweise in Richtung der Flammenströmung. Die Ketten wirken sich im wesentlichen nur auf die Streustrahlung aus, die Absorptionseigg. bleiben weitgehend unbeeinflußt. (Kolloid-Z. **133**. 123—24. Nov. 1953. Duisburg-Huckingen, Mannesmann-Forschungsinst.) E. ROEDER. 157

Arno Schulz, *Über das Gebiet der Dispersion, die Geschwindigkeit und die Verluste der Ultraschallwellen in flüssigem, glasigem und festem Glycerin.* Von Glycerin wurden zwischen —50 u. 100° die DK. ε u. zwischen —125 u. 100° die Ultraschallgeschwindigkeit v, je für die Frequenzen f = 0,5 u. 1,0 MHz, gemessen. ε steigt bei wachsender Temp. ab ca. —50° steil an u. geht bei —15° durch ein Maximum; v dagegen fällt zunächst nur schwach, ab —60° stärker u. ab —15° wieder schwächer ab. Eine Abhängigkeit von ε bzw. v von f tritt nur im Dispersionsgebiet auf (bei gleicher Temp. ist ε für f = 0,5 etwas größer u. v etwas kleiner als für f = 1,0). v fällt am stärksten ab bei —30° für f = 1,0 u. bei —35° für f = 0,5; die entsprechenden Werte für ε liegen um ca. 10° höher. Für die Differenz $\beta_{is} - \beta_{ad}$ (β_{is} = isotherme Kompressibilität, β_{ad} = adiabat. Kompressibilität) wurde erhalten (in cm^2/Dyn): 0,266 (60°), 0,239 (40°), 0,225 (20°), 0,201 (0 u. —20°). (C. R. hebd. Séances Acad. Sci. **238**. 1014—16. 1/3. 1954.) O. FUCHS. 159

T. F. Rogers und **S. J. Johnson,** *Einige magnetoakustische Effekte in Nickel.* Vff. untersuchten den Einfl. eines magnet. Feldes auf die Fortpflanzungsgeschwindigkeit von Ultraschallwellen durch einen 99,4%ig. Ni-Stab von 45,8 cm Länge u. einem Durchmesser von 1,25 cm. Der Stab wurde zunächst zur vollständigen Demagnetisierung auf 1600° F erhitzt, langsam auf Zimmertemp. abgekühlt u. über seine ganze Länge einem longitudinalen magnet. Feld ausgesetzt. Oscilloskop. wurde die Verzögerung der Impulse sowie die relative Dämpfung in Abhängigkeit von der angewandten Feldstärke gemessen. Beobachtet wurde zuerst eine Abnahme der Durchlaufszeit Δ T der transversalen Welle relativ zu der ursprünglichen Durchlaufszeit — „elektr. Länge" — T mit steigender Feldintensität. Die beobachteten Veränderungen, die ca. 10^3mal so groß waren, als man aus dem magnetostriktiven JOULE-Effekt des Ni erwarten sollte, lassen sich offensichtlich nur durch eine deutliche Zunahme der Schallfortpflanzungsgeschwindigkeit innerhalb des Stabes unter dem Einfl. der magnet. Feldspannung erklären. Ferner wurde eine starke Abnahme in der Dämpfung mit steigender Feldintensität festgestellt. (J. appl. Physics **21**. 1067—68. Okt. 1950. Cambridge, Mass., Air Force Res. Labor.; Hartford, Conn., Crystal Res. Labor., Inc.) C. GOTTFRIED. 159

S. J. Johnson und **T. F. Rogers**, *Magnetisch induzierte Ultraschallgeschwindigkeitsänderungen bei polykristallinem Nickel.* Im Anschluß an eine frühere Arbeit (vgl. vorst. Ref.) werden die Meßergebnisse über Geschwindigkeitsänderungen von Ultraschallwellen bei angelegten Magnetfeldern an polykristallinen Ni-Stäben diskutiert. Dabei werden Ergebnisse an transversalen u. longitudinalen Ultraschallwellen u. bei angelegten transversalen u. longitudinalen Magnetfeldern zugrunde gelegt, u. zwar im Frequenzbereich zwischen 1 u. 10 MHz. Es wird gezeigt, daß die beobachteten Ultraschallgeschwindigkeitsänderungen durch den Δ E-Effekt erklärbar sind. (J. appl. Physics **23**. 574—77. Mai 1952.) H. FAHLENBRACH. 159

A_5. Kolloidchemie. Grenzschichtforschung.

H. Reerink und **J. Th. G. Overbeek**, *Die Koagulationsgeschwindigkeit als ein Maß für die Stabilität von Silberjodidsolen.* Die Form der Energiebarriere zwischen zwei Solteilchen kann nach VERWEY u. OVERBEEK aus der elektr. Abstoßung u. der VAN DER WAALSschen Anziehung berechnet werden. Sind keine Abstoßungskräfte vorhanden, so führt jeder Zusammenstoß von zwei koll. Teilchen zur Koagulation (schnelle Koagulation). Ist die Abstoßungsenergie nicht 0, so führt nur ein Teil 1/W der Zusammenstöße zur Koagulation (langsame Koagulation). Mit wachsender Abstoßung nimmt der Wert für W zu. W kann daher als ein quantitatives Maß für die Stabilität von Solen benutzt werden, u. Vff. nennen W den Stabilitätsfaktor. Aus der numer. Berechnung für monodisperse Sole mit sphär. Teilchen folgt, daß der Wert von W in erster Linie von der Höhe V_m der Energiebarriere bestimmt wird u. daß eine fast lineare Beziehung zwischen W u. log c_e (c_e = Konz. der Elektrolyte) besteht. Näherungsgleichungen werden für die Beziehungen zwischen W u. V_m u. zwischen W u. der Konz. u. Valenz der Elektrolyte, der VAN DER WAALSschen Konstante, dem Oberflächenpotential u. dem Teilchenradius abgeleitet. Zur Überprüfung der Theorie wurden experimentelle Unterss. an 5 verschieden hergestellten AgJ-Solen mit den Elektrolyten $La(NO_3)_3$, $Ba(NO_3)_2$ u. KNO_3 durchgeführt. Die Änderung der Trübung wurde bei den Verss. als Maß für die Koagulationsgeschwindigkeit benutzt. Die Experimente der Vff. u. anderer Autoren zeigten eine gute Übereinstimmung mit der Theorie hinsichtlich der linearen Abhängigkeit zwischen W u. log c_e. Für kleine Teilchen stimmen auch die absol. Werte des Oberflächenpotentials u. der VAN DER WAALSschen Konstante gut überein. Bei gröberen Solen lagen jedoch die berechneten Werte für das Oberflächenpotential zu niedrig. (Discuss. Faraday Soc. **18**. 74—84. 1954. Utrecht, Univ., van't Hoff-Labor.) G. WILLE. 163

G. H. Jonker und **H. R. Kruyt**, *Flockung und Rekristallisation in frisch hergestellten Silberbromidsolen.* Vff. untersuchten die Alterung verd. AgBr-Sole mit Hilfe von Extinktionsmessungen. Sole, die anfangs sehr kleine Teilchen enthalten, sind niemals stabil, sondern sie flocken zu größeren Teilchen aus. Die Teilchengröße ist abhängig von dem Überschuß der Konz. an Ag- u. Br-Ionen. In sehr verd. Solen beobachteten Vff. einen neuen Typ der Vergröberung, u. zwar in einem Bereich, in dem die Sole eine verhältnismäßig hohe negative Ladung besitzen. Die niedrigste Solkonz., bei der dieser Effekt auftritt, ist abhängig von der Löslichkeit des AgBr. Aus theoret. Überlegungen der Vff. geht hervor, daß dieser neue Typ der Vergröberung von AgBr-Solen durch Rekristallisation u. anschließende orientierte Flockung verursacht wird. (Discuss. Faraday Soc. **18**. 170—80. 1954. Eindhoven, Philips Res. Labor.; Utrecht, van't Hoff-Labor.) G. WILLE. 163

M. L. Lakhanpal und **B. R. Puri**, *Kochpunkt von capillarkondensiertem Wasser.* Vf. entwickelt eine einfache Meth. zur Best. des Kp. von Capillarkondensaten. Die apparative Anordnung besteht im wesentlichen aus einem kleinen Kolben, der das zu untersuchende Capillarsyst. enthält. Der Kolben ist zuerst evakuiert, u. ein Manometer registriert den Dampfdruck der zu untersuchenden Fl., die beim Erhitzen schließlich einen Dampfdruck von 1 at erreicht. Die Temp., bei der 1 at erzielt wird, gibt dann den Kp. an. Vf. verwendete als Fl. W. u. als Capillarsyst. verschied. poröse Körper, wie Silicagel, Zucker, Holzkohle, eine Beton- u. eine Lehmprobe. Für einen gegebenen Capillarradius ist der Kp. ungefähr gleich, unabhängig von der Natur des Adsorbens u. der in ihm kondensierten Flüssigkeitsmenge. Ergebnisse: Kp. von kondensiertem W. in Poren vom Radius 1060, 102, 30, 15,5 u. 9 Å war 2,4, 4,9, 12,6, 21,2 u. 34,1°. Diese Werte stimmen gut mit thermodynam. Berechnungen, basierend auf der Theorie der

Capillarkondensation, überein. (Nature [London] **172**. 917. 14/11. 1953. Hoshiarpur, Panjab Univ., Dep. of Chem.) V. BUTSCHAK. 165

Hiroshi Fujita, *Das exakte Modell einer konzentrationsabhängigen Diffusion in einem halbunendlichen Medium.* 3. Mitt. (2. vgl. C. **1953**. 7242.) Die FICKsche Diffusionsgleichung in einer Dimension mit einem Diffusionskoeff. D der Form $D(C) = D(0)/1 + 2aC + bC^2$, wobei a, b Konstanten, C = Konz. der diffundierenden Substanz sind, wird mathemat. aufgelöst u. an einem Zahlenbeispiel erläutert. Die Rechnungen dienen der quantitativen Behandlung der Diffusionsvorgänge einer niedrigmol. Verb. in einem makromol. Festkörper. (Textile Res. J. **24**. 234—40. März 1954. Maizuru, Kyoto Univ., Fac. of Agricult., Dep. of Fisheries.) H. ZAHN. 171

Vera Osman Krakauer, *Bemerkung über die Verwendung der Reinerschen Gleichung zur Erkennung von pseudoplastischen Stoffen aus ihren Fließkurven.* Bei der Entw. ihrer Fließgleichung in Viscosimetern mit rotierenden konzentr. Zylindern haben REINER u. RIVLIN (vgl. Kolloid-Z. **43**. [1927.] 1) darauf hingewiesen, daß bei Stoffen, welche eine untere Fließgrenze besitzen, das Fließen nicht sofort einsetzt, sondern erst bei einem Drehmoment T_0 beginnt, wo $T_0 = 2\pi r_b^2 h f$, u. laminares Fließen erst bei einem Drehmoment T_2 einsetzt, wo $T_2 = 2\pi r_c^2 h f$ ist. Es bedeuten r_c den Radius des äußeren Zylinders, r_b den des inneren Zylinders, f die untere Fließgrenze in dyn·cm u. h die Höhe des eingetauchten Teils des inneren Zylinders. An 2 Beispielen zeigt Vf., wie man aus den experimentellen Fließkurven einwandfrei feststellen kann, ob es sich bei der untersuchten Substanz um einen nichtthixotropen BINGHAMschen Körper oder um eine pseudoplast. Substanz handelt. Als nicht thixotrope Substanz wurde ein *Tomaten-Ketchup* u. als pseudoplast. Substanz eine Lsg. von *Äthylcellulose* in 20% Methylamylalkohol u. 80% Toluol verwendet. (J. appl. Physics **21**. 850—52. Sept. 1950. New York, N. Y., Interchem. Corp.) C. GOTTFRIED. 173

B. P. Bering und **W. W. Sserpinski**, *Adsorption eines Gasgemisches.* 3. Mitt. *Über die Möglichkeit einer statistischen Behandlung der Erscheinungen der Adsorption von Gasgemischen.* (2. vgl. C. **1955**. 7403.) Vff. untersuchten den Einfl., den die einzelnen Komponenten eines Gemisches auf den Adsorptionsvorgang haben. Sie kommen auf theoret. Wege zu der Gleichung: $(b_2''/b_1''):(b_2'/b_1') = \exp(\varepsilon_1'' - \varepsilon_1')(\beta - 1)RT$, wo ε_1'' u. ε_1' = die Adsorptionsenergie der ersten Komponente, b'' bzw. b' = Adsorptionskoeff. der Komponente an den verschied. Stellen der Oberfläche bedeuten. Die berechneten Werte zeigen Abweichungen bis 7% von den früher (l. c.) ermittelten experimentellen Werten für bin. Gasgemische (*Äthylen-CO_2* u. Äthylen-*Propylen*) an akt. Kohle. (Известия Академии Наук СССР, Отделение Химических Наук [Nachr. Akad. Wiss. UdSSR, Abt. chem. Wiss.] **1953**. 37—47. Jan./Febr.) G. ADOLPHI. 176

F. F. Wolkenstein, *Über zwei Typen der homöopolaren Bindung bei der chemischen Adsorption.* Bei der Betrachtung des Elektronenaustausches zwischen Adsorbensoberfläche u. adsorbierten Atomen beschränkt sich Vf. auf den einfachen Fall, daß an der Kristalloberfläche einwertige Atome oder Radikale adsorbiert sind. Mechanismus u. Bedingungen des Überganges dieser Atome oder Radikale aus dem Zustand der ungesätt. in den der gesätt. Valenz u. umgekehrt werden ausführlich erörtert. Der Übergang des adsorbierten Atoms aus der Einelektronen- (schwachen) Bindung in die Zweielektronen- (starke) Bindung bedeutet eine Lokalisierung u. Delokalisierung des Elektrons in der Nähe des adsorbierten Atoms. Es ist ein exothermer u. ein endothermer Mechanismus der „Bindungsstabilisierung" möglich, im ersten Fall begleitet vom Austritt eines Elektrons aus dem Leitfähigkeitsband, im zweiten Fall vom Auftreten eines freien Loches in dem Grundband. Die Abschwächung der Bindung kann ebenfalls exotherm u. endotherm verlaufen. Die Wahrscheinlichkeit einer „starken" Bindung des adsorbierten Atoms ist gek. durch η, vom Vf. „Bindungsgrad" genannt. Diese Größe charakterisiert auch die mittlere Lebensdauer der „festen" Bindung des adsorbierten Atoms, ferner dessen Ionisationsgrad. Die Größe η ist abhängig von der Konz. n des Elektronengases an der Kristalloberfläche. Da ein Zusatz von Donorgemisch den n-Wert erhöht, wird dadurch ηA erhöht, ηB vermindert (A u. B elektropositives bzw. negatives Atom). Eine Acceptorbeimischung hat die entgegengesetzte Wirkung. (Журнал Физической Химии [J. physik. Chem.] **28**. 422—32. März 1954. Inst. für physik. Chem. der Akad. der Wiss. der UdSSR.) O. LEBTAG. 176

P. R. Sinha und **A. K. Choudhury**, *Adsorption von Phosphat und anderen Anionen an Aluminiumoxyd.* Anionen, wie Cl^-, SO_4^{2-}, CrO_4^{2-} usw., werden von Al_2O_3 (I) nur locker adsorbiert u. sind schon durch die OH^--Ionen des W. u. wss. A. austauschbar. PO_4^{3-}-Ionen (II) werden dagegen von I in erheblich stärkerem Maße gebunden u. sind durch andere Anionen schwerer austauschbar. Oxalat- (III) u. Citrationen (IV) vermögen die an I adsorbierten II zu eluieren, wobei äquivalente Mengen Al mit in Lsg. gehen.

Auch F^--Ionen (V) können an I gebundene II ersetzen, wobei kein Al in Lsg. geht. Vff. nehmen die Bldg. von unlösl. Al-Phosphaten bzw. deren Hydraten auf der Oberfläche des I an, welche in Lsgg. von III u. IV lösl. sind. Im Falle des Austausches II gegen V wird die Bldg. von unlösl. Al-Fluorid angenommen. (J. Indian chem. Soc. 31. 211—19. März 1954. Calcutta, Bengal, Coll. of Engng. Dep., Phys. Chem. Sect.) H. LAMP. 176

Anthony M. Schwartz et James W. Perry, Chimie et technologie des agents tensio-actifs. Paris: Dunod. 1955. (XVIII + 578 S. m. Abb.) fr. 4600,—.

A₆. Strukturforschung.

P. A. Stojanow, *Methodik zur Bestimmung des Auflösungsvermögens des Elektronenmikroskops.* Die Best. des Auflösungsvermögens eines Elektronenmikroskops aus dem Abstand der Bilder zweier gerade noch getrennt abbildbarer kleiner Teilchen führt nur dann zu zuverlässigen Ergebnissen, wenn 1. die elektronenopt. Vergrößerung hinreichend hoch ist, 2. das Bild richtig scharfgestellt ist, wofür die FRESNEL-Säume um die größeren Teilchen das Kriterium liefern, 3. das Auflösungsvermögen in zwei zueinander senkrechten Richtungen gemessen wird, 4. die Messung des Auflösungsvermögens photometr. unter Berücksichtigung der Schwärzungskurve der photograph. Platte erfolgt, 5. ein geeignetes Objekt verwandt wird, welches Teilchen von nicht allzu einheitlicher Größe enthält u. genug Kontrast gibt. (Журнал Технической Физики [J. techn. Physik] 24. 1851—58. Okt. 1954.) F. LENZ. 181

J. C. Burfoot, *Numerische Bahnberechnung in Elektronenlinsen.* Für die numer. Integration der achsennahen Bahngleichung in rotationssymm. Elektronenlinsen wird die Integrationsmeth. von FOX u. GOODWIN (Proc. Cambridge philos. Soc. **45**. [1949.] 373) angewandt, die selbst bei hohen Anforderungen an die Genauigkeit eine schnellere u. einfachere Durchführung der Rechnung ermöglicht als die bisher in den einschlägigen Veröffentlichungen verwandten Verfahren. (Brit. J. appl. Physics **3**. 22—24. Jan. 1952. Cambridge, Cavendish Labor.) F. LENZ. 181

H. Brasseur, *Die Bestimmung der Kristallstrukturen.* Zusammenfassender Überblick über die Grundlagen u. den Gang einer Strukturanalyse, jedoch ohne Berücksichtigung der FOURIER-Analyse. (Ind. chim. belge **19**. 601—06. Juni 1954. Liège, Univ.) C. GOTTFRIED. 181

Howard T. Evans jr., *Verwendung eines Geiger-Zählers für die Messung von Röntgenstrahlenintensitäten von kleinen Einkristallen.* Vf. beschreibt eine WEISSENBERG-Kamera, in die an Stelle des Filmhalters ein GEIGER-Zähler derart eingebaut ist, daß die Intensitäten der Interferenzen eines kleinen Einkristalls registriert werden können. Als Anwendungsbeispiel wird die Unters. der Intensitäten von tetragonalem $BaTiO_3$ genau beschrieben. (Rev. sci. Instruments **24**. 156—61. Febr. 1953. Irvington-on-Hudson, N. Y., Philips Labor., Inc.) C. GOTTFRIED. 181

Karl E. Beu, *Über die Verwendung von Röntgenfilm zur quantitativen Messung der Intensitäten der Interferenzen.* Da die Verwendung von Röntgenfilmen zur quantitativen Messung von Interferenzlinien oder Interferenzmaxima prim. durch die Kornfeinheit der Filme begrenzt ist, untersuchte Vf. mikrophotometr. an Aufnahmen von 1,9% Austenit enthaltendem Stahl u. von Fe_3C die Körnungscharakteristiken von 2 verschied. im Handel befindlichen Röntgenfilmen. Auf Grund seiner Unterss. kommt Vf. zu dem Ergebnis, daß 3 Faktoren bes. berücksichtigt werden müssen, u. zwar zunächst die Geschwindigkeit des Films bei der Photometrierung, die für den Nachw. kleiner Beugungsmaxima verlangte Empfindlichkeit u. schließlich die Auflösung zur Trennung benachbarter Maxima auf der Photometerregistrierung. Wenn gleichzeitig maximale Empfindlichkeit u. Auflösung verlangt werden, dann muß man einen feinkörnigen Film benutzen, der eine längere Belichtungsdauer verlangt. Wird nur Empfindlichkeit verlangt, dann kann man auch grobkörnige Filme verwenden. (Rev. sci. Instruments **24**. 103—08. Febr. 1953. Detroit, Mich., Gen. Motors Corp., Res. Labor. Div.) C. GOTTFRIED. 181

Hide Yoshioka, *Über die anomale Absorption von Röntgenstrahlen durch Kristalle in der Stellung der Bragg-Reflexion.* Mit einem Zweikristallspektrometer u. GEIGER-MÜLLER-Zählrohr maß Vf. die Intensitäten der durchfallenden u. reflektierten MoK_α- u. CuK_α-Strahlung durch u. an Platten von *Calcit*, *Topas* u. *Pyrit* in der Stellung der BRAGG-Reflexion. Für MoK_α-Strahlung zeigte die durchfallende Strahlung für die 3 Kristalle ein Minimum bei den entsprechenden BRAGG-Winkeln; die erhaltene Intensitätskurve war jedoch mit Bezug auf das Minimum asymm. insofern, als die Intensität auf der Seite kleinerer Glanzwinkel größer war als auf der anderen Seite. Für CuK_α-Strahlung zeigte die Kurve der durchfallenden Strahlung bei Calcit ein Maximum nahe dem BRAGG-Winkel, das von einem kleinen Minimum auf der Seite größerer Glanzwinkel begleitet war. (J. physic. Soc. Japan **9**. 636—40. Juli/Aug. 1954. Nagoya, Univ., Phys. Inst. [Orig.: engl.]) C. GOTTFRIED. 181

W. J. Orville-Thomas, *Die Struktur des dimeren Stickoxyds.* Vf. diskutiert die von verschied. Autoren vorgeschlagenen Strukturen des N_2O_2 auf Grund der aus der Literatur bekannten Untersuchungen. (J. chem. Physics **22**. 1267—68. Juli 1954. Durham, N. C., Duke Univ., Dep. of Phys.) J. SIEWERT. 182

Joseph S. Ziomek und **Cecil B. Mast,** *Das bipyramidale XY_5-Molekülmodell. 1. Mitt. Das klassische Schwingungsproblem.* Nach den Methoden der Gruppentheorie werden von Vff. für das bipyramidale XY_5-Molekülmodell aus den geometr. u. Symmetrieeigg. Ansätze zur Berechnung der kinet. u. harmon. Potentialenergien der erlaubten Schwingungen angegeben. Ferner werden die 3. u. 4. Potenzanteile der anharmon. Potentialfunktionen u. die Komponenten des angularen Schwingungsmomentes abgeleitet. Schließlich wird die vollständige Valenzpotentialfunktion gegeben. (J. chem. Physics **21**. 862—69. Mai 1953. Chicago, Ill., Paul Univ.) K. FRENKLER. 182

Sukeaki Hosoya, *Über die Umwandlungstemperatur der Molekularrotation in langkettigen Verbindungen mit dem diskontinuierlichen Modell.* Mit Hilfe der BETHEschen Approximation diskutiert Vf. die in einigen langkettigen Verbb. beobachtete Rotationsumwandlung, u. zwar unter der Annahme, daß die starren Moll. die starren 2dimensionalen dreieckigen Gitterpunkte besetzen u. daß sie um ihre Achsen nur 3 Orientierungen einnehmen können. Es sind 4 Arten von Wechselwirkungsenergien in Betracht zu ziehen. Die Berechnungen beziehen sich darauf, welche Werte von Wechselwirkungsenergien den Übergang zu einer Anordnung vom Paraffintyp möglich machen u. wie weiter die Umwandlungstemp. von diesen Energiewerten abhängt. Es wird gleichzeitig ein anderer Typ von geordneter Anordnung untersucht, in dem alle Moll. die gleiche Orientierung haben. (J. physic. Soc. Japan **9**. 524—30. Juli/Aug. 1954. Tokyo, Univ., Coll. of Gen. Educat., Inst. of Phys. [Orig.: engl.]) C. GOTTFRIED. 182

D. P. Jenkins und **L. Pincherle,** *Ein Variationsprinzip für elektronische Wellenfunktionen in Kristallen.* Vff. formulierten ein Variationsprinzip, welches die Energieniveaus der Elektronen in polyatomaren Gittern liefert. Mit Hilfe dieses Prinzips wurden Berechnungen über die Valenzbanden des *PbS* durchgeführt. (Philos. Mag. [7] **45**. 93—99. Jan. 1954. Min. of Supply, Radar Res. Establ.) C. GOTTFRIED. 182

G. G. Lemmlein, *Über die Bedingungen der experimentellen Gewinnung von Kristallen der Gleichgewichtsform.* Eine gesätt. Lsg. ist nicht eine solche, in der der Kristall nicht wächst u. sich nicht löst, sondern eine solche, in der der Kristall mit gleicher Geschwindigkeit sich auflöst u. wächst. Für die Einstellung des Gleichgewichts spielt die Konz. der Lsg. eine wesentliche Rolle. Ein kleiner Kristall erreicht das Gleichgewicht rascher als ein größerer; die Löslichkeit (Sättigungskonz.) hängt stark von den Kristalldimensionen ab. Die Kristalle sollen möglichst gleichmäßig sein, das Vol. der den Kristall umgebenden Lsg. von gleicher Größenordnung wie der Kristall selbst. Zweckmäßig verwendet man für Gleichgewichtsverss. Substanzen von hoher Löslichkeit, damit die Einstellung des Gleichgewichts nicht zuviel Zeit erfordert. (Доклады Академии Наук СССР [Ber. Akad. Wiss. UdSSR] [N. S.] **98**. 973—74. 21/10. 1954. Inst. für Kristallographie der Akad. der Wiss. der UdSSR.) R. K. MÜLLER. 190

Hideji Suzuki, *Eine Theorie der Bildung von Gleitbanden in flächenzentriert kubischen Kristallen.* Vf. entwickelt eine Theorie der Gleitbandenbldg. in einem flächenzentriert-kub. Kristall, wobei er von 3 Annahmen ausgeht, von denen die eine eine FRANK-READ-Quelle ist, die Versetzungen in aufeinanderfolgenden Atomebenen vervielfacht, die zweite die zusammenfassende Wrkg. von FRANK-READ-Quellen u. die dritte die verschied. Verteilung der Versetzungen in der Nähe der freien Oberfläche gegenüber der im Innern des Kristalls. Mit Hilfe der ersten 2 Annahmen konnten ca. 1000 Versetzungen von jeder Quelle unter der krit. Scherspannung der Quelle ohne dynam. Einflüsse vervielfacht werden. Mit Hilfe der dritten Annahme läßt sich der Unterschied in den Oberflächenstrukturen zwischen abgeschliffenen u. nichtabgeschliffenen Kristallen erläutern. (J. physic. Soc. Japan **9**. 531—40. Juli/Aug. 1954. Sendai, Univ., Res. Inst. for Iron, Steel and Other Metals. [Orig.: engl.]) C. GOTTFRIED. 190

M. P. Mochnatkin, *Über die polymorphen Umwandlungen von Ammoniumnitrat.* Durch Vgl. der von LESSKOWITSCH (C. **1953**. 1136 u. **1954**. 3410) erhaltenen Kurven über die Einflüsse des Druckes auf die Phasenumwandlungen von NH_4NO_3 mit den Ergebnissen von TAMMANN [1913] wird gezeigt, daß die Kurve der Phasenumwandlungen $\beta \rightarrow \gamma$ von LESSKOWITSCH ganz im Gebiet der stabilen β-Phase liegt, wo von Phasenumwandlungen nicht gesprochen werden kann. Damit entfallen auch die von ihm hieraus gezogenen Schlußfolgerungen. Statt der Phasenumwandlungen hat LESSKOWITSCH in Wirklichkeit die Komprimierbarkeit von NH_4NO_3 bei verschied. Tempp. untersucht. (Журнал Физической Химии [J. physik. Chem.] **28.** 552—53. März 1954. Saratow, Pädagog. Inst.) O. LEBTAG. 190

Maurice Bernard und **Jean Jaffray,** *Die Übergänge, die bei den Kaliumsulfatkristallen auftreten.* Es werden die Eigg. der polymorphen Umwandlung von K_2SO_4-Kristallen, Übergang vom orthorhomb. in das hexagonale Gitter infolge Temperaturerhöhung, untersucht. Mittels der differentiellen therm. Analyse u. Dilatometrie wird diese Umwandlungstemp. im Gegensatz zu Literaturangaben (z. B. 585, 587, 588, 600 oder 610°) zu 586 ± 2° genau bestimmt. Des weiteren können Vff. drei neue Umwandlungen bei 300 ± 2, 350 ± 3 u. 449 ± 3° nachweisen. Es ließ sich jedoch nicht bestätigen, ob diese therm. Phänomene durch die Mitwrkg. einer latenten Wärme oder vielmehr einfach durch eine Anomalie der spezif. Wärme bedingt werden. (C. R. hebd. Séances Acad. Sci. **240.** 1078—80. 7/3. 1955.) H. SURAWSKI. 190

Dorothy G. Bell, *Gruppentheorie und Kristallgitter.* Theoret. Berechnungen. (Rev. mod. Physics **26.** 311—20. Juli 1954. Great Malvern, Radar Res. Establ.) C. GOTTFRIED. 195

Kiichi Sakurai und **Yujiro Tomiie,** *Die Kristallstruktur von Hydrazoniumbromid, N_2H_5Br.* Vff. bestimmten parallel zu ihren Unterss. an $N_2H_6SO_4$ u. N_2H_5Cl die Kristallstruktur von N_2H_5Br. Die Verb. krist. monoklin, Raumgruppe C_{2h}^6 — C 2/c; Gitterkonstanten: a = 12,85, b = 4,54 (Nadelachse), c = 11,94 Å, β = 110°16′; Z = 8. Best. der Atomkoordinaten nach „trial and error", PATTERSON u. FOURIER erbrachte die Atomabstände, bes. $N_I—N_{II}$ = 1,45 Å, wie im N_2H_5Cl. Zusammenhalt der Kationen durch Wasserstoffbrücken unter Bldg. „unendlicher Spiralketten" entlang der b-Achse. (Acta crystallogr. [Copenhagen] **5.** 289. März 1952. Nakanoshima, Osaka, Osaka Univ., Fac. of Sci.) G. RUBAN. 195

A. M. Subko und **Je. S. Spektor,** *Röntgenographische Untersuchung von Strukturänderungen in Hochofenkoksen.* Proben von Hochofenkoks, die aus verschied. Höhen des Hochofens entnommen sind, werden nach Entaschung in Vakuumkammern von 80 u. 114 mm Durchmesser der Röntgenunters. unterworfen. Es zeigt sich eine von oben nach unten zunehmende Verschärfung der für Graphitkristalle charakterist. Linien 1 0 1 u. 1 1 2, die bei den Proben vom Herd erstmals deutlich erkennbar sind. In der Gicht hat der Koks deutlich ausgeprägte Netzstruktur, die auf der Rast nur quantitativ verändert wird; in den unteren Horizonten wird ein Teil graphitisiert, der Koks wird strukturell uneinheitlich u. besteht aus Netz-C u. Graphitkristallen. Diese Ergebnisse haben insofern prakt. Bedeutung, weil die Geschwindigkeit der Rk. zwischen C u. CO_2 bei 900 bis 1100° für nichtgraphitisierten C 4mal größer ist als für Graphit. Proben aus gleichen Horizonten verschied. Hochöfen zeigen Unterschiede; die Graphitisierung beginnt auf Horizonten verschied. Höhe. (Доклады Академии Наук СССР [Ber. Akad. Wiss. UdSSR] [N. S.] **99.** 251—53. 1 Tafel. 11/11. 1954. Inst. für Metallkunde u. Metallphys. des Zentr. wiss. Forschungsinst. für Eisenmetalle.) R. K. MÜLLER. 195

N. W. Gliki, *Über einige Besonderheiten der inneren Struktur der Kristalle von Siliciumcarbid und des Spiralmikroreliefs ihrer Flächen.* (Vgl. C. **1954.** 9469.) Bei SiC stellt eine Kristallfläche eine Oberfläche mit ständig wechselndem Mikrorelief dar, dessen Elemente nur in kleinen Flächenteilchen u. Zeiträumen homothet. wachsen. Die Struktur der realen SiC-Kristalle ist sehr variabel; bei Zugbeanspruchung ändert sich die sek. Periodizität unter Erhaltung der prim. Grundperiodizität. Nur in kleinen Bereichen des Kristallkörpers bleibt das Gesetz der Schichtpackung in Geltung; den durch dieses Gesetz bestimmten Teilen entsprechen die einzelnen Teile mit Spiralstruktur. Auf den höheren Spiralstufen bilden sich Querstufen aus, vermutlich durch plast. Verformung des Kristalls; die Querstufen sind nicht zu hoch, als daß eine helikoidale Schicht sich ohne Störung ihrer Kontinuität in eine ebene Schicht umwandeln kann. (Доклады Академии Наук СССР [Ber. Akad. Wiss. UdSSR] [N. S.] **99.** 255—58. 1 Tafel. 11/11. 1954. Inst. für Kristallographie der Akad. der Wiss. der UdSSR.) R. K. MÜLLER. 195

Georg Lundgren, *Die Kristallstruktur von $U(OH)_2SO_4$.* Beim 7tägigen Erhitzen von U(IV)-Sulfat (10 cm³) in verschlossenen Glasröhren auf 100—150° bildet sich $U(OH)_2SO_4$ als dunkelgrüner, kristalliner Niederschlag. Die Analyse ergibt die angegebene Zus. der Verbindung. Aus Drehkristall- u. WEISSENBERG-Aufnahmen wird auf die Isomorphie mit $Th(OH)_2SO_4$ (vgl. Ark. Kemi **2.** [1950.] 535) geschlossen. Die rhomb.-raumzentrierte Elementarzelle mit a = 11,572 ± 0,005, b = 5,926 ± 0,005, c = 6,969 ± 0,005 Å enthält 4 Formeleinheiten. Es wird eine Struktur in D_{2h}^{16} — P n m a vorgeschlagen mit den Atomlagen: 4U in 4(c) x = 0,064 ± 0,003, y = 0,25, z = 0,148 ± 0,005; 4 S in 4(c, x = 0,36, y = 0,25, z = 0,95; $4O_U(OH)$ in 8(d) x = 0,41, y = 0 ± 0,03, z = 0,39)

$4O_1$ in 4(c) x = 0,47, y = 0,25, z = 0,05; $4O_2$ in 4(c) x = 0,27, y = 0,25, z = 0,10; $8O_3$ in 8(d) x = 0,35, y = 0,05, z = 0,83. Die Metall- u. Hydroxylionen bilden Zickzackketten in Richtung der y-Achse mit kürzesten U–U-Abständen von 3,90 Å. Die U–O-Bindungen sind hauptächlich ion. Art. Der Zusammenhalt der $U(OH)_2$-Ketten erfolgt durch SO_4-Ionen. (Ark. Kemi **4**. 421–28. 1952. Stockholm, Royal Inst. of Technol., Dep. of Inorg. Chem.; Univ., Dep. of Inorg. and Phys. Chem., Försvarets forskningsanstalt, Avd. 1.) W. KRÖNERT. 195

G. Butler und **H. R. Thirsk**, *Durch Elektronenbeugung erbrachter Beweis der Existenz und Feinstruktur einer Kryptomelanmodifikation des Mangandioxyds, dargestellt in Abwesenheit von Kalium.* Darst. der Verb. erfolgte durch Oxydation von $MnSO_4$, u. zwar 1. nach GLEMSER mittels $(NH_4)_2S_2O_8$ u. zum Vgl. 2. mittels $KMnO_4$. Das nach 1. gefällte Oxyd besaß die analyt. Zus. $MnO_{1,95}\cdot 0,25\ H_2O$; seine röntgenograph. Unters. ergab im Pulververf. nur das Auftreten von 6 diffusen Ringen; mittels Elektronenbeugung u. elektronenmkr. Unters. jedoch gelang es, ihm eine innenzentrierte tetragonale Elementarzelle zuzuordnen, deren Dimensionen (a = 9,88 ± 0,03, c = 2,845 ± 0,005 Å) nur wenig von den für Kryptomelan (a = 9,83, c = 2,862 Å) bzw. das nach 2. hergestellte Oxyd (a = 9,81 ± 0,03, c = 2,86 ± 0,01 Å) gefundenen Werten abweichen. Die Übereinstimmung zwischen Kryptomelan u. dem 1. Oxyd kann mit einem Ersatz der K-Ionen im Gitter durch NH_4-Ionen erklärt werden. (Acta crystallogr. [Copenhagen] **5**. 288–89. März 1952. Newcastle-upon-Tyne, Univ. of Durham, King's Coll., Labor. of Physic. Chem. and Coke Res.) G. RUBAN. 195

Ennio Lazzarini und **Fiorenzo Mazzi**, *Kristallographische und strukturelle Untersuchungen an Kupfer(II)-methylaminbromid.* Kristallograph., opt. u. röntgenograph. wurde $Cu(CH_3NH_2)_4Br_2$ untersucht. Zur Darst. wurde zu einer gesätt. Lsg. von $CuBr_2$ eine 40%ig. Lsg. von Methylamin gegeben, u. zwar in einem Überschuß gegenüber einem stöchiometr. Verhältnis von 1:4. Bei Zimmertemp. bildeten sich dunkelblauviolette Mikrokristalle, die nach Abfiltrieren aus W. nach Zusatz von etwas Methylamin durch Abkühlen der Lsg. auf 0° umkrist. wurden. Die Kristalle haben tafelförmigen Habitus, zers. sich leicht an der Luft unter Abgabe von Methylamin, sind jedoch in einer Atmosphäre von Methylamin beständig. Die goniometr. Vermessung ergab monokline Symmetrie mit dem Achsenverhältnis a:b:c = 1,181:1:0,722, β = 118°7'. Die Kristalle sind 2achsig doppelbrechend u. opt. positiv. Die β-Achse der Indicatrix fällt mit der kristallograph. y-Achse zusammen, die Auslöschungsschiefe beträgt γ:z = 33°. Die Brechungsindices für Na-Licht sind α = 1,633, β = 1,639, γ = 1,650 (alle ± 0,002), 2 V (berechnet) = 72°54'. Die Kristalle sind pleochroit. mit α blauviolett, β violett u. γ dunkelviolett. Drehkristall- u. WEISSENBERG-Aufnahmen lieferten die Zelldimensionen a = 10,83 ± 0,02 Å; b = 9,18 ± 0,02 Å; c = 6,74 ± 0,01 Å. Raumgruppe ist $P\,2_1/a - C_{2h}^5$; Z = 2. Die Struktur wurde mittels PATTERSON- u. FOURIER-Projektionen aufgeklärt. Die gefundenen Parameter sind: Cu (x =) 0; (y =) 0; (z =) 0; Br: 0,142; 0,142; –0,267; N_1: 0,183; –0,033; 0,317; N_2: –0,042; 0,192; 0,133; C_1: 0,300; 0,033; 0,300; C_2: 0,017; 0,317; 0,067. In dem Gitter ist jedes Cu-Atom mit 4 Methylamingruppen u. 2 Br-Atomen unter Bldg. eines verzerrten Oktaeders koordiniert. Die Bindungslängen u. Bindungswinkel, ebenso wie die Molekülabstände sind n. bis auf den Abstand Cu–N, der 2,12 bzw. 2,14 Å beträgt statt 1,98 bzw. 2,01 Å. (Periodico Mineralog. **23**. 195 bis 221. 1954. Pavia, Univ., Ist. di Mineralogia e Petrografia.) C. GOTTFRIED. 195

Marco Leone und **Francesco Sgarlata**, *Struktur des Kröhnkits und Beitrag zur Kristallchemie des Kupfers.* Röntgenograph. wurde synthet. nach der Meth. von BENRATH (Z. anorg. Chem. **179**. [1929.] 369) dargestellter Kröhnkit, $Na_2Cu(SO_4)_2\cdot 2H_2O$, untersucht. Die goniometr. Vermessung ergab monokline Symmetrie mit β = 106°20'. Drehkristall- u. WEISSENBERG-Aufnahmen ergaben eine Zelle mit a = 5,78 Å; b = 12,62 Å; c = 5,46 Å. Raumgruppe ist $C_{2h}^5 - P\,2_1/c$; Z = 2. Die Atomkoordinaten wurden mit Hilfe von PATTERSON-Projektionen erhalten, die nach der Meth. des steilsten Abfalls verbessert wurden. In dem Gitter liegen 2 Cu in 0 0 0; 0 ½ ½, die übrigen Atome in der allgemeinsten, vierzähligen Lage mit den Parametern S (x =) 0,247; (y =) 0,359; (z =) 0,034; Na: 0,415; 0,872; 0,820; O': 0,984; 0,162; 0,453; O'': 0,276; 0,072; 0,785; O''': 0,256; 0,035; 0,360; O'''': 0,454; 0,200; 0,504; H_2O: 0,818; 0,138; 0,913. In dem Gitter ist jedes S-Atom tetraedr. von 4 O-Atomen umgeben. Jedes Cu-Atom hat 4 nächste O-Atome als Nachbarn, die zu den SO_4-Gruppen gehören sowie 2 H_2O-Moll., welche zusammen ein leicht deformiertes Oktaeder um das Cu-Atom bilden. Aus den Atomabständen muß für die Verb. auf Ionencharakter geschlossen werden. Den Zustand doppelter Ionisation für das Cu kann man durch den Verlust des 4s-Elektrons u. eines der 3d-Elektronen erhalten, so daß also ein Elektron ungepaart ist, was den paramagnet. Charakter der Substanz bedingt. Der Zustand des Cu ist analog dem des Zustandes in $CuSO_4\cdot 5H_2O$, welches auch Ionencharakter besitzt. In dem Kröhnkit ist jedoch der

Abstand Cu—O geringer als in dem Pentahydrat. Dieser geringere Abstand wird vielleicht durch eine Vergrößerung des Einfl. des elektr. Kristallfeldes auf das Cu bedingt. (Periodico Mineralog. **23.** 223—34. 1954. Palermo, Univ., Ist. di Mineralogia.) C. GOTTFRIED. 195

Konrad Schubert, *Ortskorrelation der Elektronen in einigen tetragonal verzerrten A 1-Strukturen.* Für die L 1_0-Strukturen, die dem *NiZn* (Raumtemperaturmodifikation) verwandt sind, wurde ein Strukturargument aus dem Bandmodell der Elektronentheorie gegeben (SCHUBERT, Z. Metallkunde **43.** [1952.] 1). Aus diesem Strukturargument ergab sich eine Voraussage für die Änderung des Achsverhältnisses in Abhängigkeit von der Valenzelektronenkonzentration. Die experimentelle Nachprüfung zeigte, daß nicht alle Phasen die Voraussage erfüllen. Es ist daraus zu entnehmen, daß noch ein anderes Argument von Bedeutung für diesen Typ ist. Dieses Argument wird in der kristallinen Ortskorrelation gewisser Elektronen erblickt. Es wird vorgeschlagen, daß 10 Elektronen des Ni mit 2 Elektronen des Zn in Ortskorrelation stehen sollen u. daß die Ortskorrelation auch in Verbb. der Art *AuCu*, $CuTi_3$, ZrH_2 wirksam sei. Bei Verbb. der Art *NiMn* muß man, um zur gleichen Abzählung zu kommen, annehmen, daß 5 d-Elektronen des Mn nicht an der Korrelation teilnehmen. Man kann die Ortskorrelation mit 6 Elektronen je Atom bis 8 je Atom auffüllen u. gelangt dann zu Verbb. der Art *NaBi*, *MgZn*, *TiAg*, Mo_3N, Ni_2Ga. Wird die Zahl 8 überschritten, so lassen sich tetragonal gedehnte Strukturen beobachten. — Weitere Eigg. der betrachteten Legierungen passen zur Annahme einer kristallinen Ortskorrelation. (Z. Naturforsch. **9a.** 261—62. März 1954. Stuttgart, Max-Planck-Inst. für Metallforsch.) K. SCHUBERT. 197

P. I. Kripjakewitsch, *Abhängigkeit der quantitativen Phasenzusammensetzung vom Verhältnis der Atomradien bei einer Klasse intermetallischer Phasen.* In der Reihe *MgZn*, W_6Fe_3, $MgZn_2$ u. homöotype Gitter, $CaZn_5$, Mg_2Zn_{11}, $NaZn_{13}$ wächst die mittlere Koordinationszahl X—X u. R—X, wogegen R—R u. X—R abfallen (dabei bedeutet R die Komponente mit größerem Atomradius). In diesen Gittern besteht eine dichteste Packung von Atomen verschied. Größe, die kleineren Atome üben kräftige metall. Anziehung aufeinander aus, u. bei Vergrößerung des Radienquotienten r_R/r_X steigt der Geh. an X-Atomen. Dieses Ansteigen ist auf das Streben nach maximal dichter Packung zurückzuführen. (Доклады Академии Наук СССР [Ber. Akad. Wiss. UdSSR] [N. S.] **85.** 321—24. 11/7. 1952. Lwow, I. Franko Univ.) K. SCHUBERT. 197

J. H. Keeler, W. R. Hibbard jr. und **B. F. Decker,** *Texturen von gewalztem und wärmebehandeltem, aus Jodid dargestelltem, Zirkonium.* Die Texturen von heißgewalztem, kaltgewalztem sowie von kaltgewalzten u. wärmebehandelten Blechen von aus Jodid hergestelltem reinem Zr mit unter 0,3% Hf wurden mit dem Röntgengoniometer untersucht. Alle Texturen weisen eine Neigung der Basisflächen von $\pm 40°$ von der Walzebene um die Walzrichtung auf. Die Verformungsorientierung der kalt u. heiß gewalzten Bleche zeigt die Richtung [1 0 $\bar{1}$ 0] parallel zur Walzrichung. Die Rekristallisationstextur leitet sich aus der der Verformung ab durch eine Drehung um die (0 0 0 1)-Pole, die Richtung wird annähernd parallel der Walzrichtung. Texturen von abwechselnd kalt gewalzten u. dann angelassenen Blechen waren weniger genau orientiert als Bleche, die ohne Anlassen zwischen den Verformungsstufen nur verformt waren. (J. Metals **5.** 932—36. Juli 1953. **6.** Nr. 5. Sect. 2. Trans. AIME **200.** 699—700. Mai 1954. Schenectady, Gen. Electric Co.) F. VIER. 197

H. J. Hamjian und **W. G. Lidman,** *Verdichtung und Kinetik des Kornwachstums beim Sintern von Chromcarbid.* Beim Sintern unter der Temp. des F. sind 2 Stufen zu unterscheiden. In der 1. Stufe behalten die Körner im wesentlichen ihr ursprüngliches Aussehen, auch die Lücken zwischen den Körnern bleiben miteinander verbunden. In der 2. Stufe finden Verdichtungen statt, u. die Poren werden isoliert. Das Wachstum der Körner wird auf die verschied. Größen der Oberflächenenergie der einzelnen Körner zurückgeführt, die einzelne Körner auf Kosten der anderen wachsen läßt. Unterss. beim Sintern von Cr_3C_2 unter Druck haben zu folgenden Erkenntnissen geführt: Verdichtung tritt ein in der 2. Stufe des Sinterns, ebenso das Kornwachstum. Nach Beendigung des Verdichtens schreitet das Kornwachstum fort. Diese Phase wird als die 3. Stufe des Sinterns bezeichnet. Für das Kornwachstum gilt folgende empir. Gleichung: $D^n = Kt$, wobei D der Korndurchmesser, t die Zeit u. K u. n Konstanten sind. Beim Übergang von der 2. in die 3. Stufe verändert sich n. Die Aktivierungsenergie für das Kornwachstum in der 3. Stufe konnte berechnet werden. — Schrifttumsangaben. (J. Metals. **5.** Nr. 5. Sect. 2, Trans. AIME **197.** 696—99. Mai 1953. **6.** Nr. 5. Sect. 2, Trans. AIME **200.** 700. Mai 1954. Utica, N. Y., Utica Drop Forge Tool Corp.) F. VIER. 197

Adolph J. Lena, *Einfluß der σ-Phase auf die Eigenschaften von Legierungen.* Die Größe des Einfl., welchen die σ-Phase auf die Festigkeitseigg. u. die Korrosionsbeständigkeit von nichtrostenden Stählen ausübt, hängt nicht nur von der vorhandenen Menge der σ-Phase, sondern auch von ihrer Teilchengröße u. Verteilung ab. Erörtert wird ihr

Einfl. auf die Kerbempfindlichkeit, Bildsamkeit bei Raum- u. erhöhter Temp., auf die Zugfestigkeit u. die Korrosionsbeständigkeit. (Metal Progress **66.** Nr. 2. 94—99. 1/8. 1954.) H. HOCHSTEIN. 197

Gérard Fournet, *Theorie der Umwandlungen geordnet–regellos in binären Legierungen.* Theoret. Untersuchung. (C. R. hebd. Séances Acad. Sci. **232.** 155—57. 8/1. 1951.) C. GOTTFRIED. 197

Sukeaki Hosoya, *Übergänge geordnet–regellos in ternären Legierungen A_2BC mit dem ebenen quadratischen oder raumzentriert kubischen Gitter.* Mit Hilfe der BRAGG-WILLIAMSschen Approximation untersuchte der Vf. theoret. die tern. Legierung der Zus. A_2BC in dem ebenen quadrat. oder raumzentriert kub. Gitter, wobei nur Wechselwrkg. zwischen den erstnächsten Nachbarn angenommen wurde. Vernachlässigt wurde der Einfl. der Gitterschwingungen, die Deformation des Gitters u. die Änderung der Wechselwirkungsenergiewerte infolge Temp. u. Überganges in den geordneten Zustand; betrachtet wurden nur die Zustände im therm. Gleichgewicht. Unter diesen Voraussetzungen wurden die Abhängigkeiten ihrer Übergangstempp. geordnet–regellos u. ihrer Maximalwerte der spezif. Wärme von den Wechselwirkungsenergien bestimmt. Unter Vernachlässigung der Ordnungseinflüsse wurden außerdem die Absonderungstempp. berechnet. (J. physic. Soc. Japan **9.** 489—95. Juli/Aug. 1954. Tokyo, Univ., Coll. of Gen. Education, Inst. of Phys. [Orig.: engl.]) C. GOTTFRIED. 197

Shiro Ogawa und **Denjiro Watanabe,** *Elektronenbeugungsuntersuchung der geordneten Legierung CuAu.* (Vgl. C. **1955.** 8100.) Vff. untersuchten mittels Elektronenbeugung den geordneten Zustand einer 1 : 1-CuAu-Legierung mit Hilfe von gut orientierten dünnen Filmen. Zur Darst. der Filme wurde zunächst Au auf eine auf 400° erhitzte NaCl-Spaltfläche aufgedampft, hierauf Cu bei Zimmertemperatur. Nach Ablösen von der Unterlage wurde der Film zur Homogenisierung 7 Std. bei 320 oder 330° angelassen. Sofort nach der Homogenisierung entsprach das Diagramm einer tetragonalen Überstruktur, deren c-Achse auf die 3 ursprünglichen kub. Achsen verteilt ist. Von 350° abgeschreckte Filme zeigten, daß die Überstrukturinterferenzen diffus geworden waren; bei Abschrecken von 360° waren sie in Kreuze umgewandelt. Gleichzeitig erschienen 4 neue Interferenzen um die Lage des einfallenden Strahls u. jede der n. Interferenzen. Die Kreuze an den Stellen der Überstrukturinterferenzen wurden nach Abschrecken von 370 u. 380° scharf u. intensiv. Das Auftreten der Kreuze läßt sich durch Antiphasenbereiche erklären, die in der tetragonalen Überstruktur auftreten u. die zu der rhomb. Struktur CuAuII führen. Aus den neu auftretenden Interferenzen kann gefolgert werden, daß eine deutliche Gitterexpansion period. in jeder Phasengrenze der Antiphasenbereiche auftritt, u. zwar wegen der asymm. Verteilung der Au- u. Cu-Atome an den Phasengrenzen. Die Satelliten um die n. Interferenzen verdanken ihre Entstehung wahrscheinlich sek. elast. Streuung. Von Filmen, die 55% Au enthielten, wurde bei einer Temp. dicht unterhalb des krit. Punktes ein Diagramm erhalten, welches die Interferenzen von CuAuII u. der kub. Phase enthielt. Unterss. bei verschied. Tempp. ergeben, daß beide Phasen zwischen 357 u. 385° zusammen auftreten. (J. physic. Soc. Japan **9.** 475—88. Juli/Aug. 1954. Sendai, Tohoku Univ., Res. Inst. for Iron, Steel and other Metals. [Orig.: engl.]) C. GOTTFRIED. 197

Josef Nyström, *Calorimetrische und Widerstandsmessungen über die Umwandlungen in AuCu.* Vf. untersucht die Wärmeentw. in AuCu bei den Umwandlungen vom ungeordneten in den geordneten Zustand. Aus einer homogenisierten Probe AuCu wird ein Draht von 0,6 mm Durchmesser ausgewalzt u. gezogen. Die Befestigung der Probe in der App. u. die Best. der Wärmeentw. erfolgt wie in C. **1949.** E. 997. Die Genauigkeit, mit der nahe 400° eine Temp. konstant gehalten werden kann, beträgt 0,1°. Bei einer kurzen Erwärmung über die krit. Temp. von 408°, z. B. auf 420°, geht die Probe rasch unter Wärmeabsorption in den ungeordneten Zustand über. Anschließend steigt die Temp. sofort wieder um einige Zehntelgrade an, da der Widerstand der ungeordneten Legierung höher ist als der der geordneten. Die Ergebnisse werden mit den von BORELIUS (vgl. nachst. Ref.) errechneten Werten verglichen. Der elektr. Widerstand ist nahe bei 380° abhängig von der Vorbehandlung der Proben. AuCu II (orthorhomb., durch Glühen des ungeordneten Zustandes über 380°) hat einen höheren Widerstand als AuCu I (tetragonal, durch analoges Glühen unterhalb 380°). AuCu I (380°): $9{,}8 \cdot 10^{-6}$ Ohm·cm, AuCu II (380°): $11{,}6 \cdot 10^{-6}$ Ohm·cm, ungeordnet (408°): $16{,}9 \cdot 10^{-6}$ Ohm·cm. Da die Umwandlung sehr schnell verläuft, kann nur eine angenäherte Halbwertszeit für die Widerstandsänderung erhalten werden. Die Umwandlungsgeschwindigkeit zwischen AuCu I u. AuCu II ist kleiner als zwischen dem geordneten u. ungeordneten Zustand. Trägt man die Halbwertszeiten u. die Tempp. auf, so verlaufen die Kurven beider Umwandlungen parallel. Der höhere Widerstand von AuCu II kann dadurch erklärt werden, daß beim Übergang von AuCu I in II kleine Bezirke (mit 10 Atomabständen) um 1 Atomabstand verschoben werden. (Ark. Fysik **2.** 151—59. 1950. Stockholm, Royal Inst. of Technol., Dep. of Phys.) J. KLEFFNER. 197

G. Borelius, Lars Erik Larsson und **Hedvig Selberg,** *Wärmeentwicklung während der Umwandlungen ungeordnet–geordnet in AuCu.* (Vgl. vorst. Ref.) Frühere kinet. Röntgenunterss. (KÄLLBÄCK, NYSTRÖM, BORELIUS, Ing. Vetensk. Akad., Handl. **157.** [1941]) haben bereits eine gute Übereinstimmung mit der von BORELIUS (Ann. Physik **20.** [1934.] 57) angestellten theoret. Betrachtung über die Umwandlung geordnet–ungeordnet in AuCu (50/50) ergeben. Nunmehr wird durch eine direkte Best. der inneren Energie U die Theorie nachgeprüft. Im Gegensatz zu NYSTRÖM werden die Unterss. an kleinen Zylindern u. nur im Temperaturbereich 408—360° vorgenommen. Die Probe wird 20 Min. lang über die krit. Temp. von 408° (6 Min. bei 430°) erwärmt, dann so schnell wie möglich unter 408° abgekühlt u. dann bei konstanter Temp. gehalten. Eine besondere App. (großer elektr. geheizter Al-Block u. eine Serie von Thermoelementen) gestattet die genaue Konstanthaltung der Probentemp. sowie die Erfassung kleinster, bei der Umwandlung entstehender Wärmemengen. Während bei 401° ein Maximum in den P–t (mW/Mol–Zeit)-Kurven erst nach einigen Std. auftritt, erscheint es bei 360° bereits nach 15 Minuten. P errechnet sich aus $P = as + b(ds/dt)$, mit a u. b als Konstanten u. s als Galvanometerausschlag. Die Halbwertszeiten $\tau/2$ werden mit den Halbwertszeiten $\tau'/2$ aus den Röntgenunterss. verglichen u. zeigen gute Übereinstimmung. Unter Benutzung des Parameters q für den Unordnungsgrad ($\partial F/\partial q = 0$; $0 < q < 1/2$) ergibt sich, daß oberhalb von 380°, der Umwandlungstemp. von CuAu I in CuAu II, nur eine geringe Zunahme der inneren Energie U (876 → 1030 Joule/Mol), dagegen bei der Umwandlung geordnet–ungeordnet bei 408° eine größere Zunahme von U (1179 → 3663 Joule/Mol) erfolgt. Bei der rückwärtigen Umwandlung (ungeordnet–geordnet) geht das Wachstum der geordneten Bezirke in allen 3 Dimensionen vor sich. Diese einzelnen wachsenden Bezirke können sich aber nicht ohne weiteres, selbst wenn sie parallele Achsen haben, vereinigen, sobald sie außer Tritt sind, das heißt, wenn eine Cu-Ebene in dem einen Bezirk auf eine Au-Ebene in dem anderen Bezirk trifft. Zwischen diesen Bezirken kann dann vielmehr noch eine kleine Zone der Unordnung u. damit ein geringer Betrag an innerer Energie U bestehen, der nur langsam verschwindet. (Ark. Fysik **2.** 161 bis 170. 1950. Stockholm, Royal Inst. of Technol., Dep. of Phys.) J. KLEFFNER. 197

I. G. Edmunds und **R. M. Hinde,** *Der Übergang in den geordneten Zustand bei der Legierung $AuCu_3$.* Der Ordnungszustand in $AuCu_3$ wird an Einkristallen röntgenograph. untersucht. Temperung erfolgt zwischen 380° u. Zimmertemperatur. Die Intensitätsverteilung innerhalb der diffusen Überstrukturreflexe wird aus Aufnahmen an feststehenden sowie an bewegten Kristallen (WEISSENBERG-Aufnahmen) erhalten. Für die Intensitäten wird eine FOURIER-Summation angegeben, die zwei mit zunehmender Ordnung gegen Null gehende Parameter, α u. β, enthält. Die physikal. Bedeutung dieser Größen ist nicht bekannt, jedoch entsprechen die experimentellen Ergebnisse von STRIJK u. MAC GILLAVRY (Physica **12.** [1946.] 129) dem angegebenen Ausdruck. Auch mit COWLEYs (C. **1951** II. 3561) Daten besteht gute Übereinstimmung; dagegen treten Abweichungen zu den Modellen von WILSON (X-ray Optics [1949] London: Methuen) auf. Der Ordnungsmechanismus verläuft in allen Stadien ähnlich u. beruht auf einer Ordnungszunahme in der nächsten Umgebung. Als Folge der Nahordnung bilden sich Bereiche entgegengesetzter Phase aus, die so geartet sind, daß die Au-Atome an den Grenzflächen keinen Kontakt miteinander haben. (Proc. physic. Soc., Sect. B **65.** 716—30. 1/9. 1952. Manchester, Coll. of Technol., Phys. Dep.) W. KRÖNERT. 197

Glenn W. Geil und **Nesbit L. Carwile,** *Einfluß von Zugspannungen bei niedrigen Temperaturen auf die Zwillingskristallbildung in Weicheisen.* Mkr. Unterss. über die Zwillingskristallbldg. werden in langsam verformten Zugproben aus Eisen mit 0,02 (%) C, 0,002 Si, 0,02 Mn, 0,005 P, 0,018 S, 0,10 Cu, 0,058 O_2 u. 0,002 N_2 bei −196 u. −150° ausgeführt. Die Ergebnisse zeigen, daß die Zwillingsbldg. hauptsächlich während des Anfangsstadiums der bleibenden Verformung erzeugt wird. Jedoch wächst die Ausdehnung der Zwillingsbldg. im allg. mit einer Zunahme der Zugspannung bis zum Bruch der Proben. — Schrifttumsangaben. (J. Metals **5.** Nr. 2. Sect. 2, Trans. AIME **197.** 213—17. Febr. 1953. Washington, D. C., Nat. Bur. of Standards.) H. HOCHSTEIN. 197

P. K. Koh, *Das Auftreten der χ-Phase in molybdänhaltigen nichtrostenden Stählen.* Die raumzentrierte kub. χ-Phase mit a = 8,89 Å wurde durch mkr. Aufnahmen u. röntgenograph. Unterss. in nichtrostenden Stählen mit 0,03—0,11 (%) C, 17,3—26,7 Cr, 1,6—12,8 Mo, 0—13,9 Ni, 0—1,8 Ti u. 0—10,0 W nachgewiesen. Diese Phase ähnelt in ihrer Metastabilität, chem. Zus. u. Sprödigkeit der σ-Phase. Es werden das Mikrogefüge u. die physikal. Eigg. der χ-Phase bestimmt. (J. Metals **5.** Nr. 2. Sect. 2, Trans. AIME **197.** 339—43. Febr. 1953. Brackenridge, Pa., Alleghany Ludlum Steel Corp.)
H. HOCHSTEIN. 197

C. S. Roberts, *Einfluß von Kohlenstoff auf Volumenanteil und Gitterparameter von Restaustenit und Martensit.* An Fe–C-Legierungen u. unlegierten Stählen mit 0,29 bis 1,4% C wird der Einfl. des C-Geh. auf den Restaustenitgeh. nach Abschrecken von Tempp. von ca. 40—65° oberhalb von A_3 oder A_{cm} auf 22° u. auf —196° mit röntgenograph. Ermittlung des Restaustenitgeh. untersucht. Hierbei wird eine Abhängigkeit des Gitterparameters von Martensit u. Austenit vom C-Geh. festgestellt. (J. Metals **5**. Nr. 2. Sect. 1. AIME. Trans. **197**. 203—04. Febr. 1953. Midland, Mich., Dow Chemical Co.) H. HOCHSTEIN. 197

John A. Rinebolt, *Der Einfluß des Perlit-Zwischenraumes auf die Übergangstemperatur von Stählen mit vier verschiedenen Kohlenstoffgehalten.* Der Einfl. des Perlitzwischenraumes auf die Kerbschlagsübergangstemp. für Stähle mit 0,01, 0,20 u. 0,40% C sowie für Stahl mit eutektoidem C-Geh. wurde bestimmt. Der Perlit-Zwischenraum schwankte unter Benutzung von Bleibadtempp. von 480—675° von einem groben zu einem feinen Zustand. In den Stählen mit 0,20 u. 0,40% C wurde die Übergangstemp. erniedrigt, wenn sich der Perlit-Zwischenraum von grob zu fein änderte. In eutektoidem Stahl trat hierbei ein deutlicher Unterschied nicht auf. Auch beim Stahl mit 0,01% C trat mit Änderung der Bleibadtemp. von 480—675° eine deutliche Änderung in der Übergangstemp. nicht auf. (Trans. Amer. Soc. Metals **46**. 1527—43. 1954. Washington, D. C., Naval Res. Labor.) H. HOCHSTEIN. 197

M. M. Chruschtschow und **M. A. Babitschew,** *Diagramme der Festigkeitseigenschaften von Metallen.* Ausgehend von einer die Beziehung Verschleißwiderstand–Härte einer größeren Reihe von Stählen u. Metallen in einem Schaubild zusammenfassenden Darst. wird versucht, auch für die anderen Festigkeitseigg. ähnliche Diagrammschemata zu entwerfen. Am Beispiel der so aufgestellten Diagramme: wahre Festigkeit–Zerreißfestigkeit u. wahre Festigkeit–Streckgrenze wird auf die Vorteile einer solchen, gleichzeitig verschied. Metalle u. Legierungen umfassenden Darstellungsweise hingewiesen. (Доклады Академии Наук СССР [Ber. Akad. Wiss. UdSSR] [N. S.] **99**. 395—98. 21/11. 1954. Inst. für Maschinenkunde der Akad. der Wiss. der UdSSR.) V. EHMCKE. 200

Christian Boulanger, *Einfluß der Korngrenzen der Metalle und Legierungen auf gewisse mechanische Eigenschaften in der Nähe des Schmelzpunktes.* Ein Hysteresismesser wird zur Unters. der Dämpfung u. des Elastizitätsmoduls von Legierungen in nächster Nähe vom F. verwendet. Verss. an *Al* u. *Al-Legierungen* zeigen, daß eine Temperaturzone besteht, in der folgende Anomalien auftreten: starke Vergrößerung der Dämpfung, gefolgt von einem schroffen Abfall, während der Elastizitätsmodul schnell auf sehr niedrige Werte fällt. Im Falle von Legierungen mit niedrigen Legierungsgehh. ist diese Temperaturzone sehr eng begrenzt durch die Solidus- u. Liquidustempp.; die Korngrenzen eines vollkommen reinen Metalls schm. bei derselben Temp. wie die Grundmasse, u. zwar fast mit der Meßgenauigkeit von einigen Zehntelgraden. (Rev. Métallurgie **51**. 210—18. März 1954.) H. HOCHSTEIN. 200

Hsing C. Chang und **Nicholas J. Grant,** *Korngrenzengleiten und -wandern und interkristalliner Bruch beim Kriechen.* Das Kriechen von grobkristallinem, hochreinem *Al* wurde bei Tempp. von 400, 700, 900 u. 1100° F (205, 370, 470 u. 595° C) untersucht u. dabei das Korngrenzengleiten u. -wandern beobachtet. Die Richtung des Korngrenzengleitens wird bestimmt durch die Richtung der auf die Grenzflächen wirkenden Scherbeanspruchung. Die treibende Kraft, die die Richtung des Korngrenzenwanderns bestimmt, setzt sich zusammen aus der Spannungs- u. der Oberflächenenergie. Die letztere ist entscheidend bei hohen Temperaturen. Die Zick-Zack-Natur der Bewegung des Korngrenzentripelpunkts wurde als Folge des Zusammenwirkens des Korngrenzengleitens u. -wanderns erkannt, weil die Richtung des Korngrenzenwanderns in 1. Linie von der Richtung abhängt, in der die Korngrenze gleitet. Bei handelsüblichem Al war Korngrenzenwandern wenig oder gar nicht zu beobachten. Interkristalline Brüche wurden bei hochreinem Al nicht festgestellt, was auf die Bldg. von Unterstruktur zurückgeführt wird, während bei handelsüblichem Al interkristalline Brüche auftraten. (J. Metals **5**. Nr. 2. Sect. 2, Trans. AIME **197**. 305—12. Febr.; Nr. 11. Sect. 2, Trans. AIME **197**. 1579—81. Nov. 1953. Cambridge, Mass., Massachusetts Inst. of Technol.) F. VIER. 200

F. Gatto, *Einfluß der Härtung und der Rekristallisation auf die elastischen Konstanten des Aluminiums.* Mittels elektroakust. Methoden ist es möglich, die Vorgänge beim Härten u. Rekristallisieren von Roh-Al in ihrer Auswrkg. auf die elast. Eigg. zu verfolgen (Schema u. Abb. der App.); aus der Beziehung $E = \varrho c^2$ (E = Elastizitätsmodul, ϱ = spezif. M., c = Schallgeschwindigkeit) erhält man E mit einer Genauigkeit von $\sim 0{,}5 \cdot 10^{-3}$. Als Beispiele werden Messungen zur Best. der beim Drahtziehen u. Blechwalzen eintretenden Härtung u. der Anisotropie bei Blechen mitgeteilt. (Alluminio **23**. 503—13. Okt. 1954. Novara, Ist. sper. Metalli legg.) R. K. MÜLLER. 200

M. A. Biot, *Theorie der Zug-Spannungs-Beziehungen bei der anisotropen Viscoelastizität und Relaxationserscheinungen.* Rein theoret. Arbeit, in der die fundamentalen Gleichungen für das mechan. Verh. von Systemen mit viscoelast. u. mit Relaxationseigg. abgeleitet werden. Die Theorie beschreibt auch andere Vorgänge in den Systemen (Diffusion, chem. Rkk., Wärmeübergang u. a.). (J. appl. Physics **25.** 1385—91. Nov. 1954. New York, N. Y., Shell Development Comp.) O. FUCHS. 200

David L. Arenberg, *Bestimmung der elastischen Konstanten in Einkristallen mit besonderer Bezugnahme auf Silberchlorid.* Unter Benutzung der Ultraschallimpulsmeth. zur Messung der Schallgeschwindigkeit bei einer Frequenz von 15 MHz in verschied. Richtungen wurden die elast. Konstanten von AgCl bestimmt. Verwendet wurden 2 angelassene AgCl-Einkristalle, auf deren Oberflächen eine Ag-Elektrode entwickelt worden war. Korrekturen für die Dicke dieses piezoelektr. Übertragers wurden angebracht, doch wurde infolge der großen Temperatur- u. Druckkoeffizienten des AgCl eines vollständige Übereinstimmung zwischen den einzelnen Meßreihen nicht erreicht. Der Schallabsorptionskoeff. war niedrig u. wurde daher nicht gemessen. Da es nicht immer möglich ist, bestimmte Orientierungen der Kristalle zu erhalten, die einfache Berechnungen zwischen den elast. Konstanten u. den Geschwindigkeiten erlauben, wurden angenäherte Formeln entwickelt u. Messungen in h k l-Richtungen durchgeführt, um sie zu prüfen. Die erhaltenen Konstanten sind tabellar. zusammengestellt. (J. appl. Physics **21.** 941 bis 942. Sept. 1950. Johnsville, Pa., U. S. Naval Air Development Center.) C. GOTTFRIED. 200

Nobuzo Terao, *Über die Bruchfestigkeit von Glas bei niedrigem Druck.* Vf. untersuchte die Bruchfestigkeit eines Na–Ca-Glases bei Drucken von 76, 50, 25 u. 0,1 cm Hg. Es wurde festgestellt, daß mit fallendem Druck die Bruchfestigkeit zunimmt. Die Versuchsergebnisse sind graph. wiedergegeben. (J. physic. Soc. Japan **9.** 879—80. Sept./Okt. 1954. Tokyo, Univ., Fac. des Sci., Inst. de Phys. [Orig.: engl.]) C. GOTTFRIED. 200

H. Rawson, *Eine Bemerkung über die Geschwindigkeit der Ausdehnung von Sprüngen im Glas.* Vf. bezieht sich auf eine Arbeit von YOFFE, in der der Zusammenhang der Geschwindigkeit der Ausbreitung von Sprüngen mit der Geschwindigkeit des Fortschreitens von Schwingungen in der betreffenden Glassorte behandelt wird. Er weist darauf hin, daß hier eine Erklärung für die Knickbldg. im geradlinigen Fortschreiten zu finden ist, u. zeigt an einem Beispiel die Übereinstimmung von Rechnung u. Vers., die allerdings nicht in allen untersuchten Fällen gegeben ist. (J. Soc. Glass Technol. **36.** Trans. 297—99. Dez. 1952.) L. KÜHNERT. 200

Johan Arvid Hedvall und Roland Lindner, Einführung in die Festkörperchemie. Braunschweig: Vieweg und Sohn. 1952. (VIII + 292 S. m. 82 Abb.) 8° = Die Wissenschaft, Bd. 106. DM 18,20.

A_7. Gleichgewichte. Kinetik.

P. Móritz, *Berechnung von Gleichgewichtskonversionen, ausgehend von der Gleichgewichtskonstante.* Es wird gezeigt, daß die Gleichung $K = [(mx)^m (nx)^n \cdots /(a - ax)^a \cdot (b' - bx)^b \cdots] K_\gamma/[\alpha' + (\mu - \alpha) x]^{\mu - \alpha}$ (m, n, a, b = Anzahl der Mole der Reaktionsteilnehmer, $m + n + \cdots = \mu$ u. $a + b = \alpha$), die die Gleichgewichtskonversion bestimmt, bei jeder Rk. eine u. nur eine reelle Wurzel im Intervall zwischen 0 u. 1 hat, das heißt eine Wurzel physikal. Bedeutung, ohne Rücksicht auf die Zus. des Ausgangsgemisches u. den Zahlenwert der Gleichgewichtskonstante. (Acta chim. Acad. Sci. hung. **3.** 421—24. 1953. Budapest, Techn. Univ., Dep. of Inorg. Chem.) H.-G. MOSLÉ. 221

I. G. Chasskin, *Einige Anwendungen von Deuterium und schwerem Sauerstoff in der Chemie des Siliciums.* Wie die entsprechenden C-Verbb. tauschen auch $HSi(C_2H_5)_3$, $HSi(C_6H_5)_3$ u. $HSi(OC_2H_5)_3$ selbst bei 146 std. Erhitzen auf 118° mit D_2O oder C_2H_5OD kein D aus. H steht im Elektronegativitätsgrad zwischen C u. Si, deshalb erfolgt Teilpolarisation $\overset{-}{C}-\overset{+}{H}$, aber $\overset{+}{Si}-\overset{-}{H}$, wodurch am Si nucleophile Substitution begünstigt wird. Austausch zwischen *Silanen* (I) u. Protondonoren würde einen Richtungswechsel der Polarisation erfordern u. findet daher nicht statt. Bei *Silanolen* (II) ist Si stärker elektrophil als bei I, wodurch nucleophiler Austausch der OH-Gruppen ermöglicht wird. Tatsächlich erfolgt zwischen $(C_2H_5)_3SiOH$ u. $H_2{}^{18}O$ mit u. ohne Säure- oder Basezusatz vollständiger Austausch in beiden Richtungen, bei $(C_6H_5)_3SiOH$ nur 40% Austausch. Bei Austausch von II in alkal. Medium wirkt OH als nucleophiles Agens, in saurem Medium erfolgt der Austausch über H_3O^+. SiO_2-Gel tauscht nach Erhitzen auf 400° 19%, nach Erhitzen auf 1200 17% seines O-Geh. aus. $Si(OC_2H_5)_4$ bildet bei Erhitzen mit $H_2{}^{18}O$ auf 78° kein $C_2H_5{}^{18}OH$, tauscht also nur unter Bldg. von $M \rightarrow Si^{18}OH$. Umgekehrt liegen die Verhältnisse bei *$Si(OCOCH_3)_4$* (III), das mit CH_3COOD nur in Ggw. von *Na-Acetat* (IV) austauscht, bei gleichzeitigem Austausch von CH_3CO-Gruppen, der auch bei Aceton erfolgt. Die Beweglichkeit des H in III wird auch durch die Kondensation mit Benzaldehyd bestätigt, die ebenfalls nur in Ggw. von **IV** stattfindet u. zu *Zimtsäure* (**V**) führt. Mit bernsteinsaurem Na wird *Phenylparaconsäure* u. etwas **V**, aber keine Isophenylcrotonsäure erhalten. (Доклады Академии Наук СССР [Ber. Akad. Wiss. UdSSR] [N. S.] **85**. 129–32. 1/7. 1952.) R. K. MÜLLER. 221

C. S. Pande und **M. P. Bhatnagar,** *Bildung von Komplexverbindungen zwischen Harnstoff und Erdalkalihalogeniden.* 3. Mitt. *Das System $BaCl_2$—$CO(NH_2)_2$–H_2O.* (*Rheochor-, Parachor- und Molekularrefraktion.*) (2. vgl. C. **1955**. 5017.) Die Existenz der l. c. nachgewiesenen 4 Komplexverbb. zwischen Harnstoff u. $BaCl_2$, *2 $BaCl_2$·$CO(NH_2)_2$*, *$BaCl_2$·$CO(NH_2)_2$*, *$BaCl_2$·2 $CO(NH_2)_2$* u. *$BaCl_2$·4 $CO(NH_2)_2$*, bestätigen Vff. durch Berechnung von Rheochor-, Parachor- u. Molrefraktionswerten. (Z. physik. Chem. **203**. 375–79. Okt. 1954. Lucknow, India, Univ., Dep. of Chem.) H. PLUSKAL. 223

C. S. Pande und **M. P. Bhatnagar,** *Bildung von Komplexverbindungen zwischen Harnstoff und Erdalkalihalogeniden.* 4. Mitt. *Das System $BaBr_2$–$CO(NH_2)_2$–H_2O.* (*Leitfähigkeit und Viscosität.*) (3. vgl. vorst. Ref.) Vff. stellten 30 Lsgg. her, die alle 0,2 mol. an $BaBr_2$ u. 0,0–1,36 mol. an Harnstoff waren. Von diesen Lsgg. bestimmten sie die elektr. Leitfähigkeit nach KOHLRAUSCH, die Zähigkeit in einem OSTWALD-Viscosimeter u. die Dichte. Aus den Knickpunkten der entsprechenden graph. Darstellungen konnte mit Sicherheit auf die Existenz folgender 4 Komplexverbb. geschlossen werden: *2 $BaBr_2$·$CO(NH_2)_2$*; *$BaBr_2$·$CO(NH_2)_2$*; *$BaBr_2$·2 $CO(NH_2)_2$* u. *$BaBr_2$·4 $CO(NH_2)_2$*. (Z. physik. Chem. **203**. 369–74. Okt. 1954.) H. PLUSKAL. 223

A. Je. Schtandel, *Einige Probleme der Energetik chemischer Reaktionen bei Vorhandensein und Nichtvorhandensein eines statistischen Gleichgewichts.* 2. Mitt. *Reaktionen in Nichtgleichgewichtssystemen.* (1. vgl. C. **1955**. **2147**.) Im Anschluß an frühere Arbeiten entwickelt Vf. Formeln, die eine Berechnung der inneren kinet. Energie bei adiabat. Rkk. ermöglichen, bei denen die Erregung der schwingenden Bewegung hinter den anderen Freiheitsgraden zurückbleibt. An Hand der Formeln können die errechneten Tempp. für Stoffe, die sich nicht im Gleichgewicht befinden, berechnet werden. Der Grad des Ungleichgewichts kann berechnet werden. Es ergibt sich die Möglichkeit, die Grenztempp. abzuschätzen, die bei schnell ablaufender, einseitig umkehrbarer Rk. erreicht werden können. Als Beispiel wird die Rk. $CO + \frac{1}{2} O_2 = CO_2$ durchgerechnet. Die Kurven zeigen, daß die maximale Translationstemp. vor dem Ende der Rk. erreicht wird. (Журнал Физической Химии [J. physik. Chem.] **26**. 1549–60. Nov. 1952.) G. ADOLPHI. 225

M. C. R. Symons, *Der Mechanismus der Zersetzung von Kaliumpermanganat in alkalischer Lösung.* 2. Mitt. *Die Anwendung von an ^{18}O angereichertem Wasser.* (1. vgl. C. **1954**. 10193.) Die Rk. von $KMnO_4$ mit KOH wurde in W., das 0,84 At.-% ^{18}O enthielt, untersucht. Der nach $4 MnO_4^- + 4 OH^- \rightarrow 4 MnO_4^{2-} + 2 H_2O + O_2$ entstandene O_2 zeigt die gleiche Anreicherung an ^{18}O wie das Lösungsmittel. MnO_4^{2-} war teilweise angereichert an ^{18}O (bis zu 50% der Anreicherung des Lösungsm.), wenn es als $BaMnO_4$ nach vollständigem Reaktionsablauf gefällt worden war; enthielt die Lsg. von Anfang an genügend Ba^{2+}, um das MnO_4^{2-} sofort während seiner Entstehung zu fällen, so war die Anreicherung des $BaMnO_4$ an ^{18}O zu vernachlässigen. Vf. folgert daraus, daß der entwickelte O_2 ausschließlich aus dem Lösungsm. stammt, in Übereinstimmung mit dem in der 1. Mitt. (l. c.) angegebenen Reaktionsmechanismus. (J. chem. Soc. [London] **1954**. 3676–79. Nov. Southampton, Univ.) M. SCHENK. 225

G. I. Tschufarow, B. D. Awerbuch, Je. P. Tatijewskaja und **W. K. Antonow,** *Hemmender Einfluß von gasförmigen Reaktionsprodukten auf die Reduktionsgeschwindigkeit von Eisenoxyden durch Wasserstoff und Kohlenoxyd.* Bei 100–250 mm Hg Druck u. 700–900° wurde der Einfl. der gasförmigen Reaktionsprodd. auf die Geschwindigkeit der Red. von FeO (I), Fe_2O_3 (II) u. Fe_3O_4 (III) durch H_2 u. CO untersucht. Der Einfl. von CO_2 auf die Red. von I u. III durch CO läßt sich quantitativ ermitteln, wenn die Reaktionsgeschwindigkeit aus folgender Gleichung bestimmt wird: $v = k (p_{CO} - P_{CO})/p^n_{CO_2}$. Es bedeuten: p_{CO} u. p_{CO_2} Partialdruck von CO bzw. CO_2, P_{CO} Gleichgewichtsdruck von CO. Das bei der Red. von I, II u. III durch H_2 entstehende H_2O (Verss. bei 400–900° u. 150–300 mm Hg Druck) wirkt in allen Fällen stark hemmend auf den Prozeß. Die kinet. Verss. über die Red. von II mit $CO + CO_2$ bei verschied. CO_2-Geh. zeigen, daß oberhalb 700° prakt. kein hemmender Einfl. der Reaktionsprodd. im Anfangsstadium zu beobachten ist. Sind 11% II zu III red., so wird der hemmende Einfl. von H_2O u. CO_2 sehr groß. Die Isothermen u. Isobaren der Adsorption von H_2, CO, CO_2 u. H_2O an der Oberfläche von I, II u. III stehen in vollem Einklang mit den Ergebnissen über den hemmenden Einfl. der Reaktionsprodukte. (Журнал Физической Химии [J. physik. Chem.] **28**. 490–97. März 1954. Swerdlowsk, Ural-Zweigstelle der Akad. der Wiss. der UdSSR, Inst. für Chem. u. Metallurgie.) O. LEBTAG. 225

S. F. Frederick und **I. Cornet,** *Der Einfluß von Kobalt auf die Oxydation von Nickel bei hoher Temperatur.* Vff. berichten über Messungen der Oxydationsgeschwindigkeit von stabförmigen Ni–Co-Legierungen hoher Reinheit an der Luft bei Tempp. zwischen 800 u. 1400°. Unter der Annahme eines parabol. Geschwindigkeitsgesetzes ergibt sich, daß Zusätze bis zu 11% Co nur geringen Einfl. auf die Oxydationsgeschwindigkeit von Ni haben. Höhere Co-Zusätze führen zu einer starken Zunahme der Oxydationsgeschwindigkeit, die bei mehr als 60% Co nochmals gesteigert wird. Der Absolutwert der Oxydationsgeschwindigkeit von reinem Ni liegt niedriger, als in der Literatur angegeben; die Aktivierungsenergie beträgt bei Tempp. von 800—1400° 51 kcal/Mol für reines Ni u. nimmt mit steigendem Co-Geh. ab. Für reines Co ergibt sich eine Aktivierungsenergie von 28,8 kcal/Mol. Die Ergebnisse der Unterss. werden ausführlich diskutiert. (J. electrochem. Soc. **102.** 285—91. Juni 1955. Berkeley, Calif., Univ. of California.) R. STEIN. 225

Lawrence J. Heidt, *Kinetik eines Photogleichgewichtes.* Bei der Rk. zwischen CH_3OH u. photoaktivierten Uranylionen in W. wird intermediär U(V) gebildet, dessen Konz. Vf. in Abhängigkeit von der Lichtintensität, der Temp. u. der Reaktionsdauer bestimmt hat. Diese Konzentrationsbest. erfolgt auf Grund der an die Bildungs-Rk. anschließenden Disproportionierungs-Rk. des U(V) in U(IV) u. U(VI). U(IV) besitzt ein starkes Absorptionsmaximum bei 6500 Å. Die Quantenausbeute des U(IV), Φ, für 2537 Å ist fast unabhängig von der Konz. der Uranylionen, der Lichtintensität u. der Temperatur. Über 95% des Lichtes der Wellenlänge 2537 Å werden durch U(VI) absorbiert. Die Best. der Geschwindigkeitskonstante k_1 der Disproportionierungs-Rk. in Abhängigkeit von der Temp. ergibt für die Aktivierungsenergie 17,3 kcal (für $p_H = 1$ u. $\mu = 1$). Der Wert von k_1 bei 25° steht in Übereinstimmung mit dem Wert, der für die Rk. von Uranylionen mit Glucose erhalten wurde. Für die Entropie u. freie Energie der Disproportionierungs-Rk. ergeben sich die Werte +8,3 Entropieeinheiten u. 14,2 kcal. Die Zeit, die zur Erreichung der Gleichgewichtskonz. erforderlich ist, nimmt mit der Geschwindigkeit des Verschwindens der intermediär gebildeten Ionentypen ab. Vf. diskutiert den Mechanismus der Rkk. im Zusammenhang mit der Kinetik der Rkk. von Np(IV) u. Np(VI) u. vermutet, daß eine Rk. $Me^{4+}(aq) + MeO_2^{2+}(aq) + 2\,H_2O \rightarrow 2\,MeO_2^{+}(aq) + 4\,H^{+}(aq)$ von allg. Bedeutung für die Rkk. von U u. Np ist. (J. Amer. chem. Soc. **76.** 5962—68. 5/12. 1954. Cambridge, Mass., MIT, Dep. of Chem.) H.-U. WOELK. 226

Lyman Chalkley, *Experimentelle photographische Systeme auf der Basis von Phosphorwolframsäure.* (Vgl. C. **1954.** 5252.) Heteropolysäuren des *W*, bes. gewisse Phosphorwolframsäuren u. Silicowolframsäuren sind photooxydierende Substanzen mit Eigg., die in Verbindung mit organ. Stoffen, wie prim. u. sek. Alkoholen, deren Äthern, Aldehyden u. Proteinen, ihre Verwendung in photograph. Prozessen nahelegen. Beschreibung der chem. u. physikal. Eigg. solcher Substanzen u. dreier, neuartiger photograph. Prozesse auf der Basis von Phosphorwolframsäure. Diese bestehen aus einem Auskopierprozeß, welcher Bilder in Pigmenten bas. Farbstoffe liefert, einem phototropen Prozeß mit mehrfach verwendbarem Auskopiermaterial u. der Entw. eines latenten Bildes. (J. opt. Soc. America **44.** 699—702. Sept. 1954. Washington, D. C.) H.-J. EICHHOFF. 226

Carla Bertoglio Riolo, *Wirkung von Katalysatoren auf die thermische Zersetzung des Natriumchlorits.* Die Disproportionierung des $NaClO_2$ (I) nach $3\,NaClO_2 \rightarrow 2\,NaClO_3 + NaCl$ zwischen 175—200° ist nicht die einzige Reaktion. Es überlagert sich ihr die Zers. von I nach $NaClO_2 \rightarrow NaCl + O_2$. Diese Rk. ist abhängig von der Erhitzungsgeschwindigkeit. Langsames Erhitzen begünstigt die Disproportionierung. Diese Analogie zu den Alkalichloraten führte zur Auffindung von Substanzen, welche die Zers. bzw. Disproportionierung von I katalysieren. Am wirksamsten erweist sich As_2O_3, welches die Reaktionstemp. auf 142—150° herabsetzt u. I etwa zu 17% zers., während der Rest disproportioniert. Pt-Schwarz u. Tl_2CO_3 begünstigen die Disproportionierung bei Tempp. von 158 bzw. 170°. Dabei disproportionieren 90 bzw. 96% von I. Eine Reihe von Oxyden zeigen nur geringe Effekte zwischen 160 u. 168°. (Gazz. chim. ital. **84.** 884 bis 889. Sept. 1954. Pavia, Univ., Ist. di Chim. gen.) H. NÖTH. 227

G. M. Shabrowa, L. N. Kutzewa und **Ss. S. Roginski,** *Über die die dehydrierenden und dehydratisierenden Eigenschaften des Zinkoxyds bestimmenden Faktoren. Einfluß der Herstellungsmethode auf die katalytische Zersetzung von Isopropylalkohol.* Die zur Unters. gelangten ZnO-Proben wurden hergestellt durch Pyrolyse von Zinkhydroxyd, -oxalat, -carbonat u. -nitrat u. Oxydation von Dämpfen von metall. Zink. Die Aktivität wurde in einer dynam. Vorr. bei konstanter Temp. untersucht. Die Reaktionsgeschwindigkeit wird durch die Korngröße des Katalysators nicht beeinflußt. Die Geschwindigkeit der Gasentw. ist linear abhängig von der Menge des Katalysators u. unabhängig von der Verdünnung der Dämpfe der reagierenden Substanz mit inertem Gas. Die Zers. von Isopropylalkohol (I) verläuft in kinet. Bereich. Bei einigen ZnO-Präpp. wird eine systemat.

Zunahme der Aktivierungsenergie mit steigender Zers. von I beobachtet. Die berechneten kinet. Kurven geben eine lineare Abhängigkeit zwischen log τ u. y, wobei τ Verweilzeit am Kontakt u. y % der Umwandlung. Bei allen durch Pyrolyse erhaltenen Zinkoxyden liegen die Werte für die anfängliche Aktivierungsenergie bei E = 23000—26000 cal/Mol u. log a_0 = 6,69—8,96, für ZnO aus Zn + O_2 ist E = 48000 cal/Mol u. log a_0 = 15,46. Die spezif. Oberflächen unterscheiden sich stark voneinander u. betragen z. B. für ZnO aus $Zn(OH)_2$ 19,6 m^2/g u. ZnO aus $Zn(NO_3)_2$ 1,6 m^2/g. Desgleichen sind die Werte der katalyt. Aktivität verschied. u. ändern sich stark mit der Temp. des katalyt. Prozesses. So ist bei 296° ZnO aus Zn-Oxalat 25mal aktiver als ZnO aus metall. Zn, bei 366° nur noch 3,7mal, bei 400° ist die Aktivität gleich groß, während bei 450° ZnO aus metall. Zn am aktivsten ist. Diese unterschiedlichen Größen der spezfi. Aktivität sind ausschließlich bedingt durch die Herstellungsart von ZnO. Die Variation der Herst. führt zu keinem deutlichen Unterschied in der selektiven Wrkg. des Katalysators; an allen ZnO-Präpp. verläuft vorzugsweise eine Dehydrierung von Isopropylalkohol. Eine von anderen Vff. beobachtete Dehydratation ist auf die Verwendung von nicht gut ausgewaschenem, nichtflüchtige Beimengungen enthaltendem ZnO zurückzuführen. (Доклады Академии Наук СССР [Ber. Akad. Wiss. UdSSR] [N. S.] **92.** 569—72. 21/9. 1953.) A. TROFIMOW. 227

B. Anorganische Chemie.

Margot Goehring, Joachim Heinke, Hugo Malz und **Günther Roos,** *Zur Kenntnis der Reaktion zwischen Sulfurylchlorid und Ammoniak.* Vff. stellen eine neue Hypothese für den Reaktionsablauf zwischen SO_2Cl_2 u. NH_3 auf, bei dem *Sulfamid* (I), $SO_2(NH_2)_2$, *Imidodisulfamid* (II), $H_2N-SO_2-NH-SO_2-NH_2$, u. *Trisulfimid* (III), $(O_2S \cdot NH)_3$, entstehen. Er soll über die nicht faßbaren Stufen SO_2Cl^+ u. $Cl-SO_2-NH_2$ bis zur Säure *NSO(OH)* (IV) verlaufen, deren Anion weiterreagiert nach: 1. $NSO_2^- + NH_4^+ = I$; 2. $2\,HSO_2^- + NH_4^- = (H_2N \cdot SO_2 \cdot N \cdot SO_2 \cdot NH_2)^-$ (Anion der Säure II); 3. $3\,NSO_2^- = (O_2S \cdot N)_3^{3-}$ (Anion der Säure III). Als Beweis ist die Überführung von IV in *Sulfanurchlorid* (V), $[N{=}S(O)(Cl)]_3$, durch Zugabe von $SOCl_2$ zu den Reaktionspartnern zu werten: $3\,NSO_2^- + 3\,SOCl_2 = 3\,Cl^- + 3\,SO_2 +$ **V**, das in einer Ausbeute von 2% aus dem Reaktionsgemisch im Hochvakuum bei 70° heraussublimiert werden konnte. Es ist ident. mit der von KIRSSANOW (C. **1951.** I. 3169) aus PCl_5 u. NH_2SO_3H hergestellten α-Verbindung. II ist eine weiße Substanz, F. 169°, gut lösl. in W., A., Essigester, Aceton, verhält sich wie eine starke einbasige Säure u. ist gegen starke Säuren bemerkenswert stabil. Bei der Hydrolyse zerfällt II in I u. NH_2SO_3H. Aus II u. wss. NH_3 entsteht das Ammoniumsalz $NH_4 \cdot (NH_2SO_2NSO_2NH_2)$ (VI), eine halbfeste, salbenartige M., lösl. in W., unlösl. in organ. Lösungsmitteln; aus VI u. $AgNO_3$ das Silbersalz $Ag_3(NHSO_2NSO_2NH)$, weiß, röntgenamorph, lichtempfindlich. V, F. 145,5°, wird durch W. u. Säuren zu II u. H_2SO_4 hydrolysiert, durch starke Alkalilauge zu I u. SO_4^{2-} zersetzt. (Z. anorg. allg. Chem. **273.** 200—08. Aug. 1953. Heidelberg, Univ., Chem. Inst., Abt. für anorg. u. analyt. Chem.) U. WANNAGAT. 253

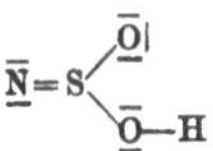

IV

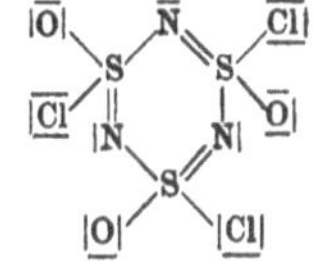

V

Shogo Uchida und **Yukio Ito,** *Untersuchungen über die Reaktion zwischen Ammoniak und Schwefeltrioxyd in Abwesenheit von Wasser.* 2. Mitt. *Eine Methode zur Analyse der Reaktionsprodukte.* (1. vgl. J. chem. Soc. Japan, ind. Chem. Sect. [Kōgyō Kagaku Zassi] **63.** [1950.] 423.) An Reaktionsprodd. im wasserfreien Syst. NH_3–SO_3 wurden qualitativ festgestellt (vgl. Nippon Kakaku Zassi **63.** [1942.] 504): $NH_2SO_2NH_2$ (I), $(NH_4SO_3)_2 \cdot NNH_4$, $(NH_3SO_3)_2NH$ (II), $NH_4SO_3NH_2$ (III) u. $(NH_4)_2SO_4$. Für I, II u. III wurden quantitative analyt. Verff. ausgearbeitet, die zusammen mit acidimetr. Bestimmungen, dem KJELDAHL-Verf., der Best. des NH_4 vor u. nach hydrolyt. Zers., der Extraktion von I mittels Acetons u. Einw. von $NaNO_2 + BaCl_2$ erlauben, im Gemisch die mol. Anteile der Komponenten zu erfassen. (J. chem. Soc. Japan, ind. Chem. Sect. [Kōgyō Kagaku Zassi] **54.** 256—58. April 1951. Tokyo, Ind. Res. Inst. [Orig.: japan.]) L. SCHULER. 253

Hélène Ostertag, *Gleichgewichtsreaktion zwischen dem Calcium, dem Magnesium und ihren Chloriden in der Schmelze.* Im Rahmen einer Gesamtarbeit über die Rkk. zwischen Erdalkalimetallen u. ihren Salzen in der Schmelze untersucht Vf. das Gleichgewicht $Ca + MgCl_2 \rightleftharpoons Mg + CaCl_2$ bei 860 u. 1000°. Es wird in einem Stahlrohr gearbeitet, dessen C durch geschmolzenes Ca u. dessen S- u. P-Geh. durch nachfolgendes Behandeln mit H_2 bei 1000° entfernt wurden. Die reinen Salze werden durch Schmelzen in Ggw. von NH_4Cl entwässert u. Ca zur Reinigung im Vakuum sublimiert. Analyt. bestimmt Vf. Ca flammenphotometr. u. den Mg-Geh. der Salze mittels Titangelb. Für die Gleichgewichtskonstante Kp werden die Werte von 10^2 (bei 860°) u. $2 \cdot 10^2$ (bei 1000°) gefunden. Diese

Werte liegen ca. 10^5 niedriger als die aus den thermodynam. Daten berechneten. Des weiteren wird festgestellt, daß bei Ggw. von Metallphasen, die weniger als 40 At.-% Ca enthalten, die Löslichkeit des Ca in der Salzphase konstant ist. Eine befriedigende Erklärung dieser Tatsache konnte nicht gefunden werden. (C. R. hebd. Séances Acad. Sci. **240.** 1085—87. 7/3. 1955.) H. SURAWSKI. 283

Hyde S. Jacobs und **J. V. Jordan,** *Laboratoriumsdarstellung von $^{45}CaCO_3$ und $^{45}CaSO_4 \cdot 2\,H_2O$.* Vff. beschreiben die Darst. von reinem $^{45}CaCO_3$ u. $^{45}CaSO_4 \cdot 2\,H_2O$ in Grammengen. $^{45}CaCO_3$: 9 g $CaCl_2 \cdot 2\,H_2O$ werden in 40 ml HCl 1 + 10 gelöst u. auf 300 ml verdünnt. $^{45}CaCl_2$ wird zugesetzt, mit NaOH gegen Phenolphthalein alkal. gemacht u. mit 12 g Na_2CO_3 gefällt. Nach 12 Std. Stehen bei 65° wird filtriert u. bei 70° getrocknet. Ausbeute > 99%. $^{45}CaSO_4 \cdot 2\,H_2O$: 5 g $CaCl_2 \cdot 2\,H_2O$ werden in 50 ml W. gelöst, $^{45}CaCl_2$ zugesetzt u. mit 50 ml H_2SO_4 1 + 4 gefällt. 110 ml 95%ig. Äthylalkohol wird zugesetzt u. 34 Std. auf dem Dampfbad digeriert. Der Nd. wird filtriert, mit 95%ig. Äthanol Cl^--frei gewaschen, 1 Std. in 95%ig. Äthanol digeriert, filtriert u. 1 Std. bei 80° im Vakuum (62 cm Wassersäule) getrocknet. Ausbeute > 99%. Die Trocknung ist krit., da leicht Wasserverlust auftritt. Dieser kann durch 3 std. Digerieren mit W. auf dem Dampfbad wieder ergänzt werden. (Science [Washington] **120.** 801—02. 12/11. 1954. Moscow, Univ. of Idaho.) G. HERRMANN. 283

Elmer T. Carlson und **Lansing S. Wells** (unter teilweiser Mitarbeit von **Barbara Sullivan, G. M. Ugrinic, E. S. Newman** und **T. J. Chaconas),** *Hydrothermale Darstellung einiger Strontiumsilicate.* Durch hydrothermale Behandlung der Mischungen von $Sr(OH)_2$ u. Silicagel in verschied. Verhältnissen u. Temperaturbereichen wurden 7 Strontiumsilicathydrate neben wasserfreiem Meta- u. Orthosilicat erhalten. Ihre Zuss. u. Brechungsindices sind: $SrO \cdot 2\,SiO_2 \cdot H_2O$ (**I**) ($\beta = 1{,}574$; runde Körner); $SrO \cdot SiO_2 \cdot H_2O$ (**II**) ($\beta = 1{,}604$; irreguläre Flocken); $2\,SrO \cdot 2\,SiO_2 \cdot 3\,H_2O$ (**III**) ($\beta = 1{,}60$; irregulär); $3\,SrO \cdot 2\,SiO_2 \cdot 3\,H_2O$ (**IV**) ($\alpha = 1{,}602$; $\beta = 1{,}602$; $\gamma = 1{,}614$; zweiachsig positiv; flache Prismen); $3\,SrO \cdot 2\,SiO_2 \cdot 4\,H_2O$ (**V**) ($\alpha = 1{,}595$; $\gamma = 1{,}627$ u. $\alpha = 1{,}617$; $\gamma = 1{,}637$; zweiachsig positiv, dendrit. oder federförmige Kristalle); $2\,SrO \cdot SiO_2 \cdot H_2O$ (**VI**) ($\alpha = 1{,}638$; $\gamma = 1{,}641$; zweiachsig positiv; lattenförmige Prismen); $3\,SrO \cdot SiO_2 \cdot 2\,H_2O$ (**VII**) ($\alpha = 1{,}575$; $\gamma = 1{,}595$; Nadeln oder Platten); $SrO \cdot SiO_2$ (**VIII**) ($\alpha = 1{,}597$; $\gamma = 1{,}637$; $\beta \sim 1{,}597$; zweiachsig, pseudohexagonal). Die Debyeogramme für **I—VIII** werden mitgeteilt. Die Formeln für **IV** u. **V** sind korrekt, für **VI** u. **VII** wahrscheinlich korrekt, für **I—III** noch etwas zweifelhaft. Der Stabilitätsbereich der Hydrate ist gering: bei 124° bilden sich noch kristallwasserfreie Silicate, < 150° zers. sich bereits einige Hydrate. **IV** u. **V** bildeten sich auch bei Siedetemp. aus $Na_2H_2SiO_4 \cdot 8\,H_2O$ u. $Sr(OH)_2$ bzw. aus Silicagel u. $Sr(OH)_2$ in wss. Medium. Die Differentialthermoanalyse von **V** zeigt Dehydratation bei 230° (Übergang in **IV**) u. 300° an, ferner exotherme Effekte bei 800 u. 900°. Die wasserfreien Silicate **VIII** u. $2\,SrO \cdot SiO_2$ bildeten sich hydrothermal aus Silicagel u. $Sr(OH)_2$ bei 124 bzw. 142° wie auch durch Zusammenschmelzen von $SrCO_3$ u. SiO_2 bei 1425°. Sie werden durch W. kaum angegriffen u. zeigen nicht die Eigg. hydraul. Bindung. Beziehungen zu analog zusammengesetzten Calciumsilicaten ergeben sich vor allem bei **IV** — *Afwillit*; **III** — *Crestmorit*; **VI** — $2\,CaO \cdot SiO_2 \cdot H_2O$ — γ-Hydrat; **VIII** — α-$CaO \cdot SiO_2$; ebenso bei **II** u. **VII** zu entsprechenden Ca-Silicaten. (J. Res. nat. Bur. Standards **51.** 73—80. Aug. 1953. Washington, D. C.) U. WANNAGAT. 284

Charles Eyraud, Roland Goton und **Marcel Prettre,** *Untersuchung über die Entwässerung des Hydrargillits durch die gleichzeitige Anwendung der Thermogravimetrie unter reduziertem Druck und der differentiellen enthalpischen Analyse.* Die Kombination der Thermogravimetrie mit der differentiellen enthalp. Analyse gestattet es, die spezif. Energie $E = \Delta W / \Delta p$, wo W = Wärmemenge u. p = Gewichtsverlust, der Entwässerungs-Rk. des *Hydrargillits* zu bestimmen. Die Abhängigkeit von E (kcal/g H_2O) von der Zahl der Wassermoll., die an einem Mol. Al_2O_3 gebunden bleiben, wird graph. dargestellt. Es wird gezeigt, daß die Entwässerung in drei Etappen vor sich geht, wobei die letzte die Dissoziation des im Verlauf der vorhergegangenen Etappen gebildeten *Böhmits* wiedergibt. Jede der beiden ersten Etappen ist zum Schluß schwach exotherm, was aber nur in bestimmten Temperaturbereichen entdeckt werden kann. (C. R. hebd. Séances Acad. Sci. **240.** 1082—84. 7/3. 1955.) H. SURAWSKI. 294

Thomas Wartik und **H. I. Schlesinger,** *Reaktionen von Lithiumaluminiumhydrid mit charakteristischen Elementen der Hauptgruppen des Periodischen Systems.* Während Alkylderivv. der 1. u. 2. Hauptgruppe des Period. Syst. mit $LiAlH_4$ zu den entsprechenden Hydriden umgesetzt werden (vgl. BARABAS, DILLARD, FINHOLT, WARTIK, WILZBACH u. SCHLESINGER, C. **1952.** 3949), reagieren die Trialkylverbb. von B, Al u. Ga nicht wie erwartet nach $LiAlH_4 + R_3Me \rightarrow LiAlH_3R + R_2MeH$, sondern nach der Gleichung $LiAlH_4 + R_3Me \rightarrow LiMeH_3R + R_2AlH$, in jedem Fall resultiert *Dimethyl-*

aluminiumhydrid (I). Das intermediär entstehende Monoalkylborhydrid könnte mit Lithiumhydrid leichter ein Lewis-Säure–Base-Addukt bilden als Dialkylborhydrid; die Rk. verläuft vermutlich in zwei Stufen. *Trimethylgallium-* u. *Trimethylbor*-Dampf sind monomer, Dampfdruckmessungen an I zeigten zwischen 83—167° ein Gemisch aus dimerem u. trimerem Prod., in Isopentanlsg. bei 20° überwiegt das Trimere. — Alkylderivv. der Metalle der 4., 5. u. 6. Hauptgruppe reagieren nicht mit $LiAlH_4$. Je elektropositiver das die Alkyle tragende Metall ist, desto leichter erfolgt Ersatz dieser Alkylgruppen durch Wasserstoff, die Hydrierung der Halogenide dagegen erfolgt zunehmend leichter in der umgekehrten Reihenfolge. Die Chloride der Metalle der 1. Hauptgruppe reagieren nicht, die der 2. Gruppe unvollkommen mit $LiAlH_4$, die der 3. (vgl. Finholt, Bond u. Schlesinger, C. **1948**. I. 793), 4. u. 5. lieferten das entsprechende Hydrid.

Versuche: *Trimethylbor*, aus BF_3 u. CH_3MgJ, Dampfdruck 683 mm bei —22,9°, liefert mit $LiAlH_4$ *Lithiumbormethylhydrid*, $LiB(CH_3)H_3$ u. *Dimethylaluminiumhydrid* (I), Kp. 154°, Dampfdruckbest. nach dem Verf. von Brown, Taylor u. Gerstein (vgl. J. Amer. chem. Soc. **66**. [1944.] 432), Hydrolyse ergab H_2 u. CH_4. *Trimethylaluminium*, aus $(CH_3)_2Hg$ u. Al-Spänen, Dampfdruck 14,9 mm bei 25,5°, mit $LiAlH_4$ wurde I erhalten, identifiziert durch Vgl. der Dampfdrucke. *Trimethylgallium*, aus $GaCl_3$ u. $(CH_3)_2Zn$, Dampfdruck 65,9 mm bei 0°, ergibt mit $LiAlH_4$ I. Tetramethylzinn, Tetraäthylblei, Trimethylamin u. Diäthylsulfid reagierten nicht mit $LiAlH_4$. (J. Amer. chem. Soc. **75**. 835—39. 20/2. 1953. Chicago, Ill., Univ. of Chicago, George Herbert Jones Labor.) G. Bankwitz. 294

Therald Moeller und **Richard W. Shellman**, *Der Eisen(III)-Phenol-Komplex in wässeriger Lösung.* Eine erneute Unters. des sich in wss. Medium bildenden roten Komplexes aus Fe^{3+} u. Phenol ergab für diesen die Zus. $[Fe(OC_6H_5)_3]$. Er bildet sich gleichgewichtsmäßig nach $Fe^{3+} + 3\,C_6H_5OH \rightleftharpoons [Fe(O \cdot C_6H_5)_3] + 3\,H^+$, u. Vff. halten es für wahrscheinlich, daß nur dieser Komplextyp auftritt. (Science [Washington] **118**. 327—28. 18/9. 1953. Urbana, Ill., Univ. of Illinois, Noyes Chem. Labor.) H.-G. Plust. 354

D. C. Hilty und **Walter Crafts**, *Liquidusgrenze im Zustandsschaubild Fe–S–O.* Die Liquidusgrenze im Teilgebiet Fe–FeS–FeO des Zustandsschaubildes Fe–S–O wurde untersucht u. die Löslichkeit von O in fl. Fe-S-Legierungen festgestellt. Es wird u. a. nachgewiesen, daß das Zustandsschaubild ein tern. Eutektikum bei 67% Fe, 24% S u. 9% O u. bei ca. 920° aufweist. Eine Mischungslücke im fl. Zustand erstreckt sich im Syst. von der Fe–O-Seite zu einem S-Geh. von 21,5% mit einem Minimumpunkt bei ca. 81,5% Fe, 16,5% S, 2% O u. 1345°. Bei der Best. der Löslichkeit von O in fl. S-haltigem Fe zeigte sich, daß mit zunehemenden S-Gehh. der O-Geh. des Eisens zuerst schwach bis ca. 0,1% S abnimmt u. dann rasch zunimmt. (J. Metals **4**. Trans. AIME **194**. 1307—12. Dez. 1952. **5**. 1549—50. Nov. 1953. Niagara Falls, Union Carbide and Carbon Res. Labor., Inc.) H. Hochstein. 354

F. P. Dwyer und **A. M. Sargeson**, *Die Darstellung von Trisacetylacetonrhodium(III) und -iridium(III).* Im Zusammenhang mit der Unters. der opt. Eigg. nichtelektrolyt. Komplexe wurden Trisacetylacetonrhodium(III), $C_{15}H_{21}O_6Rh$, F. 260°, aus Rhodium(III)-nitrat u. Acetylaceton (I) bei p_H 4, orangegelbe Platten aus W.–Methanol, schwerlösl. in A. u. PAe., leichtlösl. in Bzl. u. Chlf., sowie Trisacetylacetoniridium(III), $C_{15}H_{21}O_6Ir$, F. 269°, aus Iridium(III)-hydroxyd u. I bei p_H 6, gelbe Platten aus W.–Methanol, erhalten. Daneben resultierte eine rötliche, wasserunlösl. Substanz, möglicherweise $H[Ir(OH)_2(Acetylaceton)_2]$. (J. Amer. chem. Soc. **75**. 984—85. 20/2. 1953. Sydney, Australien, Univ., Dep. of Chem.) G. Bankwitz. 367

Edwin S. Gould, Inorganic reactions and structure. New York: Holt. 1955. (478 S. u. Diagr.) $ 6,50.

Heinz Heftl, Über den Zerfall von Natriumchlorit in Bleichlösungen. St. Gallen: Eirene-Verlag M. Pfändler. 1955. (79 S. m. Abb.) fr. 6,75.

C. Mineralogische und geologische Chemie.

E. J. Workman, *Über geochemische Einflüsse des Frierens.* Workman u. Reynolds (vgl. C. **1951**. I. 1269) hatten gezeigt, daß in verd. Lsgg. vieler Ionenverbb. sich bildendes Eis selektiv Ionen einer Art in der sich bildenden Oberflächenschicht aufnimmt. Da sich nur die Eisoberfläche unterhalb des Punktes entwickelt, an dem sich das verunreinigende Ion anlagert, wird die Raumladung im Eis u. in der Lsg. durch einen elektr. Kompensationsstrom neutralisiert, so daß die Verunreinigungszentren gleichmäßig in der ganzen Eismasse verteilt sind. In vielen Eisbildungen erzeugt der Prozeß infolge der prim. Ionenabscheidung u. der damit verbundenen elektrochem. Wrkg. des Stromes in dem nicht gefrorenen Elektrolyten eine effektive chem. Wirkung. In einer 10^{-5} mol. Lsg. von *CsF* werden ca. 10^{16} Fluoridionen pro cm^3 Eis aufgenommen, die

Cs-Ionen dagegen fast vollständig abgestoßen. Es wird hieraus berechnet, daß pro m^3 Eis $^1/_{120}$ gMol H_2 u. $^1/_{240}$ gMol O_2 in Freiheit gesetzt werden. Um den gesamten H_2 der ird. Atmosphäre in Freiheit zu setzen, müßte die Dicke der Welteisbldg. 3 m betragen. Diese Einfll. dürften auch die Ggw. schwerer Ionen terrestr. W. im Falle des Frierens beeinflussen. In Lsgg. von Kupferhalogeniden könnte eine geeignete Elektrodenkonfiguration vorliegen, um eine elektrolyt. Abscheidung von Cu aus den Lsgg. zu beeinflussen. Solche Abscheidungen von Cu könnten für einige natürliche Cu-Vorkk. verantwortlich sein. Bei der Abschätzung der geochem. Folgerungen natürlichen Frierens ist zu berücksichtigen, daß die Kenntnis dieser Prozesse hauptsächlich auf Laboratoriumsunterss. basiert. Bei Seewasser konnten die gleichen Beobachtungen gemacht werden. (Science [Washington] **119.** 73. 8/1. 1954. Socorro, N. Mex., Inst. of Mining and Technol.)
C. GOTTFRIED. 378

W. Gentner und **E. A. Trendelenburg,** *Experimentelle Untersuchungen über die Diffusion von Helium in Steinsalzen und Sylvinen.* An Proben aus reinem NaCl u. natürlichen Sylvinen mit einem mittleren He-Geh. wurden durch massenspektrometr. Messung der bei der Erhitzung im Vakuum austretenden Gasmenge die Diffusionskonstante von He im Temperaturbereich 500—600° bestimmt u. auf den Temperaturbereich 40—80° extrapoliert. Die Messungen an natürlichen Sylvinen zeigten starke Streuungen durch Aufplatzvorgänge im Kristall. Unter gewissen Voraussetzungen passen sich die gewonnenen Werte jedoch dem für reines NaCl ermittelten Verlauf der Diffusionskonstante an. Abweichungen von den Werten von THOMSON u. WARDLE (C. **1955.** 309) werden diskutiert. (Geochim. cosmochim. Acta [London] **6.** 261—67. Dez. 1954. Freiburg/Br., Univ., Physikal. Inst.)
R. CONRAD. 378

L. M. Lebedew, *Metakolloider oolithischer Sphalerit.* Der 1952 aufgefundene kollomorphe oolith. *Sphalerit* (I) zeichnet sich durch hohe Dispersität u. erdigen Bruch aus. Farbe schmutzigweiß bis bräunlichgrau, matter Glanz; D. 4,102, lösl. in HCl, opt. isotrop. Chem. gehört I zu den reinen Fe-freien Varietäten vom Cleiophantyp. I enthält Cd, daneben As, Tl u. Ge. Das Debyeogramm ist mit dem des krist. I identisch. In der hohen Dispersität ist der kolomorphe I dem Brunckit aus Peru sehr ähnlich. (Доклады Академии Наук СССР [Ber. Akad. Wiss. UdSSR] [N. S.] **95.** 631—33. 21/3. 1954.)
O. LEBTAG. 380

Francesco Dragone, *Mineralogisch-granulometrische Untersuchung der goldhaltigen Sande des Flusses Gomsa (A. O.)* Die granulometr.-mineralog. Unters. der obigen Sande ergab als Hauptbestandteile: *Quarz, Cyanit, Staurolith, Granat, Zirkon, Picotit, Hämatit, Magnetit* u. *Limonit,* von denen allein Picotit mit Hämatit u. Limonit 60% ausmachen, Picotit allein 30%. Die Quarzmenge beträgt 25%, alle anderen Mineralien zusammen 15%. Als accessor. Mineralien wurden festgestellt *Orthoklas, Turmalin* u. *Epidot.* Es werden Betrachtungen über die Genese der einzelnen Mineralien angestellt. Eine Reihe von granulometr. Diagrammen sind beigegeben. (Periodico Mineralog. **23.** 147—60. 1954.)
C. GOTTFRIED. 380

C. Andreatta und **R. Pirani,** *Strukturanalysen von metamorphen Gesteinen.* 8. Mitt. *Gefüge der Paraschiefer der Katazone (Val di Peio, Ortlergruppe).* (7. vgl. C. **1939.** I. 3516.) Gefügeanalyt. wurden eine Reihe von Mineralien aus den im obigen Gebiet anstehenden metamorphen Gesteinen untersucht. Eingemessen wurden *Biotit, Quarz, Muskovit* sowie die α-, β- u. γ-Richtungen von *Plagioklas.* Bei den untersuchten Gesteinen handelt es sich um biotit. Paragneis, gneis. Glimmerschiefer u. Zweiglimmerparagneis. Aus den erhaltenen Gefügediagrammen folgt, daß B-Tektonite, S-Tektonite u. Tektonite intermediären Charakters vorhanden sind. Die geringe Orientierungsanisotropie der Quarzkristalle in den Gesteinen, die nur eine Spur des Katazonenmetamorphismus zeigen, lassen sich durch die besonderen Bedingungen in den Katazonen deuten, in der die orientierten Drucke einen kleineren Einfl. haben im Vgl. mit den anderen Faktoren. (Periodico Mineralog. **23.** 125—45. 1954.)
C. GOTTFRIED. 385

Mario Bertolani, *Über die Gegenwart eines Amphibols vom Typ Pargasit in den ultrabasischen Gesteinen des Val Sabbiola (Valsesia).* Vf. bestimmte von den Hornblenden der bas. Norite u. Gabbros sowie von den ultrabas. Pyroxeniten u. Peridotiten die Brechungsindices, den positiven Achsenwinkel sowie die Auslöschungsschiefe. Aus den Messungen ergab sich, daß die Hornblenden aus den ultrabas. Gesteinen als Pargasite anzusehen sind, wenn auch der Pleochroismus von dem für Pargasit üblichen verschieden ist. Die Gesteine sind magmat. Ursprungs. (Periodico Mineralog. **23.** 235—43. 1954. Modena, Univ., Ist. di Mineralogia.)
C. GOTTFRIED. 385

D. P. Sserdjutschenko, *Pargasite aus den archaischen Gesteinen des südlichen Jakutien.* Die chem. u. atomare Zus. sowie die opt. Eigg. von 5 verschied. *Pargasiten* (I) aus Südjakutien u. dem Baikalgebiet sind in einer Tabelle zusammengestellt. Bemerkenswert ist der hohe Geh. an Cl u. F in den I von Südjakutien, ferner der hohe Geh. an Si(IV), wodurch die Brechungszahlen erniedrigte Werte aufweisen. Bei allen untersuchten I ist der Al_2O_3-Geh. hoch. Von den Alkalien ist bald K, bald Na vorherrschend. Außer den quantitativ bestimmten Bestandteilen wurden im I von Jakutien spektroskop. Sr (mehr als mittlerer Geh.), V (mittel), Cr u. Zr (schwache Linien) sowie In, Ga, Cu u. Be (sehr schwache Linien) festgestellt. Die Debyeogramme von I unterscheiden sich von den Pulverröntgenogrammen der Amphibole der Tremolit–Aktinolith-Reihe durch die Vielzahl der Interferenzlinien. (Доклады Академии Наук СССР [Ber. Akad. Wiss. UdSSR] [N. S.] **96.** 1233—36. 21/6. 1954.) O. LEBTAG. 385

Tomitaro Ishimori, *Gehalt an Molybdän in japanischen vulkanischen Gesteinen.* Vf. bestimmte den MoO_3-Geh. in 10 japan. *Basalten,* 15 japan. intermediären *Ergußgesteinen,* 10 japan. *Lipariten,* je einem *Olivinbasalt, Hypersthendacit* u. *Nephelinbasalt,* ebenfalls japan. Ursprungs. Die Ergebnisse sind tabellar. zusammengestellt. (Bull. chem. Soc. Japan **24.** 251—52. Nov. 1951. Fukuoka, Kyushu Univ., Naturwissenschaftl. Fak., Chem. Inst.) C. GOTTFRIED. 386

O. A. Alekin, *Chemie der natürlichen Wässer.* Allg. über die chem. Zus. der Naturwässer (Grundwasser, Flüsse, Seen, Ozeane, atmosphär. Ndd.) u. deren Beeinflussung durch äußere Faktoren. (Природа [Natur] **44.** Nr. 1. 25—33. Jan. 1955.) A. V. WILPERT. 393

R. L. F. Boyd, *Erforschung der Stratosphäre mit Raketen.* Allg. Darst. über die Art der Raketen, ihre Verwendung zur Best. von Druck, Temp., D., Zus. u. der elektr. u. magnet. Eigg. der Stratosphäre, der Wolkenverteilung, der Sonnen- u. Höhenstrahlung usw. sowie über die Auswertung der Ergebnisse. (Sci. Progr. **42.** 435—47. Juli 1954. London, Dep. of Phys.) T. OPPERMANN. 396

Paul Kukuk, Geologie, Mineralogie und Lagerstättenlehre. Eine Einf. f. Bergschüler, Gruben- u. Vermessungsbeamte sowie f. Studierende d. Bergbaus, d. Markscheidekunde, d. Bauingenieurwesens u. d. Naturwissenschaften. 2. völlig durchges. u. erw. Aufl. Berlin, Göttingen, Heidelberg: Springer. 1955 (XVI + 334 S. m. 406 Abb.) DM 28,50.

Andrej P. Winogradow, Geochemie seltener und nur in Spuren vorhandener chemischer Elemente im Boden. Berlin: Akademie-Verl. 1954. (249 S. m. 5 Textabb. u. 119 Tab.) DM 23,—.

D. Organische Chemie.

D_1. Allgemeine und theoretische organische Chemie.

M. J. S. Dewar und **R. Pettit,** *Eine Molekülbahntheorie der organischen Chemie.* 7. Mitt. *Die Additivität von Bindungsenergien in unkonjugierten Systemen.* (6. vgl. C. **1953.** 9103; vgl. auch BROWN, C. **1954.** 1435.) Vff. diskutieren das Problem der Additivität von Bindungsenergien in unkonjugierten Verbindungen. Der Einfl. der Wechselwirkungen zwischen lokalisierten Bindungen wird nach der Störungstheorie berechnet, er verschwindet in 1. Näherung. Die Wechselwrkg. 2. Ordnung kann zu einem großen Betrage absorbiert werden in die empir. Bindungsenergien (in homologen Reihen kann die Kompensation vollständig werden). Auf diesem Wege wird die Additivität der Bindungsenergien erklärt, ohne Elektronenlokalisierung in spezif. Bindungen zu postulieren. Abweichungen von der Additivität werden zufriedenstellend gedeutet u. Beziehungen für Bildungswärmen gespannter u. ungespannter *Paraffine,* Hydrierwärmen von *Olefinen* u. Verbrennungswärmen von *Alkoholen* u. *Carbonylverbb.* erhalten, die in guter Übereinstimmung mit experimentellen Daten sind. Es wird von Vff. abgeleitet, daß die stärksten Wechselwirkungen zwischen b e n a c h b a r t e n Bindungen auftreten, im Gegensatz zu 1.3-Wechselwirkungen bei der Hyperkonjugation. Die vorliegende Behandlung vermeidet die meisten bei der MO-Behandlung gemachten Voraussetzungen, ihre Schlußfolgerungen sind entsprechend zuverlässig. (J. chem. Soc. [London] **1954.** 1625—34. Mai. London, Queen Mary Coll.) G. WINKLER. D 10

Ikuzo Tanaka und **Shoji Shida,** *Berechnung der Energieniveaus für das Cyclooctatetraen* (C_8H_8). Vff. berechnen die Energieniveaus für das *Cyclooctatetraen,* u. zwar sowohl für die Kronenform (Symmetrie D_{4d}) als auch die Wannenform (D_{2d}) nach der H.L.S.P.-Meth. unter der Voraussetzung, daß die gegenseitige Beeinflussung zwischen den π- u. σ-Elektronen als klein anzusehen ist. Das Mol. ist im Grundzustand diamagnetisch. Die Resonanzenergie, berechnet aus thermochem. Daten, beträgt ca. 10% von der des Benzols. Die Wellenlängen des Absorptionsspektr. stehen in besserer Übereinstimmung mit den experimentellen Befunden, wenn man für das Mol. die Wannenform annimmt. (Bull. chem. Soc. Japan **23.** 54—59. Juli 1950. Tokyo, Inst. of Technol., Labor. of Phys. Chem.) K. FRENKLER. D 10

A. A. Charcharow, *Absorptionsspektren und Molekülstruktur.* 2. Mitt. *Spektraluntersuchungen alkoholischer Lösungen von Chlorderivaten des Anilins.* (1. vgl. C. **1955.** 1005.) Vf. untersucht die Absorptionsspektren (210—350 mμ) alkoh. Lsgg. des mono-, di-, tri- u. tetrachlorsubstituierten Anilins u. zeigt die gesetzmäßige Verschiebung der längerwelligen Absorptionsbande nach längeren Wellen mit zunehmender Chlorierung. Die Spektren aller chlorsubstituierten Aniline bestehen im Intervall von 210 bis 300 mμ aus 2 benachbarten Absorptionsbanden, von denen die kürzerwellige, sich wenig verschiebende intensiver ist. Die Abweichung von der Additivität ist verhältnismäßig gering u. von Zahl u. Lage der Chloratome abhängig; am stärksten ist sie bei *2.4-Dichloranilin* (—5 mμ). Untersucht werden: *Anilin, o-, m-* u. *p-Chloranilin, 2.4-, 2.5-* u. *3.4-Dichloranilin, 2.4.5-* u. *3.4.5-Trichloranilin, 2.3.4.6-* u. *2.3.5.6-Tetrachloranilin.* (Известия Академии Наук СССР, Отделение Химических Наук [Nachr. Akad. Wiss. UdSSR, Abt. chem. Wiss.] **1954.** 854—58. Sept./Okt. Leningrad, Kirow-Textilinst.; Inst. für organ. Chem. der Akad. der Wiss. der UdSSR.) R. AMBERGER. D 118

A. Mangini und **F. Montanari,** *UV-Absorptionsspektren der Zimtsäuren und einiger ihrer Derivate.* In Tabellenform werden Lage u. Intensität der Absorptionsmaxima von substituierten Zimtsäuren (A), einigen Na-Salzen (Na) u. Estern (E). in A. bzw. 5% NaOH angegeben. Untersucht wurden Verbb. der Struktur I mit X=Y=Z = *H* (cis-A u. -Na, trans-A, -Na u. -E), X = CH_3, Y=Z = *H* (cis-A u. -Na, trans-A, -Na, -E), X= Z = *H*, Y = CH_3 (cis-A, u. -Na, trans-A, -Na u. -E), X=Y = CH_3, Z = *H* (cis-A u. -Na, trans-A, -Na u. -E), X=Y = *H*, Z = CH_3 (trans-A u. -Na), X=Y = *H*, Z = *Mesityl* (cis- u. trans-A), X = *Cl*, Y=Z = *H* (cis-A u. -Na, trans-A, -Na u. -E), X=Z = *H*, Y=*Cl* (cis-A u. -Na, trans-A, -Na u. -E), X=Y = *Cl*, Z = *H* (cis- u. trans-A, -Na u. -E), X=Y = *H*, Z = *Cl* (cis-A u. -Na, trans-A, -Na u. -E), X = *Br*, Y=Z = *H* (cis-A u. -Na, trans-A, -Na u. -E), X=Z = *H*, Y = *Br* (cis-A u. -Na, trans-A, -Na u. -E), X=Y = *Br*, Z = *H* (cis-A, trans-A, -Na u. -E) u. X=Y = *H*, Z = *Br* (trans-A, -Na u. -E). (Boll. sci. Fac. Chim. ind. Bologna **12.** 166—67. 1954. Ist. Chim. Ind.) F. DÖRR. D 118

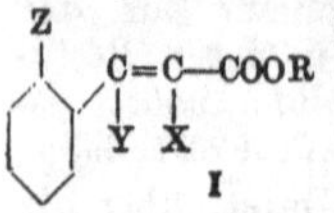

I

Elisabeth Laffitte und **Robert Lalande,** *Ultraviolettabsorptionsspektren einiger mono- und disubstituierter Mesoderivate des Anthracens.* Vff. bestimmten die UV-Absorptionsspektren in Cyclohexanlsgg. von 10 Derivv. des Anthracens (I), von den gleichen Verbb. wurde ebenfalls die Fluorescenz untersucht. Vff. fanden, daß die Substituenten einen bathochromen Effekt haben, die Spektren sind analog dem des **I**, etwas nach längeren Wellen verschoben. Es wurden folgende Verbb. gemessen: *9-Phenyl-*, F. 151°. — *9-Cyclohexyl-*, F. 135—136°, λ_{max} = 3876 [mm^{-1}], 3007, 2857, 2717 u. 2570.— *9-Methyl-10-methoxy-*, F. 146—147°, 3846, 3030, 2941, 2778, 2642 u. 2487. — *9-Methyl-10-brom-*, F. 170—171°, 3846, 2941, 2778, 2645 u. 2500. — *9-Äthyl-10-brom-*, F. 104°, 3846, 2941, 2778, 2645 u. 2500. — *9-Methyl-10-cyan-*, F. 205°, 3861, 2857, 2725, 2591 u. 2457, u. *9-Äthyl-10-cyananthracen*, F. 135°, 3861, 2857, 2725, 2591 u. 2457. — *Methyl-*, F. 76°, 3929, 3205, 3030, 2882, 2747 u. 2611. — *Äthyl-*, F. 75°, 3929, 3039, 2882, 2747 u. 2611, u. *Phenylanthryl-(9)-keton*, F. 144—145°. (Bull. Soc. chim. France, Mém. [5] **1955.** 531—33. April. Bordeaux, Fac. des Sci., Labor. de Phys. Gén. et de Chim. Organ.) M.-L. KLAAR. D 118

Giulio Milazzo, *Chemisches und spektroskopisches Verhalten fünfgliedriger Monoheterocyclen.* UV-Absorptionsspektren 5 gliedriger Heterocyclen in Dampfform werden wiedergegeben. Spektrales wie chem. Verh. liegt zwischen den aromat. (Bzl.) u. olefin. Verbb. (Cyclopentadien). Dies wird durch die verschieden starke Konjugation der nichtbindenden (n) Elektronen der Heteroatome mit den Doppelbindungen erklärt. *Tetrahydrofuran*: Nur n-Elektronen absorbieren; *Furan*: Spektr. ähnlich, wegen leichter Konjugation nach Rot verschoben, Resonanzenergie 16 kcal, keine benzolähnliche Absorption bei 2500 Å; *Pyrrol*: 3 Bandensysteme, gegen Pyrrolidin nach Rot verschoben, Resonanzenergie 21,6 kcal, Bldg. quaternärer Verbb., das heißt n-Elektronen ziemlich beweglich; chem. Verh. weder aromat. noch olefin., geringe Basizität der Iminogruppe. *N-Methylpyrrol*: CH_3-Gruppe bewirkt Verstärkung der Aromatisierung; Absorption bei 2500 Å u. chem. Verh. benzolähnlich. *Thiophen*: Verstärkung der Konjugation, Resonanzenergie 29,1 kcal, Absorption bei 2500 Å, physikal. u. chem. Verh. sehr benzolähnlich; Sulfon leicht zersetzlich, dessen Lösungsspektr. ähnlich dem des Cyclopentadiens. *Selenophen*: Leichtbewegliche n-Elektronen; Verspannung des Ringes durch Größe des Se-Atoms vermindert aber Konjugation, deshalb Blauverschiebung der n-Banden bei 2100 Å u. Veränderung der „Benzolbande" bei 2500 Å; chem. Verh. weniger benzolähnlich. — 15 Literaturangaben über Spektren, Elektronenstruktur u. chem. Verhalten. (Österr. Chemiker-Ztg. **55.** 305—11. Nov. 1954. Rom, Ist. Super. di Sanità.) F. DÖRR. D 118

G. G. Kikina, Ja. K. Ssyrkin und **Je. A. Schott-Lwowa,** *Molekularrefraktion von Molekülen mit konjugierten Bindungen bei verschiedenen Wellenlängen.* Extrapolation der bei 7 Wellenlängen zwischen 4046,56 u. 6439,47 Å gemessenen Mol.-Refr. von *Bzl.* auf $[MR]_\infty$ ergibt 25,01 (gegenüber dem aus den Atomrefraktionen additiv errechneten Wert 25,28); analog für *Naphthalin* 41,85 (40,00); *Anthracen* 61,01 (54,72); *Phenanthren* 59,50 (54,72); *Acenaphthen* 49,22 (46,89); *Triphenylmethan* 78,06 (76,09); *p-Chinon* 27,45 (25,87); *Phenanthrenchinon* 66,04 (55,31). $[MR]_\infty - [MR]_{\infty add.}$ nimmt also mit der Zahl der konjugierten C=C-Bindungen stark zu. (Известия Академии Наук СССР, Отделение Химических Наук [Nachr. Akad. Wiss. UdSSR, Abt. chem. Wiss.] **1954.** 563—64. Mai/Juni. Moskau, Lomonossow-Inst. für chem. Feintechnol.)
R. AMBERGER. D 119

R. L. Collins und **J. Rud Nielsen,** *Schwingungsspektren, Kraftkonstanten und berechnete thermodynamische Eigenschaften von Methyltrifluorsilan.* (Vgl. C. **1955.** 4760.) Vff. nahmen zwischen 2,5 u. 36 μ das Infrarotspektr. von gasförmigem *Methyltrifluorsilan* (I, Symmetrie C_{3v}) sowie das RAMAN-Spektr. (mit qualitativen Polarisationen) von fl. I unter Druck auf, wobei mit Hg 4358 Å als Erregerlinie eine Photo-Rk. (Bldg. eines weißen, fluorescierenden Pulvers) auftrat. Im KBr-Gebiet, zwischen 15 u. 22 μ, traten keine Banden auf. Die beobachteten Banden, darunter 11 akt. Grundschwingungen, werden zugeordnet. Für die Infrarot- u. RAMAN-inakt. a_2-Schwingung wird im Gegensatz zu SHERIDAN u. GORDY (C. **1952.** 3120 u. früher) die Wellenzahl von 156 cm^{-1} angenommen. Der etwas verschobene Wert der sehr schwachen Kombinationsbande bei 937 cm^{-1} (229 + 700 cm^{-1}) wird einer FERMI-Resonanz mit der e-Grundschwingung bei 900 cm^{-1} zugeschrieben. Durchführung der Normalkoordinatenanalyse ergab folgende Kraftkonstanten: $f_\alpha = 0{,}2932$, $f_\alpha' = 0{,}3551$, $f_{\alpha\alpha} = 0{,}1269$, $f_{\alpha'\alpha'} = -0{,}2379$, $f_{\beta\beta} = 0{,}0223$, $f_{\beta'\beta'} = 0{,}0248$, $f_\delta = 4{,}9398$, $f_{\delta\delta} = 0{,}7410$, $f_\beta = 0{,}4323$, $f_\beta' = 0{,}4395$, $f_\Delta = 7{,}515$ u. $f_{\delta\Delta} = 2{,}493 \cdot 10^{-5}$ dyn/cm. Sie geben gut mit den beobachteten Frequenzen übereinstimmende Werte. Ferner wurde die Torsionskonstante (für 156 cm^{-1} als Torsionsfrequenz) zu $0{,}450 \cdot 10^{-12}$ dyn·cm·rad^{-1}, die Potentialschwelle der inneren Rotation zu 144 cal/Mol u. die thermodynam. Funktionen Cp^0, S^0, $(-F-H_0^0)/T$ u. $(H^0-H_0^0)/T$ zwischen 243 u. 600° K berechnet. (J. chem. Physics **23.** 351—56. Febr. 1955. Norman, Okla., Univ. of Oklahoma, Dep. of Phys.) B. GNAUCK. D 120

M. A. Kowner, *Schwingungsspektren aromatischer Verbindungen. 1. Mitt. Berechnung und Deutung der Schwingungsspektren von Benzol und Deuterobenzolen (ebene Schwingungen).* Es werden die Schwingungsspektren von *Bzl.* u. *Deuterobenzolen* berechnet, interpretiert u. in befriedigender Übereinstimmung mit den experimentellen Ergebnissen gefunden. Für *Bzl.* wird das Syst. der Kraftkonstanten u. der Einflußkoeffizienten bestimmt, sowie eine allg. Charakteristik des Kraftfeldes im Benzolmol. gegeben. Die Auflösung der Rekursionsformeln ermöglicht die Best. der Schwingungsform von Bzl. u. Hexadeuterobenzol u. die Unters. der Beeinflussung durch Substitution von H durch D. Die vollsymm. Schwingung A_{1g} (992 cm^{-1}, bezogen auf Bzl., beobachtet) ist eine reine Valenz-, die von B_{1u} (1010) eine reine Deformationsschwingung, die übrigen Ringschwingungen sind gemischt. Die Schwingungen 3062, 3047, 3060, 3080 sind überwiegend Valenzschwingungen der C—H- bzw. der C—D-Bindungen. Bei diesen letzten Schwingungen nimmt beim Übergang von C_6H_6 u. C_6D_6 die Beteiligung der Ringatome an der Schwingung zu u. umgekehrt überwiegt bei den Schwingungen mit vorherrschendem Einfl. der Ringatome (992, 1010, 1485) diejenige der D- gegenüber der der H-Atome. Die Schwingung 606 läßt sich im wesentlichen als Deformationsschwingung der Innenwinkel der Ringe deuten, zu der eine solche der mit zunehmender Deuterierung zunehmenden Deformation der Außenwinkel hinzutritt. Der den Symmetriekoordinaten entsprechende Formkoeff. ist nicht immer (beispielsweise nicht bei Bzl. 1037, 1596, 1648) der gewöhnlich (vgl. WOLKENSCHTEIN, ELJASCHEWITSCH u. STEPANOW, Molekülschwingungen, GTTI 1949) angegebene größte. (Журнал Экспериментальной и Теоретической Физики [J. exp. theoret. Physik] **26.** 598—608. Mai 1954. Saratow, Staatl. Univ.) R. AMBERGER. D 120

J. Collin und **L. D'Or,** *Infrarotuntersuchung des Benzol-Chlor-Molekülkomplexes.* Vff. untersuchten die Infrarotabsorption von *Bzl.-Halogen* (*Cl_2* u. *Br_2*)*-Komplexen.* Bei der Cl_2-Lsg. trat eine Bande bei 526 cm^{-1} auf (Cl_2 selbst absorbiert bei 557 cm^{-1}), die dem Komplex zugeschrieben wird. Aus der Existenz einer dissymm. Polarisation des Cl_2, die für die Absorption verantwortlich gemacht wird, wird geschlossen, daß die Achse des Cl_2-Mol. im Komplex nicht parallel zur Ebene des Benzolringes ist u. zu diesem asymm. angeordnet sein muß. Die Breite der 526 cm^{-1}-Bande ist vielleicht eine Folge der therm. Bewegung unter Änderung des Abstandes beider Komponenten oder ihrer relativen Orientierung zueinander. Angegeben sind die Spektren der Cl_2-Lsg. in Bzl., der entgasten Lsg., des festen Rückstands u. von reinem γ-Hexachlorcyclohexan zwischen

460 u. 607 cm^{-1}. (J. chem. Physics **23.** 397. Febr. 1955. Liège, Belgium, Univ., Inst. de Chim. Gén.) B. GNAUCK. D 120

Burl E. Bryant, Jean-Charles Pariaud und **W. Conard Fernelius,** *Die Infrarotspektren von Chelatverbindungen.* 1. Mitt. *Eine Untersuchung der Carbonylfrequenzen der Wasserstoff- und Metallchelate substituierter Cycloheptatrienone.* Vff. untersuchten die Lage der C=O-Frequenz von Chelaten einiger Cycloheptatrienonderivv. (hauptsächlich Tropolonverbb.) in Abhängigkeit von der Art der Atome X, Y u. Z nebenst. Formel. Die Unterss. wurden in Dioxan (D), Nujol (N) oder in CCl_4 (C) durchgeführt an: *Tropolonmethyläther* ($\nu_{C=O}$) 6,14 (D), *2-Chlortropon* 6,13 (D), 6,11 (C), *Tropolon* 6,20 (D), 6,19 (C), *Be-Tropolonat* [sandfarbene Platten, F. 214° (wss. Aceton)], 6,25 (D), *Zn-Tropolonat* [F. 280° (wss. Dimethylformamid)] 6,28 (D), 6,27 (N), *Pb-Tropolonat* [gelbe Nadeln, F. 228° (Bzl.–Aceton)] 6,28 (D), 6,30 (N), *Pd-Tropolonat* 6,30 (N), *Cu-Tropolonat* 6,28 (N), *Fe(III)-Tropolonat,* 6,28 (N), *Mn(II)-Tropolonat* (organgefarbenes Pulver, F. >280°) 6,28 (N), *Cd-Tropolonat* (cremefarbenes Pulver, F. >275°) 6,26 (N), *2-Aminotropon* 6,26 (D), *2-Hydrazinotropon* (II) 6,23 u. 6,28 (D), *2-Mercaptotropon* (I) 6,36 (D), 6,36 (C), 6,35 (Cyclohexan), *Pb-2-Mercaptotroponat* (orangefarbenes Pulver, Zers. <250°) 6,25 (N), *Ni-2-Mercaptotroponat* (purpurrote Platten, F. 273°) 6,29 (N), *α-Methyltropolon* 6,21 (D), 6,19 (C), *β-Methyltropolon* 6,21 (D), 6,19 (C), *α-Isopropyltropolon* 6,19 u. 625 (D), 6,18 (C), *Pb-α-Isopropyltropolonat* 6,27 (N), *β-Isopropyltropolon* 6,21 (D), 6,19 (C), *γ-Isopropyltropolon* 6,17 (D), 6,15 (C), *Cu-γ-Isopropyltropolonat* (grün, F. 167°) 6,24 (N), *Co-γ-Isopropyltropolonat* (dunkelrot, F. >275°) 6,23 (N), *Zn-γ-Isopropyltropolonat* (sandfarbig, F. >280°) 6,24 (N), *Cd-γ-Isopropyltropolonat* (gelb, F. >280°) 6,22 (N), *β-Isopropyl-γ-[3-methylbuten-(2)-yl]-tropolon* 6,18 (D), 6,16 (C), *α-Bromtropolon* 6,23 bis 6,25 (D), *Pb-α-Bromtropolonat* (gelb, F. 232—235°) 6,33 (N), *Cd-α-Bromtropolonat* (gelb, F. >250°) 6,31 (N), *Zn-α-Bromtropolonat* (gelb, F. >250°) 6,26 (N), *Be-α-Bromtropolonat* (gelb, F. >250°) 6,27 (N), *x-Oxytropolon* (F. 136—137°; vgl. NOZOE u. Mitarbeiter, Proc. Japan Acad. **28.** [1952.] 488) 6,23 (D), 6,26 (C), *3.4-Benzotropolon* 6,25 (C), *4.5-Benzotropolon* 6,23 (C), *Trimethylpurpurogallin* 6,29 (D), *Dimethylpurpurogallin* 6,25 u. 6,31 (D) u. *Purpurogallin* 6,28 u. 6,38 (D). Die n. Lage der C=O-Frequenz im 7-Ring beträgt ca. 6,11—6,14 μ. Die Bldg. eines Chelatringes bei den untersuchten Verbb. führt offenbar zu einer Verschiebung ($\Delta\nu$) ins Langwellige, wobei für Chelate mit einem anderen Brückenatom als H $\Delta\nu$ bedeutend größer ist. Eine Beziehung zwischen $\Delta\nu$ u. der Größe der Chelatbildungskonstanten konnte nicht gefunden werden. Die Daten für I zeigen, daß die Mercaptogruppe mit C=O eine H-Bindung bildet (auch die SH-Bande bei 3,8 bis 3,9 μ fehlt!). Nur hier ist $\Delta\nu$ des H-Chelates größer als bei der Pb- u. Ni-Verb.; dies wird erklärt a) durch die größere Affinität der Metalle zu S, u. b) durch Ringspannung. Die bei II auftretenden 2 Carbonylbanden werden auf die Möglichkeit zurückgeführt, daß sich hier sowohl ein 5- als auch ein 6 gliedriges Chelat bilden kann. Alkylsubstituenten im Tropolonring haben geringe Effekte, die elektronenanziehenden Substituenten Br u. OH vermindern wenig, aber deutlich die $\nu_{C=O}$. Angegeben sind ferner andere starke Banden im Bereich zwischen 6,0 u. 7,0 μ. (J. org. Chemistry **19.** 1889—96. Dez. 1954. State College, Pa., Pennsylvania State Univ., Coll. of Chem. and Phys.)

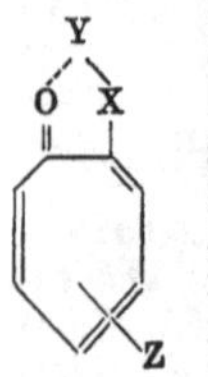

B. GNAUCK. D 120

Ralph Trambarulo und **Paul M. Moser,** *Mikrowellenspektrum der Ameisensäure.* In den Gebieten zwischen 21—25 u. 25—41 kMHz wurden die Rotationsspektren von *HCOOH* (I) u. *HCOOD* (II) untersucht. Für die 4 identifizierten Übergänge sind die Frequenzen tabellar. zusammengestellt. Die spektroskop. Parameter B u. C [in MHz] sind für I 12055,9 ± 0,1 u. 10415,3 ± 0,1 u. für II 11762,4 ± 0,1 u. 9970,3 ± 0,1. Die Trägheitsmomente I_b u. I_c [10^{-40} g·cm^2] sind für I 69,5851 u. 80,5460 u. für II 71,3214 u. 84,1410. Nimmt man an, daß die Ameisensäure eben ist, dann ist I_a die Differenz zwischen I_c u. I_b, für I demnach 10,961 u. für II 12,820. Folgende Abstände werden versuchsweise angegeben: C=O = 1,22 Å; C—O = 1,34 Å; O—H = 0,97 Å; C—H = 1,09 Å; O— —O = 2,26 Å sowie die folgenden Valenzwinkel H—C=O = 121,7°; O—C=O = 124,8° u. C—O—H = 105,5°. (J. chem. Physics **22.** 1622—23. Sept. 1954. Newark, Del., Univ., Dep. of Phys.) C. GOTTFRIED. D 121

Geo R. Slayton, J. W. Simmons und **J. H. Goldstein,** *Mikrowellenspektrum und Eigenschaften von Vinylencarbonat.* Es wurde das Mikrowellenspektr. von *Vinylencarbonat* in dem Wellenlängenbereich 19000—32000 MHz untersucht. Beobachtet wurden 8 Linien des Q-Zweiges niedriger J-Werte; eine Anzahl von Linien mit auflösbarem STARK-Effekt konnten festgestellt werden. Mit den Rotationskonstanten a = 9346,79 MHz; b = 4188,46 MHz; c = 2891,54 MHz u. K = —0,59818 war die Übereinstimmung zwischen beobachteten u. berechneten Frequenzen der Übergänge gut. Die Trägheitsmomente ergaben sich zu I_a = 89,754 · 10^{-40}; I_b = 200,291 · 10^{-40} u. I_c = 290,126 ·

10^{-40} g·cm². Aus dem niedrigen Wert $I_c - I_a - I_b$ (= 0,081·10^{-40}) muß auf eine ebene Struktur des Mol. geschlossen werden, die auch durch angenäherte Intensitätsmessungen bestätigt werden konnte. Aus quantitativen Unterss. des STARK-Effektes ergab sich für das Mol. im Dampfzustand ein Dipolmoment von 4,51 ± 0,05 D in Richtung der a-Achse. (J. chem. Physics **22**. 1678—79. Okt. 1954. Emory, Ga., Emory Univ.)

C. GOTTFRIED. D 121

Robert E. Lutz und **James O. Weiss**, *Der Einfluß der Konfiguration auf die Reaktivität des Chalkonsystems. cis-* (I) u. *trans-Chalkon* (II) unterscheiden sich in ihrer Reaktionsfähigkeit u. zum Teil auch in ihren Reaktionsprodd. bei vielen Additionen an das C=C—C=O-Syst., wie Vff. feststellten. Im einzelnen wurde untersucht: 1. Rk. mit H_2O_2—II reagiert schneller als I zum gleichen Epoxyd, I wandelt sich unter den Reaktionsbedingungen nicht in II um. 2. C_6H_5MgBr addiert sich an I u. II vorzugsweise in 1.4-Stellung (nach Hydrolyse: → *1.3.3-Triphenylpropanon-(1)* (III, F. 90,5—91,5°); Ausbeute 89% in beiden Fällen; bei II konnte das 1.2-Additionsprod. durch Oxydation zu Benzoesäure nachgewiesen werden. C_6H_5Li dagegen gibt mit II 79% 1.2-Addukt [→ *1.1.3-Triphenylallylalkohol* (IV), F. 111°] u. 14% III, mit I andererseits 87% III u. 7% 1.2-Addukt (nicht identifiziert). 3. Red. mit Al-Isopropylat führt bei I u. II zu den entsprechenden Allylalkoholen [*trans-* (VI), F. 55—56°, u. *cis-1.3-Diphenylallylalkohol* (VII), $C_{15}H_{14}O$, Öl, n_D^{25} 1,6111, Infrarot- u. UV-Maxima] in 92,5 bzw. 94% Ausbeute, I reagiert langsamer als II. *trans-Benzalacetomesitylen* (V) blieb bei 5facher Reaktionszeit unverändert. 4. $NaBH_4$ red. I zu VII, II zu VI in 78%ig. Ausbeute, auch hier ist die Geschwindigkeit bei I geringer, V reagiert nicht. 5. Mit $LiAlH_4$ geben I u. II schnell VII (95%) bzw. VI (88%), V dagegen unter 1.4-Addition in 97%ig. Ausbeute *Benzylacetomesitylen* ($C_{18}H_{20}O$, n_D^{25} 1,5568, UV- u. Infrarotmaxima, gibt mit $LiAlH_4$ *1-Mesityl-3-phenylpropanol-(1)*, $C_{18}H_{22}O$, n_D^{25} 1,5625). — Vff. meinen, daß das unterschiedliche Verh. von I u. II besser durch die Annahme größerer ster. Hinderung in I als in II deutbar ist als durch Unterschiede in dem Ausmaß der Konjugation. (J. Amer. chem. Soc. **77**. 1814—18. 5/4. 1955. Charlottesville, Va., Univ., Colob Chem. Labor.)

G. KRESZE. D 123

Max T. Rogers und **Stanley J. Cristol**, *Elektrische Momente und Konfigurationen einiger cis–trans-Isomerer.* Entgegen den Ergebnissen bei der Eliminations-Rk. (CRISTOL u. HAUSE, C. **1954**. 1686) ist auf Grund von Dipolmomentmessungen bei 25° in Bzl., entsprechend der ALDER-Regel, dem niedriger schm. Isomeren des *11.12-Dichlor-9.10-dihydro-9.10-äthanoanthracens* (F. 113,6—114°, μ = 2,17) trans-Konfiguration zuzuordnen, die *cis-Verb.* hat F. 203—204° u. μ = 3,16. Durch Addition von Chlor an *Acenaphthylen* (I) erhält man entgegen bisheriger Annahme (BARTON u. E. MILLER, C. **1951**. II. 229) *meso-cis-1.2-Dichloracenaphthen*, F. 113—114°, μ = 2,97; durch Rk. von I mit Joddichlorbenzol die *dl-trans*-Form, F. 67—68° (II), μ = 2,04. Dem einzig bekannten *1.2-Dibromacenaphthen*, F. 124—125° (III), μ = 1,63, ist dl-trans-Struktur zuzuordnen. Eine Zuordnung der cis-Struktur für *1.5-Dichlor-9.10-dihydro-9.10-anthradioldiacetat* vom F. 246°, μ = 1,48, bzw. für die *trans*-Modifikation, F. 265°, μ = 1,20, ist durch mögliche Wechselwrkg. der Acetatgruppen fraglich. Halogenwasserstoffabspaltung aus trans-1.8.9.10-Tetrachlor-9.10-dihydroanthracen ergibt *1.8.10-Trichloranthracen*, F. 191°, μ = 1,62. (J. Amer. chem. Soc. **77**. 764—65. 5/2. 1955. East Lansing, Mich., State Coll., u. Boulder, Colo., Univ.)

B. WITT. D 123

M. D. Galanin und **S. A. Tschishikowa,** *Photoluminescenzausbeute einiger organischer Kristalle.* Mittels der von ALENZEW u. WINOKUROW (C. **1953**. 423) verwendeten Meth. eines Vgl. mit der Fluorescenz einer Fluoresceinlsg. messen Vff. die absol. Quantenausbeute B_Q: *p-Diphenylbenzol* (B_Q = 0,82 ± 0,05), *Anthracen* (I, 0,70 ± 0,04), *Stilben* (0,50 ± 0,03), *Naphthalin* (0,16 ± 0,01), *Diphenyl* (0,16 ± 0,01), *Diphenylamin* (0,03 ± 0,01), *Fluoren* (0,33 ± 0,02), *Phenanthren* (0,28 ± 0,02). Bei den beiden letzten Verbb. war die Reinheit unbekannt. Für die eingehender untersuchte Fluorescenz von I zeigen Vff., daß B_Q hier nach Anbringung von Korrekturen hinsichtlich Lichtbrechung, Reflexion u. Fluorescenzlöschung (18%) prakt. gleich eins wird. (Журнал Экспериментальной и Теоретической Физики [J. exp. theoret. Physik] **26**. 624—28. Mai 1954.)

R. AMBERGER. D 125

Paul Pesteil, *Untersuchung der Absorption und Fluorescenz einiger organischer Moleküle in kristalliner Umgebung.* Zur photograph. Aufnahme der Absorptionsspektren war die krist. Probe zwischen zwei Polarisatoren montiert, die zur Festlegung der Schwingungsrichtung u. zur definierten Lichtschwächung dienten. Sie befand sich zur Vermeidung von Streuung an der Oberfläche in gesätt. $CaCl_2$-Lsg. bzw. bei tiefen Tempp. bis 2° K in einem Kryostat. Luminescenzspektren wurden mit Wollastonprisma u. $\lambda/2$-Blättchen photographiert; sie sind teilweise wiedergegeben. Die Orientierung der Oscillatoren relativ zum Mol. ist folgende (**293°**): *Naphthalin* rein, 31398 cm⁻¹: transversal; 30432 cm^{-1}: longitudinal; *Acenaphthen* rein 30760?: trans., 30760: long., Aufspaltung bei 14° K; *Diphenyl* rein, 32458: long.; *Anthracen* rein 24900: trans.; in Stilben, 25348: trans.; in Tolan 25348: trans.; *Stilben* rein 28994: long.; in Tolan 29163: long.; in Dibenzyl 29403: longitudinal. Die Polarisation der Fluorescenz hängt nicht von Wellenlänge u. Polarisation der Erregung ab. Langwellige Absorption u. Fluorescenz sind parallel polarisiert. Einige Banden scheinen nur im Kristall aufzutreten. Allg. über Molekülspektren u. Meßmethoden. — 114 Literaturzitate. (Ann. Physique [12] **10.** 128 bis 184. Jan./Febr. 1955. Paris, Fac. des Sci., Labor. de Recherches phys.) F. DÖRR. D 125

B. A. Arbusow, *Über die Rotation von unregelmäßigen Gruppen in Molekülen.* Vf. bestimmt die Dipolmomente von verschied. Estern mehrwertiger anorgan. Säuren u. vergleicht die gefundenen Werte mit den nach SVIRBELY u. LANDER (C. **1950. I.** 171) bzw. EYRING unter der Annahme, daß die Alkoxygruppen ungehindert Rotationsschwingungen ausführen können, berechneten Werten. Die beobachteten Werte sind in den meisten Fällen kleiner, als es von der Theorie gefordert wird. Das gleiche trifft für die beobachteten u. berechneten Parachorwerte zu. Vf. nimmt an, daß in den Fällen, in denen die berechneten Werte niedriger als die theoret. liegen, die freie Rotation der Alkoxygruppen mehr oder weniger aufgehoben ist durch eine Überlagerung der VAN DER WAALSschen Kraftfelder der betreffenden Gruppen. In der Reihe der Zentralatome C—Si—Ti wächst deren Atomradius u. nimmt demzufolge auch die Einw. der Alkoxygruppen aufeinander ab; die gefundenen Dipolmomente nähern sich in der gleichen Reihenfolge den nach der Theorie der freien Rotation geforderten Werten. Es wird gezeigt, daß in vielen Fällen, in denen Experiment u. Theorie übereinstimmen, trotzdem erhebliche Beeinflussung durch VAN DER WAALSsche Kräfte statthaben kann. Man muß in jedem Fall die Zwischenatomabstände der verschied. Gruppen u. die Wirkungsbereiche der elektrostat. Kräfte in Rechnung stellen, um die Frage, ob eine freie Rotation vorliegt oder nicht, entscheiden zu können. Vf. diskutiert seine u. die Ergebnisse anderer Autoren. — Einzelergebnisse: *Ester der Phosphorsäure* [μ] 1,940. — *Orthokohlensäureester* (*Tetramethyl-* bis *Tetradecylorthokohlensäureester*) 1,1 — *Orthokieselsäureester* (*Tetramethyl-* bis *Tetradecylorthokieselsäureester*) 1,66. — *Ester der Orthotitansäure* (*Tetrabutyl-* bis *Tetranonylorthotitansäureester*) 1,85. — *Orthopropionsäureester* 1,92. — *Orthoameisensäureester* 1,90. — $Sb(OC_6H_5)_5$ 2,29. — $W(OC_6H_5)_6$ 2,40. — $W(OC_6H_4CH_3)_6$ 2,53. (J. Chim. physique Physico-Chim. biol. **50.** 647—51. Nov./Dez. 1953. Kazan, UdSSR, l'Acad. des Sci., Labor. de Chim. Organ., Branche de Kazan.) K. FRENKLER. D 132

W. Maier, G. Barth und **H. E. Wiehl,** *Messungen der Hauptdielektrizitätskonstanten geordneter kristallin-flüssiger Phasen.* Es wurden die Haupt-DKK. ε_1 u. ε_2 einer magnet. homogen orientierten Schicht von kristallin-fl. *4.4'-Dimethoxy-* (I, F. 116,5°, Klärpunkt 134,5°) u. *4.4'-Di-n-pentoxyazoxybenzol* (II, F. 79°, Klärpunkt 121,5°) bei 80 bis 134° u. 1500 Gauß gemessen. ε_1 u. ε_2 sind bei I u. II im kristallin-fl. Bereich bis zum Klärpunkt linear von der Temp. abhängig. Die Anisotropie verschwindet diskontinuierlich beim Klärpunkt. Zur qualitativen Deutung wurden ε_1 u. ε_2 in die entsprechenden mol. Susceptibilitäten σ_1 u. σ_2 umgerechnet. Für beide Stoffe sinkt das (größere) σ_2 mit steigender Temp., während σ_1 zunimmt. An Hand einfacher Modellvorstellungen über die mol. Struktur solcher Schichten werden die Ergebnisse diskutiert. (Z. Elektrochem., Ber. Bunsenges. physik. Chem. **58.** 674—80. **1954.** Freiburg/Br., Univ., Physikal. Inst.) L. FISCHER. D 132

Saburo Fujii und **Shoji Shida,** *Berechnung der diamagnetischen Anisotropie von Benzol nach der Methode der antisymmetrischen Molekularbahnen.* Vff. berechneten nach der von GOEPPERT-MAYER u. SKLAR (vgl. J. chem. Physics **6.** [1938.] 645) entwickelten Meth. der antisymm. Molekularbahnen die diamagnet. Anisotropie von Benzol. Der errechnete Wert betrug ca. $-40 \cdot 10^{-6}$ Erg pro Gauß u. pro Mol. gegenüber einem experimentellen Wert von $-54 \cdot 10^{-6}$. Es wurde festgestellt, daß die Anisotropie hauptsächlich durch Bahneffekte vergrößert u. durch Wechselbeziehungseffekte zwischen π-Elektronen geringfügig vermindert wird. (Bull. chem. Soc. Japan **24.** 242—46. Nov. 1951. Tokyo, Inst. of Technol., Labor of Phys. Chem. [Orig.: engl.]) C. GOTTFRIED. D 137

Kurt H. Stern und **Arthur E. Martell,** *Thermodynamik der Ionenpaarbildung in einigen nichtwässerigen Lösungsmitteln.* Vff. bestimmen bei verschied. Tempp. die Leitfähigkeiten Λ in Abhängigkeit von der Konz. für eine Reihe von Tetraalkylammoniumpikraten in Äthylenchlorid (I), Äthylidenchlorid (II) u. Propylenchlorid (III) u. berechnen aus den Meßergebnissen die Werte für Λ_0, die Dissoziationskonstanten K, sowie einige thermodynam. Funktionen. Vff. diskutieren die Ergebnisse eingehend u. interpretieren sie auf der Grundlage der Wechselbeziehungen Lösungsm.-gelöster Stoff. — Einzelergebnisse: Dichten für 5,69, 25,00 u. 35,00°: I 1,269, 1,2455, 1,229 [g/ml]; Viscosität (η) 1,03, 0,735, 0,687 [cps], DK. 11,35, 10,23, 9,65. — III: Dichten 1,174, 1,153, 1,141, η 1,005, 0,759, 0,700, DK. 9,20, 8,78, 7,90. — II bei 5,69 u. 25,00°: Dichten 1,193, 1,166, η 0,615, 0,466, DK. 11,0, 10,00. — Werte für Λ_0, Dissoziationskonstante K (10^4), ΔF^0 (kcal/Mol), ΔH^0 (kcal/Mol) u. ΔS^0 (cal/Mol · Grad) bei 5,69°. I: *Tetramethylammoniumpikrat* 53; 0,508; 5,48; −5,66; −40. — *Tetraäthylammoniumpikrat* 51,0; 2,33; 4,63; −3,31; −28. — *Tetrapropylammoniumpikrat* 46,2; 2,90; 4,51; −3,39; −28. — *Tetrabutylammoniumpikrat* 42,9 ($\Lambda_{0\,35}$ 63,1); 3,01 (K_{35} 2,01); 4,49; −2,35; −25. — *Tetraamylammoniumpikrat* 38,4; 3,07; 4,32; −2,30; −24. — III: *Tetrabutylammoniumpikrat* 36,4 ($\Lambda_{0\,25}$ 51,3; $\Lambda_{0\,35}$ 52,0); 3,22 (K_{25} 2,67; K_{35} 2,30); 5,73; −1,80; −27. — II: *Tetrabutylammoniumpikrat* 73,0; 6,42; ΔF^0 5,35; −2,96; −30. (J. Amer. chem. Soc. **77**. 1983—86. 5/4. 1955. Worcester, Mass., Clark Univ., Dep. of Chem.) K. FRENKLER. D 138

Giacomo Costa, *Elektrochemische Reduktion der Azo- und Azoxyverbindungen.* Es werden polarograph. folgende Halbstufenpotentiale gefunden: *Azobenzol* (I) −0,51 (V), *Azoxybenzol* (II) −0,89, *p-Oxyazobenzol* (III) −0,50, α- −0,78 u. *β-p-Oxyazoxybenzol* (IV) −0,80, *p-Methoxyazobenzol* −0,53, α- −0,90 u. *β-p-Methoxyazoxybenzol* −0,93, *Hydrazobenzol* −0,19. Das Reduktionspotential der II-Verbb. ist also ca. 0,3 V negativer als das der I-Verbb.; die p-OH- u. p-OCH_3-Gruppen wirken in entgegengesetztem Sinne: OH nach weniger negativen, OCH_3 nach negativeren Werten; das Reduktionspotential der β-Isomeren ist etwas negativer als das der α-Isomeren. Die Erörterung des Mechanismus führt zu dem Schluß, daß als Reduktionsprod. stets die entsprechende Hydrazoverb. auftritt: $-N{=}N- + 2H^+ + 2e \rightarrow -NH{-}NH-$ bzw. $-N(O){=}N- + 4H^+ + 4e \rightarrow -NH{-}NH- + H_2O$. Bei **III** führt die Red. zu p-Aminophenol u. Anilin, bei **IV** über **III** ebenso, wobei p-Oxyhydrazobenzol als Zwischenprod. fraglich ist u. möglicherweise als Semichinon reagiert. (Gazz. chim. ital. **83**. 875—83. Okt./Nov. 1953. Triest, Univ., Ist. di Chim.) R. K. MÜLLER. D 142

A. Je Lutzki, *Wasserstoffbindung und Dichte von Lösungen.* Für die Lsgg. in Bzl. (0,9984—0,9990 g/25 ml) wurden folgende $D.^{50}_4$-Werte ermittelt: *Nitrobenzol* (I) 0,8593; *o-Nitrophenol* (II) 0,8603; *m*-II 0,8636; *p*-II 0,8639; *o-Nitroanisol* (**III**) 0,8609; *m*-III 0,8603; *p*-III 0,8603; *Benzaldehyd* (**IV**) 0,8552; *Acetophenon* (**V**) 0,8557; *o-Methoxyacetophenon* (o-**VI**) 0,8560; *m*-**VI** 0,8560; *p*-**VI** 0,8553; *Toluol* (**VII**) 0,8462; *o-Kresol* (o-**VIII**) 0,8537; *m*-**VIII** 0,8532; *p*-**VIII** 0,8536; *o-Oxyacetophenon* (o-**IX**) 0,8570. *m*-**IX** 0,8588; *p*-**IX** 0,8591; *o-Kresylmethyläther* (**X**) 0,8511; *m*-**X** 0,8507; *p*-**X** 0,8509; *Phenol* (**XI**) 0,8556; *Anisol* (**XII**) 0,8528; *Benzoesäure* (**XIII**) 0,8574; *Benzoesäureäthylester* (**XIV**) 0,8538; *o-Methoxybenzoesäure* (**XV**) 0,8528; *o-Oxybenzoesäureäthylester* (o-**XVI**) 0,8509; *m*-**XVI** 0,8514; *p*-**XVI** 0,8519; *o-Methoxybenzoesäureäthylester* (o-**XVII**) 0,8510 u. *p*-**XVII** 0,8514. Für die Lsgg. in A. (0,5000 g/25ml) wurden nachst. $D.^{50}_4$-Werte erhalten: **XIII** 0,7918; **XIV** 0,7875; *o-Oxybenzoesäure* (o-**XVIII**) 0,7939; *m*-**XVIII** 0,7956; *p*-**XVIII** 0,7960; *o*-**XV** 0,7934; *p*-**XV** 0,7936; *o*-**XVI** 0,7900; *m*-**XVI** 0,7914; *p*-**XVI** 0,7921; *o*-**XVII** 0,7892; *p*-**XVII** 0,7899; **I** 0,7918; *o*-II 0,7948; *m*-II 0,7958; *p*-II 0,7959; *o*-III 0,7937; *m*-III 0,7935; *p*-III 0,7933; **IV** 0,7887; *o-Oxybenzaldehyd* (o-**XIX**) 0,7910; *m*-**XIX** 0,7938; *o-Methoxybenzaldehyd* (o-**XX**) 0,7915; *m*-**XX** 0,7908; *p*-**XX** 0,7910; **V** 0,7880; *o*-VI 0,7892; *m*-VI 0,7895; *p*-VI 0,7895; **VII** 0,7813; *o*-**VIII** 0,7890; *m*-**VIII** 0,7884; *p*-**VIII** 0,7887; *o*-**X** 0,7859; *m*-**X** 0,7862; *p*-**X** 0,7857; **XI** 0,7896; **XII** 0,7865. Bei den Lsgg. von monosubstituierten Benzolen bilden die funktionellen Gruppen nach den $D.^{50}_4$-Werten in Bzl. die Reihe $NO_2 > COOH > OH \approx COCH_3 > CHO > OCH_3 > CH_3$, für die Lsgg. in A. die Reihe: $COOH \approx NO_2 > OH > CHO > COCH_3 > COOC_2H_5 > OCH_3 > CH_3$. Für die Lsgg. der nicht assoziierten, inter- u. intramol. assoziierten Verbb. gelten die gleichen Beziehungen zwischen den $D.^{50}_4$-Werten wie für die fl. reinen Stoffe. Die erhaltenen Zahlenwerte erklären sich aus der Neigung zur Bldg. von H-Bindungen zwischen den Molekülen. (Журнал Общей Химии [J. allg. Chem.] **24** (86). 74—78. Jan. 1954. Charkow, Polytechn. Inst.) O. LEBTAG. D 148

Yatendra Pal Varshni, *Additive Funktion ν der kritischen Drucke.* Die Funktion $\nu = 1000/(\log P_c - 0{,}55)$ (P_c = krit. Druck) ist additiv für die n. Paraffine. Sie wurde an den 19 Paraffinen *Methan* bis *Nonadecan* geprüft u. größere Abweichungen der gefundenen von den für ein Paraffin C_n nach $\nu_n = 50{,}6\,n + 783$ errechneten Werten lediglich bei CH_4 festgestellt. (Z. physik. Chem. **203**. 247—49. Aug. 1954. Allahabad, India, Univ., Dep. of Phys.) G. LOHAUS. D 149

A. Guyer, A. Guyer jr. und **B. Karth Johnsen,** *Über den Einfluß von Salzzusätzen auf das Dampf-Flüssigkeits-Gleichgewicht wässeriger Ameisensäure.* Vff. untersuchen den Einfl. verschied. Salzzusätze auf das Syst. *Ameisensäure–H_2O.* Um das Phasengleichgewicht über den gesamten Säure–H_2O-Bereich bestimmen zu können, wird im Gegensatz zu früheren Arbeiten das Verhältnis Gew.-% W zu Gew.-% Salz konstant gehalten. $CaCl_2$ u. $MgCl_2$ erhöhen die relative Flüchtigkeit der Säure über den ganzen Konzentrationsbereich. Nachteilig ist, daß wss. HCOOH die Chloride hydrolysiert. $CaSO_4$, Na_2SO_4 u.

$(NH_4)_2SO_4$ haben bei höheren HCOOH-Konzz. nur geringe Erhöhung der relativen Flüchtigkeit des W. zur Folge; Ca- u. Mg-Formiat erniedrigt die relative Flüchtigkeit der Säure u. hat bes. bei hohen Säurekonzz. relativ große Wirksamkeit, die mit steigendem H_2O-Geh. absinkt. Bei 35,5% Salzgeh. weist das Syst. kein azeotropes Gemisch mehr auf. Durch Wahl geeigneter Versuchsbedingungen ist Konzentrierung der HCOOH bis zu hohen Konzz. möglich. (Helv. chim. Acta **38.** 946—54. 15/6. 1955. Zürich, ETH, Techn.-chem. Labor.) K. FRENKLER. D 150

L. M. Nasarowa, M. G. Schirmasan und **Ja. K. Ssyrkin,** *Gleichwertigkeit der Bindungen in quartären Ammoniumverbindungen.* Durch Verss. mit ^{14}C-markiertem CH_3J (I) wird nachgewiesen, daß in NR_4^+ alle 4 C—N-Bindungen gleichwertig sind. $(CH_3)_3N$ (II) u. I (aus markiertem $HCOOCH_3$) liefern markiertes $(CH_3)_4NJ$ (III), das im N_2-Strom, 30 Std. bei 250°, zers. wird; das entstehende II wird in H_3PO_4 (IV) zurückgehalten, das I mit gewöhnlichem II zu III umgesetzt, dessen Radioaktivität geprüft wird. In Vorverss. zeigt sich keine Rekombination von I u. II während der Zers. u. kein Austausch von CH_3-Gruppen zwischen I u. II in IV. Die Radioaktivitäten der III-Präpp. vor u. nach der therm. Zers. betragen 268 bzw. 66 Impulse/Min., einem Verhältnis von ~4:1, das heißt der Gleichwertigkeit der 4 N—C-Bindungen entsprechend. Wenn man $(CH_3)_3 \cdot (C_6H_5)NJ$ [aus $(CH_3)_2(C_6H_5)N$ (V) u. markiertem I] bei 170° zers., so gibt das entstehende I nach Umsetzung mit V ein quartäres Salz, dessen Radioaktivität ca. $^1/_3$ derjenigen des Ausgangssalzes beträgt; es sind demnach die 3 Bindungen N—CH_3 im quartären Salz gleichwertig. (Доклады Академии Наук СССР [Ber. Akad. Wiss. UdSSR] [N. S.] **90.** 1045—46. 21/6. 1953.) R. K. MÜLLER. D 182

Hermann Kienitz, *Reinigung organischer Substanzen durch fraktionierendes Kristallisieren.* Vf. beschreibt eine App. u. ein Verf. zur fraktionierenden Kristallisation für die Reindarst. organ. Substanzen. Es wird hierbei die Kristallisation aus der Schmelze gewählt, da sich bei genügend langsamer Kristallisation selbst aus stark verunreinigter fl. Phase Kristalle ausscheiden, die weitgehend rein sind. Ferner kann durch laufende Messung der Temp. des Phasengleichgewichts fest–fl. die erzielte Reinigung kontrolliert werden. Es wird durch mehrfaches Kristallisieren ein Reinheitsgrad von über 99,9% erreicht. Für *Styrol* (I) u. *Pyridin* (II) wird das Verf. beschrieben. Die Temp.-Zeit-Kurven zur fraktionierenden Kristallisation der beiden Stoffe u. das UV-Spektr. der verschied. Fraktionen von II sind wiedergegeben. Der Reinst-F. von I beträgt —30,63°; von II —41,6°. (Z. Elektrochem., Ber. Bunsenges. physik. Chem. **59.** 168—72. 1955. Ludwigshafen/Rh., BASF.) J. KNAUL. D 190

W. C. McCrone und **Sien. Moo Tsang,** *2.4-Dinitrotoluol.* Gute Kristalle von *2.4-Dinitrotoluol* wurden aus Thymol oder Nitrobenzol erhalten. Die Verb. ist monoklin u. krist. in Form von Stäbchen oder Nadeln parallel der c-Achse; das Achsenverhältnis ist a:b:c = 1,037:1:0,534; β = 126°. Die Elementarzelle hat die Abmessungen a = 15,83 Å; b = 15,27 Å; c = 8,15 Å; Z = 8. $D_{exp.}$ 1,519. Die Brechungsindices (5893 Å; 25°) sind $\alpha = 1,442 \pm 0,002$; $\beta = 1,764 \pm 0,002$; $\gamma = 1,775 \pm 0,005$; 2 V = 21°; 2E = 37°. Dispersion r > v. Opt. Achsenebene ist 0 1 0; Doppelbrechung negativ. Spitze Bisektrix = α; Auslöschung α:c = 32° im stumpfen Winkel β. (Analytic. Chem. **26.** 1848—49. Nov. 1954. Chicago, Ill., Inst. of Technol., Armour Res. Found., u. Bound Brook, N. J., Amer. Cyanamid Co., Calco Chem. Div.) C. GOTTFRIED. D 195

Luisa Barricelli Brahde, *Die Kristallstruktur von Bis-1.3-dithiacyclopentyl-(2).* Vf. untersucht die Kristallstruktur einer Verb. mit der empir. Formel $C_6H_{10}S_4$ u. F. 135,5°, die PROŠTENIK u. BALENOVIĆ (vgl. C. **1952.** 7819) durch Erhitzen von 2.3-Dichlor-1.4-dioxan mit Äthandithiol-(1.2) in wasserfreiem Bzl. erhalten hatten. Durch die Strukturunters. konnte einwandfrei festgestellt werden, daß es sich bei der Verb. um *Bis-1.3-dithiacyclopentyl-(2)* handelt. Die in nadelförmigen monoklinen Kristallen auftretende Verb. hat die Elementarzelle a = 4,92 Å; b = 13,23 Å; c = 6,94 Å (alle ±1%) u. β = 96°. Raumgruppe ist $P2_1/n$; Z = 2. Auf Grund von PATTERSON-Synthesen u. Elektronendichtediagrammen wurden die folgenden Parameter gefunden: $S_{(1)}$ (x =) 0,23; (y =) 0,996; (z =) 0,292; $S_{(3)}$ 0,22; 0,147; 0,988; $C_{(2)}$ 0,15; 0,013; 0,026; $C_{(4)}$ 0,42; 0,194; 0,218; $C_{(5)}$ 0,27; 0,131; 0,379. In dem Mol. sind die C—C-Abstände 1,52 Å, die Abstände S—C liegen zwischen 1,82 u. 1,89 Å, während der Abstand S—S 2,86 Å beträgt. Die kürzesten intermol. Abstände sind die zwischen $C_{(4)}$ u. $S_{(3)}$ mit 3,13 Å u. zwischen $C_{(5)}$ u. $S_{(3)}$ mit 3,71 Å. (Acta chem. scand. **8.** 1145—51. 1954. Blindern-Oslo, Univ., Kjemisk Inst.) C. GOTTFRIED. D 195

Joan Grimley und **A. K. Holliday,** *Koordinationsverbindungen von Bortrihalogeniden. 2. Mitt. Bortrichlorid-cyclische Äther.* (1. vgl. C. **1952.** 5414.) Vff. gewinnen 1:1-Additionsverbb. aus BCl_3 (I) u. Äthylenoxyd (II), Propylenoxyd (III), Tetrahydrofuran (IV) u. Tetrahydropyran (V). Alle hydrolysieren leicht. I + II dissoziiert beim Er-

hitzen reversibel. I+III gibt bei 100° vorwiegend BCl_3 u. $(C_3H_6O)_2BCl_3$. I+IV gibt zwischen 40—50° u. a. $CH_2{=}CHCH_2CH_2OH$, I u. HCl. I+V gibt HCl u. nichtflüchtigen Rückstand, der nicht identifiziert wurde. I + V u. Dioxan + I addieren bei —100° HCl im Molverhältnis 1:1 u. spalten es bei höherer Temp. quantitativ wieder ab. Dampfdruckkurve der Additionsverb. I–II: $\log p_{mm} = -1264/T + 5{,}90$. Kp. 146° (extrapol.). (J. chem. Soc. [London] **1954**. 1212—15. April. Liverpool, Univ., Dep. of Inorg. and Physic. Chem.)
H.-J. BECKER. D 223

Joan Grimley und **A. K. Holliday**, *Koordinationsverbindungen von Bortrihalogeniden.* 3. Mitt. *Verbindungen von Bortrifluorid mit cyclischen Äthern und Dioxan.* (2. vgl. vorst. Ref.) Vff. untersuchen die Rkk. von BF_3 (I) mit Äthylenoxyd (II), Propylenoxyd (III), Tetrahydropyran (IV) u. Dioxan (V). Anzeichen für die Bldg. einer Additionsverb. aus I u. II im Verhältnis 1:1 bei —78° u. bei Verwendung von überschüssigem I werden beobachtet. Die Verb. zers. sich beim Erwärmen auf +20°. Äquimol. Mengen von I u. III geben bei —112° eine rote, viscose Fl., die nicht näher untersucht wurde. I u. IV bilden eine stabile 1:1-Additionsverb., die oberhalb +80° reversibel dissoziiert; Dissoziationswärme ~38 kcal/Mol. 2 Mol der 1:1-Additionsverb. aus I u. V ergeben beim Sublimieren im Vakuum $(BF_3)_2 \cdot C_4H_8O_2$ + V. Beide Verbb. sind gut in V löslich. Die kryoskop. Best. ihrer Mol.-Geww. in V geben viel zu hohe Werte. Die Stabilität der Additionsverbb. aus I u. cycl. Äthern wird in Abhängigkeit von der Ringgröße diskutiert u. den Eigg. der entsprechenden Verbb. mit BCl_3 gegenübergestellt. (J. chem. Soc. [London] **1954**. 1215—18. April.) H.-J. BECKER. D 223

Günther Maass und **Gerhart Jander**, *Die Grundlagen der Chemie in wasserfreier Essigsäure.* Zusammenfassender Überblick über die Chemie der wasserfreien *Essigsäure* u. ihr Verh. als Lösungsmittel. — 177 Literaturangaben. (Fortschr. chem. Forsch. **2**. 619—69. 1953. Berlin-Charlottenburg, TU.) W. NIEMITZ. D 224

Alfred Rieche und **Ernst Schmitz**, *Über Umlagerungen in der Isochromanreihe.* Das durch Bromierung von Isochroman entstehende *1-Bromisochroman* lagert sich beim Vers. der Vakuumdest. um in *o-β-Bromäthylbenzaldehyd* (I; $Kp._{6,5}$ 133—134°, n_D^{20} 1,5862), der in die Bisulfitverb., das 2.4-Dinitrophenylhydrazon (II) u. das Semicarbazon übergeführt wird. Das etwas beständigere *1-Chlorisochroman* lagert sich dagegen nur zu ca. 20% um in *o-β-Chloräthylbenzaldehyd* (III; $Kp._7$ 120—122°; n_D^{20} 1,5632; *2.4-Dinitrophenylhydrazon*, F. 193—194°). Bei 190° lagert sich II um in eine salzartige Verb. gleicher Zus., der Vff. die Struktur eines Isochinolinderiv. zuordnen. Eine der Umlagerung rückläufige Rk. tritt bei der Umsetzung von I mit K-Acetat in A. ein. Es entsteht *1-Äthoxyisochroman* u., in geringer Menge, *o-β-Acetoxyäthylbenzaldehyd* (IV; $Kp._7$ 143—144°; $n_D^{20,5}$ 1,5560). Noch glatter verläuft die Rk. mit A. u. der berechneten Menge Pyridin. Eine gegenseitige Umlagerung der isomeren Acetate IV u. 1-Acetoxyisochroman wurde nicht beobachtet. Bei Verss., aus Isochromanoxyd durch Erhitzen mit Halogenwasserstoffsäuren I bzw. III zu erhalten, entstanden Isochroman u. Isochromanon, die bei der Hydrolyse mit 25%ig. H_2SO_4 die Hauptprodd. sind. Es ist also ein H-Atom von einem Isochromanrest zum anderen gewandert. Vff. sehen hierin eine Analogie zur CANNIZZARO-Reaktion. (Angew. Chem. **67**. 273. 7/5. 1955. Wolfen, VEB Farbenfabrik, Zwischenproduktenlabor.) J. KNAUL. D 225

M. B. Neiman und **G. I. Feklissow**, *Kinetische Methode der Untersuchung des Mechanismus chemischer Reaktionen mit Hilfe markierter Atome.* Die ausgearbeitete Meth. wurde angewandt zur Unters. der Bldg. u. des Zerfalls von *Acetaldehyd* (I) bei der Oxydation von Butan (II). Zur Durchführung der kinet. Messungen wurde markiertes I ($^{14}CH_3CHO$) verwendet, das in gewissen Zeitabständen in das Reaktionsgemisch eingeführt wurde. Dabei wird I in den Zeitabständen oxydiert, in denen II prakt. nicht oxydiert wird, u. umgekehrt. Die Oxydation von I wird nicht durch II gehemmt, sondern durch einige, während der Oxydation gebildete Produkte. Es ist möglich, daß diese Prodd. die Oxydationskette von I im Raum oder an der Wandung abbrechen. Die nach der kinet. Meth. erhaltenen Ergebnisse stehen im scharfen Gegensatz zu der weitverbreiteten Annahme, daß bei der Oxydation von KW-stoffen I sich mit relativ großer Geschwindigkeit während der ganzen Zeit bildet u. zerfällt. Wenn in der kalten Butanflamme I tatsächlich nicht oxydiert wird, so muß bei Zugabe von akt. I der sich bildende Formaldehyd inakt. sein, dagegen muß, wenn nach dem Verlöschen der kalten Flamme I sich erneut oxydiert, bei Zugabe von akt. I in den Oxydationsprodd. akt. Essigsäure sich anreichern. Die nach der kinet. Meth. durchgeführten Verss. bestätigen die Richtigkeit dieser Annahmen. (Доклады Академии Наук СССР [Ber. Akad. Wiss. UdSSR] [N. S.] **91**. 1137—40. 11/8. 1953. Inst. für chem. Physik der Akad. der Wiss. der UdSSR.)
A. TROFIMOW. D 225

T. Vrbaški und **I. Brihta**, *Die Kinetik der Oxydation von Aldehyden zu Säuren und Säureanhydriden.* Vff. untersuchen die nichtkatalyt. u. die katalyt. Zers. von Persäuren, die nichtkatalyt. u. die katalyt. Wechselwrkg. von Persäuren mit Aldehyden sowie die nichtkatalyt. u. die katalyt. Hydrolyse von Säureanhydriden, um einen klareren Einblick in den Mechanismus der katalyt. Autoxydation von Aldehyden zu Säuren u. deren Anhydriden zu bekommen. Die 3 genannten Rkk. sind als einzelne Phasen des Gesamtprozesses aufzufassen. Als Katalysatoren wurden die Acetate u. Butyrate von Schwermetallen, z. B. des Mn, Co, Cu, Fe u. Ni, verwendet, als Aldehyde dienten *Acetaldehyd* u. *Butyraldehyd*, als Persäuren wurden *Acet-* u. *Butterpersäure* verwendet. Die Zers. von Persäuren in Säuren u. mol. O_2 vollzieht sich kinet. nach der empir. Beziehung $k\,t^n = \ln a/a - x$, wobei der mittlere Wert für n 0,5 beträgt. Nach dieser Gleichung zeigen die verschied. Katalysatoren fallende k bzw. Aktivität: Mn, Fe, Co, Cu, Ni. Die Reihenfolge der Aktivität wird unter Zugrundelegung der Änderung der freien Energie während des Überganges von der niedrigeren zur höheren Oxydationsstufe berechnet u. in guter Übereinstimmung mit den experimentellen Ergebnissen befunden. Ferner wird eine Erklärung des beim Cu beobachteten hemmenden Effektes gegeben. Die Rk. von Aldehyden mit Persäuren verläuft in Abwesenheit von Katalysatoren mit unbedeutender Geschwindigkeit. Sie gehorcht der 2. Ordnung. Eine Unters. der Rk. zwischen Persäure u. Aldehyd allein in Ggw. von Katalysatoren ist nicht möglich, weil die Katalysatoren, welche diese Rk. beschleunigen, auch die Zers. der Persäure katalysieren. Aus den Versuchsergebnissen geht hervor, daß die Rk. zwischen Persäure u. Aldehyd durch Katalysatoren viel stärker beschleunigt wird als die Zers. der Persäure. Die Hydrolysegeschwindigkeit von Säureanhydriden wird durch Ggw. von Oxydationskatalysatoren relativ sehr wenig beeinflußt. (Arhiv Kem. **26.** 267—84. 1954, ausgeg. Jan. 1955. Zagreb, Jugoslavien, Inst. for Ind. Res.) J. Mattner. D 225

P. T. Speakman und **William A. Waters**, *Kinetische Merkmale der Oxydation von Aldehyden, Ketonen und Nitroparaffinen mit alkalischem Ferricyanid.* Vff. untersuchen die Oxydation von einigen Aldehyden, Ketonen u. Nitroparaffinen durch alkal. $[Fe(CN)_6]^{3-}$-Lösungen. Die Oxydation tritt erst dann ein, wenn sich die betreffenden organ. Verbb. in die Anionen ihrer Enol- oder Aci-Formen umgewandelt haben. Vinylpolymerisation wird durch die reagierenden Systeme nicht beschleunigt; freie Radikale sollten also nicht auftreten. Es wird angenommen, daß die oxydierbaren Anionen mit $[Fe(CN)_6]^{3-}$ zunächst Komplexe bilden, welche dann durch weiteres Ferricyanid angegriffen werden. Das Ausmaß der möglichen Oxydation, ausgedrückt in Äquivalenten Ferricyanid, die pro Äquivalent Substrat nach 3 Wochen Rk. bei 25° verbraucht wurden, beträgt bei *Aceton* 13,2; *Methyläthylketon* 11,0; *Diäthylketon* 13,7; *Diisopropylketon* 10,7; *Propanol* 8,0; *n-Butanal* 11,9; *Isobutanal* 12,4; *Nitroäthan* 11,8; *2-Nitropropan* 20,2. Die Kinetik der Rkk. ist unübersichtlich. Die Reaktionsgeschwindigkeit ist vom Alkaligeh. der Lsgg., von der Substratkonz. u. vom Geh. an $[Fe(CN)_6]^{3-}$ abhängig. (J. chem. Soc. [London] **1955.** 40—45. Jan. Oxford, Dyson Perrins Labor.) R. Mattner. D 225

Alan Y. Drummond und **William A. Waters**, *Stufen bei Oxydationen organischer Verbindungen durch Kaliumpermanganat.* 4. Mitt. *Oxydation von Malonsäure und ihrer Analogen.* (3. vgl. J. chem. Soc. [London] **1953.** **3119.**) Die Oxydation von *Malonsäure* (I) mit Mn(III)-Pyrophosphat unter N_2 verläuft nach dem Schema $CH_2(COOH)_2 + 3\,O = 2\,CO_2 + HCOOH$; Tartronsäure tritt als Zwischenprod. auf. Zunächst wird ein Komplex, wahrscheinlich $[Mn(III), CH_2(COOH)_2, (H_2P_2O_7)]^-$, gebildet; dieser zers. sich durch eine reversible Rk., die geschwindigkeitsbestimmend ist, zu Mn(II)-Pyrophosphat u. einem akt. Radikal der Form $\cdot CH(COOH)_2$. Dieses akt. Radikal kann Vinylpolymerisation einleiten, sowie Alkohole, Äther u. Mn(II)-Ionen oxydieren. In Abwesenheit von I werden einwertige Alkohole nicht von Mn(III) angegriffen. In Ggw. von O_2 erfolgt vollständige Oxydation nach der Gleichung $CH_2(COOH)_2 + 4\,O = 3\,CO_2 + 2\,H_2O$ unter Verbrauch eines Mols O_2-Gas pro Mol I. Der O_2 wird durch das Radikal $-CH(COOH)_2$ absorbiert, dann setzt CO_2-Entw. ein. Das Mol. $HO-O-CH-(COOH)_2$ scheint nicht gebildet zu werden. Bei dieser vollständigen Oxydation dürfte Oxalsäure ein Intermediäres sein. Falls Mesoxalsäure als Zwischenprod. auftreten sollte, würde sie unter den Versuchsbedingungen sofort zu Oxalsäure oxydiert werden. Sowohl aus *Äthyl-* als auch aus *Benzylmalonsäure* entsteht das Radikal $-CR(COOH)_2$; dies kann aber weder Alkohole noch Mn(II) oxydieren. Es kann jedoch, allerdings wenig stabile, Hydroperoxyde der Form $HO-O-CR-(COOH)_2$ bilden. Schwach saure $KMnO_4$-Lsgg. oxydieren I nicht sogleich; es muß eine Spur Mn(III) vorhanden sein, um die Rk. in Gang zu bringen. Dabei ist der Schritt $-CH(COOH)_2 + MnO_4^- = {}^{(+)}CH(COOH)_2 + MnO_4^{2-}$ von Bedeutung. (J. chem. Soc. [London] **1954.** 2456—67. Juli. Oxford, Dyson Perrins Labor.) R. Mattner. D 225

Kenneth B. Wiberg und **Ross Stewart**, *Die Mechanismen der Permanganatoxydation.* 1. Mitt. *Oxydation einiger aromatischer Aldehyde.* Vff. untersuchten Kinetik u. Isotopeneffekte bei der Oxydation von *Benzaldehyd*, *m-* u. *p-Methoxy-*, *m-* u. *p-Chlor-*, *p-Nitro-* u. *p-Methylbenzaldehyd* sowie *Piperonal* (I) durch $KMnO_4$ in wss. Lsg. (Phosphat- u. Carbonatpuffer, p_H 5—12). Aus dem verschiedenartigen Gang der k-Werte mit dem p_H kann geschlossen werden, daß die Rk. nach zwei verschied. Mechanismen erfolgen kann. Für die Umsetzung im neutralen u. sauren Medium gilt dabei folgendes: die Reaktionsgeschwindigkeit v ist proportional der MnO_4^-- u. Aldehydkonz.; die Rk. unterliegt allg. Säurekatalyse. Im geschwindigkeitsbestimmenden Schritt erfolgt Spaltung der Aldehyd-C—H-Bindung (es tritt ein D-Isotopeneffekt auf); der Sauerstoff, der während der Rk. in das Aldehydmol. eingeführt wird, stammt hauptsächlich vom MnO_4^- (^{18}O-Isotopeneffekt). Bei p_H 6,5, 0,02mol. Phosphatpuffer u. 25° ist die HAMMETTsche Gleichung mit $\varrho = -0{,}248$ erfüllt. I verhält sich anomal, da der Dioxolanring durch das MnO_4^--Ion angegriffen wird. Vff. diskutieren für diese Reaktionsfolge einen ion. Mechanismus, bei dem die konjugierte Säure des Aldehyds mit MnO_4^- das Zwischenprod. **A** bildet, das mit Basen im geschwindigkeitsbestimmenden Schritt zu RCOOH u. MnO_3^- reagiert, dies letzte disproportioniert sich schnell zu MnO_2 u. MnO_4^-. — Für die Rk. im bas. Medium ist v gegeben durch $v = k[RCHO][MnO_4^-][OH^-]^{1/2}$. Der D-Isotopeneffekt ist vernachlässigbar klein, auch der O in der gebildeten Benzoesäure stammt zumeist aus dem Lösungsmittel. Der ϱ-Wert der HAMMETTschen Gleichung ist bei p_H 12,6, 0,2mol. Phosphatpuffer u. 25° $\varrho = -1{,}83$, Manganat- u. Permanganationen reagieren gleich schnell. Ein Mechanismus, der alle diese Ergebnisse richtig wiedergibt, konnte noch nicht aufgestellt werden, Vff. nehmen jedoch als gesichert Vorliegen eines Radikalkettenmechanismus an, bei dem OH·-Radikale eine Rolle spielen. (J. Amer. chem. Soc. **77**. 1786—95. 5/4. 1955. Seattle, Wash., Univ., Dep. of Chem.)

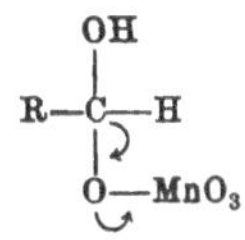

A

G. KRESZE. D 225

Frances Spieth und **A. R. Olson,** *Salzeffekte bei der Solvolyse von tert.-Butylchlorid und tert.-Butylbromid in wässerigem Aceton.* Die Solvolysengeschwindigkeit (Konstante k^0) von *tert.-Butylchlorid* (I) u. *tert.-Butylbromid* (II) in wss. Aceton (Molenbruch W. N_W = 0,308—0,701 bzw. 0,308—0,504) in Abwesenheit von Salzen hängt in einfacher Weise von N_W ab; bei 24,80° gilt für I $\log k^0 = 6{,}752\, N_W - 5{,}634\, [h^{-1}]$, für II $\log k^0 = 5{,}524\, N_W - 3{,}172$ (vgl. CROPPER, SPIETH u. OLSON, C. **1955**. 8586). Zusatz von Salzen erhöht die Geschwindigkeit (Konstante k), auch diese Änderung ist Funktion von N_W, es gilt für $\Delta k = 0{,}100\,(k - k^0)/(\text{mol. Salz})$ bei 0,1 mol. Salzzusatz: $\log \Delta k = \alpha + \beta N_W$ (1); dabei sind α u. β charakterist. für die Art des zugesetzten Salzes (LiCl, LiBr, $LiClO_4$). Bei LiCl-Zusatz zu II folgt die Rk. nicht mehr 1. Ordnung. Während Δk selbst in jedem Fall mit steigendem N_W zunimmt, fällt der relative Salzeffekt, $\Delta k/k^0$, mit steigendem N_W ab, u. zwar stärker für I als für II. Vff. führen den Effekt auf die Wrkg. der Anionen zurück, zur Bestätigung dienen Verss. mit Zusatz von NaBr u. $N(CH_3)_4Br$ u. mit Jodiden sowie Literaturdaten. Zur Erklärung des Effekts kann nicht Rk. dieser Anionen mit dem intermediären Carboniumion angenommen werden, vielmehr geht nach Ansicht der Vff. aus der empir. Beziehung (1) im Zusammenhang mit den obigen Ergebnissen hervor, daß Δk die spezif. Geschwindigkeit einer oder mehrerer Rkk. der Halide darstellt, die in Ggw. von Salzen zusätzlich auftreten. Diskutiert werden dabei Katalysen der Eliminierung, der Substitution oder Änderung der Aktivität des W. bei der Solvolyse durch Orientierung der H_2O-Moll. um die negativen Ionen. (J. Amer. chem. Soc. **77**. 1412—17. 20/3. 1955. Berkeley, Calif., Univ., Dep. of Chem. and Chem. Engng.)

G. KRESZE. D 225

V. J. Shiner jr., *Die Wirkungen der Deuteriumsubstitution auf die Geschwindigkeiten organischer Reaktionen.* 3. Mitt. *Solvolysegeschwindigkeiten und Arrhenius-Parameter für 2.3-Dimethyl-2-chlorbutan und sein 3-Deuteroanaloges.* (2. vgl. C. **1954**. 2996.) Die Unterss. über die Wirkungen der β-Deuteriumsubstitution auf die Solvolysegeschwindigkeiten von tert.-Alkylchloriden wurden auf Substanzen mit einem tert. D-Atom ausgedehnt. Die Geschwindigkeitskonstanten der Solvolyse in 80%ig. wss. A. bei 25° betragen für *2.3-Dimethyl-2-chlorbutan* (I) $8{,}68 \cdot 10^{-6}$ [sec^{-1}] u. für das 3-D-Analoge (II) $6{,}76 \cdot 10^{-6}$. Die Aktivierungsenergie E bei II liegt um 580 ± 70 cal höher u. der log des Frequenzfaktors lg A um $0{,}32 \pm 0{,}03$ höher als die Werte bei I. — Für die Solvolyse von *tert.-Amyl-* u. *tert.-Butylchlorid* gilt E = 22,05 u. 22,43 kcal, log A = 11,45 u. 11,397.

Versuche: *Dimethylisopropylcarbinol* (III), $Kp._{750}$ 117°, aus Methylisopropylketon u. CH_3MgJ; n_D^{25} 1,4155. — *Dimethylisopropylcarbinylchlorid* (I), $Kp._{750}$ 110°, aus vorst. Verb. u. konz. HCl; n_D^{25} 1,4178. — *tert.-Amylchlorid,* $Kp._{740}$ 84,5°; n_D^{25} 1,4036. — *tert.-Butylchlorid,* $Kp._{740}$ 50,5°; n_D^{25} 1,3855. — *Tetramethyläthylen,* $Kp._{750}$ 71—72°, durch Dest. eines Gemisches von H_2SO_4 u. III; n_D^{25} 1,4095. — *3-Deutero-2.3-dimethyl-2-chlorbutan* (II), $Kp._{740}$ 109,5—110°, durch Zutropfen von D_2O innerhalb 48 Std. zu einem

Gemisch von Acetylchlorid u. vorst. Verb., 2 Std. Kochen; n_D^{25} 1,4182; 72% Ausbeute. (J. Amer. chem. Soc. **76.** 1603—06. 20/3. 1954. Bloomington, Ind., Univ., Dep. of Chem.) J. Mattner. D 225

Martino Colonna, *Untersuchungen über die aromatischen N-Oxyde: Beobachtungen über einige direkte nucleophile Reaktionen.* (Vgl. C. **1940.** II. 1719.) Überblick. In den aromat. N-Oxyden (I) verleiht die Bindung von O an die Azomethingruppe —CH=N— dieser eine größere Stabilität, z. B. im Vgl. mit Aldonitronen (II), mit denen sie viele Rkk. gemeinsam haben. Während die II mit KCN direkt in die entsprechenden Nitrile übergeführt werden, reagieren die I infolge der Resonanzstabilisierung mit KCN nicht direkt, sondern nur nach Aktivierung mit HCl oder Benzoylchlorid. Vf. entwickelt den Elektronenmechanismus der verschied. Rkk., es besteht völlige Übereinstimmung zwischen der nucleophilen Reaktionsfähigkeit bestimmter Stellungen u. der Ladungsverteilung. Als Beispiele werden u. a. genannt die Rkk. von Decker, von Kaufmann u. von

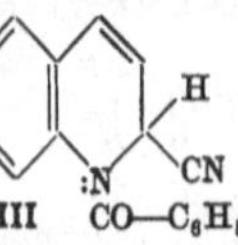

III

Reissert (C. **1905.** I. 1562; II. 1596). Bei der Zers. der Reissertschen Verb. **III** mit konz. Mineralsäuren erfolgt vermutlich eine Protonisierung am N, wobei unter Einfang eines Elektrons gleichzeitig H als Proton u. $(C_6H_5—CO)^-$ unter Bldg. von Benzaldehyd abgespalten werden u. das stabilere aromat. Syst. des Chinaldonitrils gebildet wird. (Gazz. chim. ital. **82.** 503—12. Juli/Sept. 1952. Trieste, Univ., Ist. di chim.) R. K. Müller. D 225

Radislav Domanský, *Kinetik der Brenzcatechin–Formaldehyd-Kondensation in Gegenwart von Natriumhydroxyd.* Die Kinetik der Kondensation von *Brenzcatechin* mit CH_2O im mol. Verhältnis 1 : 1 in Ggw. von NaOH wurde bei Tempp. von 30, 35, 40, 45 u. 50° untersucht. Bei niedrigen Tempp. verläuft die Kondensation etwa entsprechend einer Rk. 2. Ordnung, bei höheren angenähert nach 1. Ordnung. Die Reaktionsgeschwindigkeitskonstante ist abhängig von der NaOH-Konzentration. Die Aktivierungsenergie nach Arrhenius beträgt 19020 cal. (Chem. Zvesti **7.** 179—87. März/April 1953. Bratislava, Drevársky výsko ústav [Holzforsch.-Inst.].) H. Freytag. D 225

D. G. Knorre und **N. M. Emanuel,** *Über den Einfluß der innermolekularen Wasserstoffbindung auf die Reaktionsfähigkeit von Salicylaldehyd.* In 95%ig. Methylalkohol wird die Kinetik der Rk. von *o-* (**I**), *m-* (**II**) u. *p-Oxybenzaldehyd* (**III**) u. *o-* (**IV**), *m-* (**V**) u. *p-Nitrobenzaldehyd* (**VI**) mit Hydroxylamin (**VII**) u. Phenylhydrazinhydrochlorid (**VIII**) untersucht. Mit **VII** reagiert **I** 2,7mal rascher als **II** u. 7,2mal rascher als **III**, während bei **IV—VI** die Reaktionsgeschwindigkeit prakt. gleich ist. Mit **VIII** reagiert **I** 20mal schneller als **II** u. 8mal schneller als **III**; dagegen reagieren **IV—VI** prakt. gleich schnell. Die Aktivierungsenergien sind bei den Rkk. von **I—III** wenig verschieden (14,5, 17,0, 13,5 kcal/Mol). Die Ergebnisse werden, unter Hinweis auf die in gleicher Richtung gehenden Befunde der Ultrarotspektroskopie, auf die Erhöhung der Reaktionsfähigkeit der Aldehydgruppe bei **I** durch Beteiligung ihres O-Atoms an der Bldg. einer intramol. H-Bindung zurückgeführt u. als neues Beispiel des Einfl. der H-Bindung auf die Reaktionsfähigkeit von Verbb. gewertet. (Доклады Академии Наук СССР [Ber. Akad. Wiss. UdSSR] [N. S.] **91.** 1163—66. 11/8. 1953.) R. K. Müller. D 225

Leonard M. Shorr, Henry Freiser und **John L. Speier,** *Methyl–Silicium-Spaltung gewisser substituierter Carbonsäuren in Schwefelsäure. Kinetik und Mechanismus.* Bei der Spaltung einer Methylgruppe von *β-Trimethylsilylpropionsäure* (**I**) in wss. H_2SO_4 wird eine Rk. 1. Ordnung beobachtet. Für die termol. Spaltungs-Rk. von *γ-Trimethylsilylbuttersäure* (**II**) ergibt sich eine Rk. 2. Ordnung bzgl. der undissoziierten H_2SO_4 u. 1. Ordnung bzgl. **II**. Im Gegensatz zur Rk. von **I** wird keine quantitative Methanbldg. u. eine Verminderung der Reaktionsgeschwindigkeit durch Zusatz von $NaHSO_4$ erhalten. Auf Grund der wenig unterschiedlichen Säuredissoziationskonstanten der **II** ($1{,}30 \cdot 10^{-5}$) u. **I** ($1{,}24 \cdot 10^{-5}$) u. der thermodynam. Aktivierungsdaten (für **I**; A $2{,}41 \cdot 10^{11}$ [sec^{-1}]; E.‡ 20,5 [kcal]; S‡ —6,41 [cal/Grad]; **F.**‡ 22,4 [kcal]; für **II**: $5{,}25 \cdot 10^9$; 19,3; —14,06; 23,4) wird bei beiden Spaltungen als Mechanismus ein prim. Angriff zweier H_2SO_4-Moll. — nucleophil auf das Si-Atom, elektrophil auf das C-Atom — angeführt. Der nucleophile Angriff ergibt bei **I** eine wasserstoffgebundene 7-Ring-Chelatstruktur, die bei der elektrophilen Rk. mit einem Methyl-C-Atom zu einer Stabilisierung der COOH-Seitenkette u. zur quantitativen Abtrennung der Methylgruppe führt, u. deren höherer Ordnungsgrad die kleinere negative Aktivierungsentropie (gegenüber **II**) bei obiger Rk. erklärt. Zusatz von $NaHSO_4$ ändert die Reaktionsgeschwindigkeit nicht infolge des schnellen Zerfalls des durch das stark nucleophile HSO_4^- gebildeten Komplexes. Die im Vgl. zum Methyl-C-Atom geringere Elektronegativität des *γ*-C-Atoms bei **II** macht neben der Methanabspaltung bei **II** auch die Abspaltung anderer, dem Si benachbarter Gruppen möglich. Die Reaktionsgeschwindigkeiten sinken bei **I** u. **II** mit Verdünnung der wss. H_2SO_4 ab, Konzz. unter 76% führen nicht mehr zur Umsetzung. (J. Amer. chem. Soc. **77.** 547—51.

5/2. 1955. Pittsburgh, Pa., Univ., Corning Glass Works u. Dow-Corning Corp., Multiple Fellowship at Mellon Inst.) B. WITT. D 225

Robert A. Benkeser und **Henry R. Krysiak,** *Elektrophile Substitution durch Wasserstoff bei den Xylolen. Die Kinetik der Säurespaltung der Trimethylsilylxylole.* Die Verbb. *4-[Trimethylsilyl]-m-xylol* (**I**, $Kp._{14}$ 97—98°, aus 2.4-Dimethylphenyl-Li u. Trimethylchlorsilan; 41% [Ausbeute]; n_D^{20} 1,5040; $D._4^{20}$ 0,885); *2-[Trimethylsilyl]-p-xylol* (**II**, $Kp._{14}$ 96°; 77%; n_D^{20} 1,5048; $D._4^{20}$ 0,889); *4-[Trimethylsilyl]-o-xylol* (**III**, $Kp._{14}$ 93 bis 94°; 74%; n_D^{20} 1,5010; $D._4^{20}$ 0,880); *3-[Trimethylsilyl]-o-xylol* (**IV**, $Kp._{14}$ 96—97°; 66%; n_D^{20} 1,5080; $D._4^{20}$ 0,894); *5-[Trimethylsilyl]-m-xylol* (**V**, $Kp._{14}$ 91°; n_D^{20} 1,4948; $D._4^{20}$ 0,869) u. *2-[Trimethylsilyl]-m-xylol* (**VI**, $Kp._1$ 61°; n_D^{20} 1,5190; $D._4^{20}$ 0,912) wurden mit p-Toluolsulfosäure bei 25° zu den entsprechenden Xylolen gespalten. Die Reaktionsgeschwindigkeitskonstanten k waren bei **I** 24,6·10^3 [min^{-1}]; **II** 3,09·10^3; **III** 2,98·10^3; **IV** 4,17·10^3 u. **V** 0,306·10^3 in Essigsäure + 3,200 mol. W. bzw. bei **I** 6,32·10^3 u. **VI** 73,5·10^3 bei Ggw. von 6,000 mol. Wasser. Die Rk. wurde durch Messung des positiven Volumeneffektes verfolgt. Die Rk. ist pseudomonomol. mit Ausnahme von **I**, Vff. nehmen hier die Weiterkondensation des entstandenen Trimethylsilanols zum Hexamethylsiloxan an. Der Salzeffekt der Rk. ist positiv. Für die Rk. wird ein elektrophiler Mechanismus in Übereinstimmung mit EABORN (C. **1955.** 5754) angenommen. Der geschwindigkeitsbestimmende Schritt ist Rk. der konjugierten Säure der Verbb. mit H_2O. Die Spaltung von **VI** wird durch die ster. Beeinflussung der Trimethylsilylgruppe merkbar beschleunigt, ebenso ist $k_{II} > k_{III}$ bzw. $k_{IV} > k_{II}$ begründet. Bei **I** überwiegt der Resonanzeffekt über den ster. Faktor. Bei der Spaltung mit anderen Reagentien steigen die k-Werte mit wachsendem elektrophilem Charakter des Reagens, dies stützt den Vgl. mit der elektrophilen Substitution. Die k-Werte sind proportional den partiellen Geschwindigkeitsfaktoren bei anderen aromat. S_E-Rkk. für die einzelnen Kernstellungen. (J. Amer. chem. Soc. **76.** 6353—57. 20/12. 1954. Lafayette, Ind., Purdue Univ., Dep. of Chem.) K. BECKER. D 225

G. S. Trick und **C. A. Winkler,** *Die Reaktion von aktivem Stickstoff mit Propylen.* Bei der Rk. von N-Atomen mit *Propylen* entstehen HCN u. Äthylen (**I**) als Hauptprodd., ferner geringere Mengen Äthan u. Propan sowie Spuren Acetylen u. geringe Mengen einer C_4-Fraktion. Bei Anwendung überschüssigen Propylens werden die N-Atome vollständig verbraucht. Bei Verss. bei 242° wurden für jedes Mol überschüssigen Propylens 0,77 Mol **I** gebildet, bei niedrigeren Tempp. entsteht weniger **I**. Es wird zunächst die Bldg. eines Komplexes zwischen der Doppelbindung des Propylens u. dem N-Atom mit der Struktur $CH_3—CH—CH_2$ (mit N an CH und CH_2 gebunden: $\diagdown N \diagup$) angenommen; danach soll dieser Komplex zu **I**, HCN u. atomarem H zerfallen. **I** reagiert dann mit N-Atomen in der gleichen Weise, der Komplex zerfällt zu $CH_2N + CH_2$, CH_2N reagiert zu HCN + H weiter, CH_2 nach der Rk. $CH_2 + N = HCN + H$. (Canad. J. Chem. **30.** 915—21. Dez. 1952. Montreal, Quebec, McGill Univ., Phys. Chem. Labor.) J. MATTNER. D 225

B. Eisler und **A. Wassermann,** *Kinetik der Anlagerung von Maleinsäureanhydrid an Butadien.* Durch Messung des Dampfdruckes (vgl. C. **1954.** 5725 u. früher) werden die Geschwindigkeitskonstanten (k) beim Umsatz von *Maleinsäureanhydrid* (**I**) mit *Butadien* (**II**) in Bzl., einer Rk. 2. Ordnung, bei verschied. Tempp. u. Konzz. bestimmt. Die Werte ergeben die Aktivierungsenergie E 11,7 ± 0,8 kcal/Mol u. die Aktionskonstante log A 4,2 ± 0,7, der höhere Wert von E (14,6 kcal/Mol) bei der Rk. **II**–Benzochinon wird durch die Verstärkung der Dipolinduktion der C=O-Gruppen durch die C—O-Dipole in **I** erklärt. (J. chem. Soc. [London] **1953.** 1943—44. Juni. London, Univ. Coll., William Ramsay and Ralph Foster Labors.) G. BROD. D 225

M. S. Kharasch, P. G. Holton und **Walter Nudenberg,** *Die Entdeckung freier Radikale in Lösung.* 2. Mitt. *Die Reaktion von Alkyl- und Arylhalogeniden mit Magnesium in Gegenwart von Isopren.* (1. vgl. C. **1955.** 1015.) Vff. untersuchen die Umsetzung verschied. Alkyl- u. Arylhalogenide mit Mg in Ggw. von Isopren (**I**) zu $[R—C_5H_8—]_2$ [wobei $R = C_6H_5$, CH_3, $(CH_3)_3C$, $C_6H_5CH_2$, $C_2H_5CHCH_3$, $(C_2H_5)_2NC_2H_4$]. Mit Benzyl-, tert.-Butyl- u. sek.-Butylhalogeniden werden außer vorst. „dimeren Verbb." noch Verbb. des Typs RC_5H_8R gebildet. Die optimalen Bedingungen für die Entstehung der Reaktionsprodd. werden ermittelt. Es kann aus den Ergebnissen nicht entschieden werden, ob die Rk. als Angriff eines Radikals auf **I** oder als „gekoppelte" (concerted) Rk. verläuft.

Versuche: $[(C_2H_5)_2NCH_2CH_2C_5H_8—]_2$, $C_{22}H_{44}N_2$, durch 5 std. Kochen von 13,4 g β-Diäthylaminoäthylchlorid ($Kp._{21}$ 47—48,5°) in Ae. mit Mg u. **I** nach Zugabe katalyt. Mengen $CoBr_2$ u. Isopropyl-MgBr; n_D^{20} 1,4721; 4,0 g (Ausbeute). — $[C_6H_5C_5H_8—]_2$, $C_{22}H_{26}$, durch 5 std. Kochen von Brombenzol mit Mg u. **I** in Ae.; n_D^{21} 1,5548;

24 bzw. 40% in Ggw. von $CoBr_2$ [gibt bei Hydrierung über PtO_2 in A. *Prod.* $C_{22}H_{30}$, n_D^{21} 1,5273—1,5303; gibt bei Ozonolyse in Äthylacetat bei — 50° *Benzylmethylketon* (Kp.$_1$ 50°; n_D^{20} 1,5210; *Semicarbazon*, F. 188—190°; *2.4-Dinitrophenylhydrazon*, F. 153—154°) u. *Bernsteinsäure* (II) F. 185—187°], daneben Benzoesäure, 22%; Biphenyl (IV), 2,6% u. 37% Brombenzol zurück. — $[(CH_3)_3CC_5H_8-]_2$, $C_{18}H_{34}$, Kp.$_{1,6}$ 102—107°, durch 3 std. Kochen von 45 g tert.-Butylbromid mit Mg u. I wie vorst.; n_D^{20} 1,4617; 8 g [gibt bei katalyt. Hydrierung wie vorst. *Prod.* $C_{18}H_{38}$; n_D^{21} 1,4525—1,4545; gibt bei Ozonolyse wie vorst. *4.4-Dimethylpentanon-(2)*, Kp. 123—124° (*2.4-Dinitrophenylhydrazon*, F. 98 bis 99°) u. II], daneben $(CH_3)_3CC_5H_8C(CH_3)_3$, $C_{13}H_{26}$, Kp.$_{0,7}$ 44°; n_D^{20} 1,4442—1,4453; 1,6 g (gibt bei Hydrierung *Prod.* $C_{13}H_{28}$, Kp.$_{18}$ 83°; n_D^{22} 1,4350). — $[C_4H_9C_5H_8-]_2$, $C_{18}H_{34}$, Kp.$_{0,2}$ 92—108°, aus 45 g sek.-Butylchlorid, Mg u. I wie vorst. (5 Std.); n_D^{25} 1,4606—1,4621; 15,1 g [gibt bei Hydrierung *Prod.* $C_{18}H_{38}$; n_D^{22} 1,4441; gibt bei Ozonolyse *4-Methylhexanon-(2)* (III), Kp.$_{42}$ 58—60°; n_D^{20} 1,4082 (*Semicarbazon*, F. 125°) u. II], daneben $C_4H_9C_5H_8C_4H_9$, $C_{13}H_{26}$, Kp.$_{0,2}$ 50—53°; n_D^{25} 1,4430; 5,6 g [gibt bei Hydrierung *Prod.* $C_{13}H_{28}$, Kp.$_{17}$ 95—98°; n_D^{20} 1,4320; gibt bei Ozonolyse III u. *2-Methylvaleriansäure*, Kp.$_{18}$ 97—100° (*Anilid*, F. 86°). — $[C_6H_5CH_2C_5H_8-]_2$, $C_{24}H_{30}$, aus 43 g Benzylbromid, Mg u. I wie vorst.; n_D^{20} 1,5485; 2,5 g (gibt bei Hydrierung *Prod.* $C_{24}H_{34}$, n_D^{20} 1,5235), daneben $(C_6H_5CH_2)_2C_5H_8$, $C_{19}H_{22}$, n_D^{20} 1,5472; 3,3 g (gibt bei Hydrierung *Prod.* $C_{19}H_{24}$) u. 10 g IV. — $[CH_3C_5H_8-]_2$, $C_{12}H_{22}$, Kp.$_{14}$ 75—80°, aus 36 g CH_3J, Mg u. I wie vorst. (4 Std.); n_D^{20} 1,4543; 3 g; gibt bei Hydrierung *Prod.* $C_{12}H_{26}$, Kp.$_{14}$ 79—81°; n_D^{21} 1,4285. (J. org. Chemistry **19.** 1600—07. Okt. 1954. Chicago, Ill., Univ., G. H. Jones Labor.)

G. WINKLER. D 225

A. G. Brook und **George F. Wright**, *Der Mechanismus der Oxymercurierung von Alkenen.* In hydroxylgruppenhaltigen Lösungsmitteln addiert sich Hg(II)-Acetat an Olefine nach $Hg(OAc)_2 + R_1R_2C{=}CR_3R_4 + ROH \rightarrow ROR_1R_2C{-}CR_3R_4HgOAc$ (I) + HOAc. Die Richtung der Anlagerung ist im allg. eindeutig, wenn die R_n genügend verschieden sind. Aus reinen cis–trans-Isomeren entsteht jeweils ein einheitliches Prod. eines Diastereomeren; im Falle des *Cyclohexens* (II) ließ sich trans-Addition nachweisen. Dagegen sind die Rkk. der diastereomeren Oxymercuriverbb. im allg. ster. nicht eindeutig, lediglich bei dem aus cis-Stilben gebildeten *dd.ll-1-Methoxy-2-chlormercuri-1.2-diphenyläthan* gelang es, durch Behandlung mit kalter HCl das ster. nahezu einheitliche Ausgangsprod. zurückzuerhalten. In W. dissoziieren alle 1-Oxy-2-organomercurisalze teilweise. OAc^- in I kann ohne Änderung der ster. Konfiguration des Kations gegen OH^-, Cl^-, Br^-, J^-, Benzoat ausgetauscht werden, vielfach auf dem Wege über die in W. lösl. schwach bas. Hydroxyde. Die systemat. Unterss. wurden an II durchgeführt. Methanol ist das gebräuchlichste Lösungsm. für die Oxymercurierung, da die Rk. darin am schnellsten abläuft. In Abwesenheit eines hydroxylgruppenhaltigen Lösungsm. addiert sich $Hg(OAc)_2$ nur sehr langsam an II zu *1-Acetoxy-2-acetoxymercuricyclohexan* (III). Dieses zers. sich nach wenigen Min., kann jedoch durch Eingießen in verd. NaCl-Lsg. in das *1-Acetoxy-2-chlormercuricyclohexan* (IV) umgewandelt werden. Mit Methanol reagiert III während der Zeit, die zur vollständigen Methoxymercurierung von II erforderlich ist, nicht wesentlich, kann also kein Zwischenprod. dieser Rk. sein. Wahrscheinlich verläuft die Umwandlung von III in die Methoxyverb. über eine Zers. zu II. Die Oxymercurierung wird durch O_2 u. organ. Peroxyde katalysier,t scheint jedoch nicht über freie Radikale zu verlaufen, da sie ster. einheitlich ist, während z. B. Phenylradikale die diastereomeren 1-Methoxy-2-chlormercuricyclohexane isomerisieren. Auch BF_3 wirkt stark beschleunigend auf die Rk., während Elektronendonoren wie Pyridin u. verschied. Nitrite verzögern. Gegen einen ion. Mechanismus spricht jedoch der beobachtete Einfl. der Polarität des Lösungsm. auf die Reaktionsgeschwindigkeit; in W. ist sie kleiner als in Methanol, jedoch größer als in Äthylalkohol. Zudem wäre bei Verlauf über ein Carbeniumion die Stereospezifität der Rk. nicht gesichert, da die Definition eines Mercuriniumions (analog dem Bromoniumion) wegen der Elektronenkonfiguration des Hg sinnlos erscheint. Einleitung der Rk. durch Addition von CH_3O^- wird ebenfalls unwahrscheinlich gemacht. Am besten gerecht wird den Versuchsergebnissen ein Mechanismus, bei dem die Rk. mit einer Koordination zwischen der Methoxygruppe des durch Methanolyse von $Hg(OAc)_2$ entstandenen Methoxy-Hg(II)-acetats, $CH_3OHgOAc$ u. dem Olefin beginnt. Die ster. Konsequenzen dieser Annahme werden am Beispiel der beiden Stilbene, die Katalyse durch BF_3 am trans-Zimtsäurenitril eingehend diskutiert.

Versuche: *1-Acetoxy-2-acetoxymercuricyclohexan* (III) $C_{10}H_{16}O_4Hg$, F. 86—89°; durch 7 std. Rühren von $Hg(OAc)_2$ Cyclohexen (II) u. PAe. bei 35°; 91% (Ausbeute); durch Zusatz von 0,003—0,006 Mol BF_3 oder HNO_3 Verkürzung der Reaktionszeit auf 1 Stunde. — *1-Acetoxy-2-chlormercuricyclohexan* (IV), $C_8H_{13}O_2ClHg$, F. 102—103° [Aceton oder Butanon-(2)], durch Auflösen von III in Methanol u. Eingießen verd. wss.

NaCl-Lsg.; 65%, oder durch 30 Min. Erhitzen von II auf dem Dampfbad in Acetanhydrid mit $Hg(OAc)_2$ u. Einlaufenlassen in 2% ig. wss. NaCl-Lsg.; 85%. Langsame Zers. bei 25°. — *dd.ll-(trans)-1-Methoxy-2-chlormercuricyclohexan* (V), F. 114—116°, Lösen von III in absol. Methanol, nach 7 Std. in wss. NaCl-Lsg.; 99%. — *1-Oxy-2-acetoxymercuricyclohexan* (VI), $C_8H_{14}O_3Hg$, F. 113,1—113,6° (Chlf.-PAe.), a) aus III, Methanol u. 1% ig. wss. KOH, durch Zugabe von KOH p_H auf 9 halten, nach 15 Min. filtrieren, auf 0° kühlen, mit 10% ig. wss. CH_3COOH auf p_H 4—5 bringen u. mit Chlf. extrahieren; 25%; b) durch 1 std. Erhitzen von V in W. auf 50°; 65%. dl.ld-(cis)-1-Methoxy-2-acetoxymercuricyclohexan ist unter diesen Bedingungen beständig, selbst nach Zusatz von Alkali oder HNO_3; c) durch 40 Min. Rühren von $Hg(OAc)_2$ in W. bei Ggw. von konz. HNO_3 u. II u. Extraktion mit Chlf.; 76%, oder homogen in W.-Aceton (1 : 1); 85%. — *1-Oxy-2-chlormercuricyclohexan*, F. 153—153,6° (Aceton), aus III entsprechend Darst. von VI; 20%, aus IV mit wss. KOH (p_H 9) u. nach 1 Std. 12% HCl (p_H 5); 34%, oder aus II wie oben, c) jedoch Behandlung mit wss. NaCl statt Extraktion mit Chlf.; 95%. — *1-Äthoxy-2-chlormercuricyclohexan*, $C_8H_{15}OClHg$, F. 61—61,5° (A.), aus II in absol. A. u. $Hg(OAc)_2$, 18 Std.; 88%. — *1-tert.-Butoxy-2-chlormercuricyclohexan* (VII), $C_{10}H_{19}$·OClHg, F. 115—116° (95% ig. A.), aus $Hg(OAc)_2$ u. II in absol. tert.-Butanol bei Ggw. von BF_3-Ätherat, 3 Std.; 50%. Durch Behandeln der alkoh. Lsg. von VII mit wss. KBr-Lsg. Ausfällung von *1-tert.-Butoxy-2-brommercuricyclohexan*, $C_{10}H_{19}OBrHg$, F. 95,5 bis 96° (A.). (Canad. J. Res., Sect. B **28**. 623—38. Okt. 1950. Toronto, Ont., Univ., Dep. of Chem.) G. Lohaus. D 225

J. I. G. Cadogan, V. Gold und **D. P. N. Satchell,** *Die Reaktionsfähigkeit von p-Methylbenzylradikalen. Eine neue Anwendung des kinetischen Isotopeneffekts.* Vff. stellen fest, daß das beim Zerfall von Dibenzoylperoxyd in α-D-p-Xylol entstehende *4.4'-Dimethyldibenzyl* (F. 82° [Methanol]) die statist. zu erwartende Menge D-Atome (6,4 ± 0,1 At.-%) enthält. Daraus geht hervor, daß unter den Bedingungen des Experiments die Rk. von p-Methylbenzylradikalen mit p-Xylol, $CH_3C_6H_4CH_2\cdot + CH_3C_6H_4CH_3 \rightarrow CH_3C_6H_4CH_3 + \cdot CH_2C_6H_4CH_3$ weitaus schneller verläuft als deren Dimerisierung. (J. chem. Soc. [London] **1955**. 561—63. Febr. London, Univ., King's Coll.) J. Knaul. D 225

Everett R. Johnson und **W. D. Walters,** *Thermische Zersetzung von Cyclopentanon.* Vff. untersuchten die therm. Zers. von *Cyclopentanon* im Temperaturintervall 488—543° bei Drucken von 99—314 Torr. Die Haupt-Rkk. sind die Bldg. von Cyclopenten-(2)-on-(1) (I) u. H_2, von Buten-(1) (II) u. CO u. von Äthylen u. CO. Als Neben-Rk. tritt die Bldg. niedriger gesätt. KW-stoffe aus H_2 u. ungesätt. KW-stoffen, Dehydrierung von II u. Zers. von I zu Butadien-(1.3) u. Bldg. von Propylen durch Pyrolyse von I auf. Ein Oberflächeneffekt wurde nicht beobachtet. Die Rk. hat eine Induktionsperiode u. ist weder 1. noch 2. Ordnung. I ist die einzige faßbare O-haltige Komponente, H_2O wird nicht gebildet. Die maximale Steigung der Druck-Zeit-Kurve liegt bei ~30% Druckanstieg, wobei $(d\,P/d\,t)_{30\%} \simeq P_0^{1,2}$. Die scheinbare Aktivierungsenergie wurde zu 62 kcal/Mol errechnet. Zusatz von N_2 bewirkt keine, Propylen eine geringe, II eine starke Erhöhung der Zersetzungsgeschwindigkeit, Stickoxyd zeigt eher eine beschleunigende als inhibierende Wirkung. Die Möglichkeit einer intermediären Bldg. von Tetramethylenacyl- oder Tetramethylenbiradikalen wird diskutiert. (J. Amer. chem. Soc. **76**. 6266—71. 20/12. 1954. Rochester, N. Y., Univ. of Rochester, Dep. of Chem.) H. Bertsch. D 225

Walter Ried und **Manfred Wilk,** *Zur Photochemie ungesättigter Nitroverbindungen.* 1. Mitt. *Über den Einfluß der Substitution auf die Lichtumlagerung von o-Nitroazomethinen.* Die schon von Sachs [1904] angegebene Photoumlagerung des o-Nitrobenzylidenanilins (I) zu o-Nitrosobenzoesäureanilid u. Azobenzol-o-monocarbonsäure beim Bestrahlen mit UV-Licht erfolgt durch Anregung sowohl der Nitro- als auch der Aldehydgruppe. Zur Klärung der gegenseitigen Beeinflussung der beiden Gruppen untersuchten Vff. den Einfl. von Substituenten auf die Verfärbungsgeschwindigkeitskonstante k von nachst. o-Nitrobenzylidenverbb. in festen Präpp. bei 35°: I [k =] 0,073. — *o-Nitrobenzyliden-o-toluidin* (II) 0,15. — *o-Nitrobenzyliden-m-toluidin* (III) 0,139. — *o-Nitrobenzyliden-p-toluidin* (IV) 0,26. — *o-Nitrobenzyliden-2.4-dimethylanilin* 0,173. — *o-Nitrobenzyliden-2.5-dimethylanilin* 0,095. — *o-Nitrobenzyliden-vic.-m-xylidin* ($C_{15}H_{14}$·O_2N_2, F. 57°) 0,051. — *o-Nitrobenzylidenmesidin* ($C_{16}H_{16}O_2N_2$, F. 69°) 0,062. — *o-Nitrobenzyliden-2.4.5-trimethylanilin* 0,018. — *o-Nitrobenzyliden-2-chloranilin* 0,067. — *o-Nitrobenzyliden-3-chloranilin* 0,044. — *o-Nitrobenzyliden-4-chloranilin* 0,092. — *o-Nitrobenzyliden-p-anisidin*, a) gelbe Nadeln (V, $C_{14}H_{12}O_3N_2$, F. 80,5°) 0,338; b) grüne, stumpfe Nadeln (F. 80,3°) 0,078. — *o-Nitrobenzyliden-o-phenetidin* ($C_{15}H_{14}O_3N_2$, F. 63,5°) 0,023. — *o-Nitrobenzyliden-p-phenetidin* ($C_{15}H_{14}O_3N_2$, F. 82,2°) 0,168. — *o-Nitrobenzyliden-o-aminophenol* 0,116. — *o-Nitrobenzyliden-p-aminophenol*, inaktiv. — *o-Nitrobenzyliden-*

p-bromanilin 0,115. — *o-Nitrobenzyliden-o-nitroanilin* ($C_{13}H_9O_4N_3$, F. 180°) 0,008. — *o-Nitrobenzyliden-m-nitroanilin* ($C_{13}H_9O_4N_3$, F. 131°) 0,025. — *o-Nitrobenzyliden-p-nitroanilin* ($C_{13}H_9O_4N_3$, F. 141°) 0,017. — *o-Nitrobenzylidenanthranilsäure* 0,004. — *o-Nitrobenzyliden-m-aminobenzoesäure* 0,056. — *o-Nitrobenzyliden-p-aminobenzoesäure* 0,013. — *o-Nitrobenzyliden-2-methyl-5-chloranilin* ($C_{14}H_{11}O_2N_2Cl$, F. 85°) 0,062. — *o-Nitrobenzyliden-2.6-dibrom-4-methylanilin* ($C_{14}H_{10}O_2N_2Br_2$, F. 164°) 0,021. — *o-Nitrobenzyliden-2.5-dichloranilin* ($C_{13}H_8O_2N_2Cl_2$, F. 120,5°) 0,02. — *o-Nitrobenzyliden-2.4-dinitro-3-chloranilin* (F. ~ 180°) inaktiv. — *o-Nitrobenzyliden-2.4.6-trinitro-3-chloranilin* (F. ~ 190°) inaktiv. — *o-Nitrobenzyliden-p-dimethylaminoanilin* ($C_{15}H_{15}O_2N_3$, F. 85°, rot). — *o-Nitrobenzyliden-p-aminoazobenzol* ($C_{19}H_{14}O_2N_4$, F. 220°) inaktiv. — *o-Nitrobenzyliden-β-naphthylamin* (**VI**) 0,288. — *o-Nitrobenzyliden-α-naphthylamin* (**VII**) 0,064. — *Bis-o-nitrobenzyliden-p-phenylendiamin* 0,228. — *Bis-o-nitrobenzylidenbenzidin* 0,036. — *o-Nitrobenzylidenhydrazin*, inaktiv. — *o.o'-Dinitrobenzylidenazin*, inaktiv. — *o-Nitrobenzyliden-o-aminodiphenylamin* ($C_{19}H_{15}O_2N_3$, F. 163°) inaktiv. — *o-Nitrobenzyliden-2-aminopyridin*, inaktiv. — *o-Nitrobenzyliden-N'-acetyl-p-phenylendiamin*, inaktiv. — *Bis-o-nitrobenzyliden-2.7-naphthylendiamin* ($C_{24}H_{16}O_4N_4$, F. 182°) 0,073. — *Bis-o-nitrobenzyliden-2.6-naphthylendiamin* ($C_{24}H_{16}O_4N_4$, F. 231°) 0,011. — *Bis-o-nitrobenzyliden-1.5-naphthylendiamin* ($C_{24}H_{16}O_4N_4$, F. 264°) 0,001. — *o-Nitrobenzyliden-4-brom-o-toluidin* ($C_{14}H_{11}O_2 \cdot N_2Br$, F. 105,4°) $<$ 0,115. — *o-Nitrobenzyliden-symm.-xylidin* ($C_{15}H_{14}O_2N_2$) 0,22. — *Bis-o-nitrobenzyliden-1.8-naphthylendiamin* ($C_{24}H_{16}O_4N_4$, F. 184°) 0,028. — *Bis-o-nitrobenzyliden-3.6-diaminoacridin* ($C_{25}H_{17}O_4N_5$, F. 241°) inaktiv. — *2-Nitro-4.5-dimethoxybenzyliden-p-toluidin* 0,072. — *6-Nitropiperonyliden-p-toluidin* 0,269. — *2-Nitroveratryliden-p-toluidin* ($C_{16}H_{16}O_4N_2$, F. 130,5°) inaktiv. — *3-Methoxy-4-oxy-6-nitrobenzyliden-p-toluidin* (F. 97°) inaktiv. — *p-Dimethylaminoanil des o-Nitrophenylglyoxylsäurenitrils* ($C_{16}H_{14}O_2N_4$, F. 179°) inaktiv. — Die Farbänderung erfolgt von grünlichgelb, gelb bis orange nach dunkelrotbraun u. wurde mit einer Photozelle bestimmt. k ist im blauen Bereich, dem Absorptionsmaximum, am größten u. die Rk. allg. 1. Ordnung. Substituenten 1. Ordnung am Anilinring erhöhen k gegenüber I in der Reihenfolge 4' $>$ 2' $>$ 3' mit Ausnahme der 4'-OH-Verb., hier wird p-chinoide Struktur angenommen. Bei Substituenten 2. Ordnung nimmt k mit 3' $>$ 4' $>$ 2' ab. Die Substituentenfolge in der p-Stellung ist $OCH_3 > CH_3 > OC_2H_5 > Br > Cl > H > NO_2 > COOH$ u. damit umgekehrt wie die der Verseifungsgeschwindigkeit der p-substituierten Benzoesäureäthylester. Der positivierende Einfl. des Substituenten trägt zur Polarisierung der —C=N-Bindung bei u. erhöht dadurch die Umlagerungsgeschwindigkeit. Da die Rk. im festen Zustand erfolgt, ist wegen des Einfl. der Gitterkräfte die HAMMETTsche Regel nur bedingt erfüllt. Die Photoumlagerung läßt sich auch polarograph. in 50% Dioxan + 50% 0,1n wss. NH_4Cl-Lsg. verfolgen. Das zusätzliche Maximum im Polarogramm von o-Nitrosobenzoesäure gegenüber o-Nitrobenzaldehyd (**VIII**) bei —0,3 V tritt auch beim Belichten von **VIII** auf. Ähnliche Verhältnisse liegen bei *6-Nitropiperonal*, *6-Nitroveratrumaldehyd*, *2-Nitro-5.6-dimethoxybenzaldehyd* u. *4.6-Dinitroisophthalaldehyd* vor, letzterer weist 2 Stufen bei —0,43 V u. —0,72 V auf. Die Lichtumlagerung der Benzylidenverbb. wurde an **I, II, III, IV, V, VI** u. **VII** verfolgt. Die Meth. ist brauchbar, wenn neben der o-Nitrogruppe weiter keine stark polaren Gruppen im Mol. vorhanden sind, die am Hg Sekundäreffekte bewirken. Die Lichtumlagerung des *o-Nitrosobenzaldehyds* in Bzl. liefert neben Harzen ca. 10% *Azobenzol-o.o'-dicarbonsäure*, der Reaktionsmechanismus ist analog dem bei **VIII**. *Anthranil* unterliegt keiner Photoumlagerung, bei Belichten in Ggw. von O_2 werden nur Harze gebildet. (Liebigs Ann. Chem. **590**. 91—110. 1954. Frankfurt/M., Univ., Inst. für organ. Chem.) K. BECKER. D 226

Walter Ried und **Manfred Wilk**, *Zur Photochemie ungesättigter Nitroverbindungen. 2. Mitt. Über die Zusammenhänge zwischen Polarisierbarkeit, Reduktionspotential und photochemischem Verhalten einiger Nitroverbindungen.* (1. vgl. vorst. Ref.) Bei *o-Nitro-α-phenylzimtsäurenitril* ($C_{15}H_{10}O_2N_2$, F. 131° aus o-Nitrobenzaldehyd u. Benzylcyanid in A., mit KOH ½ Std. erhitzen), *o-Nitro-α-[o-nitrophenyl]-zimtsäurenitril* ($C_{15}H_9O_4N_3$, F. 187°), *o-Nitro-α-[p-nitrophenyl]-zimtsäurenitril* ($C_{15}H_9O_4N_3$, F. 180°) u. *p-Methoxy-α-[o-nitrophenyl]-zimtsäurenitril* ($C_{16}H_{12}O_3N_2$, F. 146°) tritt bei Belichtung keine Photoumlagerung ein, wahrscheinlich verhindert die α- bzw. β-Nitrilgruppe die Polarisierung der —C=C-Bindung. Gestützt wird dieses durch die Tatsache, daß bei der akt. Adsorption an Kieselgel gegenüber der unpolaren Lsg. in Bzl. keine Farbänderung eintritt, wie es bei *p-Dimethylamino-α-[o-nitrophenyl]-zimtsäurenitril* ($C_{17}H_{15}O_2N_3$, F. 209°), *o-Nitrobenzyliden-p-aminophenol* u. *o-Nitro-p'-oxyazobenzol* ($C_{12}H_9O_3N_3$, F. 155—157°) durch Polarisation der Fall ist, diese Verbb. sind allerdings auch noch lichtstabil. Dagegen unterliegen *4'-Dimethylamino-2.4.6-trinitrostilben*, *o-Nitrobenzyliden-p-dimethylaminoanilin*, *2.4-Di-* u. *2.4.6-Trinitrobenzyliden-p-dimethylaminoanilin* sowie *o-Nitrobenzyliden-p-anisidin* sowohl der Lichtumlagerung zum Nitrosoprod. als auch der Farbänderung bei der akt. Adsorption, womit der Zusammenhang zwischen dem photochem. Verh. u. der Polarisation erwiesen ist. Die Polymerisation von *ω-Nitrostyrol, p-Jod-* ($C_8H_6O_2NJ$, F. 187°), *p-Dimethylamino-, p-Nitro-, p-Methoxy-, 3.4-Dimethoxy-, 3.4-Methylendioxy-, 2.3-Dimethoxy-ω-nitrostyrol, ω.ω'-Dinitro-1.4-divinylbenzol* ($C_{10}H_8O_4N_2$, F. 200°), *ω-Nitro-α-vinylfuran* ($C_6H_5O_3N$, F. 78°) u. *ω-Nitro-α-vinylthiophen* ($C_6H_5O_2NS$, F. 83°) in benzol. Lsg. u. O_2-Ausschluß wird ebenfalls durch Licht angeregt, auf die Polymerisationsgeschwindigkeit wird aus der Polymerisatmenge geschlossen. Da der Mechanismus radikal. ist, steigt die Geschwindigkeit mit abnehmender Polarität der —C=C-Bindung u. läuft parallel mit der abnehmenden Verfärbung bei der akt. Absorption. Die HAMMETTsche Regel ist im Rahmen der Versuchsgenauigkeit erfüllt. — Die polarograph. Red. verläuft über die aci-Nitroverb., Nitrosoverb., u. das Oxim zum prim. Amin; da die Doppelbindungen in Konjugation stehen, ist der erste Schritt vom Substituenten abhängig. Die Redoxpotentiale dieser Stufe steigen in der Reihenfolge $NO_2 < J < Cl < H <$ 3.4-Methylendioxy $< OCH_3 < N(CH_3)_2$ u. genügen damit der HAMMETTschen Beziehung. Sie lassen sich so auch in die Reihe der Polymerisationsgeschwindigkeiten einordnen. — Im Sonnenlicht bildet sich aus *o-Nitrophenylmilchsäureketon* im festen Zustand oder im dipolfreien Lösungsm. bzw. auf Papier präpariert ein Prod., das mit NH_3-Gas zu Indigo übergeht. Vff. nehmen als Zwischenzustand das N-Oxyd des Anthranilacetons an, das mit NH_3 unter Wasseraustritt u. Hydrolyse das Indigo liefert. Aus dem *2-Nitro-4-bromphenylmilchsäureketon* bildet sich entsprechend antiker Purpur, wegen der Behinderung der Polarisation der Nitrogruppe durch Br verläuft hier die Rk. langsamer. (Liebigs Ann. Chem. **590.** 111—22. 1954.) K. BECKER. D 226

A. W. Toptschijew, L. N. Andrejew und **B. A. Krenzel,** *Aluminiumchloridkomplex mit Schwefelsäure als Katalysator zur Alkylierung von Isopentan durch Isopropylchlorid und tert.-Butylchlorid.* Bei der Alkylierung von Isopentan durch Isopropylchlorid in Ggw. von $AlCl_2 \cdot HSO_4$ als Katalysator wird ein Alkylat mit höherer D., Brechungsindex u. Bromzahl erhalten als bei Verwendung von H_2SO_4 als Katalysator. Das Reaktionsprod. besteht aus *Hexanen* (18%), *Heptanen* (22%), *Octanen* (60%) u. höhermol. *KW-stoffen.* Die Ausbeute ist linear abhängig vom Verhältnis $C_3H_7Cl : C_5H_{12}$. Die optimale Katalysatormenge beträgt bei einer Reaktionsdauer von 4,5 Std. 7 g/Mol Isopropylchlorid. Bei der Alkylierung von Isopentan durch Butylchlorid im mol. Verhältnis 1,0 : 0,25 u. 25—27° ist die Ausbeute des über 55° sd. Prod. von der Reaktionsdauer unabhängig, was durch die hohe Reaktionsfähigkeit von tert.-Butylchlorid erklärt werden kann. Zwischen der Katalysatormenge u. der Ausbeute besteht eine logarithm. Abhängigkeit, die optimale Menge beträgt 15 g/Mol Butylchlorid. Es werden *KW-stoffe* mit hoher D., hohem Brechungsindex u. hoher Bromzahl gebildet. Die Fraktion Kp. 108,5 bis 135° enthält als Hauptkomponente *2.2.5-Trimethylhexan,* ferner *2.3.5-Trimethylhexan* u. *2.5-Dimethylhexan.* (Доклады Академии Наук СССР [Ber. Akad. Wiss. UdSSR] [N. S.] **92.** 577—80. 21/9. 1953.) A. TROFIMOW. D 227

A. I. Brodski und **I. I. Kuchtenko,** *Kinetik und Mechanismus der Wasserstoffumgruppierung des Phenols.* Die Reaktionskinetik der H—D-Umgruppierung des Phenols sowohl in Abwesenheit des Lösungsm. als auch in Tetralinlsgg. unterliegt der Gleichung 1. Ordnung, wobei in Lsgg. die Geschwindigkeitskonstante der Phenolkonz. proportional ist. Die Rk. verläuft bimol. durch Austausch von D in der OH-Gruppe des einen Phenolmol. mit dem Kern-H des anderen Moleküls. Die Aktivierungsenergie der H-Umgruppierung von reinem Phenol beträgt 34,8 kcal/Mol. Die erhaltenen Resultate bestätigen die früher gewonnene Annahme, daß die Rk. nach dem Mechanismus der elektrophilen Substitution verläuft. (Журнал Физической Химии [J. physik. Chem.] **25.** 920—26. Aug. 1951. UkrSSR, Inst. für physikal. Chem.) A. TROFIMOW. D 227

A. M. Eastham, E. L. Blackall und **G. A. Latremouille,** *Elektrolytkatalyse.* 1. Mitt. *Die Mutarotation von Glucose in Pyridin.* Die Mutarotation (Mu.) von *2.3.4.6-Tetraacetyl-β-D-glucose* (**I**, F. 135—136°; $[\alpha]_D^{25}$ —2° in A.) u. *2.3.4.6-Tetramethyl-α-D-glucose* (**II**, F. 94 bis 96°; $[\alpha]_D^{25}$ +112° in W.) bei 25° in Pyridin wurde polarimetr. untersucht; sie gehorcht der Gleichung $-dG/dt = k_1(G) + k_2(G)^2$, deren erster Term der lösungsmittelkatalysierten u. zweiter Term der autokatalysierten Umlagerung entspricht. Für **I** gilt $k_1 = 0{,}0019$ [min^{-1}] u. $k_2 = 0{,}0108$ [$Liter \cdot Mol^{-1} \cdot min^{-1}$], für **II** werden ~0,0001 u. 0,003 abgeschätzt. Geringe Mengen bestimmter Elektrolyte (untersucht $LiClO_4$, LiBr, Li-Pikrat, $LiNO_3$, NaJ, $NaClO_4$, LiCl, Na-Pikrat, $HClO_4$, HJ, Pikrinsäure, HNO_3, $AgClO_4$, Benzoesäure, in dieser Reihe abnehmende Wirksamkeit bei **I**; $LiClO_4$, $HClO_4$, LiBr, $LiNO_3$, Benzolsulfonsäure, NaJ, $NaClO_4$, HNO_3 bei **II**) beschleunigen die Mu. stark, Salzeffekte auf k_2 liegen dabei nicht vor, n. Salzeffekte auf k_1 sind unwahrscheinlich, Vff. nehmen vielmehr spezif. Elektrolytkatalyse an. Die Reaktionsgeschwindigkeit ist bis zu 0,02mol. Zusatz linear von der Salzkonz. abhängig. Zwischen den Dissoziationskonstanten der Salze in Pyridin u. ihrer Wirksamkeit bestehen keine Beziehungen;

dagegen geht diese invers mit der Größe des Kations u. parallel mit der Säurestärke der den Anionen entsprechenden Säuren. (J. Amer. chem. Soc. **77.** 2182—84. 20/4. 1955. Ottawa, Can., Nat. Res. Counc., Div. of Chem.) G. Kresze. D 227

E. L. Blackall und **A. M. Eastham,** *Elektrolytkatalyse.* 2. Mitt. *Die Mutarotation von Tetramethylglucose in Nitromethan.* (1. vgl. vorst. Ref.) Die Mutarotation (Mu.) von *Tetramethylglucose* (I) in Nitromethan wird durch Carbonsäuren [Salicyl-, p-Nitrobenzoe- (**IV**), Acetylsalicyl-, Benzoe-, Zimt-, Essig- u. Laurinsäure] stark katalysiert, die Brønstedsche Beziehung gilt mit $\alpha = 0{,}5$; in Ggw. von HCl war die Rk. zu schnell zur Messung, $k \sim 100$ [Liter·Mol^{-1}·min^{-1}]. Stark saure Phenole sind dagegen inakt. als Katalysatoren. Andererseits unterliegt die Mu. der allg. Basenkatalyse [durch Tetramethylammoniumhydroxyd, -benzoat (**III**), -p-nitrobenzoat (**II**)], bei Zusatz von **IV** zu **II** sind die Geschwindigkeiten (v) nicht additiv, vielmehr verhält sich das Syst. so, als ob das Salz eine äquivalente Menge Säure dem Syst. entzogen hätte. Zusatz von $N(CH_3)_4Cl$ (**V**) zu **III** verringert v auf die Hälfte, der Effekt ist komplexer Natur. NaJ, Pyridin (**VI**), **V** u. Tetramethylammoniumbenzolsulfonat sind fast inakt., eine Mischung von

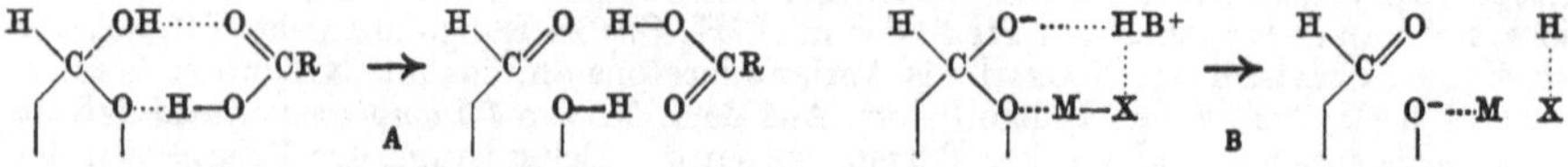

A B

VI u. $NaClO_4$ dagegen ist ein stärkerer Katalysator. — Während allg. ein Zweistufenprozeß für die Mu. angenommen wird: $H'S + HA \rightleftharpoons H'SH^+ + A^-$; $H'SH^+ + A^- \rightleftharpoons SH + H'S$ (H'S = I, HA = Säure), diskutieren Vff. im speziellen Fall einen gekoppelten Mechanismus, der die Wirksamkeit von Carbonsäuren u. Unwirksamkeit von Phenolen erklärt (**A**), analog läßt sich auch der komplexe Einfl. von Salzen deuten (**B**). (J. Amer. chem. Soc. **77.** 2184—87. 20/4. 1955.) G. Kresze. D 227

D₂. Präparative organische Chemie. Naturstoffe.

Robert L. Burwell jr., *Die Spaltung von Äthern.* Überblick. Es werden nur unsubstituierte aliphat. Äther einschließlich der ungesätt. (mit Ausnahme von Vinyläthern) u. cycl. neben unsubstituierten u. substituierten Aryläthern betrachtet. Die ersten Kapitel geben einen Überblick über den Charakter der Verbb. R_3O^+ u. R_2OH^+ unter besonderer Berücksichtigung der Rk. von Äthern mit Halogenwasserstoffsäuren. Danach werden eingehend die Ergebnisse bei der Spaltung von Äthern durch Säuren, organ. Säurehalide u. -anhydride, anorgan. Säureanhydride, Lewis -Säurehalide, durch nucleophile Reagentien, wie OH^-, OR^-, SR^-, Na-Salz des Acetessigesters, Amine, NH_2^-, Organometallverbb., durch Alkalimetalle u. bei der Alkylierung, sowie die heterogenkatalysierte Spaltung geschildert; bes. eingegangen wird dabei auf Mechanismus u. Konstitutionsabhängigkeit der Umsetzungen. Schließlich wird die Spaltung von Thioäthern kurz abgehandelt. — 312 Literaturangaben. (Chem. Reviews **54.** 615—85. Aug. 1954. Evanston, Ill., Northwestern Univ., Dep. of Chem.) J. Kleinwächter. 470

D. C. Morrison, *Darstellung von radioaktivem Jodtriphenyläthylen.* Vf. beschreibt die Darst. von radioakt. *Jodtriphenyläthylen,* F. 125,5—127° (PAe.), durch Versetzen einer Grignard-Lsg. aus Bromtriphenyläthylen (F. 114°) mit benzol. $^{131}J_2$; 68,8% (Ausbeute). (J. Amer. chem. Soc. **74.** 4459. 5/9. 1952. Berkeley, Calif., Univ., Crocker Labor.) G. Winkler. 480

E. R. H. Jones, J. M. Thompson und **M. C. Whiting,** *Synthese von Dodecadien-(1.11)-tetrain-(3.5.7.9).* (Vgl. Jones u. Mitarbeiter, C. **1953.** 4512; Sörensen u. Sörensen, Acta chem. scand. **8.** [1954.] 1741.) Vff. beschreiben die Darst. von *Dodecadien-(1.11)-tetrain-(3.5.7.9)* (I) aus Hexen-(1)-diin-(3.5) (II) durch oxydative Kupplung u. stellen durch Vgl. der chem. Eigg. sowie der Infrarot- u. UV-Spektren fest, daß I nicht ident. ist mit der aus verschied. Coreopsisarten von Sörensen u. Sörensen (l. c.) isolierten Verbindung. Da das UV-Spektr. des natürlich vorkommenden KW-stoffes zwischen denen der beiden synthet. KW-stoffe I u. Tetradecadien-(2.12)-tetrain-(4.6.8.10) (Jones u. Mitarbeiter, l. c.) liegt u. auf das Vorliegen eines Monoalkyldientetrainchromophores schließen läßt, wird von Vff. vermutet, daß es sich bei der natürlichen Verb. um Tridecadien-(1.11)-tetrain-(3.5.7.9) handelt.

Versuche: *Dodecadien-(1.11)-tetrain-(3.5.7.9)* (I), F. 38—40° (evakuierte Capillare), durch Herstellen einer Lsg. von II in fl. NH_3 aus 5,85 g 1.6-Dichlorhexen-(4)-in-(2), Extraktion mit Isobutan, Ersatz durch Aceton, Zugabe von CuBr u. NH_4Cl in W. u. von 30%ig. H_2O_2 unter Außenkühlung auf 10° (20 Min.), Versetzen mit HCl (1:3) (die folgenden Operationen bei —5° in schwachem künstlichem Licht), Einengen u. Chromatographie in Hexan; UV-Spektr. (in Hexan), λ_{max} 3880 Å ($\varepsilon = 8600$); 3600 (14000);

3350 (12000); 3140 (7350); 2850 (15000); 2690 (160000); 2560 (99000); 2440—2460 (85500); 0,3 g (Ausbeute); färbt sich bei —5° am Licht sofort schwarz u. absorbiert O_2 außerordentlich rasch; gibt bei Hydrierung *n-Dodecan*, F. —10 bis —9°. (Acta chem. scand. **8**. 1944. 1954. Manchester, England, Univ.) G. WINKLER. 530

J. A. Mills, *Die Veresterung instabiler Alkohole.* Vf. nimmt an, daß die bei der Veresterung von α.γ.γ-Trialkyl- oder α.β.γ.γ-Tetraalkylallylalkoholen mit Säurechloriden in Pyridin beobachteten geringen Ausbeuten mit einer durch das Pyridiniumion gestarteten säurekatalysierten Zers. zu Dienen zu erklären sind. Unter Berücksichtigung dieses Umstandes empfiehlt Vf. eine verbesserte Meth. zur Veresterung solcher empfindlichen Alkohole. Als Test wird die Veresterung von 4-Methylpenten-(3)-ol-(2) mit verschied. Säurechloriden untersucht.

Versuche: *4-Methylpenten-(3)-ol-(2)*, $Kp._{15}$ 56,5°, durch Red. von 86 g Mesityloxyd mit Al-Isopropylat in Isopropanol; 60 g (Ausbeute). Die Darst. nachst. Ester erfolgte durch Zugabe der benzol. Lsg. des Säurechlorids (0,02 Mol) zu vorst. Alkohol (0,02 Mol) in Leichtbenzin in Ggw. von 0,022 Mol Pyridin unter Kühlung u. Rühren u. Stehenlassen im Eisschrank über Nacht; Ausbeuten in allen Fällen ca. 80%: *p-Nitrobenzoat*, $C_{13}H_{15}O_4N$, F. 71—72° (Leichtbenzin). *p-Nitrophenoxyacetat*, $C_{14}H_{17}O_5N$, F. 41—42°. *1-Nitro-2-naphthoxyacetat*, $C_{18}H_{19}O_5N$, F. 90—91°. *p-Phenylazophenoxyacetat*, $C_{20}H_{22}O_3N_2$, F. 59—60° (aus *p-Phenylazophenoxyacetylchlorid*, F. 88—90°). (J. chem. Soc. [London] **1951**. 2332—34. Sept. Adelaide, Australien, Univ., Johnson Chem. Labor.)
G. WINKLER. 560

D. Edwards und **J. B. Stenlake,** *Die Oxydation von Alkylsulfiden.* Gesätt. Alkylsulfide wurden mit CrO_3 in Pyridin bzw. mit MnO_2 in PAe. zu den Sulfoxyden oxydiert. Diallylsulfid konnte nur mittels MnO_2 in das Sulfoxyd übergeführt werden. 2.2′.4.4′-Tetranitrodiphenylsulfid wurde von MnO_2 nicht angegriffen.

Versuche: *Di-n-butylsulfoxyd* (I), F. 31—32°, durch Zufügen von 18,5 g CrO_3 zu 5,5 g Di-n-butylsulfid (II) in 180 ml Pyridin innerhalb 1 Std. unter Rühren; 49% (Ausbeute); sehr hygroskopisch. — *Dibenzylsulfoxyd* (III), F. 133—134° (PAe.), aus Dibenzylsulfid (IV); 71%. — Oxydationen mit MnO_2 (aus $MnSO_4$ + $KMnO_4$) in PAe. (Kp. 40—60°, mit Na entwässert): I, durch 85std. Schütteln von 1,2 g II in 120 ml PAe. mit 12,7 g MnO_2 u. Extraktion des MnO_2 mit Bzl.; 71%. — III, aus IV, durch 72std. Schütteln; Extraktion mit Chlf.; 74%. — *Diallylsulfoxyd*, $Kp._3$ 100—110° (Badtemp.), analog aus Diallylsulfid; $n_D^{17,5}$ 1,5117; $D._{17,5}^{17,5}$ 1,034; 45%. — *p-Toluolsulfonyldi-n-butylsulfilimin*, $C_{15}H_{25}O_2NS_2$, F. 77,5—78° (Bzl.-PAe.), a) aus II mit Chloramin-T; b) durch Kochen von I u. p-Toluolsulfonamid mit P_2O_5 in Chloroform. (J. chem. Soc. [London] **1954**. 3272—74. Okt. Glasgow, Roy. Techn. Coll., School of Pharm.) G. CLEVE. 600

I. L. Knunjanz, M. G. Linkowa und **P. G. Ignatenok,** *Umwandlungen der Mercaptoaminosäuren.* 1. Mitt. *Isodimethylcystein und seine Derivate.* Alkylsulfenylchloride lagern sich an die Ester von β.β-Dimethylacrylsäure (I) nach dem Schema $(CH_3)_2C=CHCO_2R + ClSR \rightarrow (CH_3)_2CClCH(SR)CO_2R$ unter Bldg. der *Ester* von *α-Alkylmercapto-β-chlorisovaleriansäuren* (II) an. Freie I reagiert analog. Eine Variante besteht darin, daß ein Gemisch von I-Ester u. Dialkylsulfid mit Cl_2 oder SO_2Cl_2 behandelt wird, wodurch ClSR im Gemisch erst erzeugt wird u. in statu nascendi reagiert. Dieses Verf. ist bei unbeständigen Sulfenylchloriden, z. B. $ClSCH_2C_6H_5$, vorzuziehen. Die II-Ester können auch aus den I-Estern über die *Ester* von *α-Chlormercapto-β-chlorisovaleriansäure* (III) u. RMgCl erhalten werden. Die III-Ester bilden sich aus den I-Estern durch Anlagerung von SCl_2. Werden die II-Ester mit fl. NH_3 bei Zimmertemp. behandelt, so entstehen die *Ester* von *α-Alkylmercapto-β-aminoisovaleriansäuren* (IV); hierbei reagiert die Estergruppe nicht mit NH_3 unter Amidbldg.; aus den Estern werden die freien Säuren durch Verseifen mit verd. HCl gewonnen. α-Benzylmercapto-β-aminoisovaleriansäure wird beim Behandeln mit Na in fl. NH_3 in *Dibenzyl* u. das *Dinatriumsalz* von *Dimethylisocystein* (*α-Mercapto-β-aminoisovaleriansäure*) gespalten. Die vorst. angenommene Anlagerungsweise von ClSR oder SCl_2 an die I-Ester folgt aus der Verschiedenheit der aus den IV-Estern erhaltenen freien Säuren von den isomeren β-Alkylmercapto-α-aminoisovaleriansäuren. Hervorgehoben wird das unterschiedliche Verh. der α-Methylmercapto-β-chlorisovaleriansäure (V) u. ihres Äthylesters. Die freie Säure ist unbeständig, der Ester beständig. Bei dem Vers. der Veresterung der Säure mit absol. A. + HCl wird quantitativ I-Äthylester gebildet. Bei der Einw. von NH_3 spaltet die Säure $ClSCH_3$ ab u. liefert I. Auch III wird beim Behandeln mit NH_3 unter Bldg. von I zersetzt.

Versuche: *α-Methylmercapto-β-chlorisovaleriansäure* (V), $C_6H_{11}O_2ClS$, F. 73 bis 75°; aus äquimol. Mengen I u. $ClSCH_3$ in CCl_4, 10—12 Std. bei Zimmertemp.; aus PAe. Kristalle; 50% (Ausbeute). *Chlorid*, $C_6H_{10}OCl_2S$, $Kp._3$ 71—72°; aus der Säure u. $SOCl_2$ in CCl_4; $D.^{20}$ 1,225; n_D^{20} 1,514; 60%. *Äthylester*, $C_8H_{15}O_2ClS$, $Kp._{1,5}$ 81—83°; a) aus

I-Äthylester u. $ClSCH_3$ bei Zimmertemp.; 70%; b) aus vorst. Chlorid u. absol. A.; 67%; $D.^{20}{}_4$ 1,118; $n_D{}^{20}$ 1,491. — Äthylester weiterer α-Alkylmercapto-β-chlorisovaleriansäuren (II). Alkyl = C_2H_5, $C_9H_{17}O_2ClS$, $Kp._{15}$ 123 bis 125°; 77%. — Alkyl = *β-Chloräthyl*, $C_9H_{16}O_2Cl_2S$, $Kp._{17}$ 135—140°; 77%. — Alkyl = *β-Chlorpropyl*, $C_{10}H_{18}O_2Cl_2S$, $Kp._1$ 120—121°; $D.^{20}{}_4$ 1,180; $n_D{}^{20}$ 1,500; 87%. — Alkyl = *Benzyl*, $C_{14}H_{19}O_2ClS$, $Kp._{0,2}$ 134—136°; a) in die Lsg. von 1 g Cl_2 in 10 ml CCl_4 werden 3,6 g Dibenzyldisulfid, 3,83 g I-Äthylester u. 0,2 g Benzoylperoxyd eingetragen; das Gemisch wird 2 Std. auf dem Wasserbad erhitzt; 50%; b) aus III-Äthylester u. $C_6H_5CH_2$·MgCl in Ae.; 60,4%. — *α-Chlormercapto-β-chlorisovlaeriansäure* (III), $C_5H_8O_2Cl_2S$, F. 70 bis 71°; in 30 g auf —5° abgekühltes SCl_2 werden anteilweise 10g I eingetragen; Kristalle; 25%. *Äthylester*, $C_7H_{12}O_2Cl_2S$, $Kp._{1-2}$ 95—98°; aus I-Äthylester u. SCl_2 bei —5°, dann bei Zimmertemp.; bewegliche, orangefarbene Fl.; 87%. Hieraus beim Schütteln in äther. Lsg. mit angesäuerter 5%ig. KJ-Lsg. das *Disulfid* $[(CH_3)_2CClCH(CO_2C_2H_5)S—]_2$, $Kp._{0,2}$ 173 bis 175°. — *α-Methylmercapto-β-aminoisovaleriansäure* (*S-Methyldimethylisocystein*), $C_6H_{13}O_2NS$, F. 210—212° (W.); durch Kochen des Äthylesters mit verd. HCl; 62,5%. *Äthylester*, aus V-Äthylester in fl. NH_3 bei Zimmertemp.; 80%. *Hydrochlorid* des *Äthylesters*, $C_8H_{17}O_2NS·HCl$, F. 118—120°. — *α-Mercapto-β-aminoisovaleriansäure* (*Dimethylisocystein*); aus α-Benzylmercapto-β-aminoisovaleriansäure durch Behandeln mit Na in fl. NH_3; Isolierung als *Mercaptid* durch Fällen mit $HgCl_2$ aus wss. Lösung. *Hydrochlorid*, $C_5H_{11}O_2NS·HCl$, sehr hygroskop. Kristalle. — *α-Äthylmercapto-β-aminoisovaleriansäure*, $C_7H_{15}O_2NS$, F. 202—203°. *Hydrochlorid* des *Äthylesters*, $C_9H_{19}O_2NS·HCl$, F. 70—71°. — *α-Benzylmercapto-β-aminoisovaleriansäure*, $C_{12}H_{17}O_2NS$, F. 192—193° (W.). *Hydrochlorid* des *Äthylesters*, $C_{14}H_{21}O_2NS·HCl$, F. 167—168°. — *α-[β-Chloräthylmercapto]-β-aminoisovaleriansäureäthylester*. *Hydrochlorid*, $C_9H_{18}O_2NClS·HCl$, F. 115 bis 116°. — *α-[β-Chlorpropylmercapto]-β-aminoisovaleriansäureäthylester*. *Hydrochlorid*, $C_{10}H_{20}O_2NClS·HCl$, F. 147—148°. (Известия Академии Наук СССР, Отделение Химических Наук [Nachr. Akad. Wiss. UdSSR, Abt. chem. Wiss.] **1955**. 54—61. Jan./Febr. Zelinsky-Inst. für organ. Chem. der Akad. der Wiss. der UdSSR.)

R. KNOBLOCH. 600

I. L. Knunjanz und **M. G. Linkowa**, *Umwandlungen der Mercaptoaminosäuren. 2. Mitt. Acylierung und Alkylierung von Dimethylcystein.* (1. vgl. vorst. Ref.) Die Acetylierung von α-Amino-β-mercaptoisovaleriansäure (β.β-Dimethylcystein; I) liefert das *N-Acetylderiv.*, wie der positive Ausfall der Rk. auf die SH-Gruppe ($FeCl_3$, Nitroprussidnatrium) zeigt. Auch I-Methylester gibt das N-Acetylderiv.; der negative Ausfall der Rk. auf die SH-Gruppe kann vielleicht auf eine feste intramol. H-Bindung —SH··· OH—C(CH_3)=N— zurückgeführt werden. Einw. von Benzaldehyd auf N-Acetyl-I führt zu *3-Acetyl-2-phenyl-5.5-dimethylthiazolidincarbonsäure-(4)*. Ein N-Acylderiv. wird aus I u. Phenylacetylchlorid erhalten. Die Benzoylierung von I gibt neben dem *N-Benzoylderiv. 4-Isopropyliden-2-phenyloxazolon* (II). Das aus I u. β-Chlorpropionylchlorid gebildete N-Acylderiv. liefert beim Behandeln mit Alkalihydroxyd *4-Keto-6-carboxy-7.7-dimethyl-1-thia-5-azacycloheptan* (III). Beweisend für diese Konst. ist die Bldg. von *α-Amino-β-[β-carboxyäthylmercapto]-isovaleriansäure* (**IV**) bei der Hydrolyse. Die Möglichkeit, daß die cycl. Verb. 3-Keto-5-carboxy-2.6.6-trimethyl-1-thia-4-azacyclohexan (**V**) ist, scheidet aus, da dieses bei der Hydrolyse α-Amino-β-[α-carboxyäthylmercapto]-isovaleriansäure (**VI**) geben müßte. Abweichend von der Acylierung erfolgt bei der Einw. von CH_3J oder $C_6H_5CH_2Cl$ in wss. Medium vom p_H 8—9 S-Alkylierung von I; die erhaltenen Verbb. sind mit den von SAVARD u. Mitarbeitern (J. Can. Res. **24**. [1946.] 28) auf anderem Wege hergestellten Verbb. identisch. Deswegen sind auch die aus I u. β-Jod-bzw. α-Brompropionsäure hergestellten Verbb. die S-Derivv. **IV** u. **VI**. **VI**, das als Hydrochlorid gewonnen wird, läßt sich in freier Form nicht isolieren, da es unter Wasseraustritt u. Ringschließung in **V** übergeht. Einer leicht erfolgenden Cyclisierung unterliegt das Einwirkungsprod. von Bromessigsäure auf I; hierbei entsteht *3-Keto-5-carboxy-6.6-dimethyl-1-thia-4-azacyclohexan*.

Versuche: Derivv. von β.β-Dimethylcystein (I). *Methylester*, $C_6H_{13}O_2NS$, $Kp._1$ 78°; aus I-Hydrobromid u. CH_3OH + HCl; unangenehm riechendes Öl; 60% (Ausbeute). *Hydrochlorid* des *Methylesters*, F. 184—185° (Zers.). *N-Acetylderiv.*, $C_7H_{13}O_3NS$, F. 186—187° (Zers.); a) aus I-Hydrobromid u. $(CH_3CO)_2O$ in CH_3CO_2Na-Lsg.; 55%; b) durch Verseifen nachst. Verb. mit der äquivalenten Menge 2n NaOH bei 50°. *N-Acetylderiv.* des *Methylesters*, $C_8H_{15}O_3NS$, F. 80—82° (Ae.); a) durch Acetylieren von I-Methylester mit CH_3COCl in Ae. oder $(CH_3CO)_2O$ in W.; b) durch Verestern des N-Acetylderiv. von I mit CH_2N_2. *N-Benzoylderiv.*, F. 138—140° (Bzl.); eine Lsg. von 3 g I in W. + $NaHCO_3$ wird mit 2,8 g C_6H_5COCl bei 0° behandelt; 2 g neben 1,5 g **II**. *N-Phenylacetylderiv.*, $C_{13}H_{17}O_3NS$, F. 130—131° (Ae.); 34%. *N-[β-Chlorpropionyl]-deriv.*, F. 155—156° (W.); 50%. *N-[β-Chlorpropionyl]-deriv.* des *Methylesters*, $C_9H_{16}O_3$·

NClS, F. 61—62° (Ae.); 68%. *N-[α-Brompropionyl]-deriv.* des *Methylesters*, $C_9H_{16}O_3NBrS$, F. 71—72° (Ae.); 50%. *N-[α.β-Dibrompropionyl]-deriv.* des *Methylesters*, $C_9H_{15}O_3NBr_2S$, F. 101—102° (W.); 100%. *S-Methylderiv.*, F. 253—254° (W.); durch Schütteln von I mit CH_3J in verd. NaOH (p_H 8); fast 100%. *S-Benzylderiv.*, F. 182—183° (W.); aus I u. $C_6H_5CH_2Cl$ in NaOH (p_H 9) bei —40°. *S-[β-Carboxyäthyl]-deriv.* (**IV**), F. 181—183°; aus I u. β-Jodpropionsäure in verd. NaOH; 84,5%. *Hydrochlorid* des *S-[α-Carboxyäthyl]-deriv.* (**VI**), $C_8H_{16}O_4NClS$, schm. im geschlossenen Röhrchen bei 172—174° (Zers.); 0,1 g **V** werden mit 15%ig. HCl erhitzt; aus absol. A. + Ae. Kristalle. *S-Carboxymethyl-deriv.*, $C_7H_{13}O_4NS$, F. 147° (Zers.); aus I u. Bromessigsäure in verd. NaOH; 0,3 g aus 0,75 g I. — *3-Acetyl-2-phenyl-5.5-dimethylthiazolidincarbonsäure-(4)*, $C_{14}H_{17}O_3NS$, F. 172 bis 175° (Zers.); aus N-Acetyl-I u. Benzaldehyd in mit HCl-Gas gesätt. Dioxan; 80%.— *4-Isopropyliden-2-phenyloxazolon* (II), F. 96—97° (A.). — *4-Keto-6-carboxy-7.7-dimethyl-1-thia-5-azacycloheptan* (III), $C_8H_{13}O_3NS$, F. 266—270°; aus dem N-[β-Chlorpropionyl]-deriv. von I (I-Methylester) bei der Einw. von NaOH[$Ba(OH)_2$ in wss. CH_3OH] bei Zimmertemp.; 0,15 g aus 0,25 g I-Methylester. Zwecks Hydrolyse zu **IV** wird mit einem Gemisch aus gleichen Voll. HCO_2H, HCl u. W. 2 Std. erhitzt. — *3-Keto-5-carboxy-2.6.6-trimethyl-1-thia-4-azacyclohexan* (**V**), $C_8H_{13}O_3NS$, F. 188—189° (W.); man führt I durch Behandeln mit α-Brompropionsäure in verd. NaOH in **VI** über, säuert die Lsg. mit HCl an, verdampft im Vakuum zur Trockne, löst in absol. A. u. fügt Pyridin hinzu.— *3-Keto-5-carboxy-6.6-dimethyl-1-thia-4-azacyclohexan*, F. 172—173° (W.); das S-Carb-oxymethylderiv. von I wird im Vakuum auf 100° erhitzt oder das Hydrochlorid dieser Verb. mit Pyridin in absol. A. bei Zimmertemp. behandelt. (Известия Академии Наук СССР, Отделение Химических Наук [Nachr. Akad. Wiss. UdSSR, Abt. chem. Wiss.] **1955.** 62—70. Jan./Febr.) R. KNOBLOCH. 600

I. L. Knunjanz, O. W. Kildischewa und **M. G. Linkowa,** *Umwandlungen der Mercaptoaminosäuren.* 3. Mitt. *Acylierung und Alkylierung von Dimethylcystein.* (2. vgl. vorst. Ref.) β.β-Dimethylcystein (I) wird durch Behandeln mit Acryloylchlorid in das N-Acryloylderiv. übergeführt, das sich in Ggw. von Alkalihydroxyd unter Ringschließung in *4-Keto-6-carboxy-7.7-dimethyl-1-thia-5-azacycloheptan* umlagert. Weitere *1-Thia-5-azacycloheptanderivv.* werden aus dem N-[β-Chloracryloyl]- u. dem N-[α-Chlor-β-meth-oxyacryloyl]-deriv. von I erhalten. Bei der Einw. von I auf Acrylsäure u. bes. leicht Acrylonitril treten Anlagerungs-Rkk. ein, die zu dem *S-[β-Carboxyäthyl]-* bzw. *S-[β-Cyan-äthyl]-deriv.* von I führen. Wird Acrylonitril im Überschuß angewendet, so bildet sich das *S.N-Bis-[β-cyanäthyl]-derivat.* Aus I u. Acetylencarbonsäure entsteht das *S-[β-Carb-oxyvinyl]-deriv.* von I.

Versuche: Derivv. von β.β-Dimethylcystein (I): *N-Acryloyl-deriv.*, $C_8H_{13}O_3NS$, F. 143—144° (W.); aus I u. Acryloylchlorid in $NaHCO_3$-Lsg. bei 0°. *N-Acryloylderiv.* des *Methylesters* (II), $C_9H_{15}O_3NS$, F. 70—72°. *N-[β-Chloracryloyl]-deriv.* des *Methylesters* (III), $C_9H_{14}O_3NClS$, F. 77—78° (Ae.); aus I-Methylester u. β-Chlor-acryloylchlorid in Äther. *N-[α-Chlor-β-methoxyacryloyl]-deriv.* des *Methylesters* (IV), $C_{10}H_{16}O_4NClS$, F. 64—66° (Ae.); 86% (Ausbeute). *S-[β-Carboxyäthyl]-deriv.*, F. 177 bis 179°; a) aus äquimol. Mengen I u. Acrylsäure in NH_3-Lsg. bei p_H 7, 1½ Std. bei 100°; 0,07 g aus 0,3 g I; b) aus N-Acetyl-I u. Acrylonitril in verd. NaOH, anschließend Erhitzen mit HCl. *S-[β-Cyanäthyl]-deriv.*, $C_8H_{14}O_2N_2S$, F. 181—182° (50%ig. A.); aus I u. Acrylonitril in verd. NaOH; 0,5 g aus 0,45 g I. *S.N-Bis-[β-cyanäthyl]-deriv.*, $C_{11}H_{17}\cdot O_2N_3S$, F. 149—150°; 0,5 g aus 0,6 g I. *S.N-Bis-[β-carboxyäthyl]-deriv.*, $C_{11}H_{19}O_6NS$, F. 187—188°; durch Erhitzen vorst. Verb. mit 15%ig. HCl; quantitativ. *S-[β-Carboxy-vinyl]-deriv.*, $C_8H_{13}O_4NS$, F. 153—154°; aus I u. $CH\equiv CCO_2H$ (1:1 Mol) in nNaOH; 0,2 g aus 0,45 g I. — *4-Keto-6-carboxy-7.7-dimethyl-1-thia-5-azacycloheptan*, F. 276 bis 277° (Zers.); aus II in 0,5n alkoh. NaOH, 2 Std. bei Zimmertemp.; 0,12 g aus 0,2 g II. *Methylester*, $C_9H_{15}O_3NS$, F. 230—240° (Zers.). — *4-Keto-6-carboxy-2-chlor-7.7-dimethyl-1-thia-5-azacycloheptan, Methylester*, $C_9H_{14}O_3NClS$, F. 226—227°; aus III in Ggw. von Benzoylperoxyd in Ae., mehrere Std. bei Zimmertemp.; 0,05 g aus 1 g **III**. — *4-Keto-6-carboxy-7.7-dimethyl-1-thia-5-azacyclohepten-(2). Methylester*, $C_9H_{13}O_3NS$, F. 155—160°; aus **III** in Ae. in Ggw. des zur Abspaltung von 1 HCl berechneten Mengen n-methanol. NaOH. — *4-Keto-2-methoxy-6-carboxy-7.7-dimethyl-1-thia-5-azacyclohepten-(2)*, $C_9H_{13}O_4\cdot$ NS, F. 216—219° (50%ig. A.); aus **IV** in 2n methanol NaOH; 60,5%. — *4-Keto-2-äthoxy-6-carboxy-7.7-dimethyl-1-thia-5-azacyclohepten-(2)*, $C_{10}H_{15}O_4NS$, F. 187—188° (A.); aus **IV** in alkoh. NaOH (unter Umätherung!); 40,5%. *Methylester*, $C_{11}H_{17}O_4NS$, F. 86—88° (Ae.). (Известия Академии Наук СССР, Отделение Химических Наук [Nachr. Akad. Wiss. UdSSR, Abt. chem. Wiss.] **1955.** 71—77. Jan./Febr.) R. KNOBLOCH. 600

Leonard M. Rice, Charles H. Grogan, Bernard H. Armbrecht und **E. Emmet Reid,** *Pungentien. Fettsäureamide.* Aus Säurechloriden u. verschied. prim. u. sek. (auch cycl.)

Aminen wurden Amide hergestellt. Auf der Zungenspitze mehrerer Beobachter wurden sie auf ihre beißenden u. brennenden Reizeigg. geprüft. Die wirksamsten Verbb. waren die Morpholide der Octan- bis Decansäure. Es wurden folgende Verbb. synthetisiert: *Valeriansäuremorpholid*, $C_9H_{17}O_2N$, Kp.$_{0,1}$ 67—70°; D.$^{25}_4$ 0,960; n_D^{25} 1,4705. — *Capronsäuremorpholid*, $C_{10}H_{19}O_2N$, Kp.$_{0,1}$ 82—86°; D.$^{25}_4$ 1,000; n_D^{25} 1,4732. — *Önanthsäuremorpholid*, $C_{11}H_{21}O_2N$, Kp.$_{0,05}$ 20—24°; D.$^{25}_4$ 0,989; n_D^{25} 1,4723. — *Caprylsäuremorpholid*, $C_{12}H_{23}O_2N$, Kp.$_{0,02}$ 87—97°; D.$^{25}_4$ 0,976, n_D^{25} 1,4712. — *Pelargonsäuremorpholid*, $C_{13}H_{25}O_2N$, Kp.$_{0,1}$ 105—114°; D.$^{25}_4$ 0,965; n_D^{25} 1,4684. — *Caprinsäuremorpholid*, $C_{14}H_{27}$·O_2N, Kp.$_{0,1}$ 148—152°; D.$^{25}_4$ 0,960; n_D^{25} 1,4705. — *Undecansäuremorpholid*, $C_{15}H_{29}O_2N$, F. 20—21°; D.$^{25}_4$ 0,954; n_D^{25} 1,4710. — *Laurinsäuremorpholid*, $C_{16}H_{31}O_2N$, F. 23—24,5°; D.$^{25}_4$ 0,937; n_D^{25} 1,4704. — *Myristinsäuremorpholid*, $C_{18}H_{35}O_2N$, F. 32—34°. — *Palmitinsäuremorpholid*, $C_{20}H_{39}O_2N$, F. 42—44°. — *n-Hexylmercaptoacetmorpholid*, $C_{12}H_{23}O_2NS$, Kp.$_{0,3}$ 128—132°; D.$^{25}_4$ 1,053; n_D^{25} 1,5023. — *Caprylsäurehexamethylenimid*, $C_{14}H_{27}ON$, Kp.$_{0,01}$ 93—96°; D.$^{25}_4$ 0,932; n_D^{25} 1,4754. — *Caprylsäurediäthylamid*, $C_{12}H_{25}ON$, Kp.$_{0,15}$ 80—82°; D.$^{25}_4$ 0,869; n_D^{25} 1,4482. — *Caprylsäuredipropylamid*, $C_{14}H_{29}ON$, Kp.$_{0,1}$ 92—96°; D.$^{25}_4$ 0,866; n_D^{25} 1,4501. — *Pelargonsäurepyrrolidid*, $C_{13}H_{25}ON$, Kp.$_{0,4}$ 123—126°; D.$^{25}_4$ 0,923; n_D^{25} 1,4650. — *Pelargonsäurehexamethylenimid*, $C_{15}H_{29}ON$; Kp.$_{0,06}$ 100—110°; D.$^{25}_4$ 0,922; n_D^{25} 1,4700. — *Pelargonsäurediäthylamid*, $C_{13}H_{27}ON$, Kp.$_{0,16}$ 94—98°; D.$^{25}_4$ 0,866; n_D^{25} 1,4423. — *Pelargonsäureäthyl-n-propylamid*, $C_{14}H_{29}ON$, Kp.$_{0,15}$ 104 bis 108°; n_D^{25} 1,4498. — *Pelargonsäuredipropylamid*, $C_{15}H_{31}ON$, Kp.$_{0,3}$ 114—118°; D.$^{25}_4$ 0,862; n_D^{25} 1,4509. — *Caprinsäurehexamethylenimid*, $C_{16}H_{31}ON$, Kp.$_{0,1}$ 128—131°; D.$^{25}_4$ 0,919; n_D^{25} 1,4751. — *Caprinsäurediäthylamid*, $C_{14}H_{29}ON$, Kp.$_{0,05}$ 94—98°; D.$^{25}_4$ 0,873; n_D^{25} 1,4505. — *Caprinsäuredipropylamid*, $C_{16}H_{33}ON$, Kp.$_{0,2}$ 129—132°; D.$^{25}_4$ 0,865; n_D^{25} 1,4518. (J. Amer. chem. Soc. **76**. 3730—31. 20/7. 1954. Washington, Georgetown Univ., Med. Center, Dep. of Pathol.) K. NEZEL. 810

James Grigor, D. M. MacInnes, John McLean und **A. J. P. Hogg**, *Konjugierte Säuren aus Ricinusöl. Octadecadien-(9.11)-säure und Octadecen-(11)-in-(9)-säure* (*Ximenyn- oder Santalbinsäure*). Vff. erhalten bei der Einw. von $SOCl_2$ auf die Methylester von Ricinol- u. Ricinelaidinsäure durch Chlorierung die instabilen 12-Chlorester, die bei der Hydrolyse mit Alkali *Octadecadien-(9.11)-säure* liefern. Entsprechend gibt *Ricinstearolsäuremethylester trans-Octadecen-(11)-in-(9)-säure* (I). I ist ident. (UV-Spektr. u. FF. ihrer Derivv.) mit Ximenynsäure (LIGHTHELM u. SCHWARTZ, C. **1950**. II. 1958) u. auf Grund ihrer chem. Rkk. auch mit Santalbinsäure (vgl. GRIGOR u. Mitarbeiter, Chem. and Ind. **1954**. 1112).

V e r s u c h e: *12-Chlorölsäuremethylester* (II), $C_{19}H_{35}O_2Cl$, Kp.$_{0,18}$ 158—163°, durch langsame Zugabe von $SOCl_2$ zu 40 g Ricinolsäuremethylester bei 0° u. Stehenlassen bei Zimmertemp. über Nacht; 23 g (Ausbeute). — *12-Chlorelaidinsäuremethylester*, $C_{19}H_{35}$·O_2Cl, Kp. 155—157°/10^{-3} mm, aus Ricinelaidinsäuremethylester wie vorstehend. — *Octadecadien-(9.11)-säure*, F. 53—54°, aus 10 g vorst. Verb. durch 10std. Kochen mit äthanol. KOH; λ_{max} (in A.) 2320 Å (ε = 32500); 7,5 g, ferner aus II wie vorst., ferner aus 100 g Ricinusöl u. $SOCl_2$ u. Verseifung der Ester wie vorst.; 24,5 g. *Amid*, $C_{18}H_{33}ON$, F. 98—99°; λ_{max} 2300 Å (ε = 32000). *S-Benzylthiuroniumsalz*, $C_{26}H_{42}O_2N_2S$, F. 127 bis 129°. — *Ricinstearolsäure*, F. 49—50° (Leichtbenzin), durch Zugabe von Br_2 in dünnem Strahl zu 200 g Ricinusöl in A. bei —30° u. 10std. Kochen mit wss. KOH; 142 g. *Methylester*, Kp. 148—150°/2·10^{-3} mm, F. 19—20°. — *Octadecen-(11)-in-(9)-säure* (I = *Ximenynsäure* oder *Santalbinsäure*), $C_{18}H_{30}O_2$, Kp. 198°/7,5·10^{-3} mm, F. 38—39° (Aceton, Leichtbenzin), durch langsame Zugabe von $SOCl_2$ zu 85 g vorst. Methylesters bei —10°, 2std. Rühren u. Stehenlassen über Nacht bei Zimmertemp., Isolierung des 12-Chlorstearolsäuremethylesters u. 24std. Kochen mit 15%ig. äthanol. K_2CO_3; λ_{max} 2290 Å (ε = 16610); Inflektion bei 2400 Å (ε = 12200); Infrarotbande bei 955 cm^{-1}; 34 g. *p-Bromphenacylester*, $C_{26}H_{35}O_3Br$, F. 54°. *Amid*, $C_{18}H_{31}ON$, F. 105°. — *11.12-Dioxystearolsäure*, $C_{18}H_{32}O_4$, F. 89—90° (PAe.), durch 1½std. Rühren von 2,8 g I in 98%ig. Ameisensäure mit 30%ig. H_2O_2 bei 50°; 1,9 g. — *11.12-Dioxystearinsäure*, F. 128—129° (A.), durch 2std. Schütteln von 95 mg vorst. Verb. in Äthylacetat/Essigsäure (5:1) mit H_2 über Pt; 70 mg. — *Stearinsäure*, F. 69—70°, durch vollständige Hydrierung von I. (J. chem. Soc. [London] **1955**. 1069—71. April. Glasgow, Royal Techn. Coll.) G. WINKLER. 810

D. G. I. Felton, *Einige Reaktionen des Cyanessigsäureäthylesters*. Die Einw. von 2 Mol N-Bromsuccinimid auf 1 Mol Cyanessigester führte glatt zu *Dibromcyanessigester* (I). Die photokatalysierte Bromierung mit Br_2 verlief unvollständig unter Zers. des Prod. beim Auswaschen des Br_2-Überschusses. Die Bromierung mit 2 Mol Br_2 in wss. Lsg. in Ggw. von 1 Mol MgO führte zu etwa gleichen Teilen I u. *Dibromacetonitril* (II). Bei Anwendung von 2 Mol MgO u. Ansäuern nach der Bromzugabe enstand hauptsächlich II. Der Vers., I mit Na-Äthylat oder alkoh. K-Acetat umzusetzen, ergab undefinierte Produkte. Mit SeO_2 bildete Cyanessigester bei 120—125° *trans(?)-1.2-Dicyanäthylen-1.2-dicarbonsäurediäthylester*.

Versuche: *Dibromcyanessigsäureäthylester* (I), $C_5H_5O_2NBr_2$, Kp.$_{1,3}$ 70—72°; n^{18} 1,4957; 33,9 g Cyanessigester, 106,8 g N-Bromsuccinimid u. 0,5 g Benzoylperoxyd werden 16 Std. in CCl_4 gekocht, Succinimid wird abfiltriert u. der Rückstand der Lsg. dest.; 73 g (Ausbeute). — *Dibromacetonitril* (II), C_2HNBr_2, Kp.$_{20}$ 68—70°; n_D^{20} 1,5429; 56,6 g Cyanessigester, 42 g MgO u. 350 ml W. werden tropfenweise bei 20° mit 160 g Br_2 versetzt. Nach Beendigung der Rk. wird mit konz. HCl kongosauer gemacht u. mit CCl_4 ausgeschüttelt; 58,2 g. — *trans* (?)-*1.2-Dicyanäthylen-1.2-dicarbonsäurediäthylester*, $C_{10}H_{10}O_4N_2$, F. 117—117,5°, Nadeln (A.); 50 g Cyanessigester u. 25 g SeO_2 werden 2 Std. im Ölbad bei 120—125° unter Rückfluß gekocht u. anschließend fraktioniert; Kp.$_{12}$ 120 bis 200°. *Dihydrazid*, $C_6H_8O_2N_6 \cdot C_2H_5OH$, F. 211,5° (Zers.), Nadeln (A.). — *1.2.3-Tricyancyclopropan-1.2.3-dicarbonsäuretriäthylester*, $C_{15}H_{15}O_6N_3$, F. 123,5—124°, Nadeln (A.); 6 g Na u. 29 g Cyanessigester in 100 ml Ae. werden am nächsten Tag mit 50,8 g Monobromcyanessigester versetzt; 7,5 g. (J. chem. Soc. [London] **1955**. 515—17. Febr. London, Chester Beatty Res. Inst., Inst. of Cancer Res., Roy. Cancer Hosp.) K. NEZEL. 820

L. N. Starker, D. B. Cosulich und **J. M. Smith jr.**, *6-Oxo-8-alkoxyoctansäureäthylester*. Vff. synthetisieren eine Anzahl von *6-Oxo-8-alkoxyoctansäureäthylestern* auf folgenden 3 Wegen: a) Anlagerung von Alkoholen an 6-Oxoocten-(7)-säureäthylester (I), b) Rk. von β-Alkoxyaldehyden mit ungesätt. substituierten Malonestern, c) aus Adipinsäuremonoäthylestermonochlorid (II) u. Methoxymethylmalonsäuredibenzylester (III) u. anschließende Verseifung u. Decarboxylierung in C_2H_5OH. Der nach c) neben der Säure entstandene *6-Oxo-8-methoxyoctansäureäthylester* (IV) wurde zur 6-Oxyverb. reduziert.

Versuche: *6-Oxoocten-(7)-säureäthylester* (I), aus II u. Äthylen in Ggw. von $AlCl_3$. — *6-Oxo-8-methoxyoctansäureäthylester* (IV), Kp.$_2$ 103—108°, durch Zugabe von CH_3OH u. einer alkoh. Lsg. von I zu einer Katalysatormischung (bereitet durch 5 Min. Erhitzen von HgO mit BF_3-Ätherat in CH_3OH), dann Erhitzen (einige Std. bei 100°) u. mehrere Tage Stehenlassen; n_D^{25} 1,4400; 62% (Ausbeute); mit p-Toluolsulfosäure als Katalysator 44%. — Analog *6-Oxo-8-äthoxy-* (Kp.$_{0,45}$ 108°, n_D^{25} 1,4370; 55%), *6-Oxo-8-n-butoxy-* (Kp.$_{0,55}$ 135—136°, n_D^{31} 1,4390; 39%) u. *6-Oxo-8-benzyloxyoctansäureäthylester* (Kp.$_{0,60}$ 146—147°, n_D^{25} 1,4940; 5%). — *2-Carboxy-6-oxo-8-äthoxyoctansäurediäthylester*, $C_{15}H_{26}O_6$, Kp.$_{13-14}$ 127—132°, aus β-Äthoxypropionaldehyd u. Allylmalonester (26 Std. bei 80—85° in Ggw. von Benzoylperoxyd); n_D^{26} 1,4468; 14%. — *6-Oxo-7.7-dicarboxy-8-methoxyoctansäuretriäthylester*, $C_{17}H_{28}O_8$, Kp.$_{0,15}$ 146°, durch Rühren über Nacht, dann 4 std. Kochen von Methoxymethylmalonester (V) mit Na-Sand in Ae., dann bei n. Temp. Zugabe von II u. 3 std. Rühren; n_D^{25} 1,4457; 63%; gab beim Erhitzen mit H_2SO_4 (verschied. Konzz.) bis zu 160—165° nie die berechnete Menge CO_2. — *6-Oxo-8-methoxyoctansäure*, $C_9H_{16}O_4$, Kp.$_{1,3}$ 125—129,5°, durch Erhitzen von V (Na-Verb.) mit Benzylalkohol in Bzl., 30 Min. Kochen des entstandenen III mit 18,8 g II, 1 std. Rühren des Rückstandes mit RANEY-Ni in A., Hydrierung der Lsg. mit Pd-Kohle bei <30° u. Decarboxylierung; 2,2 g. — *6-Oxy-8-methoxyoctansäureäthylester*, $C_{11}H_{22}O_4$, Kp.$_{13}$ 153—160°, aus IV u. $NaBH_4$ in CH_3OH (zuerst bei n. Temp., dann 30 Min. Kochen); n_D^{25} 1,4435; 42%. (J. Amer. chem. Soc. **77**. 2534—36. 5/5. 1955. Bound Brook, N. J., Amer. Cyanamid Co., Bound Brook Labors., Res. Div.) J. ROTHE. 870

A. T. Blomquist, John R. Johnson, Lincoln I. Diuguid, James K. Shillington und **R. D. Spencer**, *Synthese ungeradzahliger dibasischer Ketosäuren und der entsprechenden gesättigten Säuren*. (Vgl. LEONARD u. GOODE, C. **1952**. 6860.) Vff. beschreiben die Synth. von ungeradzahligen 2bas. *Ketosäuren* des Typs $HO_2C(CH_2)_nCO(CH_2)_nCO_2H$ durch Umsetzung der Estersäurechloride $RO_2C(CH_2)_nCOCl$ mit Triäthylamin (I) in Ae. zu den intermediären Ketendimeren (vgl. SAUER, C. **1947**. E. 38), die mit HCl in Essigsäure/W. (bzw. mit äthanol./wss. KOH) zu den gewünschten Ketosäuren hydrolysiert werden. Vorst. Meth. ist nach Vff. der Synth. von LEONARD u. GOODE (l. c.) hinsichtlich der Ausbeute überlegen. Die entsprechenden gesätt. 2bas. Säuren werden aus vorst. Verbb. nach CLEMMENSEN erhalten.

Versuche: *δ-Ketoazelainsäure*, F. 109—109,6° (W.), durch rasche Zugabe von 330 g *γ-Carbomethoxybutyrylchlorid* (Kp.$_{20}$ 105—110°, n_D^{20} 1,445) zu I in Ae. unter Kühlung u. N_2, 24 std. Rühren bei Zimmertemp. u. Hydrolyse mit wss. HCl/Essigsäure; 235 g (Ausbeute an Rohprod.). *Phenylhydrazon*, F. 149—151,1°. *Diäthylester*, Kp.$_{0,3}$ 142° $D._4^{20}$ 1,0545, n_D^{20} 1,4459 [*Semicarbazon*, F. 78,5—79°]. *9-Oxoheptadecandisäure-(1.17)*, F. 113—115° (A.), aus *ω-Carbomethoxycaprylchlorid* (Kp.$_{3,3}$ 127,5—130°) wie vorst. u. u. Hydrolyse mit äthanol./wss. KOH; gibt bei der Red. nach CLEMMENSEN *Heptadecandisäure-(1.17)*, F. 118—118,5°; 80,5%. — *10-Oxononadecandisäure-(1.19)*, F. 117—119,5°, aus *ω-Carbäthoxypelargonylchlorid* (Kp.$_{15}$ 174—176°) wie vorst.; 98,5%; gibt bei der Red. *Nonadecandisäure-(1.19)*, F. 118—119°; 63%. (J. Amer. chem. Soc. **74**. 4203—04. 20/8. 1952. Ithaca, N. Y., Cornell Univ., Baker Labor. of Chem.) G. WINKLER. 870

Robert W. White, *Die Struktur der Thiuramoxyde.* Vf. erhält beim Vers. der Darst. von Bis-[dimethylthiocarbamyl]-oxyd aus Dimethylthiocarbamylchlorid (**I**) mit A. nach BILLETER [1887] *Tetramethylthiurammonosulfid.* Eine Wiederholung der Synthesen von BILLETER (l. c.) u. DELÉPINE u. Mitarbeitern (Bull. Soc. chim. France, Mém. [5] **2.** [1935.] 1969) lieferte die gleichen Reaktionsprodd., die jedoch nicht die von vorst. Autoren angenommenen Thiocarbamyloxyd („Thiuramoxyd")-Strukturen haben, sondern, wie von Vf. durch Unters. der Infrarotspektren u. durch unabhängige Synth. nachgewiesen wird, die isomeren Thiocarbamylcarbamylsulfide darstellen. Während der Rk. nach BILLETER muß eine Elektronenverschiebung —C(OH)=S → —C(SH)=O eintreten u. andererseits ist das bei der Synth. nach DELÉPINE verwendete Kohlenstoffsulfoxychlorid (**II**), $C_2OCl_2S_2$, auf Grund des Reaktionsverlaufes nach Vf. besser als ClC(=O)SC(=S)Cl zu formulieren.

Versuche: *Tetramethylthiurammonosulfid,* $C_6H_{12}N_2S_3$, F. 108,5—109° (A.), durch ½ std. Erwärmen von **I** mit A. auf dem Wasserbad; 30—50% (Ausbeute). — *Methylphenylthiocarbamylmethylphenylcarbamylsulfid,* $C_{16}H_{16}ON_2S_2$, F. 117,0° (A.), durch 2 std. Schütteln von $CSCl_2$ mit N-Methylanilin in $CHCl_3$ bei Zimmertemp., Zugabe von A. u. ½ std. Erwärmen auf dem Wasserbad; 52%. — *Dimethylthiocarbamyldimethylcarbamylsulfid,* $C_6H_{12}ON_2S_2$, F. 76,5—77°, durch Zugabe von benzol. **II** zu Dimethylamin in Bzl., ½ std. Schütteln bei Zimmertemp. u. ½ std. Erwärmen auf dem Wasserbad; 58%, ferner durch Zugabe von Dimethylcarbamylchlorid zu Na-Dimethyldithiocarbaminat in wenig W. u. ¾ std. Erwärmen auf dem Wasserbad; 68%. (Canad. J. Chem. **32.** 867—71. Sept. 1954. London, Ontario, Can., Dep. of Agric., Sci. Serv. Labor.)
G. WINKLER. 880

P. Adams, D. W. Kaiser, D. E. Nagy, G. A. Peters, R. L. Sperry und **J. T. Thurston,** *Chemie des Dicyandiamids.* 2. Mitt. *Darstellung und Hydrolyse von Acyldicyandiamiden.* (1. vgl. C. **1953.** 37.) Die Umsetzung von Dicyandiamid (**II**) mit Acylchloriden bzw. -anhydriden führte zu Acyldicyandiamiden der Struktur I (Infrarotspektr.), obgleich gewisse anomale Rkk. auch zur Annahme einer cycl. Struktur III berechtigen. So entstanden aus den Acyldicyandiamiden durch therm. Isomerisierung (katalysiert durch Aminsalze) *Guanide* (*2-substituierte 4-Oxy-6-amino-symm.-triazine*). Säurehydrolyse gab *Acylguanylharnstoffsalze,* aus denen mit Alkali oder NH_3 die freien Basen hergestellt werden konnten. Anlagerung von H_2S an die Acyldicyandiamide führte zu *Acylguanylthioharnstoffen,* deren Behandlung mit Alkali die Guanide statt der erwarteten Thioguanide gab, was auf eine Hydrolyse der Acylguanylthioharnstoffe vor oder während der Cyclisierung zurückzuführen ist, da Thioguanide beständig gegen Alkali sind. Säurehydrolyse der Acylguanylharnstoffsalze gab *Acylbiurete,* die mit Alkali in *Guanamide* übergeführt werden konnten.

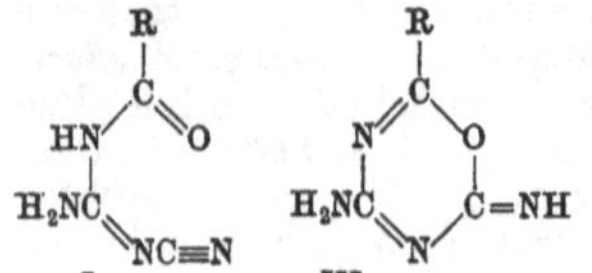

I III

Versuche: Acyldicyandiamide, durch Acylierung von **II** a) unter kräftigem Rühren einer Mischung mit KOH in Aceton bei 0—5°, Lösen in W. u. Ansäuern mit CH_3COOH, b) in einem Zweiphasensyst. aus W., Alkali u. **II** u. Aceton, sonst wie unter a): *Acetyl-*, $C_4H_6ON_4$, F. 240° (vorgeheiztes Bad; W.), nach a) mit Acetanhydrid; 72% (Ausbeute); gibt Farb-Rk. mit $FeCl_3$. — *Propionyl-*, $C_5H_8ON_4$, F. 179 bis 180° (vorgeheiztes Bad; A.), nach b) mit Propionanhydrid; 47,5%; Farb-Rk. mit $FeCl_3$. — *n-Butyryl-*, $C_6H_{10}ON_4$, F. 184—185° (A.), nach b) mit n-Butyrylchlorid; 56,5%. — *n-Caproyl-*, $C_8H_{14}ON_4$, F. 179—180° (vorgeheiztes Bad; A.), nach b) mit Caproylchlorid; 63,6%. — *Lauroyl-* (**IV**), $C_{14}H_{26}ON_4$, F. 168—169° (Methyläthylketon), nach a) mit Lauroylchlorid; 51%. Die Versuchsdarst. nach A. P. 2 324 354 gab ein Gemisch, das nicht weiter untersucht wurde. — *Benzoyl-* (**V**), $C_9H_8ON_4$, F. 205° (vorgeheiztes Bad; Methanol/Cellosolve), nach a) mit Benzoylchlorid; 89%. — Die Hydrolyse der vorst. Verbb. zu Acylguanylharnstoffen erfolgte durch Kochen mit einem kleinen Überschuß 4—10% ig. HCl, beim Abkühlen krist. die Hydrochloride aus, aus denen die Basen mit NH_3 oder Alkali freigesetzt wurden: *Acetyl-*, $C_4H_8O_2N_4$, F. 165° (vorgeheiztes Bad); 40%. — *Propionyl-*, *Nitrat*, $C_5H_{10}O_2N_4 \cdot HNO_3$, F. 158—159° (Methanol); 77%. — *Butyryl-*, $C_6H_{12}O_2N_4$, F. 124—126°; *Nitrat*, F. 159—160° (Aceton); 78%. — *Caproyl-*, $C_8H_{16}O_2N_4$, F. 172—173°; *Nitrat*, F. 157—158° (Äthylacetat); 88%. — *Lauroyl-*, $C_{14}H_{28}O_2N_4$, F. 132—133° (A.); 100%. — *Benzoyl-*, $C_9H_{10}O_2N_4$, F. 187—188° (Butanol); 97,2%. — Hydrolyse von **V** mit p-Toluolsulfonsäure, HNO_3, Monochloressigsäure u. Ameisensäure gab die entsprechenden Salze (F. 185—186°, 90%; F. 179—180°,

83,2%; F. 155—157°, 98,5%; F. 133—135°, 85,5%). — *Lauroylguanylthioharnstoffhydrochlorid*, $C_{14}H_{28}ON_4S \cdot HCl$, F. 156—157° (Aceton), durch 4std. Einleiten von H_2S in IV in A. bei 50—60° u. Ansäuern mit konz. HCl; hellgelbe Kristalle; 64,3%. — *Benzoylguanylthioharnstoff*, $C_9H_{10}ON_4S$, F. 174—176° (Methanol), durch 9std. Behandeln einer Aufschlämmung von V in A. mit H_2S; gelbe Kristalle; 87,5%. — Die Acylguanide wurden a) durch Erhitzen der Acyldicyandiamide in 50% ig. wss. Cellosolve ohne Katalysator hergestellt, wobei die niederen Glieder aus den sd. Lsgg., die höheren erst beim Eingießen der heißen Lsgg. in W. ausfielen. b) Durch Lösen der Acylguanylharnstoffe in einer 5—15%ig. NaOH-Lsg. bzw. Behandeln des Harnstoffsalzes mit Alkali, wenige Min. kochen, mit CH_3COOH ansäuern, oder vor dem Ansäuern Stehen über Nacht bei Zimmertemperatur. *Aceto-*, $C_4H_6ON_4$, a) 60 Min. Erhitzen; 68%. — *Propio-*, $C_5H_8ON_4$, F. 265° (W.), a) 15 Min.; 93%; b) 90,6%. — *Butyro-*, $C_6H_{10}ON_4$, F. 262° (wss. Cellosolve); a) 60%; b) 94,2%. — *Capro-*, $C_8H_{14}ON_4$, F. 253—254° (A./Cellosolve/W., 4:1:1), a) 240 Min.; 64,5%; b) 99%. — *Lauro-*, $C_{14}H_{26}ON_4$, F. 229—230° (A./Cellosolve, 1:1), a) 30 Min.; 100%; b) 91%. — *Benzo-*, F. 325°, a) 70 Min.; 60,5%; in Ggw. von: Anilin·HCl (10 Min.) 64%; Anilinsulfat (10 Min.) 74,5%; p-Phenetidinhydrochlorid (10 Min.) 71,5%; NH_4NO_3 (15 Min.) 66%; konz. NH_4OH (22 Min.) 60%; n-Butylamin (9 Min.) 74%; n-Butylaminsulfat (18 Min.) 68%; n-Butylaminsalicylat (8½ Min.) 85%; n-Butylaminacetat (8½ Min.) 84%. b) 5 Min. Erhitzen in 50% ig. Cellosolve in Ggw. von Monoäthanolamin 65%; 30 Min. 16,5% ig. Cellosolve u. $KHCO_3$ 98%; 10 Min., Butanol, Na-Butylat 87,5%; 60 Min., 25% ig. Cellosolve, $Ca(OH)_2$ 82%; 5 Min., 60% ig. Cellosolve, NH_4OH 25,6%; 10 Min., Cellosolve, Pyridin 0%. — Aus den Acyldicyandiamiden entstanden beim Erhitzen mit einem kleinen Überschuß Mineralsäure nachst. Biurete: *Acetyl-*, $C_4H_7O_3N_3$, F. 193—194° (W.), 1 Std., H_3PO_4; 27,6%. — *Lauroyl-*, $C_{14}H_{27}O_3N_3$, F. 155—157° (80% ig. A.), 2 Std., HCl; 65,4%. — *Benzoyl-*, $C_9H_9O_3N_3$, F. 220° (Cellosolve), 1 Std., HCl; 67,6%; 1 Std., H_2SO_4; 72,5%; 1 Std., HNO_3; 77,4%; 2 Std., Sulfamidsäure; 67,6%; aus dem Hydrochlorid, 1 Std.; 65,2%. — *Benzoguanamid*, $C_9H_7O_2N_3$, F. 287—288° (W.), aus vorst. Verb. in 86% ig. KOH, 2 Std. Stehen u. Ansäuern; 98%. (J. org. Chemistry **17**. 1162—71. Aug. 1952. Stamford, Conn., American Cyanamid Co., Res. Div., Res. Labors.) E. ROSDORFF. 880

F. F. Blicke und **Chi-Jung Lu**, *Formylierung von Aminen mit Chloral und Reduktion der N-Formylderivate mit Lithiumaluminiumhydrid.* Vff. testen die Formylierung von 12 Aminen mit Chloral (vgl. HOFMANN [1872]). In glatter Rk. werden von allen untersuchten Aminen bei Zimmertemp. die Formylderivv. in guten Ausbeuten erhalten; als einziges Nebenprod. tritt $CHCl_3$ auf. Mit $LiAlH_4$ lassen sich die N-Formylderivv. in mittleren bis guten Ausbeuten zu den N-Methylverbb. reduzieren. Diese Zweischrittmeth. zur Methylierung von Aminen dürfte nach Vff. bei säure- u./oder wärmeempfindlichen Verbb. von Nutzen sein, z. B. bei der Methylierung von Mezcalin (vgl. RETI, C. **1951**. II. 3454). — Die Darst. von 3-Methylpyrrolidin aus Itaconsäure (II) über Methylsuccinimin wird beschrieben.

Versuche: Die nachst. N-Formylderivv. von Aminen wurden durch langsame Zugabe von Chloral zu dem Amin in $CHCl_3$ unter Kühlung, mehrstd. Rühren bei Zimmertemp. u. ½std. Erwärmen auf dem Wasserbad erhalten: *N-Formylbutylamin*, $C_5H_{11}ON$, $Kp._{16}$ 122—123°; 83% (Ausbeute). — *N-Formylbenzylamin*, F. 60—61° (PAe.); 90%. — *N-Formylcyclohexylamin*, $Kp._{22}$ 155—157°; 80%. — *N-Formyl-β-oxyäthylamin*, $Kp._{0,5}$ 145—148°; 75%. — *N-Formyl-β-phenyläthylamin*, $Kp._{20}$ 192—194°; 93%. *N.N'-Diformyläthylendiamin* (I), $C_4H_8O_2N_2$, F. 110—111°; 95%. — *N-Formyldiäthylamin*, $Kp._{745}$ 174 bis 175°; 70%. — *N-Formyl-N-methyl-β-phenyläthylamin*, $C_{10}H_{13}ON$, $Kp._1$ 110—112°; 94%. — *N-Formylpyrrolidin*, $Kp._{16}$ 87—89°; 65%. *Hydrochlorid*, $C_5H_9ON \cdot HCl$, F. 92 bis 94° (Äthylacetat). — *N-Formyl-3-methylpyrrolidin*, $C_6H_{11}ON$, $Kp._{16}$ 100—102°; 71%. — *N-Formylpiperidin*, $Kp._{16}$ 104—105°; 90%. — *N-Formylmorpholin*, $Kp._{745}$ 229—232°; 95%. Die nachst. N-Methylderivv. von Aminen wurden durch Zugabe vorst. Formylderivv. in Ae. zu äther. $LiAlH_4$ u. 6 std. Kochen des Reaktionsgemisches erhalten (I wurde in Ae./Dioxan 2 Tage bei 75° unter Rühren red.): *Methylbutylamin*, 87%. *Hydrochlorid*, F. 173—174°. — *Methylbenzylamin*, 85%. *Hydrochlorid*, F. 172—174°. — *Methylcyclohexylamin*, 80%. *Hydrochlorid*, F. 175—178°. — *Methyl-β-phenyläthylamin*, 84%. *Hydrochlorid*, F. 162—164°. *Chloroplatinat*, F. 211—212°. — *Dimethyläthylendiamin*, 60%. *Dihydrochlorid*, F. 235—236°. — *Methyldiäthylamin*, 64%. *Pikrat*, F. 185—186°. — *N.N-Dimethyl-β-phenyläthylamin*, $Kp._{750}$ 202—204°, $Kp._{10}$ 81—83°, 83%. *Hydrochlorid*, $C_{10}H_{16}NCl$, F. 164—165° (Isopropanol). *Pikrat*, F. 136—138°. *Chloroplatinat*, F. 205 bis 207°. — *Methylpyrrolidin*, 60%. *Pikrat*, F. 221—222°. — *Methylpiperidin*, 90%. *Pikrat*, $C_{12}H_{16}O_7N$, F. 218—220° (Zers.). *Chloroplatinat*, F. 195—196°. *Chloroaurat*, F. 199—200°. — *Methyl-3-methylpyrrolidin*, 50%. *Pikrat*, F. 180—182°. — *Methylmorpholin*, 61%.

Pikrat, F. 225—226°. — *Methylbernsteinsäure*, F. 115—116° (Bzl./A.), durch katalyt. Hydrierung von 26 g II in 85%ig. A. über PtO_2 bei 50 lbs./sq.in.; 26,9 g. — *3-Methylpyrrolidin*, Kp. 92—94°, durch Red. von 3-Methylsuccinimid [Kp. 275—283°, F. 65—66° (A.)] mit $LiAlH_4$ wie vorst.; 67%. *Pikrat*, $C_{11}H_{14}O_7N_4$, F. 110—111°. (J. Amer. chem. Soc. **74**. 3933—34. 5/8. 1952. Ann Arbor, Mich., Univ., Coll. of Pharm.) G. WINKLER. 910

John H. Robson, *Die Nitrolyse von N.N-Dialkylformamiden.* N.N-Dialkylformamide sind in einem Nitrolysemedium [Acetanhydrid (I) + absol. HNO_3] sehr unbeständig. Im allg. werden schlechte Ausbeuten an *Dialkylnitraminen* erhalten, wobei ebenfalls die entsprechenden *Nitrosamine* gebildet werden. Der Vers., die Ausbeute an *Di-n-butylnitramin* (IV) durch Nitrolyse des entsprechenden Amids (III) in I durch Zusatz von $ZnCl_2$ oder P_2O_5 als Katalysator zu steigern, mißlang. Jedoch werden Formamide glatt u. in guten Ausbeuten zu Nitraminen nitrolysiert, wenn Trifluoracetanhydrid (II) als Lösungsm. verwendet wird; in diesem Fall wurde keine Bldg. von Nitrosaminen beobachtet.

Versuche: *Dimethylnitramin*, F. 55,6—56,5°, a) aus Dimethylformamid in I durch Zugabe von 99—100%ig. HNO_3 unter Rühren bei —50°, Zugabe von weiterem I u. 2std. Rk. bei 25°; 45,5% (Ausbeute). b) Mit II bei —30°; 89%. — *Di-n-butylnitramin* (IV), $Kp._{11}$ 129—132°, F. —18,5°, a) aus Di-n-butylformamid (III), I, Eisessig u. HNO_3 bei —5°; maximal 13% (unrein). b) F. —22°, aus III, HNO_3 u. P_2O_5 bei 0°; n_D^{20} 1,4562; 17%, daneben *Di-n-butylnitrosamin* (V), n_D^{25} 1,4451; 17%. c) Wie unter a) in Ggw. von $ZnCl_2$; 11% IV u. 55% V. d) Aus III, II u. HNO_3 bei —5°; 90,5%. — *Diäthylnitramin*, $Kp._{700}$ 199—201°, $Kp._{14}$ 90—91°, aus Diäthylformamid analog IV d); n_D^{25} 1,4528; 80%. — *N-Nitropiperidin*, $Kp._{20}$ 120—123°, F. —6,6 bis —6,0°, aus N-Formylpiperidin wie unter IV a); n_D^{25} 1,4958; 65%. b) Analog IV d); n_D^{26} 1,4958; 81%. — *Di-n-propylformamid*, $C_7H_{15}ON$, $Kp._{715}$ 206—207°, aus Di-n-propylamin u. überschüssiger Ameisensäure durch Dest.; n_D^{25} 1,4384; 65%. — *Di-n-propylnitramin*, $Kp._{10}$ 105—106°, F. 0,08°, aus vorst. Verb. bei 0° analog IV d); n_D^{26} 1,4540; 91%. — *N-Nitromorpholin*, F. 52—53°, durch 6std. Nitrolyse von N-Formylmorpholin analog IV a); 55%. — N_2O_5, aus HNO_3 durch Zutropfen zu IV bei 0—5°, Abkühlen auf —30° u. Absaugen. (J. Amer. chem. Soc. **77**. 107—08. 5/1. 1955. China Lake, Calif., Inyokern, U. S. Naval Ordnance Test Stat., Chem. Div.) R. MATTNER. 910

Shou-cheng J. Fu, Leon Levintow, Vincent E. Price und **Jesse P. Greenstein**, *Darstellung und Eigenschaften von aliphatischen α.α-Diacylaminosäuren.* Vff. beschreiben die Darst. verschied. aliphat. α.α-Diacylaminosäuren aus den entsprechenden α-Ketosäuren durch Umsetzen mit Acylnitrilen (vgl. GREENSTEIN u. Mitarbeiter, Arch. Biochemistry **16**. [1948.] 1; **17**. [1948.] 51). Nur die aus Brenztraubensäure (I) dargestellten Verbb. mit mindestens einer freien Aminogruppe am Acylaminoradikal können enzymat. (Schweinsnierenextrakt) hydrolysiert werden. Die Hydrolyseprodd. enthalten NH_3 u. I. Von der asymm. α-Glycylamido-α-acetamidopropionsäure (II) wird nur eines der beiden opt. Enantiomorphen enzymat. hydrolysiert. Unterss. über den Reaktionsmechanismus der Spaltung von II lassen vermuten, daß prim. die Hydrolyse an einer der Peptidbindungen einsetzt u. daß die Bldg. eines Dihydropeptidzwischenprod. unwahrscheinlich ist.

Versuche: *α.α-Bis-[chloracetamido]-buttersäure*, F. 169—170° (Methanol), aus α-Oxobuttersäure. — *α.α-Bis-[glycylamido]-buttersäure*, aus vorst. Verb. durch Aminierung mit wss. NH_4OH. *Hydrochlorid*, F. 206° (Zers.). — *α.α-Bis-[chloracetamido]-n-valeriansäure*, F. 140°, aus α-Oxo-n-valeriansäure. — *α.α-Bis-[glycylamido]-n-valeriansäure*, *Hydrochlorid*, F. 234° (Zers.). — *α.α-Bis-[chloracetamido]-n-capronsäure*, F. 140—141°, aus α-Oxo-n-capronsäure. — *α.α-Bis-[glycylamido]-n-capronsäure*, *Hydrochlorid*, F. 206 bis 207° (Zers.). — *α.α-Bis-[chloracetamido]-isocapronsäure*, F. 134°, aus α-Oxoisocapronsäure. — *α.α-Bis-[glycylamido]-isocapronsäure*, *Hydrochlorid*, F. 237° (Zers.). — *α-Chloracetamido-α-acetamidopropionsäure*, F. 176° (Methanol), durch Zugabe von I zu konz. H_2SO_4 unter Kühlung, anschließend Zugabe (nacheinander) äquimol. Mengen Chloracetonitril u. Acetonitril bei $<5°$ u. 1½std. Rühren bei 30°; 60% (Ausbeute). — *α-Glycylamido-α-acetamidopropionsäure* (II), F. 208° (Zers.; aus W./A.). — *α.α-Bis-[β-chlorpropionylamino]-propionsäure*, F. 126—127°. — *α.α-Bis-[β-brompropionylamino]-propionsäure*, F. 136—137°. — *α.α-Bis-[γ-chlorbutyrylamino]-propionsäure*, F. 112—115°. — *α.α-Bis-[acrylamido]-propionsäure*, F. 154—155°. — *Azlacton von α.α-Bis-[chloracetamido]-propioncäure*, F. 112° (Äthylacetat), durch 2std. Erwärmen von 22,3 g α.α-Bis-[chloracetamido]-propionsäure mit Acetanhydrid auf dem Wasserbad; 13 g; 9 g geben bei 6std. Schütteln in absol. Methanol bei 23° *α-Chloracetamido-α-aminopropionsäure*, F. 113° (Zers.); 5,5 g. (Arch. Biochemistry **28**. 440—51. Okt. 1950. Bethesda, Md., Nat. Inst. of Health, Nat. Cancer Inst.) G. WINKLER. 950

H. Breederveld und **H. I. Waterman,** *Die Darstellung von Tetra-tert.-butoxysilan.* Vff. beschreiben die Darst. von *Tri-* u. *Tetra-tert.-butoxysilan* (I) aus $SiBr_4$ u. Na-tert.-Butylat (II). Das Infrarotspektr. von I wird aufgenommen (graph. wiedergegeben) u. diskutiert.

V e r s u c h e: *Tri-tert.-butoxybromsilan,* Kp.$_{11}$ 85—87°, durch 5std. Kochen von II u. $SiBr_4$ in PAe.; D.$^{20}{}_4$ 1,0613, n_D^{20} 1,4158; 41% (Ausbeute). — *Tetra-tert.-butoxysilan,* Kp.$_9$ 92—95°, F. 48—49° (90% ig. A.), durch 10std. Erhitzen vorst. Verb. mit II im geschlossenen Rohr auf 220°; 37%. (Recueil Trav. chim. Pays-Bas **73.** 871—73.Nov. 1954. Amsterdam, Delft Technolog. Univ., Dep. of Chem. Engng.) G. WINKLER. 980

G. J. M. van der Kerk und **J. G. A. Luijten,** *Untersuchungen an Organozinnverbindungen.* 1. Mitt. *Die Darstellung von Butylzinnverbindungen durch eine Wurtz-Reaktion.* Die Darst. von *Tetrabutylzinn* (I) aus $SnCl_4$, C_4H_9Cl u. Na wird untersucht. Die Ausbeute an I ist bei Verwendung von C_4H_9Cl besser als mit C_4H_9Br u. beträgt maximal 65% bei stöchiometr. Ansatz in niedrigsd. PAe. mit Na-Grieß. Höhersd. Lösungsmittel, wie Bzl., Cyclohexan u. Xylol, lierfern schlechtere Ausbeuten, ebenso die Verwendung von Na in Draht-, Block- oder Staubform. Unter Vermeidung von Verlusten durch Red. von $SnCl_4$ konnte durch Anwendung von *Dibutylzinndichlorid* (aus I u. $SnCl_4$) die Ausbeute an I auf 85% gesteigert werden. Bei dieser Rk. entstehen ca. 10% *Hexabutyldistannan* (II), welches durch Einw. von Cl_2 in *Tributylzinnchlorid* übergeführt wird u. in den Alkylierungsprozeß zurückgeht.

V e r s u c h e: *Tetrabutylzinn* (I), $C_{16}H_{36}Sn$, Kp.$_{13}$ 110—165° (Rohprod.), aus ($SnCl_4$ bzw.) nachst. Verb. in sd. PAe. (Kp. 40—60°) u. Na-Grieß; (64,4 bzw.) 87,9% (Ausbeute), daneben ca. 5—10%. *Hexabutyldistannan* (II). — *Dibutylzinndichlorid,* $(C_4H_9)_2SnCl_2$, F. 40,5° (PAe.), aus I u. $SnCl_4$ (3 Std. bei 240°); 95%. — *Tributylzinnchlorid,* $(C_4H_9)_3 \cdot SnCl$, Kp.$_{13}$ 145—149°, aus II u. Cl_2; 83,8%. (J. appl. Chem. **4.** 301—07. Juni 1954. Utrecht, T. N. O., Organ.-chem. Inst.) H. NÖTH. 980

G. J. M. van der Kerk und **J. G. A. Luijten,** *Untersuchungen an Organozinnverbindungen.* 2. Mitt. *Die Darstellung von Äthylzinnverbindungen aus einer Zinn-Magnesium-Legierung.* (1. vgl. vorst. Ref.) Die *Verb. Mg_2Sn,* F. 783° (Darst. aus den Elementen; blauschimmernde, spröde, wenig luftempfindliche M.), liefert bei 3std. Einw. von Äthylbromid (I) bei 160° in Ggw. von Hg oder $HgCl_2$ als Katalysator, zweckmäßig mit Cyclohexan als Lösungsm., in ca. 65% ig. Ausbeute, *Äthylzinnverbb.*, u. zwar hauptsächlich *Tetraäthylzinn* (II), dessen Ausbeute sich mit steigender Erhitzungsdauer bzw. mit I-Überschuß oder mit Bzl. bzw. PAe. statt Cyclohexan zugunsten von *Triäthylzinnbromid* bzw. *Diäthylzinndibromid* erniedrigt. Die Ausbeuten unter verschied. Bedingungen werden tabellar. angegeben; Erhöhung des Drucks ändert die Ausbeute nicht. Entsprechend werden mit Äthylchlorid u. Mg_2Sn **II**, *Triäthylzinnchlorid* u. *Diäthylzinndichlorid,* jedoch in bedeutend schlechteren Ausbeuten, erhalten. Analog werden aus Mg_2Pb u. Äthylchlorid bzw. I in Ggw. von Ae. 32 bzw. 48% *Bleitetraäthyl* erhalten. (J. appl. Chem. **4.** 307—13. Juni 1954.) H. NÖTH. 980

G. J. M. van der Kerk und **J. G. A. Luijten,** *Untersuchungen an Organozinnverbindungen.* 3. Mitt. *Die bioziden Eigenschaften der Organozinnverbindungen.* (2. vgl. vorst. Ref.) Folgende Organozinnverbb. wurden auf ihre fungiciden Eigg.gegenüber *Botrytis allii, Penicillium italicum, Aspergillus niger* u. *Rhizopus nigricans* (vollständig fungistat. Wrkg. für die 4 Pilzarten in mg/Liter) geprüft: *Tetraäthylzinn* (50, >1000, 100, 100), *Triäthylzinn* (I)*-chlorid* (0,5, 2, 5, 2), *Diäthylzinndichlorid* (100, 100, 500, 200), *Äthylzinntrichlorid* (alle >1000), *$SnCl_4$* (alle >1000), *$SnCl_2 \cdot 2H_2O$* (alle >1000), I-*Hydroxyd* (0,2, 5, 0,5, 0,5), I-*Cyanid* (2, 2, 10, 2), I-*Benzoat* (2, 10, 5, 5), I-*Acetat* (1, 2, 5, 2), I-*Phenolat* (0,5, 1, 2, 1), I-*p-Nitrophenolat* (0,5, 2, 2, 2), I-*Methansulfonamid* (0,5, 5, 2, 2), I-*p-Toluolsulfonamid* (1, 5, 2, 5), *N-Triäthylstannylphthalimid* (0,2, 5, 1, 2); - z i n n - a c e t a t e: *Trimethyl-* (20, 20, 200, 200), *Tri-n-propyl-* (0,1, 0,1, 1, 1), *Triisopropyl-* (≦0,1, 0,1, 1, 0,5), *Tri-n-butyl* (≦0,1, ≦0,1, 0,5, 0,5), *Tri-n-hexyl-* (1, 10, 20, 100), *Tri-n-octyl-* (alle >100), *Triphenyl-* (2, 1, 0,5, 10); zum Vgl. *Phenyl-HgBr* (0,1, 0,1, 0,1, 2), *Phenylquecksilberacetat* (0,5, 0,5, 0,5, 5); *Diäthyl-5-brom-n-pentylzinnacetat* (0,5, 1, 2, 2), *Diäthylphenylzinnacetat* (1, 5, 2, 5), *Diäthyl-p-bromphenylzinnacetat* (0,2, 0,5, 1, 1), *Diäthyl-p-chlorphenylzinnacetat* (0,1, 1, 1, 2), *Tris-p-chlorphenylzinnacetat* (20, 20, 50 >100). Zwischen den fungiciden u. insekticiden Eigg. der Organozinnverbb. scheint eine Parallelität zu bestehen. Im Gegensatz zur fungiciden Wrkg. hat I-Acetat bei Mäusen eine bedeutend größere Toxizität als Diäthylphenylzinnacetat. Vorverss. mit Holzschädlingen, wie den Pilzen Daedalea quercina, Lentinus squamosus, Lenzites abietina, Merulius lacrimans, Polystictus versicolor u. Coniophora cerebella, zeigen die Eignung von I-Hydroxyd u. I-Acetat als Imprägnierungsmittel für Holz u. Textilien. (J. appl. Chem. **4.** 314—19. Juni 1954.) H. NÖTH. 980

F. Marshall Beringer und **Emil J. Geering**, *Aromatisierung und Umlagerung von cyclischen Ketonen.* 3. Mitt. *2.3.5- und 3.4.5-Trimethylphenol aus Isophoron.* (2. vgl. C. **1952.** 2160.) Isophoron u. sein Enolacetat werden durch Br_2 in 1.2.4-Trichlorbenzol unter Entw. von HBr in ein *Gemisch* (**G**) von *2.3.5-* (**I**) u. *3.4.5-Trimethylphenol* (**II**) umgewandelt. Hierbei kann Isophorondibromid kein Zwischenprod. sein, da es nur Spuren **G** liefert. Ähnliche in der Literatur beschriebene Aromatisierungen werden besprochen.

V e r s u c h e (FF. in abgeänderter HERSHBERG-App.): *Gemisch* (**G**) von **I** u. **II**, F. 67—80° (Hexan), durch Einrühren von Br_2 in 30 Min. in Isophoron u. 1.2.4-Trichlorbenzol bei 5—10°, 3 std. Kochen, Einengen, Dest. des Rückstandes bei 0,01 mm; Extraktion mit 50% ig., dann mit 10% ig. KOH, Ansäuern u. Sublimation; 44—47% (Ausbeute). Verss. in Ggw. von Katalysatoren oder in anderen Lösungsmitteln ergab geringere Ausbeuten an **G**, nur in Ggw. von HBr entstanden 49% **G**. *3.4.5-Trimethylphenol* (**II**), $C_9H_{12}O$, F. 109,3—109,6° (Hexan), aus **G** durch Sublimation bei 50°/2 mm als Rückstand oder durch fraktionierte Kristallisation aus niedrigsd. PAe., dann Hexan; 70—75% von **G**. *Phenylurethan*, $C_{16}H_{17}O_2N$, F. 153,3—154°. *Benzoat*, $C_{16}H_{16}O_2$, Kp. 353—355°, F. 41—42°, mit C_6H_5COCl in sd. Pyridin; 81%. — *2-Benzoyl-3.4.5-trimethylphenol* (*2-Oxy-4.5.6-trimethylbenzophenon*), $C_{16}H_{16}O_2$, F. 188,5—190° (Hexan), durch 4 std. Erhitzen vorst. Benzoats auf 140° mit $AlCl_3$; 73%. — *2.6-Dibrom-3.4.5-trimethylphenol*, $C_9H_{10}OBr_2$, F. 142,5—145,5°. — *2.3.5-Trimethylphenol* (**I**), $C_9H_{12}O$, F. 94,2—94,6°, durch Chromatographie von **G** an Al_2O_3 (**I** wird schneller eluiert als **II**); 25—30% von **G**. *Phenylurethan*, $C_{16}H_{17}O_2N$, F. 172,5—173,5°. — *4.6-Dibrom-2.3.5-trimethylphenol*, $C_9H_{10}OBr_2$, F. 150,5—151,5°.— *2-[p-Sulfobenzolazo]-3.4.5-trimethylphenol, Na-Salz*, $C_{15}H_{15}O_4N_2SNa$, aus diazotierter Sulfanilsäure u. **II** in 10% ig. NaOH; goldorangefarbene Kristalle aus 70% ig. A.; 75%. *S-Benzylthiuroniumsalz*, F. 229—229,5°, aus A. rote Nädelchen. — *2-Amino-3.4.5-trimethylphenol*, $C_9H_{13}ON$, F. 164,5—165°, aus vorst. Verb. durch Red. mit $Na_2S_2O_4$; nach Sublimation Tafeln aus Heptan; 71%. *N-Acetylderiv.*, $C_{11}H_{15}O_2N$, F. 162—163°, aus W. Tafeln; 91%. — *Isophoronenolacetat*, $Kp._4$ 96°, aus Isophoron u. Isopropenylacetat; 78,4%; hieraus 34,8% **G**. — *Isophorondibromid*, nach BAKER [1926]; 76%. (J. Amer. chem. Soc. **75.** 2633—35. 5/6. 1953. Brooklyn, N. Y., Polytechn. Inst., Dep. of Chem.) K. LEHMSTEDT. 1060

K. I. Iwanow, W. K. Ssawinowa und **W. P. Shachowskaja**, *n-Butylbenzolhydroperoxyd.* Es wird durch Einw. von O_2 auf n-Butylbenzol unter Bestrahlung mit UV-Licht *n-Butylbenzolhydroperoxyd* [*1-Phenylbutanhydroperoxyd-(1)*, **I**] gewonnen, das beim Behandeln mit NaOH leicht das entsprechende Na-Salz bildet. Beim Behandeln der wss. Lsg. des Na-Salzes mit verd. Säuren wird **I** zurückgebildet. Die Struktur von **I** wird durch Erhitzen mit $FeSO_4$ bewiesen, wobei Benzaldehyd erhalten wird.

V e r s u c h e: *n-Butylbenzol*, $Kp._{10}$ 70—70,5°, aus n-Butylbromid u. Brombenzol in Ggw. von Na unter Kühlung; $D.^{20}{}_4$ 0,8609; n_D^{20} 1,4900. — *1-Phenylbutanhydroperoxyd-(1)* (**I**), $C_{10}H_{14}O_2$, $Kp._{0,006}$ 56°, in vorst. Verb. wird während 440 Std. unter Rühren u. UV-Belichtung bei 80° O_2 eingeleitet, vom Reaktionsprod. wird nicht in Rk. getretenes n-Butylbenzol abdest., der Rückstand mit verd. NaOH behandelt, die alkal. Lsg. angesäuert u. ausgeäthert; $D.^{20}{}_4$ 1,016; n_D^{20} 1,5103. Bei 4 std. Kochen von 0,6 g **I** mit 15 ml 25% ig. wss. $FeSO_4 \cdot 7H_2O$-Lsg. u. Stehen über Nacht *Benzaldehyd* (*p-Nitrophenylhydrazon*, F. 189°, *Dimedonderiv.*, F. 193°). (Журнал Общей Химии [J. allg. Chem.] **22** (**84**). 781—84. Mai 1952. Allunions-Wärmetechn. Dshershinski-Inst.)

G. FROELICH. 1060

K. I. Iwanow und **T. A. Blagowa**, *Herstellungsmethode von Dialkylperoxyden. Tetralyläthylperoxyd und Phenylisopropyläthylperoxyd.* Durch Rk. der Na-Salze von α-Tetralylhydroperoxyd u. 2-Phenylpropylhydroperoxyd-(2) mit Äthylbromid werden *α-Tetralyläthylperoxyd* (**I**) u. *α-Phenylisopropyläthylperoxyd* (**II**) gewonnen, deren Struktur durch Hydrierung zu *α-Tetralol* u. A. (aus **I**) bzw. *Phenyldimethylcarbinol* u. A. (aus **II**) bewiesen wird.

V e r s u c h e: *α-Tetralyläthylperoxyd* (**I**), $C_{12}H_{16}O_2$, $Kp._{0,005}$ 55° (unter teilweiser Zers.), beim Erhitzen >80° Zers., E. unter —18°; zu 12 g α-Tetralylhydroperoxyd in 100 ml Bzl. gibt man bei 0° 5 ml 37% ig. NaOH, löst das erhaltene Na-Salz (~8 g) in 150 ml CH_3OH, gibt 35 g C_2H_5Br hinzu, läßt 49 Std. im Dunkeln stehen, filtriert, versetzt das Filtrat mit W. u. äthert aus; $D.^{20}{}_4$ 1,0694; n_D^{20} 1,5321; 6,5 g roh (Ausbeute). Gibt bei der Red. mit Zn/Essigsäure *α-Tetralol* (*Phenylurethan*; F. 120,8°) u. *A.* (*p-Nitrobenzoat*; F. 55,5°). — *α-Phenylisopropyläthylperoxyd* (**II**), $C_{11}H_{16}O_2$, $Kp._{0,03}$ 41,5°, E. unter —18°; aus dem Na-Salz von 2-Phenylpropylhydroperoxyd-(2) (20,9 g) u. C_2H_5Br in CH_3OH analog Vorst., 40—60 Std. im Dunkeln; $D.^{20}{}_4$ 0,9842; n_D^{20} 1,4960; 11 g. Gibt bei Hydrierung mit Zn/Essigsäure *Phenyldimethylcarbinol*, $Kp._4$ 68°, F. 26°, u. Alkohol. (Журнал Общей Химии [J. allg. Chem.] **22** (**84**). 784—89. Mai 1952. Allunions-Wärmetechn. Dshershinski-Inst.) G. FROELICH. 1060

G. Denis Thorn und **C. R. Purves**, *Untersuchungen in der Polyoxyphenolreihe. 6. Mitt. Oxydation von Pyrogallol und Vanillin mit Alkalihypochlorit und -hypojodit.* (5. vgl. C. **1954.** 2158.) *Pyrogallol* (I) u. *Vanillin* (II) red. bei 25° u. p_H 9 (Boratpuffer) Hypojodit- u. Hypochloritlösungen. Die Red. erreicht ein Maximum nahe p_H 9. Bei der Red. von I u. II mit Hypojodit entsteht als Nebenprod. bei p_H 8,6—9,4 *Jodoform.* Aus II erhält man bei p_H 8,5 mit äquimol. Halogenmengen *5-Jodvanillin* bzw. *5-Chlorvanillin,* mit zunehmender Alkalität jedoch in geringeren Ausbeuten. Chlorierung von I mit 3 Mol Hypochlorit gibt bei p_H 12 *Trichlorpyrogallol.* Zwischen I-Hypojodit u. daraus gebildetem *3-Oxy-1.2-benzochinon* scheint bei p_H 12 ein Gleichgewicht zu bestehen, da bei der Acetylierung der Mischung I-*Triacetat,* beim Ansäuern jedoch *Purpurogallin* entsteht.

V e r s u c h e : Die mit JO^- bei p_H 12 oxydierte I-Lsg. (**A**) färbt sich augenblicklich rot, verändert sich unter N_2 nicht u. gibt bei der Acetylierung *Pyrogalloltriacetat,* F. 164 bis 165°; 88,7% (Ausbeute). — *Purpurogallin,* F. 269—271°, aus alkal. I u. J_2; orangegelbe Nadeln aus Toluol, 25%. — *2'.3'.4-Trimethylpupurogallin,* F. 179—180° (Ae.), aus vorst. mit Diazomethan; 72%. — *Purpurogallin-2'.3'.4-triacetat,* F. 162—163°, aus **A** u. Essigsäure; aus Ae. orangerote Prismen. — *Purpurogallinmonomethyläther,* F. 194,5—195° Verb. (Ae.), aus **A** mit Dimethylsulfat; 25—32% (bezogen auf I). — *5-Jodvanillin,* F. 181—182° (Eisessig), aus II u. J_2 in Boratpuffer; bei p_H 8,2; 90%, bei p_H 10; 62,7%. — *Trichlorpyrogallol,* $C_6H_3O_3Cl_3$, F. 179—180°, aus I u. alkal. ClO^- bei p_H 12; 73%. — *5-Chlorvanillin,* F. 163—164°, analog vorst. Verb. aus II; bei p_H 8,8; 65%; bei p_H 12; 41%. Aus der Mutterlauge nach Zusatz von 2.4-Dinitrophenylhydrazin *Vanillin-2.4-dinitrophenylhydrazon,* F. 264—265°. (Canad. J. Chem. **32.** 373—87. April 1954. Montreal, Que., McGill Univ., Div. of Ind. and Cellulose Chem., u. Pulp and Paper Res. Inst. of Canada, Wood Chem. Div.) S. PREISS. 1060

Charles A. Burkhard, John V. Schmitz und **Robert E. Burnett,** *Darstellung und Kondensation von Polymethylolverbindungen.* Die Kondensationsgeschwindigkeit von 1-Allyloxy-2.4.6-trimethylolbenzol (I) mit Phenol (1 : 3) beträgt bei 99° ca. 9 Mol-%/Std. u. ist damit von gleicher Größenordnung wie die von Saligenin (II; vgl. SPRUNG u. GLADSTONE, C. **1950.** II. 154). Demgegenüber beträgt die Kondensationsgeschwindigkeit von 2.4.6-Trimethylolphenol (III) 60 Mol-%/Stunde. Bei 60° in Ggw. von 1% d-Camphersulfonsäure wird I pro Std. zu 50 Mol-% umgesetzt, III unmeßbar schnell. Folgende Reihe abnehmender therm. Stabilität wurde ermittelt: 1-Allyloxy-2-methylolbenzol (IV), I, II, III. Nach 2std. Erwärmen auf 120° verliert IV 3%, I 9% u. II 81% der Methylolgruppen, während III polymerisiert. III u. I spalten dabei HCHO ab. Im Gegensatz zu den Angaben des A. P. 2 579 330 (C. **1954.** 9142) wird I bei sorgfältiger Reinigung krist. erhalten. Es wurden ferner *1-Allyloxy-2.4.6-tris-[trimethylsiloxymethyl]-benzol* u. *1-Allyloxy-2.4-bis-[trimethylsiloxymethyl]-benzol* dargestellt.

V e r s u c h e : *1-Allyloxy-2-methylolbenzol* (IV), $C_{10}H_{12}O_2$, Kp.$_{<1}$ 97,5—98°, aus II u. Allylbromid in Aceton durch 5std. Kochen in Ggw. von K_2CO_3, Filtrieren, Aufnehmen in Ae. u. Dest.; n_D^{20} 1,5441; 75% (Ausbeute). — *1-Allyloxy-2.4.6-trimethylolbenzol* (I), $C_{12}H_{16}O_4$, F. 86—86,2° (Äthylacetat), aus dem Na-Salz von III mit K_2CO_3 in Aceton u. Allylbromid in 7 Std., Filtrieren, Abdampfen, Aufnehmen des Öls (**A**) in Äthylacetat u. Stehen bei 0°; 26%. — *1-Allyloxy-(2* u. *4)-methylolbenzol,* $C_{10}H_{12}O_2$, Kp.$_1$ 106—107°, aus **A** in Ae. durch Extrahieren mit 10%ig. NaOH, Vakuumabdampfen der äther. Lsg. u. Dest.; n_D^{20} 1,5450; 3%. — *1-Allyloxy-2.4-bis-[trimethylsiloxymethyl]-benzol,* $C_{17}H_{30}O_3Si_2$, Kp.$_{<1}$ 115—116°, aus **A** u. überschüssigem Trimethylchlorsilan in Pyridin (vgl. l. c.) Abfiltrieren, Abdampfen u. Vakuumdest.; n_D^{20} 1,4832. — *1-Allyloxy-2.4.6-tris-[trimethylsiloxymethyl]-benzol,* $C_{21}H_{40}O_4Si_3$, Kp.$_{0,04}$ 143—146°, neben vorst. Verb.; n_D^{20} 1,4708; liefert bei der Hydrolyse in CH_3OH u. Vakuumdest. I. — *1-Trimethylsiloxy-2.4.6-tris-[trimethylsiloxymethyl]-benzol,* $C_{21}H_{44}O_4Si_4$, Kp.$_{0,03}$ 120—125°, aus Na-III in Pyridin u. überschüssigem Trimethylchlorsilan wie vorst.; n_D^{20} 1,4621; gibt bei der Hydrolyse III. (J. Amer. chem. Soc. **75.** 5957—58. 5/12. 1953. Schenectady, N. Y., Gen. Electr. Co., Res. Labor.) H. LEHWALD. 1070

A. G. Kosszowa, *Untersuchung auf dem Gebiet der Alkansulfonsäuren.* 4. Mitt. *Reaktion von Alkansulfochloriden mit Benzidin.* (3. vgl. Журнал Общей Химии [J. allg. Chem.] **19.** [1949.] 346.) Die Rkk. von Methan-, Äthan- oder Butansulfochlorid mit Benzidin verlaufen unabhängig von den Reaktionsbedingungen (Temp., Lösungsm., Mol-Verhältnis) unter Bldg. der entsprechenden *N.N'-Bis-[alkansulfo]-benzidide.* Als Nebenprod. entsteht *Benzidindihydrochlorid* (I). Die erhaltenen Verbb. sind graurosafarbene amorphe Pulver, die in Alkalien u. Pyridin lösl. sind; beim Erhitzen $> 200°$ schm. sie unter Zersetzung.

V e r s u c h e : *N.N'-Bis-[methansulfo]-benzidid* (II), $C_{14}H_{16}O_4N_2S_2$, a) zu 2,4 g Benzidin in 10 ml Pyridin gibt man tropfenweise 1,5 g Methansulfochlorid, läßt über Nacht stehen, filtriert u. extrahiert den Rückstand mit heißem W. oder behandelt ihn mit 5%ig. Lauge: Aus der wss. oder alkal. Lsg. I, $C_{12}H_{14}N_2Cl_2$; als Rückstand II; 50% (Ausbeute); b) analog Vorst. in alkoh. Lsg.; 70%. — *N.N'-Bis-[äthansulfo]-benzidid*, $C_{16}H_{20}\cdot O_4N_2S_2$; in Pyridin 58%; in A. 78%. — *N.N'-Bis-[butansulfo]-benzidid*, $C_{20}H_{28}O_4N_2S_2$; in A. 60%. (Журнал Общей Химии [J. allg. Chem.] **22** (**84**). 1428—29. Aug. 1952. Woronesh, Univ.) O. POLLAK V. EMHOFEN. 1090

A. G. Kosszowa, *Untersuchung auf dem Gebiet der Alkansulfonsäuren.* 5. Mitt. *Reaktionen von Alkansulfochloriden mit α-Aminopyridin und Sulfanilamid.* (4. vgl. vorst. Ref.) Es wird die Rk. von α-Aminopyridin (I) mit Alkansulfochloriden untersucht, bei der die entsprechenden *α-Alkansulfamidopyridide* erhalten werden. Die besten Ausbeuten werden in Bzl. bei Zimmertemp. erzielt, nur die Rk. von I mit α-Methyläthylsulfochlorid verläuft in Aceton unter Erwärmen besser. Durch Rk. von Sulfanilamid (II) mit einigen Alkansulfochloriden in Aceton werden ferner die entsprechenden *N⁴-Alkansulfosulfanilamide*, $RSO_2NHC_6H_4SO_2NH_2$, dargestellt.

V e r s u c h e: Folgende *α-Aminopyridide* werden dargestellt: *N-[Methansulfo]-*, $C_6H_8O_2N_2S$, F. 194° (W. oder Aceton); 4,9 g I u. 3 g Methansulfochlorid werden in 40 ml Bzl. gelöst, das Bzl. wird abgedampft u. der Rückstand mit A. behandelt (Entfernen von I u. I-Hydrochlorid); 35% (Ausbeute). *N-[Äthansulfo]-*, $C_7H_{10}O_2N_2S$, F. 163°; aus I u. Äthansulfochlorid; 45%. *N-[Isopropansulfo]-*, $C_8H_{12}O_2N_2S$, F. 203° (A.); analog Vorst. in Aceton unter Erwärmen auf dem Wasserbad; 35—37%. *N-[Butansulfo]-*, $C_9H_{14}O_2N_2S$, F. 97° (W.); Nadeln; 32%. *N-[Isobutansulfo]-*, $C_9H_{14}O_2N_2S$, F. 103°; Prismen; 30%. *N-[Isopentansulfo]-*, $C_{10}H_{16}O_2N_2S$, F. 108°; 48%. — *N⁴-Methansulfosulfanilamid*, $C_7H_{10}\cdot O_4N_2S_2$, F. 181° (wss. A.); aus 4 g II u. 1,7 g Methansulfochlorid in 25 ml Aceton durch 3std. Erhitzen auf dem Wasserbad; 83%. — *N⁴-Äthansulfosulfanilamid*, $C_8H_{12}O_4N_2S_2$, F. 176°; 52%. — *N⁴-Isobutansulfosulfanilamid*, $C_{10}H_{16}O_4N_2S_2$, F. 151°. (Журнал Общей Химии [J. allg. Chem.] **22** (**84**). 1430—33. Aug. 1952.) O. POLLAK V. EMHOFEN. 1090

A. G. Kosszowa, *Untersuchung auf dem Gebiet der Alkansulfonsäuren.* 6. Mitt. *Reaktionen von Alkansulfochloriden mit Anilin und p-Anisidin.* (5. vgl. vorst. Ref.) Durch Rk. von Methan- (I), Äthan-, Isopropan-, Isobutan- u. Isopentansulfochlorid mit Anilin bzw. Anisidin werden die entsprechenden *Alkansulfoanilide* bzw. *-anisidine* gewonnen. Mit Phenetidin werden analog *Äthan-* u. *Isopropansulfophenetidid* dargestellt.

V e r s u c h e: Folgende A l k a n s u l f o a n i l i d e der allg. Formel $RSO_2NHC_6H_5$ werden erhalten: $R = CH_3$, $C_7H_9O_2NS$, F. 96° (W. oder A. + W.); 2 g I u. 3,2 g Anilin in 30 ml absol. Ae. werden auf dem Wasserbad erwärmt, das Reaktionsprod. wird filtriert u. eingedampft; 40% (Ausbeute). $R = C_2H_5$, $C_8H_{11}O_2NS$, F. 55°; 65%. $R =$ *iso*-C_3H_7, $C_9H_{13}O_2NS$, F. 84°; 53%; in Bzl. 57%; ohne Lösungsm. 64—65%. $R =$ *iso*-C_4H_9, $C_{10}H_{15}\cdot O_2NS$, F. 37°, in Ae.; 35%. $R =$ *iso*-C_5H_{11}, $C_{11}H_{17}O_2NS$, F. 42°; 45%. — Folgende A l k a n s u l f o n a n i s i d i d e der allg. Formel $RSO_2NHC_6H_4OCH_3$: $R = CH_3$, $C_8H_{11}O_3NS$, F. 114°; aus 1,86 g I u. 3 g p-Anisidin in 40 ml Ae.; 30%. $R = C_2H_5$, $C_9H_{13}\cdot O_3NS$, F. 63°; 72%. $R =$ *iso*-C_3H_7, $C_{10}H_{15}O_3NS$, F. 78°; 64%. $R =$ *iso*-C_4H_9, $C_{11}H_{17}O_3NS$, F. 45°; 30%. $R =$ *iso*-C_5H_{11}, $C_{12}H_{19}O_3NS$, F. 56°; 68—69%. — *Äthansulfophenetidid*, $C_{10}H_{15}O_3NS$, F. 80°; 80%. — *Isopropansulfophenetidid*, $C_{11}H_{17}O_3NS$, F. 95°; 75%. (Журнал Общей Химии [J. allg. Chem.] **22** (**84**). 1433—37. Aug. 1952.) O. POLLAK V. EMHOFEN. 1090

A. G. Kosszowa, *Untersuchung auf dem Gebiet der Alkansulfonsäuren.* 7. Mitt. *Reaktionen von Alkansulfochloriden mit p-Aminophenol.* (6. vgl. vorst. Ref.) Es wurden die Rkk. von Methan- (I), Äthan-, Isopropan (II)-, Butan- u. Isopentansulfochlorid mit p-Aminophenol (III) unter verschied. Bedingungen untersucht. Bei der Rk. von II mit III konnte infolge der starken Verharzung kein reines Prod. isoliert werden, in den übrigen Fällen wurden die entsprechenden *N-[p-Oxyphenyl]-alkansulfonamide* der allg. Formel $RSO_2NHC_6H_4OH$ erhalten. Verbb. der Formeln $NH_2C_6H_4OSO_2R$ u. $RSO_2NHC_6H_4OSO_2R$, die sich theoret. ebenfalls bilden konnten, entstanden nicht, was durch Analyse u. den negativen Ausfall der Isonitrilprobe nachgewiesen wurde.

V e r s u c h e: *N-[p-Oxyphenyl]-methansulfonamid*, $C_7H_9O_3NS$, F. 156°, aus 0,0175 Mol I u. 0,035 Mol III in 50 ml Aceton, 1—1½ Std. auf 80°; graurosa Kristalle; 50% (Ausbeute). Bei Anwendung äquimol. Mengen geringere Ausbeute. — *N-[p-Oxyphenyl]-äthansulfonamid*, $C_8H_{11}O_3NS$, F. 113°, analog Vorst. aus Äthansulfochlorid u. III; 48%. Bei n. Temp. 40—41% Ausbeute. — *N-[p-Oxyphenyl]-n-butansulfonamid*, $C_{10}H_{15}\cdot O_3NS$, F. 84°, aus Butansulfochlorid u. III; 16%. — *N-[p-Oxyphenyl]-isopentansulfonamid*, $C_{11}H_{17}O_3NS$, F. 88°, aus Isopentansulfochlorid u. III; gelblichgraue Kristalle; 25%. In absol. A. (anstatt Aceton) 30—33%. (Журнал Общей Химии [J. allg. Chem.] **23** (**85**). 610—12. April 1953.) K. HOINKIS. 1090

Richard H. Wiley und **Richard P. Davis**, *Basenkatalysierte Zersetzung von substituierten α-Benzolsulfonamidocarbonsäuren und ihren Säurechloriden.* (Vgl. WILEY u. SMITH, C. **1952**. 3967 u. WILEY, DAVIS, GENSHEIMER u. SMITH, C. **1953**. 7774.) Vff. untersuchen die Decarboxylierung von 12 α-Arylsulfonamidocarbonsäuren durch Pyridin–Acetanhydrid. Als Reaktionsprodd. entstehen wechselnde Mengen CO_2, Benzaldehyd, Arylsulfonamid u. Disulfid. Ferner wird die Zers. von 10 α-Arylsulfonamidocarbonsäurechloriden in wss. alkal. Lsg. untersucht. Dabei wurden wechselnde Menge CO, Arylsulfonamid u. Benzaldehyd gefunden. Der Mechanismus der Rk., bei der die Vff. für die Pyridindecarboxylierung ein ringförmiges Intermediäres u. für die Zers. in wss. alkal. Lsg. eine Verschiebungs-Rk. am α-C-Atom annehmen, wird diskutiert.

Versuche: Die Darst. der Arylsulfonamidocarbonsäuren ist beschrieben am Beispiel der *α-[p-Brombenzolsulfonamido]-propionsäure*, F. 162°, aus Alanin in wss. KOH durch Zugabe von p-Brombenzolsulfonylchlorid in Bzl. (bei einigen anderen Sulfonylchloriden wurde ohne Lösungsm. gearbeitet) unter Kühlen 4 Std.; 70% (Ausbeute); bei der Decarboxylierung entstanden in Mol-%: 51,6 (CO_2), 0 (RCHO), 0 ($ArSO_2NH_2$), 49 (ArSSAr), F. (des Disulfids) 93,5°. — *α-[Benzolsulfonamido]-propionsäure*, 58, 0, 0, 40. — *α-[p-Nitrobenzolsulfonamido]-propionsäure*, F. 175°; 76%; 53, 0, 0, 15,6, F. 181°. — *α-[p-Toluolsulfonamido]-propionsäure*, 57, 0, 0, 44, F. 45°. — *α-[β-Naphthalinsulfonamido]-propionsäure*, 57,8, 0, 0, 31,4, F. 139°. — *α-[p-Acetamidobenzolsulfonamido]-propionsäure*, 46,2, 0, 0, 0. — *α-[Benzolsulfonamido]-phenylessigsäure*, 81, 53, 7, 5. — *α-[p-Toluolsulfonamido]-phenylessigsäure*, F. 180°, 41%; 97,70, 0, 0. — *α-[β-Naphthalinsulfonamido]-phenylessigsäure*, F. 165°; 66%; 46, 51, 28, 0. — *α-[p-Brombenzolsulfonamido]-phenylessigsäure*, F. 184°; 78%; 51, 58,5, 4,3, 7,9. — *α-[p-Nitrobenzolsulfonamido]-phenylessigsäure*, F. 213°; 70%; 33, 21,5, Spur. 4. — *α-[p-Acetamidobenzolsulfonamido]-phenylessigsäure*, F. 229°; 87%; 58, 18,3, 0, 5,9, F. 182°. — *α-[Benzolsulfonamido]-p-methoxyphenylessigsäure*, F. 166°; 56%; 80, 55, 0, 11,7. — Die Sulfonsäurechloride wurden aus den Säuren durch Rk. mit $SOCl_2$ erhalten. In Mol-% wurden erhalten: Aus *α-[Benzolsulfonamido]-propionylchlorid* 58 (CO), 0 (RCHO), 0 ($ArSO_2NH_2$), 21 ($ArSO_2$—NHCNRCOOH). — *α-[p-Toluolsulfonamido]-propionylchlorid*, 55, 0, 41, 16. — *α-[Naphthalinsulfonamido]-propionylchlorid*, 30, 0, 5, 30. — *α-[p-Brombenzolsulfonamido]-propionylchlorid*, 37, 0, 6,7, 27. — *α-[p-Nitrobenzolsulfonamido]-propionylchlorid*, 27, 0, 0, 0. — *α-(p-Acetamidobenzolsulfonamido)-propionylchlorid*, zers. sich zu schnell, so daß keine Kontrolle der Rk. möglich ist. — *α-[Benzolsulfonamido]-phenylacetylchlorid*, 48, 65, 54,0. — *α-[p-Toluolsulfonamido]-phenylacetylchlorid*, 80, 80, 46,5, 14. — *α-[β-Naphthalinsulfonamido]-phenylacetylchlorid*, 59, 25,3, 58, 34. — *α-[p-Brombenzolsulfonamido]-phenylacetylchlorid*, 53, 52, 31, 16. — *α-[p-Nitrobenzolsulfonamido]-phenylacetylchlorid*, 58, 36, 33, 40. — *α-[p-Acetamidobenzolsulfonamido]-phenylacetylchlorid*, zers. sich zu schnell. — Decarboxylierung der α-Arylsulfonamidopropion- u. -phenylessigsäuren durch Zugabe der Säure zu einem 6fachen mol. Überschuß von 95%ig. Acetanhydrid u. einem 5fachen mol. Überschuß an Pyridin, langsamem Erhitzen, Kochen, bis die Gasentw. nachläßt. — Decarboxylierung der α-[Arylsulfonamido]-propionylchloride u. -phenylacetylchloride durch Zugabe von 5%ig. sd. NaOH. (J. Amer. chem. Soc. **76**. 3496—99. 5/7. 1954. Louisville, Ky., Univ., Dep. of Chem. u. Coll. of Arts and Sci.) R. MATTNER. 1090

Ng. Ph. Buu-Hoï und **Denise Lavit**, *Die Bromierung von o- und p-Oxyarylketonen.* Die Rk. von 2-Oxyacetophenon (**I**) u. -propiophenon (**II**) mit 1 Mol Br_2 in Eisessig ergab *ω-Brom-2-oxyaceto-* (**III**) bzw. *α-Brom-2-oxypropiophenon.* Dagegen wurde in wss. CH_3COOH *5-Brom-2-oxyaceto-* (**IV**) u. *-propiophenon* erhalten. Die Umsetzung von **II** mit 2 Mol Br_2 ergab in wss. CH_3COOH *3.5-Dibrom-2-oxypropiophenon* u. in Eisesssig *α.5-Dibrom-2-oxypropiophenon.* Entsprechende Ergebnisse wurden mit **I** erhalten. 5-Fluor-2-oxypropiophenon wurde in Eisessig ebenfalls in der Seitenkette monobromiert. 2-Oxy-5-methylacetophenon (**V**) ergab je nach den Versuchsbedingungen *ω-* (**VI**) oder *3-Brom-* oder *3.ω-Dibrom-2-oxy-5-methylacetophenon.* Dagegen wurde an Oxyketonen, die sich von höheren Fettsäuren ableiten, an Polyoxyketonen u. Oxynaphthylketonen infolge ster. Hinderung keine Seitenkettenbromierung beobachtet. Die Strukturbeweis für die ω-Bromketone erfolgte durch Überführung mit Alkali in *Cumaranone* oder mit o-Phenylendiamin in *2-Oxyarylchinoxaline.*

Versuche: *ω-Brom-2-oxyacetophenon* (**III**), $C_8H_7O_2Br$, $Kp._{18}$ 152—158°, F. 45° (PAe.), durch Zutropfen von 18,5 g Br_2 in Eisessig zu 16 g **I**, Verdünnen mit W. u. Extraktion mit Chlf.; n_D^{25} 1,6168, gelbliche Nadeln. — *Cumaranon*, F. 101° (CH_3OH), durch 2std. Kochen von **III** mit Na-Acetat in A. u. Verdünnen mit W.; gelbe Nadeln. — *ω.5-Dibrom-2-oxyacetophenon*, $C_8H_6O_2Br_2$, F. 107° (CH_3COOH), a) aus dem Destillationsrückstand von **III**; gelbliche Prismen; b) durch Bromierung von **III** in 50%ig. CH_3COOH oder von **IV** in Eisessig. — *2-[o-Oxyphenyl]-chinoxalin*, $C_{14}H_{10}ON_2$, F. 191° (A.), durch 2std. Kochen von **III**, o-Phenylendiamin u. Na-Acetat in A.; orangegelbe Nadeln. —

5-Brom-2-oxyacetophenon (**IV**), $C_8H_7O_2Br$, Kp.$_{20}$ 145—148°, F. 62°, durch Rk. von 5 g I in 50%ig. CH_3COOH mit 5,8 g Br_2 in 80%ig. CH_3COOH; Nadeln. — *3.5-Dibrom-2-oxyacetophenon*, $C_8H_6O_2Br_2$, F. 111° (wss. CH_3COOH), durch Erwärmen von 3 g I in 50%ig. CH_3COOH mit 7 g Br_2 in 80%ig. CH_3COOH auf 65° u. Zugabe von W.; blaßgelbe Nadeln. — *5-Brom-2-oxypropiophenon*, $C_9H_9O_2Br$, F. 77° (CH_3OH), aus 10 g II (n_D^{25} 1,550) in 65%ig. CH_3COOH u. 10,7 g Br_2 in 80%ig. CH_3COOH bei Raumtemp.; gelbliche Nadeln. — *α-Brom-2-oxypropiophenon*, Kp.$_{15}$ 145—150°, durch Zugabe von 10,6 g Br_2 in Eisessig zu 10 g II in Eisessig unter Eiskühlung, Zugabe von W. u. Extraktion mit Chlf.; $n_D^{22,5}$ 1,5930, blaßgelbes, zu Tränen reizendes Öl. — *2-Methylcumaranon*, Kp.$_{16}$ 122°, n_D^{25} 1,5650. — *3.5-Dibrom-2-oxypropiophenon*, $C_9H_8O_2Br_2$, F. 118° (CH_3OH), durch Rk. von 10 g II in 65%ig. CH_3COOH mit 21,4 g Br_2 in 80%ig. CH_3COOH; blaßgelbe Nadeln. — *5.α-Dibrom-2-oxypropiophenon*, F. 99° (A.), durch Rk. von II mit 2 Mol Br_2 in Eisessig; gelbliche Prismen. — *α-Brom-5-fluor-2-oxypropiophenon*, $C_9H_8O_2BrF$, Kp.$_{16}$ 147°, F. 48°, aus 5-Fluor-2-oxypropiophenon u. Br_2 in Eisessig; n_D^{26} 1,5748, gelbliche Prismen. — *3-Brom-4-oxystearophenon*, $C_{24}H_{39}O_2Br$, F. 96° (verd. CH_3COOH), aus 2,5 g 4-Oxystearophenon u. 1,1 g Br_2 in Eisessig; Nadeln; 2,5 g. — *3.5-Dibrom-4-oxystearophenon*, $C_{24}H_{38}O_2Br_2$, F. 80° (CH_3COOH), durch Rk. mit der doppelten Menge Br_2; Blättchen; wurde auch in wss. CH_3COOH erhalten. — *ω-Brom-2-oxy-5-methylacetophenon* (**VI**), $C_9H_9O_2Br$, durch 7std. Rk. von **V** mit Br_2 in Eisessig, n_D^{26} 1,6023, blaßgelbes, zu Tränen reizendes Öl. — *2-[2-Oxy-5-methylphenyl]-chinoxalin*, $C_{15}H_{12}ON_2$, F. 198° (A.), aus vorst. Verb.; gelbe Nadeln. — *3-Brom-2-oxy-5-methylacetophenon*, F. 89° (CH_3OH), aus 10 g **V** in 50%ig. CH_3COOH mit 10,6 g Br_2 in 80%ig. CH_3COOH; gelbliche Nadeln. — *3.ω-Dibrom-2-oxy-5-methylacetophenon*, $C_9H_8O_2Br_2$, F. 106° (verd. CH_3COOH), durch Erwärmen von **VI** in 50%ig. CH_3COOH mit Br_2 auf 60° (75%) oder durch Bromierung von **V** in Eisessig (55%); blaßgelbe Nadeln. — *2-[3-Brom-2-oxy-5-methylphenyl]-chinoxalin*, $C_{15}H_{11}ON_2Br$, F. 232° (Bzl.), durch 3std. Kochen vorst. Verb. mit o-Phenylendiamin u. Na-Acetat in A.; nach nur ½std. Kochen wurde eine *merichinoide Verb. vom F. 206°* (Bzl.) erhalten; orangerote Nadeln. — *3.5-Dibrom-2.4-dioxypropiophenon*, $C_9H_8O_3Br_2$, F. 158° (wss. CH_3COOH), aus 2.4-Dioxypropiophenon u. Br_2 in 50%ig. CH_3COOH; Nadeln. Wurde auch in Eisessig erhalten. — *4-Brom-2-bromacetylnaphthol-(1)*, F. 148°, aus 2-Acetylnaphthol-(1) u. Br_2 in Eisessig; 75%. — *2-[4-Brom-1-oxynaphthyl-(2)]-chinoxalin*, $C_{18}H_{11}ON_2Br$, F. 259° (Zers.), gelbe Nadeln. — *2-Brom-4-acetylnaphthol-(1)*, $C_{12}H_9O_2Br$, F. 136° (CH_3COOH), aus 4-Acetylnaphthol-(1) (durch Entmethylierung von 4-Acetyl-1-methoxynaphthalin mit Pyridinhydrochlorid) u. Br_2 in Eisessig; Nadeln. Wurde auch in 50%ig. CH_3COOH erhalten. (J. chem. Soc. [London] **1955**. 18—20. Jan. Paris, Univ., Radium Inst.) Horst Baganz. 1180

E. P. Taylor und **G. E. Watts**, *Die Synthese einiger 5-Alkyl-2-methylbenzoesäuren.* Vff. beschreiben die Darst. von *5-Äthyl-2-methyl-* (**IV**), *2-Methyl-5-n-propyl-* (**V**) u. *5-tert.-Butyl-2-methylbenzoesäure* über die entsprechenden Jodverbb. (aus den Diazoniumverbb. mit KJ) u. Bromverbb. (durch direkte Bromierung) nach Grignard unter Anwendung einer neuen Carboxylierungsmeth. (Behandlung mit CO_2 unter Druck). Unter bestimmten Versuchsbedingungen lassen sich 5-Alkyl-2-methylbenzoesäuren auch durch Acetylierung von p-Äthyl-, p-n-Propyl- (**II**) u. p-Isopropyltoluol (**VI**) mit Acetylchlorid nach Friedel-Crafts u. Oxydation der entstandenen Alkylmethylacetophenone mit Hypobromit erhalten. Unter gewöhnlichen Reaktionsbedingungen tritt Ersatz der höheren Alkylgruppe durch die Acetylgruppe ein.

Versuche: *4-tert.-Butyl-2-jodtoluol*, $C_{11}H_{15}J$, Kp.$_{28}$ 148°, durch Diazotierung von 12 g 2-Amino-4-tert.-butyltoluol, Umsetzung mit wss. KJ, 1 Std. Stehenlassen bei Zimmertemp. u. Erwärmen auf dem Wasserbad bis zur Beendigung der N_2-Entw.; 7 g (Ausbeute). — *2-Brom-4-tert.-butyltoluol*, $C_{11}H_{15}Br$, Kp.$_{13}$ 117°, durch langsame Zugabe von Br_2 zu 21 g p-tert.-Butyltoluol (I) in Ggw. von wenig J_2 unter gelegentlicher Kühlung u. Erwärmen auf dem Wasserbad, bis kein HBr mehr abgegeben wird; 19 g. — *5-tert.-Butyl-2-methylbenzoesäure*, $C_{12}H_{16}O_2$, F. 101° (wss. A.), durch 12std. Erwärmen von 18 g vorst. Verb. mit Mg in Ae. in einem käuflichen Kohlensäuresyphon auf 60° u. Carboxylierung durch Einsetzen der Kohlensäurepatrone u. 2 Tage Stehenlassen in Eiswasser; 6 g, ferner aus der Jodverb. wie vorstehend. — *5-Äthyl-2-methylbenzoesäure* (**IV**), $C_{10}H_{12}O_2$, F. 73,5° (wss. A.), aus *4-Äthyl-2-jodtoluol* ($C_9H_{11}J$, Kp.$_{10}$ 116—117°). — *2-Amino-4-n-propyltoluol*, Kp.$_{13}$ 128—130°, durch Red. von 25 g 4-Methyl-3-nitropropiophenon mit amalgamiertem Zn/HCl; 2 g. *Acetylderiv.*, $C_{12}H_{17}ON$, F. 127°. — *2-Jod-4-n-propyltoluol*, $C_{10}H_{13}J$, Kp.$_{14}$ 131—133°, aus vorst. Verb. wie oben. — *2-Brom-4-n-propyltoluol*, $C_{10}H_{13}Br$, Kp.$_{12}$ 105°, aus II u. Br_2. — *2-Methyl-5-n-propylbenzoesäure* (**V**), $C_{11}H_{14}O_2$, F. 57°, aus vorst. beiden Verbb. nach Grignard. — *p-Methylacetophenon*, Kp.$_{17}$ 113°, durch Zugabe (30 Min.) von Acetanhydrid zu 100 g I u. $AlCl_3$ in CS_2 unter Rühren u. 2std. Kochen; 10 g (*Semicarbazon*, $C_{10}H_{13}ON_3$, F. 207°), daneben *tert.-Butylmethylaceto-*

phenon (III; Konst. unbekannt), $C_{13}H_{18}O$, Kp.$_{17}$ 147°; 21 g (*Semicarbazon*, $C_{14}H_{21}ON_3$, F. 197°). — *5-Äthyl-2-methylacetophenon*, $C_{11}H_{14}O$, Kp.$_{13}$ 112—113°, durch Zugabe von 46 g p-Äthyltoluol u. Acetylchlorid zu $AlCl_3$ in CS_2 unter Kühlung (90 Min.) u. 6std. Rühren bei Zimmertemp.; 45 g (*Semicarbazon*, $C_{12}H_{17}ON_3$, F. 135°); 13,4 g geben bei 30std. Schütteln mit alkal. Br_2 8,6 g **IV**. — *2-Methyl-5-n-propylacetophenon*, $C_{12}H_{16}O$, Kp.$_{11}$ 122°, aus II wie vorst. (*Semicarbazon*, $C_{13}H_{19}ON_3$, F. 163°); gibt bei der Oxydation wie vorst. **V**. — *2-Methyl-5-isopropylacetophenon*, Kp.$_{14}$ 125°, aus **VI** (*Semicarbazon*, $C_{13}H_{19}ON_3$, F. 149°); gibt bei der Oxydation *2-Methyl-5-isopropylbenzoesäure*, $C_{11}H_{14}O_2$, F. 70,5°. — *tert.-Butylmethylbenzoesäure* (Konst. unbekannt), $C_{12}H_{16}O_2$, F. 144°, aus III durch Oxydation. — *2.6-Diacetamido-4-tert.-butyltoluol*, $C_{15}H_{22}O_2N_2$, F. 298°, durch Red. von 78 g 4-tert.-Butyl-2.6-dinitrotoluol mit Sn/HCl unter 20std. Kochen u. Acylierung mit Acetanhydrid; 6,1 g. — *2.6-Diacetamido-3-brom-4-tert.-butyltoluol*, $C_{15}H_{21}O_2N_2Br$, F. 252° (Zers.; aus A.), durch Zugabe von Br_2 zu 46 g vorst. Verb. in Eisessig u. 8std. Kochen; 31 g. (J. chem. Soc. [London] **1952**. 1123—27. März. Brighton, Techn. Coll.)
G. WINKLER. 1210

Robert N. Miller, Jack O. Crooke und **Edward G. Rietz,** *Ester der Terephthalsäure.* Vff. beschreiben die Darst. von vier Estern (*Di-n-heptyl-* bis *Di-n-decyl-*) der *Terephthalsäure.*

Versuche: Die nachst. *Terephthalsäureester* wurden durch 10 Min. Erhitzen von Terephthalylchlorid mit dem betreffenden Alkohol über freier Flamme dargestellt: *Di-n-heptyl-*, $C_{22}H_{34}O_4$, F. 36° (95%ig. A.); 31% (Ausbeute). *Di-n-octyl-*, $C_{24}H_{38}O_4$, F. 43°; 34%. *Di-n-nonyl-*, $C_{26}H_{42}O_4$, F. 46°; 34%. *Di-n-decyl-*, $C_{28}H_{46}O_4$, F. 57°; 39%. (J. Amer. chem. Soc. **74**. 4214. 20/8. 1952. Gainesville, Fla., Univ., Organ. Chem. Labor.)
G. WINKLER. 1220

F. Marshall Beringer und **Isidore Ugelow,** *Aromatisierung und Umlagerung von cyclischen Ketonen.* 4. Mitt. *Substituierte Acetanilide aus Cyclohexenonoximen.* (3. vgl. C. **1955**. 9308.) Die Aromatisierung von Cyclohexenonoximen läßt sich in Acetanhydrid–Pyridin u. Acetylchlorid gut durchführen. So werden aus 3-Methyl-5-phenylcyclohexen-(2)-onoxim (I) *3-Methyl-5-phenylacetanilid* (II), aus Isophoronoxim (III) *2.3.5-* (IV) u. *3.4.5-Trimethylacetanilid* (V), aus 3-Phenyl-5.5-dimethylcyclohexen-(2)-onoxim (VI) *2.3-* (VII) u. *3.4-Dimethyl-5-phenylacetanilid* (VIII) hergestellt. Für den Ablauf der Rkk. nehmen Vff. die Bldg. von *O.N-Diacetylhydroxylaminen*, Abspaltung von CH_3COO u. Abspaltung von H^+ an.

Versuche (FF. in abgewandelter HERSHBERG-App.): *Isophoronoxim* (III), $C_9H_{15}ON$, F. 77—78° (Hexan), mit $NH_2OH \cdot HCl$ in Pyridin u. CH_3OH (24 Std.); 87,9% (Ausbeute). — *Gemisch* (**G**) von **IV** u. **V**, durch Zufügen von CH_3COCl zu einer über Nacht gekühlten Lsg. von **III** in Acetanhydrid/Pyridin, Erwärmen auf 65° u. nach Abklingen der exothermen Rk. auf 100° (1 Std.) u. Zugabe von W.; 86,4%. — *2.3.5-* (**IVa**) u. *3.4.5-Trimethylanilin* (**Va**), aus 306 g **G** durch 2std. Kochen mit verd. H_2SO_4, Alkalisieren mit konz. NaOH u. Dest.; Trennung durch fraktionierte Kristallisation der Amine aus PAe., der Hydrochloride aus absol. A. u. über die Formylderivv.; 135,1 g **Va** u. 55 g **IVa**. — **IVa**, $C_9H_{13}N$, F. 38—39°, aus PAe. Nadeln. *Formylderiv.*, $C_{10}H_{13}ON$, F. 132,5—133°, Nadeln aus CH_3OH. *Acetylderiv.* (IV), F. 171,5—172°, Nadeln aus CH_3OH. *N-p-Toluolsulfonylderiv.*, $C_{16}H_{19}O_2NS$, F. 146—146,5°, nach SCHOTTEN-BAUMANN; Nadeln aus CH_3OH. *4.6-Dibromderiv.*, $C_9H_{11}NBr_2$, F. 169—169,5°, Nadeln aus Heptan. — **Va**, $C_9H_{13}N$, F. 78,5—79°, Nadeln aus Heptan. *Formylderiv.*, $C_{10}H_{13}ON$, F. 99—100° (Heptan). *Acetylderiv.* (V), F. 171,5—172° (CH_3OH). *N-p-Toluolsulfonylderiv.*, $C_{16}H_{19}O_2NS$, F. 155—156°, hexagonale Prismen aus CH_3OH, dann Chlf.–Hexan. *2.6-Dibromderiv.*, $C_9H_{11}NBr_2$, F. 162,5—163,5°, aus Heptan, dann A. Nadeln. — *1.2.3-Trimethyl-4.5.6-tribrombenzol*, $C_9H_9Br_3$, F. 241—243°, aus vorst. Dibromverb. in HBr durch Diazotierung u. Umsetzung mit CuBr bei 100°. — *3.4.5-Trimethylphenol*, F. 107—108°, aus diazotiertem **Va** in sd. H_2SO_4 (1 : 1); Nadeln aus Heptan. — *3.4.5-Trimethyljodbenzol*, $C_9H_{11}J$, F. 34—35°, aus diazotiertem **Va** u. wss. NaJ. — *3.4.5-Trimethylbenzoesäure*, F. 218 bis 219° (verd. CH_3COOH), aus vorst. Verb. mit Mg u. dann CO_2. — *3-Methyl-5-phenylcyclohexen-(2)-onoxim* (I), $C_{13}H_{15}ON$, F. 121—122° (wss. CH_3OH), analog **III**; 95%. — *3-Methyl-5-phenylacetanilid* (II), $C_{15}H_{15}ON$, F. 165,5—167°, aus I in $(CH_3CO)_2O$ u. Pyridin, 30 Min. kochen, kalt mit CH_3COCl versetzen u. 30 Min. kochen, mit NH_4OH neutralisieren; Nadeln aus Bzl.; 50%. *Freie Base*, $C_{13}H_{13}N$, F. 80—82°, Nadeln aus wss. CH_3OH. *N-Benzoylderiv.*, $C_{20}H_{17}ON$, F. 142—143°, aus Bzl. Nadeln. — *3-Methyl-5-phenylphenol*, $C_{13}H_{12}O$, F. 56—58°, durch Hydrolyse von II in 20%ig. H_2SO_4, Diazotierung u. Verkochen bei 50°; nach Sublimation Nadeln; 44%. *Benzoat*, $C_{20}H_{16}O_2$, F. 97—98°. — *3-Phenyl-5.5-dimethylcyclohexen-(2)-onoxim* (**VI**), F. 154—156°; 96%. — *2.3-* (**VIIa**) u. *3.4-Dimethyl-5-phenylanilin* (**VIIIa**). Das aus **VI** wie oben erhaltene Gemisch von **VII**

u. **VIII** wurde durch 1std. Kochen mit halbkonz. HCl hydrolysiert; Trennung durch fraktionierte Kristallisation der Hydrochloride aus Bzl.-CH_3OH, der Amine aus PAe. u. über **VII** bzw. **VIII**; 18,4% **VIIa** u. 27,5% **VIIIa**. — **VIIa**, $C_{14}H_{15}N$, F. 41—42° (PAe.). *Acetylderiv.* (**VII**), $C_{16}H_{17}ON$, F. 135—137° (Bzl.). — **VIIIa**, $C_{14}H_{15}N$, F. 71—72°, aus verd. CH_3OH Nadeln. *Acetylderiv.* (**VIII**), $C_{16}H_{17}ON$, F. 167—168,3° (verd. CH_3COOH). — *2.3-Dimethyl-5-phenylphenol*, $C_{14}H_{14}O$, F. 51—52°, durch Diazotieren von **VIIa** u. Verkochen mit 40% ig. H_2SO_4; nach Sublimation Nadeln. *α-Naphthylurethan*, $C_{25}H_{21}O_2N$, F. 135—136°, blaßgelbe Kristalle aus Heptan. — *3.4-Dimethyl-5-phenylphenol*, $C_{14}H_{14}O$, F. 106,5—107,5°, wie vorst. aus **VIIIa**; sublimiert in Nadeln. *α-Naphthylurethan*, $C_{25}H_{21}$·O_2N, F. 171—172°, Nadeln aus Heptan. (J. Amer. chem. Soc. **75**. 2635—39. 5/6. 1953.) K. LEHMSTEDT. 1310

Harry W. Galbraith, Ed. F. Degering und **E. F. Hitch,** *Die alkalische Reduktion aromatischer Nitroverbindungen mit Glucose.* (Vgl. OPOLONICK, Ind. Engng. Chem. **27**. [1935.] 1045.) Vff. untersuchen die Red. zahlreicher aromat. Nitroverbb. zu Azoxyverbb. mit Glucose (**I**) in alkal. Medium. 22 Verbb. werden erfolgreich in Ausbeuten zwischen 40—100% red.; 15 der untersuchten Verbb., vor allem o- u. p-Nitraniline u. ihre Substitutionsprodd., lassen sich nach vorst. Meth. nicht reduzieren. Als Oxydationsprodd. von **I** werden von Vff. Zuckersäuren vom Typ der Saccharinsäure angenommen, die jedoch nicht identifiziert wurden.

V e r s u c h e: Nachst. *Azoxyverbb.* wurden durch Erwärmen von $^1/_{10}$ Mol der Nitroverb. in 30% ig. NaOH in Anwesenheit eines Emulgiermittels (Tergitol 08) auf 60° u. Zugabe von $^1/_{10}$ Mol **I** unter heftigem Rühren (½ Std.) bei 60° dargestellt. — *p.p'-Azoxytoluol*, $C_{14}H_{14}ON_2$, F. 69—70°, aus p-Nitrotoluol; 83% (Ausbeute). — *o.o'-Azoxytoluol*, $C_{14}H_{14}ON_2$, F. 58—59°, aus o-Nitrotoluol; 44%. — *m.m'-Azoxytoluol*, $C_{14}H_{14}ON_2$, aus m-Nitrotoluol; Öl; 61%. — *Azoxybenzol*, $C_{12}H_{10}ON_2$, F. 35—35,5°, aus Nitrobenzol; 83%. — *o.o'-Dichlorazoxybenzol*, $C_{12}H_8ON_2Cl_2$, F. 54—55°, aus o-Chlornitrobenzol; 65%. — *p.p'-Dichlorazoxybenzol*, $C_{12}H_8ON_2Cl_2$, F. 154—155°, aus p-Chlornitrobenzol; 93%. — *5.5'-Dichlor-2.2'-azoxytoluol*, $C_{14}H_{12}ON_2Cl_2$, F. 126—127°, aus 2-Nitro-4-chlortoluol; 71%. — *p.p'-Azoxybenzoesäure*, $C_{14}H_{10}O_5N_2$, F. 240° (Zers.), aus p-Nitrobenzoesäure; 91%. — *m.m'-Azoxybenzoesäure*, $C_{14}H_{10}O_5N_2$, F. 320° (Zers.), aus m-Nitrobenzoesäure; 84%. — *o.o'-Azoxybenzoesäure*, $C_{14}H_{10}O_5N_2$, F. 248° (Zers.), aus o-Nitrobenzoesäure; 100%. — *2.2'.3.3'-Azoxyphthalsäure*, $C_{16}H_{10}O_9N_2$, F. 360°, aus 3-Nitrophthalsäure; 68%. — *Di-Na-azoxybenzol-3.3'-disulfonat*, $C_{12}H_8O_7N_2S_2Na_2$, aus m-Nitrobenzolsulfonsäure; 78%. — *2.2'-Dibromazoxybenzol-5.5'-disulfonsäure*, $C_{12}H_8O_7N_2Br_2S_2$, F. 360°, aus 3-Nitro-4-brombenzolsulfonsäure; 71%. — *Di-Na-5.5'-dichlorazoxybenzol-3.3'-disulfonat*, $C_{12}H_6$·$O_7N_2Cl_2S_2Na_2$, aus 3-Chlor-5-nitrobenzolsulfonsäure; 62%. — *4.4'-Diaminoazoxybenzol-3.3'-disulfonsäure, Dihydrochlorid*, $C_{12}H_{14}O_7N_4Cl_2S_2$, aus Na-3-Nitro-6-aminobenzolsulfonat; 90%. — *m.m'-Azoxyanilin*, $C_{12}H_{12}ON_4$, F. 146—148°, aus m-Nitranilin; 70%. — *3.3'-Diamino-4.4'-azoxytoluol*, $C_{14}H_{16}ON_4$, F. 155—155,5°, aus 2-Amino-4-nitrotoluol; 79%. — *o.o'-Azoxyanisol*, $C_{14}H_{14}O_3N_2$, F. 80—81°, aus o-Nitroanisol; 69%. — *p.p'-Azoxyanisol*, $C_{14}H_{14}O_3N_2$, F. 118°, aus p-Nitroanisol; 64%. — *m.m'-Azoxyacetophenon*, $C_{16}H_{14}O_3N_2$, F. 131—131,5°, aus m-Nitroacetophenon; 81%. — *6.6'-Azoxychinolin*, $C_{18}H_{12}ON_4$, F. 260—262°, aus 6-Nitrochinolin; 40%. — *o.o'-Azoxyphenol*, $C_{12}H_{10}O_3N_2$, F. 153—154°, aus o-Nitrophenol; 87%. (J. Amer. chem. Soc. **73**. 1323—24. März 1951. Chicago, Ill., Purdue Univ., Dep. of Chem.) G. WINKLER. 1310

Henry Gilman und **T. C. Wu,** *Die Addition von Triphenylsilylkalium an trans-Stilben.* Vff. erhalten bei der Addition von Triphenylsilylkalium (**I**) an trans-Stilben (**II**) u. folgenden Hydrolyse *Triphenyl-[α.β-diphenyläthyl]-silan*, $C_{32}H_{28}Si$, F. 135—136° (PAe.); 55% (Ausbeute). (J. Amer. chem. Soc. **75**. 234. 5/1. 1953. Ames, Io., State Coll., Dep. of Chem.) G. WINKLER. 1380

M. Maienthal, M. Hellmann, C. P. Haber, L. A. Hymo, S. Carpenter und **A. J. Carr,** *Die Darstellung einiger Arylsilane.* Vff. beschreiben die Darst. von verschied. Arylsilanen aus GRIGNARD-Verbb. bzw. lithiumorgan. Verbb. durch Umsetzung mit den entsprechenden Chlorsilanen. — *Dimethylphenylsilan* wird erhalten aus Dimethylphenylchlorsilan durch Red. mit $LiAlH_4$. Triphenyl-p-tolylsilan gibt bei Bromierung mit N-Bromsuccinimid (**II**) *p-[α-Bromtolyl]-triphenylsilan.* Das Addukt aus Li u. Anthracen liefert mit Trimethylchlorsilan *9-Trimethylsilyl-9.10-dihydroanthracen.*

V e r s u c h e: *Dibenzyldiphenylsilan*, $C_{26}H_{24}Si$, F. 61° (Ae.), durch langsame Zugabe von Diphenyldichlorsilan (**III**) zu äther. Benzyl-MgCl (**I**) bei 0°, 24std. Kochen, Abdest. des Ae. u. 72std. Erhitzen auf 130°; 78% (Ausbeute). — *Tribenzylphenylsilan*, $C_{27}H_{26}Si$, F. 130°, aus **I** u. Phenyltrichlorsilan (**IV**) wie vorst., 18std. Kochen u. 5std. Erhitzen auf 130°; 59%. — *Triphenyl-p-tolylsilan*, $C_{25}H_{22}Si$, F. 141—143° (Äthylacetat/

Methanol), durch Zugabe von metall. Li zu äther. p-Bromtoluol unter Ar, 3 std. Rühren bei Zimmertemp. u. 1 std. Kochen, Zugabe von Triphenylchlorsilan u. 12 std. Kochen unter Rühren; 55%; gibt bei 4 std. Kochen mit II in CCl_4 in Ggw. von Benzoylperoxyd *p-[α-Bromtolyl]-triphenylsilan*, $C_{25}H_{21}BrSi$, F. 174—175° (A.); 81%. — *Diphenyldi-p-tolylsilan*, $C_{26}H_{24}Si$, F. 119—120° (A.), aus p-Tolyllithium u. III in Ae. durch 3 std. Kochen; 92%. — *Phenyltri-p-tolylsilan*, $C_{27}H_{26}Si$, F. 185,5—186,5° (Äthylacetat/Methanol 2 : 1), aus p-Tolyllithium u. IV durch 24 std. Kochen; 68%. — *Diphenyl-bis-[phenyläthinyl]-silan*, $C_{28}H_{20}Si$, F. 80° (Bzl.; PAe.), aus Li-Phenylacetylid u. III in Ae. unter He durch 20 std. Kochen unter Rühren; 26%. — *Tetraphenyläthinylsilan*, $C_{32}H_{20}Si$, F. 198° (Bzl./PAe.), wie vorst. mit $SiCl_4$; 37%. — *Dimethylphenylchlorsilan*, $C_8H_{11}ClSi$, Kp. 192—194°, aus C_6H_5MgBr u. 129 g Dimethyldichlorsilan in Ae. (Zugabe 1½ Std. bei —10° unter Rühren), 8 Std. bei Zimmertemp.; 99 g. — *Dimethylphenylsilan*, $C_8H_{12}Si$, Kp. 158°, aus vorst. Verb. in Ae. u. $LiAlH_4$ durch 2 std. Kochen; n_D^{20} 1,4992; 78,5%. — *9-Trimethylsilyl-9.10-dihydroanthracen*, $C_{17}H_{20}Si$, F. 112—113° (Methanol), $Kp._5$ 160—175° (Rohprod.), durch Zugabe von Li zu Anthracen in Tetrahydrofuran u. 6 std. Rühren unter Ar, Zugabe von Trimethylchlorsilan u. 10 std. Rühren bei Zimmertemp.; 74%. (J. Amer. chem. Soc. **76**. 6392—93. 20/12. 1954. Washington, D. C., Diamond Ordnance Fuze Labors. u. Nat. Bur. of Standards.) G. Winkler. 1380

Robert A. Benkeser und **Philip E. Brumfield**, *Aminoaryltrialkylsilane*. (Vgl. Benkeser u. Brumfield, C. **1953**. 1321.) Vff. beschreiben die Darst. von verschied. Aminoarylalkylsilanen durch katalyt. Hydrierung der entsprechenden Nitroverbb. (l. c.) über Raney-Ni. Die erhaltenen Amine lassen sich n. acetylieren; die o- u. p-Verbb. sind jedoch empfindlich gegenüber Mineralsäuren, mit denen Spaltung der aromat. C—Si-Bindung erfolgt. Bei Diazotierung u. Kupplung mit β-Naphthol (I) werden die entsprechenden Azoverbb. erhalten; während der Diazotierung tritt Bldg. beträchtlicher Mengen an Harzprodd. ein, was beweist, daß die Diazoniumsalze instabil sind. o-Aminobenzyltrimethylsilan liefert bei der Diazotierung mit NOCl *Indazol* (F. 147—148°; 16%), was durch eine intramol. Verdrängung der Trimethylsilylgruppe erklärt wird.

V e r s u c h e: Nachst. Aminoaryltrimethylsilane wurden aus den entsprechenden Nitroverbb. durch katalyt. Hydrierung in A. über Raney-Ni bei 60 lbs./sq.in. erhalten. — *o-Aminophenyltrimethylsilan*, $Kp._{10}$ 101°, $D.^{20}_4$ 0,952, n_D^{20} 1,5388; 83% (Ausbeute). *Acetylderiv.*, F. 130—130,5°. — *m-Verb.*, $Kp._{10}$ 111°, $D.^{20}_4$ 0,947, n_D^{20} 1,5362; 75—85%. *Acetylderiv.*, F. 114—115°. *Kupplungsprod. mit* I, F. 94—95°, aus Essigsäure rote Nadeln; 58%. *p-Verb.*, $Kp._{10}$ 113°, $D.^{20}_4$ 0,947, n_D^{20} 1,5393; 75—85%. *Acetylderiv.*, F. 169—170°. *Kupplungsprod. mit* I, F. 94—95°, orangerot; 50%. — *o-Aminobenzyltrimethylsilan*, $Kp._{10}$ 114°, $D.^{20}_4$ 0,939, n_D^{20} 1,5345; 90%. *Acetylderiv.*, F. 117—117,5°. *Kupplungsprod. mit* I, F. 97—98°, orangefarben; 12%. — *p-Verb.*, F. 33,5—34°, $Kp._{10}$ 119°; 85%. *Acetylderiv.*, F. 132—133°. *Kupplungsprod. mit* I, F. 126—127°, rot; 19%. (J. Amer. chem. Soc. **74**. 253—54. 5/1. 1952. Lafayette, Ind., Purdue Univ., Chem. Labor.) G. Winkler. 1380

Herbert H. Anderson, *Methylanilinosilane und Äthylanilinosilane; Reaktionen von Anilinosilanen*. Vf. stellt verschied. Alkylanilinosilane u. *Diphenyldianilinosilan* (III) aus den entsprechenden Alkyl(aryl)chlorsilanen durch Umsetzen mit Anilin (I) dar. Die Alkylanilinosilane reagieren mit zahlreichen Säuren unter Ersatz des Anilinrestes gegen das Säureanion. Ferner werden mit verschied. Halogenverbb. (darunter $SiBr_4$, $GeBr_4$, PBr_3) u. mit I bzw. Aniliniumsalzen beim Kochen Austausch-Rkk. eingegangen, wobei als Reaktionsprod. die am stärksten flüchtige Verb. entsteht (u. durch Dest. aus dem Gleichgewicht herausgenommen wird.) Alkylgruppen bleiben unter vorst. Reaktionsbedingungen an Si gebunden u. werden nicht ausgetauscht. Es ergibt sich folgende Reihe zunehmender „Flüchtigkeit": $C_6H_5NH < (C_2H_5)_2N < J < Br < Cl < F$.

V e r s u c h e: Nachst. Alkyl(aryl)anilinosilane wurden aus den entsprechenden Alkyl(aryl)chlorsilanen durch Umsetzung mit I je nach Reaktionsfähigkeit durch Kochen in Bzl., ohne Lösungsm. bei Zimmertemp. oder durch Kochen erhalten. *Trimethylanilinosilan*, Kp. 206°, $Kp._{19}$ 98—99°, $D.^{20}_4$ 0,940; 56% (Ausbeute); 3 g geben beim Kochen mit 2 g I-Hydrochlorid 1,2 g *Trimethylchlorsilan*, Kp. 58° u. I; 0,5 g geben wie, vorst. mit 2,8 g $SiBr_4$ 0,3 g *Trimethylbromsilan* (II), Kp. 80—81°, u. *Tetraanilinosilan*; 0,4 g geben mit 1,6 g $GeBr_4$ 0,2 g II u. *Tetraanilinogermanium*. — *Dimethyldianilinosilan*, Kp. 328, $Kp._9$ 185—186°, F. 45 ± 2°, $D.^{30}_4$ 1,07; 80%; 0,57 g geben mit 1,5 g PBr 0,4 g *Dimethyldibromsilan*, Kp. 112—118°, u. *Trianilinophosphin*. — *Methyltrianilinosilan*, Kp. 345°, $Kp._1$ 212°, $D.^{30}_4$ 1,14; 7 g geben mit HBr in Bzl. 3,5 g *Methyltribromsilan*, Kp. 134°; 1,8 g geben mit 2,2 g Diphenyldichlorsilan (V) 0,6 g *Methyltrichlorsilan* Kp. 64—70°, u. III. — *Triäthylanilinosilan*, Kp. 270°, $Kp._{12}$ 134—135°, $D.^{20}_4$ 0,934; 72%; gibt mit konz. wss. HF *Triäthylfluorsilan*, Kp. 110°, n^{22} 1,395 (ferner durch Kochen von 0,6 g mit 0,9 g I-Hydrofluorid; 0,4 g neben I); gibt mit H_2SO_4 unreines [$(C_2H_5)_3SiO]_2 \cdot SO_2$; 5,5 g geben mit 5,5 g I-Hydrochlorid 3,0 g *Triäthylchlorsilan* (IV), Kp. 142—152°, daneben I, was mit IV unter Bldg. des Ausgangsprod. rückläufig reagiert (IV ferner durch Umsetzung von 1,8 g mit 1,8 g V; 0,8 g neben III); 0,6 g geben mit 0,4 g n-Amyltrijodsilan 0,4 g *Triäthyljodsilan*, Kp. 190—193°, daneben *n-Amyltrianilinosilan*. — *Diäthyldianilinosilan*, Kp. 350°, $Kp._1$ 172—173°, F. 58°; 1,8 g geben mit 1,8 g V 0,7 g *Diäthyldichlorsilan*, Kp. 126—131°, daneben III. — *Äthyltrianilinosilan*, Kp. 381°, $Kp._1$ 232 bis 234°; 1,2 g geben mit I-Hydrofluorid 0,4 g *Äthyltrifluorsilan*, Kp. 0—3°, daneben I. — *Diphenyldianilinosilan* (III), Kp. 413° (Zers.), F. 153°. (J. Amer. chem. Soc. **73**. 5802 bis 5803. Dez. 1951. Cambridge, Mass., Harvard Univ., Chem. Labor.) G. WINKLER. 1380

Henry Gilman, Tse Cheng Wu, Howard A. Hartzfeld, Gerald A. Guter, Arthur G. Smith, Jack J. Goodman und **Scott H. Eidt,** *Darstellung von Organopolysilanen.* (Vgl. BURKHARD, C. **1950**. I. 1589.) Vff. beschreiben die Darst. von *Oktaphenyltrisilan* u. *Pentaphenylchlordisilan* (I) aus Triphenylsilylkalium durch Umsetzung mit entsprechenden Mengen Diphenyldichlorsilan (II). Vff. weisen auf die Möglichkeit hin, durch Kupplung von 2 Mol I zu Organopolysilanen zu kommen.

Versuche: *Triphenylsilylkalium*, durch 20std. heftiges Rühren von Hexaphenyldisilan mit Na-K-Legierung (1 : 5) in Ae. unter N_2 bei Zimmertemp. u. Beseitigung der überschüssigen Alkalimetallegierung durch vorsichtige Zugabe von Hg. — *Oktaphenyltrisilan*, $C_{48}H_{40}Si_3$, F. 206—262° (Bzl./A.), durch Zugabe einer Suspension vorst. Verb. zu II in Ae. unter N_2, 9std. Rühren bei Zimmertemp. u. Extraktion des festen Reaktionsprod. mit Bzl.; 53% (Ausbeute an Rohprod.); existiert vermutlich in isomeren Formen [bei weiteren Verss. wurde ein *Isomeres (?) vom F. 302—303°* isoliert]. — *Pentaphenylchlordisilan* (I), $C_{30}H_{25}ClSi_2$, F. 154—155° (PAe.), Darst. wie vorst.; 50%. (J. Amer. chem. Soc. **74**. 561—62. 20/1. 1952. Ames, Io., State Coll., Dep. of Chem.)

G. WINKLER. 1380

William H. Daudt und **J. Franklin Hyde,** *Synthese von Methylphenyldisiloxanen.* Vff. beschreiben die Synth. einer Reihe von niedriggliedrigen polymeren Silanen mit Methyl- u. Phenylsubstituenten, die zum Teil als Zwischenprodd. bei der Darst. von Methylphenylsiliconen verwendet werden. — Methylphenyläthoxysilane werden in einem Schritt aus Methyläthoxysilanen mit Mg u. Chlor- oder Brombenzol erhalten. Sie werden durch die Einw. von Acetylchlorid in Chlorsilane übergeführt, die bei der Hydrolyse Silanole u. symm. Disiloxane liefern. Letztere dienen als Ausgangsmaterial für die Darst. asymm. Disiloxane durch säure- u. alkalikatalysierte Rückverteilungsprozesse. Asymm. Disiloxane werden ferner erhalten durch Kondensation von Silanolen mit Chlor- u. Äthoxysilanen u. durch Cohydrolyse zweier solcher Silane. Die kontrollierte partielle Hydrolyse von Methylphenyldichlorsilan in Ae. oder Behandlung mit tert. Butanol liefert eine Reihe von diastereomeren $\omega.\omega'$-Dichlorsiloxanen, die bei weiterer milder Hydrolyse *meso-* u. *dl-Disiloxandiol* liefert. — Mit den Disiloxanen durchgeführte therm. Tests zeigen hohe Widerstandsfähigkeit gegenüber Luftoxydation bis zu 250° u. eine Stabilisierung von Methyl- durch Phenylgruppen. Die Verbb. werden bei 300° merklich durch Oxydation angegriffen, zeigen Siloxandisproportionierung oberhalb 350° u. therm. Gruppeneliminierung oberhalb 400°.

Versuche: *Dimethylphenyläthoxysilan* (VI), Kp. 197°, $Kp._{17}$ 87,5°, durch 7- bis 10std. Kochen von Chlorbenzol, Dimethyldiäthoxysilan u. Mg-Spänen; $D.^{25}_4$ 0,923, n_D^{25} 1,4809; 42% (Ausbeute), daneben *Biphenyl* (III), *p-Terphenyl* (IV) u. *Dimethyldiphenylsilan* ($Kp._{18}$ 160°); gibt bei 4tägigem Stehen mit Acetylchlorid *Dimethylphenylchlorsilan*, $Kp._{739}$ 189—191°, $Kp._{15}$ 79°, $D.^{25}_4$ 1,032, n_D^{25} 1,5082; 93% [daraus durch Hydrolyse mit einer Spur HCl *Tetramethyl-1.3-diphenyldisiloxan* (I), Kp. 292°, $Kp._{13}$ 162 bis 162,5°, F. $< -80°$, $D.^{25}_4$ 0,971, n_D^{25} 1,5149; $> 90\%$; bei Kochen mit 20%ig. HCl Hydrolyse zu *Hexamethyl-1.5-diphenyltrisiloxan*, Kp. 307°, $Kp._{13}$ 178°, F. —75°, $D.^{25}_4$ 0,975, n_D^{25} 1,4913]. — *Methyldiphenyläthoxysilan* (V), Kp. 291°, $Kp._{18}$ 171°, aus Methyltriäthoxysilan wie vorst.; $D.^{25}_4$ 1,018, n_D^{25} 1,5440 (daneben *Methylphenyldiäthoxysilan*, Kp. 218, $Kp._{18}$ 112°, $D.^{25}_4$ 0,962, n_D^{25} 1,4678); gibt mit Acetylchlorid *Methyldiphenylchlorsilan* (X), Kp. 295°, $Kp._{25}$ 176°, $D.^{25}_4$ 1,110, n_D^{25} 1,5740; 97% [daraus durch Hydrolyse *Methyldiphenylsilanol*, $Kp._{24}$ 184—187°, $D.^{25}_4$ 1,084, n_D^{25} 1,5777; beim Kochen mit 20%ig. HCl oder mit NaOH auf 100° Kondensation zu *1.3-Dimethyltetraphenyldisiloxan* (II), Kp. 418°, $Kp._{0,1}$ 180°, F. 50°, $D.^{25}_4$ 1,076, n_D^{25} 1,5866]. — *Triphenyläthoxysilan*, $Kp._{17}$ 225°, F. 63°, aus Kieselsäuretetraäthylester wie vorst., daneben III, IV, *Phenyltriäthoxysilan*, *Diphenyldiäthoxysilan* u. *Tetraphenylsilan*; gibt bei milder Hydrolyse *Triphenylsilanol* [VIII, F. 150—151°, daraus mit wenig NaOH in A. *Hexaphenyldisiloxan* (IX), Kp. 494°, F. 226°]. — *1.1.3-Trimethyltriphenyldisiloxan*, Kp. 364°, $Kp._5$ 189°, F. —45°, durch Cohydrolyse von 62 g V u. 195 g VI mit 20%ig. HCl in A.; $D.^{25}_4$ 1,031, n_D^{25} 1,5549; 67%, daneben

110 g I u. wenig II. — *Pentamethylphenyldisiloxan*, Kp. 206°, $Kp._{16}$ 93°, F. < —80°, durch 90 std. Kochen eines Gemisches von 143 g I u. 81 g *Hexamethyldisiloxan* (VII, Kp. 98,5°, F. —67°, $D.^{25}_4$ 0,756, n_D^{25} 1,3730) mit gepulvertem 83% ig. KOH; 64 g, daneben *Oktamethyltrisiloxan*, $Kp._{17-20}$ 50—52°, 2 g, u. *Heptamethyl-1-phenyltrisiloxan*, Kp. 233°, $Kp._4$ 117°, F. < —80°, $D.^{25}_4$ 0,911, n_D^{25} 1,4450. — *Tetramethyl-1.1-diphenyldisiloxan*, Kp. 285°, $Kp._{3,5}$ 129°, F. —65°, durch 1 wöchiges Kochen von 75 g II u. 175 g VII mit NaOH in 96% ig. A.; $D.^{25}_4$ 0,974, n_D^{25} 1,5166; 83%, 127 g VII zurück. — *1.1.1-Trimethyltriphenyldisiloxan*, Kp. 349°, $Kp._7$ 232°, F. 51°, durch 16 std. Stehen eines Gemisches von 400 g Trimethyläthoxysilan (XI) u. 28 g VIII mit 36% ig. wss. HCl; $D.^{25}_4$ 1,032, n_D^{25} 1,5587; 96,5%, daneben 228 g VII u. wenig IX. — *1.1-Dimethyltetraphenyldisiloxan*, Kp. 415°, $Kp._4$ 231°, F. 50°, durch Zugabe von 50% ig. wss. NaOH zu 180 g VI, Erwärmen auf 110° u. Zugabe von 55 g VIII (2 Std.); $D.^{25}_4$ 1,076, n_D^{25} 1,5843; 46%, daneben 33% VII u. 95 g I. — *Methylpentaphenyldisiloxan*, Kp. 466°, $Kp._3$ 250°, F. 76°, durch Kondensation von 6,9 g VIII mit 23,3 g X durch 10 tägiges Stehen in Ae. bei Zimmertemp.; $D.^{25}_4$ 1,112, n_D^{25} 1,6124; 27%, daneben 0,53 g VII u. II. — *1.1.1-Tribenzyltrimethyldisiloxan*, $Kp._6$ 224°, F. 37°, durch Cohydrolyse von Tribenzylchlorsilan (F. 140—142°) u. XI mit 36% ig. wss. HCl; $D.^{25}_4$ 1,018, n_D^{25} 1,5540, daneben wenig *Hexabenzyldisiloxan* (F. 201,5—202,5°) u. VII. — *1.3-Dimethyl-1.3-diphenyldichlordisiloxan* (XII), $Kp._4$ 154°, durch langsame Zugabe von W. zu Methylphenyldichlorsilan in Ae. unter Rühren; $D.^{25}_4$ 1,153, n_D^{25} 1,5318; 32%, daneben 21% Ausgangsprod. zurück, 1,7% *2.4.6-Trimethyltriphenylcyclotrisiloxan*, *1.3.5-Trimethyl-1.3.5-triphenyldichlortrisiloxan* ($Kp._1$ 188—191°, $D.^{25}_4$ 1,153, n_D^{25} 1,5375; 25%), 2% *2.4.6.8-Tetramethyltetraphenylcyclotetrasiloxan*, *1.3.5.7-Tetramethyl-1.3.5.7-tetraphenyldichlortetrasiloxan* ($Kp._1$ 231—233°, $D.^{25}_4$ 1,155, n_D^{25} 1,4511; 7%), 4% *1.3.5.7.9-Pentamethyl-1.3.5.7.9-pentaphenyldichlorpentasiloxan* ($Kp._1$ >247°), 4% *1.3.5.7.9.11-Hexamethyl-1.3.5.7.9.11-hexaphenyldichlorhexasiloxan* ($Kp._1$ >272°) u. 4% höhere $\omega.\omega'$-Dichlorsiloxane. — *Gemisch von meso-*, F. 111°, u. *dl-1.3-Dimethyl-1.3-diphenyldisiloxandiol*, F. 84°, durch Hydrolyse von 40 g XII in Ae. mit 20% ig. wss. NH_4OH; Rohausbeute 33,4 g; Trennung durch fraktionierte Kristallisation aus PAe. u. VII (unter Zusatz geringer Mengen Aceton oder A.) in 7,8 g *meso-* u. 3 g *dl-Verbindung*. (J. Amer. chem. Soc. **74**. 386—90. 20/1. 1952. Midland, Mich., Corning Glass Works and Dow Corning Corp., Res. Labor.) G. WINKLER. 1380

Sidney D. Ross, William A. Leach und **Irving Kuntz**, *Pentachlorphenylderivate.* 5. Mitt. *Die Darstellung und Absorptionsspektren einiger ω-substituierter Pentachlorstyrole.* (4. vgl. C. **1950**. II. 32.) Vff. beschreiben die Darst. von *ω-Chlor-* (I), *ω-Brom-* (II) u. *ω-Äthoxypentachlorstyrol* (III) aus Dihalogenäthylpentachlorbenzolen durch Umsetzung mit K_2CO_3 oder $NaOC_2H_5$ in Äthanol. Von I u. II wird nur je ein geometr. Isomeres in hohen Ausbeuten erhalten. Eine Betrachtung des FISHER-HIRSCHFELDER-Modells von 1.2-Dichloräthylpentachlorbenzol (IV) zeigt das Vorhandensein einer beträchtlichen Behinderung der freien Drehbarkeit um die Bindungen zwischen $C_{(1)}$ u. dem Ring u. zwischen $C_{(1)}$ u. $C_{(2)}$ der Äthylgruppe. Zusammen mit den ster. Erfordernissen bei der trans-Eliminierung (E_2-Rk.) kann nach Vff. diese Behinderung der freien Drehbarkeit dem Übergangszustand der Eliminierungs-Rk. eine bevorzugte Orientierung auferlegen, die sich in der beobachteten Stereospezifität bemerkbar macht. Dagegen wird bei der Bldg. von III, unabhängig vom Ausgangsmaterial, immer ein Gemisch beider Isomeren erhalten. Ein Mechanismus hierfür, bes. der Angriffspunkt des $C_2H_5O^-$-Ions, wird diskutiert. — Die UV-Spektren von I—III in Isooctan werden graph. wiedergegeben u. diskutiert.

Versuche: *1-Pentachlorphenyl-1.2-dichloräthan* (IV), $C_8H_3Cl_7$, F. 97—99° (Essigsäure/Methanol), durch 60 std. Belichten einer Lsg. von Pentachlorstyrol u. Cl_2 in CCl_4 bei Zimmertemp.; 49% (Ausbeute). — *1-Pentachlorphenyl-1-brom-2-chloräthan* (V), $C_8H_3Cl_6Br$, F. 94—96° (A.), durch langsame Zugabe von Br_2 zu 313 g 1-Pentachlorphenyl-2-chloräthan in CCl_4 u. Belichtung unter Kochen; 23%, daneben die *Verb.* $C_8H_3Cl_5Br_2$ (durch Bromierung in α-Stellung u. Ersatz eines Ring-Cl-Atoms durch Br), $Kp._{0,8}$ 163 bis 171° (Rohprod.), F. 73—75° (Methanol); 59 g. — *ω-Chlorpentachlorstyrol* (I), $C_8H_2Cl_6$, F. 115—116° (Essigsäure), aus V oder IV durch 20 std. Kochen mit methanol. K_2CO_3; 96%. — *ω-Brompentachlorstyrol* (II), $C_8H_2Cl_5Br$, F. 113—115°, aus 1-Pentachlorphenyl-1.2-dibromäthan (VI) wie vorst.; 87%. — *ω-Äthoxypentachlorstyrol* (III), *trans-Verb.*, $C_{10}H_7OCl_5$, F. 105—107° (Methanol), *cis-Verb.*, $C_{10}H_7OCl_5$, F. 75—77°, durch 5 std. Kochen von 8,8 g VI (oder I, II, IV, V) mit äthanol. $NaOC_2H_5$; 5,1 g (Gesamtausbeute), Trennung durch fraktionierte Kristallisation aus Methanol u. durch mechan. Trennung; gibt bei 20 std. Kochen in Dioxan in Ggw. katalyt. Mengen H_2SO_4 *Pentachlorphenylacetaldehyd*, $C_8H_3OCl_5$, F. 136—138° (Essigsäure); 100% (*2.4-Dinitrophenylhydrazon*, $C_{14}H_7O_4N_4Cl_5$, F. 212°). (J. Amer. chem. Soc. **74**. 2908—10. 5/6. 1952. North Adams, Mass., Sprague Electr. Comp., Res. Labor.) G. WINKLER. 1410

L. Ruzicka, P. Barman und **V. Prelog,** *Zur Kenntnis des Kohlenstoffringes. 58. Mitt. Über die Reaktion einiger vielgliedriger Cycloalkylbromide mit Magnesium.* (57. vgl. GÜNTHARD u. GAUMANN, C. **1951.** II. 2712.) Aus Cycloalkylbromiden mit 7—10 Ringgliedern wurden durch GRIGNARD-Synth. mit CO_2 die entsprechenden *Carbonsäuren* nur in geringer Ausbeute erhalten. Hauptprodd. sind KW-stoffgemische, die durch fraktionierte Dest. in *Dicycloalkyl* u. ein Gemisch von *Cycloalkan* u. *Cycloalken* getrennt wurden. Diese KW-stoffe entstehen wahrscheinlich über die verhältnismäßig stabilen Radikale, die Dicycloalkyle vielleicht auch durch Heterolyse.

Versuche: Darst. der *Cycloalkylbromide* aus den Cycloalkanolen nach GRUMMIT (C. **1939.** II. 1670): *Cycloheptylbromid*, $C_7H_{13}Br$, Kp.$_{15}$ 83°; 88% (Ausbeute). — *Cyclooctylbromid*, $C_8H_{15}Br$, Kp.$_{15}$ 97°; 92%. — *Cyclononylbromid*, $C_9H_{17}Br$, Kp.$_{15}$ 118°; 92,5%. — *Cyclodecylbromid*, $C_{10}H_{19}Br$, Kp.$_{11}$ 123°; 61%. — Die GRIGNARD-Lsgg. vorst. Bromide wurden auf überschüssiges Trockeneis gegossen, das Reaktionsgemisch wurde nach Zers. mit Eis u. verd. H_2SO_4 ausgeäthert; aus der äther. Lsg. wurden die Cycloalkancarbonsäuren durch Schütteln mit NaOH-Lsg. von den gleichzeitig entstandenen KW-stoffen abgetrennt; Darst. der Ester mit äther. CH_2N_2-Lsg.: *Cycloheptancarbonsäure*, $C_8H_{14}O_2$, Kp.$_{11}$ 130—132°, n_D^{18} 1,470; 20%. *Methylester*, $C_9H_{16}O_2$, Kp.$_{11}$ 80°, n_D^{18} 1,453. Daneben 3,15 g (aus 18,8 g Bromid) *KW-stoffe*, Kp. 110—112°, u. 1,80 g *Dicycloheptyl*, $C_{14}H_{26}$, Kp.$_{0,03}$ 68—69°. — *Cyclooctancarbonsäure*, $C_9H_{16}O_2$, Kp.$_{11}$ 142—145°, n_D^{18} 1,480; 5%. *Methylester*, $C_{10}H_{18}O_2$, Kp.$_{12}$ 114°, n_D^{18} 1,460. Daneben 7,21 g (aus 22,6 g Bromid) *KW-stoffe*, Kp.$_{11}$ 35—39°, 0,32 g *Zwischenfraktion*, Kp.$_{11}$ 40—95°, u. 2,70 g *Dicyclooctyl*, $C_{16}H_{30}$, Kp.$_{0,12}$ 97—98°. — Aus 15,8 g Cyclononylbromid wurde keine Carbonsäure erhalten, sondern nur 5,86 g *KW-stoffe*, Kp.$_{11}$ 53—57°, 0,94 g *Zwischenfraktion*, Kp.$_{0,15}$ 53—58°, u. 1,66 g *Dicyclononyl*, $C_{18}H_{34}$, Kp.$_{0,15}$ 120—122°. — *Cyclodecancarbonsäure*, $C_{11}H_{20}O_2$, F. 53°, dest. im Hochvakuum bei 120° Badtemp.; 21%. *Methylester*, $C_{12}H_{22}O_2$, dest. im Hochvakuum bei 65° Badtemp.; ölig. Die neutralen Anteile aus mehreren Ansätzen ergaben 0,4 g *KW-stoffe*, Kp.$_{12}$ 90—110° (Badtemp.) u. 1,0 g *Dicyclodecyl*, $C_{20}H_{38}$, Kp.$_{0,01}$ 165° (Badtemp.). — Das jeweils niedriger sd. KW-stoffgemisch nimmt bei der katalyt. Hydrierung jeweils etwa die Hälfte der für 1 Mol Cycloalken berechneten Menge H_2 auf. (Helv. chim. Acta **34.** 401—05. 1/2. 1951. Zürich, ETH, Organ.-chem. Labor.)
H. ASCHERL. 1800

G. Schwarzenbach, M. Zimmermann und **V. Prelog,** *Zur Kenntnis des Kohlenstoffringes. 59. Mitt. über die Abhängigkeit des Keto-Enol-Gleichgewichts bei Cyclanon-(2)-carbonsäure-(1)-estern von der Ringgröße.* (58. vgl. vorst. Ref.) Der Enolgeh. von Cyclanon-(2)-carbonsäure-(1)-estern mit n = 5—12, 14, 16 (n = Anzahl der Ringglieder) in alkoh. Lsg. wurde bestimmt durch potentiometr. Titration mit Br_2-Lösung. Messung in der Strömungsapp. ergab etwas zu kleine Werte. Die Ester mit n = 6—11 sind stärker enolisiert als die übrigen, bes. stark die mit n = 6, 8, 10. Die Ester mit n = 11, 12 u. 14 wurden neu dargestellt.

Versuche: Nachst. Ester wurden nach früher beschriebenem Verf. (vgl. C. **1948.** I. 1400 u. früher) dargestellt. *Cycloundecanon-(2)-carbonsäure-(1)-methylester*, $C_{13}H_{22}O_3$, dest. im Hochvakuum bei 94°; 75% (Ausbeute). — *Cyclododecanon-(2)-carbonsäure-(1)-methylester*, $C_{14}H_{24}O_3$, Kp.$_{0,02}$ 92°; 85%. — *Cyclotetradecanon-(2)-carbonsäure-(1)-methylester*, $C_{16}H_{28}O_3$, F. 41—42° (PAe. bei Trockentemp.), Kp.$_{0,03}$ 111°; 82%. — Zur Best. des Enolgeh. wurden ca. 50 mg Substanz 16—20 Std. vor der Messung in ca. 100 cm³ 95%ig. A. gelöst. Titration mit 0,1—0,01 mol. Br_2-Lsg. in absol. Methanol. Vor jeder Bromzugabe muß die Pt-Elektrode bei unterbrochenem Stromkreis aus der Lsg. herausgezogen werden. Folgende Werte für Enolgeh., — log [Enol]/[Keton] u. freie Enthalpie wurden gefunden: *n* = *5*: 5%; 1,278; 1,71. — *n* = *6*: 57%; —0,127; —0,17. — *n* = *7*: 12%; 0,834; 1,12. — *n* = *8*: 40%; 0,176; 0,24. — *n* = 9: 15%; 0,753; 1,01. — *n* = *10*: 50%; 0,000; 0,00. — *n* = *11*: 9%; 1,005; 1,34. — *n* = *12*: 5%; 1,278; 1,71. — *n* = *14*: 7%; 1,123; 1,50. — *n* = *16*: 5%; 1,278; 1,71. — Bei n = 5, 6, 7 wurden die Äthyl-, sonst die Methylester gemessen. (Helv. chim. Acta **34.** 1954—57. 15/10. 1951. Zürich, Univ., Chem. Inst., u. ETH, Organ.-chem. Labor.)
H. ASCHERL. 1800

V. Prelog, K. Schenker und **H. H. Günthard,** *Zur Kenntnis des Kohlenstoffringes. 60. Mitt. Zur Kenntnis des Zehnringes.* (59. vgl. vorst. Ref.) Die Darst. von *Cyclodecanol-(1)-on-(2)* (**I**) aus Sebacinsäuredimethylester (vgl. C. **1948.** I. 42) wird verbessert u. auf größere Mengen ausgedehnt. Aus **I** entsteht mit Zn/HCl *Cyclodecanon* (**II**); beste Ausbeuten werden mit reiner Zn-Wolle u. reinster konz. HCl erzielt. Die Rk. wird vollständig gehemmt durch Fe-, Ni- u. Pt-Salze, weniger durch Cu-, fast gar nicht durch Pb-Salze. In Ggw. von Hg-Salzen entsteht *Cyclodecan*, das am besten in dieser Weise dargestellt wird. *Cyclodecanol* wird aus **II** besser mit $LiAlH_4$ als mit H_2 u. RANEY-Ni hergestellt. Die Dehydratisierung an Al_2O_3 bei 400° ergibt ein Gemisch von ca. gleichen Mengen *cis-* u. *trans-Cyclodecen* (**III** u. **IV**). Reines **III** entsteht durch partielle Hydrierung von *Cyclo-*

decin; dieses erhält man aus I mit CrO_3 über *Cyclodecandion-(1.2)* u. dessen *Dihydrazon*, das mit HgO oxydiert wird. **IV** wurde analog trans-Cycloocten (vgl. Ziegler u. Wilms, C. **1950**. II. 2545) aus **II** über *Cyclodecylmethylamin* u. Hofmannschen Abbau der daraus erhaltenen *quartären Ammoniumbase* dargestellt. Mit OsO_4 entsteht aus **III** *cis-Cyclodecandiol-(1.2)* (**V**), aus **IV** das bisher noch nicht beschriebene *trans-Cyclodecandiol-(1.2)* (**VI**). Ein Gemisch von **V** u. **VI** entsteht bei der Hydrierung von I mit Raney-Ni in Feinsprit. Die Rk. mit OsO_4 eignet sich zur annähernden Best. von **III** u. **IV** in Gemischen, da sich das daraus entstandene **V–VI**-Gemisch gut chromatograph. trennen läßt. Sowohl **III** als auch **IV** geben mit p-Toluolsulfosäure bei 170° ein Gemisch von **III** (überwiegend) u. **IV**. Bei der Oxydation von **V** u. **VI** mit Pb(IV)-Acetat in Eisessig bei 20° wurden nachst. Geschwindigkeitskonstanten k^{20} gemessen: **V** 2,61; **VI** 100 [$mol^{-1} \cdot Liter \cdot min^{-1}$]. **V** u. **VI** verhalten sich also umgekehrt wie die entsprechenden Diole mit 5 u. 6 Ringgliedern (vgl. Criegee u. Mitarbeiter, C. **1940**. II. 470). Vff. nehmen an, daß **V** u. **VI** nebenst. Konformation besitzen. **III** u. **IV** geben mit Benzopersäure in Chlf. *cis-* (**VII**) bzw. *trans-1.2-Oxidocyclodecan* (**VIII**); die Geschwindigkeiten betragen bei **III** 1,20, bei **IV** 9,40 [$mol^{-1} \cdot Liter \cdot min^{-1}$]. Bei hydrolyt. Spaltung an Al_2O_3 liefert **VII** erwartungsgemäß **VI**, das aus **VIII** entstehende Prod. ist wahrscheinlich *Cyclodecen-(1)-ol-(3)*. Infrarotabsorptionsspektren von Cyclodecan, **III**, **IV**, Cyclodecin, **II**, Cyclodecanol, **VII**, **VIII**, **V**, **VI**, **V**-Acetonid- u. **VI**-Acetonidacetal u. Erläuterung derselben vgl. Original.

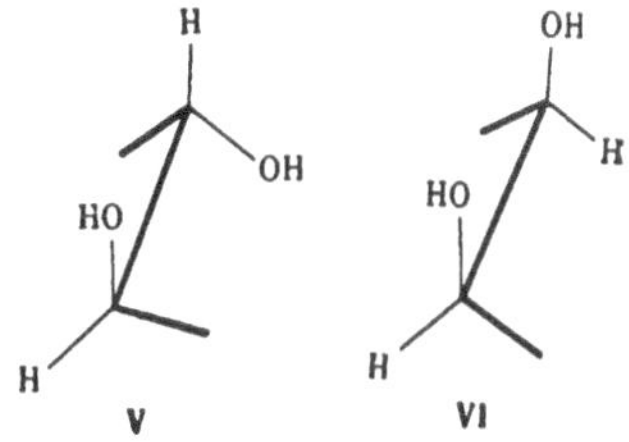

V VI

V e r s u c h e (FF. korr.): *Cyclodecanol-(1)-on-(2)* (I), $Kp._{0,1}$ 70—88°, aus Sebacinsäuredimethylester in Xylol mit feinverteiltem Na in elektr. geheiztem V 2 A-Stahlgefäß, Rühren mit Vibromischer; erstarrt kristallin; 53% (Ausbeute). — *Cyclodecanon* (II), $Kp._{12}$ 102—104°, aus I mit reiner Zn-Wolle u. reiner HCl über das *Semicarbazon* (F. 203 bis 205°; 77%); 66%. — *Cyclodecan*, $Kp._{20}$ 82—83°, aus 150 g I in Eisessig durch 88std. Kochen mit amalgamierter Zn-Wolle u. HCl; 108 g. — *Cyclodecanol*, $C_{10}H_{20}O$, F. 42° (PAe.), $Kp._{12}$ 123—126°, aus 8,0 g II u. 1,0 g $LiAlH_4$ in Ae.; 7,40 g. — *Cyclodecandion-(1.2)*, $Kp._{18}$ 120—125°, aus I (vgl. C. **1948**. I. 42); 71,5%. *Bis-hydrazon*, $C_{10}H_{20}N_4$, F. 126—130° (Zers.; Bzl.), mit wasserfreiem Hydrazin im Einschlußrohr (15 Std./100°); 69%. — *Cyclodecin*, $C_{10}H_{16}$, $Kp._{12}$ 78,5°, durch Eintragen vorst. Bis-hydrazons in ein sd. Gemisch von Toluol, HgO, KOH u. Na_2SO_4 u. 2std. Kochen; $D.^{20}{}_4$ 0,8973, $n_D{}^{20}$ 1,4950; 67%. — *cis-Cyclodecen* (III), $C_{10}H_{18}$, $Kp._{15}$ 73°, aus 3,05 g vorst. Verb. durch partielle Hydrierung in absol. Methanol oder Feinsprit mit Pd–Pb–$CaCO_3$-Katalysator (vgl. Lindlar, C. **1953**. 1312); $D.^{20}{}_4$ 0,8743, $n_D{}^{20}$ 1,4885; 2,95 g. — *Cyclodecylmethylamin*, $C_{11}H_{23}N$, $Kp._{12}$ 105 bis 108°, durch Hydrierung von 28,2 g II u. Methylamin in absol. Methanol mit Raney-Ni (20 Std., 100°, 80 atü); pK_A 9,56 in 80%ig. Methylcellosolve; 17,05 g neben 9,0 g Neutralanteilen. — *Cyclodecyltrimethylammoniumjodid*, $C_{13}H_{28}NJ$, F. 265—268° (Zers.), aus 16,8 g vorst. Verb. mit CH_3J u. KOH in absol. Methanol; Schuppen aus Aceton. — *trans-Cyclodecen* (IV), $C_{10}H_{18}$, $Kp._{18}$ 78°, dest. beim Erhitzen der aus vorst. Verb. durch Schütteln mit Ag_2O in absol. Methanol erhaltenen *freien Base* (gelbes Öl) bei 150 Torr u. 100° Badtemp.; $D.^{20}{}_4$ 0,8681, $n_D{}^{20}$ 1,4846; 50%. — *cis-Cyclodecandiol-(1.2)* (V), $C_{10}H_{20}O_2$, F. 140°, a) aus 125 mg **III** u. 190 mg OsO_4 in Ggw. von Pyridin u. Schütteln des hellbraunen krist. *Addukts* (378 mg) mit wss. KOH u. Mannit in Methylenchlorid; 130 mg; b) durch 10std. Hydrierung von I mit Raney-Ni bei 100° u. 100 atü in Feinsprit, Abtrennung von **VI** durch Kristallisation aus A./Bzl. bzw. PAe.; 47,5%. *Diacetat*, $C_{14}H_{24}O_4$, $Kp._{0,1}$ 100°. *Acetonid*, $C_{13}H_{24}O_2$, aus 0,5 g **V** u. Aceton in Ggw. von konz. H_2SO_4; Öl; $D.^{20}{}_4$ 0,9773, $n_D{}^{20}$ 1,4765; 470 mg. — *trans-Cyclodecandiol-(1.2)* (**VI**), $C_{10}H_{20}O_2$, F. 54° (PAe.), $Kp._{0,15}$ 105—113°, a) aus 100 mg **IV** u. 184 mg OsO_4 über 310 mg *Additionsverb.*; 84 mg; b) durch Hochvakuumdest. der Mutterlauge des aus I dargestellten **V**; 41%. *Diacetat*, $C_{14}H_{24}O_2$, Öl, $D.^{20}{}_4$ 0,9761, $n_D{}^{20}$ 1,4740; 650 mg aus 578 mg **VI**. — Durch Dehydratisierung von Cyclodecanol an Al_2O_3 im Wasserstrahlvakuum bei 400° wurde ein Gemisch von **III** u. **IV** erhalten, $Kp._{12}$ 74—76°, $D.^{20}{}_4$ 0,8712, $n_D{}^{20}$ 1,4867; 88%. 60 mg davon gaben mit OsO_4 u. anschließender chromatograph. Trennung an Al_2O_3 30 mg **V** u. 26 mg **VI**. 14,63 g des **III–IV**-Gemisches wurden durch Dest. mit einer hochwirksamen Kolonne in 14 Fraktionen zerlegt. 101,5 mg der Fraktion 3, $Kp._{14,7}$ 72,2—72,7°, $D.^{20}{}_4$ 0,8684, $n_D{}^{20}$ 1,4858, gaben mit OsO_4 56 mg **VI** u. kein **V**; 107 mg der Fraktion 11, $Kp._{14,7}$ 73,5°, $D.^{20}{}_4$ 0,8738, $n_D{}^{20}$ 1,4881, gaben mit OsO_4 68 mg rohes (38 mg reines) **V**. — Die durch 3std. Erhitzen von **III** bzw. **IV** mit p-Toluolsulfosäure im Einschlußrohr auf 170° erhaltenen KW-stoffe zeigten ident. Infrarotspektren, die auf viel **III** mit wenig **IV** hinweisen; 70 mg des Reaktiosgemisches gaben 60 mg **V**. — *cis-1.2-Oxidocyclodecan* (**VII**), $C_{10}H_{18}O$, $Kp._{11}$ 105°, aus 2,0 g **III** u. Benzopersäure in Chlf., 15 Std. bei 0°, Reinigung durch Chromatographie an Al_2O_3 u. Eluierung mit PAe./Bzl. (1 : 1); Öl, $D.^{20}_4$ 0,9619, n_D^{20} 1,4847; 227 mg; gibt keine Rk. mit Tetranitromethan; ein großer Teil wurde am Al_2O_3 hydrolyt. gespalten zu **VI** (878 mg), welches mit Methanol eluiert wurde. — *trans-1.2-Oxidocyclodecan* (**VIII**), $C_{10}H_{18}O$, Kp.$_{11}$ 105°, analog aus **IV**; $D.^{20}_4$ 0,9614, n_D^{20} 1,4840; 575 mg; Eluierung mit Methanol ergibt 514 mg viscoses *Öl*, Kp.$_{11}$ 125°, wahrscheinlich ungesätt. Alkohol. (Helv. chim. Acta **35.** 1598—1615. 1/8. 1952. Zürich, ETH, Organ.-chem. Labor.) H. ASCHERL. 1800

V. Prelog und **K. Schenker,** *Zur Kenntnis des Kohlenstoffringes.* 61. Mitt. *über die Oxydation von Cyclodecenen zu Cyclodecandiolen-(1.6), eine transanulare Reaktion.* (60. vgl. vorst. Ref.) Die Oxydation von cis- (I) bzw. trans-Cyclodecen (II) mit Perameisensäure führt nicht wie die Rk. mit OsO_4 zu den cis- bzw. trans-Cyclodecandiolen-(1.2). Aus **I** erhält man ein Gemisch von *Cyclodecen-(1)-ol-(3)* (**III**), *Cyclodecandiol-(1.6) vom F. 144°* (**IV**) u. zwei noch nicht identifizierte *Verbb.* $C_{10}H_{18}O_2$ *vom F 98°* (**V**) u. *vom F. 74°* (**VI**). Aus **II** wurden erhalten: *Cyclodecanon, Cyclodecandiol-(1.6) vom F. 152°* (**VII**), *trans-Dekalol-(1)* (**VIII**), **V** u. eine weitere *Verb.* $C_{10}H_{18}O_2$ *vom F. 63°*. Möglicherweise sind **V** u. **VI** bicycl. Oxyäther. — Folgender Entstehungsmechanismus für die identifizierten Oxydationsprodd. wird vorgeschlagen: Das durch Anlagerung an die Doppelbindung entstehende ion. Zwischenprod. stabilisiert sich nicht in n. S_N2-Rk. zum trans-Diol-(1.2), sondern infolge der besonderen räumlichen Verhältnisse am Zehnring a) durch Protonabspaltung zum Enol des Cyclodecanons bzw. zu **III**; b) durch transanulare S_N2-Rk. zu **IV** bzw. **VII**, indem die Sauerstoffbase an $C_{(6)}$ des Kations angreift u. gleichzeitig ein H^--Ion zum gegenüberliegenden $C_{(2)}$ wandert (demnach dürfte **IV** cis- u. **VII** trans-Konfiguration zukommen); c) in transanularer Rk. zu **VIII**, indem eines der beiden möglichen Carbeniumionen des Zwischenprod. mit $C_{(6)}$ bzw. $C_{(7)}$ unter Protonabspaltung reagiert.

Versuche (FF. korr.): **I** bzw. **II** wurden mit HCOOH u. 30%ig. wss. H_2O_2 geschüttelt, wobei das Gemisch zum Sieden kam, u. noch 3 Std. auf dem Wasserbad erhitzt. Das Reaktionsprod. wurde nach Verseifen mit KOH (in 50%ig. wss. Methanol) an Al_2O_3 chromatographiert u. mit PAe., PAe./Bzl., Bzl., Bzl./Ae., Ae./Aceton eluiert. — *Cyclodecanon-2.4-dinitrophenylhydrazon,* F. 165°, aus den Petrolüthereluaten aus **II**. — *trans-Dekalol-(1)* (**VIII**), $C_{10}H_{18}O$, F. 63°, sublimiert im Hochvakuum bei 61—62°, aus den ersten Benzoleluaten aus **II**. *p-Nitrobenzoat,* $C_{17}H_{21}O_4N$, F. 87° (Methanol). — *Cyclodecandiol-(1.6) vom F. 144°* (**IV**), $C_{10}H_{20}O_2$, aus den Ae./Aceton-Eluaten aus **I**; Nadeln aus Essigester/Methanol. *Diacetat,* F. 56—59°. *Di-p-nitrobenzoat,* $C_{24}H_{26}O_8N_2$, F. 176°, Kristalle aus Essigester/Methanol. — *Cyclodecandiol-(1.6)* vom F. 152° (**VII**), $C_{10}H_{20}O_2$, aus den Ae./Aceton-Eluaten aus **II**; Prismen aus Chlf./PAe.; *Diacetat,* F. 104,5°. — *Verb.* $C_{10}H_{18}O_2$ *vom F. 98°* (**V**), aus den Bzl./Ae.-Eluaten aus **I** u. aus den Ae.-Eluaten aus **II**; Nadeln aus Bzl./PAe.; *Mono-p-nitrobenzoat,* $C_{17}H_{21}O_5N$, F. 142°, aus Essigester/Feinsprit. — *Verb.* $C_{10}H_{18}O_2$ *vom F. 74°* (**VI**), aus den PAe./Bzl.-Eluaten aus **I** u. Sublimation im Hochvakuum. *Mono-p-nitrobenzoat,* $C_{17}H_{21}O_5N$, F. 128° (Methanol). — *Verb.* $C_{10}H_{18}O_2$ *vom F. 63°*, aus den späteren Benzoleluaten aus **II** u. Sublimation im Hochvakuum; Nadeln. *Mono-p-nitrobenzoat,* $C_{17}H_{21}O_5N$, F. 132° (Methanol). — *Cyclodecen-(1)-ol-(3)* (**III**), $C_{10}H_{18}O$, aus **I** durch Oxydation unter milderen Bedingungen, indem in Methylenchlorid gearbeitet u. nur auf 40° erwärmt wird, Elution mit PAe./Bzl.; Öl. Daneben entstanden die gleichen Prodd. wie bei energischerer Oxydation. *p-Nitrobenzoat,* $C_{17}H_{21}O_4N$, F. 152° (Essigester). — Infrarotabsorptionsspektren von **IV**, **IV**-Diacetat, **VII**, **VII**-Diacetat, **V** u. **VI** vgl. Original. (Helv. chim. Acta **35.** 2044—53. 15/10. 1952.) H. ASCHERL. 1800

V. Prelog, K. Schenker und **W. Küng,** *Zur Kenntnis des Kohlenstoffringes.* 62. Mitt. *Zur Kenntnis des Neunringes. Über die transanulare Oxydation der Cyclononene zu Cyclononandiolen-(1.5).* (61. vgl. vorst. Ref.) Die Darst. von *cis-Cyclononen* (**I**) aus Azelaoin über *Cyclononandion-(1.2)* u. *Cyclononin,* welches partiell hydriert wird, sowie von *trans-Cyclononen* (**II**) aus Cyclononanon über *Cyclononylmethylamin* u. HOFMANNschen Abbau der *quaternären Ammoniumbase* wird beschrieben; die Ergebnisse stimmen überein mit denjenigen von BLOMQUIST u. Mitarbeitern (C. **1953.** 7524). Bei der Oxydation mit OsO_4 entsteht aus **I** *cis-Cyclononandiol-(1.2)* (**III**), aus **II** das bisher noch unbekannte *trans-Cyclononandiol-(1.2)* (**IV**). Die für die Oxydation von **III** u. **IV** mit Pb(IV)-Acetat in Eisessig gemessenen Geschwindigkeitskonstanten k^{20} 2,87 u. 20,7 [$mol^{-1}\cdot$ $Liter\cdot min^{-1}$] passen gut zwischen die für die analogen 6- u. 10gliedrigen Ringverbb. gefundenen Werte (vgl. vorvorst. Ref.). Aus den Geschwindigkeitskonstanten für die Oxydation von **I** u. **II** mit Benzopersäure k^0 2,60 u. 21,0 läßt sich auf eine größere Ringspannung als bei den Cyclodecenen schließen. — Bei der Oxydation mit Perameisensäure (vgl. vorst. Ref.) liefert **I** *Cyclononanon* u. die zwei *stereoisomeren Cyclononandiole-(1.5) vom F. 82—84°* (**V**) u. *vom F. 66—67°* (**VI**); aus **II** entstehen ebenfalls **V** u. **VI** sowie *Cyclononanol* u. eine *fl. Verb.* $C_9H_{16}O_2$. **V** u. **VI** geben bei der Oxydation mit CrO_3 in Eisessig

$\Delta^{8,9}$-Hyrindenon-(4) (**VII**) u. das *bicycl. Halbacetal des 1-Oxycyclononanons-(5)* (**VIII**). Demnach tritt bei dieser Rk. wahrscheinlich 1-Oxycyclohexanon-(5) als Zwischenprod. auf. — Bei der Oxydation von **I** u. **II** handelt es sich wie bei der der Cyclodecene (vgl. vorst. Ref.) um eine transanulare Rk., die aber hier nicht stereospezif. verläuft. Wie aus analogen Verss. an Cycloocten (vgl. COPE u. Mitarbeiter, C. **1954**. 4605) u. Cyclohepten hervorgeht, dürften derartige transanulare Rkk. erst vom Achtring an möglich sein.

V e r s u c h e (FF. korr.): *Cyclononandion-(1.2)*, $Kp._{11}$ 94—98°, aus Azelaoin durch 2std. Kochen in 50%ig. Essigsäure in Ggw. von Cu-Acetat; n_D^{22} 1,4750; 95% (Ausbeute). *Bis-hydrazon*, F. 102—103°; 59%. — *Cyclononin*, $Kp._{13}$ 61—62°, durch Eintragen vorst. Hydrazone unter Rühren in ein sd. Gemisch von wasserfreiem Na_2SO_4, HgO u. Toluol; Öl, n_D^{23} 1,4480; 36%. — *cis-Cyclononen* (**I**), C_9H_{16}, $Kp._{60}$ 84—86°, durch Hydrieren von 4,75 g vorst. Verb. in Methanol mit Pd–Pb–Ca–Carbonat-Katalysator nach LINDLAR (C. **1953**. 1312): n_D^{20} 1,4783, $D._4^{19}$ 0,8665; 4,65 g. — *Cyclononylmethylamin*, $C_{10}H_{21}N$, $Kp._{11}$ 85—92°, durch Hydrierung von Cyclononanon u. Methylamin in Methanol mit RANEY-Ni bei 100° u. 80 atü; 51,5%. — *Cyclononyltrimethylammoniumjodid*, $C_{12}H_{26}NJ$, F. 273° (Zers., Aceton–Ae.), aus 11,9 g vorst. Verb. mit Methyljodid u. KOH in Methanol; 24,8 g. — *trans-Cyclononen* (**II**), C_9H_{16}, $Kp._{80}$ 94—96°, dest. beim Erhitzen der aus vorst. Verb. durch Schütteln mit Ag_2O in Methanol erhaltenen *freien Base* bei 100 Torr; Öl; n_D^{19} 1,4789; 49%. — *cis-Cyclononandiol-(1.2)* (**III**), $C_9H_{18}O_2$, F. 112°, aus 125 mg **I** u. 250 mg OsO_4 u. Hydrolyse der hellbraunen *Additionsverb.* (384,7 mg); Kristallplättchen; 156 mg. *Di-p-nitrobenzoat*, $C_{23}H_{24}O_8N_2$, F. 176° (Chlf./Methanol). *Diacetat*, $C_{13}H_{22}O_4$, $Kp._{15}$ 150°, $D._4^{19}$ 1,0634, n_D^{19} 1,4616. *Acetonid*, $C_{12}H_{22}O_2$, $Kp._{15}$ 125°, $D._4^{19}$ 0,9875, n_D^{19} 1,4680. — *trans-Cyclononandiol-(1.2)* (**IV**), $C_9H_{18}O_2$, F. 70°, aus 84 mg **II** u. 172 mg OsO_4 über 292,8 mg *Additionsverb.*: Kristalle; 95 mg. *Di-p-nitrobenzoat*, $C_{23}H_{24}O_8N_2$, F. 126 bis 131° (Methanol). *Diacetât*, $C_{13}H_{22}O_4$, $Kp._{11}$ 140°, $D._4^{19}$ 1,0631, n_D^{19} 1,4615. *Acetonid*, $C_{12}H_{22}O_2$, $Kp._{15}$ 125°, $D._4^{19}$ 0,9827, n_D^{91} 1,4653; 0,65 g aus 0,50 g **IV**. — 3,30 g **I** gaben mit 30%ig. H_2O_2 u. HCOOH u. anschließend alkal. Verseifung 1,54 g Öl, das an Al_2O_3 chromatographiert wurde. Das mit PAe./Bzl. (1 : 1) eluierte Öl (30 mg) gab mit 2.4-Dinitrophenylhydrazin *Cyclononanon-2.4-dinitrophenylhydrazon*, F. 146°. Die öligen Benzol- u. Bzl./Ae.-Eluate (453 mg) u. die öligen Ae.-Eluate (803 mg) wurden in p-Nitrobenzoate übergeführt, aus denen durch fraktionierte Kristallisation aus Chlf./Methanol **V**- u. **VI**-*Di-p-nitrobenzoat* im Verhältnis ca. 1 : 1 isoliert wurden. — Aus 3,10 g **II** wurden analog 1,48 g unverseifbare Verbb. erhalten, die durch Chromatographieren an Al_2O_3 in folgende Verbb. getrennt wurden: *Cyclononanol* als *p-Nitrobenzoat*, $C_{16}H_{21}O_4N$, F. 83° (CH_3OH), aus den Benzoleluaten. *Verb. $C_9H_{16}O_2$*, aus den öligen Bzl./Ae.-Eluaten (547 mg) durch Vakuumdest.; gibt keine Rk. mit Tetranitromethan; *Mono-p-nitrobenzoat*, $C_{16}H_{19}\cdot O_5N$, F. 112° (Chlf./Methanol). — *Cyclononandiol-(1.5) vom F. 82—84°* (**V**), $C_9H_{18}O_2$, aus den Ae.-Eluaten (410 mg). *Di-p-nitrobenzoat*, $C_{23}H_{24}O_8N_2$, F. 182—183° (Chlf./Methanol); wurde auch aus **I** erhalten. — *Cyclononandiol-(1.5) vom F. 66—67°* (**VI**), $C_9H_{18}O_2$, über das *Di-p-nitrobenzoat* [$C_{23}H_{24}O_8N_2$, F. 152—153° (CH_3OH)] aus den Ae./Chlf.-Eluaten aus **II** sowie den späteren Ae.-Eluaten aus **I**. Die Oxydation jedes der beiden Diole **V** u. **VI** mit CrO_3 in Eisessig bei Raumtemp. gibt **VII**. 1,07 g eines Gemisches von **V** u. **VI**, das aus Cyclononanol u. Al_2O_3 bei 15 Torr u. 400° über das Gemisch von **I** u. **II** ($Kp._{90}$ 90—95°) u. dessen Oxydation mit Perameisensäure erhalten wurde, lieferten nach Oxydation mit CrO_3 u. Chromatographieren an Al_2O_3 nachst. Verbb.: *$\Delta^{8,9}$-Hydrindenon-(4)* (**VII**), $C_9H_{12}O$, aus den PAe.-Eluaten (277 mg); dünnfl. Öl; *2.4-Dinitrophenylhydrazon*, $C_{15}H_{16}O_4N_4$, F. 250° (Chlf./Methanol); *Semicarbazon*, $C_{10}H_{15}ON_3$, F. 245° (Zers.; Methanol). *Cycl. Halbacetal des 1-Oxycyclononanons-(5)* (**VIII**), $C_9H_{16}O_2$, F. 50° (PAe.), aus den Ae.-Eluaten (255 mg); gibt mit CrO_3 in in Eisessig in Ggw. von verd. H_2SO_4 **VII**. — Infrarotabsorptionsspektren von **III**, **IV**, **V**, **VI**, **VIII** u. **VII** vgl. Original. (Helv. chim. Acta **36**. 471—82. 16/3. 1953.) H. ASCHERL. 1800

K. Schenker und **V. Prelog**, *Zur Kenntnis des Kohlenstoffringes.* 63. Mitt. *Über eine transanulare Cyclisierungsreaktion in der Cyclodecan- und Cyclononanreihe.* (62. vgl. vorst. Ref.) *α-Bromcyclodecanon* (**I**) entsteht bei der Bromierung von Cyclodecanon (**II**) mit 1 Mol N-Bromsuccinimid (**III**), das Rohprod. gibt mit Na-Methylat unter FAWORSKI-Umlagerung in guter Ausbeute die sonst schwer zugängliche (vgl. 58. Mitt., fünftvorst. Ref.) *Cyclononancarbonsäure*. Das Bromierungsprod. aus **I** u. 2 Mol **III** gibt jedoch mit Basen (Dimethylanilin) *trans-Dekalon-(1)* u. *$\Delta^{9,10}$-Oktalon-(1)*. Bei der Bromierung von Cyclononanon mit 1 Mol **III** erhält man neben nicht umgesetztem Ausgangsprod. *Dibromcyclononanon*, das mit Dimethylanilin *$\Delta^{8,9}$-Hydrindenon-(4)* gibt. — Der Mechanismus der Cyclisierung ist nicht bewiesen, möglicherweise erfolgt Abspaltung von Br^- u. anschließend Rk. des Carbeniumions mit $C_{(7)}$ bzw. $C_{(6)}$ unter Protonabspaltung.

V e r s u c h e (FF. korr.): *Cyclononancarbonsäure*, $C_{10}H_{18}O_2$, $Kp._{0,1}$ 114—115°, aus 10 g **II** u. 11,8 g **III** in sd. CCl_4 in Ggw. von Benzoylperoxyd über das bei Raumtemp.

ziemlich beständige, nicht destillierbare *Bromierungsprod.* I (gelbes Öl; 16,7 g [Ausbeute]), das bei —20° zu einer Lsg. von Na in Methanol gegeben u. nach Stehen über Nacht ½ Std. gekocht wurde; dickfl. Öl; 4,0 g aus 8,35 g I neben 1,08 g nachst. Neutralanteilen; Reinigung über den *Methylester*, $C_{11}H_{20}O_2$, Kp.$_{17}$ 122—123°, mit äther. Diazomethanlösung. *Anilid*, $C_{16}H_{23}ON$, F. 140—141°, Schuppen aus Methanol. — Aus den Neutralanteilen wurden ca. 3 g *Cyclodecandion-(1.2)-bis-2.4-dinitrophenylhydrazon* erhalten, F. 275°, ziegelrote Kristalle aus Methanol. — Das wie vorst. aus 8,8 g II u. 22,4 g III erhaltene *Bromierungsprod.* gab bei 2std. Erhitzen mit Dimethylanilin auf 170—175° ein noch bromhaltiges Öl, das fraktioniert dest. wurde. Fraktion 1, Kp.$_{11}$ 100—106°, 0,28 g, gab *trans-Dekalon-(1)-2.4-dinitrophenylhydrazon* (IV), $C_{16}H_{20}O_4N_4$, F. 222—223°. Die übrigen Fraktionen: 2, Kp.$_{11}$ 106—116°, 0,98 g; 3, Kp.$_{11}$ 116—123°, 1,18 g u. 4, Kp.$_1$ 123—130°, 1,05 g, gaben nach Hydrierung IV, bei direkter Umsetzung mit 2.4-Dinitrophenylhydrazin ein Gemisch von IV (lösl. in heißem Essigester) u. *$\Delta^{9.10}$-Oktalon-(1)-2.4-dinitrophenylhydrazon*, $C_{16}H_{18}O_4N_4$, F. 264—266°, unlösl. in heißem Essigester, dunkelrote Nadeln aus Chlf./Methanol. — Das Bromierungsprod. aus 3,35 g Cyclononanon u. 8,30 g III gab nach 1std. Erhitzen mit Dimethylanilin auf 150° 4,72 g eines noch bromhaltigen Öls, das nach ½ std. Kochen mit methanol. KOH 0,36 g *Cyclooctancarbonsäure* (*Anilid*, F. 129 bis 130°) u. 2,50 g ölige Neutralanteile gab, welche durch Chromatographie an Al_2O_3 getrennt wurden in 0,81 g *Cyclononanon* (aus den PAe.-Eluaten, *2.4-Dinitrophenylhydrazon*, F. 139—140°) u. 1,59 g Öl (aus den PAe./Bzl. (1 : 1)-Eluaten). Dieses gab 1,42 g *$\Delta^{8.9}$-Hydrindenon-(4)-2.4-dinitrophenylhydrazon*, $C_{15}H_{16}O_4N_4$, F. 248—250°, dunkelrote Kristalle aus Chlf./Methanol. Schlechtere Ausbeuten mit 1 Mol III u. Na-Methylat oder mit 2 Mol III u. Umsetzung des Bromierungsprod. mit methanol. KOH. (Helv. chim. Acta **36**. 896—900. 15/6. 1953.) H. ASCHERL. 1800

C. Berger und **O. Becher,** *Umsetzung von Hexachlorcyclopentadien mit Olefinen.* Vff. beschreiben die Umsetzung von siebzehn Olefinen mit Hexachlorcyclopentadien (I) (vgl. RIEMSCHNEIDER u. Mitarbeiter, Z. Naturforsch. **8b**. [1953.] 696). Insekticide Wrkg. (Testtier: Musca domestica, im Schalentest) zeigen nur die Addukte von I mit 4-Methyl-, 4-Äthyl-, 4-Propylcyclohexen-(1) u. Allylchlorid.

V e r s u c h e: Die A d d u k t e a u s I u. den nachst. O l e f i n e n vom Kp. > 75° wurden durch 5—6std. Kochen äquimol. Mengen der Komponenten dargestellt, bei Olefinen vom Kp. < 75° durch Erhitzen im geschlossenen Rohr: *Cyclohexen-*, $C_{11}H_{10}Cl_6$, Kp.$_{1,5}$ 162—165°, F. 75°; 92% (Ausbeute). — *4-Methylcyclohexen-(1)-*, $C_{12}H_{12}Cl_6$, Kp.$_1$ 155—160°; 90%. — *4-Äthylcyclohexen-(1)-*, $C_{13}H_{14}Cl_6$, Kp.$_{0,9}$ 164—167°; 80%. — *4-Propylcyclohexen-(1)-*, $C_{14}H_{16}Cl_6$, Kp.$_{0,8}$ 170—175°, F. 42°; 75%. — *Penten-(1)-*, $C_{10}H_{10}Cl_6$, Kp.$_2$ 138—142°; 21%. — *4-Chlorpenten-(1)-*, $C_{10}H_9Cl_7$, Kp.$_4$ 161—165°; 72%. — *Penten-(2)-*, Kp.$_{3,5}$ 140—144°; 33%. — *2-Methylbuten-(3)-*, $C_{10}H_{10}Cl_6$, Kp.$_3$ 150—154°; 32%. — *Amylen-*, $C_{10}H_{10}Cl_6$, Kp.$_6$ 147—151°; 28%. — *Hexen-(1)-*, $C_{11}H_{12}Cl_6$, Kp.$_2$ 147 bis 150°; 55%. — *Hexen-(2)-*, $C_{11}H_{12}Cl_6$, Kp.$_1$ 149—152°; 44%. — *Hexylen-*, $C_{11}H_{12}Cl_6$, Kp.$_{0,6}$ 140—144°; 39%. — *2-Methylpenten-(3)-*, $C_{11}H_{12}Cl_6$, Kp.$_{0,5}$ 138—142°; 17%. — *2.2-Dimethylbuten-(3)-*, $C_{11}H_{12}Cl_6$, Kp.$_1$ 138—145°, F. 25°; 31%. — *Hepten-(1)-*, $C_{12}H_{14}Cl_6$, Kp.$_{0,7}$ 152—155°; 54%. — *Hepten-(3)-*, $C_{12}H_{14}Cl_6$, Kp.$_{0,6}$ 148—153°; 45%. — *Allylchlorid-*, $C_8H_5Cl_7$, Kp.$_2$ 145—147°; 90%. (Z. Naturforsch. **9b**. 684. Okt. 1954. Chemnitz.) G. WINKLER. 1810

Stanley H. Harper und **Hugh W. B. Reed,** *Versuche über die Synthese von Pyrethrinen.* 9. Mitt. *Die Addition von Diazoessigsäureäthylester an Sorbinsäureester.* (8. vgl. CROMBIE u. HARPER, C. **1953**. 5846.) In sd. Ligroin u. in Ggw. von Cu-Bronze reagiert Diazoessigester (I) mit Sorbinsäuremethylester (II) unter N_2-Entw. u. Bldg. der krist. isomeren *2-[2'-Carboxyvinyl]-3-methylcyclopropan-1-carbonsäuren* (**IIIa** u. **IIIb**); in jedem Falle war die *γ.δ*-Äthylenbindung die reaktionsfähige Additionsstelle (vgl. hierzu auch GUHA u. SANKARAN, Ber. dtsch. chem. Ges. **70**. [1937.] 2109). *α-Methylsorbinsäuremethylester* (IV) liefert analog eine ölige *Additionsverb.* (V), die bei der

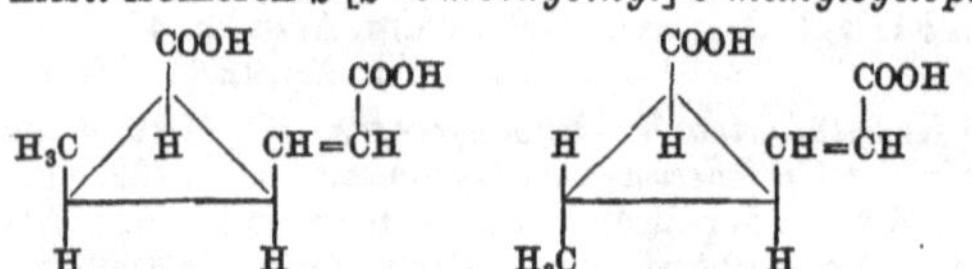

IIIa IIIb

Ozonolyse zu der gleichen *3-Methylcyclopropan-1.2-dicarbonsäure* (VI) führt, die auch bei der Ozonolyse von **IIIb** erhalten wird. Die Konfiguration der III u. VI ergab sich aus dem Vgl. der bekannten drei Isomeren von VI, von denen die *cis.cis*-Säure (**VIa**, F. 184°) nach GOSS, INGOLD u. THORPE (J. chem. Soc. [London] **1923**. 3342) aus *cis-3-Methylcyclopropan-1.1.2-tricarbonsäure* (**VII**) dargestellt wurde, u. der Annahme, daß **II** u. **IV** in der trans.trans-Form vorliegen.

V e r s u c h e: *Sorbinsäure*, F. 133—134°, nach REFORMATSKI 18%, nach KNOEVENAGEL 28—32% (Ausbeute). *Methylester* (II), Kp.$_{12}$ 72°, D.$^{25}_4$ 0,9605, n_D^{25} 1,4950. —

α-Methylsorbinsäure, F. 100°, nach REFORMATSKI; 25%. *Methylester* (**IV**), $Kp._{12}$ 86°, n_D^{20} 1,5044, mit methanol. H_2SO_4; λ_{max} 263 mμ (ε = 27400). — *Esteraddukt* **V**, $Kp._3$ 122 bis 128°, aus **IV** in heißem PAe. (Kp. 100—120°) u. Cu-Bronze unter Zugabe von **I** in exothermer Rk. unter Entw. von N_2; 10%; durch Verseifung die freie Säure als Harz. — *cis-2-[trans-2'-Carboxyvinyl]-cis-3-methylcyclopropan-1-carbonsäure* (**IIIa**), $C_8H_{10}O_4$, F. 184° (Essigester), wie **V** aus **II** u. **I**, Trennen des rohen Esters in 6 Fraktionen vom $Kp._{12}$ 138—151°, $D._4^{25}$ 1,095—1,100, n_D^{25} 1,469—1,479, $[R_L]_D$ 53,8—54,8, Verseifen der einzelnen Fraktionen u. Verreiben der einzelnen harzigen, nach einigem Stehen teilweise kristallisierenden Säurefraktionen mit Essigester; λ_{max} 279 mμ (ε = 17600). *Di-p-nitrobenzylester*, $C_{22}H_{20}O_8N_2$, F. 134° (A.), Nadeln. *Di-p-phenylphenacylester*, $C_{36}H_{30}O_6$, F. 164° (Aceton + A.), Tafeln. — *cis-2-[trans-2'-Carboxyvinyl]-trans-3-methylcyclopropan-1-carbonsäure* (**IIIb**), $C_8H_{10}O_4$, F. 195° (Essigester), aus dem Filtrat von **IIIa** durch Eindampfen u. Extrahieren des Rückstandes mit heißem Wasser; λ_{max} 229 mμ (ε = 19400). *Di-p-nitrobenzylester*, $C_{22}H_{20}O_8N_2$, F. 112° (A.), Prismen. *Di-p-phenylphenacylester*, $C_{36}H_{30}O_6$, F. 153° (Aceton + A.). — *cis-3-Methylcyclopropan-cis-1.2-dicarbonsäure* (**VIa**), $C_6H_8O_4$, F. 135° (Bzl.), a) aus **IIIa** u. Ozon in Chlf. bei 0°, Eindampfen der Lsg. unter vermindertem Druck u. Erwärmen des Rückstandes mit W., b) analog aus **V**, neben *Brenztraubensäure* [*2.4-Dinitrophenylhydrazon*, F. 212°], c) aus **VII** bei 225°, Hydrolysieren des erhaltenen Anhydrids mit W. u. Kristallisieren des Verdampfungsrückstandes. *Di-p-nitrobenzylester*, $C_{20}H_{18}O_8N_2$, F. 135° (A.), Tafeln. *Di-p-phenylphenacylester*, $C_{34}H_{28}O_6$, F. 175° (Aceton + A.), Tafeln. *Di-p-bromphenacylester*, $C_{22}H_{18}O_6Br_2$, F. 166°. — *trans-3-Methylcyclopropan-cis-1.2-dicarbonsäure* (**VIb**), $C_6H_8O_4$, F. 138° (Bzl., 1. F. 95—105° unter Gasentw.), analog aus **IIIb**. *Di-p-nitrobenzylester*, $C_{20}H_{18}O_8N_2$, F. 129°. *Di-p-bromphenacylester*, $C_{22}H_{18}O_6Br_2$, F. 171°. *Di-p-phenylphenacylester*, $C_{34}H_{28}O_6$, F. 193° (Aceton + A.). — *3-Methylcyclopropan-trans-1.2-dicarbonsäure*, in geringer Menge neben **VIa** nach c). *Di-p-bromphenacylester*, $C_{22}H_{18}O_6Br_2$, F. 123,5° (A.), Prismen. — *cis-3-Methylcyclopropan-1.1.2-tricarbonsäuretriäthylester*, $Kp._{18}$ 158—172°, nach GOSS, INGOLD u. THORPE (l. c.). — *cis-3-Methylcyclopropan-1.1.2-tricarbonsäure* (**VII**), F. 207° (Zers., Essigester), aus Vorst. a) mit sd. wss. HCl (1 : 1) u. Eindampfen der erhaltenen Lsg., b) mit KOH in sd. A. (2½ Std.), Extrahieren des unveränderten Esters mit Ae., Ansäuern u. Extrahieren mit Äther. — *γ-Methylparaconsäure*, F. 78—79° (Bzl.), analog mit sd. 20%ig. HCl unter Abdest. des A. u. Eindampfen; Tafeln. (J. chem. Soc. [London] **1955**. 779—84. März. Strand, Univ. of London, King's Coll.) H. GOLD. 2020

W. von E. Doering und **C. H. DePuy**, *Diazocyclopentadien*. Die zunächst geplante Synth. von *Diazocyclopentadien* (**I**) aus dem *Dimeren von Cyclopentadienonoxim* (**II**; *1.8-Dioximino-4.7-methano-3a.4.7.7a-tetrahydroinden*) über das Bis-hydrazon u. die Bis-diazoverb. (Dimeres von **I**) wurde aufgegeben, da die Darst. von **I** aus Cyclopentadienyl-Li u. p-Toluolsulfonylazid gelang, wobei als Nebenprod. *p-Toluolsulfonamid* anfällt. Eine der Oximinogruppen von **II** wird leicht hydrolysiert, wahrscheinlich unter Bldg. von *1-Oximino-8-keto-4.7-methano-3a.4.7.7a-tetrahydroinden*. Die Sublimation von **II** führte zu einem instabilen *gelben Isomeren*, vielleicht einem *Nitrosotautomeren*, das sich schnell wieder in **II** zurückverwandelt. Die katalyt. Red. von **I** liefert *Cyclopentanonhydrazon*. — Infrarot- u. UV-Spektr. von **I** sind graph. wiedergegeben.

V e r s u c h e (FF. u. Kpp. korr.): *1.8-Dioximino-4.7-methano-3a.4.7.7a-tetrahydroinden* (**II**), F. 178—180° (Zers.), aus einer $NaOC_2H_5$-Lsg. (aus 1 Mol Na) u. einem Gemisch von 0,95 Mol Äthylnitrit u. 0,95 Mol Cyclopentadien < 15°, 1 std. Rühren, Verdünnen mit W., Vakuumeinengen bei 40°, Ausäthern, Einleiten von CO_2 in die wss. Lsg. u. kontinuierliches Ausäthern der abfiltrierten schwarzen M.; 65 g (Ausbeute); nicht aus W. umkristallisierbar. *Dibenzoat*, F. 208—209° (Chlf. + A.). — *Gelbes Isomeres* von **II**, $C_{10}H_{10}O_2N_2$, schm. bei 60—61°, wird bei 110—115° fest. u. schm. dann bei 155—157° (Zers.), bei der Sublimation von **II** bei 80°/1 mm. — *1-Oximino-8-keto-4.7-methano-3a.4.7.7a-tetrahydroinden*, $C_{10}H_9O_2N$, F. 148—149°, aus 1 g **II** in wss. Oxalsäure durch Dampfdest. u. Ausäthern; 0,8 g. — *Diazocyclopentadien* (**I**), $C_5H_4N_2$, F. —23 bis —22°, $Kp._{50}$ 52—53°, aus p-Toluolsulfonylazid u. Cyclopentadienyl-Li in Ae. unter N_2, Filtrieren u. Dest.; gelbe Nadeln aus A. u. dann Pentan bei — 70° bzw. rote Fl.; n_D^{25} 1,6150; $D._{25}^{29}$ 1,059; 35%. Aus dem Nd. *p-Toluolsulfonamid*, F. 135—136°; 29%. — *Cyclopentanonhydrazon*, $Kp._2$ 42—43°, a) aus **I** in Ae. durch Hydrieren über ADAMS-Pt-Katalysator, Abdampfen u. Dest.; n_D^{26} 1,5058; b) aus Hydrazinhydrat u. Cyclopentanon in A., Kochen u. Destillation. (J. Amer. chem. Soc. **75**. 5955—57. 5/12. 1953. New Haven, Conn., Yale Univ., Sterling Chem. Labor., u. New York, N. Y., Columbia Univ., Havemeyer Labor.) H. LEHWALD. 2110

C. A. MacKenzie und **G. Chuchani**, *Tritylierung aromatischer Verbindungen*. Bei Einw. von Triphenylchlormethan (**I**) auf substituierte Benzole C_6H_5X (X = OH, NR_2, NH_2, NHR, OR, $NHCOCH_3$) in der Wärme erfolgt Tritylierung in p-Stellung, bei

X = OR unter gleichzeitiger Spaltung der Ätherbindung. Verbb. mit X = NO_2, COOH, Cl, Br, J, Alkyl reagieren nicht, Thiophenol gibt nur das Sulfid bzw. bei höherer Temp. Triphenylmethan (II). II, das auch in einigen anderen Fällen auftrat, ist immer von nichtkristallisierenden Prodd. unbekannter Zus. begleitet u. entsteht bei relativ hohen Tempp. vermutlich über Radikale nach folgendem Schema (Tr = Trityl): a) I → Tr· + Cl·; b) Cl· + XC_6H_5 → HCl + XC_6H_4·; c) 2 Tr· + HCl → I + II; d) 2 XC_6H_4· → [XC_6H_4·C_6H_4X](+Cl·) → Harz + HCl. Die Bldg. von II wird vermieden durch Arbeiten bei möglichst niedriger Temperatur. Die p-Tritylierung erfolgt wahrscheinlich durch Angriff eines Triphenylcarboniumions auf den Benzolkern in p-Stellung. — Eine Anzahl p-tritylierter Verbb. entsteht auch bei Einw. von Triphenylcarbinol (III) in der Wärme auf aromat. Verbb. in Eisessig in Ggw. von H_2SO_4 oder HCl. So entsteht *p-Methoxytetraphenylmethan* aus Anisol (mit HCl), dagegen wird bei Phenetol unter den Reaktionsbedingungen die Ätherbindung gespalten. Acetanilid gibt mit H_2SO_4 das p-Tritylderiv., mit HCl unter Abspaltung der Acetylgruppe *p-Aminotetraphenylmethan*. Thiophenol gibt nur das Sulfid. Keine Tritylierung erfolgt bei X = Cl, Br, J, NO_2, COOH sowie bei Bzl. u. Naphthalin. Aus Toluol erhält man mit HCl, nicht aber mit H_2SO_4 *p-Methyltetraphenylmethan*. Durch Einw. von H_2SO_4 auf III entsteht II, das bei allen mit H_2SO_4 durchgeführten Rkk. als Nebenprod. auftrat; mit HCl entstehen reinere Produkte. Die Rk. tritt nur in p-Stellung ein, anscheinend infolge der Größe der Tritylgruppe. Triphenylmethylphenyläther wird unter den gleichen Reaktionsbedingungen umgelagert zu *p-Oxytetraphenylmethan*, analog auch N-Triphenylmethylanilin; Vff. nehmen jedoch an, daß diese Verbb. nicht als Zwischenprodd. auftreten.

Versuche: Nachst. Verbb. wurden erhalten a) durch Erhitzen von I mit einem geringen Überschuß der aromat. Verb. ohne Lösungsmittel; b) durch Erhitzen eines Gemisches von III, konz. Säure u. aromat. Verb. im Molverhältnis ca. 1:1:1 in Eisessig. Identifizierung der Prodd. durch Mischschmelzpunkt. Nachst. sind angegeben: F., Ausgangsmaterial, Meth., Reaktionstemp., Reaktionszeit, Kristallisationsmedium; Ausbeute. *Triphenylmethylphenylsulfid*, 105,0—105,5°, aus Thiophenol, a), 40—45°, 8 Std.; 90%; b) Rückfluß, 1 Std., A.; 87%. — *4-[Triphenylmethyl]-naphthol-(1)*, 204—205°, aus α-Naphthol, a) 80—90°, 4 Std.; 93%; b) HCl, Rückfluß, 4 Tage, A.; 91%. — *1-[Triphenylmethyl]-naphthol-(2)*, 227—228°, aus β-Naphthol, a) 125—135°, 4 Std.; 80%; b) HCl, Rückfluß, 4 Tage, A.; 73%. — *4-Oxy-3-methyltetraphenylmethan*, 182—183°, aus o-Kresol; b) HCl, Rückfluß, 70 Std., A.; 89%. — *4-Oxy-2-methyltetraphenylmethan*, 213—214°, aus m-Kresol; b) HCl, Rückfluß, 97 Std., Essigsäure; 63%. — *p-Methoxytetraphenylmethan*, 194—195°, Anisol, b) HCl, Rückfluß, 16 Std., Essigsäure; 89%. — *p-Oxytetraphenylmethan*, 284—285°, aus Phenol, b) HCl, Rückfluß, 8 Std.; 92%; aus Anisol, a) Rückfluß, 23 Std.; 82%; aus Phenetol, a) 110—120°, 6 Std.; 95%; b) HCl, Rückfluß, 14 Std., Essigsäure; 85%. — *p-Aminotetraphenylmethan*, 256—257°, aus Anilin, a) Rückfluß, 2 Std.; 96%; b) H_2SO_4, Rückfluß, 6 Std.; 85%; aus Acetanilid, b) HCl, Rückfluß, 14 Std., Toluol; 95%. — *p-Methylaminotetraphenylmethan*, 211—212°, aus N-Methylanilin, a) 110—115°, 1 Std., A.; 83%. — *p-Äthylaminotetraphenylmethan*, 172—173°, aus N-Äthylanilin, a) 120—130°, 3 Std., Ligroin; 72%. — *p-Dimethylaminotetraphenylmethan*, 210—211°, aus Dimethylanilin, b) H_2SO_4, 75—80°, 4 Std.; 91%; oder b) HBr, Rückfluß, 14 Std., Aceton; 90%. — *p-Acetamidotetraphenylmethan*, 233 bis 234°, aus Acetanilid, a) 125—135°, 8 Std.; 93%; b) H_2SO_4, 75—80°, 4 Tage, Toluol; 38%. — *p-Methyltetraphenylmethan*, 163,0—163,5°, aus Toluol, b) HCl, Rückfluß, 4 Tage, Chlf./A.; 36%. — *Triphenylmethan* (II), F. 93,0—93,5° (A. oder Bzl.), entstand bei folgenden Verss.: Thiophenol a) >80°, 6 Std.; 83%; Dimethylanilin, b) H_2SO_4, >85°, 5 Std.; 81%; Acetanilid, a) 8 Std., >140°; 81%; oder b) H_2SO_4, >85°, 18 Std.; 86%; Bzl., b) H_2SO_4, >67°, 22 Std.; 80%; oder b) HBr, Rückfluß, 16 Std.; 85%; Toluol, b) H_2SO_4, >75°, 52 Std.; 70%. — II entsteht auch bei 15std. Kochen einer Mischung von III, konz. H_2SO_4 u. Eisessig; 90%. — Keine Rk. trat ein nach a) bei Toluol, Äthylbenzol, Cumol, tert.-Butylbenzol (Rückfluß, 44 Std.), Chlor-, Brom- u. Jodbenzol (Rückfluß, 3 Tage), Benzoesäure (90—100°, 16 Std.), Nitrobenzol (Rückfluß, 44 Std.) u. nach b) bei Bzl. (HCl oder H_3PO_4, Rückfluß, 2 Tage), Naphthalin, Chlor-, Brom-, Jod-, Nitrobenzol u. Benzoesäure (HCl, Rückfluß, 4 Tage). — Umlagerung von N-Triphenylmethylanilin durch 14std. Kochen mit Eisessig u. konz. HCl oder H_2SO_4 → *p-Aminotetraphenylmethan*, 80% (HCl) bzw. 50% (H_2SO_4). — Analog *p-Oxytetraphenylmethan* aus Triphenylmethylphenyläther, 16 Std.; 80% bzw. 67%. — Triphenylmethylphenylsulfid gibt unter gleichen Bedingungen (18 Std.) III u. Thiophenol. (J. org. Chemistry **20**. 336—45. März 1955. New Orleans, La., Tulane Univ., Richardson Chem. Labors.) H. ASCHERL. 2200

Robert E. Lyle, Elmer J. DeWitt, Nancy M. Nichols und Wallace Cleland, *Säurekatalysierte Kondensationen.* 1. Mitt. *1.3.5-Triarylbenzole.* Eine Anzahl substituierter

Acetophenone wurde in Ggw. von HCl in *symm. substituierte Triarylbenzole* verwandelt. Als Lösungsm. ist A. geeigneter als CH_3OH u. dieses geeigneter als Gemische mit Dioxan. Die Tris-[nitrophenyl]-benzole konnten nicht dargestellt werden, da sich die intermediären *Dypnone* infolge ihrer Schwerlöslichkeit der Weiterkondensation entziehen. Der Reaktionsmechanismus ist komplex; Substituenten, die die Negativität der Acetylgruppe erhöhen, hemmen die Kondensation. Acetophenone mit elektronenabgebenden Substituenten, wie p-Aminoacetophenon, konnten nicht untersucht werden, da Salzbldg. eintrat. Aus p-Dimethylaminoacetophenon entstand ein stark gefärbter Nd., wahrscheinlich ein Pyryliumsalz; bei Verwendung von p-Methoxyacetophenon bildete sich als Nebenprod. *2.4.6-Tris-[p-methoxyphenyl]-pyryliumchlorid.* Die FF. der *Tris-[halogenphenyl]-benzole* nehmen in der p-Reihe von F- bis zum J-Deriv. zu, in der m-Reihe ab. Der F. des hochsymm. *Tris-[p-tert.-butylphenyl]-benzols* liegt um über 100° höher als die FF. der anderen Tris-[p-alkylphenyl]-benzole.

Versuche: Die Kondensationen erfolgten nach Meth. **A** durch Sättigen einer Lsg. des Acetophenons in Methanol–Dioxan (1:1) unter Kühlen mit HCl bis zur Gewichtskonstanz, 18tägiges Stehen u. Filtrieren (aus dem Filtrat können durch Gießen in W. u. Ausziehen mit PAe. *Dypnone* u. Polymere isoliert werden); nach Meth. **B** ebenso in absol. A. u. 30tägiges Stehen; nach Meth. **C** in 60% absol. Methanol u. 40% Dioxan; nach Meth. **D** in absol. Methanol. — *symm.-Triphenylbenzol*, F. 172°, nach **A** 26%, nach **B** 49% (Ausbeute). — symm.-Tris-[aryl]-benzole: *-p-tolyl-*, F. 178°, nach **A** 5%, nach **B** 33%, nach **D** 12%. — *-p-äthylphenyl-*, $C_{30}H_{30}$, F. 114°, nach **A** 8%, nach **B** 20%, nach **D** 23%. — *-p-isopropylphenyl-*, $C_{33}H_{36}$, F. 166°, nach **A** 19%, nach **B** 43%. — *-p-tert.-butylphenyl-*, $C_{36}H_{42}$, F. 206°, nach **A** 21%, nach **B** 74%. — *-p-fluorphenyl-*, $C_{24}H_{15}F_3$, F. 238°, nach **A** 9%, nach **C** 7%, nach **D** 19%. — *-p-chlorphenyl-*, F. 246°, nach **A** 14%, nach **B** 49%, nach **C** 10% u. nach **D** 18%. — *-p-bromphenyl-*, $C_{24}H_{15}Br_3$, F. 262°, nach **A** 15%, nach **B** 52%, nach **C** 11% u. nach **D** 5%, daneben 46% *p.p'-Dibromdypnon* ($C_{16}H_{12}OBr_2$, F. 104°). — *-p-jodphenyl-*, $C_{24}H_{15}J_3$, F. 265°, nach **C** 17%; dagegen nach **A** 45%, nach **B** 85% *p.p'-Dijoddypnon* ($C_{16}H_{12}OJ_2$, F. 136°). — *-p-methoxyphenyl-*, F. 143° (Essigsäure), nach **B** in 4monatiger Rk. u. Ausziehen mit Ae.; 54%; aus dem in Ae. Unlösl. *2.4.6-Tris-[p-methoxyphenyl]-pyryliumchlorid*, F. 197—204° (Zers.); *Pikrat*, F. 276—283° (Zers.). — *-m-fluorphenyl-*, $C_{24}H_{15}F_3$, F. 173°, nach **A** 8%. — *-m-chlorphenyl-*, $C_{24}H_{15}Cl_3$, F. 171°, nach **A** 9%. — *-m-jodphenyl-*, $C_{24}H_{15}O_3$, F. 104°, nach **A** 14%. — *-m-nitrophenyl-*, $C_{24}H_{15}O_6N_3$, F. 310°, nach **A** Spuren neben *3.3'-Dinitrodypnon* ($C_{16}H_{12}\cdot O_5N_2$, F. 120°; 57%). — p-Nitroacetophenon gab nach **A** nur *4.4'-Dinitrodypnon*, $C_{16}H_{12}\cdot O_5N_2$, F. 153°; 73%; o-Nitroacetophenon reagierte nicht. (J. Amer. chem. Soc. **75**. 5959—61. 5/12. 1953. Durham, N. H., Univ., u. Oberlin Coll., Depp. of Chem.)

H. LEHWALD. 2210

Wilson Baker, J. A. Godsell, J. F. W. McOmie und **T. L. V. Ulbricht,** *Struktur und Konfiguration der beiden festen Dimeren von Isosafrol.* Durch Überführung der beiden festen Dimeren des Isosafrols **Ia** (F. 144°) u. **Ib** (F. 92°) durch Entmethylenierung u. nachfolgende Methylierung in das γ*(cis–trans)*- bzw. das α*(trans.trans)-Racemat des Diisoeugenoldimethyläthers* (vgl. MÜLLER u. Mitarbeiter, C. **1954.** 1234) konnte gezeigt werden, daß **Ia** u. **Ib** in Übereinstimmung mit einer früheren Annahme (vgl. C. **1953.** 7287) Stereoisomere der Struktur *1-Äthyl-2-methyl-5.6-methylendioxy-3-[3.4-methylendioxyphenyl]-indan* sind, die sich durch die Konfiguration an $C_{(1)}$ unterscheiden.

Versuche: *Diisosafrol:* **Ib**, F. 92° durch Erhitzen von Isosafrol mit konz. HCOOH; 69% (Ausbeute). **Ia**, F. 142°, durch 5std. Erhitzen von 50 g Isosafrol mit $ZnCl_2$ auf 140—150° u. Ausäthern; 4,03 g; daneben 4,37 g **Ib**. — *Diisoeugenoldimethyläther*, α*-Racemat*, F. 105—106° (CH_3OH), aus 5 g **Ib** in Bzl. u. PCl_5 durch $1^1/_2$std. Erwärmen, Gießen auf Eis, Vakuumabdampfen der Benzolschicht unter N_2, Methylieren mit $(CH_3)_2SO_4$ + 20%ig. NaOH in CH_3OH unter N_2, 3std. Kochen, Vakuumabdampfen, Alkalisieren, Ausäthern, Dest. bei 195—200°/0,5 mm, Chromatographie aus A. an Al_2O_3 Eluieren mit Bzn. u. CH_3OH; Nadeln aus CH_3OH; 0,9 g. γ*-Racemat*, F. 100°, $Kp._1$ 200 bis 210°, aus **Ia** wie vorst. u. Methylieren in Aceton; Prismen aus CH_3OH; 0,63 g. (J. chem. Soc. [London] **1953.** 4058—60. Dez. Bristol, Univ.) H. LEHWALD. 2650

P. R. Hills und **F. J. McQuillin,** *Synthese in der Santoninreihe.* 3. Mitt. *Die Verwendung β-substituierter Vinylketone.* (2. vgl. C. **1953.** 6057.) Die Ausbeute bei der Kondensation des Na-Enolats von 2-Methylcyclohexanon (**III**) mit $RCH{=}CHCOC_2H_5$ (R = Cl[**II**], CH_3O[**IV**], $N[C_2H_5]_2$[**VIII**] u. $[C_5H_5N^+]Cl^-$ [**V**]) zu *2.5.6.7.8.10-Hexahydro-1.10-dimethyl-2-oxonaphthalin* wird mit Ausnahme von **VIII**, das nicht reagiert, durch verschied. R-Substituenten nicht beeinflußt u. ist etwa von gleicher Größenordnung bei der Kondensation von **III** mit Pentin-(1)-on-(3) (**I**; l. c.). Desgleichen tritt auch hier als Nebenprod. *1-Methyl-1-[3'-oxopenten-(1')-yl]-cyclohexanon-(2)* (**VI**) auf. Es zeigte sich aber, daß die Ausbeute vom verwendeten Metallion im Enolat von III abhängig ist. Während mit dem Na-Enolat 3—4% Kondensationsprod. entstehen, bilden sich mit dem Ca-Enolat 12—14% u. mit dem Li-Enolat 20%. Durch Hydrierung entsteht *1.10-Dimethyldekalon-(2)*. Bei der Kondensation von 1-Isopropoxybuten-(1)-on-(3) (VII) mit Na-Malonsäurediäthylester entsteht *1.1-Bis-[äthoxycarbonyl]-penten-(2)-on-(4)* u. als Nebenprod. *6-Methylpyron-(2)-carbonsäure-(3)-äthylester*. **IV** entsteht aus **II** durch Rk. mit $NaOCH_3$ zu *1.1-Dimethoxypentanon-(3)* u. Rk. mit p-Toluolsulfonsäure. **VIII** liefert bei der Hydrolyse in wss. warmer Säure *1.3.5-Tripropionylbenzol* (**IX**), nach Oxydation *Trimesinsäure*. **IX** entsteht auch aus **II** u. alkoh. K-Acetat. Im UV-Spektr. von **IX** ist ein deutlicher bathochromer Effekt zu erkennen, dessen möglicher Ursprung eingehend erörtert wird.

Versuche: *2-Methylpenten-(2)-al, 2.4-Dinitrophenylhydrazon*, $C_{12}H_{14}O_4N_4$, F. 158°, bei der Darst. von I aus Acetylen u. Propionaldehyd nach ADAMS u. MCGREW (J. Amer. chem. Soc. 59. [1937.] 1497) bei zusätzlicher Kühlung der fl. NH_3-Lsg. mit CO_2 + A. als Hauptprodukt. — *1-Chlorpenten-(1)-on-(3)* (II), C_5H_7OCl, Kp.$_{12}$ 57—59°, aus 272 g $AlCl_3$ + 203,6 g Propionylchlorid unter Eis-Kochsalzkühlung, Einleiten von Vinylchlorid bis zur Gewichtszunahme von 137,5 g, Zufügen von Eis u. Isolieren mit Chlf.; 190 g (Ausbeute). *2.4-Dinitrophenylhydrazon*, $C_{11}H_{11}O_4N_4Cl$, F. 166°, aus A. orangegelbe Prismen. — *1-Diäthylaminopenten-(1)-on-(3)* (**VIII**), $C_9H_{17}ON$, Kp.$_2$ 106—107°, a) aus 4,6 g I + 4,1 g $(C_2H_5)_2NH$ in Ae. unter Kühlung u. Dest.; n_D^{20} 1,4300; 3,9 g; b) aus 59,5 g II + 73 g $(C_2H_5)_2NH$ in Ae. unter starker Kühlung u. Stehen; 60 g. — *1-[3-Oxopenten-(1)-yl]-pyridiniumchlorid* (V), $C_{10}H_{12}ONCl$, F. 132°, aus 1,2 g II + Pyridin in Ae. durch 2tägiges Stehen; rosafarbene Nadeln aus feuchtem Aceton; 0,6 g; dunkelt beim Stehen nach. *Pikrat*, $C_{16}H_{14}O_7N_4$, F. 144—145°, aus W. gelbe Nadeln. — *1.1-Dimethoxypentanon-(3)*, $C_7H_{14}O_3$, Kp.$_{12}$ 80°, durch Stehen von 35,3 g II mit $NaOCH_3$ in CH_3OH unter Kühlung, Filtrieren u. Dest.; n_D^{20} 1,4278; 28,5 g. — *1-Methoxypenten-(1)-on-(3)* (IV), $C_6H_{10}O_2$, Kp.$_{15}$ 94°, aus 46 g vorst. Verb. + Acetanhydrid u. wenig p-Toluolsulfonsäure durch 2std. Kochen u. Dest.; n_D^{20} 1,4638; 20,8 g. CH_3OH-Abspaltung aus vorst. Verb. durch Kochen mit p-Toluolsulfonsäure oder $KHSO_4$ in Toluol ergab unreine Produkte. — *1-Isopropoxybuten-(1)-on-(3)* (VII), $C_7H_{12}O_2$, Kp.$_{12}$ 98—102°, aus 30 g Na-Formylaceton + Isopropyljodid in Isopropanol durch 24std. Stehen, 3—4std. Kochen bis zur neutralen Rk., Vakuumabdampfen u. Ausäthern; n_D^{20} 1,4607; 6,5 g. — *2.5.6.7.8.10-Hexahydro-1.10-dimethyl-2-oxonaphthalin*, $C_{12}H_{18}O$, Kp.$_{0,1}$ 100°, a) aus dem Na-Deriv. von 36,8 g III + 14 g I in Ae. unter Kühlung u. 3tägiges Stehen bei 0°; n_D^{20} 1,5190; 1,4 g; *2.4-Dinitrophenylhydrazon*, $C_{18}H_{20}O_4N_4$, F. 236—237°, rote Prismen; b) aus 49 g III u. 25 g II; 2,6 g; c) aus 41 g III u. 20,8 g IV; 1 g; d) aus 56 g **III** + 49,3 g **V**; 1 g; e) als Nebenprod. aus 44,8 g **III** in Ae. + $LiNH_2$ durch Kochen unter N_2, Zufügen von 16,9 g II unter Kühlen, 3tägiges Stehen bei 0°, Abfiltrieren von *1-Methyl-[3-oxopenten-(1)-yl]-cyclohexanon-(2)* (VI; 6,0 g; *Bis-2.4-dinitrophenylhydrazon*, $C_{24}H_{26}O_8N_8$, F. 108°, gelbe Kristalle nach Chromatographie); aus der Mutterlauge; f) aus 1,6 g VI + 50%ig. H_2SO_4 bei 0° in 3 Std., Verdünnen u. Ausäthern; 1,5 g; g) aus **VI** in Ae. + $NaOC_2H_5$ in 3 Tagen u. 1std. Kochen; unrein; h) 35 g III u. $Ca(NH_2)_2$ in Ae. + 29,6 g II → **VI** (7 g), Cyclisieren mit 50%ig. H_2SO_4 u. Chromatographie; 1,3 g. — *1.10-Dimethyldekalon-(2), 2.4-Dinitrophenylhydrazon*, $C_{18}H_{24}O_4N_4$, F. 185—186°, aus vorst. Verb. in A. durch Hydrieren über Pd-Kohle. — *1.1-Bis-[äthoxycarbonyl]-penten-(2)-on-(4)*, $C_{11}H_{16}O_5$, Kp.$_{0,1}$ 105°, aus dem Na-Deriv. von 7,5 g Malonsäurediäthylester + 5,5 g **VII** in Bzl. unter Kühlung, 4tägiges Stehen, 3std. Kochen u. Dest. [Kp.$_1$ 137—145°; 2,2 g] als mit PAe. + Ae. nichtfällbare Verb.; n_D^{20} 1,4781; $FeCl_3$-Rk. in A. violett, Alkalilsg. orangegelb. — *6-Methylpyron-(2)-carbonsäure-(3)-äthylester*, $C_9H_{10}O_4$, F. 87°, als Nd. aus der Ae. + PAe.-Lsg.; Prismen aus Bzl.; löst sich in Alkali orangerot. — *1.3.5-Tripropionylbenzol* (**IX**), $C_{15}H_{18}O_3$, F. 74—75° (Bzn.), Kp.$_{1,5}$ 180—183°, aus 10 g **II** + 10 g K-Acetat in A. durch 4tägiges Stehen, Zufügen von Ae., Filtrieren u. Dest.; 4 g; b) aus **VIII** + 2%ig. H_2SO_4 durch 1std. Erwärmen; c) aus **VIII** beim Vers. der Darst. des Pikrats. *2.4-Dinitrophenylhydrazon*, $C_{21}H_{22}O_6N_4$, F. 196°, aus A. orangegelbe Prismen. — *2-Methyl-3-oxopentanal*, $C_6H_{10}O_2$, F. 41—43°, Kp.$_{20}$ 60—61°, aus 12 g **VIII** + 21,2 g CH_3J durch 36std. Kochen, Abdampfen, Erwärmen mit W., Ausäthern u. Dest.; n_D^{20} 1,4614; Prismen. *Cu-Komplex*, $C_{12}H_{18}O_4Cu$, F. 172—173°, olivgrüne Platten. — Die UV-Maxima von **II, IV, V, VIII, IX** u. dem Dienon sind angegeben. (J. chem. Soc. [London] **1953**. 4060—65. Dez. Newcastle-on-Tyne, King's Coll.) H. LEHWALD. 2700

Charles D. Hurd und **Leslie H. Juel**, *Die Reaktion aromatischer Nitroverbindungen mit mehrkernigen Kohlenwasserstoffen bei erhöhten Temperaturen.* Anthracen (I) reagiert mit 1-Nitronaphthalin (II) bei 300° unter Abspaltung der Elemente der HNO_2 u. Bldg. eines Additionsprod., für das die Konst. *7.12-Dihydro-7.12-o-benzobenz-[a]-anthracen* (**III**) ermittelt werden konnte. **III** u. das weiter in Betracht gezogene isomere *5.12-Dihydro-*

5.12-o-benzonaphthacen (IV) wurden zum Vgl. auf einem unabhängigen Wege dargestellt. Während das aus I u. Naphthochinon-(1.4) u. anschließende Dehydrierung erhältliche *Chinon* V über das Dioxim u. Diamin u. Entaminierung nicht in IV übergeführt werden konnte, lieferte das aus I u. 1.4-Dihydronaphthalin erhältliche Addukt VI bei Dehydrieren IV. Eine für III entsprechende Umsetzung von I mit 1.2-Dihydronaphthalin konnte nicht erreicht werden. Nach einer weiteren erfolglosen Synth. für III aus Benz-[a]-anthracen u. p-Benzochinon wurde von *1.2.3.4-Tetrahydrobenz-*[a]*-anthracen* (VII) ausgegangen, das zwar durch Pyrolyse von 5.6.7.8-Tetrahydronaphthyl-(2)-o-tolylketon nicht erhalten werden konnte, hingegen durch Kondensation von Phthalsäureanhydrid mit Tetralin, Cyclisierung der *o-*[*5.6.7.8-Tetrahydronaphthyl-*(2)]*-benzoesäure* zum *1.2.3.4-Tetrahydrobenz-*[a]*-anthrachinon* u. dessen Reduktion. Die Umsetzung von VII mit Benzochinon-(1.4) führte zu dem *Addukt* VIII; das aus diesem durch Tautomerisieren gewonnene *Diol* wurde zum *Chinon* IX oxydiert, das über das *Dioxim* u. *Diamin* durch Tetrazotierung zum *1.2.3.4.7.12-Hexahydro-7.12-o-benzobenz-*[a]*-anthracen* (X) red. werden konnte, u. das bei der Pd-Dehydrierung in einen mit III ident. *KW-stoff* überging. Bei der Umsetzung von II mit Naphthacen entstand das *Addukt* XII; mit Phenanthren u. 2-Methylanthracen konnte eine Umsetzung nicht erreicht werden.

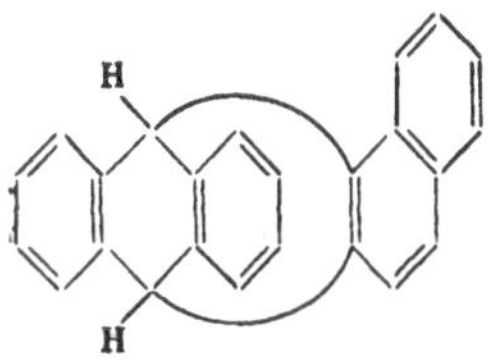
III

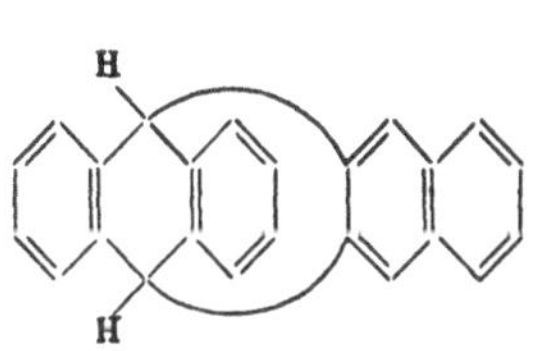
IV

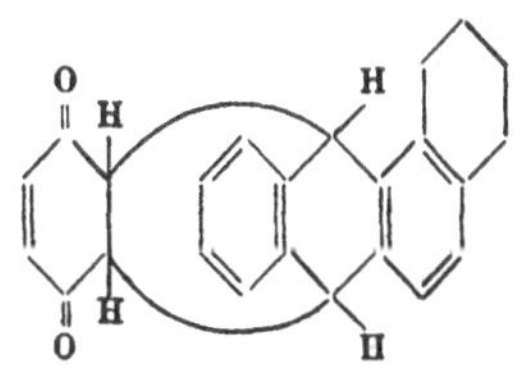
VIII

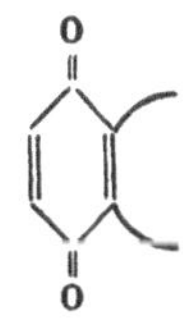
IX

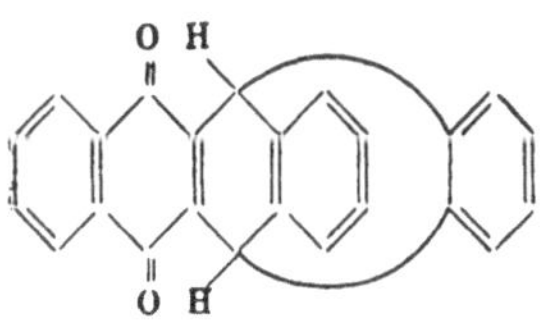
V

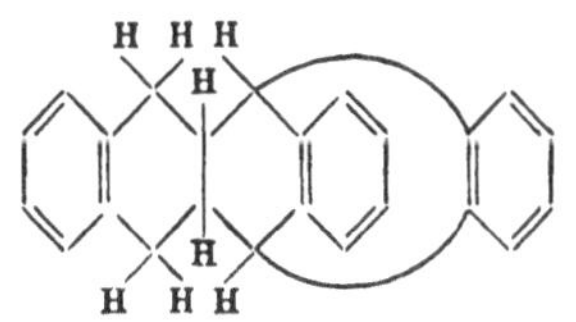
VI

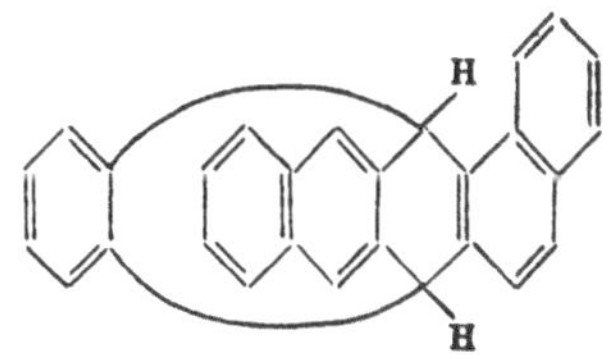
XII

Versuche: *7.12-Dihydro-7.12-o-benzobenz-*[a]*-anthracen* (III), $C_{24}H_{16}$, F. 208 bis 209° (Ligroin), a) aus II u. I unter N_2 u. Ausschluß von Luftfeuchtigkeit bei 300° (15 Std.) u. Dest. der Reaktionsmischung als hochsd. Fraktion ($Kp._1$ 250°), nach Sublimation Kristalle; 44,3% (Ausbeute); b) durch Dehydrieren von X mit Pd-Kohle bei 160—300° (30 Min.) u. Kristallisieren aus Hexan bei 60°; λ_{max} 245, 263, 265, 272, 280 u. 295 mμ (log ε = 4,3; 3,6; 3,7; 3,8 u. 3,6). Liefert beim Hydrieren in Ggw. von Cu-Al-Katalysatoren (2 : 1) bei 275° mit 106 at H_2 *Naphthalin*. *Pikrat*, $C_{24}H_{16}\cdot C_6H_3O_7N_3$, F. 147—147,5° (Essigester). *Trinitrobenzolat*, $C_{24}H_{16}\cdot C_6H_3O_6N_3$, F. 173—174° (Bzl. + A.). *Bis-2.4.7-trinitrofluorenonkomplex*, $C_{24}H_{16}\cdot 2\,C_{13}H_5O_7N_3$, F. 189,5—190,5° (A. + Bzl.), dunkelrot. — *x-Nitro-7.12-dihydro-7.12-o-benzobenz-*[a]*-anthracen*, $C_{24}H_{15}O_2N$, F. 308—309° (Essigsäureanhydrid), durch Nitrieren von III mit HNO_3 (D. 1,5) in Eisessig + Essigsäureanhydrid bei 0—2° (30 Min.) u. 25° (2 Std.) u. Fällen mit Wasser. — *x-Acetyl-7.12-dihydro-7.12-o-benzobenz-*[a]*-anthracen*, $C_{26}H_{18}O$, F. 264—265,3° (Chlf. + Hexan, 1 : 1), aus III, Essigsäureanhydrid in Nitrobenzol u. $AlCl_3$ bei 10° (25 Min.) u. 20° (3,5 Std.) u. Zers. mit konz. HCl; 43%. *Oxim*, $C_{26}H_{19}ON$, F. 273—275° (Bzl. + A., 2 : 1); 96%. — *Anthrachinon*, F. 274—276° (A. + Bzl.; 2 : 1), durch Oxydation von III mit CrO_3 in Eisessig neben 2 Mol CO_2. — *Chinon* V, F. 275—276° (Dioxan), aus I u. Naphthochinon-(1.4) in Nitrobenzol bei 140—150° (24 Std.) u. Fällen mit Methanol; 78%. *Monooxim* (XI), $C_{24}H_{15}O_2N$, F. 233—236° (Eisessig), mit $NH_2OH\cdot HCl$ in sd. Pyridin + A. (1 : 1) (3 Std.), Eindampfen u. Waschen mit W.; 31,6%. *Dioxim*, $C_{24}H_{16}O_2N_2$, F. 178° (Zers.; wss. A.), aus der Eisessigmutterlauge von XI durch Fällen mit W.; 41,8%. — *6-Acetamido-11-acetoxy-5.12-dihydro-5.12-o-benzonaphthacen*, $C_{28}H_{21}O_3N$, F. 344—349° (Zers.; verd. Essigsäure), durch Red. von XI mit $SnCl_2$ u. konz. HCl in A. bei 60° u. Acetylieren des bei 0° ausgefallenen Hydrochlorids mit Essigsäureanhydrid in Eisessig; 100%. Das Monoaminhydrochlorid liefert durch Diazotieren u. anschließende Red. mit Na-Hypophosphit V zurück. — *5.5a.6.11.11a.12-Hexahydro-5.12-o-benzonaphthacen* (VI), $C_{24}H_{20}$, F. 189 bis 190° (Bzl., Hexan, Methanol u. A.), aus 1.4-Dihydronaphthalin u. I bei 242°; 33,7%, daneben *Naphthalin.* — *5.12-Dihydro-5.12-o-benzonaphthacen* (IV), $C_{24}H_{16}$, F. 256—257°, durch Dehydrieren von VI mit Pd-Kohle bei 350° (2 Std.); 70%. — *1.2-Dihydronaphthalin.* $Kp._{15}$ 87—89°, durch Hydrieren von β-Naphthol in A. in Ggw. von wenig KOH u. RANEY-Ni bei 82° u. 1700 lbs./sq.in. H_2 u. anschließende Dest. des Reaktionsprod.; 66,1%. *Dibromid,* F. 69—71° (Hexan), in CS_2. — *5.6.7.8-Tetrahydronaphthyl-(2)-o-tolylketon,* $Kp._{3-4}$ 180—186°, aus Tetralin, o-Toluylchlorid in Bzl. u. $AlCl_3$ unter Ausschluß von Luftfeuchtigkeit; gelbgrünes Öl; 78%. *2.4-Dinitrophenylhydrazon,* $C_{24}H_{22}O_4N_4$, F. 180 bis 182° (A.), rote Nadeln. — *Verb.* $C_{18}H_{14}O_2$, F. 153—154° (Ligroin), durch Pyrolyse von Vorst. bei 275° (3 Std.), aus dem in A. unlösl. Anteil der Fraktion vom $Kp._{29}$ 250° des Reaktionsproduktes. *Pikrat,* F. 136—138°. — *Verb.* $C_{18}H_{14}$, F. 208—209° (Bzl. u. Hexan), neben vorst. Verb. aus der Fraktion vom $Kp._3$ 190—208°. — *1.2.3.4-Tetrahydrobenz-[a]-anthracen* (VII), F. 102—104° (Hexan), durch Red. von 1.2.3.4-Tetrahydrobenzanthrachinon (F. 135°, vgl. MIKHAILOV u. CHERNOVA, Журнал Общей Химии [J. allg. Chem.] **12.** [1942.] 288) mit Zn in sd. Natronlauge (48 Std.), leichter lösl. Anteil des Reduktionsprod.; 49%. — *1.2.3.4-Tetrahydronaphthacen,* F. 219—225° (Hexan), schwerer lösl. Anteil; 10%. — *Chinon* **VIII**, $C_{24}H_{20}O_2$, F. 215—216° (Eisessig), aus **VII** u. Benzochinon-(1.4) in sd. A. (5 Std.); gelbe Kristalle; 66%. — *Hydrochinon* $C_{24}H_{20}O_2$, F. 256—260° (Zers.; wss. Essigsäure), durch Isomerisieren von **VIII** mit 40%ig. HBr in sd. Eisessig; 90%. — *1.2.3.4.7.12-Hexahydro-7.12-o-benzobenz-[a]-anthrachinon-(8.11)* (**IX**), durch Oxydation von Vorst. mit $KBrO_3$ in sd. Essigsäure; konnte durch Kristallisation nicht gereinigt werden. *Monooxim,* $C_{24}H_{19}O_2N$, zers. sich oberhalb 230° (Eisessig). — *1.2.3.4.7.12-Hexahydro-7.12-benzobenz-[a]-anthracen* (**X**), $C_{24}H_{20}$, F. 194—195° (Hexan), durch Überführen von **IX** in das Dioxim (+ Monooxim), Reduzieren des rohen Dioximgemisches mit $SnCl_2$ u. konz. HCl in sd. A., Tetrazotieren des in 27%ig. Ausbeute entstandenen rohen *Diamins* in Eisessig u. Behandeln der Diazolsg. mit 50%ig. unterphosphoriger Säure bei 0—5° (48 Std.); nach Sublimation bei 160—210°/2 mm, Chromatographieren in Bzl. an Al_2O_3 u. Eluieren mit Bzl. Rosetten; 12,5%. — *Naphthacen,* F. 228 bis 230°, aus 1.2.3.4-Tetrahydronaphthacenchinon-(6.11), Zn-Staub, $ZnCl_2$ u. NaCl bei 260° nach CLAR (Ber. dtsch. chem. Ges. **72.** [1939.] 1645). — *7.14-Dihydro-7.14-o-benzobenz-[a]-naphthacen* (**XII**), $C_{28}H_{18}$, F. 214—215° (Hexan), aus Vorst. u. **II** bei 275° (10 Std.) u. Reinigen in Bzl. über Al_2O_3. *Bis-2.4.7-trinitrofluorenonkomplex,* $C_{54}H_{28}O_{14}N_6$, F. 191 bis 192,5° (A.). — *2-Methylanthracen,* F. 205—207°, aus 2-Methylanthrachinon durch alkal. Zn-Staub-Red. in Toluol nach MARTIN (J. Amer. chem. Soc. **58.** [1936.] 1438) 25%. — *2-Methyl-5.5a.6.11.11a.12-hexahydro-5.12-o-benzonaphthacen,* $C_{25}H_{22}$, F. 165 bis 167° (Bzn. u. A.), aus Vorst. u. 1.4-Dihydronaphthalin bei 245° im Rohr (12 Std.); 16,7%. — *2-Methyl-5.12-dihydro-5.12-o-benzonaphthacen,* $C_{25}H_{18}$, F. 174—176° (absol. A.), durch Dehydrieren von Vorst. mit Pd-Kohle bei 225°; 81%. — *Dichlorparaanthracen* $(C_{14}H_9Cl)_2$, F. 235°, aus 1-Chloranthracen u. **II** bei 350° (18 Std.). (J. Amer. chem. Soc. **77.** 601—06. 5/2. 1955. Evanston, Ill., Northwestern Univ., Chem. Labor.)

H. GOLD. 2950

Robert F. Raffauf, *Die Cyclisierung von disubstituierten Pentensäurederivaten.* (Vgl. CRAIG, C. **1953.** 1642.) Vf. erhält beim Behandeln von 2.2-Diäthylpenten-(4)-nitril (I) mit konz. H_2SO_4 durch Cyclisierung *2-Imino-3.3-diäthyl-5-methyltetrahydrofuran.* Das gleiche Prod. wird aus 2.2-Diäthylpenten-(4)-säureamid (II) unter vorst. Reaktionsbedingungen gebildet. Der Reaktionsmechanismus für die Umsetzung des Nitrils bleibt ungeklärt; die gesätt. Verb. *2.2-Diäthylvaleronitril* reagierte unter den angewandten Reaktionsbedingungen nicht. — Eine ähnliche Cyclisierung erleidet 2.3.4.5-Bis-[Δ^2-butenylen]-tetrahydrofurancarbonsäure (III) oder ihr Ester beim Behandeln mit Br_2; es wird ein *Tribromlacton* (**IV**) erhalten.

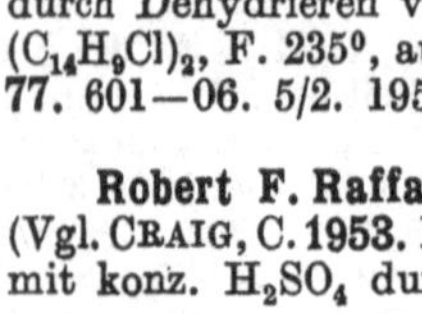

IV

V e r s u c h e: *2-Imino-3.3-diäthyl-5-methyltetrahydrofuran,* $C_9H_{17}ON$, $Kp._{10}$ 80 bis 82°, durch Lösen von I in konz. H_2SO_4 bei 0—5° u. allmählichem Erwärmenlassen auf Zimmertemp. (3—5 Std.); 80% (Ausbeute), ferner aus II wie vorst. (*Benzolsulfonylderiv.*, $C_{15}H_{21}O_3NS$, F. 113—115°); liefert bei der Hydrolyse das *Lacton* $C_9H_{16}O_2$, $Kp._{19}$ 108—112°. — *2.2-Diäthylvaleronitril,* $Kp._{20}$ 84—86°, durch Hydrierung von I über $Pd/CaCO_3$. — *Tribromlacton* **IV**, $C_{13}H_{15}O_3Br_3$, F. 228—230° (Zers.; Essigsäure), aus **III** oder dem **III**-Methylester u. Br_2 in $CHCl_3$ bei 0°. (J. Amer. chem. Soc. **74.** 4460—61. 5/9. 1952. Rensselaer, N. Y., Sterling-Winthrop Res. Inst.) G. WINKLER. 3061

William O. Foye, John J. Hefferren und **Edward G. Feldmann,** *Die β-Nitrierung von 2-Thenaldehyd.* Durch langsame Zugabe einer gekühlten Mischung von rauchender HNO_3 u. konz. H_2SO_4 u. von CO_2-Schnee (zur Aufrechterhaltung einer Temp. von —10°) zu 2-Thenaldehyd in konz. H_2SO_4 unter Rühren, Gießen auf Eis u. Ae.-Extraktion entstand *4-Nitro-2-thenaldehyd,* F. 35—37° (gelbe Kristalle), $Kp._3$ 126—131°; 64,5% Ausbeute. *Semicarbazon,* F. 234—236°; *2.4-Dinitrophenylhydrazon,* $C_{11}H_7O_6N_5S$, F. 290

bis 294°; *Phenylhydrazon*, $C_{11}H_9O_2N_3S$, F. 192—194°. — Mit der gleichen Technik wurde Benzaldehyd in 90% ig. Ausbeute zu *m-Nitrobenzaldehyd* nitriert, während aus der aus Furfurol bei gleicher Behandlung erhaltenen dunklen Lsg. kein Aldehyd isoliert werden konnte. (J. Amer. chem. Soc. **76**. 1378—79. 5/3. 1954. Madison, Wis., Univ., School of Pharm.) I. SPAETH. 3071

Eugene Sawicki und **Francis E. Ray**, *Stickstoffderivate von Dibenzoselenophen*. (Vgl. C. **1955**. 5304.) Vff. erhalten bei der Nitrierung von Dibenzoselenophen (II) *2-Nitrodibenzoselenophen* (I), das zum entsprechenden Amin red. wird. Die Struktur von I u. von *Carbäthoxyaminodibenzoselenophen* wird durch Vgl. der UV-Spektren mit denen der entsprechenden Thioverbb. sichergestellt. Die Substitution von S durch Se verursacht eine hypochrome u. bathochrome Verschiebung der meisten Maxima.

Versuche: *2-Nitrodibenzoselenophen* (I), $C_{12}H_7O_2NSe$, F. 180° (A.), durch Nitrierung von II in Essigsäure mit rauchender HNO_3 (D. 1,5) bei 65° unter Rühren; 40% (Ausbeute). — *2-Aminodibenzoselenophen*, $C_{12}H_9NSe$, F. 99° (Hexan), durch Red. von I mit $SnCl_2$/HCl in Essigsäure durch mehrstündiges Kochen; 78%. *Acetylderiv.*, $C_{14}H_{11}ONSe$, F. 182° (Heptan/Bzl.). *Carbäthoxyderiv.*, $C_{15}H_{13}O_2NSe$, F. 141° (Hexan). — *Dibenzothiophen*, F. 99°. — *2-Nitrodibenzothiophen*, F. 188—189°. — *2-Carbäthoxyaminodibenzothiophen*, $C_{15}H_{13}O_2NS$, F. 139—140° (Hexan). — *3-Carbäthoxyaminodibenzothiophen*, $C_{15}H_{13}O_2NS$, F. 124—125° (Heptan). (J. Amer. chem. Soc. **74**. 4120—21. 20/8. 1952. Gainesville, Fla., Univ., Cancer Res. Labor.) G. WINKLER. 3071

S. F. MacDonald und **R. J. Stedman**, *Synthese von Hämopyrroldicarbonsäure*. (Vgl. MACDONALD, C. **1953**. 9171.) Vff. beschreiben die Synth. von *Hämopyrroldicarbonsäure* (**IIb**).

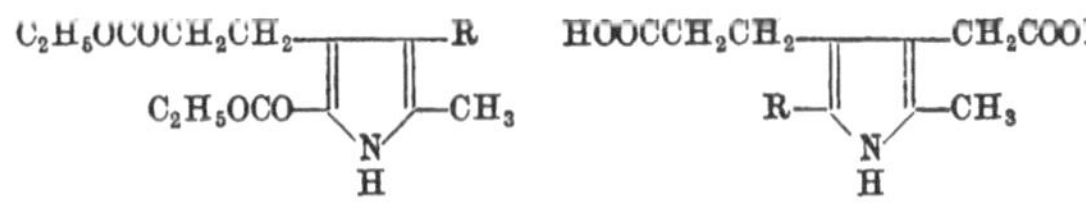

Ia R = H
Ib R = $COCO_2C_2H_5$
Ic R = $CH_2CO_2C_2H_5$

IIa R = COOH
IIb R = H

Versuche: Verb. **Ib**, F. 78,5—79°, aus dem Pyrrol **Ia** u. Cyanameisensäureäthylester u. HCl; gibt bei Hydrierung mit Pd-Schwarz in Essigsäure/H_2SO_4 die *Verb.* **Ic**, $C_{17}H_{25}O_6N$, F. 63—64°; 50% (Ausbeute). — *Verb.* **IIa**, F. 155—156° (Zers.), durch alkal. Hydrolyse von **Ic**; gibt bei Decarboxylierung mit W. bei 100° *Hämopyrroldicarbonsäure* (**IIb**), $C_{10}H_{13}O_4N$, F. 150 bis 150,5° (Zers.); hieraus durch Decarboxylierung bei 200° *Hämopyrrolcarbonsäure*, F. 128—129° (*Methylesterpikrat*, F. 118,5—120°). (J. Amer. chem. Soc. **75**. 5448. 5/11. 1953. Ottawa, Canada, Nat. Res. Council, Div. of Pure Chem.) G. WINKLER. 3081

Daniel Hunter, Douglas Lloyd, Donald Marshall, Diana Price und **Frederick Rowe**, *Die Dehydrierung von 3.4-Cycloheptanopyrazolon-(5)*. Vff. beschreiben die Darst. eines heterocycl. Analogen des Azulens, *3.4-Cycloheptanopyrazolon-(5)* [$C_8H_{12}ON_2$, F. 222° (A.)], aus 2-Oxocycloheptan-1-carbonsäureäthylester durch Umsetzen mit N_2H_4-Hydrat. Bei der Dehydrierung in der Dampfphase (350°) über Al_2O_3/Pd-Kohle wird ein dunkelrotviolettes *Prod.* (I) erhalten (Hauptbanden 269 u. 620 mμ); die Dehydrierung in fl. Phase (Kochen mit Pd-Kohle in 15% ig. wss. Maleinsäurelsg. oder mit wenig J_2 in Nitrobenzol) liefert ebenfalls ein dunkelrotviolettes *Prod.* (II). I u. II sind in ihren Eigg. sehr ähnlich u. unterscheiden sich nur durch ihre Farbänderung in Abhängigkeit vom p_H-Wert (I rot in saurem, blau in neutralem u. violett in alkal. Gebiet, II im alkal. Gebiet farblos). Vff. können nicht entscheiden, ob es sich um zwei verschied. Substanzen oder um die gleiche Verb. handelt, die gegebenenfalls in dem einen Falle verunreinigt ist. Vff. weisen darauf hin, daß es sich bei I u. II um einen stark polaren Molekültyp handelt, der mit einer betainartigen Struktur formuliert werden könnte (saure Ionisation der Hydroxylgruppe u. Assoziation der positiven Ladung mit dem 7gliedrigen Ring unter Bldg. des Cycloheptatrienylions). (Chem. and Ind. **1954**. 1068. 28/8. St. Andrews, Univ., United Coll., Chem. Dep.) G. WINKLER. 3122

K. Ganapathi und **K. D. Kulkarni**, *Chemie der Thiazole*. 4. Mitt. *Bromierung und Nitrierung einiger monosubstituierter Thiazole*. (3. vgl. Proc. Indian Acad. Sci., Sect. A **22**. [1945.] 362.) Von den 3 isomeren Methylthiazolen ließ sich 2-Methylthiazol (**I**) nur schwer zu *2-Methyl-5-brom-* bzw. *2-Methyl-5-nitrothiazol* (**VII**) bromieren bzw. nitrieren. 4-Methylthiazol (**II**) konnte überhaupt nicht bromiert, wohl aber zu *4-Methyl-5-nitrothiazol* nitriert werden. 5-Methylthiazol (**III**) lieferte glatt *2-Brom-* bzw. *2-Nitro-5-methylthiazol*, 2-Oxythiazol (**IV**) gab *5-Brom-* bzw. *5-Nitro-2-oxythiazol* (**VI**). **IV** ergab mit Acetanhydrid *2-Oxy-5-acetylthiazol*, das noch die freie OH-Gruppe besitzt, da es stürm. mit $POCl_3$ reagiert. 2-Methoxythiazol (**V**) ließ sich leicht bromieren u. nitrieren zu *5-Brom-* bzw. *5-Nitro-2-methoxythiazol*. Verss. zur Synth. von **VI** u. **VII** aus α-Brom-α-nitroacetaldehyddiäthylacetal u. Ammoniumthiocarbamat bzw. Thioacetamid schlugen fehl. In Übereinstimmung mit den Ergebnissen von Prijs u. Mitarbeitern (C. **1952.** 5733) fanden Vff., daß bei der Bromierung von 5-Acetamidothiazol (**VIII**) auch mit weniger als einem Mol Br_2 stets *5-Acetamido-2.4-dibromthiazol* entsteht, das sich auch bei der Bromierung von 5-Acetamidothiazol-2-carbonsäure (**IX**) bildet. Dagegen lieferte die Nitrierung von **VIII** im Gegensatz zu den Angaben von Prijs u. Mitarbeitern (l. c.) das monosubstituierte *5-Acetamido-4-nitrothiazol*, das auch durch Nitrierung von **IX** (die im Gegensatz zur Bromierung ohne Decarboxylierung verläuft) u. nachfolgende Decarboxylierung erhalten werden konnte. — Auf die Struktur der erhaltenen Verbb. wird jeweils durch Vgl. (Identität bzw. Verschiedenheit) mit den bekannten entsprechenden Thiazolderivv. geschlossen.

Versuche: *2-Methyl-5-nitrothiazol* (**VII**), $C_4H_4O_2N_2S$, F. 129—131° (PAe.), durch Zufügen von 15 g **I** zu rauchender H_2SO_4 u. rauchender HNO_3 unter Kühlung, Stehen über Nacht, Erhitzen während 10 Std. auf dem Dampfbad u. 4 Std. auf 120°, Gießen auf Eis u. Ae.-Extraktion; 0,78 g (Ausbeute). — *2-Methyl-5-bromthiazol*, C_4H_4NBrS, Kp. 148—156°, durch Bromierung von 5 g **I** in CH_3COOH, Stehen über Nacht, 10 Min. Erhitzen auf dem Dampfbad, Gießen in Eiswasser, Alkalisieren mit $NaHCO_3$ u. Ae.-Extraktion; 3,45 g. — *4-Methyl-5-nitrothiazol*, $C_4H_4O_2N_2S$, F. 58—59° (PAe.), durch Zugabe von 6 g **II**, dann von KNO_3 zu rauchender H_2SO_4 bei 20—30°, Stehen über Nacht, 24std. Erwärmen auf dem Dampfbad, Gießen auf Eis, Neutralisation mit Na_2CO_3 u. Ae.-Extraktion; 3 g. — *5-Methyl-4-nitrothiazol*, $C_4H_4O_2N_2S$, F. 110° (Platten aus PAe.), wie vorst. aus 4 g **III**; 2,5 g. — *2-Brom-5-methylthiazol*, Kp. 192—200°, durch Bromierung von 5 g **III** in CH_3COOH unter Kühlung, Stehen über Nacht, Gießen in Eiswasser, Alkalisieren mit Na_2CO_3 u. Ae.-Extraktion; 5 g. — *2-[p-Aminobenzolsulfonamido]-5-methylthiazol*, $C_{10}H_{11}O_2N_3S_2$, F. 245—247° (A.), a) durch 1std. Erhitzen von 4 g vorst. Verb. mit Sulfanilamid, K_2CO_3 u. Cu-Bronze auf 120°, Digerieren der dunkelgefärbten M. mit NaOH u. Neutralisation des Filtrats mit HCl; 2,5 g; b) durch Hydrolyse von *2-[Acetylsulfanilamido]-5-methylthiazol* (aus 2-Amino-5-methylthiazol u. Acetylsulfanilylchlorid in Pyridin). — *2-Oxythiazol* (**IV**), C_3H_3ONS, F. 69—70° (A.), durch Zufügen von 19 g Chloracetaldehyd zu 23 g Ammoniumthiocarbamat in W. unter Kühlung u. Stehen über Nacht im Kühlschrank; 3 g. — *2-Oxy-5-bromthiazol*, C_3H_2ONBrS, F. 67° (Zers.; aus A. durch Zufügen von W.), durch Bromierung von 2 g **IV** in Chlf. unter Kühlung; 1,5 g. — *4-Acetamidophenyl-[2-oxythiazolyl-(5)]-sulfon*, $C_{11}H_{10}O_4N_2S_2$, F. **263** bis 264,5° (Zers.; verd. A.), durch 6std. Erhitzen von 3 g vorst. Verb. mit K-p-Acetamidobenzolsulfinat, Cu-Bronze u. einer Spur J_2 in Propylenglykol auf 100° u. Gießen auf Eis; 0,8 g. — *2-Oxy-5-nitrothiazol* (**VI**), $C_3H_2O_3N_2S$, F. 146—147° (gelbe Nadeln aus verd. A.), durch Zufügen von 4 g **IV** zu konz. H_2SO_4 + konz. HNO_3 unter Kühlung u. Gießen auf Eis nach 4 Std.; 1,5 g. — *2-Oxy-5-acetylthiazol*, $C_5H_5O_2NS$, F. 195—197° (A.), aus 3 g **IV** u. Acetanhydrid in Pyridin (über Nacht bei Raumtemp. u. 3 Std. auf dem Dampfbad); 0,8 g. — *2-Methoxythiazol* (**V**), Kp. 142—146°, durch 20std. Kochen von 18 g 2-Bromthiazol mit $NaOCH_3$ in CH_3OH; 12 g. *Pikrat*, $C_{10}H_8O_8N_4S$, F. 90°. — *2-Methoxy-5-nitrothiazol*, $C_4H_4O_3N_2S$, F. 59° (PAe.), aus 7,5 g **V** durch Zufügen zu konz. H_2SO_4 + konz. HNO_3, Stehen über Nacht u. Gießen auf Eis; 3,5 g. — *5-Acetamido-4-nitrothiazol-2-carbonsäure*, $C_6H_5O_5N_3S$, F. 155—156° (Zers.; A.), Wiederverfestigung u. erneuter F. 189—192°, aus 1 g **IX** wie vorst.; 0,5 g. — *5-Acetamido-4-nitrothiazol*, $C_5H_5O_3 \cdot N_3S$, F. 197—198° (A. oder Aceton), a) aus 1 g vorst. Verb. durch Erhitzen auf 160 bis 170° bis zur Beendigung der Gasentw.; 0,3 g; b) durch Zugabe von konz. HNO_3 zu 0,5 g **VIII** in konz. H_2SO_4, Stehen über Nacht u. Gießen auf Eis; 0,25 g. — *5-Acetamido-2.4-dibromthiazol*, $C_5H_4ON_2Br_2S$, F. 148—149° (A. oder Aceton), a) durch Bromierung von 1 g **VIII** in CH_3COOH; 0,8 g; b) durch Bromierung von **IX** in $CHCl_3$. (Proc. Indian Acad. Sci., Sect. A **37.** 758—64. Juni 1953. Bombay, Haffkine Inst., Dep. of Chemotherapy.) I. Spaeth. 3142

K. Ganapathi und **K. D. Kulkarni**, *Chemie der Thiazole.* 5. Mitt. *Feinstruktur und Orientierung.* (4. vgl. vorst. Ref.) Vff. diskutieren an Hand früherer eigener u. fremder Versuchsergebnisse (85 Literaturangaben) die Polarisation der einzelnen Atome im Thiazolkern in Abhängigkeit von den Substituenten, die Effekte an $C_{(2)}$, $C_{(4)}$ u. $C_{(5)}$, die Substitution durch elektrophile (kationoide) Reagentien, bei der unterschieden werden muß, ob sie über quaternäre Salze (also am Thiazoliumsalz) verläuft oder nicht, sowie die Substitution durch nucleophile (anionoide) Reagentien. Danach kann das Ring-N-Atom (dessen Einfl. denjenigen des S-Atoms überwiegt) je nach den Substituenten an $C_{(2)}$ als Elektronenacceptor ($C_{(2)}$ wird nicht durch elektrophile, wohl aber durch nucleophile Reagentien angegriffen) oder als Elektronendonator ($C_{(5)}$ wird leicht durch elektrophile Reagentien angegriffen) fungieren. In bezug auf die FF. u. die Substitution der Thiazoliumionen ergibt sich die Reihe $C_{(2)} > C_{(4)} > C_{(5)}$, in bezug auf die Reaktivität mit elektrophilen Reagentien $C_{(2)} > C_{(5)} > C_{(4)}$. (Proc. Indian Acad. Sci., Sect. A **38.** 45—57. Juli 1953.) I. SPAETH. 3142

K. Ganapathi und **K. D. Kulkarni,** *Chemie der Thiazole. 6. Mitt. Chrysean und einige seiner Derivate.* (5. vgl. vorst. Ref.) *Chrysean* (**I**; *5-Aminothiazol-2-thiocarbonsäureamid*), dessen Bldg. beim Einleiten von H_2S in konz. NaCN-Lsg. lange bekannt ist, konnte in 2 Formen (F. 222° u. F. 146—146,5°) isoliert werden, die entweder dimorph sind oder sich durch H-Brückenbindung zwischen dem Ring-N u. dem H der HS-Gruppe bzw. der HN-Gruppe (in der Iminoform) unterscheiden. Mit CH_3J liefert **I** das *S-Methylderiv.* (**II**), dessen CH_3S-Gruppe sich gegen Arylaminogruppen austauschen läßt. **I** bildet mit Acetessigester (**III**) unter den Bedingungen der KNORR-CONRAD-LIMPACH-Synth. *5-[3-Carbäthoxypropyliden-(2)-amino]-thiazol-2-thiocarbonsäureamid*, das sich zu *4'-Oxy-6'-methylpyridino-[3'.2':4.5]-thiazol-2-thiocarbonsäureamid* cyclisieren läßt. Das bei 145 bis 150° aus **I** u. **III** erhaltene *N-Acetoacetylchrysean* ist unter den gleichen Bedingungen nicht cyclisierbar.

Versuche: *Chrysean* (**I**), $C_4H_5N_3S_2$, F. 222° (goldgelbe Platten aus W.) bzw. F. 146—146,5° (Nadeln), durch Einleiten eines schnellen H_2S-Stromes in eine konz. wss. Lsg. von 200 g NaCN + etwas NH_4OH u. fraktionierte Kristallisation aus W. oder A.; roh zusammen 18 g (Ausbeute). *N-Acetylderiv.*, $C_6H_7ON_3S_2$, F. 236—237° (Zers., nach Erweichen ab 214°). Der Abbau beider Formen von **I** nach HELLRING [1903] ergab *5-Acetamidothiazol.* — *S-Methylchryseanhydrojodid* (**II**), $C_5H_7N_3S_2 \cdot HJ$, F. 180° (A.), durch 10—15 Min. Kochen von 2 g **I** mit CH_3J in A.; 3,2 g. — *5-Amino-2-[N-phenylguanyl]-thiazol*, $C_{10}H_{10}N_4S$, F. 148° (aus Bzl. goldgelbe Nadeln), durch 10std. Kochen von 2,2 g **II** mit 0,7 g Anilin in W., Filtration u. Alkalisieren; 1,1 g. — *5-Amino-2-[N-p-chlorphenylguanyl]-thiazol*, $C_{10}H_9N_4ClS$, F. 144—145° (Bzl.), wie vorst. mit p-Chloranilin. — *5-Amino-2-[N-m-oxyphenylguanyl]-thiazol*, $C_{10}H_{10}ON_4S$, F. 215—216° (aus A. goldgelbe Nadeln). — *5-[3-Carbäthoxypropyliden-(2)-amino]-thiazol-2-thiocarbonsäureamid*, $C_{10}H_{13}O_2N_3S_2$, F. 149° (aus A. Nadeln), durch 6std. Kochen von 4 g **I** u. 3,5 g **III** in A.; 3 g. — *4'-Oxy-6'-methylpyridino-[3'.2':4.5]-thiazol-2-thiocarbonsäureamid*, durch 15 Min. Erhitzen von 3 g vorst. Verb. in Dowtherm auf 250°; konnte wegen seiner Unlöslichkeit in allen organ. Lösungsmitteln nicht umkrist. werden; 1 g. — *4'-Chlor-6'-methylpyridino-[3'.2':4.5]-thiazol-2-thiocarbonsäureamid*, $C_8H_6N_3ClS_2$, F. 178—179° (A.), aus 1 g vorst. Verb. mit $POCl_3$ (15 Min. Kochen nach Beendigung der exothermen Rk.) u. Gießen auf Eis; 0,8 g. — *N-Acetoacetylchrysean*, $C_8H_9O_2N_3S_2$, F. 208—210° (A.), durch 2std. Erhitzen von 4,5 g **I** u. 20 cm³ **III** auf 145—150°; 2 g. (Proc. Indian Acad. Sci., Sect. A **38.** 58—63. Juli 1953.) I. SPAETH. 3142

Peter A. S. Smith, *Beobachtungen über Bildung und Spaltung von Tetrazolen. 1-[o-Methoxyphenyl]-5-phenyl-* (**I**) u. *1-Phenyl-5-[o-methoxyphenyl]-tetrazol* (**II**) wurden aus o-Anisanilid (**IV**) bzw. Benzo-o-anisidid (**V**) über die Imidchloride u. deren Umsetzung mit HN_3 dargestellt. **I, II** u. *1.5-Diphenyltetrazol* (**III**) sowie **IV** u. **V** erwiesen sich gegenüber konz. H_2SO_4 u. Trichloressigsäure ohne oder in Ggw. von NaN_3 unter den Bedingungen der SCHMIDT-Rk. als beständig. **I, II** u. **III** werden mit 85%ig. H_3PO_4 bei 165 bis 205° zu den entsprechenden *Aminen* zers., N.N'-Diphenylharnstoff wird unter den gleichen Bedingungen in einigen Min. hydrolysiert. Bei der Umsetzung von 1-Benzoylphenanthrenoxim (**VIII**) mit PCl_5 u. dann mit HN_3 entstand neben dem erwarteten *1-Phenyl-5-[phenanthryl-(1)]-tetrazol* (**VI**) *N-Phenyl-N'-[phenanthryl-(1)]-carbodiimid* (**VII**), das sich mit H_3PO_4 über *N-Phenyl-N'-[phenanthryl-(1)]-harnstoff* zu *Anilin* u. *Phenanthryl-(1)-amin* hydrolysieren läßt. **VI** spaltet bei 220—250° N_2 ab zu **VII**. Vf. diskutiert die angeführten Versuchsergebnisse im Zusammenhang mit der früher (vgl. C. **1953.** 2922 u. C. **1955.** 9057) beobachteten Bldg. von Harnstoffen bei der SCHMIDT-Rk. gewisser Diarylketone u. nimmt an, daß ein protoniertes Imidazid $RC(=NR) \cdot NH \cdot N_2^+$ sowohl als Vorläufer der Tetrazole fungieren als auch in einer Art CURTIUSscher Umlagerung in Carbodiimide übergehen kann, die dann zu den Harnstoffen hydratisiert werden. Ein solches protoniertes Imidazid kann sich auch bei der SCHMIDT-Rk. bilden u., sofern die Umlagerungstemp. genügend tief liegt, zur Bldg. von Harnstoffen führen. — Es wurde ferner gefunden, daß Tetrazole aus Imidchloriden u. wss. NaN_3-Lsg. dargestellt werden können.

Versuche (FF. korr.): *1-Phenyl-5-[o-methoxyphenyl]-tetrazol* (**II**), $C_{14}H_{12}ON_4$, F. 102—103° (Prismen aus CH_3OH), durch Erwärmen von 1,06 g **IV** u. 1,05 g PCl_5 auf dem Dampfbad bis zur Beendigung der Gasentw., Entfernen von $POCl_3$, Umsetzung in Bzl. mit HN_3 (aus 1 g NaN_3), Eindampfen nach 20 Std. u. 4monatiges Stehen; 100 mg (Ausbeute). — *1-[o-Methoxyphenyl]-5-phenyltetrazol* (**I**), $C_{14}H_{12}ON_4$, F. 119 bis 120,5° (Stäbchen aus CH_3OH), aus **V** wie vorst.; 89%. — *o-Anisoylhydrazid*, $C_8H_{10}O_2N_2$, F. 83—86° (Prismen aus Bzl.), aus o-Anissäuremethylester u. 85%ig. $N_2H_4 \cdot H_2O$; 66% — *symm.-Bis-[o-anisoyl]-hydrazid*, $C_{16}H_{16}O_4N_2$, F. 202—203° (Plättchen aus CH_3OH), aus o-Anisoylchlorid u. 85%ig. $N_2H_4 \cdot H_2O$ in Bzl.; 87%. — Bei der Umsetzung von 3,29 g vorvorst. Verb. mit Benzoldiazoniumsulfat entstanden 0,83 g *o-Anisamid* [F. 130—132° (Bzl.)], eine geringe Menge einer in Bzl. unlösl., nicht identifizierten *Verb.* $C_{14}H_{14}O_2N_4$ (?) (F. 199—200°) sowie ca. 0,45 g vorst. Verbindung. 2,7 g Benzhydrazid gaben analog 0,5 g *symm.-Dibenzoylhydrazid* (F. 241—243°) u. 0,12 g *Benzamid* (F. 128—129°); **III** entstand höchstens in Spuren, die Bldg. von *Phenylazid* ist wahrscheinlich. — *N-Phenyl-N'-[phenanthryl-(1)]-carbodiimid* (**VII**), $C_{21}H_{14}N_2$, F. 113—114° (Bzl.), durch Erhitzen von 2 g **VIII** in Bzl. mit PCl_5, dann mit HN_3; 0,88 g; aus dem Benzolfiltrat 0,85 g *1-Phenyl-5-[phenanthryl-(1)]-tetrazol* (**VI**), $C_{21}H_{14}N_4$, F. 197—198° (Prismen aus A. u. Bzl.). — *1-Aminophenanthren*, F. 144—145°, a) durch 1std. Erhitzen von **VII** mit 85%ig. H_3PO_4 auf 170—180°, Verdünnen mit W. u. Digerieren des ausgefallenen *Phosphats* (F. 260 bis 265°) mit Sodalsg.; ~100% (roh); bei nur 10 Min. Erhitzen 47%, daneben 39% *N-Phenyl-N'-[phenanthryl-(1)]-harnstoff* (F. 323—325°); b) aus **VI** mit H_3PO_4 bei 205° (25 Min.) u. Digerieren des Phosphats mit verd. NH_4OH; 89%; c) direkt aus **VIII** über **VII** u. **VI**; 82,5%. *Hydrochlorid*, F. 249—252°. *Acetylderiv.*, F. 222—224°. *Anilin* wurde als *2.4.6-Tribromanilin* (F. 117—120°) identifiziert; 79,5% bei Rk. c). — *1-[β-Naphthyl]-5-methyltetrazol*, $C_{12}H_{10}N_4$, F. 167° (Platten aus Bzl., A. u. Aceton), durch Zufügen von 1,4nHN_3-Lsg. in Bzl. zu β-Acetonaphthon u. $AlCl_3$ in Nitrobenzol, Zufügen von verd. HCl nach 3 Std. u. Entfernen des Nitrobenzols mit Wasserdampf; 55% (roh). Mit $SnCl_4$ an Stelle von $AlCl_3$ wurde kein Tetrazol erhalten, bei tropfenweiser Zugabe der HN_3-Lsg. entstanden neben 19% des Tetrazols 11% *β-Acetamidonaphthalin* [F. 127 bis 129° (Bzl.)]. — *1-Phenyl-5-methyltetrazol*, F. 98—99°, wie vorst. aus Acetophenon; 42% (bezogen auf NaN_3). — Acetanilid wird durch Behandlung mit $AlCl_3 + HN_3$ nicht verändert. (J. Amer. chem. Soc. **76**. 436—41. 20/1. 1954. Ann Arbor, Mich., Univ., chem. Dep.) I. SPAETH. 3184

William E. Truce und **Jerry P. Milionis**, *Friedel-Crafts-Cyclisierung von ω-Phenylalkansulfonylchloriden.* Vff. untersuchen die innere FRIEDEL-CRAFTS-Rk. von ω-Phenylalkansulfonylchloriden. *2-Phenyl-1-äthan* (**I**), *3-Phenyl-1-propan-* (**II**) u. *4-Phenyl-1-butansulfonylchlorid* (**III**) werden mit $AlCl_3$ in Nitrobenzol in mittleren bis guten Ausbeuten zu den entsprechenden Sulfonen cyclisiert. Die Struktur der Reaktionsprodd. wird durch unabhängige Synth. sichergestellt. Phenylmethan- u. 5-Phenyl-1-pentansulfonylchlorid lassen sich wie vorst. nicht cyclisieren, sondern erleiden Zersetzung. — Vff. stellen fest, daß die von EVANS u. Mitarbeitern [1927] beobachtete Regel der Änderung der FF. in der Reihe der ω-Phenylalkansulfonamide $C_6H_5(CH_2) \cdot SO_2NH_2$ sich auch bei den Verbb. mit n = 4 u. 5 fortsetzt.

Versuche: *Phenylmethansulfonylchlorid*, F. 92—93°, aus Na-Phenylmethansulfonat u. PCl_5. *Sulfonamid*, F. 103,5—104° (Ae.). — *2-Phenyl-1-äthansulfonylchlorid* (**I**), $Kp._4$ 134—135°, aus Na-2-Phenyl-1-äthansulfonat u. PCl_5; n_D^{20} 1,5457; 53,6% (Ausbeute). *Sulfonamid*, F. 122—123° (A.). — *Bis-[3-Phenyl-n-propyl]-disulfid*, $C_{18}H_{22}S_2$, $Kp._{1,5}$ 194 bis 195°, $Kp._{0,03-0,04}$ 165—166°, durch 2std. Kochen von 1-Brom-3-phenylpropan mit $Na_2S_2O_3$ in A., Zugabe von KOH u. 1std. Kochen (bzw. Zugabe von J_2 bis zur Entfärbung); n_D^{20} 1,5877; 58 bzw. 96%. — *3-Phenylpropansulfonylchlorid* (**II**), $C_9H_{11}O_2ClS$, $Kp._{1,5}$ 121,0—123,5°, $Kp._{0,2}$ 113—113,5°, aus vorst. Verb. in Eisessig u. Cl_2 bei Zimmertemp.; n_D^{20} 1,5401; 69%. *Sulfonamid*, $C_9H_{13}O_2NS$, F. 60,5—61,0° (PAe.). — *Bis-[4-phenylbutyl]-disulfid*, $C_{20}H_{26}S_2$, $Kp._{0,2}$ 195°, durch Red. von 4-Phenylbuttersäure mit $LiAlH_4$ zu *4-Phenylbutanol-(1)* ($Kp._8$ 125—126°, n_D^{20} 1,5220; 71,5%), Umsetzung mit PBr_3 zu *1-Brom-4-phenylbutan* ($Kp._{12}$ 129—130°, n_D^{20} 1,5400; 71,8%) u. Kochen mit $Na_2S_2O_3$ wie vorst.; n_D^{20} 1,5760; 66,7%. — *4-Phenylbutansulfonylchlorid* (**III**), $C_{10}H_{13} \cdot O_2ClS$, $Kp._{1,5}$ 151—153°, aus vorst. Verb. wie **II**; n_D^{20} 1,5470; 71,0%. *Sulfonamid*, $C_{10}H_{15}O_2NS$, F. 103,0—104,5° (PAe.). — *Bis-[5-phenylpentyl]-disulfid*, $C_{22}H_{30}S_2$, F. 23 bis 24° (PAe.), durch Umsetzen von 3-Phenylpropyl-MgBr mit überschüssigem Äthylenoxyd zu *5-Phenylpentanol-(1)* ($Kp._6$ 128,0—128,5°, n_D^{20} 1,5160; 55,5%), Bromierung mit PBr_3 zu *1-Brom-5-phenylpentan* ($Kp._{1,5}$ 99,0—101,5°, n_D^{20} 1,5328; 73%) u. Kochen mit $Na_2S_2O_3$ wie vorst.; n_D^{22} 1,5630—1,5663 (Rohprod.); 82,6%. — *5-Phenylpentansulfonylchlorid*, $C_{11}H_{15}O_2ClS$, $Kp._{0,5}$ 131—132°, aus vorst. Verb. wie **II**; n_D^{20} 1,5300; 80%. *Sulfonamid*, $C_{11}H_{17}O_2NS$, F. 80,5—81,0° (Bzl.). — *2.3-Dihydrothianaphthen-1.1-dioxyd*, $C_8H_8O_2S$, F. 90,5—91,5° (W.), durch Oxydation von Thianaphthen in Eisessig mit 30%ig. H_2O_2 zu *Thianaphthen-1.1-dioxyd* (F. 139,0—140,5°) u. Red. mit Zn in NaOH; 69%, ferner durch Zugabe von **I** in Nitrobenzol zu $AlCl_3$/Nitrobenzol unter Kühlung u. 1std. Erwärmen auf 80°; 37%. — *3.4-Dihydrobenzothiapyran-1.1-dioxyd* (*Thiachroman-S-dioxyd*), $C_9H_{10}O_2S$, F. 87,5—88° (PAe.), durch Überführung von 3-Phenylmercaptopropionsäure mit konz. H_2SO_4 in *4-Thiachromanon* ($Kp._{1,5}$ 112—114°, F. 29,0 bis 29,5°, n_D^{20} 1,6387; 67,7%. *Semicarbazon*, F. 215—216°), Red. nach CLEMMENSEN-MARTIN zu *Thiachroman* ($Kp._{11}$ 121—122°, n_D^{20} 1,6148; 59,5%) u. Oxydation mit 30%ig.

H_2O_2, ferner aus **II** nach FRIEDEL-CRAFTS wie vorst., 2½ Std. bei 90°; 76,2%. — *2.3.4.5-Tetrahydro-1-benzothiepin-1.1-dioxyd* (*Homothiachroman-S-dioxyd*), $C_{10}H_{12}O_2S$, F. 77—78° (PAe.), durch Umsetzung von 4-Brombutyronitril u. Thiophenol mit $NaOCH_3$ zu *4-Phenylmercaptobutyronitril* ($Kp._{1,5}$ 132—133°, n_D^{20} 1,5667; 67,3%), alkal. Hydrolyse zu *4-Phenylmercaptobuttersäure* (F. 68,0—68,5°; 91,5%. *Amid*, F. 96,0—96,5°), Überführung mit $SOCl_2$ in *4-Phenylmercaptobutyrylchlorid* ($Kp._{1,5}$ 129—130°, n_D^{20} 1,5695; 96,5%), Umsetzung mit $AlCl_3$ in CS_2 bei 5° u. 3std. Stehenlassen bei Zimmertemp. zu *5-Homothiachromanon* ($Kp._{1,5}$ 119,5—120,0°, n_D^{20} 1,6228; 79%. *Semicarbazon*, F. 222°), Red. wie vorst. zu *Homothiachroman* ($Kp._3$ 103—104°; 55,5%) u. Oxydation wie vorst.; 67,5%, ferner aus **III** nach FRIEDEL-CRAFTS wie vorst., 75 Min. bei 90°; 31,5%. (J. Amer. chem. Soc. **74.** 974—77. 20/2. 1952. Lafayette, Ind., Purdue Univ., Dep. of Chem. and Purdue Res. Found.) G. WINKLER. 3221

H. Leon Bradlow und **Calvin A. Vanderwerf**, *Die Oxydation einiger β-substituierter Pyridinalkojodide.* Vff. untersuchen die chem. Oxydation von 3-Methylpyridinmethosulfat, -äthojodid, Nicotinamidmethojodid (**III**) u. 3-Brompyridinmethojodid, die alle in 2-Stellung oxydiert werden. 3-Cyanpyridinmethojodid (**I**) wird in 2- u. 6-Stellung, Nicotinsäuremethosulfat nur in 6-Stellung oxydiert. — Die Ergebnisse werden von Vff. diskutiert u. zur Erklärung des Reaktionsmechanismus wird angenommen: a) Jeder Substituent in β-Stellung, der in Resonanz mit den Doppelbindungen des Ringes treten kann, begünstigt die Oxydation in 2-Stellung; b) in Fällen, in denen der β-Substituent mit dem Hydroxylwasserstoff der gebildeten Pseudobase in Wechselwrkg. treten kann (Verminderung der Acidität), wird die Bldg. von 2.3-substituierten Pyridonen behindert u. die von 2.5-substituierten Pyridonen begünstigt. Vff. weisen darauf hin, daß es nicht ohne weiteres möglich ist, die aus rein chem. Unterss. gewonnenen Ergebnisse auf biochem. Probleme zu übertragen. Bes. können ster. Effekte, die bei diesen chem. Rkk. keine Rolle spielen, die Orientierung der enzymat. Einw. stark beeinflussen.

Versuche (FF. korr.): *1-Methylpyridon-(2)-carbonsäure-(5)* (**II**), F. 240,5 bis bis 241,5° (W.), durch 1std. Erwärmen von Nicotinsäure mit Dimethylsulfat auf 100° u. Oxydation mit alkal. $K_3[Fe(CN)_6]$ bzw. alkal. H_2O_2. *Amid*, F. 211,0—211,5°. — *Gemisch aus 1-Methyl-3-cyanpyridon-(2)* u. *1-Methyl-5-cyanpyridon-(2)*, $Kp._2$ 180—200°, F. 142° (Sintern bei 112—114°, halbgeschmolzen bei 117—125°), durch Oxydation von **I** mit $K_3[Fe(CN)_6]$ in wss. alkal. Lsg.; 14% (Ausbeute); gibt bei 72std. Kochen mit $NaOCH_3$ in Methanol **II**. — *1-Methylpyridon-(2)-carbonamid-(3)*, F. 219,5—220,1° (W.), durch 5std. Erwärmen des Na-Salzes von 5 g 2-Oxynicotinsäure mit absol. Methanol u. CH_3J im Druckgefäß auf 90°, anschließende Hydrolyse durch 2std. Kochen mit 10%ig. NaOH, Isolierung der *freien Säure* [F. 184,5—185,1° (W.)] u. Behandlung des Säurechlorids mit konz. NH_4OH; 1 g, ferner aus **III** u. $K_3[Fe(CN)_6]$ wie vorst.; 15%. — *1.3-Dimethylpyridon-(2)*, $Kp._{1,3}$ 83—84°, durch langsame Zugabe von CH_3J zu einer sd. Lsg. von 2-Oxy-3-methylpyridin (**IV**) u. NaOH in absol. A. (2 Std.) u. 2 Std. Rühren; 68%, ferner durch Erwärmen von β-Picolin mit Dimethylsulfat auf dem Wasserbad über Nacht u. Oxydation mit $K_3[Fe(CN)_6]$ wie vorst.; 41%; n_D^{25} 1,5525. *Hydrochlorid*, $C_7H_9ON \cdot HCl$, F. 120,2—121,6°. — *1.5-Dimethylpyridon-(2)*, $Kp._{1,7}$ 109—111°, F. 36,8°, aus 2-Oxy-5-methylpyridin (**V**) wie vorst.; n_D^{25} 1,5565; 75%. *Hydrochlorid*, $C_7H_9ON \cdot HCl$, F. 159,5 bis 160,2°. — *1-Äthyl-3-methylpyridon-(2)*, $C_8H_{11}ON$, $Kp._{2,2}$ 92°, aus **IV** mit $(C_2H_5)_2SO_4$ wie vorst.; 62%, ferner durch Erwärmen von β-Picolin mit C_2H_5J im Druckgefäß auf 90° über Nacht u. Oxydation wie vorst.; 23,8%; n_D^{25} 1,5411. — *1-Äthyl-5-methylpyridon-(2)*, $C_8H_{11}ON$, $Kp._{1,7}$ 104—106°, aus **V** wie vorst.; n_D^{25} 1,5415; 60%. — *1-Methyl-3-brompyridon-(2)*, C_6H_6ONBr, $Kp._{0,5}$ 120—125°, $Kp._{1,6}$ 126—131°, F. 62,1—63,0°, durch Zugabe von Br_2 zu 20 g 2-Aminopyridin in 20%ig. H_2SO_4 (1 Std.) u. Rühren über Nacht, Isolierung von *2-Amino-5-brompyridin* [F. 132—135° (Bzl.); 21,7 g], daraus *2-Oxy-5-brompyridin* [F. 162—166° (W.); 50%] u. Methylierung; 73%, ferner durch Erwärmen von 3-Brompyridin mit CH_3J auf 90° über Nacht u. Oxydation wie vorst.; 27%. — *1-Methyl-3.5-dibrompyridon-(2)*, F. 182,1—183,2° (A./W.), aus 2,2 g vorst. Verb. in Eisessig mit Br_2; 1,7 g, oder aus 2 g 1-Methyl-5-brompyridon-(2); 1,3 g. — *1-Methyl-3-carbomethoxy-5-brompyridon-(2)*, durch Zugabe von 50 g 3-Bromcumalinsäuremethylester zu 18%ig. Methylaminlsg. unter Schütteln, daraus durch 4std. Kochen mit NaOH in A./W. die *freie Säure*, F. 290° (Rohprod.); 48 g. (J. org. Chemistry **16.** 73—83. Jan. 1951. Lawrence, Kans., Univ., Chem. Labor.) G. WINKLER. 3231

Herbert E. French und **Kern Sears**, *Einige Reaktionen von 3-Pyridyllithium.* Vff. beschreiben die Darst. verschied. Pyridylcarbinole u. -ketone durch Umsetzung der entsprechenden Ketone bzw. Nitrile mit 3-Pyridyllithium (**I**). — 3-Pyridyl-MgBr läßt sich nach der „entrainment"-Meth. (vgl. PROOST u. WIBAUT, Recueil Trav. chim. Pays-Bas **59.** [1940.] 973) nur in geringen Ausbeuten erhalten.

Versuche: *Diphenylpyridyl-(3)-carbinol*, $C_{18}H_{15}ON$, F. 115° (A.), durch Zugabe von äther. Benzophenon zu I bei —35 bis —50°; Isolierung über das *Hydrochlorid*, $C_{18}H_{16}ONCl$, F. 150—155°; 76,5% (Ausbeute). — *Diphenylpyridyl-(3)-methan*, $C_{18}H_{15}N$, F. 76—77,5° (PAe.), aus vorst. Verb. in Eisessig durch 2 Min. Kochen mit 40%ig. HJ; 50%. — *Diäthylpyridyl-(3)-carbinol*, Kp.$_{15}$ 156—157,5°, aus Diäthylketon u. I wie vorst.; 52,1%. *Pikrat*, F. 112—113° (A.). — *1.3-Diphenyl-3-pyridyl-(3')-propanon-(2)*, $C_{20}H_{17}ON$, F. 190,5—191,5° (A.), aus Benzalacetophenon u. I wie vorst.; 10%. *Benzolat*, $C_{20}H_{17}ON \cdot C_6H_6$, F. 220—221°. — *1.3-Diphenyl-1-pyridyl-(3')-propanol-(1)*, F. 118,5—119° (Bzl.), aus Benzylacetophenon u. I; 52,4%. *Chloroplatinat*, $C_{40}H_{40}O_2N_2Cl_6Pt$, F. 211—212° (Zers.) — *1-Pyridyl-(3')-cyclohexanol*, $C_{11}H_{15}ON$, F. 89—90° (Bzl./PAe.), aus Cyclohexanon u. I; 69,2%. *Pikrat*, 166—167°. — Nachst. *Pyridyl-(3)-ketone* wurden aus den entsprechenden Nitrilen mit I in Ae. bei —35° erhalten: *Phenyl-*, Kp. 139—142°, F. 32—34°; 60,9%. — *m-Tolyl-*, Kp. 148—150°, F. 37—38° (Bzl./PAe.); 41,9%. — *p-Tolyl-*, Kp. 175—176°, F. 78,0—78,5°; 52,4%. — *p-Chlorphenyl-*, Kp. 150—153°, F. 88—89° (A.); 15,6%. — *β-Naphthyl-*, Kp. 197—200°, F. 77,8°; 32,5%. (J. Amer. chem. Soc. **73**. 469—70. Jan. 1951. Columbia, Mo., Univ., Dep. of Chem.) G. WINKLER. 3231

F. W. Bergstrom und **Arthur Furst**, *p-Dimethylaminophenylchinaldylcarbinol.* Vff. beschreiben die Darst. von drei p-Dimethylaminophenylchinaldylcarbinolen durch Umsetzung der entsprechenden Chinaldinlithiumverbb. mit p-Dimethylaminobenzaldehyd (I). Die Carbinole werden mit Acetanhydrid oder HCl leicht zu den entsprechenden Styrylverbb. dehydratisiert.

Versuche: *p-Dimethylaminophenylchinaldylcarbinol*, $C_{19}H_{20}ON_2$, F. 130° (verd. A.), durch Zugabe von Chinaldin zu einer äther. Phenyllithiumlsg. unter Kühlung, portionsweise Zugabe von I, 2 std. Rühren u. Stehenlassen über Nacht; 14,3% (Ausbeute). — *6-Methoxychinaldin*, F. 64° (Ligroin), Kp.$_3$ 145—150°, durch Zugabe (1/2 Std.) von Paraldehyd zu p-Anisidin in konz. HCl bei 0° unter Rühren, Stehenlassen über Nacht u. 4 std. Kochen; 31%. — *p-Dimethylaminophenyl-6-methoxychinaldylcarbinol*, $C_{20}H_{22}O_2N_2$, F. 151,5° (A.), über das Li-Salz vorst. Verb. u. I wie vorst.; 12,5%. — *6-Äthoxychinaldin*, Kp.$_{14}$ 173°, F. 71°, aus p-Phenetidin; 12,7%. — *p-Dimethylaminophenyl-6-äthoxychinaldylcarbinol*, $C_{21}H_{24}O_2N_2$, F. 153,6°, aus vorst. Verb. u. I; 24,9%. (J. Amer. chem. Soc. **75**. 5415—16. 5/11. 1953. San Francisco, Calif., Stanford Univ., School of Med., Dep. of Pharmacol. and Therap.) G. WINKLER. 3231

Ng. Ph. Buu-Hoï, Ng. Hoán und **Ng. D. Xuong**, *Cyclisierung von Säurechloriden durch Friedel-Crafts-Reaktionen.* Vff. untersuchen die Cyclisierung von β-Phenylpropionyl-, β-[p-Tolyl]-propionyl-, β-[p-Chlorphenyl]-propionyl- (I), γ-Phenylbutyryl- u. Naphthyl-(1)-acetylchlorid nach FRIEDEL-CRAFTS in Abhängigkeit vom Lösungsmittel. Als Konkurrenz-Rk. der Cyclisierung tritt die Bldg. offenkettiger Ketone ein, die je nach Wahl des Lösungsm. vollständig unterdrückt wird oder Haupt-Rk. ist (mit I tritt in keinem Falle Bldg. des cycl. Prod. ein). Das Verhältnis cycl. Prod. : offenkettiges Keton gibt einmal die Leichtigkeit des Ringschlusses wieder, zum anderen ist es ein Maß für die Reaktivität des betreffenden Lösungsm. bei Ketonsynthesen nach FRIEDEL-CRAFTS. Die offenkettigen Ketone werden charakterisiert a) durch die PFITZINGER-Rk. mit Isatin (Bldg. von disubstituierten Cinchoninsäuren) u. b) durch die Umsetzung ihrer Phenylhydrazone zu 2.3-disubstituierten Indolen.

Versuche: Nachst. Verbb. wurden durch Umsetzung der betreffenden Säurechloride mit $AlCl_3$ in dem entsprechenden Lösungsm. unter Kühlung u. Stehenlassen über Nacht bei Zimmertemp. erhalten: *Indanon-(1)*, Kp.$_{12}$ 128—130°, F. 42° (*Semicarbazon*, F. 236—238°), in Bzl. 90% (Ausbeute), 0% offenkettiges Keton, in Äthylbenzol (II) 50 bzw. 40%, in Anisol (III) 0 bzw. 90%, in Thiophen (IV) 0 bzw. 90%, in 2.5-Dimethylthiophen (V) 20 bzw. 40%. — *6-Methylindanon-(1)*, Kp.$_{18}$ 157—160°, F. 62—63° (Methanol; *Semicarbazon*, $C_{11}H_{13}ON_3$, F. 256°; *Thiosemicarbazon*, $C_{11}H_{13}N_3S$, F. 220°), in Bzl. 95 bzw. 0%, in II 50 bzw. 40%, in Diphenyl (VI) 90 bzw. 0%, in Chlorbenzol (VII) 70 bzw. 0%, in III 0 bzw. 90%, in IV 0 bzw. 90%, in V 15 bzw. 40%. — *Tetralon-(1)* (*Semicarbazon*, F. 223—225°), in Bzl. 95 bzw. 0%, in II 70 bzw. 20%, in VII 80 bzw. 0%, in III 0 bzw. 80%, in IV 10 bzw. 60%, in V 20 bzw. 30%. — *Acenaphthenon-(1)*, Kp.$_{16}$ 190—200°, F. 120—121° (Methanol; *Oxim*, F. 183°), in Bzl. 40 bzw. 30%, in VII 40 bzw. 20%, in II 20 bzw. 30%, in III 10 bzw. 50%, in o-Tolylmethyläther 10 bzw. 50%, in Veratrol 10 bzw. 60%, in IV 0 bzw. 60%, in V 0 bzw. 50%. — *ω-[α-Naphthyl]-acetophenon*, $C_{18}H_{14}O$, Kp.$_{18}$ 250—255°, F. 81° (A.); 30%. — *4-Methyl-ω-[α-naphthyl]-acetophenon*, $C_{19}H_{16}O$, Kp.$_{18}$ 260—262°, F. 109. — *4-Chlor-ω-[α-naphthyl]-acetophenon*, $C_{18}H_{13}OCl$, Kp.$_{13}$ 260—265°, F. 97°; 20%. — *4-Methoxy-ω-[α-naphthyl]-acetophenon*, $C_{19}H_{16}O_2$, Kp.$_{18}$ 260—265°, F. 124°; 50%. — *3.4-Dimethoxy-ω-[1-naphthyl]-acetophenon*, $C_{20}H_{18}O_3$, Kp.$_{18}$ 285—287°, F. 115°; 60%. — *2-[α-Naphthylacetyl]-thiophen*, $C_{16}H_{12}OS$, Kp.$_{18}$ 260—262°, F. 82°; 60%. — *1-[p-Äthylphenyl]-3-phenylpropanon-(1)*,

$C_{17}H_{18}O$, Kp.$_{18}$ 232—235°; 40%. — *3-Phenyl-1-thienyl-(2')-propanon-(1)*, $C_{13}H_{12}OS$, Kp.$_{15}$ 203—205°, F. 33° (Ligroin); 80%. — *3-Phenyl-1-[2'.5'-dimethylthienyl-(3')]-propanon-(1)*, $C_{15}H_{16}OS$, Kp.$_{15}$ 209—210°; 40%. — *1-[p-Äthylphenyl]-3-[p-tolyl]-propanon-(1)*, $C_{18}H_{20}O$, Kp.$_{18}$ 244—246°; 40%. — 3-*[p-Tolyl]-1-[p-methoxyphenyl]-propanon-(1)*, $C_{17}H_{18}O_2$, Kp.$_{18}$ 238—240°, F. 52°; 90%. — *3-[p-Tolyl]-1-thienyl-(2')-propanon-(1)*, $C_{14}H_{14}OS$, Kp.$_{17}$ 225—226°; 90%. — *3-[p-Tolyl]-1-[2'.5'-dimethylthienyl-(3')]-propanon-(1)*, $C_{16}H_{18}OS$, Kp.$_{14}$ 217—219°; 40%. — *3-[p-Chlorphenyl]-1-phenylpropanon-(1)*, $C_{15}H_{13}OCl$, Kp.$_{18}$ 230—232°, F. 58°; 70%. — *1-[p-Äthylphenyl]-3-[p-chlorphenyl]-propanon-(1)*, $C_{17}H_{17}OCl$, Kp.$_{18}$ 245°, F. 48°; 80%. — *3-[p-Chlorphenyl]-1-[p-methoxyphenyl]-propanon-(1)*, $C_{16}H_{15}O_2Cl$, Kp.$_{16}$ 258—260°, F. 78°; 90%. — *3-[p-Chlorphenyl]-1-[p-diphenylyl]-propanon-(1)*, $C_{21}H_{17}OCl$, Kp.$_{16}$ 300—302°, F. 143°; 80%. — *3-[p-Chlorphenyl]-1-thienyl-(2')-propanon-(1)*, $C_{13}H_{11}OClS$, Kp.$_{16}$ 232—235°, F. 54°; 90%. — *1-[p-Äthylphenyl]-4-phenylbutanon-(1)*, $C_{18}H_{20}O$, Kp.$_{18}$ 244—245°; 20%. — *1-[p-Methoxyphenyl]-4-phenylbutanon-(1)*, $C_{17}H_{18}O_2$, Kp.$_{18}$ 240—242°, F. 56°; 80%. — *4-Phenyl-1-thienyl-(2')-butanon-(1)*, $C_{14}H_{14}OS$, Kp.$_{14}$ 205—207°; 60%. — *1-[2'.5'-Dimethylthienyl-(3')]-4-phenylbutanon-(1)*, $C_{16}H_{18}OS$, Kp.$_{14}$ 216—218°; 30%. — *1-[3'.4-Dimethoxyphenyl]-4-phenylbutanon-(1)*, $C_{18}H_{20}O_3$, Kp.$_{18}$ 260°, F. 64°. — Nachst. Cinchoninsäuren wurden aus vorst. Ketonen mit Isatin nach PFIZINGER erhalten: *3-[α-Naphthyl]-2-phenyl-*, $C_{26}H_{17}O_2N$, F. 297° (Zers. oberhalb 270°; A.). — *3-Benzyl-2-[p-äthylphenyl]-*, $C_{25}H_{21}O_2N$, F. 296°, gibt bei Decarboxylierung *3-Benzyl-2-[p-äthylphenyl]-chinolin* (*Pikrat*, $C_{30}H_{24}O_7N_4$, F. 217°). — *3-Benzyl-2-[p-methoxyphenyl]-*, $C_{24}H_{19}O_3N$, F. 271°; *3-Benzyl-2-[p-methoxyphenyl]-chinolin* (*Pikrat*, $C_{29}H_{22}O_8N_4$, F. 203°). — *2-[p-Methoxyphenyl]-3-[p-methylbenzyl]-*, $C_{25}H_{21}O_3N$, F. 276°. — *2-[p-Methoxyphenyl]-3-[2'-phenyläthyl]-*, $C_{25}H_{21}O_3N$, F. 278°; *2-[p-Methoxyphenyl]-3-[2'-phenyläthyl]-chinolin* (*Pikrat*, $C_{30}H_{24}O_8N_4$, F. 206°). — *3-[p-Chlorbenzyl]-2-phenyl-*, $C_{23}H_{16}O_2NCl$, F. 306°; *3-[p-Chlorbenzyl]-2-phenylchinolin* (*Pikrat*, $C_{28}H_{19}O_7N_4Cl$, F. 226°). — *3-[p-Chlorbenzyl]-2-[p-äthylphenyl]-*, $C_{25}H_{20}O_2NCl$, F. 261°; *3-[p-Chlorbenzyl]-2-[p-äthylphenyl]-chinolin* (*Pikrat*, $C_{30}H_{23}O_7N_4Cl$, F. 197°). — *3-[p-Chlorbenzyl]-2-[p-methoxyphenyl]-*, $C_{24}H_{18}O_3NCl$, F. 259°. — *3-[p-Chlorbenzyl]-2-[p-diphenylyl]-*, $C_{29}H_{20}O_2NCl$, F. 299°; *3-[p-Chlorbenzyl]-2-[p-diphenylyl]-chinolin* (*Pikrat*, F. 204°). — *3-[2'-Phenyläthyl]-2-thienyl-(2'')-*, $C_{22}H_{17}O_2NS$, F. 242—243°; *3-[2'-Phenyläthyl]-2-thienyl-(2'')-chinolin*, $C_{21}H_{17}NS$, F. 82°. — Nachst. Indole aus den Hydrazonen vorst. Ketone: *3-[β-Phenylpropionyl]-*, $C_{17}H_{15}ON$, F. 161°. — *2-Methyl-3-[β-phenylpropionyl]-*, $C_{18}H_{17}ON$, F. 147°. — *3-[β-(p-Chlorphenyl)-propionyl]-*, $C_{17}H_{14}$·ONCl, F. 198°. — *2-Methyl-3-[β-(p-tolyl)-propionyl]-*, $C_{19}H_{19}ON$, F. 139°. — *3-[β-{Tetralyl-(6)}-propionyl]-*, $C_{21}H_{21}ON$, F. 150°. — *3-[β-(p-Chlorphenyl)-propionyl]-2-methyl-*, $C_{18}H_{16}ONCl$, F. 165°. — *2-Methyl-3-[γ-phenylbutyryl]-*, $C_{19}H_{19}ON$, F. 158°. — *3-Benzyl-2-[p-methoxyphenyl]-*, $C_{22}H_{19}ON$, F. 152°. — *3-[p-Chlorbenzyl]-2-[p-methoxyphenyl]-*, $C_{22}H_{18}ONCl$, F. 166°. — *3-[p-Chlorbenzyl]-2-phenyl-*, $C_{21}H_{16}NCl$, F. 111°. — *3-[p-Chlorbenzyl]-2-[p-äthylphenyl]-*, $C_{23}H_{20}NCl$, F. 101°. — *3-[p-Chlorbenzyl]-2-[p-diphenylyl]-*, $C_{27}H_{20}NCl$, F. 292°. — *2-[p-Methoxyphenyl]-3-[2'-phenyläthyl]-*, $C_{23}H_{21}ON$, F. 110°. — *3-[2'-Phenyläthyl]-2-thienyl-(2'')-*, $C_{20}H_{17}NS$, F. 98°. (J. chem. Soc. [London] **1951**. 3499—3502. Dez. Paris, Univ., Radium Inst., Dep. of Organ. Chem.)

G. WINKLER. 3231

Nathan L. Drake und **Raymond J. Kray**, *Einige N^1-[6'-Methoxychinolyl-(8')-aminoalkyl]-N^5-isopropyldiguanide und verwandte Verbindungen.* In der Schmelze bei 150° reagiert 1-Cyan-3-isopropylguanidin mit einigen 8-Aminoalkylamino-6-methoxychinolinmonohydrochloriden in einer inerten Atmosphäre zu *N^1-[6'-Methoxychinolyl-(8')-aminoalkyl]-N^5-isopropyldiguaniden*. Durch chromatograph. Adsorption an Al_2O_3 ließen sie sich am besten reinigen.

Versuche: *8-[5'-Aminoamylamino]-6-methoxychinolinmonohydrochlorid*, $C_{15}H_{21}$·ON_3·HCl, F. 96—97°, gelbe Kristalle (A./Ae.), aus dem Dihydrochlorid durch Auflösen in W. u. Einstellen auf p_H 7 mit feingepulvertem Na-Acetat-Trihydrat. Entsprechend folgende *6-Methoxychinoline*: *8-[4'-Amino-1'-methylbutylamino]-*, F. 106—107°. — *8-[4'-Aminobutylamino]-*, F. 68—69°. — *8-[3'-Aminopropylamino]-*, F. 142—143°. — *N^1-{β-[6'-Methoxychinolyl-(8')-amino]-äthyl}-N^5-isopropyldiguanidmonohydrochlorid*, C_{17}·$H_{25}ON_7$·HCl, F. 197—198°, hellgelbe Plättchen, 3 g 8-[β-Aminoäthylamino]-6-methoxychinolin u. 2 g 1-Cyan-3-isopropylguanidin werden im Ölbad bei 168—169° unter N_2 ca. 1 Std. erhitzt, wobei die M. fest wird; diese wird in 60 ml absol. A. gelöst, durch eine Al_2O_3-Säule laufen gelassen, mit 15 ml A. eluiert u. Eluat u. Lsg. zusammen eingeengt, indem gleichzeitig mit Bzl. das Vol. etwa konstant gehalten wird; bei Trübung der Lsg. wird die Dest. abgebrochen u. die Lsg. gekühlt; 62% (Ausbeute). — *N^1-{γ-[6'-Methoxychinolyl-(8')-amino]-propyl}-N^5-isopropyldiguanidmonohydrochlorid*, $C_{18}H_{27}ON_7$·HCl, F. 215—216°, hellgelbe Kristalle, wie vorst.; 62%. — *N^1-{δ-[6'-Methoxychinolyl-(8')-amino]-butyl}-N^5-isopropyldiguanidmonohydrochlorid*, $C_{19}H_{29}ON_7$·HCl, F. 172—173°, gelbliche Kristalle; 71%. — *N^1-{δ-[6'-Methoxychinolyl-(8')-amino]-α-methylbutyl}-N^5-isopropyldiguanidmonohydrochlorid*, $C_{20}H_{31}ON_7 \cdot HCl$, F. 177—178°, gelbliche Kristalle; 53%. — *N^1-{ε-[6'-Methoxychinolyl-(8')-amino]-amyl}-N^5-isopropyldiguanidmonohydrochlorid*, $C_{20}H_{31}ON_7 \cdot HCl$, F. 183—183,5°, gelbliche Kristalle; 64%. — *1-Cyan-3-isopropylguanidin*, $C_5H_{10}N_4$, F. 108,5—109,5° (mit 1/2 Dioxan), lösungsmittelfrei, F. 101—102°; 68%; nach MAY (C. **1947**. 1658) oder nach CURD (C. **1950**. I. 409); 86%. — *1-Cyan-3-isopropyl-2-äthylisoharnstoff*, $C_7H_{13}ON_3$, F. 70—71°, beim Vers., das freie $CNNH_2$ durch die Na-Verb. zu ersetzen, trat nach der Meth. von MAY Entschwefelung des Isothioharnstoffs ein. — *N^1-{ε-[6'-Methoxychinolyl-(8')-amino]-amyl}-N^3-cyanguanidin*, $C_{17}H_{22}ON_6$, F. 131—132°. 11,9 g 8-[ε-Aminoamylamino]-6-methoxychinolin·HCl u. 3,6 g Na-Dicyanamid werden 3 Std. in trockenem Butanol gekocht, nach Filtration wird eingeengt u. die Kristalle über Al_2O_3 chromatograph. gereinigt; gelbliche Kristalle; 53%. — *N^1-{β-[6'-Methoxychinolyl-(8')-amino]-äthyl}-N^3-cyanguanidin*, $C_{14}H_{16}ON_6$, F. 162—163°, wie vorst.; gelbliche Kristalle; 32%. (J. Amer. chem. Soc. **76**. 1320—21. 5/3. 1954. Maryland, Univ., Chem. Labors.) K. NEZEL. 3231

G. T. Piljugin, *Untersuchungen auf dem Gebiet der Cyaninfarbstoffe.* 3. Mitt. *Carbocyanine unsymmetrischer Struktur aus N-Arylchinaldin- und Indoleninderivaten.* (2. vgl. C. **1953**. 3722.) Die Farbstoffe werden aus N-Arylchinaldiniumsalzen, ihren Methylsubstitutionsprodd. u. Benzochinaldiniumsalzen durch Behandeln mit 2-[β-Acetanilinovinyl]-3.3-dimethylindoleninjodmethylat (I) gewonnen. Untersucht wird der Einfl. der Substitution auf die Farbigkeit.

V e r s u c h e: *[1-Phenylchinolin-(2)]-[1.3.3-trimethylindolenin-(2)]-trimethincyaninperchlorat*, $C_{29}H_{27}O_4N_2Cl$, F. 180° (Zers.), aus 0,34 g 1-Phenylchinaldiniumperchlorat u. 0,4 g I in 2 ml Pyridin bei 1/2 std. schwachem Sieden; der Farbstoff wird mit A. gefällt; metall. glänzende grüne Tafeln; Absorptionsmaximum (Max.) bei 572 mμ (A.); 43% (Ausbeute). — *[1-Phenyl-6-methylchinolin-(2)]-[1.3.3-trimethylindolenin-(2)]-trimethincyaninperchlorat*, $C_{30}H_{29}O_4N_2Cl$, F. 215°; dunkelrotes Kristallpulver; Max. bei 587 mμ; 44%. — *[1-p-Tolyl-6-methylchinolin-(2)]-[1.3.3-trimethylindolenin-(2)]-trimethincyaninperchlorat*, $C_{31}H_{31}O_4N_2Cl$, F. 215—218° (Zers.); aus wss. A. hellgrüne Kristalle; Max. bei 572 mμ; 27%. — *[1-α-Naphthyl-6-methylchinolin-(2)]-[1.3.3-trimethylindolenin-(2)]-trimethincyaninperchlorat*, $C_{34}H_{31}O_4N_2Cl$, F. 252° (Zers.); violette Kristalle; Max. bei 580 mμ; 43%. — *[1-Phenyl-5.6-benzochinolin-(2)]-[1.3.3-trimethylindolenin-(2)]-trimethincyaninperchlorat*, $C_{33}H_{29}O_4N_2Cl$, F. 239° (Zers.); aus wss. A. dunkles Kristallpulver, das sich in A. fliederfarben löst; Max. bei 580 mμ; 29%. — *[1-o-Tolyl-7.8-benzochinolin-(2)]-[1.3.3-trimethylindolenin-(2)]-trimethincyaninperchlorat*, $C_{34}H_{31}O_4N_2Cl$, F. 225° (Zers.); in A. fliederfarben lösl. Kristallpulver; Max. bei 585 mμ. — *[1-α-Naphthylchinolin-(2)]-[1.3.3-trimethylindolenin-(2)]-trimethincyaninperchlorat*, $C_{33}H_{29}O_4N_2Cl$, F. 260° (Zers.); dunkelblaues Kristallpulver, mit himbeerroter Farbe in A. lösl.; Max. bei 574 mμ; 30%. — *[1-o-Tolyl-5.6-benzochinolin-(2)]-[1.3.3-trimethylindolenin-(2)]-trimethincyaninperchlorat*, $C_{34}H_{31}O_4N_2Cl$, F. 225° (Zers.); dunkelviolette Kristalle; Max. bei 580 mμ; 26,8%. — *[1-β-Naphthyl-5.6-benzochinolin-(2)]-[1.3.3-trimethylindolenin-(2)]-trimethincyaninjodid*, $C_{37}H_{31}N_2J$, F. 248—250°; dunkelblaue Kristalle; Max. bei 585 mμ; 37,5%. (Известия Академии Наук СССР, Отделение Химических Наук [Nachr. Akad. Wiss. UdSSR, Abt. chem. Wiss.] **1952**. 736—42. Juli/Aug. Tschernowitz, Univ., Inst. für organ. Chem. der Akad. der Wiss. der UdSSR.) R. KNOBLOCH. 3231

V. Boekelheide und **Walter G. Gall**, *Eine Synthese von Chinolizinium- und Dehydrochinoliziniumderivaten.* (Vgl. WOODWARD u. BEAMAN, Ph. D. Thesis Harvard **1951**.) Vff. beschreiben die Darst. des *Dehydrochinoliziniumjodids* (I) auf dem Wege 2-Picolyllithium (II) + β-Äthoxypropionaldehyd (III) → *4-Äthoxy-1-[α-pyridyl]-butanol-(2)* → *2-Oxy-1.2-dihydro-3H.4H-chinoliziniumjodid* (IV) → I. Die Struktur von I wird belegt durch die katalyt. Hydrierung zu Chinolizidin; das UV-Spektr. von I ist graph. im Vgl. mit dem von N-Methylisochinoliniumjodid wiedergegeben. Beim Vers. der Darst. der freien Base Chinolizin wird *1-[α-Pyridyl]-butadien-(1.3)* erhalten.

V e r s u c h e: *4-Äthoxy-1-[α-pyridyl]-butanol-(2)*, $C_{11}H_{17}O_2N$, Kp.$_{5,5}$ 130°, aus II u. III u. Reinigung durch 1 std. Erwärmen mit wasserfreier Oxalsäure auf dem Wasserbad; n_D^{20} 1,5060; 94% (Ausbeute). — *2-Oxy-1.2-dihydro-3H.4H-chinoliziniumjodid* (IV), $C_9H_{12}ONJ$, F. 162—162,5° (A./Äthylacetat), durch 4 std. Kochen vorst. Verb. in HJ; 61%. — *3H.4H-Chinoliziniumjodid*, $C_9H_{10}NJ$, F. 183—186° (Zers.), durch 5 Min. Kochen vorst. Verb. in Acetanhydrid in Ggw. katalyt. Mengen konz. H_2SO_4; 98%. — *Dehydrochinoliziniumjodid* (I), C_9H_8NJ, F. 220—230° (Zers.), durch 1 std. Kochen von 830 mg vorst. Verb. mit Chloranil in n-Butanol; 80 mg; λ_{max} 226 mμ (log ε = 4,25), 272 (3,42), 283 (3,47), 310 (4,03), 316,5 (3,98), 323,5 (4,23). *-pikrat*, $C_{15}H_{10}O_7N_4$, F. 180—181°; *-perchlorat*, $C_9H_8O_4NCl$, F. 285—288°. — *Chinolizidinhydrojodid*, $C_9H_{18}NJ$, F. 189—192°, aus I u. PtO_2 in A.; *Pikrat*, F. 196—198°. — *2-Oxychinolizidin*, $C_9H_{17}ON$, F. 92°, durch

Hydrierung von 5,5 g II wie vorst.; 2,4 g; 0,86 g geben bei der Oxydation mit Chromschwefelsäure in Ae. 0,71 g. *Chinolizidon-(2)*, isoliert als *Pikrat*, F. 208—210°. — *1-[α-Pyridyl]-butadien-(1.3)*, C_9H_9N, Kp.$_{,1}$ 70° (Badtemp.), durch Erhitzen von 1,5 g II mit wasserfreiem Na-Acetat (oder CaO) unter N_2 bei 4 mm; 0,18 g (*Pikrat*, $C_{15}H_{12}O_7N_4$, F. 146,5 bis 147°); gibt bei der Ozonolyse *Formaldehyd*, bei der Hydrierung über PtO_2 in A./HCl *2-n-Butylpiperidinhydrochlorid*, F. 180—183,5°; 75%. *N-p-Toluolsulfonylderiv.*, F. 40 bis 41°. *$HgCl_2$-Deriv.*, F. 137—140° (Zers.). (J. Amer. chem. Soc. **76**. 1832—36. 5/4. 1954. Rochester, N. Y., Univ., Dep. of Chem.) G. WINKLER. 3231

L. M. Jampolsky und **W. E. Solodar**, *Eine neue Synthese des 4a(H)-Dodekahydrobenzo-[c]-chinolizins.* Bei der katalyt. Hydrierung von 2-[β-Pyridyl-(2')-äthyl]-cyclohexanon (I) über PtO_2 entstanden zwei *2-[β-Piperidyl-(2')-äthyl]-cyclohexanole* u. *4a(H)-Dodekahydrobenzo-[c]-chinolizin* (II). Eines der beiden Piperidyläthylcyclohexanole (F. 144—146°) war temperaturunabhängig zu 1% im Reaktionsgemisch enthalten, während das andere (F. 83—88°) bei höheren Tempp. zugunsten von II zurückging, sich selbst aber nicht zu II dehydratisieren ließ. II bildete ein *Pikrat*, aber zwei *Jodmethylate.*

Versuche: *2-[β-Piperidyl-(2')-äthyl]-cyclohexanol*, $C_{13}H_{25}ON$, F. 144—146°; 51 g I, Kp. 137—143°, n_D^{20} 1,5311, werden in wss. HCl bei 55—60° mit 1 g PtO_2 bei 500 lbs./sq.in. H_2 hydriert; nach Filtration wird alkal. gemacht, in Bzl. aufgenommen, zum Benzolrückstand Ae. gegeben u. 2 Tage bei 0° aufbewahrt; feine Nadeln (Ae.); 0,52 g (Ausbeute). *O.N-Di-p-nitrobenzoylderiv.*, $C_{27}H_{31}O_7N_3$, F. 144—146°, aus A. gelbe Prismen. — *4a(H)-Dodekahydrobenzo-[c]-chinolizin* (II), $C_{13}H_{23}N$, Kp.$_{0,5}$ 71—74°, n_D^{24} 1,5080, aus der Ae.-Lsg. der vorst. Verb.; 38 g. *Pikrat*, $C_{19}H_{26}O_7N_4$, F. 178—180°, feine gelbe Kristalle (A./W.). *Methojodid*, $C_{14}H_{26}NJ$, 1. Fraktion aus Methanol-Aceton, F. 242 bis 249°; 2. Fraktion, F. 185—186°. — *2-[β-Piperidyl-(2')-äthyl]-cyclohexanol*, $C_{13}H_{25}ON$, F. 83—88°, durch Hydrierung von I wie oben, aber bei 20°; Kp.$_{,2}$ 145—148°, aus Skellysolve B Kristalle; 40%. *O.N-Di-p-nitrobenzoylderiv.*, $C_{27}H_{31}O_7N_3$, F. 158—160°, hellgelbe Prismen (A.). (J. Amer. chem. Soc. **75**. 5427—28. 5/11. 1953. Hoboken, N. J., Stevens Inst. of Technol., Dep. of Chem.) K. NEZEL. 3231

Richard H. Wiley, Newton R. Smith und **Louis H. Knabeschuh**, *Chinoliziniumverbindungen durch Cyclisierung von Pyridonen aus Cumalinsäuremethylester und β-Phenyläthylaminen.* Vff. beschreiben die Synth. von 7-Carboxychinoliziniumderivv. durch Cyclisierung von 2-Pyridonen mittels $POCl_3$; letztere wurden aus Cumalinsäuremethylester (I) u. β-Phenyläthylaminen dargestellt. Als erster Schritt der Cyclisierung wird von Vff. die Bldg. eines 2-Chlorpyridiniumsalzes angenommen, das im vorliegenden Falle durch die den Benzolkern aktivierende Wrkg. der OCH_3- u. Methylendioxy-Gruppen unter der Einw. des $POCl_3$ zum Ringschluß befähigt ist. Bei unsubstituiertem Benzolring tritt keine Cyclisierung ein.

Versuche: *N-[β-(3.4-Dimethoxyphenyl)-äthyl]-5-carboxypyridon-(2)* (II), $C_{16}H_{17}O_5N$, F. 207,5—209° (wss. A.), aus I u. 3.4-Dimethoxyphenyläthylamin in Methanol unter Kühlung, Stehenlassen über Nacht u. 5 Min. Kochen mit wss. NaOH; 69% (Ausbeute). — *N-[β-(3.4-Methylendioxyphenyl)-äthyl]-5-carboxypyridon-(2)* (III), $C_{15}H_{13}O_5N$, F. 230—231°, aus β-[3.4-Methylendioxyphenyl]-äthylamin (aus β-Nitro-3.4-methylendioxystyrol u. $LiAlH_4$) u. I wie vorst.; 33%. — *N-[β-Phenyläthyl]-5-carboxypyridon-(2)* (IV), $C_{14}H_{13}O_3N$, F. 190°, aus β-Phenyläthylamin u. I; 44%. — *N-[α-Methyl-β-phenyläthyl]-5-carboxypyridon-(2)*, $C_{15}H_{15}O_3N$, F. 207,5—208,5°, aus α-Methyl-β-phenyläthylamin u. I; 21,5%. — *4.5-Dimethoxy-7-carbäthoxy-3.4-dihydrobenzo-[1'.2':1.2]-chinoliziniumjodid*, $C_{18}H_{20}O_4NJ$, F. 223—224° (Zers.), durch 2std. Erhitzen von II mit $POCl_3$ in Xylol auf 100—135°; λ_{max} 270 mμ (log ε = 3,76), 305 (3,98), 390 (4,33); 55%. — *4.5-Methylendioxy-7-carbäthoxy-3.4-dihydrobenzo-[1'.2':1.2]-chinoliziniumjodid*, $C_{17}H_{16}O_4NJ$, F. 210—212° (Zers.), aus III wie vorst.; 73%. — *N-[β-Phenyläthyl]-2-äthoxy-5-carbäthoxypyridiniumjodid*, $C_{18}H_{22}O_3NJ$, F. 109—110° (Zers.), aus 1 g IV wie vorst.; 0,25 g; erleidet nach einigen Wochen Zers.; λ_{max} 265 (3,98), 298 (3,88). (J. Amer. chem. Soc. **75**. 4482—84. 20/9. 1953. Louisville, Ky., Univ., Coll. of Arts and Sci., Chem. Dep.)
G. WINKLER. 3231

N. A. J. Rogers und **Herchel Smith**, *2-Acylcyclohexandione-(1.3).* 2. Mitt. *2-Formyl-, 2-Propionyl-, 2-Isobutyryl- und 2-Phenylcarbamoylcyclohexandion-(1.3) und ihre Umwandlung in Phenanthridine.* (1. vgl. SMITH, C. **1954**. 1467.) Durch Acylierung von Cyclohexandion-(1.3) (I) mit Säureanhydriden in der entsprechenden Säure als Lösungsm. u. in Ggw. von BF_3 als Katalysator (vgl. MEERWEIN u. VOSSER, J. prakt. Chem. **141**. [1934.] 149) konnten *2-Acetyl-*, *2-Propionyl-* (II), *2-Isobutyryl-* (III), *2-Octanoyl-* u. *2-Phenylacetylcyclohexandion-(1.3)* dargestellt werden; die Umsetzung mit Benzoesäureanhydrid führte zu keinem Ergebnis. *2-Formylcyclohexandion-(1.3)* entstand aus I durch Schmelzen mit N.N'-Diphenylformamidin (vgl. BAINS [1902]) u. anschließende

Hydrolyse des entstandenen *N-[2.6-Dioxocyclohexylmethylen]-anilins* (**IV**) mit verd. Soda-lsg. als unstabiles, schwer kristallisierbares Öl. **II** liefert mit Anilin leicht ein Anil, das unter den in der 1. Mitt. (l. c.) beschriebenen Bedingungen in *9-Äthylphenanthridin* übergeführt werden kann; **III** bildet aus ster. Gründen kein Anil. **IV** konnte mit $H_3PO_4 + P_2O_5$ nicht zu 5.6.7.8-Tetrahydro-8-oxophenanthridin (**V**) cyclodehydratisiert werden, was auf die *trans*-Konfiguration (**IVa**) des **IV** zurückgeführt wird. Auch bei der Cyclodehydratisierung von *2-Phenylcarbamoylcyclohexandion-(1.3)* (**VI**), das bei der Umsetzung von Phenylisocyanat mit dem Na-Deriv. von **I** entsteht, konnte **V** nicht erhalten werden; mit konz. H_2SO_4 oder $H_3PO_4 + P_2O_5$ trat Zers. ein u. bei der Einw. von HF blieb **VI** unverändert. Für **VI** wird aus diesem Grunde die Konfiguration **VIa** angenommen.

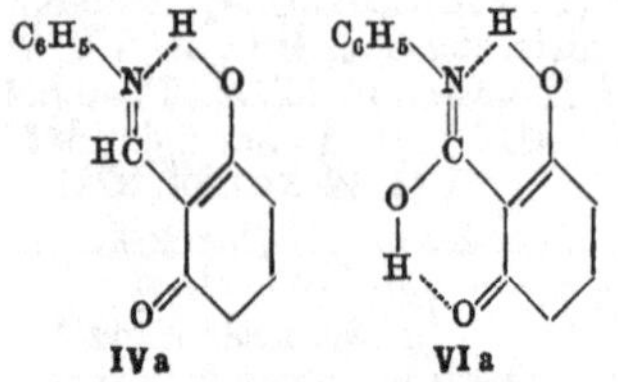

IVa VIa

V e r s u c h e: *2-Propionylcyclohexandion-(1.3)* (**II**), $C_9H_{12}O_3$, Kp.$_{15}$ 124°, F. 19°, a) aus **I**, Propionsäureanhydrid u. Na-Propionat bei 125° (7$^1/_2$ Std.), Eindampfen im Vakuum, Extrahieren mit Alkali, Fällen des Extraktes mit Säure u. Reinigen über den *Cu-Komplex* [F. 185° (Chlf.)]; 13% (Ausbeute); b) durch Eintropfen einer Lsg. von **I** in Propionsäure u. Propionsäureanhydrid in eine sd. Mischung von Propionsäureanhydrid u. Pyridin (1$^1/_2$ Std.) u. anschließendes Kochen (4$^1/_2$ Std.); 19%; c) aus **I** in Propionsäure u. Propionsäureanhydrid durch Sättigen mit BF_3 unter Kühlen; 71%; λ_{max} 235 u. 275 mμ (ε = 9300 u. 8300); 6,0 u. 6,4 μ. — *2-Isobutyrylcyclohexandion-(1.3)* (**III**), $C_{10}H_{14}O_3$, Kp.$_{20}$ 144°, F. 37—38°, wie **II** nach c); 24%; λ_{max} 235 u. 275 mμ (ε = 14000 u. 13350); 6,0 u. 6,4 μ. *Cu-Komplex*, $C_{20}H_{26}O_6Cu$, F. 228—230° (wss. A.). — *2-Octanoylcyclohexandion-(1.3)*, $C_{14}H_{22}O_3$, Kp.$_{0,1}$ 100°, analog, neben einer nicht identifizierten *Verb. vom F. 46°*; λ_{max} 232,5 u. 275 mμ (ε = 10400 u. 9900); 6,0 u. 6,45 μ. *Cu-Komplex*, $C_{28}H_{42}$·O_6Cu, F. 132—136° (Chlf. + Bzn.). — *2-Phenylacetylcyclohexandion-(1.3)*, $C_{14}H_{14}O_3$, Kp.$_{15}$ 175° (Leichtbenzin), aus **I**, Phenylessigsäureanhydrid u. BF_3 in Chlf.; 8%; λ_{max} 235 u. 275 mμ (ε = 15200 u. 15200); 6,03 u. 6,43 μ. *Cu-Komplex*, F. 182—185° (Chlf.). — *N-[2.6-Dioxocyclohexylmethylen]-anilin* (**IV**), $C_{13}H_{13}O_2N$, F. 124—125° (Bzn.), aus **I** u. N.N'-Diphenylformamidin bei 130° (1 Std.) u. Waschen mit 5%ig. HCl u. W.; Nadeln; λ_{max} 6,0 u. 6,35 mμ. *Cu-Komplex*, $C_{26}H_{24}O_4N_2Cu$, F. 260—262° (Chlf. + Bzn.), grün. — *2-Formylcyclohexandion-(1.3)*, $C_7H_8O_3$, Kp.$_{12}$ 105° (Badtemp.), durch Kochen von **IV** mit 2%ig. Na_2CO_3, Ansäuern u. Extrahieren mit Ae.; unbeständiges, leicht verharzendes Öl; λ_{max} 240 u. 255 mμ (ε = 9100 u. 9800); 5,98 u. 6,3 μ. Liefert mit Anilin in Ae. **IV**. — *1-[2.6-Dioxocyclohexyl]-propylidenanilin*, $C_{15}H_{17}O_2N$, F. 74° (Bzn.), aus **II** u. Anilin in sd. A. (5 Std.) u. Fällen mit W.; Nadeln; λ_{max} 250 u. 305 mμ (ε = 17000 u. 19900); 6,1 u. 6,35 μ. — *9-Äthyl-5.6.7.8-tetrahydro-8-oxophenanthridin*, $C_{15}H_{15}ON$, F. 77° (Leichtbenzin), aus Vorst. u. P_2O_5 in H_3PO_4 bei 180° (1 Std.), Zers. mit W. bei 90° u. Extrahieren mit Ae.; Nadeln; λ_{max} 240, 285 u. 325 mμ (ε = 28600, 8300 u. 1300); 5,95 μ. — *9-Äthyl-5.6.7.8-tetrahydro-8-oxyphenanthridin*, $C_{15}H_{17}ON$, F. 114° (Essigester + Bzn.), aus Vorst. u. $LiAlH_4$ in sd. Ae.; Nadeln; λ_{max} 235, 275, 305 u. 320 mμ (ε = 25600, 5300, 4200 u. 3200); 2,8, 3,05 u. 3,25 μ. — *9-Äthylphenanthridin*, $C_{15}H_{13}N$, F. 55,5° (PAe.), durch Dehydrieren vorst. Verb. mit 30%ig. Pd-Kohle bei 260° (25 Min.), Extrahieren mit Ae. u. sd. A. u. Chromatographieren der Verdampfungsrückstände der gesammelten Extrakte in PAe. an Al_2O_3; Nadeln; λ_{max} 250, 300, 345 u. 365 mμ (ε = 33100, 5700, 4100 u. 4100). — *2-Methylcyclohexandion-(1.3)*, F. 206° (Bzl.), durch Hydrieren von **IV** in A. in Ggw. von Raney-Ni mit 1 Mol H_2. — *2-Äthylcyclohexandion-(1.3)*, $C_8H_{12}O_2$, F. 176° (Bzl.), aus N-[2.6-Dioxocyclohexyläthyliden]-anilin. — *2-Phenylcarbamoylcyclohexandion-(1.3)* (**VI**), $C_{13}H_{13}O_3N$, F. 77° (A.), aus der Na-Verb. von **I** [dargestellt mit Na-Methylat in Methanol] in Tetrahydrofuran u. Phenylisocyanat (3 Std.), Eindampfen, Zers. mit verd. Säure, Extrahieren mit Ae. u. Reinigen über den Cu-Komplex; λ_{max} 270 mμ (ε = 20600); 6,06, 6,3 u. 6,48 μ; $FeCl_3$-Rk. blutrot. *Cu-Komplex*, $C_{26}H_{24}O_6N_2Cu$, F. 277° (Zers.). — *1'-[2.6-Dioxocyclohexyl]-äthylidennaphthyl-(1)-amin*, $C_{18}H_{17}O_2N$, F. 144 bis 145° (Essigester + Bzn.), aus 2-Acetylcyclohexandion-(1.3), a) mitNaphthyl-(1)-amin in sd. A. (6 Std.) u. Fällen mit W., b) mit $ZnCl_2$·Naphthylamin bei 150° u. 180° (30 Min.) u. Extrahieren mit Chlf.; Nadeln; λ_{max} 225, 250 u. 310 mμ (ε = 28700, 16600 u. 18900). — *3.4.5.6-Tetrahydro-2-methyl-3-oxo-1-azachrysen*, $C_{18}H_{15}ON$, F. 154° (Essigester + Bzn.), aus Vorst. u. P_2O_5 in H_3PO_4 bei 170°; braungelbe Nadeln; λ_{max} 235, 270, 295, 350 u. 370 mμ (ε = 8800, 34000, 12400, 1700 u. 1700). — *3.4.5.6-Tetrahydro-2-methyl-3-oxy-1-azachrysen*, $C_{18}H_{17}ON$, F. 155—156° (Essigester), aus Vorst. u. Na-Borhydrid in sd. Methanol u. Zers. mit Essigsäure; Prismen; λ_{max} 245, 270, 300, 317,5, 333 u. 350 mμ (ε = 25700, 27000, 9250, 2000, 3500 u. 3600). — *2-Methyl-1-azachrysen*, $C_{18}H_{13}N$, F. 115 bis 116°, aus Vorst. durch Dehydrieren mit Pd-Kohle bei 260°, Extrahieren mit A. u.

Ae. u. Reinigen durch Chromatographieren in Bzn. an Al_2O_3; Prismen; λ_{max} 225, 310 u. 360 mμ (ε = 23100, 5000 u. 3000). (J. chem. Soc. [London] **1955.** 341—46. Febr. Oxford, Dyson Perrins Labor.) H. GOLD. 3231

Frank S. H. Head, *Eine Additionsverbindung von Glyoxal und Äthylenglykol.* Durch Eindampfen äquimol. Mengen wss. Glyoxals (I) u. Äthylenglykols im Vakuum wurde eine wasserlösl. Verb. (II) erhalten, die sich in der Wärme zersetzt. Auf Grund ihres Infrarotspektr. wird sie als *2.3-Dioxydioxan* angesehen. Hierfür scheint auch die Tatsache zu sprechen, daß mit PCl_5 *2.3-Dichlordioxan* (III) erhalten wurde. In wss. Lsg. dissoziiert **II** zu einer offenkettigen Form, die schließlich in die Ausgangskomponenten zerfällt. Auch die Oxydation mit $NaJO_4$ läßt auf das Vorhandensein dieser Verbb. im Gleichgewicht schließen. Mit überschüssigem, HCl-haltigem Glykol liefert **II** ein Gemisch von *Naphthodioxanen.*

Versuche: *2.3-Dioxydioxan* (II), $C_4H_8O_4$, a) durch Aufbewahren von Glykol u. 50%ig. I im Vakuum über P_2O_5 u. Mischen mit Aceton; 77% (Ausbeute); b) durch Kochen von **III** mit W., Behandlung der Lsg. mit $NaHCO_3$ bis zur schwach kongosauren Rk. u. Eindampfen im Vakuum wie vorst.; 51%. — *2.3-Dichlordioxan* (III), $Kp._9$ 71—75°, F. 30° (PAe.), durch Zugabe von **II** zu PCl_5, 15 Min. langes Erhitzen auf dem Dampfbad, Entfernung des $POCl_3$ aus dem Filrat im Vakuum u. Lösen in Bzl.; 54%. — *Naphthodioxane.* Durch 21 std. Erhitzen von **II** mit Glykol u. 0,5% HCl auf dem Dampfbad wurde eine *Verb. vom F. 135°* (CH_3OH) als Nadeln erhalten. Das Filtrat enthielt eine *Verb. vom F. ca. 90°.* (J. chem. Soc. [London] **1955.** 1036—37. März. Didsbury, Manchester, Brit. Cotton Ind. Res. Assoc., Shirley Inst.) HORST BAGANZ. 3252

Frederic R. Benson, Lawrence W. Hartzel und **Elizabeth A. Otten,** *Azidopyrimidine.* (Vgl. Boll. Sci. chim. Ind. Univ. Bologna **5.** [1944—47.] 48.) Vff. wiederholen die Synth. des angeblichen 6-Furyl-(2)-ditetrazolo-[a:c]-pyrimidins (vgl. ANDRISANO, l. c.) u. finden im Gegensatz zu ANDRISANO ein *Prod.* von einem anderen F., das nach Vff. auf Grund seiner Rkk. u. seines UV-Spektr. (graph. Wiedergabe) *2.4-Diazido-6-furyl-(2)-pyrimidin* ist. Nach vorst. Darstellungsmeth. werden ferner 2.4-Dichlor- (I), 2.4-Dichlor-6-methyl- (II) u. 2.4-Dichlor-6-phenylpyrimidin (III) zu den entsprechenden *2.4-Diazidopyrimidinen* umgesetzt, deren Struktur durch die Aufnahme der UV-Spektren belegt wird. Bei Verss., vorst. Verbb. durch Kochen in verschied. Alkoholen oder durch wiederholtes Schmelzen in Ditetrazolo-[a:c]-pyrimidine oder zumindest in Monotetrazolomonazidopyrimidine umzulagern, wird in allen Fällen das Ausgangsprod. zurückerhalten.

Versuche: *2.4-Diazido-6-furyl-(2)-pyrimidin,* $C_8H_4ON_8$, F. 93—93,5° (A.), aus 2 g 2.4-Dichlor-6-furyl-(2)-pyrimidin u. NaN_3 durch 3 std. Kochen in A.; 1,5 g (Ausbeute), ferner durch Zugabe von 1,5 g 2.4-Dihydrazino-6-furyl-(2)-pyrimidin in verd. H_2SO_4 zu wss. $NaNO_2$; 0,4 g. — *2.4-Dihydrazinopyrimidin,* $C_4H_8N_6$, F. 206—207° (95%ig. A.), durch 1 std. Kochen von 6 g I mit Hydrazinhydrat in A.; 3 g. — *2.4-Diazidopyrimidin,* $C_4H_2N_8$, F. 92—92,5° (20%ig. Aceton), aus vorst. Verb. in Essigsäure u. $NaNO_2$, ferner aus I durch 3 std. Kochen mit NaN_3; 56%, oder durch Erwärmen von 8 g I mit 15%ig. HN_3 in Bzl. im Druckgefäß auf dem Wasserbad; 3 g. — *2.4-Diazido-6-methylpyrimidin,* $C_5H_4N_8$, F. 126—126,5° (A.), aus 12,5 g **II** u. NaN_3 wie vorst.; 8 g. — *2.4-Diazido-6-phenylpyrimidin,* $C_{10}H_6N_8$, F. 92,5—93,5° (A.), aus **III** u. NaN_3; 8,5 g. (J. Amer. chem. Soc. **76.** 1858—62. 5/4. 1954. South Norwalk, Conn., Remington Rand, Inc., Chem. Res. Div., Labor. of Advanced Res.) G. WINKLER. 3272

Richard Dahlbom und **Nils-Erik Willman,** *Derivate von β-Phenothiazyl-(10)-propionsäure.* (Vgl. DAHLBOM, Acta chem. scand. **7.** [1953.] 879.) Vff. beschreiben die Darst. verschied. Ester, Thioester u. substituierter Amide von *β-Phenothiazyl-(10)-propionsäure* (I).

Versuche: *β-Phenothiazyl-(10)-propionylchlorid* (II), $C_{15}H_{12}ONClS$, F. 117 bis 119° (Ae.), durch langsame Zugabe von $SOCl_2$ zu I u. Pyridin in Ae. bei —5° u. Stehenlassen über Nacht; 93% (Ausbeute). — *N-[β-Phenothiazyl-(10)-propionyl]-piperidin,* $C_{20}H_{22}ON_2S$, F. 127—128° (A.), aus **II** in Ae. u. Piperidin bei Zimmertemp.; 53%. — *β-Phenothiazyl-(10)-propionsäure-β'-dimethylaminoäthylester,* $C_{19}H_{22}O_2N_2S$, F. 81 bis 83° (Ae.), durch 2 std. Kochen von **II** mit β-Dimethylaminoäthanol in Toluol; 60%. — *β-Phenothiazyl-(10)-propionsäure-β'-diäthylaminoäthylester. Oxalat,* $C_{23}H_{28}O_6N_2S$, F. 118 bis 120° (Aceton); 55%. — *β-Phenothiazyl-(10)-thiopropionsäure-β'-diäthylaminoäthylester,* aus **II** u. β-Diäthylaminoäthylmercaptan. *Oxalat,* $C_{23}H_{28}O_5N_2S_2$, F. 121—122° (Zers.; aus Äthylacetat); 89%. — *N^1-[β-Phenothiazyl-(10)-propionyl]-$N^2.N^2$-diäthyläthylendiamin,* aus **II** u. $N^1.N^1$-Diäthyläthylendiamin. *Oxalat,* $C_{23}H_{29}O_5N_3S$, F. 130 bis 131° (Aceton); 87%. (Acta chem. scand. **8.** 1952. 1954. Södertälje, Schweden, AB Astra, Centr. Labor.) G. WINKLER. 3292

George P. Scott, *Ein Derivat eines neuen Schwefelheterocyclus.* Vf. erhält bei der Kondensation von Thiodiessigsäurediäthylester (II) u. o-Phthalaldehyd (III) mittels $NaOCH_3$ ein Prod., welches als *3-Benzothiepin-2.4-dicarbonsäure* (I) angesehen wird. Die sehr instabile Verb. gibt beim Kochen in 15% ig. A. *2.3-Naphthalindicarbonsäure.* Die Instabilität steht in Einklang mit der Tatsache, daß ein FISHER-TAYLOR-HIRSCHFELDER-Modell der Struktur I etwas gespannt ist u. eindeutig nicht planar ist.

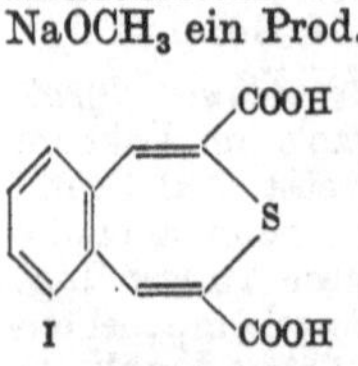

Versuche: *3-Benzothiepin-2.4-dicarbonsäure* (I), $C_{12}H_8O_4S$, F. 236,0–237,5° (80% ig. A.), aus II u. III in Methanol durch Zugabe zu methanol. $NaOCH_3$ unter Rühren bei <15° u. 2 Std. Stehenlassen unter Kühlung; 22% (Ausbeute); 1 g gibt bei 2std. Kochen mit 15% ig. A. *2.3-Naphthalindicarbonsäure,* F. 237,5–238,5°; 0,83 g; daraus durch Sublimation bei 240–270° das *Anhydrid,* $C_{12}H_6O_3$, F. 245–246°. (J. Amer. chem. Soc. **75.** 6332–33. 20/12. 1953. Vermillion, South Dakota, Univ., Dep. of Chem.) G. WINKLER. 3370

H. Harry Szmant und Ronald L. Lapinski, *Ungesättigte siebengliedrige heterocyclische Ringe.* Im Verlauf der Unters. der Red. von Bis-[2-nitro-4-trifluormethylphenyl]-sulfon erhalten Vff. drei *Derivv.* des Ringsyst. *1-Thia-4.5-diazacycloheptatrien-(2.4.6).* Die Verbb. lassen sich katalyt. zu *Bis-[2-amino-4-trifluormethylphenyl]-sulfon* hydrieren. Vff. weisen darauf hin, daß die Azo- u. Azoxyverb. therm. sehr beständig sind u. keine Neigung zeigen, in Derivv. des Dibenzothiophens überzugehen.

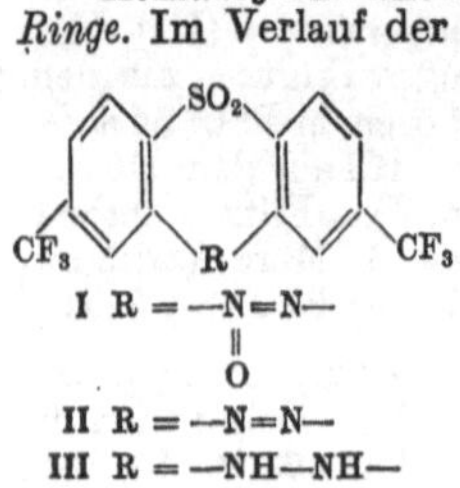

Versuche: *Bis-[2-nitro-4-trifluormethylphenyl]-sulfid,* $C_{14}H_6O_4N_2F_6S$, F. 144–146°, durch Zugabe von K-Äthylxanthogenat zu o-Nitro-p-trifluormethylchlorbenzol in A. u. 2tägiges Kochen; 40% (Ausbeute), ferner durch Zugabe von wss. $Na_2S_2O_3$ zu äthanol. 4-Chlor-3-nitrobenzotrifluorid unter heftigem Rühren u. 6std. Kochen; 61%. — *Bis-[2-nitro-4-trifluormethylphenyl]-sulfon,* $C_{14}H_6O_6N_2F_6S$, F. 167–168° (Essigsäure), aus vorst. Verb. durch 8std. Kochen mit CrO_3 in Eisessig; 86%; 27 g geben bei katalyt. Hydrierung über RANEY-Ni in Dioxan bei 62,5–40,5 lbs./sq. in. die *Hydrazoverb.* III, $C_{14}H_8O_2N_2F_6S$, F. 136–137°, 14,5 g, daneben die *Azoverb.* II, $C_{14}H_6O_2N_2F_6S$, F. 247 bis 248° (Isopropanol); 1 g; 2 g geben in Isopropanol über RANEY-Ni bei 1 at bis zur Aufnahme von 2,8 Mol H_2 die *Azoxyverb.* I, $C_{14}H_6O_3N_2F_6S$, F. 267–268°; ca. 1 g (II läßt sich mit Peressigsäure zu I oxydieren; III mit Luft in alkal. Lsg. in II überführen). — *Bis-[2-amino-4-trifluormethylphenyl]-sulfon,* $C_{14}H_{10}O_2N_2F_6S$, F. 133–136° (Bzl.), aus 20 g vorst. Verb. in Bzl. mit Fe/HCl durch 3std. Erwärmen u. Rühren; 5 g. (J. Amer. chem. Soc. **75.** 6338–39. 20/12. 1953. Pittsburgh, Pa., Duquesne Univ., Dep. of Chem.) G. WINKLER. 3370

M. Viscontini, O. Leutenegger und P. Karrer, *N¹-Xylosido- und N¹-Arabinosido-nicotinsäureamidderivate.* Durch Umsetzung von Nicotinsäureamid (I) mit D-α-Acetobromxylose bzw. β-Acetobrom-L-arabinose wurden *3-Aminoformyl-N¹-[triacetyl-D-xylosido]-pyridiniumbromid* (II) u. *3-Aminoformyl-N¹-[triacetyl-L-arabinosido]-pyridiniumbromid* erhalten. Mit verd. HBr wurden die Substanzen desacetyliert. Durch die vermutliche Entstehung der anomeren α- u. *β-Formen* ließen sich die Verbb. nicht krist. darstellen. Der Oxydation mit Perjodsäure gemäß ist pyranosid. Struktur anzunehmen. Hierbei entstanden aus der A- u. B-Form des desacetylierten II 2 (nichtisolierte) *Dialdehyde* von verschied. Drehungsvermögen, $[\alpha]_D^{18}$ ~ +54° u. $[\alpha]_D^{18}$ ~ −49°, die wahrscheinlich die Antipoden der Formel III darstellen.

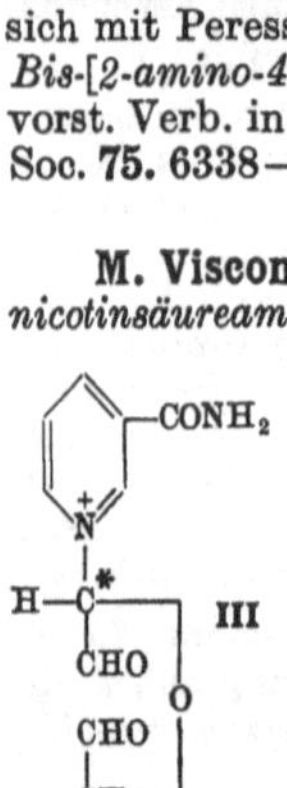

Versuche: *α-Acetobromxylose,* F. 100–102°, aus D-Xylose nach Acetylierung mit Acetanhydrid/Pyridin u. Behandlung mit HBr/Eisessig bei 0° u. 20°; 48% (Ausbeute). — *3-Aminoformyl-N¹-[D-triacetylxylopyranosido]-pyridiniumbromid* (II), $C_{17}H_{21}O_8N_2Br \cdot 2\,H_2O$, F. 138–139° (Zers.); $[\alpha]_D^{18}$ −45 ± 1° (W.). Die Lsgg. von 7 g vorst. Verb. in 20 ml Acetonitril u. von 2,7 g I u. 1,3 g Eisessig in 60 ml Acetonitril werden zusammengegeben u. nach Stehen über Nacht bei 37° 1 Std. unter Rückfluß gekocht; nach Abfiltrieren des I-HBr wird bei 40–45° Badtemp. weitestgehend eingeengt, nach Alkoholzugabe im Vakuum zur Trockne gebracht u. der Rückstand aus CH_3OH mit Ae. ausgefällt; 1,75 g. Aus den Mutterlaugen schieden sich Kristalle aus, die aus Butanol u. Isopropanol umkristallisiert wurden (Nadeln). — *3-Aminoformyl-N¹-[D-xylopyranosido]-pyridiniumbromid* (B), $C_{11}H_{15}O_5N_2Br$, F. 139–140° (Zers.); $[\alpha]_D^{18}$ −44 ± 1° (W.), durch Hydrolyse vorst. Verb. mit 5% ig. HBr während ½ Std. bei 90° u. chromatograph. Trennung an Cellulosepulver. Außerdem *3-Aminoformyl-N¹-[D-xylopyranosido]-pyridinium-*

bromid (A), $C_{11}H_{15}O_5N_2Br$, F. 170—171° (Zers.); $[\alpha]_D$ $+4,2 \pm 0,4°$ (W.). — *β-Aceto-brom-L-arabinose*, F. 137°; 43%. — *3-Aminoformyl-N¹-[L-triacetylarabopyranosido]-pyridiniumbromid*, $C_{17}H_{21}O_8N_2Br \cdot H_2O$, nicht krist.; $[\alpha]_D$ $-20,0 \pm 0,1°$. — *3-Aminoformyl-N¹-[L-arabopyranosido]-pyridiniumbromid*, $C_{11}H_{15}O_5N_2Br \cdot H_2O$, nicht krist.; $[\alpha]_D$ $+47,5 \pm 0,2°$. (Helv. chim. Acta **38.** 909—14. 15/6. 1955. Zürich, Univ., Chem. Inst.) K. NEZEL. 3400

Richard Kuhn und **Gerd Krüger,** *1-Acetaminolactose. 1-Acetaminolactose* (I) entsteht aus *1-Aminolactosehydrat* (II) mit Keten oder durch Peracetylierung u. Ammonolyse. Die Verb. wird durch sehr verd. Säure in der Kälte zu Lactose u. NH_4-Salz hydrolysiert. Im Gegensatz zur 2-Acetaminolactose (vgl. nachst. Ref.) red. **I** weder Hypojodit noch sd. FEHLINGsche Lsg., zeigt keine Mutarotation u. bildet kein Osazon.

Versuche: *1-Acetaminolactose* (I), $C_{14}H_{25}O_{11}N \cdot 2\,H_2O$, F. 246—248° (Zers.), a) aus II in wss. Methanol mit Keten; 65% (Ausbeute); oder aus nachst. Verb. mit methanol. NH_3 (85%) oder CH_3ONa (66%); Nadeln aus W. u. Aceton, $[\alpha]_D^{25}$ $+1,5 \pm 0,5°$ (W.). — *1-Aminooktaacetyllactose*, $C_{28}H_{39}O_{18}N \cdot H_2O$, F. 142°—146° (Sintern ab 135°), aus I oder II mit Acetanhydrid/Pyridin; Nadeln aus Methanol/Ae.; 78% (aus I); $[\alpha]_D^{25}$ $+2,7°$ (Chlf.), $+7,4°$ (Methanol). (Chem. Ber. **87.** 1544—47. 1954. Heidelberg, Max-Planck-Inst. für Med. Forsch., Inst. für Chem.) M. REIHER. 3400

Richard Kuhn und **Werner Kirschenlohr,** *Synthese der 2-Acetaminolactose.* Durch katalyt. Hydrierung von Lactosazon erhält man nebeneinander *Lactosamin* (*2-Desoxy-2-aminolactose*; I) u. *Isolactosamin* (*1-Desoxy-1-aminolactulose*; II). Nach Peracetylierung u. Ammonolyse wurden *N-Acetyllactosamin* (III; *2-Desoxy-2-acetaminolactose, 4-β-α-Galaktosido-N-acetyl-d-glucosamin, 4-O-[β-d-Galaktosido]-2-desoxy-2-acetaminoglucopyranose*) u. *N-Acetylisolactosamin* (*1-Acetaminolactulose*) chromatograph. getrennt. **III** ist ident. mit dem durch partielle Hydrolyse von Blutgruppensubstanzen des Mekoniums erhaltenen Disaccharid (vgl. C. **1955.** 1278), mit dem Disaccharid von YOSIZAWA (Tohoku J. exp. Med. **52.** [1950.] 145), mit der *Biose* von TOMARELLI u. Mitarbeitern (C. **1955.** 131) u. mit der *Verb.* D_{II} von ZILLIKEN u. Mitarbeitern (C. **1954.** 10741). **III** gibt keine Farb-Rk. mit p-Dimethylaminobenzaldehyd, wird weder von Emulsin noch von Lactase aus E. coli-Stämmen gespalten u. gehört zu den wirksamsten Wuchsstoffen für *Lactobacillus bifidus var. Penn.*

Versuche: *2-Acetaminolactose* (III), $C_{14}H_{25}O_{11}N \cdot CH_3OH$, F. 168—170°. Das aus d-Lactosephenylosazon mit H_2 u. Pd-Kohle in A.–Eisessig erhaltene *Gemisch* von I u. II [$C_{12}H_{23}O_{10}N \cdot HCl$; $[\alpha]_D^{20}$ $-30°$ (c = 1 in W.), nach Chromatographie an Amberlite; 50% (Ausbeute)] wird mit Acetanhydrid/Pyridin/Triäthylamin acetyliert u. in Methanol mit NH_3 behandelt; chromatograph. Abtrennung von *N-Acetylisolactosamin* mit Kohle-Celite; quadrat. Blättchen aus Methanol; $[\alpha]_D^{23}$ $+51,5°$ (t = 0) → $+28,5°$ (c = 0,98, W., Endwert); Halbwertszeit der Mutarotation 32 Min.; $R_{Glucose}$ = 0,70 (Essigester–Pyridin–W.). (Chem. Ber. **87.** 1547—52. 1954.) M. REIHER. 3400

Richard Kuhn, Hans Helmut Baer und **Adeline Gauhe,** *Die Konstitution der Lacto-N-biose I.* (Vgl. C. **1955.** 1541.) Das *Osazon* der aus Frauenmilch gewonnenen *Lacto-N-biose I* (I) ist nach dem Ultrarotspektr. u. DEBYE-SCHERRER-Röntgenogramm ident. mit dem *Osazon* der synthet. erhaltenen *3-β-d-Galaktosido-d-fructose* bzw. *-d-glucose* (vgl. nachst. Ref.). Daraus folgt, daß **I** *3-β-d-Galaktosido-N-acetyl-d-glucosamin* ist. In geringer Menge konnte aus Frauenmilch auch das isomere *4-β-d-Galaktosido-N-acetyl-d-glucosamin* (vgl. vorst. Ref.) erhalten werden. Die Ultrarotspektren von I u. einigen isomeren Verbb. werden angegeben.

Versuche: *N-Acetyllactosamin* (*4-β-d-Galaktosido-N-acetyl-d-glucosamin*), $C_{14}H_{25}O_{11}N \cdot CH_3OH$, F. 167—168°, neben I aus dem partiellen Säurehydrolysat des Kohleeluats aus Frauenmilch durch fraktionierte Kristallisation aus CH_3OH; quadrat. Plättchen. — *3-β-Galaktosidoglucosephenylosazon*, $C_{24}H_{32}O_9N_4$, F. 184—185° (Zers.), aus I mit Phenylhydrazin; gelbe Prismen aus A.–W.; 14% (Ausbeute). (Chem. Ber. **87.** 1553—60. 1954.) M. REIHER. 3400

Richard Kuhn und **Hans Helmut Baer,** *Synthese der 3-β-d-Galaktosido-d-glucose und der 3-β-d-Galaktosido-d-fructose.* 1.2;5.6-Diisopropyliden-d-glucofuranose bzw. 1.2;4.5-Diisopropyliden-d-fructopyranose geben mit Acetobromgalaktose nach KOENIGS-KNORR in 3-Stellung verknüpfte Disaccharidderivate. Nach Abspaltung der Acetonreste u. Acetylgruppen konnte chromatograph. krist. *3-β-d-Galaktosido-d-glucose* bzw. krist. *3-β-d-Galaktosido-d-fructose* erhalten werden. Die beiden Disaccharide liefern dasselbe *Phenylosazon.*

Versuche: *3-β-Galaktosidofructose*, $C_{12}H_{22}O_{11}$, F. 197—199°, durch 48 std. Einw. von Acetobromgalaktose auf eine Mischung von *α-Diacetonfructose*, Ag_2CO_3, $CaSO_4$ u. J_2 in absol. Bzl., Entacetylierung mit methanol. NH_3 bei 20° (7 Std.), Abspaltung der Acetonreste in 0,05 mol. Oxalsäurelsg. bei 100° (10 Std.) u. Chromatographie an Cellulose;

Prismen aus W. u. A., $[\alpha]_D^{26}$ $-14,6^0$ (4 Min.) → $-27,1^0$ (25 Min., konst.; c = 2,4 in W.). FEHLINGsche Lsg. wird in der Hitze red., positive SELIWANOFF-Rk.; 19% (Ausbeute). Verd. Alkali hydrolysiert schon in der Kälte, spaltbar durch Coli-Lactase sowie Emulsin. — *3-β-Galaktosidoglucose*, $C_{12}H_{22}O_{11}$, F. 202—204°, analog vorst. Verb. mit Diacetonglucose; Nadeln aus Methanol, $[\alpha]_D^{22}$ $+76,7^0$ (t = 0) → $+71,8^0$ (4 Min.) → $+41,2^0$ (300 Min., konst.; wasserfreie Substanz in W.); 6%. Bildet *Halb-* u. *Monohydrat*, spaltbar durch Emulsin oder durch Lactase aus E. coli. — *3-β-Galaktosidoglucosephenylosazon*, $C_{24}H_{32}O_9N_4$, F. 184—185°, aus vorst. Verbb. mit Phenylhydrazin; Nadeln aus W. u. A., $[\alpha]^{23}_D$ $+15,2^0$ (5, 10 u. 15 Min.) → -5^0 (42 Std.); 82%. (Chem. Ber. **87**. 1560—67. 1954.) M. REIHER. 3400

Robert F. Raffauf, Ann. L. Farren und **Glenn E. Ullyot,** *Bestandteile des U.S.P. Colchicins. N-Formyltrimethylcolchicinsäuremethylester.* Durch chromatograph. Reinigung von U. S. P. Colchicin konnte *N-Formyltrimethylcolchicinsäuremethylester*, F. 260—262° (Zers.), $[\alpha]_D^{25}$ -175 ± 1^0 (c = 1,01, Chlf.), isoliert werden. Die Anwesenheit (1,5%) war gesichert durch Vgl. mit synthet. N-Formyltrimethylcolchicinsäuremethylester, F. 260 bis 262° (Zers.), u. *N-Formylisotrimethylcolchicinsäuremethylester*, $C_{21}H_{23}O_6N$, F. 252 bis 253° (Zers.); $[\alpha]_D^{25}$ -315 ± 1^0 (c = 0,719; Chlf.). (J. Amer. chem. Soc. **75**. 3854. 5/8. 1953. Philadelphia, Res. and Development Div., Smith, Kline and French Labor.) K. NEZEL. 3500

Marshall Gates, *Die Umwandlung von Kodeinon in Kodein.* Die Umwandlung von Kodeinon in *Kodein* gelang Vf. fast quantitativ mit $NaBH_4$.

V e r s u c h e: 194 mg Kodeinon, F. 185—187°, in 10 ml CH_3OH werden mit 0,5 g $NaBH_4$ in 12 ml CH_3OH versetzt; die Lsg. wird nach $1^1/_2$ Std. auf die Hälfte eingeengt, mit 10 ml 10% ig. NaOH verd., kurz zum Sieden erhitzt, W. zugesetzt u. mit Chlf. extrahiert. Aus dem Chlf. 196 mg *Kodein*, nach Kristallisation 173 mg *Kodeinhydrat*, F. 157 bis 158,5°, $[\alpha]_D^{25}$ -136^0 (c = 2,80; A.). *Kodeinhydrobromid*, $C_{18}H_{21}O_3N \cdot HBr \cdot 2\,H_2O$, Doppel-F. 151—160° (Zers.) u. 273—278° (Zers.); Nadeln (W.). — *1-Bromkodein*, F. 161—163°, aus 1-Bromkodeinon unter entsprechenden Bedingungen. *Jodmethylat*, $C_{19}H_{23}O_3NBrJ$, F. 262,5—264° (Zers.) (J. Amer. chem. Soc. **75**. 4340—41. 5/9. 1953. Rochester, Univ., Dep. of Chem.) K. NEZEL. 3500

J. Brüesch und **P. Karrer,** *Reduktion des Apoyohimbins mittels Lithiumaluminiumhydrids.* Eine erneute Red. von Apoyohimbin mit $LiAlH_4$ ergab zwei Reduktionsprodd.: einen Aldehyd, der *Dihydroapoyohimbal* (I) genannt wird, u. einen Alkohol *Apoyohimbylalkohol* (II). I läßt sich katalyt. zu *Dihydroapoyohimbylalkohol* reduzieren. II nahm bei der katalyt. Hydrierung 1,4 Mol H_2 auf u. soll daher Gegenstand einer weiteren Unters. sein.

I 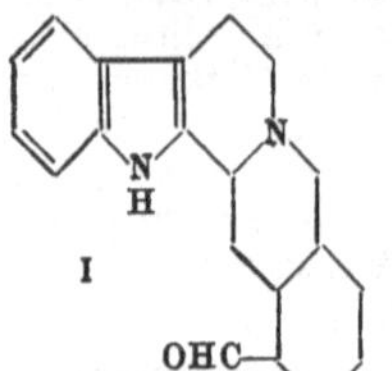 II 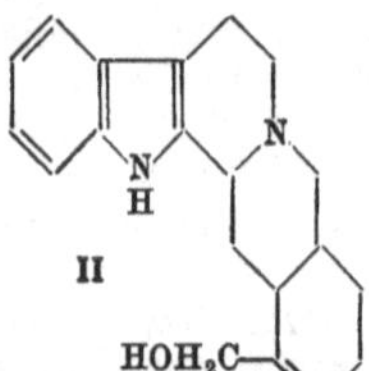

V e r s u c h e: Red. von Apoyohimbin mit $LiAlH_4$: Zu 13,5 ml 0,66 mol. $LiAlH_4$-Lsg. in Tetrahydrofuran werden innerhalb 5 Min. 1 g Apoyohimbin in 30 ml Tetrahydrofuran getropft; nach $5^1/_2$std. Rückflußkochen wird überschüssiges $LiAlH_4$ mit Essigester zerstört u. mit W. zersetzt, der Rückstand der Tetrahydrofuranlsg. in Ae. aufgenommen, die äther. Lsg. mit W. gewaschen u. ihr Rückstand aus A. kristallisiert: *Dihydroapoyohimbal* (I), $C_{20}H_{24}ON_2$, F. 192—195° (korr.), dünne Nädelchen; 25% (Ausbeute). *p-Nitrophenylhydrazon*, $C_{26}H_{29}O_2N_5$, Zers. bei 230° (korr.). — *Dihydroapoyohimbylalkohol*, $C_{20}H_{26}ON_2$, F. 202—205°, durch Hydrierung von I mit PtO_2 in Eisessig. *Dihydroapoyohimbylacetat*, $C_{22}H_{28}O_2N_2$, F. 209—213° (korr.). — *Apoyohimbylalkohol* (II), $C_{20}H_{24}ON_2$, F. 178—181° (korr.), aus der alkoh. Mutterlauge von I nach Abtrennen des Aldehyds als p-Nitrophenylhydrazon. *Apoyohimbylacetat*, $C_{22}H_{26}O_2N_2$, F. 192—194° (korr.). Sowohl II als auch dessen Acetat nahmen bei der Hydrierung mit PtO_2 in Eisessig 1,4 Mol H_2 auf. (Helv. chim. Acta **38**. 905—08. 15/6. 1955. Zürich, Univ., Chem. Inst.) K. NEZEL. 3500

M. W. Klohs, M. D. Draper, F. Keller, W. Malesh und **F. J. Petracek,** *Die Isolierung von Desacetylneoprotoveratrin aus Veratrum Viride Ait.* (Vgl. C. **1953**. 4534.) Durch Gegenstromverteilung der hydrophilen Esteralkaloide aus *Veratrum viride Ait* zwischen Bzl./Acetatpuffer isolierten Vff. *Desacetylneoprotoveratrin* (I), $C_{39}H_{61}O_{14}N$, F. 182—183°, Nadelbüschel aus Bzl.; $[\alpha]_D^{24}$ $-9,6 \pm 2^0$ (c = 1,0; Pyridin); $+9,8 \pm 2^0$ (c = 0,98; Chlf.). Bei seiner Hydrolyse entstanden *Protoverin*, F. 193°; $[\alpha]_D^{24}$ $-16,2 \pm 2^0$ (c = 1,03; Pyridin), *Essigsäure* (*p-Phenylphenacylester*, F. 110—111°), (—)-*α-Methylbuttersäure* (*p-Phenylphenacylester*, F. 69—70°) u. *α-Methyl-α.β-dioxybuttersäure*, F. 97—98,5°. I wurde auch aus Neoprotoveratrin durch Methanolyse erhalten. (J. Amer. chem. Soc. **75**. 3595—96. 20/7. 1953. Los Angeles, Calif., Riker Labors.) K. NEZEL. 3500

C. Bankiewicz, D. R. Henderson, F. W. Stonner, Z. Valenta und **K. Wiesner,** *Dehydrierung von Annotinin.* Vff. erhalten bei der Dehydrierung von Annotinin der vermutlichen Struktur **III** durch 5 std. Erhitzen mit Se auf 330°: *8-n-Propylchinolin* (*Pikrat,* $C_{12}H_{13}N \cdot C_6H_3O_7N_3$, F. 140°. *Chloroplatinat,* F. 191—193°), daneben ein *bas. Prod.* der vermutlichen Struktur I (das UV-Spektr. deutet auf ein substituiertes α- oder β-Naphthochinolin hin. *Pikrat,* $C_{15}H_{13}N \cdot C_6H_3O_7N_3$, F. 255°). Die chromatograph. Eluierung der neutralen Fraktion mit Bzl./PAe. gibt ein *Prod.* der *Zus.* $C_{15}H_{11-15}N$ [vermutliche Struktur II; das UV-Spektr. ist graph. wiedergegeben. *Trinitrobenzolat,* F. 175°, rotschwarz]. (Chem. and Ind. **1954.** 1068—69. 28/8. New Brunswick, Can., Univ., Chem. Labor.)

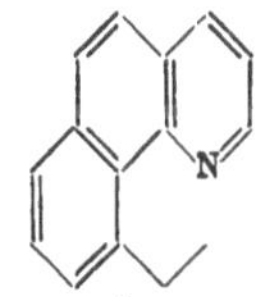

I

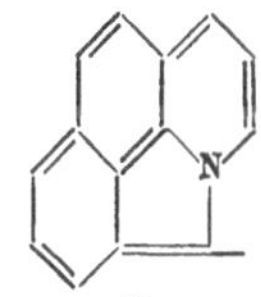

II

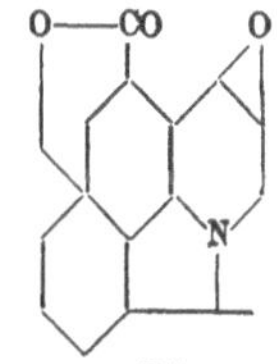

III

G. WINKLER. 3500

H. Bickel, H. Schmid und **P. Karrer,** *Zur Kenntnis des Fluorocurins und Mavacurins.* 15. Mitt. *über Curarealkaloide aus Calebassen.* (14. vgl. ASMIS u. Mitarbeiter;

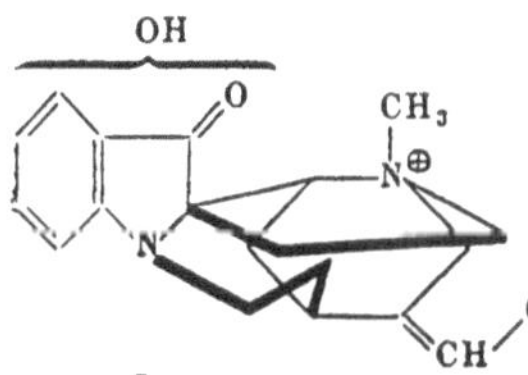

I

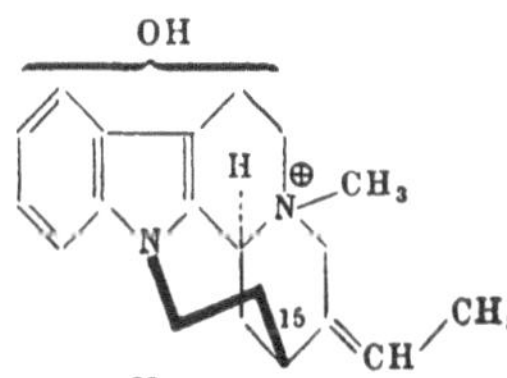

II

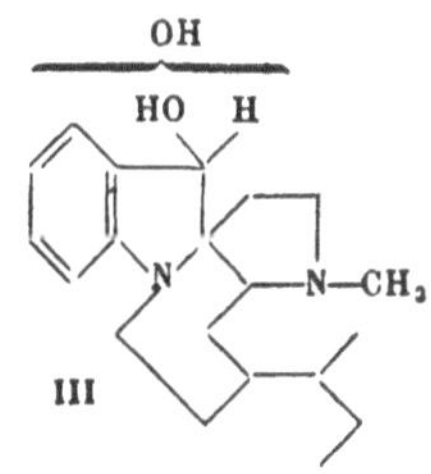

III

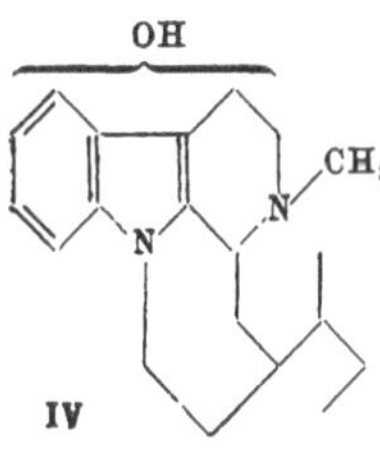

IV

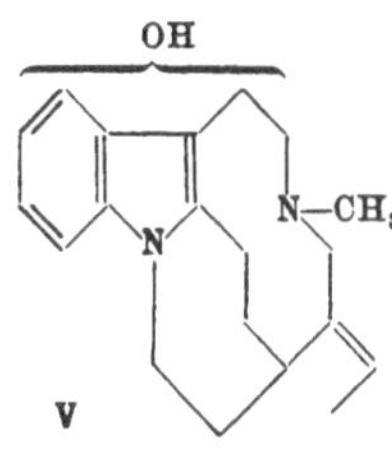

V

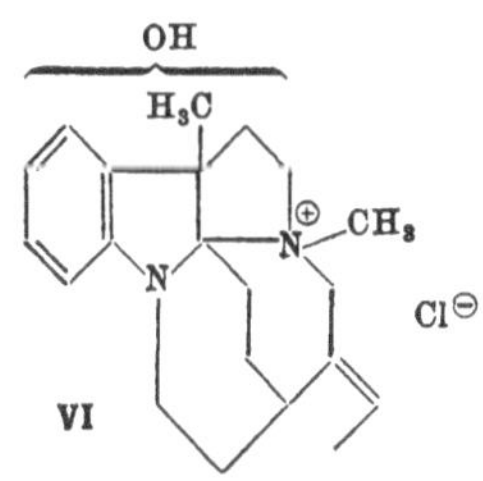

VI

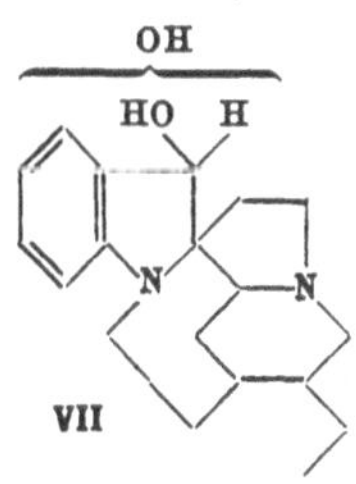

VII

C. **1955.** 5555.) Vff. beschreiben eine Reihe von Abbau- u. sonstigen Rkk. des *Fluorocurins* (I) u. *Mavacurins* (II). Hieraus sowie aus den UV-Spektren, aus Betrachtungen an Molekelmodellen u. aus biogenet. Erwägungen ergeben sich die nebenstehenden Konstitutionsformeln. Die Lage der alkoh. OH-Gruppe, die in beiden Alkaloiden vorhanden ist, konnte jedoch noch nicht fixiert werden; möglicherweise haftet sie an $C_{(15)}$. Ein Mikroverf. zum qualitativen Nachw. von C-Alkylgruppen (CrO_3-Abbau) ist angegeben. Die UV-Spektren fast aller Reaktionsprodd. in 96% ig. A., zum Teil auch in alkoh. 0,05 n HCl bzw. NaOH, sind graph. dargestellt, zum Vgl. auch die von Harmanmethojodid, Ind-N-Methylharman u. dessen Methojodid, γ-Carbolin u. N-Methyl-3.3-dimethyl-2-methylenindolin. Wie die Formeln zeigen, besitzt die einzige aliphat. C-Doppelbindung, die in I u. II vorkommt, dieselbe Lage zum N(b)-Stickstoffatom wie im Strychnin.

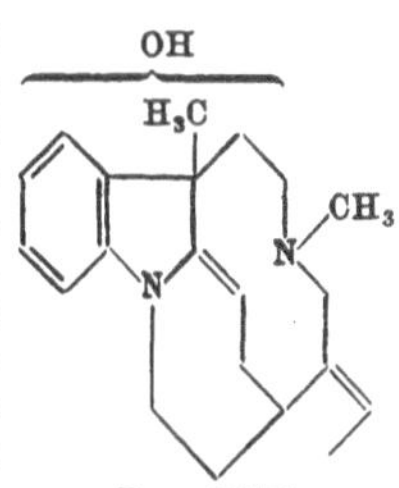

Base XIX

V e r s u c h e (FF. auf dem KOFLER-Block; Einzelheiten der Aufarbeitung, R_F-Werte u. Löslichkeiten vgl. Original): CrO_3-Abbau vgl. GARBERS, SCHMID u. KARRER (C. **1955.** 4898), aber nach Zugabe von W. wird sofort mit der Abdest. des Lösungsm. begonnen; dadurch werden die wasserdampfflüchtigen Fettsäuren der weiteren Einw. des Oxydationsmittels entzogen u. anschließend papierchromatograph getrennt. Beispiele: Dihydrocorynanthein → *Essigsäure* u. *Propionsäure* 1:1, Tetrabyrinmethojodid → *Essigsäure* u. *Propionsäure* 3:1, **I**-Jodid bzw. **II**-Jodid → *Essigsäure.* — „*Base X*" (noch nicht identifiziertes höheres offenes oder cycl. Homologes des Ind-N-Methylharmans), $Kp._{0,03}$ 110—120° (Luftbadtemp.), durch Erhitzen von Normavacurin mit Se unter N_2 (in 8 Min. bis 300°, dann 5 Min. bei 300° u. 2 Min. bei 350°). *Pikrat,* F. 232—234° (Zers.), gelbe Nadeln (CH_3OH). *Methojodid. Methochlorid.* Daneben eine „*Fraktion B*", *Pikrat,* F. 200

bis 212° (Zers.), wahrscheinlich nicht einheitlich. — Ozonabbau von **I** u. von **II** gab *Acetaldehyd* (*p-Nitrophenylhydrazon*, F. 124—126°). — *ε_1-Hexahydrofluorocurin* (**III**), amorph. *Hydrochlorid*, $C_{20}H_{30}O_2N_2 \cdot HCl$, F. 184—186° (Zers.), Prismen (Methanol–Aceton), durch EMDE-Abbau von Hydrofluorocurinchlorid, gereinigt über das *Pikrat*; Farb-Rkk. mit konz. HNO_3 (rot), Ce(IV)-Sulfat + H_2SO_4 (rot), diazotierter Sulfanilsäure (rot). — *ε_1-Tetrahydromavacurin* (**IV**), $C_{20}H_{28}ON_2$, F. 153—156°, Prismen (Ae.), aus **III** mit $3n\,H_2SO_4$ (2 Min. bei 100°); Farb-Rkk. mit HNO_3 (gelb), Ce(IV)-Sulfat (schwachviolettrot, verblaßt sofort); ist in Lsg. unbeständig; bei längerer Reaktionsdauer entsteht daneben ein vermutlich dimerer Indolkörper. *Methojodid*, Nadeln. *Methochlorid*. *O-$^{14}C_{(1)}$-Acetylderiv. des Methochlorids*, mit $^{14}C_{(1)}$-Acetanhydrid. CrO_3-Oxydation von **III** u. von **IV** gab *Essigsäure* u. in vergleichbarer Menge *Methyläthylessigsäure*. — *Tetrahydronorfluorocurin* (**VII**), $C_{19}H_{26}O_2N_2$, F. 210—212°, Prismen (CH_3OH–W.), durch Hydrierung von 24,93 mg Norhydrofluorocurin in 96%ig. A. (PtO_2, 20°; 22 mg [Ausbeute]) oder von Norfluorocurin in Eisessig (vgl. 10. Mitt., C. **1955.** 2208); Farb-Rkk. mit HNO_3 (rot), Ce(IV)-Sulfat (rot), diazotierter Sulfanilsäure (rot); CrO_3-Abbau gab *Essigsäure* u. *Propionsäure* 3:2. — *Ind-Dihydromavacurin, Chlorid*, durch Hydrierung von 19,13 g **II**-Jodid (F. 198—200°; **II**-Pikrat hat den F. 181—182°, vgl. dagegen 10. Mitt. [l. c.]) in alkoh. $0,01\,n\,H_2SO_4$ (20°, PtO_2, 6 Std.), charakterisiert als *Pikrat*, $C_{20}H_{27}ON_2 \cdot C_6H_2O_7N_3$, F. 173—176°, orangegelbe Nadeln (A.); 20 mg; Farb-Rkk. mit HNO_3 (rot), Ce(IV)-Sulfat (rot), $FeCl_3$ + H_2SO_4 (rot), diazotierter Sulfanilsäure (rot); CrO_3-Abbau gab *Essigsäure*, Ozonabbau 25% *Acetaldehyd*. *O-Acetat*. — *ε_2-Dihydromavacurin* (**V**), $C_{20}H_{26}ON_2$, F. 153—154°, Nadeln (CH_3OH–W.), Kp.$_{0,03}$ 120—140° (Luftbad), durch EMDE-Abbau von **II**-Jodid mit H_2 in 0,1n alkoh. KOH (20°, PtO_2); 75%; Farb-Rkk. mit Ce(IV)-Sulfat (rot), HNO_3 (violettrot), diazotierter Sulfanilsäure (orangegelb). *Pikrat*, $C_{26}H_{29}O_8N_5$, F. 194—196° (Zers.; A.). *Methochlorid*. *Acetat des Methochlorids*. — „Chlorid XVIII" (**VI**), $C_{21}H_{29}ON_2Cl \cdot H_2O$, Kp.$_{0,01}$ 250—280° (im Kugelrohr; geringe Zers.), Prismen (CH_3OH–Aceton), aus **V** u. CH_3J in Ggw. von CH_3OH (4 Tage bei 30° unter Lichtausschluß), dann Überführen des *Jodids* (Nadeln) in **VI**; CrO_3-Abbau gab Essigsäure, Ozonabbau 60% *Acetaldehyd*. *Pikrat*, F. 183—184° (Zers.), gelbe Nadeln (Aceton–W.). *Acetylderiv., Jodid*, amorph; *Chlorid*; *Pikrat*, $C_{23}H_{31}O_2N_2 \cdot C_6H_2O_7N_3$, F. 135—136°, gelbe Nadeln (CH_3OH). Stellungsbeweis der C-Methylgruppe in **VI** durch Methylierung von **V** mit $^{14}CH_3J$ u. CrO_3-Abbau, wobei *radiakt. Essigsäure* entstand. Unter gleichen Bedingungen gab Tetrabyrin mit $^{14}CH_3J$ u. CrO_3 prakt. radioinakt. Essigsäure. — „Base XIX", Kp.$_{0,02}$ 140 bis 160° (Luftbad), durch Zusatz von 50%ig. NaOH zu der wss. Lsg. von **VI**; gab mit Essigsäure **VI** zurück. — *Acetylmavacurinchlorid*, $C_{22}H_{27}O_2N_2Cl \cdot {}^1/_2\,H_2O$, F. 206—207°, Prismen ($CH_3OH$–Aceton). (Helv. chim. Acta **38.** 649—69. 2/5. 1955. Zürich, Univ., Chem. Inst.) J. ROTHE. 3500

Asima Chatterjee und **S. Ghosh Majumdar,** *Konstitution und Synthese des Glycosins, des neuen Alkaloids aus Glycosmis pentaphylla, Retz. DC.* (Vgl. C. **1954.** 10956.) *Glycosin* (**I**), $C_{16}H_{14}ON_2$, F. 155°, geht bei katalyt. Hydrierung oder durch Red. mit $LiAlH_4$ in Tetrahydrofuran bei 20° in eine *Dihydroverb.* $C_{16}H_{16}ON_2$, F. 196°, über. In sd. Tetrahydrofuran entsteht eine von der Dihydroverb. unterschiedliche Substanz. Bei der Ozonolyse u. Oxydation mit Perjodsäure wird aus **I** Benzaldehyd frei. **I** wurde danach als *2-Benzyliden-1-methylchinazolon-(4)* angesehen. Durch Synth. aus Isatosäureanhydrid wurde die Konst. von **I** bewiesen, indem es mit wss. NH_4OH in 20%ig. Ausbeute in *Anthranilamid*, F. 108°, übergeführt wurde, dieses mit CH_3J im Bombenrohr bei 100° während 6 Std. zu *N-Methylanthranilamid*, F. 159° (90%) methyliert u. dieses dann mit Phenylessigsäure in Xylol mit überschüssigem P_2O_5 1 Std. gekocht wurde. Die erhaltene *Verb.* $C_{16}H_{14}ON_2$, F. 155°, war mit **I** identisch. (J. Amer. chem. Soc. **75.** 4365—66. 5/9. 1953. Calcutta, Univ., Dep. of Pure Chem.) K. NEZEL. 3500

T. W. Drosdowa, *Anwendung der chromatographischen Methode zur Untersuchung der Fulvosäuren.* Durch Chromatographie an Kohlesäulen u. anschließender Behandlung mit Kationenaustauschern hat Vf. aus Fulvosäuren aus Torf oder Böden in saurer Lsg. eine chinoide, stickstofffreie Säure (Mol.-Gew. 190, F. 121—122°) isoliert. Diese Säure zeigte das charakterist. Verh. der Fulvosäuren, ist lösl. in W., Alkalien u. Säuren u. gibt mit Al- u. Fe-Salzen Ndd., wobei die Farbe der Lsg. in Abhängigkeit vom p_H-Wert schwankt. Eine zweite Komponente, aus der Acetonfraktion bei der Chromatographie an Kohle isoliert, konnte als *Phenylglucosid* identifiziert werden. Dieses zeigt eine rötlichbraune Farbe u. verharzt an der Luft leicht. Durch Ionenaustauschchromatographie läßt sich noch eine wasserlösl. *Huminsäure*-Fraktion gewinnen, die sich von der gewöhnlichen Huminsäure durch die Elementarzus. u. die Löslichkeit in W. unterscheidet. (Почвоведение [Bodenkunde] **1955.** Nr. 1. 83—87. Jan. Akad. der Wiss. der UdSSR, Inst. für Geochemie u. analyt. Chemie.) R. WITTWER. 3950

D_3. Makromolekulare Chemie.

Hermann Staudinger, *Zur Entwicklung der makromolekularen Chemie.* Überblick über den augenblicklichen Stand der makromol. Chemie u. Hinweis auf die noch vorhandenen Unstimmigkeiten in Nomenklaturfragen u. Mol.-Gew.-Bestimmungen von Polymerisaten, Polykondensaten u. natürlich vorkommenden Polymerprodukten. — 25 Literaturhinweise. (Chemiker-Ztg. **77.** 401—03. 20/6. 1953. Freiburg, staatl. Forschungsinst. für makromolekulare Chemie.) W. MEYER. 4000

Herbert Leaderman, Robert G. Smith und **Robert W. Jones,** *Rheologie von Polyisobutylen.* 2. Mitt. *Niedermolekulare Polymere.* (1. vgl. C. **1955.** 2914.) Die nach der l. c. beschriebenen Meth. mit einem Rotationsviscosimeter an 4 niedermol. *Polyisobutylenen* (I; Mol.-Gew. 1,09—8,54·10^4) u. 2 I-Mischpolymerisaten ermittelten Fließ- u. viscoelast. Eigg. werden erörtert. Bei den untersuchten Bedingungen (Viscosität η im Bereich von 10^5—10^7 Poise bei den entsprechenden Tempp.) kann das nicht-NEWTONsche Fließverh. durch eine FERRY-Gleichung wiedergegeben werden. log η ist proportional $1/T^2$ (T = absol. Temp.). Analog ändert sich die Zeitskala der viscoelast. Rückfederung mit der Temperatur. Die normalisierten Funktionen für die Viscoelastizität bei den der Viscositätseinheit entsprechenden Tempp. sind prakt. identisch. Die einem normalisierten viscoelast. Nachgeben (compliance „J") von 0,5 entsprechende Zeit ist ca. 10^{-5} η Sek. (η in Poise). Die beim stationären Zustand gefundenen 1/J-Werte u. inneren Schubmoduln G_1 in der Gleichung von FERRY sind für jedes Polymerisat von der gleichen Größenordnung. Die Verzögerungszeitfunktion L (ln τ) u. die dynam. Gegenwrkg. wurden für ein Polymerisat berechnet: diese Befunde stimmen gut mit dynam. Messungen an diesem Material überein. Aus dem Spannungsrelaxationsverh. von hochmol. Prodd. wird geschlossen, daß dort noch ein anderer Viscoelastizitätsmechanismus vorliegen muß, dessen Zeitskala nur von der Temp. u. nicht vom Mol.-Gew. abhängt. Dieser 2. Mechanismus ist bei den angegebenen Verss. an niedermol. Polymeren nicht erkennbar. (J. Polymer Sci. **14.** 47—80. Juli 1954. Washington, D. C., Nat. Bureau of Standards.) R. SCHÄFF. 4010

H. G. Fendler, W. Husmann und **H. A. Stuart,** *Über die Temperaturabhängigkeit des molekularen Streulichtes von Lösungen mit Fadenmolekülen.* (Vgl. Naturwissenschaften **41.** [1954.] 61.) Mit Hilfe der Abhängigkeit der Intensität u. des Winkels der Streustrahlung von Fadenmoll. in Lsg. von der Temp. kann die thermodynam. Wechselwrkg. zwischen Lösungsm. u. gelösten Moll. untersucht werden. Die Änderung der Moleküldimensionen mit Temp. u. Lösungsm. standen dabei im Vordergrund der Untersuchungen. Nach der Streufunktion von DEBYE u. KUHN für statist. geknäuelte Fadenmoll. läßt sich aus den gemessenen Werten der mittlere statist. Abstand der Molekülenden berechnen. In guten Lösungsmitteln werden die Moll. durch Solvatation gestreckt, in schlechten, bes. in der Nähe des Fällungspunkts, geknäuelt. An diesem Punkt nimmt der 2. Virialkoeff. B in der zur Auswertung der Messungen benutzten Gleichung Kc_g/I_{red} $(90^0) = 1/MP$ (90^0) $+ Bc_g + Cc_g^2 + \cdots$ [P (90^0) Korrekturfaktor für Mol.-Gew.] anomal große negative Werte an. Die aus theoret. Erwägungen gemachten Annahmen, daß am Fällungspunkt die Fadenmoll. im ungestörten, freien Zustand u. die Moleküllängen von Temp. u. Lösungsm. unabhängig sind, konnten daher nicht bestätigt werden. Beim Vgl. der an bestimmten Substanzen durch verschied. Methoden (Ultrazentrifuge, Osmose usw.) erhaltenen Mol.-Gewichte mit den nach der Streulichtmeth. erhaltenen Werten, aber auch bei nach der Streulichtmeth. in verschied. Instituten ausgeführten Bestimmungen des Mol.-Gew. an gleichen einheitlichen Substanzen ergaben sich häufig Differenzen, die auf die in den einzelnen Instituten benutzten unterschiedlichen Standardwerte zurückgeführt werden. — Vff. machen genaue Angaben über App., Justierung u. Kalibrierung der App., Versuchsanordnung, Durchführung der Messungen, notwendige Korrekturen u. Möglichkeit zu Kontrollmessungen. Die Ergebnisse von Messungen an fraktioniertem *Polystyrol* u. *Polymetharylsäuremethylester* sind in Tabellen u. graph. Darstellungen angeführt. (Z. Naturforsch. **9 a.** 552—60. Juni 1954. Hannover, TH, Phys.-Chem. Inst.) H. STUHLDREER. 4010

G. V. Schulz und **H. Hellfritz** (unter Mitarbeit von **Hella Kern**), *Über den Lösungszustand makromolekularer Verbindungen.* 15. Mitt. *Thermodynamische Analyse der Lösungen von Polystyrol in verschiedenen Lösungsmitteln.* (14. vgl. C. **1954.** 8816.) Zur weiteren Unters. der statist.-thermodynam. Theorie makromol. Lsgg. wurden osmot. Messungen durchgeführt, u. zwar wurden an 2 *Polystyrol*-Proben (Mol.-Gewichte 237000 u. 580000) die Konzentrationsabhängigkeit des osmot. Drucks in 10 verschied. Lösungsmitteln (Chlf., Toluol, o- u. m-Xylol, Butyl- u. Äthylacetat, Methyläthylketon, Bzl., CCl_4, Cyclohexan) u. daraus das Mol.-Gew. u. die 1., 2. u. 3. Virialkoeffizienten bestimmt. Die FLORY-KRIGBAUM-Beziehung zwischen dem 2. ($\overline{B}$) u. 3. Virialkoeff. wurde nachgeprüft.

Der Energie- u. Entropieterm ($\bar{B}_H$ bzw. $\bar{B}_S$; $\bar{B} = \bar{B}_H + \bar{B}_S$) wurden für die untersuchten Systeme berechnet u. untersucht, wieweit $\bar{B}_S$ charakterist. für das Polymere u. in welchem Maße es durch das Lösungsm. bzw. die energet. Wechselwrkg. mit diesem bedingt wird $\bar{B}_S$ läßt sich in 2 Anteile zerlegen: der größere ist ein allg. nur wenig vom chem. Bau des Makromol. bzw. des Lösungsm. abhängiger „fadenmol. Effekt", während der kleinere ein von speziellen Ordnungszuständen in den dem Makromol. benachbarten Lösungsmittelschichten herrührender „Lösungsmitteleffekt" ist. (Z. Elektrochem., Ber. Bunsenges. physik. Chem. **57**. 835—41. 1953. Mainz, Univ., Inst. für Physikal. Chem.)

R. SCHÄFF. 4010

G. V. Schulz und **H. Doll**, *Über den Lösungszustand makromolekularer Verbindungen.* 16. Mitt. *Thermodynamische Analyse der Lösungen von Polymethacrylsäuremethylester in verschiedenen Lösungsmitteln.* 2. Mitt. (15. vgl. vorst. Ref. 1. vgl. C. **1953**. 8374.) Frühere Unterss. (vgl. 1. Mitt.) an *Polymethacrylsäuremethylester* (Mol.-Gew. 127000) wurden ergänzt u. die Ergebnisse mit insgesamt 10 Lösungsmitteln auf Grund der statist.-thermodynam. Theorie makromol. Lsgg. (vgl. 15. Mitt.) erörtert. Die FLORY-KRIGBAUM-Theorie des 3. Virialkoeff. ist wie bei *Polystyrol* (I) nicht anwendbar. Für die Konz. $c = 30$ g/Liter wurden Verdünnungswärme Δh_1 u. Verdünnungsentropie $T\Delta s_1$ ermittelt. Die Δh_1-Werte schwanken in weitem Bereich zwischen positiven u. negativen Werten, während die Schwankung von $T\Delta s_1$ wesentlich geringer ist, wobei aber sämtliche Werte höher als der Idealwert sind. In Butylacetat ist Δh_1 proportional c^2. Bzgl. $\bar{B}_H$ u. $\bar{B}_S$ liegen die Werte durchschnittlich doppelt so hoch wie bei **I**. In der gleichen Größenordnung liegen die Werte von *Polyvinylacetat* nach den Messungen von BROWNING u. FERRY (J. chem. Phys. **17**. [1949.] 1107). Somit verhalten sich die 3 genannten Polymeren analog. (Z. Elektrochem., Ber. Bunsenges. physik. Chem. **57**. 841—43. 1953.)

R. SCHÄFF. 4010

M. G. Gonikberg und **L. F. Wereschtschagin**, *Über den Einfluß des Druckes auf die Geschwindigkeit der thermischen Polymerisation.* An Stelle der von STEARN u. EYRING (Chem. Reviews **29**. [1941.] 509) vorgeschlagenen Gleichung, die kritisiert wird, entwickeln Vff. für die Geschwindigkeitskonstante k_0 der Polymerisation im Anfangsstadium beim Druck p eine Gleichung, die die Volumenänderung Δv beim Übergang von 2 Mol des Monomeren in 1 Mol des Dimeren enthält: $(\partial \ln k_0/\partial p)_T \cong -\Delta v/RT$, u. prüfen diese Beziehung an den Unterss. von KOBEKO u. Mitarbeitern (vgl. C. **1951**. II. 3032) u. GILLHAM (vgl. C. **1952**. 3989) über die Polymerisation des *Styrols* unter Drucken bis 6000 bzw. 4000 kg/cm² nach. Die Übereinstimmung der experimentellen u. der nach $\ln[k_0] = -(1/RT)\int_1^p \Delta v\,dp$ berechneten k_0-Werte ist befriedigend, womit die Möglichkeit einer näherungsweisen Berechnung der Änderung von k_0 mit steigendem Druck aus dem bei der Polymerisation eintretenden Schwund nachgewiesen erscheint. (Журнал Физической Химии [J. physik. Chem.] **26**. 407—12. März 1952. Moskau, Inst. für organ. Chem. der Akad. der Wiss. der UdSSR.)

R. K. MÜLLER. 4010

Jean Neel, *Hydratation von Polyvinylalkohol.* Unter Verwendung der von CHAMPETIER u. NEEL (vgl. C. **1950**. II. 1582) beschriebenen Meth. wurden folgende Hydrate des *Polyvinylalkohols* in W. festgestellt: 4 $(CH_2CHOH) \cdot 3\,H_2O$; 2 $(CH_2CHOH) \cdot H_2O$; 3 $(CH_2CHOH) \cdot H_2O$; 4 $(CH_2CHOH) \cdot H_2O$. (C. R. hebd. Séances Acad. Sci. **230**. 2188—89. 19/6. 1950.)

O. FUCHS. 4010

Jean Neel, *Peptisierende Wirkung von Lösungen der Thiocyanate auf Polyvinylalkohol.* Für die Bindung von W. u. KSCN (I) an *Polyvinylalkohol* wurde die Beziehung $b_0(p) = p[a_0(p) - 0{,}25] + 0{,}004$ gefunden, worin p = Zahl der I-Moll./Zahl der Wasser-Moll., $a_0(p)$ = Zahl der an der Monomereinheit CH_2CHOH absorbierten Wasser-Moll., $b_0(p)$ = Zahl der an CH_2CHOH absorbierten I-Moleküle. Weiter folgt daraus das Vorliegen des Hydrates $4(CH_2CHOH) \cdot H_2O$. Für NH_4SCN gilt entsprechend $b_0(p) = pa_0(p) + 0{,}25\,p + 2{,}5 \cdot 10^{-3}$. (C. R. hebd. Séances Acad. Sci. **230**. 2293—94. 26/6. 1950.)

O. FUCHS. 4010

C. H. Bamford und **A. D. Jenkins**, *Untersuchungen über Polymerisation.* 6. Mitt. *Acrylonitril: Das Verhalten von freien Radikalen in heterogenen Systemen.* (5. vgl. DIXON-LEWIS, Proc. Roy. Soc. [London] Ser. A. **198**. [1949.] 510.) Während der Polymerisation von reinem monomerem *Acrylonitril* (I) wird die polymere Verb. gefällt. Die Rk. zeigt kinet. Merkmale, die sie von den homogenen Vinylpolymerisationen unterscheiden. Die durch Wärme u. Licht katalyt. beschleunigte Polymerisation nimmt anfangs in Abhängigkeit von der Zeit zu. Die photochem. Nachwrkg. hängt von der Dauer der Bestrahlung ab. Die Mol.-Gewichte der während der durch Wärme katalyt. beschleunigten Rk. bei gleichbleibender Katalysatorkonz. u. verschied. Tempp. gewonnenen Polymeren zeigen bei 60° einen Höchstwert. Die bei Zimmertemp. dargestellte photopolymere Verb. vermag bei höheren Tempp. auslösend auf die Polymerisation von I u. anderen Vinylmonomeren zu wirken. Diese Auslösung kann sehr schnell erfolgen. Diese Beobachtungen lassen die Annahme zu, daß die freien Radikale während der Polymerisation von polymeren Aggregaten okkludiert werden. Die die Okklusion beeinflussenden Faktoren werden besprochen. (Proc. Roy. Soc. [London], Ser. A **216**. 515—39. 24/2. 1953. Maidenhead, Berks., Courtaulds Ltd.) W. WESLY. 4010

A. Oth, *Untersuchung der verdünnten Lösungen von Polymethacrylsäure.* Von der wss. Lsg. einer Fraktion von *Polymethacrylsäure* (I) des Mol.-Gew. M = 43000 wurden die Viscosität, die Lichtzerstreuung, die potentiometr. Titration u. die elektr. Leitfähigkeit, je für verschied. Ionenstärken, gemessen. Für die Konzentrationsabhängigkeit der Viscosität gilt die Beziehung $\eta_{spez}/c = [\eta]_m + k[\eta]_m^2 c$; I war dabei zum Teil neutralisiert (Neutralisationsgrad = β). Ferner wurde die Gesamtkonz. m an Na-Ionen durch Zusatz von NaCl konstant gehalten. Für $\beta = 0{,}35$ ist $k = 1{,}04/\sqrt{m} = 0{,}045$, u. für $\beta = 0{,}75$ ist $k = 0{,}56\sqrt{m} = 0{,}084$. Ferner gilt $[\eta]_m = [\eta]_{m=\infty} + k/\sqrt{m}$ mit $[\eta]_{m=\infty} = 0{,}04$. Aus der Konzentrationsabhängigkeit der Trübung u. des Dissymmetriefaktors (für 45 u. 135° Streuwinkel) folgt für das RALEIGHsche Verhältnis R in der Gleichung $\tau = 16\pi R/3$ die Beziehung $R^2 = 1{,}1\cdot 10^{-10}/(1 + 23\sqrt{m})$ für $\beta = 0{,}35$; für eine Fraktion von I mit M = 90000 u. für $\beta = 0{,}70$ ist $R^2 = 3{,}54\cdot 10^{-10}/(1 + 13{,}6\sqrt{m})$. Bei konstantem m ändert sich der p_H-Wert nur wenig mit der Konz. c von I (Messungen für $\beta = 0{,}35$); für die in () genannten m-Werte betragen die auf c = 0 extrapolierten p_H-Werte: 5,76 (0,031), 6,10 (0,00775), 6,38 (0,001975), 6,80 (0). Die Abhängigkeit von pK von β läßt sich bei konstantem m darstellen durch $pK = p_H - \log[\beta/(1-\beta)]$ (Messungen bei verschied. m); Extrapolation auf $\beta = 0$ ergibt $pK_0 = 4{,}80$, in sehr guter Übereinstimmung mit dem Wert 4,84 für Isobuttersäure. Die c-Abhängigkeit der Leitfähigkeit $\varkappa$ ergibt sich für m = 0 zu $\varkappa/c = 3{,}78\cdot 10^{-3} - 4{,}18\cdot 10^{-3}\sqrt{c} + 8{,}76\cdot 10^{-3}c$; für verschied. m-Werte gilt $(\varkappa/c)_c^m = (\varkappa/c)_{c=0}^m + k'c$ mit $(\varkappa/c)_{c=0}^m = 1{,}56\cdot 10^{-3}$ bzw. $1{,}62\cdot 10^{-3}$ bzw. $1{,}72\cdot 10^{-3}$ u. mit $k' = 0{,}76\cdot 10^{-3}$ bzw. $1{,}66\cdot 10^{-3}$ bzw. $4{,}2\cdot 10^{-3}$ für m = 0,031 bzw. 0,0155 bzw. 0,00775 (je für $\beta = 0{,}35$). Aus den η-Werten wurden die obengenannten M-Werte sowie die Abmessungen von I bei verschied. m-Werten nach den bestehenden Theorien berechnet (Zunahme der Längsausdehnung der Makromoll. mit fallendem m). Für das elektr. Potential ψ werden noch folgende Beziehungen angegeben: $p_H = pK_0 + \log[\beta/(1-\beta)] + 0{,}434\, e\psi/kT$ u. $\lambda^- = DF/6\pi\eta_0 300$ (λ^- = Äquivalentleitfähigkeit des Makroions, D = DK., F = 96500 Coulomb). Auf Grund der theoret. Ergebnisse von KATCHALSKY u. LIFSON (vgl. C. **1955**. 5086) folgt aus ψ, daß die effektive Ladung ca. halb so groß ist wie die aus dem Neutralisationsgrad berechnete. (Bull. Soc. chim. belges **63**. 393—414. Aug./Okt. 1954. Liège, Univ., Labor. de Chim. Phys.) O. FUCHS. 4010

Sidney A. Greenberg und **Turner Alfrey,** *Seitenkettenkristallisation von Poly-n-alkylmethacrylaten u. -acrylaten.* Monomere Methacrylate u. Acrylate mit n-Alkylgruppen von 12—18 C-Atomen wurden dargestellt, polymerisiert u. copolymerisiert (Block, Emulsion u. Lsg.). Die Abhängigkeit des spezif. Vol. von der Temp. u. der Zeit wurde dilatometr. bestimmt. Die Vol.-Temperatur-Kurve ist S-förmig, die Abhängigkeit 1. Ordnung. Die Kristallisation verläuft rasch, es tritt kaum Unterkühlung ein. Das kristalline Verh. wird auf die symm. Seitenketten, die den Hauptanteil darstellen, zurückgeführt u. ist analog dem bei den Polyäthylenen. Die F.-Intervalle sind kurz, ausgenommen für gemischte langkettige Copolymere. Einführung von Methylhomologen als Copolymere hat wenig Einfl. auf das F.-Intervall, der amorphe Anteil nimmt zu u. ändert die mechan. Eigenschaften. Die F.-Intervalle sind unabhängig von der Kristallisationstemp.; der kristalline Anteil liegt zwischen 12 u. 47%. Die Röntgenbeugung ergab reproduzierbare Abstände von ~4,2 Å. Verstreckung ergab keine verstärkte Orientierung der Kristallite. Der F. ist bei Polyacrylaten mit gerader C-Anzahl der Alkylseitenkette eine ähnliche Funktion der Kettenlänge wie bei Paraffinen, Alkoholen u. Carbonsäuren. (J. Amer. chem. Soc. **76**. 6280—85. 20/12. 1954. Brooklyn, N. Y., Polytechn. Inst. of Brooklyn, Inst. of Polymer Research.) H. BERTSCH. 4010

I. G. Ssobolewa, N. W. Makletzowa und **Ss. Ss. Medwedew,** *Untersuchung des Aufbaues von Polyacrylestern durch die Methode der Lichtstreuung.* Untersucht wurden die Polymerisationsprodd. von *Methylacrylat* in Methyläthylketon u. *Cetylacrylat* in Heptan u. auch ohne Lösungsmittel. Die höchsten Mol.-Gewichte bei Polymerisation in Lsg. waren bei *Polycetylacrylat* (I) 580000 u. bei *Polymethylacrylat* (II) 284000. Polymere, die durch Polymerisation ohne Lösungsm. entstanden waren, hatten höhere Mol.-Gewichte, jedoch nur so lange, als keine unlösl. Prodd. entstanden. Zwischen dem mittleren quadrat. Abstand der Kettenenden u. dem Polymerisationsgrad besteht eine einfache lineare Beziehung. Die Viscositätsbest. mit dem OSTWALDschen Viscosimeter ergab für I: $[\eta] = 1{,}74\cdot$

10^{-3} $M^{0,82}$, für II: $[\eta] = 3,5 \cdot 10^{-3}$ $M^{0,81}$. Durch Vgl. der Resultate der Winkelasymmetrie der Lichtstreuung u. der Viscositätsbest. kommen Vff. zum Schluß, daß I trotz der Seitenketten mit 16 C-Atomen lineare Struktur besitzt, da die lineare Beziehung zwischen Mol.-Größe u. Polymerisationsgrad vorhanden ist. Bei Polymerisation in Lsg. hat II keine lineare Struktur, doch ist die Verzweigung nicht groß, da ihr Einfl. auf die viscosen Eigg. unbedeutend ist. (Доклады Академии Наук СССР [Ber. Akad. Wiss. UdSSR] [N. S.] **94.** 289—92. 11/1. 1954.) J. v. SCHROEDER. 4010

B. N. Rutowski und **G. Ss. Gontscharow,** *Hemmende Wirkung von Sauerstoff auf den Prozeß der Heterophasenpolymerisation.* Bei der Polymerisation von Methacrylsäuremethylester in W. in Ggw. von $(NH_4)_2S_2O_8$ (Mengen: 50:200:0,4) bewirkt Einleiten von O_2 (rein oder Luft) eine Verminderung der Reaktionsgeschwindigkeit, in größeren Mengen völligen Stillstand. Die Wrkg. ist auch beim Einleiten des O_2 zu einem späteren Stadium der Polymerisation noch vorhanden. Wird das Einleiten des O_2 unterbrochen, so beginnt die Polymerisation wieder, verläuft jedoch langsamer, u. die Polymerisationsgeschwindigkeit ist um so kleiner, je länger die O_2-Einw. gedauert hat. Die Verbrauchsgeschwindigkeit des Initiators ist bei Ggw. von O_2 etwa dieselbe wie die Zerfallsgeschwindigkeit in wss. Medium bei der gleichen Temperatur. (Журнал Прикладной Химии [J. angew. Chem.] **26.** 426—31. April 1953.) R. K. MÜLLER. 4010

V. Kellö und **A. Tkáč,** *Untersuchung der Reaktionskinetik der Alterung von Naturkautschuk mittels des Infrarotspektrographen.* 1. Mitt. *Experimentaltechnik.* Es wurde ein Verf. zur Herst. von Naturkautschuk (I)-Folien von 0,02—0,03 mm Dicke mit einer Genauigkeit von $\pm 0,003$ mm ausgearbeitet, das bei der Unters. der Kinetik der Alterung von I durch Messung der Infrarotabsorption dienen kann. *Rohkautschuk* (II) (Weißer Krepp, Hevea brasiliensis) wird bei Raumtemp. mit Aceton oder Methanol bzw. deren 1:1-Gemisch bis zu 700 Std. lang extrahiert, unter Erneuerung des Extraktionsmittels nach jeweils 3, bei längeren Extraktionszeiten nach 72 Std., worauf das Extraktionsgut im Vakuum getrocknet wird. Antioxydantien u. dgl. fügt man in Mengen von zumeist 2%, bezogen auf II, dessen benzol. Lsgg. zu u. löst durch mechan. Schütteln. Je nach so bedingter Viscosität erhöht oder senkt man die Konzz. der II-Lsgg., die auf ein NaCl-Plättchen gebracht werden. Dieses befindet sich auf einer Haltervorr., die mittels Elektromotor rotiert (maximal 5000 U/Min.). Die Geschwindigkeit richtet sich nach der Viscosität der I-Lsgg., es genügen im allg. 800—1600 U/Min. — Durch mehrmaliges Aufgießen gewinnt man Folien gewünschter Dicke, die im Bereich von 1458 cm^{-1} (CH_2- u. CH_3-Gruppe) eine Extinktion von 0,800 aufweisen. Die Vorzüge dieser Meth. sind die schnelle Herst. (5—10 Min.), sehr gute Reproduzierbarkeit, gleichmäßige Dicke, vollkommene Glätte der Oberfläche der Folien, rasche u. völlige Entfernung des Lösungsm. sowie Nichtoxydierbarkeit in kurzer Zeit. Die Extinktionsmessungen erstreckten sich auf die $-C=C$-CO-, $HO-CH_2$- u. CH_3-Banden. Der maximale Fehler der Extinktionsmessung der $-CH=CH$-Bande wurde zu $\pm 0,012$, der mittlere zu $\pm 0,006$ gefunden. Die Ergebnisse sind daher mit einem mittleren Fehler von 4%, einem wahrscheinlichen Fehler von 6% u. einem maximalen von 12% behaftet. (Chem. Zvesti **7.** 129—40. März/April 1953. Bratislava, TH, Lehrstuhl für Physikal. Chem., u. Forsch.-Inst. für Kabel- u. Isolierstoffe.) H. FREYTAG. 4030

George L. Clark und **Henry C. Terford,** *Quantitative röntgenographische Bestimmung der amorphen Phase in Holzzellstoffen, bezogen auf physikalische und chemische Eigenschaften.* Die physikal. u. mechan. Eigg. von *Holzzellstoff* (I) hängen weitgehend von seiner Zus., bes. von seinem Geh. an *krist. Cellulose* (II) bzw. *amorpher Cellulose* (III) ab. Die Herst. einer Beziehung zwischen den meßbaren Eigg. von I u. seiner Kristallinität (gek. durch seinen Geh. an II) ist für die Papierindustrie von großem Interesse, bes. bzgl. einer „gezielten" Herst. der verschied. Papiersorten. Mittels röntgenograph. Unterss. von I gelang es Vff., durch Vgl. der Intensitäten markanter Reflexe von II, bes. (002), mit denen markanter Halos von III, bes. 19°, quantitative Resultate zu erhalten, die mit chem. Unterss. übereinstimmen (im Durchschnitt 70% II, 30% III). Im Vgl. zur Zus. werden verschied. Eigg. von I, z. B. Dichte, Zugfestigkeit, Zerreißfestigkeit u. Verh. gegen W., von Vff. ausführlich diskutiert, umgekehrt bes. auch der Einfl. des Bleichens, der den Geh. an II erhöht, u. der Einfl. mechan. Zerreibens, der ihn verringert. (Analytic. Chem. **27.** 888—95. Juni 1955. Urbana, Ill., Univ. of Ill., Noyes Chem. Labor.) G. RUBAN. 4050

Je. D. Kawersnewa, W. I. Iwanow und **A. Ss. Ssalowa,** *Chemische Umwandlungen des Cellulosemakromoleküls unter dem Einfluß von Oxydationsmitteln.* 7. Mitt. *Chemische Umwandlungen der Cellulose bei der Oxydation mit Natriumhypochlorit.* (6. vgl. C. **1952.** 6224.) *Baumwollcellulose* wurde mit NaOCl in saurem, neutralem u. alkal. Medium oxydiert u. der Verlauf der Oxydation mittels quantitativer Mikrobestimmungsmethode untersucht. Festgestellt wurde in den Oxycellulosen die Anzahl (pro 100 Glucoseeinheiten) der uron. u. nichturon. CO_2H-Gruppen, der Aldehyd (am $C_{(6)}$)-, α-Oxyketon-, Lacton- u. Kohlensäureestergruppen. Die in saurem u. neutralem Medium erhaltenen Oxycellulosen unterscheiden sich wenig voneinander, sind aber verschied. von den in alkal. Medium erhaltenen. (Известия Академии Наук СССР, Отделение Химических Наук [Nachr. Akad. Wiss. UdSSR, Abt. chem. Wiss.] **1952**. 751—62. Juli/Aug. Inst. für organ. Chem. der Akad. der Wiss. der UdSSR.) R. Knobloch. 4050

P. R. Watson und **I. A. Wolff**, *Depolymerisierung eines Dextrans mit Schallwellen oder ultraviolettem Licht.* Vom *Leuconostoc mesenteroides* NRRL B—512 gebildetes *Dextran* (I) wurde in 2%ig. Lsg. mit Schallwellen unter Kühlung depolymerisiert. Die ursprüngliche innere Viscosität von I ([η] = 1,17) sank bei 200 Watt in 15 Min. auf 0,52, bei 100 Watt in 30 Min. auf 0,45. Im letzten Falle nahm der Prozentsatz an 1.6-Bindung von 94,6 auf 92,5% ab. — Bei der Bestrahlung mit einer Hg-Lampe wurden 0,5 g luftfeuchtes, auf 33,2 cm^2 verteiltes I in 24 Std. bei 20 in. Abstand von der Lichtquelle auf [η] = 0,90 depolymerisiert. Der Geh. an 1.6-Bindungen (ermittelt durch Ameisensäurebldg.) stieg dabei auf 96,9%; es trat leichte Säurebldg. u. Verfärbung beim anschließenden Trocknen ein. (J. Amer. chem. Soc. **77**. 196. 5/1. 1955. Peoria, Ill., U. S. Dep. of Agricult., Res. Service, Northern Util. Res. Branch.) W. Willenberg. 4050

J. Kovács, J. Könyves und **J. Császár**, *Umwandlung der α-Polyasparaginsäure in die α.β-Polyasparaginsäure durch innermolekulare Transpeptidierung.* (Vorl. Mitt.) L-α-Polyasparaginsäure ließ sich a) durch 70std. Erhitzen auf 200°, b) durch Kochen mit Tetralin u. gleichzeitige azeotrope Abdest. des entstandenen W. bzw. c) durch Kochen mit Essigsäureanhydrid in Dimethylformamid zu *Anhydropolyasparaginsäure* (I) anhydratisieren, wobei im letzteren Falle mit der Acetylierung der endständigen NH_2-Gruppe zu rechnen ist. Die Frage der Racemisierung wurde nicht untersucht. I liefert unter hydrolyt. Spaltung der sek. Säureamidbindungen in 2 verschied. Richtungen eine in W. leichtlösl. *Polyasparaginsäure* mit α- u. β-Asparagylbindungen. Letztere gibt über den *Polyester* u. das *Polyamid* nach dem Hofmannschen Abbau u. nachfolgende Säurehydrolyse *Acetaldehyd* u. *α.β-Diaminopropionsäure.* (Naturwissenschaften **41**. 575. Dez. 1954. Budapest, Univ., Organ.-Chem. Inst.) R. Pasedag. 4070

A. G. Ogston und **J. M. A. Tilley**, *Untersuchung über die Heterogenität von kristallisiertem β-Lactoglobulin.* Vff. untersuchen die elektrophoret. Wanderung von *β-Lactoglobulin* (I) bei verschied. Tempp., p_H-Werten u. Konzentrationen. Es ergaben sich Anzeichen für die Ggw. von 2 sehr ähnlichen Komponenten (auch bei mehrfach chemisch-fraktioniertem I), deren Mengenverhältnis von Probe zu Probe wechseln kann u. die nur unter Schwierigkeiten voneinander getrennt werden können. Eine dieser Komponenten assoziiert reversibel (vermutlich unter Bldg. von Dimeren), wobei der gebildete Komplex schneller wandert u. sedimentiert als das einfache Material. Diese Assoziation ist stark vom p_H-Wert u. der Temp. abhängig. Löslichkeitsmessungen bestätigen die Heterogenität von I. Es werden die Form der Wanderungsfronten u. Daten des osmot. Druckes im Hinblick auf die erhaltenen Ergebnisse diskutiert. (Biochem. J. **59**. 644—53. April 1955. Oxford, Univ., Dep. of Biochemistry.) K. Nehring. 4070

Jacob Robbins, Mary L. Petermann und **J. E. Rall**, *Elektrophorese des thyroxinbindenden Proteins des Serums bei p_H 4,5.* Mittels synthet. oder endogen gebildetem *L-Thyroxin-^{131}J* (I) wird das I-bindende Protein in Seren von n. Versuchspersonen, solchen mit Hyperthyreose u. solchen mit Schilddrüsencarcinom markiert u. mittels Zonen- u. Grenzflächenelektrophorese bei p_H 4,5 (Puffer: 0,02 mol. Na-Acetat, 0,08 mol. NaCl, Ionenstärke 0,1) näher untersucht. Die Verss. ergeben einen isoelektr. Punkt des Proteins von ca. 4. Es werden keine Unterschiede des I-Protein-Komplexes in den einzelnen Seren gefunden, das Protein ist das gleiche, welches I auch bei p_H 8,6 bindet. Große Ähnlichkeit besteht mit den von Schmid (C. **1954**. 1983) beschriebenen $α_2$-Glykoproteinen, deren eines möglicherweise das I-bindende Protein ist. Bei der Grenzflächenmeth. wird das Protein in der M-2-Fraktion von Mehl, Golden u. Winzler (Proc. Soc. exp. Biol. Med. **72**. [1949.] 110) festgestellt, die die $α_2$-Glykoproteine enthält. (J. biol. Chemistry **212**. 403—10. Jan. 1955. New York, N. Y., Sloan-Kettering Inst. for Cancer Res., u. Cornell Univ., Med. Coll., Sloan-Kettering Div.) K. Prchal. 4070

Jacques Rémy, *Morphologie und makromolekulare Struktur.* Zur experimentellen Unters. des Einfl. der makromol. Struktur auf die Morphologie von Fällungsmembranen wurde zuerst das Syst. *Zein* (I)–organ. Lösungsm. + W. verwendet. I ist in absol. A. + 10% Glykol löslich. In Berührung mit W. bildet sich an der Grenzfläche eine Fällungsmembran. Überschichtet man mit Hilfe einer Mikropipette W. mit einer I-Lsg., dann bilden sich kleine Fäden, die unabhängig von der Konz. des I vollkommen glatt erscheinen. — Hierauf wurden die Fällungsmembranen untersucht, die man bei Verwendung von 2 Arten von Makromoll. erhält. Als zweites Makromol. wurden Anhydride von N-Carboxyaminosäuren benutzt, die sich bei Ggw. von Spuren von W. zu Polypeptidmoll. polymerisieren. Ein Gemisch von Anhydriden von Säuren wurde teils durch Hydrolyse von natürlichem Lactoglobulin, teils einem Gemisch von synthet. Aminosäuren erhalten. Das Gemisch wurde zuerst mit Chlorameisensäuremethylester, dann mit $SOCl_2$ behandelt. Auf diese Weise wurde ein Gemisch von Anhydriden in Form eines braunen Pulvers erhalten. Fügt man zu der I-Lsg. 5 oder 10% Anhydride, so lösen sie sich vollkommen auf. Die Spuren von vorhandenem W. genügen jedoch zur Einleitung der Polymerisation, die sich durch Erhöhung der Viscosität bemerkbar macht. Bringt man nun täglich einige mm^3 dieser Lsg. in wenig W., so erhält man Fällungsfäden, die nicht mehr glatt sind, sondern eine ausgesprochene, in einer Abb. beigegebene, Morphologie zeigen. (C. R. hebd. Séances Acad. Sci. **239**. 110—11. 5/7. 1954.) C. GOTTFRIED. 4070

P. George und **C. J. Stratmann,** *Die Oxydation von Myoglobin zu Metmyoglobin durch Sauerstoff.* 3. Mitt. *Kinetische Untersuchungen in Gegenwart von Kohlenmonoxyd und bei verschiedenen Wasserstoffionenkonzentrationen unter Berücksichtigung der Stabilität von Oxymyoglobin.* (2. vgl. Biochem. J. **51**. [1952.] 418.) Um zu entscheiden, ob bei hohen O_2-Drucken die Reaktionskonstante für die Oxydation von *Myoglobin* (I) zu *Metmyoglobin* (II) einfach oder quadrat. proportional der Konz. von *Oxymyoglobin* (III) ist, wurde die Hemmung dieser Oxydation durch CO benutzt. Die Rk. in O_2/CO-Gemischen bei 1 at mit CO-Partialdrucken zwischen 0 u. 45 mm (p_H 5,7, 30°) ist hinsichtlich des nichtoxydierten I 1. Ordnung. Der CO-Partialdruck, bei dem der Wert der Reaktionskonstanten halb so groß wie bei der ungehemmten Rk. ist, liegt bei 21 $\pm$ 2 mm. Die Verteilungskonstante von I zwischen CO u. O_2 ($M = [MbCO]p_{O_2}/[MbO_2]p_{CO}$) geht in die Reaktionsgleichung für die gehemmte Oxydation ein. Setzt man voraus, daß M = 15,8 den benutzten experimentellen Bedingungen entspricht, so deuten die Ergebnisse auf eine Reaktionsgleichung, in die III quadrat. eingeht. Die Oxydationsgeschwindigkeit wächst im p_H-Bereich 5,35 bis 6.64 (30%) mit zunehmender [$H^{\cdot}$] sowohl bei niedrigen wie bei hohen O_2-Drucken. Der Anstieg ist gering u. gegebenenfalls auf die Ionisierung von Häm-gebundenen Gruppen am I-Mol. zurückzuführen. Die Diskussion der vorhandenen thermodynam. Daten zeigt, daß der Übergang von I u. O_2 zu II u. O_2^- infolge endothermen Charakters (ca. 20 kcal/Mol) wahrscheinlich langsam abläuft. Die Dissoziation von III zu II u. O_2^- ist noch stärker endotherm (36 kcal/Mol) infolge der großen exothermen Bildungswärme des III u. ist daher weit weniger begünstigt. Die Bldg. eines Sauerstoffkomplexes durch I u. Hämoglobin in exothermer Rk. ist daher an sich ein wesentlicher Faktor zum Schutz von Häm vor Oxydation. (Biochem. J. **57**. 568—73. Aug. 1954. Cambridge, Univ., Dep. of Coll. Science.) W. KÖNIGSDORF. 4070

J. B. Finean, *Untersuchungen an dem Hirnlipoid Strandin durch Röntgenstrahlbeugung und ein Elektronenmikroskop.* Das von FOLCH-PI aus grauer Hirnsubstanz durch ein bes. Extraktionsverf. gewonnene Proteolipoid *Strandin* (I) wurde elektronenmkr. u. in einer Röntgenbeugungsapp. untersucht. I besteht aus einem prim. Amin, wahrscheinlich Glucosamin, Fettsäuren, einem Sphingosin oder einer Sphingosin-ähnlichen Verb., einem KW-stoff u. einer chromogenen Gruppe. Für die Verss. des Vf. wurde das Original-I durch verschied. chem. Behandlungen in 4 Modifikationen dargestellt. Im Elektronenmikroskop wurden an dünnen Schichten nahezu kub. Komplexe mit den Kantenlängen 60·100·100 ÅE als Elementareinheiten gefunden. Bei Röntgenbeugungsaufnahmen wurden nahezu gleiche Befunde ermittelt, außerdem schwächere Linien, aus denen Vf. schließt, daß die verschied. Modifikationen des I jeweils Komplexe darstellen, deren Zusammenhalt eher physikal. als chem. zu interpretieren ist. Bei Tempp. oberhalb 100° wurde eine Schrumpfung des Elementarkörpers beobachtet. Bei Aufnahmen der Präpp. in feuchtem Zustand ergaben sich ebenfalls Dimensionsänderungen. Vf. diskutiert die Befunde. (Arch. Biochem. Biophysics **52**. 38—47. Sept. 1954. Cambridge, Mass., MIT, Dep. of Biol., u. Birmingham, England, Univ. of Birmingham.) W. REUSSE. 4070

F. Radt, Ed., Elsevier's encyclopaedia of organic chemistry. Vol. 14. 1st supplement. Part. 3. London: Cleaver-Hume. 1955. (521 S.) 270 s.

R. A. Raphael, Acetylenic compounds in organic synthesis. New York: Academic Press. 1955. (231 S. m. Abb.) $ 6,20.

E. H. Rodd, Ed., Chemistry of carbon compounds. Vol. 3 A: Aromatic compounds. London: Cleaver-Hume. 1955. (686 S.) 115 s.

E. Biologische Chemie. Physiologie. Medizin.

E_1. Allgemeine Biologie und Biochemie.

Philip T. Ives, *Mutationsgrade durch Strahlung bei Drosophila und Mäusen.* Der Vgl. der durch Strahlung angeregten Mutation bei Drosophila u. Mäusen wird auf der Grundlage von F_1-Ergebnissen gemacht. Die Strahlung wird an nicht geschlechtsbestimmenden Orten durchgeführt, da Verschiedenheit in Lebensfähigkeit u. Fruchtbarkeit beider F_1-Mutanten, Unterschied in der Trennzeit von Keim- u. somat. Zellinien beider Formen u. unbekannter Mutationsgrad bestrahlter Samen in den verschied. Entwicklungsstadien, schließlich Unterschiede im Mutationsgrad des X-Chromosomen- u. geschlechtsbestimmender Orts bei Drosophila bestehen. Die Mutationsgeschwindigkeit bei Fliegen u. Mäusen scheint ähnlich zu sein. (Amer. Naturalist **88.** 361—64. Sept./Okt. 1954. Amherst College.) J. MILLER. 4130

A. K. Sharma und **Archana Mookerjea,** *p-Dichlorbenzol und andere Chemikalien in der Chromosomenforschung.* Vorbehandlungen von Pflanzenteilen mit vielen kleinen Chromosomen durch Einw. von W., verd. $CaCl_2$-Lsg., Colchicin usw. wurden nach Wrkg. auf Plasma u. Chromosomen beurteilt. Eine bes. klare Auflsg. der Einzelchromosomen in Wurzelspitzenzellen wurde durch 3std. Einw. einer gesätt. wss. Lsg. von *p-Dichlorbenzol,* kurzes Aufkochen in 2%ig. Acetoorceinlsg. in nHCl u. Zerdrücken mit einem Deckgläschen erreicht. — Arbeitsvorschrift. (Stain Technol. **30.** 1—7. Jan. 1955. Calcutta, Indien, Univ., Botan. Dep., Cytogen. Labor.) K. BLUMRICH. 4150

Axel Palmgren, *Färben von Nervenfasern nach Fixieren mit Sublimat-Essigsäure und Bouin-Lösung.* Fixieren in essigsaurer $HgCl_2$-Lsg. mit nachfolgender Einw. von alkoh. J-KJ-Lsg. hat für Ag-Imprägnierungen den Vorteil, daß die Schwärzung von Bindegewebe unterdrückt u. die von Nervenfasern intensiviert wird. Ist viel glatter Muskel vorhanden, so wird die J-Lsg. mit HNO_3 angesäuert. — Objekte ohne stark argyrophile Gewebe außer Nerven können auch nach BOUIN fixiert werden (ohne Nachbehandeln mit J). — Diskussion führt zur Theorie von SILBER. (Stain Technol. **30.** 31—36. Jan. 1955. Schweden, Royal Vet. Coll., Dep. of Anat. and Hist., Experimentalfältet.) K. BLUMRICH. 4150

B. Jackson und **F. I. Dessau,** *Streptokokken-Desoxyribonuclease zum Beseitigen von nach Feulgen anfärbbaren Teilen. Streptodornase*-Lsg. (600—6000 E./ml, 1 Std. bei 37°, p_H 7,5) beseitigt aus nach CARNOY fixierten Schnitten von Milz, Leber usw. die Anfärbbarkeit nach FEULGEN vollständig. (Stain Technol. **30.** 9—11. Jan. 1955. Pearl River, N. Y., Amer. Cyanamid Co., Lederle Labor. Div., Chem. and Biol. Res., Pathol. Res. Dep.) K. BLUMRICH. 4150

P. Busse Grawitz, *Die Molekularpathologie.* Darst. der bekannten Ansicht des Vf., wonach im entzündlichen Infiltrat prim. nicht Leukocyten, sondern subcelluläre Elemente auftreten, die zahlreiche Ausgangsformen von kleinen Granula bis zu kernähnlichen Gebilden besitzen u. morpholog. der Ausdruck dafür sind, daß sich die Entzündung in einem subcellulären makromol. Stoffwechselbereich abspielt. (Prensa méd. argent. **40.** 2901—10. 23/10. 1953. Còrdoba.) H. WRBA. 4150

F. H. Schulz, *Über das Fibrinogen beim Bronchialcarcinom.* Der Fibrinogenspiegel im Plasma bei Bronchialcarcinom ist bei 79,1% von 86 Kranken erhöht u. in 20,9% n. oder erniedrigt. Stickstofflostbehandlung drückt diese Werte herab. Da die erkrankten Lungen wahrscheinlich *Fibrinogen* verbrauchen, findet sich die Erniedrigung bes. in den letzten 4 Wochen vor dem Tode. (Arch. Geschwulstforsch. **8.** 27—35. 1955. Leipzig, Univ., Med. Klinik.) G. WELTZIEN. 4160

V. Castro und **P. Monaco,** *Freie Aminosäuren in Walker-Tumoren und Leber von Ratten.* Nach Überimpfung von Walkertumoren findet man eine starke Zunahme der *Asparaginsäure, Glutaminsäure,* des *Glycins* (I), *Threonins* u. *Alanins* in den Tumoren, die bei Unters. nach 20 Tagen noch stärker ist. Auch in der Leber findet sich ein Zuwachs nach 12 Tagen, der jedoch bei späteren Unterss. wieder normalisiert ist. Der Geh. der Leber an I bleibt unverändert. Auffallend ist, daß nach 8 Tagen der Geh. der Leber an diesen Aminosäuren sehr gering ist. (Boll. Soc. ital. Biol. sperim. **29.** 1763—66. Sept./Nov. 1953.) P. G. SCHEURLEN. 4160

K. I. Gawrilowa, *Die Ausnutzung der Serumproteine durch die Organe und Gewebe von Ratten mit malignen Neubildungen.* In Verss. an weißen Ratten mit überimpftem Sarkom 45 wurde unter Verwendung von homologen u. heterologen Seren, die mit radioakt. Methionin (^{35}S) markiert waren, festgestellt, daß die zugeführten *Proteine* ohne Aufspaltung zu Aminosäuren nicht nur in die Proteine der n. Gewebe, sondern auch in die Proteine des Tumors übergehen. (Бюллетень Экспериментальной Биологии и Медицины [Bull. exp. Biol. Med.] **39.** Nr. 2. 36—39. Febr. 1955. Moskau, Chir. Wischnewski-Inst. der Akad. der Med. Wiss. der UdSSR, Biochem. Labor.) E. RENTZ. 4160

A. van den Hooff und **G. Smits,** *Der Gehalt des Blutserums an saurer und alkalischer Phosphatase und die Prostatacarcinom-Diagnose.* Vff. beschreiben eine Modifikation der Meth. von KROON u. Mitarbeitern zur Best. des *Phosphatase* (I)-Geh. im Serum. Bei 94 Patienten wird dem Zusammenhang zwischen der Höhe des Serum-I-Geh. u. den klin. u. patholog.-anatom. Beobachtungen hinsichtlich der Diagnose des Prostatacarcinoms nachgegangen. Ein n. I-Geh. schließt ein Prostatacarcinom nicht aus. Ein erhöhter Geh. an *saurer* I deutet dagegen sehr wahrscheinlich auf ein Carcinom. Wenn der Geh. an *alkal.* I erhöht ist, muß mit Ausnahme bei Ikterus u. Knochenkrankheiten mit der Möglichkeit des Bestehens eines Prostatacarcinoms (mit Knochenmetastasen) gerechnet werden. (Nederl. Tijdsch. Geneeskunde **99.** 1026—29. 2/4. 1955. Amsterdam, Gemeente-Univ., Histolog. Labor.) H. PATZSCH. 4160

O. Mühlbock, *Vergleich des Mammatumoragens in Tumorextrakten verschiedener hochcanceröser Mäusestämme.* Tumorhäufigkeit bei verschied. Mäusestämmen nach intraperitonealer Injektion von Mammatumorextrakten der Stämme dba, C_3H, RIII, White Label u. andere. Die Extrakte der ersten 4 Stämme erzeugen in hohem Maße Tumoren; nach Injektion von Extrakten des Stammes A werden dagegen prakt. keine Carcinome erhalten. (Proc., Kon. nederl. Akad. Wetensch., Ser. C **54.** 386—90. Sept./Okt. 1951. Amsterdam, Netherlands Cancer Inst., Labor. of A. v. Leeuwenhoek-huis.) R. REISS. 4160

James Innes und **W. D. Rider,** *Multiple Myelomatose und ihre Behandlung mit Urethan in Kombination mit oral gegebenem Stickstofflost.* Die Behandlung von 17 Fällen von fortgeschrittener Myelomatose mit kleinen Dosen *Urethan* in Kombination mit einem oral anwendbaren Präp. von *Stickstofflost* verschaffte deutliche Erleichterungen. Die angewandten Dosen ergaben keine unerwünschten Nebenerscheinungen u. sind für ambulante Patienten zur Behandlung auf längere Zeit geeignet. (Blood **10.** 252—58. März 1955. Edinburgh, Univ., Dep. of Med. and Radiother.) G. WELTZIEN. 4160

Heinz Neubert, *Über die Wirkung hochdosierter Sexualhormone auf Hypophysentumoren, speziell Augensymptome.* (Vorl. Mitt.) (Med. Klin. **47.** 1223—24. 12/9. 1952. Berlin.) F. GÜNTHER. 4160

Arnold M. Seligman und **Rivka Ashbel,** *Histochemischer Nachweis von Ketosteroiden bei virulenten Nebennierenrindentumoren.* Nach einer von Vff. schon früher (Endocrinol. **44.** [1949.] 565 u. Cancer **4.** [1951.] 579) beschriebenen Meth. lassen sich akt. Carbonylgruppen in formalinfixierten Organschnitten mit *3-Oxy-2-naphthoesäure* u. *tetrazotiertem Di-o-anisidin* nachweisen. Der Nachw. gelingt nicht in n. Nebennierenrindengewebe. In diesem Gewebe verlaufen Aldehydnachweis-Rkk. negativ. In 5 klin. Fällen wurde der histochem. Nachw. von 17-Ketosteroiden bei Tumor im Nebennierenrindengewebe mit dieser Meth. erbracht. (Endocrinology **49.** 110—26. Juli 1951. Boston, Mass., Beth Israel Hsop., Yamins Labor. for Surg. Res., u. Harvard Med. School, Dep. of Surg.) H. SCHEURLEN. 4160

G. F. Gardini und **S. Rizzente,** *Unsere klinische Erfahrung mit einem Alkaloid der Herbstzeitlose.* Vff. berichten über günstige Ergebnisse in der Anwendung des *Colcemids* bei verschied. Tumoren der Haut. (Tumori **40.** 625—37. Nov./Dez. 1954. Bologna, Ospedale M. Malpighi del Ricovero.) P. G. SCHEURLEN. 4160

C. L. Comar, Radioisotopes in biology and agriculture, principles and practice. New York: McGraw-Hill. 1954. (494 S. m. Abb., Diagrs.) $ 9,—.

Giorgio Del Guerra, Chimica biologica. Per studenti di medicina, farmacia, chimica, scienze naturali e biologiche. 6a edizione. Firenze: Ed. Universitaria. 1954. 8°. (416 S. m. Abb.)

E_2. Enzymologie. Gärung.

D. J. Mackinnon und **William A. Waters,** *Die mögliche Bedeutung der Fentonschen Reaktion im Hinblick auf durch Enzymsysteme katalysierte Oxydationen.* MERZ u. WATERS (J. chem. Soc. [London] **1949.** 15 u. C. **1950.** II. 1920) gaben eine Enteilung organ. Verbb. *R·H* in 2 Gruppen, je nachdem bei der Oxydation mit FENTONschem Reagens Ketten- oder Nichtketten-Rkk. beteiligt sind. Vff. nehmen an, daß die Einteilung vom Redopotential $E_{(-e)}$ des Radikals R· des Übergangs R· $\rightleftharpoons$ R^+ + e abhängig ist. Substrate, die Oxydation durch den Kettenprozeß erleiden, zeigen ein $E_{(-e)}$, das deutlich unter E_0 der Rk. Fe^{2+} $\rightleftharpoons$ Fe^{3+} + e liegt. Diese gleichen Substrate gaben Radikale, die 2 *Triaryltetrazoliumsalze, 2.3.5-Triphenyltetrazoliumchlorid* u. *3.3'-Dimethoxydiphenyl-4.4'-bis-2''-[3''.5''-diphenyltetrazolium]-dichlorid* zu einer roten bzw. einer blauen Verb. red. können. Die Substrate, die nach der Ketten-Rk. oxydiert werden, z. B. prim. u. sek. Alkohole, Milchsäure, Ameisensäure, Formaldehyd, Acetaldehyd, biochem. als Verbb. zusammengefaßt werden können, die durch *Dehydrogenasen,* die mit *Pyridinnucleotidcoenzymen* verknüpft sind, oxydiert werden, *Propionsäure* u. *Bernsteinsäure,* die nach dem Nichtkettenprozeß oxydiert werden, gehören in eine hiervon verschied. biochem. Gruppe. Es wird eine modifizierte *freie Radikal*-Theorie der enzymat. Oxydation diskutiert u. hierbei angenommen, daß innerhalb eines Enzym-Coenzym-Substratkomplexes eine cycl. Ein-Elektronverschiebung ohne Bldg. freier Radikale erfolgt. Für *Peroxydase,* die eine andere Gruppenspezifität besitzt u. Alkohole oder Aldehyde nicht angreift, gilt ein anderer Oxydationsmechanismus. (J. chem. Soc. [London] **1953.** 323—28. Jan. Oxford, Dyson Perrins Labor.) K. MAIER. 4200

Arthur K. Saz und **Rita B. Slie,** *Die Inhibierung der organischen Nitroreduktase durch Aureomycin in zellfreien Extrakten.* 2. Mitt. *Der Cofaktorbedarf des Nitroreduktaseenzymkomplexes.* (1. vgl. C. **1954.** 2196.) Extrakte von *Escherichia coli* (E–26) sind befähigt, die Nitrogruppen verschied. organ. Nitroverbb. in Ggw. von Cystein zu den entsprechenden Arylaminen zu reduzieren. Diese Redd. werden durch *Aureomycin* in geringen Konzz. inhibiert, wogegen *Terramycin* — zumindest in diesem Syst. — beträchtlich weniger akt. ist. Es wurde weiter festgestellt, daß der die organ. Nitrogruppen reduzierende Enzymkomplex offenbar mit dem anorgan. Nitrate u. Nitrite reduzierenden Komplex nicht ident. ist. In dialysierten Systemen erfolgt keine nennenswerte Arylaminbldg., wenn nicht Diphosphopyridinnucleotid, L-Malat oder L-Fumarat u. L-Cystein zugegen sind. Der Bedarf für letzteres scheint spezif. zu sein. — Das inhibierende Eingreifen des Aureomycins bei der Arylaminbldg. erfolgt entweder vor der Bldg. von red. Diphosphopyridinnucleotid oder aber bei der Red. der Nitroverb. zur entsprechenden Nitrosoverbindung. (Arch. Biochem. Biophysics **51.** 5—16. Juli 1954. Bethesda, Md., Nat. Inst. of Health, Nat. Microbiol. Inst., Sect. on Exper. Therapeut., Labor. of Infect. Diseases.) H. v. PEZOLD. 4210

J. C. Brown und **S. B. Hendricks,** *Enzymaktivität als Maß für Kupfer- und Eisenmangel bei Pflanzen.* Ausgehend von der Hypothese, daß Cu- bzw. Fe-Mangel sich in einer Aktivitätsminderung der Cu- bzw. Fe-haltigen Fermente äußern müsse, lange bevor äußerlich sichtbare Mangelerscheinungen auftreten, wurde an Mais, Weizen, Tabak, Lupine u. Sojabohne auf verschied. Böden die relative Aktivität von *Ascorbinsäureoxydase* (I), *Katalase* (II) u. *Peroxydase* (III) in verschied. Wachstumsperioden untersucht. Abgesehen von Art- u. Speciesunterschieden, wurde die Hypothese eindeutig bestätigt für I unter Cu-Mangel bei Weizen, für den I eine Endoxydase ist. Unter Fe-Mangel zeigte sich die relative II-Aktivität stark herabgesetzt bei Mais, Tabak, Lupine u. einer Sojabohnensorte (PI–54619–5–1), während sich bei III die Aktivitätsminderung nur in geringem Maße ausprägte. (Plant Physiol. **27.** 651—60. Okt. 1952. Beltsville, Md., U. S. Dep. of Agricult., Plant Ind. Stat.) H. SCHLOTTMANN. 4210

Nicholas E. Tonhazy und **Michael J. Pelczar jr.,** *Oxydation von Indolylessigsäure durch ein extracelluläres Enzym aus Polyporus versicolor und eine ähnliche Oxydation, die durch Nitrit katalysiert wird.* Aus dem Kulturfiltrat des in DIONs Medium (10 Tage bei 28°) gewachsenen Polyporus versicolor konnte durch Dialyse gegen dest. W. (9 Tage bei 4°) ein Enzympräp. gewonnen werden, das *3-Indolylessigsäure* (I) oxydiert. Nach Messungen im WARBURG-App. bei 37° wurden pro Mol I 1 Mol CO_2 gebildet bei einer Aufnahme von 1 Mol O_2. Die optimale Aktivität liegt bei p_H 4,5. Das Enzym besitzt ähnliche Eigg. wie die I-Oxydase der Erbsensämlinge (p_H 6,5), der Bohnenwurzeln (p_H 6,5) u. der Ananas (p_H 3,5). Verss. zur Konzentrierung des Enzyms durch Fällung mit 40 Vol. Aceton scheiterten. Durch Erhitzen auf 100° wurde das Enzym inaktiviert. Die Rk. besitzt ein Q_{10} von 2,0 zwischen 27 u. 37°. Der Q_{O_2} für 3-I betrug 153, für 3-Indolbuttersäure 68, für 3-Indolpropionsäure 28, für 3-Indolacetaldehyd 29 (für je 10 μMol). Phenylessigsäure, dl-Tryptophan, dl-β-Alanin, Indol, Skatol u. 3-Indolacetamid wurden nicht oxydiert. Eine Peroxydaseaktivität konnte im Filtrat nicht festgestellt werden. Auch war keine Diaminoxydase vorhanden. Bis zu 48% der maximal möglichen Oxydation von 10 μMol I wurden durch 0,001 Mol $MnCl_2$ gefördert. Durch verschied. Substanzen erfolgte eine Hemmung: 0,01 (mol.) Azid 100%, 0,01 Cyanid 100%, 0,1 Semicarbazid 100%, 0,01 Phenylhydrazin 95%, 0,01 Fluorid 87%, 0,001 Methylenblau 86%, 0,005 2.4-Dinitrophenol 65%, 0,01 8-Oxychinolin 47%, 0,00015 $CuSO_4$ 46%, 0,001 Bisulfit 40%, 0,00005 2.4-Dichlorphenol 36%, 0,005 Jodacetat 31%. Das Endprod. der Oxydation konnte nicht genau ermittelt werden. Es entsteht ein bräunlich gefärbter Nd., der vermutlich aus einem polymerisierten 3-Indolaldehyd besteht. Durch Bisulfit wird die Bldg. des Nd. verhindert. Durch 0,001 mol. $NaNO_2$ wurde die enzymat. Oxydation der I stark beschleunigt. Na-Nitrat oxydiert ebenfalls I. Der Einfl. von Inhibitoren war mit Ausnahme von NaF etwa der gleiche wie bei der enzymat. Reaktion. Durch Erhitzen wurde das Nitrit, wenn es sich allein in Lsg. oder im Filtrat befand, nicht inaktiviert. Nitrit konnte im Filtrat durch die Sulfanilsäure-α-naphthylaminprobe nicht nachgewiesen werden. Bis zu 80 μMol Ammoniumsulfamat hatten keinen Einfl. auf die enzymat. Oxydation, hemmten aber die katalyt. Oxydation durch Nitrit zu nahezu 40%. I allein kann Methylenblau langsam reduzieren. Diese Red. wurd durch Nitrit beschleunigt. (Science [Washington] **120.** 141—42. 23/7. 1954. College Park, Md., Univ. of Maryland, Dep. of Bacter.) H. KATHEN. 4210

B. A. Rubin und **N. W. Obrutschewa,** *Fermentsysteme der Mykorrhizapilze.* Untersucht wurde die Atmungsintensität u. die Aktivität der hydrolyt. u. Oxydationsfermente in Fruchtkörper u. Mykorrhiza von *Boletus luteus Fr.* (B.l.), *B. edulis Fr.* (B.e.) u. *B. subtomentosus Fr.* (B.s.). In allen Fällen war die Aktivität der hydrolyt. Fermente sehr gering. Eine proteolyt. Aktivität konnte nicht nachgewiesen werden. Die Aktivität der *Carbohydrasen* war im Mycelium viel größer als im Fruchtkörper. In der Kultur-Fl. wurde keine hydrolyt. Aktivität festgestellt. Diese Ergebnisse bestätigen, daß die Mykorrhizapilze vorwiegend aus den Monosacchariden mit C versorgt werden. Die Atmungsintensität war im Mycelium 30—40mal größer als im Fruchtkörper. Im Fruchtkörper von B.e. wurden 40% der Gesamtatmung durch Fermente katalysiert, die durch Natriumazid unterdrückt werden. Von metallhaltigen Fermenten konnte nur *Ascorbinoxydase*, nicht *Peroxydase* (I) nachgewiesen werden. Im Mycelium von B.e. kamen 80% der Atmung auf die Flavinfermente, 20% auf das metallhaltige Ferment: *Polyphenoloxydase* (II), die Pyrogallol (III) u. Pyrocatechin (IV) oxydierte. I fehlte, die *Katalase* war viel aktiver als im Fruchtkörper. Bei B.l. erfolgte die Atmung völlig über metallhaltige Fermente, die noch nicht identifiziert werden konnten. Im Gegensatz zu Mycelium erfolgte sie im Fruchtkörper allein über die Flavinfermente. Bei B.s. kamen 60% der Atmung im Fruchtkörper auf Kosten der Flavinfermente. Das gebildete H_2O_2 wurde sowohl von der Katalase als auch von der I ausgenutzt. II oxydierte am stärksten III u. IV. In keinem der untersuchten Pilze konnte eine *Dehydrase*-Aktivität festgestellt werden. (Доклады Академии Наук СССР [Ber. Akad. Wiss. UdSSR] [N. S.] **95**. 337 bis 340. 11/3. 1954. Moskau, Lomonossow-Univ.) O. LEBTAG. 4210

Albert S. Keston, *Das Vorkommen von Mutarotase im tierischen Organismus: Ihre vermutliche Beziehung zum Transport und zur Resorption von Zuckern und Insulin.* Vf. berichtet über das Vork. von *Mutarotase* (I) in der Rattenniere, deren Wirksamkeit durch *Phlorrhizin* (0,9 mg/ml) bis zu 90% gehemmt wird. Als I-Substrate werden diejenigen *Zuckerarten* (II) festgestellt, die von der Niere resorbiert oder infolge Einw. von *Insulin* (III) durch die Zellmembranen transportiert werden, u. zwar *D-Xylose, d-Galaktose, Arabinose* u. *d-Glucose*. Dagegen werden *L-Rhamnose, d-Mannose* u. *d-Arabinose* sowie *Sorbit, Mannit, Saccharose* u. *Raffinose* von I nicht beeinflußt u. sind somit auch nicht einer Mutarotation unterworfen. Auch Nierenextrakte vom Schwein, Kaninchen, Huhn, Rind u. Lamm zeigen Mutarotationswirksamkeit, deren enzymat. Natur durch ihre Nichtdialysierbarkeit u. Thermolabilität (Zerstörung der Wrkg. durch 2 Min. langes Erwärmen auf 60°) angezeigt wird. Es wird über eine Theorie diskutiert, nach der I die II zunächst in bes. leicht resorbierbare, als Zwischenprodd. anzusehende Formen überführt, die den durch III angeregten Transport u. die Resorption der II veranlassen. (Science [Washington] **120**. 355—56. 27/8. 1954. New York, N. Y., Univ., Coll. of Med.)
P. FAHRNLAENDER. 4210

Richard Kuhn und **Heinz Tiedemann,** *Enzymatische Spaltung von N-Acetyl-β-d-glucosaminiden.* Aus der Hypodermis des Hummers u. aus Extrakten von *Aspergillus oryzae* läßt sich ein von Lactase freies Ferment, die *N-Acetyl-β-d-glucosaminidase* (I), erhalten, die die *Glucoside* des *N-Acetyl-d-glucosamins* (II) spaltet. Das Wirkungsoptimum von I aus Hummern liegt bei p_H 4,5, das von I aus *A. oryzae* bei 4,1 (Messungen bei 28° am β-Benzylderiv. in Citratpuffer). I ist für β-glucosid. Bindungen spezif.; es spaltet auch *N.N'-Diacetylchitobiose* (III) u. *Lacto-N-biose II* (vgl. C. **1955**. 1541), nicht aber deren Ausgangsprod., die Lacto-N-tetraose sowie die Lacto-N-biose I. Bei mehrtägiger Einw. von I auf eine 5%ig. Lsg. von II in 15%ig. A. wurde ein Teil von II in β-Äthyl-N-acetyl-d-glucosaminid (IV), $R_{Galaktose}$ 1,8 übergeführt.

V e r s u c h e : Best. der I-Aktivität jodometr. (vgl. MACLEOD u. ROBINSON, Biochem. J. **23**. [1929.] 517) nach Enteiweißen mit $Ba(OH)_2/ZnSO_4$ u. Pufferung auf p_H 9,0 mit $NaHCO_3$-Lösung. In Ggw. vom β-Phenylderiv. werden 75% des Hypojodids durch das Phenol verbraucht. Bei der Best. von IV wurde die I durch 4minütiges Erhitzen auf 80° inaktiviert u. der abgespaltene A. durch Dehydrierung mit Alkoholdehydrogenase festgestellt (vgl. BÜCHER u. REDETZKI, C. **1953**. 428). — Zur Gewinnung von I wurden 30 g gemahlener Hypodermisbrei eines Hummers 1 Std. mit 100 ml W. bei 0° 2mal extrahiert, die Lsg. zentrifugiert, mit 70 g $(NH_4)_2SO_4$/200 ml versetzt, der Nd. mit 60 ml W. von 0° gelöst, 30 ml Citratpuffer vom p_H 3,0 zugegeben, der Nd. abzentrifugiert u. I durch 60%ig. Sättigung des Überstandes mit $(NH_4)_2SO_4$ ausgefällt. — Ferner wurden je 500 ml Preßsaft einer 1 Woche alten Kultur von *Aspergillus oryzae*, Stamm EHRLICH (auf Weizenkleie mit 5%ig. Glucoselsg.) zentrifugiert, bei 4° 192 g $(NH_4)_2SO_4$ zugegeben, der Nd. mit 50 ml W. gelöst, 0,3 ml 2,5%ig. Hefenucleinsäurelsg. vom p_H 4,5 zugegeben, mit Essigsäure auf p_H 3,0—3,1 gebracht, zentrifugiert, der Überstand bei p_H 6,0—6,7 zu 55% mit $(NH_4)_2SO_4$ gesätt., der Nd. in 30 ml W. gelöst, zentrifugiert, der Überstand bei 0—4° mit 90 ml Aceton versetzt, zur Lsg. des Nd. in W. (20 ml) 60 ml kalt gesätt. $(NH_4)_2SO_4$-Lsg. gegeben, zentrifugiert u. aus dem Überstand I mit 20 ml $(NH_4)_2SO_4$-Lsg. gefällt. Dieses Präp. war wirksamer als das vorst. u. bei —15° in gesätt. $(NH_4)_2SO_4$-

Lsg. mehrere Wochen beständig. — I wurde auch im *Luizym* (LUITPOLDWERKE, München) u. *Dymal* (C. F. BOEHRINGER, Mannheim) festgestellt u. aus Dymal analog isoliert. — Spaltungsverss. mit Hummer-I (7 Std. bei 28°, p_H 5,5 mit mol./15 Phosphat puffer) bzw. Dymal-I (120 Min.) ergaben beim β-Methylderiv. 59 u. 26%, bei **IV** 62 u. 46%, beim β-Propyl- 65 u. 55% u. beim β-Benzylderiv. 58 u. 55% Spaltung, bei äquimol. Ansätzen. In 1:10 verd. Enzymlsg. (90 Min.) betrug die Spaltung beim β-Benzyl- 5,9% u. beim β-Phenylderiv. 10,5%. — Die MICHAELIS-MENTEN-Konstante wurde für die **I–IV**-Verb. zu 0,005 Mol/Liter bestimmt. Die Anfangsgeschwindigkeit der Substratspaltung ist proportional der Fermentkonzentration. — Bei einem Spaltungsvers. mit **III** (p_H 6) wurde nach 9 Std. bei fast völliger Spaltung von **III** im entsalzten Substrat papierchromatochraph. (Pyridin/Essigester/W. 1:2:2) neben viel **II** eine Substanz mit $R_{Galaktose}$ 0,8 festgestellt, die nach 14std. Bebrütung wieder verschwunden u. auch nach 9std. Einw. bei p_H 4 von **I** auf **III** nicht nachweisbar war. Es könnte sich dabei um die aus 3 **II**-Resten bestehende *Triacetylchitotriose* handeln, da eine durch Abspaltung der O-Acetylgruppen mit NH_3 aus Chitotrioseundecaacetat hergestellte Substanz R_G 0,75 aufwies. (Chem. Ber. **87.** 1141—47. 1954. Heidelberg, Max-Planck-Inst. für Med. Forschung, Inst. für Chem.) W. WILLENBERG. 4210

Irwin B. Wilson und **S. Ginsburg,** *Die Reaktivierung von durch Alkylphosphate gehemmter Acetylcholinesterase.* (Vgl. C. **1955.** 3646.) Durch *Tetraäthylpyrophosphat* (I) oder *Diisopropylfluorphosphat* (II) gehemmte *Acetylcholinesterase* konnte durch 0,005mol. *Picolinhydroxamsäure* bei p_H 8 u. 25° teilweise reaktiviert werden. Die Reaktivierung vollzog sich bei dem durch I gehemmten Enzym innerhalb 5 Min. zu 90%, bei dem durch II gehemmten innerhalb 15 Min. zu nur 63%. (Arch. Biochem. Biophysics **54.** 569—71. Febr. 1955. New York, N. Y., Columbia Univ., Coll. of Physic. and Surg., Dep. of Neurol.) P. LOCH. 4210

M. Ch. Chasanow und **Ss. Ss. Marennikowa,** *Einfluß der Grippeinfektion auf die Aktivität der Nucleotidasen und der sauren Phosphatase der Organe von Mäusen.* Gruppen weißer Mäuse wurden intranasal mit 2 Varianten eines Grippevirusstammes infiziert, von welchen die eine sich in den Lungen der Versuchstiere vermehrte, ohne patholog. Erscheinungen hervorzurufen, während die andere eine tödliche Grippepneumonie erzeugte. 72 Std. nach der Infektion mit der pathogenen Variante war in der Leber die Aktivität der *Nucleotidasen* (I) um 100%, nach Infektion mit der apathogenen Variante um 76% erhöht; die saure *Phosphatase* (II) zeigte keine Veränderungen. In der Milz verhielt sich I wie in der Leber, hingegen wies II (bei Infektion mit der pathogenen Variante) eine deutlich erhöhte Aktivität auf. In den Lungen zeigten I u. II keine Veränderungen. Da eine Aktivierung von I in Leber u. Milz sich auch durch intranasale Zufuhr n. Allantoin-Fl. oder physiol. NaCl-Lsg. erzielen läßt, kann sie nicht humoral entstanden sein, sondern ist reflektor. Natur. (Бюллетень Экспериментальной Биологии и Медицины [Bull. exp. Biol. Med.] **37.** Nr. 4. 43—47. April 1954. Inst. für Virusforschung der Akad. der med. Wiss. der UdSSR, Biochem. Labor.; Kontrollinst. für Seren u. Vaccine, Virusabt.) E. RENTZ. 4210

Ss. Je. Ssewerin, M. K. Milowidowa und **R. M. Bekina,** *Der Einfluß des Carnosins auf den Phosphorylierungsprozeß im Herzmuskel.* In Verss. mit Herzmuskelbrei unter Zusatz von 0,025mol. NaF (Ausschaltung der Enolasewrkg. u. Herabsetzung der Aktivität von Adenosintriphosphatase), bei denen als Phosphorylierungssubstrat 500 mg% ig. Glykogen angewandt wurde, erfolgte die Incubation mit oder ohne *Carnosin* (I) 60 Min. bei 19—22°. In Ggw. von I war die Bindung des anorgan. P gegenüber der Kontrolle erhöht, die Bldg. von Fructosediphosphat etwa auf die Hälfte herabgesetzt, die Adenosintriphosphorsäure erhöht. Durch Verss., bei denen der labile P im Trichloressigsäurefiltrat nach der Fällung mit Magnesiagemisch bestimmt wurde, konnte gezeigt werden, daß in Ggw. von I eine starke Bldg. einer labilen P-Verb. eintritt, deren Zerfall zur Bldg. von anorgan. P u. damit zur Herabsetzung des gebundenen P führt. Die Annahme, daß in Ggw. von I die Austausch-Rkk. des Herzmuskels vom glykolyt. Charakter auf Atmungsprozesse umgestellt werden, wurde dadurch bestätigt, daß in Ggw. von 0,002mol. Bromacetat die durch I bewirkte erhöhte Bindung von anorgan. P u. starke Bldg. von labilem P nicht herabgesetzt wird. (Доклады Академии Наук СССР [Ber. Akad. Wiss. UdSSR] [N. S.] **86.** 1001—04. 11/10. 1952.) O. LEBTAG. 4210

P. S. Krishnan und **Violet Bajaj,** *Die Polyphosphatasen von Aspergillus niger.* 2. Mitt. *Die Rolle der Polyphosphatasen im Stoffwechsel.* (1. vgl. C. **1954.** 1971.) Während die Sporen von *A. niger* nur sehr geringe *Polyphosphatase* (I)-Aktivität zeigen, entwickelt sich diese beträchtlich bei der Keimung u. Bldg. des vegetativen Mycels. Die I des Mycels erfahren in Abhängigkeit von den Kulturbedingungen charakterist. Konzentrationsveränderungen. Dies deutet darauf hin, daß I nicht nur strukturelle

Einheiten darstellen, sondern selbst Umwandlungen unterliegen. Zwischen der spezif. I-Aktivität u. der Menge des im Mycel vorhandenen labilen *Phosphats* (**II**) bestand eine bestimmte Beziehung. Die phosphorylierten Verbb. des Mycels u. der Sporen sind kalt nur teilweise mit Trichloressigsäure (**III**; 10%ig) extrahierbar. Anschließende Behandlung mit heißer **III** bringt noch beträchtliche Menge von labilem **II**, das wahrscheinlich als komplexes *Metaphosphat* vorliegt, in Lösung. Die **I**-Aktivität bleibt auch nach Beginn der Mycelautolyse noch bestehen, wobei die gespeicherten **II**-Ester als Substrat dienen. Die Rolle von **I** im **II**-Stoffwechsel des Schimmelpilzes wird diskutiert. (Arch. Biochem. Biophysics **47**. 39—55. Nov. 1953. Poona, India, Nat. Chem. Labor., Div. of Biochem.) K. MAIER. 4210

B. Naganna und **C. E. Sripathi,** *Pyrophosphatasen in Pflanzen während des Wachstums.* Weizen (Triticum vulgare), der einen hohen Geh. an *saurer Pyrophosphatase* (**I**) u. wenig *alkal. Pyrophosphatase* (**II**)-Aktivitäten, u. Bohnen (Phaseolus vulgaris), die nur sehr viel **I**-Aktivitäten besitzen, wurden in lockerem Boden gekeimt u. nach verschied. Zeiten in den Extrakten einzelner Pflanzenorgane die Aktivitäten bestimmt. Die Ansätze (5 cm^3) für die Incubation saurer Phosphatasen enthielten 0,5 cm^3 Enzymextrakt, 4 cm^3 Veronalacetatpuffer (p_H 5,32), 0,5 cm^3 neutralisiertes Natriumpyrophosphat (0,01 mol.), für alkal. Phosphatasen 3.9 cm^3 Puffer (p_H 8,68), 0,1 cm^3 $MgCl_2$ (1,0 mol.), 0,5 cm^3 nichtneutralisiertes Natriumpyrophosphat (0,01 mol.), für saure Phosphatase 4 cm^3 Puffer (p_H 5,32) u. 0,5 cm^3 Natrium-β-glycerophosphat (0,1 mol.). Die Rkk. wurden durch Trichloressigsäure gestoppt u. das freigesetzte Orthophosphat nach FISKE u. SUBBAROW ermittelt. Beim Weizen sind während der Keimung beide Enzyme sowie saure *Glycerophosphatase* vermehrt. In den Bohnen konnte keine **II**-Aktivität festgestellt werden; die **I**-Aktivität war außergewöhnlich hoch. Die hohe, auf die Kotyledonen beschränkte Aktivität verringerte sich mit zunehmendem Wachstum der Pflanze. 8 Tage nach der Keimung waren nur noch 10% vorhanden. Der Geh. an **I** in den grünen Blättern ist relativ hoch. Während die zarten Hülsen der Bohne **I** u. **II** in nahezu gleichen Mengen enthalten, verschwindet **II** mit zunehmender Reife bei gleichzeitiger starker Zunahme von **I**. Die **II**, das in den Samen nicht vorhanden ist, entwickelt sich 1 Tag nach der Keimung in der Plumula u. vermehrt sich stark in den Primärblättern. Die Aktivität in diesen Blättern sinkt, wenn die Folgeblätter entstehen. Es wird der Schluß gezogen, daß **II** für die Assimilation in den Blättern notwendig ist, während **I** an den Atmungsprozessen Anteil hat. (Nature [London] **174**. 593—94. 25/9. 1954. Madras, Madras Veterin. Coll., Dep. of Chem.) H. KATHEN. 4210

David G. Anderson, Helen A. Stafford, Eric E. Conn und **Birgit Vennesland,** *Die Verteilung triphosphopyridinnucleotid-gekoppelter Enzymsysteme mit Reduktionsvermögen für Glutathion in höheren Pflanzen. Glutathionreduktase* (**I**) wurde in dialysierten Extrakten von Weizenkeimen, Erbsenkeimlingen, von Kohl-, Spinat-, Tomaten-, Sonnenblumen- u. Sedum spectabile-Blättern, von Karotten-, Petersilien- u. Süßkartoffelwurzel, von Kartoffelknollen, Gurken, Melonen u. Avocadofrüchten aufgefunden. Meth.: Aus dem kompletten Syst. Pflanzenextrakt + GSSG + TPN + Glucose-6-phosphat + *Glucose-6-phosphatdehydrase* (**II**) wird jeweils eine Komponente fortgelassen; Titration des in jedem Ansatz gebildeten GSH mit 0,001n $KJO_3 \cdot HJO_3$ u. Differenzrechnung ergibt den auf **I** entfallenden GSH-Anteil. Entsprechende Anwendung dieser Meth. ergab, daß „malic enzyme" ebenfalls in allen genannten Extrakten, **II** in allen außer Sonnenblumenblätterextrakt vorhanden ist. *Isocitronensäuredehydrase* (**III**) wurde nachgewiesen in Weizenkeimen, Erbsenkeimlingen, Spinat-, Sonnenblumen-, Sedum spectabile-Blättern, in Petersilienwurzeln u. -blättern, in Süßkartoffelwurzeln u. Gurken; in Kartoffelknollen ist **III** nicht vorhanden. — Die spezif. Aktivitäten der genannten Fermente in den Pflanzengeweben, ausgedrückt als μMol GSH/g Trockengewicht/Std., werden angegeben. (Plant Physiol. **27**. 675—84. Okt. 1952. Chicago, Ill., Univ. of Chicago, Dep. of Biochem.) H. SCHLOTTMANN. 4210

I. L. Kaganowa und **W. N. Orechowitsch,** *Über den Gehalt an Transpeptidasen in verschiedenen Organen der Säugetiere.* In Verss. mit Fermenten aus Leber u. Niere des Meerschweinchens, Leber, Niere, Gehirn u. Milz der Ratte sowie Pankreas, Nebenniere, Hypophyse, Schilddrüse, Milchdrüse, Thymusdrüse u. Eierstock des Rindes wurde als Donator *Glutathion* (**I**), als Acceptor *Phenylalanin* u. *Leucin* angewandt. In allen Verss. verlief die Transpeptidation um so energischer, je stärker die **I**-Hydrolyse war. Fehlte diese, so konnte keine Transpeptidation beobachtet werden. In Verss. mit dem Ferment aus Rattenleber wurde bei der chromatograph. Analyse Phenolrot zugesetzt, das bekanntlich die Aktivität der Glutathionase herabsetzt. Hierbei trat keine Transpeptidation ein. Aus den Ergebnissen kann geschlossen werden, daß die *Glutathionase* u. die *γ-Glutamyltranspeptidase*, welche die Übertragung von **I** bewirkt, ident. sind. In allen untersuchten Organen u. Geweben lag ein Ferment vor, das die Transpeptidation mit verschied.

Geschwindigkeit (je nach Organ oder Gewebe) bewirkte. Die Transpeptidation spielt wahrscheinlich bei der Biosynth. von Peptidbindungen eine wichtige Rolle. (Доклады Академии Наук СССР [Ber. Akad. Wiss. UdSSR] [N. S.] **93.** 875—78. 11/12. 1953. Inst. für biol. u. med. Chem. der Akad. der med. Wiss. der UdSSR.) O. LEBTAG. 4210

Bernard L. Strehler und **Milton J. Cormier,** *Die Luminescenz zellfreier Extrakte des Leuchtbacteriums Achromobacter fischeri beeinflussende Faktoren.* (Vgl. C. **1953.** 9202.) Unter Einhaltung bestimmter Bedingungen gelang es, eine kontinuierliche Luminescenz zell- u. partikelfreier Extrakte aus dem Leuchtbacterium *A. fischeri* zu erzielen. *Diphosphopyridinnucleotid* (I) beeinflußte die Luminescenz dialysierter Extrakte nicht, während Zusatz von *Äpfelsäure* (II) + I oder von I_{red} diese steigerte. Noch wirksamer waren II + I_{red}. Zusatz von I oder I_{red} zu nichtdialysiertem Extrakt bewirkten Lichtemission. Andere Zwischenstufen des KREBS- u. EMBDEN-MEYERHOF-Cyclus konnten II in Verbindung mit I bei dialysierten Präpp. nicht ersetzen. Das für die Licht-Rk. verantwortliche Enzym (*Luciferase*) war gegenüber Verdünnung extrem empfindlich (komplette Inaktivierung eines 2%ig. Extraktes bei 10facher Verdünnung). Wrkg. der Temp. u. Farbe des emittierten Lichtes entsprechen dem intakten Bakteriensystem. Die p_H-Abhängigkeit der Rk. wies 2 Maxima, bei ca. 5 u. 8,5, auf. Verschied. Salze steigerten innerhalb eines gewissen Konzentrationsbereiches die Luminescenz u. hemmten diese bei höheren Konzentrationen. Eine Anzahl von Inhibitoren [z. B. KCN, NaN_3, 1.2-Naphthochinon u. 2-Methyl-1.4-naphthochinon, Jodacetat, p-Chlormercuribenzoat, Riboflavin, $HgCl_2$, $(NH_4)_6Mo_7O_{24}$ usw.] wurden geprüft. UV-Bestrahlung der Extrakte mit Hg-Licht (vorwiegend 365 mμ) bewirkte zunächst Zu-, dann Abnahme der Luminescenz. Ein eindeutiger Nachw. eines für die Licht-Rk. erforderlichen absol. Bedarfs an einem von I_{red} verschied. diffusiblen Faktor war nicht zu erbringen, obgleich durch Zusatz einer durch Erhitzen fällbaren Fraktion aus Bakterienextrakten u. eines lösl. Faktors bzw. einer Kombination solcher aus rohem Nierenrindenextrakt eine merkliche Luminescenzzunahme erzielt werden konnte. Der Rindenfaktor wurde als *Plasmal, Palmitinaldehyd,* identifiziert. Andere langkettige Fettaldehyde (C_7—C_{18}) förderten ebenfalls die Luminescenz u. zeigten einen ausgeprägten katalyt. Effekt auf den O_2-Verbrauch. Unter bestimmten Bedingungen beeinflußten auch *Coenzym A, Flavinmononucleotid* u. *Liposäure* die Größe der Luminescenz. (Arch. Biochem. Biophysics **47.** 16—33. Nov. 1953. Oak Ridge, Tenn., Nat. Labor., Biol. Div.) K. MAIER. 4210

Bernard L. Strehler und **Charles S. Shoup,** *Die Chemiluminescenz des Riboflavins.* (Vgl. vorst. Ref.) Oxydation von *Riboflavin* (I) mit H_2O_2 in Phosphatpuffer (0,01 mol., p_H 7) gibt eine Chemiluminescenz, deren spektrale Energieverteilung der Fluorescenzemission von I sehr ähnlich oder mit dieser ident. ist. Die Luminescenz ist stark temperaturabhängig. Optimale Reaktionsgeschwindigkeit wird bei einem I : H_2O_2-Molverhältnis von ca. 10^{-4} bei 25° erhalten, wobei ohne Zusatz metall. Aktivatoren p_H 7—8 am günstigsten ist. Cu^{2+}-, Fe^{2+}-Ionen (je 1 mg Sulfat/5 cm^3) u. OsO_4 (ca. 0,125 mg/5 cm^3) gaben Luminescenzsteigerung von 500, 200 u. mehr %. Fe^{3+}-, Mn^{2+}-, Zn^{2+}-, Pb^{2+}- u. *Borat*-Ionen waren prakt. ohne Wrkg., Hg^{2+} u. $NaHSO_3$ hemmten. Die Wrkg. von Cu^{2+} u. Fe^{2+} wurde durch KCN (5 mg/5 cm^3) aufgehoben. H_2O_2 war nicht durch $KMnO_4$, Chromat, Perjodat oder Benzylperoxyd ersetzbar; NaOCl gab geringfügige Luminescenz. Durch Zn-HCl red. u. mit H_2O_2 behandeltes I zeigte keine größere Luminescenz als die oxydierte I-Form. (Arch. Biochem. Biophysics **47.** 8—15. Nov. 1953. Oak Ridge, Tenn., Nat. Labor., Biol. Div.) K. MAIER. 4210

E₃. Mikrobiologie. Bakteriologie. Immunologie.

Hans Brodhage, *Versuche und Erfahrungen über das Wachstum von Tb-Bacillen in dem Dubosschen Nährmedium.* Vf. gibt auf Grund der amerikan. Literatur eine eingehende Beschreibung des DUBOSschen Nährmediums zur Erstzüchtung von Tb-Bakterien aus patholog. Untersuchungsmaterial. Nach eigenen Verss. ist eine 8%ig. H_2SO_4-Vorbehandlung, höhere Konzz. wirken schädigend, für die Routinearbeit einfacher u. ebenso wirksam wie die nach FOLEY mit HCl u. NaOH. Zwischen H_2SO_4- u. KOH-Vorbehandlung war kein Unterschied feststellbar. Die von DUBOS für die Züchtung von Tb-Reinkulturen angegebenen Resultate von 6—7 Tagen wurden bestätigt u. in der gleichen Zeit auch aus Lymphdrüsen von positiven Meerschweinchenverss. nach mehrtägiger Aufbewahrung im Eisschrank Tb-Reinkulturen erhalten. Absol. steriles Arbeiten ist erforderlich. (Z. Hyg. Infektionskrankh. **130.** 657—70. 1950. Bern, Univ., Hygien.-Bakteriol. Inst.) K. MAIER. 4310

Jean Desbordes, *Die neuen Methoden zur Kultur der Säure–Alkohol-festen Bakterien.* Übersichtsbericht: O_2-Bedarf, N- u. C-Quellen bei der Kultur von Tuberkel- u. Paratuberkelbakterien; Nährböden; Dissoziation der Kulturen in *R*- u. *S*-Formen; *Schnell-*

tiefkultur von *M. tuberculosis* in synthet. Nährböden nach DUBOS; *Objektträgerkultur* (nach PRYCE). (Semaine Hôpitaux Paris **26.** 4204–15. 2/11. 1950. Hôpital Bichat.) K. MAIER. 4310

N. B. Netschajewa, *Die Bildung von Methan durch Mikroorganismen.* Aus dem Literaturmaterial über die Bldg. von *Methan* (I) in Lsgg. von Fettsäuresalzen, in Nährböden mit verschied. Alkoholen u. aus CO_2 oder CO im Gemisch mit H_2 durch Mikroorganismen sowie über den Mechanismus der I-Gärung in Ggw. verschied. Methanobacteriumarten wird geschlossen, daß CO nicht als Zwischenprod. bei der Red. von CO_2 zu I auftritt. Die red. CO_2-Menge entspricht der gebildeten I-Menge. Die Bakterienzellen entnehmen C den organ. Verbb. oder dem CO_2 des CO_2–H_2-Gemisches. Die I-Gärung der Acetate u. des Methylalkohols in Ggw. von Methanosarcina barkerii ist stark verschieden von der I-Gärung der übrigen Stoffe. — 46 Literaturangaben. (Микробиология [Mikrobiologie] **22.** Nr. 4. 456–71. Juli/Aug. 1953. Moskau, Inst. für Mikrobiol. der Akad. der Wiss. der UdSSR.) O. LEBTAG. 4320

B. A. Fry, *Der Weg der Glutaminsäuregärung bei Clostridium tetanomorphum.* Gewaschene Zellsuspensionen von *Cl. tetanomorphum* wurden anaerob im WARBURG-App. mit $^{14}C_{(\alpha)}$-*Glutaminsäure* incubiert. Im Gärungs-CO_2 fand sich kein ^{14}C, sondern ausschließlich in den gebildeten Fettsäuren. Das bei der Vergärung von *Glutaminsäure* gebildete CO_2 stammt also nicht aus der α-COOH-Gruppe. Deshalb ist α-Ketoglutarsäure wahrscheinlich kein Zwischenprod., da diese durch Decarboxylierung an der α-COOH-Gruppe abgebaut wird. Vorverss. zeigten, daß zellfreie Extrakte ein Syst. enthalten, welches die anaerobe Desaminierung der *Glutaminsäure* ermöglicht. (Biochem. J. **60.** VI–VII. Mai 1955. Sheffield, Univ., Dep. of Microbiol.) H. REMBOLD. 4320

Gunnar Ågren, *Über die mikrobiologische Aktivität einer Plasmapeptidfraktion.* Eine aus Kalbsplasma durch Hitzekoagulation u. Pikrinsäurefällung hergestellte, von Plasmamucoprotein u. Aminosäuren (I) freie, in 80%ig. A. lösl. *Peptidfraktion* (II) stimuliert Wachstum u. Milchsäurebldg. verschied. Milchsäurebakterien, in einigen Fällen sogar noch nach 72std. Bebrütungsdauer. II enthält, wie Verss. mit *L. lactis* (*8000*) u. *L. leichmannii* (*4797*) zeigten, kein direkt verwertbares *Vitamin* B_{12}, jedoch möglicherweise *Citrovorum*-Faktoren oder andere unbekannte Wuchsstoffe. *L. mesenteroides* konnte II nicht hydrolysieren oder deren I an Stelle freier I verwerten. Die I-Zus. des II-Hydrolysats war: *Arginin* 10,9%, *Glutaminsäure* 5,1, *Histidin* 4,8, *Isoleucin* 4,0, *Leucin* 8,0, *Lysin* 7,9, *Methionin* 0,8, *Phenylalanin* 4,4, *Threonin* 5,1, *Valin* 5,2, mit einem relativ hohen %-Satz bas. I (23,6). Die biol. Aktivität von II beruht nicht auf den geringen I-Mengen, die möglicherweise durch einige Mikroorganismen aus II in Freiheit gesetzt werden, sondern ist anscheinend mit dem intakten oder nur teilweise gespaltenen II-Mol. verknüpft. (Acta chem. scand. **6.** 999–1005. 1952. Uppsala, Univ., Dep. of Med. Chem.) K. MAIER. 4325

Paul Becquerel, *Der Lebensstillstand der im Vakuum getrockneten Bakterien- und Schimmelpilzsporen im Bereich des absoluten Nullpunktes. Folgerungen für die Ausbreitung und Erhaltung des Lebens im Weltall.* Bei 2std. Aufbewahrung getrockneter Sporen von *Bacillus subtilis, B. mesentericus, Penicillium glaucum, Mucor mucedo* u. *Rhizopus niger* im Hochvakuum bei 0,0075–0,047° K bleibt das Keimungs- u. Vermehrungsvermögen erhalten. Es scheint demnach möglich, daß durch Sporen im luftleeren Raum des Weltalls, falls ein Schutz gegen die lebensschädigenden kosm. Strahlungen erfolgt, eine Erhaltung u. Ausbreitung des Lebens im Universum möglich ist. (C. R. hebd. Séances Acad. Sci. **231.** 1392–94. 18/12. 1950.) K. MAIER. 4330

J. Beumer und **M.-P. Beumer-Jochmans,** *Über einige Anwendungen des Ultraschalls in der Mikrobiologie.* Mehrere der untersuchten Bakterien erwiesen sich für die Zertrümmerung durch Ultraschall als sehr empfindlich, wobei sich die Bakteriensuspensionen klärten u. die Zahl der lebensfähigen Zellen innerhalb 1 Std. auf ca. 0,1 bis 1% absank. Die beschallten Suspensionen blieben durch Antiserum agglutinabel, jedoch war der Agglutinationstyp tiefgreifend verändert. Bei 2 Staphylokokkenstämmen wurde nach 2std. Beschallung weder eine Aufhellung noch eine Abnahme der lebensfähigen Keime festgestellt. Bei Verminderung der akust. Intensität bei gleichbleibender Frequenz nahm die zerstörende Wrkg. gegenüber *E. coli φS* rasch ab. Eine Suspension durch Wärmeeinw. (60°) abgetöteter *E. coli φS*-Keime wurde nicht durch Ultraschallwrkg. aufgehellt. Mittels Ultraschall konnten aus *E. coli φS* die Receptoren für einen Phagen (P_F) u. ein Antibioticum (aus *E. coli VN*-Kulturfiltrat), für das das Bacterium empfindlich ist, extrahiert werden, nicht dagegen der Phagen *pfi*-Receptor, der rasch zerstört wurde. Die Aktivität des antibiot. wirksamen Extraktes des lysogenen *Lisbonne*-Bacterium wurde durch Ultraschall sehr rasch zerstört, während das von *E. coli VN* gebildete Antibioticum vollkommen unverändert bleibt. Ebenso waren sehr widerstandsfähig *Diphtherietoxin* u. *Tetanustoxin* in *Vf*-Bouillon. Letztes wurde jedoch in verd. Zustand, wahrscheinlich infolge Oxydation, in physiol. Lsg. zerstört. Die untersuchten Antikörper, wie *Antitoxin*, *Agglutinin*, *Isoagglutinin*, *Syphilisreagin*, erwiesen sich gegenüber Ultraschalleinw. als widerstandsfähig. Die Flockungszeit von beschalltem Antidiphtherieserum ohne Titerverminderung war beträchtlich verlängert. *Alexin* (Meerschweinchen) wurde durch Beschallung langsam in zunehmendem Maße zerstört, wobei anscheinend der Gesamtkomplex erfaßt wird. Die Normalfrequenz betrug 1000 kHz, die Schallintensität 120 Watt. (Ann. Inst. Pasteur **79.** 521—31. Nov. 1950. Bruxelles, Inst. Pasteur.) K. Maier. 4330

Alvin Sarachek, Ernest E. Shult und **Carl C. Lindegren,** *Das Auftreten von zwei verschiedenen Arten von Röntgenschäden, ermittelt durch Analyse der Keimungsverzögerung bei Saccharomyces.* Polyploide Kulturen von *Saccharomyces* in einer Suspension von $3 \cdot 10^8$ Zellen/ml einer 15mol. KH_2PO_4-Lsg. wurden mit 1000 r/Min. oder 70 r/Min. röntgenbestrahlt. Bestrahlungsdaten: 180 kV, 20 mA, Filter: 2 mm Al, HWS 0,22 mm Cu. Nach der Bestrahlung wurden, getrennt für haploide, diploide, triploide u. tetraploide Zellen, die Überlebensrate u. die Verzögerung der Keimung bestimmt. Dabei zeigen beide Größen in Abhängigkeit von der Gesamtdosis 2 nahezu geradlinig abfallende Abschnitte, deren Form im einzelnen, bes. bzgl. der Dosis, bei der der eine Kurvenabschnitt in den anderen übergeht, für die 4 Zelltypen charakterist. ist. Die Verzögerung der Keimung, d. h. die Inaktivierung, ist dosisunabhängig. (Arch. Biochem. Biophysics **51.** 340—49. Aug. 1954. Carbondale, Ill., Southern Illinois Univ., Biol. Res. Labor.) W. Reusse. 4330

François Jacob, *Auslösung der Lyse und Bildung von Bakteriophagen bei einem lysogenen Pseudomonas pyocyanea-Stamm.* (Vgl. auch C. **1954.** 8136.) UV-Bestrahlung eines lysogenen *Ps. pyocyanea*-Stammes (Stamm *Bass*, Inst. Pasteur) mit 2537 Å (250 u. 1000 erg/mm²) in Hefeextrakt oder $(NH_4)_2SO_4$-Glucose-Nährlsg. löst nach einer kurzen Restwachstumsperiode Lyse aus, wobei 2% der Bakterien Bakteriophagen abspalten, während der %-Satz der Phagenbldg. nichtbestrahlter Zellen maximal 0,02% beträgt. Die Fähigkeit zur Phagenbldg. eines lysogenen *Ps. pyocyanea*-Stammes hängt von Ernährungsfaktoren ab. Die Lyse erfolgt nur in Ggw. eines das Wachstum ermöglichenden Nahrungsfaktors (z. B. *Glucose*). Vf. nimmt an, daß die durch UV-Schock ausgelöste Lyse auf Entw. eines Probakteriophagen beruht, u. stellt 2 Hypothesen zur Deutung des Befundes, daß 98% von der Lyse unterliegenden Bakterien keine nachweisbare Phagenbldg. zeigen, auf: Bldg. von Phagen, für deren Nachw. kein empfindlicher Stamm zur Verfügung steht oder Nichterreichen der Reifung des Probakteriophagen. (C. R. hebd. Séances Acad. Sci. **231.** 1585—87. 18/12. 1950.) K. Maier. 4331

Robert Wahl und **Jacqueline Josse-Goichot,** *Bakteriostase und Bakteriolyse sogenannter phagenresistenter Bakterien durch an bakteriellen Produkten reiche Bakteriophagenlysate.* Bakteriophagenlysate bestimmter *Str. lactis*-Stämme können unter bestimmten Bedingungen auf Bakterien, die gegenüber dem betreffenden Phagen resistent sind, eine bakteriostat. u. bakteriolyt. Wrkg. ausüben. Der Lyse geht eine Fixierung des Phagen voraus, ohne daß eine Vermehrung derselben stattfindet. Die gleichzeitige Bakteriostase erfordert die Annahme eines bakteriostat., in den Lysaten enthaltenen Faktors, dessen Konz. um so höher ist, je mehr aufgelöste Bakterien im Lysat vorhanden sind. Der Begriff der sogenannten phagenresistenten Mutanten bedarf nach diesen Befunden einer Präzisierung: auf gewisse Mutanten ist der Phage ohne Wrkg., in anderen vermehrt sich der Phage, u. bei einer weiteren Gruppe erfolgt Fixierung u. Lyse, ohne daß Vermehrung der Mutanten stattfindet. (C. R. hebd. Séances Acad. Sci. **230.** 1225—27. 20/3. 1950.) K. Maier. 4331

N. N. Lomakina und **G. A. Trenina,** *Antibiotische Stoffe bakterieller Herkunft.* Auf Grund der nichtsowjet. Literatur bringen Vff. eine Beschreibung folgender antibiot. Stoffe: *Gramicidin, Thyrocidin, Bacitracin, Polymyxin, Polypeptin, Licheniformin, Subtilin, Fluvomycin, Iturin, Xanthellin, Globicin, Toximycin, Tetain, Brevin, Nisin, Micrococcin, Viscosin, Pyocyanase.* — 92 Literaturangaben. (Антибиотики [Antibiotika] **7.** Nr. 4. 3—18. 1954.) B. Kraft. 4340

C. L. Baldwin, Betty Peters, Catherine North und **Harold A. Nash,** *Untersuchung von Antibiotica erzeugenden Bodenbakterien.* Bericht über Unters. von 284 Erdbodenproben auf Antibiotica produzierende grampositive u. gramnegative Organismen u. ihre Hemmwrkg.; ca. 0,3—1% der auf den Platten entstehenden Bakterienkulturen verhielten sich antagonist. gegenüber den Indicatororganismen, die zur Austestung ihrer antibiot. Wrkg. benutzt wurden. Die isolierten grampositiven Organismen hatten ein etwas breiteres Wirkungsspektr. als die gramnegativen, es wurde gegenüber 10 Testorganismen bestimmt. Ferner Angabe von Verss. zur Isolierung von Antibioticis aus 45 Bodenkulturen in 18 verschied. fl. Medien u. Diskussion der einzelnen Ergebnisse. (Antibiotics and Chemotherapy 5. 145—51. März 1955. Indianapolis, Ind., Pitman-Moore Co.) H. DOSSMANN. 4340

Je. W. Tschibrikowa, *Antibakterielle Eigenschaften von Aspergillin. Aspergillin* (I; aus Aspergillus niger) erwies sich in Konzz. bis zu 1 : 5000 als antibakteriell wirksam. Unter den Erregern von Darminfektionen waren die Dysenteriebacillen KISS-FLEXNER u. SONNE bes. I-empfindlich, selbst im Filtrat menschlicher Fäces bei Ggw. einer reichlichen Mikrobenflora. Die antibiot. Wrkg. von I erstreckt sich auf gegen Sulfonamide empfindliche u. resistente Dysenteriebacillen. (Журнал Микробиологии, Эпидемиологии и Иммунобиологии [J. Mikrobiol., Epidemiol., Immunobiol.] **1955.** Nr. 2. 54—57. Febr. Saratow, Med. Inst., Lehrstuhl für Mikrobiol.) E. RENTZ. 4340

M. G. Glasman und **L. P. Lepichowa,** *Ekmolin als Faktor, der die Wirkung von Penicillin auf resistente Staphylokokkenkulturen erhöht.* In Verss. in vitro mit 15 verschied. aus Eiterherden gewonnenen Staphylokokkenkulturen konnten gegenüber *Penicillin* (I) resistente Kulturen durch Zusatz von 0,1 mg/ml *Ekmolin* (II) zum Nährmedium I-empfindlich gemacht werden. II wirkt auch allein bakteriostat. auf I-resistente Staphylokokken, jedoch ist die Wrkg. weniger beständig u. von kürzerer Dauer. (Журнал Микробиологии, Эпидемиологии и Иммунобиологии [J. Mikrobiol., Epidemiol., Immunobiol.] **1955.** Nr. 2. 58. Febr. Moskau, Bauman-Krankenhaus.) E. RENTZ. 4340

C. P. Miles, V. R. Coleman, J. B. Gunnison und **E. Jawetz,** *Antibiotischer Synergismus erfordert die gleichzeitige Gegenwart beider Partner eines synergistischen Arzneimittelpaares.* In 2 Systemen, *Penicillin–Streptomycin* u. Enterokokken sowie *Terramycin–Bacitracin* u. Staphylokokken, wurde nachgewiesen, daß ein synergist. Effekt nur bei gleichzeitiger, nicht jedoch bei aufeinanderfolgender Einw. eines synergist. Paares von Chemotherapeuticis auf eine Bakterienpopulation beobachtbar ist. Vff. schließen daraus, daß der antibiot. Synergismus wahrscheinlich nicht das Ergebnis einer durch einen der beiden Partner hervorgerufenen Modifikation der Bakterienpopulation ist, die die Organismen für die andere Komponente empfindlicher macht. Die Befunde sprechen für eine Hypothese des Synergismus, nach der hierbei *gleichzeitig verschied.* enzymat. Rkk. blockiert werden. (Proc. Soc. exp. Biol. Med. **78.** 738—41. San Francisco, Calif., Univ. of California, School of Med., Div. of Microbiol.) K. MAIER. 4340

T. A. Chomenko, *Die Rolle des Nährmediums für die Bestimmung der Empfindlichkeit der Tuberkulosebakterien gegenüber Streptomycin.* Die Bestandteile der verschied. Nährböden für das Tbc-Bakterium (Agar, Kartoffel, Gehirn u. Eier) inaktivieren bis zu einem gewissen Grade das *Streptomycin* (I). Vom Agar sind nur minimale Mengen zu verwenden. Eiermedien haben den Nachteil, daß I vor dem Sterilisieren oder während der Herst. des Nährbodens zugesetzt wird. Vf. empfiehlt deshalb als Nährmedium zur Aufzucht von Tbc-Bakterien u. zur Best. ihrer I-Empfindlichkeit ein leicht herstellbares Kartoffel–Gehirn–Glycerin-Agar, zu dem nach dem Sterilisieren I zugesetzt werden kann. (Проблемы Туберкулеза [Probleme Tuberkulose] **1954.** Nr. 4. 59—64. Juli/Aug. Leningrad, San.-hyg. Med. Inst., Lehrstuhl für Mikrobiol.) E. RENTZ. 4340

E. Olejnik und **S. Davidovitch,** *Die Wirkung von Terramycin und Chloromycetin auf Choleravibrionen in Mäusen.* Mäuse erhielten intraperitoneal Suspensionen von 4 *Vibrio cholera*-Stämmen, *Ogawa 41* (**A**), *Inaba 35* (**B**) u. *29* (**C**) sowie einen mediterranen *Inaba*-Stamm (**D**), die innerhalb 48 Std. tödlich wirkten. Bei intraperitonealer *Terramycin* (I)-Verabreichung 0,5 Std. nach der Infektion waren zur 100%ig. Erhaltung der mit **B, C** u. **D** bzw. **A** geimpften Tiere 5—10 bzw. 15 mg I/kg erforderlich, 5 Std. nach der Infektion 15 bei **B**, 30 bei **C, D** u. **A**, während nach 7 Std. selbst Dosen von 300 unwirksam waren. *Chloromycetin* zeigte therapeut. Wrkg. nach 0,5 Std. mit 25 bei **B**, 50 bei **C** u. **D** u. 100 bei **A**, nach 5 Std. mit 250 bei **C** u. **D**, jedoch nur teilweise (30%) bei **A** u. **B**. (Nature [London] **168.** 654. 13/10. 1951. Rehovoth, Israel, Weizmann Inst. of Sci., Microbiol. Labor.) K. MAIER. 4340

Ellen M. Swanton, Howard E. Lind und **Ernst H. Beutner,** *Kombinierte Streptomycin–Oxytetracyclin-Therapie. Beziehung zwischen in vivo- und in vitro-Versuchen.* In vitro-Unterss. der Empfindlichkeit gegenüber *Oxytetracyclin* (I), *Streptomycin* (II) u. I + II nach Lochplattentest u. Verdünnungsmeth. von 11 gramnegativen Bacillenstämmen von Harnwegsinfektionen. Beide Methoden ergaben mit I u. II allein übereinstimmende Werte, Unterschiede in 2 Fällen bei kombinierter Anwendung. Entsprechende Ergebnisse bei in vivo-Verss. an infizierten Mäusen mit I + II u. II, aber nicht mit I. Synergismus oder Antagonismus war nicht nachweisbar. I + II- bzw. II-Therapie waren klin. gleichwertig. (Antibiotics and Chemotherapy **5.** 124—28. März 1955. Brookline, Mass., Brooks Hosp.) H. DOSSMANN. 4340

M. M. Musselman und **H. L. Davis,** *Antimikrobielle Aktivität, Pharmakologie, Chemie und klinische Anwendung von Oxytetracyclin.* Übersicht über *Terramycin.* — 78 Literaturangaben. (Int. Rec. Med. **168.** 112. März 1955. Omaha, Nebr., Univ. of Nebraska, Coll. of Med., Dep. of Surg. and Biochem.) P. LOCH. 4340

J. Olarte und **G. Figueredo,** *Empfindlichkeit von Salmonella typhi gegenüber Synnematin B und anderen Antibioticis. Untersuchung von vierzig frisch isolierten Stämmen.* Unters. der Hemmwrkg. von *Synnematin B* (I), *Chloramphenicol* (II), *Tetracyclin* (III), *Chlortetracyclin* (IV) u. *Oxytetracyclin* (V) auf frisch isolierte Stämme von S. typhi nach Röhrchen- u. Plattenverdünnungsmethoden. Die Empfindlichkeit des Erregers auf die Antibiotica ergab folgende Reihenfolge: I, III, V, II, IV. Die Hemmwrkg. von I lag zwischen 0,5 u. 1 E./ml, von IV zwischen 2,5 u. 5 μg/ml. (Antibiotics and Chemotherapy **5.** 162—65. März 1955. Mexico, D. F., Hospital Infantil.) H. DOSSMANN. 4340

Dorothy M. Wheater, A. Hirsch und **A. T. R. Mattick,** *„Lactobacillin", ein von Milchsäurebakterien gebildetes Antibioticum.* Aus Proben von Gruyèrekäse wurden 40 antibiot. wirksame Lactobacillenstämme (3% der untersuchten) in Reinkultur isoliert, die *Staph. aureus* im Zylindertest hemmten. Ein *L. helveticus* ähnlicher Stamm, der näher untersucht wurde, wuchs gut in Pepton-Glucose-Bouillon unter Zusatz von 0,01% Tween 80, Tomatensaft, Molke oder Malzextrakt bei 30—43°. Hefe-Glucose-Bouillon gab gute Entw. bei 43°, jedoch hemmte der Hefeextrakt bei tieferen Tempp. das Wachstum u. bei allen Tempp. die Bldg. des antibiot. wirksamen Prinzips (I). Die Kultur-Fl. war gegenüber *Staph. aureus* ca. 20fach wirksamer als *Nisin.* I ist sehr hitzeempfindlich. (Nature [London] **168.** 659. 13/10. 1951. Shinfield, Nr. Reading, Nat. Inst. for Res. in Dairying.) K. MAIER. 4340

F. C. Gerretsen und **Netty Haagsma,** *Das Vorkommen antifungieller Substanzen in Brassica rapa, Brassica oleracea und Beta vulgaris.* Aus den Knollen von *Brassica rapa rapifera, Brassica oleracea gongylodes* u. den Rüben von *Beta vulgaris* wurden Substanzen mit antifungieller Wrkg. isoliert, wobei in den beiden ersten Fällen das Vork. streng auf die äußeren Zellschichten begrenzt war u. möglicherweise als eine Abwehrmaßnahme gegen Pilzinfektionen anzusehen ist. Aus *B. rapa* wurde das wirksame Prinzip, *Rapin* (I), durch Verkleinern der äußeren Haut, Wasserdampfdest. u. Ätherextraktion als gelbe, ölige, intensiv riechende Substanz isoliert (4 mg aus 100 g frischen Schalen). I hemmte in der Verdünnung 1 : 10^5 das Wachstum verschied. Hefen u. Pilze, z. B. *A. niger, A. oryzea, Botrytis sp., Ceratostomella pififera, Fusarium oxysporum, F. solani, Penicillium notatum, Rhizopus nigricans, Trichophyton rosaceum, Verticillium cinnabarium, S. cerevisiae, S. lactis* DOMBROWSKI, *Schizosaccharomyces* POMBE, *Cryptococcus dattila* u. *C. utilis,* auf Malzagar, während es in dieser Konz. keinerlei antibakterielle Aktivität gegenüber *E. coli, M. aureus* u. *B. subtilis* besaß. Das analog hergestellte antibiot. Prinzip (II) aus *B. oleracea gongylodes* war eine gelbe, feste, intensiv riechende Substanz, die das gleiche Wirkungsspektr. wie I, wenn auch teilweise in geringerer Intensität, zeigte. Ein Rohpräp. aus *B. vulgaris* hemmte bes. *Fusarium sp.,* war im Gegensatz zu I u. II lösl. in W. u. unlösl. in Ae. sowie kochbeständig. (Nature [London] **168.** 659. 13/10. 1951. Groningen, Univ., Dep. of Microbiol.) K. MAIER. 4340

M. H. Bilimoria und **J. V. Bhat,** *Probleme der Thermophilie.* 2. Mitt. *Isolierung und Charakterisierung der thermophilen Bacillen.* (1. vgl. J. Indian Inst. Sci., Sect. A **36.** [1954.] 200.) (J. Indian Inst. Sci., Sect. A **36.** 242—49. Okt. 1954. Bangalore, Indian Inst. of Sci., Ferment. Technol. Labor.) P. LOCH. 4350

Jacques Pochon und **Marie-Antoinette Chalvignac,** *Eine neue, aus Boden isolierte Bakterienart: Endosporus anacidogenes n. sp.* Aus Boden wurde ein neues Bakterium, *E. anacidogenes,* isoliert (bewegliche Stäbchen, Sporenbildner, gramnegativ, Aerobier). Milch wird langsam koaguliert, Gelatine nicht verflüssigt. Auf koaguliertem Serum erfolgt langsames Wachstum ohne Proteolyse. Nitrate werden zu Nitrit reduziert. Keine Bldg. von H_2S. Auf Peptonwasser mit *Zucker* (I)-Zusatz erfolgt trotz guten Wachstums keine Säure- oder Gasbldg. u. keine I-Verwertung. Bei Kultur auf synthet. Nährmedium findet nur in Ggw. von Glucose, Lävulose, Galaktose, Lactose, Saccharose, Maltose, Glycerin, Mannit oder Stärke als alleiniger *C*-Quelle Entw. statt, jedoch erfolgt nur geringe Verwertung der Zucker. Pentosen werden nicht abgebaut. Die desaminierende Wrkg. ist ziemlich ausgeprägt, Cellulose wird nicht angegriffen, atmosphär. N_2 nicht gebunden. (C. R. hebd. Séances Acad. Sci. **230.** 1218—19. 20/3. 1950.) K. MAIER. 4350

K. Wagener und **E. Mitscherlich,** *Fortschritte in der kulturellen Differenzierung der Tuberkelbakterientypen.* Unterss. zur kulturellen Typendifferenzierung von Tuberkelbakterien (35 Stämme *Typ. gallinaceus,* $>$50 Stämme *Typ. bovinus,* 49 Stämme *Typ. humanus*) ergaben: Zur Unterscheidung des *Typ. gallinaceus* von *bovinus* u. *humanus* kann das Wachstum auf DUBOS-Nährboden (I) dienen, auf dem *gallinaceus* andere

Kolonieformen bildet wie die beiden anderen Typen. *Typ. humanus* u. *bovinus* sind auf I nicht differenzierbar. Außer I kann der neu entwickelte *Solaktin*-Agar, der als einzige N-Quelle ein Sojabohnenpräp. enthält, zur Differenzierung des *Typ. gallinaceus* von den beiden anderen Typen dienen, da er nur die Entw. des ersteren zuläßt. Die kulturelle Unterscheidung von *Typ. humanus* u. *bovinus* ist mittels des fl. Nährbodens (II) nach HERRMANN mit Glycerin sowie auf dem neu entwickelten *Bromkresolpurpur*-Nährboden (III) möglich. Auf II bilden ca. 60% der *humanus*-Stämme ein Oberflächenhäutchen, *bovinus*-Stämme dagegen nicht. Auf III erzeugt *Typ. humanus* durch Glycerinspaltung eine Säure, die einen Farbumschlag des Nährbodens von Blau nach Grünstichig hervorruft. Ältere *bovinus*-Stämme können sich dem *Typ. humanus* im Verh. im Kultur- u. Kaninchenvers. angleichen. Auf Grund des kulturellen Verh. kann *Typ. gallinaceus* wohl als selbständige Art, *Mycobacterium avium*, angesehen werden, während die beiden Säugetiertypen als Varianten einer anderen Art, *M. tuberculosis*, zu betrachten sind. (Zbl. Bakteriol. Parasitenkunde, Infektionskrankh. Hyg., I. Abt., Orig. **157**. 87—96. 8/8. 1951. Hannover, Tierärztl. Hochsch., Hygien. Inst.) K. MAIER. 4350

Jean Asselineau, Ernest Ganz und **Edgar Lederer,** *Über die chemische Konstitution der α- und β-Mykolsäure eines virulenten Mycobacterium tuberkulosis-Stammes vom Typ humanus.* α- u. *β-Mykolsäure* (I) des virulenten *M. tuberkulosis*-Stammes *Tost* unterscheiden sich durch den Rest *R*, da auch α- u. *β-Anhydromykolsäure* (II) nicht ident. sind. α-I gibt bei der CrO_3-Oxydation ein neutrales Keton, *Methoxy-α-normykolanon* (α-III), F. 64—67°, während β-I unter gleichen Bedingungen *Methoxy-β-normykolanon* (β-III), $C_{87}H_{174}O_2$, F. 85—88°, liefert. α-III u. β-III unterscheiden sich außerdem durch die Löslichkeit (sehr geringe Löslichkeit von β-III in den üblichen Solventien) u. FF. der durch $LiAlH_4$-Red. erhaltenen Alkohole; *Methoxy-α-normykolanol*, F. 70 bis 74°; *Methoxy-β-normykolanol*, F. 88—92°. Die Verschiedenheit von α-II u. β-II geht eindeutig aus den Infrarotspektren (9,85 μ-Bande von α-II, keine analoge von β-II) hervor. Möglicherweise unterscheiden sich α-I u. β-I durch die Zahl der *C*-Atome u. nicht aus ster. Gründen. (C. R. hebd. Séances Acad. Sci. **232**. 2050—52. 28/5. 1951.) K. MAIER. 4350

$R\cdot CHOH\cdot CH(C_{24}H_{49})\cdot COOH$ I

$R\cdot CH{=}C(C_{24}H_{49})\cdot COOH$ II

$R\cdot CO\cdot CH_2\cdot C_{24}H_{49}$ III

$R \sim C_{60}H_{102}{-}OCH_3$

M. Raynaud, A. Turpin, R. Mangalo und **B. Bizzini** (unter Mitarbeit von **R. Péry**), *Wachstum und Toxinbildung.* 1. Mitt. Diphtherietoxin wird zwar im Bakterieninnern gebildet, aber in die Kultur-Fl. schon in der ersten Vermehrungsphase, bei großer Einsaat in 9—14 Std., in Stand- u. Schüttelkulturen sezerniert. (Ann. Inst. Pasteur **87**. 599—616. Dez. 1954. Paris, Inst. Pasteur, Annexe de Ganches, Serv. des Anaérobies.) E. FISCHOEDER. 4370

A. Polson, J. Dent, S. M. Lawrence und **P. J. van Rooy,** *Ein verbessertes Verdünnungsmittel zur Herstellung von Afrikanischer Pferdesterbe-Virusvaccine.* Als Verdünnungsmittel zur Herst. von als Vaccine (I) dienenden Emulsionen des Virus der *Afrikan. Pferdesterbe* diente bislang 10%ig. n. Pferdeserum, das durch NaCl-Lsg. noch verbessert werden kann. Die I-Wirksamkeit hängt davon ab, wie lange das Verdünnungsmedium das Virus am Leben erhält, da nur die Injektion von lebendem Virus Wrkg. zeigt. Lsgg. anorgan. Salze u. von Zuckern hatten deutlich eine letale Wrkg. auf das Virus. Gelatine u. verschied. Aminosäuren (0,1%) inaktivierten zwar nicht, begünstigten jedoch auch nicht die Lebensfähigkeit wie 10%ig. Serum–NaCl-Lösung. Schließlich erwies sich eine 10%ig. Eiweißlsg. in 0,02 mol. Phosphatpuffer (p_H 7,5) als das geeignetste Verdünnungsmittel. Der Virustiter blieb in diesem 7 Tage konstant. Die Lsg. eignet sich vielleicht auch für andere empfindliche Viren. (Nature [London] **168**. 655—56. 13/10. 1951. Anderstepoort, Vet. Res. Labors., Sect. of Biophys.) K. MAIER. 4374

H. L. Ehrlich und **S. G. Knight,** *Glucose und Lysogenese bei Bacillus megatherium.* Zellen des *Bacillus megatherium*-Stammes *1·0* (**A**) zeigen bei gleichzeitiger Virusbldg. für beliebige Zeit Stoffwechseltätigkeit, einschließlich Vermehrung (Lysogenese). Nährmedien mit *Glucose* (I), *Fructose* (II), *Maltose, Saccharose, Glycerin, Pyruvat* u. *Succinat* als C-Quelle bewirken Rückkehr des lysogenen **A** in den nichtinfizierten Zustand. I sowie *Glucose-6-phosphat* (III) hemmten in alkal. Nähragar (p_H 8,0) das Wachstum von **A**, nicht jedoch das des nichtinfizierten Stammes, während II, *Fructose-6-phosphat* (IV), *Hexosediphosphat* (V), *α-Glycerophosphat* u. *Glycerin* unwirksam waren. Jedoch werden wahrscheinlich einige dieser Zwischenprodd. der Glykolyse verwertet, da Suspensionen ruhender Zellen III, IV, V u. *Phosphoglycerat* oxydierten. Zur Deutung der I-Wrkg. nehmen Vff. an, daß die *Desoxyribonucleinsäure* (VI)-Synth. über einen Abbau von III zu *Gluconat-6-phosphat, Arabinose-5-phosphat, Desoxyribose-5-phosphat* u. *Desoxyribose-1.5-diphosphat*, dann zu Nucleotiden u. Nucleinsäure verläuft. Bei Ggw. von I in einem synthet. Medium oder bei Züchtung auf I-freiem Nähragar wird *Desoxyribose* (VII) wahrscheinlich durch Kondensation aus einer 2 C- u. 3 C-Verb. gebildet. Wenn in **A** das Virus die **VII**-Bldg. durch Kondensation u. nicht durch Abbau für sich verwertet, muß der lysogene Charakter von **A** bei **I**-Zusatz zu Nähragar bei p_H 7,0 verlorengehen, da die Möglichkeit der **VII**-Synth. durch **I**-Abbau eröffnet wird. Bei p_H 8,0 verhindert das Virus die Benutzung beider Möglichkeiten der **VII**-Bldg. in der Wirtszelle. Es wurden auch 8 Stämme von *B. megatherium* von **I**-haltigem Nähragar isoliert, die Virusbldg. nach wiederholten Passagen auf **I**-Nähragar zeigten u. gegen eine Infektion mit dem Stammvirus resistent waren. Sie blieben auf **I**-freiem Nähragar lysogen. In *B. megatherium* existieren anscheinend verschied. Synthesemöglichkeiten für **VI**. Wenn das Virus die eingeschlagene parasitisch nutzt, findet Virusbldg. statt u. die Zellen sind lysogen. Wird ein anderer Weg zur **VI**-Synth. gewählt, z. B. bei **I**-Zusatz, so kann die Lysogenese verlorengehen. (Nature [London] **168**. 658. 13/10. 1951. Madison, Wis., Univ. of Wisconsin, Dep. of Agricult. Bacteriol.) K. MAIER. 4374

C. Chester Stock, Winifred Jacobson und **Mary Williamson,** *Der Einfluß von 2.6-Diaminopurin auf den κ-Gehalt von Paramaecium aurelia, Varietät 4.* Gewisse Stämme des Protozoons *P. aurelia*, die sogenannten „*killers*", enthalten eine genügende Konz. von κ-Teilchen zur Bldg. von *Paramaecin* (**I**), das auf andere „*empfindliche*" Stämme, die keine *κ-Teilchen* aufweisen u. daher kein **I** zu bilden vermögen, abtötend wirkt. Die κ-Partikel vermehren sich selbständig u. unabhängig von der Spaltung des Paramaeciums, enthalten wie **I** Desoxyribonucleoprotein u. gleichen in der Größe gewissen Viren u. Rickettsien. Von einer größeren Zahl untersuchter *Purine* u. *Pyrimidine* verminderte nur *2.6-Diaminopurin* (**II**) in *P. aurelia* merklich den Geh. (auf 5—10%) an wirksamem κ. Die Wrkg. von **II** wurde durch gleichzeitige Ggw. von *Adenin, Adenosin* oder *Adenylsäure* aufgehoben. (Proc. Soc. exp. Biol. Med. **78**. 874—76. Dez. 1951. New York City, N. Y., Sloan-Kettering Inst. for Cancer Res., Div. of Exp. Chemotherapy.) K. MAIER. 4374

Martin Parkinson, *Quo virus?* Allg. Ausführungen. (Interchem. Rev. **14**. 17—25. 1955.) P. LOCH. 4374

H. Larsen und **K. E. Eimhjellen,** *Der Mechanismus der Itaconsäurebildung bei Aspergillus terreus.* 1. Mitt. *Wirkung der Acidität.* Bei p_H 2,1 tritt bei *A. terreus* prakt. aller Kohlenstoff aus dem Glucoseabbau als *Itaconsäure* (**I**), CO_2 u. Mycel auf, während bei p_H 6,0 **I** nicht angereichert wird u. Glucose in L-Maleinsäure, Bernstein- u. Fumarsäure, CO_2 u. Mycel abgebaut wird. Nichtsprossendes Mycel, bei p_H 2,1 gewachsen, verwandelt Glucose in etwa gleicher Menge bei p_H 6,0 wie 2,1 in **I**. Bei p_H 6,0 gewachsenes Mycel reichert weder bei p_H 6,0 noch 2,1 **I** an. Jedoch vermag dieses nach Übertragung in Vollmedium vom p_H 2,1 allmählich die Fähigkeit zur Itaconsäurebldg. zu entwickeln. Die Ergebnisse zeigen, daß für die Bldg. eines für die Umwandlung von Glucose in **I** wichtigen Enzymsyst. ein saures Milieu nötig ist. (Biochem. J. **60**. 135—39. Mai 1955. Trondheim, Norwegen, Techn. Univ., Dep. of Chem.) H. REMBOLD. 4380

K. E. Eimhjellen und **H. Larsen,** *Der Mechanismus der Itaconsäurebildung bei Aspergillus terreus.* 2. Mitt. *Wirkung von Substrat und Inhibitoren.* (1. vgl. vorst. Ref.) Experimente mit sprossendem u. nichtsprossendem Mycel von *A. terreus* zeigten dessen Fähigkeit, eine Reihe verschied. Verbb. in *Itaconsäure* (**I**) umzubauen. Verss. mit nichtsprossendem Mycel, zu welchem Stoffwechselinhibitoren u. Substrate allein oder im Gemisch gegeben wurden, ließen den Schluß zu, daß **I** aus *Glucose* über eine C_3-Stufe (Brenztraubensäure oder eine ähnliche Verb.) u. aktivierter *Citronensäure* (**II**) gebildet wird. Die Ergebnisse zeigen, daß **II** eine engere Vorstufe zu **I** ist als cis-Aconitsäure. (Biochem. J. **60** 139—47. Mai 1955. Trondheim, Norwegen, Techn. Univ., Dep. of Chem.) H. REMBOLD. 4380

C. Pidacks, A. R. Whitehill, L. M. Pruess, C. W. Hesseltine, B. L. Hutchings, N. Bohonos und **J. H. Williams,** *Coprogen, die Isolierung eines neuen, von Pilobolusarten benötigten Wachstumsfaktors.* Der Genus *Pilobolus* benötigt zur Entw. Dung oder Dungextrakte. An *P. kleinii* wurde festgestellt, daß letztere durch Kultur-Fl. bestimmter Bakterien u. Pilze ersetzbar sind. Zur Isolierung eines Wachstumsfaktors, *Coprogen* (**I**), erwies sich die Fermentations-Fl. einer *Penicillium* sp. als bes. geeignet. Isolierung u. Reinigung von **I** erfolgten durch Extraktion des mit $(NH_4)_2SO_4$ gesätt. Kulturfiltrats mittels Butanol, Konzentrierung der Extrakte unter Wasserzusatz, Extraktion mit Benzylalkohol, Extraktion mit W., Gefriertrocknung (orangebraunes Prod.), Adsorption an „*Celite*", Eluierung der orangefarbenen Zone (Butanol-Äthylacetat-0,01 n HCl, 2 : 1 : 1), Verteilungschromatographie (Benzylalkohol, W.), Gefriertrocknung der wss. Lsg. u. Kristallisation aus absol. Alkohol. **I** bildet dunkelziegelrote Nadeln, besteht aus C, H, O, N u. Fe, λ_{max} 440 mμ, $E^{1\%}_{1\,cm}$ 36,6 (50% ig. A.). Nach Absorptionsspektr. u. chem. Eigg. ist **I** keine Porphyrinverb.; die SORET-Bande fehlt. Beim Lösen von **I** in verd. Alkali fällt $Fe(OH)_3$ aus, UV-Spektr. u. biol. Aktivität werden zerstört. (J. Amer. chem. Soc. **75.** 6064–65. 5/12. 1953. Pearl River, N. Y., Amer. Cyanamid Comp., Lederle Labors. Div.) K. MAIER. 4380

A. M. Kirchenstein, Probleme der Mikrobiologie und Immunologie. Verlag der Akad. der Wiss. der UdSSR. 1954. (209 S.) [russ.]

E_4. Pflanzenchemie. Pflanzenphysiologie. Pflanzenpathologie.

Maria Luhan und **Annemarie Toth,** *Einige Rezepte zur Fluorochromierung pflanzlicher Gewebe.* Einige Rezepte aus der Schrift „Fluorescenzmikroskopie mit Fluorochromen" (OPT. WERKE C. REICHERT, Wien) zur Fluorochromierung von Zellkern, Protoplasma, Vacuole u. Zellwand werden krit. überprüft. (Mikroskopie [Wien] **6.** 299 bis 301. 1951. Wien, Univ., Pflanzenphysiol. Inst.) F. KRUSEN. 4400

Louis Genevès, *Die Wirkungen des Einfrierens auf die Intercellulärräume in der Wurzel von Cichorium intybus L. (Varietät Endivie).* Unter dem Einfl. der Kälte scheiden Zellen W. in fl. Form in Intercellulärräume aus, aus denen das Gas darin vertrieben wird. Fehlen diese Intercellulärräume, so wird dadurch die Dauer der Lebenszeit dieser Zellen, die augenscheinlich durch die Kälte nicht verändert werden, verringert. (C. R. hebd. Séances Acad. Sci. **232.** 1436–38. 9/4. 1951.) D. ITZEROTT. 4404

L. Fowden, *Aminosäuren gewisser Algen.* Chlorella pyrenoidosa (a), Chlorella vulgaris (b) u. Anabaena cylindrica (c) wurden luftgetrocknet, die freien Aminosäuren (0,1–0,2% des Trockengewichtes) mit 70%ig. A. bei Zimmertemp. extrahiert u. der unlösl. Rückstand hydrolysiert. — Es konnte eine ganz n. Aminosäurenzus. festgestellt werden (nur Oxyprolin fehlte). Der alkoh. Extrakt allein enthält bereits fast alle α-Aminosäuren, große Mengen Alanin u. Glutaminsäure, außerdem Citrullin u. Glutamin. Durch zweidimensionale Papierchromatographie wurden nachgewiesen: 1. freie Aminosäuren: *Cystin* (**I**; bei a, b u. c), *Asparaginsäure* (**II**; a, b, c), *Glutaminsäure* (**III**; a, b, c), *Glykokoll* (**IV**; a, b, c), *Serin* (**V**; a, b, c), *Asparagin* (b), *Threonin* (**VI**; a, b, c), *Alanin* (**VII**; a, b, c), *Glutamin* (a, b, c), *Citrullin* (a, b), *β-Alanin* (b), *Tyrosin* (**VIII**; a, b, c), *γ-Aminobuttersäure* (a, b), *Lysin* (**IX**; a, b, c), *Arginin* (**X**; a, b, c), *Prolin* (**XI**; a, b), *Methionin* (**XII**; a, b, c), *Valin* (**XIII**; a, b, c), *Phenylalanin* (**XIV**; a, b, c), *Isoleucin* (**XV**; a, b), *Leucin* (**XVI**; a, b, c) u. gebundene Aminosäuren: I–XVI sowie *Histidin* u. *Tryptophan* bei a, b u. c. (Nature [London] **167.** 1030–31. 23/6. 1951. London, Univ., Dep. of Bot.) I. WEINMANN. 4420

R. M. Zacharius, J. F. Thompson und **F. C. Steward,** *Die Entdeckung, Isolierung und Identifizierung von L(−)-Pipecolinsäure in der Nichteiweißfraktion von Bohnen (Phaseolus vulgaris).* Aus dem Saft grüner Bohnen isolierten Vff. durch Adsorption an Zeo-Rex, Auswaschen der Aminosäuren mit 2nHCl u. fraktionierte Elution mit 0,5- u. 1nNH_4OH *L(−)-Pipecolinsäure* (I) als *Hydrochlorid,* F. 258–259° (Zers.); $[\alpha]_D^{23}$ −10,5 ±0,5° (W.). Nach papierchromatograph. Reinigung (Collidin) gibt I mit Ninhydrin eine blauviolette Färbung (λ_{max} 570 mμ), welche beim Stehen nach Gelbbraun umschlägt (λ_{max} 350 u. 560 mμ); R_F-Werte: 0,895 (Phenol), 0,384 (Collidin–Lutidin, 1 : 3), 0,214 (Butanol–Essigsäure, 9 : 1). Die zum Vgl. gegebenen R_F-Werte sind für *DL-Nipecotinsäure (Hydrochlorid, F. 237°)* 0,882, 0,270 u. 0,171, für *DL-Isonipecotinsäure (Hydrochlorid, F. 280°)* 0,878, 0,254 u. 0,178, für *Baikiain* (1.2.3.6-Tetrahydropyridin-2-carbonsäure) 0,878, 0,374 u. 0,192 (Lösungsm. wie zuvor). I stimmt mit synthet., durch Hydrierung von α-Picolinsäure hergestellter Pipecolinsäure (Hydrochlorid, F. 259–261°) vollständig überein. In dem HCl-Eluat wurden papierchromatograph. (Sprühmittel Ninhydrin) folgende Aminosäuren nachgewiesen: *Asparaginsäure, Glutaminsäure, Serin, Asparagin, Threonin, Alanin, Valin, β-Alanin* u. *γ-Aminobuttersäure.* Vff. geben eine Übersicht über das Vork. von I in verschied. Pflanzen u. seine biol. Bedeutung. (J. Amer. chem. Soc. **76.** 2908–12. 5/6. 1954. Ithaca, N. Y., Cornell Univ., Dep. of Bot.) E. HANSCHKE. 4420

N. Grobbelaar, R. M. Zacharius und **F. C. Steward,** *Die Isolierung der Hauptmenge von L(−)-Pipecolinsäure aus Phaseolus vulgaris und ihre quantitative Bestimmung.* (Vgl. vorst. Ref.) Die aus dem Saft grüner Bohnen durch Adsorption an Zeo-Rex erhaltenen N-haltigen Verbb. (vgl. vorst. Ref.) werden durch Adsorption an $CaCO_3$–Al_2O_3 u. Auswaschen der Cu-Komplexe mit W. getrennt, wobei der Cu-Komplex der *Pipecolinsäure* (I) zuerst ausgewaschen wird. Nach Behandlung mit H_2S, Abfiltrieren vom CuS, Einengen u. Vakuumdest. mit Pyridin als Schleppmittel wird I in Nadeln erhalten. Aus dem Gemisch der Cu-Komplexe von I u. der Aminosäuren werden nach Behandlung mit H_2S, Abfiltrieren vom CuS, Versetzen mit CH_3OH, Abfiltrieren von *Asparagin* u. anorgan. Salzen, Einengen, Adsorption der mit $CaCO_3$ erhaltenen Komplexe an $CuCO_3$–Al_2O_3, Zerlegung mit H_2S u. Abtrennung der Aminosäuren an IR-45 u. IRC-50 weitere Mengen I erhalten. Die Gesamtausbeute beträgt 1 g aus 4,54 kg frischen Bohnen. I, F. 256° (Zers.), nach Sublimation bei 220°/3 mm; $[\alpha]_D^{23}$ −24,6° (1,087 g in 25 cm^3 W.), gibt mit Isatin eine blaugrüne Färbung u. mit $CuCO_3$ einen in tiefblauen Prismen krist. Komplex. Die quantitative Best. erfolgt durch Besprühen des Papierchromatogramms mit Ninhydrin, Extraktion des Flecks mit A.–Eisessig (1 : 1) u. Messung der Farbdichte bei 560 mμ. (J. Amer. chem. Soc. **76.** 2912–15. 5/6. 1954.) E. HANSCHKE. 4420

Clara O. Blake, *Niacinstoffwechsel im Maiskeimling: Die Biosynthese von Trigonellin.* Maisembryos mit Scutellum der Sorte Tennessee Nr. 13 wurden unter sterilen Bedingungen kultiviert u. die Gehh. an *Niacin* (I) u. *Trigonellin* (II) im Verlauf des Wachstums mittels zweier mikrobiol. Prüfverff. bestimmt. Für I diente als Testobjekt *Lactobacillus arabinosus* (*L. plantarum*), für I u. II *Torula cremoris* (*Candida pseudotropicalis*). Die Verss. ergaben, daß die II-Konz. im Embryo größer ist als im Endosperm. Nicotinsäure kann quantitativ in II umgewandelt werden, wenn sie zur Nährlsg. zugegeben wird. Unterss. an den genet. Linien der HUFFMAN-Varietät zeigten, daß im allg. die I-Konz. umgekehrt proportional zur II-Konz. im Embryo u. auch im ganzen Samen ist. Eine derartige Beziehung würde dann auftreten, wenn eine genet. Auslese bzgl. eines hohen I-Geh. gleichzeitig Gene speichert, die die Umwandlung von I in II begrenzen. In allen untersuchten Linien steigt der I-Geh. während des Wachstums der isolierten Embryos an, während der II-Geh. in einigen Linien steigt, in anderen fällt. Während der Keimungsperiode steigt der I- u. fällt der II-Geh. in jeder Linie. Das Verhältnis von II zu I + II in den Keimlingen einer gegebenen Linie war fast halb so groß wie das in den Embryos der gleichen Linie. Diese Tatsache deutet darauf hin, daß zwischen dem Verhältnis von I zu II während der Keimung u. dem vor der Keimung Wechselwirkungen bestehen. (Amer. J. Bot. **41.** 231–38. März 1954. Brooklyn, N. Y., Brooklyn Coll.) H. KOBLITZ. 4425

N. M. Ssissakjan, W. I. Birjusowa und **A. M. Kobjakowa,** *Charakter der Strukturänderungen und der fermentativen Aktivität der Plastiden während des ontogenetischen Cyclus der Pflanzenentwicklung.* Aus den Unterss. an Blatt u. Wurzel der Zuckerrübe folgt eine gesetzmäßige, mit der Fermentaktivität eng zusammenhängende Strukturänderung der Plastiden. Während der Rübenlagerung geht die dichte u. körnige Struktur der Leukoplasten zurück. Damit verringert sich das katalyt. Vermögen der Plastiden Beim Keimen der Rübe im 2. Lebensjahr im Dunkeln wird die Plastidenstruktur ebenfalls weniger dicht u. körnig. Setzt man die etiolierten Pflanzen dem Licht aus, wird die körnige u. dichte Struktur wiedergewonnen. (Биохимия [Biochimia] **16.** 449–52. Sept./Okt. 1951. Moskau, Bach-Inst. für Biochem. der Akad. der Wiss. der UdSSR u. Abt. biol. Wiss., Labor. für Elektronenmikroskopie.) O. LEBTAG. 4450

Rodolphe Cortesi, *Untersuchungen über den Einfluß der Antibiotica auf die Keimung.* Ganze u. vertikal halbierte Zwiebeln von Allium cepa (a) u. Gladiolus sp. (b) wurden 19 Tage in KNOPscher Lsg. mit Zusatz von *Benzylpenicillin* (I; 40 u. 20 I.E./cm^3), *Streptomycin* (1 γ/cm^3), *Chloramphenicol* (40 γ/cm^3), *Aureomycin* (20 γ/cm^3) u. *Terramycin* (20 γ/cm^3) gehalten. Während I das Wurzelwachstum bei (a) u. (b) stark fördert, wird das der Triebe bei (a) gefördert, bei (b) gehemmt. Die anderen 4 Antibiotica wirkten auf (a) u. (b) tox., vor allem „rhizocid". (Fitoterapia [N. S.] **25.** 523–25. Okt./Dez. 1954.) H. SCHLOTTMANN. 4455

E. D. H. El-Shishiny, *Resorption und Assimilation von anorganischem Stickstoff verschiedener Herkunft durch Speichergewebe von Wurzeln.* Der Anteil der *Ammonium-* u. *Nitrat-*Aufnahme durch Rettich, Kartoffel u. Karotten wird untersucht, wobei beide Ionen in etwa gleichen Anteilen durch die Zellen resorbiert werden. Bei Kartoffeln u. Karotten konnte eine große Assimilation von NH_4^+-Ionen festgestellt werden, während die Nitratassimilation gering war u. zu einer Anhäufung in den Zellen aller untersuchten Gewebe führte. In Rettich wird dagegen der Nitratstickstoff assimiliert. Die Abhängigkeit des Proteinstoffwechsels von der jeweiligen Herkunft des Stickstoffs wird dargelegt. (J. exp. Botany **6.** 6–15. Febr. 1955. Alexandria, Univ., Bot. Dep.) K. TRAUTNER. 4460

H. K. Porter und **L. H. May,** *Stoffwechsel von radioaktiven Zuckern in Tabakblättern.* Mit Hilfe von markierten Zuckern wird der Stoffwechsel in Tabakblättern untersucht u. ein mögliches Schema der Kohlenhydratumwandlung gegeben, die über Derivv. der Kohlenhydrate, wahrscheinlich Phosphatester, verläuft. Die relative spezif. Radioaktivität von Stärke u. Rohrzucker in den Blättern war gleich der zugeführten, unabhängig davon, welche Hexose gek. wurde, u. ob man den Zucker als Hexose oder Disaccharid anwandte. (J. exp. Botany **6.** 43–63. Febr. 1955. London, Imp. Coll. of Sci. and Technol., Res. Inst. Plant Physiol.) K. TRAUTNER. 4460

L. N. Bell, *Über den Mechanismus der Wirkung von Kohlensäuregas auf die Absorption von Strahlungsenergie durch Pflanzenblätter.* (Vgl. C. **1953.** 78.) In Verss. mit

Blättern von Mais u. Geranie wurde gezeigt, daß die nicht mit der Photosynth. zusammenhängende Intensitätsabnahme des durchfallenden Lichtes mit zunehmender CO_2 (I)-Konz. stetig ansteigt u. bei ca. 25% I sich einem Grenzwert nähert. Die Ergebnisse werden damit erklärt, daß durch Änderung des p_H die Dispersität des Protoplasmas geändert wird, was zur Änderung des Streuvermögens führt (Erhöhung der Lichtabsorption bei geringerer Dispersität u. Abnahme derselben bei erhöhter Dispersität). Dies wird dadurch bestätigt, daß bei Anreicherung der Luft mit Essigsäuredämpfen die Lichtabsorption durch das Blatt erhöht wird, bedingt durch die Koagulation des Protoplasmas (Abnahme seiner Dispersität). Enthält die Luft viel NH_3, so wird als Folge der erhöhten Dispersität des Protoplasmas die Lichtabsorption herabgesetzt. Voraussetzung für die beobachteten Erscheinungen ist die Ggw. von Farbzentren. Eine ähnliche Änderung der Lichtabsorption beobachtet man am Modellvers. mit Eigelb oder mit durch Chlorophyll gefärbtem Zein, wenn sie von Luft bestrichen werden, die bis zu 75% I enthält. (Доклады Академии Наук СССР [Ber. Akad. Wiss. UdSSR] [N. S.] **95.** 669—71. 21/3. 1954. Timirjasew-Inst. für Pflanzenphysiol. der Akad. der Wiss. der UdSSR.) O. LEBTAG. 4460

Georges Claustres, *Über das Verschwinden von blasenförmigen Zellen bei Poa pratense nach Behandlung mit Phytohormonen. Poa pratense* aus 500 m Höhe (Pyrenäen) wurde mit verschied. Mengen *2.4-Dichlorphenoxyessigsäure* (*2.4-D*) behandelt. Die Blasenzellen sind bei einer Konz. von 2‰ halb so groß wie bei den Kontrollen u. sehen bei 4‰ wie n. Epidermiszellen aus. Zwischen den steigenden Konzz. an 2.4-D u. der Abnahme des Zellvol. besteht eine feste Proportionalität. Blätter, die 2 Monate nach der Behandlung austrieben, hatten keine n. blasenförmigen Zellen mehr, was auf eine Hemmung des Heteroauxins zurückgeführt wird. (C. R. hebd. Séances Acad. Sci. **232.** 1234—36. 19/3. 1951.) I. WEINMANN. 4485

E₅. Tierchemie. Tierphysiologie. Tierpathologie.

D. Ackermann, *Über das Vorkommen von Glykocyamin, Cholin, Lysin, Leucin, Tyrosin und α-Alanin in dem Meereswurm Nereis virens.* Der Extrakt aus 5,5 kg Nereis virens wurde mit Pb-Acetat gefällt, das Filtrat mit Phosphorwolframsäure gefällt, der Nd. mit $Ba(OH)_2$ zers., die Purinbasen mit Ag-Sulfat gefällt u. im Filtrat *Glykokollbetain* (I) als Flavianat gefällt (roh 10,1 g), dessen Anteil 57,7% des N der nichtflüchtigen Basen ausmacht. Aus dem Filtrat der Flaviansäurefällung wurde *Cholin* durch alkal. Reineckatfällung gewonnen. Aus dem Filtrat des Cholinreineckats wurden Betainreste durch saure Reineckatfällung entfernt u. aus einem kleinen Vol. freies *Glykocyamin* (mehrfach aus W. umkrist., 74 mg) durch Methanol gefällt; aus dem Filtrat ließ sich *Lysin* als Pikrat abtrennen. Nach Phosphorwolframsäurefällung ließen sich noch *Leucin* u. *α-Alanin* als Cu-Salz u. *Tyrosin* isolieren. (Hoppe-Seyler's Z. physiol. Chem. **299.** 186—90. 1955. Würzburg, Univ., Physiol.-chem. Inst.) K. NEHRING. 4520

E. Klenk und **H. Faillard,** *Über das Vorkommen von Neuraminsäure im Lebereiweiß bei amyloider Degeneration.* (Kurze Mitt.) Vff. isolierten aus der acetonextrahierten Leber (42 g fettfreies Organpulver) eines Falles von Amyloidose ohne erkennbare Grundkrankheit durch Spaltung mit 5%ig. methanol. HCl im Bombenrohr bei 105° 51 mg aus A. umkrist. *Methoxyneuraminsäure* (I); $[\alpha]_D^{20}$ —55,2°. Die Identität von I wurde papierchromatograph. bestätigt. Es werden die Bildungsmöglichkeiten der Amyloidkörper kurz diskutiert. (Hoppe-Seyler's Z. physiol. Chem. **299.** 191—92. 1955. Köln, Univ., Physiol.-chem. Inst.) K. NEHRING. 4520

N. M. Petrun, *Über die Rolle der Haut bei der Ausscheidung von Kohlendioxyd.* Nach Unterss. des Vf. beträgt die in der Ruhe u. bei phys. Arbeit bei n. Temp. durch die Haut ausgeschiedenen CO_2-Menge ca. 1—1,5% derjenigen Menge, die durch die Lungen ausgeschieden wird. Bei 38—40% wird in der Ruhe 3—4mal u. bei phys. Arbeit 6—8mal mehr CO_2 durch die Haut ausgeschieden als bei n. Temp. (1,150 bzw. 2,142 mg pro 1 Std.). An Hand von Beobachtungen an 10 Versuchspersonen wird angegeben, daß man bei n. Temp., um den richtigen Index für die Wärmeproduktion zu erhalten, die Größe des respirator. Gaswechsels um 1,6%, bei hoher Temp. (40°) um 6,5% u. bei mäßiger Arbeit um 7,2% vergrößern muß. (Гигиена и Санитария [Hyg. u. Sanitätswes.] **1954.** Nr. 5. 45. Mai. Kiew, Inst. für Arbeitshyg. u. Berufskrankh.) E. RENTZ. 4550

L. M. Ischimowa, *Über die Rolle der Adenosintriphosphorsäure im Mechanismus der Erregung von Chemoreceptoren durch Antigene.* In Verss. an Hunden (in Morphin- u. Hexenalnarkose), die man gegen Pferdeserum sensibilisiert hatte (0,2 ml Serum pro 1 kg Körpergewicht subcutan an 3 aufeinanderfolgenden Tagen), ergab nach Durchströmung des Carotissinus mit *Na-Adenosintriphosphat* (I; Konz. $2,7 \cdot 10^{-6}$- bis $2,7 \cdot 10^{-8}$ mol.) u. nachfolgender Perfusion mit Acetylcholin oder Nicotin bzw. mit 1—1,5 ml Antigen (n. Pferdeserum oder bakterielle Antigene) in der Hälfte der Fälle keine Veränderung der Intensität der allerg. u. paraallerg. Rkk. von seiten der Chemoreceptoren des Carotissinus u. nur in einem Teil der Verss. eine Zunahme der Reflexe auf Atmung u. Kreislauf. Nach der allerg. Rk. ist die Empfindlichkeit der Chemoreceptoren herabgesetzt, jedoch gelang es nur in 3 von 10 Verss., die frühere Erregbarkeit durch Perfusion mit hohen I-Konzz. ($2{,}7 \cdot 10^{-4}$- bis $2{,}7 \cdot 10^{-5}$mol.) wiederherzustellen. Aus den Verss. wird geschlossen, daß die I-Wrkg. nicht der alleinige u. entscheidende Faktor für den erregenden Einfl. der Antigene auf die Chemoreceptoren des Carotissinus ist, sondern daß daneben auch cholinerg. u. anox. Prozesse mitbeteiligt sind. (Бюллетень Экспериментальной Биологии и Медицины [Bull. exp. Biol. Med.] **37.** Nr. 6. 37—40. Juni 1954. Kuibyschew, Med. Inst., Lehrstuhl für pathol. Physiol.) E. RENTZ. 4551

D. E. Shay, J. H. Haddox und **J. L. Richmond,** *Eine anorganische qualitative und quantitative Analyse von grünem Zahnstein (green stain).* In den grüngefärbten Ablagerungen, die hauptsächlich auf den oberen Schneidezähnen von Kindern vorkommen, wurden gefunden: über 10% *Ca*, 1—10% *K, Na, Si, Mg, P* u. weniger als 1% *Al, Fe, Pb, Mn, B, Cu, Ag, Ti, Ni, Ba, Sr.* Die grüne Farbe stammt von eingelagerten chromogenen Mikroorganismen. (J. Amer. Dental Assoc. **50.** 156—60. Febr. 1955. Baltimore, Md., Univ. of Maryland, Baltimore Coll. of Dent. Surg.) G. KLESSE. 4552

Jozef Niwelinski, *Der Einfluß in den Hoden implantierten kristallisierten Cholesterins auf die Nebenniere und den Hoden der weißen Ratte bei experimenteller B_1-Avitaminose (Beriberi).* Männliche weiße, ausgewachsene Ratten erhielten nach 30tägiger *Vitamin-B_1*-Mangeldiät eine einseitige Implantation krist. *Cholesterins* (I, ca. 1 mg) in den rechten Hoden. Nach 20 u. 40 Tagen, wobei die Mangeldiät beibehalten wurde, zeigten die implantierten u. nichtbehandelten Testes der gleichen Tiere Degenerierung, Atrophie der *Tubuli contorti*, hypertrophierte SERTOLIsche Zellen, Stimulierung u. anomalen Verlauf der Spermatogenese, sowie Vermehrung des Geh. an Ketosteroidhormonen. Das implantierte I wirkt möglicherweise nur als Androgenvorstufe u. beeinflußt den Ablauf der Spermatogenese. (C. R. Séances Soc. Biol. Filiales **146.** 1030—33. Juli 1952. Cracovie, Pologne, Acad. méd., Inst. de Biol.) K. MAIER. 4559

A. Lichtwitz, R. Parlier, D. Clément und **M. Delaville,** *Wirkungsmechanismus der Hormonsteroide auf den Kalkstoffwechsel bei Osteoporose.* Übersichtsarbeit. In Fällen, in denen der Osteoid histolog. gesund, aber funktionell unfähig ist, Ca u. P anzulagern, bewirken die *Sexualhormone* eine Wiederherst. seiner kalkaffinen Eigenschaften. Wenn auch *Cortison, Somatotrophin* u. *Thyroxin* in sehr verschied. Sinne in die Wiederherst. des Gleichgewichtes eingreifen, so scheinen sie aber gemeinsame ausgleichende homeostas. Eigg. zu besitzen. (Semaine Hôpitaux Paris **31.** 718—26. 28/2. 1955. Hôpital Lariboisière; Hôpital Ste. Anne.) G. WELTZIEN. 4559

F. X. Wohlzogen und **A. Halama,** *Quantitative Untersuchungen über die Wirkung von Choriongonadotropin auf männliche Laubfrösche.* (Naturwissenschaften **38.** 382—83. Aug. 1951. Wien, Univ., Physiol. Inst., u. Tierärztl. Hochsch., Lehrkanzel für Physiol.) F. GÜNTHER. 4559

A. Farah, G. Graham und **F. Koda,** *Der renale Transport von p-Aminohippurat bei der hypophysektomierten Ratte.* Die Aufnahme von *p-Aminohippurat* (I) durch Rattennierenschnitte wurde bestimmt. Nierenschnitte hypophysektomierter Tiere zeigen eine geringere Fähigkeit zur I-Konzentrierung als normale. Der Ausfall ist bei den hypophysektomierten Ratten durch vorherige Zufuhr von *Wachstumshormonen* zu beheben. (Proc. Soc. exp. Biol. Med. **81.** 89—90. Okt. 1952. Syracuse, N. Y., State Univ. of New York, Coll. of Med., Dep. of Pharmacol.) K. MAIER. 4560

E. J. Turman und **F. N. Andrews,** *Einige Wirkungen von gereinigtem Hypophysenwachstumshormon auf Schweine.* Nach Injektion gereinigter *Wachstumshormon*-Präpp. (5—10 mg/15 kg/Tag) wuchsen Schweine bei geringerem Futterverbrauch etwas schneller als Kontrolltiere. Die behandelten Schweine hatten höheren Protein- u. Wasser-, aber geringeren Fettgehalt. Unter der Behandlung stiegen Glucose- u. anorgan. P-Geh. im Blut an, während der Nichtprotein-N sank u. die Hypophysen erhöhten Geh. an thyreotropen u. gonadotropen Hormonen aufwiesen. (J. Animal Sci. **14.** 7—18. Febr. 1955. Ames, Io., Purdue Univ., Agric. Exp. Stat.) P. LOCH. 4560

C. J. O. R. Morris, *Das adrenocorticotrope Hormon (ACTH) der Hypophyse.* (Lancet **260.** 161—64. 20/1. 1951. London, Univ.) F. GÜNTHER. 4560

W. Kothé und **H. Wenderoth,** *Zur Agranulocytosebehandlung mit ACTH.* (Münchener med. Wschr. **95.** 1155—57. 23/10. 1953. Hamburg-Eppendorf, Univ., I. Med. Klinik.) F. GÜNTHER. 4560

Clara Torda, *Der Einfluß von ACTH und verschiedener, Krampf erzeugender Substanzen auf den ^{32}P-Gehalt der Gehirnphospholipoide, Nucleoproteine und der säurelös-*

lichen Phosphorsäureverbindungen. Mäusen wurde $Na_2H^{32}PO_4$ (100 μC/100 g) intraperitoneal injiziert, bei einer Gruppe zusätzlich 3 mg *ACTH*/100 g, bei einer weiteren Gruppe 10 mg Pentylentetrazol/100 g, eine weitere Gruppe erhielt einen Elektroschock von 1 Minute. Nach Tötung der Tiere wurde der ^{32}P-Geh. verschied. Gehirnfraktionen bestimmt. Kontrollen: Gesamt 2440 μμC/100 mg Gehirn. P-Lipoide 127 μμC; Nucleoproteine 350 μμC; in säurelösl. Phosphorverbb. 1962 μμC. Mit ACTH behandelte Tiere (% ^{32}P der Kontrollen), Gesamtgeh. 109%. P-Lipoide 131%; Nucleoproteine 105%; säurelösl. 108%. Nach Elektroschock Gesamt 99%; P-Lipoide 83%; Nucleoproteine 99%; säurelösl. 141%. Nach Pentylentetrazolkrampf Gesamt 98%; P-Lipoide 76%; Nucleoproteine 98%; säurelösl. 102%. Vf. schließt daraus, daß die P-Lipoide, die zur cerebralen Aktivität nötig sind, durch ACTH stark vermehrt werden, während durch eine vermehrte cerebrale Aktivität, wie bei Krämpfen, ein Zusammenbruch eines Bestandteils der Gehirn-P-Lipoide erfolgt. (Amer. J. Physiol. **177.** 179—82. Mai 1954. New York, N. Y., Cornell Univ., Med. Coll., Dep. of Med. [Neurology], u. New York Hosp.) V. BRAUN. 4560

Muriel C. Meyers, Stanley Miller, James W. Linman und **Frank H. Bethell,** *Die Anwendung von ACTH und Cortison bei idiopathischer thrombocytopenischer Purpura und erworbener idiopathischer hämolytischer Anämie.* Bei diesen Krankheiten kann durch Verabreichung von 100 mg *ACTH* (I) oder 300 mg *Cortison* (II) der Krankheitsverlauf in der gleichen Richtung geleitet werden, wie er bei spontanen Remissionen beobachtet wird. Sofern Rückfälle auftreten, können diese erneut erfolgreich mit I u. II behandelt werden, jedoch ist Splenektomie mehr zu empfehlen, die auch bei vergeblicher I- u. II-Therapie erfolgreich sein kann. Die Wundheilung wird durch die Hormonverabreichung nicht benachteiligt. (Ann. intern. Med. **37.** 352—61. Aug. 1952. Ann Arbor, Mich., Univ. of Michigan, Thomas Henry Simpson Memorial Inst. for Med. Res. and Dep. of Internal Med.) F. KRUSEN. 4560

Randall G. Sprague, *Wirkungen von Cortison und ACTH.* (Vgl. C. **1951.** II. 1003.) Übersichtsbericht über die Wirkungen von *Cortison* u. *ACTH.* Elektrolyt- u. Wasserstoffwechsel: *NaCl, K,* Plasma- u. Gewebselektrolyte; organ. Stoffwechsel: Kohlenhydratstoffwechsel, N-Stoffwechsel u. Wachstum, Fettstoffwechsel, Wirkungen auf Lymphgewebe, Blutlymphocyten u. Eosinophilie, die Gewebs-Rk. (Mesenchymgewebe, Infektionen, bakterielle allerg. Rkk., andere entzündliche Rkk., Allergiezustände, Überempfindlichkeit), die innersekretor. Drüsen (Hypophysenvorderlappen, Nebennierenrinde, Schilddrüse, Sexualorgane), das Kreislaufsyst., das Verdauungssyst., das Nervensystem. — 229 Literaturangaben. (Vitamins and Hormones **9.** 263—311. 1951. Rochester, Minn., Mayo Clinic, Div. of Med.) K. MAIER. 4561

D. S. Flux, *Die Wirkung von Nebennierensteroiden auf das Wachstum der Brustdrüsen, der Uteri, der Thymusdrüsen und Nebennieren von normalen, ovarektomierten und mit Östron behandelten ovarektomierten Mäusen. Cortisonacetat* (I) hemmt das Wachstum der Brustdrüsen n. u. mit *Östron* (II) behandelter ovarektomierter Mäuse, sowohl des Drüsengewebes als auch der Ausführungsgänge. *11-Dehydrocorticosteronacetat* (III), *17-Oxycorticosteron* (IV) u. *11-Desoxy-17-oxycorticosteron* (V) haben ähnliche, jedoch quantitativ unterschiedliche Wirkung. *Desoxycorticosteronacetat* (VI) wirkt dagegen synergist. zu II u. fördert das Wachstum. Der VI-Effekt war in den meisten Fällen unabhängig von II. V u. VI, allein u. mit II kombiniert, steigern das Gewicht der Uteri ovarektomierter Mäuse. I hemmt ferner das Körperwachstum u. red. die Größe der Nebennieren u. des Thymus. III, IV, V u. *Corticosteron* üben dagegen keinen Einfl. auf Körpergewicht u. Größe des Thymus aus. *ACTH* (VII) beeinflußt allein die Brustdrüsen ovarektomierter Mäuse nicht, hemmt jedoch das durch II induzierte Wachstum der Mammae. Das Nebennierengewicht wird durch VII vermehrt, das des Thymus vermindert. Der Uterus wird nicht beeinflußt. (J. Endocrinology **11.** 238—54. Okt. 1954.) F. LEUSCHNER. 4561

Samuel M. Feinberg und **Saul Malkiel,** *Schutzwirkung von Cortison auf das bei Meerschweinchen hervorgerufene Asthma.* Bei männlichen Meerschweinchen, die durch intravenöse Injektion von 0,5 cm³/kg Meerschweinchen-Antiovalbuminserum passiv sensibilisiert worden waren, verzögerte oder hemmte *Cortison* (50 mg, intramuskulär) die durch das Antigen (0,2%ig. Lsg. als Aerosol) hervorgerufenen Asthmasymptome zu einem statist. signifikanten %-Satz. (Proc. Soc. exp. Biol. Med. **81.** 104—05. Okt. 1952. Chicago, Ill., Northwestern Univ., Med. School, Dep. of Med., Allergy Res. Labor.) K. MAIER. 4561

Roger Baker, Duncan Govan und **John Huffer,** *Die hemmende Wirkung von Cortison auf Strikturen des Harntraktes.* Die bei Hunden nach Ureteranastomose auftretende periureterale Striktur wird durch *Cortison* (I) verhindert. Von 24 Patienten mit

Ureter- oder Urethrastrikturen, die chirurg. u. mit I behandelt wurden, wurden 22 geheilt. Bei 4 Patienten mit Operationen, die gewöhnlich Strikturen hervorrufen, wurden diese durch postoperative I-Gaben verhindert. Bei mit I behandelten Patienten traten häufiger Harntraktinfektionen auf als bei nichtbehandelten, die jedoch auf entsprechende Therapie gut ansprachen. (Surgery, Gynecol. Obstetr. **95.** 446—54. Okt. 1952. Chicago, Ill., Univ., Dep. of Surgery.) F. KRUSEN. 4561

A. Rett, *Zum Icterus neonatorum prolongatus und seiner Beeinflussung durch Nebennierenrindenhormone.* (Münchener med. Wschr. **95.** 1207—08. 6/11. 1953. Wien, Gottfried v. Preyersches Kinderhosp.) F. GÜNTHER. 4561

Holger Brodthagen, *Behandlung von Hautleiden mit Hydrocortisonsalben.* Die bequeme u. saubere Behandlung von Dermatosen verschiedenster Art (Ekzem, Pruritus, Neurodermitis u. a.) mit 2% ig. *Hydrocortisonacetat* (LEO PHARMAC. PROD., Dänemark) — Salbengrundlage: *Eucerin*, p_H 5 — hatte bei ca. 70% gute Erfolge. Behandelt wurden 195 Personen. Die Wrkg. tritt nach 48 Std. ein. Bei 25 Patienten zeigte dagegen 0,25% ig. *Hydrocortisonsalbe* (Grundlage: *Carbowachs*) kaum eine Wirkung. (Acta dermato-venereol. [Stockholm] **35.** 51—57. 1955. Kopenhagen, Dänemark, Finsen Inst. Derm. Dep.) G. WELTZIEN. 4561

Bjørn Heilesen, Aage Kristjansen und **Flemming Reymann,** *Wirksamkeit von Hydrocortisonsalbe bei verschiedenen Hautkrankheiten. Fortgeführte Untersuchung.* (Vgl. C. **1955.** 4623.) Ergebnisse bei Behandlung von 241 Fällen mit verschied. Hautkrankheiten mit *Hydrocortison* (I)-Salbe. Die Bedeutung der Salbengrundlage wird hervorgehoben. Die Bedeutung der I-Salbe liegt nach Vff. in der Erzielung von Symptomfreiheit, ihre Anwendung ist indiziert bei Versagen der üblichen dermatolog. Therapie. (Dan. med. Bull. **1.** 171—75. Nov. 1954. Beilage zu: Ugeskr. Laeger. Copenhagen, Rudolph Bergh's Hosp.) H. DOSSMANN. 4561

Hans Selye, *Das allgemeine Adaptationssyndrom.* Vortrag. (Apotheker-Ztg. **4.** 152—53. Juli/Aug. 1952.) P. LOCH. 4561

James G. Hilton und **Robert V. Brown,** *Cardiovasculäre Reaktionen von Norepinephrin vor und nach Denervierung der Pressoreceptoren.* Verss. an narkotisierten Hunden zeigten, daß ein Blutdruckanstieg nach *Norepinephrin* (I) durch pressoreceptor. Reflexmechanismen weder in der Höhe noch in der Intensität verändert wird. Nach Denervierung der Pressoreceptoren (PR) lagen die Mittelwerte tiefer als bei intaktem PR. Eine Verminderung des Pulsdruckes u. das Auftreten von Pulsus alternans kennzeichnet weiter die Wrkg. sowohl von I als auch von *Epinephrin.* (Amer. J. Physiol. **178.** 211—14. Aug. 1954. Memphis, Tenn., Univ., Div. of Pharmacol.) H. JORDAN. 4561

F. Schwarz, *Der Einfluß von Prominal auf die Schilddrüsenfunktion bei der Ratte.* An 3 Rattenstämmen wurde gezeigt, daß eine 7tägige Verabreichung von täglich 15 mg *Prominal* (I) die ^{131}J-Aufnahme der Schilddrüse beträchtlich steigert; eine ähnliche Wrkg. haben *Barbital* u. *Phenobarbital.* Da Chloralhydrat diese Wrkg. nicht hat, wird angenommen, daß diese Wrkg. spezif. für Barbitursäurederivv. ist. Die jodidspeichernde Fähigkeit oder das Gewicht der Schilddrüse werden durch I nicht beeinflußt. Die Schilddrüse von mit I behandelten Ratten nimmt ^{131}J schneller auf u. gibt ^{131}J auch schneller wieder ab. *Propylthiouracil* (II) blockiert bei mit I behandelten Ratten u. bei unbehandelten Ratten die organ. Bindung des Jod. Einige Tage nach der Injektion von ^{131}J verabreichtes II beschleunigt die biol. Abnahme der Radioaktivität mit I behandelter Ratten nicht. Daraus wird geschlossen, daß unter dem Einfl. des I aus den Geweben kein Jodid aus organ. J-Verbb. frei gemacht wird. — I erhöht auch die ^{131}J-Aufnahme hypophysektomierter Ratten, wenn diese eine konstante Menge TSH erhalten. (Acta endocrinol. [Copenhagen] **18.** 460—61. April 1955. Utrecht, Univ., Med. Dep. of Hosp.) K. F. MÜLLER. 4562

T. A. Ssinitzina, *Rückbildung der experimentellen Atherosklerose der Kranzarterien des Herzens unter dem Einfluß von Cholin und Thyreoidin.* Durch Fütterung mit *Cholesterin* (in Sonnenblumenöl mit einem Zusatz von täglich 0,3 g *Methylthiouracil*) wurde bei Kaninchen Atherosklerose mit Cholesterinämie bis zu 2000 mg% erzielt. Behandelte man nun die Tiere 30 Tage lang mit täglichen subcutanen Injektionen von 1 ml 10% ig. *Cholin-HCl* (I)-Lsg. oder 53 Tage lang mit täglich 0,1 g/kg *Thyreoidin* (II) als Pulver per os, so kam es bei beiden Tiergruppen zu Herabsetzung der Hypercholesterinämie u. Beschleunigung der Lipoidresorption aus den atherosklerot. Plaques. Dieser Vorgang, der normalerweise nach Aufhören der Cholesterinfütterung 2—3 Jahre dauert, ist unter der Einw. von I oder II in 6—8 Monaten beendet. Dabei kommt es zu einer völligen Wiederherst. der Blutversorgung des Herzmuskels ohne Zurückbleiben narbiger Veränderungen. (Бюллетень Экспериментальной Биологии и Медицины [Bull. exp. Biol. Med.] **39.** Nr. 2. 29—32. Febr. 1955. Leningrad, Inst. für exp. Med. der Akad. der Med. Wiss. der UdSSR, Abt. für Pathol. Anat.) E. RENTZ. 4562

Richard May, *Jodprophylaxe mit Vollsalz und Jodbasedow.* (Münchener med. Wschr. **95.** 1172—74. 30/10. 1953. Kreuth, Oberbayern, Krankenanstalt Dr. May.) F. GÜNTHER. 4562

Charles W. Rieber und **Solomon Silver,** *Hyperthyroidismus, verbunden mit Diabetes insipidus: Besserung beider Krankheiten nach Behandlung mit radioaktivem Jod.* Die Symptome beider Leiden wurden durch einmalige perorale Verabreichung von 5 mC radioakt. ^{131}J wesentlich gebessert. (Ann. intern. Med. **37.** 379—83. Aug. 1952. New York, N. Y.) F. KRUSEN. 4562

Selwyn Taylor und **Frank S. Stewart,** *Verteilung radioaktiven Jods in der menschlichen Schilddrüse.* (Lancet **261.** 232—35. 11/8. 1951. London, Postgrad. Med. School; Med. Res. Counc., Radiotherap. Res. Unit.) F. GÜNTHER. 4562.

Kathleen Bryant, Constance Martin, Mary T. Schumacher, Kate Daum und **W. W. Tuttle,** *Wirkung des Alterns und verschiedener Zusammensetzungen des Frühstücks auf den Blutzuckerspiegel.* Der Blutzuckerspiegel von männlichen Personen im Alter von 60—84 Jahren zeigte 210 Min. nach Einnahme des Frühstücks eine Abhängigkeit von dem Protein (I)-Geh. desselben. Während 25 g I das Absinken des Spiegels unter den n. Wert verhinderten, wobei tier. u. pflanzliches I gleichwertig waren, zeigten 10 g I nicht diese Wirkung. Das Verh. des Blutzuckerspiegels bei Personen von 60—84 u. solchen von 20—30 Jahren zeigte bei gleicher Zus. des Frühstücks keine wesentlichen Unterschiede. (J. Amer. dietet. Assoc. **28.** 17—22. Jan. 1952. Iowa, Univ., Coll. of Med., Dep. of Physiol. and Nutrit.) F. KRUSEN. 4572

Loren T. DeWind, George D. Michaels und **Laurance W. Kinsell,** *Lipiduntersuchungen bei Patienten mit fortgeschrittener diabetischer Atherosklerose.* Bei 24 60- bis 80jährigen Patienten mit fortgeschrittenem Diabetes u. Atherosklerose, zum Teil auch mit Amputationen, wurde im Blut im Mittel 202,8 (mg%) *Cholesterin,* davon 148,6 verestert, 10,09 Lipid-P u. 63,0 *Lipoprotein,* festgestellt. Bei starken Schwankungen innerhalb der einzelnen Fraktionen bestehen enge Relationen zwischen den Fraktionen. Zwischen dem atherosklerot. Zustand u. den Blutlipiden wurden keine Zusammenhänge gefunden. Behandlung der Patienten mit täglich 6 g Cholincitrat oder 9 g Inosit hatte keine, mit täglich 25 mg Testosteronpropionat intramuskulär nur vorübergehende günstige Wirkungen auf den Blutlipidgeh. u. den diabet. Zustand. (Ann. intern. Med. **37.** 344—51. Aug. 1952. Oakland, Calif., Highland Alameda County Hosp.) F. KRUSEN. 4572

Marvin J. Seven, Harry Gottlieb, Harold L. Israel, John G. Reinhold und **Martin Rubin,** *N-Oxyäthyläthylendiamintriessigsäure (Versenol) bei der Behandlung der Hämochromatose.* Vff. konnten bei einer Patientin mit Hämochromatose durch *N-Oxyäthyläthylendiamintriessigsäure (Versenol)* einen beachtlichen Anstieg der Eisenausscheidung im Urin erzielen. Bei einer Patientin mit abnormer Eisenspeicherung in den Geweben war nur ein geringer Anstieg der Urineisenausscheidung zu erreichen. Nebenwirkungen wurden nicht beobachtet. Versenol wirkt als Chelatringbildner. (Amer. J. med. Sci. **228.** 646—51. Dez. 1954. Philadelphia, Pa., Univ., Pepper Labor. of Hosp. of Univ., Dep. of Med.; Philadelphia General Hosp., u. Washington Georgetown Univ., School of Med. and Grad. School, Dep. of Chem.) K. BÖHM. 4572

Irving M. London und **Haiyim Schwarz,** *Der Erythrocytenstoffwechsel. — Das metabolische Verhalten des Cholesterins menschlicher Erythrocyten.* Bei Patienten, denen D_2O-haltiges W. zum Trinken gegeben wurde, konnte eine Zunahme des Deuteriumgeh. im *Cholesterin* (I) der Erythrocyten u. im *Plasma*-I beobachtet werden. Da Erythrocyten in in vitro-Verss. nur eine unbedeutende I-Synth. zeigen, wird gefolgert, daß zwischen Plasma-I u. Erythrocyten-I ein dynam. Austausch stattfindet. (J. clin. Invest. **32.** 1248—52. Dez. 1953. New York, N. Y., Columbia Univ., Dep. of Med., Coll. of Physic. and Surg., u. Presbyterian Hosp.) H. P. FIEDLER. 4573

L. D. Marzinkewitsch, *Altersveränderungen des Blutes und des Bindegewebes bei Vögeln.* In Unterss. an jungen u. erwachsenen Vögeln (Hühner, Enten, Sperlinge, Segler) wird die zeitliche Entw. der Formelemente des Blutes u. der Bindegewebszellen untersucht. (Доклады Академии Наук СССР [Ber. Akad. Wiss. UdSSR] [N. S.] **99.** 841—44. 11/12. 1954. Leningrad, Med. Pädiatr. Inst.) F. DU MANS. 4573

Anthony M. Gawienowski, Dennis T. Mayer und **John F. Lasley,** *Das an Serumprotein gebundene Jod als Maß des Wachstumsvermögens von Schweinen.* Nach den Unterss. der Vff. besteht zwischen der täglichen Gewichtszunahme bzw. der Körperlänge u. dem J-Geh. des Serumproteins umgekehrte Proportionalität. Die Dicke des Rückenspecks stand in gleicher Beziehung zum J-Geh., war in diesem Falle jedoch nicht streng geradlinig. (J. Animal. Sci. **14.** 3—6. Febr. 1955. Columbia, Mo., Univ. of Missouri, Dep. of Animal Husbandry and Agric. Chem.) P. LOCH. 4574

R. A. Kühn, *Serumeiweißuntersuchungen bei malignem Gallenwegsverschluß.* Bei 14 Patienten mit malignem Verschluß der extrahepat. Gallenwege wurden folgende Serumeiweißbilder festgestellt: Bei nicht durch entzündliche Veränderungen kompliziertem malignem extrahepat. Gallenwegsverschluß zeigte das Elektropherogramm eine Hypalbuminämie (Vermehrung der α_2- u. *β-Globuline*); bei beträchtlichen Entzündungen steigen γ-Globuline an, u. die Labilitäts-Rkk. werden pathologisch. Hiermit ist oft ein hochnormaler bis deutlich erhöhter Serumcholesterinwert verbunden. (Z. ges. inn. Med. Grenzgebiete **10.** Nr. 7. **341**—**44.** 1/4. 1955. Jena, Univ., Med. Klinik.) H. PATZSCH. 4574

A. Ja. Messtetschkina und **L. P. Okulowa,** *Biochemische Veränderungen im Blut und Liquor beim Schädel-Gehirn-Trauma.* Bei fast allen untersuchten 36 Patienten mit akuten Schädel-Gehirn-Traumen war der *Chlorid*-Spiegel im Blut u. Liquor herabgesetzt (270—410 mg% an Stelle von 450—560 mg% bzw.. 473—608mg% an Stelle von 720—750 mg%). Ferner zeigte sich eine deutliche Tendenz zur Herabsetzung des Geh. an *Gesamtprotein* (5,50—6,94% an Stelle von 6,5—8,7%) auf Kosten des Albumins (unter 4,5% an Stelle von 4,5—6,7%) im Blutplasma u. ähnlich auch im Liquor, wobei in einer Reihe von Fällen mit der Besserung des klin. Bildes eine Normalisierung des Proteinblutspiegels nicht eintrat. (Вопросы Нейрохирургии [Fragen Neurochirurg.] **19.** Nr. 2. 47—51. März/April 1955. Neurochir.Inst. des Gesundheitsmin. der UkrSSR.) E. RENTZ. 4574

Eugene E. Cliffton, Carlo E. Grossi und **Dolly Cannamela,** *Thrombolyse durch menschliches Fibrinolysin von Thromben, die in der Femoralvene von Hunden durch Natriummorrhuat experimentell erzeugt wurden.* Bei Hunden löste Injektion von 2,8 bis 5,1 mg/kg Fibrinolysin aus menschlichen Plasma die experimentell mit Na-Morrhuat erzeugten Thromben der Femoralvene ohne Komplikationen. (Ann. Surgery **139.** 52—62. Jan. **1954.** New York, N. Y., Mem. Center für Canc. and all Dis.) G. WELTZIEN. 4574

A. Rae Gilchrist, *Coronarthrombose und ihre Behandlung.* Vf. berichtet über Erfahrungen bei der Behandlung von 318 Fällen von Coronarthrombose, von denen 161 konservativ u. 157 mit den Antikoagulantien *Dicumarol* oder *Tromexan* (I) behandelt wurden. I-Therapie wurde am 1. Tag mit 1200 mg begonnen, am 2. Tag wurden 900 mg, als Erhaltungsdosis in der Folge täglich 450—750 mg 21—28 Tage lang gegeben. In der mit Antikoagulantien behandelten Gruppe traten 21% Todesfälle auf gegenüber 43% bei den Kontrollen. Bes. die Schockgefahr wird durch die Therapie stark vermindert. — Diskussion der Ergebnisse mit 25 Literaturangaben. (Brit. med. J. **1952 II.** 351—56. 16/8. Edinburgh, Royal Infirmary.) F. KRUSEN. 4574

S. P. Shemkowa, *Die Anwendung von markiertem Phosphor bei der histochemischen Untersuchung der Placenta.* Radiograph. Unters. der Placenta von Kaninchen, die ^{32}P (I) subcutan erhalten hatten, ergaben, daß im Embryo von Kaninchen mit Zunahme der Entw. auch die Assimilation von Phosphaten zunimmt. Das Gewebe des placentaren Trophoblasten speichert mehr I als andere Gewebe des Uterus u. nur im letzten Drittel der Schwangerschaft nimmt diese Eig. ab. Auch die Zellelemente der mittleren Teile der Placenta nehmen während der 1. Hälfte der Schwangerschaft sehr an I auf, während diese Fähigkeit in der 2. Hälfte der Schwangerschaft völlig verlorengeht. Die Lokalisation von I u. die Orte der Speicherung polymerer Ribonucleinsäuren in den Geweben des Uterus, der Placenta u. des Embryos stimmen topograph. vollkommen überein. (Архив Анатомии, Гистологии и Эмбриологии [Arch. Anatom. Histol. u. Embryol.] **31.** Nr. 2. 54—57. April/Juni 1954. Inst. für exp. Med. der Akad. der Med. Wiss. der UdSSR, Histol. Abt.; Inst. für Onkol., Radiumlabor.) E. RENTZ. 4583

Hans Joachim Schmidt, *Wasserumhärtung, Kochvorgang und Fluorresorption.* 2. Mitt. (1. vgl. C. **1954.** 11513.) Bei Kochverss. (Kartoffeln) in W. mit natürlichem F-Geh. (A), in W. mit künstlichem F-Zusatz (B) u. in W. in mit *Hygro-Nährschutz* (vgl. l. c.) umgehärtetem, künstlich fluoriertem W. (C) ergab sich, daß bei A kein F (aus dem W. u. dem F-Geh. der Kartoffeln) verlorengeht. Bei B tritt ein deutlicher F-Verlust ein, der im Fall C etwa um die Hälfte verringert wird. — Fütterungsverss. (Ratten) mit den derartig gekochten Kartoffeln ergaben Beschleunigung des Wachstums u. höhere Gewichtszunahme durch umgehärtetes Wasser. Die tox. Wrkg. von F-Gaben auf die Verkalkung der Zähne wird durch die Umhärtung des W. fast vollständig verhindert. — Die Werte für die F-Resorption sind fast die gleichen wie in einer früheren Arbeit (vgl. C. **1954.** 6263) mitgeteilten (im Mittel 0,391 gegenüber 0,372). (Dtsch. zahnärztl. Z. **10.** 679—84. 1/5. 1955. Stuttgart-Degerloch.) G. KLESSE. 4585

Georges Schapira und **Jean-Claude Dreyfus,** *Eisen und Ernährung.* Übersicht mit 250 Literaturangaben. Im einzelnen werden besprochen: *Fe*-Best. in Nahrung, Geweben u. Serum; radioakt. Isotope (^{55}Fe, ^{59}Fe) zur Unters. des Fe-Stoffwechsels; der n. Fe-Stoffwechsel unter Berücksichtigung von Resorption, Resorptionskoeff. u. dem Resorptionsmechanismus; Gesamt- u. verwertbares Fe in der Nahrung; Fe-Bedarf des Menschen; Pathologie der Fe-Ernährung im Hinblick auf Hyposiderosen, Anämien u. Hypersiderosen u. deren Therapie. (Ann. Nutrit. l'Alimentat. **9.** 39–92. 1955. Hôpital des Enfants malades, Labor. de Rech. de Biochim. méd.) K. NEHRING. 4585

V. Subrahmanyan, *Wirkung einer Luzerneergänzung bei der Reisdiät auf die Zusammensetzung des Körpers wachsender Ratten.* Ratten wurden 8 Wochen lang ad libitum mit südind. Reisdiät (Kontrollen) u. mit derselben Diät gefüttert, bei der Reis bis zu 4% durch eine äquivalente Menge *Luzerne* (I; Medicago sativa L.)-Blättermehl ersetzt war. Nach dem Töten der Tiere wurden ihre Körper auf Fett-, N-, Asche- u. Ca-Geh. untersucht. Die absol. Menge dieser Bestandteile war bei den mit I gefütterten Tieren höher als bei den Kontrollen. (Current Sci. **24.** 15–16. Jan. 1955. Mysore, Central Food Techn. Res. Inst.) H. PATZSCH. 4585

Robert L. Noble, L. S. Pope und **Willis D. Gallup,** *Harnstoff und Methionin im Mastfutter für Lämmer.* Zulage von *Harnstoff* (I) oder *Methionin* (II) zu einem proteinarmen Futter hatte keinen, I + II nur einen geringen Einfl. auf die Gewichtszunahme. (J. Animal Sci. **14.** 132–36. Febr. 1955. Stillwater, Okla., Oklahoma Agric. Exp. Stat., Dep. of Animal Husbandry and Agric. Chem.) P. LOCH. 4585

W. W. Albert, U. S. Garrigus, R. M. Forbes und **W. H. Hale,** *Abgewandelte Harnstoffzulagen zu Maissilage für die Winterfütterung von Schaflämmern.* Der Austausch eines Teiles von Sojaölkuchen gegen *Harnstoff* (I) in N-äquivalenter Menge machte sich in einem Absinken der täglichen Gewichtszunahme geltend, die aber durch die doppelte I-Menge oder Zulage von elementarem S verbessert werden konnte. Das Futter enthielt außerdem Maissilage u. Cerelose. (J. Animal Sci. **14.** 143–52. Febr. 1955.) P. LOCH. 4585

A. H. Jensen, D. C. Acker, H. M. Maddock, G. C. Ashton, P. G. Homeyer, E. O. Heady und **D. V. Catron,** *Verschiedene Proteingehalte mit und ohne Zulagen von Antibioticis für wachsende Mastschweine: die Wirkung auf Wachstumsgeschwindigkeit und Futterverwertung.* Bestes Wachstum wurde bei einem Proteingeh. des Futters von 16 bis 18% (ohne Antibiotica) bzw. von 14% (mit Antibioticis) erreicht. *Aureomycin* bewirkte schnellere Gewichtszunahme u. bessere Futterverwertung. (J. Animal Sci. **14.** 69–81. Febr. 1955. Ames, Io., Iowa Agric. Exp. Stat., Husbandry Dep.) P. LOCH. 4585

G. C. Ashton, J. Kastelic, D. C. Acker, A. H. Jensen, H. M. Maddock, E. A. Kline und **D. V. Catron,** *Verschiedene Proteingehalte mit und ohne Zulagen von Antibioticis für wachsende Mastschweine: die Wirkung auf das magere Fleisch.* (Vgl. vorst. Ref.) Im Vgl. zu einem 10% Protein enthaltenden Futter steigerte das 20%ig. Futter den mageren Anteil des Fleisches. *Aureomycin* oder *Terramycin* (5 mg/lb Futter) hatten darauf keinen Einfluß. (J. Animal Sci. **14.** 82–93. Febr. 1955. Ames, Io., Iowa Agric. Exp. Stat., Husbandry Dep.) P. LOCH. 4585

L. E. Hanson, E. F. Ferrin, P. A. Anderson und **W. J. Aunan,** *Wachstum und Körperzusammensetzung von Schweinen bei Fütterung mit Antibioticis während eines Abschnittes oder der gesamten Wachstums-Mast-Periode.* Die durch Zulage von *Vitamin B_{12}* erzielte Wachstumsgeschwindigkeit durch gleichzeitige Verfütterung von Antibioticis (*Aureomycin, Terramycin, Procainpenicillin*) werden weiter verbessert. Die besten Erfolge ergab die ununterbrochene Fütterung mit diesen Verbb. vom Absetzen der Ferkel bis zum Erlangen des Schlachtgewichtes. (J. Animal Sci. **14.** 30–42. Febr. 1955. St. Paul, Minn., Univ. of Minnesota, Agric. Exp. Stat.) P. LOCH. 4585

Verle R. Bohman, James E. Hunter und **leGrand Walker,** *Antibiotica und B-Vitamine für Lämmer. Aureomycin* hatte weder allein noch in Kombination mit *B-Vitaminen* Einfl. auf das Wachstum. (J. Animal Sci. **14.** 111–17. Febr. 1955. Univ. of Nevada.) P. LOCH. 4585

J. S. Pegum, *Nicotinsäure und brennende Füße.* (Lancet **263.** 536. 13/9. 1952. London.) F. GÜNTHER. 4587

Helmut Hartenauer, *Ovarialhämatom und unstillbare Metrorrhagien bei aplastischer Anämie.* Bericht über einen Fall, der durch Totalexstirpation, Bluttransfusionen u. Infusionen mit Glucose, *Vitamin B_6, Cholin* u. *Folsäure* weitgehend gebessert wurde. (Geburtshilfe u. Frauenheilkunde **12.** 181–86. Febr. 1952. Detmold, Landeskrankenhaus.) F. KRUSEN. 4587

Marjorie M. Nelson, C. Willet Asling und **Herbert M. Evans,** *Multiple congenitale Abnormalitäten bei den Nachkommen durch Pteroylglutaminsäuremangel bei den Muttertieren während der Gravidität.* Wird bei Ratten am 9. Tage der Gravidität durch Verabreichung von 0,5% *x-Methylpteroylglutaminsäure* (Antagonist von *Pteroylglutaminsäure*; I) im Futter ein I-Mangel hervorgerufen, so kann es zu Absterben u. Resorption der Feten kommen. Wenn der I-Mangel erst am 11. Graviditätstage einsetzt, so zeigen

95% der geborenen Jungtiere Abnormitäten, nämlich Ödeme, Anämie, Veränderungen an Skelett, Nieren, Lungen u. Augen. Das Ausmaß der Schäden nimmt mit jedem weiteren Tag der Gravidität, an dem der I-Mangel einsetzt, ab, bis nach dem 15. Tage keine Beeinflussung der Nachkommenschaft mehr auftritt. — 13 Abbildungen. (J. of Nutrit. **48.** 61—80. 10/9. 1952. Berkeley, Calif., Univ. of California, Inst. of Exp. Biol.)
F. KRUSEN. 4587

R. S. Satoskar und **Roger A. Lewis,** *Die Wirkung von Vitamin B_{12} und der Kost beigegebenen Antibioticis auf die Plasmaproteine bei indischen Medizinstudenten.* Bei Bewohnern trop. Zonen ist der Globulingeh., bes. der des γ-Globulins, höher u. der Albumingeh. tiefer als bei Menschen gemäßigter Zonen. 14 ind. Studenten nahmen 2 Monate lang *Terramycin* (50 mg täglich), oder *Vitamin B_{12}* (10 mg täglich) oder beides ein. B_{12} allein hatte keine Wirkung. Terramycin mit oder ohne B_{12} normalisierte signifikant das elektrophoret. Proteinspektr. zu dem in gemäßigten Zonen üblichen. Die Ursachen hierfür u. die Möglichkeit, daß der N-Stoffwechsel über die Wrkg. auf die Darmflora beeinflußt wird, wird erörtert. (Antibiotics and Chemotherapy **4.** 1152—58. Nov. 1954. Bombay, Indien, Seth G. S. Med. Coll., Dep. of Pharm.) E. FISCHOEDER. 4587

Ss. I. Scherman, A. Je. Kisselew, R. R. Pereplettschik und **N. Ss. Powergo,** *Ein Versuch zur Behandlung der perniciösen Anämie mit Campolon MSh.* 62 Patienten mit perniciöser BIERMERscher Anämie wurden mit einem aus der Leber verschied. Walfischarten hergestellten *Campolon MSh* (I) behandelt (täglich 4 ml intramuskulär bis zum Auftreten der Blutkrisis, nachher 2 ml täglich). Die Blutkrisis trat bereits nach 6 Injektionen auf; anschließend kam es zu einer Zunahme von Hämoglobin. Erythrocyten u. Thrombocyten im Blut. Die Zahl der erforderlichen Injektionen betrug 15—50, im Mittel 28. Der Behandlungserfolg stand hinter jenem nach Anwendung eines aus Rinderleber hergestellten I nicht zurück. (Клиническая Медицина [Klin. Med.] **32** (**35**). Nr. 6. 53—57. Juni 1954. Leningrad, Wiss. Forschungsinst. für Bluttransfusion, Hämatol. Klinik.) E. RENTZ. 4587

D. A. Lewina, *Klinische Erprobung von Campolon MSh bei der perniciösen Anämie. Campolon MSh* (I) (vgl. vorst. Ref.) wurde 8 Patienten mit perniciöser Anämie 2—4 ml täglich intramuskulär verabreicht. Bei 5 Patienten ließ man einen einmaligen I-Stoß vorangehen, ohne daß irgendwelche Komplikationen auftraten. Bereits am 2.—6. Tage kam es zur reticulocytären Krise u. das megaloblast. Knochenmark wurde schon nach 24—48 Std. normoblastisch. Hinsichtlich seiner blutbildenden Wirksamkeit steht I demnach dem bisher üblichen Präp. nicht nach. (Клиническая Медицина [Klin. Med.] **32** (**35**). Nr. 6. 58—60. Juni 1954. Zentr. klin. Ssemaschko-Krankenhaus des Verkehrsminist.) E. RENTZ. 4587

Louis-Paul Dugal und **Mercedes Thérien,** *Wirkung von Ascorbinsäure auf das Gewicht der Nebennieren von normalen und hypophysektomierten Ratten.* Die durch 3malige intramuskuläre Injektion von 10 mg *ACTH* bei n. Ratten hervorgerufene Vergrößerung der Nebennieren um 15% wird durch gleichzeitige Applikation von 150 mg *Na-Ascorbat* (I) nicht beeinflußt. Bei hypophysektomierten Ratten, bei denen die alleinige intraperitoneale Zufuhr von 0,5 mg *ACTH* oder von 150 mg I 25 Tage lang keine deutliche Wrkg. hatte, wurde durch kombinierte Applikation von 0,5 mg *ACTH* + 150 mg I im gleichen Zeitraum eine Vergrößerung der Nebennieren um 25% bewirkt. (Science [Washington] **115.** 598—600. 30/5. 1952. Quebec, Can., Univ. Laval, Fac. de Méd., Dep. de Physiol. Exp.) F. KRUSEN. 4587

N. N. Pitzchelauri, *Zur Frage des Umsatzes von Vitamin C und dessen Heilwirkung bei Intoxikationen mit äthyliertem Benzin.* 20 Personen im Alter von 20—30 Jahren, die seit 1—11 Jahren an Intoxikation mit äthyliertem Bzn. litten, erhielten täglich je 300 mg *Ascorbinsäure* (I) bis zur Sättigung (bis 50% mit dem Harn ausgeschieden wurden). Unterss. von Blut u. Harn ergaben bei fast allen Patienten ein I-Defizit verschied. Grades. Zur Beseitigung desselben war im Winter wie im Sommer die gleiche Anzahl von Tagen erforderlich, woraus geschlossen wird, daß das I-Defizit durch die Intoxikation u. nicht durch Vitaminmangel in der Nahrung entstanden war. (Гигиена и Санитария [Hyg. u. Sanitätswes.] **1954.** Nr. 5. 51—52. Mai. Inst. für Arbeitshyg. u. Berufskrankheiten der GrusinSSR.) E. RENTZ. 4587

R. Zetterström und **J. Winberg,** *Primäre, gegen Vitamin D refraktäre Rachitis.* 2. Mitt. *Stoffwechseluntersuchungen während der Behandlung mit hohen Dosen Vitamin D.* (1. vgl. C. **1955.** 7250.) In zwei Fällen von prim. Vitamin-D-resistenter Rachitis wurden Unterss. über den Ca- u. Phosphatstoffwechsel ausgeführt. Die Störungen gleichen weitgehend denen bei Vitaminmangelrachitis. Für die Therapie kann der Quotient Serum-Ca/Serum-P nicht als Maß der Mineralisation verwendet werden. Die zuverlässigste Orientierung ist die Best. der alkal. Serumphosphatase. Bei Vitamin-D-Intoxikation kann die

Hypercalcurie vor der Hypercalcämie auftreten, so daß Vff. veränderte Ausscheidungsbedingungen annehmen. (Acta paediatrica [Uppsala] **44.** 45—61. Jan. 1955. Stockholm, Schweden, Karolinska sjukhuset, Pediatric Clin.) F. LEUSCHNER. 4587

Poul V. Marcussen, *Tuberkulöse und tuberkuloide Komplikationen während Calciferolbehandlung des Lupus vulgaris.* Beobachtungen von 284 Fällen mit Lupus vulgaris auf tuberkulöse u. tuberkuloide Komplikationen während *Calciferol* (I)-Therapie in 1—3 Kuren bei durchschnittlicher Beobachtungszeit in ca. 6 Jahren. In 6 Fällen Wiederaufflammen tuberkulöser Prozesse, 37 Fälle mit frischen Tuberkuloiden, 36 Fälle mit 2 u. mehr Komplikationen, alle meist leichterer Art, die nach Absetzen von I verschwanden. Die Erscheinungen werden damit erklärt, daß I zwar die Aktivität des Lupusgewebes hemmt, oder es zerstört, aber die Virulenz des Tuberkelbacillus nicht abschwächt. I-Therapie mit gleichzeitiger Chemo- oder antibiot. Therapie dürfte nach Vf. eine Verminderung der Komplikationen bedingen. (Dan. med. Bull. **1.** 165—71. Nov. 1954. Beilage zu: Ugeskr. Laeger. Copenhagen, Finsen Inst. Dermatol. Dep.) H. DOSSMANN. 4587

Charles F. Chappel, Robert J. Sirny, C. K. Whitehair und **Robert MacVicar,** *Die Wirkung von Mineralzulagen auf die Verdaulichkeit von Maiskolbenfutter bei Schafen.* Beifütterung der Asche von Alfalfa oder eines synthet. Gemisches gleicher Zus. verbesserte die Verdaulichkeit des aus Maiskolben bestehenden Rauhfutteranteils u. die Freßlust bei Schafen. (J. Animal Sci. **14.** 153—59. Febr. 1955. Oklahoma Agric. Exp. Stat., Dep. of Animal Husbandry and Agric. Chem. Res.) P. LOCH. 4594

L. H. Horn jr., R. R. Snapp und **L. S. Gall,** *Die Wirkung von Antibioticis auf die Verdauung von Futternährstoffen bei einjährigen Stieren: bakteriologische Unterlagen.* Die Verdaulichkeit von Protein u. Rohfaser wird durch *Aureomycin* u. *Penicillin* herabgesetzt. Die Rumenflora wird durch Verfütterung von 100 mg Aureomycin/Tag in ihrer das Rauhfutter angreifenden Wrkg. geschwächt, während die Verfütterung der gleichen Menge Penicillin hierauf ohne Einfl. ist. (J. Animal Sci. **14.** 243—48. Febr. 1955. Urbana, Ill., Univ. of Illinois, Dep. of Animal Sci.) P. LOCH. 4594

Williamina A. Himwich, *Resorption von l-Glutaminsäure.* Vf. gibt 4 Personen, von denen 2 nach Zufuhr von *Na-Glutaminat* (I) Symptome von Nausea gezeigt haben, freie *Glutaminsäure* (II) in Tomatenmark bzw. gleichzeitig mit einer Mahlzeit (heißer Haferbrei, Eier, Milch, Tomatensaft u. Brot). In 3 Fällen erhöhte die Nahrungszufuhr die Resorption von II in geringem Maße, aber weniger stark als nach Applikation von I. *Glutaminsäurehydrochlorid* [III; 50 ml in W. (a) bzw. in Form von Kapseln (b)] mit Tomatensaft verabfolgt, ruft im Fall b Nausea hervor. Bei a war der Anstieg des Plasma-II-Spiegels größer als nach Applikation von II. Aus den Verss. geht hervor, daß II nicht in größerer Menge vom Darm resorbiert wird, da diese den Darminhalt sauer macht. (Science [Washington] **120.** 351—52. 27/8. 1954. Galesbury, Ill., State Res. Hosp.; Thudichum, Psych. Res. Labor.) P. FAHRNLAENDER. 4594

W. I. Iwanow und **P. A. Rosenberg,** *Einfluß der Glutaminsäure auf den Gehalt des Gehirns an' Phosphorverbindungen.* In Verss. an weißen Mäusen, die subcutan 0,5 mg/g *Glutaminsäure* (I; mit NaOH neutralisiert) erhielten, wird festgestellt, daß I (zum Unterschied von Verss. in vitro) während der ersten Std. nach der Zufuhr die Synth. der *Adenosintriphosphorsäure* (II) im Gehirn stimuliert. Später nimmt diese Wrkg. ab. Wird die I-Injektion wiederholt, so kommt es erneut zu einer Erhöhung des II-Gehaltes. 5malige Wiederholung der I-Injektion war weniger wirksam, jedoch lagen auch dann die II-Mengen höher als bei den Kontrollen. Der Geh. des Phosphokreatin im Gehirn wurde durch I kaum beeinflußt. (Бюллетень Экспериментальной Биологии и Медицины [Bull. exp. Biol. Med.] **39.** Nr. 2. 33—35. Febr. 1955. Inst. für Arbeitshygiene u. Berufskranheiten der Akad. der med. Wiss. der UdSSR, Biochem. Labor.) E. RENTZ. 4596

Fernande Chatagner und **Bernadette Bergeret,** *Stoffwechsel der schwefelhaltigen Aminosäuren bei höheren Tieren und Mikroorganismen.* Übersicht mit 216 Literaturangaben. Vff. behandeln den *Methionin*-Stoffwechsel (oxydative Desaminierung u. Transaminierung, Demethylierung u. Cystinbldg.), den *Cystein-* u. *Cystin*-Stoffwechsel (Desulfhydrierung durch Bakterienfermente u. Leber, direkte S-Oxydation mit den Endstufen Taurin, Sulfat oder Thiosulfat); die Rolle des *Pyridoxalphosphates* beim Stoffwechsel der S-haltigen Aminosäuren, die Umwandelbarkeit von Methionin, Cystin u. deren Stoffwechselprodd. (reversibler Abbau u. Sparwrkg. gewisser S-haltiger Aminosäuren auf den Methioninbedarf); andere S-haltige Aminosäuren bei Tieren u. Mikroorganismen (*Felinin, Guanidotaurin, Lanthionin, β-Methyllanthionin*) u. die Beziehung zwischen dem Stoffwechsel der S-haltigen Aminosäuren u. dem allg. Stoffwechsel. (Ann. Nutrit. l'Alimentat. **9.** 93—130. 1955. Paris, Fac. des Sci., Labor. de Chim. biol.) K. NEHRING. 4596

W. N. Nikitin und **W. A. Kaplan,** *Quelle und Bildungswege des Fettes der Milch bei Wiederkäuern.* Zusammenfassende Darst. über die Rolle der Futterfette bei der Bldg. des Milchfettes, die Umwandlung der Kohlenhydrate des Futters u. die Beteiligung der Futterproteine an der Bldg. von Milchfett. — 98 Literaturangaben. (Успехи Современной Биологии [Fortschr. gegenwärt. Biol.] **38.** 319—39. Nov./Dez. 1954.) A. ECKE. 4596

Patrick W. Witten und **Ralph T. Holman,** *Der Stoffwechsel von polyolefinischen Fettsäuren.* 6. Mitt. *Der Einfluß von Pyridoxin auf die Umwandlung essentieller Fettsäuren.* (5. vgl. C. **1953.** 2631.) Nachdem Ratten 4 Wochen lang fett- u. pyridoxinfrei gefüttert wurden, wobei Akrodynie auftrat, erhielten einzelne Gruppen von ihnen (je Tag je Tier) a) 1 mg *Pyridoxin* (I); b) 100 mg *Äthyllinoleat* (II); c) I + II; d) 100 mg *Äthyllinolenat* (III); e) I + III. Die 8 Wochen mit diesen Zulagen gefütterten Tiere erreichten ein Gewicht (Durchschnitt) von 96 g (a); 85 g (b); 116 g (c); 72 g (d); 148 g (e). Unter dem Einfl. der Zulagen verschwanden die Mangelsymptome bei c) nach 4, bei b) nach 7 Wochen, wurden bei e) kaum beeinflußt u. nahmen bei a) u. d) schwerere Formen an. Nach steigendem Geh. an Körperfettbestandteilen geordnet ergab sich nach Versuchsbeendigung folgendes Bild: Gesamtfettsäuren b), d), c), e); Arachidonsäure a), d), e), b), c); Pentaensäuren a) (keine); c), b), e), d); Hexaensäuren a) (keine), b) (Spuren), c) (Spuren), d), e). (Arch. Biochem. Biophysics **41.** 266—73. Dez. 1952. Texas, Texas Agric. Exp. Stat., Dep. of Biochem. and Nutrit.) H. GEHM. 4596

Ralph T. Holman und **Sheldon I. Greenberg,** *Der Stoffwechsel von polyolefinischen Fettsäuren.* 7. Mitt. *Wirkung von Präparaten oxydierter Linoleate.* (6. vgl. vorst. Ref.) Unter Aufstellung der Arbeitshypothese, daß der Stoffwechsel polyolefin. Fettsäuren mit gewissen Oxydationsprozessen verknüpft ist, werden Tierverss. durchgeführt unter Verabfolgung von konjugiertem Linolsäurehydroperoxyd sowie seiner therm. Zersetzungsprodd., ferner von Hydroxylderivv., wie sie durch Red. der Hydroperoxyde entstehen, u. von einer isomeren konjugierten Linolsäure; erstrebt wird mit diesen Unterss. weiterhin eine Aufklärung der Frage nach der Ursache der biol. Toxizität ranziger Fette. Männliche Ratten werden durch ausgewählte Diät in den Zustand des Fettmangels versetzt; es erfolgen dosierte Gaben von *Äthyllinolat,* von *Äthyllinoleat-hydroperoxyd* sowie seiner therm. Zersetzungsprodd., von red. Hydroperoxyd sowie *konjugiertem Äthyllinoleat,* aus Ricinusöl durch Dehydratisierung gewonnen. Aus den getöteten Tieren werden die Fettsäuren des gesamten Körperfettes abgetrennt u. nach HERB u. RIEMENSCHNEIDER (C. **1954.** 6069) auf die polyolefin. Vertreter nach Art u. Menge geprüft. Aus den tabellar. u. graph. dargestellten Resultaten wird in krit. Auswertung abgeleitet, daß alle Zusätze zum Grundfutter, in denen Äthyllinoleat, mit oder ohne Benzoylperoxyd, enthalten ist, die Fettmangelsymptome heilen, die Wasseraufnahme herabsetzen u. die Synth. von Arachidonsäure fördern. Linolatperoxyd, auch im red. oder therm. zers. Zustand, u. konjugiertes Linolat führen nicht zur Begünstigung der Arachidonsäurebiogenese, die Hautschäden werden verschlechtert u. das Wachstum verzögert; der Wasserkonsum liegt hoch. Es zeigt sich also, daß alle Zusätze, die konjugierte Linolsäure enthalten, bei Ratten im Fettdefizit tox. Wrkg. entfalten.

V e r s u c h e: *Octadecadiensäureäthylester* (I) aus Ricinusöl (500 g) durch Eintragen in ein Gemisch von 2 Liter Äthylenglykol + 480 g KOH bei 160°, 1 Std. auf 180° halten, auf Eis gießen u. Ansäuern, Überführen der Fettsäuren in PAe., Waschen, Behandeln mit Tierkohle, Versetzen mit Spur J, 24std. Belichten unter N_2, nach Entfernen des Lösungsm. in 1 Liter Aceton aufnehmen u. Abkühlen auf —63°. Abfiltrieren der festen Säuren, Reinigen mit Tierkohle u. nacheinander aus Aceton, A. u. dreimal aus Methanol umkristallisieren. Die Veresterung der Säuren erfolgt durch 24std. Einw. (Raumtemp.) von 750 ml A. bei Ggw. von 15 ml konz. H_2SO_4. Das Estergemisch ergab nach Aufnehmen in PAe. u. Trocknen, sowie Entfernung des Lösungsm. bei der Vakuumdest. 50 g I; $E^{1\%}_{1\,cm}$ bei 2310 Å = 980. (Arch. Biochem. Biophysics **49.** 49—57. März 1954. Austin, Minn., Univ., Hormel Inst.) K. TÄUFEL. 4596

Donald B. Cheek, *Flüssigkeits- und Elektrolytgleichgewicht.* Übersicht. 1. Besprechung der theoret. Grundlagen des *Wasser-* u. *Elektrolyt* (I)-Stoffwechsels, der extracellulären Fl., der Verteilung der I im Körper, des Vork. in der Zelle, des Säure–Basen-Gleichgewichts, des p_H-Wertes, der Nierenfunktion, Dehydration, Acidose u. Alkalose; 2. Anwendung, wie Korrektion der I-Defizite im Körper, die Wiederherst. von I-Konz. u. Vol. der Körper-Fl. u. Erhaltungstherapie mit Proteinen, Vitaminen, Glucose bei physiol. u. abnormen Verlusten; 3. Maßnahmen bei im einzelnen besprochenen Krankheiten mit nachgewiesener Störung des I-Gleichgewichts im Hinblick auf die I- u. Wassernormalisierung. (Med. J. Australia **41 II.** 917—29. 11/12. 1954. Cincinnati, O., Children's Hosp. Res. Foundat.) H. DOSSMANN. 4596

Je. Ss. Mnuchina, *Über den Verbrauch an Phosphatiden und Cholesterin bei der Muskelarbeit.* Bei sportlicher Betätigung (5000- u. 10000 m-Lauf, Wettgehen über 10000 m, Schneeschuhlauf über 18 u. 30 km usw.) nimmt der Geh. an *Lipoid-P* (I) im Blut erst zu u. sinkt dann später unter den Ausgangswert. In Verss. an Fischen, weißen Ratten u. Katzen führt kurze Muskelarbeit (elektr. Reizung des Nervus ischiadicus) zu einer Zunahme, lange Muskelarbeit zu einer Abnahme von I u. *Cholesterin* (II) im Muskel u. im Blut. Bei mehrstd. Muskelarbeit nimmt der Geh. an I u. II im ganzen Organismus, vor allem in der Leber u. im Großhirn, ab. Die Verss. sprechen für einen Verbrauch von I u. II bei lang dauernder körperlicher Belastung. (Физиологический Журнал СССР имени И. М. Сеченова [Ssetschenow J. Physiol. UdSSR] **41**. Nr. 1. 89—94. Jan./Febr. 1955. Leningrad, Wiss. Forschungsinst. für Körperkultur, Stoffwechselabt.) E. RENTZ. 4597

Donald Metcalf Pace and **Benjamin W. McCashland,** College physiology. New York: Crowell. 1955. (636 S. m. Abb., Diagrs.) $ 5,50.

E₆. Pharmakologie. Therapie. Toxikologie. Hygiene.

Carrol S. Weil, Charles P. Carpenter und **Henry F. Smyth jr.,** *Einzelheiten zur Berechnung der mittleren wirksamen Dosis.* (Amer. ind. Hyg. Assoc. Quart. **14**. 200—06. Sept. 1953. Pittsburgh, Pa., Mellon Inst. of Ind. Res.) P. LOCH. 4600

K. Aurand und **H. Pauly,** *Zur Beeinflussung der Gewebeatmung durch Röntgenstrahlen.* Zur Deutung des Soforttodes, der nach RAJEWSKY u. Mitarbeitern bei Mäusen nach einmaliger Bestrahlung mit 100—200 kr eintritt, haben Vff. frisch excidierte Leber von weißen Mäusen nach WARBURG manometr. auf O_2-Verbrauch unmittelbar nach Bestrahlung in O_2-gesätt. KREBS-RINGER-Lsg. untersucht. Bestrahlungsbedingungen: 51 kV, 1000 mA, Filter 0,6 mm Al + 1,0 mm W., FOA 9 cm, Dosisleistung 40 kr/Minute. Der O_2-Verbrauch, bezogen auf das Gewebetrockengewicht, fällt zwischen 100 u. 200 kr steil ab u. erreicht bei 300 kr eine bei weiterer Erhöhung der Dosis konstant bleibende Restatmung von ca. 15% des Normalwertes. Die gleiche Restatmung beobachtet man bei Denaturierung des Eiweißes durch 5 Min. langes Erhitzen der Gewebeproben auf 60°. Der Soforttod wird danach als unmittelbare Folge der Zerstörung lebenswichtiger Substanzen angesehen. (Z. Naturforsch. **9b**. 506—07. Juli 1954. Frankfurt/M., Max-Planck-Inst. für Biophysik.) W. REUSSE. 4601

W. Florsheim, C. Doernbach und **M. E. Morton,** *Die Wirkung von Röntgenstrahlen auf die Umwandlung radioaktiven Phosphors und den Sauerstoffverbrauch von Gehirn.* In vivo-Bestrahlung mit 500—800 r Röntgenstrahlung setzte in vitro die Fähigkeit von Hirngewebe ausgewachsener Mäuse zur Umwandlung exogenen Radiophosphats nicht herab u. veränderte den O_2-Verbrauch (Q_{O_2}) des zerkleinerten Gewebes nicht. Dosen von 19000 r übten auf die Phosphorylierung keine beobachtbare akute Wrkg. aus. (Proc. Soc. exp. Biol. Med. **81**. 121—22. Okt. 1952. Long Beach, Fla., Veterans Admin. Hosp., Radioisotope Unit; Los Angeles, Calif., Univ. of California, School of Med.) K. MAIER. 4601

Paul F. Fenton und **Harrison M. Dickson,** *Die Veränderungen einiger gastrointestinaler Funktionen nach Röntgenbestrahlung.* Bei totalbestrahlten Mäusen (500 r) wurden die Funktionen des gastrointestinalen App. nach Tötung der bestrahlten Tiere nach 4 Std. bis 4 Tagen untersucht. Die Entleerung des Magen-Darm-Traktes u. die Nahrungsaufnahme waren während weniger als 24 Std. nach der Bestrahlung, die fäkale Ausscheidung während 48 Std. reduziert. Der Amylasegeh. von Pankreas u. Intestinum blieben unbeeinflußt. (Amer. J. Physiol. **177**. 528—30. Juni 1954. Providence, Rhode Island, N. Y., Brown Univ., Dep. of Biol.) W. REUSSE. 4601

Harry J. Deuel jr., Amber L. S. Cheng, George D. Kryder und **M. E. Bingemann,** *Die Wirkung der Fettmenge der Nahrung auf den allgemeinen Ernährungszustand.* 10. Mitt. *Die Schutzwirkung von Methyllinoleat gegenüber Röntgenstrahlen bei der Ratte.* (9. vgl. J. Nutrit. **48**. [1952.] 161.) 5—6 Monate alte Ratten wurden so lange mit fettsäurefreier Diät ernährt, bis es zu einem Gewichtsabfall kam. Nach weiteren 8 Wochen wurden einem Teil der Tiere tägliche Injektionen von 10 mg *Methyllinoleat* (I) gegeben. Sämtliche Tiere erhielten außerdem Röntgenbestrahlungen von je 300 r, verteilt auf eine Gesamtzeit von ca. 14 Wochen. Die mittlere Überlebenszeit ist bei den Tieren mit I-Injektion um ca. 50% größer als bei den Kontrolltieren, obwohl diese eine geringere Gesamtdosis erhalten hatten. Die Befunde werden in Verbindung mit der früher von einem der Vff. (CHENG) festgestellten Erhöhung der Strahlenresistenz durch Zuführung von Baumwollsamenöl diskutiert. (Science [Washington] **117**. 254—55. 6/3. 1953. Los Angeles, Calif., Univ. of Southern California, Dep. of Biochem. and Nutrit.) W. REUSSE. 4601

W. Frik, *Eigenschaften und Indikationsbereich neuer Gallenkontrastmittel.* Da keines der bisher bekanntgewordenen Gallenkontrastmittel alle Wünsche erfüllt, werden für die Weiterentw. dieser Kontrastmittel eine Reihe von Forderungen aufgestellt. Es werden die Eigg. u. Indikationsbereiche von *Biligrafin* (*N.N'-Adipoyl-bis-[3-amino-2.4.6-trijodbenzoesäure]*), *Monophen, Telepaque* (*3-[3-amino-2.4.6-trijodphenyl]-2-äthyl-propionsäure*) u. *Teridax* (*α-Äthyl-β-[2.4.6-trijod-3-oxyphenyl]-propionsäure*) besprochen. Nur wenn die genaue Kenntnis des Ausscheidungszeitpunktes erforderlich ist, sollte eine Anwendung von intravenös injizierbaren Gallenkontrastmitteln erfolgen. Biligrafin ist deshalb zur Cholangiographie bei Cholecystektomierten anzuwenden. Für die routinemäßige Gallenkontrastdarst. kommt nur die orale Cholecystographie in Betracht. Dafür eignet sich Telepaque besser als Biliselectan, da die Nebenerscheinungen geringer u. die Kontrastschatten dichter sind. (Dtsch. med. Wschr. **79**. 957—59. 11/6. 1954. Erlangen, Univ., Med. Klinik, Diagnost. Röntgenabt.) W. LORENZ. 4601

N. M. Krshiwitzkaja, *Veränderungen des Blutbildes bei der Kurzwellentherapie von Patienten mit tuberkulösen Pneumopleuritiden.* Beobachtungen an 46 Tuberkulosekranken mit akuten u. chron. Pneumopleuritiden ergaben nach Anwendung der Kurzwellentherapie (Diathermie) folgende Veränderungen des Blutbildes: 1 Std. nach der Sitzung vorübergehende Zunahme der Leukocyten auf Kosten der Neutrophilen, Zunahme der Kernverschiebung, Abnahme der Lymphocyten u. Zunahme der Monocyten. Nach 24 Std. Leukopenie u. vorübergehende Eosinophilie mit Abnahme der Kernverschiebung (bei 23 Patienten unterhalb des Ausgangswertes). Bei guten therapeut. Ergebnissen, bes. bei Resorption von Exsudaten, hatte gegen Ende der Behandlung die Zahl der Lymphocyten, teilweise auch der Monocyten, erheblich zugenommen. Ein Einfl. der Diathermie auf die Reticuloendothelien war nicht festzustellen. (Проблемы Туберкулеза [Probleme Tuberkulose] **1954**. Nr. 1. 66. Jan./Febr. Jalta, Klin. Sanatorium.) E. RENTZ. 4601

Ss. P. Pyschina, *Der Einfluß von Chlorcalcium und Chlorkalium auf die tonischen Rückenmarksreflexe des Frosches.* Am Reflexfrosch bewirkt $CaCl_2$ (I; 10—20 mg in Form der isoton. 1,84%ig. Lsg. in den Lymphsack) eine Verkürzung der Latenzperiode u. der Dauer der ton. Kontraktion sowie Zunahme der Amplitude des Reflexes bei direkter Reizung des Rückenmarks mit Ae.-Dämpfen. Steigerung der I-Dosis (30—50 mg) führt zum Verschwinden des ton. Reflexes für 20—30 Min. (erst erscheint die phas., dann die ton. Komponente wieder). Bei chron. Zufuhr von 10 mg I täglich verschwindet die ton. Komponente des Reflexes am 4.—5. Tag, nach Zufuhr von 30—50 mg am 2.—3. Tag. Durch *KCl* (II; 0,95—8,0 mg der isoton. 0,79%ig. Lsg.) wird die Dauer des ton. Reflexes verlängert, während seine Amplitude zu- oder abnimmt bzw. unbeeinflußt bleibt. Dosen von 11,85 mg II u. mehr führen zum Verschwinden des Reflexes u. zum Tode der Mehrzahl der Versuchstiere. Nur bei einigen kommt es zu einer Wiederherst. des Reflexes nach 1—15 Stunden. Werden einem unter II-Wrkg. stehenden Frosch 20 mg I zugeführt, so wird die ton. Komponente des Reflexes ausgelöscht u. die Amplitude der phas. Komponente vergrößert. Werden hingegen einem unter I-Wrkg. befindlichen Reflextier 7,9 mg II injiziert, so beobachtet man den entgegengesetzten Vorgang. (Физиологический Журнал СССР имени И. М. Сеченова [Ssetschenow J. Physiol. UdSSR] **41**. Nr. 1. 64—70. Jan./Febr. 1955. Leningrad, 1. Med. Pawlow-Inst., Lehrstuhl für n. Physiol.) E. RENTZ. 4606

I. N. Belgowa, *Über den Einfluß von Sublimat auf das cholinergische System des Herzens.* Am isolierten Froschherzen läßt sich mit Hilfe von *Sublimat* (I; $1 \cdot 10^{-6}$ bis $2 \cdot 10^{-5}$) die durch *Carbocholin* (II; $5 \cdot 10^{-9}$ bis $2 \cdot 10^{-5}$) bewirkte Hemmung der Herztätigkeit sowohl prophylakt. als auch nach eingetretener Wrkg. abschwächen bzw. ganz aufheben. Durch vorherige Zugabe von Substanzen (0,1%ig. Cystein, 0,005%ig. Thiobernsteinsäure), welche Sulfhydrylgruppen enthalten, gelingt es, den Einfl. von I auf die II-Wrkg. zu verhindern, nicht aber, eine bereits eingetretene II-Wrkg. zu beseitigen. (Бюллетень Экспериментальной Биологии и Медицины [Bull. exp. Biol. Med.] **37**. Nr. 5. 12—16. Mai 1954. Leningrad, Pädiatr. Med. Inst., Lehrstuhl für Pharmakol.) E. RENTZ. 4606

R. I. Lewina, *Funktionelle Verschiebungen des Gehöranalysators unter dem Einfluß von Brom und Coffein.* 68 Personen, darunter solche mit Tonsillitiden, Rhinitiden, Nebenhöhlenerkrankungen, die keine subjektiven Hörschwierigkeiten hatten, erhielten 0,3 g *NaBr* (I; 28 Personen) oder 0,03 g *Coffein* (II; 25 Personen) oder beide Mittel zusammen (15 Personen). Beide Mittel konnten die Hörschwelle sowohl herab- wie heraufsetzen. Bei einigen Versuchspersonen änderte sie sich nur im Bereich einer bestimmten Frequenz u. blieb sonst unverändert, bei manchen traten in verschied. Frequenzen entgegengesetzte Verschiebungen der Hörschwelle ein. Die funktionellen Verschiebungen unter dem Einfl. von I lagen zwischen ± 5 u. ± 35 Dezibel. Bei II lagen die Verschiebungen zwischen 5 u. 15 Dezibel. Bei Verabfolgung von I + II traten die Veränderungen hauptsächlich im Bereich von 4096 Schwingungen/Sek. auf. Die Verschiebungen lagen hier hauptsächlich im Bereich von 15 bis 30 Dezibel. I setzt vorwiegend die Hörschwelle herab, II herauf. Die beiden Mittel ermöglichen die Differenzierung funktioneller u. organ. Gehörverschiebungen. (Вестник Ото-Рино-Ларингологии [Nachr. Oto-Rhino-Laryngol.] **15.** Nr. 6. 17—22. Nov./Dez. 1953. Ukrain. Wiss. Forschungsinst. für Ohren-, Nasen- u. Halskrankheiten, Physiol. Labor.) F. DU MANS. 4606

Robert D. Barnard und **Mark D. Freeman**, *Die Änderung der toxischen Wirkung von Aminopterin durch wasserlösliche Cupridihydroporphyrine (Chloresium).* Die Verabreichung von 2 mg/kg täglich von wasserlösl. *Cu-Chlorophyllin* (I, *Chloresium*; CUTTER) schützt Ratten unter Milchdiät vor tox. Schäden durch *Aminopterin* (II). Der Zustand von durch II vergifteten Ratten wird bei Milchdiät durch *Terramycin* sowie durch parenterale Verabreichung menschlicher Plasmacholinesterase gebessert. *Coprogen*, ein Fe-haltiges Metallporphyrin mit wachstumsfördernder Eig. für Pilobolus (vgl. auch PIDDACKS u. Mitarbeiter, C. **1955. 9363**), schafft in gleichen Verss. keine verlängerten Überlebenszeiten. Vff. diskutieren den Mechanismus der antitox. Wrkg. von I gegenüber II. (Amer. J. Digest. Diseases **21.** 163—69. Juni 1954. Mount Vernon, N. Y., Pharmacol. Sect. of the Labor. Res., Div., Rystan Comp.) H. WUNDERLICH. 4607

E. Neuzil und **J. Ballenger**, *Biologische Untersuchung wasserlöslicher Derivate der Phthalocyanine.* 0,5%ig., intensiv blaue Lsgg. der sulfonierten *Kupferphthalocyanine Monosol 2 G* (I) u. *Monosol 2 GS* in W. oder physiol. Lsg. (p_H 7,34) beeinflußten Protozoen (*Glaucoma piriformis, Euglena gracilis, Balantidium coli, Trichomanas muris, Opalina ranarum* u. *Entamoeba invadens*), Crustaceen (*Daphnia, Cyclops*), Nematoden (*Anguilla aceti*) u. Fische (*Gambusia affinis*) in ihren Lebensfunktionen nicht wesentlich. Tägliche intravenöse Injektion von I (0,8%ig, 10 cm^3) rief im Verlaufe eines Monats u. länger beim Kaninchen weder Gewichtsverlust noch eine merkliche Verringerung der zirkulierenden Erythrocyten u. des Hämoglobins hervor. I war auch beim Meerschweinchen (intravenös) u. bei der Ratte (intraperitoneal) anscheinend ohne Wrkg.; ein geringer Anteil des Farbstoffs erschien im Urin. *Glaucoma* zeigte eine selektive Anfärbbarkeit im vorderen Pol. Bei den Säugetieren gab parenteral gegebenesI eine Färbung des reticuloendothelialen Systems. Postvitale Färbung von Blutausstrichen ließ eine I-Färbung auf den Granula der eosinophilen Leukocyten erkennen. (C. R. Séances Soc. Biol. Filiales **146.** 1108—10. Juli 1952. Bordeaux, Fac. de Méd. et de Pharmacie, et Centre de Recherches de Biol. préventive.) K. MAIER. 4607

W. Heubner und **W. Hertzsch**, *Über Bromderivate des Pentaerythrits.* Ermittelt aus Br-Bestimmungen nach der von HILLECKE (vgl. C. **1954.** 131) angegebenen Meth. ergab sich für die von diesem toxikol. untersuchten Verbb. *Tribromtrimethyläthanol* (I) u. *Tribromtrimethylacetamid* (II) (RIEDEL DE HAËN), daß I im Organismus der Ratte kaum angegriffen, II dagegen etwas langsamer ausgeschieden u. zu mehr als der Hälfte zers. wird. (Naunyn-Schmiedebergs Arch. exp. Pathol. Pharmakol. **220.** 251—54. 1953. Berlin, Freie Univ., Pharmakolog. Inst.) K. GENEST. 4607

K. Vlahos, K. McEntee, P. Olafson und **W. Hansel**, *Aufhebung und Wiederingangbringen der Spermatogenese am mit hoch chloriertem Naphthalin experimentell vergifteten Bullen.* Die Verfütterung von *Penta-* u. *Hexachlornaphthalin* in Tagesdosen von 1—4 mg über ca. 2 Monate bis zu einer Gesamtmenge von 1,8 g führte zu einem starken Absinken des *Vitamin-A*-Spiegels im Blut u. völligen Verlust der Spermatogenese für ca. 6 Monate. In dieser Zeit konnten keine beweglichen Spermatozoen gefunden werden. Nach Absetzen der Chlornaphthaline kehrte die Spermatogenese nach 10 Monaten zur Norm zurück. 2 mit diesem Bullen belegte Färsen konzipierten normal. (Cornell Veterinarian **45.** 198—209. April 1955. Ithaca, N. Y., State Vet. College). H. BASFELD. 4607

A. K. Chatterjee und **R. D. Mitra**, *Bemerkung zur Resistenzentwicklung bei der Hausfliege Musca nebulo F. gegenüber dem Insekticid DDT.* Die 1. Nachkommengeneration von Hausfliegen, die nach 15 Min. dauerndem Kontakt mit einer Glasfläche, die mit 54 mg *DDT* je sq./ft. behandelt war, in 24 Std. 76%ig. Mortalität zeigten, hatte bei der gleichen Insekticideinw. keine Mortalität. Diese Resistenzentw. blieb bei weiterer Behandlung mit *DDT* über mehrere Generationen erhalten. (Sci. and Cult. **17.** 437—38. April 1952. Poona, Armed Forces Med. Coll.) F. KRUSEN. 4607

Werner Pfaff, *Untersuchungen über den Aufbau der Insektencuticula und den Eindringungsmechanismus des Kontaktinsekticides E 605.* Die Cuticula von Periplaneta americana enthält 37% W., 44% Protein, 15% Chitin u. 4% Lipoide u. besteht aus 3 Schichten. Die außen liegende Epicuticula setzt sich aus einer äußeren, aus gerichteten Kristalliten bestehenden Wachsschicht u. einer inneren Proteinschicht zusammen. Die darunterliegende Exocuticula u. die innere Endocuticula bestehen aus Chitinkristalliten, die, in langen Micellen zusammengefaßt, von Lipoproteinhüllen umgeben sind, die sich durch kombinierte Behandlung mit Pepsin u. Chlf. entfernen lassen. Die Micellen bilden Fibrillen, die wiederum zu Lamellen zusammengefaßt sind. Die kristalline Struktur des Chitins wurde durch Röntgendiagramme nachgewiesen. Weitere Unterss. ergaben, daß die homogene Insektencuticula von Kontaktinsekticiden, wie *E 605*, nicht durchdrungen wird. Die insekticiden Wirkstoffe gelangen vielmehr über die Sinnesorgane u. durch Stigmen u. Haarwurzeln in den Organismus u. zur Wirkung. Damit ist die bisherige Ansicht, wonach die hohe Wirksamkeit von E 605 auf seine Lipoidlöslichkeit u. den Lipoidgeh. der Cuticula zurückzuführen ist, widerlegt. — 142 Literaturangaben u. 36 Abbildungen. (Höfchen-Briefe **5.** 93—160. 1952.) F. KRUSEN. 4607

H.-G. Rietschel, *Möglichkeiten und Grenzen der Cellulartherapie.* (Münchener med. Wschr. **97.** 703—07. 27/5. 1955. Herford, Kreis- u. Stadtkrankenhaus.) H. DOSSMANN. 4609

Je. L. Fischkow, *Über die therapeutische Verwendung des Bienengiftpräparates KF.* Zur Gewinnung der Präpp. KF-1 u. KF-2 wird das Bienengift in Pfirsich- oder Aprikosenöl gelöst. KF-2 ist jahrelang, KF-1 mindestens 1 Jahr haltbar. Die Wirksamkeit von KF-1 ist ca. 5mal größer als die von KF-2. KF-1 u. KF-2 sind wirksam bei Gelenk- u. Neuralgiekrankheiten. Mit KF-2 erzielt man gute Ergebnisse bei allerg., Herzgefäß- u. hyperton. Krankheit sowie bei neurot. Zuständen. (Клиническая Медицина [Klin. Med.] **32 (35).** Nr. 8. 20—25. Aug. 1954.) E. STEINBERG. 4609

Mary Louise Robbins, Anne R. Bourke und **Paul K. Smith,** *Die Wirkung verschiedener chemischer Verbindungen auf Flecktyphusinfektionen von Hühnerembryonen.* 315 Verbb. wurden auf rickettsiostat. Aktivität gegen endem. Flecktyphusinfektionen (*Rickettsia typhi, Wilmington*-Stamm) von Hühnerembryonen geprüft. 25 verzögerten deutlich der Tod der Embryonen (*N-Acetyl-p-aminobenzoesäure, p-Aminophenylessigsäure, Benzocain, Phthalsäure, 3.4.5.6-Tetrachlorphthalsäure, 4-Nitrophthalsäure, 1-[p-Chlorphenyl]-biguanid–HCl, Dodecanamidin–HCl, Methoxyäthyl-2-oxy-5-aminopyridin, Cholin–HCl, Cystein–HCl, Ascorbinsäure, p-Aminobenzoesäure* (I), *Salicylsäure, Methylenblau, Toluidinblau, Malachitgrün, Acriflavin, Streptomycin, Aureomycin, Chloramphenicol, Penicillin G* (II), *Dihydropenicillin F, K, X*). Abgesehen von der mit I verwandten Gruppe von Verbb. war kaum ein Zusammenhang zwischen Rickettsiostasis u. chem. Konst. feststellbar. Die Penicillinkomponenten zeigten in der Reihenfolge *X > Dihydro-F > K > G* abnehmende Wirksamkeit. *Cystein* hemmte die rickettsiostat. II-Aktivität. (J. Immunology **64.** 431—46. Mai 1950. Washington, George Washington Univ., School of Med., Dep. of Bacteriol., Hygiene, and Preventive Med. and the Dep. of Pharmacol.) K. MAIER. 4610

A. A. Wershchowskaja, *Die Behandlung von Dysenterie bei Kindern mit Sanasin.* Die Behandlung mit *Sanasin* (I) zeigt einen geringeren therapeut. Effekt als die Sulfanilamide (langsamere Gesundung u. mehr Komplikationen). Nebenwirkungen werden jedoch nicht beobachtet. Die Gewichtszunahme ist gut u. die Darmschleimhaut normalisiert sich schneller. I stört nicht das Vitamin-C-Gleichgewicht u. ist dort zu empfehlen, wo andere Präpp. vom Patienten schlecht vertragen werden. (Педиатрия [Pädiatrie] **1954.** Nr. 2. 47—50. März/April. Inst. für Infektionskrankh. der Akad. der Med. Wiss. der SSSR.) E. STEINBERG. 4610

Jack Hughes, W. M. Coppridge und **L. C. Roberts,** *Thiosulfil. Eine klinische Untersuchung.* 55 Fälle von Harnweginfektionen (Escherichia aerogenes, Proteus, Pseudomonas, St. albus) wurden 2 Tage lang mit täglich 4mal 1 g *Thiosulfil* (*2-Sulfanilamido-5-methyl-1.3.4-thiadiazol*), dann mit täglich 4mal 0,5 g in Gesamtdosen von 15—800 g behandelt. 20 wurden geheilt, 30 gebessert u. 5 nicht beeinflußt. Vergleichsunterss. zeigten, daß Thiosulfil von gleicher Wirksamkeit wie *Sulfadimetine* (*Sulfisoxazole*) ist. (Southern med. J. **47.** 1082—85. Nov. 1954. Durham, N. C.) F. KRUSEN. 4610

I. F. Grech, *Materialien zur Charakteristik der eiterverhütenden Wirkung von Sulfidin.* Bei experimentell zu Eiterfluß aus entzündeten Ohrmuscheln angeregten u. mit *Sulfidin* (I) behandelten Kaninchen zeigte sich gegenüber Kontrollen ein Nachlassen des Eiterflusses, Temperaturrückgang im Entzündungsherd u. noch mehr im ganzen Körper, auch rectal. Im Blut: Abnahme des Hämoglobins, Erhöhung der Leukocyten, hauptsächlich auf Kosten der reifen Formen der Pseudoeosinophilen, der jüngeren Formen u. der Lymphocyten. Diese Veränderungen waren in direkter Abhängigkeit von der zugefügten I-Dosis. Bei den behndelten Tieren zeigte ein großer Teil entzündete Gewebe, bes. bei großen Dosierungen. (Фармакология и Токсикология [Pharmakol. u. Toxikol.] **16.** Nr. 6. 31—37. Nov./Dez. 1953.) L. SCHULER. 4610

A. I. Kagramanow, *Die Wirksamkeit von Phthivazid bei der experimentellen Tuberkulose.* In Verss. an 145 mit Tbc infizierten Meerschweinchen erwies sich *Phthivazid* (optimale Dosis 15 mg täglich) als therapeut. hochwirksam u. übertraf sogar das Streptomycin. (Проблемы Туберкулеза [Probleme Tuberkulose] **1954.** Nr. 4. 47—50. Juli/Aug. Tbc-Inst. der Akad. der Med. Wiss. der UdSSR.) E. RENTZ. 4610

A. A. Klebanowa, *Die Wirkung von Phthivazid auf den Tuberkuloseerreger.* Das stark bakteriostat. wirksame *Pthhivazid* (I) führt, ebenso wie Streptomycin (II) oder p-Aminosalicylsäure (III), zu einer Resistenz gegenüber dem Tbc-Erreger. Die Zunahme der Resistenz erfolgt allmählich, beginnt mit dem Ende des 2. Behandlungsmonats (nach Verbrauch von 60 g I) u. nimmt bei Fortsetzung der Behandlung weiter zu. (Проблемы Туберкулеза [Probleme Tuberkulose] **1954.** Nr. 4. 50—55. Juli/Aug. Moskau, Wiss. Bezirks-Forschungsinst. für Tbc.) E. RENTZ. 4610

T. A. Berischwili, *Anwendung von PAS zur Behandlung der Tuberkulose der Atmungsorgane durch Inhalation im Sanatorium in Liban.* (Проблемы Туберкулеза [Probleme Tuberkulose] **1954.** Nr. 4. 69—70. Juli/Aug. Gulripsch, Lenin-Sanatorium.) E. RENTZ. 4610

H. Albers, *Die Anwendung von Chemotherapeuticis und Antibioticis bei der weiblichen Genitaltuberkulose.* Vf. berichten über günstige Erfahrungen bei der Behandlung der weiblichen Genitaltuberkulose durch intrauterine u. perorale Applikation von *Conteben* u. *Streptomycin* in frischen exsudativen u. chron. verschwarteten Prozessen sowie zur prä- u. postoperativen Therapie. Weniger erfolgreich wegen Unverträglichkeitserscheinungen war die Behandlung mit *p-Aminosalicylsäure.* (Geburtshilfe u. Frauenheilkunde **12.** 126—31. Febr. 1952. Oldenburg, Landeskrankenh. Sanderbusch.) F. KRUSEN. 4610

Joan A. Marsden, *Einmalige tägliche Dosis von Na-p-Salicylat in Verbindung mit Streptomycin bei Tuberkulose.* Bericht über Erfahrungen an 400 Tuberkulosefällen bei kombinierter Verabreichung von *Streptomycin* (I), meist 1 g 2mal/Woche, u. *PAS* in einer einmaligen Dosis von 12 g/Tag über 18 Monate, wodurch nach Vf. die Bldg. I-resistenter Stämme genügend verzögert wird. (Med. J. Australia **41 II.** 934—35. 11/12. 1954. Hamilton, Ontario, Mountain Sanatorium.) H. DOSSMANN. 4610

A. A. Lapina, *Zur Frage der Rezidive der Kehlkopftuberkulose bei mit Streptomycin behandelten Kranken.* (Проблемы Туберкулеза [Probleme Tuberkulose] **1954.** Nr. 4. 24—29. Juli/Aug. Moskau, Städt. Wiss. Tbc-Forschungs-Inst.) E. RENTZ. 4611

F. I. Tschumakow, *Klinisch-morphologische Charakteristik der Kehlkopftuberkulose bei mit Streptomycin und PAS behandelten Kranken.* (Проблемы Туберкулеза [Probleme Tuberkulose] **1954.** Nr. 4. 29—35. Juli/Aug. Moskau, Wiss. Bezirks-Tbc-Forschungs-Inst., Phthisio-Laryngolog. Abt.) E. RENTZ. 4611

Je. K. Jusefowitsch und **W. P. Tschernjuk,** *Gehalt der Cerebrospinalflüssigkeit an bisulfitbindenden Stoffen bei mit Streptomycin behandelten Patienten mit tuberkulöser Meningitis.* Unterss. an 60 Patienten mit tuberkulöser Meningitis, die man subоccipital bzw. endolumbal mit *Streptomycin* behandelte, ergaben, daß der Geh. der Cerebrospinal-Fl. an bisulfitbindenden Substanzen (I) bei Lähmungen u. encephalit. Symptomen über 3 mg % beträgt (n. Geh. 1 mg %) u. bei Patienten mit glattem Verlauf der Krankheit 1,5—2,5 mg %. Demnach hat der Geh. der Cerebrospinal-Fl. an I eine gewisse prognost. Bedeutung. Im Blut u. Harn sind die Veränderungen des Geh. an I weniger deutlich als in der Cerebrospinalflüssigkeit. (Проблемы Туберкулеза [Probleme Tuberkulose] **1954.** Nr. 1. 47—51. Jan./Febr. Odessa, Med. Inst., Lehrstuhl für Biochem. u. Lehrstuhl für Kinderkrankheiten.) E. RENTZ. 4611

A. Lützenkirchen und **M. Schoog,** *Wirkungssteigerung von Penicillin durch N-[3'-Dimethylaminopropyl]-3-chlorphenothiazin und Antihistaminica.* Vff. untersuchten bei der experimentellen Streptokokkensepsis der Maus die Wrkg. von *N-[3'-Dimethylaminopropyl]-3-chlorphenothiazin* (I; *Largactil, Megaphen*) u. von *N-(2'-Dimethylamino-2'-methyl)-äthylphenothiazin* (II; *Phenergan, Atosil*) auf den Infektionsablauf (**IA**). I kann den **IA** nicht signifikant beeinflussen. Penicillin + I bzw. II vergrößert die Überlebensrate der infizierten Tiere jedoch beträchtlich. Diese Ergebnisse wurden durch in vitro-Unterss. ergänzt. (Arzneimittel-Forsch. **4.** 560—62. Sept. 1954. Köln/Rh., Univ. Hautklin.) K. BÖHM. 4611

Lawrence R. Loftus, Kenneth A. Huizenga, Maurice H. Stauffer, Howard P. Rome und **James C. Cain,** *Gelbsucht infolge Chlorpromazine (Thorazine)-Behandlung.* Nachweisliches Auftreten von Gelbsucht bei 4 Patienten nach Behandlung mit *Chlorpromazine* (I) = *10-[γ-Dimethylaminopropyl]-2-chlorphenothiazinhydrochlorid.* Das histol. Leberbild glich dem Befund nach *Methyltestosteron.* (J. Amer. med. Assoc. **157.** 1286—88. 9/4. 1955. Rochester, Minn.) H. BASFELD. 4611

S. A. Ertuganowa, *Kombinierte Wirkung von antibiotischen und Antihistaminpräparaten bei der Pneumokokkeninfektion.* Bei der experimentellen Pneumokokkeninfektion von Kaninchen (42 Verss.) erwies sich die Kombination von *Penicillin* (I; 3mal täglich zu 15000 E./kg intramuskulär) mit dem Antihistaminicum *Dimedrol* (II; 3 Tage nacheinander 4mal täglich zu 10 mg/kg in dest. W. gelöst intramuskulär) günstiger als die Behandlung mit nur I oder II. Es kam zur Herabsetzung nicht nur der lokalen entzündlichen Prozesse, sondern auch der Sterblichkeit der Tiere, was dadurch erklärt wird, daß II ein rascheres Eindringen von I in den Infektionsherd fördert. (Журнал Микробиологии, Эпидемиологии и Иммунобиологии [J. Mikrobiol., Epidemiol., Immunobiol.] **1955.** Nr. 2. 49—51. Febr. Gamalaja-Inst. für Epidemiol. u. Mikrobiol. der Akad. der Med. Wiss. der UdSSR, Abt. für Infektionspathol. u. exp. Therapie.) E. RENTZ. 4611

Wallace E. Herrell, *Oxytetracyclin in der allgemeinen Medizin.* Übersicht über die Indikation. — 34 Literaturangaben. (Int. Rec. Med. **168.** 132—39. März 1955. Lexington, Ky., Lexington Clinic.) P. LOCH. 4611

William J. Farley, *Oxytetracyclin in der Kinderheilkunde.* Übersicht. — 49 Literaturangaben. (Int. Rec. Med. **168.** 140—49. März 1955. Newark, N. J., St. Michaels Hospital.) P. LOCH. 4611

Elmer H. Loughlin und **William G. Mullin,** *Oxytetracyclin in der Tropenmedizin.* Übersicht. — 62 Literaturangaben. (Int. Rec. Med. **168.** 150—68. März 1955. New York, N. Y., New York Med. Coll. and Fifth Avenue Hospitals.) P. LOCH. 4611

William W. Frye, *Die Anwendung von Oxytetracyclin bei der Behandlung gewisser Tropenkrankheiten.* Übersicht. — 14 Literaturangaben. (Int. Rec. Med. **168.** 169—77. März 1955. New Orleans, La., Louisiana State Univ.) P. LOCH. 4611

M. Ss. Sacharowa, M. A. Dadaschjan, G. G. Bosstrem und **L. A. Posspelowa,** *Die Anwendung von Biomycin bei der Behandlung des Keuchhustens.* 75 an Keuchhusten leidende Kinder im Alter von $1^1/_2$ —3 Jahren wurden mit *Biomycin* behandelt (täglich 2mal zu 0,1 g per os 7—10 Tage lang). Der Erfolg war in 57 Fällen positiv, in 16 Fällen negativ u. in 2 Fällen fraglich. (Журнал Микробиологии, Эпидемиологии и Иммунобиологии [J. Mikrobiol., Epidemiol., Immunobiol.] **1955.** Nr. 2. 34—37. Febr. Moskau, 2. Med. Stalin-Inst., Lehrstuhl für Infektionskrankh. der Kinder; Gamaleja-Inst. für Epidemiol. u. Mikrobiol. der Akad. der Med. Wiss. der UdSSR.) E. RENTZ. 4611

A. M. Lands, *Sympathicusreceptorwirkung.* Die erregenden oder hemmenden Wirkungen sympathomimet. Pharmaka (*Amine,* I) hängt vom Charakter der beteiligten Receptoren ab, wie die Unters. der Blutdruckänderungen an narkotisierten, der bronchodilator. Wrkg. bei Meerschweinchen (Lungenperfusion u. Histaminnebelmeth.) oder Hunden (Meth. der eröffneten Brust), sowie der Wrkg. auf isolierte Dünndarm- u. Uterusabschnitte (in RINGER-LOCKE-Lsg.) ergaben. Bei *Epinephrin* (II)-ähnlichen sympathomimet. I kommt der *m-Oxygruppe* bei der Stimulierung des „Erregungs"-Receptors, dem alkoh. Seitenkettenhydroxyl bei der Wrkg. auf den „Hemmungs"-Receptoren eine entscheidende Rolle zu. Die Ggw. beider Gruppen führt zu Mischeffekten im Erfolgsorgan, die großenteils von der relativen Zahl u. der Empfindlichkeit jeden vorhandenen Receptortyps abhängen. Der Sympathicusreceptormechanismus des Herzens scheint nicht differenziert zu sein, da dieses durch I mit starker Affinität zu beiden Receptoren erregt wird. Geprüfte Verbb.: *m-Oxyphenäthylamin, 1-[3-Oxyphenyl]-2-aminoäthanol, 1-[3-Oxyphenyl]-2-methylaminoäthanol* (*d.l-Phenylephrine*), *Oxytyramin, 1-[3.4-Dioxyphenyl]-2-methylaminoäthan* (*Epinine*), *l-1-[3.4-Dioxyphenyl]-2-aminoäthanol* (*Levophed*), *l-Epinephrin, 1-[3.4-Dioxyphenyl]-2-isopropylaminoäthan, 1-[3.4-Dioxyphenyl]-2-isopropylaminoäthanol* (*Isuprel*), *β-Phenäthanolamin, 1-Phenyl-2-methylaminoäthanol, 1-Phenyl-2-isopropylaminoäthanol, 1-[4-Oxyphenyl]-2-aminoäthanol, 1-[4-Oxyphenyl]-2-methylaminoäthanol* (*Sympatol*), *1-[4-Oxyphenyl]-2-isopropylaminoäthanol, 1-[3-Oxyphenyl]-2-isopropylaminoäthanol, l-Arterenol.* (Amer. J. Physiol. **169.** 11—21. 1/4. 1952. Rensselaer, New York, Sterling-Winthrop Res. Inst., Pharmacol. Sect.) K. MAIER. 4620

T. H. Rindani, *Über durch örtliche Zufuhr eines Antihistaminicums beeinflußte Entzündung.* Vf. untersuchte an Albinoratten die Wrkg. der lokalen Zufuhr von *Antistin* (I) auf die Entzündung. I allein bewirkte keine Schädigung, *Crotonöl* allein bewirkt Nekrosen, die bei gleichzeitiger Zufuhr von I an die gleiche Stelle merkbar vergrößert sind. Die mögliche Rolle des Histamins als eines Vermittlers einer unterstützenden Schutz-Rk. wird diskutiert. (Rev. canad. Biol. **13.** 431—34. Dez. 1954. Bombay, India, Topiwala National Med. Coll., Dep. of Physiol.) K. BÖHM. 4625

Martin G. Goldner und **Raul Hernandez Jauregui,** *Hypoglykämische Wirkung eines Antihistaminicums. Klinische Beurteilung.* Die hypoglykäm. Wrkg. von *Antazoline-HCl* (I, *Antistin*) wird durch Verss. an Gesunden u. Diabetikern bestätigt. Physiol. Blutzucker (II)-Werte werden nur durch parenterale Applikation von I beeinflußt, patholog. erhöhte II-Werte auch durch orale Verabreichung von *Insulin* (III). Vff. diskutieren den begrenzten therapeut. Wert von I als Ersatz für III. (Amer. J. Digest. Diseases **21.** 160—63. Juni 1954. Brooklyn, N. Y., Jewish Sanit. and Hospital for Chronic Diseases, Dep. of Med.) H. WUNDERLICH. 4625

C. R. Stephen, W. K. Nowill, H. Hall, R. Martin und **G. Margolis,** *Die Rolle der Antihistaminica bei lokaler und spinaler Anästhesie.* Die Antihistaminica *Tripelennamin* (CIBA PHARMAC. PRODD.), *Antistin* u. *Methapyrilen* (CHARPE AND DOHME INC., West Point, Pa.) unterbrechen bei lokaler Anwendung in niedriger Konz. die motor. u. sensor. Nervenimpulse als reversiblen Prozeß. In therapeut. Konz. verursachen sie oft irreversible Schädigungen des Nervengewebes. *Procain* zeigt bei beiden Anwendungsarten diese Schäden nicht. Trotz der bisher aus der Klinik gemeldeten Erfolge warnt Vf. vor unkrit. Gebrauch obengenannter Antihistaminica ohne vorherige ausführliche Tierversuche. (Anesthesiology **15.** 601—22. Nov. 1954. Durham, N. C., Duke Univ., Hosp. u. School of Med. Div. of Anesth. u. Dep. of Pathol.) G. WELTZIEN. 4625

A. W. Ssergejew, *Analgesie durch Stickoxydul bei schneller ärztlicher Hilfe.* Zur Analgesierung bei schneller ärztlicher Hilfe empfiehlt Vf. Inhalationen von N_2O u. O_2 (4:1). (Советская Медицина [Sowjet-Med.] **18.** Nr. 6. 13—16. Juni 1954. Moskau, Städt. Wiss. Sklifossowski-Forschungsinst. für schnelle ärztl. Hilfe u. Unfallstation.) E. RENTZ. 4627

Robert Patrick Bergner, Richard M. Herd, Kenneth Kline, Duard Lawrence und **Charles E. Hutton,** *Stickoxyd, Sauerstoff und Trichloräthylen in der zahnärztlichen Anästhesie.* Wenn das nicht explosible „*Trichloräthylen* (I) unter Verwendung z. B. des HEIDBRINKschen App. nur als Zusatz zu N_2O u. O_2 angewendet wird, ist es für eine sichere Vollnarkose ohne großes Excitationsstadium gut brauchbar. Nach 2 Atemzügen N_2O (70—80%) u. O_2 (20—30%) wird I langsam zugegeben. Für längere Narkosen ist es ungeeignet, da Überdosierung zum Tode führt. (Anesthesiology **15.** 696—99. Nov. 1954. Louisville, Ky., Univ., School of Med., Sect. on Anesth., Sect. on Oral Surgery, School of Dentistry, u. Louisville, General Hosp.) G. WELTZIEN. 4627

Kjell Skovlund, *Die narkotische Wirkung von Trichloräthanol im Vergleich mit Chloralhydrat.* In Toxizitätsverss. an Mäusen ergibt sich DL_{50} für *Trichloräthanol* (I) zu 505,4 ± 8,7 (mg/kg interperitoneal), für *Chloralhydrat* (II) zu 695,8 ± 14. Bei Narkose mit 350 mg/kg ist die Dauer im Falle des I 133, mit II 97 Min.; bei halber DL_{50} (I 250, II 350) hält die Narkose bei I nur 60 Min. an gegenüber 97 bei II. Ob II selbst narkot. wirkt oder nur nach Red. zu I im Organismus, bleibt dahingestellt. (Medd. norsk farmac. Selsk. **17.** 32—34. Febr. 1955. Oslo, Norges Veterinaerhøgsk., Farmakol. Inst.) R. K. MÜLLER. 4627

E. I. Ideltschik, *Der Einfluß von durch Luminal hervorgerufenem Schlaf auf die Aufnahme von Glucose durch die Gewebe.* Im Kaninchenvers. bewirkte *Luminal* (I)-Zufuhr in den meisten Fällen eine Hyperglykämie. Durch *Adrenalin* (II)-Zufuhr bei den Versuchstieren, die unter I-Narkose standen, wurde eine Glykämie hervorgerufen. Nach Zufuhr von II erhöhte sich der Blutzuckergeh. nach $1^1/_2$—2 Std. bis zum Maximum, um dann abzusinken u. nach 5 u. mehr Std. den Ausgangswert anzunehmen (bei den Kontrolltieren allmähliches Absinken des Blutzuckergeh. bis zum Ausgangswert). Die Hyperglykämie erhielt sich 5, zuweilen auch 6—7 Std. nach Zufuhr des II. Wurde den Versuchstieren eine 20%ig. *Glucose* (III)-Lsg. subcutan injiziert, so erreichte die Glykämie mit u. ohne I-Schlaf nach 30—60 Min. das Maximum schneller. Dies zeigt, daß die Resorption der Glucose ins Blut durch I nicht beeinflußt wird. Genau wie bei II fiel der Blutzuckergeh. bei den Kontrolltieren in 4 Std. bis zum Ausgangswert, während mit III dies viel später eintrat. Die Resultate zeigen, daß das tier. Gewebe (auch des Gehirns) bei I-Schlaf einen bedeutend geringeren Bedarf an Zucker hat. (Бюллетень Экспериментальной Биологии и Медицины [Bull. exp. Biol. Med.] **38.** Nr. 7. 46—49. Juli 1954. Leningrad, Inst. für Ärztefortbldg., Lehrstuhl für biol. Chem. u. Labor.-Diagnostik.) E. STEINBERG. 4627

David B. Gershenfeld und **Lewis E. Savel,** *Schmerzbekämpfung nach Episiotomie mit Efocain.* (Amer. J. Obstetr. Gynecol. **66.** 860—65. Okt. 1953. Newark, N. J., Beth Israel Hospital.) P. LOCH. 4627

Johannes Stüben, *Experimentelle Untersuchungen über Eintritt, Tiefe und Ende der Wirkung bei einigen Lokalanästheticis.* Die Anästhesietiefe (am elektr. gereizten Hundezahn) sowie Wirkungseintritt u. -dauer der Anästhesie (mit Hilfe der Hautquaddel bei Meerschweinchen) wurden von folgenden handelsüblichen Lokalanästheticis vergleichend geprüft: *Novocain* (I) *2%* u. *4%* + *Suprarenin* (II), I + *l-Arterenol* (III), I + *Corbasil* (IV), *Bayer 2%* u. *4%* + *Adrenalin* (V) bzw. + *Lirotil, Mucain „Neu" 2%* u. *4%* + *Trivalor, Melaesthin 2%* u. *4%* + V, *Tutofusin 2%* + V, *Oxyprocain forte 2%* + V bzw. + *NNH, Xylocain* (VI) *2%* + *Epinephrin* (VII) bzw. + *Epinephrin Spezial* (VIII), *Hostacain* (IX) *2%* + II bzw. + III. Die Wirkungstiefe hängt nicht allein von dem Prozentgeh. des Anästheticums, sondern auch von der Art des Vasoconstringens ab. So bewirkt eine I + II-Lsg. eine erheblich größere Anästhesietiefe als die gleiche Menge I + IV-Lösung. IX + II bzw. + **III** sowie **VI** + **VII** bzw. + **VIII** erzeugen von den geprüften Mitteln die größten Anästhesietiefen. Ebenso bewirken **IX** u. **VI** mit ihren Zusätzen einen erheblich schnelleren Eintritt der Anästhesie als die ebenfalls geprüften 2- u. 4%ig. *Procain*-Lösungen. Jedoch konnten sie, wenn als Vasoconstringens 5 mg% **V** bzw. **III** enthalten war, eine länger dauernde Anästhesie hervorrufen als **IX** + 4 mg% **II** bzw. + 5 mg% **III**. (Dtsch. zahnärztl. Z. **10**. 669—78. 1/5. 1955. Kiel, Univ., Zahnärztl. Inst. u. Klinik für Zahn-, Mund- u. Kieferkrankheiten, u. Pharmakol. Inst.) G. KLESSE. 4627

L. G. Wolfenson, *Paranekrotische Wirkung der Lokalanästhetica auf die Zellelemente verschiedener Gewebe.* Mit Hilfe der Meth. der Vitalfärbung ausgeschnittener Gewebsstücke mit 0,025%ig. Neutralrotlsg. wird gezeigt, daß *Novocain* (**I**) u. *Cocain* in Konzz. von 0,3—2% nicht nur im Nervengewebe (Rückenmarksganglien), sondern auch in anderen Geweben (Bauchspeicheldrüse u. Niere von Ratten, Bindegewebe von Kaninchen) substantielle Veränderungen paranekrot. Art hervorrufen, die reversibel sind u. nicht zu Nekrose führen. Die gleichen Konzz. lähmen auch die Bewegungen des Flimmerepithels u. rufen Kontraktionen des Froschmaules hervor. Auch am Orte der Lokalanästhesie rufen 1—2%ig. **I**-Lsgg. eine deutlich reversible Herabsetzung der Granulabldg. sowohl in den epithelialen Zellen der Haut des Kaninchens als auch in den Bindegewebszellen des Subcutis des Kaninchens hervor. Den Lokalanästheticis kommt demnach eine allg. protoplasmat. Wrkg. zu, wobei die Nervenelemente sich allerdings als überaus empfindlicher erweisen als das übrige Gewebe. (Журнал Общей Биологии [J. allg. Biol.] **15**. 220—24. Mai/Juni 1954.) E. RENTZ. 4627

Leonard Peal und **Mary Karp**, *Tronothane, ein neues Oberflächenanästheticum.* Das *p-Butoxyphenyl-γ-morpholinopropylätherhydrochlorid* (*Tronothane*, ABBOTT LABORS) hat sich als wirksames, leicht anwendbares Oberflächenanästheticum von guter u. anhaltender Wrkg. bei leichten Wunden (z. B. Scheidenriß u. ä.) u. in der Dentalmedizin erwiesen. Es eignet sich nicht zur Injektion, sondern wird als 1%ig. Gel oder Salbe direkt auf die Wunden aufgebracht. Die DL_{50} für Mäuse ist bei intraperitonealer Anwendung 460 mg/kg, subcutan 1728 mg/kg, 98 mg/kg intravenös. In der 1%ig. Form wurde es auch als Sonnenbrandcreme u. Mückencreme angewendet. Schwerwiegende Nebenwirkungen wurden nicht beobachtet. (Anesthesiology **15**. 637—43. Nov. 1954. Chicago, Ill., Northwestern Univ., Div. of Surg., Dep. of Anesth.) G. WELTZIEN. 4627

Ricardo Eulogio Gadea, *Wirkung des Dihydroergotamins auf die Kontraktion des Uterus und Dilatation des Gebärmutterhalses.* In kleinen Dosen gegeben kann *Dihydroergotamin* (*DHE 45*) in der Geburts- u. Nachgeburtsperiode zur Anregung der Uteruskontraktion u. Dilatation des Muttermundes angewandt werden. (Semana méd. **106** (**62**). 215—21. 24/2. 1955. Buenos Aires, III Cátedra de Obstetrica.) P. G. SCHEURLEN. 4628

K. Bucher, *Einige grundsätzliche Betrachtungen über Spasmolytica.* Allg. Ausführungen über Begriff, Wrkg., Angriffspunkt von Spasmolyticis (**I**). Abgrenzung gegen Parasympathicolytica u. Antihistamine. Unter **I** fallen Stoffe, die wie *Papaverin* (**II**) wirken. Wesentlich sind nur Stoffe, die 20mal stärker als **II** wirken. (Schweiz. Apotheker-Ztg. **92**. 52—57. 23/1. 1954. Basel, Univ., Pharmakol. Anstalt.) H. WUNDERLICH. 4628

C. M. Stowe, *Die curareähnliche Wirkung von Succinylcholin an Pferd und Rind. Eine vorläufige Mitteilung.* Bericht über eigene Verss. mit dem in der Wrkg. als *Dekamethonium* ähnlich bekannten *Bernsteinsäuredicholinester* (*Succinylcholin*; **I**) an Pferden u. Rindern. **I** besitzt gegenüber echten C_{10}-Verbb. den Vorteil der schnellen Hydrolysierbarkeit durch *Cholinesterase* (**II**) bei Individuen mit hohem **II**-Blutspiegel. Es wurde erwartungsgemäß gefunden, daß die **I**-Schwelle zwischen therapeut. u. schädlicher Dosis beim Pferd, das einen hohen **II**-Spiegel aufweist, klin. Vorteile besitzt, während **I** beim Rind u. vermutlich auch anderen Tieren mit niedrigem **II**-Spiegel keinen klin. Wert erwarten läßt. (Cornell Veterinarian **45**. 193—97. April 1955. Minnesota, Minn., Univ., School of Vet. Med.) H. BASFELD. 4628

Robert F. Furchgott, *Die Dibenaminblockade an Gewebsschnitten der Kaninchenaorta und ihre Anwendung zur Differenzierung von Receptoren.* An Gewebsschnitten der Kaninchenaorta blockiert *N.N-Dibenzyl-β-chloräthylamin-HCl* (**I**, *Dibenaminhydrochlorid*) die kontraktilen Wirkungen von *l-Epinephrinbitartratmonohydrat* (**II**), *l-Norepinephrinbitartrat* u. *Isopropylarterenol-HCl* (WINTHROP-STEARNS) in starkem Maße, sowie die von *5-Oxytryptamin*, *Histamindiphosphat* (VAN CAMP) u. *Acetylcholinbromid* (EASTMAN) schwächer. **II** besitzt neben seiner kontraktilen Wrkg., die durch **I** irreversibel oder sehr langsam reversibel blockiert wird, eine geringere relaxierende Wrkg., die durch **I** nicht beeinflußt wird. Vf. vermutet, daß für beide Wirkungen besondere Receptoren existieren, wobei die Receptoren für die relaxierende Wrkg. von **II** durch **I** nicht inaktiviert werden. (J. Pharmacol. exp. Therapeut. **111**. 265—84. Juli 1954. St. Louis, Mo., Washington Univ., School of Med., Dep. of Pharmacol.) H. WUNDERLICH. 4628

Ss. I. Murin, *Neues in der Methodik der Untersuchung der Wirkung von Arzneimitteln auf die Blutgefäße.* Der Nerv des isolierten Kaninchenohrs (N. auricularis magnus) dient zur Unters. der Rolle des Nervenapp. bei der Rk. der Blutgefäße auf verschied. Arzneimittel, gemessen an den Durchflußverhältnissen. Die ausgeprägteste negativ-organotrope Wrkg., bes. auf die Gefäßnerven, zeigt *Flavacridin,* in geringerem Grade wirken *Trypanblau* u. *Novoplasmin* (LP_4) u. ganz unbedeutend *Hämosporidin* (LP_2). (Фармакология и Токсикология [Pharmakol u. Toxikol.] **16.** Nr. 6. 51—54. Nov./Dez. 1953.) L. SCHULER. 4630

Arnold H. Banton, *Methoniumverbindungen bei Hypertonie.* (Lancet **260.** 527. 3/3. 1951.) F. GÜNTHER. 4630

C. T. Barry, J. Straton und **A. R. Sutherland,** *Die kumulierende Wirkung von Dekamethoniumjodid.* (Lancet **260.** 507. 3/3. 1951. Edinburgh, North Group of Hosp.) F. GÜNTHER. 4630

Katashi Makino und **Hitoshi Takahashi,** *Die Wirkung von Dimethylkynurenamin auf den Blutdruck. Dimethylkynurenamin,* das als Deriv. des Dimethyltryptamins angesehen wird, erzeugte bei Kaninchen im Gegensatz zu Tryptamin eine starke Blutdrucksenkung (bei 200—3330 γ/kg bis zu 52 mm Hg Druckabfall). Es hemmt die experimentelle Adrenalinhypertension stärker als Adenosin, dem es in seiner hypotensiven Fähigkeit unterlegen ist. Einen noch deutlicheren Effekt erwarten die Vff. von *5-Oxykynurenamin,* das als Antagonist des *Serotonins* angesprochen wird.

Versuche: *Dimethylkynurenaminhydrochlorid,* F. 158—160°, durch Hydrieren von o-Nitrobenzoyläthylaminhydrochlorid in Ggw. von Pd-Kohle; gelbe Nadeln; riecht nach Jasmin; lösl. in W.; im Papierchromatogramm blaue Fluorescenz, färbt sich mit DRAGENDORF-Reagens orangerot; R_F 0,66 (Essigsäure–Butanol–W., 1:4:5); R_F 0,62 (70%ig. Isopropanol); λ_{max} 256, 358, 246 u. 280 mμ (p_H 4,8). — *Pikrat,* $C_{17}H_{19}O_8N_5$, F. 165°. (Science [Washington] **120.** 544—45. 1/10. 1954. Kumamoto, Japan, Univ., Med. School, Dep. of Biol. Chem.) H. JORDAN. 4630

Steven M. Horvath und **Doris W. Knapp,** *Hämodynamische Effekte von Neosynephrin. Neosynephrin* erzeugte bei pentobarbitalnarkotisierten Hunden einen Blutdruckanstieg, der bei intravenöser Applikation am größten war u. bei Injektionen in den rechten Ventrikel oder intraarteriell geringer ausfiel. Dieser Effekt trat am schnellsten bei linksintracardialer Injektion, am langsamsten bei intraarterieller Zufuhr des Mittels ein. Eine Frequenzsteigerung wurde bereits unter dem Blutdruckmaximum beobachtet. Sofort nach intravenöser oder rechtsintracardialer Injektion kam es zu einer vorübergehenden Bradypnoe oder Apnoe. Für diese Effekt sind demnach periphere vasoconstrictive u. cardiale Angriffsmechanismen anzunehmen. (Amer. J. Physiol. **178.** 387—91. Sept. 1954. Iowa, Univ., Coll. of Med., Dep. of Physiol. and the Cardiovascul. Labor.) H. JORDAN. 4630

James E. Eckenhoff und **Robert D. Dripps,** *Der Gebrauch von Norepinephrin bei den verschiedensten Schockzuständen. Norepinephrin* (8 mg/Liter) zeigte in der Chirurgie vielfach lebensrettende Wrkg. bei der Bekämpfung der verschiedensten Schockzustände. Trotzdem bleibt es nur letzter Notbehelf u. die Verhinderung der Ursachen nach wie vor Hauptaufgabe. (Anesthesiology **15.** 681—88. Nov. **1954.** Philadelphia, Pa., Univ. of Pennsylvania, Hosp.; Dep. of Anesth.; School of Med., Dep. of Surg. Res.) G. WELTZIEN. 4630

H. Strunz, *Eine Intoxikation periapicalen Gewebes.* Vf. konnte im eigenen Munde 3 Tage nach einer *Kreosot* (I)-Einlage eine I-Ausscheidung durch die in Höhe der Foramina apicalia liegende Mundschleimhaut feststellen („I-Geschmack"). Der Kieferknochen reagierte auf diesen I-Durchgang mit Druckempfindlichkeit. Außerdem trat eine subperiostale Schwellung auf; anscheinend hatte sich I dort in stärkstem Maße angesammelt. (Dtsch. Zahnärztebl. **9.** 245—46. 8/4. 1955. München.) G. KLESSE. 4655

G. E. Wakerlin, *Neue Fortschritte in der Pathogenese und Behandlung der Atherosklerose.* Übersichtsbericht mit 36 Literaturangaben. (Ann. intern. Med. **37.** 313—22. Aug. 1952. Chicago, Ill., Univ. of Illinois, Coll. of Med., Dep. of Physiol.) F. KRUSEN. 4670

I. Gy. Fazekas, *Histologische und chemische Untersuchung eines Falles von parenteraler Anwendung von Kupfersulfat mit tödlichem Ausgang.* Eine Frau im 5. Schwangerschaftsmonat injizierte sich in das Cavum uteri zwecks Unterbrechung der Schwangerschaft 4,713 g krist. $CuSO_4 \cdot 5H_2O$. Ohne daß Abort erfolgt wäre, trat der Tod nach 5 Std. ein. Postmortal wurden örtlich Nekrosen, Leberverfettung, Gehirnödem, Degeneration der Epithelzellen des Magen–Darm-Kanals u. hämolyt. Veränderungen der Erythrocyten festgestellt. Der Cu-Geh. verschied. Organe war im Durchschnitt 17,75 mal höher als normal. Bes. hoher Cu-Geh. wurde in Uterusblut u. -muskulatur sowie im

Fötus gefunden. (Zacchia [Roma] [2a] **17** (29). 289—300. Okt./Dez. 1954. Zsegedin, Univ., Inst. di Med. Legale.) G. WELTZIEN. 4675

Jerome F. Strauss jr., Ruth M. Barrett und **Edward F. Rosenberg,** *BAL-Behandlung von toxischen Reaktionen auf Gold: Literaturübersicht und Bericht über zwei Fälle.* Zusammenfassung bisher veröffentlichter Fälle von Au-Intoxikation bei rheumat. Therapie mit *Au*-Präpp., die mit *BAL* (*2.3-Dimercaptopropanol*) behandelt wurden, denen 2 eigene Fälle angefügt werden. Bei rechtzeitigem Beginn der Therapie hat *BAL* bei 90% aller Au-Vergiftungsfälle Erfolg. — 15 Literaturangaben. (Ann. intern. Med. **37.** 323—31. Aug. 1952. Chicago, Ill.) F. KRUSEN. 4675

R. Manz, *Experimentelle Untersuchungen über die hepatotrope Affinität anorganischer und organischer Säuren.* Bei histolog. Unterss. eines Selbstmordfalles mit *HCl* wurde in der Leber ein periportal u. im Parenchym der Läppchenperipherie lokalisiertes, kugelig abgekapseltes Ödem festgestellt, das auf schwere Permeabilitätsstörungen im Pfortaderbereich, vermutlich durch p_H-Verschiebungen im Pfortaderblut, zurückzuführen ist. Ähnliche Leberveränderungen ließen sich bei Ratten mit experimenteller *HCl*-Vergiftung, wie auch in geringerem Ausmaß nach H_2SO_4- u. *HF*-Vergiftungen, nachweisen. Nach experimentellen Vergiftungen mit *HJ*, *Ameisen-*, *Essig-*, *Propion-* u. *Buttersäure* traten dagegen schwere Parenchymnekrosen u. -hämorrhagien sowie Leberzellschädigungen auf. (Dtsch. Z. ges. gerichtl. Med. **41.** 225—35. 1952. Göttingen, Univ., Inst. für gerichtl. Med.) F. KRUSEN. 4675

C. Launay, A. Hadengue und **L. Visy,** *Kohlenoxydvergiftung mit krampfartigen Erscheinungen und Blindheit sowie extrapyramidalen Anfällen.* Krankengeschichte eines 4jährigen, mit Leuchtgas vergifteten Jungen, bei dem sich am 3. Tag die genannten Symptome einstellten, die von einer 8 Tage anhaltenden Pupillenerweiterung mit vorübergehender Blindheit begleitet waren. (Ann. Méd. légale Criminol. **34.** 186—91. Aug./Sept. 1954.) P. LOCH. 4675

Henry F. Smith jr., *Toxikologische Angaben — Informationsquellen und zukünftige Notwendigkeiten.* Allg. Ausführungen über toxikol. Fragen in der Gewerbehygiene u. bei Berufskrankheiten. (Amer. ind. Hyg. Assoc. Quart. **15.** 203—05. Sept. 1954. Pittsburgh, Mellon Inst.) ——————— F. KRUSEN. 4681

Harold A. Abramson, Neuropharmacology; transactions of the first conference, May 26, 27 and 28, 1954, Princeton, N. J. New York: Josiah Macy, Jr. Found. 1955. (210 S. m. Abb., Diagrs.) $ 4,25.

—, Chemie und Medizin. Thiosemicarbazone. Unter der Red. von **G. N. Perschin.** Moskau: Medgis. 1954. (154 S.). 5 Rbl. 70 Kop. [russ.]

F. Pharmazie. Desinfektion.

H. A. M. van Steenbergen, *Ein Gerät zum Filtrieren von Flüssigkeiten für intravenöse Infusionen.* Beschreibung (Abb.) eines Gerätes zur Herst. von Infusionslsgg., die frei von fiebererzeugenden u. Schwebestoffen sind. (Pharmac. Weekbl. **90.** 177—81. 12/3. 1955. Leiden, Acad. Ziekenhuis, Apotheek.) W. WESLY. 4758

Jarmila Šimaljaková, *Mucinhydrogel, eine neue Augensalbengrundlage.* Vf. stellt eine Reihenfolge über Brauchbarkeit von Augensalbengrundlagen auf. Ungeeignet sind: Wachse, Olivenöl, Hammeltalg, geeigneter Maisstärkekleister, Pektin, Traganth, Tylose, Carragheen, am geeignetsten hydrophile Salbengrundlagen, wie Hydrogele, da das darin gelöste Heilmittel leichter freigegeben wird u. sich mit der Augenfeuchtigkeit mischt. *Mucin* (I) ist der extrahierte, getrocknete Schleim der Leinsamen, leicht in W. quellend geschmack- u. geruchlos. *Mucinhydrogel* (II) wird durch Quellen des I in lauwarmem W. (20 Min.) u. Verreiben auf dem Wasserbad bereitet. Arzneimittel werden, in W. oder organ. Lösungsmitteln gelöst, zugegeben. Entmischung im Salbentopf kann durch Schütteln behoben werden. Hydrogelkonz. 2,5%, D. 0,98, Viscosität 236,9 cP. Konservierung ist durch H_3BO_3-Zusatz möglich, Sterilisation, wenn es das Heilmittel verträgt. II ist ohne Reizwrkg.; schadlos für erkrankte Augen, leicht applizierbar, gibt rasch u. vollständig emulgierte Arzneistoffe ab, was bei anderen Salbengrundlagen nicht der Fall ist. (Českoslov. Farmac. **4.** 11—14. Febr. 1955. Bratislava, Slov. Univ., Ústav galen. Farm.) E. VEVERA. 4792

Vladimír Hach, *Fortschritte in der Synthese von Arzneimitteln im Jahre 1953.* Überblick mit 371 Literaturangaben. (Českoslov. Farmac. **4.** 36—50. Febr. 1955.) E. VEVERA. 4800

Georg Otto, *Neue Arzneimittel und Spezialitäten. Glutisal parenteral* (RAVENBERG GMBH., Konstanz): 25 (%) Glutisal, 2 p-Aminobenzoyldiäthylaminoäthanolhydrochlorid. Ampullen zu 5 cm³. Antirheumaticum. — *Hastolettan bronchicum* (DR. WIDER & CO., Leonberg): Salbe mit Campher, Menthol u. äther. Ölen. Gegen Erkältungskrankheiten. — *Neo-Hepatex* (C. F. BOEHRINGER & SÖHNE GMBH., Mannheim): Fermentativ abgebaute Leber mit 18—24 γ Vitamin B_{12} in 2 cm³. — *Nopenol* (FARBWERKE HOECHST, Frankfurt/M.): Ölige Suspension von 300000 I.E. Novocain-Penicillin G in 5 cm³. Gegen Kieferhöhlenentzündungen. — *Novocamid* (Hersteller wie vorst): p-Amino-N-[2-diäthylaminoäthyl]-benzamidhydrochlorid. 10%ig. Injektionslsg. u. Dragées zu 0,25 g. Anwendung bei Reizbildungsstörungen des Herzens, Pruritus u. zur Schmerzbekämpfung an Stelle von Novocain intravenös. — *Onkotin* (B. BRAUN, Melsungen): Dextranlsg. (6%ig). Blutersatz. — *Sterosan* (DR. KARL THOMAE GMBH., Biberach): Salbe u. Puder mit 5.7-Dichlor-8-oxychinaldin. Gegen Mykosen u. Infektionen der Haut. — *Trapanal* (CHEMISCHE FABRIK PROMONTA GMBH., Hamburg): Na-Salz des Äthyl-[1-methylbutyl]-malonylthioharnstoffs. Ampullen zu 5 u. 10 cm³. Narkoticum. (Dtsch. Apotheker-Ztg. **93**. 627. 20/8. 1953. Berlin.) A. HOTZEL. 4800

Helge Nuppenau, *Die Haltbarkeit einiger Barbitursäurederivate in Lösung.* 2. Mitt. *Wässerige Lösungen von Barbitursäurederivaten.* (1. vgl. C. **1955**. 4883.) An 10%ig. wss. Lsgg. der Na-Salze von Numal (I), Veronal (II), Evipan (III), Luminal (IV) u. Pentymal (5-Äthyl-5-isoamylbarbitursäure; V) wird die Zers. bei 20, 30, 90 u. 100° zeitlich verfolgt; aus der Differenz zwischen den nach der Kobaltaminmeth. (1. Mitt.) u. den aus der CO_2-Bldg. ermittelten Werten ergibt sich die Bldg. von Malonursäure (**VI**). Die p_H-Änderung wird mit der Glaselektrode bestimmt. Bei 20° ist nach 524 Tagen bei **I** der Anteil der **VI** am Gesamtverlust 88%, bei 30° nach 262 Tagen 75%, bei 90 bzw. 100° (10 Std.) nur noch 45 bzw. 27%; die p_H-Änderung (Abnahme von 10,7 auf 10,0; 9,2; 9,7; 9,3) wird damit erklärt, daß Allylisopropyl-**VI** bei 100° viel CO_2 abspaltet, die als HCO_3^--CO_3^{2-}-Puffer einen niedrigeren p_H-Wert ergibt als bei 20° mit geringer Bldg. von HCO_3^-. Bei **II** ist der **VI**-Anteil am Verlust größer als bei **I**: 20° 95%, 30° 96%, 90° 93%, 100° 84%; Diäthyl-**VI** ist wärmebeständiger als **II**. **III** ist sehr wärmeempfindlich; unter den Zersetzungsprodd. überwiegt Acetylcarbamid gegenüber der **VI**. Der Anteil der **VI** an der Gesamtzers. (10,7% bei 20° in 50 Tagen, 10,4—10,7% bei 90 u. 100° in 60 bzw. 30 Min.) beträgt bei **IV**: 20° 59%, 30° 48%, 90 u. 100° 48%; Phenyläthyl-**VI** ist also ziemlich wärmebeständig; disubstituierte Essigsäure wird bei **IV** in höherem Maße gebildet als bei **II**. **V** ist in 10%ig. Lsg. nicht zugänglich u. wird daher in 9,0—9,5%ig. Lsg. untersucht; auch die titrimetr. CO_2-Best. ist bei **V** nicht durchführbar; der Zerse zungsgrad beträgt in 90 Tagen bei 20° 15,1%, bei 30° 32,3%, in 140 Min. bei 90° 17,1%, bei 100° 33,2%. Die gefundenen Geschwindigkeitskonstanten der Gesamtzers. sind bei 20° ($k \cdot 10^5$): **I** 0,9, **II** 9, **III** 120, **IV** 9, **V** 7, bei 100° ($k \cdot 10^2$): **I** 2,1, **II** 21, **IV** 15, **V** 17; sie zeigen zum Teil erhebliche Abweichungen von den berechneten. (Dansk Tidsskr. Farmaci **28**. 261—81. Dez. 1954. Kopenhagen, Danmarks farmac. Højskole, afd. for farmaci.) R. K. MÜLLER. 4806

Jiří Kolínksý, *Serotonin, ein Naturstoff mit gefäßverengender Wirkung. Serotonin (5-Oxytryptamin;* I) kommt im Blutserum vor. Vf. beschreibt die *Synth.* nach HAMLIN u. FISCHER, nach SPEETER u. Mitarbeitern u. nach ASERO u. Mitarbeitern. **I** hat diuret. Wrkg. u. wird im Blut schnell inaktiviert u. verhindert Hämorrhagie. LD_{50} 160 mg/kg bei Mäusen, 30 mg/kg bei Ratten. Antagonisten von **I**: 2-Methyl-3-äthyl-5-aminoindol u. 2-Methyl-3-äthyl-5-nitroindol. — 36 Literaturhinweise. (Českoslov. Farmac. **4**. 27—34. Febr. 1955.) E. VEVERA. 4806

J. F. Maier, *Bereitung von Blutplasma.* Anleitung zum Abnehmen, Aufbewahren u. Mischen von Blutplasma u. Beschreibung der dazugehörigen Apparatur. Blutplasma eignet sich gut zur Bluttransfusion, vor allem, da es in gefrorenem, getrocknetem u. fl. Zustand aufbewahrt werden kann. Blutserum eignet sich wegen seiner Toxizität weniger. Steriles Arbeiten ist nötig, wenn lange Haltbarkeit erzielt werden soll. — 32 Literaturangaben. (Českoslov. Farmac. **4**. 21—26. Febr. 1955. Praha, Nem. OÚNZ-4, Chirurg. odd.) E. VEVERA. 4812

H.-Chr. Greve, *Über die Jodwirkung.* Hinweis auf die günstige Wrkg. einer Beigabe von *J* zu einer Zahnpasta (*Jod-Kaliklora* bzw. *Jod-Kaliklora stark*), bes. im Hinblick auf seine Wrkg. als Prophylakticum gegen Arteriosklerose u. Erkältungskrankheiten. Es ist auch indiziert bei Gingivitis, Stomatitis, Paradentopathien u. hypersensiblen Zahnhälsen. (Dtsch. Zahnärztebl. **9**. 246—17. 8/4. 1955. München-Pasing.) G. KLESSE. 4822

M. Danilović, *Alkalische Jodlösung, Stabilisierung und Prüfung.* Zur Best. von freiem J, JO_3^-, JO^- u. J^- in der PREGLschen J-Lsg. wird, im Anschluß an BOUGAULT [1917] wie folgt verfahren: 1. 20 cm³ Prüflsg. werden im ERLENMEYER-Kolben (250 cm³ mit Glasstöpsel) mit 5 cm³ 4nH_2SO_4 versetzt u. mit n/100 $Na_2S_2O_3$ bis farblos (Stärke) titriert (A cm³); weitere 20 cm³ werden direkt ohne H_2SO_4-Zusatz titriert (B cm³, freies J), dann wird H_2SO_4 zugesetzt u. wieder bis zur Entfärbung titriert (ccm³, JO_3^-); zur entfärbten Probe werden 0,20 g Carbamid u. 1,5 cm³ 0,5mol. $NaNO_2$-Lsg. zugegeben,

10—15 Min. unter Umrühren stehengelassen, 1 g NaJ zugegeben u. bis farblos titriert (D cm³, Gesamt-J); $JO^- = A - (B + C)$. 2. Zu 20 cm³ 10%ig. Lsg. von KH_2PO_4 werden 20 cm³ Prüflsg. gegeben u. mit $Na_2S_2O_3$ bis farblos titriert (A cm³, freies J + JO^-); weitere 20 cm³ mit $Na_2S_2O_3$ direkt (B cm³, freies J); zur entfärbten Probe wird H_2SO_4 zugesetzt u. titriert (C cm³), sodann Carbamid + $NaNO_2$ zugegeben u. bis zur Entfärbung titriert (D cm³). Berechnung einfach, beide Verff. geben Übereinstimmung. — Mit diesen Verff. wurden die PREGLschen J-Lsgg. geprüft u. gefunden, daß bei deren Herst. mit $Na_2CO_3 \cdot 10H_2O$ das freie J verlorengeht. Stabilisieren mit NaJ verlangsamt die Zers., zerstört jedoch JO^-. Bereitung mit NaOH konserviert zwar das freie J, die Lsg. enthält jedoch kein JO^-, was deren therapeut. Wert vermindert. Nur Lsgg., die mit $NaHCO_3$, NaJ, $NaJO_3$ u. freiem J hergestellt werden, sind dauernd stabil. — Darst. einer stabilen PREGL-Lsg.: 0,3 g (?, es soll wohl 3,0 g lauten!) J_2, 4 g NaCl, 2,65 g NaJ, 1,80 g $NaHCO_3$ u. 0,70 g $NaJO_3$ — alles zu 1 Liter mit W. aufgefüllt. Um jedoch eine mit dem Blutserum isoton. Lsg. zu erhalten, werden 6,2 g NaCl (statt 4 g) empfohlen. — Zum Nachw. von JO^- wird Tinctura Coccionellae als sehr empfindlich empfohlen, da sie (im Gegensatz zu o-Toluidin) auch in Ggw. von freiem J JO^- anzeigt. (Acta pharmac. jugosl. **3**. 143—52. 1953. Beograd, Farm. Fak., Inst. za galen. Farm.)
A. V. WILPERT. 4880

R. Kalvoda und **J. Zýka**, *Polarographische Reinheitsbestimmung der p-Aminosalicylsäure.* Es wurde ein Verf. zur Best. von *m-Aminophenol* (I), dem tox. Zersetzungsprod. der Decarboxylierung von p-Aminosalicylsäure (II), ausgearbeitet. Durch Diazotierung geht II in β-Resorcylcarbonsäure über, im alkal. Medium wandelt sich dagegen das diazotierte I in eine Substanz um, deren Diffusionsstrom gemessen wird u. dessen Höhe der Konz. des vorhandenen I proportional ist. Ferner wurde ein Verf. zur polarograph. Differenzierung von II u. der therapeut. unwirksamen 5-Aminosalicylsäure ausgearbeitet. (Českoslov. Farmac. **1**. 21—25. 1952. Prag, Univ., Inst. für pharmazeut. Chem.)
K. STEINER. 4880

Jaroslav Franc, *Colorimetrische Bestimmung von m-Aminophenol in p-Aminosalicylsäure mit 4-Aminoantipyrin.* Da *m-Aminophenol* (I) mit *4-Aminoantipyrin* (II) eine rote Farb-Rk. gibt, kann I in *p-Aminosalicylsäure* (III) colorimetr. bestimmt werden. Diese Meth. ist der Best. von I durch 2.6-Dibromchinonchlorimin überlegen. Man arbeitet im alkal. Milieu mit $K_3Fe(CN)_6$ (IV) als Oxydationsmittel, wobei die entstehende Farbtönung von III durch 25%ig. NH_4OH unterdrückt wird. Die Meth. eignet sich, wenn I in einer Konz. von 0—0,5% vorliegt. Die entstandene rotorange Farbe hat ein breites Maximum (Mitte bei 480 mμ), daher ist blaugrünes Filter zu verwenden. Fehlergrenze bzgl. der Extraktionsmeth. nicht größer als 0,025% absolut. Herst. der Standardlsg. von I: 0,01 g in 250 cm³ bidest. W. lösen. Lsg. von II: 3 g in 100 cm³ W. lösen. Lsg. von IV: 10 g in 500 cm³ W. lösen. Arbeitsmeth.: In 100 cm³-Meßkolben werden 10 cm³ der zu untersuchenden III (1 g in 250 cm³ W. gelöst), einpipettiert, dann 10 cm³ W., 50 cm³ konz. NH_4OH, 2 cm³ Lsg. von II, 6 cm³ Lsg. von IV zufügen u. mit konz. NH_4OH zur Marke auffüllen. Um Fehlerquellen auszuschalten, ist stets nach 10 Min. zu colorimetrieren. Eichkurve anlegen. (Českoslov. Farmac. **4**. 4—6. Febr. 1955. Pardubice-Rybitví, Výzk. ústav org. synth.)
E. VEVERA. 4880

Karel Fučík und **Helena Uhlířová**, *Beitrag zur Reinheitskontrolle des N-Methyl-4-phenylpiperidin-4-carbonsäureäthylesterhydrochlorids mittels papierchromatischer Trennung.* In *N-Methyl-4-phenylpiperidin-4-carbonsäureäthylesterhydrochlorid* (Dolantin, Dolfin, I) will Vf. Verunreinigungen ermitteln, die durch das industrielle Verf. in Tabletten, Tropfen u. Injektionslsgg. vorhanden sein können. In der Endstufe bei der Herst. des Prod. wird methyliert u. debenzyliert. Papierchromatograph. wird festgestellt, daß die Debenzylierung zum Schluß langsam verläuft u. längere Zeit braucht, während die Methylierung sehr schnell u. glatt vor sich geht. Als Verunreinigung kann im Präp. also *N-Benzyl-4-phenylpiperidin-4-carbonsäureäthylesterhydrochlorid* (II) sein. Dies wurde papierchromatograph. bestätigt. Gearbeitet wird mit WHATMAN-Papier Nr. 1 in absteigender Anordnung. Entwickelt wird mit W. + 10%ig. Isopropanol. Zur Kenntlichmachung wird DRAGENDORFFs Reagens (III) benutzt. Neben den Kontrollsubstanzen wird die zu untersuchende Substanz als Hydrochlorid aufgetragen, mit NH_3-Dämpfen die Base freigesetzt u. die Chromatographie nach 6 Std. (Lösungsmittelfront 42 cm hoch) unterbrochen. Chromatographiert wird bei 18—20°. Nach dem Trocknen werden mit III grauorange Flecken sichtbar. Stärke aus den Tabletten stört nicht. Geeignete Meth. zur Best. von I u. II in Arzneimittelzubereitungen. R_f von I 0,63; Nachweisbarkeit 20 mg. R_f von II 0,29; Nachweisbarkeit 10 mg. (Českoslov. Farmac. **4**. 8—9. Febr. 1955. Praha, Výzk. ústav farm. biochem.)
E. VEVERA. 4880

Jiří Volke und **Věra Volková**, *Bemerkung zur polarographischen Bestimmung von N-Allylnormorphin.* *N-Allylnormorphin* (I) ist nicht polarograph. reduzierbar, u. die bekannten Methoden können nur zur analyt. Best. verwendet werden. Auf Grund der Strukturformel war anzunehmen, daß sich diese Verb. wie Morphin verhält; daher wird ihre Best. nach der Meth. zur Morphinbest. nach DAGGESGAARD-RASMUSSEN durch Nitrosierung versucht. Eine gut meßbare red. Welle um $\pi^{1/2} \sim -0,77$ V (SKE) wurde ermittelt. Die Höhe der Welle wächst linear in Abhängigkeit von der Konz. zum Grenzbereich 10^{-4} bis 10^{-3}molar. Vor dieser red. Welle ist noch eine zu sehen, die der Adsorption des Reduktionsprod. entspricht wie beim Morphin. Die zu untersuchende Lsg. soll 10^{-4} bis $2 \cdot 10^{-3}$mol. an I sein u. 1nHCl enthalten. 5 cm³ dieser Lsg. werden mit 2 cm³ $NaNO_2$ gemischt u. nach 5 Min. mit 3 cm³ 3nNaOH alkalisiert. Nach Zugabe von 0,1 cm³ ½% ig. Gelatinelsg. u. Entfernung der Luft mit N_2 wird polarographiert. (Československ. Farmac. **4** 20—21. Febr. 1955. Praha, ČSAV Polarograf. ústav.) E. VEVERA. 4880

Cassella Farbwerke Mainkur Akt.-Ges. (Erfinder: **Berthold Ferreau,** Frankfurt/M., und **Carl Theo Schultis,** Bergen), *Herstellung therapeutisch wertvoller Salze* durch Rk. von $Ca(OH)_2$ mit aliphat. Monocarbonsäuren, wie Essig- oder Ameisensäure u. p-Aminosalicylsäure oder ihren am N substituierten Derivaten. Es bilden sich die schwerlösl. gemischten Ca-Doppelsalze. — *Tbc-Mittel.* (**D. B. P. 924 821** Kl. 30h vom 25/12. 1951, ausg. 7/3. 1955. Anmeldung bekanntgemacht 21/5. 1953.) K. HEINZE. 4807

Abbott Laboratories, North Chicago, übert. von: **Marvin A. Spielman,** Waukegan, und **Warren J. Close,** Zion, Ill., V. St. A., *α-Phenylpropylallophanat* erhält man durch Rk. von α-Phenylpropanol mit Äthylallophanat in Dioxan oder Toluol, F. 150—152°. — *Antikonvulsive* Wirkung. (**A. P. 2 689 866** vom 3/5. 1951, ausg. 21/9. 1954.) A. BRÖSAMLE. 4807

J. R. Geigy Akt.-Ges., Basel, übert. von: **Emil Girod,** Riehen, und **Franz Häfliger** Basel, Schweiz, *Diammoniumverbindungen* der Formel I, worin (R)(R)N— einen niederen Dialkylaminorest oder einen niederen Alkyleniminorest, wie Pyrrolidino, Piperidino, 2-Methylpiperidino oder Morpholino,

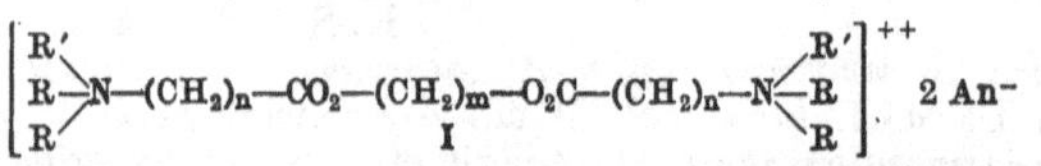

R' einen niederen Alkylrest, An einen 1wertigen Anionenrest, m = 6—14 u. n = 1—4 bedeuten, *paralysieren den Muskeltonus.* — *1.10-Di-(chloracetoxy)-decan* (**II**). Aus Chloracetylchlorid u. 1.10-Decandiol in Pyridin unter Kühlung, $Kp._{0,05}$ 160—164°. — *1.10-Bis-(α-diäthylaminoacetoxy)-decan* (**III**). Beim Erhitzen von **II** mit Diäthylamin in Bzl. im Autoklaven auf 100°. — *1.10-Bis-(α-triäthylammoniumacetoxy)-decandijodid.* Beim Kochen von **III** mit Äthyljodid in Aceton, F. 145—148°. — Analog: *1.10-Bis-(α-triäthylammoniumacetoxy)-decandibromid.* — *1.6-Bis-(α-triäthylammoniumacetoxy)-hexandijodid.* — *1.6-Bis-(δ-trimethylammoniumvaleroxy)-hexandijodid.* — *1.7-Bis-(β-triäthylammoniumpropionyloxy)-heptandijodid.* — *1.8-Bis-(α-butyldimethylammoniumacetoxy)-octandibromid.* — *1.8-Bis-(γ-trimethylammoniumbutyroxy)-octandijodid.* — *1.9-Bis-(α-triäthylammoniumacetoxy)-nonandijodid.* — *1.10-Bis-(α-butyldimethylammoniumacetoxy)-decandibromid.* — *1.10-Bis-(α-trimethylammoniumacetoxy)-decandijodid.* — *1.10-Bis-(α-äthyldimethylammoniumacetoxy)-decandijodid.* — *1.10-Bis-[α-(N-methylpiperidinium)-acetoxy]-decandijodid.* — *1.10-Bis-[α-(N-methylmorpholinium)-acetoxy]-decandijodid.* — *1.10-Bis-(β-triäthylammoniumpropionyloxy)-decandijodid.* — *1.10-Bis-(β-dimethylbutylammoniumpropionyloxy)-decandibromid.* — *1.10-Bis-[β-(N-methylpiperidinium)-propionyloxy]-decandijodid.* — *1.10-Bis-[β-(N-methylpyrrolidinium)-propionyloxy]-decandijodid.* — *1.10-Bis-(γ-trimethylammoniumbutyroxy)-decandijodid.* — *1.11-Bis-(α-trimethylammoniumacetoxy)-undecandijodid.* — *1.11-Bis-(α-äthyldimethylammoniumacetoxy)-undecandijodid.* — *1.12-Bis-(α-triäthylammoniumacetoxy)-dodecandijodid.* — *1.12-Bis-(β-trimethylammoniumpropionyloxy)-dodecandijodid.* — *1.12-Bis-(α-methyldiäthylammoniumacetoxy)-dodecandijodid.* — *1.13-Bis-(α-trimethylammoniumacetoxy)-tridecandijodid.* — *1.14-Bis-(α-trimethylammoniumacetoxy)-tetradecandijodid.* (**A. P. 2 683 167** vom 29/8. 1952, ausg. 6/7. 1954. Schwz. Prior. 5/9. 1951.) G. LANGER. 4807

Dr. Kremers Kommandit-Ges., Deutschland, *Synthetische Herstellung von Ascaridol* aus Dihydrocymol durch Oxydation mit O_3 zu dem entsprechenden Peroxyd. — Ebenso wird Terpinen mit O_3 behandelt unter Bldg. von Ascaridol. (**F. P. 1 013 491** vom 24/3. 1948, ausg. 29/7. 1952.) M. F. MÜLLER. 4807

Cilag Akt.-Ges., Schaffhausen, Schweiz, *Analgetisch wirksame Thioäther* der Formel I (R_1 u. R_2 = Alkyl, R_3 = Alkyl, Aralkyl, n = 1—3). Man kondensiert z. B. α-Dimethylaminoäthylbenzyläthylketon mit 2-Methylmercaptoäthylchlorid in Toluol in Ggw. von Na-Amid bei 30—35° oder α-Methylmercaptoäthylbenzyläthylketon mit Dimethylaminoäthylbromid zu *1-Dimethylamino-3-phenyl-3-*

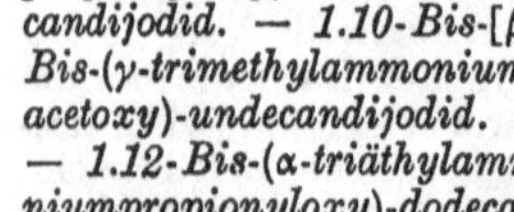

(2'-methylmercaptoäthyl)-hexanon-(4), $Kp._{0,08}$ 125—130°, säurelösl. Öl. (**Schwz. P. 295 906** vom 23/8. 1950, ausg. 16/3. 1954. **Zusatz zu Schwz. P. 291 373; C. 1954. 11 612.**) G. Krauss. 4807

Cilag Akt.-Ges., Schaffhausen, Schweiz, *Thioäther.* 1-Dimethylamino-3-cyan-5-methylthio-3-phenylpentan, $CH_3SCH_2CH_2C(CN, C_6H_5)-CH_2CH_2-N(CH_3)_2$ (I), wird mit C_2H_5Br + Mg in Ae. mit anschließender Hydrolyse über das Ketimin zum *1-Dimethylamino-3-methylthioäthyl-3-phenylhexanon-(4)*, $Kp._{0,06}$ 123—125°, umgesetzt. *Hydrochlorid*, F. 130—131°. — I wird mit $LiAlH_4$ in Ae. zu *1-Dimethylamino-3-aminomethyl-3-phenyl-5-methylmercaptopentan* red., $Kp._{0,02}$ 126—127°; *N-Acetylverb.*, F. 50°. — I wird in bekannter Weise mit CH_3Cl zu *1-Dimethylamino-3-cyan-3-phenyl-5-methylmercaptopentan-N-chlormethylat* quaternisiert, F. 109—110°, leichtlösl. in W. u. A., wenig in Ae. u. Benzol. — *Antiallergica, Analgetica* u. Zwischenprodukte. (**Schwz. PP. 291 937, 291 678** vom 23/8. 1950, ausg. 1/10. 1953 u. **294 579** vom 23/8. 1950, ausg. 1/2. 1954. **Zusatz zu Schwz. P. 291 379; C. 1954. 11 612.**) G. Krauss. 4807

Monsanto Chemical Co., St. Louis, Mo., übert. von: **Michael N. Dvornikoff**, St. Louis, und **Evan J. Young**, Valley Park, Mo., V. St. A., *p-(Acylsulfamyl)-derivate von Anilsäure* der Formel $A-NH-SO_2-C_6H_4-NH-B$, worin A den Acylrest einer Monocarbonsäure u. B den Monoacylrest einer Dicarbonsäure bedeuten, dienen als *Therapeutica.* — Sie entstehen aus Sulfanilamid durch Rk. mit einem Dicarbonsäureanhydrid oder -chlorid in Pyridin u. Umsetzen des entstandenen p-Sulfamylderiv. der Anilsäure, ohne dieses zu isolieren, mit einem Monocarbonsäureanhydrid oder -chlorid. — *p'-(Acetylsulfamyl)-phthalanilsäure.* Man erwärmt Sulfanilamid in Pyridin mit Phthalsäureanhydrid auf 55°, versetzt das Reaktionsgemisch mit Acetanhydrid u. erwärmt auf 100°, F. 197—198°. — Analog: *p'-(Benzoylsulfamyl)-phthalanilsäure.* — *p-(Acetylsulfamyl)-succinanilsäure.* — *p-(Benzoylsulfamyl)-succinanilsäure.* — *p-(Propionylsulfamyl)-adipinanilsäure.* (**A. P. 2 678 322** vom 27/10. 1950, ausg. 11/5. 1954.) G. Langer. 4807

Egema (Soc. à r. l.), Seine, Frankreich, *Herstellung von Sulfonamidopropanolen.* Man erhält diese Verbb. durch Umsetzen eines Sulfonylchlorids mit einem Aminopropanol in Ggw. eines Lösungsmittels. — Z. B. läßt man 330 Teile 1-Phenyl-2-methylaminopropanol, gelöst in wasserfreiem Bzl., in eine gesätt. Lsg. von 252 Camphersulfonylchlorid laufen. Das gebildete *1-Phenyl-2-(N-methyl-N-camphersulfonamido)-propanol* schm. bei 157 160°; *Dinitrophenylhydrazon*, F. 230—231°. Die entsprechende *N-Benzolsulfonamidoverb.* schm. bei 96—97°, die *N-p-Toluolsulfonamidoverb.* bei 115—116°, die *N-Naphthalin-β-sulfonamidoverb.* bei 122—123°. — Vgl. auch E. P. 666 073; **C. 1953. 7869.** (**F. P. 979 247** vom 18/1. 1949, ausg. 24/4. 1951. Belg. Prior. 10/2. 1948.) T. Oppermann. 4807

O. H. Hübner, Charlottenlund, Dänemark, *Herstellung von 5-Acylsulfanilamido-1.3.4-thiodiazolen oder 5-Sulfanilamido-1.3.4-thiodiazolen.* Man setzt Acylsulfosäurehalogenid mit 5-Amino-1.3.4-thiodiazol um u. spaltet gegebenenfalls anschließend den Acylrest ab. Man erhitzt zur Umsetzung die beiden Komponenten unter solchen Bedingungen, daß in an sich bekannter Weise eine Disulfonylverb. der allg. Formel I erhalten wird, in der Ac eine Acylgruppe u. X H oder eine Alkylgruppe darstellen. Anschließend wird die Disulfonylverb. mit NH_3 zum Acylsulfanilamid u. zum 5-Acylsulfanilamido-1.3.4-thiodiazol umgesetzt u. die Acylgruppe, falls erwünscht, abgespalten. (**Schwed. P. 136 191** vom 27/6. 1949, ausg. 25/6. 1952.) Jürgen Schmidt. 4807

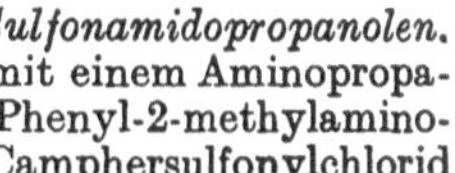

I

Ciba Pharmaceutical Products, Inc., Summit, übert. von: **Charles F. Huebner**, Morristown, und **Caesar R. Scholz**, Summit, N. J., V. St. A., *Diphenylthioharnstoffe* der allg. Formel I, worin R ein niedermol. Alkylrest u. R' ein Alkylrest C_3—C_5 oder ein Alkoxyrest mit 2—5 C-Atomen ist, werden nach bekannten Methoden dargestellt, z. B. *1-(p-Dimethylaminophenyl)-3-(p-phenetyl)-2-thioharnstoff* durch Rk. von p-Phenetylisothiocyanat mit p-Aminodimethylanilin, F. 175—176°. — Folgende Verbb. werden noch hergestellt: I ($R = CH_3$, $R' = OC_3H_7$), F. 148—149°; I ($R = CH_3$, $R' = OC_4H_9$), F. 119—121°; I [$R = CH_3$, $R' = OC_4H_9$ (iso)], F. 146—147°; I [$R = CH_3$, $R' = OC_5H_{11}$ (iso)], F. 133 bis 134°; I ($R = CH_3$, $R' = C_3H_7$), F. 156—158°; I [$R = CH_3$, $R' = C_3H_7$ (iso)], F. 171 bis 172°; I ($R = CH_3$, $R' = C_4H_9$), F. 130—132°; I [$R = CH_3$, $R' = C_5H_{11}$ (iso)], F. 141 bis 142°: I ($R = C_2H_5$, $R' = OC_2H_5$), F. 151—152°; I ($R = C_2H_5$, $R' = OC_4H_9$), F. 141 bis 142°; I [$R = C_2H_5$, $R' = C_5H_{11}$ (iso)], F. 103—105°; I ($R = C_4H_9$, $R' = OC_2H_5$), F. 88—91°; I (R_2N = Piperidyl, $R' = OC_2H_5$), F. 148—149°. — *Tuberkulosemittel.* (**A. P. 2 702 821** vom 28/1. 1952, ausg. 22/2. 1955.) A. Brösamle. 4807

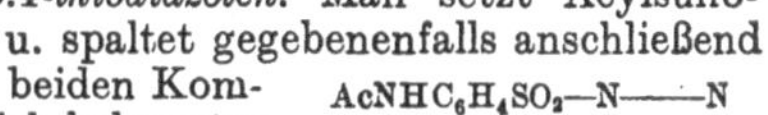

I

Cilag Akt.-Ges., Schaffhausen, Schweiz, *Basische Äther.* — *1-(2'.4'.6'-Trimethylphenoxy)-2-äthylaminopropan.* Durch katalyt. Red. eines Gemisches aus 1-(2'.4'.6'-

Trimethylphenoxy)-2-oxopropan (I) u. Äthylamin oder aus I u. Nitroäthan oder aus 1-(2'.4'.6'-Trimethylphenoxy)-2-aminopropan u. Acetaldehyd (II) oder aus 1-(2'.4'.6'-Trimethylphenoxy)-2-nitropropan u. II oder aus I u. N-Äthylbenzylamin, $Kp._{14}$ 150 bis 153°; *Hydrochlorid*, F. 194°. — Analog: *1-(3'.5'-Dimethylphenoxy)-2-äthylaminopropan*, $Kp._{15}$ 145—148°; *Hydrochlorid*, F. 150°. — *1-(2'.4'-Dimethylphenoxy)-2-äthylaminopropan*, $Kp._{14}$ 142—145°, *Hydrochlorid*, F. 141—142°. — *1-(2'.4'.6'-Trimethylphenoxy)-2-methylaminopropan*, $Kp._{13}$ 144—145°; *Hydrochlorid*, F. 131—132°. — *1-(2'.4'-Dimethylphenoxy)-2-methylaminopropan*, $Kp._{14}$ 134—135°. — *1-(p-Methylphenoxy)-2-methylaminopropan*, $Kp._{14}$ 126—128°; *Hydrochlorid*, F. 127—128°. — *1-(o-Chlorphenoxy)-2-methylaminopropan*, $Kp._{4}$ 134—137°; *Hydrochlorid*, F. 105—106°. — *1-(o-Chlorphenoxy)-2-äthylaminopropan*, $Kp._{12}$ 136—140°; *Hydrochlorid*, F. 124—125°. — *1-(p-Chlorphenoxy)-2-äthylaminopropan*, $Kp._{12}$ 150—151°. — *1-(m-Acetaminophenoxy)-2-methylaminopropan*, $Kp._{0,05}$ 180—181°. — *1-(o-Acetaminophenoxy)-2-methylaminopropan*, $Kp._{0,05}$ 152—153°; *Pikrat*, F. 232—234. — *1-(m-Oxyphenoxy)-2-äthylaminopropanhydrochlorid*, F. 159—160°. — *1-(m-Oxyphenoxy)-2-isopropylaminopropanhydrochlorid*, F. 161 bis 162°. — *Therapeutica* u. *Zwischenprodukte*. (**Schwz. PP. 297 688, 297 689, 297 690, 297 691, 297 692, 297 693, 297 694, 297 695, 297 696, 297 697, 297 698, 297 699** u. **297 700** vom 6/4. 1950, ausg. 1/6. 1954. **Zusätze zu Schwz. P. 292 589; C. 1954. 11 613.**)
G. LANGER. 4807

J. R. Geigy Akt.-Ges., Basel, Schweiz, *Diquartäre Diammoniumsalze.* Man setzt z. B. 1 (Mol) Monothiobrenzcatechin mit β-Dimethylaminoäthylchlorid (I) in Toluol in Ggw. von Na-Methylat unter N_2 um, u. das gebildete 1-(β-Dimethylaminoäthoxy)-2-(β-dimethylaminoäthylmercapto)-benzol liefert mit CH_3J in Aceton *1-(β-Dimethylaminoäthoxy)-2-(β-dimethylaminoäthylmercapto)-benzoldimethojodid*, aus A.-W., F. 278—280° (Zers.). — *Diäthojodid*, aus Methanol–Butanon, F. 188°. — Monothiohydrochinon + I → 1-(β-Dimethylaminoäthoxy)-4-(β-dimethylaminoäthylmercapto)-benzol → *Dimethojodid*, F. 273° (Zers.). — *Diäthojodid*, F. 233—236° (Zers.). — Analog: → 1.4-Bis-(γ-dimethylaminopropylmercapto)-benzol → *Dimethojodid*, F. 268° (Zers.). — 1-(γ-Dimethylaminopropoxy)-4-(γ-dimethylaminopropylmercapto)-benzol → *Diäthojodid*, F. 198°. — *1-(γ-Dimethylaminopropoxy)-2-(γ-dimethylaminopropylmercapto)-benzoldimethojodid*, F. 260° (Zers.). — *Arzneimittel.* (**Schwz. PP. 298 781, 298 782, 298 783, 298 784, 298 785, 298 786** u. **298 787** vom 11/7. 1951, ausg. 16/7. 1954. **Zusätze zu Schwz. P. 296 837; C. 1955. 2025.**)
G. KRAUSS. 4807

Laboratoires Français de Chimiothérapie, Seine, Frankreich, *Herstellung von wässerigen Lösungen von p-aminosalicylsauren Salzen.* Man stabilisiert die wss. Lsgg. durch Zusatz von Sulfiten u. Hydrosulfiten eines Alkali- oder Erdalkalimetalls. — Z. B. löst man in 95 cm³ dest. W. 0,2 g Na_2SO_3 u. 30 g p-aminosalicylsaures Na, stellt die Lsg. mit 1/10nNaOH auf p_H 7,6—7,8 ein u. versetzt sie mit einer Lsg. von 25 mg Na-Hydrosulfit in 5 cm³ Wasser. (**F. P. 1 000 902** vom 29/11. 1949, ausg. 18/2. 1952.)
T. OPPERMANN. 4807

Løvens Kemiske Fabrik ved A. Kongsted, Kopenhagen, Dänemark, *Herstellung von Phenolestern der p-Aminosalicylsäure*, die im Phenolkern in o-, m- bzw. p-Stellung eingeführte Alkyl-, Alkoxy-, Carboxyl- oder veresterte Carboxylgruppen enthalten können, durch Umsetzen von N-Carbobenzoxy-p-aminosalicylsäurehalogenid mit einem entsprechenden Phenol. Die Carbobenzoxygruppen werden durch Hydrierung in Ggw. eines Metallkatalysators entfernt. (**N. P. 81 637** vom 17/9. 1952, ausg. 20/4. 1953. Dän. Prior. 18/9. 1951.)
K. H. KÄHLER. 4807

Frederick Charles Bersworth, Verona, N. J., V. St. A., *Substituierte Monoaralkylalkylenpolyaminopolycarbonsäuren* der Formel I, worin X = H, Alkyl, Alkyloxy, Oxy oder Halogen, R eine bivalente Alkylengruppe mit 1—5 C-Atomen, die auch durch ein Äthersauerstoffatom unterbrochen sein kann, Alkylen die Gruppen $-(CH_2)_2-$, $-(CH_2)_3-$ oder $-CH(CH_3)\cdot CH_2-$, n = 1—5, A die Gruppen $-CH_2\cdot COOM$ oder $-CH_2\cdot CH_2\cdot COOM$ u. M = H, Alkalimetall, Ammonium oder eine substituierte Ammoniumgruppe bedeuten, wirken *baktericid* u. *fungicid.* — *N-(p-Chlorphenyl-n-amyl)-äthylendiamin-N.N'.N'-triessigsäure.* Man kocht ε-(p-Chlorphenyl)-n-amylamin mit β-chloräthylamin-N.N-diessigsaurem Na in 50%ig. A., macht mit NaOH alkal. bis p_H 10 u. setzt mit NaCN u. CH_2O um. — Analog: *N-(β-Phenäthyl)-äthylendiamin-N.N'.N'-triessigsäure.* (**E. P. 718 848** vom 26/9. 1952, ausg. 24/11. 1954.)

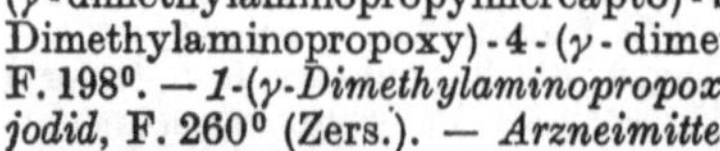

I

G. LANGER. 4807

Frederick Charles Bersworth, Verona, N. J., V. St. A., *Substituierte Alkylendiaminodiessigsäuren* der Formel I, worin R eine Alkylengruppe mit 1—5 C-Atomen,

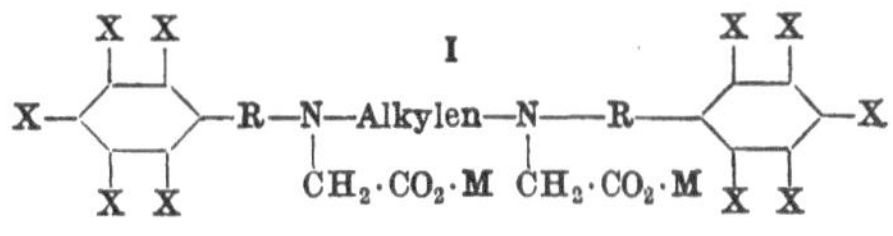

die auch durch ein Äthersauerstoffatom unterbrochen sein kann, Alkylen die Gruppen $-(CH_2)_2-$, $-(CH_2)_3-$ oder $-CH\cdot(CH_3)\cdot CH_2-$, X = H, OH, Alkyl, Alkyloxy oder Halogen u. M = H, Alkalimetall oder Ammonium bedeuten, wirken *baktericid, fungicid* u. *bilden Chelate.* — *N.N'-Bis-(2.4.6-trichlorbenzyl)-äthylendiamin-N.N'-diessigsäure.* Man kocht 2.6-Dichlor-4-nitrobenzylchlorid mit dem Di-Na-Salz der Äthylendiamin-N.N'-diessigsäure in 50%ig. A., diazotiert u. setzt mit Alkalichlorid u. CuCl um. Entsteht auch aus 2.4.6-Trichlorbenzylchlorid u. Äthylendiamin-N.N'-diessigsäure. — Analog: *N.N'-Bis-(4-chlorphenäthyl)-äthylendiamin-N.N'-diessigsäure.* — *N.N'-Bis-(3.6-dichlor-2-oxybenzyl)-äthylendiamin-N.N'-diessigsäure.* — *N.N'-Bis-(p-chlorphenyl-n-amyl)-äthylendiamin-N.N'-diessigsäure.* (**E. P. 718 849** vom 26/9. 1952, ausg. 24/11. 1954.) G. Langer. 4807

Soc. des Usines Chimiques Rhône-Poulenc (Erfinder: **Albert Funke**), Paris, Frankreich, *Herstellung von Derivaten des Cumarans* der Formel I (X = Einfachbindung oder O, S, CH_2, CO; R = Rest eines tert. Amins). Die entsprechenden Verbb. der Formel II (Ac = Acylgruppe) werden 4fach halogeniert u. die Acyloxygruppen mit Alkali hydrolysiert, dann werden die Dihydrofuranringe geschlossen u. die erhaltenen Bis-(halogenmethylcumarane) mit einem sek. Amin kondensiert. Anschließend erfolgt gegebenenfalls Salzbildung. Hergestellt werden *Bis-[2-piperidinomethylcumaranyl-(5)]* (X = Einfachbindung, F. 132—133°); *Bis-[2-piperidinomethylcumaranyl-(5)]-oxyd,* F. 235—238° (Hydrochlorid); *Bis-[2-piperidinomethylcumaranyl-(5)]-methan,* F. 165° (Hydrochlorid); *Bis-[2-piperidinomethylcumaranyl-(5)]-keton,* F. 220° (Hydrochlorid); *Bis-[2-morpholinomethylcumaranyl-(5)]-keton,* F. 162°. — Verbb. mit *herzstärkenden, analget.* u. *cholinesteraseartigen Eigg.* für die *Human-* u. *Veterinärmedizin.* (**D. B. P. 926 848** Kl. 12q vom 14/11. 1953, ausg. 25/4. 1955. Anmeldung bekanntgemacht 30/9. 1954. F. Prior. 28/11. 1952.) K. Fabel. 4807

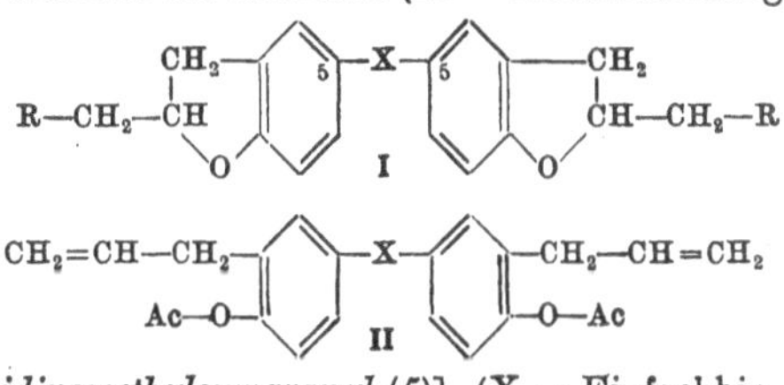

Upjohn Co. (Erfinder: **Eugene Hurlbut Woodruff**), Kalamazoo, Mich., V. St. A., *Herstellung von spasmolytisch wirksamen Pyrrolidinverbindungen* der allg. Formel I, in der R für H oder Alkyl, R' für Aryl, Aralkyl, Cycloalkyl, Cycloalkenyl, R'' = Alkyl, Aryl, Aralkyl, Cycloalkyl, Cycloalkenyl, R''' für Pyrrolidyl-(1)-, Monomethyl- oder Dimethylpyrrolidyl-(1)-rest u. n für 2, 3 oder 4 stehen, dad. gek., daß man eine α.α'-disubstituierte aliphat. Carbonsäure der allg. Formel II oder deren Säurehalogenid mit einem Pyrrolidyl-1-alkanol der Formel $R'''-C_nH_{2n}OH$ oder ein Salz der Säure II mit einem Pyrrolidyl-1-alkylhalogenid Halogen–$C_nH_{2n}R'''$ umsetzt; die erhaltenen bas. Ester I werden mit einer anorgan. oder organ. Säure in ihre Salze oder mit einem Alkylhalogenid in ihre quaternären Ammoniumverbb. übergeführt. — Die Pyrrolidylalkanole werden entweder aus Pyrrolidin (III) u. einem α-Bromalkancarbonsäureester u. Red. des entstandenen α-Pyrrolidyl-(1)-alkancarbonsäureesters mit $LiAlH_4$ oder durch Rk. von III mit einem ω-Halogenalkanol-(1) erhalten. — Z. B. entsteht aus α-Pyrrolidyl-(1)-propionsäureäthylester u. $LiAlH_4$ β-[Pyrrolidyl-(1)]-propanol, $Kp._{11}$ 80°, n_D^{25} 1,4758, $D._4$ 0,9733 u. aus III u. 3-Chlorpropanol-(1) in alkal. Lsg. γ-[Pyrrolidyl-(1)]-propanol, $Kp._{43}$ 115°⁵ n^{25} 1,4701. — 42,4 (g) Diphenylessigsäure werden unter Rückfluß mit 71,4 $SOCl_2$ 1 Std. erhitzt, nach dem Abkühlen werden 100 cm³ trocknes Xylol u. 23 β-[Pyrrolidyl-(1)]-äthanol in 50 cm³ Xylol zugegeben, die Mischung wird ½ Std. unter Rückfluß erhitzt usw. Der Rückstand wird in W. aufgelöst u. mit Ae. extrahiert. *α.α'-Diphenylessigsäure-β-[pyrrolidyl-(1)]-äthylester* wird mit wss. Na_2CO_3 in Freiheit gesetzt, $Kp._{0,08}$ 168—176°; *Hydrochlorid,* F. (aus Äthylacetat–A.) 126—127°. — Entsprechend: *α-Phenyl-α'-(Δ²-cyclopentenyl)-essigsäure-β-[pyrrolidyl-(1)]-äthylester,* $Kp._{0,04}$ 140—150°; *Hydrochlorid,* F. (aus Äthylacetat 106,7—107°; *Monocitrat,* F. 95,5—97°; *Jodäthylat,* F. 127,5—129°; *Bromallylat,* F. 117—119°; *Jodmethylat,* F. 112,5—114,5°; *Bromäthylat,* F. 129—131°; *Brommethylat,* F. 103,5—105,5°. — *α-Phenyl-α'-cyclopentylessigsäure-β-[pyrrolidyl-(1)]-äthyleter,* $Kp._{0,04}$ 135—141°; *Hydrochlorid,* F. (aus Äthylacetat) 101 bis 102°. — *α-Phenyl-α'-cyclohexylessigsäure-β-[pyrrolidyl-(1)]-äthylester,* $Kp._{0,06}$ 125°; n_D^{25} 1,5204; *Hydrochlorid,* F. 129—130°. — *α-Phenyl-α'-cyclohexylessigsäure-γ-[pyrrolidyl-(1)]-propylester,* $Kp._{0,06}$ 145°, n_D^{25} 1,5177; *Hydrochlorid,* F. 123—124,5°. — *α-Phenyl-*

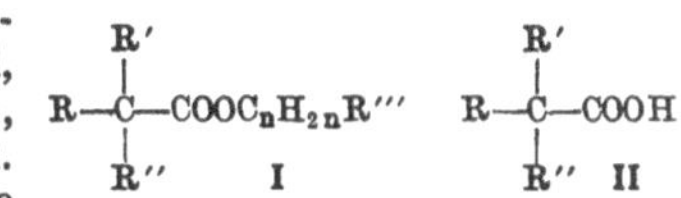

α'-(Δ²-cyclohexenyl)-essigsäure-β-[pyrrolidyl-(1)]-äthylester, Kp.$_{0,07}$ 137°, n_D^{25} 1,5295; *Hydrochlorid*, F. 132—134°. — *α-Phenyl-α'-(Δ²-cyclohexenyl)-essigsäure-γ-[pyrrolidyl-(1)]-propylester*, Kp.$_{0,07}$ 139°, n_D^{25} 1,5260; *Hydrochlorid*, F. 129—133°. — *α-Phenyl-α'-(Δ²-cyclohexenyl)-essigsäure-β-[pyrrolidyl-(1)]-isopropylester*, Kp.$_{0,03}$ 120°, n_D^{25} 1,5219; *Hydrochlorid*, F. 177—186°. — *α.α'-Diphenylessigsäure-γ-[pyrrolidyl-(1)]-propylester*, Kp.$_{0,01}$ 148°, n_D^{25} 1,5492; *Hydrochlorid*, F. 142,5—143,5°. — *α.α'-Diphenylessigsäure-β-[pyrrolidyl-(1)]-isopropylester*, Kp.$_{0,01}$ 119°, n_D^{25} 1,5455; *Hydrochlorid*, F. 166—167°; *n-Propylester*, Kp.$_{0,01}$ 146°, n_D^{25} 1,5493; *Hydrochlorid*, F. 117,5—120°. — *α-n-Propyl-α'-(Δ²-cyclopentenyl)-essigsäure-β-[pyrrolidyl-(1)]-äthylester*, Kp.$_{0,03}$ 100°, n_D^{25} 1,4761; *Hydrochlorid*, F. 67—71°. — *α-n-Propyl-α'-(Δ²-cyclopentenyl)-essigsäure-γ-[pyrrolidyl-(1)]-propylester*, Kp.$_{0,05}$ 120°, n_D^{25} 1,4758; *Hydrochlorid*, F. 83—85°; *Isopropylester*, Kp.$_{0,025}$ 105°, n_D^{25} 1,4719; *Hydrochlorid*, F. 97—99°. — *α-Phenyl-α'-cyclopentylessigsäure-γ-[pyrrolidyl-(1)]-propylester*, Kp.$_{0,03}$ 125°, n_D^{25} 1,5146; *Hydrochlorid*, F. 130 bis 131,5°. — *α-Phenyl-α'-cyclopentylessigsäure-β-[pyrrolidyl-(1)]-isopropylester*, Kp.$_{0,03}$ 112°, n_D^{25} 1,5103; *Hydrochlorid*, F. 120—125°. — *α-Phenyl-α'-(Δ²-cyclopentenyl)-essigsäure-γ-[pyrrolidyl-(1)]-propylester*, Kp.$_{0,04}$ 129°, n_D^{25} 1,5220; *Hydrochlorid*, F. 117—120°; *Isopropylester*, Kp.$_{0,05}$ 119°, n_D^{25} 1,5175; *Hydrochlorid*, F. 184—187°. — *α-(Δ²-Cyclopentenyl)-α'-(Δ²-cyclohexenyl)-essigsäure-β-[pyrrolidyl-(1)]-äthylester*, Kp.$_{0,01}$ 110°, n_D^{25} 1,5054; *Hydrochlorid*, F. 105,5—106,5°; *Isopropylester*, Kp.$_{0,03}$ 125°, n_D^{25} 1,5008; *Hydrochlorid*, F. 147—158°; *n-Propylester*, Kp.$_{0,01}$ 114°, n_D^{25} 1,5065; *Citrat*, F. 127—129°. — *α-(Δ²-Cyclopentenyl)-α'-(Δ²-cyclohexenyl)-essigsäure-γ-[pyrrolidyl-(1)]-propylester*, Kp.$_{0,01}$ 124°, n_D^{25} 1,5043; *Citrat*, F. 120,5—122°. — *α-n-Propyl-α'-cyclopentylessigsäure-β-[pyrrolidyl-(1)]-äthylester*, Kp.$_{0,01}$ 95°, n_D^{25} 1,4686; *Hydrochlorid*, F. 102—104°; *Isopropylester*, Kp.$_{0,008}$ 87°, n_D^{25} 1,4648; *Hydrochlorid*, F. 107—109°. — *α-n-Propyl-α'-cyclopentylessigsäure-γ-[pyrrolidyl-(1)]-propylester*, Kp.$_{0,01}$ 101°, n_D^{25} 1,4690; *Hydrochlorid*, F. 115,5 bis 116,5°. — *α-n-Butyl-α'-cyclopentylessigsäure-β-[pyrrolidyl-(1)]-äthylester*, Kp.$_{0,01}$ 104°, n_D^{25} 1,4683; *Hydrochlorid*, F. 88—90°; *Isopropylester*, Kp.$_{0,01}$ 100°, n_D^{25} 1,4649; *Hydrochlorid*, F. 103—108°; *n-Propylester*, Kp.$_{0,03}$ 110°, n_D^{25} 1,4700; *Hydrochlorid*, F. 77—81°. — *α-n-Butyl-α'-cyclopentylessigsäure-γ-[pyrrolidyl-(1)]-propylester*, Kp.$_{0,009}$ 104°, n_D^{25} 1,4688; *Hydrochlorid*, F. 98,5—102°. — *α-n-Butyl-α'-(Δ²-cyclopentenyl)-essigsäure-β-[pyrrolidyl-(1)]-äthylester*, Kp.$_{0,02}$ 100°, n_D^{25} 1,4752; *Citrat*, F. 88—89°. — *α-n-Butyl-α'-(Δ²-cyclopentenyl)-essigsäure-γ-[pyrrolidyl-(1)]-propylester*, Kp.$_{0,005}$ 99°, n_D^{25} 1,4750; *Hydrochlorid*, F. 76—78°; *Citrat*, F. 117—118°. (**D. B. P. 923 915** Kl. 12p vom 5/5. 1951, ausg. 24/2. 1955. Anmeldung bekanntgemacht 15/7. 1954.) R. Link. 4807

Ciba Pharmaceutical Products, Inc., Summit, N. J., übert. von: **Ernst Sury**, Basel, und **Karl Hoffmann**, Binningen, Schweiz, *1.3-Bis-aminoalkyl-3-phenyl-2.5-diketopyrrolidine* der allg. Formel I, in der Ph einen Phenylrest, der unsubstituiert oder durch Alkylgruppen oder substituierte oder nichtsubstituierte OH-Gruppen oder durch Halogenatome substituiert sein kann, Alkylen einen niedermol. Alkylenrest mit mehr als 1 C-Atom u. X eine tert.-Aminogruppe bedeuten, werden dadurch hergestellt, daß 2-Phenyl-2-tert.-aminoalkylbutan-1-carbonsäureester-4-carbonsäurenitrile, welche durch Kondensation eines α-Phenyl-α-(tert.-aminoalkyl)-acetonitrils mit einem Bromessigsäurealkylester gewonnen werden können, in Ggw. oder Abwesenheit eines Lösungsm. (Eisessig, Essigsäureanhydrid) u. in Ggw. eines Kondensationsmittels (konz. H_2SO_4) kondensiert u. das erhaltene Reaktionsprod. in 1-Stellung durch Rk. mit einem tert.-Aminoalkylhalogenid, bes. in Ggw. eines Kondensationsmittels ($NaNH_2$), substituiert u. gegebenenfalls in die quaternären Ammoniumsalze umgewandelt werden. — 45 (Teile) 2-Phenyl-2-(β-diäthylaminoäthyl)-butan-1-carbonsäureäthylester-4-carbonsäurenitril werden in 50 (Vol.) Eisessig gelöst, mit 100 konz. H_2SO_4 versetzt u. 15 Min. auf 120—140° erhitzt. Die Reaktionsmischung wird auf Eis gegossen, der p_H-Wert auf 8—9 eingestellt, die Lsg. mit Chlf. extrahiert, der Extrakt mit W. gewaschen, über $CaCl_2$ getrocknet u. das Lösungsm. abgedampft. *3-Phenyl-3-(β-diäthylaminoäthyl)-2.5-diketopyrrolidin* (**II**), Kp.$_{0,3}$ 215—221°, F. 89 bis 90°. — 20 **II**, 4 $NaNH_2$ u. 12 β-Chloräthyldiäthylamin in 300 Vol. Toluol bei 80—90° → *3-Phenyl-1.3-bis-(β-diäthylaminoäthyl)-2.5-diketopyrrolidin*, Kp.$_{0,08}$ 216—220°, gelbes Öl; *Hydrochlorid*, leicht wasserlösl.; *Jodmethylat*, sehr hygroskop. — In entsprechender Weise werden hergestellt: *3-Phenyl-3-(γ-diäthylaminopropyl)-2.5-diketopyrrolidin*, Kp.$_{0,05}$ 213—218°, gelbes, viscoses Öl, u. *3-Phenyl-1.3-bis-(γ-diäthylaminopropyl)-2.5-diketopyrrolidin*, Kp.$_{0,06}$ 192—198°; gelbes Öl; *Bis-brommethylat*, F. (aus Methanol–Äthylacetat) 169—170°, kleine farblose Nadeln. — *3-Phenyl-3-(γ-piperidinopropyl)-2.5-diketopyrrolidin*, Kp.$_{0,07}$ 233—237°, F. (aus Methanol) 131—132°, u. *3-Phenyl-1.3-bis-(γ-piperidinopropyl)-2.5-diketopyrrolidin*, Kp.$_{0,03}$ 246—250°, gelbes Öl; *Dihydrochlorid*, F. (aus Methanol–Äthylacetat) 236—237°; *Bis-jodmethylat*, F. (aus Methanol–Äthylacetat) 185

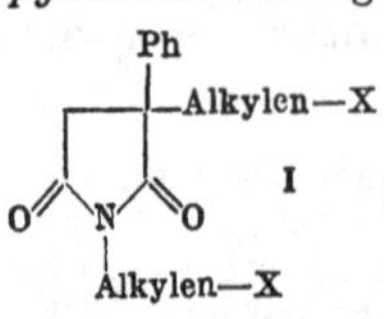

I

bis 186°, weiße Nadeln; *Bis-brommethylat*, F. (aus Isopropanol-Äthylacetat) 171—176°; *Bis-chlormethylat*, F. (aus Isopropanol-Äthylacetat) 225—229°. — Verbb. mit *Curarewirkung*. (**A. P. 2 666 060** vom 8/9. 1952, ausg. 12/1. 1954. Schwz. Prior. 11/9. 1951.) R. LINK. 4807

J. R. Geigy Akt.-Ges., Basel, Schweiz, *Herstellung eines Bis-aminoalkoxyalkans*, dad. gek., daß man 1 (Mol) eines 1.10-Bis-(β-halogenäthoxy)-dekans mit 2 Piperidin umsetzt → *1.10-Bis-(β-piperidinoäthoxy)-decan*, $Kp._{0,01}$ 197—203°. — *Zwischenprod.* zur Herst. von *Arzneimitteln*. (**Schwz. P. 298 028** vom 20/9. 1951, ausg. 16/6. 1954. **Zusatz zu Schwz. P. 292 945; C. 1955. 5850.**) R. LINK. 4807

J. R. Geigy Akt.-Ges., Basel, Schweiz, *Herstellung von 1.10-Bis-(β-pyrrolidinoäthoxy)-decan* durch Rk. von 1 (Mol) 1.10-Bis-(β-halogenäthoxy)-decan mit 2 Pyrrolidin. *Dihydrobromid*, F. 154°. — Zwischenprod. zur Herst. von *Arzneimitteln*. (**Schwz. P. 298 029** vom 20/9. 1951, ausg. 16/6. 1954. **Zusatz zu Schwz. P. 292 945; C. 1955. 5850.**) K. FABEL. 4807

Farbwerke Hoechst Akt.-Ges., vormals Meister Lucius & Brüning, Frankfurt/M., *3-Aminopropane* erhält man durch Rk. eines Mg-Halogenids der Formel R_1—Mg—Halogen mit einem α-Cyanacrylsäureester der Formel R_2—CH=CH(CN)—COO—Alkyl (R_1 u. R_2 = substituierter oder unsubstituierter aromat. oder heterocycl. Rest u. wenigstens einer dieser Reste = -indolyl), Hydrolyse u. Decarboxylierung des erhaltenen β.β-disubstituierten α-Cyanpropionsäureesters zum Nitril, dann Hydrierung sowie gegebenenfalls Methylierung. — α-Cyanzimtsäuremethylester in Bzl. + β-Indolyl-Mg-bromid → *α-Cyan-β-phenyl-β-[indolyl-(3)]-propionsäuremethylester*, F. 156°, daraus durch alkal. Hydrolyse u. Decarboxylierung bei 170—180° *β-Phenyl-β-[indolyl-(3)]-propionitril*, F. 150—151°, daraus durch Hydrierung mit RANEY-Ni u. NH_3 in CH_3OH/Dioxan *1-Phenyl-1-indolyl-(β)-propylamin-(3)*, F. 133—134°. — *α-Cyan-β-phenyl-β-2-methylindolylpropionsäuremethylester*, F. 128°, → *β-Phenyl-β-[2-methylindolyl-(3)]-propionitril*, F. 129°, → *1-Phenyl-1-[2'-methylindolyl-(3')]-3-aminopropanhydrochlorid*, F. 205° (Zers.). — *1-(m-Methoxyphenyl)-1-(2'-methylindolyl)-3-aminopropanhydrochlorid*, F. 202°. — *1-Thienyl-1-(2'-methylindolyl)-3-aminopropanhydrochlorid*, F. 189° (Zers.). — Die Verbb. sind *pharmakol. wirksam*. (**E. P. 705 652** vom 19/9. 1950, ausg. 17/3. 1954. D. Prior. 1/10. 1948.) U. SIEVERS. 4807

J. R. Geigy Akt.-Ges., Basel, Schweiz, *Herstellung von 3.5-Dioxopyrazolidinen* aus substituierten Malonsäurediestern oder -dihalogeniden u. Hydrazobenzol (I) oder N-Acetylhydrazobenzol. — Zu einer warmen Lsg. aus 23 g Na u. 460 cm³ A. werden zunächst 232 g (β-Äthoxyäthyl)-malonsäurediäthylester, dann 203 g I unter Rühren zugegeben. Die Hälfte des A. wird abdest. u. allmählich durch 230 cm³ Xylol ersetzt. Die Temp. wird während 12 Std. unter Rühren auf 140° gehalten, so daß A. abdest., aber Xylol als Lösungsm. zurückbleibt. Nach dem Abkühlen werden 460 cm³ W. eingerührt, die wss. Schicht wird vom Xylol abgetrennt, dann wird 2mal mit je 46 cm³ $CHCl_3$ ausgeschüttelt, mit konz. HCl kongosauer gestellt, das ausgeschiedene Öl in Äthylacetat aufgenommen, mit W. gewaschen, über Na_2SO_4 getrocknet u. das Lösungsm. abdestilliert. Nach Umkristallisieren aus A. erhält man *1.2-Diphenyl-3.5-dioxo-4-(β-äthoxyäthyl)-pyrazolidin*, F. 78—79°. — Analog werden hergestellt: aus (β-Isopropoxyäthyl)-II (II = Malonsäurediäthylester) u. I *1.2-Diphenyl-3.5-dioxo-4-(β-isopropoxyäthyl)-pyrazolidin*, F. 104—106°; aus I u. (β-Phenoxyäthyl)-II *1.2-Diphenyl-3.5-dioxo-4-(β-phenoxyäthyl)-pyrazolidin*, F. 147°; aus I u. (β-Äthylmercaptoäthyl)-II *1.2-Diphenyl-3.5-dioxo-4-(β-äthylmercaptoäthyl)-pyrazolidin*, F. 92°; aus I u. (β-Isopropylmercaptoäthyl)-II *1.2-Diphenyl-3.5-dioxo-4-(β-isopropylmercaptoäthyl)-pyrazolidin*, F. 105—107°; aus I u. (β-n-Propylmercaptoäthyl)-II *1.2-Diphenyl-3.5-dioxo-4-(β-n-propylmercaptoäthyl)-pyrazolidin*, F. 94—96°; aus I u. (β-Cyclohexylmercaptoäthyl)-II *1.2-Diphenyl-3.5-dioxo-4-(β-cyclohexylmercaptoäthyl)-pyrazolidin*, F. 124—125°; aus I u. (β-Phenylmercaptoäthyl)-II *1.2-Diphenyl-3.5-dioxo-4-(β-phenylmercaptoäthyl)-pyrazolidin*, F. 106—108°; aus I u. [β-(p-Methylphenylmercapto)-äthyl]-II *1.2-Diphenyl-3.5-dioxo-4-[β-(p-methylphenylmercapto)-äthyl]-pyrazolidin*, F. 101—103°; aus I u. [β-(o.p-Dimethylphenylmercapto)-äthyl]-II *1.2-Diphenyl-3.5-dioxo-4-[β-(o.p-dimethylphenylmercapto)-äthyl]-pyrazolidin*, F. 104—105°; aus I u. [β-(p-Chlorphenylmercapto)-äthyl]-II *1.2-Diphenyl-3.5-dioxo-4-[β-(p-chlorphenylmercapto)-äthyl]-pyrazolidin*, F. 117—119°; aus I u. (γ-Phenylmercaptopropyl)-II *1.2-Diphenyl-3.5-dioxo-4-(γ-phenylmercaptopropyl)-pyrazolidin*, F. 112 bis 115°; aus I u. (δ-Phenylmercaptobutyl)-II *1.2-Diphenyl-3.5-dioxo-4-(δ-phenylmercaptobutyl)-pyrazolidin*, F. 121—122°; aus I u. (β-Benzylmercaptoäthyl)-II *1.2-Diphenyl-3.5-dioxo-4-(β-benzylmercaptoäthyl)-pyrazolidin*, F. 101—102°; aus I u. [β-(p-Chlorbenzylmercapto)-äthyl]-II *1.2-Diphenyl-3.5-dioxo-4-[β-(p-chlorbenzylmercapto)-äthyl]-pyrazolidin*, F. 81—83°; aus I u. [β-(p-Methoxyphenylmercapto)-äthyl]-II *1.2-Diphenyl-3.5-dioxo-4-[β-(p-methoxyphenylmercapto)-äthyl]-pyrazolidin*, F. 106—108°. — *Therapeutische*

Verwendung. (**Schwz. PP. 303 931, 303 932, 303 933, 303 934, 303 935, 303 936, 303 937, 303 938, 303 939, 303 940, 303 941, 303 942, 303 943, 303 944, 303 945** u. **303 946** vom 6/11. 1950, ausg. 16/2. 1955. **Zusätze zu Schwz. P. 299 099; C. 1955. 2959.**) E. CARL. 4807

Maloma G. m. b. H., Zürich, Schweiz, *Herstellung von 4-Alkylantipyrinen.* Alkylierung in 4-Stellung mit Alkylhalogenid in wasserfreiem ammoniakal. Medium in Ggw. von Alkaliamid, entweder in fl. NH_3 bei n. Druck oder in gasförmiger oder fl.-gasförmiger Phase im Druckgefäß. Methylierung in 2-Stellung nach üblichen Methoden vor oder nach Alkylierung in 4-Stellung. — 1 (Mol) 1-Phenyl-3-methylpyrazolon in fl. NH_3 lösen, 1 Na in kleinen Anteilen zufügen. Nach 1 Std. 1 Isopropylchlorid in kleinen Portionen hinzufügen, nach 2—3 Std. NH_3 langsam verdampfen. Zurückbleibendes 1-Phenyl-3-methyl-4-isopropylpyrazolon u. NaCl durch Kristallisation trennen u. in üblicher Weise mit Dimethylsulfat methylieren. — *Antipyretica.* (**Schwz. P. 301 948** vom 9/11. 1951, ausg. 1/12. 1954.) E. CARL. 4807

Farbwerke Hoechst Akt.-Ges., vormals Meister Lucius & Brüning, Frankfurt/M., *1-Phenyl-2.3-dimethyl-4-isopropylamino-5-pyrazolon* aus 1-Phenyl-2.3-dimethyl-4-amino-5-pyrazolon u. Aceton in Ggw. von amalgamiertem Zink u. Säure bei höherer Temp.; F. 80°. Vgl. Schwz. PP. 298 378 u. 298 334; C. **1955.** 1564. (**Schwz. P. 292 799** vom 13/2. 1951, ausg. 16/11. 1953. D. Prior. 6/3. 1950.) U. SIEVERS. 4807

F. Hoffmann-La Roche & Co. Akt.-Ges., Basel, Schweiz (Erfinder: **Norbert Steiger,** Nutley, N. J., V. St. A.), *Bis-mercaptobenzothiazole und deren Salze* der der Formel I (R = Dialkylaminoalkyl) erhält man durch Kondensation eines Alkalisalzes von 2.2'-Bis-(mercapto)-4.4'-bis-(oxy)-6.6'-bibenzothiazol (II) mit einem Dialkylaminoalkylhalogenid, bes. in einem organ. Lösungsm. (Chlorbenzol, Toluol, Xylol) u. Überführung der Prodd. in ihre Salze mit anorgan. oder organ. Säuren. — Durch Rk. von II [erhalten aus 3.3'-Dimethoxybenzidindihydrochlorid + $(SCl)_2$ + Essigsäure] zuerst bei 100°, dann bei 108—110° u. Behandeln des gebildeten 4.4'-Dimethoxy-6.6'-bis-(benzo-2.3-thiaza-1-thioniumchlorids) mit alkoh. NaOH, Na_2S, $NaHSO_3$ u. CS_2 [das entstandene 2.2'-Bis-(mercapto)-4.4'-bis-(methoxy)-6.6'-dibenzothiazol wird mit $AlCl_3$ in Chlorbenzol erhitzt]; mit Na-Methylat in Chlorbenzol-Methanol + 1-Diäthylamino-2-chloräthan bei 130—133° → *2.2'-Bis-(β-diäthylaminoäthylmercapto)-4.4'-bis-(β-diäthylaminoäthoxy)-6.6'-bis-benzothiazoltetrahydrochlorid*, cremefarbiges sandiges Pulver, aus Methanol–Ae., F. 230° (Zers.), sehr leicht lösl. in W., A. u. Methanol; daraus mit NaOH *freie Base* u. diese mit Milchsäure → *Tetralactat*, in W. leichtlösl. sirupöses Öl. — *2.2'-Bis-(β-dimethylaminoäthylmercapto)-4.4'-bis-(β-dimethylaminoäthoxy)-6.6'-bis-benzothiazoltetrahydrochlorid*, aus Methanol–Aceton, F. 223°. — *2.2'-Bis-(β-dimethylaminoisopropylmercapto)-4.4'-bis-(β-dimethylaminoisopropoxy)-6.6'-bis-benzothiazoltetrahydrochlorid*, aus A.–Aceton, F. ca. 238°. — *Heilmittel*, bes. gegen *Trichomonaden.* — **Vgl.** auch A. P. 2 655 505; C. **1955.** 8214. (**D. B. P. 922 650** Kl. 12p vom 15/3. 1953, ausg. 20/1. 1955. Anmeldung bekanntgemacht 16/6. 1954. A. Prior. 16/4. 1952.) G. KRAUSS. 4807

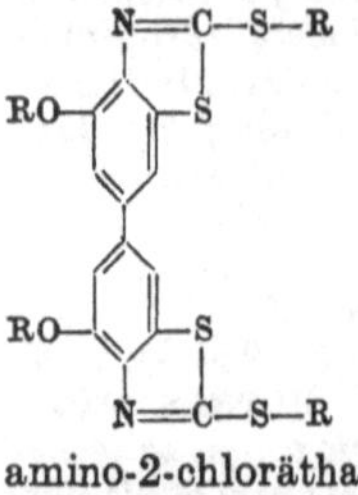

Eli Lilly & Co., übert. von: **Cameron Ainsworth,** Indianapolis, Ind., V. St. A., *2-Phenyl-1.3.4-oxadiazol*, F. ca. 34°, erhält man durch Rk. von Benzoylhydrazid mit $HC(OC_2H_5)_3$. Analog mit $C_6H_5CS \cdot NHNH_2$ → *2-Phenyl-1.3.4-thiadiazol*, F. ca. 40°. — *Sedative* u. *hypnot.* Wirkung. (**A. P. 2 702 803** vom 12/4. 1954, ausg. 22/2. 1955.) A. BRÖSAMLE. 4807

Monsanto Chemicals Ltd., London, England (Erfinder: **Richard Allen Baxter**), *N.N-Dialkyl-N'-(2-pyridyl)-äthylendiamine.* Man setzt z. B. das rohe, durch Rk. von Pyridin mit $NaNH_2$ in Ggw. von Dimethylanilin nach TSCHITSCHIBABIN erhaltene 2-Aminopyridin mit Chloräthyldimethylamin in Toluol bei 75—90° um u. erhält nach fraktionierter Dest. *N.N-Dimethyl-N'-(2-pyridyl)-äthylendiamin*, Kp.$_2$ 98—105°. — *Zwischenprod.* für die Herst. von *Antihistaminica.* (**E. P. 704 760** vom 18/7. 1950, ausg. 3/3. 1954.) U. SIEVERS. 4807

Imperial Chemical Industries Ltd., London, England, *Chinolinderivate* nach dem Verf. des Schwz. P. 287 390 erhält man durch Rk. von Kationsalzen der allg. Formel I (X u. Y = Äther- oder Thioätherrest) mit anionabgebenden Verbindungen. — *4-Amino-6-(2'-amino-6'-methylpyrimidyl-4'-amino)-chinaldin-1.1'-di-(methanomethylsulfat)*, F. 265—266°; *-1.1'-methochlorid*, F. 316 bis 317°; *-1.1'-dimethojodid*, F. 310—315°. — *Trypanocide.* (**Schwz. PP. 293 011, 293 012** u. **293 013** vom 5/11. 1949, ausg. 1/12. 1953. **Zusätze zu Schwz. P. 287 390; C. 1954. 11 612.**) U. SIEVERS. 4807

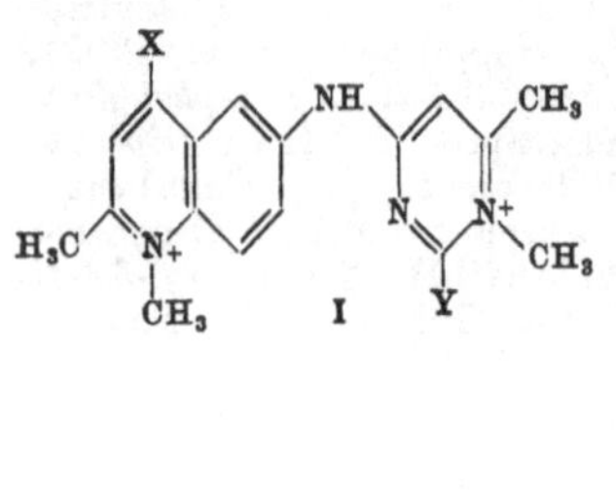

I

Farbenfabriken Bayer, Leverkusen, *Herstellung von β- und γ-Carbolinen.* Durch Rk. von N-Phenyl-N-benzylhydrazinhydrochlorid mit 1-N-Methyl-4-piperidonhydrochlorid in alkoh. HCl erhält man *2-N-Methyl-5-N-benzyl-1.2.3.4-tetrahydro-γ-carbolin* (I), *Hydrochlorid,* F. 230°. Analog sind folgende *1.2.3.4-Tetrahydro-γ-carboline* erhältlich: *2-N-Methyl-5-N-phenyl-,* F. 101,5—102,5°; *2-N-Methyl-5-N-dimethylaminoäthyl-,* F. 164—165°; *2-N-Methyl-8-chlor-5-N-(p-chlorbenzyl)-,* F. 123—124°; *2-N-Methyl-5-N-2'-pyridyl-,* F. 116—117°; *2-N-Methyl-5-N-n-butyl-, Maleat,* F. 148—149°; *2-N-Methyl-5-N-(p-chlorbenzyl)-,* F. 107°; *2-N-Methyl-8-chlor-5-N-(p-methoxybenzyl)-, Methansulfonat,* F. 190—191°; *2-N-Methyl-5-β-äthylmercaptoäthyl-, Maleat,* F. 138°; *2-N-Methyl-5-α-pyridylmethyl-, Hydrochlorid,* F. 239—240°. — *1-Methyl-9-N-benzyl-1.2.3.4-tetrahydro-β-carbolin* (II), $Kp._3$ 230—240°. Man kondensiert N-Benzyl-N-phenylhydrazin mit γ-Aminobutyraldehyddiäthylacetal zu *1-N-Benzyltryptamin* (*Maleat,* F. 161—162°), das bei Einw. von CH_3CHO II liefert. Dieses läßt sich mit CH_2O u. HCOOH zu *1.2-N-Dimethyl-9-N-benzyl-1.2.3.4-tetrahydro-β-carbolin, Pikrat,* F. 197°, methylieren. — *Antihistaminica.* Vgl. Schwz. P. 303 833; C. **1955. 6807.** (**E. P. 721 171** vom 30/4. 1952, ausg. 29/12. 1954. D. Prior. 30/4. 1951.) A. BRÖSAMLE. 4807

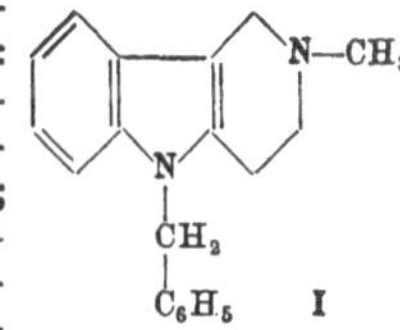
I

Fernand Joseph Gerin, Rhône, Frankreich, *Herstellung von Carbostyrilderivaten.* Man kondensiert in Ggw. eines Katalysators 1 Mol β-Oxypropandi- oder -tricarbonsäure mit 2 Mol eines aromat., gegebenenfalls substituierten, Amins. Als Katalysator dienen die Salze von Mineral- oder organ. Säuren mit N-haltigen Basen. — Z. B. vermischt man 1 (Teil) feingemahlene Citronensäure u. 0,125 Katalysator mit 1 Anilin u. erhitzt die Paste allmählich auf 148—150°. Nach dem Neutralisieren mit Na_2CO_3 erhält man das Na-Salz der *3.4-Dihydrocarbostyril-4-essigsäure-N-phenylamid-4-carbonsäure,* hellgelbes Pulver. — *Therapeuticum.* (**F. P. 1 067 896** vom 16/7. 1952, ausg. 21/6. 1954.) T. OPPERMANN. 4807

Ciba Akt.-Ges., Basel, Schweiz, *Herstellung von 1-Methyl-4.7-phenanthrolin-5.6-chinon,* F. 219—220°, durch Oxydation von 1-Methyl-6-methoxy-4.7-phenanthrolin mit HNO_3 in Ggw. von konz. H_2SO_4. — *Heilmittel.* (**Schwz. P. 296 573** vom 5/5. 1950, ausg. 17/4. 1954. **Zusatz zu Schwz. P. 293 298; C. 1954. 11 613.**) A. BRÖSAMLE. 4807

Abbott Laboratories, North Chicago, übert. von: **Arthur W. Weston,** Waukegan, und **Kenneth E. Hamlin jr.,** Gurnee, Ill., V. St. A., *N.N'-Disubstituierte Piperazine* der allg. Formel I (R_1 = H, Alkylrest oder Oxyallylrest mit 1—4 C-Atomen; R_2 = Benzhydrylmethyl-, Naphthylmethyl-, Fluorenyl-, Phenanthrylmethyl- oder Diphenylallylrest; R_3 u. R_4 = H oder Alkylrest mit 1—4 C-Atomen) erhält man durch Rk. eines R_1-substituierten Piperazins („Piperazin" = II) mit einer Verb. der Zus. R_2X (X = Cl, Br oder J) oder von II mit einer Verb. R_2X u. anschließend mit einer Verb. R_1X oder von einem durch R_2 N-substituierten Morpholin mit einem durch R_1 substituierten Amin unter Druck; ferner durch unter Ringschluß verlaufender Kondensation entsprechend substituierter Halogen-, Oxy- oder Polyamine. — N-Methylpiperazin + β.β-Diphenyläthylchlorid → *N-(β.β-Diphenyläthyl)-N'-methyl-*II, F. 278—279°. — *N-(α-Naphthylmethyl)*-II, $Kp._1$ 154—156°; *Monohydrochlorid,* F. 227—228°. — *N-(β-Naphthylmethyl)*-II, $Kp._1$ 155 bis 160°; *Monohydrochlorid,* F. 193—195°. — *N-(α-Naphthylmethyl)-N'-methyl-*II, *Dihydrochlorid,* F. 241° (Zers.). — *N-(α-Naphthylmethyl)-N'-(β-oxyäthyl)*-II, *Dihydrochlorid,* F. 205—206° (Zers.). — *N-(9-Fluorenyl)-N'-(β-oxyäthyl)*-II, F. 143—144°; *Dihydrochlorid,* F. 243—244° (Zers.). — *N-(9-Fluorenyl)*-II, *Dihydrochlorid,* F. 283—285° (Zers.). — *N-(p-Chlorbenzhydryl)-N'-methyl-2.5-dimethyl-*II, $Kp._1$ 150—160°; *Monopikrat,* F. 181—182° (Zers.). — *N-(α-Pyridyl)*-II, $Kp._{1,4}$ 114—116°; *Monohydrochlorid,* F. 232—233° (Zers.); *Dihydrochlorid,* F. 275—276° (Zers.). — *N-Carbäthoxy-N'-methyldekahydrochinoxalin,* $Kp._{0,6}$ 103—104°. — *Antihistaminica, Antispasmodica.* (**A. P. 2 636 032** vom 12/4. 1949, ausg. 21/4. 1953.) U. SIEVERS. 4807

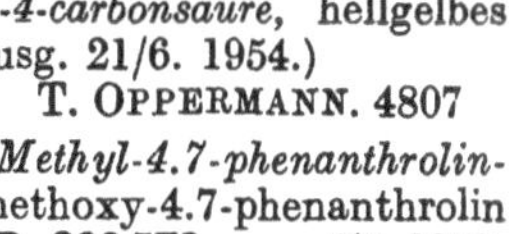
I

Burroughs Wellcome & Co. (U. S. A.), Inc., übert. von: **George H. Hitchings,** Tuckahoe, und **Gertrude B. Elion,** Bronxville, N. Y., V. St. A., *Herstellung von 2-Amino-8-arylpurinen.* In 6-Stellung durch OH- oder NH_2-Gruppen substituiertes 2.4.5-Triaminopyrimidin wird mit substituierten Benzoesäurechloriden bzw. Naphthalincarbonsäurechloriden acyliert u. die so erhaltenen Aroylamidopyrimidine entweder durch Erhitzen bis zum Schmelzen oder durch Erwärmen mit $POCl_3$ zum Purinderiv. cyclisiert. In letzterem Fall wird gleichzeitig eine gegebenenfalls in 6-Stellung befindliche OH-Gruppe durch ein Cl-Atom ersetzt, das seinerseits durch Rk. mit NH_3, Aminen, Alkalihydrosulfiden oder durch Hydrolyse gegen NH_2-, (Di-)Alkylamino-, SH- oder

OH-Gruppen ausgetauscht werden kann. — Folgende *Aroylamidopyrimidine* werden beschrieben („benzamido-2.4.6-triaminopyrimidin" = I u. „-benzamido-2.4-diamino-6-oxypyrimidin" II): *5-p-Chlor*-I, F. 290—295°; *5-o-Chlor*-I, F. 260—265°; *5-m-Chlor*-I, F. 270—280°; *5-p-Nitro*-I, F. 265—270°; *5-m-Nitro*-I, F. 230—240°; *5-p-Carbomethoxy*-I, F. 280—285°; *5-p-Methoxy*-I, F. 264—267°; *5-m-Brom*-I, F. 265—270°; *5*-I, F. 266 bis 270°; *5-(3'.5'-Dinitrobenzamido)-2.4.6-triaminopyrimidin*, F. 280—285°; *5-β-Naphthoylamido-2.4.6-triaminopyrimidin*, F. 225—235°; *5*-II, F. 293—298°; *5-p-Nitro*-II, F. 330 bis 332°; *5-p-Chlor*-II, F. 345—350°; *5-o-Methyl*-II, F. > 350°; *5-m-Chlor*-II, F. 290 bis 295°; *5-o-Chlor*-II, F.> 350°; *5-Carbomethoxy*-II, F.> 350°; *5-(2'-4'-Dichlorbenzamido)-2.4-diamino-6-oxypyrimidin*, F. 315°; *5-p-Brom*-II, F. 340—345°; *5-o-Brom*-II, F. 298 bis 300°. Ferner werden folgende Purinderivv. beschrieben („-phenyl-2.6-diaminopurin" = **III** u. „-phenyl-2-aminopurin" = **IV**): *8-p-Chlor*-**III**; *8-o-Chlor*-**III**; *8-m-Chlor*-**III**; *8-p-Nitro*-**III**; *8-m-Nitro*-**III**; *8-p-Carbomethoxy*-**III**; *8-p-Methoxy*-**III**; *8-m-Brom*-**III**; *8*-**III**; *8-(3'.5'-Dinitrophenyl)-2.6-diaminopurin*; *8-β-Naphthyl-2.6-diaminopurin*; *6-Oxy-8*-**IV**; *6-Chlor-8*-**IV**; *6-Oxy-8-p-nitro*-**IV**; *6-Chlor-8-p-chlor*-**IV**; *6-p-Chloranilino-8-p-chlor*-**IV**; *6-n-Butylamino-8-p-chlor*-**IV**; *6-Piperidino-8*-**IV**; *6-Mercapto-8-p-chlor*-**IV**; *6-Methylthio-8-p-chlor*-**IV**; *6-Morpholino-8-p-chlor*-**IV**; *6-Diäthylamino-8-p-chlor*-**IV**; *6-Dimethylamino-8-p-chlor*-**IV**; *6-Methylamino-8-p-chlor*-**IV**; *6-Oxy-8-p-chlor*-**IV**; *6-(Bis-β-oxyäthyl)-amino-8-p-chlor*-**IV**; *6-Brom-8-p-chlor*-**IV**; *6-Chlor-8-o-methyl*-**IV**; *6-Chlor-8-m-chlor*-**IV**; *6-Oxy-8-m-chlor*-**IV**; *6-Hydrazino-8-m-chlor*-**IV**; *6-Chlor-8-o-chlor*-**IV**; *6-Oxy-8-o-chlor*-**IV**; *6-Chlor-8-p-carbomethoxy*-**IV**; *6-Chlor-8-(3'.4'-dichlorphenyl)-2-aminopurin*; *6-Chlor-8-p-brom*-**IV**; *6-Chlor-8-o-brom*-**IV**. Vorgenannte Purine werden durch Angabe der UV-Absorptionsmaxima gek., da die FF. hierzu ungeeignet sind. — *Heilmittel*. (**A. P. 2 628 235** vom 15/2. 1950, ausg. 10/2. 1953.) O. SCHÖN. 4807

Soc. des Usines Chimiques Rhône-Poulenc, Seine, Frankreich (Erfinder: **Raymond-Jacques Horclois**), *Herstellung von Theophyllinacetaten von N-(Dialkylaminoalkyl)-phenthiazinen.* Man neutralisiert vorzugsweise in Ggw. eines organ. Lösungsm. Theophyllinessigsäure (I) mit einem N-(Dialkylaminoalkyl)-phenthiazin. — Z. B. erhitzt man 30 Min. am Rückflußkühler 150 (g) N-(2'-Dimethylaminoäthyl)-phenthiazin (II) mit 120 I in 500 cm^3 absol. Alkohol. Die Aufarbeitung des Reaktionsprod. ergibt das *Theophyllinacetat* des II, F. 132°. Weiterhin werden angeführt: das Theophyllinacetat des N-(2'-Diäthylaminoäthyl)-phenthiazins, F. 110°; des N-(2'-Dimethylaminopropyl)-phenthiazins, F. 134—135°; des N-(2'-Diäthylaminopropyl)-phenthiazins, F. 131—132°. Die Theophyllinacetate werden z. B. zur Behandlung der Luft- u. der Seekrankheit verwendet. (**F. P. 1 007 383** vom 23/12. 1949, ausg. 5/5. 1952.) T. OPPERMANN. 4807

Henning-Laokoon Chem. pharm. Werk G. m. b. H., Lemberg, *Coffein* (I) erhält man durch Umsetzung von z. B. 30 (g) Xanthin in 200 cm^3 3nNaOH mit 60 Dimethylsulfat unter Rühren bei Tempp. nicht über 30°; Ausbeute: 20—25 I. (**D. R. P. 752 286** Kl. 12p vom 8/4. 1942, ausg. 13/7. 1953.) U. SIEVERS. 4807

American Cyanamid Co., New York, N. Y. (Erfinder: **Bernard Randall Baker,** Nanuet, N. Y., und **Robert Eugene Schaub,** Hackensack, N. J.), V. St. A., *4-Substituierte Chinazolone* der allg. Formel I, worin R einen oder mehrere Substituenten, wie Halogene, Alkoxy-, Aryloxy- u. OH-Gruppen, Alkyl-, Aryl-, Acylreste, Carboxylreste, Sulfamylreste, u. R' z. B. H, OH, Alkoxy, Aryloxy- bedeutet, erhält man durch Rk. eines R-substituierten 4-Chinazolons mit einem substituierten Piperidin der allg. Formel II, worin R'' $-OC_2H_5$, $-OC_6H_5$ oder $-C_6H_5$ u. X Halogen bedeutet, u. das Reaktionsprod. hydrolysiert. — Z. B. wird 6-Chlor-4-chinazolon mit 1-Carbäthoxy-2-(γ-bromacetonyl)-3-methoxypiperidin zu 3-[β-Keto-γ-(1'-carbäthoxy-3'-methoxy-2'-piperidyl)-propyl]-6-chlorchinazolon, F. 124—125°, umgesetzt, das bei der Hydrolyse mit 6nHCl in *3-[β-Keto-γ-(3'-methoxy-2'-piperidyl)-propyl]-6-chlor-4-chinazolondihydrochloridmonohydrat* (**III**), F. 205—206° (Zers.), übergeht. — Analog werden dargestellt: die III entsprechende *6-Methoxy*-Verb., F. 165—168° (Zers.); *8-Chlor*-Verb., F. 209—211° (Zers.);

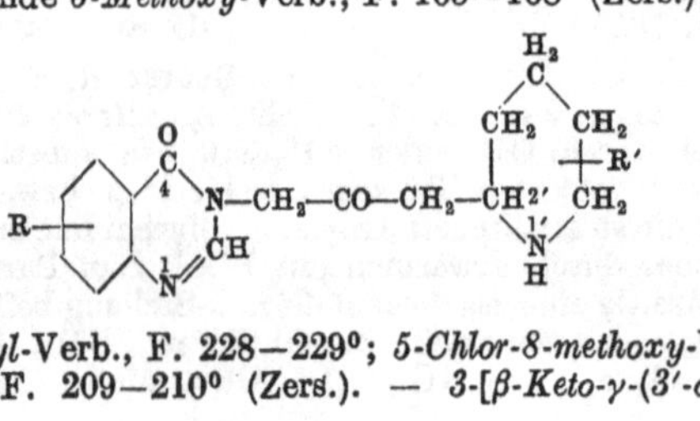

I

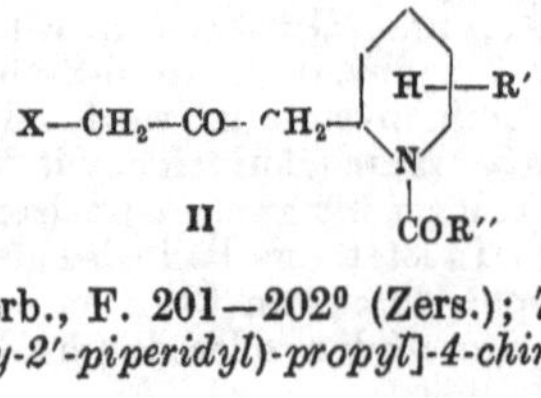

II

8-Methyl-Verb., F. 228—229°; *5-Chlor-8-methoxy*-Verb., F. 201—202° (Zers.); *7-Chlor*-Verb., F. 209—210° (Zers.). — *3-[β-Keto-γ-(3'-oxy-2'-piperidyl)-propyl]-4-chinazolon-*

dihydrochloriddihydrat (IV); die IV entsprechende *7-Methyl*-Verb., F. 212—213° (Zers.); *5-Chlor*-Verb., F. 223° (Zers.); *5-Methyl*-Verb., F. 225° (Zers.); *6.8-Dichlor*-Verb., F. 240° (Zers.); *5-Brom*-Verb., F. 217° (Zers.); *5-Chlor-6-methyl*-Verb., F. 235°; *5-Trifluormethyl*-Verb., F. 211° (Zers.); *5.6-Dimethyl*-Verb., F. 229° (Zers.); *5-Fluor*-Verb., F. 216° (Zers.); *5-Methoxy*-Verb., F. 224° (Zers.). — *Malariamittel*. (**D. B. P. 927 928** Kl. 12p vom 6/1. 1952, ausg. 20/5. 1955. Anmeldung bekanntgemacht 4/11. 1954. **A. P. 2 694 711** vom 2/12. 1952, ausg. 16/11. 1954.) A. BRÖSAMLE. 4807

Erwin Bumm, Köln-Mülheim, *1-(3'.4'-Dioxyphenyl)-1-oxo-2-aralkylaminopropane* der Zus. (3'.4')(R'O) = C_6H_3—CO—CH—(CH_3)—NH—R—C_6H_5 (R = gerad- oder verzweigtkettiger aliphat. Rest mit 1—6 C-Atomen, R' = H) erhält man durch saure oder alkal. Verseifung einer Verb. der vorst. Zus., in der R' = Sulfonsäurerest oder durch Erhitzen mit einer Säure oder katalyt. Hydrierung einer Verb. der vorst. Zus., in der R' = Benzylrest. — α-Brom-3.4-dibenzyloxypropiophenon, F. 93°, + β-Phenyläthylamin in wss. Ae. → *1-(3'.4'-Dibenzyloxyphenyl)-2-(β-phenyläthylamino)-1-oxopropan, Hydrochlorid*, F. 180—190°; ergibt nach Abspaltung der Benzylgruppen durch katalyt. Hydrierung in Ggw. eines Pd-Katalysators nach Aufnahme von 2 Mol H_2 *1-(3'.4'-Dioxyphenyl)-2-(β-phenyläthylamino)-propanon-(1)*. — *Spasmolytica*, bes. Bronchospasmolytica. (**E. P. 693 210** vom 19/7. 1950, ausg. 24/6. 1953. Dän. Prior. 9/8. 1949. **Zusatz zu E. P. 693 175; C. 1955. 5132.**) U. SIEVERS. 4807

Children's Cancer Research Foundation, Inc., Boston, Mass., V. St. A., *Dihydrotriazine*. Man setzt ein Arylamin (I) mit Dicyandiamid (II) u. einer Verb., die eine CO- oder CHO-Gruppe enthält, in saurem Medium um. An Stelle von I u. II kann man ein Arylbiguanid verwenden. — Bei der Rk. von p-Chloranilin mit II u. Aceton in salzsaurem Medium erhält man z. B. *4.6-Diamino-1-(p-chlorphenyl)-1.2-dihydro-2.2-dimethyl-1.3.5-triazinhydrochlorid*, F. 210—215°. — Analog werden dargestellt: *4.6-Diamino-1-(p-carbäthoxyphenyl)-1.2-dihydro-2-2-dimethyl-1.3.5-triazinhydrochlorid*, F. 189 bis 191°; *4.6-Diamino-1.2-dihydro-2.2-dimethyl-1-phenyl-1.3.5-triazinhydrochlorid*, F. 209 bis 210°; *4.6-Diamino-1-(p-carboxyamidophenyl)-1.2-dihydro-2.2-dimethyl-1.3.5-triazinhydrochlorid*, F. 211—213°; *6-Amino-1.2-dihydro-2.2-dimethyl-4-methylamino-1-phenyl-1.3.5-triazinhydrochlorid*, F. 170—172°; *4.6-Diamino-1.2-dihydro-2.2-dimethyl-1-o-tolyl-1.3.5-triazinhydrochlorid*, F. 225—227°; *4.6-Diamino-1-(p-chlorphenyl)-1.2-dihydro-2.2-pentamethylen-1.3.5-triazinhydrochlorid*, F. 225—227°. — *Malariamittel*. (**E. P. 720 456** vom 23/12. 1952, ausg. 22/12. 1954. A. Prior. 31/12. 1951.) A. BRÖSAMLE. 4807

Badische Anilin- & Soda-Fabrik Akt.-Ges., Ludwigshafen/Rh., *7-Gliedrige heterocyclische Verbindung*, z. B. der Formel I, erhält man durch Rk. von Monocarbonsäuren (Essigsäure) mit Aminoalkoholen [4-Aminobutanol-(1)], welche zwischen der Hydroxyl- u. der Aminogruppe eine Kette von 4 C-Atomen besitzen, bei > 120° in Ggw. wasserabspaltender, neutral reagierender, fester Katalysatoren (Al_2O_3, Al-Silicat, Alkaliphosphate, Erdalkaliphosphate, Al-Phosphat) oder durch Überführung der Aminoalkohole u. Carbonsäuren in Ammoniumsalze oder Säureamide u. Erhitzen derselben auf höhere Temperatur. — *Zwischenprodd.* zur Herst. von *Heilmitteln*. (**D. B. P. 920 248** Kl. 12p vom 20/2. 1952, ausg. 18/11. 1954. Anmeldung bekanntgemacht 15/4. 1954.) R. LINK. 4807

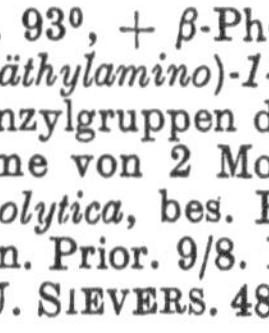

I

American Home Products Co., New York, N. Y., V. St. A. (Erfinder: **Richard Kuhn**, Heidelberg, und **Franz Haber**, Mannheim), *Herstellung von N-Formyl-d-glucosamin* durch Rk. von d-Glucosamin mit Ameisensäureestern in wss. Lsg. oder mit wasserfreier HCOOH in Ggw. von z. B. Acetanhydrid, F. 117—121°. *Hemmt* das *Wachstum* von *Lactobacillus bifidu*. (**D. B. P. 927 210** Kl. 12o vom 26/9. 1952, ausg. 2/5. 1955. Anmeldung bekanntgemacht 24/6. 1954.) K. FABEL. 4807

Farbwerke Hoechst Akt.-Ges., vormals Meister Lucius & Brüning, Frankfurt/M.-Höchst (Erfinder: **Gustav Ehrhart**, Bad Soden/Taunus, **Walter Krohs** und **Leopold Ther**, Frankfurt/M.), *Löslichmachen von Arzneimitteln*, wie Barbitursäurederivv. oder Steroidhormone durch Verwendung von 1.2-Dimethyl-3-phenylpyrazolon-(5), das in 4-Stellung durch die Gruppe —N(R)(R) substituiert ist (R = CH_3 oder H) als Lösungsvermittler. (**D. B. P. 925 541** Kl. 30h vom 1/8. 1952, ausg. 24/3. 1955. Anmeldung bekanntgemacht 26/8. 1954.) K. HEINZE. 4815

M. Z. Robert-Niku, Chemie u. Technologie chemisch-pharmazeutischer Präparate. Moskau: Medgis. 1954. (440 S.). 8 Rbl. 20 Kop. [russ.]

G. Analyse. Laboratorium.

F. H. Reynolds, *Ein elektrisches Manometer für Gasdrucke bis 40 mm Hg.* Der Bereich des Hitzdrahtmanometers wird für Ne u. Ar bis zu Drucken von 40 mm Hg erweitert. Das Gerät erlaubt unmittelbare Ablesung u., bei Verwendung von Gleichrichtern zum Ausgleich seiner Nichtlinearität, läßt sich eine annähernd lineare Eichkurve erzielen. (J. sci. Instruments **30.** 92—96. März 1953. London, Post Office, Engng. Dep., Res. Stat.) H. Pauli. 5016

Hirokazu Morita und **H. M. Rice,** *Charakterisierung von organischen Verbindungen durch differentielle thermische Analyse.* Vff. untersuchen die Möglichkeit, die differentielle therm. Analyse auch für die Charakterisierung organ. Verbb. nutzbar zu machen. Es werden eingehende Unterss. angestellt u. eine brauchbare Meth. zur Analyse fester u. fl. organ. Verbb. ausgearbeitet. Bes. für die Charakterisierung von synthet. u. natürlichen Hochpolymeren scheint die Meth. weite Anwendungsmöglichkeiten zu besitzen. Eine Reihe von Thermogrammen, die bis zu Tempp. von 1000° aufgenommen wurden, zeigen für verschied. polymere *Polypeptide, Stärken, Cellulosen* usw. ein sehr differenziertes Verh., das sehr wohl zu ihrer Charakterisierung dienen kann. Die Reproduzierbarkeit der aufgenommenen Thermogramme ist ausgezeichnet. Vff. diskutieren eingehend Anwendungsbereich u. Möglichkeiten ihrer Methode. (Analytic. Chem. **27.** 336—39. März 1955. Ottawa, Ontario, Can., Dep. of Agric.) K. Frenkler. 5018

R. S. Bradley, *Eine Quarzmikrowaage. Bau, Anwendung und Theorie ihrer Wirkung.* Der Waagebalken ist aus einer 1,5 mm dicken u. 7 cm langen Stange klaren, geschmolzenen Quarzes hergestellt, läßt sich aber auch bis zu Längen von 2 cm in derselben Weise herstellen, um in Vakuumgefäße eingesetzt zu werden. Die Bedienung erfolgt in diesem Fall durch Drehen eingeschliffener Stopfen mit angeschmolzenem Haken. Die Theorie geht von der Annahme gleichlanger Waagearme, eines starren Balkens u. idealisierter Haken aus u. ähnelt der Theorie der Analysenwaage. (J. sci. Instruments **30.** 84—89. März 1953. Leeds, Univ., Dep. of inorgan. and phys. Chem.) H. Pauli. 5022

F. M. Ernsberger und **C. M. Drew,** *Verbesserungen in dem Entwurf und der Konstruktion von Quarzspiralenwaagen.* Vff. beschreiben eine vollautomat. Einrichtung, mit der gleichmäßige Quarzfäden mit Durchmessern von 0,0016—0,01 in. gezogen u. Spiralen mit jedem gewünschten Durchmesser u. jeder gewünschten Steigung hergestellt werden können. Hierauf untersuchten Vff. die Bedingungen zum Entwurf einer Spiralwaage, u. zwar in Beziehung zu der Empfindlichkeit, der Belastungskapazität u. der belasteten Länge. Es wird an Hand von Gleichungen gezeigt, daß eine optimale Beziehung zwischen diesen 3 Größen besteht. An Hand der Gleichungen wird eine Meth. zur Festlegung der Dimensionen einer Spiralwaage entwickelt, welche für einen gegebenen Anwendungsbereich eine optimale Leistungsfähigkeit ergibt. (Rev. sci. Instruments **24.** 117—21. Febr. 1953. China Lake, Calif., U. S. Naval Ordnance Test Stat., Chem. Div.) C. Gottfried. 5022

T. S. Ma und **A. A. Benedetti-Pichler,** *Filtrierpapiere aus anorganischen Faserstoffen für Gooch-Tiegel.* Filtrierpapier aus Glasfasern oder ähnlichen glasigen Stoffen wurde vom National Bureau of Standards entwickelt. Notwendige geringe Beimengungen organ. Bindemittel müssen vor dem Gebrauch durch Spülen im Gooch-Tiegel mit starken Oxydationsmitteln u. gründliches Auswaschen mit W. in minutenlanger Einw. entfernt werden. Die Gefahr der mechan. Zerstörung beim Eingießen kann durch Verwendung von 2 Papierscheiben verringert werden, die man nach dem Gebrauch entfernt. (Analytic. Chem. **25.** 999—1000. Juni 1953. New York, New York Univ., bezw. Flushing, N. Y., Queens Coll.) H. Pauli. 5024

C. W. Mc Cutchen, *Kugelventile ganz aus Glas.* (Rev. sci. Instruments **25.** 1220—21. Dez. 1954. Cambridge, Univ., Cavendish Labor.) C. Gottfried. 5026

Ole Arne Schjeide und **Reginald W. Dickinson,** *Trennzelle für die präparative Spinco-Ultrazentrifuge.* Ein Zentrifugenglasbecher ist mit ca. 8 passend gemachten waagerechten Kunststoffscheiben, die eine größere Mittelbohrung u. eine kleine exzentr. Bohrung haben, so ausgefüllt, daß ein innerer Zentrifugierraum für die Beschickung entsteht u. durch die seitlichen Löcher eine Aushebe- (u. Schwenk-) Stange geführt werden kann. Die Scheiben sind mit Hahnfett gegeneinander beweglich gemacht u. werden nach dem Zentrifugieren u. Ausheben waagerecht gegeneinander verschoben, um die Beschickung zu unterteilen. (Analytic. Chem. **25.** 999. Juni 1953. Los Angeles, Calif., Univ. of California, School of Med.) H. Pauli. 5036

Atsuo Nishioka und **Kyozo Sekikawa,** *Dichtemessung von Pulvern mit der Gasbürette.* Beschreibung der Methode. (J. physic. Soc. Japan **9.** 873—74. Sept./Okt. 1954. Electrical Communication Labor. [Orig.: engl.]) C. Gottfried. 5042

R. Loebell, *Barometerfreie Luftpyknometer.* Vf. vergleicht die seit 1797 gebauten Pyknometer u. empfiehlt Luftpyknometer, welche ohne Barometer nur mit einer Pumpe arbeiten u. daher tragbar im Gelände benutzt werden können. Von den möglichen Arbeitsweisen mit Unterdruck oder Überdruck ist die letzte vorteilhafter, weil der Teildruck des Wasserdampfs konstant bleibt. (Z. Pflanzenernähr., Düng., Bodenkunde **60.** 172—81. 1953. Bonn.) H. PAULI. 5042

Togo Lassandro Pepe, *Modifiziertes Schumannsches Pyknometer.* Vf. beschreibt 2 an dem SCHUMANNschen Pyknometer angebrachte Abänderungen, welche bes. die Dichtebest. von hydraul. Bindemitteln erleichtern sollen. (Chimica [Milano] [N. S.] **30** (9). 332. Okt. 1954.) C. GOTTFRIED. 5042

Willard S. Boyle und **James B. Brown,** *Thermoregulator für ein Bad mit flüssigem Helium.* Vff. beschreiben eine einfache Vorr. zur Konstanthaltung der Temp. in einem Bad mit fl. He mit einer Genauigkeit von $\pm 3\cdot 10^{-5}$° K unter n. Bedingungen. Bei der genau beschriebenen Meth. wird die Temperaturkontrolle durch Änderung der Wärmezufuhr zu dem Bad bewirkt, u. zwar durch ein Signal, welches von einem Kohlenstoffwiderstandsthermometer gegeben wird, welches sich in einem Brückenstromkreis befindet. Bei dieser Meth. muß man allerdings eine größere Verdampfungsgeschwindigkeit in Kauf nehmen, u. ferner muß man auf eine Kompensation für große Änderungen in der Verdampfungsgeschwindigkeit verzichten. Sind diese Bedingungen erfüllt, dann erhält man leicht eine Temperaturstabilität von 0,0001° K. (Rev. sci. Instruments **25.** 359—60. April 1954. Kingston, Ontario, Can., Royal Military Coll. of Canada.) C. GOTTFRIED. 5046

K. F. G. Hosking, *Lötrohranalyse auf Asbestpapier.* Vor- u. Nachteile der Verwendung von Holzkohle u. gebranntem Gips gegenüber Asbestpapier bei der Lötrohranalyse werden beschrieben. Zur Ausführung von Oxydations-Rkk. ist ein 6,5 cm² großes Asbestpapier ausreichend; für Identifizierungen von Sublimaten, Kobaltnitratteste, Redd. u. Schmelzen mit Flußmitteln sind größere Papiere zweckmäßig. Die zu untersuchende Probe befindet sich zusammen mit den Reagentien in der Mitte des Papiers, welches mit Zangen während des Erhitzens festgehalten wird u. unter Umständen mehr oder weniger durchgebogen werden kann. Jede Best. wird auf neuem Asbestpapier durchgeführt, so daß die Möglichkeit einer Verunreinigung durch frühere Verss. ausgeschlossen wird. Es genügen kleinere Probemengen zur Versuchsdurchführung als bei der Holzkohle, u. auch die Farbintensitäten gefärbter Oxydbeschläge sind deutlicher sichtbar. Eine anschließende Behandlung mit fl. Reagentien kann ohne Entfernung der Probe von dem Papier durchgeführt werden, es ist jedoch zu beachten, daß der Fe-Geh. des Papieres stören kann. (Mining Mag. **89.** 280—81. Nov. 1953. Camborne, School of Metalliferous Mining.) S. HÜTTIG. 5050

M. N. Meissel, *Luminescenzmikroskopie.* Übersicht über das Wesen, die Eigg. u. die Vorteile der Luminescenzmikroskopie, bes. in der Forschung auf den Gebieten der Medizin, der Biologie u. der Mikrobiologie. Besprechung der Aussichten auf Anwendung der Luminescenzmikroskopie auch auf anderen Gebieten der Forschung u. der Industrie. (Вестник Академии Наук СССР [Nachr. Akad. Wiss. UdSSR] **23.** Nr. 10. 3—10. Okt. 1953.) J. KAMSKI. 5056

C. Benedicks und **B. Ekelund-Kappeler,** *Über die Messung von durch Flüssigkeiten beeinflußten Kohäsionskräften fester Körper.* Vff. beschreiben eine neu ausgearbeitete Meth. zur Messung von Kohäsionskräften mittels einer analyt. Waage. Die sich anziehenden Stoffe bestanden aus einer plangeschliffenen Messingplatte, die fest auf dem Boden eines Becherglases befestigt war, u. aus einer zweiten Messingplatte mit einer Reihe von plangeschliffenen Messingstiften, so daß sie eine ebene Kontaktoberfläche bildeten. Diese „Messingbürste" war mittels eines W-Drahtes an dem oberen Ring der einen Waagschale aufgehängt, das Becherglas stand auf einem Mikrometertisch, der ohne Berührung mit der Waagschale justierbar war. Bei der Ausführung der Verss. wurde die „Messingbürste" unter einem bestimmten Druck verschieden lange mit der Messingplatte in Berührung gebracht. Hierauf wurde das Gewicht bestimmt, welches nötig war, um den Kontakt zwischen den beiden Platten zu lösen. In trocknem Zustand wurde nach kurzer Belastungszeit kein nennenswerter Kohäsionseffekt beobachtet, erst nach längeren Belastungszeiten nehmen die Werte langsam zu. In A. oder Ligroin wurde ein geringer Effekt festgestellt, wobei der Einfl. von A. stärker ist als der von Ligroin. Destilliertes, Luft enthaltendes W. bewirkte bei Belastungszeiten bis zu 10 Std. eine beträchtliche Zunahme der Kohäsionskraft, die sich bei längeren Belastungszeiten asymptot. einem Grenzwert nähert. Durch entgastes W. ist die Zunahme der Kohäsionskraft schneller als bei gewöhnlichem Wasser. Bei Zusatz eines Benetzungsmittels (Dodecylammoniumacetat) ist die Zunahme noch deutlicher beschleunigt. Bei höheren

Kontaktdrucken sind die beobachteten Kohäsionskräfte durchweg höher als bei niedrigeren Kontaktdrucken. (Ark. Fysik 6. 73—79. 1953. Stockholm, Labor. C. Benedicks.)
C. Gottfried. 5060

Paul C. Murray, Clement A. Tatro und **Robert O. Haxby**, *Eine Methode zum Recken dünner Aluminiumfolien über große Flächen.* Vff. beschreiben eine Meth. zum extrem straffen Spannen dünner Al-Folien über Öffnungen verschied. Form u. Größe. Zu dem Zweck werden Folie u. Form im Ofen auf ca. 170° erhitzt, die Form, mit hitzehärtbarem plast. Zement, wie Araldit Typ I, überzogen, auf die Folie aufgedrückt u. weitere 3 Std. auf 170° erhitzt. Hierauf wird der Ofen ausgeschaltet. Die Spannung der Folie hängt von dem Grad der verschied. Schrumpfung von Form u. Folie während der Abkühlung ab. Diese läßt sich durch geeignete Wahl des Formmaterials u. der Aushärtungstemp. variieren. (Rev. sci. Instruments **25.** 924. Sept. 1954. Lafayette, Ind., Purdue Univ., Phys. Dep.)
C. Gottfried. 5060

Harry Letaw jr., Lawrence M. Slifkin und **William M. Portnoy**, *Eine Präzisionsschleifmaschine für Diffusionsuntersuchungen.* Vff. beschreiben genau eine neue Präzisionsschleifmaschine, die bes. zur Unters. der Selbstdiffusion von *Ge* konstruiert worden war. Da man mit der Maschine noch günstige Ergebnisse bei Eindringtiefen von ca. 10 μ erzielt, eignet sie sich bes. zur Best. sehr kleiner Diffusionskoeffizienten u. bei Unterss. mit radioakt. Spurenelementen mit sehr kurzen Halbwertszeiten. Auch die Diffusion in duktile Metalle, wie z. B. Ag, läßt sich nach dieser Meth. leicht untersuchen. (Rev. sci. Instruments **25.** 865—68. Sept. 1954. Urbana, Ill., Univ., Electric Engng., Res. Labor.)
C. Gottfried. 5060

B. Milićević und **S. Janković**, *Einzelphasenpapierchromatographie von* p_H*-Indicatoren.* Es werden die R_f-Werte verschied. p_H-Indicatoren mit Hilfe der Einzelphasen-Rundfilter-Papierchromatographie bestimmt u. Gemische von 2—5 Komponenten getrennt. (Гласник Хемиског Друштва Београд [Ber. chem. Ges. Belgrad] **19.** 457—60. 1954. Belgrad, TH, Civil-Ing. Fak., Labor. für Sanitätswesen.)
R. Wittwer. 5062

E. Fahr und **W. P. Neumann**, *Zur Infrarotspektroskopie organischer Substanzen im Bereich 1—4* μ. Vff. schlagen zur Herst. von KBr-Tabletten zur Infrarotunters. fester Stoffe zwecks Verminderung von Trübungen im KBr vor, Substanz (0,6—2,5 mg) u. KBr (750 mg; 48 Std. in einer Achat-Kugelmühle gemahlen u. scharf getrocknet) in einem Vibrator (Schwingweite 5—10 mm) mit 3 Stahlkugeln 10—15 Min. zu vermischen (ca. 20 Min. bei Stoffen, die sich elektrostat. aufladen können) u. anschließend im Vakuum bei 10000—11000 kg/cm² zu 22 mm-Scheiben u. ca. 0,70 mm Dicke zu pressen (1—2 Min. Preßdauer). Auch empfindliche Substanzen können auf diese Weise behandelt u. infrarotspektroskop. untersucht werden. (Angew. Chem. **67.** 277. 7/5. 1955. Würzburg, Univ., Chem. Inst.)
B. Gnauck. 5063

Karl Friedrich Luft, *Über die Filterphotometer für das Infrarot.* Übersicht über das Arbeitsprinzip von selektiven Infrarotphotometern ohne spektrale Zerlegung, bes. von einem Filter, das auf der period. Veränderung der Schichtdicke einer Flüssigkeitsschicht beruht, wodurch lediglich die Strahlung moduliert wird, für welche die Fl. Absorptionsbanden besitzt. Dieses Prinzip ist von Bedeutung für die Analyse von Flüssigkeiten. (Rev. Opt. théor. instrument. **33.** 501—04. Okt. 1954. Office Nat. d'Études et de Rech. Aéronautiques.)
H.-J. Eichhoff. 5063

Ginette Dewulf, *Infrarotdurchlässige Gläser.* Nach einer allg. Behandlung infrarotdurchlässiger Gläser wird über Eigg. u. Herst. von Gläsern aus As_2Se_5 u. As_2S_5 berichtet. Das erste hat bei einer Schichtdicke von 1 mm eine Durchlässigkeit von ~50% im Gebiet von 2—15 μ, das letzte ist bei gleicher Schichtdicke im Gebiet von 0,6—13 μ zu ca. 50% durchlässig. Die D. von As_2Se_5 beträgt 4,4, es ist unlösl. in W. u. erweicht bei 200°. Um störende Absorptionsbanden zu vermeiden, müssen die Rohprodd. durch Umfällen gereinigt u. erneut im Vakuum geschmolzen werden. (Rev. Opt. théor. instrument. **33.** 513—18. Okt. 1954. Centre Nat. d'Études des Télécommunications.)
H.-J. Eichhoff. 5063

a) Elemente und anorganische Verbindungen.

J. E. Fildes, *Analysen für die Industrie.* Vf. beschreibt Eigg. u. Anwendung einiger neuerer Reagentien. 1. *N-Benzoylcupferron.* Es bildet Komplexe mit *Cu, Al, Fe*, die direkt gewogen werden können; der Komplex mit Ti muß zum Oxyd verascht werden. *Sn* wird in 1—8%ig. konz. HCl zu Sn(II) red. u. dann gefällt. Cu stört dabei nicht u. kann nach Neutralisation im Filtrat bestimmt werden. 2. *2-Fluorenylcupferron* zeigt keine Vorteile gegenüber Cupferron. 3. *2-Benzimidazol* fällt *Hg*; Fe^{3+} stört. 4. *2-Benzoxazol* fällt *Cd* bei p_H 10,5 in Ggw. eines Tartratpuffers; Cu, Ni, Co müssen entfernt werden. 5. *p-Chlor-p'-aminodiphenyl* fällt SO_4^{2-}; PO_4^{3-} stört. 6. $NaB(C_6H_5)_4$ fällt

K u. kann gravimetr. oder durch Titration mit $HgCl_2$ bestimmt werden. 7. *Dicyclohexylthallium* fällt NO_3^-, nicht ClO_4^-. Halogene u. Pseudohalogene müssen vorher durch $AgNO_3$ entfernt werden; (Trocknung des Nd. bei 150°). 8. *Alizarinblau* fällt geringe Mengen *Cu*. Der Nd. kann nach Behandeln mit $(CH_3CO)_2O$ u. Pyridin bei 100° getrocknet werden. 9. $(C_6H_5)_4PCl$ u. $(C_6H_5)_4SbCl$ verhalten sich ähnlich wie $(C_6H_5)_4AsCl$. Die Sb-Verb. ist ziemlich wenig löslich. Beachtenswert sind die Fällungen mit MnO_4^-. 10. Große Mengen *Benzilsäure* fällen *Zr*, bes. gut bei der Stahlanalyse. Der Nd. muß zu Oxyd verascht werden. 11. *Isonitrosodimedon* fällt *Co*; Fe, Ag u. in großen Mengen Cu stören. 12. *Reineckes Salz* fällt *Cd* in Ggw. von Harnstoff als $[Cd(Harnstoff)_2][Cr(CNS)_4(NH_3)_2]_2$; Pb, Cu, Hg, Bi stören, Sb muß durch Tartrat in Lsg. gehalten werden. (Ind. Chemist **30.** 395—96. Aug. 1954.) H. PLUSKAL. 5100

Satori Utsumi, *Neue colorimetrische Bestimmungen mittels Thiocyanats.* 3. Mitt. *Neue colorimetrische Bestimmung von Bromid mit Mercurithiocyanat und Eisenalaun.* (1. u. 2. vgl. J. chem. Soc. Japan, pure Chem. Sect. [Nippon Kagaku Zassi] **73.** [1952] 835.) Br^- + $Hg(CNS)_2$ bilden freies CNS^-, welches mit Fe^{3+} bestimmt wird. Daraus Berechnung von Br^-. Cl^-, J^-, CN^-, S^{2-} u. $S_2O_3^{2-}$ stören. (J. chem. Soc. Japan, pure Chem. Sect. [Nippon Kagaku Zassi] **73.** 889—91. Dez. 1952. Tokyo, TH. [Orig.: japan.]) L. SCHULER. G 248

I. M. Issa, S. A. Eid und **R. M. Issa,** *Ameisensäure als Reagens für alkalisches Permanganat.* 2. Mitt. *Potentiometrische Bestimmung von vierwertigem Selen.* (1. vgl. C. **1955.** 7278.) Vff. diskutieren Methoden zur potentiometr. Best. von Se^{4+} mit Permanganat (I) in alkal. Lösung. a) In der Kälte wird Se^{4+} in 1—3nNaOH durch I langsam oxydiert, wobei MnO_4^- in MnO_4^{2-} übergeht. Durch 10%ig. NaCl-Lsg. wird die Gleichgewichtseinstellung beschleunigt. Andere Katalysatoren, wie ZnO, Zn^{2+}, Ag^+, Fe^{3+}, Cu^{2+}, Ni^{2+} u. Co^{2+}, zeigten wenig Erfolg. Bei ca. 8 mg Se beträgt der maximale Fehler der Best. 0,33%. — Bei Titration von Se^{4+} bei 90° in 0,1nNaOH geht I in MnO_2 über. Die Rk. wird durch ein Gemisch von 2—3 ml $AuCl_3$-Lsg. + 2 g NaCl/10 ml Se^{4+}-Lsg. beschleunigt. Die Genauigkeit der Best. schwankt zwischen 0,3 u. 0,6% bei 0,1 bis 0,02nSe^{4+}-Lösungen. — b) I in 0,5—3nNaOH wird durch Se^{4+} zu MnO_4^{2-} reduziert. Der Fehler der Best. beträgt bei ca. 0,1nSe^{4+}-Lsg. ca. 0,21%, steigt jedoch bei größerer Verdünnung an. Höhere Alkalikonz. führt zur Selbstzers. von I. In Ggw. von Ba^{2+}-Ionen wird der Fehler der Best. sehr groß. c) Se^{4+}-Lsg. wird einer I-Lsg. zugegeben, die 1n an NaOH ist. Nach ca. 10—15 Min. hat sich das Gleichgewicht eingestellt u. der I-Überschuß wird mit Na-Formiat- oder Ameisensäurelsg. zurücktitriert. Gute Ergebnisse fand man bei Se-Gehh. zwischen 20 u. 4 mg Bei geringeren Mengen steigt der Fehler stark an. (Analytica chim. Acta [Amsterdam] **11.** 275—82. Sept. 1954. Cairo, Univ., Fac. of Sci., Chem. Dep.) R. BORCHARDT. G 254

Boyd Weaver, *Der Trennfaktor, ein Kriterium zur Auswertung fraktionierter Trennungen.* Definition, Berechnung u. Bedeutung des Trennfaktors sowie seine bisherige Anwendung bei der Trennung Seltener Erden durch Verteilungschromatographie werden diskutiert. Auf Grund eigener u. fremder experimenteller Ergebnisse wurden nachst. Trennfaktoren für einige Paare Seltener Erden bei verschied. Trennverff. ermittelt: *Nd–La:* 0,10 (Differenz der Ionenradien, Å), Äthylbenzoat (Trennverf.), 24 (Trennfaktor); Nitratschmelze, 25; Oxalat, 4,0; Alkalicarbonat, 4,9; bas. Magnesia, 5,6; bas. NH_3, 11,6; bas. Harnstoff, 2,5; bas. Elektrolyt. 4,8; Mandelat, 14. *La–Nd*: 0,10, Sulfat, 1,7; NH_4-Doppelnitrat, 3,1. *Pr–La*: 0,08, Nitratschmelze, 17; Methyloxalat, 4,9; homogenes Carbonat (Spaltung der Trichloressigsäure), 2,0—4,5. *Nb–Pr*: 0,02, Nitratschmelze, 1,5. *Ce–La*: 0,07, Methyloxalat, 2,2, 2,5, 2,8. *Pr–Ce*: 0,01, Methyloxalat, 1,8. *Sm–Nd*: 0,045, Methyloxalat, 1,4 u. 1,5; Mandelat, 3,8—8,7. *Gd–Sm*: 0,028, 2,3—4,5. *Tb–Gd*: 0,031, Mandelat, 1,6—2,3. *Dy–Tb*: 0,0175, Mandelat 1,6—1,8. *Dy–Y*: —. Mandelat, 1,1—1,4. *Y–Tb*: —, Mandelat, 1,0—1,5. *Dy–Gd*: 0,0485, Mandelat, 2,7—3,6. *Ho–Dy*: 0,014, Mandelat, 1,4. *Er–Ho*: 0,022, Mandelat, 1,6. *Hf–Zr*: Phosphatverf., 4,6 (1. Stufe), 6,3 (2. Stufe); Fluorphosphat, 1.—8. Stufe, 3,3, 8,1, 5,7, 3,3, 4,9, 5,8, 4,5, 10,5; H_3PO_4-Verf., im Ausgangsmaterial 13% reines HfO_2, 1. (Stufe), 18% [20%] (reines HfO_2), 3,0 [5,4] (Trennfaktor); 2., 30%, 12,4 [4,4]; 3., 43%, 4,7; 4., 58%, 4,2; 5., 72%, 3,7; 6., 84%, 4,2; 7., 93,3%, 5,2; 10% Ausbeute. Die Abweichungen der Trennfaktoren der 1. u. 2. Stufe im Vgl. zu denen der übrigen erklärt Vf. mit 1—2% Analysenfehlern. Berichtigte Werte sind in [] wiedergegeben. *Hf–Zr*: Triäthylphosphatverf., im Ausgangsmaterial 16% reines HfO_2, 1., 30,3%, 4,8; 2., 53,6%, 6,8; 3., 75,8%, 8,6; 4., 80,0%, 3,3; 5., 91,1%, 8,0: 23,8% Ausbeute. (Analytic. Chem. **26.** 474—75. März 1954. Oak Ridge, Tenn., Oak Ridge Nat. Labor., Stable Isotope Res. and Prod. Div.) H. HOFMANN. G 300

S. J. Flander, *Bestimmung kleiner Wismutmengen in Blei und Antimon-Blei-Legierungen.* Beschreibung einer Meth. zur Schnellbest. von 0,01—0,11% Bi in Pb, Sn,

Pb–Sn-, Pb–Sb- u. ähnlichen Legierungen. Bi wird in verd. HNO_3-Lsg. mit *9-Methyl-2.3.7-trioxyfluoron-(6)* (I) gefällt, der Nd. in H_2SO_4 gelöst, abgeraucht u. Bi als $K[BiJ_4]$ colorimetriert. Sb u. Sn werden durch Schmelzen mit NaOH entfernt u. Bi im Pb-Regulus konzentriert. Kleine Mengen (bis zu 1%) Cu, Ag u. Zn stören nicht. Te (bis ca. 1%) wird mit H_3PO_2 red. u. nach Erhitzen auf 70° u. Abkühlen auf 20° durch Filtrieren entfernt. Die Genauigkeit der Meth. beträgt >95%. Vf. hält eine Steigerung für möglich. — Analysenvorschriften: a) *Raffinadeblei*: 1 g ausgewalzte Probe wird in 5 ml HNO_3 (D. 1,42) u. 15 ml W. unter Erwärmen gelöst. Zur Entfernung von NO_2 wird aufgekocht, 100 ml W. u. 20%ig. NaOH-Lsg. werden bis zur ersten bleibenden Trübung zugesetzt, mit HNO_3 eben wieder gelöst, bis fast zum Sieden erhitzt, 20%ig. NaOH bis zur beginnenden Trübung u. 1 Tropfen HNO_3 zugesetzt, worauf die Lsg. klar sein soll. Nach Zugabe von 10 ml 0,05%ig. alkoh. I-Lsg. u. gelindem Aufkochen läßt man ca. 1 Min. in der Wärme stehen, fügt weitere 10 ml I-Lsg. zu, filtriert u. wäscht mit heißem Wasser. Der Nd. wird mit wenig W. u. anschließend 10 ml heißer 25%ig. H_2SO_4 in das zur Fällung verwendete Glas zurückgewaschen, bis zur Farblosigkeit abgeraucht u. abgekühlt. Nach Zugabe von 50 ml W. u. 5 ml H_3PO_2 wird gekühlt, auf 100 ml aufgefüllt, 1,5 g KJ zugegeben, auf 70° erwärmt, auf 20° gekühlt u. bei 430 mμ colorimetriert. Auswertung durch Eichkurve. Blindproben sind erforderlich. — b) *Sb–Pb-Legierungen*: Die Probe (10 g) wird mit 100 g NaOH bei 800—850° im Eisentiegel geschmolzen, $NaNO_3$ zugegeben, die nach Abflauen der heftigen Rk. dunkelgelbe Schmelze in eine Eisenschale gegossen, mit W. digeriert, der Pb-Regulus getrocknet, gewogen u. ein Teil (1 g der ursprünglichen Legierung) davon wie unter a) weiterbehandelt. — c) *Sn*: 10 g Sn werden mit 10 g Raffinadeblei von bekanntem Bi-Geh. legiert u. im Eisentiegel mit NaOH geschmolzen. Der Pb-Regulus wird gewogen u. weiter wie unter b) verfahren. (Analyst **80**. 476—78. Juni 1955. Northfleet, Kent, Britannia Lead Co.) H. HOFMANN. G 328

P. R. Subbaraman, *Ein Phosphattitrationsverfahren zur Bestimmung von Magnesium, Zink, Mangan und Cadmium.* Zur Best. von Mg, Zn, Mn u. Cd fällte Vf. MNH_4PO_4 (M = Mg, Zn, Mn oder Cd) in üblicher Weise, filtrierte nach 4std. Stehen, wusch mit NH_3 (1:9) u. löste in 7 ml 7%ig. $HClO_4$-Lsg. wieder auf. Nach Verdünnen mit W. auf 100 ml wurden 10 ml Indicatorlsg. (gesätt. Bis-[allyldithiocarbamido]-hydrazinlsg. in Chlf.) zugefügt u. die PO_4^{3-} mit eingestellter $BiO(ClO_4)$-Lsg. bis zum Umschlag nach Orange titriert. Al, Fe u. Ti können durch 5 g NH_4-Citrat komplex gebunden werden. Vor der Titration wird nochmals bei Ggw. von 0,5 g NH_4-Citrat gefällt. Bei Ggw. von viel Alkali wird ebenfalls eine doppelte Fällung empfohlen. Der Fehler beträgt 0,5%. (J. sci. ind. Res. [New Delhi] **13B**. 553—56. Aug. 1954. Poona, Nat. Chem. Labor. of India.) H. PLUSKAL. G 350

H. A. Mahlman, G. W. Leddicotte und **F. L. Moore,** *Trennung von Kobalt und Zink durch Flüssig-flüssig-Extraktionen.* Um Zn von anderen Elementen, bes. Co, zu trennen, extrahierten Vff. die wss. Lsgg. der Salze mit Lsgg. tert. Amine in organ. Lösungsmitteln. Sie verwendeten mit Erfolg eine 8%ig. Lsg. von *Methyldioctylamin* oder eine 5%ig. Lsg. von *Tribenzylamin* in *Xylol, Chlf.* oder *Trichloräthylen.* Durch Unterss. mit Hilfe beigemengter radioakt. Spuren konnten sie feststellen, daß Zn bereits nach 2 Min. langem Schütteln aus 2—3nHCl-Lsg. vollständig extrahiert war. Sie schüttelten 5 Min., extrahierten Zn dann mit Hilfe von 0,05nHCl-Lsg. zurück u. bestimmten es gravimetrisch. Anwesendes Fe wird weitgehend mitextrahiert u. muß deshalb vorher durch Extraktion mit Isopropyläther entfernt werden. Die Extraktion von Mn, Ni u. Co kann vernachlässigt werden. Cr(III) u. Cu(II) werden nur wenig mitextrahiert. (Analytic. Chem. **26**. 1939—41. Dez. 1954. Oak Ridge, Tenn., Oak Ridge Nat. Labor., Analytic. Chem. Div.) H. PLUSKAL. G 355

Lloyd E. Smythe und **Bryan M. Gatehouse,** *Die polarographische Bestimmung von Kupfer-, Nickel-, Kobalt-, Zink- und Cadmiumspuren in Gesteinen unter Verwendung von Rubeanwasserstoff und 1-Nitroso-2-naphthol.* Geringe Mengen *Cu, Ni, Co, Zn* u. *Cd* können von anderen störenden Elementen durch Ausfällung als *Metallrubeanat* bei p_H 8 getrennt werden. Anschließend wird *Co* mit *1-Nitroso-2-naphthol* von den anderen Metallen isoliert u. gesondert polarograph. bestimmt. *Cu, Ni, Zn* u. *Cd* lassen sich nebeneinander polarograph. bestimmen. Die Nützlichkeit der Meth. wird diskutiert u. mit colorimetr. u. spektrograph. Methoden verglichen. (Analytic. Chem. **27**. 901—03. Juni 1955. Hobart, Australia, Univ. of Tasmania, Chem. Dep.) H.-J. HEINRICH. G 355

H. Flaschka, *Äthylendiamintetraessigsäure in der Metallanalyse, besonders für die Bestimmung von Zink und Nickel.* Vf. berichtet über die volumetr. Best. von Ni u. Zn nach der vorhergehenden Abtrennung als *Nickeldimethylglyoxim* (I) bzw. *Zinktetrathiocyanatomercurat* (II) $[ZnHg(CNS)_4]$. Bei der Best. von Ni wird der Nd. I in HCl gelöst, mit einem Überschuß von *Äthylendiamintetraessigsäure* (III) versetzt u. nach Zugabe von Pufferlsg. mit Zinklsg. titriert (Indicator Eriochromschwarz T). Man kann auch das feste K–Mg-Salz von III hinzufügen u. das frei gewordene Mg mit III titrieren. — Zur Best. von Zn löst man den Nd. II in HCl, fügt 10%ig. KJ-Lsg. hinzu, neutralisiert mit NH_4OH u. titriert nach Zugabe von Pufferlsg. mit III. Hierbei wird das Zn titriert. Es ist auch möglich, das Hg zu bestimmen. Hierzu wird der Nd. II in 10%ig. KCN-Lsg. gelöst, dann wird Formalin oder besser Chloralhydrat hinzugefügt u. nach Zugabe von Pufferlsg. mit III titriert. Endlich kann man Zn u. Hg in II bestimmen, in dem der Nd. mit einem Überschuß von III u. mit Pufferlsg. versetzt u. mit Zinklsg. zurücktitriert wird. (Chemist-Analyst **42**. 84—86. Dez. 1953. Graz, Univ.) K.-G. HACKSTEIN. G 356

Raymond C. Ferguson, Roger C. Voter und **Charles V. Banks,** *1.2-Cycloheptandiondioxim als ein mikrogravimetrisches Reagens für Nickel.* Vff. wenden 1.2-Cycloheptandiondioxim (*Heptoxim*), über dessen Eignung für die gravimetr. Best. des Ni sie schon früher berichteten (C. **1949**. E. 911; vgl. auch C. **1951**. **II**. 3497), nun auch für die gravimetr. Mikrobest. des Ni an. Das Ni-Heptoxim wird bei p_H 4 mit einer gesätt. wss. Lsg. des Reagenses in einem Filterbecher gefällt u. nach dem Trocknen bei 110—120° gewogen. Ni begleitende Metalle stören entweder nicht oder können durch geeignete Komplexe maskiert werden. (Mikrochem. verein. Mikrochim. Acta **38**. 11—14. 1951. Ames, Io., Iowa State Coll., Inst. for Atomic Res. and Dep. of Chem.) A.-M. FRETZDORFF. G 356

—, *Die Bestimmung von Kupfer in Eisen und Stahl.* Eine krit. Prüfung der brit. Standardverff. zur Best. von Cu in Fe u. Stahl zeigt, daß die Verff. für manche hochlegierten Stähle nicht angewandt werden können. Eines der Verff. (Red. u. Hydrolyse mit H_2SO_3, Fällung des Cu mit $Na_2S_2O_3$ oder mit KCNS) wird etwas abgewandelt. Da das gefällte CuCNS etwas lösl. ist, werden Bestimmungen von Cu-Gehh. unter 0,1% mit KCNS ungenau. In diesen Fällen ist die Fällung mit $Na_2S_2O_3$ vorzuziehen. (J. Iron Steel Inst. **174**. 335—38. Aug. 1953. Highly Alloyd Steels and Ferro-Alloys Analysis Sub-Committee.) W. WESLY. G 358

Ray F. Wilson und **Robert C. Daniels,** *Polarographische Bestimmung von Palladium. Pd* kann in ammoniakal. NH_4Cl-Lsg. sehr genau in einem weiten Konzentrationsbereich polarograph. bestimmt werden. Der Fehler ist bei Konzz. über 0,35 mMol/Liter $<1\%$. Da *Pt, Rh* u. *Ir* stören, muß das Pd vorher mittels *Dimethylglyoxims* abgetrennt werden. Die Diffusionsstromkonstante I ($I = i_d/C \cdot m^{2/3} \cdot t^{1/6}$) für Pd in 0,4 mol. NH_4Cl-Puffer beträgt 3,76 bei 25°, das Halbwellenpotential liegt bei —820 mV. (Analytic. Chem. **27**. 904—06. Juni 1955. Houston, Tex., Texas Southern Univ., Dep. of Chem.) H.-J. HEINRICH. G 365

Je. Ss. Prshewalski und **W. I. Schlenskaja,** *Die Rhodanreaktion auf Palladium.* Die von IWANOW [1926] entdeckte Rhodanid-Rk. auf Pd liefert keine günstige gewichtsanalyt. Bestimmungsmeth. für Pd. Colorimetr. kann jedoch Pd mit Rhodanid gut bestimmt werden: Zur Prüflsg. (0,1—1,0 mg Pd) wird mindestens der 6fache stöchiometr. Überschuß an 0,01 mol. NH_4CNS-Lsg. zugegeben, auf 15 ml aufgefüllt u. photocolorimetriert. Pt^{IV} stört nicht, falls dessen Geh./15 ml nicht $2,81 \cdot 10^{-6}$ g-Ion überschreitet (von da ab tritt zusätzliche Gelbfärbung auf). Fe^{3+} stört: Durch Zusatz von 2 ml gesätt. Na_2HPO_4-Lsg. wird bis 0,2 mg Fe/15 ml Lsg. komplex gebunden (für die Pd-Photocolorimetrie unschädlich gemacht). Die Pd-Rhodanverb. verträgt hohen Säuregrad, erst von Pd:HCl = $3 \cdot 10^{-4}$ an fällt die opt. Dichte der stabilen, das LAMBERT-BEERsche Gesetz befolgende Färbung. (Вестник Московского Университета, Серия Физико-Математических и Естественных Наук [Nachr. Moskauer Univ., physik.-mathemat. u. naturwiss. Ser. **7**. Nr. 5. 61—67. Mai 1952. Moskau, Univ., Lehrstuhl für analyt. Chem.) A. V. WILPERT. G 365

Je. Ss. Kudelja und **W. P. Ssubbotowski,** *Untersuchung der Zusammensetzung und der Homogenität eines hochlegierten geschmolzenen Metalls nach der Spektralmethode.* Die quantitative Spektralanalyse von speziellen hochlegierten, verschleißfesten Metallschmelzen auf Cr, W, V, Mn, Mo, Ni, Si, C ergibt Aufschluß über die Verteilung der legierenden Beimischungen u. über den Einfl. der Schmelzbedingungen auf die Zus. der erschmolzenen Metalle. Der Einfl. des Schweißstroms im Bereich 230—475 A u. 24—40 V auf die Zus. der geschmolzenen Metalle ist gering u. kann prakt. ihre Eigg. nicht beeinflussen. (Автоматическая Сварка [Automat. Schweißen] **7**. Nr. 3. 74—81. Mai/Juni 1954. Paton-Inst. für Elektroschweißen der Akad. der Wiss. der UkrSSR.) A. KUNZE. 5280

b) Organische Verbindungen.

F. Feigl, *Entwicklung, Stand und Aussichten der organischen Tüpfelanalyse.* Allg. gehaltene Arbeit über die Möglichkeiten der organ. Tüpfelanalyse. An Hand unveröffentlichter Verss. wird die Best. funktioneller Gruppen erörtert. Gesuchte Stoffe können durch Synth. in Verbb. übergeführt werden, deren Rkk. aus der anorgan. Tüpfeltechnik bekannt sind. Auf die hohe Empfindlichkeit der Meth. wird bes. hingewiesen. (Mikrochim. Acta [Wien] **1953**. 157—77. Aug. Rio de Janeiro, Brasilien, Min. da Agricultura, Labor. da Produção). R. Meier. 5350

E. Abramson (unter techn. Mitarbeit von **A. Brochet**), *Über die Ausschaltung von Bleidioxyd bei der Mikrobestimmung von Kohlenstoff und Wasserstoff.* An Stelle von PbO_2, das die Stickoxyde nicht restlos bindet, wird die Verwendung von schwefelsaurem Diphenylamin mit Al_2O_3 als Trägersubstanz vorgeschlagen. Wie die Analysen zeigen, werden so die Stickoxyde vollständig festgehalten ohne jegliche Beeinflussung der C-Werte. Die gefundenen Werte stimmen sehr gut mit den theoret. überein. — 200 mg Diphenylamin werden in 2 cm^3 H_2SO_4 (D. 1,84) gelöst u. auf 20 cm^3 aufgefüllt. Man fügt Al_2O_3 bis zur Entstehung einer Paste hinzu, die getrocknet u. zerkleinert wird. Ein U-Rohr wird mit diesem Absorbens beschickt u. mit Quarzwolle abgedeckt. Die Austrittsseite der Gase erhält die Füllung nur bis $^2/_3$ ihrer Höhe, auf die Quarzwolle folgt dann eine Schicht wasserfreies $Mg(ClO_4)_2$ (Anhydron) u. zum Schluß wieder Quarzwolle. Bei Eintritt der Stickoxyde färbt sich das Absorbens blauviolett. Solch eine Füllung reicht für ca. 60 Analysen aus, je nach dem N-Gehalt. Es wird eine etwas abgeänderte Verbrennungsmeth. angegeben. (Bull. Soc. chim. France, Mém. [5] **1954**. 367—69. März.) S. Lanz. 5352

K. D. Hall, L. N. Garlington, W. K. Nowill und **C. R. Stephen,** *Die interferometrische Analyse geringer Konzentrationen von Trichloräthylendampf.* Bericht über die Best. von *Trichloräthylen*-Dampf in O_2 mit dem Zeiss-Interferometer. Die Meth. erzielt eine Genauigkeit von 0,01% u. dient zur Eichung von einigen Verdampfern u. Inhalatoren. (Anesthesiology **14**. 38—45. Jan. 1953. Durham, N. C., Duke Univ., School of Med.) Ph. Fresenius. G 520

A. I. Biggs, *Die spektrophotometrische Identifizierung und Bestimmung von Parathion. Parathion* [*O.O-Diäthyl-O-p-nitrophenylthiophosphat* (I)] kann in Mengen bis 0,1 mg in 10 ml durch die direkte Messung seines charakterist. Absorptionsspektr. bestimmt werden. Die Resultate können gestützt werden durch Hydrolyse zu p-Nitrophenol u. Messung von dessen Absorptionsspektrum. Saubere Extraktion von I aus Eingeweiden ist mit n-Hexan als Lösungsm. möglich. — Absorptionsmaximum von I in verschied. Lösungsmitteln: 95%ig. A. 276 mμ (ε = 9630); 99%ig. Methanol 274 (9790); 50%ig. A. 276 (9660); Isopropanol 274 (9630) u. n-Hexan 268 (10350). Absorptionsmaxima von p-Nitrophenol in saurer u. alkal. Lsg. verschied. Lösungsmittel: W. sauer 317 mμ (ε = 9720), alkal. 407 mμ (18330); 99%ig. Methanol 314 (10780), 395 (18500); 50%ig. A. 318 (10420), 408 (20720); 95%ig. A. 314 (10750), 408 (20830); 99,5%ig. Isopropanol 316 (10610), 416 (23690). (Analyst **80**. 279—83. April 1955. Singapore, Univ. of Malaya, Dep. of Chem.) M.-L. Klaar. G 590

Michel Macheboeuf, *Mikrochromatographie auf Papier.* Am Beispiel der *Aminosäuren* werden die wichtigsten Handgriffe u. Techniken der Papierchromatographie (auf- u. absteigend; 1- u. 2dimensional, Anfärbung) u. der Begriff des R_f-Wertes erläutert u. Anweisungen für die prakt. Durchführung gegeben. An Hand einer Skizze wird die Lage der verschied. Aminosäuren im 2dimensionalen Papierchromatogramm in Phenol/Kollidin u. Phenol/Butanol/Essigsäure/W. gezeigt; auf verschied. Störungsmöglichkeiten wird hingewiesen. Die Anwendung der Papierchromatographie auf andere biol. wichtige Substanzen wird kurz gestreift. (Bull. Assoc. Diplômés Microbiol. Fac. Pharmac. Nancy **1953**. Nr. 50. 4—17. Paris, Sorbonne, Inst. Pasteur.) K. Nehring. G 950

P. N. Wahi und **R. G. Nigam,** *Trennung der Aminosäuren durch Papierverteilungschromatographie.* In der Leberpathologie ist es wichtig, das Vork. von Aminosäuren im Urin rechtzeitig feststellen zu können. Für diagnost. Vergleiche wurde eine Standardreihe der wichtigsten Aminosäuren durch die absteigende eindimensionale Meth. chromatographiert. Man verwendete Whatman Nr. 1-Papier u. eine 0,1% ig. Lsg. der Aminosäuren in 75%ig. Alkohol. Lösungsm.: mit W. gesätt. Phenol, Sprühreagens: 0,01%ig. Lsg. von Ninhydrin in wassergesätt. Butylalkohol. Die Ggw. von HCN in der Atmosphäre (aus KCN in einer Petri-Schale auf dem Boden der Anordnung) verhindert die Oxydation des Phenols. Es wurde unter NH_3-Atmosphäre gearbeitet. Versuchstemp. 32—37°. Die R_f-Werte von 23 Aminosäuren waren temperaturunabhängig, die übrigen, mit † bezeichneten, variierten um 4—29%. Ergebnisse: *Glycin,* R_f 0,43—0,45, rötlichpurpur; *Phenylalanin,* 0,84—0,86, purpur; *Asparaginsäure,* 0,16—0,18, blau; **Glutaminsäure,* 0,33—0,34, purpur; *Leucin,* 0,83—0,85, purpur; *Norleucin,* 0,83—0,85, purpur; *Isoleucin,* 0,82—0,84, purpur; *Oxyprolin,* 0,70—0,72, braungelb; *Prolin,* 0,88 bis 0,90, gelb; †*Valin,* 0,75—0,76, purpur; †*Norvalin,* 0,76, purpur; †*Histidin* 0,67, blau; †*Arginin,* 0,73—0,74, purpur; *Serin,* 0,33, purpur; **Tyrosin,* 0,64, blau; †*Lysin,* 0,73, purpur; *Colamin,* 0,88 u. 0,82, rötlichpurpur; **Asparagin,* 0,47, bräunlichpurpur;

Threonin*, 0,53, purpur; **dl-Tryptophan*, 0,79, bräunlichpurpur; **dl-Methionin*, 0,80, purpur; *†*Cystein*, 0,38, purpur; *β-Alanin*, 0,70, purpur; *α-Alanin*, 0,63, purpur; *†*Cysteinsäure*, 0,078, purpur, u. 0,049, rot; †*Histamindihydrochlorid*, 0,88—0,89, purpur; †*Glutathion*, 0,09—0,10, purpur; *Glucosamin*, 0,62—0,65, purpur; *† *Taurin*, 0,41—0,43, purpur; **Glutamin*, 0,63—0,64, purpur; **3.5-Dijodtyrosin*, 0,63—0,64, purpur; *†*dl-Homocystein*, 0,44—0,45, purpur; *α-Aminobuttersäure*, 0,75—0,79, purpur; *Citrullin*, 0,65—0,68; rötlichpurpur. — Die mit * bezeichneten Säuren wurden als Hydrochloride verwendet u. mit NH_3-Dämpfen neutralisiert. (Indian J. med. Res. **41. 461—65. Okt. 1953. Agra, Med. Coll., Dep. of Pathol.) H. TOEPSCH. G 950

Clément Duval, N. P. Buu-Hoï, Ng. Dat Xuong und **Micheline Jacquinot**, *Biochemische und mikroanalytische Untersuchung einiger tuberkulostatischer Hydrazide.* Im Zusammenhang mit biol. Überlegungen des Wirkungsmechanismus tuberkulostat. Hydrazide werden deren Komplexbldg. mit Schwermetallen untersucht u. die Farb-Rkk. tabellar. wiedergegeben. Mit *5-Chlorsalicylsäurehydrazid* wird eine Meth. ausgearbeitet, Cu in schwefelsaurer Lsg. gravimetr. zu bestimmen. (Mikrochim. Acta [Wien] **1953.** 212—19. Paris, École nationale supérieure, Labor. de Rech. micro-analyt. u. Inst. du Radium, Labor. de Chim. organ.) R. MEIER. G 1200

Robert G. Moreau, *Volumetrische Bestimmung von Thiobenzophenon und Xanthion.* Verschied. aromat. S-Verbb. können durch $AgNO_3$ (0,2 n) in A. bei 95° entschwefelt werden. Die Umsetzung erfolgt vollständig u. entsprechend der Gleichung: $Ar_2CS + 2AgNO_3 + H_2O \rightarrow Ar_2CO + Ag_2S + 2\,HNO_3$. Der S wird danach nach CHARPENTIER-VOLHARDT bestimmt; elementarer S stört nicht. Die Meth. ist spezif. u. genau genug, um in einer unreinen Probe *Thiobenzophenon* zu bestimmen. Beim *Xanthion* betrug der Durchschnittsfehler ±0,6%. (Bull. Soc. chim. France, Mém. [5] **1955.** 569—71. April. Paris, Fac. de Pharm., Labor. de Chim. Organ.) M.-L. KLAAR. G 2290

Leslie L. Alt, *Spektrophotometrische Bestimmung von Gluconsäure und deren Salzen.* Vf. entwickelte eine spektrophotometr. Meth. zur Best. von *Gluconsäure* (I) u. deren Salzen als Cu-Gluconat-Komplex. Die Meth. ist nicht spezif. für I, da die Absorption (660 mμ) zu dem zentralen Metallatom gehört. Verbb., die ebenfalls mit Cu Komplexe bilden, stören erheblich. Ebenfalls wird die Absorption durch einen Cu(II)-Hydroxyd-Nd. gestört. Trotz dieser Beschränkungen ist die Meth. prakt. gut brauchbar bei Beachtung der genauen Vorschrift. Sie eignet sich bes. für stark alkal. Lsgg. von I. (Analytic. Chem. **27.** 749—51. Mai 1955. Chicago, Ill., Diversey Corp.) M.-L. KLAAR. G 3400

A. J. Ultee jr. und **J. Hartel**, *Chromatographische Bestimmung von Carboxylgruppen in Filterpapier.* Es wird eine schnelle u. zuverlässige Meth. zur chromatograph. Best. von Carboxylgruppen in verschied. *Filterpapieren* unter Ausnutzung der festen Bindungen dieser Gruppen mit bestimmten Metall-, bes. Pb(II)-Ionen beschrieben u. der Einfl. von papiereigenen Estern u. Lactonen auf diese Best. untersucht u. diskutiert. Zur Best. der Carboxylgruppen wurde mit 0,01—0,1 mol. Lsgg. nachst. Salze aufsteigend chromatographiert: Pb-Acetat, $Pb(NO_3)_2$, $SnCl_2$, $CuSO_4$, $AgNO_3$, Hg(II)-Acetat, $Fe\cdot(NO_3)_2$, UO_2-Salzen u. Methylenblau. Die entwickelten Flecke werden auf Millimeterpapier übertragen u. aus Gewicht/cm² u. der Fläche des Fleckens der Carboxylgeh. des Papiers berechnet. Da Bestimmungen nach der Ca-Acetatmeth. gewöhnlich höhere Carboxylwerte ergeben, wird mittels Infrarotspektroskopie im Bereich von 5,5—6,5 μ untersucht, inwieweit leicht hydrolysierbare Lactone bzw. Estergruppen für diese Differenz verantwortlich sind. Die Ergebnisse zeigen, daß je nach den Bedingungen u. der Art der Vorbehandlung des Papiers eine Vermehrung der Carboxylgruppen durch Öffnung von Lactonringen bzw. durch Hydrolyse von Estern möglich ist. Die Infrarotspektren nachst. Verbb. sind wiedergegeben: *Galakturonsäure*, *Glucuronsäurelacton*, *Ca-Galakturonat*, *Paraffinöl*, unbehandelte *Cellulose*, NO_2-oxydierte Cellulose, Methylester der NO_2-oxydierten Cellulose, Ca-Salz der NO_2-oxydierten Cellulose. (Analytic. Chem. **27.** 557—60. April 1955. Delft, Vezelinstituut T. N. O.) H. HOFMANN. G 4050

c) Bestandteile von Pflanzen und Tieren.

J. Kleinert, *Die Bestimmung der Milchsäure in biologischem Material.* Überblick über die Entw. der Best. der Milchsäure in biol. Material (*Blut*, *Gewebe* u. *Milch*). Beim Vgl. der Methoden von TROY u. SHARP (Dest.) u. von DAVIDSON (colorimetr.) am gleichen Material ergaben sich keine Genauigkeitsunterschiede. In Verss. konnten nach Zers. mit der DAVIDSON-Meth. Milchsäure als Li-Lactat u. Gärungsmilchsäure befriedigend bestimmt werden. — 14 Literaturangaben. (Mitt. Gebiete Lebensmittelunters. Hyg. [Bern] **44.** 232—47. 1953. Zürich, ETH.) W. KNÖPKE. 5666

Daniel Bourdon, *Über die Anwendung von basischem Bleiacetat zur Reinigung von Pflanzenextrakten.* Nach Vf. ist zur Best. von Zuckern in Pflanzenextrakten die

Klärung mit bas. Bleiacetat geeignet. Es wurden eingehend die Glucose, Fructose u. Saccharosegehh. untersucht u. tabellar. aufgeführt. (Ann. Falsificat. Fraudes **44**. 396—99. Okt./Dez. 1951. Rennes, Labor. de Rech.) H. Ballschmieter. 5666

C. H. Brieskorn und **M. Briner**, *Über einen histochemischen Nachweis von Triterpenen in Pflanzen.* Zur Kennzeichnung des Ablagerungsortes der Triterpene wurde ein Reagens entwickelt, das aus 7 Teilen Chlorsulfonsäure (I) u. 3 Teilen „Sesolvan NK" (BASF, II) oder 6 Teilen I u. 4 Teilen II bestand. Ursolsäure oder Oleanolsäure ergeben mit dem Reagens eine Violettfärbung. Zum histochem. Nachw. läßt man das Reagens auf Drogenschnitte einwirken, der genaue Ort der Anfärbung wurde mkr. ermittelt. Bei den untersuchten Pflanzen waren immer nur die Cuticula u. die Haare angefärbt. — Arbeitsweise im Original. (Pharmac. Acta Helvetiae **28**. 139—43. 30/5. 1953. Beilage zu: Schweiz. Apotheker-Ztg.) W. Spitaler. 5666

d) Medizinische und toxikologische Analyse.

John R. Anderson, *Die Anwendung der Antiglobulinreaktion bei Blutflecken zur Bestimmung der Tiergattung.* Es werden 2 Testverff. beschrieben, die bei Blutflecken eine Unterscheidung der Tierart ermöglichen. (Amer. J. clin. Pathol. **24**. 920—28. Aug. 1954. Glasgow, Schottland, Univ., Dep. of Pathol.) V. Braun. 5727

Herman Brown, Alfred M. Reingold und **Meyer Samson**, *Die Bestimmung von proteingebundenem Jod durch Trockenveraschung.* Zur Best. kleiner J-Mengen bei der Unters. der Schilddrüsenfunktion wird von Vff. folgende Meth. beschrieben: Das Serum wird mit 10%ig. $ZnSO_4$-Lsg. u. 0,5nNaOH gemischt, zentrifugiert u. der Rückstand über Nacht bei 90° getrocknet. Die Veraschung wird bei 600° (±20°) in 2,5 Std. vorgenommen u. die Asche mit 2nHCl ausgezogen. Die colorimetr. Messung erfolgt nach Hinzufügen von H_3AsO_3- u. $Ce_2(SO_4)_3$-Lsg. mit einem Klett-Summerson-Colorimeter unter Verwendung eines blauen Filters. Zur Vereinfachung bei Serienanalysen ist eine Standardkurve aufgestellt worden. Mit der Meth. können 3,5—7 γ J/100 cm³ nachgewiesen werden. (J. clin. Endocrinol. Metabolism **13**. 444—50. April 1953. Philadelphia, Pa., Samson Labor.) W. Knöpke. 5728

C. Pandolfi, *Änderung einer Methode zur direkten Bilirubinbestimmung im Serum.* Beschreibung einer Meth. zur direkten, photometr. Bilirubinbestimmung. (Boll. Soc. ital. Biol. sperim. **29**. 1822—24. Sept./Nov. 1953. Napoli, Ospedali Riuniti per bambini.) P. G. Scheurlen. 5728

G. Zimmermann und **K.-H. Kludas**, *Die Papierchromatographie der Serumproteine.* Vff. trennten mittels Ringpapierchromatographie, bei Zufuhr des organ. Lösungsm. von unten durch einen Docht, die Proteinanteile verschied. Seren menschlicher u. tier. Herkunft, sowie Serumeiweißfraktionen bei Mengen von ca. 100 γ Protein auf. Infolge des geringen Chromatogrammdurchmessers (6—8 cm) ist die Chromatographie innerhalb von ca. 15 Min. durchführbar. Als organ. Lösungsm. diente Butanol–gesätt. W. + W.–gesätt. dodecansulfosaures Na (30 Min. bei 30° schütteln) + n-Butanol (20:10:0,8); p_H 6,5—6,8, oder Butanol–gesätt. W. + W.–gesätt. dodecansulfosaures Na + n-Propanol (4:2:1); p_H 6,8—7,0. Die Anfärbung erfolgte mit Azocarmin B, Amidoschwarz 10 B oder Wollschwarz. Vff. nehmen an, daß es sich bei diesen Trennungen um eine reine Papierchromatographie u. nicht um Adsorptions-, Aussalz- oder Verdrängungseffekte handelt. (Chem. Techn. **5**. 203—06. April 1953. Dessau, VEB Serum-Werke.) K. Nehring. G 5728

A. D. Braun, *Eine Schnellmethode zur Bestimmung des Kreatins im Harn.* Auf Grund der Erkenntnis, daß die Überführung von *Kreatin* (I) in *Kreatinin* (II) in sd. konz. HCl rasch u. ohne Zerstörung des II erfolgt, wird folgendes Verf. zur I-Best. im Harn vorgeschlagen: 0,2 cm³ Harn wird mit 0,2 cm³ 37,5%ig. HCl 3 Min. im sd. Wasserbad erhitzt, nach Abkühlung werden 2,0 cm³ W., 0,6 cm³ gesätt. Pikrinsäurelsg u. 1,0 cm³ 12,5%ig. NaOH zugegeben, nach 6—10 Min. Stehen weitere 6,0 cm³ W., sodann wird photometriert (Kontrollvers. ohne Harn; bei II-Best. Zugabe der 2,0 cm³ W. schon vor dem Erhitzen). Wenn kein Photometer verfügbar ist, wird colorimetriert, dann aber statt 0,2 cm³ W. 0,2 cm³ 0,05—0,1%ig. II-Lsg. zugesetzt. (Бюллетень Экспериментальной Биологии Медицины [Bull. exp. Biol. Med.] **38**. Nr. 10. 73—76. Okt. 1954. Leningrad, Inst. für Geburtshilfe u. Gynäkol. der Akad. der med. Wiss. der UdSSR, Biochem. Labor.) R. K. Müller. 5732

Horst Jatzkewitz, *Überprüfung und Anwendung eines klinischen Verfahrens zur Bestimmung von Suchtmitteln im Harn.* Nach intramuskulärer Injektion von 20 mg *Morphin* oder 4 mg *Dilaudid* oder 20 mg *Eukodal* oder 15 mg *Dicodid* oder 7,5 mg *Cliradon* oder 100 mg *Dolantin* oder 4 mg *Dromoran* oder 5 mg *Polamidon* oder 15 mg *Per-*

vitin oder nach Inhalation des Rauches einer Zigarette (*Nicotin*) wurden den Versuchspersonen 10 cm^3 Harn in Abständen von 3, 6, 9, 12, 15 u. 27 Std. entnommen u. papierchromatograph. auf die unverändert ausgeschiedenen Alkaloide geprüft. Es treten individuelle Schwankungen u. solche, die durch die Häufigkeit der Harnentleerung bedingt sind, auf. Alkaloide mit freien phenol. Hydroxylgruppen lassen sich nicht so lange wie die übrigen nachweisen. Da jene mit Glucuronsäure u. H_2SO_4 verestert ausgeschieden werden dürften, könnte eine chem. oder biochem. Esterspaltung vorausgehen, doch müßte die Konz. der unveränderten Alkaloide bei Süchtigen auch ohne Spaltung zum Nachw. ausreichen. Andere bas. Therapeutica lassen sich gut von den Alkaloiden abgrenzen. Ergebnisse der Unterss. von Süchtigen werden angegeben. (Dtsch. med. Wschr. **79**. 541—43. 2/4. 1954. München, Deutsche Forschungsanst., Klin. Inst., u. Univ., Nervenklin.) H. BENISCHKE. 5732

Wilhelm Biltz, Ausführung qualitativer Analysen anorganischer Stoffe. 12. verb. Aufl. Leipzig: Geest & Portig. 1955. (XII + 189 S. m. 13 Abb. u. 1 Taf.) DM 10,50.

G. J. van Kempen en **H. H. Kreutzer**, Handleiding voor het analystexamen. Dl. 3. Analytische chemie. 2edt. Tilburg: W. Bergmans. (109 S.) fl. 2,90.

C. R. N. Strouts, J. H. Gilfillan and **H. N. Wilson**, Eds., Analytical chemistry. The working tools. 2 vols. London: Clarendon Pr. 1955. (1104 S. m. Abb. u. Diagr.) 105 s.

H. Angewandte Chemie.

I. Allgemeine chemische Technologie.

K. A. Spencer, *Kathodischer Schutz. Der kathodische Schutz in seiner Beziehung zur Konstruktion.* (Vgl. C. **1954**. 4684. 5861 u. **1955**. **4178**.) Überblick. Besprechung der Besonderheiten der Einrichtungen für den kathod. Schutz verschied. Anlagen, wie z. B. Rohrleitungen, Lagerbehälter, Hafeneinrichtungen, Brückenpfeiler, Schiffe, Dampfkondensatoren, Pumpen u. unterird. verlegte Kabel. — 15 Schrifttumsangaben. (Chem. and Ind. **1954**. 2—10. 2/1. London.) H. SPINDLER. 5808

D. P. Thornton jr., *Dow besiegt die Seewasserkorrosion.* Das Seewasser wird bei ca. 25° filtriert. Die Verwendung von geeigneten Metallen für die Pump- u. Kühlanlage ist abhängig von der Fließgeschwindigkeit des Wassers. Schutzanstriche vom Kohlenteertyp haben sich bes. für Flußeisen bewährt. Den Hauptschutz übernehmen aber Mg-Anoden. Der schützende Strom liegt für die mit Teer geschützten Oberflächen bei 0,1 mA/ft^2, für Stahl in ruhigem W. 2—5 mA/ft^2 u. für Stahl in fließendem W. bis zu 125 mA/ft^2. Der Schutz ist erreicht, wenn das Potential von —0,85 V gegen eine Cu-$CuSO_4$-Elektrode gemessen werden kann. Es werden verschieden geformte Mg-Anoden verwendet. (Petroleum Processing **7**. 1640—43. Nov. 1952.) J. FISCHER. 5808

R. G. Deissler, *Wärmeübergang und Flüssigkeitsreibung bei vollentwickelter turbulenter Strömung von Luft und suprakritischem Wasser mit verschiedenen Flüssigkeitseigenschaften.* Früher entwickelte Theorien für den Wärmeübergang bei turbulentem Fluß in glatten Rohren wurden auf Luft u. suprakrit. W. angewandt. Geschwindigkeit, Temperaturverteilung u. Beziehungen zwischen NUSSELTscher, REYNOLDSscher Zahl u. Reibungsfaktor berechnet u. mit gemessenen Werten verglichen. Übereinstimmung war bei großen REYNOLDSschen Zahlen >15000 gut. (Trans. ASME **76**. 73—85. Jan. 1954. Cleveland, O.) H. MIETHING. 5816

Evelyn C. Marboe und **W. A. Weyl**, *Mechanochemie der Dispersion von Quecksilber in Flüssigkeiten in einem Ultraschallfeld.* Läßt man ein Ultraschallfeld einer gewissen Intensität auf das Syst. Hg–Paraffinöl einwirken, so tritt keinerlei Veränderung ein. Zusatz von Stearinsäure bewirkt sofortige Dispersion des Metalls. Der Grund hierfür liegt in den zwischen dem Metall u. dem KW-stoff wirkenden Kräften, u. zwar bindet ein mol. Film von Hg-Stearat die beiden trägen Medien miteinander, macht die Dispersion möglich u. stabilisiert gleichzeitig die Emulsion. In einem weiteren Vers. wurde die Intensität derart einreguliert, daß Hg in dest. W. nach 5 Min. eine leichte Trübung erzeugte. Unter den gleichen Bedingungen blieb das W. klar, wenn es zuvor entlüftet worden war. Der Grund des Einfl. der Luft auf die Dispersion beruht auf der Oxydation des Hg unter Bldg. von Hg^+ u. Hg^{2+}-Ionen, beides Kationen mit einer hohen Polarisierbarkeit. Der gleiche Vers. wurde mit dest. u. entlüftetem W. durchgeführt. Nach einer Expositionszeit von 5 Min. wurde keine Trübung beobachtet. Setzte man einige Tropfen einer gesätt. $HgCl_2$-Lsg. zu, um Hg^{2+}-Ionen zu erzeugen, dann wurde sofort eine tief graue Dispersion von Hg-Tropfen in der verd. $HgCl_2$-Lsg. gebildet. Setzt man jedoch der Hg^{2+} enthaltenden Lsg. KCl-Lsg. hinzu, dann wird das Hg nicht mehr dispergiert, da nur das Kation Hg^{2+}, aber nicht das Anion $(HgCl_4)^{2-}$ die metallophilen Eigg. besitzt, um Dispersion u. Emulsionsbldg. zu erzeugen. Während Hg in nichtpolarem CCl_4 nicht dispergiert wird, tritt in dem stark polaren Nitrobenzol sofort Dispergierung ein. (J. appl. Physics **21.** 937–38. Sept. 1950. Pennsylvania State College, Ca., School of Mineral Ind.) C. Gottfried. 5824

Edgar H. Hoffing und **Frank J. Lockhart,** *Eine Korrelation der Überreißgrenzen von Füllkörpersäulen.* Es wird eine Korrelation der Überreißgrenzen von Füllkörpersäulen entwickelt, wobei die spezif. Oberfläche u. das Freiraumvol. der Füllkörper einerseits u. die Dichten, Zähigkeiten u. Grenzflächenspannungen der strömenden Medien andererseits als Kenngrößen in Form dimensionsloser Gruppen eingeführt werden. Auf diese Weise werden die Ergebnisse von insgesamt 1024 teils eigenen Verss., teils Verss. anderer Vff. sowohl an Gas–Fl.-Systemen als auch an Fl.–Fl.-Systemen mit Raschig-Ringen u. Berl-Sätteln ausgewertet u. eine mittlere Abweichung von 10,2% von der Korrelationskurve gefunden, die in Abhängigkeit vom Geschwindigkeitsverhältnis der beiden Phasen angegeben wird. — 22 Zitate. (Chem. Engng. Progr. **50.** 94–103. Febr. 1954.) W. Blauhut. 5844

A. J. Teller, *Die Rosette, ein neuer Füllkörper für Diffusionsvorgänge mit hohem Rückhaltevermögen.* Vf. beschreibt Verss. mit einem neuentwickelten, rosettenförmigen Füllkörper aus nichtbenetzendem Werkstoff (Polyäthylen). Die Beurteilung erfolgt auf Grund der versuchsmäßig bestimmten Höhe einer Übergangseinheit (HTU) bei der Absorption von NH_3 in H_2O aus NH_3–Luft-Gemischen. Die gemessenen Werte liegen wesentlich günstiger als Parallelverss. mit Raschig-Ringen u. Berl-Sätteln, während der Druckverlust der Rosetten höher als bei Berl-Sätteln, aber niedriger als bei Raschig-Ringen liegt. Die Ursache wird in dem hohen Flüssigkeitsrückhaltevermögen in den Zwischenräumen gesucht. Eine weitere merkliche Verbesserung konnte durch Auskleidung der Kolonne mit Polyäthylen erzielt werden, was auf einer Abnahme der Randgängigkeit beruht. (Chem. Engng. Progr. **50.** 65–73. Febr. 1954.) W. Blauhut. 5844

G. Burrows und **F. H. Preece,** *Der Prozeß der Gasentwicklung in Flüssigkeiten mit niedrigem Dampfdruck bei Druckverminderung.* Fll., wie Öle u. Silicone, werden mit Gas (Luft u. He) übersättigt. Der App., in dem dieser Prozeß vorgenommen wird, ist beschrieben u. abgebildet. In einer anderen ebenfalls beschriebenen, mit der ersteren gegebenenfalls zu verbindenden App. wird eine Druckregelung so vorgenommen, daß die Gasübersättigung in der Fl. aufhört u. Blasenbldg. eintritt. Die Größe der Blasen u. die Anzahl, die in der Zeiteinheit entsteht, wird in Abhängigkeit vom Druck beobachtet u. berechnet. Die Theorie wird entwickelt. Erwähnt wird die Gasmischung durch Blasenbldg. als vorteilhafter als durch Diffusion. (Trans. Instn. chem. Engr. **32.** 99–114. 1954. London, Metropolitan-Vickers Electr. Co. Ltd.) H. Miething. 5846

H. D. Mills, *Systeme für indirekte Heizung und Kühlung unter Benutzung flüssiger Organosilicate.* Organosilicate, wie Tetraarylsilicat, ein Gemisch von mehreren Phenylkresylorthosilicaten, sind Fll., die sich für indirekte Heizungs- u. Kühlungsanlagen ausgezeichnet eignen. Leichte u. genaue Regulierbarkeit der Tempp., Feuersicherheit, kein Explosionsrisiko, Unschädlichkeit für die Arbeiter sind die Vorzüge. Hauptanwendungsgebiet sind die Tempp. zwischen 250 u. 350°. (Chem. Products chem. News [N. S.] **16.** 45–49. Febr. 1953.) H.-J. Heinrichs. 5858

Pirelli Società per Azioni, Italien (Erfinder: **Enrico Grosio),** *Herstellung von Dichtungsmaterial* aus Preßkork, der ein- oder beidseitig mit Polyäthylenfolien belegt u. dann heiß gepreßt wird. Verwendung als chem. indifferentes Dichtungsmaterial. (**F. P. 1 056 541** vom 14/5. 1952, ausg. 1/3. 1954. It. Prior. 15/5. 1951.) M. Pankow. 5811

Tide Water Associated Oil Co., New York, N. Y., und Bayonne, übert. von: **Russell J. Hawes,** Cranford, N. J., und **Charles C. Winding,** Ithaca, N. Y., V. St.A., *Herstellung eines Silicatadsorptionsmittels für Perkolationsverfahren.* Man verrührt eine wss. Alkalisilicataufschlämmung, deren Silicatteilchen für das Perkolationsverf. zu klein sind, bei ca. 200° F, filtriert heiß, saugt trocken, trocknet bei ca. 550° u. zerkleinert, z. B. in Kugelmühlen. Erhalten werden ca. 70–80 Gew.-% der trockenen M. an Silicat einer Teilchengröße von 30–60 Mesh, die als Perkolieradsorbens geeignet sind. Durch Ionenaustausch-Rk. können die entsprechenden Mg-Ca- u. Ba-Silicate erhalten werden. (**A. PP. 2 650 202** u. **2 650 203** vom 15/2. 1951, beide ausg. 25/8. 1953.) E. Drews. 5831

Ruhrchemie Akt.-Ges. (Erfinder: **Herbert Spengler**), Oberhausen, *Messung des Staubgehaltes strömender Gase,* dad. gek., daß in den Strömungsquerschnitt des Gases ein möglichst paralleles Lichtstrahlenbündel eingestrahlt u. die von den schwebenden Staubteilen erzeugte Streustrahlung registriert wird. — Vorrichtung. (**D. B. P. 846 025** Kl. 42 l vom 10/5. 1950, ausg. 7/8. 1952. Anmeldung bekanntgemacht 25/10. 1951.) W. v. Huhn. 5887

Siemens & Halske Akt.-Ges., Berlin und München (Erfinder: **Fritz Lieneweg**, Karlsruhe), *Herstellung von unmittelbar in die Meßlösung eintauchenden Vergleichselektroden für p_H- und ähnliche Messungen* unter Verwendung von schwerlösl. Salzverbb. z. B. von AgCl, dad. gek., daß von den schwerlösl. Salzverbb. leichtlösl. Salze mit gleichem Anion, z. B. NaCl, zugesetzt u. diese wieder herausgelöst werden. (**D. B. P. 859 539** Kl. 42 l vom 26/5. 1951, ausg. 15/12. 1952. Anmeldung bekanntgemacht 24/4. 1952.) W. v. HUHN. 5887

Werner Ingold, Zürich, Schweiz, *Kontinuierliche Kontrolle des p_H-Wertes von wss. Dispersionen* mittels einer Glaselektrode (I), dad. gek., daß der akt. Teil der **I** fortlaufend durch eine um die **I**-Membran kreisende Abwischvorr. von Ablagerungen befreit wird. Bei stabförmiger **I** wird die Abwischvorr. hin- u. herbewegt. (**Schwz. PP. 292 451** vom 25/11. 1950, ausg. 2/11. 1953 u. **296 917** [Zusatzpatent] vom 26/5. 1951, ausg. 1/5. 1954.) W. v. HUHN. 5887

Standard Oil Development Co., Elizabeth, N. J. (Erfinder: **Ronald William Morton** und **John Greenwood**), V. St. A., *Hydraulische Flüssigkeit* für tiefe Tempp., bestehend aus der Mischung eines Esters von 6—20 C-Atomen aus einem aliphat. gesätt., unsubstituierten, einwertigen C_{2-12}-Alkohol mit einer gesätt. C_{2-12}-Monocarbonsäure, oder aus Gemischen solcher Ester, mit z. B. 12 Gew.-% eines Polymeren vom Mol.-Gew. 2000—20000 eines Acryl- oder Methacrylsäureesters. — Beispiel: 80 n-Hexylbutyrat, 20 Acrylesterpolymerisat (I), 82 Isooctylacetat, 18 **I**. Prüfergebnisse in Tabellen. (**E. P. 718 179** vom 15/3. 1951, ausg. 10/11. 1954.) E. DREWS. 5893

Aktiebolaget Bofors, Bofors, Schweden, *Durchführung physikalischer oder chemischer Reaktionen* (Synthesen, Extraktionen, Waschen) von Mischungen nicht ineinander lösl. Komponenten. Die Komponenten werden getrennt voneinander in ein raschlaufendes Rührwerk gegeben. Der nichtvermischte, durch Absitzen getrennte Anteil wird zurückgeführt. — Abbildung. (**E. P. 665 921** vom 3/2. 1949, ausg. 6/2. 1952.) O. STEIL. 5897

Davison Chemical Corp., Baltimore, übert. von: **Leon L. Baral** und **Charles P. Wilson**, *Herstellung sulfatfreier Silica-Tonerde-Katalysatoren*. Katalysatoren mit einem Sulfatgeh. <1% werden erhalten durch Auswaschen des z. B. durch Rk. von Na-Silicat mit einer Lsg. von Al-Sulfat erhaltenen SiO_2-Al_2O_3-Gels mit verd. HCl, wobei die abfließende Säure ein p_H von 3—4 aufweisen soll; danach wird mit NH_4OH nachgewaschen u. getrocknet. — Zeichnung. (**A. P. 2 684 340** vom 29/4. 1949, ausg. 20/7. 1954.) W. MATTHAES. 5905

Rudolph Leonard Hasche, Johnson City, Tenn., V. St. A., *Katalytisches Regenerativverfahren zur Durchführung von endothermen Gasreaktionen mit abwechselnder Heiz- und Reaktionsstufe*, dad. gek., daß in der Reaktionsstufe die Ausgangsstoffe durch die Kanäle einer ersten zuvor auf eine zur Einleitung der Rk. erforderliche Temp. erhitzten Regenerativmasse (Speichermasse für die Wärme) von ihrem kühleren zum heißeren Ende, dann zur Vollendung der Rk. in eine Reaktionszone mit einem darin angeordneten Katalysator, welcher heißer als die höchste Temp. der 1. Regenerativmasse ist, u. schließlich zum Abschrecken der Reaktionsprodd. durch die Kanäle einer 2. gleich der 1. Regenerativmasse zuvor erhitzten Regenerativmasse von ihrem heißeren zum kühleren Ende geleitet werden, wobei die Verweilzeit der die Behandlung erfahrenden Gase ca. 0,3X Sek. in jeder der beiden Regenerativmassen u. ca. 0,05X Sek. in der Reaktionszone nicht überschreitet, wobei X der angewendete Druck in absol. at ist u. wobei der Druckabfall in dieser Reaktionsstufe 0,35 kg/cm² nicht überschreitet. Der therm. Wirkungsgrad ist 95%. Herst. von Heiz- u. Synthesegas, Olefinen u. Diolefinen aus Erdgas bzw. KW-stoffen oder katalyt. Dehydrierung von gesätt. aliphat. KW-stoffen. — Vorr., Zeichnung. (**D. B. P. 921 263** Kl. 12g vom 15/11. 1951, ausg. 13/12. 1954. A. Prior. 14/11. 1950. Anmeldung bekanntgemacht 13/5. 1954.) W. MATTHAES. 5905

III. Elektrotechnik.

M. Fernier, *Sonderlegierungen und elektrischer Widerstand*. Übersicht über die Eigg., bes. den elektr. Widerstand einer Reihe von Legierungen u. deren Verwendung zur Herst. von Widerstandsthermometern, Rheostaten u. Thermoelementen. (Métallurgie Construct. mécan. **83**. 863. 865—67. 869—71. Nov. 1951. Soc. de Commentry, Fourchambault et Decazeville.) W. WESLY. 5954

W. Grattidge, *Eine Skalenerweiterung für ein registrierendes Potentiometer*. Vf. beschreibt eine elektr. Anordnung, welche es gestattet, die üblichen registrierenden Potentiometer, welche gewöhnlich 25 mV- oder 10 mV-Vollskaleninstrumente sind, in registrierende Potentiometer mit verschied. Vollskalenbereichen von 0,5—10 mV umzuwandeln. (Rev. sci. Instruments 25. 1034—35. Okt. 1954. Cambridge, Mass., Inst. of Technol., Dep. of Phys. and Res. Labor. of Electronics.) C. GOTTFRIED. 5978

Aluminum Co. of America, V. St. A., *Erhöhen der elektrischen Leitfähigkeit von Aluminium.* Die durch Ggw. von 0,01—1, bes. 0,0,01—0,25 (%) Cr + Ti + Zr + V + Mo herabgesetzte Leitfähigkeit von Al mit 0,45 Fe + Si + Cu wird durch Zusatz von 0,01—0,5, bes. 0,03—0,07, B prakt. bis zum n. Wert aufgebessert. Vergleichswerte für die Leitfähigkeit sind: 63,5 für Al ohne Cr, Ti, V, B; 59,1 für Al mit 0,04 Ti; 62,6 für Al mit 0,04 Ti u. 0,03 B; 56,2 für Al mit 0,06 Cr; 61,3 für Al mit 0,06 Cr u. 0,1 B. (**F. P. 960 492** vom 2/2. 1948, ausg. 19/4. 1950. A. Prior. 2/8. 1939.) B. SCHMIDT. 5953

Canadian General Electric Co. Ltd., Toronto, Ontario, Can., übert. von: **Kenneth N. Mathes,** Schenectady, N. Y., V. St. A., *Elektrischer Kupferleiter* mit einem Harzüberzug eines durch Wärme härtbaren methylsubstituierten Polysiloxans, welches 1,2 bis 1,8 Methylgruppen auf 1 Si-Atom enthält. Das Polysiloxan wird in einem Lösungsm. gelöst, u. nach Auftragen auf das Cu-Kabel wird dieses in einer Heizzone auf 150—450° erhitzt, um zunächst das Lösungsm. zu verdampfen u. danach die Wärmehärtung des Überzugsharzes teilweise auszuführen. Anschließend wird eine dünne homogene Schicht von Glimmerpulver aufgebracht, die Wärmehärtung des Polysiloxanharzes größtenteils zu Ende geführt u. danach ein weiterer Überzug eines wärmehärtbaren Harzes in Form eines Kresol-Formaldehyd- u. Polyvinylformalharz-Gemisches aufgebracht. Durch Wärmebehandlung wird ein unschmelzbarer u. unlösl. Überzug erzeugt. (**Can. P. 479 221** vom 7/8. 1947, ausg. 11/12. 1951.) M. F. MÜLLER. 5953

N. V. Philips' Gloeilampenfabrieken, Eindhoven, Holland, *Halbleiterwiderstände* aus gesinterten Halbleitern, z. B. einer aus Fe_3O_4 u. Zn_2TiO_3 im Verhältnis 1:1 gesinterten Spinellphase. Zur Herst. der Stromzuführungsleiter bringt man ein Gemisch aus AgO (I) u. einem mit diesem in der Hitze exotherm reagierenden Metall [z. B. 45 (Gew.-%) I u. 55 Fe-Pulver] auf die Enden des Widerstandskörpers, bettet die Stromzuführungsleiter ein u. bringt die Rk. durch Erhitzen in Gang. (**Schwz. P. 280 644** vom 28/11. 1949, ausg. 1/5. 1952. Holl. Prior. 29/11. 1948.) H. KESSEL. 5955

Max Fischer, Paul Gaborit und **Christian Thevenot,** Paris, Frankreich, *Widerstandskörper* mit spannungsabhängigem Widerstand. Zur Herst. werden entfettete u. blankgeätzte Mg-Scheiben 24 Std. bei 95° mit einer Na_2S-Lsg. behandelt, dann in einer $NaHCO_3$-Lsg. gewaschen u. getrocknet. Ferner werden aus feingemahlenem CuS, das durch Erhitzen eines Gemisches von Cu u. S-Pulver gewonnen wird, Scheiben gepreßt. Beide Scheibensorten werden abwechselnd, paarweise durch Fe-Scheiben getrennt, zu einer Säule zusammengefügt. (**F. P. 971 565** vom 18/9. 1940, ausg. 18/1. 1951.) H. KESSEL. 5955

Franz Jakubec, Lugano, Schweiz, *Isolation für elektrische Leitungen.* In einer oder mehreren Lagen aufgebrachte Glasseideisolation wird mit einer Imprägnierung versehen, die zu einem möglichst geringen Teil aus Isolierlack u. im übrigen aus einem gut isolierenden anorgan. Füllstoff besteht, z. B. aus Glaspulver oder Talkum. (**Oe. P. 174 404** vom 16/8. 1951, ausg. 25/3. 1953.) H. KESSEL. 5957

Bishop Mfg. Corp., Summit, N. J., übert. von: **Harold E. Selby,** Brooklyn, N. Y., V. St. A., *Isoliermaterial* von hoher dielektr. Festigkeit besteht aus bis zu 50 (%) in n. Zustand halbfestem Polyäthylen mit guten Isoliereigg., 5—20 eines mit S vulkanisierbaren gummiartigen Copolymers aus Isobutylen u. einem Diolefin im Verhältnis 98:2, ca. 9—65 Polyisobutylen mit einem Mol.-Gew. von ca. 60000—75000 u. 1—20 Klebmittel, bes. Kolophonium oder Hydroabietylalkohol. (**Schwz. P. 294 476** vom 2/8. 1951, ausg. 16/1. 1954. **A. P. 2 569 540** vom 4/1. 1949, ausg. 2/10. 1951.) H. KESSEL. 5957

Kabel- & Metallwerke Neumeyer Akt.-Ges. (Erfinder: **Wilhelm Birnthaler**), Nürnberg, *Geschichtetes Isoliermaterial,* bes. für *Kabel.* Zur Erhöhung der Alterungsbeständigkeit u. der Kältefestigkeit erhält jede, z. B. aus Polyvinylchlorid bestehende Schicht den gleichen oder einen äquivalenten Anteil an diffusionsfähigem Weichmacher, wobei der verschied. Weichheitsgrad der einzelnen Schichten durch einen entsprechenden Zusatz von nichtdiffusionsfähigen Weichmachern eingestellt wird. Hierfür dienen bes. Mischpolymerisate aus Olefindicarbonsäuren oder deren Estern oder Derivv. beider Körper, z. B. Fumarsäure (I), I-Ester u. deren Derivv., mit Vinylderivv. oder Butadien-KW-stoffen oder deren Derivv., z. B. Acrylsäureester oder Acrylnitril. (**D. B. P. 918 871** Kl. 21c vom 22/12. 1948, ausg. 7/10. 1954. Anmeldung bekanntgemacht 26/10. 1950.) H. KESSEL. 5957

Telegraph Construction & Maintenance Co. Ltd. (Erfinder: **Edward Ingram Cooke**), London, England, *Kabelisolierung.* Als Insekticid setzt man der Isoliermasse aus Polyvinylchlorid, Guttapercha oder einer Polyäthylen–Polyisobutylen-Mischung 0,1—10% Pb-Naphthenat zu. (**E. P. 707 133** vom 2/12. 1949, ausg. 14/4. 1954.) G. SALZMANN. 5957

Sandoz Akt.-Ges., Basel, Schweiz, *Kabel mit Schutzmantel.* Die Leiterisolation besteht ganz oder teilweise aus Fasercelluloseacetaten mit einem Acetylierungsgrad von mindestens 5%. (**Schwz. P. 292 209** vom 26/1. 1951, ausg. 16/10. 1953.) H. KESSEL. 5957

United States of America, übert. von: **John H. Baldwin**, Joplin, Mo., V. St. A., *Galvanische Batterie für einmalige Entladung*, z. B. für meteorologische Zwecke. Die positive Elektrode besteht aus PbO_2, die negative aus schwammigem Pb. Beide sind mit Hilfe von dicken Scheidern aus Papier oder dgl. fest in eine Hülle aus Kunststoff eingebaut, u. mehrere Hüllen werden durch einen Rahmen zusammengehalten. Zum Aktivieren wird die Batterie 1—3 Min. mit H_2SO_4 gefüllt u. dann die von den Scheidern nicht aufgesaugte Säure herausgeschleudert. Damit eine einwandfreie Durchtränkung der Scheider erfolgen kann, werden zwischen die positiven Elektroden u. die anliegenden Scheider Kunststoffkeile eingeführt, die nach dem Entfernen der Säure herausgezogen werden. (**A. P. 2 636 061** vom 4/5. 1951, ausg. 21/4. 1953.) F. LAASS. 5971

United States of America, übert. von: **Adolph Fischbach**, Loch Arbour, und **Hyman J. Mandel**, Red Bank, N. J., V. St. A., *Magnesiumelement.* Die poröse negative Elektrode besteht aus einem dünnen Cu-, Pb- oder Fe-Drahtnetz, auf welches eine M. aus CuCl, Ruß u. W. aufgebracht wird. Negative CuCl- u. positive Mg-Elektroden werden durch einen dicken saugfähigen Separator, z. B. aus Filz, Papier oder Glas, getrennt. Aktiviert wird das Element durch Eingießen von W., dem etwas HCl oder NaCl zugefügt werden kann. (**A. P. 2 636 060** vom 3/5. 1950, ausg. 21/4. 1953.) F. LAASS. 5971

Stauffer Chemical Co., übert. von: **John M. McColgan**, Los Angeles, Calif., V. St. A., *Herstellung von Gefäßen für Akkumulatoren* durch Heißpressen einer Mischung aus 55—45 (Gewichtsteilen) Asphalt, 25—45 mineral. Füllstoffen, wie Fuller- oder Diatomeenerde, u. 20—10 organ. Fasern, wie Baumwoll-Linters, Abfallpapier oder Sulfitzellstoff. Um letztere beständig gegen den Elektrolyten zu machen, werden diese vor dem Mischen mit einer wss. Lsg. aus einem Kunststoff, der sich noch im wasserlösl. Zustand befindet, aus einem Katalysator u. einem Netzmittel getränkt, wobei die Aushärtung der Kunststoffe beim Heißpressen erfolgt. Solche Kunststoffe bestehen z. B. aus: Phenol–Formaldehyd oder –Furfurol, Kresol– oder Xylenol–Formaldehyd, die einzeln oder in Mischung angewendet werden. (**A. PP. 2 647 090** vom 20/7. 1951 u. **2 647 091** vom 26/1. 1953, beide ausg. 28/7. 1953.) F. LAASS. 5971

Yardney International Corp., New York, N. Y., V. St. A., übert. von: **Paul Garine**, Paris, Frankreich, *Elektrode für Silber–Zink-Akkumulatoren*, bestehend aus einer perforierten Mg-Platte, auf die das Ag- oder Zn-Pulver aufgebracht ist. Die Platte kann mit einem Ag-Überzug durch aufeinanderfolgendes elektrolyt. Aufbringen einer Zn-, Ni- u. Ag-Schicht versehen werden. (**A. P. 2 636 059** vom 16/4. 1952, ausg. 21/4. 1953. F. Prior. 19/4. 1951.) F. LAASS. 5971

Frank Booth, Denton, England, *Herstellung von Separatoren.* Späne aus Balsaholz werden ca. 48 Std. in einer 4%ig. NaOH-Lsg. gekocht, mit Silicagel vermischt u. dann zu einer feinen M. zerkleinert. Nach Zusatz einer wss. Lsg. eines noch im wasserlösl. Zustand befindlichen Phenol–CH_2O-Harzes u. eines Netzmittels werden aus der M. mikroporöse Bogen auf einer Papiermaschine geformt, deren Harz durch Erhitzen ausgehärtet wird. (**A. P. 2 647 158** vom 17/8. 1948, ausg. 28/7. 1953. E. Prior. 18/4. 1947.) F. LAASS. 5971

Egyesült Izzólámpa és Villamossági Részvénytársaság (Erfinder: **Ernő Winter**), Budapest, Ungarn, *Oxydkathode.* Zur Herst. der Kathode wird ein Ni-Behälter, der als akt. Stoff Cs u. Rb oder reduzierbare Verbb. (Chloride) davon zusammen mit einem Reduziermittel (bes. Na) enthält, mit einem porösen W-Körper, der oberflächlich bei 600—800° in N_2 mit 0,1% O_2 zu W_2O_5 oder einem „blauen“ W-Oxyd oxydiert ist, abgedeckt, so daß beim Erwärmen der akt. Stoff durch den porösen Körper diffundiert, das W_2O_5 zum Teil red. u. sich selbst bis zu einem Gleichgewicht oxydiert. In dem entstehenden feinen Metall-Oxyd-Gemisch lagert sich der akt. Stoff an der Oberfläche der Oxyde, so daß die Austrittsarbeit der Kathode verringert u. ihre Temperaturbeständigkeit erhöht ist. (**Oe. P. 180 997** vom 3/1. 1952, ausg. 10/2. 1955. Ung. Prior. 11/1. 1951.) B. SCHMIDT. 5975

Telefunken Gesellschaft für drahtlose Telegraphie m. b. H. (Erfinder: **Bernhard Bartels**), Berlin, *Bildspeicherröhre mit Alkalihalogenidschirm.* Das Alkalihalogenid (z. B. KCl) ist auf einem für sichtbares Licht durchlässigen, UV oder Ultrarot absorbierenden Träger (z. B. Zn–Cd–S auf Glimmerunterlage) aufgebracht. Zur Löschung wird der Schirm mit UV oder Ultrarot bestrahlt. (**D. B. P. 915 538** Kl. 21g vom 10/2. 1943, ausg. 29/7. 1954. Anmeldung bekanntgemacht 3/12. 1953.) H. KESSEL. 5975

Sylvania Electric Products, Inc., übert. von: **Joseph Arthur Roy**, Danvers, und **Robert S. Ives**, Topsfield, Mass., V. St. A., *Gasentladungsleuchtröhre.* Die z. B. aus Zn–Be–Mn-Silicat, Ba–Pb-Silicat, Ca–Pb–Mn-Silicat, Mg-Wolframat oder Gemischen hiervon bestehende Leuchtschicht ist mit ca. 0,015% Sb_2O_3 aktiviert. (**A. P. 2 607 014** vom 8/11. 1947, ausg. 12/8. 1952.) H. Kessel. 5975

Westinghouse Electric International Co., New York, N. Y., V. St. A., *Gasentladungsleuchtröhre.* Der bes. im erythembildenden Wellenlängenbereich stark fluorescierende Leuchtstoff besteht prakt. aus einem mit Tl aktivierten Ca-Phosphat in fester Lsg. mit 4—12% Mg-Phosphat. (**E. P. 666 163** vom 24/3. 1949, ausg. 6/2. 1952. A. Prior. 15/5. 1948.) H. Kessel. 5975

Comp. des Lampes, Frankreich, übert. von: **British Thomson-Houston Co. Ltd.**, **Harold Robert Ruff** und **Robert Stirling Wells**, England, *Leuchtschicht für Quecksilberdampfleuchtröhren* enthält außer Ca-Halogenphosphat eine Schicht Ba-Phosphat, in der die Strahlung bei 4358 Å in langwelligere Strahlung umgewandelt wird. (**F. P. 1 055 769** vom 28/3. 1950, ausg. 22/2. 1954. E. Prior. 4/4. 1949.) H. Kessel. 5975

British Thomson-Houston Co. Ltd., London, England, *Leuchtschirm für Kathodenstrahlröhren.* Zur Herst. wird gefälltes ZnS, CdS oder (Zn, Cd)S ca. 16 Std. zusammen mit Cu oder Ag als Aktivator im Kontakt mit einer gesätt. wss. Lsg. des Sulfids in einem Druckgefäß bei einer Temp. über dem $Kp._{760}$ des W. (z. B. 300°) unter Druck (z. B. bei einem Wasserdampfpartialdruck von 100 at) erhitzt, um Rekristallisation herbeizuführen. (**E. P. 709 831** vom 5/11. 1951, ausg. 2/6. 1954. A. Prior. 4/11. 1950.) H. Kessel. 5975

Radio Corp. of America, übert. von: **Meier Sadowsky**, Elkins Park, Pa., V. St. A., *Leuchtschirm für Kathodenstrahlröhren.* Zur Herst. wird die Leuchtstoffschicht mit einer Fl. von hohem Kp. (z. B. Äthylenglykol) überschichtet, auf deren Oberfläche ein Lack, der mit der Fl. nicht mischbar u. in ihr nicht lösl. ist, in dünner Schicht aufgebracht wird. Nach dem Erhärten der Lackschicht wird die Fl. durch eine solche von niedrigerem Kp. (z. B. Methanol) ersetzt, in der der Lack ebenfalls nicht lösl. ist. Diese wird dann dekantiert, so daß die Lackschicht mit der Leuchtoffschicht in Verb. kommt u. nach dem Trocknen metallisiert werden kann. (**A. P. 2 686 734** vom 23/1. 1952, ausg. 17/8. 1954.) H. Kessel. 5975

British Thomson-Houston Co. Ltd., London, England, *Zinksulfidleuchtschirm für Kathodenstrahlröhren* enthält zur Verlängerung der Nachleuchtdauer aktivierende Zusätze von 0,12—0,2 (%) Mn u. 0,0001—0,005 Cu. (**E. P. 652 106** vom 28/1. 1948, ausg. 18/4. 1951. A. Prior. 31/8. 1945.) H. Kessel. 5975

Comp. des Lampes, Frankreich (Erfinder: **Jerome Sidney Prener**), *Elektrolumineszierende Stoffe.* Der Stoff enthält Zn-Selenid (maximal 20%), ZnS u. Cu. Ein geeignetes Gemisch besteht z. B. aus 60 Teilen ZnS, Zn-Selenid u. mindestens 1 Teil Cu. Zur Herst. des Stoffes wird dieses Gemisch mit 25 Teilen ZnO vermischt, fein gepulvert u. ½ Std. auf 1100° erhitzt. Das ZnO wird mit einer 50%ig. Essigsäurelsg. entfernt. (**F. P. 1 062 791** vom 8/9. 1952, ausg. 27/4. 1954. A. Prior. 8/9. 1951.) G. Grote. 5975

IV. Wasser. Abwasser.

K. S. Watson, *Behandlung zusammengesetzter Abwässer der Metallbearbeitung.* (Steel Processing **40**. 376—82. 397. 399. Juni 1954. — C. **1954**. 8418.) M. Gehlen-Keller. 6042

H. Heukelekian und **I. Gellman**, *Untersuchungen biochemischer Oxydationen durch direkte Methoden. 4. Mitt. Einfluß giftiger Metallionen auf die Oxydation.* (3. vgl. C. **1955**. 3459.) Im Warburg-Respirometer wurden 5—100 mg/Liter Metallionen in Form von $CuSO_4$, $NiCl_2$, $ZnCl_2$, $CdSO_4$, $Cr(NO_3)_3$, K_2CrO_4 u. $CoCl_2$ durch Baumwolle filtriertem häuslichem Abwasser (I) u. einem Gemisch (II) von I u. Belebtschlamm zugesetzt; ihre Giftwrkg. (III) wurde im Vgl. zu Parallelverss. ohne Metallsalze an der Verminderung des BSB_5 beobachtet. 23 Tabellen geben die Ergebnisse wieder. Die Wrkg. beruht auf der Entfernung oxydierbarer Stoffe aus der Lsg. durch chem. Koagulation, die auch die Anzahl der Bakterien verringert, u. durch direkte III auf wichtige Funktionen der Zellen. In II war anfangs III geringer als in I, zum Schluß umgekehrt. Die Reihenfolge der Giftigkeit war in I Ni, Cu, Co, Cd, Cr^{3+}, Zn, Cr^{6+}, in II Ni, Cu, Cr^{3+}, Cd, Zn, Co, Cr^{6+}. Bei Cr^{3+} u. Cu wurde eine Anpassung der Bakterien an das Metallion u. eine Abhängigkeit von dem ursprünglichen p_H festgestellt; bei allen Metallen besteht ein krit. p_H, bei dem eine deutliche Änderung der Giftigkeit eintritt. Zur Erzielung der gleichen III ist bei längerer Einw. höhere Ionenkonz. erforderlich, Verringerung der I-Konz. bewirkt erhöhte III, bei gleichmäßiger Verdünnung von I u. Metallsalz bleibt III. gleich. Zusatz von Pepton bewirkte bei Co keine geringere III. (Sewage ind. Wastes **27**. 70—84. Jan. 1955. New Brunswick, N. J., Rutgers Univ.) H. Mühlmeister. 6044

T. C. Buck jr., C. E. Keefer und **Hester Hatch,** *Bakteriologische Untersuchungen über Schlammzersetzung. 4. Mitt. Eine aus zersetztem Schlamm isolierte bewegungsfähige Anaerobe.* (3. vgl. Sewage ind. Wastes **25.** [1953.] 1406.) Vff. isolierten aus Abwässerschlammzersetzungsprodd. einen bisher unbekannten verflüssigenden, anaeroben, im Tiervers. apathogenen, innerhalb eines breiten Temperatur- u. p_H-Bereiches einzeln u. in Ketten wachsenden Bacillus, genannt *B. endorhythmos*, dessen Eigenart darin besteht, daß ein Teil seiner Zellen stark bewegliche Innenkörper enthält. In verschied. Kulturmedien sowie sterilisiertem Schlamm zeigten die Bacillen keine Gasbldg., während sie im Schlamm in natürlichem Zustand Verflüssigung u. Gasbldg. verursachen. Es wird angenommen, daß die Bacillen nur in Symbiose mit anderen Bakterien zum Gasbildner werden. Unterss. über Cellulosezers. (Organismen sind keine Celluloseverdauer), A.-Toleranz [erst bei einer A. (95%)-Konz. von 9% u. höher u. einer Temp. von 35° bzw. bei einer A. (95%)-Konz. von 5% u. höher u. 44° kein Wachstum mehr] u. Verwertung von Fettverbb., u. a. Butter, Oliven-, Sojabohnen-, Lein- Baumwollsamenöl u. Schweinefett (kein Abbau u. keine Nutzbarmachung), wurden durchgeführt. (Sewage ind. Wastes **26.** 164—70. Febr. 1954. Baltimore, Md., City Health Dep., Bur. of Labor. and Bur. of Severs.) GERDA SCHULZE. 6048

R. J. Stephenson, *Verfügbarer Stickstoff in Abwasserschlämmen.* Aus Laboratoriumsverss. an Bodenproben geht hervor, daß bei Düngung mit belebtem Schlamm ähnlich wie bei der mit getrocknetem Blut wesentlich leichter Nitrat im Boden gebildet wird als bei Düngung mit ausgefaultem oder mit frischem Abwasserschlamm. Zu dem gleichen Resultat führt der von HAMENCE angegebene schneller durchführbare, ansonsten aber vom Vf. als weniger zuverlässig angesehene Pepsintest. Bei Frischschlammdüngung findet im Gegensatz zu den anderen Schlammarten in mindestens den ersten 3 Wochen sogar eine Abnahme des ursprünglich im Boden vorhandenen Nitrat-N statt. Bei Auswahl weniger geeigneter Böden für solche Verss. kann die Zeit, in der der Nitrat-N abnimmt, sogar noch länger dauern. Die überlegene Wrkg. des belebten Schlammes wird auf seinen hohen Proteingeh. zurückgeführt. (Sewage ind. Wastes **27.** 34—39. Jan. 1955. London, County Council, Public Health Dep., Chem. Branch.) W. NIEMITZ. 6048

H. Tanner, *Ein neues Verfahren zur Schnellbestimmung der Wasserhärte.* Kurze Anleitung für die Härtebest. mit Komplexon u. Eriochromschwarzindicator. (Schweiz. Z. Obst- u. Weinbau **62.** 179—80. 16/5. 1953. Wödenswill, Eidg. Versuchsanstalt.) H. MÜHLMEISTER. 6062

E. J. Serfass, R. F. Muraca und **D. G. Gardner,** *Die colorimetrische Bestimmung von Cadmium in Abwässern.* Das Verf. stellt eine etwas abgeänderte Ausführungsform der von SHIRLEY, BENNE u. MILLER (C. **1949.** E. 1322) vorgeschlagenen Arbeitsweise dar u. beruht auf der Rotfärbung, die Cd in stark alkal. Lsg. mit Dithizon (**I**) gibt. Die störenden Elemente Ag, Hg u. Cu werden vorher bei p_H 2 mit einer Lsg. von **I** in Chlf. extrahiert. Ni u. Co, die gleichfalls stören, bindet man darauf bei p_H 8,5—9,0 mit Dimethylglyoxim; durch Extraktion mit Chlf. wird Ni entfernt; der Co-Komplex, der durch Extraktion mit Chlf. nicht entfernt wird, reagiert nicht mit **I**. Die Arbeitsweise wird im einzelnen beschrieben. (Plating **40.** 148—50. 154. Febr. 1953. Lehigh Univ., Dep. of Chem.; Passaic, N. J., Unites States Rubber Co.) W. WESLY. 6068

Henkel Kemiskt-Tekniskt Aktiebolag, Stockholm, Schweden, *Weichmacher und Wasserenthärtungsmittel,* bestehend aus wasserlösl. Alkali-, Erdalkalicarbonaten u. hydratisiertem Wasserglas der Zus. $Na_2O \cdot 3{,}5\ SiO_2$, von dem wesentliche Mengen erst in Lsg. gehen, nachdem die Enthärtung den gewünschten Grad erreicht hat. (**Schwed. P. 140 571** vom 23/2. 1942, ausg. 2/6. 1953. D. Prior. 20/5. 1941.) K. H. KÄHLER. 6025

Établissements Collex, Frankreich, *Mittel zum Entfernen von Wasserstein aus Kesseln, Kühlern und dergleichen* besteht aus einer sauren *Kupfersalzlsg.*, der *Formaldehyd* zugesetzt ist. Nach Ablösen der Schicht aus Wasserstein bildet sich eine dünne Cu-Schicht. Die Lsg. greift die zu behandelnden Metalle selbst nicht an. (**F. P. 1 065 091** vom 28/10. 1952, ausg. 20/5. 1954.) F. MARKHOFF. 6031

V. Anorganische Industrie.

E. S. Boe, C. E. Butterworth und **J. R. West,** *Die Mengenmessung flüssigen Schwefels.* Vff. befaßten sich mit der Mengenmessung von fl. Schwefel durch Best. von Durchflußmengen in Leitungen. Eine große Anzahl verschied. techn. gebräuchlicher Strömungsmesser wurden getestet u. die Ergebnisse jeweils mit der Messung im kalibrierten Tank verglichen. Hierbei wurde auch der Einfl. der absol. Strömungsgeschwindigkeit untersucht. Die einzelnen Ergebnisse werden mitgeteilt u. die Abweichungen von der Tankstandsmessung diskutiert. (Chem. Engng. Progr. 49. 73—77. Febr. 1953. Newgulf, Tex., Texas Gulf Sulfur Co.) G. GÜNTHER. H 253

Metallgesellschaft Akt.-Ges., Frankfurt/M. (Erfinder: **Richard Bayer**), *Herstellung von Wasserstoff* durch Rk. von CO-enthaltenden Gasgemischen mit Wasserdampf, wobei im Reaktionsprod. enthaltener überschüssiger Wasserdampf mit W. kondensiert u. das so gewonnene heiße W. im Ausgangsgas verdampft wird, dad. gek., daß so viel Wasserüberschuß angewendet wird, daß über die zur Rk. erforderliche verdampfte Menge hinaus W. unverdampft anfällt, wobei dieses W. zusammen mit dem bei der Rk. gebildeten W. in das erzeugte Gas eingespritzt wird, um es wieder zu erhitzen u. den Überschuß zu kondensieren; das heiße W. wird durch eine äußere Wärmequelle noch höher erhitzt u. in die Verdampfungsstufe zurückgeführt. — Zeichnungen. (**E. P. 718 796** vom 6/1. 1953, ausg. 17/11. 1954.) K. DEMMLER. H 238

Chemical Construction Corp., New York, N. Y., übert. von: **Louis N. Allen,** Short Hills, N. J., V. St. A., *Sauerstoffgewinnung aus Luft* durch fraktionierte Kondensation u. Verdampfung, wobei die Luft auf beginnende Kondensation abgekühlt u. dann über Wärmeaustauscher geschickt wird, derart, daß der Kp. des N_2 noch überschritten wird u. somit bei weiterer Kondensation ein an O_2 angereichertes Gas entsteht. Es wird durch das Verf. zunächst Luft mit einem O_2-Geh. von 26% erhalten, der dann auf 40 u. schließlich 95% gebracht wird. Der Wärmeaustauscher besteht aus Metallfolien oder -fäden. — Vorr., Zeichnung. (**A. P. 2 688 854** vom 26/3. 1952, ausg. 14/9. 1954.) H. SCHINDLER. H 239

Phillips Petroleum Co., übert. von: **Elton E. Rush,** Waco, Tex., V. St. A., *Verdampfen von Ammoniak.* Man leitet NH_4OH aus dem Vorratsbehälter zu einem Verdampfer, indem man es dicht unterhalb der Oberfläche des Berieselungswassers einführt. Ein Teil des NH_4OH verdampft. Diese Dämpfe leitet man über eine Meßuhr in das Berieselungswasser u. erhält so wss. NH_4OH. Dabei benutzt man die Lösungswärme des NH_3 in W., um weitere Mengen NH_4OH zu verdampfen. (**A. P. 2 685 151** vom 3/11. 1952, ausg. 3/8. 1954.) H. NEBELSIEK. H 243

Standard Oil Co., Chicago, Ill., übert. von: **Joseph E. Wolf,** Hammond, Ind., V. St. A., *Trocknen von Fluorwasserstoffgas.* Der zu entwässernde Gasstrom wird in der Mitte einer Abtreibe–Absorptions- u. Fraktionierkolonne mit einem fl. wasserfreien Gemisch aus KF u. HF bei z. B. 300—400° F in Kontakt gebracht, das W. mittels eines aus KW-stoffen, W. u. H_2S bestehenden Abtreibegases am Kopf der Kolonne abgeführt u. der vom KF–HF-Gemisch absorbierte HF in wasserfreiem Zustand durch Erhitzen gewonnen. — Zeichnungen. (**A. P. 2 697 065** vom 28/4. 1951, ausg. 14/12. 1954.) K. DEMMLER. H 246

Mathieson Chemical Corp., Virginia, übert. von: **William J. Cotton,** Butler, Pa., V. St. A., *Herstellung von höherwertigen Chloroxyden,* bes. von Chlordi- u. -trioxyd. Ein Gasstrom von Cl_2 u. O_2 wird in einer Reaktionszone der Einw. einer gekreuzten elektr. Entladung ausgesetzt, die aus einer nichtleuchtenden dunklen Entladung mit niedriger Frequenz u. einer elektr. Entladung zusammengesetzt ist, die zwischen einer dunklen u. einer leuchtenden Glühentladung bei hoher Frequenz liegt. (**A. P. 2 689 217** vom 25/10. 1949, ausg. 14/9. 1954.) K. DEMMLER. H 247

Montecatini Soc. Gen. per l'Industria Mineraria e Chimica, übert. von: **Gerlando Marullo** und **Domenico Maragliano,** Mailand, Italien, *Reinigung von Rohschwefel.* Man läßt geschmolzenen S kontinuierlich durch eine Trommel fließen, die im unteren Teil durch bis fast zur Mittelachse reichende Wände in mehrere Kammern geteilt ist, durch die auf der rotierenden Mittelachse angeordnete durchlochte Scheiben geführt werden. Durch die Trommel führt man im Gegenstrom SO_3-haltiger Gase. — Abbildungen. (**A. P. 2 689 783** vom 8/2. 1951, ausg. 21/9. 1954. It. Prior. 28/3. 1950.) A. ZÜRN. H 253

United States of America, übert. von: **Jerome S. Spevack,** New York, N. Y., V. St. A., *Herstellung von Bor.* Alkalimetalldampf oder eine feine Dispersion von geschmolzenem Alkalimetall in einem Gas werden mit einem gasförmigem Borhalogenid, bes. BF_3, umgesetzt. Als Dispersionsmittel wird ein inertes Gas oder das Borhalogenid verwendet. Man versprüht z. B. das Metall mit einem inerten Gas in das Halogenid, oder man versprüht mit Hilfe des Halogenids. Die Rk. wird durch Erhitzen eingeleitet. Bei mäßigen Tempp. erhält man amorphes, feinverteiltes B. Bei $>1500^0$ erhält man die dichte, kristalline Form; in diesem Falle arbeitet man ohne inertes Gas. Man erhält ein Gemisch, aus dem man Alkalihalogenide u. freies Alkalimetall mit W. auslaugt u. Alkaliboride durch Behandlung mit Säuren entfernt. — Abbildungen. (**A. P. 2 685 501** vom 28/8. 1945, ausg. 3/8. 1954.) A. ZÜRN. H 258

Säurefabrik Schweizerhall, Schweizerhalle, Schweiz, *Gewinnung von Titantetrachlorid.* Man leitet von unten bei ca. 1000° durch eine Schicht Petrolkoks mit 25 cm/Sek. einen Strom aus ca. 60 (%) Cl_2, 10 CO_2 u. 30 O_2 u. anschließend bei 1000—1100° weiter durch eine Schicht rohen, TiO_2-haltigen Materials (ca. 70 TiO_2, 12 FeO, 6 MgO, 1 CaO, 6 Al_2O_3, 3 SiO_2 u. 2 Oxyde des V, Cr, Zr u. a.), wobei man die Temp. durch das CO_2-O_2-Verhältnis regelt. Zuerst entweichen die Chloride der Begleitelemente u. zum Schluß $TiCl_4$. — Vgl. auch Schwz. P. 299 364; C. **1955.** 4185. (**Belg. P. 513 296** vom 4/8. 1952, ausg. 19/3. 1954. Schwz. Prior. 3/8. 1951.) H. NEBELSIEK. H 321

Imperial Chemical Industries Ltd., London, übert. von: **Bernard George Harvey**, Liverpool, England, *Gewinnung von Urantetrafluorid* aus einer wss., noch Spuren von Verunreinigungen enthaltenden Uranylsalzlsg. u. HF im Überschuß. Dieser Lsg. fügt man geringe Mengen eines Reduktionsmittels, z. B. metall. Zn, zu, um nur einen Teil des U zu red. u. als UF_4 auszufällen. Dabei fällt gleichzeitig der größte Teil der Verunreinigungen mit aus. Man filtriert den Nd. ab u. setzt dann dem Filtrat die zur vollständigen Red. erforderliche Menge Zn zu, so daß nunmehr das gesamte U als UF_4 ausfällt. (**A. P. 2 689 165** vom 3/8. 1944, ausg. 14/9. 1954. E. Prior. 17/9. 1943.)
H. NEBELSIEK. H 339

VI. Silicatchemie. Baustoffe.

Kamillo Konopicky und **Hubert Woelk**, *Über die Benetzung feuerfesten Materials durch geschmolzenes Glas.* Es wird der Begriff der Benetzung festgelegt u. die Vorgänge bei Benetzung glatter Flächen, poriger u. krist. Körperoberflächen sowie die sich dabei ergebenden Effekte an Porenrändern, Kristallgrenzen u. durch Einsaugen behandelt. Zur Demonstration werden Verss. mit Öl- u. Glycerintropfen an Sand, Glasfritten u. Schamottesteinen, sowie mit Glasschmelzen an Pt-Flächen u. Wannensteinen durchgeführt. Die Änderung der Tropfengestalt nach Berührungswinkel u. Vol. mit der Zeit wird untersucht. Ergebnis: Die Benetzung auf poröser Unterlage wird bedingt durch echte Benetzung, durch Einsaugvermögen der Unterlage u. die Effekte an Porenrändern u. Kristallgrenzen. Ergebnisse der Verss. sind im allg. reproduzierbar. Bei Ofensteinen ändert sich die Benetzbarkeit mit der Ausbldg. einer Glasur an der Oberfläche. Der vermutete Zusammenhang zwischen Benetzbarkeit u. Haltbarkeit bzw. Korrosionsfestigkeit der Steine konnte durch die Verss. nicht erwiesen werden. (Glastechn. Ber. **27.** 409—14. Nov. 1954. Bonn, Forschungsinst. der Feuerfest-Industrie.)
L. KÜHNERT. 6174

Johannes Löffler, *Reaktionen zwischen Glas und feuerfesten Wänden.* 3. Mitt. *Der Angriff von Blasen in Glas auf feuerfestes Material.* (2. vgl. C. **1955.** 4672.) Es wird auf die Erscheinung hingewiesen, daß bes. an Schwimmern, Kränzen u. Düsen auf der Unterseite Korrosionserscheinungen auftreten, die oft geradezu wie Bohrungen aussehen. Vf. zeigt an einem durch Zufall gefundenen Beispiel, daß hier bes. die Einw. von Blasen sich bemerkbar macht. Durch Eintauchen eines Pt-Trichters in die Glasmasse erzeugt er künstliche Blasen, an denen weitere Unterss. durchgeführt werden können. Die Einw. ist so zu erklären, daß die der feuerfesten Umgebung anliegende Blasenhaut ihr Alkali an die Wand abgibt. Das in seiner Zus. gestörte Glas zwischen Blase u. Wand wird immer wieder durch frisch nachfließendes ersetzt, das nun seinerseits stark auf die Wand einwirkt. Dadurch frißt sich die Blase allmählich in die feuerfeste Umgebung ein u. ruft die angeführte Erscheinung hervor. (Glastechn. Ber. **27.** 415—17. Nov. 1954.)
L. KÜHNERT. 6174

Francis Naudin, *Spannungen und Transformationsgebiet des Glases.* Vf. untersucht Brechungsindex u. Doppelbrechung bei konstanter Temp. im elast. u. im Transformationsgebiet. Er stellt dabei große Ähnlichkeit des Verh. durch die Form der Kurven in den graph. Darstellungen fest. Bei abgeschrecktem Glas ergeben sich wesentliche Änderungen dicht unter der unteren Grenze des Transformationsgebietes, was bei gut gekühltem Glas nicht feststellbar ist. Die Geschwindigkeit der Kühlung hat auf die Eigg. keinen Einfl., wenn sie erst im elast. Gebiet beginnt. Wenn ein Glas erzielt werden soll, das ohne Spannung ist u. einen möglichst hohen Brechungsindex hat, muß es auf eine Temp. dicht an der oberen Grenze des Transformationsgebietes gebracht u. dort so lange gehalten werden, bis sich therm. Gleichgewicht eingestellt hat (also die Doppelbrechung gleich Null ist). Dann muß die Abkühlung mit einer solchen Geschwindigkeit erfolgen, daß das Gleichgewicht durch das ganze Transformationsgebiet eingehalten wird. (Glas Ind. **35.** 666—88. Dez. 1954.) L. KÜHNERT. 6200

Alfred Zincke, *Über die Entstehung und schnelle Beseitigung von Spannungen im Glas bei seiner örtlich begrenzten thermischen Bearbeitung.* Bei örtlichen Wärmebehandlungen des Glases, wie z. B. beim Einschmelzen von Elektronenröhren oder bei den Glas-

Metall-Verbb. von Senderöhren, treten örtlich begrenzte Spannungen auf, deren Ausgleich durch Kühlung dadurch erschwert wird, daß die Innenteile der Röhre vor Erhitzung geschützt bleiben müssen. Vf. zeigt die Bedingungen für das Auftreten solcher Spannungen durch Verss., bei denen Rohrabschnitte in einem elektr. Rohrofen erhitzt u. dann die Spannungen untersucht werden. In einer Farbtafel werden die durch die Spannungen im polarisierten Licht auftretenden Farbzonen sehr instruktiv dargestellt. Die Unterss. führen zur schemat. u. graph. Darst. eines Verf., mit induktionsgeheizten Metallringen die örtlichen Erhitzungsstellen in entsprechender Zeit durch die krit. Temperaturgebiete bis unterhalb des Transformationspunktes abzukühlen, von wo aus dann eine schnellere Abkühlung möglich ist. (Glastechn. Ber. **28.** 10—15. Jan. 1955. Berlin, Telefunken G. m. b. H., Röhrenwerk.) L. KÜHNERT. 6200

J. M. Stevels, *Netzbildung in Gläsern und anderen Polymeren.* Es werden die Molekularverhältnisse nach ZACHARIASEN erläutert, bes. daß das Glas in dem Maße weicher wird, in dem metall. Oxyde eingeführt werden u. je mehr „Brückenatome" des O darin wegfallen. Instruktive Photos mit einfachen Modellen erläutern diese Auffassung. Es wird weiter gezeigt, daß in Kurven, in denen tgδ (dielektr.Verlustwinkel) gegen Temp. als Koordinaten aufgetragen sind, bei der Messung mit verschied. Frequenzen bereits bei Tempp. unter 100° K ein Maximum auftritt, das bei reinem Quarz am besten ausgeprägt ist u. dessen Form durch eine DEBYE-Kurve auszudrücken ist. Daraus ergibt sich eine Relaxationszeit von etwa $\tau = 2{,}44 \cdot 10^{-13}$. In ähnlicher Form zeigen sich diese Erscheinungen auch bei anderen polymeren Stoffen, z. B. Dimethylsiloxanen, was als Hinweis darauf gedeutet werden kann, daß ihre Struktur ähnlich denen der echten Silicatgläser ist. (Glass Ind. **35.** 657—62. Dez. 1954.) L. KÜHNERT. 6200

P. K. Chu, J. H. Keeler und **H. M. Davis,** *Eine Arbeit über die Gase in Emails.* Das Gas, welches die durch Gasentw. verursachten Fehler hervorruft, ist meist reiner H_2. Die W.–Fe-Rk. ist eine stets vorhandene Quelle für die Bldg. von H_2 im Email. Tone enthalten erhebliche Mengen von W., die nur bei hohen Tempp. sich vom Ton trennen, dann aber die entsprechenden Emailfehler hervorrufen. H_2 wird an der Berührungsfläche Stahl–Email bei 500° absorbiert. Ein Email mit 3% Sb_2O_3 absorbiert H_2 sehr schnell bei 500—700°. Beim Erhitzen von getrockneter Fritte zusammen mit Stahl wurde H_2-Entw. beobachtet. Die Rolle des W. u. des H_2 im Emaillierprozeß u. der Mechanismus bei der Entstehung von Emailfehlern wird ausführlich erörtert. — 31 Literaturstellen. (J. Amer. ceram. Soc. **36.** 48—59. 1/2. 1953. Pennsylvania State Coll.) F. MARKHOFF. 6212

—, *Die Mattemails.* Es wird abgeraten, zur Erzielung des Matteffektes nicht ausgebrannte Emails zu verwenden, den Emails Kaolin, SiO_2 oder Feldspat zuzusetzen oder Glanzemails durch Angriff der Oberfläche zu mattieren. Zweckmäßig ist es, bes. zusammengesetzte Emails anzuwenden, von denen Beispiele angegeben werden. — 5 Literaturstellen. (Ind. céram. **1955.** 25—27. Febr.) F. MARKHOFF. 6212

Paul A. Huppert, *Lithiumoxyd in Gußeisenemails.* Li wird als LiF, Li-Aluminat, -Borat, -Cobaltit, -Manganit, -Molybdat, -Silicat, -Titanat oder -Zirkonat der Rohmischung oder der Mühle zugesetzt, wobei das Manganit eine rotbraune u. das Cobaltit eine dunkelblaue Färbung des Emails hervorrufen. Der Li-Zusatz macht das Email leichtflüssiger. Die Neigung zum Abplatzen u. zur Porenbldg. wird geringer. Glanz u. Härte der Emailschicht werden verbessert. Die Schichtdicke kann geringer gehalten werden. Die Säurebeständigkeit wird nicht beeinflußt. (Ceram. Age **63.** Nr. 3. 24—25. März 1954. Keasbey, N. J., General Ceramics & Steatite Corp.) F. MARKHOFF. 6212

Richard Aldinger, *Das Emaillieren von Rändern und Kanten an Gegenständen aus Stahlblech.* (Vgl. C. **1954.** 10081.) Die Ursachen für das Abspringen des Emails an Wölbungen mit kleinem Radius wird im wesentlichen verursacht durch zu geringe Haftfestigkeit, durch die Spannungsverhältnisse im Syst. Fe–Email, durch die Form der Wölbung u. die Dicke der Emailschicht. Der Radius der Wölbung soll möglichst groß u. die Schichtdicke des Emails möglichst gering sein. 2 bewährte Versätze werden angegeben. (Sprechsaal Keram., Glas, Email **86.** 265—69. 5/6. 1953.) F. MARKHOFF. 6212

J. F. Hyslop, *Chemische Merkmale des Chrom–Magnesits.* Chrom–Magnesit-Steine (**I**) weisen höhere Hitze- u. Temperaturwechselbeständigkeit auf als die üblichen Chromitsteine. Zus. (%): SiO_2 5,52, Al_2O_3 21,84, Fe_2O_3 12,00, Cr_2O_3 24,77, CaO 0,84, MgO 35,66. Es liegt ein Gemenge von Spinell (**II**), Periklas u. Forsterit vor. Bei 1std. Kochen in 20%ig. HCl bleibt **II** ungelöst zurück; Rückstand (in %): Al_2O_3 21,08, Fe_2O_3 11,60, Cr_2O_3 24,77, MgO 18,37. **I** enthalten also (in %): MgO·Al_2O_3 29,41, MgO·Fe_2O_3 14,53, MgO·Cr_2O_3 31,29 als unlösl., 2 MgO·SiO_2 11,28, CaO·MgO SiO_2 2,38,

MgO 10,47 als in HCl lösl. Bestandteile. Bei red. Erhitzen auf 1600° in Ggw. von *C* ergibt sich fallende Festigkeit in der Reihenfolge: Korund, Mg-Spinell, Magnesit, Mg-Chromit, Silica. Bei 1600° löst Fe_3O_4 schnell MgO u. Cr_2O_3 aus I heraus unter Bldg. einer krist. Lösung. I ist gegen Schlacken widerstandsfähig. Chromit wird von CaO u. Mg-Ferrit bei 1760° angegriffen. Silicasteine u. I reagieren miteinander bei Ggw. fl. Schlacke. (Trans. Brit. ceram. Soc. **52.** 554—64. Okt. 1953. Bonnybridge, Schottland, John G. Stein & Co.) K. STEINER. 6218

Felix Singer, *Olivine und Forsterite.* (Vgl. C. **1954.** 4460.) Es wird über Olivine (I) u. Forsterite (II) als feuerfeste Materialien berichtet, u. es werden die Gleichgewichtsverhältnisse im tern. Syst. MgO–FeO–SiO_2 dargelegt. Aus dem I-Diagramm können die latenten Schmelzwärmen der I abgelesen werden. Nach BOWEN u. SCHAIRER kann der F. des I durch Erhöhung des Fe-Geh. herabgesetzt werden. I bietet wegen seiner geringen Kosten u. seines hohen Mg-Geh. große Möglichkeiten als Metallerz. 1925 suchte GOLDSCHMIDT das Fe im I durch Mg zu ersetzen, um künstliche II zu erzeugen. Für alle prakt. Zwecke ist es vorzuziehen, I mit geringem Fe-Geh. zu verwenden. Natürliche I-Felsen sind gegenüber künstlichem Mg_2SiO_4 prakt. nicht porös u. undurchdringlich. I u. II erleiden bei höheren Tempp. keinerlei Wechsel in der Kristallstruktur u. Volumenänderung. In Form natürlicher, ausgehauener Blöcke dient I als sehr nützliches feuerfestes Material für alle Arten Schmelzöfen. (Brit. Clayworker **62.** 112—16. 15/7. 1953. South Croyden, Surrey, Consulting Ceramist.) R. WALCKER. 6218

Wilhelm Geilmann und **Axel Gänssle,** *Zum Silicataufschluß nach W. Pukall.* Vff. stellen sich die Aufgabe, für den Silicataufschluß nach PUKALL die Fehlerquellen aufzusuchen u. Wege zu ihrer Vermeidung anzugeben. Die notwendige Temp. wird mit 800—900° als ausreichend angegeben (0,07% unaufgeschlossenes Material als Rest). Als Aufschlußzeit dürften sich aus Sicherheitsgründen 40 Min. empfehlen. Vollständiger Aufschluß wird nur erreicht, wenn das Glaspulver feiner als 0,1 mm ist. Als Aufschlußmittel hat sich ein Gemisch von 2 Teilen CaO u. 1 Teil $CaCl_2$ bewährt, das in $3^1/_2$—4 facher Menge der Einwaage in Achat- oder polierter Glasreibschale innig verrieben werden muß. Grundsätzlich soll ein Fingertiegel verwendet werden. (Glastechn. Ber. **28.** 16—18. Jan. 1955. Mainz, Univ., Chem. Inst., Anorgan.-chem. Abt.) L. KÜHNERT. 6240

C. L. de Marchi und **G. C. Romagnoli,** *Analytische Untersuchung von italienischem Glashüttensand hinsichtlich der Fehlerhaftigkeit und der Färbungen, die von geringen Bestandteilen herrühren.* Beschreibung von chem. u. mineralog. Methoden zur Best. von *Ti, Cr, Zr, Mn* u. *Fe* im Glashüttensand sowie von Reinigungs- u. Verbesserungsverfahren. Übersichtstabelle über Zus., Kristallform, D. u. opt. Eigg. der gewöhnlich in geringen Mengen im Sand vorkommenden Mineralien. Einfl. der Ti-, Zr- u. Cr-Oxyde auf geschmolzenes Glas (20% ZrO_2 bewirkt Durchsichtigkeit u. verbessert den Zug- u. Druckwiderstand, usw.). Ausführung der Analyse: Behandlung mit $CHBr_3$, Abtrennen des schweren Anteils mit Magnet u. CLERICI-Lsg., opt. Best. der schwersten Fraktion. Der mit $CHBr_3$ abgetrennte Satz wird fein zerrieben, gesiebt u. bei 110° getrocknet. Mischen von 0,5 g Probe mit 6 g wasserfreiem Na_2CO_3 im Pt-Tiegel u. Schmelzen. Lösen der Schmelze in W., mit verd. HCl ansäuern u. zur Trockne eindampfen; 10 cm^3 HCl zufügen u. nochmals eindampfen, erhitzen, den Rückstand mit W. u. HCl aufnehmen u. über ein Weißbandfilter filtrieren; Waschen der SiO_2 mit HCl (1 : 19) u. Wasser. Das Filtrat (Lsg. A) wird aufgehoben. Das SiO_2 enthaltende Filter wird im Pt-Tiegel mit etwas H_2SO_4 (1 : 4) verascht, bis 1200° geglüht, gewogen. Der Tiegelinhalt wird mit W. u. 0,5 cm^3 H_2SO_4 (1 : 1) aufgenommen, 15 cm^3 HF zugegeben, eingedampft u. geglüht (1000°), gewogen, die Differenz gibt die Menge SiO_2 in 0,5 g Probe an. Der Rückstand wird mit $KHSO_4$ geschmolzen, mit warmem W. gelöst u. HCl angesäuert (Lsg. B). Die vereinigten Lsgg. A u. B werden erhitzt, 2—3 g NH_4Cl zugegeben u. mit überschüssigem NH_4OH gefällt. Der die Hydroxyde von Fe, Cr, Ti, Al, Zr u. einen Teil von Mn enthaltende Nd. wird in einem Schwarzbandfilter gesammelt, Filtrat = Lsg. C. Der Rückstand wird mit HNO_3 gelöst, 0,5 g $KClO_3$ zugegeben u. die Lsg. eingedampft. Mit heißem W. verd., NH_4Cl zugeben u. mit NH_4OH fällen, abfiltrieren wie oben. Der größere Teil Cr befindet sich im Filtrat, der Rückstand enthält Fe-, Al-, Ti- u. Zr-Hydroxyde; 2—3 mal wiederholen, bis das Filtrat Cr-frei ist. Nd. auf einem Weißbandfilter mit heißem W. waschen, Filtrat = Lsg. D. Der Rückstand wird im Pt-Tiegel geglüht u. gewogen. Die Oxyde schmilzt man mit $KHSO_4$, löst sie mit heißem W., säuert mit HCl an u. filtriert. Filtrat = Lsg. E. Filter mit Rückstand mit Na_2CO_3 im Pt-Tiegel geschmolzen. Die M. wird mit heißem W. u. konz. HCl gelöst, mit Lsg. E vereinigt u. im Meßkolben auf 500 cm^3 ergänzt. Fe u. Ti werden colorimetr. in einem aliquoten Teil (100 cm^3) bestimmt. In weiteren 100 cm^3 wird Zr mit Phenylarsin gefällt, geglüht u. als ZrO_2 ermittelt. Der Al_2O_3-Geh. wird als Gewichtsdifferenz aus dem Gesamtgewicht der Oxyde des Fe, Ti, Al u. Zr u. dem Gewicht der einzeln bestimmten

Oxyde des Fe, Ti u. Zr gefunden. Die Cr enthaltende Lsg. D wird auf ca. 400 cm³ konz., mit H_2SO_3 red. u. aufgekocht. Zugabe von NH_4Cl Fällen mit NH_4OH, Filtration, Filtrat = Lsg. F. Rückstand waschen, glühen u. als Cr_2O_3 wiegen. Lsg. F wird zu Lsg. C gegeben, Mn mit Br oxydiert u. mit überschüssigem NH_4OH gefällt, die Hydroxydlsg. durch Kochen konz., filtriert, gewaschen, geglüht u. als Mn_3O_4 gewogen. Filtrat wird mit Essigsäure u. $(NH_4)_2C_2O_4$ erhitzt, wobei Ca ausfällt. Die Lsg. wird erwärmt u. nach Absetzen des Ca filtriert, das maßanalyt. bestimmt wird. Aus dem Filtrat wird Mg als $MgNH_4PO_4$ gefällt. (Chim. e Ind. [Milano] **36.** 253—63. April 1954. Venezia-Porto Marghera, S. A. Vetrocoke.) G. PLATZER. 6242

—, *Spektralanalyse von Eisenoxyd in Sanden für die Glasherstellung.* Die Analyse von 0,002—0,003% Fe_2O_3 in Sanden, welche für die Glasherst. verwendet werden sollen, kann auf spektralanalyt. Wege durchgeführt werden, wenn man auf die Enden von 2 Kohleelektroden die zu analysierende Substanz gibt u. an sie einen Wechselstrom von 6 A. u. 220 V mit einer Frequenz von 50 pro Sek. anlegt. Als Indicator wird den Proben 1% NiO zugemischt. Es werden die Intensitäten der Spektrallinien 3020,64 Å für Fe entweder mit derjenigen des Ni bei 3019,14 oder 2992,6 Å verglichen. Bei geringen Fe_2O_3-Gehh. beträgt die Reproduzierbarkeit der Meth. ±10%, bei höheren Gehh. ±3—4%. Die erhaltenen Ergebnisse stimmen mit denjenigen auf chem. Wege gefundenen sehr gut überein. (Cement, Lime Gravel **29.** 447. März 1955.) R. LINK. 6242

Ernest Sommer, Bas-Rhin, Frankreich, *Herstellung künstlicher Steine aus Abfällen.* Man mischt Schutt, Abraum- u. Abfallstoffe, Ton gleichmäßig miteinander u. mischt dann Magnesit, $MgCl_2$, Na-Silicat, HCl, Ammoniumsalze u. bei Bedarf Farbstoffe mit ein. Die Paste wird in Formen gegossen u. dort bis zur Verfestigung belassen. (**F. P. 1 019 404** vom 2/6. 1950, ausg. 21/1. 1953.) H. BEWERSDORF. 6229

Hans Jäde, Leipzig, und **Karl Keil,** Quedlinburg, *Verfahren zum Abdichten und Verfestigen von Sand, Kies, Fels, Beton, Mauerwerk* mittels einer von selbst Kieselsäuregel ausscheidenden Suspension oder Lsg. aus Wasserglas u. Zement–W.-Suspension. — Z. B. läßt man 200 g Zement in 500 cm³ W. suspendiert 10 Min. lang auf 1000 cm³ Wasserglas 28 Bé einwirken u. dekantiert die fast geklärte Lsg. vom Bodensatz ab. Die Lsg. kann nun durch Aufspritzen oder Aufgießen auf die entsprechenden Oberflächen aufgebracht werden. Bei Behandlung von losem Material kann man auch eine Vermischung vornehmen u. dann die M. auftragen. Zweckmäßig werden der Lsg. noch Bentonite beigemischt. Nach ca. 10 Min. wird die Lsg. fest. In vielen Fällen, z. B. bei der Herst. von Fußböden, deckt man mit Lehm oder Ton ab, um die Austrocknung zu verhindern. (**D. P. [DDR] 508** Kl. 84c vom 5/7. 1950, ausg. 12/12. 1953 [Wirtschaftspatent].) H. BEWERSDORF. 6229

Metallgesellschaft Akt.-Ges., Frankfurt/M. (Erfinder: **Helmut Wendeborn,** Seulberg, Taunus), *Verwendung der bei der Sinterung von bleiarmen Stoffen anfallenden Rückstände für Bauzwecke.* Die bei der Verarbeitung von Pb-armen Stoffen in Mischung mit Chlorierungsmitteln u. Brennstoff auf Sinterrosten anfallenden Rückstände werden als Ausgangsgut für die Herst. von *Beton, Leichtbausteinen* oder *-platten* oder dgl. verwendet. (**D. B. P. 869 124** Kl. 40a vom 2/10. 1948, ausg. 2/3. 1953.) HANS HOFFMANN. 6229

Ernest Sommer, Bas-Rhin, Frankreich, *Herstellung von Fliesen, Platten und anderen Körpern mit glatter Oberfläche* aus Sand, Magnetit, Borax, Alaun, Farbstoffen u. $MgCl_2$-Lauge. In die Lauge werden die anderen Bestandteile eingemischt, so daß man eine gießfähige Paste erhält. Man gießt die M. in Formen, in deren Böden Glasplatten eingelegt sind, u. läßt erhärten. Man erhält Platten mit guter Widerstandsfähigkeit gegen Wetterunbilden u. Abnutzung. (**F. P. 1 019 403** vom 2/6. 1950, ausg. 21/1. 1953.) H. BEWERSDORF. 6229

Socavel, Seine, Frankreich, *Herstellen von Fliesen mit widerstandsfähiger, glänzender und wasserundurchlässiger Oberfläche* unter Behandlung der Oberflächen mit einer Lsg. oder einer wss. Emulsion aus Fettsäuren oder Substanzen mit einer so hohen SZ., daß sie mit dem Kalk der Fliesenoberfläche Kalkseifen bilden können. Z. B. werden Fliesen aus weißem Zement erster Qualität mit einer Lsg. aus denaturiertem A. u. 20% Kolophonium überzogen. Die Fliese wird dann bei 25° getrocknet. (**F. P. 1 033 419** vom 5/3. 1951, ausg. 10/7. 1953.) H. BEWERSDORF. 6229

Lucien Ferdinand Fleuret, Seine, Frankreich (Erfinder: **René Pierre Martin**), *Herstellung von Baukörpern* aus Beton unter Zusatz von 10—15% $BaCl_2$ u. 2—3% $CaCl_2$ zum Anmachewasser. — Z. B. verwendet man für Kiesbeton aus 300 (kg) Zement u. 1 cm³ Flußsand 250 Liter Anmachewasser, das 35 $BaCl_2$ u. 7 $CaCl_2$ enthält. Für Holzbeton findet bei derselben Menge Zement u. Sägemehl 200 Liter W. Verwendung, in dem 43 $BaCl_2$ u. 9 $CaCl_2$ gelöst sind. Der so hergestellte Mörtel bindet schneller ab, u.

die so hergestellten Körper weisen eine sehr große mechan. Festigkeit auf. (**F. P. 1 035 241** vom 9/4. 1951, ausg. 19/8. 1953.) H. BEWERSDORF. 6229

Robert Ernest Barbançon und **René Charles Sauff,** Haute-Garonne, Frankreich, *Isolierkörper* aus vorbehandelter Cellulose u. kalkhaltigen mineral. Stoffen unter Vermischen in der Kälte. Cellulosestoffe werden zunächst mit NaOH oder KOH behandelt. Man erhält eine Paste, der kalkhaltige zerkleinerte Stoffe zugemischt werden. Es werden Körper in Formen gepreßt, die dann erhärten u. vorzügliche Isoliereigg. aufweisen. — Z. B. ergab eine Analyse, die von einer Mischung gemacht wurde, 46,05 (%) CaO, 12,02 SiO_2, 2,73 Al_2O_3, 2,68 Fe_2O_3, 11,96 C u. 24,56 H_2O. (**F. P. 1 019 461** vom 3/6. 1950, ausg. 22/1. 1953.) H. BEWERSDORF. 6229

Étienne Feuche, Seine, Frankreich, *Herstellung von wärme- und schallisolierenden Bauelementen* aus Zement, Magnesiazement u. natürlichen pflanzlichen unverwesbaren Faserstoffen. — Z. B. bringt man in einen Zement- oder Magnesiazementmörtel Ginsterfasern <15 mm Länge ein, die vorher mit einer Siliconschicht umhüllt sein können, u. formt dann den entsprechenden Baukörper durch Pressen oder Gießen. Zum Schutz gegen Feuchtigkeit u. Säuren kann man dann den Körper mit einer Kautschukschicht umhüllen. (**F. P. 1 035 831** vom 11/4. 1951, ausg. 31/8. 1953.) H. BEWERSDORF. 6229

Amiens Établissements Michel & Marchal, Seine, Frankreich, *Wärme- und Schallisoliermatten mit guter Biegsamkeit und glatter Oberfläche.* Zum Schutz solcher Isoliermatten aus beliebigen Faserstoffen vor der Einw. der umgebenden Atmosphäre erfahren die Matten eine zweifache Behandlung. Zunächst wird eine Fl. oder Lsg. aufgebracht, die von Fasern an der Oberfläche etwas auflöst. Es bildet sich eine Kruste, die die Matte beim Biegen vor Abbröckelungen schützt. Dann bringt man einen festhaftenden Überzug auf die Oberfläche, der alle Unebenheiten abdeckt. Dadurch wird die Fasermatte vor Staub u. Feuchtigkeit geschützt. (**F. P. 1 019 797** vom 7/6. 1950, ausg. 26/1. 1953.) H. BEWERSDORF. 6229

Aug. Elhardt Söhne K. G., Durach (Erfinder: **Reinhard Ernst Vogel,** Leutkirch), *Klebemittel* für Hartfaserfußbodenplatten oder Holzdielen auf Beton, Holz usw., bestehend aus Zementmörtel mit Zusatz von 8—15 (%) Casein, enthaltend 0,5—2 NaF, Na_2HPO_4 oder Na_3PO_4, oder tier. Leim, enthaltend 2—5 Thioharnstoff, u. gegebenenfalls bis zu 50 Braunkohlenfilterasche. (**D. B. P. 879 136** Kl. 22i vom 29/10. 1950, ausg. 11/6. 1953.) C. LÜTTGEN. 6229

Montclair Research Corp. und **Ellis-Foster Co.,** übert. von: **Frederick A. Hessel** und **John B. Rust,** Montclair, N. J., V. St. A., *Herstellung von Schleifkörpern.* Bei der Herst. von Schleifsteinen, -scheiben, -papier, -tüchern verwendet man als Bindemittel für die Schleifmittelteilchen aus geschmolzenem Al_2O_3, Korund, Siliciumcarbid (Carborundum), Quarz, Glas, Sandstein, Tripel, Bimsstein, Feuerstein, Granat, Diamant, zweckmäßig organ. Derivv. von Orthokieselsäure, in der $^1/_2$—2 Oxygruppen im Mol. durch einwertige KW-stoffreste, wie Methyl, Äthyl, Butyl, Phenyl, oder Gemische dieser ersetzt sind. Zur Herst. von Schleifscheiben mischt man z. B. 25—40% Methyl- u. Butylsiliciumhydroxyd mit 75—60% des Schleifmittels u. formt unter 5 Min. langem Erhitzen auf 175° bei einem Druck von 350 at, wobei das Bindemittel in ein harzartiges Polymeres übergeführt wird. Den organ. Si-Verbb. können noch Natur- oder Kunstharze, wie Phenolaldehyd-, Anilinaldehyd-, Acetonformaldehyd-, Alkyd-, Cumaron-, Vinyl-, Styrol-, Acrylatharze, sowie Lösungsmittel, wie Hexan, Bzl., Toluol, Äther, Ester, Alkohole, Phenole, usw. beigemischt werden. — Beispiele. (**A. P. 2 559 122** vom 19/10. 1944, ausg. 3/7. 1951.) J. BEIERSDORF. 6239

VII. Agrikulturchemie. Schädlingsbekämpfung.

§ **N. N. Bolyschew,** *Das Wesen des Bodenbildungsprozesses.* Das Wesen des bodenbildenden Prozesses wird in dem Wechselwirken zwischen Auflösung u. Abtransport von Bestandteilen des Muttergesteins durch die Ndd. u. der selektiven Anhäufung u. Festlegung von Stoffen durch Bldg. organ. Pflanzensubstanz gesehen (geolog. u. biol. Kreislauf). Muttergestein, Klima u. Vegetation sind die 3 Hauptfaktoren, die den Prozeß der Bodenbldg. bedingen; Relief u. Zeit sind die Formen, in denen sich dieser Prozeß vollzieht. (Вестник Московского Университета, Серия Физико-Математических и Естественных Наук [Nachr. Moskauer Univ., physik.-math. naturwiss. Ser.] **9.** Nr. 9. 3—15. Sept. 1954. Moskau, Univ., Lehrstuhl für Bodenkunde.) A. JACOB. 6300

R. Dudal, *Morphologische und genetische Untersuchung einer Sequenz von Böden im Lößlehmgebiet.* Ergebnisse von Unterss. an Böden im Lößlehmgebiet Mittelbelgiens. (Agricultura [Louvain] [2] **1.** 119—63. Okt. 1953.) M. WINIKER. 6302

Eville Gorham, *Über den Basen–Säure-Status der Hoch- und Niederungsmoore.* Die Unterss. wurden in West-Irland durchgeführt. Ergebnisse unterstützen die „Seaspray"-Hypothese, da die Niederungsmoore weit geringere Acidität u. höhere Basensättigung bei niedrigerem Aschegeh. aufweisen. Auch der Chloridgeh. im Oberflächenwasser ist höher. (J. Ecology **41**. 153—56. Jan. 1953. London, Univ. Coll., Botany Dep.) W. SCHUPHAN. 6304

T. D. Lyssenko, *Bodenernährung der Pflanzen und Felddüngung.* (Vortrag anläßlich des 15. Jahrestages des Todes von W. R. WILJAMS.) In den zusammenfassenden Ausführungen über die Grundlagen der biol. Düngung nach LYSSENKO wird hervorgehoben, daß bei der Ernährung der Pflanzen die einer jeden Pflanzenart entsprechende spezif. Mikroflora des Bodens die Hauptrolle spielt. Dadurch erklärt sich die gute Wrkg. kleiner Gaben von Mineraldüngung u. Kalk, wenn diese mit organ. Dünger gegeben werden. (Земледелие [Ackerbau] **3**. Nr. 2. 12—25. Febr. 1955.) M. GORDIENKO. 6304

L. Ss. Kaplunowa und **T. Ss. Melnikowa,** *Einfluß der Düngung auf den botanischen Bestand mehrjähriger Gräser.* Durch Anwendung von Mineraldüngern u. *Kalk* kann man auf Podsolböden die botan. Zus. der Narbe in günstigem Sinne beeinflussen u. einen ausreichenden Anteil an Klee erzielen. Am wirksamsten erwies sich in dieser Hinsicht Kalk u. *Kaliphosphat.* Auf einem sauren rasenpodsoligen Boden erhöhte N-Dünger, zusätzlich zu Phosphorsäure u. K gegeben, die Erträge, ohne den Kleeanteil zu beeinträchtigen. Bes. günstig wirkten *Kalksalpeter, Ammonsalpeter* u. *Kalkammonsalpeter.* Von den Phosphatdüngern hatte die beste Wrkg. *Thomasphosphat* u. *Phosphoritmehl.* Für den Kleeanteil sind Boden u. Düngung von großer Bedeutung. Der Blattanteil des Futters wird durch Düngung mit P, PK, NPK zusammen mit Stallmist u. Kalk, verbessert. (Вестник Московского Университета, Серия Физико-Математических и Естественных Наук [Nachr. Moskauer Univ., physik.-math. naturwiss. Ser.] **9**. Nr. 9. 119—27. 1954. Moskau, Univ., Lehrstuhl für Agrochemie.) A. JACOB. 6304

Ss. A. Kudrin, *Die Silicate des Bodenkaliums als Quelle dieses Elementes für die Pflanzen.* In Verss. mit Podsolboden, Schwarz-, Grau- u. Roterde wurde das *K* der *Feldspate* von den Kulturpflanzen nur schwach aufgenommen. Leicht wurde K aus *Leucit* u. etwas weniger aus *Nephelin* aufgenommen. K aus *Phlogoäit, Biotit* u. *Vermiculit* wurde von den Pflanzen gut aufgenommen, aus *Muskovit* u. *Sericit* dagegen nur sehr wenig. Der Widerspruch zu früheren Unterss. erklärt sich daraus, daß bei letzteren der Muskovit austauschbares K enthielt. Von den sonstigen Glimmern erwies sich der *Lepidolit* dem Muskovit ähnlich. K aus *Glauconit* wurde auf keinem Boden von den untersuchten Pflanzen aufgenommen, dagegen erwies sich der *Apophyllit* als gute K-Quelle. Bei zu starker Kalkung wurde seine Wirksamkeit aber vermindert. Die Verschiedenheit der Aufnehmbarkeit des K der Silicate hängt mit ihrem Kristallbau zusammen. Unter den Glimmern zeichnet sich der Biotit durch eine geringere Festigkeit der Kristalle u. durch eine verhältnismäßig leichte Spaltbarkeit aus, wodurch die Atome des K an die Oberfläche treten. Bei Muskovit nimmt die Aufnehmbarkeit zu, je feiner das Mineral zerkleinert wird. Es wird die Möglichkeit erörtert, Biotit u. aus ihm hervorgegangene Silicate für Düngezwecke zu benutzen. (Агробиология [Agrobiologie] **1955**. Nr. 1. 90 bis 99. Jan./Febr. Moskau, Wiss. Ssamoilow-Inst. für Düngemittel u. Insekticide). A. JACOB. 6304

L. A. Sujew, P. F. Golubewa, W. I. Porutschikowa und **G. W. Nikolajew,** *Aufnahme des Phosphors durch Pflanzen aus den in den Boden eingebrachten Düngemitteln.* Die P-Aufnahme aus auf rasenpodsoligen Böden verschied. Kulturstufen lokalisiert untergebrachtem *Superphosphat* (I) wurde mit Hilfe radioakt. Indicatoren untersucht. Auf Böden in geringer Kultur, die arm an beweglichen Phosphaten waren, stammte ein höherer Teil des aufgenommenen P aus I als auf Böden in mittlerer Kultur. Der Gesamtgeh. an P war aber auf letzteren wesentlich höher. Die Anordnung von I in Streifen in Nähe der Samen führte zu einer höheren Aufnahme an Dünger-P durch die jungen Pflanzen, was sich günstig auf ihre Entw. auswirkte. Wenn I in einer gewissen Entfernung seitlich von den Samen untergebracht wurde, wurde aus ihm weniger P von den jungen Pflanzen aufgenommen, als wenn I zusammen mit den Samen ausgestreut wurde. Mit zunehmendem Alter der Pflanzen verwischte sich dieser Unterschied. Der deutlichste Unterschied im P-Geh. der jungen Pflanzen in Abhängigkeit von der Art der Verteilung des I im Boden wurde auf Böden in schwacher Kultur festgestellt. Sowohl die Feldverss. als auch die Gefäßverss. zeigten, daß die besten Bedingungen für die P-Ernährung der jungen Pflanzen sich ergaben, wenn man das I zusammen mit den Samen ausstreute, oder wenn man es etwas unterhalb der Samen in die Reihe einbrachte. Bei Sommergetreide, wo man nach der Aussaat mit einer Austrocknung der obersten Bodenschicht rechnen muß, ist die 2. Variante zweckmäßiger. Ausstreuen des I seitlich neben den Samenreihen verbessert nicht die Bedingungen der P-Ernährung in der Anfangsperiode, also in der Zeit, in der die Pflanzen am stärksten eine gute P-Ernährung benötigen. (Почвоведение [Bodenkunde] **1955.** Nr. 2. 32—41. Febr. Moskau, Lomonossow-Univ.) A. JACOB. 6304

W. Ss. Andrianow, *Über die Wirksamkeit von granuliertem Superphosphat.* Reiheneinbringung von gekörntem Superphosphat in kleinen Gaben mit dem Saatgut verbürgt hohe Ernten an Körnerfrüchten u. vereinfacht u. verbilligt die Düngung. Der Mehrertrag erreicht bei Winterweizen 12,6%, bei Sommerweizen 19,2%. (Земледелие [Ackerbau] **3.** Nr. 3. 77—78. März 1955.) A. JACOB. 6304

Je. A. Shorikow, *Der Einfluß verschiedener Formen von Stickstoffdüngern auf den Ernteertrag der Baumwolle.* Auf den bewässerten Baumwollfeldern von Zentralasien wird die größte Wirksamkeit der N-Düngung gewährleistet, wenn man $(NH_4)_2SO_4$ oder Kalkstickstoff (I) bei der Aussaat u. NH_4NO_3 (II) als Kopfdüngung gibt. Am günstigsten wirkt die Kopfdüngung, wenn man neben 75—85% N als II gleichzeitig 15—25% N in Form von I verabfolgt. Dadurch wird die Nitrifikation des NH_3 abgeschwächt, so daß die Auswaschung von Nitraten vermindert u. ein höherer Geh. an aufnehmbaren N-Verbb. in den durchwurzelten Bodenschichten erreicht wird. (Земледелие [Ackerbau] **3.** Nr. 1. 62—67. Jan. 1955.) A. JACOB. 6304

W. Ss. Penkowa, *Wirksamkeit der Kalkung bei sauren Podsolböden.* Schieferasche, in einer Gabe von 2,8 t untergepflügt u. 3 dz/ha beim Aussäen der mehrjährigen Gräser ausgestreut, erhöht den Ertrag von Gräsern u. Winterroggen. Dieses Verf. wirkt besser als eine vollkommene Kalkung mit 8,4 t. Die Veränderung der Boden-Rk. wirkt sich günstig auf die Entw. des Klees aus, bes. im Anfangswachstum. Der Mineralstoffgeh. des Heus, bes. der Geh. an Ca, erhöht sich. Werden nur 1,4 t Kalk angewandt, so tritt bereits im 2. Jahr Versauerung auf, wahrscheinlich, weil der Klee dem Boden viel Kalk entzieht. Offenbar wirkt dabei auch die Bodenmikroflora mit, die sich von Zersetzungsprodd. abgestorbener Wurzelreste ernährt. (Земледелие [Ackerbau] **3.** Nr. 3. 71—74. März 1955.) A. JACOB. 6304

M. Ja. Schkolnik und **N. A. Makarowa,** *Über die Saatgutbehandlung und Kopfdüngung mit Mikroelementen.* Durch Behandlung des Saatgutes mit H_3BO_3 (I) wurde bei Gerste ein Mehrertrag (in dz/ha) von 1,2—6,0 erzielt, bei Sommerweizen von 2,0 bis 2,5, bei Winterweizen von 1,8. Der Eiweißgeh. des Weizenkorns wurde durch Behandlung des Saatgutes mit I von 0,9 (Kontrolle) auf 9,7% erhöht, durch Behandlung mit $ZnSO_4$ (II) auf 9,6%. Bei Gerste bewirkte die Saatgutbehandlung mit konz. I-Lsg. ohne anschließende Trocknung einen etwas geringeren Mehrertrag als die I-Behandlung mit anschließendem Trocknen. Wurde das Saatgut von Sonnenblume mit I-Lsg. behandelt, so stieg der Ertrag gegenüber der Kontrolle um 9%, der Fettgeh. der Körner von 51,4 auf 53,2%. Nach Behandlung des Saatgutes mit W. u. anschließendem Trocknen stieg der Körnerertrag um 3%; der Fettgeh. der Körner betrug hierbei 54,3%. Bei der Boden- u. Kopfdüngung mit I, II, $CuSO_4$, $MnSO_4$, K_3PO_4 wurden in Verss. mit Kartoffeln die besten Ernten mit Mn u. Cu erzielt. Der Stärke- bzw. Ascorbinsäuregeh. der Kartoffelknollen betrug: mit I 19,8 (%) bzw. 16,7 (mg-%), mit II 20,2 bzw. 19,2, mit Mn 20,1 bzw. 18,1, mit Cu 18,9 bzw. 17,5. Die Verss. ergaben, daß die Mikroelemente nicht nur auf Podsol- u. Torfböden, sondern auch auf Schwarzerden zu Mehrerträgen führen. (Земледелие [Ackerbau] **2.** Nr. 11. 31—36. Nov. 1954.) O. LEBTAG. 6304

M. Kowtanjuk, *Bearbeitung von Sommerweizensaaten mit dem Präparat 2.4-Dichlorphenoxyessigsäure in Verbindung mit mineralischen Düngemitteln.* Die Blattdüngung von Sommerweizen mit mineral. Düngemitteln wurde vor dem Ährenschießen u. zur Zeit des Ährenschießens u. während der Körnerbldg. vorgenommen. Es wurde im Vgl. zur Bodendüngung bei Anwendung 10—15fach geringerer Düngermengen eine Verbesserung der Erträge erzielt. Bespritzen mit *2.4-Dichlorphenoxyessigsäure* (0,8 kg/ha) im Gemisch mit 10 kg NH_4NO_3 u. 15 kg *Superphosphat* zur Zeit des Schossens der Pflanze vernichtete die Unkräuter u. erhöhte die Erträge. Anwendung der Herbicide zusammen mit den Mineraldüngern verminderte den Verbrauch an Herbiciden u. an Düngemitteln. (Земледелие [Ackerbau] **3.** Nr. 1. 104—05. Jan. 1955. Kustanai, Getreidesowchos.) A. JACOB. 6304

Ss. P. Martyssjuk, *Hexachloran als Stimulator des Wachstums von Kiefern.* Bestreuen des Wurzelsyst. der Kiefernsämlinge mit 7%ig. *Hexachloran* (I)-Staub bzw. einfaches Streuen von ca. 12%ig. I ins Pflanzenloch für Sämlinge wirkten auf das Höhen- u. Dickenwachstum der Kiefern günstig. Bei Anwendung von erhöhten I-Mengen beobachtete man zunächst ein gehemmtes, erst im 3.—4. Jahr ein schnelleres Wachstum der Kiefern. Weiter zeigte sich die günstige Wrkg. von I in einer intensiveren Bldg.

von Nadeln, wobei die letzteren größere Länge u. intensivere grüne Farbe zeigten als bei den nicht behandelten Kiefern. Die gleiche Wrkg. zeigte I bei der Einbringung in den Boden auf der gesamten Anbaufläche (50—163 kg/ha). Bearbeitung der Sämlinge mit DDT war wirkungslos. (Лесное Хозяйство [Forst-Wirtsch.] **8.** Nr. 2. 39—45. Febr. 1955.) M. GORDIENKO. 6304

A. W. Ponomarewa und **W. I. Pronko,** *Die Anwendung von Azotobakterien in Waldbaumschulen und auf Waldkulturflächen.* Das mit *Azotobacterin*-Suspension bearbeitete Saatgut von Tanne, Sandkiefer, sibir. Lärche, weißer bzw. gelber Akazie u. anderen Holzarten brachte besser entwickelte Setzlinge als das unbearbeitete Saatgut Die gleichen Resultate erzielte man durch Bearbeitung der Wurzeln der einjährigen Setzlinge mit Azotobacter-Suspensionen. Die beste Wrkg. zeigte der aus dem Torfboden isolierte Stamm Nr. 8. (Лесное Хозяйство [Forst-Wirtsch.] **8.** Nr. 2. 36—39. Febr. 1955. Biol. Inst. der Akad. der Wiss. der WeissrussSSR u. Hauptforstverwaltung des Landw.-Minister. der WeissrussSSR.) M. GORDIENKO. 6304

Ja. P. Chudjakow, *Derzeitiger Stand und Aufgaben der Bodenmikrobiologie.* Allg. theoret. Ausführungen bei besonderer Betonung der Unterschiede in den Wachstumsbedingungen in der Wasser- oder Sandkultur u. im Boden. (Микробиология [Mikrobiologie] **23.** 331—48. Mai/Juni 1954. Moskau, Zweigstelle des Allunions Forschungsinst. für Landwirtschaft.) W. SCHMELZ. 6306

K. R. Green, *Unkrautbekämpfung mit Chemikalien.* Zusammenfassender Überblick über den derzeitigen Stand der Unkrautbekämpfung mit Chemikalien unter besonderer Berücksichtigung der Verhältnisse in Australien. (Agric. Gaz. New South Wales **64.** 176—80. 200—02. April. 345—50. Juli. 411—15. Aug. 481—84. Sept. 541—45. Okt. 600—03. Nov. 1953.) M. WINIKER. 6312

E. B. Scragg, *Selektive Herbicide. Neuere Entwicklungen.* Allg. Ausführungen bzgl. der Leistungsfähigkeit der modernen selektiven Herbicide unter besonderer Berücksichtigung der Pflanzenhormone. (Scott. Agric. **32.** 124—31. Winter 1952/53. North of Scotland Coll. of Agric.) M. WINIKER. 6312

L. Cinq-Mars und **J. G. Coulson,** *Wirkung von Fungiciden bei Nutzpflanzen.* Sammelbericht über die Einw. der bekannteren Fungicide auf Pflanze, Blüte u. Frucht. Verhütung von Schädigungen durch geeignete Auswahl, Anwendungszeit u. -konzentration. (Agric. Inst. Rev. **8.** 54—56. 61. März/April 1953.) C. GRIMME. 6312

G. C. Chamberlain, *Die Verwendung von Fungiciden bei Steinobst.* Der gefährlichste Schädling bei Steinobst ist der sogenannte Braunrost. Bei vergleichenden Spritzverss. zeigte Bordeauxbrühe eine überwiegend bessere Wrkg. als trockne Cu-Präparate. Auch S-Stäubungen erwiesen sich als wirksam. (Agric. Inst. Rev. **8.** 34—35. März/April 1953. St. Catharines, Ont., Labor. of Plant Pathol.) C. GRIMME. 6312

L. C. Callbeck, *Fungicide zum Schutze von Kartoffeln.* Besprechung der systemat. Bekämpfung von Kartoffelpilzen durch mechan. Anwendung von Cu-Präparaten. Es zeigte sich, daß sich fl. Spritzmittel besser bewährten als trockne Stäubemittel. (Agric. Inst. Rev. **8.** 28—30. März/April 1953. Charlottetown, P. E. I., Dominion Labor. of Plant Pathol.) C. GRIMME. 6312

R. J. W. Byrde und **A. H. Fielding,** *Spritzversuche gegen Apfel- und Birnenschorf in Long Ashton, 1952.* (Vgl. C. **1955.** 3233.) Bei den im Vgl. zu Kalkschwefel ausgeführten Verss. wirkten prakt. gleich eine dreimalige Spritzung mit Phenyl-Hg-Acetat u. Phenyl-Hg-Chlorid (0,0032% Hg), ein in gleicher Konz. angewandtes Organo-Hg-sulfonat fiel wirkungsmäßig beträchtlich ab. Gute Wirkungen zeigten auch Trichlormethylmercaptotetrahydrophthalimid (0,2% des 50%ig. Präp.) u. Heptadecylglyoxalidin 0,375% des 34%ig. Präp.). — 5 Literaturhinweise. (Annu. Rep. agric. horticult. Res. Stat., Long Ashton, Bristol **1952.** 103—09.) C. GRIMME. 6312

M. Klinkowski, *Der Apfelmehltau und seine Bekämpfung durch Antibiotica.* Mit Apfelmehltau (Podosphaera leucotricha) befallene Apfelzweige wurden mit unverd. Kulturfiltraten von 7 Streptomycesstämmen, St. griseus u. Penicillium 119/9a dreimal (Knospen-, Vorblüte- u. Nachblütestadium) gespritzt. Die genannten 9 Antagonisten waren bei Vorverss. im Lochtest bei mindestens 2 Testorganismen hemmwirksam u. unterdrückten im Gewächshaus bei Weizen- u. Gerstenkeimlingen den Befall durch Erysiphe graminis vollständig. Die mit Streptomyces 189/3c, St. griseus u. Penicillium gespritzten Apfelzweige waren Ende Juni vollständig, die mit den übrigen Antagonisten behandelten zu 50—90% befallsfrei. Es wurden jedoch in verschied. Ausmaß phytotox. Schäden festgestellt. — 6 Literaturangaben. (Mitt. biol. Bundesanst. Land- u. Forstwirtsch. Berlin-Dahlem **1954.** Nr. 80. 95—97. Juli. Aschersleben, Biol. Zentralanst. der Deutschen Akad. der Landwirtschaftswiss. zu Berlin, Inst. für Phytopathol.) F. RANG. 6312

L. W. Koch, *Fungicide zur Bekämpfung von Wurzelfäule.* Vergleichende Verss. zeigten als bestes Mittel gegen die Tabakwurzelfäule die Verwendung von Äthylendibromid in Gaben von 8 gal/1 acre. Wirksam erwiesen sich außerdem die verschied. Nematodicide, wie Chlorpikrin, Dichlorpropan + Dichlorpropen, Methylbromid u. Chlorbrompropen. (Agric. Inst. Rev. **8.** 31—32. März/April 1953. Harrow, Ont., Labor. of Plant Pathol.) C. GRIMME. 6312

G. F. Manson, *Insekticide und Pflanzenkulturen.* Vf. bespricht die Anwendung neuer Insekticide (DDT, TEPP u. BHC) im Pflanzenschutz u. ihre Einw. auf Geschmack u. Futtereigenschaft. (Agric. Inst. Rev. **8.** 8—9. März/April 1953. Chatham, Ont., Labor. of Entomol.) C. GRIMME. 6312

A. D. Pickett, *Bekämpfung der Obstbauminsekten.* Über Anwendung u. Wirkung von DDT. (Agric. Inst. Rev. **8.** 52—53. März/April 1953. Kentville, N. S., Sci. Serv. Labor.) C. GRIMME. 6312

W. Behlen, *Die Anwendung echter Wirkstoffnebel zur Obstschädlingsbekämpfung.* Nach 2maliger Vernebelung nach dem BORCHERS-Verf. mit DDT/Hexa-Kombi-Aerosol F bzw. DDT + HCN-Kombi-Aerosol F (Winter, Vorblüte oder Nachblüte) bei Kern- u. Steinobstflächen wurden Psylla mali, Hyponomeuta malinella, Anthonomus pomorum, Carpocapsa ponomella, Rhagoletis cerasi, Hoplocampa minuta, H. flava u. Aphididae prakt. zu 100% vernichtet. Nach der Vernebelung traten phytotox. Schäden oder Geschmacksbeeinflussung der Früchte in keinem Fall auf. Der Wirkstoffnebelbelag ist regenbeständig. (Mitt. biol. Bundesanst. Land- u. Forstwirtsch. Berlin-Dahlem **1954.** Nr. 80. 104—09. Juli. Naundorf, Kr. Pirna.) F. RANG. 6312

G. H. L. Dicker und **J. B. Briggs**, *Eine Bemerkung zu Yponomeuta padella malinella Zell.* Vff. weisen darauf hin, daß zur Bekämpfung des Schädlings Winterspritzungen (DNC in Petroleum) unerläßlich sind, da Vorblütespritzungen (mit DDT, BHC oder Parathion) nicht genügend wirksam sind. (Annu. Rep., East Malling Res. Stat., Near Maidstone, Kent **1951.** (A 35). 172—73. 1/10. 1950—30/9. 1951, ausgeg. Juni 1952.) M. WINIKER. 6312

W. Steudel, *Dreijährige Erfahrungen zur Bekämpfung der Vergilbungskrankheit mit innertherapeutischen Mitteln.* Die Voraussetzungen für den Erfolg der Bekämpfung von Myzodes persicae an Rübenpflanzen mit Systox (I) u. ihre Wrkg. auf die Ausbreitung der Vergilbungskrankheit wurden besprochen. Unter n. Wachstums- u. Kulturbedingungen genügten im Rheinland 2—3 I-Behandlungen, um die Blattlauspopulation des Sommers an den Rüben auf ein Minimum zu reduzieren. Bei 2jährigen Freilandverss. wurden mit der Zahl der I-Behandlungen (1—3) steigende Mehrerträge an Rübenmasse, Zucker u. Blatt erzielt. (Mitt. biol. Bundesanst. Land- u. Forstwirtsch. Berlin-Dahlem **1954.** Nr. 80. 72—75. Juli. Ehlsdorf, Rhld., Biol. Bundesanst. für Land- u. Forstwirtsch., Inst. für Hackfruchtbau, Außenstelle.) F. RANG. 6312

K. Stute, *Über die Einwirkung systemischer Insekticide auf Bienen.* Aus Käfigverss. ergab sich eindeutig, daß Systox (I) wie auch das innertherapeut. Insekticid „4404" (FARBENFABRIKEN BAYER, Leverkusen) sicher eine Fraßgift- u. Atemgiftwrkg. auf Bienen ausüben. Für die Wrkg. als Kontaktgift sind aus diesen Verss. keine endgültigen Schlüsse möglich. — Nach den Ergebnissen von Freilandverss. muß von einer I-Spritzung während des Bienenfluges unbedingt abgeraten werden, um starke Verluste unter den Flugbienen zu vermeiden. (Mitt. biol. Bundesanst. Land- u. Forstwirtsch. Berlin-Dahlem **1954.** Nr. 80. 79—81. Juli. Bundesforschungsanst. für Kleintierzucht.) F. RANG. 6312

B. N. Makarow, *Zur Methodik der Bestimmung des Gasstoffwechsels zwischen Boden und Atmosphäre und des Gehalts an Kohlensäure in der Bodenluft.* Zur Unters. des Gasaustausches zwischen Boden u. Atmosphäre wurden Glasbehälter von 28×53×51 cm benutzt, was den Vorteil hat, daß das Licht nicht ausgeschlossen wird u. daß die Temp. nicht übermäßig über die äußere Lufttemp. erhöht wird. In 15 Min. wurden unter Winterweizen stündlich 10,9 kg/ha CO_2, unter Kartoffeln 11,1 kg/ha CO_2 ausgeschieden. Bei längerer Dauer der Unters. erniedrigte sich die Ausscheidung, weil die CO_2-Konzz. unter der Glasglocke zu hoch anstiegen. Ferner wird eine Meth. beschrieben, bei der mit einem Spezialbohrer Bodenluft aus verschied. Tiefen angesaugt u. darin der CO_2-Geh. bestimmt wurde. (Почвоведение [Bodenkunde] **1955.** Nr. 2. 85—87. Febr. Dokutschajew-Inst. der Akad. der Wiss. der UdSSR.) A. JACOB. 6324

Francis B. Coon, Earl F. Richter, L. W. Hein und **Carl H. Krieger**, *Rodenticide. Bei der physikochemischen Bestimmung von Warfarin auftretende Probleme.* Zur Best. des Geh. an *Warfarin* (I) in Ködern, die bei der üblichen Extraktion mit Ae. zu niedrige Ergebnisse zeigen, wird die Substanz mit schwacher NaOH- bzw. $Na_4P_2O_7$-Lsg. extrahiert, die alkal. Lsg. angesäuert u. mit einem Ae.–Skellysolve-B-Gemisch extrahiert. I wird sodann durch Extraktion aus dem organ. Lösungsm. mit einer schwach alkal. Lsg. in sein lösl. Na-Salz umgewandelt u. seine Konz. spektrograph. bei 308 mμ bestimmt. Störende Substanzen lassen sich durch Chromatographie an Attapulgus-Ton entfernen. — Nach diesem Verf. wird I aus den Ködern zu 90—100% wiedergewonnen. Die Ergebnisse wurden durch Bioverss. mit Ratten bestätigt. — 14 Literaturangaben. (J. agric. Food Chem. **2**. 739—41. 7/7. 1954. Madison, Wis., Wisconsin Alumni Res. Foundat.)

F. RANG. 6328

Fritz Scherer, Essen, *Herstellung von Phosphatdüngemitteln* mit hohem Geh. an citronensäurelösl. P_2O_5 durch Schmelzaufschluß von Rohphosphaten in Schmelzöfen unter Eintragen feinkörniger oder staubförmiger Phosphate in ein in einem vorherigen Arbeitsgang erhaltenes fl. Schlackenbad aus den gleichen Bestandteilen, dad. gek., daß dem Schlackenbad gleichzeitig solche Mengen fester Brennstoffe, z. B. feinzerkleinerte Braunkohle, oder Gase, z. B. Generatorgase, u. O_2-haltige Gase laufend zugeführt werden, daß die Temp. des in ständiger Bewegung gehaltenen Schlackenbades ca. 1600—1850° beträgt, worauf das Schmelzprod. period. oder kontinuierlich aus dem Ofen abgezogen, unter Granulierung zum Erstarren gebracht u. gemahlen wird. — Vorrichtung. (**D. B. P. 926 852** Kl. 16 vom 9/2. 1952, ausg. 25/4. 1955. Anmeldung bekanntgemacht 30/9. 1954.)

H. KARST. 6283

Walter Czarnetzki, Goslar, Harz, und **Paul Stein,** Hamburg, *Behandlung von ungebrannten und gebrannten Düngekalken mit Torf*, dad. gek., daß für Düngezwecke übliche Kalkarten mit zerfasertem Torf, bes. Weißtorf, in Mengen von 5,5—13% (auf Gewichtsteile berechnet) zu einem innigen Gemisch vermahlen werden, so daß eine Staubentw. der Kalkarten unterbunden wird. Die Ausgangsstoffe können auch für sich gemahlen u. dann miteinander vermischt werden. Die Prodd. lassen sich in Kalkdeckelwagen lose verladen u. verschicken, sowie durch Ausschaufeln entladen. Verpackungsmaterialien, bes. Papiersäcke, sind nicht erforderlich. (**D. B. P. 927 994** Kl. 16 vom 3/11. 1950, ausg. 23/5. 1955. Anmeldung bekanntgemacht 29/11. 1951.) H. KARST. 6289

Union Carbide & Carbon Corp., New York, N. Y., V. St. A., übert. von: **John C. R. Warren,** Elmira, Ontario, Can., *Unkrautbekämpfungsmittel*, bestehend aus einem Gemisch aus den Dimethyl-, Diäthyl- u./oder Isopropylaminsalzen der 2.4-Dichlorphenoxyessigsäure (I) u. wenigstens einem der Dimethyl-, Diäthyl- oder Isopropylaminsalze der Citronensäure (II). Die Salze sollen trocken sein u. Aminsalze der II sollen in solcher Menge vorhanden sein, daß sie die Ausfällung der unlösl. Ca- u. Mg-Salze der I durch Ca- oder Mg-Ionen beim Mischen mit hartem W. verhindern. Die Amine der I erhält man durch einfaches Mischen der Säure mit den Aminen unter Rühren, bis ein p_H 7—9 erreicht ist. Ebenso erhält man die Amine der II durch einfaches Vermischen von 1 (Mol) Säure mit 3 eines prim., sek. oder tert. Amins. (**A. P. 2 694 625** vom 30/6. 1950, ausg. 16/11. 1954.) H. NEBELSIEK. 6313

Dow Chemical Co., übert. von: **James A. Kelly,** Midland, Mich., V. St. A., *Herstellung von trichloressigsauren Aminsalzen* der allg. Zus. $CCl_3COONH_2(R)[CH(CH_3)_2]$, worin R = H oder der Isopropylrest ist, wie *Isopropyl-* u. *Diisopropylammoniumtrichloracetat* vom Erweichungspunkt 105 bzw. 91° (Zers.), erfolgt durch Rk. der Komponenten in wss. oder benzol. Lösung. Die Verbb. sind unlösl. in organ. nichtpolaren Lösungsmitteln, leicht lösl. in W. u. finden Verwendung als *Unkrautvertilgungsmittel* u. zur Herst. von histolog. u. pharmazeut. Präparaten. (**A. P. 2 697 721** vom 28/5. 1951, ausg. 21/12. 1954.) O. MÜLLER-MEININGEN. 6313

E. I. du Pont de Nemours & Co., Wilmington, Del., V. St. A., *Trisubstituierte Harnstoffe* (I) der allg. Zus. R·NH·CO—N(R')(R'') (R Halogenaroyl, R' u. R'' aliphat. oder cycloaliphat. Reste) erhält man durch Rk. von Halogenarylisocyanaten mit sek. aliphat. oder cycloaliphat. Aminen. — Man tropft z. B. zur Lsg. von 36,5 (Teilen) Diäthylamin in 258 absol. Dioxan 77 p-Chlorphenylisocyanat bei 20—30°, kühlt auf 15° u. erhält nach Trocknen im Vakuum (50°/30 mm) 80 *3-(p-Chlorphenyl)-1.1-diäthyl*-I, $C_{11}H_{15}ON_2Cl$, F. 116—117°. — *3-(m-Fluorphenyl)-1.1-di-n-butyl*-I, $C_{15}H_{23}ON_2F$, F. 70,5 bis 71°. — *3-(p-Chlorphenyl)-1.1-dicyclohexyl*-I, $C_{19}H_{27}ON_2Cl$, F. 184,5—185° (aus Bzl.). — *3-(o-Chlorphenyl)-1.1-diäthyl*-I, $C_{11}H_{15}ON_2Cl$, Kp.$_{0,5}$ 137—139°; entsprechende *1.1-Dimethylverb.*, $C_9H_{11}ON_2Cl$, F. 94,1—95,4°. — *3-(m-Fluorphenyl)-1.1-diäthyl*-I, $C_{11}H_{15}ON_2F$, F. 90,5—91°. — *3-(o-Chlorphenyl)-1.1-diisopropyl*-I, $C_{13}H_{19}ON_2Cl$, F. 75—75,5°. — *3-(m-Chlorphenyl)-1.1-dimethyl*-I, $C_9H_{11}ON_2Cl$, F. 144,3—144,8°; entsprechende *1.1-Diäthylverb.*, $C_{11}H_{15}ON_2Cl$, F. 89,5—90°; *1.1-Diisopropylverb.*, $C_{13}H_{19}ON_2Cl$, F. 123,5 bis 124,5°; *1.1-Dicyclohexylverb.*, $C_{19}H_{27}ON_2Cl$, F. 166,5—167°. — *3-(p-Chlorphenyl)-1.1-dimethyl*-I, $C_9H_{11}ON_2Cl$, F. 169,8—170,4°; entsprechende *1-Methyl-1-äthylverb.*, $C_{10}H_{13}ON_2Cl$, F. 149—149,5°; *1.1-Diisopropylverb.*, $C_{13}H_{19}ON_2Cl$, F. 152,5—153,2°; *1.1-Di-n-propylverb.*, $C_{15}H_{23}ON_2Cl$, F. 129—129,5°; *1.1-Diallylverb.*, $C_{13}H_{15}ON_2Cl$, F. 77,5—78°. — *3-(2.4-Dichlorphenyl)-1.1-diäthyl*-I, $C_{11}H_{14}ON_2Cl_2$, F. 50—52,5°. —

*3-(2.4.6-Trichlorphenyl)-1.1-diäthyl-*I, $C_{11}H_{13}ON_2Cl_3$, F. 151,5—152°; entsprechende *1.1-Di-n-butylverb.*, $C_{15}H_{21}ON_2Cl_3$, F. 88,5—89,2°. — *3-(4-Chlor-1-naphthyl)-1.1-dimethyl-*I, $C_{13}H_{13}ON_2Cl$, F. 149,5—150,5°; entsprechende *1.1-Diäthylverb.*, $C_{15}H_{17}ON_2Cl$, F. 145,5 bis 146°. — *3-(p-Bromphenyl)-1.1-diäthyl-*I, $C_{11}H_{15}ON_2Br$, F. 121°; entsprechende *1.1-Di-n-butylverb.*, $C_{15}H_{23}ON_2Br$, F. 123°. — *3-(p-Jodphenyl)-1.1-dimethyl-*I, $C_9H_{11}ON_2J$, F. 185,5—186°; entsprechende *1.1-Diäthylverb.*, $C_{11}H_{15}ON_2J$, F. 118—118,5°; *1.1-Di-n-butylverb.*, $C_{15}H_{23}ON_2J$, F. 110—111°. — *Herbicide* u. Pflanzenwachstumsregulatoren. (**E. P. 691 403** vom 28/11. 1950, ausg. 13/5. 1953. A. Prior. 6/12. 1949.)
O. Müller-Meiningen. 6313

Rohm & Haas Co., übert. von: **Peter L. De Benneville** und **Lawrence J. Exner**, Philadelphia, Pa., V. St. A., *Dialkyl-2-iminoimidazolidine.* Durch Rk. von symm.-3.5.5-Trimethylhexyläthylendiamin mit CNCl in Bzl. erhält man *1.3-Di-(3'.5'.5'-trimethylhexyl)-2-iminoimidazolidin, Hydrochlorid*, F. 225—228°; analog: *N.N'-Didodecyläthylenguanidin, Hydrochlorid*, F. 125—145°; *1.3-Di-(2'-äthylhexyl)-2-iminoimidazolidin; 1.3-Dimethyl-2-iminoimidazolidin.* — *Fungicide.* (**A. P. 2 689 249** vom 10/7. 1952, ausg. 14/9. 1954.)
A. Brösamle. 6313

Ciba Akt.-Ges., Basel, Schweiz, *Herstellung einer Halogen und Phosphor enthaltenden Verbindung* durch Rk. von Dimethylphosphit mit 1.1.3.3-Tetrachloraceton im Mol.-Verhältnis 1 : 1 bei erhöhter Temp., z. B. 50—150°, gegebenenfalls in Ggw. inerter Lösungsmittel. — *Schädlingsbekämpfungsmittel* u. Zwischenprodukt. (**Schwz. P. 303 272** vom 25/9. 1951, ausg. 1/2. 1955.)
J. Mühleisen. 6313

Rohm & Haas Co., übert. von: **Peter L. De Benneville**, Philadelphia, Pa., V. St.A., *4-N-substituierte 2-Ketopiperazine* erhält man durch Rk. eines Ketopiperazins der allg. Formel I (R' u. R'' = niedere Alkylgruppen) mit einem Aldehyd R^0CHO (R^0 = H, Alkylrest mit bis zu 11 C-Atomen, Phenyl- oder Dialkylaminoalkylrest) u. Ameisensäure (II). — Aus 3.3-Dimethyl-2-ketopiperazin, Paraformaldehyd u. II → *3.3.4-Trimethyl-2-ketopiperazin*, Kp.$_{12}$ 154 bis 156°; F. 128—130°. — Analog („-2-ketopiperazin" = III): *4-Isobutyl-3.3-dimethyl-*III, F. 135—137°. — *3-Methyl-4-(3.5.5-trimethylhexyl)-*III, Kp.$_{0,3}$ 154—157°. — *3.3-Dimethyl-4-(3.5.5-trimethylhexyl)-*III, F. 99 bis 100°. — *3.3-Dimethyl-4-p-chlorbenzyl-*III, F. 201—203°. — *3.3-Dimethyl-4-piperonyl-*III, F. 187—190°. — *4-(2.2-Dimethyl-3-dimethylaminopropyl)-3.3-dimethyl-*III, F. 85—92°. — *3.3.4-Trimethyl-1-oxymethyl-*III, F. 93—100°. — *Aktivatoren* u. *Synergisten für Insekticide*, wie Pyrethrine u. Allethrin. (**A. P. 2 653 153** vom 8/2. 1952, ausg. 22/9. 1953.)
U. Sievers. 6313

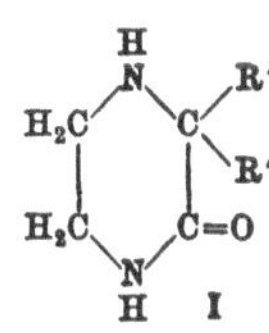

I

Allied Chemical & Dye Corp., New York, übert. von: **Everett E. Gilbert**, Flushing, und **Catherine J. McGough**, Kew Gardens, N. Y., V. St. A., *Herstellung von Estern einer Thiophosphorsäure* der allg. Formel $RS-PO(OR')_2$, in der R einen gegebenenfalls substituierten Arylrest u. R' einen Alkyl-, Cycloalkyl-, Alkenyl-, Aryl- oder substituierten Rest dieser Art darstellen. Man läßt ein Phosphit der Formel $(R'O)_3P$ mit einer Verb. RSO_2Cl oder RSCl reagieren. Hergestellt werden z. B.: $C_6H_5S-PO(OC_2H_5)_2$, Kp.$_6$ 148 bis 155°; $C_6H_5S-PO(OC_4H_9)_2$; $1.2.4\text{-}Cl_3C_6H_2S-PO(OC_2H_5)_2$; $4\text{-}ClC_6H_4S-PO(OC_2H_5)_2$; $3.4\text{-}Cl_2C_6H_3S-PO(OC_2H_5)_2$; $2.5\text{-}Cl_2C_6H_3S-PO(OC_2H_5)_2$; $4\text{-}NO_2-C_6H_4S-PO(OC_2H_5)_2$; $4\text{-}NO_2-C_6H_4S-PO(OC_4H_9)_2$; $4\text{-}CH_3CONH-C_6H_4S-PO(OC_2H_5)_2$; $\beta\text{-}C_{10}H_7S-PO\cdot(OC_2H_5)_2$. — *Insekticide, Fungicide*, Zwischenprodukte. (**A. P. 2 690 450** vom 23/3. 1951, ausg. 28/9. 1954.)
K. Fabel. 6313

Cilag Ltd., Schaffhausen, und **Gustav Eduard Utzinger**, Basel, Schweiz, *Cycloaliphatische Carbonsäureamide* der Formel I (R = H, Alkyl mit höchstens 1—4 C-Atomen, R_1 u. R_2 = H, Alkyl, Alkenyl, Aryl, substituiertes Aryl) erhält man durch Kondensation eines α.β-ungesätt. Ketons, R—C·(Alkyl)=CH—CO—CH_2—R, mit einem Acylessigsäureamid, CH_3—CO—CH_2—CO—N(R_1)(R_2) nach Michael. — Aus Acetessigsäurediäthylamid u. Mesityloxyd in absol. A. in Ggw. von Na nach 3wöchigem Stehen u. 30 Min. Erhitzen → *4.6.6-Trimethylcyclohexen-(3)-on-(2)-carbonsäure-(1)-diäthylamid*, schwachgelbes Öl, Kp.$_{0,1}$ 129 bis 131°; aus PAe., F. 57—58°; Ausbeute: 61%. — *4.6.6-Trimethylcyclohexen-(3)-on-(2)-carbonsäuredimethylamid.* — *4.6.6-Trimethylcyclohexen-(3)-on-(2)-carbonsäurediallylamid.* — *4.6.6-Trimethylcyclohexen-(3)-on-(2)-carbonsäuredibutylamid.* — *4.6.6-Trimethylcyclohexen-(3)-on-(2)-carbonsäure-N-äthyl-o-toluidid*, Kp.$_{0,05}$ 150—157°; gelbes Öl. — *Aktivatoren* für *Insekticide, Insektenabwehrmittel* u. *Fungicide.* (**Schwz. P. 302 083** vom 19/11. 1951, ausg. 16/12. 1954. **E. P. 718 680** vom 19/11. 1952, ausg. 17/11. 1954. Schwz. Prior. 19/11. 1951.)
G. Krauss. 6313

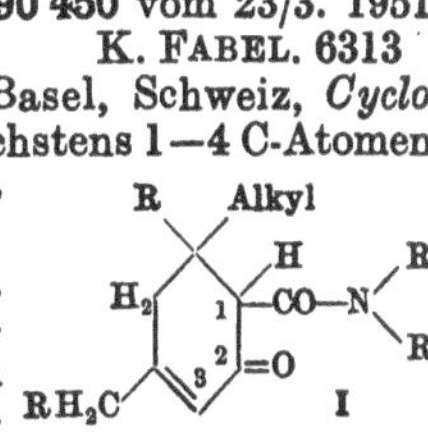

I

J. R. Geigy Akt.-Ges., Basel, Schweiz, *1.1-Di-(p-chlorphenyl)-2-methoxyäthanol* (I) erhält man durch Rk. von 1 (Mol) Methoxyessigsäuremethylester mit 2 4-Chlorphenylmagnesiumbromid u. Hydrolyse der erhaltenen Verbindung, F. 104—105°. — *Schädlingsbekämpfungsmittel.* (**Schwz. P. 299 922** vom 8/5. 1951, ausg. 1/9. 1954. **Zusatz zu Schwz. P. 295 591; C. 1955. 2759.**) G. KÖNIG. 6313

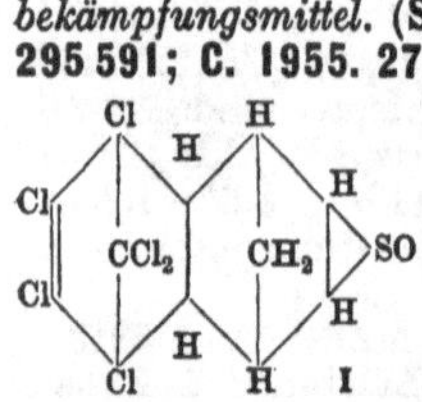
I

Shell Development Co., Emeryville, Calif., übert. von: **Samuel Barney Soloway**, Denver, Colo., V. St. A., *Herstellung eines Insekticids* der Formel I, F. 202°. Man oxydiert das Episulfid des DIELS-ALDER-Adduktes von Hexachlorcyclopentadien u. Bicyclo-[2.2.1]-heptadien-(2.5). (**A. P. 2 694 073** vom 4/2. 1954, ausg. 9/11. 1954.) K. FABEL. 6313

California Spray-Chemical Corp., Richmond, übert. von: **James W. Hansen**, Berkeley, Calif., V. St. A., *Insekticides Mittel*, bestehend aus einem Gemisch aus dem γ-Isomeren des Hexachlorcyclohexans u. einem trialiphat. Ester der Phosphorsäure, z. B. Triäthylphosphat oder Tri-(chloräthyl)-phosphat, wobei deren Gewichtsverhältnis 10 : 1 beträgt. Man kann dieses Gemisch direkt sowie in Form von Aerosolen oder fl. oder staubförmigen Stäubemitteln anwenden. (**A. P. 2 689 201** vom 15/11. 1951, ausg. 14/9. 1954.) H. NEBELSIEK. 6313

Graham Vernon Jacks, Multilingual vocabulary of soil science. New York: Columbia Univ. Press. 1954. (446 S.) $ 4,—.

A. Peterburgski, Praktikum der Agrochemie. Sselchosgis. 1954. (456 S.) 9 Rbl. 30 Kop. [russ.]

VIII. Metallurgie. Metallographie. Metallverarbeitung.

L. C. Voss und **W. W. Lynn**, *Leichtere und sicherere Kenntlichmachung durch gefärbten Formsand.* Durch Beimischung geringer organ. Farbstoffmengen zu den einzelnen Formsandsorten erhält man gute Übersicht u. vermeidet Vermischungen. Man kann auch durch Farbstoffumschlag bei zu langer Erhitzung die richtige Behandlung der Formkerne überwachen. (Amer. Foundryman **22.** 44—45. Juli 1952.) H.-J. HEINRICHS. 6382

W. M. Lord, *Gußkerne und -formen. Die aus organischen Bindemitteln entwickelten Dämpfe und Raucharten.* Übersicht über die bei der therm. Zers. von organ. Sandbindemitteln entstehenden (flüchtigen) Stoffe. (Iron and Steel **23.** 21—25. Jan. 1950. Todmorden, Sandholme Iron Co. Ltd.) W. WESLY. 6382

H. H. Fairfield, James McConachie und **H. F. Graham**, *Die Wiederbelebung gebrauchten Formsands durch Luftbehandlung.* Gebrauchter Formsand wird in einer Anlage, von der schemat. Zeichnungen gezeigt werden, durch geeignete Behandlung im Luftstrom so weit wiederbelebt, daß seine physikal. Eigg. denen neuen Formsandes nicht nachstanden. (Canad. Metals **15.** Nr. 7. 36—40. Juni 1952.) H.-J. HEINRICHS. 6382

H. W. Greenwood, *Verunreinigungen in Metallen. Ihr Einfluß zum Erzielen wichtiger Eigenschaften.* An einer Reihe von Beispielen wird gezeigt, wie einem Metall durch kleine Mengen von Verunreinigungen Eigg. verliehen werden können, die von großer techn. Bedeutung sind. Die Beispiele umfassen die Korrosionsbeständigkeit von hochreinem Al, die magnet. Eigg. von reinem Fe in Abhängigkeit vom Reinheitsgrad, den Einfl. von Zusätzen anderer Elemente auf die Verarbeitbarkeit von Stählen u. von Wolfram u. die Bedeutung von Zusätzen in Halbleitern. (Metal Treatment Drop Forging **21.** 571—73. Dez. 1954.) O. KRISEMENT. 6388

M. M. Chruschtschow und **M. A. Babitschew**, *Über die Abhängigkeit zwischen der Verschleißfestigkeit von Metallen bei Reibung an der Schleiffläche und ihrer Härte.* Für reine Metalle (*Pb, Sn, Cd, Al, Zn, Cu, Ni, Fe, Co, Cr, Mo, W*), *Stahl, Hartmetalle, Schichtmetalle* wird der Proportionalitätsfaktor (**b**) zwischen der Beständigkeit gegen Abnutzung u. der Härte der Metalle experimentell ermittelt. Es ergibt sich im Bereich der Härte bis 2500 kg/mm², daß **b** nahezu konstant ist u. seine Größe von der Wärmebehandlung u. der chem. Zus. der Oberflächenschicht abhängt. Für reine Metalle ist **b** niedriger als bei Metallen mit erhöhter Härte (Stahl). (Вестник Машиностроения [Nachr. Maschinenbau] **34.** Nr. 9. 3—9. Sept. 1954.) A. KUNZE. 6388

G. Bulle, *Neue Verhüttungsverfahren in der Eisenindustrie und ihre Auswirkungen auf den Hüttenwerksbau.* Überblick. (Z. Ver. dtsch. Ing. **95.** 435—40. 15/5. 1953. Mülheim/Ruhr-Broich.) H. HOCHSTEIN. 6390

Ciril Rekar, *Über einige besondere Probleme der jugoslawischen Eisenindustrie.* Vortrag über Unterss. aus dem metallurg. Inst. der TH Ljubljana seit 1950. Erzvorräte, Verwertung stark S-haltiger, keinen Hüttenkoks ergebender Kohlen; Mn-Gewinnung, Beseitigung von $BaSO_4$-Schwefel, Schlackensysteme mit hohem BaO-Geh., desgleichen mit hohem Al_2O_3-Geh., Beseitigung von As durch einen Sinterprozeß; Entschwefeln von stark S-haltigem Roheisen mit Kalk „in fester Phase“; Behandlung von Flotationsabfällen der Erze von Bor, ferner von Rotschlamm; Behandlung des P-Roheisens im neuen Werk Skopje, bes. im TALBOT-Ofen. (Berg- u. hüttenmänn. Mh. montan. Hochschule Leoben **99**. 208—19. Nov. 1954. Ljubljana, TH.) G. LOCHMANN. 6390

Willy Oelsen und **Eberhard Schürmann,** *Untersuchungsergebnisse alter Rennfeuerschlacken.* Alte, in Schleswig-Holstein gefundene Rennfeuerschlacken lassen sich schon nach ihrem Aussehen in Laufschlacken u. Ofenschlacken, d. h. aus dem Ofen ausgebrochene Schlacken, unterscheiden. Für in einem besonderen Haufen zusammenliegende braune Schlacken wird vermutet, daß es sich um anreduziertes Erz handelt, das zum Austreiben des Hydratwassers vorgeröstet wurde. Mehrfach vorgefundene bienenkorbartige Schlackenklötze werden als eine eingefrorene Ofenfüllung oder als das Ergebnis einer zu weit getriebenen Vorröstung gedeutet. Die Rennfeuerschlacken sind in ihrem Grundaufbau Eisensilicatschlacken u. schwanken in der Zus. etwa zwischen 70—55 (%) FeO + Fe_2O_3 + MnO u. 20—30 SiO_2. Auf den verbleibenden Rest von 10—15 verteilen sich die übrigen Begleiter Al_2O_3, CaO, MgO u. P_2O_5. Die Bedeutung von CaO, Al_2O_3 u. P_2O_5 in ihrer den F. erniedrigenden Wrkg. auf Eisensilicatschlacken wird erörtert. — 16 Schrifttumsangaben. Diskussion. (Arch. Eisenhüttenwes. **25**. 507—14. Nov./Dez. 1954. Clausthal, Bergakad.) H. HOCHSTEIN. 6400

O. W. Trawin und **L. A. Schwarzman,** *Untersuchung der Entschwefelung von Gußeisen mit Soda.* Entschwefelungsverss. im Temperaturbereich 1200—1600° an (Si- u. Mn-freien) mit C gesätt. Fe-Schmelzen, denen bis zu ca. 0,1% S in Form des radioakt. Isotops zugesetzt waren, lassen erkennen, daß der Ausnutzungseffekt des verwendeten Na_2CO_3 (I) weitgehend von der S-Konz. im Fe u. der Temp. abhängig ist. Mit abnehmender S-Konz. verringert sich die Menge des pro Gewichtseinheit I aus dem Bad entfernten S. Temperaturerhöhung hat eine sehr erhebliche Minderung des Entschwefelungseffektes zur Folge. Ausgehend von der hypothet. Annahme, daß der Entschwefelungsprozeß gemäß der Rk. $2[S] + [Na_2CO_3] + [C] = Na_2S_2(g) + CO_2(g) + CO(g)$ verläuft, werden die die Kinetik des Prozesses charakterisierenden Gleichungen abgeleitet. Der experimentell bestimmte Wert für die Aktivierungswärme wird mit 70000 cal/Mol angegeben. (Известия Академии Наук СССР, Отделение Технических Наук [Nachr. Akad. Wiss. UdSSR, Abt. techn. Wiss.] **1953**. 1804—12. Dez.) V. EHMCKE. 6402

József Lántzky, *Die Verwechslung von Walzstahlqualitäten während der Fabrikation und Verarbeitung.* Vf. bespricht die Maßnahmen zur Vermeidung dieser Fehler. (Kohászati Lapok **9** (87). 440—44. 10/10. 1954.) J. PLANK. 6408

Karl Georg Speith und **Helmut Bücken,** *Untersuchungen der Stickstoffbewegung während der Kohlenstoffverbrennung.* Beim Herausfrischen von C mit reinem O_2 wird aus einem *Eisenbad* N_2 ausgespült. Die Entstickungsgeschwindigkeit ist proportional der Entkohlungsgeschwindigkeit, d. h. die Menge des herausgefrischten C ist der Menge des ausgewaschenen N_2 proportional. Die Entstickung ist unabhängig von der Höhe des C-Gehaltes. Die entstickende Wrkg. der C-Verbrennung ändert sich etwas mit dem N_2-Geh. des Bades. Die Versuchsergebnisse beweisen, daß bei jedem Frischvorgang, solange C verbrannt wird, mit einer Ausspülung des im Eisen vorhandenen N_2 zu rechnen ist. Bei den üblichen Stahlherstellungsverff. tritt die Spülwrkg. der CO-Entw. häufig gegen den Aufstickungseffekt, der durch die mehr oder weniger großen N_2-Mengen im Frischgas hervorgerufen wird, zurück. Bes. deutlich ist das Überwiegen aufstickender Einflüsse beim THOMAS-Verf. zu beobachten. (Stahl u. Eisen **74**. 1648—50. 2/12. 1954. Duisburg, Mannesmann-Hüttenwerke Akt.-Ges.) H. HOCHSTEIN. 6408

Karl Georg Speith und **Helmut Bücken,** *Über die Wirkung von Kalksteinzusätzen auf die Stickstoffaufnahme beim Windfrischen.* An Abgasanalysen aus dem THOMAS-Konverter wird nachgewiesen, daß Kalksteinzusätze während der C-Periode nicht nur durch die Erniedrigung der Schmelzentemperatur, sondern auch durch die Frischwrkg. der entwickelten CO_2 die bekannte Hemmung der Aufstickung bewirken können. Die Abgasanalysen zeigen, daß das Verhältnis CO : CO_2 im Abgas ohne u. mit Kalksteinzusatz das gleiche ist, während die absol. Gehh. an CO u. CO_2 durch die Kalkstein-Zers. höher liegen. Die bei der Zers. frei werdende CO_2 tritt offenbar mit dem Metallbad in Reaktion. Eine Näherungsrechnung ergibt bei 60—80% der Vorblasezeit für 1 t Kalkstein die gleiche Frischwrkg., wie sie von 450 Nm^3 Wind ausgeübt wird. Kalksteinzusätze erhöhen also die Entkohlungsgeschwindigkeit u. setzen durch Einsparung an Wind die je t Stahl durch das Bad geblasene Gesamtmenge gasförmigen N_2 herab. — Diskussion. (Stahl u. Eisen **74**. 1650—52. 2/12. 1954. Duisburg, Mannesmann-Hüttenwerke Akt.-Ges.) H. HOCHSTEIN. 6408

Ernö Weigl, *Die wirtschaftliche Verwertung von chromhaltigem Stahlschrott durch Blasen mit Sauerstoff.* In Verss. zur Verwertung von Cr-haltigem Stahlschrott durch

Frischen mit O_2 zwecks Verminderung des C-Geh., Anreicherung des Cr-Geh. u. Gewinnung von einsatzhärtenden Stählen, betrug der O_2-Bedarf 1,2—2 m³ O_2/t, u. der Schlacke konnten bis 90% C entzogen werden. Vf. betont die Wichtigkeit der zeitweisen O_2-Zuführung, um ein Überhitzen des Bades zu vermeiden. (Kohászati Lapok 9 (87). 490—92. 10/11. 1954.) J. PLANK. 6410

I. Perlmutter, *Abhängigkeit der Entwicklung von Strahldüsen-Verbrennungskraftmaschinen von der metallurgischen Forschung.* Auf eine Erörterung der Betriebsbedingungen von Turbinenkompressoren folgt ein Überblick über die Festigkeitseigenschaften der hierfür geeigneten niedriglegierten *Stähle*, des 12%ig. *Cr*-Stahls, der austenit. aushärtungsfähigen Stahllegierungen u. der *Ti*-Legierungen mit 2—5 (%) Cr u. 5—3 Al. Außerdem wird ein Überblick über die Entw. in der Verwendung von Legierungen, bes. *Co*- u. *Ni*-Gußlegierungen sowie *Stelliten*, für Turbinenschaufeln gegeben. — Schrifttumsangaben. (J. Metals 6. Nr. 2. Sect. 1. 113—18. Febr. 1954. Dayton, Wright Air Developm. Center.) H. HOCHSTEIN. 6410

Russell C. Buehl, *Betriebserfahrungen mit einem Versuchshochofen von 61 cm Gestelldurchmesser.* (Vgl. C. **1955.** 447.) Der Versuchshochofen dient zur Gewinnung von *Mn* aus SIEMENS-MARTIN-Schlacken u. Mn-Erzen unter Erzeugung von *Spiegeleisen.* Der Ofen mit 2,5 m Nutzhöhe u. auswechselbarem Gestell mit Kohlenstoffauskleidung wird beschrieben. Es werden Versuchsergebnisse unter Verwendung von Mesabi-Erzen, Takonit-Pellets u. Sinter mitgeteilt u. der Einfl. der Windtemp. u. des Kokssatzes auf die Gewinnung von Spiegeleisen erörtert. — Schrifttumsangaben. (J. Metals 6. 814—16. Juli 1954. Pittsburgh, Pa., Bur. of Min.) H. HOCHSTEIN. 6418

A. J. Kroha und **J. A. Finley,** *Behandlung von Kupferröstofenflugstaub.* Verss. zur Auslaugung u. Gewinnung von *Cu* u. *Pb* aus dem Flugstaub von Röstöfen zeigen: Durch Sulfatröstung u. saure Extraktion läßt sich 93% Cu, aber kein Pb gewinnen. Chloridröstung u. saure Extraktion führen zur prakt. vollständigen Gewinnung von Cu u. Pb. Die Flotation hat einen hohen Verbrauch an Reagentien für Zement- u. Sulfid-Cu; außerdem ist ein besonderer Arbeitsgang zur Gewinnung von oxydiertem Cu u. Pb nötig. (Mines Mag. **42.** Nr. 7. 40—42. Juli 1952.) W. WESLY. 6432

Ben Johnson und **Sidney E. Gregory,** *Kupferspritzgußlegierungen werden in größerem Umfang verwendet.* Die Vorteile von Spritzgußteilen (Genauigkeit der Abmessungen, Wegfall einer Nachbearbeitung, Oberflächenglätte, gute physikal. Eigg., hohe Erzeugungsgeschwindigkeit) werden auch erzielt, wenn man zum Gießen von Cu-Legierungen Dauerformen benutzt. (Materials and Methods **34.** Nr. 4. 92—94. Okt. 1951. Presco Casting & Mfg. Corp.) W. WESLY. 6432

Cyril Stanley Smith und **Earl W. Palmer,** *Legierungen von Kupfer und Eisen.* Bei Abwesenheit von C lassen sich Cu u. Fe in jedem Verhältnis ohne Ausscheidung legieren, die Korrosionsfestigkeit ist bei allen Zuss. gering. Um 65% Cu besteht jedoch eine gute Kombination von Festigkeit u. elektr. Leitfähigkeit des kalt gezogenen Drahtes. Legierungen mit 5—10% Cu haben die höchste Festigkeit u. sind am leichtesten durch Alterungshärtung zu verbessern. — 16 Literaturzitate. (J. Metals **8.81** Trans. AIME 1486—99. Dez. 1950. Chicago, Ill., Univ. of Chicago, u. Amer. Brass Co.) H. ECKHARD. 6432

W. L. Bruckart, M. H. La Chance, C. M. Craighead und **R. I. Jaffee,** *Die Eigenschaften von einigen in Wasserstoff gesinterten binären Molybdänlegierungen.* Mit bin. Legierungen von Mo, die auf dem Sinterwege in einer H_2-Atmosphäre hergestellt waren, werden Verss. zur Bewertung ihrer Brauchbarkeit u. ihres Betriebsverh. bei Tempp. unterhalb des Rekristallisationsbereichs angestellt. Die Fähigkeit geringer Gehh. eines Legierungszusatzes zur Festigkeitssteigerung von Mo wurde in folgender Reihenfolge festgestellt: *Si, Co, Fe, Al, Cr* u. *W*. W, welches in großen Konzz. mit Mo legiert werden kann, ist für Mo das wichtigste Legierungselement trotz seiner geringen Verfestigungsfähigkeit. Von den Legierungen werden die Herstellbarkeit, die Festigkeit u. die Warmhärte bis 800° ermittelt. Hieraus ergibt sich, daß die wichtigsten Legierungsgehh. folgende sind: 0,25 (%) Co, 0,25 Fe, 1 Cr, 20 W, 0,25 Si u. 1 Al. Diese Legierungszusätze zu Mo ergeben Festigkeitswerte bis über 77 kg/mm² u. Dehnungen über 10%. — Schrifttumsangaben. Diskussion. (Trans. Amer. Soc. Metals **45.** 286—313. 1953. Columbus, O., Battelle Mem. Inst.) H. HOCHSTEIN. 6440

M. H. La Chance, W. L. Bruckart, C. M. Craighead und **R. I. Jaffee,** *Die Rekristallisation von verformtem, unter Wasserstoff gesintertem Molybdän und dessen Legierungen.* *Si, W, Cr* u. *Al* in Legierung mit Mo verzögern wirksam die Rekristallisation der entsprechenden, auf dem Sinterwege unter einer H_2-Atmosphäre hergestellten u. warmverformten Legierungen. Für Glühtempp. bis zu 1400° tritt kein Wachsen der rekristallisierten Körner auf. Die meisten der untersuchten Zusätze zeigten einen kornverfeinernden Einfluß. Die größte Kornfeinheit wurde durch Zusätze von *Si*, *C*, *Co* u. *B* erhalten. Die Rekristallisation verringert im allg. die Festigkeit u. Härte u. erhöht die Kaltbildsamkeit. Geringe Zusätze von *Al*, *Be*, *B*, *C* u. *Th* erhöhten die Kaltbildsamkeit. Die Härte der Legierungen war im Faserzustand größer als im rekristallisierten Zustand. Die Ggw. von Einschlüssen hat keinen wesentlichen Einfl. auf die Rekristallisation der Legierungen. — Schrifttumsangaben. (Trans. Amer. Soc. Metals **45**. 314 bis 332. 1953.) H. HOCHSTEIN. 6440

L. David, *Beryllium als Legierungselement.* Geringe Zusätze können merkbare Wrkgg. verursachen. Wrkg. des Be auf *Al*- u. *Mg*-Legierungen. Die größte Bedeutung hat Be bei *Cu*-Legierungen, es verbessert die Wärme- u. elektr. Leitfähigkeit u. die physikal. Eigenschaften. Übersicht über die Eigg. der Legierungen mit Cu unter Zusatz von *Co* im geschmiedeten u. gegossenen Zustand mit Angabe der Wärmebehandlung. (Metallurgia [Manchester] **50**. 236—38. Nov. 1954.) K. STEIN. 6442

Adám Juhász, *Die komplexe Verarbeitung von Bauxit.* Vf. berichtet über die sowjet. Verss. u. Erfahrungen über die Verhüttung von Bauxit. Im Hochofen red., ergibt sich gutes, das ganze Ti enthaltendes Fe, die Schlacke kann auf Tonerde oder Bauxitzement verarbeitet werden. Der beim BAYER-Verf. gebildete Rotschlamm kann in Trommelöfen red. werden, somit ist die Verarbeitung von Bauxit ohne Abfall vollständig. — 7 Literaturangaben. (Kohászati Lapok **9** (**87**). 10—17. 10/1. 1954.) J. PLANK. 6446

K. K. Kershner, C. W. Funk und **W. A. Calhoun,** *Minderwertige Bauxite und Tone als Aluminiumrohstoffquellen.* Überblick u. Bewertung von den erst in Zukunft als Al-Rohstoffquellen in Betracht kommenden Al-Mineralien, wie Ton, Schieferton u. die stark eisenhaltigen Lateriten. Es wird eine Schätzung der Al-Reserven gegeben u. über Laboratoriumsverss. bzgl. des Entsilicierungsverf. berichtet. — Schrifttumsangaben. (J. Metals **3**. 1138—41. Dez. 1951. Rolla, Mo., U. S. Bureau of Mines.) H. HOCHSTEIN. 6446

András Domony und **Rezsö Várhelyi,** *Einfluß der Gußrinde von in Wasser gegossenen Aluminiumblöcken auf die Eigenschaften der daraus bereiteten Platten.* Bei dem halbkontinuierlichen Gußverf. entstehen von der Gußgeschwindigkeit u. Kokillenform abhängig an der Oberfläche der Blöcke infolge Anreicherung der Legierungselemente Fehler, wodurch beim Auswalzen die Güte der Platten vermindert wird. Beim Guß von Reinaluminium reichern sich die Verunreinigungen (Fe, Si) ebenfalls an der Oberfläche an, doch in bedeutend geringerem Maße. Zur Entscheidung, ob Abschaben der Kruste nötig ist oder nicht, wurden aus verschied. Stellen der Blöcke Ausschnitte u. daraus bereitete Platten mkr. u. auf Korrosionsbeständigkeit untersucht. Die Verss. bestätigten, daß bei den halbkontinuierlichen Gußverf. die Kruste höchstens 0,1 mm dick ist. Abschaben ist auch wegen Korrosionsgefahr unnötig, bes. wenn die Gußgeschwindigkeit groß u. die Weite der Kokillen relativ klein ist. Bei der Herst. von Folien z. B. ist das Abschaben unerläßlich. (Kohászati Lapok **9** (**87**). 505—08. 10/11. 1954.) J. PLANK. 6446

F. H. Smith, *Herstellung und Eigenschaften von Aluminium-Gußlegierungen.* Übersicht. — 17 Schrifttumsstellen. Diskussion. (Foundry Trade J. **91**. 439—46. 450. 18/10. 479—85. 25/10. 537—44. 8/11. 1951.) F. VIER. 6446

—, *Klassifizierung der Aluminiumsorten und Aluminiumgußlegierungen.* In 4 Tabellen sind chem. Zus. u. mechan. Eigg. von 18 *Al-Legierungen* zusammengestellt, die für die Verarbeitung mit oder ohne therm. Behandlung geeignet sind. (Fonderie belge **1951**. 137—41. Juni.) E. ROTTER. 6446

S. L. Martin, *Vakuumtechnik. Anwendung auf die Metallurgie des Titans und Zirkoniums.* Übersicht über Merkmale u. Bau von Vakuum-Trocken- u. Destillationseinrichtungen u. die Anwendung der Hochvakuumtechnik auf die Metallurgie von Ti u. Zr. — 17 Literaturangaben. (Int. chem. Engng. Process Ind. **31**. 314—17. 20. Juli 1950.) W. WESLY. 6448

W. J. Kroll, W. W. Stephens und **H. P. Holmes,** *Herstellung von schmiedbarem Zirkonium im Versuchsbetriebmaßstab.* Nähere Beschreibung mit Abb. einer Versuchsanlage zur Herst. von ca. 50 kg Zr täglich mit Lichtbogenofen für ZrC, Chlorieranlage, Oxydabtrennung, Reduktionsöfen, Vakuumanlage zur Salztrennung u. Graphitwiderstandsofen zum Schmelzen des Zr-Schwammes. Angabe von Analysen. — 7 Literaturzitate. (J. Metals **188**. Trans. AIME 1445—53. Dez. 1950. Albany, Ore., U. S. Bur. of Mines.) H. ECKHARD. 6448

E. F. Bradley, *Eine Härteskala für Stahl.* Beschreibung einer zur Härteprüfung von Stahl dienenden Skala. (Art der Prüfmaschine, Last, Art des Eindrucks.) (Metal Progr. **60**. 80 u. 80B. Sept. 1951. East Hartford, Conn., Pratt and Whitney Aircraft.) W. WESLY. 6480

William Blum, *50 Jahre Fortschritt auf dem Gebiet der Prüfung und Qualitätsfestsetzung von galvanischen Überzügen.* Vf. behandelt die Notwendigkeit einheitlicher Prüfmethoden u. Qualitätsnormen u. gibt einen kurzen Überblick über das im Verlauf der letzten 50 Jahre diesbezüglich Erreichte. (Metal Finishing **51.** Nr. 1. 82—85. Jan. 1953.) M. WINIKER. 6480

István Mester und **Erik Fuchs,** *Zerstörungsfreie metallographische Untersuchungen an Halbprodukten und an Fertigfabrikaten.* Vff. beschreiben die Ausführung von zerstörungsfreien metallograph. Unterss. an Ort u. Stelle (einfache App. zum elektrolyt. Polieren u. Ätzen). — 15 Literaturangaben. (Kohászati Lapok **9** (**87**). Nr. 10. Öntöde **5.** 217—27. Okt. 1954. Budapest, Inst. für industr. Eisenforschung.) J. PLANK. 6482

S. Tolansky, *Prüfung von oberflächenbehandelten Metallen durch das Lichtprofilmikroskop.* (Vgl. C. **1953.** 3610.) Beschreibung des Lichtprofilmikroskops u. seiner Anwendung, bes. auf die Prüfung von Lagermetalloberflächen. (Metal Treatment Drop Forging **21.** 103—11. März 1954.) F. VIER. 6482

J. T. Burwell und **C. O. Strang,** *Nachweis von Reibung und Verschleiß von Metallen mit radioaktiven Tracern.* Übersicht über geschichtliche Entw. u. Ausführung des Tracerverfahrens, wobei eine der beiden miteinander in Berührung stehenden Oberflächen mit einem radioakt. Stoff eingerieben u. die andere Oberfläche auf ihre Radioaktivität geprüft wird. (Metal Progr. **60.** 69—74. Sept. 1951. Cambridge, Mass., Massachussetts Inst. of Technol.) W. WESLY. 6484

P. Je. Djatschenko, *Zur Frage der Anwendung von radioaktiven Isotopen für die Untersuchung der Abnutzung von Maschinenteilen.* Mit Hilfe radioakt. Isotopen kann die Abnutzung an mehreren Maschinenteilen zugleich untersucht werden. Sie können durch β- oder γ-Strahler aktiviert werden: ^{32}P, ^{45}Ca, ^{89}Sr, ^{121}Sn, ^{144}Ce, ^{177}Ta, ^{178}Ta, ^{204}Tl, ^{185}W, ^{59}Fe, ^{60}Co, ^{65}Zn, ^{54}Mn, ^{85}Sr. Beispiele an verschied. Lagern werden angegeben. (Вестник Машиностроения [Nachr. Maschinenbau] **34.** Nr. 9. 9—14. Sept. 1954.) A. KUNZE. 6484

Philip O'Keefe, *Salzbäder für die Metallbehandlung.* Übersicht über Zus. u. Anwendung von Salzbädern zur Wärmebehandlung von Metallen, wie Aufkohlung, Härtung, Schnelldrehstahlbehandlung, isotherm. Behandlung, Normalisierung, Vergütung, Färbung, Al-Behandlung, Hartlötung, Putzen, Entzunderung, Erhitzung zum Schmieden u. Strangpressen. (Materials and Methods **34.** Nr. 4. 115—30. Okt. 1951.) W. WESLY. 6492

Takao Takase, *Die Oberflächenhärtung von Gußeisen mit Kugelgraphit durch Hochfrequenzströme.* Kurze krit. Bemerkungen des Verfassers. (Metal Progr. **60.** 108. Okt. 1951. Osaka, Inst. of Ind. Res., Metallurg. Dep.) W. WESLY. 6492

H. W. Worner, *Oberflächenhärtung von Titan.* Übersicht über das Verf. zur Ti-Härtung durch Erhitzen in einer O_2- (oder Luft-) Atmosphäre u. die Eigg. der harten, O-reichen Oberfläche. Es wird angenommen, daß eine feste O–Ti-Lsg. vorliegt, in der die O-Atome in den oktaederförmigen Zwischenräumen des Ti-Gitters angeordnet sind. u. daß die O–Ti-Bindungen hauptsächlich metall.-kovalenter Art sind. — 8 Literaturangaben. (Australas. Engr. **43.** 52—55. 7/11. 1950. Melbourne, Univ., Bailieu Labor., Physic. Metallurgy Sect.) W. WESLY. 6492

R. Gunnert, *Die Tiefschweißung — ein neues Verfahren der Autogenschweißung.* Die Flamme wird tief in die Stumpfstoßöffnung, rechtwinklig zu den Werkstückkanten, eingeführt, wodurch der Flammenkegel mit den Grundkanten in nahe Berührung kommt u. mehr heiße Gase zu den Bodenkanten gelangen, als wenn die Flamme schiefwinklig aufprallt. Die Schweißgeschwindigkeit ist um 50% höher als die Geschwindigkeit des herkömmlichen Schweißens; der Verbrauch an Gas u. Schweißdraht ist niedriger. (Metal Progr. **60.** 104—07. Okt. 1951. Stockholm, Svenska AB Gasaccumulator, Welding Res. Labor.) W. WESLY. 6506

A. W. Petrow, *Bogenschweißung von nichtrostenden Stählen mit Schmelzelektrode in inerter Gasatmosphäre.* Es werden die günstigsten Schweißbedingungen (Elektrodendurchmesser, Stromdichte, Spannung, Schweißgeschwindigkeit) für Materialien von 3 u. 10 mm Dicke in He u. Ar-Gasatmosphäre angegeben. Die Bogenschweißung in inerten Gasen mit Schmelzelektrode ist bes. vorteilhaft bei Anfertigung komplizierter u. bes. beanspruchter Teile aus nichtrostenden u. wärmebeständigen Legierungen. (Вестник Машиностроения [Nachr. Maschinenbau] **34.** Nr. 9. 68—70. Sept. 1954.) A. KUNZE. 6506

Robert M. Wilson jr., *Das Verbinden von Nickel und nickelreichen Legierungen durch Widerstandsschweißung.* Beschreibung der Anwendung der verschied. Verff. der Widerstandsschweißung (Punkt-, Warzen-, Naht-, Abschmelzschweißung, Widerstandshartlötung) zum Verbinden von Ni u. Ni-Legierungen u. anderen Fe- u. Nichteisenmetallen. (Materials and Methods **34.** Nr. 4. 95—99. Okt. 1951. International Nickel Co.) W. WESLY. 6506

T. Morgan, *Argonlichtbogenschweißungen an einer Al–Mg-Legierung.* Übersicht über Technik u. Anwendung des Verf. u. Eigg. der Schweißen. (Light Metals [London] **14.** 605—13. Nov. 1951. British Aluminium Co., Ltd.) W. WESLY. 6506

K. L. Zeyen, *Schweißelektroden.* Überblick über den heutigen Entwicklungsstand, bes. im Hinblick auf die Schweißsicherheit. — 34 Literaturangaben. (Schweißen u. Schneiden **5.** Nr. 12 [Sonderh.] 119 S—140 S. Dez. 1953. Zürich.) J. PAHL. 6506

Antonio Ambrogi, *Sandstrahlen mit metallischen Schmirgelmitteln.* Überblick über Herst., Eigg. u. Anwendung von *Fe*-Pulver an Stelle des Sandstrahlens bei der Oberflächenbehandlung von Metallen. (Fonderia ital. **2.** 631. Okt. 1953.) A. SANDER. 6508

S. C. Shome und **U. R. Evans,** *Untersuchungen über die Unregelmäßigkeiten elektrolytisch erzeugter Metallüberzüge.* 2. Mitt. Eine wichtige Ursache von Unregelmäßigkeiten galvan. Metallüberzüge ist eine Unregelmäßigkeit des Grundmetalls. Spannungen im Überzug verursachen das Abplatzen der Überzugsschicht. Spannungen im Grundmetall rufen keine Porenbldg. hervor. Anod. in HCl geätzte *Stahl*-Oberflächen zeigen mehr Poren in *Ni*-Überzügen als ungeätzte. Es wurden zwei Verff. zur Best. der unbedeckten Oberflächenteile von vernickeltem Stahl entwickelt. Bei beiden Verff. wird die vernickelte Stahlplatte in einem Elektrolyten mit einem Cu-Drahtnetz verbunden; bei dem einen Verf. wird die in Lsg. gegangene Fe-Menge bestimmt u. bei dem andern der Strom gemessen, der zwischen dem Cu u. der Stahlplatte fließt. Es wurde ferner festgestellt, daß die Zahl der Poren im Überzug um so geringer ist, je größer die Zahl der Kristallisationskerne auf der Oberfläche beim Beginn der galvan. Abscheidung ist. — 10 Schrifttumsangaben. (J. Electrodepositors', techn. Soc. **27.** 45—64. 1950/51.) F. MARKHOFF. 6514

S. C. Shome und **U. R. Evans,** *Untersuchung über die Unregelmäßigkeiten elektrolytisch erzeugter Metallniederschläge.* 3. Mitt. (2. vgl. vorst. Ref.) Nach einer Erörterung der theoret. Grundlagen der Porositätsprüfmethoden für metall. Überzüge auf *Stahl* wird auf das Verf. von J. N. AGER hingewiesen, bei dem als Prüflsg. eine NaCl-Lsg. mit einem Zusatz von geringen Mengen H_2O_2 verwendet wird. Die in den Poren einer *Ni*-Schicht entstehenden Fe(II)-Ionen werden schnell in sichtbare Rostpünktchen umgewandelt. Der Angriff auf die Ni-Schicht ist geringer als bei der Ferroxylprobe. — Diskussion (J. Electrodepositors' techn. Soc. **27.** 65—89. 1950/51.) F. MARKHOFF. 6514

William G. Schneider, *Schnelle Erzeugung von Patina auf Kupfer, Messing oder Nickellegierungen.* Patina läßt sich rasch erzeugen, wenn man Zn-haltige Cu-Legierungen mit $Cu(NO_3)_2$-Lsg., Zn-freie oder Zn-arme Cu-Legierungen mit einer Mischung von $Cu(NO_3)_2$- u. $Zn(NO_3)_2$-Lsgg. behandelt. Die Legierungen werden dabei auf 230—275° F erhitzt. Nach Bldg. der Patina wäscht man mit NaOH-Lsg. nach. (Metal Progr. **60.** 74—76. Sept. 1951. Milwaukee.) W. WESLY. 6534

T. P. Hoar, *Die Wirkungsweise der anodisch wirksamen Inhibitoren.* Überblick über die verschied. Theorien der anod. Inhibition sowie über die verschied. Inhibitorengruppen. Die anod. Korrosionsprozesse können inhibiert werden durch Bldg. einer haftfesten u. undurchlässigen Schicht, durch Verschließen der Poren der anfänglich gebildeten Schicht u. durch Molekularadsorption an Stellen, die die Anoden-Rkk. am auffälligsten zeigen. — 58 Literaturstellen. (Ind. chim. belge **19.** 931—40. Sept. 1954.) F. MARKHOFF. 6538

Ferenc Varga und **Kázmér Jánossy,** *Säure- und Laugebeständigkeit von modifiziertem Gußeisen.* Scheiben gleicher Größe wurden bei Raumtemp. in H_2SO_4, HNO_3, HCl, *Essigsäure*, KOH u. $NaOH$ getaucht u. der Gewichtsverlust in bestimmten Zeitspannen bestimmt. Die Lösungsgeschwindigkeit ist mit der Zeit veränderlich, in einigen Lösungsmitteln abfallend, in HNO_3 ansteigend. Verfeinerung des Graphits u. zunehmende Härte verbessern die Säure- u. Laugenbeständigkeit. Das mit CaSi modifizierte Gußeisen ist widerstandsfähiger als das mit FeSi geimpfte. Allg. ist das dichte, homogene Gußeisen rein perlit. Struktur am beständigsten. (Kohászati Lapok **9** (**87**). Nr. 12. Öntöde **5.** 275—80. Dez. 1954.) J. PLANK. 6538

D. Flint und **R. W. Kear,** *Die Korrosion einer Stahloberfläche durch kondensierte Schwefelsäurefilme.* Es war festgestellt worden, daß die Ggw. von SO_3 in Heizgasen die Hauptursache für die Bldg. von Abscheidungen u. für Korrosion der Heizoberflächen ist. Bei der Unters. über die Wrkg. der Kondensatfilme von H_2SO_4 wird festgestellt, daß das Gewicht des korrodierten Fe direkt proportional dem Gewicht der anhaftenden Säure ist, u. daß eine lineare Beziehung besteht zwischen der Zeit der Korrosion u. der niedergeschlagenen Säure. Für eine gegebene Oberflächentemp. wächst die Abscheidung der Säure u. die Korrosion sehr schnell mit dem Taupunkt. Unabhängig von der Taupunkttemp. erreicht der Umfang der Korrosion einen Höchstwert bei einer Oberflächentemp. des

Stahles, die zwischen 20 u. 45° unter der des Taupunktes liegt. (J. appl. Chem. **1**. 388—93. Sept. 1951. Leatherhead, Surrey, British Coal Utilisation Res. Ass. Randalls Road.) J. FISCHER. 6538

R. W. Kear, *Der Einfluß von Ruß auf die Korrosion von Metalloberflächen in Heizgasen mit SO_3.* Die Korrosion von Metalloberflächen durch H_2SO_4-Kondensate (vgl. vorst. Ref.) wird bei Ggw. von Ruß grundsätzlich beeinflußt. In dem Maße, wie die Rußkonz. von Null an zunimmt, nimmt anfangs auch die Korrosion zu, aber schließlich wird der Taupunkt der Gase u. damit deren korrosive Eigg. wesentlich vermindert. Vergleichende Verss. über das Verh. von gefilterten u. nicht gefilterten, mit Ruß beladenen Gasen zeigen an, daß Ruß den SO_3-Geh. der Heizgase durch Adsorption vermindert. (J. appl. Chem. **1**. 393—99. Sept. 1951.) J. FISCHER. 6538

Dietrich Horstmann, *Der Angriff eisengesättigter Zinkschmelzen auf siliciumhaltiges Eisen.* (Vgl. C. **1954**. 4935.) Aus Verss. über den Angriff von eisengesättigten Zn-Schmelzen auf Eisen mit bis zu 4,86% Si geht hervor, daß ein Si-Geh. den Angriff von Zn bis zu einem Höchstwert von 1—1,5% Si allg. verstärkt. Außerdem wird der Temperaturbereich des geradlinig mit der Zeit fortschreitenden verstärkten Angriffs zu niedrigeren Tempp. von 495° bis zum F. erweitert. Bei noch höheren Si-Gehh. wird der Angriff wieder geringer u. die Temperaturgrenze des verstärkten Angriffs wieder zu höheren Tempp. verschoben. Bei einem Werkstoff mit 4,86% Si tritt kein geradlinig mit der Zeit fortschreitender Angriff mehr auf. Für den prakt. Verzinkungsbetrieb bestätigen diese Unterss. die Erfahrung, daß der Si-Geh. in Werkstoffen für Verzinkungskessel grundsätzlich so niedrig wie möglich gehalten werden sollte. — Schrifttumsangaben. (Arch. Metallhüttenwes. **25**. 527—33. Nov./Dez. 1954. Düsseldorf, Max-Planck-Inst. für Eisenforschung.) H. HOCHSTEIN. 6538

H. Anders, *Betrachtungen über den Korrosionswiderstand von Aluminium.* Überblick über den Einfl. von verschied. Zusätzen zum Al auf das Korrosionsverhalten. (Metalloberfläche, Ausg. A **8**. 48. März 1954.) F. MARKHOFF. 6538

Gy. Bácskai und **K. Kovács,** *Untersuchung der Verhinderung der Korrosion durch Schichtbildung von Aluminium auf Grund des Differenzeffektes.* Unterss. der Schichtwrkg. bei der Al-Korrosion in Essigsäure bzw. von MBV-Schichten auf Grund von Spannungs- u. Strommessungen u. Auswertung nach den Ansätzen von W. J. MÜLLER u. dem Differenzeffekt von THIELE-ECKELL. Der Effekt deutet Schichtbldg. an, die mit der Zeit abnimmt. (Acta Univ. Szegediensis, Sect. Sci. natur., Acta chem. physica **3**. 30—34. 1950.) W. KATZ. 6538

Soc. d'Inventions Aéronautiques et Mécaniques S. I. A. M., Freiburg, Schweiz, *Magnesium–Beryllium-Legierungen.* Zu einer *Mg*-Legierung, die *Al* in bemerkenswerten Anteilen nicht enthält, wird *Be* in Form einer *Al–Be*-Vorlegierung zugesetzt. Zweckmäßig wird Be in dieser Form einer *Mg–Zn–Mn*- oder *Mg–Ce*-Legierung zugesetzt. Im ersten Falle wird eine Legierung erhalten, die aus 6 (%) Zn, 0,7 Ce, 0,5 Mn, 0,2 Al, 0,005 Be, Rest Mg besteht. (**Schwz. P. 298 573** vom 7/12. 1951, ausg. 16/7. 1954. F. Prior. 8/12. 1950.) H. HOCHSTEIN. 6445

VEB Elektrochemisches Kombinat Bitterfeld, Bitterfeld (Erfinder: **Paul Zimmermann,** Pouch über Bitterfeld, und **Wolfgang Pottken,** Bitterfeld), *Entsilicieren von Magnesium–Silicium-Legierungen.* Um die Bldg. u. das Ausseigern der Verb. Mg_2Si zu fördern, werden auf 100 Teile der Schmelze mehr als 5, (vorzugsweise 60—120) *Zn* hinzugefügt. Durch Abkammen der Oberfläche u. Filtrieren über Schamottgrieß, körniges Al_2O_3, MgO, Graphit, Dolomit u. a. wird das restliche Mg_2Si abgetrennt. Die Temp. der Schmelze vor der Abtrennung wird zwischen dem F. u. einer höheren, 900° nicht überschreitenden Temp. auf- u. abgependelt. (**D. P. [DDR] 5 224** Kl. 40b vom 15/8. 1941, ausg. 19/11. 1953 [Wirtschaftspatent].) H. HOLM. 6445

VEB Elektrochemisches Kombinat Bitterfeld, Bitterfeld (Erfinder: **August Siebel,** Bitterfeld, und **Paul Zimmermann,** Pouch über Bitterfeld), *Verwendung von Magnesiumlegierungen mit 1—4 (%) Al (vorzugsweise 2,5—3)* u. *1—0,2 Mn und gegebenenfalls mit <0,3 Zn,* bei denen die Gehh. an Al u. Mg dem Gleichgewicht bei der Erstarrungstemp. entsprechen, sind für die Knetverarbeitung für Werkstücke mit hohen Festigkeitseigg. u. hoher Korrosionsbeständigkeit, guter Verform- u. Schweißbarkeit unter Spannung geeignet. (**D. P. [DDR] 5 239** Kl. 40b vom 15/6. 1944, ausg. 14/11. 1953 [Wirtschaftspatent].) H. HOLM. 6445

Magnesium Elektron Ltd., England, *Magnesiumlegierungen* bestehen aus 0,1 bis 0,9 (%) *Zr,* 1—6 *Th,* 0,5—5 *Zn,* wobei Th + Zn 10 nicht überschreiten, Rest *Mg.* Außerdem können die Legierungen noch enthalten bis 4 *Seltene Erden,* bis 0,1 *Be,* bis 0,2 *Ca,* bis 1 *Ag,* bis 1 *Cu,* bis 3 *Hg,* bis 1 *Pb,* bis 1 *Tl,* bis 12 *Li* einzeln oder zu mehreren. Die Legierungen sind bei höheren Tempp. kriechfest, widerstandsfähig gegen Spannungen u. Korrosion u. lassen sich gut vergießen. (**F. P. 1 037 982** vom 1/6. 1951, ausg. 24/9. 1953. E. Prior. 2/6. 1950.) C. GÖTZE. 6445

Lucien Gravel und **Roger Potvin,** Quebec, und **André Piché,** Ste. Catherine de Sienne, Quebec, Canada, *Korrosionsbeständige Aluminiumlegierung.* Eine Legierung mit 0,6—2,2 *Mn*, 0,75—1,2 *Zn*, 0,05—0,4 *Mg*, 0,3—0,75 *Fe* u. 0,05—0,25 *Si* ist bes. gegen Salzwasser auch in Ggw. schwerer Metallionen beständig u. hat gute mechan. Eigenschaften. (**Can. P. 490 523** vom 13/11. 1952, ausg. 17/2. 1953.) H. HOLM. 6447

Rolls Royce Ltd., England, *Aluminiumlegierungen* bestehen aus 4,7—7,5 (%) *Cu*, 0,01—0,5 *Ti*, 0,01—1 *Mn*, weniger als 0,3 *Fe*, weniger als 0,3 *Si*, Rest *Al*. Wenn der Betrag an *Cu* kleiner als 5,51 u. derjenige des Mn kleiner als 0,49 ist, darf der Geh. an Fe + Si 0,25 nicht überschreiten. Sie können außerdem noch *Na, Ag, Ba, Zn, Seltene Erden,* V, *Nb, Cr, Te, Co, Zr, Sb, Be, Bi, B, Cd, Ca, Pb, Li, Mo, W, Tl* in einer Gesamtmenge bis 0,25 enthalten, wobei der Geh. für eines dieser Elemente weniger als 0,5 beträgt. Die Legierungen sind in Sand u. Kokillen gießbar, schmiedbar, sie sind widerstandsfähig gegen Hitze u. eignen sich für Teile in Verbrennungsmotoren. (**F. P. 1 039 856** vom 16/7. 1951, ausg. 12/10. 1953.) C. GÖTZE. 6447

Handelsbolaget under Firma Bröderna Söderberg, Eskilstuna, Schweden (Erfinder: **R. A. A. Jernell**), *Aluminiumlegierung* enthält 3,5—4,5 (%) *Cu*, 5,5—6,5 *Si*, 0,1—0,3 *Mg*, 0,1—0,4 *Mn*, 0,2—0,5 *Fe* u. 0,05—0,2 *Ti*. Das Cu kann bis 2% durch *Ni* u. Mn teilweise durch *Co* ersetzt werden. An Stelle von Ti kann man *Ce, Li, Mo* u./oder *Cr* verwenden. (**Schwed. P. 138 997** vom 26/4. 1945, ausg. 3/2. 1953.) JÜRGEN SCHMIDT. 6447

Vereinigte Leichtmetall-Werke G. m. b. H., Bonn (Erfinder: **Paul Brenner,** Bonn, **Hans Kostron,** Bad Godesberg, und **Ernst Weisse,** Hannover), *Walzen von Aluminiumlegierungen.* Herst. gewalzter Platten als Vormaterial für das Kaltwalzen zu Blechen u. Bändern von Al-Legierungen, bes. der Gattung *Al–Cu–Mg*, dad. gek., daß mindestens die letzten Stiche vor der Weichglühung bei 200° nicht wesentlich überschreitenden Tempp. vorgenommen werden. Die Warmwalzung erfolgt bei den üblichen Warmwalztempp.; vor der Weichglühung wird eine Kaltwalzung von mindestens 30% Abnahme eingeschaltet. (**D. B. P. 909 996** Kl. 40d vom 3/12. 1942, ausg. 26/4. 1954. Anmeldung bekanntgemacht 21/2. 1952.) C. GÖTZE. 6447

American Smelting and Refining Co., New York, N. Y., übert. von: **Yurii E. Lebedeff,** Metuchen, und **William C. Klein,** Menlo Park, N. J., V. St. A., *Entfernen von Tellur aus Antimon,* dad. gek., daß die Schmelze unter einer Schlackendecke mit Alkalimetall verrührt u. das so erhaltene Te-freie Sb von der nunmehr Te-haltigen Schlacke getrennt wird. An Stelle von Alkalimetall kann auch eine ein Alkali enthaltende Schlacke unter Einführung eines reduzierenden Gases verwendet werden. (**A. P. 2 661 280** vom 15/9. 1951, ausg. 1/12. 1953.) G. APEL. 6449

British Aluminium Co. Ltd., England, *Kathode für die Aluminiumelektrolyse im Schmelzfluß* besteht im wesentlichen aus *Carbiden* des *Ti* oder *Zr* mit einem Geh. an freiem C, der unter 0,5% liegt. Die Herst. des Kathodenkörpers geschieht durch Erhitzen im Vakuum oder in einer H_2-Atmosphäre, wobei dem Gemisch zweckmäßig geringe Mengen an Al_2O_3 zugesetzt werden. Das vorgepreßte Gemisch wird zuerst vorerhitzt auf 1100—1600°, dann auf die gewünschte Form zugeschnitten u. schließlich auf 1600—2200° erhitzt. Das Material ist gegen die schmelzflüssigen Elektrolyten sehr widerstandsfähig. (**F. P. 1 061 906** vom 3/5. 1952, ausg. 16/4. 1954. E. Priorr. 4/5. 1951 u. 15/4. 1952.) F. MARKHOFF. 6477

Georges Wippler, Compiègne, Frankreich, *Verbesserung des Strangpressens von Metallen.* Eine feste, unschmelzbare, wärmeisolierende u. nichtschleifende M. wird als Zwischenlage zwischen wenigstens einer Oberfläche eines Metalls, das durch Strangpressen verformt werden soll, u. der benachbarten Oberfläche eines Pressenteils, z. B. des Mundstücks, eingebracht. Die M. besteht aus einem porigen nichtschleifenden Stoff in fein verteiltem Zustand, einem festen schmierenden Stoff mit lamellarer Struktur, einem hochoxydierten Stoff, einem kohleartigen Stoff u. einem brennbaren Bindemittel. Die M. hat z. B. folgende Zus.: 10 (Gew.-%) Sägemehl, 60 Graphit, 23 Ruß, 3 Pyrolusit u. 4 Leinöl. (**E. P. 712 007** vom 18/6. 1952, ausg. 4/7. 1954. F. Prior. 18/6. 1951.) F. REINHART. 6491

British Aluminium Co. Ltd., England, *Wärmebehandlung fester Körper* aus Metallen oder Legierungen, dad. gek., daß die Wärmeübertragung zwischen der Wärmequelle u. dem Glühgut durch eine mit Gas durchwirbelte pulverige oder körnige M. erfolgt. Als solche M. kann Al_2O_3, als Gas kann *Luft* oder NH_3 verwendet werden. (**F. P. 1 030 307** vom 29/12. 1950, ausg. 11/6. 1953. E. Prior. 6/1. 1950.) G. APEL. 6493

Robertshaw-Fulton Controls Co., Greensburg, Pa., V. St. A., *Glühen von nichtrostendem Stahl.* Zur Kompensation des Einfl. einer N_2-haltigen Atmosphäre, z. B. aus zersetztem NH_3, wird ein oxydierendes Mittel, zweckmäßig *Wasserdampf* oder *Luft*, zugesetzt, das bei der Glühtemp. auf dem nichtrostenden Stahl eine schützende Oxydschicht bildet. (**E. P. 702 837** vom 25/10. 1950, ausg. 27/1. 1954.) H. HOCHSTEIN. 6493

Soc. An. pour l'Application des Produits spéciaux „Durferrit", „Sofumi", Frankreich, *Herstellung von Gegenständen aus Eisenlegierungen, deren Oberfläche nitriert ist und gleichzeitig Notlaufeigenschaft aufweist.* Während der Nitrierung wird die Oberfläche zwecks Bldg. einer Sulfidschicht mit S oder einer S-Verb. behandelt. Zweckmäßig erfolgt die Behandlung in einem Salzbad, das aus *Cyanid, Cyanat* u. *S'*, z. B. Na_2S, besteht. Auch können in diesem Bade *Chloride der Erdalkalien* oder Na_2CO_3 oder *NaOH* vorhanden sein. Vorteilhaft können die Bäder auch *Sulfocyanid*, wie NaSCN, enthalten. Es werden solche Salzgemische verwendet, deren F. unterhalb von 550° liegt. (**F. P. 1 023 696** vom 23/8. 1950, ausg. 23/3. 1953.) H. HOCHSTEIN. 6493

Siemens-Schuckertwerke Akt.-Ges., Berlin und Erlangen, und **Roland Wasmuht**, Dortmund-Reichsmark (Erfinder: **Hans Jung**, Berlin-Grunewald, und **Roland Wasmuht**, Dortmund), *Oberflächenerhitzen breiter Panzerplatten*, bes. zwecks Härtung, bei dem die Panzerplatte u. eine plattenförmige Induktionsheizvorr. in bezug aufeinander parallel zur Oberfläche der Panzerplatte bewegt werden, dad. gek., daß zur gleichmäßigen Lastverteilung auf die Phasen eines Drehstromnetzes die Induktionsheizvorr. quer zur Vorschubrichtung in 3 *n* gleiche Teile unterteilt wird, die zusammen nur etwa die Hälfte der Panzerplattenbreite überdecken, u. damit von der quer zur Vorschubrichtung in 6 *n* gleich breite Parallelstreifen unterteilt gedachten Panzerplattenoberfläche in zwei Arbeitsgängen zunächst beispielsweise die ungeradzahligen Plattenstreifen von je ca. 1/6*n* Plattenbreite u. dann nach entsprechender Verschiebung zwischen Induktionsheizvorr. u. Panzerplatte quer zur Vorschubrichtung die geradzahligen Plattenstreifen erhitzt u. abgeschreckt werden. — Abbildung. (**D. B. P. 920 188** Kl. 18c vom 19/3. 1941, ausg. 15/11. 1954. Anmeldung bekanntgemacht 10/9. 1953.) H. HOCHSTEIN. 6493

Radio Corp. of America, Del., übert. von: **Willis E. Harbaugh**, Bareville, Pa., V. St. A., *Aufkohlen von thorierten Wolframelektroden für Elektronenentladungsvorrichtungen.* Die Elektroden werden in einer inertes Gas u KW-stoff-Dampf enthaltenden Atmosphäre auf Temрp. erhitzt, bei denen sich der KW-stoff zersetzt. Dabei wird zunächst auf Tempp. zwischen 2575 u. 2625 (° K) 20—40 Sek. in der inerten Atmosphäre erhitzt u. dann erst der KW-stoff-Dampf zugeleitet. Nach 1 Min. wird die Zufuhr des KW-stoffes gesperrt u. die Temp. auf 2775—2825 erhöht. Nach 2 Min. ist die Rk. beendet. Der C-Geh. der Oberflächenschicht beträgt 2,45—3,16%. — Zeichnung. (**A. P. 2 658 844** vom 30/8. 1952, ausg. 10/11. 1953.) F. VIER. 6493

Diffusion Alloys Ltd., England, *Herstellen von Diffusionsschichten auf Metallen.* Die Gegenstände aus *Fe, Stahl* oder *Ni* werden in einer Atmosphäre von nicht mehr als 4 Teilen H_2 auf 1 Teil eines inerten Gases, wie N_2, in Ggw. eines oder mehrerer Metalle, wie *Cr, Mo, W, V, Mn, Zr, Ti, Al, Si* oder *Cu*, u. eines *Alkali-* oder *Erdalkalihalogenids*, bes. eines *Jodids*, auf 850—1150° erhitzt. An Stelle von H_2 u. N_2 kann auch eine Atmosphäre von NH_3 oder N_2H_4 oder eines Alkaliamids verwendet werden. Beispiel: Ein Teil aus Stahl mit niedrigem C-Geh. wird in Ggw. von stückigem Ferrochrom mit 65 (%) Cr, 0,1 C, Rest Fe, ohne mit ihm in Berührung zu sein, u. 1 KJ, bezogen auf das Gewicht des Stahlteils, 4 Std. lang in NH_3 auf 1050° erhitzt. Es entsteht eine Cr-Diffusionsschicht mit einem mittleren Geh. von 20 Cr u. einer Dicke von 0,0625 mm. (**F. P. 1 049 558** vom 20/11. 1951, ausg. 30/12. 1953. E. Priorr. 21/11. 1950 u. 23/10. 1951.) F. VIER. 6493

Stanley Francis Warren, London, England, *Lot*, bes. zum Löten von Al u. Al-Legierungen, besteht aus *Zn* u. *Sn* in allen Mischungsverhältnissen. Für die meisten Zwecke eignet sich ein Lot, bei dem das Verhältnis Zn:Sn = 9:1 ist. Zu seiner Herst. wird Zn bei 475—625°, bes. 550°, geschmolzen, auf 425—525°, bes. 450°, abgekühlt, bei dieser Temp. Sn zugesetzt, langsam auf 525—675°, bes. 600°, erhitzt, gut durchgerührt u. die Schmelze z. B. durch Gießen in wassergekühlte Formen abgeschreckt. Zum Verlöten von Cu enthaltenden Legierungen mit Al, Al-Legierungen u. Zn-Spritzgußlegierungen wird der Cu-haltige Teil mit einem Sn-Lot, der andere Teil mit dem Zn–Sn-Lot überzogen, die beiden Teile aneinandergelegt, bis zum Schmelzen der Überzüge erhitzt u. abgekühlt. (**E. P. 707 765** vom 10/9. 1951, ausg. 21/4. 1954.) G. APEL. 6505

Metro-Cutanit Ltd., Grappenhall, Warrington, Lancashire, England, *Lot zum Verbinden hochschmelzender Metalle*, wie Mo, W u. Ta, dad. gek., daß es aus Mo-Borid mit einem B-Geh. von 3—7%, wie es bes. bei Mo_2B vorliegt. Das Lot wird in Pasteform auf eine oder beide Berührungsflächen aufgetragen, die beiden miteinander zu verbindenden Teile zusammengebracht u. in nichtoxydierender Atmosphäre, wie H_2, oder im Vakuum auf 2000—2060° erhitzt. — Zeichnungen. (**E. P. 707 956** vom 19/11. 1952, ausg. 28/4. 1954. A. Prior. 13/5. 1952.) G. APEL. 6505

Johnson, Matthey & Co. Ltd., London, England (Erfinder: **Jack Chambers Chaston**), *Lot zum Verlöten hitzebeständiger Gegenstände*, z. B. Gasturbinen, besteht aus 5—20 (%) *Cr*, 35—63 *Mn* u. 32—50 *Ni*. Beispiele: 10 Cr, 54 Mn, 36 Ni u. 15 Cr, 50,5 Mn, 34,5 Ni. Die Lötung kann nach jedem Verf. durchgeführt werden: mit oder ohne Flußmittel oder Schutzgas, im Ofen mit freiem Luftzutritt oder mit Induktionserhitzung, oder mittels Lötlampe. (**E. P. 707 078** vom 19/6. 1951, ausg. 14/4. 1954.) G. APEL. 6505

Baker & Co., Inc., V. St. A., *Lot*. Zum Verlöten hitzebeständiger Teile wird ein Lot aus 20—60 (%) *Cu* u. 40—80 *Pd* verwendet; enthält einer der zu verbindenden Teile Cr, so besteht das Lot aus 60 Pd u. 40 Cu. Die Lötung wird im Ofen bei 1150—1380°, bei einem Lot aus 60 Pd u. 40 Cu bei 1200° durchgeführt. (**F. P. 1 052 290** vom 11/3. 1952, ausg. 22/1. 1954. A. Prior. 20/6. 1951.) G. APEL. 6505

Gebr. Böhler & Co. Akt.-Ges., Österreich, *Unterwasserschneid- und -schweißelektroden*. Die Elektroden haben einen metall. Kern, eine Umhüllung u. einen Lackanstrich zum Schutz gegen Wasser. Der Kern soll beim Schneiden sich langsam verbrauchen, beim Schweißen dagegen schnell verschmelzen. Die Zus. des Kernes ist für Schneidelektroden: 0,05—0,30 (%) *C*; 0,30—1,00 *Si*; 0,50—2,00 *Mn*; 0,10—0,50 *Zr* oder *Ti*, für Schweißelektroden: 0,05—0,20 *C*; 0,10—0,50 *Si*; 0,30—1,00 *Mn*, gegebenenfalls mit Zusätzen von Cu, Ni, Mo u. Al. Die Umhüllung für Schneidelektroden soll O_2-reich sein, sie besteht aus Ti-Mineral, Quarz, Kaolin u. Ferromangan oder aus Eisenglimmer, Serpentin u. Ferromangan. Für Schweißelektroden besteht die Umhüllung aus Feldspat, Erdalkalicarbonat, Ti-Mineral u. Ferromangan oder aus Kalk, Flußspat u. Ferromangan. (**F. P. 968 548** vom 30/6. 1948, ausg. 29/11. 1950.) B. SCHMIDT. 6507

Isthmian Metals, Inc., V. St. A., *Aus mehreren mit Kupferlot miteinander verbundenen Teilen bestehendes Werkstück*. Die aus Fe bestehenden Teile werden mittels eines auf pulvermetallurg. Wege hergestellten Verbindungsstücks miteinander verbunden, das zu 5% bis $^2/_3$ aus einem Metall mit niedrigem F., u. zwar Cu oder Bronze, u. zu 95% bis $^1/_3$ aus einem höher schm. Fe-Metall besteht. Beim Lötvorgang behält das höher schm. Metall seine Form bei u. wird durch die niedrig schm. Komponente mit den zu verlötenden Teilen des Werkstücks verbunden. Mindestens einer dieser Teile ist mit einer Aussparung versehen, die von der Oberfläche des anderen Teiles abgedeckt u. von einem Teil des Verbindungsstücks ausgefüllt wird. — Zeichnungen. (**F. P. 1 048 907** vom 13/11. 1951, ausg. 24/12. 1953.) G. APEL. 6505

General Motors Corp., Detroit, Mich., übert. von: **Roland P. Koehring**, Dayton, V. St. A., *Imprägnierung von porigen Eisengegenständen mit Kupfer oder einer Kupferlegierung ohne Beschädigung infolge Auflösung von Eisen im Imprägniermittel*. Fl. Imprägniermittel fließt durch einen Trichter in Form eines Tiegels, der aus dem zu imprägnierenden Eisenwerkstoff hergestellt ist, wobei das Cu bzw. die Cu-Legierung zunächst mit dem Werkstoff des Eisentiegels in Berührung kommt u. bei geeigneter Temp. den notwendigen Betrag an Eisen auflöst u. erst dann mit dem noch festen, zu imprägnierenden Gegenstand in Berührung gebracht wird. — Abbildung. (**A. P. 2 665 999** vom 18/4. 1950, ausg. 12/1. 1954.) H. HOCHSTEIN. 6513

Martin Marmé, Saargebiet, *Elektrolyt zum kathodischen Reinigen von Metallen* besteht aus einer Lsg. von *NaOH* u. *NaCN*, z. B. einer Lsg. von 350 g/Liter eines Gemisches aus 81,6 (%) NaOH u. 18,4 NaCN. (**F. P. 1 061 213** vom 5/8. 1952, ausg. 9/4. 1954. D. Prior. 10/8. 1951.) F. MARKHOFF. 6515

British Thomson-Houston Co. Ltd., London, England, *Elektrolytisches Ätzen von Tantal*. Ta wird anod. in einer Lsg. aus *Methanol*, einer Spur W. u. NH_4Br behandelt. Gegebenenfalls wird noch $CaCl_2$ zugesetzt. Die Lsg. kann z. B. enthalten 3,5 (%) $CaCl_2$, 3,5 NH_4Br u. 5.9—110 ml W. pro Liter Methanol. (**E. P. 702 877** vom 3/6. 1952, ausg. 27/1. 1954. A. Prior. 11/7. 1951.) F. MARKHOFF. 6515

Soc. Jacquet Hispano-Suiza, Montreuil-sous-Bois, Frankreich, *Elektrolytisches Polieren von Ni oder Cu*. Das elektrolyt. Bad enthält eine oder mehrere Mineralsäuren mit Ausnahme von HCl u. bei Cu-Behandlung auch von H_2SO_4, sowie zusätzlich ionisiertes *Al* u. 3wertiges *Cr*. 5—85 (%) H_2SO_4, 5—85 H_3PO_4, 0,5—2,6 Al, bis 1,4 Cr). Säurekonz. zwischen 50 u. 90%, Temp. 38—99°. (**Dän. P. 76 663** vom 2/1. 1948, ausg. 9/11. 1953. A. Prior. 24/4. 1942.) K. H. KÄHLER. 6515

Métallique Soc. An., Bienne, Schweiz, *Elektrolytisches Polieren von Messinggegenständen*. Als Elektrolyt wird eine 30—50%ig. H_3PO_4-Lsg. verwendet. Stromdichte 150 bis 450 A./dm², Temp. 35—50°. Behandlungsdauer höchstens 1 Minute. Die Viscosität des Bades kann durch Zusatz von *Glycerin* erhöht werden. (**Schwz. P. 302 922** vom 7/11. 1952, ausg. 17/1. 1955.) F. MARKHOFF. 6515

Siemens & Halske G. m. b. H., Österreich, *Elektrolytisches Polieren von Gold.* Die Gegenstände werden anod. in einer Lsg. von *KCN*, $K_4[Fe(CN)_6]$, Na_3PO_4 u. *KOH* mit Stromdichten von 50—150 A./dm² bei Tempp. von 60—95° behandelt. Die Lsg. soll enthalten 4—8 (%) KCN, 4—20 $K_4[Fe(CN)_6]$, 1—5 Na_3PO_4 u. 0,2—1,5 KOH. (**F. P. 1 062 224** vom 27/8. 1952, ausg. 21/4. 1954.) F. MARKHOFF. 6515

Spojené Ocelárny Národní Podnik, Kladno, Tschechoslowakei, *Polieren langer oder endloser Metallgegenstände in elektrolytischen Bädern.* Die Gegenstände werden, ohne gebogen zu werden, durch eine Reihe von elektrolyt. als Elektroden dienenden Badbehältern geführt, von denen ein Teil an den positiven, ein anderer Teil an den negativen Pol der Stromquelle angeschlossen ist. In den Polierbädern, deren Behälter kathod. geschaltet sind, wird ein Elektrolyt aus gleichen Teilen konz. HNO_3 u. *Eisessig* verwendet, in den übrigen Behältern ist nur konz. HNO_3. Durch diese Anwendung des Mittelleiterverf. ist eine feste Verb. der Stromzuführung mit den zu polierenden Gegenständen, z. B. mit Drähten, nicht erforderlich. — Abbildung. (**Oe. P. 177 627** vom 10/2. 1950, ausg. 25/2. 1954. Tschech. Prior. 22/11. 1949.) F. MARKHOFF. 6515

British Aluminium Co. Ltd., England, *Elektrolytische Behandlung von dünnen Drähten und Bänden im Durchzugverfahren.* Der Strom wird den Drähten u. Bändern durch mehrere über die ganze Länge des eingetauchten Teils verteilte Flüssigkeitskontakte zugeführt. Es werden hierdurch örtliche Überhitzungen des Drahtes verhindert, bes. bei der anod. Oxydation von Al-Drähten. — Abbildung. (**F. P. 1 060 041** vom 6/5. 1952, ausg. 30/3. 1954. E. Priorr. 21/5. u. 4/7. 1951.) F. MARKHOFF. 6515

Westinghouse Electric International Co., New York, N. Y., V. St. A., *Galvanoplastische Erzeugung von Schaufeln für Flüssigkeitsturbinen.* Die Schaufelblätter werden aus Kunstharz vorgeformt, durch Versilbern elektr. leitend u. dann mit einer *Ni*-Schicht von 0,02—0,04 in. (0,05—0,10 cm) galvan. überzogen. So hergestellte Schaufelblätter zeigen keine Resonanzerscheinungen beim Lauf der Turbine. — Abbildung. (**E. P. 713 160** vom 27/11. 1952, ausg. 4/8. 1954. A. Prior. 20/12. 1951.) F. MARKHOFF. 6515

Alexander Braun, Denkendorf bei Ingolstadt, *Herstellen von galvanoplastischen Nachbildungen von Gegenständen aus organischen Stoffen.* Die in ihrer Wandstärke in einem Arbeitsgang fertiggestellte galvanoplast. Nachbildung wird mit mindestens einer Öffnung versehen u. auf über 400° erhitzt. Die organ. Substanz wird zerstört, wobei die Verbrennungsgase durch die Öffnungen entweichen können. (**D. B. P. 924 121** Kl. 48a vom 4/6. 1952, ausg. 24/2. 1955. Anmeldung bekanntgemacht 23/10. 1952.) F. MARKHOFF. 6515

Turner Brothers Asbestos Co. Ltd., Manchester (Erfinder: **Horace Arnold Holmes,** Spotland, Rochdale, Lancaster), England, *Herrichten eines Dichtungsmaterials für das galvanische Aufbringen eines Metallüberzugs.* Dem Material, das auf einer Grundschicht u. zwei Deckschichten aus Asbestfasern, Kautschuk u. einem mineral. Füllstoff besteht, wird Ruß hoher elektr. Leitfähigkeit zugemischt, u. zwar den Deckschichten in einer Menge von 8—15% u. der Grundschicht in einer Menge von 4—10%. (**D. B. P. 923 404** Kl. 48a vom 17/3. 1953, ausg. 10/2. 1955. Anmeldung bekanntgemacht 16/6. 1954. E. Prior. 20/3. 1952.) F. MARKHOFF. 6517

Deutsche Gold- und Silberscheideanstalt vormals Roessler, Frankfurt/M. (Erfinder: **Johannes Fischer,** Hanau/M.), *Galvanisches, besonders cyankalisches Bad für die Glanzabscheidung von Metallen, wie Nickel, Zink, Cadmium, Zinn, Silber, Kupfer und ihren Legierungen.* Die Bäder enthalten ein vorzugsweise in Ggw. von OH-Gruppen enthaltenden Verbb. erzeugtes Kondensationsprod. aus *Acrolein* u./oder dessen α-Substitutionsverbb. oder ihren Gemischen mit andern Aldehyden einerseits u. andererseits *Harnstoff* u./oder seinen N- u./oder C-Substitutionsverbb. von der allg. Formel I, worin R_1 O, S oder Imin, R_2 u./oder R_3 H, Alkyl, Alkenyl, Aryl, Aralkyl oder Acyle gesätt. oder ungesätt. Säuren bedeuten. (**D. B. P. 924 489** Kl. 48a vom 29/4. 1953, ausg. 3/3. 1955. Anmeldung bekanntgemacht 29/7. 1954.) F. MARKHOFF. 6517

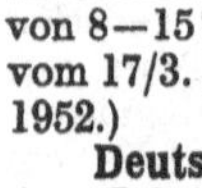

I

Dr. W. Kampschulte & Cie., Solingen (Erfinder: **Richard Springer,** Frankfurt/M.), *Elektrolytische Abscheidung glänzender Metallniederschläge aus galvanischen Bädern.* Bädern, welche ungesätt. KW-stoffe oder deren Abkömmlinge als Glanzzusätze enthalten, werden organ. oder anorgan. Verbb. zugesetzt, welche den Polymerisationsvorgang der ungesätt. Glanzbildner bereits bei solchen Konzz. wirksam verzögern, bei denen die einwandfreie Metallabscheidung noch nicht gestört wird, z. B. isocycl. Verbb., welche eine oder mehrere an den Kern gebundene Hydroxylgruppen enthalten, wie *Phenole, Naphthole, Hydrochinone.* (**D. B. P. 925 560** Kl. 48a vom 12/12. 1952, ausg. 24/3. 1955. Anmeldung bekanntgemacht 12/8. 1954.) F. MARKHOFF. 6517

Westinghouse Electric Corp., East Pittsburgh (Erfinder: **George William Jernstedt,** Pittsburgh), Pa., V. St. A., *Elektrolytische Erzeugung von Kupferüberzügen aus* *cyanidischen Lösungen.* Die Lsgg. enthalten *Li* in Mengen von 0,075—3 g/Liter. Der Zusatz ermöglicht die Anwendung höherer Stromdichten, ohne die Qualität zu verschlechtern. (**D. B. P. 925 029** Kl. 48a vom 29/8. 1953, ausg. 10/3. 1955. Anmeldung bekanntgemacht 5/8. 1954. A. Prior. 21/10. 1952.) F. MARKHOFF. 6517

Western Electric Co., Inc., New York, N. Y., übert. von: **Alvin N. Gray**, Edgewood, und **Guy E. Murray**, Towson, Md., V. St. A., *Galvanisches Erzeugen von Kupfer auf Stahldrähten im Durchzugverfahren.* Die Drähte werden nacheinander durch eine Reihe von galvan. Cu-Bädern gezogen u. eine Reihe von dünnen Cu-Schichten niedergeschlagen; dann wird der Draht anod. geschaltet u. ebenfalls durch einen Cu-Elektrolyten geführt, wobei 5—10% der Cu-Schicht wieder aufgelöst werden. Darauf wird wieder kathod. Cu niedergeschlagen, dieser zum Teil wieder anod. aufgelöst u. sofort, bis die gewünschte Schichtstärke erreicht ist. Man erhält glatte u. dichte Cu-Überzüge. — Abbildung. (**A. P. 2 686 859** vom 11/10. 1950, ausg. 17/8. 1954.) F. MARKHOFF. 6517

Schering Akt.-Ges. (Erfinder: **Willi Skaliks**), Berlin, *Galvanische Abscheidung glatter, glänzender Kupferniederschläge aus cyanidischen Bädern.* Den Bädern werden *Oxyalkyläther* von *Alkoholen der Acetylenreihe*, bes. des *Propargylalkohols*, zugesetzt. (**D. B. P. 924 490** Kl. 48a vom 24/10. 1952, ausg. 3/3. 1955. Anmeldung bekanntgemacht 29/7. 1954.) F. MARKHOFF. 6517

United States Steel Co., übert. von: **Elmer F. Harris**, Pittsburgh, Pa., V. St. A., *Galvanische Zinnüberzüge.* Als Elektrolyt dient eine wss. Lsg., welche im Liter 10—60 (g) *Sn*, 35—110 *Phenolsulfonsäure*, 1—9 *Dioxydiphenylsulfon* u. 0,005—2‰ *Monobutylphenylphenol-Na-monosulfonat* enthält. Der zu überziehende Gegenstand wird als Kathode eine Sn-Folie als Anode geschaltet. (**Can. P. 489 121** vom 3/5. 1948, ausg. 23/12. 1952.)

W. WITTHOLZ. 6525

Pierre Vallet, Chimie physique appliquée à la sidérurgie. Metz: Centre d'études supérieures de la sidérurgie 1954. 4°. (240 S. m. Abb.)

IX. Organische Industrie.

F. E. Salt und **B. N. P. Hutchesson**, *Organische Schwerchemikalien.* Fortschrittsbericht 1951. 213 Literaturhinweise. (Rep. Progr. appl. Chem. **36**. 111—31. 1951.) M. WINIKER. 6550

Alfred Schäffler und **Willi Ziegenbein**, *Zur Kenntnis der Nebenprodukte der technisch durchgeführten Beckmannschen Umlagerung von Cyclohexanonoxim.* (1. Mitt.) Durch Extraktion mit Trichloräthylen gelang es, aus techn., durch Umlagerung von Cyclohexanonoxim gewonnenem ε-Caprolactam *Cyclohexanon* (ca. 0,1%), *Anilin* (10^{-3}%; nachgewiesen als *Benzanilid*, $C_{13}H_{11}ON$, F. 164°) u. *Oktahydrophenazin* ($C_{12}H_{16}N_2$, F. 110 bis 111°, Blättchen [Bzn.]; 10^{-4}% *Hydrochlorid*, F. 160—162° [A.]; *Pikrat*, F. 162—163° [Zers.; CH_3OH]; Se-Dehydrierung gab *Phenazin*, $C_{12}H_8N_2$, F. 171—172°, gelbe Nadeln, sublimierte bei 120/0,15 mm; *Pikrat*, F. 187,5—189° [Zers.]) zu isolieren u. *Phenylisonitril* darin nachzuweisen. Anilin enthielt auch das durch Dest. unter Zusatz von Alkali gereinigte Caprolactam. Entsprechend wurde aus ε-Methyl-ε-caprolactam, das durch Umlagerung erhalten worden war, *o-Toluidin* isoliert (*Hydrochlorid*, F. 214,5—215,5°; *Benzoylderiv.*, F. 144,5—145°) u. *o-Toluylisonitril* nachgewiesen. Die Bildungsmöglichkeiten werden diskutiert. Die UV-Spektren von ε-Caprolactam, Anilin, Phenylisonitril, Oktahydrophenazin u. Phenazin sind graph. skizziert. (Chem. Ber. **88**. 767—72. 1955. Leuna bei Merseburg, Leuna-Werke, Organ. Abt.) J. ROTHE. H 950

William F. Hoot und **Kenneth A. Kobe**, *Dampfphasen-Luftoxydation des Cyclohexans.* Vff. untersuchten die Dampfphasen-Oxydation des Cyclohexans (I) mit Luft mit u. ohne Katalysatoren bei Tempp. zwischen 320 u. 500°. Für die nichtkatalysierte Rk. werden die Effekte der Temp., der Verweilzeit, des O_2-Geh. u. des Verhältnisses von Oberfläche u. Vol. des Reaktors angegeben. Als Oxydationsprodd. wurden nachgewiesen: *Cyclohexanon, Pentanal, Acrolein, Acetaldehyd, Formaldehyd, CO_2, CO* u. *H_2O, Säuren, ungesätt. KW-stoffe* u. *Peroxyde.* Bei 361° werden ca. 25% des oxydierten I zu Aldehyden umgesetzt; bei höheren Tempp. trat die Verbrennung u. Crackung des I in den Vordergrund. Dampfphasenkatalysatoren [0,3 (Gew.-%) J_2, 1,1 N_2O_4, 0,2 $(C_2H_5)_4Pb$, 1 Anilin, 1 Cyclohexylamin, 1 Isoamylnitrat oder 1 Ae.] zeigten keinerlei Wirkung. Bei Anwendung von Metall- u. Metalloxydkatalysatoren wurden ausschließlich CO_2 u. H_2O gebildet. (Ind. Engng. Chem. **47**. 776—82. April 1955. Austin, Tex., Univ. of Texas.)

D. KLAMANN. H 1950

Gustavo Goll, Buenos Aires, Argentinien, Südamerika, *Katalytische Behandlung von Kohlenwasserstoffen.* Man bringt das Behandlungsgut mit einem Katalysator in

Berührung, der eine oder mehrere feste, elektr. leitende Oberflächen aufweist (W, Mo, Ta, Ag u. Pt, sowie Legierungen). Man aktiviert den Katalysator durch Erhitzen mittels elektr. Stromes u. stellt die Wattleistung für die Querschnittseinheit der katalyt. Oberfläche so ein, daß die Katalysatoraktivität dem gegebenen Behandlungsgut oder den gewünschten Endprodd. angepaßt ist, u. entfernt laufend feste Ndd., wie Koks, von der Katalysatoroberfläche. Man kann die Wattleistung durch die Spannung des elektr. Stromes einstellen. — Zeichnung. (**E. P. 696 957** vom 8/9. 1950, ausg. 9/9. 1953. A. Prior. 9/9. 1949.) P. Unger. H 500

Hydrocarbon Research, Inc., New York, N. Y., übert. von: **Frank D. Hoffert**, Trenton, N. J., V. St. A., *Katalytische Umwandlung gasförmiger Stoffe*, die durch ein Festbett von zwischen Kühlflächen angeordneten Katalysatorteilchen geleitet werden. Erfindungsgemäß wird der Wärmeaustausch zwischen den groben Katalysatorteilchen u. den Kühlflächen dadurch verbessert u. ausgeglichen, daß die Reaktionsgase (z. B. Synthesegase der KW-stoffherst.) sehr feinkörnige inerte Teilchen (Oxyde von Zr, Mg usw., Metalle, Carborund, Sand, Glas oder Stoffe mit Schwarzkörpereigg., wie Koks, Graphit usw.) mitführen. Diese können anschließend im Cyclon oder in einem Verweilraum von den austretenden Reaktionsprodd. abgetrennt u. im Kreislauf mit frischem Synthesegas geführt werden. — Zeichnungen. (**A. P. 2 660 598** vom 24/6. 1947, ausg. 24/11. 1953.) W. Herold. H 500

Metallgesellschaft Akt.-Ges., Frankfurt/M., *CO-Hydrierung.* Heißes Synthesegas leitet man durch mehrere untereinander angeordnete Katalysatorräume. Um den Temperaturanstieg zu verhindern, leitet man in den oberhalb der Katalysatorschicht befindlichen freien Raum kaltes Synthesegas ein. Die Erniedrigung der Temp. soll höchstens den Temperaturanstieg in den einzelnen Zonen umfassen. — Skizzen. (**E. P. 670 299** vom 14/6. 1949, ausg. 16/4. 1952. Schwz. Prior. 2/11. 1948.) G. König. H 500

Metallgesellschaft Akt.-Ges., Frankfurt/M., *CO-Hydrierung* erfolgt mit einer Gasgeschwindigkeit von 0,5, bes. 2—10 m/sec, auf 0° u. 760 mm Hg-Säule u. freien Katalysatorraum bezogen, wobei der Katalysator sich in Röhren von 5—20 m Länge befindet, deren Durchmesser $>$15, bes. 20—50 mm, beträgt. Die Kühlung erfolgt indirekt. Die Katalysatorrohre können verjüngende Querschnitte, ferner verschied. Formen oder Einbauten aufweisen. — Zeichnungen. (**E. P. 690 925** vom 20/6. 1949, ausg. 29/4. 1953. Schwz. Prior. 5/1. 1949.) G. König. H 500

M. W. Kellogg Co., Jersey City, N. J., übert. von: **Henry G. McGrath**, Elizabeth, und **Louis C. Rubin**, West Caldwell, N. J., V. St. A., *Kontinuierliche Kohlenoxydhydrierung* erfolgt in Ggw. eines bis zur leichten Suspendierung im strömenden Gas gepulverten Katalysators, der durch Red. eines natürlich vorkommenden Magnetits (I), z. B. Alan-Wood-*Erz*, erhalten wird. Der bei $>$538° calcinierte I wird mit H_2 bis zum Metall red. u. enthält 1—2 (%) Al, ca. 1 Si u. 0,4—1 Ti. (**A. P. 2 683 726** vom 18/3. 1947, ausg. 13/7. 1954.) H. Möllering. H 500

Ruhrchemie Akt.-Ges. (Erfinder: **Walter Rottig**), Oberhausen/Rhld., *Katalytische Kohlenoxydhydrierung* aus Synthesegas, das neben CO u. H_2 gasförmige Acetylene (z. B. 0,5—10, bes. 0,5—1% C_2H_2 oder andere KW-stoffe mit Dreifachbindung), die auch teilweise durch Olefine (bes. C_2H_4) ersetzt sein können, enthält. Es werden Fe-Kontakte benutzt, die mit Alkalisalzen nicht flüchtiger Säuren (Phosphat, Silicat) imprägniert sind (z. B. 1—10, bes. 3% K_2O-Geh., bezogen auf Fe) u. die bei ca. 250° mit einem 1—2 m/sec (bes. 1,4 m/sec) strömenden H_2-N_2-Gemisch ca. 60 Min. lang red. werden. Die Synthesetempp. liegen ca. 20° unterhalb der zur Umsetzung C_2H_2-freier Gase erforderlichen Tempp. bei gleichen Kontakten u. Umsätzen, wobei zudem noch $<$7% CH_4 u. bis 30% $>$320° sd. KW-stoffe einschließlich des aus den Kontakten extrahierten festen Paraffins erhalten werden. Die niedrigere Arbeitstemp. bedingt ferner längere Lebensdauer der Kontakte. (**D. B. P. 910 051** Kl. 12o vom 5/6. 1949, ausg. 29/4. 1954. Anmeldung bekanntgemacht 23/5. 1951.) W. Herold. H 500

Rheinpreußen Akt.-Ges. für Bergbau und Chemie, Homberg/Ndrh. (Erfinder: **Herbert Kölbel**, Homberg, und **Paul Ackermann**, Moers), *Gewinnung von Kohlenwasserstoffen* aus CO u. H_2 gemäß D. R. P. 763 307, dad. gek., daß der Katalysator aus einer Lsg. von Schmiedeeisen oder Flußstahl in HNO_3 durch Eindampfen u. therm. Zers. der Nitrate ohne vorherige Entfernung gelöster Verunreinigungen hergestellt ist, wobei das Eisennitrat nicht $>$0,5% (bezogen auf Fe) aktivierende Zusätze erhalten darf. An Stelle von metall. Fe können auch Fe-Mineralien in HNO_3 ohne Entfernen lösl. Verunreinigungen gelöst werden. Das Katalysatorherstellungsverf. bietet den Vorteil, daß keine HNO_3 mit Waschwasser verloren geht, die bei der Zers. der Nitrate entstehenden Stickoxyde zur HNO_3-Herst. verwandt werden können u. daß der Katalysator sehr voluminös (große Oberfläche!) ist. Lebensdauer der Katalysatoren u. Ausbeute an fl.

u. gasförmigen KW-stoffen bei der CO-Hydrierung unter n. oder erhöhtem Druck sind größer als bei Katalysatoren, die aus reinem $Fe(NO_3)_3$ hergestellt wurden. (**D. B. P. 914 850** Kl. 12o vom 29/10. 1938, ausg. 12/7. 1954. Anmeldung bekanntgemacht 19/3. 1953. **Zusatz zu D. R. P. 763 307; C. 1953. 4310.**) W. HEROLD. H 500

Steinkohlenbergwerk „Rheinpreußen", Homberg/Ndrh. (Erfinder: **Herbert Kölbel**, Moers, und **Ernst Ruschenburg**, Utfort), *Eisenkatalysatoren für die Kohlenwasserstoffsynthese durch Reduktion von Kohlenoxyd mit Wasserstoff*, gek. durch einen Geh. an vorher durch Erhitzen katalyt. inakt. gemachten Oxyden, Carbonaten, bas. Carbonaten oder Oxydhydraten oder den entsprechenden natürlichen oder bei chem. Rkk. anfallenden inakt. Prodd. der 8. Gruppe des Period. Syst. in einer Menge von 10—300% des vorhandenen Fe. — Z. B. liefert ein Katalysator mit 41% Fe im fertigen Katalysator, der auf 100 (Teile) Fe 0,5 Cu, 1,0 K_2CO_3 u. 100 inakt. F_2O_3 enthält (Fällungsmittel: Soda), bei 12 atü u. 120° bei 24 Liter/Std. Durchsatz an $CO : H_2 = 1{,}6 : 1$ pro Nobm Synthesegas 141,1 (g) feste u. fl. sowie 16,8 gasförmige Prodd. gegenüber nur 47 festen u. fl. u. 11,3 gasförmigen Prodd. bei gleicher Verwendung eines Katalysators, der Al_2O_3 an Stelle von Fe_2O_3 enthält; dabei ist die Aktivität des neuen Katalysators nach 400 Std. unverändert, während der Al_2O_3-haltige bereits nach 60 Std. weitgehend zerstört ist. (**D. R. P. 765 189** Kl. 12o vom 3/4. 1940, ausg. 5/7. 1954.) W. HEROLD. H 500

E. I. du Pont de Nemours & Co., Wilmington, Del., übert. von: **Robert H. Baldwin**, Chadds Ford, Pa., V. St. A., *Abtrennen von HF aus Gemischen mit $CHClF_2$*, bes. aus Gemischen, die bis zu 77 Gew.-% HF enthalten, wie sie bei der katalyt. Darst. von $CHClF_2$ aus Chlf. u. HF anfallen, mit Chlf. unter 0°, bes. bei —50 bis —30°. Es entstehen zwei Schichten, von denen die untere Chlf. u. $CHClF_2$ mit ca. 0,3% HF u. die obere bis zu 95% HF neben Chlf. u. $CHClF_2$ enthält (daneben gegebenenfalls andere saure Bestandteile, wie SO_2, HCl u. $COCl_2$). Das Trennverf. kann kontinuierlich bei der Herst. von $CHClF_2$ aus Chlf. u. HF angewandt werden, wobei die separierte HF-Schicht kontinuierlich in die Rk. zurückgeführt wird. (**A. P. 2 640 086** vom 15/12. 1951, ausg. 26/5. 1953.) W. HEROLD. H 510

Ethyl Corp., New York, N. Y., übert. von: **Percy W. Trotter**, Baton Rouge, La., V. St. A., *Herstellung von Äthylchlorid und Vinylchlorid.* Man läßt 0,5—1,5 (Mol) Dichloräthan, bes. 1.1-Dichloräthan, mit 1 Äthylen in Ggw. eines Katalysators, bes. wasserfreien $CaSO_4$ (auch akt. C, Silicagel oder Kieselgur) bei 250—350° u. einem Druck von 100—400 lbs. während mindestens 3 Min. reagieren. (**A. P. 2 681 372** vom 16/1. 1951, ausg. 15/6. 1954.) W. GRÄGER. H 520

Shell Development Co., übert. von: **Alexander J. Cherniavsky**, San Francisco, **David Brown**, Mill Valley, **Harry A. Cheney**, **Alasdair W. Fairbairn** und **Orris L. Davis**, Berkeley, Calif., V. St. A., *Methallylhalogenide*, bes. *Methallylchlorid* (I), $CH_2{=}C(CH_3)\cdot CH_2Cl$. Auf 390° vorerhitztes tert.-Butylchlorid wird mit Cl_2 im Mol.-Verhältnis 4 : 1 bei 460° umgesetzt u. die gebildete Reaktionsmischung nach der Abkühlung mit Isobutylen im Verhältnis zu dem in der Mischung enthaltenen HCl = 1 : 2 in fl. Phase bei 40° behandelt. Durch Dest. wird I in 94%ig. Ausbeute (bezogen auf Cl_2) abgetrennt. Die 1. Stufe der Rk. kann auch zwischen 350 u. 500° bei einer Reaktionszeit von 0,1 Sek. bis 5 Min. u. die 2. Stufe bei —40 bis +80° in 10 Sek. bis 10 Min. durchgeführt werden. — Vorr., 2 Zeichnungen. (**A. PP. 2 612 530** vom 21/12. 1948, ausg. 30/9. 1952 u. **2 642 464** vom 29/5. 1948, ausg. 16/6. 1953.) G. KRAUSS. H 520

Universal Oil Products Co., Chicago, übert. von: **Louis Schmerling**, Riverside, Ill., V. St. A., *Halogenolefine* erhält man durch Kondensation von gesätt. Halogen-KW-stoffen mit wenigstens 3 C-Atomen mit Acetylenen (Mono- u. Dialkyl-, Vinyl-, Cycloalkylacetylene) in Ggw. eines FRIEDEL-CRAFTS-Katalysators bei —30 bis +100°. — Aus n-Propylbromid u. Acetylen (I) in n-Pentan bei —30° in Ggw. von $AlCl_3$ → *1-Brom-3-methylbuten-(1)*, C_5H_9Br, Kp.$_{24}$ 38—40°. — tert.-Butylchlorid + Methyl-I + $BiCl_3$ → *2-Chlor-4.4-dimethylpenten-(2)*, $C_7H_{13}Cl$, Kp.$_{40}$ 49—51°; n_D^{20} 1,4360; D^{20}_4 0,8838. — tert.-Butylchlorid + I → *1-Chlor-3.3-dimethylbuten-(1)*, $C_6H_{11}Cl$, Kp. 100—110°; n_D^{20} 1,4198; D^{20}_4 0,8571; Mol.-Refr. 34,8. — Als Ausgangshalogen-KW-stoffe sind noch genannt: Halogennaphthene, Halogencyclopentane, -hexane, Halogendekaline. — Zwischenprodukte. (**A. P. 2 626 962** vom 17/5. 1949, ausg. 27/1. 1953.) G. KRAUSS. H 520

Stanolind Oil & Gas Co., übert. von: **David K. Barnes**, Tulsa, Okla., V. St. A., *Reinigen von Alkoholen* von den leicht oxydierbaren Verunreinigungen, z. B. Aldehyden, erfolgt durch Behandeln der Alkohole (Methanol, A., Propylalkohol, Isopropylalkohol) mit konz. oder wss. Lsgg. (5—25 Gew.-% der Alkohole) von Hydroxylaminverbb. (I) der Formel $NH_2O\cdot R$, in Mengen von 0,01—0,05 Gew.-% u. anschließende Dest., wobei die Alkohole frei von Verunreinigungen als Kopfdestillat übergehen. In I ist R für die Wrkg. der Verb. von untergeordneter Bedeutung. Als bes. geeignet sind Hydroxylaminhydrosulfat, -hydrochlorid oder α-Methylhydroxylaminhydrochlorid. (**A. P. 2 631 970** vom 24/9. 1949, ausg. 17/3. 1953.) G. KÖNIG. H 550

Standard Oil Development Co., Del., übert. von: **Samuel W. Wilson** und **Elaine T. Delaune,** Baton Rouge, La., V. St. A., *Reinigen von Alkoholen* (auch wasserhaltigen) von übelriechenden Stoffen erfolgt durch Behandeln in der fl. oder Dampfphase mittels Sand, Kieselsäuregel, Asbest, Kieselsäure von der Maschengröße >30. (**A. P. 2 663 426** vom 13/6. 1950, ausg. 22/12. 1953.) G. KÖNIG. H 550

Standard Oil Development Co., Elizabeth, N. J., V. St. A., *Reinigen von Alkoholen* bes. solchen, die durch Oxosynth. u. anschließende Hydrierung erhalten werden. Man unterwirft das Ausgangsmaterial zuerst einer Vordest., um die leichter sd. Bestandteile zu entfernen, u. behandelt die getoppte Mischung bei 25—180° mit Oxyden des Hg, Mn oder Pb, die in der höchsten Oxydationsstufe vorliegen. Sind die niedrigen Oxydationsstufen der Metalle vorhanden, so ist die Ggw. von O_2 notwendig. Nach dieser Behandlung wird erneut destilliert. (**E. P. 683 779** vom 18/7. 1950, ausg. 3/12. 1952. A. Prior. 4/5. 1950.) G. KÖNIG. H 550

Standard Oil Development Co., Elizabeth, N. J., V. St. A., *Reinigung von Alkoholen*, die aus den Reaktionsprodd. der Oxosynth. durch Hydrieren erhalten wurden, erfolgt durch Behandeln der Alkohole mit anorgan. oder organ., lösl. oder unlösl. Cu- oder Co-Salzen bei 25—190° in der fl. Phase u. anschließende Destillation. In manchen Fällen wirken Zusatzstoffe vorteilhaft, z. B. Verwendung von $CuSO_4$ in Ggw. geringer Mengen NH_3 oder $CuCl_2$ u. Cu''-Oleat in Ggw. von Luft. (**E. P. 698 631** vom 7/11. 1950, ausg. 21/10. 1953. A. Prior. 4/8. 1950.) G. KÖNIG. H 550

Phillips Petroleum Co., Del., übert. von: **Edward E. Burgoyne,** Bartlesville, Okla., V. St. A., *Höhermolekulare Alkohole* gewinnt man durch Kondensation von n. prim. Alkoholen mit n C-Atomen in Ggw. von Kondensationsmitteln (I) bei höherer Temp., wobei als Endprod. ein Alkohol mit 2n—1 C-Atomen entsteht. Als I eignen sich bes. $Ca(OH)_2$ (auch aktiviert mit geringen Mengen Alkalihydroxyden), SiO_2 oder Mg, oder Kalk u. Soda oder CuO mit Cr_2O_3 (Chromit). Entsprechend der Zus. von I ergibt sich die Reaktionstemp., z. B. bei Verwendung von $Ca(OH)_2$ oder Kalk u. Soda zu 375—580° u. bei zusätzlicher Beimischung von Cu-Cr_2O_3 zu 300—580°. Drucke von 0—1000 lbs./sq.in. können angewendet werden. Verzweigtkettige Alkohole bilden mit sich selbst keine Kondensationsprodd., in Mischung mit geradkettigen entstehen vernetzte Produkte. Ebenso verhält sich Benzylalkohol. Bei der Rk. entstehen neben höhermol. Alkoholen H_2, CO, CO_2, gesätt. u. ungesätt. Aldehyde u. Ketone, Dialkyläther u. Ester. Um die Ausbeute an Alkoholen zu erhöhen, hydriert man das Reaktionsprodukt. — n-Propylalkohol leitet man über eine Cu-Cr_2O_3-Soda-Kalk-Mischung bei 350° u. n. Druck. Die Reaktionsmischung wird in Ggw. von RANEY-Ni hydriert. Die fraktionierte Dest. ergibt neben dem Ausgangsstoff *2-Methylpentanol-(1)*, *Di-n-propyläther*, *Diäthylcarbinol* u. höhersd. Rückstände. — Octanol-(1) ergibt ohne Nachhydrieren *8-Pentadecanol,* fast weiße, feste M., F. 43—46°. Durch Oxydation mit Dichromat erhält man *8-Pentadecanon*, F. 39—40°. — Benzylalkohol u. 1-Propanol ergibt *Bzl.*, *3-Pentanol*, *2-Methyl-1-pentanol*, *Toluol*, *Benzaldehyd*, *2-Benzyl-1-propanol*, neben unveränderten Ausgangsstoffen. (**A. P. 2 645 667** vom 1/10. 1951, ausg. 14/7. 1953.) G. KÖNIG. H 550

Ethyl Corp., New York, N. Y., übert. von: **Eugene F. Hill,** Detroit, Mich., V. St. A., *Befreien von Natriumalkoholaten*, wie Na-Methylat, -Äthylat, -Propylat, -Butylat, von OH-Ionen, die in einer Mischung von Alkoholen, Na-Alkoholaten, NaOH u. W. enthalten sind, durch Behandeln der Mischung mit der 2—10fachen stöchiometr. Menge Si-, Fe-, Ca-, Ti- oder Zr-Siliciden bei Rückflußtemp. des vorhandenen Alkohols. (**A. P. 2 662 100** vom 29/6. 1951, ausg. 8/12. 1953.) G. KÖNIG. H 550

Dow Chemical Co., übert. von: **William C. Bauman** und **Elmer L. McMaster,** Midland, Mich., V. St. A., *Herstellung von Chlormethylmethyläther* (I). In eine wss. Lsg. von etwa mol. Teilen Methylalkohol u. Formaldehyd sowie 0,5—1 Gewichtsteilen $CaCl_2$ auf 1 Teil W. leitet man bei 0—60° HCl. Man trennt die organ. Schicht von der wässerigen. Man kann die Rk. bei höheren Drucken (5—20 lbs./sq.in.) ausführen. Das Reaktionsprod. enthält ca. 95% I u. kann durch Dest. gereinigt werden. (**A. P. 2 652 432** vom 7/6. 1950, ausg. 15/9. 1953.) G. KÖNIG. H 550

Trojan Powder Co., New York, N. Y., übert. von: **Edward J. Russell,** Allentown, Pa., V. St. A., *Aufarbeiten von Pentaerythritmutterlaugen*. Man erwärmt die Mutterlauge auf 100—130°, wobei das meiste W. entweicht. Anschließend erhitzt man auf 175—250°, wobei gegebenenfalls flüchtige Verbb. mit dem restlichen W. entfernt werden. Man erhält eine harte, spröde, nicht klebende M. mit einer OH-Zahl zwischen 9 u. 22%. Verschied. Drucke u. Durchleiten inerter Gase können angewendet werden. (**A. P. 2 651 662** vom 6/1. 1951, ausg. 8/9. 1953.) G. KÖNIG. H 580

Shell Development Co., Emeryville, Calif., V. St. A., übert. von: **Jacob Koome** und **Christiaan Nicolaas Jacobus de Nooijer**, Amsterdam, Holland, *Mehrwertige Alkohole*, bes. Hexite, erhält man bei der Einw. von H_2 auf bes. in W. gelöste Mono-, Di- oder Polysaccharide, in Ggw. eines fest angeordneten Katalysators, der aus 25—90% Ni in inniger Mischung mit 75—10% eines inerten, bes. adsorptiv wirkenden Trägers, wie Bauxit, Kieselgur, besteht. Reaktionstemp. ca. 150—250°, Reaktionsdruck 25—200 at. Vom gesamten Ni-Geh. sollen 20—60% als Ni-Silicat vorliegen. Die Saccharide werden vorteilhaft in 20—50%ig. Konz. angewendet. — Zeichnung. (**A. P. 2 650 941** vom 20/3. 1951, ausg. 1/9. 1953.) G. KÖNIG. H 580

Imperial Chemical Industries Ltd. (Erfinder: **William Gordon Allan** und **Thomas Joseph Tobin**), London, England, *Isopropylnitrat* erhält man aus einer Reaktionsmischung, bestehend aus Isopropylalkohol (I), HNO_3 u. geringen Mengen an Harnstoff (II), wobei man unter fortlaufender Dest. die flüchtigen Prodd. entfernt. Während der Dest. leitet man ein indifferentes Gas (N_2, CO_2, Wasserdampf) durch das Reaktionsgefäß u. verbrauchter I u. HNO_3 wird stetig ersetzt. Die Konz. an II soll nicht unter 3 Gew.-% sinken. (**E. P. 696 489** vom 24/7. 1950, ausg. 2/9. 1953.) G. KÖNIG. H 590

National Lead Co., New York, übert. von: **Daniel F. Herman**, Queens, N. Y., V. St. A., *Alkyltitanate* erhält man bei der Rk. von Alkoholen mit $TiCl_4$, NH_3 u. einer N-Verb. als Lösungsm. für das entstehende NH_4Cl u. Trennen der Schichten (Alkyltitanate als obere Schicht). Sofern das NH_4Cl in dem Lösungsm. unlösl. ist, setzt man der Reaktionsmischung ein Lösungsm. geringer D. für die Alkyltitanate zu, wobei die Titanate mit dem Lösungsm. die obere Schicht bilden u. das NH_4Cl in der unteren Schicht dispergiert zurückbleibt. Als Alkohole eignen sich prim. oder sek. einwertige, nicht substituierte aliphat. Alkohole. N-Verbb. sind aliphat. Amide oder aliphat. Nitrile. — $TiCl_4$ u. 2-Äthylbutanol werden unter Kühlung gemischt, nach einiger Zeit trockene Luft durchgeleitet (4 Std.) u. mit Formamid, das mit NH_3 gesätt. ist, unter Kühlung versetzt. Laufend wird NH_3 in das Reaktionsgemisch eingeleitet. Man läßt absitzen u. trennt als Oberschicht Tetra-(2-äthylbutyl)-titanat ab. Man gewinnt diese Verb. durch Dest. unter vermindertem Druck als reines Produkt. NH_4Cl bleibt im Formamid gelöst zurück. Es werden ferner hergestellt: *Tetra-n-butyltitanat*, *Tetraisopropyltitanat*, *Tetraoctadecyltitanat*. — Zwischenprodd., Modifikatoren für Farben, Harze u. thermoplast. Massen. (**A. P. 2 654 770** vom 22/6. 1951, ausg. 6/10. 1953.) G. KÖNIG. H 590

Standard Oil Development Co., übert. von: **Chester E. Adams**, Highland, Ind., und **Wayne A. Proell**, Chicago, Ill., V. St. A., *Sulfonylhalogenide* der allg. Formel RSO_2X (R = KW-stoffrest, X = Cl oder Br) erhält man durch Oxydation von Sulfenylhalogeniden, RSX, mit freien, O_2 enthaltenden Gasen bei ca. —20 bis ca. +30° in Ggw. katalyt. Mengen NO_2 oder dieses liefernden Stoffen unter Wasserausschluß. — Das durch Chlorierung von Äthyldisulfid bei —20 bis —30° nach 145 Min. erhaltene Äthansulfenylchlorid wird mit einer Mischung aus 16 (%) NO_2 u. 84 trockener Luft bei 15—21° zu *Äthansulfonylchlorid*, Kp. 175—181°; n_D^{20} 1,4820, in 65,5%ig. Ausbeute oxydiert. — 2-Butyldisulfid → 2-Butansulfenylchlorid → *2-Butansulfonylchlorid*, Kp. 204—205°, $Kp._1$ 38°; n_D^{20} 1,4527. — Tabelle. (**A. P. 2 573 674** vom 26/7. 1950, ausg. 6/11. 1951.) G. KRAUSS. H 600

Standard Oil Co., übert. von: **Wayne A. Proell**, Chicago, Ill., **Wilbur B. Chilcote** und **Bernard H. Shoemaker**, Hammond, Ind., V. St. A., *Organische Sulfonylhalogenide*, RSO_2X (R = nichttert. KW-stoffrest, X = Cl, Br), entstehen entweder durch Oxydation von Sulfenylhalogeniden, RSX, mit O_2-haltigen Gasen in Ggw. von 0,05 bis 0,5 (%) NO_2 oder durch oxydative Chlorierung von nichttert. KW-stoffdisulfiden mit Cl_2 u. O_2 in Ggw. von NO_2. Beide Rkk. erfolgen in fl. Phase bei —20 bis +30 bzw. +50°. Das Anspringen der 1. Rk. wird durch Zusatz eines bereits teilweise oxydierten Sulfenylhalogenids beschleunigt. — Aus 97%ig. Äthansulfenylchlorid, C_2H_5SCl, → *Äthansulfonylchlorid*, $Kp._{760}$ 177°, $Kp._{10}$ 57—58°; n_D^{20} 1,4542; Ausbeute 84,4%, daraus mit p-Toluidin → p-Toluidid, F. 79°; auch aus Äthyldisulfid mit Cl_2 + O_2. — n-Amyldisulfid → *1-Pentansulfonylchlorid*, $Kp._{1,1}$ 58°; n_D^{20} 1,4568; $D.^{25}$ 1,175. — Mischung aus 30 Diäthyl-, 42 Äthylpropyl-, 10 Äthylbutyl-, 12 Dipropyl-, 6 Propylbutyl- u. weniger als 1 Dibutyldisulfid → *Sulfonylchloride*, $Kp._{5,1-8,9}$ 76—68°; n_D^{20} 1,4568. — *Veresterungskatalysatoren*, bes. für *Cellulose* u. *Glykole*. (**A. PP. 2 598 013** u. **2 598 014** vom 26/7. 1950, ausg. 27/5. 1952.) G. KRAUSS. H 600

Socony-Vacuum Oil Co., Inc., New York, N. Y., übert. von: **Frederick P. Richter**, Woodbury, N. J., V. St. A., *Oxydation organischer Verbindungen zu die Carbonylgruppe enthaltenden Verbindungen*. Man oxydiert Verbb. der allg. Formel $Z—CH_2R$ in Ggw. eines Te-Oxydkatalysators zu Verbb. der Zus. Z—CO—R. Hierbei bedeuten R H oder einen Alkyl-Cycloalkyl- oder Arylrest oder einen heterocycl. Rest u. Z CH≡C—, H_2C=CH—, Aryl—,

Aryl—CO—. — Beispiele für diese Rkk.: HC≡C—CH_2R → HC≡C—CO—R; H_2C=CH—CH_2R → H_2C=CH—CO—R; Aryl—CH_2R → Aryl—CO—R; Aryl—CO—CH_3 → Aryl—CO—CHO. Ferner lassen sich in Carbonylverbb. umwandeln R'—CH_2—CH_2OH → R'—CO—CHO u. R'—CHOH—CH_2OH → R'—CO—CHO (R' hat die gleiche Bedeutung wie R). Bei der Oxydation wird ein Gasgemisch aus der organ. Verb. u. Luft im Verhältnis 1 : 1 bis 1 : 9 bei 200—500° über den Katalysator geleitet. — Herst. des Katalysators: 20 (Teile) TeO_2 werden in 200 HCl 28%ig gelöst. Man konz. die Lsg. auf $^1/_3$ des ursprünglichen Vol. u. gießt sie auf 310 geschmolzenes Al_2O_3 (Maschengröße 8—14), das zuvor mit HNO_3 behandelt ist. Man behandelt die gelbe, feuchte M. der imprägnierten Al_2O_3-Teilchen mit SO_2, wobei das Schwarzwerden der Teilchen die Bldg. von fein verteiltem Te anzeigt. Hierauf wird die M. in einem Ofen bei 350° mit N_2 behandelt, um W., HCl u. S-Oxyde zu vertreiben. — Ein Gemisch aus 1 (Vol.) Propylen u. 9 Luft werden bei 600° F u. n. Druck über 2 des obigen Katalysators mit einer Geschwindigkeit von 10 Gasgemisch je Min. geleitet. Die den Reaktionsraum verlassenden Gase werden in W. von 0° geleitet, das das gebildete *Acrolein* löst. — An Stelle des fein verteilten metall. Te kann man ein Te-Oxyd oder kompaktes Te verwenden, die einer abwechselnden Oxydations- u. Reduktionsbehandlung zur Vergrößerung der wirksamen Oberfläche unterworfen sind. Bei Beginn der Oxydation der organ. Verb. liegt ein Katalysator vor, der neben metall. Te stets eine wesentliche Menge mindestens eines der Oxyde des Te enthält. (**A. P. 2 648 638** vom 19/1. 1950, ausg. 11/8. 1953.) R. SCHWECHTEN. H 650

Knapsack-Griesheim Akt.-Ges., Knapsack/Köln (Erfinder: **Alois Waibel**, Mannheim, und **Hermann Zorn**, Leuna), *Herstellung von höhermolekularen ungesättigten Aldehyden* (I) aus Crotonaldehyd (II) in Ggw. von kohlensauren Salzen sek. Amine (III), dad. gek., daß die Kondensation von II oder II bildenden I für sich oder im Gemisch mit anderen I mit Hilfe von III in Ggw. von überschüssigem CO_2 erfolgt. Als II-bildende I kommen Acetaldehyd u. Acetaldol, als III z. B. Dimethyl-, Diäthyl-, Dibutyl-, Diamyl- oder Dicyclohexylamin, Piperidin, Pyrrolidin, Morpholin, Dekahydrochinolin oder hydrierte Naphthochinoline in Betracht. Die Rk. wird bei mäßig erhöhter Temp. (erforderlichenfalls unter Erwärmen oder Kühlen) bei 10—150, bes. 20—50 atü CO_2, bes. in Ggw. von Verdünnungsmitteln, wie A., Dioxan, Cyclohexan, durchgeführt. — Ein 5 Liter-Autoklav wird mit 2,1 kg II u. 100 g Dekahydrochinolin in 250 g A. gefüllt u. 8 Std. unter 20 at CO_2 bei 80° gehalten. Durch Dest. im Vakuum erhält man nach Vorlauf aus niedermol. I ein Gemisch höherer ungesätt. I vom mittleren Mol.-Gew. 300, das nur teilweise bei 10 mm zwischen 60 u. 250° destillierbar ist. — Verwendung als Zwischenprodukte. (**D. B. P. 897 099** Kl. 12o vom 7/2. 1937, ausg. 19/11. 1953. Anmeldung bekanntgemacht 19/3. 1953.) W. HEROLD. H 660

Comp. de Produits Chimiques et Électrométallurgiques Alais, Froges et Camargue, Seine, Frankreich, *Herstellung von polychlorierten Derivaten des Acetaldehyds.* Zur Herst. dieser Derivv. läßt man Cl_2 in wss. Medium in Ggw. von HCl auf Monochloracetaldehyd oder auf dessen auf 30—40° erwärmte Hydrate einwirken. — Z. B. versetzt man 4530 (g) $CH_2Cl\cdot CHO\cdot 2\,H_2O$ mit 650 HCl (22° Bé), erwärmt die M. auf 28—30° u. leitet Cl_2 ein. Nach 11 Std. erhöht man die Temp. rasch auf 65° u. dann allmählich auf 98°. Man gewinnt 99,1%ig. *Chloralhydrat*; Ausbeute 98,5%, welches man direkt für industrielle Zwecke verwenden kann. Durch Chlorieren eines Gemisches von 4000 (g) Chloracetaldehydhydrat, 2800 W., 7400 cm^3 10nHCl bei 28—32° entsteht *Dichloracetaldehydhydrat.* (**F. P. 999 412** vom 24/10. 1949, ausg. 31/1. 1952.) T. OPPERMANN. H 670

Chemische Verwertungsgesellschaft Oberhausen m. b. H., Oberhausen (Erfinder: **Martin Müller-Cunradi †, Hans Jürgen Nienburg, Georg Schwarte**, Ludwigshafen/Rh., und **Richard Conrad**, Heidelberg), *Herstellung von n- und Isobutyraldehyd oder den entsprechenden Alkoholen*, dad. gek., daß man C_3H_8 unvollständig dehydriert, das entstandene C_3H_8-C_3H_6-Gemisch katalyt. unter Druck bei erhöhter Temp. mit CO + H_2 umsetzt, das im Reaktionsgemisch enthaltene C_3H_8 (gegebenenfalls nach Hydrierung der erzeugten Butyraldehyde zu Butylalkoholen) abtrennt u. erneut der Dehydrierung zuführt. Die Ggw. von C_3H_8 mildert die Oxo-Rk. u. verhütet die Bldg. hochsd. Nebenprodukte. — Nach der Oxo-Rk. (z. B. bei 100—250 at u. 80—200° in Ggw. von Metallen oder Metallverbb. der 8. Gruppe) werden zuerst CO + H_2 von der Lsg. der Butyraldehyde im C_3H_8 abgetrennt u. zur Oxosynth. zurückgeführt; dann wird das C_3H_8 abgetrennt u. zur Dehydrierungszone geleitet; der bei der Dehydrierung gebildete H_2 ist für die Oxo-Rk. oder für die Hydrierung der Oxoverbb. zu Alkoholen (z. B. bei 180—250° an den auch für die Oxo-Rk. benutzten Katalysatoren) verfügbar. (**D. B. P. 896 638** Kl. 12o vom 21/3. 1943, ausg. 12/11. 1953. Anmeldung bekanntgemacht 31/12. 1952.) W. HEROLD. H 670

Universal Oil Products Co., übert. von: **Herman Pines** und **Vladimir N. Ipatieff**, Chicago, Ill., V. St. A., *Herstellung von Isovaleraldehyd* durch Rk. von Isopren mit

1,5—20 (bes. 2—5) Mol Wasserdampf von 150—500° (bes. 200—400°) in Ggw. eines festen, sauren Katalysators, bes. $Al_2O_3 + AlF_3$. Die Rk. verläuft vermutlich nach dem Schema: $CH_2:C(CH_3)\cdot CH:CH_2 + H_2O \rightarrow (CH_3)_2C:CH\cdot CH_2OH \rightarrow (CH_3)_2CH\cdot CH:CH\cdot OH \rightarrow (CH_3)_2CHCH_2CHO$. (**A. P. 2 623 905** vom 23/8. 1950, ausg. 30/12. 1952.) W. HEROLD. H 670

Stanolind Oil & Gas Co., übert. von: **Alfred Steitz jr.**, Tulsa, Okla., V. St. A., *Abtrennen von Methylpropylketon aus Mischungen mit Valeraldehyd* (**I**), wie sie z. B. bei der Hydrierung von CO als schwer trennbare Fraktion [Methylpropylketon (**II**), Kp. 102,3°, **I**, Kp. 103,7°] anfallen, dad. gek., daß **I** mittels einer nichtflüchtigen Säure (H_3PO_4) unter fortlaufender Dest. des gebildeten W. in ein hinreichend entfernt sd. Acetal [z. B. mittels Butanol-(1) oder Pentanol-(1)] umgewandelt, dann **II** abdest. u., nach Zufügen von W. zu dem aus H_3PO_4 u. Acetal bestehenden Rückstand, schließlich unter Zers. des Acetals **I** übergetrieben wird. (**A. P. 2 684 985** vom 20/4. 1951, ausg. 27/7. 1954.) W. HEROLD. H 710

Dow Chemical Co., übert. von: **Harry F. Brust**, Midland, Mich., V. St. A., *Herstellung von Halogenessigsäure-bis-propylenglykolester*. Man erhitzt z. B. 345 (g) $CH_2Br-COOH$ u. 87,5 Propylenglykol in 150 cm³ Äthylendichlorid (**I**), erhitzt mit 1 cm³ konz. H_2SO_4 15 Std. auf 120°, wobei **I** mit W. abdest. u. wieder in die Rk. zurückgeführt wird. — *Bis-bromessigsäurepropylenglykolester*, $Kp._1$ 133—136°; $D._{25}$ 1,7682; n_D^{25} 1,4967; VZ. 160 (berechnet 159,4). — Bis-chloressigsäurepropylenglykolester, $Kp._{10}$ 148—150°; $D._{25}$ 1,3298; n_D^{25} 1,4620; VZ. 115 (berechnet 115). — Lösungsmittel, Weichmacher u. akt. Bestandteile von Unkrautvertilgungsmitteln. (**A. PP. 2 691 672** u. **2 691 673** vom 1/5. 1952, ausg. 12/10. 1954.) O. MÜLLER-MEININGEN. H 810

Purdue Research Foundation, übert. von: **Henry B. Hass** und **Henry Feuer**, West Lafayette, Ind., V. St. A., *Nitroessigsäureester* erhält man durch Rk. eines Dialkalisalzes von $CH_2(NO_2)-COOH$ (**I**) mit einem Überschuß eines niedermol. aliphat. Alkohols u. mindestens 2 Mol konz. H_2SO_4 in Ggw. eines Trockenmittels, wie Na_2SO_4 bei —50 bis —60°. Man gibt z. B. zu 91 (g) **I**-Di-K-Salz, 500 cm³ CH_3OH u. 10 Na_2SO_4 bei der genannten Temp. langsam unter Rühren 98 H_2SO_4 (D. 1,84), hält 24 Std. auf —50° u. weitere 6 Tage auf n. Temp., filtriert vom K_2SO_4 u. dest. Methanolüberschuß ab, verd. den Rückstand mit Ae., neutralisiert mit 5%ig. Na_2CO_3-Lsg., trocknet die Ae.-Schicht mit $CaSO_4$, entfernt den Ae. u. erhält durch Vakuumdest. 60 *Nitroessigsäuremethylester* als farblose Flüssigkeit. — Zwischenprodd. zur Herst. von Aminosäuren. (**A. P. 2 659 751** vom 21/1. 1948, ausg. 17/11. 1953.) O. MÜLLER-MEININGEN. H 810

General Aniline & Film Corp., New York, N. Y., übert. von: **William O. Ney jr.**, Somerset Center, Mass., V. St. A., *α.β-Dichlorpropionsäureester* erhält man durch Gegenstromchlorierung von Acrylsäureestern in der Dampfphase bei 40—200°, bes. 80—120°. — Beispiele zur Herst. des *Methylesters*. (**A. P. 2 680 764** vom 30/10. 1950, ausg. 8/6. 1954.) O. MÜLLER-MEININGEN. H 810

Camille Dreyfus, New York, N. Y., V. St. A., übert. von: **William Hunter** und **Gordon E. Smith**, Spondon bei Derby, England, *Herstellung von Crotonsäureanhydrid* durch Erhitzen von Crotonsäure mit Acetanhydrid bei Tempp. bis 105°, wobei die frei gewordene Essigsäure unter Zusatz von Heptan, Methylcyclohexan oder Toluol durch azeotrope Dest. entfernt wird. (**Can. P. 490 519** vom 9/5. 1947, ausg. 10/2. 1953. E. Prior. 4/6. 1946.) M. F. MÜLLER. H 810

Établissements P. Barnier & Co. (Erfinder: **Émile Bauer**), Frankreich, *Herstellung von höhermolekularen Fettsäureamiden* aus den Fettsäuren durch Einw. von NH_3 im Entstehungszustande, z. B. durch Einw. von Harnstoff, bei 130—200°. — 1 Mol Laurinsäure u. 1 Mol Harnstoff werden 1 Std. bei 140—150° verrührt. Danach wird die Temp. 1 Std. bei 150—160° u. 2 Std. bei 190° gehalten. Es entsteht *Laurinsäureamid*. — Weitere Amide bilden z. B. die Stearinsäure, Palmitinsäure, Oleinsäure, Ricinolsäure, Linolsäure u. Erucasäure. (**F. P. 1 029 054** vom 4/12. 1950, ausg. 29/5. 1953.) M. F. MÜLLER. H 810

Quaker Oats Co., übert. von: **Andrew P. Dunlop**, Riverside, und **Shelbert Smith**, Chicago, Ill., V. St. A., *Bernsteinsäure* (**I**) erhält man in bis zu 83%ig. Ausbeute durch Überleiten von Lävulinsäuredampf mit O_2 über einen V_2O_5-Trägerkatalysator bei >200, bes. 365—390°. (**A. P. 2 676 186** vom 18/4. 1952, ausg. 20/4. 1954.) O. MÜLLER-MEININGEN. H 820

Dominion Rubber Co. Ltd., Montreal, Quebec, Canada, übert. von: **Louis H. Howland**, Watertown, und **William F. Brucksch jr.**, Bethany, Conn., V. St. A., *Umwandlung von cis-α.β-ungesättigten Dicarbonsäuren* in ihre trans-isomeren Verbb. durch Erhitzen auf mindestens 50° in einem wss. Medium in Ggw. von Verbb. der allg. Formel $R\cdot CS-NH_2$, z. B. Thioacetamid oder Thiopropionamid. — Nach diesem Verf. wird *Fumarsäure* hergestellt. (**Can. P. 493 341** vom 19/3. 1947, ausg. 2/6. 1953.) M. F. MÜLLER. H 820

Dominion Rubber Co. Ltd., Montreal, Quebec, Can., übert. von: **Louis H. Howland**, Watertown, und **William F. Brucksch jr.**, Bethany, Conn., V. St. A., *Umwandlung von Maleinsäure in Fumarsäure* durch Erhitzen in wss. Lsg. mit 4.5-Dimethyl-2-mercaptothiazol. (**Can. P. 493 342** vom 19/3. 1947, ausg. 2/6. 1953.)
M. F. Müller. H 820

E. I. du Pont de Nemours & Co., übert. von: **Ralph C. Schreyer**, Wilmington, Del., V. St. A., *3-Methylenglutaronitril*, $C_6H_6N_2$, Kp.$_1$ 95—100°, aus Bzl., F. 51—52°, erhält man durch Chlorieren von Methallylchlorid mit Cl_2 bei 150—180° u. Rk. des entstandenen Gemisches aus 1.3-Dichlor-2-methylpropen, 1.3-Dichlor-2-methylenpropan u. 1.2-Dichlor-2-methylpropan, Kp. 133—141°, mit HCN in saurem, wss. Medium bei 50—180°, z. B. in Ggw. von wss. HCl u. Cu_2Cl_2 mit NaCN bei 95°. — Zwischenprod. zur Herst. von *Polyamidharzen* oder von Mischpolymeren mit Äthylen u. Butadien. Durch Hydrierung entsteht 3-Methylpentamethylendiamin, das mit Adipinsäure oder Glutarsäure das entsprechende Adip- oder Glutaramid bildet. (**A. P. 2 609 385** vom 5/10. 1950, ausg. 2/9. 1952.)
G. Krauss. H 820

United States of America, übert. von: **Chessie E. Rehberg**, Glenside, und **Charles H. Fisher**, Abington, Pa., V. St. A., *Substituierte β-Oxypropionsäureester* der allg. Formel R—OCH_2—CH_2—COOR′ (R u. R′ = Alkyl, substituiertes Alkyl, Alkenyl, Aralkyl) erhält man durch Umsetzung von 1 Mol Acrylsäureester (I) mit 2 Mol Alkohol der Formel R′OH (II) (R′ wie vorst.) oder von 1 Mol I mit 1 Mol II u. Umsetzung des entstandenen Esters mit einem weiteren Mol desselben oder eines anderen Alkohols. — *β-n-Butoxypropionsäure-n-butylester*, Kp.$_5$ 106°; n_D^{20} 1,4223; D^{20}_4 0,9104, aus 172 (g) Methylacrylat (III), 5 Phenyl-β-naphthylamin (als Polymerisationsinhibitor) u. einer Lsg. aus 592 n-Butylalkohol u. 3 Na, die bei Tempp. unterhalb 40° zugetropft wird. — *β-Methoxypropionsäuremethylester*, Kp.$_{50}$ 66—70°; n_D^{20} 1,4040; D^{20}_4 1,0088, aus III u. 1 Moläquivalent Methanol, das auf 100 III 1 Na enthält bei Tempp. unterhalb 35°; Aufarbeitung nach Stehen über Nacht bei Raumtemperatur. — *β-Allyloxypropionsäureallylester*, Kp.$_8$ 82°; n_D^{20} 1,4429; D^{20}_4 0,9735. — *β-Äthoxypropionsäureäthylester*, Kp.$_{19}$ 69° n_D^{20} 1,4050; D^{20}_4 0,9721. — *β-Butoxypropionsäuremethylester*, Kp.$_6$ 75°; n_D^{20} 1,4153; D^{20}_4 0,9417. — *β-sek.-Butoxypropionsäure-sek.-butylester*, Kp.$_{15}$ 73°; n_D^{20} 1,4112, D^{20}_4 0,9384. — *β-Methoxypropionsäureisobutylester*, Kp.$_{28}$ 86—92°; n_D^{20} 1,4126; D^{20}_4 0,9361. — *β-Methoxypropionsäure-2-äthylbutylester*, Kp.$_3$ 83—84,5°; n_D^{20} 1,4242; D^{20}_4 0,9294. — *β-Methoxypropionsäure-sek.-butylester*, Kp.$_{17}$ 76—78°; n_D^{20} 1,4104; D^{20}_4 0,9343. — *β-Methoxypropionsäure-β-äthoxyäthylester*, Kp.$_6$ 91,5°; n_D^{20} 1,4224; D^{20}_4 1,0097. — *β-Methoxypropionsäureäthylester*, Kp.$_{21}$ 59—92°; n_D^{20} 1,4049; D^{20}_4 0,9754. — *β-Methoxypropionsäure-n-propylester*, Kp.$_{100}$ 103°; n_D^{20} 1,4113; D^{20}_4 0,9559. — *β-Methoxypropionsäure-n-butylester*, Kp.$_8$ 76°; n_D^{20} 1,4150; D^{20}_4 0, 411. — *β-Methoxypropionsäure-n-amylester*, Kp.$_{10}$ 89—93°; n_D^{20} 1,4191; D^{20}_4 0,9335. — *β-Methoxypropionsäureisoamylester*, Kp.$_9$ 84—85°; n_D^{20} 1,4179; D^{20}_4 0,9295. — *β-Methoxypropionsäure-γ-chlorpropylester*, Kp.$_{19}$ 117—119°; n_D^{20} 1,4421; D^{20}_4 1,1184. — *β-Methoxypropionsäureallylester*, Kp.$_{17}$ 75,5°; n_D^{20} 1,4260; D^{20}_4 0,9884. — *β-Methoxypropionsäurebenzylester*, Kp.$_3$ 119°; n_D^{20} 1,4993. — *β-n-Hexyloxypropionsäuremethylester*, Kp.$_{20}$ 113—118°; n_D^{20} 1,4227; D^{20}_4 0,9247. — *β-(β-Chloräthyl)-oxypropionsäure-β-chloräthylester*, Kp.$_{<1}$ 99 bis 100°; n_D^{20} 1,4633; D^{20}_4 1,2865. — *β-(γ-Chlorpropyl)-oxypropionsäure-γ-chlorpropylester*, Kp.$_{<1}$ 130—136°; n_D^{20} 1,4589; D^{20}_4 1,1640. — *β-Furfuryloxypropionsäuremethylester*, Kp.$_{12}$ 127°; n_D^{20} 1,4693; D^{20}_4 1,1278. — Lösungs- u. Plastifizierungsmittel, Zwischenprodd. für organ. Verbindungen. (**A. P. 2 504 151** vom 12/2. 1948, ausg. 18/4. 1950.)
U. Sievers. H 850

Paul Henri Rumpf, Seine, Frankreich, *Herstellung von di- und trisubstituierten Biguaniden.* Um die Gefährlichkeit der Handhabung von trockenen, bei der Herst. obiger Biguanide sich bildenden Azocyanoguanidinderivv. auszuschalten, wird das im Hauptpatent beschriebene Verf. dahin abgeändert, daß man diese Azoverbb. in einem mehrfach chlorierten KW-stoff (z. B. Chlf., CCl_4, Trichloräthylen) suspendiert. Ferner gibt man zu dieser Suspension $CaCl_2$ oder NaCl, um die Löslichkeit der Azocyanoguanidinderivv. in der wss. Phase zu erniedrigen u. eine Homogenisierung des Gemisches durch Angleichung der Dichten der beiden fl. Phasen zu erleichtern. — Z. B. löst man p-Chloranilin in konz. HCl, diazotiert das beim Abkühlen ausfallende Hydrochlorid bei 0—5° u. versetzt die Diazoniumsalzlsg. mit einer wss. Lsg. von Cyanoguanidin (Dicyandiamid). Dann stellt man das p_H des verd. Reaktionsgemisches mit NaOH auf 10 ein, läßt 20 Min. bei 17° stehen, wobei man das p_H durch Zugabe geringer NaOH-Mengen auf 10 hält, u. fällt das Kondensationsprod. durch Zusatz von HCl. Das erhaltene hellgelbe *p-Chlorphenylazocyanoguanidin* suspendiert man in Trichloräthylen, gibt $CaCl_2$-Pulver hinzu u. leitet zwei- bis dreimal mit Pausen von je 30 Min. HCl-Gas in die Suspension ein. Man erhält *p-Chlorphenylcyanoguanidin* (I), F. 208—210°, welches, wie im Hauptpatent beschrieben, mit einem prim. oder sek. Amin kondensiert wird. Bei Umsetzung von I mit Isopropylaminhydrochlorid bildet sich *N^1-(p-Chlorphenyl)-N^5-isopropylbiguanidhydrochlorid.* Bei Verwendung von p-Bromanilin an Stelle von p-Chloranilin entsteht *p-Bromphenylcyanoguanidin,* F. ca. 206°, welches man zur Herst. von N^1-(p-Bromphenyl)-biguanidinen verwenden kann. (**F. P. 58 020** vom 16/2. 1948, ausg. 21/9. 1953. **Zusatz zu F. P. 948 328; C. 1949. E. 1125.**) T. OPPERMANN. H 880

Commercial Solvents Corp., Terre Haute, Ind., übert. von: **Willard C. Bull,** Joplin, Mo., V. St. A., *Diisopropylamin* entsteht aus Aceton, NH_3 u. H_2 in W. in Ggw. eines Katalysators aus Cu-Chromit + CuO + CaF_2 bei erhöhter Temp. unter Überdruck. (**A. P. 2 686 811** vom 12/10. 1949, ausg. 17/8. 1954.) G. LANGER. H 910

E. I. du Pont de Nemours & Co., Wilmington, Del., übert. von: **Charles Philip Spaeth,** Woodbury, N. J., V. St. A., *Äthylendinitramin* entsteht beim Erwärmen von *Dinitroäthylenharnstoff* mit W. u. einer kleinen Menge eines Ammonium- oder Alkalisalzes einer schwachen Säure, wie Na-Acetat, auf 82—96°, F. 175—177°. (**A. P. 2 684 384** vom 15/7. 1943, ausg. 20/7. 1954.) G. LANGER. H 910

Imperial Chemical Industries Ltd., London, England (Erfinder: **Arthur William Charles Taylor, David Gwyn Jones, Morag Lauchlan Noble** und **Hugh Wilma Boulton Reed),** *Herstellung von Xylolen,* bes. *p-Xylol,* durch Kondensieren von Aceton mit C_2H_2 (bei —10 bis +20° in Ggw. von KOH oder K-Alkoholat u. eines Lösungsm., wie Ae., Bzl., Toluol, Xylole, gesätt. aliphat. KW-stoffe, CH_2O oder Äthylbutylglykoläther), Dehydratisieren des so gebildeten 2.5-Dimethylhexin-(3)-diols-(2.5) zu 2.5-Dimethylhexin-(3)-dien-(2.5) (I) wie im E. P. 702 332 beschrieben [wobei gegebenenfalls gebildetes 2.5-Dimethylhexin-(3)-en-(1)-ol-(5) in die Dehydratisierungszone zurückgeleitet wird], Hydrieren des I (bes. in fl. Phase in Ggw. von Cu oder Metallen der 8. Gruppe) zu 2.5-Dimethylhexan, welches in Dampfphase bei höherer Temp. katalyt. aromatisiert wird. Die Aromatisierung erfolgt z. B. kontinuierlich in Ggw. von Trägergasen (N_2, H_2) an Metallen der 8. Gruppe oder Oxyden von Cr, Mo oder V bei 400—750°, bevorzugt an einem 10—15% Cr-Oxyde + 2% MgO auf Al_2O_3 enthaltenden Katalysator bei 450—550° u. einem stündlichen Durchsatz von 0,01—1 Liter KW-stoff (fl.) je Liter Katalysatorraum. (**E. P. 702 333** vom 17/1. 1951, ausg. 13/1. 1954.) W. HEROLD. H 1010

Imperial Chemical Industries Ltd., London, England (Erfinder: **Arthur William Charles Taylor, David Gwyn Jones** und **Morag Lauchlan Noble),** *Herstellung aromatischer Kohlenwasserstoffe* aus einem wenigstens 6 C-Atome in gerader Kette enthaltenden Trien bei höherer Temp. (z. B. 350—700°) an Aromatisierungskatalysatoren, bes. Cr-Oxyden auf Al_2O_3 oder Pt auf Kohle oder einem anderen Träger. Bes. zur Herst. von *p-Xylol* wird von 2.5-Dimethylhexatrien-(1.3.5) (I) ausgegangen, das durch Wasserabspaltung aus 2.5-Dimethylhexen-(3)-diol-(2.5) (II) [vgl. E. P. 698 954] erhalten wird. Die Umwandlung von II in I erfolgt **A.** entweder direkt bei 250—600° an Dehydratisierungskatalysatoren, wie Kieselerden, Al_2O_3, Al_2O_3-SiO_2, bas. Al-Phosphaten, W_2O_5, oder **B.** über das aus II u. HCl in inertem Lösungsm. (PAe.) erhaltene 2.5-Dimethyl-2.5-dichlorhexen-(3) durch HCl-Abspaltung mittels organ. Basen, wie Piperidin, oder **C.** durch Veresterung von II (mittels Säurechlorid oder Umesterung, bevorzugt durch Diacetatbldg. mittels Essigsäureanhydrid, Keten oder Isopropenylacetat) u. therm. Zers. bei 350—600°, oder **D.** durch Dehydratisieren von II zu 2.2.5.5-Tetramethyl-2.5-dihydrofuran (III) (z. B. mittels 60%ig. H_3PO_4 bei ca. 100° oder 1nHCl bei 50°) u. weitere Wasserabspaltung aus III bei 200—600° an den unter **A.** genannten Kontakten. Die Aromatisierung des I zu *p-Xylol* erfolgt bevorzugt kontinuierlich in Ggw. von Inertgasen (N_2, H_2) unter Kreislaufführung der nicht umgewandelten Substanzen. (**E. P. 700 187** vom 17/1. 1951, ausg. 25/11. 1953.) W. HEROLD. H 1010

Imperial Chemical Industries Ltd., London, England (Erfinder: **Arthur William Charles Taylor, David Gwyn Jones** und **Morag Lauchlan Noble),** *Herstellung von p-Xylol* aus das C-Skelett C—C—C—C—C—C (mit je einer C-Seitenkette am 2. und 5. C-Atom, als C unter den Strichen gedruckt) enthaltenden Dienen, bes. 1.1.4.4-Tetramethylbutadien (I) oder 2.5-Dimethylhexadien-(1.5) (II) bzw. deren Gemisch, bei 300 bis 750° an Aromatisierungskatalysatoren, bes. Pt, auf Kohle oder Cr-Oxyden auf Al_2O_3. Bevorzugt wird die Rk. kontinuierlich in Ggw. eines Inertgases (N_2, H_2) bei einem stündlichen Durchsatz von 0,01—1 Vol. Dien (fl.) je Vol. Katalysatorraum unter Rückführung der nichtaromatisierten Gase durchgeführt. I u. II bzw. deren Gemisch werden analog den Methoden **A—D** des E. P. 700 187 (vgl. vorst. Ref.) aus 2.5-Dimethylhexandiol-(2.5) erhalten. (**E. P. 702 360** vom 19/12. 1951, ausg. 13/1. 1954.) W. HEROLD. H 1010

Texas Co., New York, übert. von: **John R. Morris,** Fishkill, und **James R. Roach,** Beacon, N. Y., V. St. A., *Herstellung von Oxyarylcarbonsäuren,* bes. von öllösl. *Alkylsalicylsäuren* durch Rk. der betreffenden Phenolalkalisalze bei 100—300° mit CO_2 in Abwesenheit von Wasser. Man arbeitet unter Druck in mehreren, bes. 2 Stufen. Zwischen den Stufen werden die freien OH- u. COOH-Gruppen mit Na oder NaOH (I) neutralisiert, im Falle I gefolgt von einer Wasserentfernung. Na oder I können auch im Überschuß bis zu 10% verwendet werden. Die Rk. kann in Ggw. eines hochsd. KW-stoffs durchgeführt werden. **(A. P. 2 685 600** vom 18/4. 1952, ausg. 3/8. 1954.) K. FABEL. H 1250

British Industrial Solvents Ltd., London, übert. von: **Edgar Stagg Pemberton,** Banstead, England, *Verfahren zur Herstellung von Acetarylamiden,* dad. gek., daß man Arylamine, z. B. Anilin, mit einem Überschuß (25%) von Essigsäure in Ggw. einer 5 Gew.-% des Reaktionsgemisches nicht übersteigenden Menge Essigsäureester aliphat., 2—5 C-Atome enthaltender Alkohole als sogenannten „entrainer" bei 130—200° erhitzt, das entstandene Reaktionswasser in Form seines bin. Gemisches mit dem Alkylacetat abtreibt, das Destillat kondensiert u. das aus ihm isolierte Alkylacetat entweder wieder in das Reaktionsgemisch zurückführt oder bei n. Druck durch Dest. wiedergewinnt, während überschüssige Essigsäure bei vermindertem Druck abdest. wird. — Beispiel: 7 Mol Anilin werden mit einem Überschuß (21%) an Essigsäure u. 6 Gew.-% Isopropylacetat erhitzt u. bei 160—170° das Acetat-W.-Gemisch abdestilliert. Nach 21 Std. Ausbeute an *Acetanilid*: 99,5% (berechnet auf Anilin). Essigsäurewiedergewinnung bei Tempp. bis zu 240°/110—130 mm Hg. Analog Herst. von *Acet-o(m-)toluidid.* — Essigsäureersparnis. Vgl. A. P. 2 551 046; C. **1952.** 4690. **(A. P. 2 551 047** vom 14/1. 1949, ausg. 1/5. 1951. E. Prior. 20/9. 1945.) H. SCHMAUSER. H 1310

E. I. du Pont de Nemours & Co., übert. von: **Walter A. Gregory,** Wilmington, Del., V. St. A., *Herstellung von p-Fluorsulfonyl-, p-Sulfonamido- und p-Azidosulfonylphenyl-1-acylamino-2-propandiol-(1.3)-derivaten* der allg. Formel $R_1 \cdot SO_2 \cdot C_6H_3R \cdot CHOH \cdot CH(NH \cdot Acyl) \cdot CH_2OH$ (I), worin R H, Halogen, niederes Alkyl oder niederes Alkoxalkyl; Acyl, Acetyl, Mono- oder Dihalogenacetyl u. R_1 F, N_3 oder NR_2R_3 [R_2 u. R_3 (gleich oder verschieden) H, niederes Alkyl oder Oxyäthyl] bedeuten. p-Chlorsulfonylacetophenon wird in wss. Lsg. mit KF behandelt, oder es wird p-Fluorsulfonyläthylbenzol (p-Fluorsulfonyl = II) mit $KMnO_4$ u. $Mg(NO_3)_2$ zum II-Acetophenon oxydiert, dieses wird mit Halogen in das II-Phenacylhalogenid umgewandelt, dann mit Hexamethylentetramin u. anschließend mit SO_2 in wss. Lsg. behandelt, das entstandene II-Oxymethylaminoacetylbenzolderiv. wird mit konz. HCl zum II-Aminoacetylbenzolhydrochlorid umgesetzt, dieses wird acyliert u. anschließend mit CH_2O in das II-α-Acylamino-β-oxypropionylbenzol übergeführt u. nach MEERWEIN-PONNDORF-VERLY hauptsächlich zum DL-threo- oder mit $NaBH_4$ zu einer Mischung von DL-erythro u. DL-threo-p-Fluorsulfonylphenyl-1-acylamino-2-propandiol-(1.3) (III) reduziert. Die Spaltung in die opt. Isomeren wird mit opt.-akt. Säuren oder durch Spaltung des sauren Bernsteinsäuresalzes von III mit L-Strychnin durchgeführt. — *DL-threo-1-(p-Fluorsulfonylphenyl)-2-(α.α-dichloracetamido)-1.2-propandiol* (IV), aus Äthylendichlorid, F. 167—168°; *D-threo-* u. *L-threo-Form* von IV. — Derivv. des DL-threo-1-(p-Sulfonamidophenyl)-2-acylamino-1.3-propandiols (V) werden analog aus p-Sulfonamidoäthylbenzol hergestellt oder aus III u. NR_2R_3H. Die opt. Isomeren werden entweder durch Hydrolyse von V, Spaltung der freien DL-Base mit einer opt.-akt. Säure u. anschließende Acylierung oder aus D- oder L-III u. NR_2R_3H hergestellt. — *DL-threo-1-(p-Dimethylsulfonamidophenyl)-2-(α.α-dichloracetamido)-1.3-propandiol,* aus Acetonitril, F. 174—176°; *DL-threo-1-(p-Methylsulfonamidophenyl)-2-(α.α-dichloracetamido)-1.3-propandiol,* F. 175—176°. — 1-(p-Azidosulfonylphenyl)-2-acylamino-1.3-propandiole werden aus III u. Metallazid oder aus III u. wss. Hydrazinhydrat u. Behandeln des Reaktionsprod. mit $NaNO_2$ u. HCl hergestellt. — *DL-threo-(p-Azidosulfonylphenyl)-2-(α.α-dichloracetamido)-1.3-propandiol,* aus CH_3OH u. W., F. 150—151°. — Alle Verbb. sind *antibakteriell* wirksam, die letztere dient außerdem als Korrosionsschutz für Metalle gegen Säuren, als Blähmittel für Polymerisate, wie Kautschuk u. Styrol, u. als Lichthofschutzmittel in der Photographie. **(A. PP. 2 680 134, 2 680 135** vom 2/7. 1952, u. **2 680 120** vom 23/1. 1953, alle ausg. 1/6. 1954.) E. CARL. H 1320

Universal Oil Products Co., übert. von: **Herman Pines** und **Bruno Kvetinskas,** Chicago, Ill., V. St. A., *Alkenylthiophene* der Formel I (wenigstens ein R = tert.-Alkenyl, die übrigen R = H, Alkyl, Cycloalkyl, Alkenyl, Aryl, Alkaryl, Aralkyl, Naphthyl) erhält man durch Alkenylierung von Thiophenen mit mindestens einem an den Kern gebundenen H mit einem aliphat. oder cycl. Diolefin mit wenigstens einer tert. Doppelbindung bei —20 bis +75°, bes. in Ggw. von $SnCl_2$, auch auf Trägern (Quarz, Porzellan), notfalls unter

I

Zusatz von Halogenwasserstoff. — Aus Thiophen u. 2-Methylpentadien-(1.3) in Ggw. von $SnCl_2$ bei 50° → *2-(1'.1'-Dimethyl-2'-butenyl)-thiophen* neben Dihexenylthiophen, Kp.$_{5,5}$ 79°; n_D^{20} 1,5175. — Isopren → *2-(1'.1'-Dimethylpropenyl)-thiophen*, Kp.$_{15}$ 89°; n_D^{20} 1,5269; D.^{20} 0,9788; Ausbeute 71%. — 2-Methylcyclohexadien-(1.3) → *2-(1'-Methyl-2'-cyclohexenyl)-thiophen.* — Isobutylen → *Mono-tert.-butylthiophen*, Kp.$_{21}$ 61,3°; n_D^{20} 1,4976; D.^{20} 0,9501, neben *Di-tert.-butylthiophen*, Kp.$_{17}$ 101—107°; n_D^{20} 1,4930. Weiterhin werden genannt: Isopropyl-, sek.-Butyl- u. Cyclohexylthiophene. — Zwischenprodd. für Pharmazeutica, Bactericide, Insekticide u. S-haltige Kunststoffe. (**A. P. 2 616 897** vom 26/6. 1946, ausg. 4/11. 1952.) G. KRAUSS. H 3071

Texas Co., New York, übert. von: **Kenneth L. Kreuz**, Fishkill, N. Y., V. St. A., *Herstellung bicyclischer Heterocyclen*, bes. *Thionaphthen* (I). Man erhitzt z. B. 2-Butenylthiophen zwecks Ringschluß mit einem Katalysator, der aus 10 (%) Cr_2O_3, 5 SiO_2 u. 85 Al_2O_3 oder aus mit P_2O_5 imprägniertem Kieselgur besteht, u. erhält I. Die Seitenkette kann am 4. C-Atom auch OH, Halogen oder COOH tragen. *Cumaron* u. *Indol* lassen sich analog aus Furan u. Pyrrol herstellen. (**A. P. 2 686 185** vom 25/6. 1949, ausg. 10/8. 1954.) K. FABEL. H 3071

Texas Co., New York, übert. von: **Otto C. Elmer**, Fishkill, N. Y., V. St. A., *Thionaphthenderivate.* Man erhitzt Thionaphthendioxyd mit konjugierten Dienen (Butadien oder Hexachlorcyclopentadien) u. erhält nach DIELS ALDER die Verbb. I (F. 90,4—91,3°) u. II (F. 186—187°). (**A. P. 2 664 426** vom 4/3. 1950, ausg. 29/12. 1953.) K. FABEL. H 3071

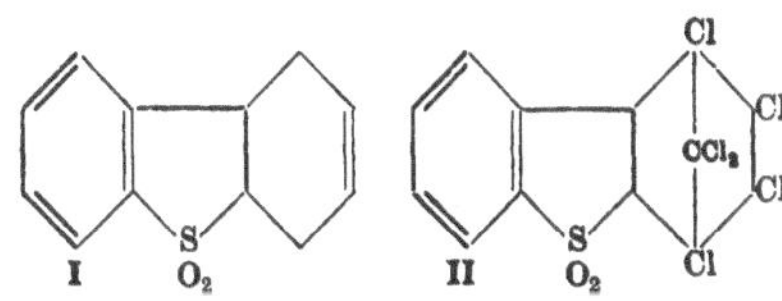

Quaker Oats Co., übert. von: **Andrew P. Dunlop**, Riverside, und **Edward Sherman**, Chicago, Ill., V. St. A., *5-Methyl-2-pyrrolidon* wird durch katalyt. Red. einer mol. Mischung von Lävulinsäure u. NH_3 bei 500—3000 lbs./sq.in. u. 100—300°, vorzugsweise 150—275°, in Ggw. eines Lösungsm. (W., gesätt. niedermol. Alkohole mit höchstens 4 C-Atomen) hergestellt. Als Katalysatoren werden vorzugsweise verwendet: W-5- u. W-7-RANEY-Ni u. Ni u. Co auf Kieselgur. (**A. P. 2 681 349** vom 11/3. 1952, ausg. 15/6. 1954.) R. LINK. H 3081

Farbenfabriken Bayer Akt.-Ges. (Erfinder: **Heinrich Vollmann, Fritz Baumann** und **Berthold Bienert**), Leverkusen, *Herstellung chlorhaltiger Verbindungen*, dad. gek., daß man Phthalimid (I), seine Kernsubstitutionsprodd. oder solche Verbb., welche unter den Reaktionsbedingungen in I übergehen, wie o-Cyanbenzoesäurechlorid, mit PCl_5 behandelt. — I wird mit PCl_5 u. o-Dichlorbenzol (II) unter Rückfluß gekocht. Man dest. das $POCl_3$ u. II im Vakuum ab u. nimmt den Hauptlauf bei Kp.$_{17}$ 160—165° ab. Das reine *1.3.3-Trichlorisoindolenin* hat einen F. von 106—107°, Kp.$_{19}$ 157—158°. — *1-Chlor-3-oxoisoindolenin*, F. 77—78°, Kp.$_{14}$ 159—160°. — *1.3.3.4.5.6.7-Heptachlorisoindolenin*, F. 167—168°, Kp.$_6$ 208°. — Isomerengemisch aus *5-Nitro-* u. *6-Nitro-1.3.3-trichlorisoindolenin*, Kp.$_6$ 167—168°. — *Phenyl-1.3.3-trichlorisoindolenin*, Kp.$_6$ 208—210°. — Zwischenprodukte. (**D. B. P. 904 287** Kl. 12p vom 29/6. 1951, ausg. 18/2. 1954. Anmeldung bekanntgemacht 18/6. 1953.) U. SIEVERS. H 3081

Monsanto Chemical Co., St. Louis, Mo., übert. von: **Paul M. Downey**, Nitro, W. Va., V. St. A., *Oxysubstituierte aliphatische Ätherderivate N-haltiger Heterocyclen* der allg. Formel I (R = ortho-Arylenrest, X = —S—, —O—, —NH— oder —CH=CH—; A = —S—, —O— oder—NH—, X u. A sollen verschieden sein; X oder A = —S—, R_1 u. R_2 sind gleiche oder verschied. Alkylengruppen; n = Index. Man fügt z. B. zu einer Lsg. von 2-Mercaptobenzoxazol (0,5 Mol) in 5%ig. NaOH 0,5 Mol Äthylenchlorhydrin u. erwärmt unter Rühren ca. 3 Std. auf 60—65°; dann setzt man das Reaktionsprod. bei 100° mit Äthylenoxyd (II) um u. erhält je nach Menge des angewandten II Verbb. der Formel III; lösl. in organ. Lösungsmitteln u. in kalter verd. HCl. — Inhibitoren bzw. Regler für Metallreinigungsbäder. (**A. P. 2 642 430** vom 27/4. 1949, ausg. 16/6. 1953.)

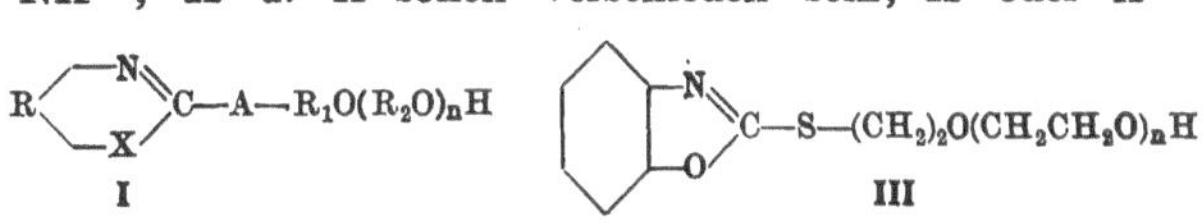

U. SIEVERS. H 3132

Distillers Co. Ltd. (Erfinder: **Reginald Harold Hall** und **Brian Keith Howe**), Edinburgh, England, *Alkoxysubstituierte Pentane und Tetrahydropyrane.* Läßt man auf α.β-ungesätt. Aldehyde einen ungesätt. Alkenyläther in Ggw. von Polymerisationsverhinderern oder Antioxygenen in der Hitze einwirken, so erhält man *6-Alkoxy-Δ²-dihydropyrane* (I) oder deren Substitutionsprodd. (II). Die I oder II ergeben mit äquimol.

Mengen prim. oder sek. niedrigmol. Alkohole im wasserfreien Medium in Ggw. eines sauren Kondensationskatalysators bei n. Temp. *2.6-Dialkoxytetrahydropyrane* oder deren Substitutionsprodukte. Werden diese Verbb. mit weiteren Mengen Alkohol umgesetzt, so spaltet sich der Ring u. man erhält *1.5.5-Tetraalkoxypentane* (III) oder deren Substitutionsprodukte. Die III kann man auch in einem Arbeitsgang erhalten, wenn man mehr als 1 (Mol) Alkohol auf 1 I zur Einw. bringt. Die Reaktionstempp. liegen bei 0—100°. Als Katalysatoren kommen anorgan. Säuren, wie HCl, H_3PO_4 oder H_2SO_4, in Betracht. — 6-Äthoxy-Δ^2-dihydropyran, erhalten aus Acrolein u. Äthylvinyläther in Ggw. von Hydrochinon bei 185—195°, ist ein farbloses Prod. vom $Kp._{52}$ 66°. n_D^{20} 1,4420; mit absol. A. bei 0° in Ggw. von HCl behandelt, ergibt es nach dem Neutralisieren mit alkoh. C_2H_5ONa *2.6-Diäthoxytetrahydropyran* (IV), farblose Fl., $Kp._{11}$ 78—79°, n_D^{20} 1,4297; $D.^{20}_4$ 0,9677. Mit 2.4-Dinitrophenylhydrazin behandelt, erhält man *Glutaraldehyd-bis-2.4-dinitrophenylhydrazon*, F. 186—187°. IV mit weiteren Mengen A. wie oben behandelt, ergibt *1.1.5.5-Tetraäthoxypentan*, farbloses Öl, $Kp._{13}$ 133—134°, n_D^{20} 1,4204. — Es werden ferner hergestellt: *2.6-Di-n-butoxytetrahydropyran*, farblose bewegliche Fl., $Kp._9$ 126°, n_D^{20} 1,4371; *1.1.5.5-Tetra-n-butoxypentan*, farblose Fl., $Kp._9$ 197,5—198,5°, n_D^{20} 1,4343; *2.6-Dimethoxytetrahydropyran*; *1.1.5.5-Tetramethoxypentan*; *2.5-Diäthoxy-5-methoxymethyltetrahydropropan*; *1.1.5.5-Tetraäthoxy-2-methoxymethylpentan*; *2.6-Di-n-butoxy-3.4-dimethyltetrahydropyran*; *1.1.5.5-Tetra-n-butoxy-2.3-dimethylpentan*. (**E. P. 698736** vom 6/5. 1950, ausg. 21/10. 1953.) G. KÖNIG. H 3211

Monsanto Chemical Co., übert. von: **Quentin E. Thompson**, St. Louis, Mo., V. St. A., *Substituierte Benzoylhalogenide* der allg. Formel I [R = Alkylrest mit vorzugsweise 1—5 C-Atomen; X = Halogenatom (F, Cl, Br, J)] werden durch Halogenierung der entsprechenden Säuren mit PCl_5, PCl_3, $SOCl_2$, PBr_5, PBr_3 oder $SOBr_2$ in organ. Lösungsmitteln (Chl., Dioxan, Bzl., Xylol) bei 20—60° hergestellt oder die F- bzw. J-Derivv. durch Rk. der entsprechenden Chloride mit KF bzw. wasserfreiem HJ oder CaJ_2. —

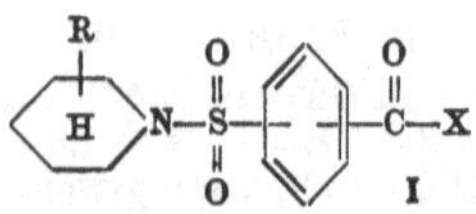

I

d-p-(2-Methyl-1-piperidylsulfonyl)-benzoylchlorid, F. 84—85°; $[\alpha]_D^{25}$ = +33,8° (c = 2, Chlf.); das *l-Isomere*, F. 84—85°; $[\alpha]_D^{25}$ = —33,8° (c = 2, Chlf.). — *dl-o-(3-Propyl-1-piperidylsulfonyl)-benzoylbromid*. — *d-m-(4-Butyl-1-piperidylsulfonyl)-benzoyljodid*. — *l-p-(2-Pentyl-1-piperidylsulfonyl)-benzoylchlorid*. — *d-p-(2-Äthyl-1-piperidylsulfonyl)-benzoylchlorid*. — *Zwischenprodukte*. (**A. P. 2 669 567** vom 7/12. 1951, ausg. 16/2. 1954.) R. LINK. H 3231

Atlas Powder Co., Wilmington, Del., V. St. A., *N-substituierte Morpholine* erhält man durch Rk. von 1 (Mol) eines acycl. aliphat. prim. Amins mit 10—20 C-Atomen mit 2—5 eines niederen $\beta.\beta'$-Dichloralkyläthers in Ggw. von W. u. eines säurebindenden Mittels. — Durch 6 std. Rk. von Laurylamin mit Dichloräthyläther (I) in Ggw. von W. u. Na_2CO_3 bei 101° → *N-Laurylmorpholin*. Analog: *N-„Soya"-Morpholin* aus „Soyaalkyl"-Amin u. I. — *Zwischenprodukte*. (**E. P. 707 924** vom 31/10. 1951, ausg. 28/4. 1954. A. Prior. 3/11. 1950.) U. SIEVERS. H 3282

General Aniline & Film Corp., New York, übert. von: **Anthony J. Cofrancesco**, Guilderland, N. Y., V. St. A., *Cyanurchlorid*. Man polymerisiert CNCl bei 20—40° in Lsg. von CCl_4 u. in Ggw. von Diatomeenerde, Tierkohle oder eines sonstigen festen Absorptionsmittels, sowie eines Katalysators, der aus $AlCl_3$ u. so viel HCl besteht, daß ein Druck von 20—25 lbs./sq/in. vorliegt. (**A. P. 2 692 880** vom 14/11. 1951, ausg. 26/10. 1954.) A. BRÖSAMLE. H 3313

X. Färberei. Organische Farbstoffe.

George L. Baxter, *Das Färben der neueren Fasern*. Überblick über die Färbemethoden für Nylon, Dacron, Orlon, Dynel, Acrilan, Vicara, Arnel u. Fortisan (verseifte Acetatfaser), das Ausrüsten u. Trocknen der Gewebe. (Mod. Textiles Mag. **36**. 50—52. Mai 1955.) I. SCHOENMANN. 7020

Henri de Diesbach, Paul Rhyner und **Albert Cavegn**, *Beitrag zur Untersuchung von Schwefelfarbstoffen*. Es werden die Unterschiede in der Struktur von schwarzen u. blauen Schwefelfarbstoffen besprochen, die man, ausgehend von Indophenolen oder ähnlichen Prodd., erhält. An Hand analyt. Unterss. von *Immedialblau*, *Immedialschwarz* u. *Kryogenschwarz* wird festgestellt, daß die schwarzen Schwefelfarbstoffe vorwiegend angulär anellierte Struktur besitzen u. mehr aminierte Gruppen enthalten als die blauen. Erstere weisen meist die Bindungen —S— u. —S—S— auf, während letztere bei linearer Struktur die Bindungen —SO— u. —SO—SO— enthalten. (Helv. chim. Acta **36**. 2037—45. 1/12. 1953. Fribourg, Schweiz, Univ., Inst. de Chim.) E. v. PEZOLD. 7070

Farbwerke Hoechst Akt.-Ges., vormals Meister Lucius & Brüning, Frankfurt/M. (Erfinder: **Rudolf Löwenfeld** und **Konrad Löhe,** Offenbach/M.), *Herstellung von Drucken mit wasserunlöslichen Monoazofarbstoffen auf Acetylcellulose- und Polyamidfasern* oder Mischungen aus diesen Fasern, dad. gek., daß man Diazoaminoverbb. aus Oxydialkylaminen mit niederen Alkylgruppen u. diazotiertem 1-Amino-2-methoxybenzol-5-sulfonsäuredimethylamid oder diazotiertem 1-Amino-2-methoxybenzol-5-sulfonsäurediäthylamid gemeinsam mit zur Eisfarbenherst. geeigneten Azokomponenten auf die Faser aufdruckt u. den Azofarbstoff durch neutrales Dämpfen u. anschließende Säurebehandlung entwickelt. (**D. B. P. 925 044** Kl. 8n vom 27/2. 1953, ausg. 10/3. 1955. Anmeldung bekanntgemacht 5/8. 1954.) H. v. SCHILLER. 7023

Naphtol-Chemie Offenbach (Erfinder: **Wilhelm Seidenfaden** und **Franz Muris**), Offenbach/M., *Diazoniumverbindungen,* die sich von Aminen der Formel I ableiten, in der X = H oder Alkyl, Y = Alkyl, Z = Alkyl, Alkyloxy oder Halogen bedeuten, wobei der Ring 1 substituiert sein kann, entstehen beim Diazotieren dieser Amine in mäßig konz. HCl u. sind leichter lösl. als die bekannten Diazoverbb., die an Stelle des Oxyessigsäurerestes eine Alkoxygruppe tragen. — Die Diazoniumchloride u. Diazoniumchlorid–$ZnCl_2$-Doppelsalze der nachst. Amine wurden hergestellt u. ihre Löslichkeiten in Tabellenform angegeben: *3-Methyl-6-amino-2'-chlor-4'-nitroazobenzol-4-oxyessigsäurediäthylamid; 3-Methyl-4-methoxy-6-amino-2'-chlor-4'-nitroazobenzol. — 3-Methyl-6-amino-4'-nitro-4-oxyessigsäurediäthylamid; 3-Methyl-4-methoxy-6-amino-4'-nitroazobenzol. — 3-Methyl-6-amino-2'.5'-dichlorazobenzol-4-oxyessigsäurediäthylamid; 3-Methyl-4-methoxy-6-amino-2'.5'-dichlorazobenzol. — 3-Methyl-6-amino-2'-chlor-4'-nitro-4-oxyessigsäuredimethylamid; 3-Methyl-4-methoxy-6-amino-2'-chlor-4'-nitroazobenzol. — 3-Methyl-6-amino-2'.5'-dimethoxy-4'-cyan-4-oxyessigsäurediäthylamid; 3-Methyl-4-methoxy-6-amino-2'.5'-dimethoxy-4'-cyanazobenzol. — 3-Methyl-6-amino-4'-nitro-2'-methoxy-4-oxyessigsäurediäthylamid; 3-Methyl-6-amino-4.2'-dimethoxy-4'-nitroazobenzol. — Farbstoffzwischenprodukte.* (**D. B. P. 848 821** Kl. 12q vom 28/3. 1950, ausg. 8/9. 1952.) G. LANGER. 7053

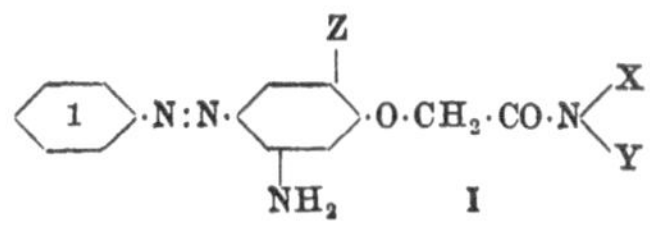

Imperial Chemical Industries Ltd., London, England (Erfinder: **Mordecai Mendoza**), *Azofarbstoff* der Zus. I erhält man durch Kuppeln von 1 Mol tetrazotiertem 3.3'-Dimethyl-4.4'-diaminodiphenyl mit 1 Mol 1.8-Aminonaphthol-3.6-disulfonsäure

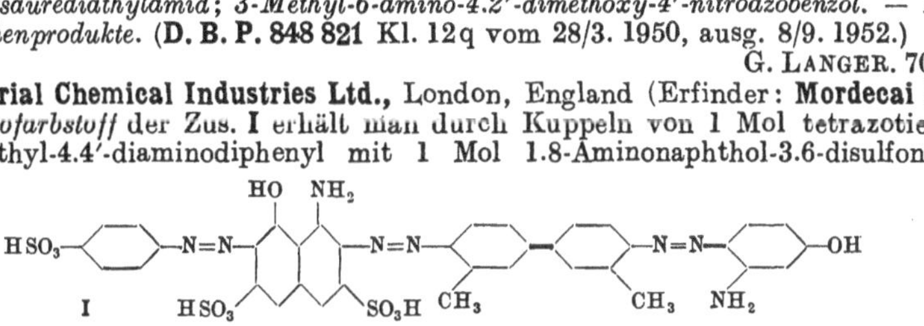

in einem sauren Mittel, Weiterkuppeln der erhaltenen Diazoazoverb. mit 1 Mol diazotierter Sulfanilsäure in einem alkal. Mittel u. Kuppeln der erhaltenen Diazodisazoverb. mit 1 Mol m-Aminophenol in einem alkal. Mittel; Leder grau bis schwarz (gute Echtheit). (**E. P. 684 352** vom 5/7. 1950, ausg. 17/12. 1952.) U. SIEVERS. 7053

Eastman Kodak Co., Rochester, N. Y., übert. von: **Joseph B. Dickey** und **George J. Taylor,** V. St. A., *Methinfarbstoffe,* die Celluloseester in grüngelben gas- u. lichtechten Tönen färben, erhält man durch Rk. einer Methinverb. der Formel I (X = H oder CH_3) mit Acylierungsmitteln. — Man erhitzt z. B. *p-(Di-p-oxyäthyl)-aminobenzylidenmalonitril* (II), F. 121—123°, mit Essigsäure u. Essigsäureanhydrid, dest. bei 3 mm ab u. wäscht mit PAe. II-*Diacetat,* F. 88—89°. Analog: II-*Dipropionat,* F. 59 bis 72°; II-*Di-β-methoxyacetat,* F. 58°; II-*Acetatpropionat,* F. 73—74°; *p-(Di-β-oxyäthyl)-amino-o-methylbenzylidenmalonitril* (III)-*dipropionat,* F. 70—72°; III-*Diacetat,* F. 98—100°; II-*Di-n-butyrat,* F. 45—46°. Zur Herst. von II kondensiert man N.N-Di-β-oxyäthylanilin in wss. HCl mit CH_2O u. Na-m-nitrobenzolsulfonattrihydrat, red. mit Fe + HCl u. erhitzt die *p-(Di-β-oxyäthyl)-aminobenzalanilinsulfonsäure* mit Malonitril u. $NaHCO_3$ in 50%ig. Methanol. (**A. P. 2 583 551** vom 4/5. 1950, ausg. 29/1. 1952.) G. HOPPE. 7057

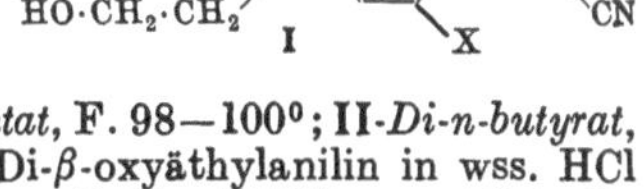

Polymerisable Products Ltd., England, *Anthrachinonderivate.* Man kondensiert ein 2-Amino-3-alkyl-3-butanol (I) mit dem Carbonsäureamid einer 1.4-Dihalogen- oder 1.4-Dioxyanthrachinon-2-carbonsäure oder kondensiert das Carbonsäurehalogenid einer 1-Acylamino-4-halogenanthrachinon-2-carbonsäure mit einem I u. hydrolysiert dann die Acylaminogruppe. An Stelle des Anthrachinonderivv. können auch die entsprechenden Leukoverbb. verwendet werden. — Die erhaltenen Farbstoffe zeichnen sich neben einer großen Klarheit des Farbtons durch Sublimierechtheit u. Echtheit gegenüber Verbrennungsgasen aus. — 1-(p-Toluolsulfonylamino)-4-bromanthrachinon-2-carbonsäurechlorid löst man in Chlf. u. gibt die Lsg. allmählich bei 15° nicht überschreitenden Tempp. zu einer Pyridinlsg. von 3-Methyl-2-amino-3-butanol (II). Das erhaltene, aus

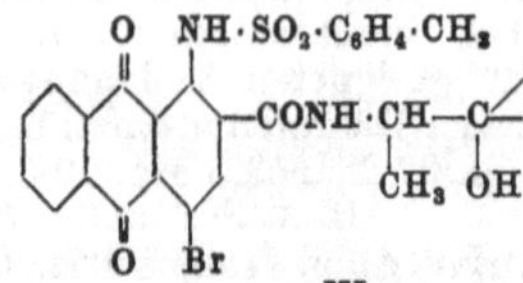

III

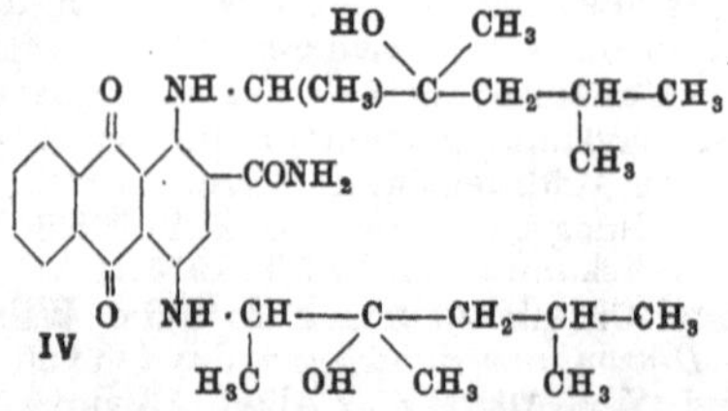

IV

Nitrobenzol umkrist. Prod. der Zus. III ergibt nach der Verseifung mit heißer verd. HCl den Farbstoff 1-Amino-4-bromanthrachinon-2-carbonsäure-N-(3′-methyl-3′-oxybutyl-2′)-amid. Durch Behandlung mit Na-Methylat wird in obigem Farbstoff das 4-Br-Atom durch die Methoxygruppe, mit Äthanolamin durch die β-Oxyäthylaminogruppe u. durch Behandlung mit überschüssigem II durch den II-Rest ersetzt. Erhitzt man 1.4-Dibromanthrachinon-2-carbonsäureamid in Butylalkohol in Ggw. von Cu-Bronze als Katalysator im Autoklav 6 Std. bei 180° mit 4 Mol 3-Isobutyl-2-amino-3-butanol, so erhält man den Farbstoff der Zus. IV. Aus Leukochinizarin-2-carbonsäureamid u. II erhält man das 1.4-Di-(3′-methyl-3′-oxybutyl-2′)-aminoanthrachinon-2-carbonsäureamid. (**E. P. 655 978** vom 19/1. 1948, ausg. 8/8. 1951.) O. Roick. 7059

E. I. du Pont de Nemours & Co., übert. von: **Mario F. Sartori**, Wilmington, Del., V. St. A., *7-Anilino-9-brom-4.5-dimethyl-2-phenylperimidin-6-onderivate* der allg. Zus. I (M = Alkalimetall oder H, x = 0 oder 1) erhält man durch Rk. von Benzaldehyd (II) u. NH_3 mit 5-Amino-6-brom-8-anilino-2.3-dimethyl-1.4-naphthochinon (III) u. gegebenenfalls Sulfonierung der erhaltenen Produkte. Man erhält Farbstoffe, die (sulfoniert) Wolle, Nylon u. Polyacrylate in sehr licht- u. waschechten, leuchtendroten Tönen färben u. auch beim Verküpen auf Baumwolle rosa bis rote Färbungen ergeben. Die unsulfonierten Farbstoffe können auch zum Färben von Polyäthylenterephthalat- oder Celluloseacetatfasern verwendet werden. — Man leitet ca. 16 Std. bei 120° durch ein Gemisch von 25 (Gewichtsteilen) Nitrobenzol, 3,5 III u. 5 II einen langsamen Strom von NH_3, kühlt ab, schlämmt ca. 30 Min. mit 20 A. bei n. Temp. auf, filtriert, wäscht mit W. u. dann mit A. u. trocknet. Das erhaltene 7-Anilino-9-brom-4.5-dimethyl-2-phenylperimidin-6-on, rote Kristalle aus Bzl., F. 256—258°, kann durch 3 std. Behandlung mit 100%ig. H_2SO_4 bei n. Temp. sulfoniert werden. (**A. P. 2 680 114** vom 25/2. 1953, ausg. 1/6. 1954.) O. Roick. 7063

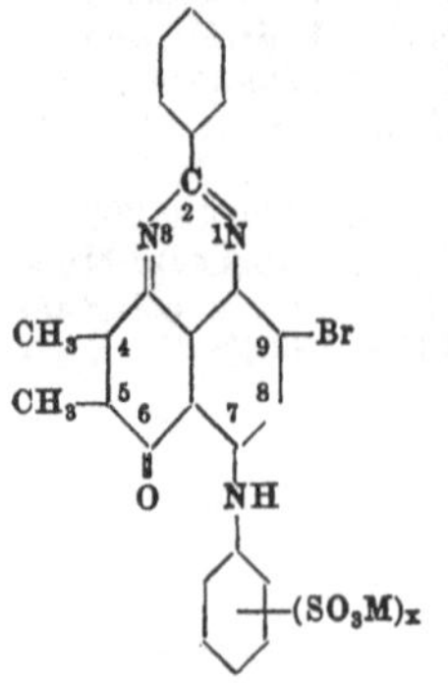

E. I. du Pont de Nemours & Co., übert. von: **Walter Herbert Wright**, Wilmington, Del., V. St. A., *Herstellung von Indigopaste* (I), aus welcher die Luft (II) vollkommen entfernt ist, erfolgt durch Verdünnen der 0,5—5% II enthaltenden I mit einem nichtschäumenden Dispersionsmittel, z. B. einem wasserlösl. Salz einer Ligninsulfonsäure oder einem Formaldehyd-Kondensationsprod. von Naphthalin-β-sulfonsäure, u. Behandeln bei red. Druck von mindestens 50 mm Hg, wobei sich auf der I ein Film bildet, bis sämtliche II entfernt ist. (**A. P. 2 544 909** vom 25/5. 1949, ausg. 13/3. 1951.) H. v. Schiller. 7067

Badische Anilin- & Soda-Fabrik (Erfinder: **Fritz Mühlbauer**), Ludwigshafen/Rh., *Kupferphthalocyanine* (I) erhält man in sehr guter Ausbeute, wenn man bei ihrer Herst., die durch Erhitzen von o-Dicarbonsäuren, deren Anhydriden, NH_4-Salzen, Amiden, Halogeniden oder Estern in Ggw. von Cu oder Cu-Verbb. vorgenommen wird, wasserfreie Fe- oder Al-Halogenide oder Gemische beider mitverwendet. — Die erhaltenen I zeichnen sich durch große Reinheit u. Farbstärke aus. — 1000 (Gewichtsteile) Phthalsäureanhydrid, 2100 Harnstoff, 200 wasserfreies CuCl u. 4000 Trichlorbenzol (a) erhitzt man unter Rühren auf ca. 130°, fügt langsam 190 sublimiertes $FeCl_3$ hinzu, erhitzt auf 190—200°, bis die Farbstoffbldg. nach ca. 5—8 Std. beendet ist, verd. mit 1000 **a**, saugt den Farbstoff ab, wäscht mit **a**, CH_3OH u. W., kocht den Farbstoff zur Reinigung mit verd. HCl u. dann mit verd. NaOH aus, saugt ab, wäscht mit W. u. trocknet. Der Farbstoff, der 10,4% Cu u. nur 0,4% Fe enthält, wird in 97%ig. Ausbeute erhalten. — Weitere Beispiele. (**D. B. P. 866 225** Kl. 22e vom 13/3. 1942, ausg. 9/2. 1953.) O. Roick. 7073

E. I. du Pont de Nemours & Co., Wilmington, Del., übert. von: **Charles John Pedersen**, Salem, N. J., V. St. A., *Leukometallphthalocyanine*, lösungsmittellösl. Oxydationsprodd. von Cu- u. Ni-Phthalocyaninen, die mit reduzierenden Mitteln oder beim Erhitzen wieder in die Ausgangsmetallphthalocyanine (I) umgewandelt werden können, erhält man durch Rk. von metallfreiem Phthalocyanin (II) mit Halogen (1,0—1,15 Mol pro Mol II) u. einem alkohollösl. Salz von I in einem fl., gesätt. aliphat. Alkohol bei 0—50°, bes. 20—30°. Werden Cu(I)-Salze verwendet, so kommen etwas größere Mengen Halogen zur Umsetzung. — 25 (Gewichtsteile) feinverteiltes II suspendiert man in 500 7,5 $CuCl_2$ enthaltendem wasserfreiem CH_3OH u. leitet unter Rühren bei n. Temp. 5 Min. lang 7,8 Cl_2 ein, filtriert u. gießt das Filtrat in 500 W., das 50 Na_2CO_3 enthält. Man erhält eine feinverteilte gelbe feste M., die bei der Red. mit 22 Ascorbinsäure in sd. CH_3OH Cu-Phthalocyanin in der α-Form u. in hoher Reinheit ergibt. — Weitere Beispiele. (**A. P. 2 681 347** vom 26/3. 1952, ausg. 15/6. 1954.) O. ROICK. 7073

XIa. Farben. Anstriche. Lacke. Naturharze.

Robert Haug, *Die photochemische Ausbleichung von Mischungen aus Preußischblau und Zinkoxyd.* Engl. Übersetzung der C. **1952**. 2429 referierten Arbeit. (Paint, Oil Colour J. **126**. 350—52. 13/8. 1954.) M. WINIKER. 7092

D. Kusman, *Bemerkungen über die verschiedenen Bleimennigesorten.* Es werden gewöhnliche Bleimennige (I) mit 10—15% freiem PbO (II), Non setting I mit 6% freiem II u. hochdisperse I mit 5% freiem II gegenübergestellt. Disperse I aus $PbCO_3$ zeigte hohe Reaktionsfähigkeit u. ergab undurchlässige Filme. Im Elektronenmikroskop erwiesen sich die Pigmentteilchen als Kristallfragmente, während durch Verdampfung von Pb gewonnene disperse I kugelige Partikel u. gewöhnliche I Kristallagglomerate aufweist. Disperse I ist nicht nach PbO_2-Geh., sondern nach Kornstruktur zu beurteilen. PbO_2-Geh. kann innerhalb gewisser Grenzen variiert werden. (Chim. Peintures **18**. 7—8. Jan. 1955.) B. SCHEIFELE. 7092

László Peti, *Versuche zur Erzeugung von Rußproben mit Erdgas.* Kleinverss. zeigten, daß Vergrößerung der Entfernung der Brenner von der Kühlfläche die Produktion vermindert. Jeder Distanz entspricht eine Gasmenge (Brennerbelastung), bei welcher die Rußausbeute maximal ist, doch ist bei größerer Brennerbelastung u. Annähern der Brenner an die Kühlfläche der Rückfall in der Produktion geringer als bei größerem Brennerabstand. (Bányászati Lapok **9** (**87**). 445—47. Aug. 1954.) J. PLANK. 7092

Felix Fritz, *Trocknen von chinesischem Holzöl im Bogenlicht.* — C. **1954**. 203. — (Paint, Oil Colour J. **125**. 282. 29/1. 1954.) M. WINIKER. 7096

Edward G. Bobalek, *Neuere Entwicklungen auf dem Gebiet der als Anstrichbindemittel verwendeten Kondensationspolymeren.* Vortrag. Behandelt werden: Alkydharze, Silicon-Alkydharze, Polyurethanharze, Methylonharze (Hersteller: GENERAL ELECTRIC CO., Ausgangsprod.: Allyloxytrimethanolbenzol), Epoxydharze. (Off. Digest Federat. Paint Varnish Product. Clubs **27**. 220—30. April 1955. Cleveland, O., Case Inst. of Technol.) M. WINIKER. 7096

Giorgio Balbi, *Das Glycerin in der Lackindustrie. Eigenschaften und Eignungsprüfungen.* Merkmale u. Eignungsprüfung von Glycerin u. Polyglycerin für Kunstharze. Normungsvorschläge. (Pitture e Vernici **11**. 99—102. Febr. 1955.) B. SCHEIFELE. 7096

A. D. Buschmann, *Anstrich und Dekoration.* Anstrich von Werkräumen: Helligkeitsfaktor, Farbschemata für Anstrich von Arbeitsmaschinen usw.; Anstrichvorbereitung u. Ausführung; ökonom. Momente. (Paint Ind. Mag. **67**. 25—27. Febr. 1952. Cleveland, O., Perfection Stove Co.) B. SCHEIFELE. 7106

Georges Coles, *Über einige synthetische, von Rohm & Haas hergestellte Harze und ihre Anwendung als Einbrennlacke.* Lacktechn. Betrachtungen über einige Einbrennlacke, die durch Kombination verschied. Melamin- u. Harnstoffharze einerseits u. einer Reihe von Alkydharzen andererseits entstehen. (Chim. Peintures **15**. 238—41. Juni 1952.) G. DALL'ASTA. 7106

H. P. Beardsley, *Anstriche auf Basis Polyvinylacetatemulsion.* Vortrag, in dem ein zusammenfassender Überblick über Herst., Eigg. u. Anwendungen derartiger Anstriche gegeben wird. (Off. Digest Federat. Paint Varnish Product. Clubs **27**. 205—19. April 1955. Wilmington, Del., Electrochemicals Dep.) M. WINIKER. 7106

P. Slansky, *Firnisse und Harze aus Styrolcopolymeren.* Überblick über die Entw., Darst., Eigg. u. prakt. Bedeutung der Styrolcopolymeren. Ergebnisse eigener Verss. des Vf. bzgl. Filmbldg., Viscosität, Wetterechtheit u. dielektr. Verh. der Copolymerisate mit verschied. Bindemitteln u. Harzen. (Paint Manufact. **25**. 54—58. Febr. 1955.) A. SANDER. 7106

Evode Ltd., Strafford, England (Erfinder: **Egon Maier**), *Anstrichfarben für feuchte Oberflächen* enthalten als Zusatz einen irreversiblen, nichtmetall., anion. Emulgator. — Beispiel: Zu einer Rostschutzfarbe oder einer Lackfarbe werden 2—10 (%) Silicagel, imprägniert mit einer Lsg. von 30 Ammoniumlinoleat in 70 Cyclohexanol, sowie 0,5 Diphenylamin zugesetzt. (**E. P. 720 287** vom 17/10. 1951, ausg. 15/12. 1954.)
M. BÖTTCHER. 7107

Badische Anilin- & Soda-Fabrik Akt.-Ges. (Erfinder: **Hans Gerlich**), Ludwigshafen/Rh., *Lacke oder deren Aufträge* mit Polystyrol in Form feiner Kügelchen oder Perlen gemäß D. B. P. 901 829, die als Bindemittel für die Kügelchen oder Perlen harzartige OH-gruppenhaltige Polyester aus mehrwertigen Alkoholen u. mehrbas. Säuren u. Polyisocyanate enthalten. Das Bindemittel besteht z. B. aus 40 (Teilen) eines Polyesters aus 3 Mol Adipinsäure, 1 Mol Hexantriol u. 3 Mol 1.3-Butylenglykol, 16 Toluylendiioscyanat u. 4 eines Mischpolymerisats aus Vinylchlorid u. Vinylisobutyläther. Nach dem Verdunsten des Lösungsm. (Methylglykolacetat u. Äthylacetat) werden die Polystyrolperlen aufgestreut u. eingepreßt. (**D. B. P. 925 905** Kl. 22g vom 2/7. 1952, ausg. 31/3. 1955. Anmeldung bekanntgemacht 9/9. 1954. **Zusatz zu D. B. P. 901 829; C. 1954. 4046.**)
W. GRÄGER. 7107

Gustaf Bristol Heijmer, Enebyberg (Schweden), *Herstellung von Mattlacken.* Harnstoff-CH_2O-Harze (I) u./oder Melaminharze werden mit Nitrocellulose (II) u. Alkydharz (III) in einem Lösungsm., gegebenenfalls in Ggw. von Katalysatoren, kondensiert. — 1500 (Teile) Lack, bestehend aus 8 II, 70 nichttrocknendem III, 45 I u. 185 Lösungsm., werden mit 11,25 konz., 37%ig. HCl in organ. Lösungsm. gemischt u. während 2 Std. auf 100° gebracht, unter Rühren 4 Std. bei 100° gehalten u. abgekühlt. Der gebildete Teil ist ziemlich graupig, weshalb er vor seiner Einmischung in den Klarlack einer Reibung unterworfen wird. (**D. B. P. 927 591** Kl. 22h vom 13/2. 1950, ausg. 12/5. 1955. Anmeldung bekanntgemacht 16/4. 1953. Schwed. Prior. 12/2. 1949.)
M. BÖTTCHER. 7107

Farbwerke Hoechst Akt.-Ges., vormals Meister Lucius & Brüning, Frankfurt/M.-Höchst (Erfinder: **Karl Daimler**, Ehlhalten, Taunus), *Weichmacher* für bes. bautechn. zu verwendende *Anstrich-*, Klebe- u. Isoliermittel. Es werden die bei der Rk. von Fettsäurepechen (I) mit Chlorschwefel (II) erhaltenen Prodd. verwendet. — Beispiel: 500 (Gewichtsteile) Didodecylbenzol u. 500 techn. anfallendes Gemisch von I werden bei 80—90° 1 Std. mit 140 II unter Rückfluß versetzt u. 7 Std. nachgerührt, bis eine mittelfl. dunkle M. erhalten ist, die für harte Asphaltsorten zum Elastifizieren verwendet wird. (**D. B. P. 928 007** Kl. 22h vom 20/1. 1953, ausg. 23/5. 1955. Anmeldung bekanntgemacht 4/11. 1954.)
M. BÖTTCHER. 7107

XIb. Plaste (Kunstharze. Plastische Massen).

Hildegard Raeithel, *Alterung von Kunststoffen unter dem Einfluß von Licht.* Für die Alterung von Kunststoffen sind zwei Vorgänge verantwortlich: 1. photolyt. Vorgang; 2. Einw. von Licht u. Sauerstoff. Der Energiebetrag eines Photons kann ausreichen, die Spaltung eines Makromol. herbeizuführen. Dies ist der Fall für UV-Licht bis ca. 3400 Å (Photolyse). Für längerwelliges Licht spielten Sauerstoffgeh. u. Temp. eine ausschlaggebende Rolle. Weiterhin fördern geringe Mengen an Verunreinigungen, wie z. B. Salze des Eisens oder auch das Herstellungsverf., die Alterung. Über den chem. Verlauf der durch Licht ausgelösten Zerstörungen bei Polyäthylen, halogenierten Polymeren, Polystyrol, Cellulose u. Cellulosederivv. wird eingegangen. (Kunststoffe **44**. 281—84. Juli 1954. München, Inst. für Lebensmitteltechnol. u. Verpackung.)
HEINZ WOLFF. 7170

R. K. Witt, J. J. Chapman und **B. L. Raskin**, *Einfluß von Feuchtigkeit und Schimmelbildung auf isolierende Kunststoffe.* 28 verschied. Kunststoffsorten wurden 6 Monate lang Luftfeuchtigkeiten von 85, 95 u. ca. 100% bei 25° ausgesetzt, a) in einer Stickstoffatmosphäre, b) in stark mit Pilzsporen verseuchter Luft. Es wurde die Verschlechterung der wesentlichen Eigg. untersucht. Diese sind je nach Materialsorte sehr unterschiedlich. (Mod. Plastics **30**. Nr. 1. 119—122. 202—03. Sept. 1952. Johns Hopkins Univ.)
G. GRAF. 7170

F. L. Connors, *Polyäthylenfilm zur Verpackung.* Vf. behandelt die Eigg. von Polyäthylenfilmen u. die Möglichkeiten ihrer Verwendung als Verpackungsmaterial. — 28 Literaturhinweise. (Austral. Plastics **10**. Nr. 113. 27—29. 31—33. Dez. 1954; **11**. Nr. 114. 33. 35. 37—40. Jan. 1955. Kensington, N. S. W., Univ. of Technol., Plastics Res. Labor.)
M. WINIKER. 7172

Bertren E. Ely, *„Teflon", ein Tetrafluoräthylenharz als Draht- und Kabelisolator. Teflon* ist ein neues Material mit bes. guten elektr. u. mechan. Eigenschaften. Hervorzuheben ist die große Beständigkeit gegenüber Chemikalien mit Ausnahme von geschmolzenen Alkalien, Fluor u. Chlortrifluoriden. Dünne Filme können in den üblichen Wickelmaschinen verwendet werden. Die therm. Beständigkeit liegt zwischen —60 u. 250°. Über 327° wird Teflon amorph u. zers. sich über 350° unter Abgabe von giftigen Gasen. Teflon haftet nicht auf einer Unterlage. Es werden verschied. neue Arbeitsmethoden beschrieben, Drähte mit Teflon zu isolieren. (Wire and Wire Products **27**. 579—82. Juni 1952. Wilmington, Del., E. I. du Pont de Nemours & Co.) J. FISCHER. 7172

J. T. Barclay, *Forschung auf dem Gebiet feuersicherer Transportbänder.* Übersicht über die Problemstellung u. Erörterung der Eignung von *Polyvinylchlorid.* (India Rubber J. **127.** Nr. 12. 7—10. 18/9. 1954. Nat. Coal Board, Sci. Dep.) R. SCHÄFF. 7172

R. I. Feldman, *Einfluß plastifizierender Zusätze auf die mechanischen Eigenschaften von Polyvinylchlorid.* Für die Beziehungen zwischen Ungleichgewichtsmodul u. Zerreißfestigkeit eines Gemisches im hochelast. Zustand einerseits u. dem Molanteil der Komponenten andererseits gilt in erster Näherung: $E_{gem} = E_1^{N_1} E_2^{N_2}$ u. $\sigma_{gem} = \sigma_1^{N_1} \sigma_2^{N_2}$, wenn $N_1 + N_2 = 1$, E_1, E_2, σ_1 u. σ_2 Modul bzw. Zerreißfestigkeit als Grenzwerte für reine Polymere u. reine Plastifikatoren im hochtelast. Zustand sind. Die Gleichungen $\log E = f(N_2)_{T,v}$ u. $\log \sigma = f(N_2)_{T,v}$ gelten im Temperaturbereich von —40 bis +60°, bei den Streckgeschwindigkeiten 2—60 mm/Min. u. in einem breiten Konzentrationsbereich der Plastifikatoren. Sind die entsprechenden Grenzwerte der Komponenten bekannt, so kann die Zus. des Syst. Polymer–Plastifikator mit gegebenen Eigg. aus den 2 zuerst genannten Gleichungen ermittelt werden. Die Gleichungen zeigen die Additivität von E u. σ. Die experimentellen u. berechneten σ-Werte für mit Trikresylphosphat, Dioktylphthalat u. Heptylnonylphthalat plastifiziertes Polyvinylchlorid (bei verschied. Plastifikatormengen) zeigen gute Übereinstimmung miteinander. Die Ähnlichkeit der Formeln für E u. σ erklärt Vf. damit, daß beide Größen Relaxationscharakter haben. (Доклады Академии Наук СССР [Ber. Akad. Wiss. UdSSR] [N. S.] **97.** 1033—36. 21/8. 1954. Moskau, Technol. Kaganowitsch-Inst. der Leichtind.) O. LEBTAG. 7172

Buffalo Electro-Chemical Co., Inc., Tonawanda, übert von: **Frank P. Greenspan** und **Ralph J. Gall,** Buffalo, N. Y., V. St. A., *Epoxydierung von Ölen und Fetten,* die ungesätt. Bindungen enthalten, erfolgt durch Mischen mit Peressigsäure bei <20°, 1—3 std. Rk. bei <30° u. anschließendes 1½—2 std. Erwärmen auf 50—60°. *Weichmacher* u. *Stabilisatoren* für *Kunst-*, bes. *PVC-Harze,* Harzmodifikatoren u. Zwischenprodukte. (**A. P. 2 692 271** vom 23/8. 1950, ausg. 19/10. 1954.) O. MÜLLER-MEININGEN. 7171

Imperial Chemical Industries Ltd. (Erfinder: **Alfred John Rudge**), London, England, *Fluorpolyäthylen.* In Form von Filmen, Fasern, Spänen oder Pulver vorliegendes Polyäthylen (I) wird in engstem Kontakt mit einem Cu- oder P-Bronzedrahtnetz innerhalb eines Stahl- oder Ni-Rohres bis zu 2 Tagen bei steigender Temp. (bis 75°) mit F_2 (7 g/Std.), das allmählich zu $^2/_3$ mit N_2 verd. werden kann, behandelt. Daran kann sich eine 8tägige Lagerung bei 75° in der F_2-Atmosphäre anschließen. — Vgl. auch D. B. P. 926 514; C. **1955.** 9206. (**E. P. 710 523** vom 3/12. 1951, ausg. 16/6. 1954.) G. SALZMANN. 7173

Standard Oil Development Co., Elizabeth, N. J., V. St. A., *Herstellung von methylmercaptanfreiem Isobutylen* (I), das zur Bldg. fester *Polymerisate* geeignet ist, dad. gek., daß man das in bekannter Weise durch Adsorption in ca. 65%ig. H_2SO_4 bei 70—100°, darauffolgendes Erhitzen mit Wasserdampf auf 250°, Neutralisation u. Waschen mit W. erhaltene, methylmercaptanhaltige Isobutylen in einer Destillierkolonne unter Bldg. eines niedrigsd. azeotrop. Gemisches dest., das Destillat zur Säureadsorption zurückleitet u. hierauf I in einer 2. Destillierkolonne in bekannter Weise von den höhersd. KW-stoffen befreit. — Vorrichtung. (**D. B. P. 927 329** Kl. 12o vom 19/11. 1953, ausg. 5/5. 1955. Anmeldung bekanntgemacht 14/10. 1954. A. Prior. 19/11. 1952.) W. GRÄGER. 7173

B. F. Goodrich Co., New York, übert von: **Jerome C. Westfahl,** Trumansbury, N. Y., und **Daniel S. Sears,** Cuyahoga Falls, O., V. St. A., *Dimerisierungsprodukte von 2-Carbalkoxy-1.3-butadienen* der allg. Formel II [R = niedermol. Carbalkoxygruppe] erhält man durch Pyrolyse der Dämpfe von substituierten Butanen der Struktur I [R = Carbalkoxyrest, X =

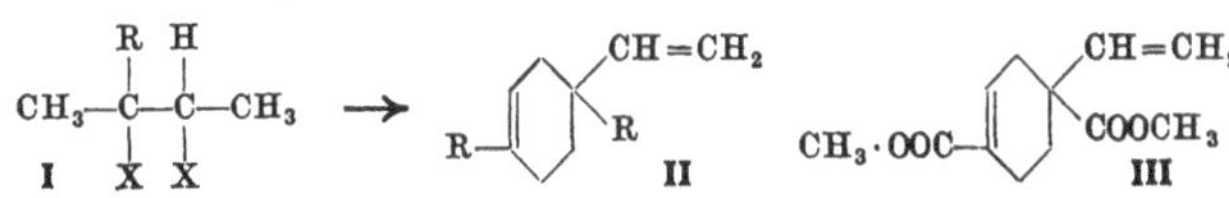

Halogen oder Acyloxy C_2—C_{10}] bei 400—700°, bes. 400—500°. — Beispiele: 2-Methyl-2-butenoylchlorid + Br_2 → α-Methyl-α.β-dibrombutyrylchlorid (Kp.$_{10}$ 85,5—86°) + CH_3OH → Methyl-(2-methyl-2.3-dibrom)-butyrat → *dimeres 2-Carbomethoxy-1.3-butadien* (**III**), NZ. 195,94, Kp.$_1$ 106—108°. Man erhält es auch aus Methyl-(2-methyl-

2.3-diacetoxy)-butyrat (Kp.$_5$ 107—108°, n_D^{20} 1,4316) bei 480°. — Ferner werden *dimere 2-Carbobutoxy-* u. *2-Carboäthoxy-1.3-butadiene* erhalten. — *Polymerisation* u. Mischpolymerisation zu *plast. Massen.* (**A. P. 2 548 184** vom 25/6. 1948, ausg. 10/4. 1951.) O. MÜLLER-MEININGEN. 7173

Rheinelbe Bergbau Akt.-Ges., Gelsenkirchen (Erfinder: **Fritz Brodkorb**, Unna, und **Herbert Ritter**, Gelsenkirchen), *Herstellen von Kunstharzen* durch therm. Polymerisation, dad. gek., daß *aromat. KW-stoffe* mit reaktionsfähigen *Doppelbindungen* oder deren Gemisch, z. B. Kokereileichtöl, zusammen mit *Cyclopentadien* (I) u. *ungesätt. Fettsäuren* oder deren Derivv. polymerisiert werden. Statt I kann Dicyclopentadien verwendet werden. Die KW-stoffe können vorher anpolymerisiert werden; auch können sie mit ca. 50%ig. Alkalilauge vorbehandelt werden. (**D. B. P. 926 810** Kl. 39c vom 23/1. 1952, ausg. 25/4. 1955. Anmeldung bekanntgemacht 30/9. 1954.) W. OVERBECK. 7173

E. I. du Pont de Nemours & Co., Wilmington, übert. von: **Frederick Lewis Johnston**, Claymont, und **Donald Cargill Pease**, Wilmington, Del., V. St. A., *Polymerisieren von Vinylfluorid* (I) in fl. Medium (z. B. Methanol-W.-Mischung) bei 25—100° u. 25—100 at in Ggw. von 0,01—3 Gew.-% (des I) einer organ. Azoverb., in der die —N:N-Gruppe beidseitig an tert. aliphat. oder cycloaliphat. C-Atome gebunden ist; die tert. C-Atome ihrerseits sind an CN-, Carbonamid- oder Carbalkoxygruppen gebunden. Genannt sind z. B. $\alpha.\alpha'$-Azodiisobutyronitril oder -$\alpha.\gamma$-dimethylvaleronitril. (**Can. P. 479 270** vom 9/12. 1947, ausg. 11/12. 1951.) M. PANKOW. 7173

Westerwerke Fabriken hochfeuerfester Erzeugnisse, Spich/Troisdorf, *Oberflächenveredlung von Gegenständen aus thermoplastischen Kunststoffen*, bes. aus *Polyvinylchlorid*, dad. gek., daß die Oberfläche der Formlinge bis zur Erreichung von Hochglanz Dämpfen von lösend oder quellend wirkenden Verbb., z. B. Cyclohexanon oder Dioxan, bes. von cycl. Äthern, wie Tetrahydrofuran bzw. deren Derivv. oder Gemischen, gegebenenfalls in Verb. mit anderen lösend oder quellend wirkenden Stoffen oder Nichtlösungsmitteln, wie Alkoholen oder aromat. KW-stoffen, ausgesetzt wird. Die Dämpfe können in der Poliertrommel selbst erzeugt werden. Behandlung von Kugeln, Knöpfen, Automatenteilen, Geflügelfußringen u. dergleichen. (**D. B. P. 925 794** Kl. 39b vom 26/8. 1951, ausg. 31/3. 1955. Anmeldung bekanntgemacht 16/7. 1953.) G. SALZMANN. 7173

VEB Elektrochemisches Kombinat Bitterfeld (Erfinder: **Fritz Povenz**), Bitterfeld, *Kunststoff durch Nachchlorieren von Polyvinylchlorid* in Form der bei der Emulsionspolymerisation anfallenden wss. Suspension. Die bei der Emulsionsmischpolymerisation von Vinylchlorid mit anderen polymerisierbaren Verbb. (Vinylester, -äther, -keton, Acryl-, Methacrylsäureester, Acrylnitril, Styrol) anfallende Suspension wird in Ggw. eines organ. Quellungs- oder Suspensionsmittels (Tetrachlormethan, -äthan) nachchloriert. — 1000 (Teile) der wss. Suspension von 150 Vinylchlorid-Trichoräthylen-Mischpolymerisat werden unter Zusatz von 200 $CHCl_3$ 3½ Std. unter Rückfluß mit Cl_2 behandelt. (**D. P. [DDR] 5 112** Kl. 39b vom 5/9. 1943, ausg. 22/9. 1954 [Wirtschaftspatent]. **Zusatz zu D. R. P. 754 679; C. 1953. 1890.**) M. PANKOW. 7173

Établissements Berjonneau-Jacqueau Soc. An., Seine-Inférieure, Frankreich, *Polyvinylchloridplatten.* Auf 3 Platten aus 15—25 (%) Polyvinylacetatchlorid, 50 bis 70 Polyvinylchlorid (I), 5—10 Stabilisator (II), 10—20 Füllstoff (III) u. 2—5 Farbstoff (IV) kommt eine Deckplatte aus 60—80 I, 10—20 Plastiziermittel, 2—5 II, 10—20 III u. 5—10 IV. Man preßt unter heißen Platten, von denen die an I anliegende poliert ist. Man erhält eine Platte, die sich für Kühlschranktüren eignet u. bis 60° nicht erweicht. (**F. P. 1 063 560** vom 23/9. 1952, ausg. 4/5. 1954.) M. PANKOW. 7173

Monsanto Chemical Co., übert. von: **Harry M. Gamrath**, St. Louis, Mo., V. St. A., *Herstellung von Estern der γ-Ketopimelinsäure* (I) der allg. Zus. ROOC—CH_2—CH_2—CO—CH_2—CH_2—COOR (R = Alkyl C_4—C_{12} oder β-Alkoxyäthylgruppen mit Alkylen C_1—C_8). — Man erhitzt z. B. 78 g I-Dilacton (F. 64—65°) mit 272 Butanol (II) in Ggw. von 1,0 p-Toluolsulfonsäure 5 Std. unter Rückfluß u. azeotroper Entfernung des W. zusammen mit II u. Rückführung des letzteren in die Rk., worauf man nach Entfernen des II aus dem Reaktionsgemisch mit W. wäscht, mit $NaHCO_3$ neutralisiert, restliches II mit Wasserdampf abtreibt, mit W. nochmals wäscht, im Vakuum trocknet u. 139,6 (97,6%) I-*Di-n-butylester* erhält; $D.^{25}{}_{25}$ 1,0166; n_D^{25} 1,443. — *Di-n-amylester*, $D.^{25}{}_{25}$ 0,9969; n_D^{25} 1,445. — *Dicaprylester*, $D.^{25}{}_{25}$ 0,7512; n_D^{25} 1,449. — *Di-2'-äthylhexylester* D. = 9633; n = 1,451. — *Dilaurylester*, Wachs, Kristallisationspunkt 59°. — *Di-β'-methoxyäthylester*, Kp.$_6$ 208—212°; D. = 1,1463; n = 1,452; Fließpunkt: —50° F; Viscosität in cst 14,49 (100° F), 3,02 (210° F); „flash-point" (C.O.C.) ca. 405° F; Flammpunkt (C.O.C.) 460° F. — *Di-β'-äthylhexoxyäthylester*, D. = 0,9797; n = 1,4525. — *Weichmacher*, bes. für *Polyvinylchlorid.* (**A. P. 2 665 303** vom 28/7. 1949, ausg. 5/1. 1954.) O. MÜLLER-MEININGEN. 7173

Farbwerke Hoechst Akt.-Ges., vormals Meister Lucius & Brüning, Frankfurt/M. (Erfinder: **Ernst Fischer,** Offenbach/M.), *Färben von Polyvinylverbindungen* in sehr echten roten Farbtönen, gek. durch die Verwendung von wasserunlösl. Monoazofarbstoffen der Formel I, worin X für eine Alkyl-, Alkyloxygruppe oder ein Halogenatom, Y für H oder ein Halogenatom, Z_1 eine Methoxygruppe, einer der beiden Substituenten Z_2 u. Z_3 ebenfalls für eine Methoxygruppe, der andere eine Methyl-, Methoxygruppe oder ein Halogenatom stehen. — Beispiel: Monoazofarbstoff aus diazotiertem 1-Amino-2-methoxybenzol-5-carbonsäureamid u. 1-(2'.3'-Oxynaphthoylamino)-2.4-dimethoxy-5-chlorbenzol. Herst. von Formkörpern, Streichmassen auf Textilien u. Papier, Tauch-, Streich- u. Spritzlacken. (**D. B. P. 921 592** Kl. 39b vom 20/7. 1951, ausg. 23/12. 1954. Anmeldung bekanntgemacht 15/4. 1954.)

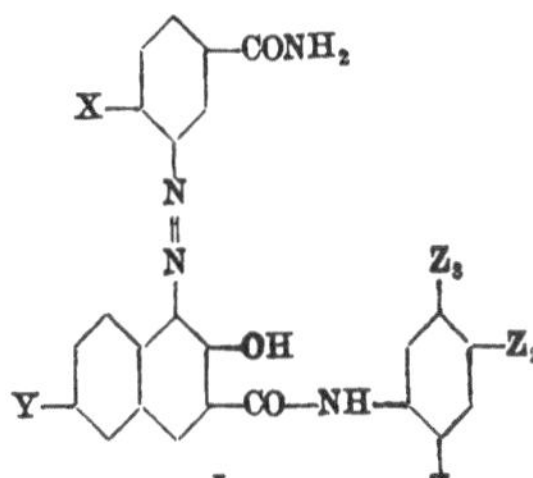

I

G. SALZMANN. 7173

Dunlop Rubber Co. Ltd., London, England, *Polymerisationsbeschleunigung von Vinylverbindungen* durch gleichzeitige Verwendung von Perverbb. u. Thiocarbonylverbb. der Formeln I u. II, worin R'—R''' = H oder Alkyl. In den Beispielen sind Thioharnstoff, Äthylenthioharnstoff u. Mercaptobenzimidazol in Mengen von 0,2—2%, auf das Monomere bezogen, genannt. Anwendbarkeit der Kombination bei Emulsions-, Block- u. Lösungspolymerisation. (**E. P. 715 382** vom 10/10. 1950, ausg. 15/9. 1954.)

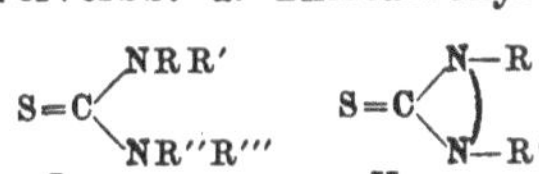

I II

H. SCHINDLER. 7173

Farbenfabriken Bayer Akt.-Ges. (Erfinder: **Günther Nischk, Erwin Müller** und **Otto Bayer**), Leverkusen, *Mischpolymerisate* erhält man durch Anlagerung von gesätt., noch lösl. Kondensationsprodd. oder Polymerisaten, die freie OH-Gruppen enthalten, an solche ungesätt. Verbb. bei niederen, keine Rk. auslösenden Tempp., in denen nach der Anlagerung noch mindestens eine Doppelbindung erhalten bleibt, u. Mischpolymerisieren der erhaltenen Prodd. mit monomeren, polymerisierfähigen *Vinylverbindungen*. Die Anlagerung soll in Abwesenheit von Lösungsmitteln durchgeführt werden. Werden letztere angewendet, soll die Anlagerung in Ggw. von Alkalialkoholaten stattfinden. Nach einem Bespiel wird ein Polyester aus Adipinsäure, Phthalsäureanhydrid u. Glykol in Styrol gelöst, u. Triacrylformal zugegeben. Nach Zusatz von Na-Methylat u. weiteren Mengen Styrol wird in Ggw. von Benzoylperoxyd bei 100° polymerisiert. — *Glasklare, harte Harze.* (**D. B. P. 910 124** Kl. 39c vom 31/3. 1951, ausg. 25/10. 1954. Anmeldung bekanntgemacht 11/9. 1952.) H. SCHINDLER. 7173

Farbenfabriken Bayer Akt.-Ges. (Erfinder: **Günther Nischk, Erwin Müller** und **Otto Bayer**), Leverkusen, *Herstellung von Mischpolymerisaten,* dad. gek., daß gesätt. oder ungesätt. Polyester bzw. Polymerisate oder deren Mischungen, wobei mindestens einer dieser Körper ein sek. Amin folgender Formel im Mol. einkondensiert enthält: $R—NH—(CH_2)_n—X$, worin R = Alkyl, Aryl, Aralkyl, X = COOH, NH_2, OH, NHR u. n = 1—6 bedeuten, mit monomeren Vinylverbb. in Ggw. von Reaktionsbeschleunigern mischpolymerisiert wird. Als letztere sind bes. Benzoyl- u. Cumolperoxyd genannt. Nach einem Beispiel werden Adipinsäure, Phthalsäureanhydrid, Maleinsäureanhydrid, Glykol u. Oxyäthylanilin kondensiert u. dann mit Styrol mischpolymerisiert. Glasklare Harze, in allen Lösungsmitteln unlöslich. (**D. B. P. 916 121** Kl. 39c vom 2/12. 1951, ausg. 5/8. 1954. Anmeldung bekanntgemacht 17/12. 1953.) H. SCHINDLER. 7173

Farbenfabriken Bayer Akt.-Ges. (Erfinder: **Günther Nischk, Erwin Müller, Otto Bayer,** Leverkusen, und **Karl Raichle,** Krefeld), *Herstellung von bereits kalt erhärtenden Mischpolymerisaten,* dad. gek., daß ungesätt. oder gesätt. Polyester bzw. Polymerisate oder deren Mischungen, wobei mindestens eine dieser Körpergruppen ein tert. Amin der Formel $J(CH_2)_x—N(R)—(CH_2)_xZ$, worin R = Alkyl, Aryl, Aralkyl, J = OH, NH_2, COOH, Z = COOH, NH_2, OH, x = 1—6 bedeutet, im Mol. einkondensiert enthält, mit monomeren *Vinylverbb.* in Ggw. von Katalysatoren mischpolymerisiert werden. Als letztere sind bes. Benzoyl- u. Cumolperoxyd genannt. — Als Ausgangsstoffe dienen z. B. Adipinsäure, Maleinsäureanhydrid, Phthalsäureanhydrid, Glykol, u. Dioxäthylanilin. An Stelle des letzteren sind noch Anilino- oder p-Toluidinodiessigsäure genannt. — Glasklare, lösungsmittelfeste Harze. (**D. B. P. 919 431** Kl. 39c vom 23/10. 1951, ausg. 25/10. 1954. Anmeldung bekanntgemacht 27/8. 1953.) H. SCHINDLER. 7173

Chemische Werke Hüls G. m. b. H., Marl, *Stabilisierungsmittel für Mischpolymerisate aus asymmetrischem Dichloräthylen und Vinylchlorid,* bestehend aus einem einfach oder doppelt ungesätt. α.β-Keton, z. B. Benzalaceton, Benzalchloracetophenon,

Dibenzalcyclohexanon, Bicyclopentenpentanon oder Cyclohexen-2-cyclohexanon. (**E. P. 710 964** vom 21/9. 1951, ausg. 23/6. 1954.) G. SALZMANN. 7173

Dunlop Rubber Co. Ltd., London, England, *Bossieren und Färben von Mischpolymerisaten*, bestehend z. B. aus Polyvinylchlorid (I), 10—30(%) Polyvinylidenchlorid (II) u. 5—15 Polyvinylacetat (III). Man stellt z. B. eine Suspension, bestehend aus 100 (Teilen) eines aus I, II u. III bestehenden Polymerisates, 650 Toluol, 250 Aceton, 125 Bronzepulver u. 1 Cd-Stearat her, sprüht sie in 0,003 Zoll dicker Schicht auf ein Metallförderband auf, entfernt Lösungsm. durch einen auf 40° erwärmten Luftstrom, trocknet anschließend 5 Min., entfernt das erhaltene Prod. von seiner Unterlage u. zerkleinert es, usw. Das Material wird bei 130° mit einem geeigneten Stempel, der mit einer wss. Lsg. von Leim, Polyvinylalkohol, Na-Alginat, Methylcellulose oder Albumin befeuchtet ist, dem Mischpolymerisat einverleibt. (**Ind. P. 45 932** vom 1/10. 1951, ausg. 22/3. 1954. E. Prior. 12/10. 1950.) O. MÜLLER-MEININGEN. 7173

Dow Chemical Co., Midland, Mich., V. St. A., *Vorgeschrumpfte Filme aus Vinylidenchlorid-Vinylchlorid (8%)-Mischpolymerisaten.* Der Film läuft unter Spannung, abwechselnd mit Unter- u. Oberseite über 4 gleichmäßig angetriebene, glatte, in verschied. Abstand sich befindende Walzen, deren erste 18—85°, zweite u. dritte 200° u. deren vierte 18—116° aufweist. Die Gesamtberührungsdauer des Films mit den Walzen beträgt 1—20 Sek.; Längenschrumpfung: 2,2—14,1 (%), Querschrumpfung: $<$5,1 bis 1,5. (**E. P. 702 810** vom 3/3. 1952, ausg. 20/1. 1954.) G. SALZMANN. 7173

C. D. Berglund, Stockholm, Schweden, *Herstellung von anatomischen Modellen, Schaufensterpuppen und dergleichen.* Man pinselt eine offene Form zunächst mit einer Suspension, die Polyvinylchlorid u. Dibutylphthalat enthält, ein, bringt eine gleichmäßige Schicht einer Füllmasse aus ca. 45—65 (%) *Polyvinylchlorid*, 30—50 *Äthylabietat* u. 1—10 *Dibutylphthalat* auf, bepinselt diese wieder mit der erstgenannten Schicht, deckt dann mit einem Metall oder Fasergewebe als Armierung ab, pinselt nochmals mit der Suspension u. bringt dann in der Wärme bei 120—200° das *Kunstharz* zum Gelatinieren, worauf die M. aus der Form genommen werden kann. (**Schwed. P. 139 909** vom 28/10. 1948, ausg. 14/4. 1953.) JÜRGEN SCHMIDT. 7173

Diamond Alkali Co., Cleveland, übert. von: **Harry J. Somermeyer**, Painesville, O., V. St. A., *Herstellung von $CaCO_3$ enthaltenden Koagulaten aus Emulsionsmischpolymerisaten* mit 50—95% *Vinylchlorid* u. *Vinylacetat, Methylmethacrylat.* Hierbei werden die Emulsionen der Polymerisate mit einem Mol.-Gew. 50000—150000 mit 2—10%ig. wss. Aufschlämmungen von $CaCO_3$ (Teilchengröße 0,05—1 μ) in solcher Menge vermischt, daß das Verhältnis 2 : 1 bis 1 : 2 beträgt. Die Emulsion soll einen Festgeh. von 10—30% besitzen. Koagulation erfolgt bei n. oder mäßig erhöhter Temp., u. das Koagulat wird durch Absaugen isoliert. Verbesserung der physikal. Eigenschaften. (**A. P. 2 687 394** vom 20/8. 1949, ausg. 24/8. 1954.) H. SCHINDLER. 7173

B. F. Goodrich Co., New York, N. Y., übert. von: **Robert J. Wolf**, Cleveland, O., V. St. A., *Thermoplastische Tripolymere* erhält man aus *Vinylchlorid* (I), einem *Acrylsäurealkylester*, dessen Alkylgruppe 8—10 C-Atome enthält, u. einem *Acrylsäureoxyalkylester*, dessen Alkylgruppe 2—10 C-Atome enthält. Nach den Beispielen werden mit I 2-Äthylhexyl- u. Oxybutylacrylat bei 125—400° F mischpolymerisiert. — *Klare, klebfreie Schichten.* (**A. P. 2 686 172** vom 22/5. 1951, ausg. 10/8. 1954.) H. SCHINDLER. 7173

E. I. du Pont de Nemours & Co., übert. von: **Edward G. Howard**, Wilmington, Del., V. St. A., *Acrylnitrilpolymerisation* in Ggw. eines Katalysatorsyst. aus Cu^{2+}-Ionen, Acylhydraziden, z. B. Benzolsulfonsäurehydrazid oder -hydrazoisobutyronitril, u. Oxydationsmitteln, z. B. Perjodaten, Bromaten, Peroxyverbb., aliphat. Diketonen, bes. Diacetyl oder Chinonen. Als Cu-Salz ist in den Mengenbeispielen $CuCl_2$ genannt. Schnellpolymerisation bei niedriger Temperatur. (**A. P. 2 686 775** vom 29/3. 1951, ausg. 17/8. 1954.) H. SCHINDLER. 7173

Wingfoot Corp., Akron, O., übert. von: **Fred W. Cox**, Atlanta, Ga., und **James M. Wallace jr.**, Akron, O., V. St. A., *Acrylsäureester* u. deren Polymerisate. Durch Rk. von Glykolmonoacrylat bei —10° in Ggw. von Pyridin mit Alkylchlorformiaten der Formel ClCOOR (R = Methyl- bis Hexylrest) erhält man Verbb. der Formel CH_2=CCl—COO—R′—O—COOR, in der R′ einen Alkylenrest darstellt; diese polymerisieren für sich oder im Gemisch mit anderen monomeren Verbb., wie Styrol, Vinylchlorid oder -acetat im Verhältnis 9 : 1 bis 1 : 9. Benzoylperoxyd katalysiert die Polymerisation. — Die erhaltenen (Misch-) Polymerisate sind geeignet als Preßharze, Klebmittel u. zur Herst. von Filmen, Röhren u. elektr. Isoliermitteln. (**A. P. 2 575 585** vom 4/2. 1949, ausg. 20/11. 1951.) H. MÖLLERING. 7173

Röhm & Haas G. m. b. H., Darmstadt (Erfinder: **Otto E. Hintze**, Mexiko), *Kunstmassen* aus Polymerisaten von *Acryl-* bzw. *Methacrylsäureestern* oder solche enthaltenden Mischpolymerisaten, dad. gek., daß sie unter gegebenenfalls vorherigem oder gleichzeitigem Zusatz von Natur- oder Kunstharzen mit fetten Ölen (Leinöl, Lacktran) bei $> 150^0$ verkocht worden sind. — Herst. von Formkörpern, Vergußmassen, Anstrichen, Verwendung als Kleb- u. Bindemittel für Schleifscheiben u. Kitte. (**D. B. P. 924 399** Kl. 39b vom 8/7. 1942, ausg. 3/3. 1955. Anmeldung bekanntgemacht 12/2. 1953.) G. SALZMANN. 7173

Farbenfabriken Bayer Akt.-Ges., Leverkusen (Erfinder: **Hermann Schnell**, Krefeld, und **Wilhelm Becker**, Köln), *Herstellung hydroxylgruppenhaltiger ungesättigter polymerisierbarer Ester* mit mindestens einer prim. freien OH-Gruppe aus mehrwertigen Alkoholen mit > 2 Alkylolgruppen an 1 C-Atom u. ungesätt. polymerisierbaren Säuren bzw. deren Estern, dad. gek., daß man bei der Veresterung bzw. Umesterung einen Überschuß an Acrylsäure oder Methacrylsäure oder deren niedermol. Estern, bezogen auf die zu veresternden OH-Gruppen, anwendet. — Aus 150 (Teilen) Trimethyloläthylmethan, 1500 Methacrylsäuremethylester, 15 Hydrochinon u. 20 konz. H_2SO_4 unter azeotrop. Dest. bei $64{,}2^0$ als Rückstand → *Trimethyloläthylmethandimethacrylat*, $C_2H_5C\cdot(CH_2OH)(CH_2OOCC(CH_3)=CH_2)_2$, VZ. 403, farblose bis schwachgelbliche Fl., die beim Stehen, rascher beim Erwärmen, harte Polymerisate liefert u. unter 0^0 in Ggw. von Stabilisatoren längere Zeit beständig ist. — *Trimethyloläthylmethandiacrylat*, VZ. 452. — *Trimethyloläthandimethacrylat*, VZ. 445; n_D^{20} 1,4720. — Die Ester lassen sich mit ungesätt. Verbb. mischpolymerisieren, wobei vernetzte *unlösl., sehr harte Polymerisate* mit guten mechan. Eigg. entstehen, bes. mit guter *Haftung* auf *Porzellan, Holz* u. *Metallen*. (**D. B. P. 923 786** Kl. 12o vom 13/4. 1952, ausg. 21/2. 1955. Anmeldung bekanntgemacht 15/7. 1954.) G. KRAUSS. 7173

Adriaan Honig's Kunsthars Industrie N. V., Zaandam, Holland, *Herstellung von Mischpolymeren* aus einer Styrolverb. (Styrol, α-Methylstyrol) mit einem Reaktionsprod aus wenigstens einem trocknenden oder halbtrocknenden Öl (klargekochtem Leinöl Holz-, Oiticica- oder Sojabohnenöl) u. Maleinsäureanhydrid, dessen noch freie Carboxylgruppen mit einem Alkohol (Glycerin, Pentaerythrit oder Hydroabietylalkohol) verestert sind, wobei diese Veresterung wenigstens teilweise während derMischpolymerisation mit Styrol oder dgl. zur gleichen Zeit unter langsamem Erwärmen auf 200—300^0 erfolgt. (**Schwz. P. 302 556** vom 4/12. 1951, ausg. 3/1. 1955.) W. GRÄGER. 7173

Dow Chemical Co., Midland, übert. von: **Harold H. Roth**, Bay City, und **Hugh B. Smith**, Midland, Mich., V. St. A., *Reinigen von aromatischen sulfonierten Alkenylharzen*, dad. gek., daß die sauren anorgan. Verunreinigungen aus dem körnigen sulfonierten Harz durch Extraktion mit wasserfreien Äthern (z. B. Ae.), Ketonen, fl. SO_2 u. CH_2Cl_2 entfernt werden. Die Sulfonierung des aromat. Alkenylharzes wird mit $ClSO_3H$ oder SO_3 durchgeführt, dabei ist das Harz in einem chlorierten KW-stoff gelöst. Z. B. wird *Polystyrol*, gelöst in Methylchloroform, mit $ClSO_3H$ bei 20^0 sulfoniert. Das Prod. wird filtriert u. mehrmals mit Ae. extrahiert. (**A. P. 2 663 700** vom 1/12. 1951, ausg. 22/12. 1953.) A. MOHR. 7173

Dow Chemical Co., Midland, übert. von: **Harold H. Roth**, Bay City, Mich., V. St. A., *Sulfonate von vinylaromatischen Harzen* erhält man durch Rk. von Chlorsulfonsäure (I) mit einer Lsg. von vinylaromat. Harzen in fl. polychlorierten KW-stoffen, die eine Viscosität von 0,8—1 cP bei 20^0 aufweisen, wobei die Menge des Harzes $< 8\%$ beträgt. Die Reaktionsmischung wird dabei auf -10 bis $+40^0$ gehalten, u. es werden 0,55—1,4 (Mol) I pro 1 der aromat. Reste des Harzes verwendet. Die Prodd. sind in W. dispergierbar u. wirken als Verdickungsmittel. — Ein Polystyrol mit einer Lösungsviscosität von 13,8 cP bei 25^0 zeigt bei 65,5%ig. Sulfonierung in Chlf. als ½%ig. wss. Lsg. eine Viscosität von 16000 cP bei 25^0. (**A. P. 2 683 137** vom 11/6. 1951, ausg. 6/7. 1954.) J. MÜHLEISEN. 7173

Chemstrand Corp., übert. von: **George E. Ham**, Decatur, Ala., V. St. A., *Polymerisationskatalysatoren* der nebenst. allg. Formel, worin R = H, Cl, Br, SO_3-Metall, Alkoxy u. Alkyl mit 1—5 C-Atomen u. R' = Alkaryl u. Aralkyl mit 1—3 C-Atomen in der Alkylkette, sowie Alkyl mit 1—12 C-Atomen ist, z. B. p-Anisyl-, Phenyl-, p-Sulfophenylazomethylmalonitril oder die entsprechenden Azobenzylmalonitrile oder das K-Salz von p-Carboxyphenylazoamylmalonitril. Polymerisiert werden nach den Beispielen 2-Methyl-5-vinylpyridin u. Acrylnitril, letzteres auch zusammen mit Styrol, Vinylacetat, Methacrylsäuremethylester usw. Vermeidung von Oxydations-Rkk. der fertigen Polymerisate. (**A. P. 2 676 953** vom 27/8. 1952, ausg. 27/4. 1954.) H. SCHINDLER. 7173

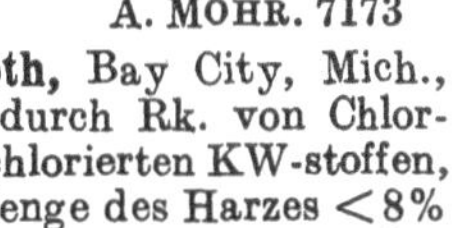

Minnesota Mining & Mfg. Co., St. Paul, Minn., V. St. A., *1.1-Dihydroperfluoralkylalkohole* der Formel $C_nF_{2n+1}CH_2OH$ (n = 3—17) erhält man bei der Red. von gesätt., nichtcycl., einbas. Fluorcarbonsäuren, deren Chloriden oder Alkylestern bei hohen Tempp. u. Drucken. — Im N_2-Strom löst man $LiAlH_4$ in Ae. u. fügt tropfenweise n-C_3F_7COOH hinzu. Man kühlt im Eisbad u. gibt nach ca. 48 Std. Einw. W. langsam zu, um etwa vorhandenes $LiAlH_4$ zu zersetzen. Man setzt unter weiterer Kühlung eine kalte Lsg. von 80 cm^3 konz. H_2SO_4-Lsg. in 200 cm^3 W. zu. Man schichtet, äthert die wss. Bodenschicht aus u. fügt die äther. Lsg. der oberen Schicht zu. Der Ae. wird abdest. u. der Rückstand mittels wasserfreiem $CaSO_4$ („Drierite") getrocknet. Man dest. erneut u. gewinnt bei 85—95° das Reaktionsprodukt. Man befreit es von dem als Acetal vorliegenden Aldehyd durch fraktionierte Dest. mittels konz. H_2SO_4 bei 28—30°, u. bei 90—95° gewinnt man den rohen *1.1-Dihydroheptafluorbutylalkohol* (I), $Kp._{749}$ 95°, farblose Fl.; n_D^{20} 1,294; $D._{20}$ 1,600. — Auf n-$C_3F_7COOCH_3$ läßt man in Ggw. eines Cu–Cr_2O_3-Katalysators H_2 bei einem Druck von 2500 lbs./sq.in. u. 210—230° einwirken, bis kein H_2 mehr aufgenommen wird. Man erhält I. — Aus $C_9F_{19}COOCH_3$ erhält man durch katalyt. Hydrierung krist. *1.1-Dihydro-n-nonadecafluordecylalkohol*, F. 87—87,5°, $Kp._{735}$ 192°. — Es werden ferner hergestellt (Kp. bei 740 mm Hg): $C_4F_9CH_2OH$, Kp. 111°; $C_5F_{11}CH_2OH$; n_D^{20} 1,304; $D._{20}$ 1,686; $C_6F_{13}CH_2OH$, Kp. 144°; $C_7F_{15}CH_2OH$, Kp. 160°; $C_8F_{17}CH_2OH$, Kp. 176°; $C_{10}F_{21}CH_2OH$, Kp. 208°; $C_{11}F_{23}CH_2OH$, Kp. 224°; $C_{12}F_{25}CH_2OH$, Kp. 240°. — Aus 1.1-Dihydro-n-heptafluorbutylalkohol u. Essigsäureanhydrid in Ggw. von Pyridin erhält man unter Rückfluß *1.1-Dihydro-n-heptafluorbutylacetat*, $Kp._{735}$ 105°; n_D^{20} 1,3110; $D._{20}$ 1,435, ölige Flüssigkeit. — *1.1-Dihydro-n-nonadecafluordecylacetat*, $Kp._{751}$ 208° (Mikrodest.); n_D^{20} 1,3189; $D.^{20}$ 1,709, farblose, viscose Flüssigkeit. — Aus *1.1-Dihydro-n-heptafluorbutylalkohol* u. *Heptafluorbutyrylchlorid* erhält man *1.1-Dihydro-n-heptafluorbutylheptafluorbutyrat* (n-$C_3F_7CH_2OOCC_3F_7$), $Kp._{733}$ 118—120°; n_D^{20} 1,290; $D._{20}$ 1,612. — Die Alkohole sind *Zwischenprodd.*, bes. zur Herst. *polymerisierbarer Ester*; bei der Rk. mit Acrylsäurechlorid in Ggw. von $BaCl_2$ erhält man z. B. das Acrylat, welches ein weiches, kautschukähnliches, nicht brennbares Homopolymeres ergibt. Die Acetate sind Lösungsmittel u. Plastifikatoren für hochfluorierte Polymere u. chem. Zwischenprodukte. (**E. P. 703 434** vom 17/5. 1951, ausg. 3/2. 1954. A. Prior. 26/5. 1950.) G. KÖNIG. 7177

Harvel Corp., übert. von: **David Wasserman**, Irvington, N. J., V. St. A., *Polymere Glycidyläther*. In Ggw. eines kation. Kondensationsmittels wird ein mit einem ein- oder mehrfach ungesätt., aliphat. KW-stoff mit 14—28 C-Atomen substituiertes Phenol, bes. *Cashewnuß-Fl.* (I), mit einem Phenol, Naphthol oder Anthranol kondensiert. — Bei 85° werden zu 860 Phenol 35 einer 26%ig. BF_3-Lsg. in Phenol u. nach 1 Std. Rühren 215 I gegeben. — Im Gegensatz zu anderen Glycidyläthern ist das Prod. in terpen. u. aromat. KW-stoffen lösl. u. trocknet aus solchen Lsgg. zu Filmen auf, die nach Tagen von selbst, rascher beim Erwärmen aushärten. Auch durch Amine wird die Polymerisation beschleunigt. Auf Grund der Epoxybindung reagieren die Prodd. unter Esterbldg. mit Dicarbonsäuren. (**A. P. 2 665 266** vom 29/1. 1952, ausg. 5/1. 1954.) H. MÖLLERING. 7177

— (Erfinder: **Edgar Krumbein**, Premnitz), *Herstellung von Polyamidlösungen*. Man verwendet Trichloräthanol u./oder Chloralhydrat (I), auch in Mischung mit Methanol oder halogenierten KW-stoffen, als Lösungsm. für Polyamide. — Man rührt 15 (Teile) Polyhexamethylenadipamid (II) in 85 Trichloräthanol bis zur klaren Lösung. — Statt Methanol oder der halogenierten KW-stoffe kann man auch W. verwenden. — Man verrührt 20 II mit 60 I u. 20 W. bis zur Lösung. (**D. PP. [DDR] 4 973** Kl. 39b vom 7/2. 1941, ausg. 14/4. 1954 u. **4 974** Kl. 39b [Zusatzpatent] vom 8/8. 1941, ausg. 15/5. 1954 [Ausschließungspatente].) M. PANKOW. 7181

Efraim Kaczalski, Brooklyn, und **Joseph Blumenfeld**, New York, N. Y., V. St. A., *Lineare Polyamidmischharze*. α-Aminosäuren in Form ihrer N-Carboxylanhydride, z. B. von Alanin, Leucin, Tyrosin, Tryptophan, Glutaminsäure oder dgl., werden im Gemisch mit geradkettigen Aminosäuren mit >4 C-Atomen zwischen NH_2- u. COOH-Gruppe durch Erhitzen über den F. polymerisiert. — Z. B. werden Gemische aus 100 (Teilen) 11-Aminoundecylsäure u. 80 ε-Carbobenzoxy-α-carboxyl-Lysinanhydrid oder 33 N-Carboxylphenylalaninanhydrid u. 67 11-Aminoundecensäure auf dem Ölbad auf 200° erhitzt. — Die Prodd. dienen zum *Spinnen von Fäden*, als *Kationenaustauscher*, *Weichmachungsmittel* oder dergleichen. (**A. P. 2 578 428** vom 17/4. 1948, ausg. 11/12. 1951.) H. MÖLLERING. 7181

N. V. Philips' Gloeilampenfabrieken, Eindhoven, Holland, *Harnstoff–Formaldehyd-Kondensationsprodukte*, die mit einem Alkohol u. einem Fettsäureamid modifiziert sind, erhält man durch Rk. von CH_2O mit Harnstoff im Molverhältnis von >2 : 1 bis über die Dimethylolharnstoffstufe u. Erhitzen des Prod. in Ggw. einer Säure mit einem

4–6 C-Atome enthaltenden Alkohol u. einem Amid eines tier. oder pflanzlichen Fettes bzw. Öls. (**E. P. 719 786** vom 12/10. 1951, ausg. 8/12. 1954. Holl. Prior. 16/10. 1950.) J. MÜHLEISEN. 7181

Chemstrand Corp., Decatur, Ala., übert. von: **David W. Chaney**, Nether Providence Township, Delaware County, Pa., V. St. A., *Mischpolymerisate* erhält man aus mindestens 80 (%) Acrylnitril u. wenigstens 1 N-Vinyl-N-methyl-N'.N'-dimethyl-, N-Vinyl-N.N'-diäthyl- oder Allylharnstoff in Ggw. von K-Persulfat bei 75°. Gute Anfärbbarkeit mit sauren Wollfarbstoffen. — Mengenbeispiele. (**A. P. 2 688 010** vom 6/6. 1950, ausg. 31/8. 1954.) H. SCHINDLER. 7181

American Cyanamid Co., New York, N. Y., übert. von: **Walter M. Thomas**, Springdale, Conn., V. St. A., *Polymerisierbare Gemische des Reaktionsproduktes ungesättigter Guanamine mit Aldehyden und deren Polymerisate.* Ungesätt. Guanamine der Formel I, worin R = H oder CH_3, R' = H oder C_6H_5 u. R'' = H, Alkyl, Aryl oder Aralkyl, werden mit Aldehyden umgesetzt u. anschließend, gegebenenfalls auch in einer Stufe, mit einer oder mehreren Komponenten mischpolymerisiert. Als letztere dienen Gemische aus dem Reaktionsprod. von Methacryl- bzw. β-Styrylguanamin mit CH_2O, oder Gemische, die als weitere Komponenten ungesätt. Alkydharze u. eine, bes. aromat., Vinylverb. enthalten. Die Endprodd. dienen zur Herst. von Laminaten, Isolations- u. Textilhilfsmitteln. — Mengenbeispiele. (**A. P. 2 689 228** vom 18/7. 1952, ausg. 14/9. 1954.) H. SCHINDLER. 7181

I

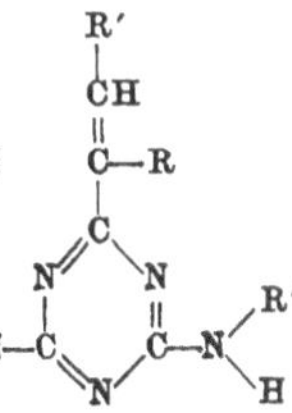

E. I. du Pont de Nemours & Co., Wilmington, übert. von: **Robert Neal MacDonald**, New Castle, Del., V. St. A., *Herstellung und Polykondensation von 4.4-Polymethylen-2.5-diketo-1.3-oxazolidin* (I). Man stellt aus 1-Aminocycloalkancarbonsäuren-(1) durch Umsetzen mit Chlorameisensäureester oder mit $COCl_2$ die cycl., gemischten Carbaminsäure–Carbonsäure-Anhydride über zum Teil isolierte Zwischenprodd. her. Bei längerem Erhitzen, bes. in Ggw. organ., wasserfreier Lösungsmittel, spalten die I unter Bldg. von makromol. Polyamiden CO_2 ab. — Z. B. wird aus 1-Aminocyclopentancarbonsäure-(1) durch Umsetzung mit $COCl_2$ **Ia** [R = $(CH_2)_2$] als farblose Kristallmasse mit F. 128° erhalten. — Analog: **Ib** [R = $(CH_2)_4$], F. 146 bis 147°. — Aus 1-Aminocyclohexancarbonsäure, Benzylchlorameisensäure u. NaOH entsteht *1-Carboxy-1-(N-carbbenzyloxy)-aminocyclohexan*, F. 154,8–156°, das mit $SOCl_2$ **Ic** [R = $(CH_2)_3$], F. 114,8–115,2°, liefert. — 1 Teil **Ia** in 11 Chlorbenzol, dem 0,0003 Cyclohexylamin als Polymerisationskatalysator zugefügt wird, liefert nach 153 Std. Kochen am Rückflußkühler in organ. Lösungsmitteln unlösl. Polyamid, das beim Erhitzen auf 350° weder schm. noch sich verfärbt. — **Ic** liefert beim Erhitzen in N_2 auf 160° unter CO_2-Abspaltung ein ähnliches Produkt. — Mischpolyamide aus N-Carboanhydriden von α-Aminosäuren u. I sind in organ. Lösungsmitteln mitunter löslich. — Verwendung der lösl. Prodd.: Filme, Fäden, der unlösl. Prodd.: Füllstoffe, Mattierungsmittel für Nylon u. Farbpigmente. (**A. P. 2 560 584** vom 2/2. 1949, ausg. 17/7. 1951.) O. SCHÖN. 7181

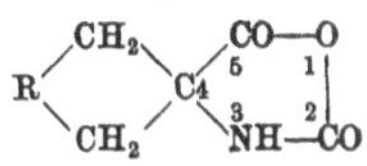

I

Dow Corning Corp., übert. von: **Arthur J. Barry** und **Donald E. Hook**, Midland, Mich., V. St. A., *Pulverförmige Siloxane* bilden sich bei der Hydrolyse, wenn ein Chlorsilan der Formel R_nSiCl_{4-n} (R = Alkylrest mit weniger als 7 C-Atomen, Phenylrest oder H, wobei nicht mehr als 1 H auf 1 Si kommt; n = 0–1,5) verdampft u. mit einem inerten Gas in solcher Menge vermischt wird, daß der Geh. an Chlorsilan (in Vol.-%) in dem Gemisch < 80 ist u. darauf das Gemisch hydrolysiert wird. Inerte Gase sind Gase oder Dämpfe, die bei n. Bedingungen, z. B. bei Tempp. $< 150°$ mit den Silanen nicht reagieren, wie Luft, O_2, N_2, H_2, CO_2, CO, SO_2, NO_2, PH_3, $N(CH_3)_3$, KW-stoffe, KW-stoffhalogenide, Äther. — Ein bei der Rk. von CH_3Cl + HCl mit Cu-Si-Mischung anfallendes Abgas, das 5 Vol.-% eines Gemisches von Chlorsilanen u. 95 CH_3Cl, H_2 u. KW-stoffe enthält, wird durch eine 20–25%ig. wss. Lsg. von HCl geleitet. Von der Oberfläche der Lsg. wird ein pulverförmiges Siloxan abgeschöpft, das nach Waschen u. Trocknen hydrophob ist. Das Verhältnis von C/Si beträgt bei ihm 0,17, während H/Si = 0,46 ist. (**A. P. 2 676 091** vom 31/10. 1951, ausg. 20/4. 1954.) J. MÜHLEISEN. 7189

XII. Kautschuk. Guttapercha. Balata.

E. W. Bolle-Jones, *Ernährung von Hevea Brasiliensis.* 1. Mitt. *Experimentelle Methoden.* Eine Meth. zur Erzeugung von Hevea-Pflanzen mit bekanntem Ernährungszustand u. analyt. Verff. zur Best. der Makro- u. Mikronährstoffe, von Mo-Spuren u. des Chlorophylls werden beschrieben. Eine neue einfache Schnellmeth. zur Best. des Kautschukgeh. der Pflanzen u. eine chromatograph. Best. der einzelnen Zuckerarten in den Lamellen werden besprochen. (J. Rubber Res. Inst. Malaya **14.** 183—207. Mai 1954. Kuala Lumpur, Malaya, Rubber Res. Inst., Soils Div.) R. SCHÄFF. 7222

E. W. Bolle-Jones, *Ernährung von Hevea Brasiliensis.* 2. Mitt. *Einfluß des Nährstoffmangels auf Wachstum, Chlorophyll-, Kautschuk- und Mineralgehalt von Tjirandji-1-Sämlingen.* (1. vgl. vorst. Ref.) Sämlinge von Hevea Brasiliensis (Tjirandji 1) wurden in Sandkulturen ohne bzw. mit bestimmten Mengen von N, S, P, Mg, K, Ca, Fe, Mn u. B gezogen. In jedem Mangelfalle wurde das Wachstum verzögert oder unterbrochen. Außer für Ca u. B werden für alle Elemente sichtbare Symptome angegeben. Der Kautschukgeh. wurde verfolgt. Der geringe Ca- u. B-Bedarf u. die starke Anreicherung von B in den Lamellen werden gezeigt. K- u. Mn-Mangel steigert den P-Geh. der Lamellen. N-, S- u. P-Mangel red. u. K- u. Ca-Mangel steigert den Mg-Geh. der Lamellen. Beschränkte N-, Mg- u. Ca-Zufuhr erhöht den K-Gehalt. Mg- u. K-Mangel steigert den Ca-Gehalt. Bei K-Mangel enthalten die Lamellen weniger Fe als bei Vollernährung. Ein Beweis für die Wechselbeziehung zwischen N u. Mn in der Pflanze wird angegeben. (J. Rubber Res. Inst. Malaya **14.** 209—30. Aug. 1954.) R. SCHÄFF. 7222

C. Vervloet und **D. Doup,** *Technische Klassifizierung von Plantagenkautschuk. Vergleich der Dehnungswerte bei einer Belastung von 5 kg/cm² und der Kraftwerte bei 600% Dehnung (625% für Scott-Ringe).* (Vgl. nachst. Ref.) Vff. untersuchen an hellen u. dunklen Crepes u. an gerippten smoked sheets bei 21—22° u. einer relativen Feuchtigkeit von 60% die Dehnungswerte bei 5 kg/cm²-Zug (Testgerät der BRPRA) u. die Zugkraft bei Dehnungen von Ringen auf 625% (Testgerät SCOTT-ORR-L 6). Sie finden eine befriedigende Beziehung zwischen den Dehnungsarten u. dem Modul 600. Dabei ist die Messung der Dehnung bei kleiner Belastung besser reproduzierbar als die des Moduls 600. Dies ist zum Teil auf den hohen Grad der Kristallinität zurückzuführen, den Kautschuk bei hohen Dehnungen aufweist. (Arch. Rubber Cultivat. **31.** 75—82. Juli 1954. Medan, AVROS Exp. Stat.) H.-J. CANTOW. 7222

C. Vervloet und **D. Doup,** *Technische Klassifizierung von Naturkautschuk.* Vff. untersuchen die Beziehung zwischen den Moduli von hantelförmigen Proben bei 600% u. von ringförmigen bei 625% Dehnung (Testgerät SCOTT-ORR-L 6). Die Differenz der Ergebnisse nach beiden Methoden liegt im Bereich von 10%. Vff. kontrollieren durch Messungen der Moduli die Änderung der Eigg. von Plantagenkautschuk mit der Jahreszeit. Die Proben werden 40 Min. bei 140° vulkanisiert u. bei 22—23° u. 60% relativer Feuchtigkeit untersucht. — 9 graph. Darstellungen, 7 Tabellen. (Arch. Rubber Cultivat. **31.** 83—106. Juli 1954. Medan, ARVOS Rubber Testing Stat.) H.-J. CANTOW. 7222

J. Royo Martinez, *Neue Typen von synthetischem Kautschuk, „Vulcollan" und „Chemigum".* Überblick über Herst., Eigg. u. Anwendungen. — 8 Literaturhinweise. (Rev. Plásticos **5.** 38. Jan./Febr. 1954.) M. WINIKER. 7224

J. E. Monaghan, *Silicone in der Gummiindustrie.* Kurzer Überblick über Eigg. u. Anwendungen. (Rubber Plastics Age **36.** 285—87. Mai 1955. Midland Silicones Ltd.) M. WINIKER. 7224

Jacques Le Foll, *Untersuchung des Mechanismus der Desaktivierungswirkung.* (Vgl. C. **1953.** 2532.) Der Mechanismus der Schutzmittelwrkg. bei Kautschukmischungen u. der Unterschied zwischen diesem Effekt u. der klass. Antioxydationswrkg. wurden untersucht u. erörtert. Die Unters. von Relaxationserscheinungen ist die einzige Meth. zur Unterscheidung beider Effekte; sie führt außerdem zur weiteren Stützung der Theorie von TOBOLSKY u. Mitarbeitern. Änderungen der physikal. Eigg. von Kautschukvulkanisaten während der Alterung sind das Ergebnis von zwei voneinander unabhängigen, aber gleichzeitig eintretenden Vorgängen: Kettenspaltung u. Bldg. intermol. Bindungen. (Bei der Alterung von Naturkautschukvulkanisaten unter n. Bedingungen tritt in erster Linie Kettenspaltung ein.) Der Schädigung durch Alterung wird daher durch 2 Methoden entgegengewirkt: Unterbindung der Kettenspaltung durch Verhinderung der O_2-Fixierung bzw. Beschleunigung der laufenden Bldg. intermol. Bindungen zur Kompensation der Kettenspaltungseffekte. Im 1. Falle sind Antioxydantien, im 2. Falle Desaktivierungsmittel aktiv. Vf. betrachtet daher die Desaktivierungsmittel als spezielle Beschleuniger, wodurch dann folgende Tatsachen eine Erklärung finden können: die Beziehungen zwischen chem. Struktur u. Wirkungsweise von Beschleunigern u. Desaktivierungsmitteln sowie die Schutzwrkg. von Vulkanisationsmitteln, wie Bleiglätte, Peroxyden u. Nitroverbindungen. Fraglich bleibt aber noch, wie sich intermol. Bindungen unter dem Einfl. von Desaktivierungsmitteln bilden. (Rubber Chem. Technol. **27.** 157—64. Jan./März 1954; Rév. Gén. Caoutchouc **30.** 559—62. Aug. 1953. Paris, French Rubber Inst.) R. SCHÄFF. 7230

B. F. Goodrich Co., New York, N. Y., übert. von: **James R. Miller**, Cuyahoga Falls, O., V. St. A., *Polymerisierverfahren.* Eine im p_H-Bereich von 1,5—11,5 beständige wss. Copolymerisatdispersion aus 50—85 (%) Butadien-(1.3) u. 50—15 Acrylsäurenitril erhält man, indem man eine wss. Emulsion der Monomeren mit N-Dodecyl-β-alanin als Emulgator herstellt, mit HCl bzw. NH_4OH den gewünschten p_H-Wert einstellt u. bei 5—40° in Ggw. eines Polymerisationskatalysators unter Rühren polymerisiert. — Verwendung bes. in Kombination mit *Textilien* oder *Papier.* (**A. P. 2 684 954** vom 22/5. 1951, ausg. 27/7. 1954.) W. OVERBECK. 7225

Jasco, Inc., übert. von: **William J. Sparks, Anthony H. Gleason** und **Per K. Frolich**, Westfield, N. J., V. St. A., *Polymerisatgemisch,* bestehend aus gleichen Teilen eines vulkanisierbaren, kautschukartigen Copolymerisats aus 3 (Teilen) Butadien u. 1 Styrol u. eines harten, in Bzl. lösl. thermoplast. Harzes, das man erhält durch Polymerisation eines Gemisches von 75 (%) Styrol u. 25 Isopren in wss. Emulsion bei 35—75° in Ggw. von CS_2. Übliche Zusätze können gemacht werden. Verwendung zur Herst. von *Kautschukwaren* größerer Härte. (**A. P. 2 661 339** vom 2/3. 1946, ausg. 1/12. 1953.) W. OVERBECK. 7225

E. I. du Pont de Nemours & Co., übert. von: **William Howells Vinton**, Wilmington, Del., V. St. A., *[β-(Acylthio)-äthyl]-pyridine und deren Hydrolyseprodukte* erhält man durch Kondensation einer Carbothiolsäure mit einem Vinylpyridin in fl. Phase bei höchstens 50° u. Hydrolyse mit einer starken Säure in Ggw. eines Alkanols. — Aus Thiolessigsäure u. 2-Vinylpyridin (hergestellt durch Dehydratisierung von β-Pyridyläthanol mit Alkalien) bei —40° unter Ansteigen der Temp. auf 20° → *2-[β-(Acetylthio)-äthyl]-pyridin,* $C_9H_{11}ONS$, $Kp._1$ 95—97°; n_D^{25} 1,5480; Ausbeute: 91,3%; daraus mit Methanol-HCl bei 45° nach 16 Std. u. Neutralisation mit Na Methylat → *2-(β-Mercaptoäthyl)-pyridin,* C_7H_9NS, $Kp._7$ 94°. — 2-Vinyl-5-äthylpyridin → *2-[β-(Acetylthio)-äthyl]-5-äthylpyridin,* $C_{11}H_{15}ONS$, $Kp._{0,5}$ 131—136°, schwachgelb; $D.^{25}_4$ 1,0664; n_D^{25} 1,5377. — *3-[β-(n-Propionylthio)-äthyl]-I* (I = pyridin). — *4-[β-(Hexahydrobenzoylthio)-äthyl]-I.* — *2-[β-(Benzoylthio)-äthyl]-5-methyl-I.* — *2-Propyl-4-[β-(n-butyrylthio)-äthyl]-I.* — *3-Äthyl-4-[β-(acetylthio)-äthyl]-I.* — *Di-[β-(2-pyridyl)-äthyl]-dithiolsuccinat.* — *3-(β-Mercaptoäthyl)-I.* — *4-(β-Mercaptoäthyl)-I.* — *2-(β-Mercaptoäthyl)-5-methyl-I.* — *2-Propyl-4-(β-mercaptoäthyl)-I.* — *3-Äthyl-4-(β-mercaptoäthyl)-I.* — *Zwischenprodd.* für *Kautschuk.* (**A. P. 2 607 776** vom 27/12. 1945, ausg. 19/8. 1952.) G. KRAUSS. 7225

Universal Oil Products Co., übert. von: **Herman S. Bloch**, Chicago, Ill., V. St. A., *Modifizierte Phenolharze.* Man kondensiert zunächst eine aromat. OH-Verb., die wenigstens 3 substituierbare, kernständige H-Atome enthält, mit einem Gemisch cycl. polyolefin. KW-stoffe, die in demselben Mol. konjugierte u. nichtkonjugierte Doppelbindungen enthalten. Die hierbei entstehenden Mono- u. Polyalkenylphenole setzt man mit Aldehyden bzw. Ketonen in Ggw. eines sauren Katalysators bei 25—200° um. Man erhält *kautschukartige* Harze, die sich zur Herst. von Formkörpern bzw. Überzügen eignen. (**A. P. 2 570 513** vom 30/3. 1948, ausg. 9/10. 1951.) A. BRÖSAMLE. 7225

DEHYDAG Deutsche Hydrierwerke G. m. b. H., Düsseldorf, *Plastifizierungsmittel* für natürlichen oder synthet. *Kautschuk,* bestehend aus durch höher mol. Alkyl- oder Cycloalkylreste substituierten, perhydrierten, aromat. ein- oder mehrwertigen Alkoholen mit mindestens 10 C-Atomen u. ein- oder mehrbas. Carbonsäuren gebildeten Estern, allein oder zusammen mit anderen Stoffen. Bevorzugt werden Ester aus durch katalyt. Hochdruckred. von natürlichen Harzen oder Harzsäuren erhältlichen Prodd. von alkoh. Beschaffenheit u. ein- oder mehrbas. Carbonsäuren. (**D. B. P. 927 766** Kl. 39b vom 29/7. 1936, ausg. 16/5. 1955. Anmeldung bekanntgemacht 28/10. 1954.) W. OVERBECK. 7227

DEHYDAG Deutsche Hydrierwerke G. m. b. H, Düsseldorf (Erfinder: **Winfried Hentrich**, Riehen, Basel, Schweiz, **Christoph Grundmann**, Columbus, O., V. St. A., und **Rudolf Endres**, Frankfurt/M.), *Gelatinierungsmittel und Weichmacher für Chlorkautschuk,* bestehend aus höhermol. Nitroparaffinen bzw. deren Derivv., bes. Nitroparaffinalkohole oder deren Ester. (**D. B. P. 927 232** Kl. 39b vom 12/2. 1941, ausg. 2/5. 1955. Anmeldung bekanntgemacht 31/12. 1953.) W. OVERBECK. 7227

B. F. Goodrich Co., New York, N. Y., übert. von: **Daniel S. Sears**, Cuyahoga Falls, O., V. St. A., *Verstärkender Kautschukfüllstoff,* bestehend aus *Siliciumoxyimid* mit einer Teilchengröße von 5—200 $\mu\mu$. Es wird erhalten durch Rk. von SiO mit überschüssigem NH_3 in der Gasphase. Zusatzmenge: 40—80 (Teile) auf 100 Kautschuk. (**A. P. 2 666 754** vom 26/5. 1950, ausg. 19/1. 1954.) W. OVERBECK. 7227

Monsanto Chemical Co., St. Louis, Mo., übert. von: **Richard O. Zerbe**, Nitro, W. Va., V. St. A., *Vulkanisationsbeschleuniger* der Formel HOOC—R—CO—NH—CS—NH_2, in der R eine Alkylengruppe mit 2 oder 3 C-Atomen ist. (**A. P. 2 651 625** vom 7/11. 1951, ausg. 8/9. 1953.) W. OVERBECK. 7229

XIII. Ätherische Öle. Parfümerie. Kosmetik.

James J. Broderick, *Terpenfreie ätherische Öle.* Überblick über die Entw. der Herst. terpen- u. sesquiterpenfreier äther. Öle durch Vakuumdest., Wasserdampfdest., Lösen in A. u. Extraktion mit Zweistoffgemischen. Hinweis auf Verss. mit Chromatographie über SiO_2-Säule. (Amer. Perfumer essent. Oil Rev. **65.** 19—23. Jan. 1955. Givaudan-Delawanna, Inc.) H. MÜHLMEISTER. 7262

A. R. Penfold und **J. L. Willis,** *Die Industrie der ätherischen Öle von Australien.* (Vgl. C. **1955.** 235.) Übersicht über Botanik, physiol. Formen, Produktion, Destillationspraxis der in Australien einheim. Pflanzen, die äther. Öle für medizin., industrielle u. Parfümeriezwecke enthalten, bes. Eucalyptusöl verschied. Art, Sandelholzöl, Teebaumöle. Beschreibung dieser Öle u. ihrer Zus., Unters. u. Industrie. (Economic Botany **8.** 316—36. Okt./Dez. 1954. Sep.) G. TREWENDT. 7262

Els N. Luyendijk, *Über die Bildung des ätherischen Öles in den Früchten von Anethum graveolens.* Der maximale Geh. an äther. Öl bzw. *Carvon* wird bei *Anethum graveolens* (Dill) zum Zeitpunkt des maximalen Fruchtgewichtes erreicht. Der Geh. an äther. Öl nimmt dann während des Austrocknens der Früchte ab; es findet also keine Nachbldg. von äther. Öl statt. Eine Umwandlung von Limonen in Carvon konnte nicht festgestellt werden. (Naturwissenschaften **41.** 363—64. 1. Aug.-H. 1954. Leiden, Univ., Pharmaz. Labor., Abt. Pharmakognosie.) H. P. FIEDLER. 7262

W. Spoon, *Citronengrasöl oder Lemongrasöl aus Surinam.* Beschreibung der Gewinnung u. Eigg. des bzgl. seines Geruches an Citronen erinnernden äther. Öles aus Citronengras (Lemongras), Cymbopogon citratus (D. C.) Stapf; $D.^{15}_{15}$ 0,886; Brechungsindex (20°) 1,484; opt. Drehung —0,17; Citralgeh. 77,4%; lösl. in 3 Teilen 70%ig. Alkohol. — Zahlentafeln. (De Surinaamse Landbouw **2.** Nr. 3. 92. Mai/Juni 1954; Ber. Afdel. trop. Product. Kon. Inst. Tropen Nr. **244.** 1—8. 1954. Koninklijk Inst. voor de Tropen, Afd. Trop. Prod.) W. WESLY. 7262

C. Scholtens, *Timor-Sandelholzöl.* Bericht über neue Destillationen in Holland, die mindestens Gleichwertigkeit mit Mysoreöl ergeben haben. (Ind. Parfumerie **7.** 205. Juli 1952. Hoogezand, Holl., Chem. Fabr. Flebo.) H. MÜHLMEISTER. 7262

Joh. A. Pettersen, *Parfüm und Riechstoff.* Nach Besprechung aktueller Fragen u. Bedingungen bei der Schöpfung von Parfümkompositionen gibt Vf. ein Schema an, um Riechstoffe bzgl. Geruch, Geruchsstärke, Haftdauer, Färbung, Löslichkeit in A. verschied. Stärke, Lichtechtheit u. Alkalibeständigkeit nach Punkten zu bewerten. (Parfümerie u. Kosmet. **35.** 346. 348. Sept. 1954.) H. MÜHLMEISTER. 7276

Helmut Führer, *Moderne Extraits-Parfümkompositionen.* Anforderungen an moderne Phantasiegerüche, für die 7 Rezepte unter Verwendung neuer Riechstoffe gegeben werden. (Seifen-Oele-Fette-Wachse **79.** 653. 9/12. 1953.) H. MÜHLMEISTER. 7276

Monsvin, *Aus dem Taschenbuch des Parfümeurs: Daphne-Blütenduft.* Der Duft des Seidelbastes (Daphne Laureola L.) hat eine frischblütige Spitzennote mit leichtem Blattgeruch, lebhafte blumige Grundlage von Alpenveilchen, Maiglöckchen, Mairose, weißem Flieder u. Jasmin u. weichen, tagelang anhaltenden Fond von Oxycitronellal u. reinstem Linalool. Er kann auch künstlich wiedergegeben werden, 3 Rezepte dafür u. Anregungen für ihre Abwandlung werden angegeben. (Parfümerie u. Kosmet. **34.** 368—69. Okt. 1953.) H. MÜHLMEISTER. 7276

Firmenich & Co., Successeurs de la Soc. An. M. Naef & Cie., Genf, Schweiz, *Stereoisomere des Epoxyds von (Tetramethyl-2.5.5.9-oxy-2-dekalyl-1)-äthanol* (I u. II), F. 76 bzw. 60°, erhält man durch Abspaltung von 1 Mol W. aus (Tetramethyl-2.5.5.9-oxy-2-dekalyl-1)-äthanol (III) in Ggw. von Wasserabspaltungskatalysatoren (Naphthalinsulfonsäure, Al_2O_3, absol. Ae.-HCl), z. B. durch Erhitzen auf 168—173°/10 mm Hg. III erhält man durch Ozonisierung von Sclareoloxyd, $C_{18}H_{30}O$, in Hexan bei —30° u. Red. des gebildeten Ozonids mit $LiAlH_4$ in Ae. (Ausbeute: 80%), wobei als Nebenprod. ein isomeres Epoxyd von III entsteht.

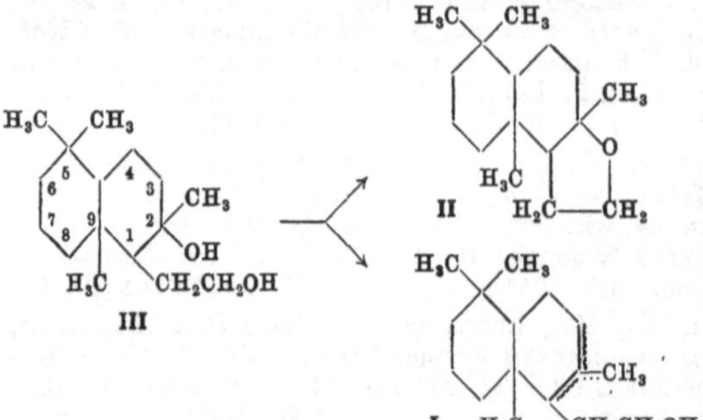

Man kann auch die durch Oxydation von Sclareol mit CrO_3 erhaltenen stereoisomeren Lactone reduzieren. I u. II haben *Ambrageruch.* — *Riechstoffe* (vgl. Schwz. P. 285126; C. 1954. 11612). (**Schwz. P. 299369** vom 25/5. 1950, ausg. 16/8. 1954.) G. KRAUSS. 7277

XIV. Zucker. Kohlenhydrate. Stärke.

W. N. Usunow, *Wertvolle Sorten der Zuckerrübe.* Angaben über Ernteertrag, Zuckergeh. in % u. Zuckerertrag/ha für verschied. Zuckerrübensorten. (Сахарная Промышленность [Zucker-Ind.] **29.** Nr. 1. 33—34. 1955. Kommission zur Sortenprüfung von Getreide- u. techn. Kulturen.) A. ECKE. 7406

M. Drachovská-Šimanová, *Anwendung von Bor zur Verbesserung der technologischen Qualität der Zuckerrübe.* Die Literatur (100 Zitate) über die Notwendigkeit von *B* als Spurenelement für die Zuckerrübe wird besprochen, bes. im Hinblick auf die Herz- u. Trockenfäule. In Feldverss. wurde die Bestäubung mit Borax (I)-Abfällen von der I-Herst., mit I selbst u. *Rasorit,* auch aus dem Flugzeug sowie die Behandlung von Stecklingen u. Sämlingen mit 1%ig. I-Lsg. untersucht. Statist. Auswertung der Ergebnisse zeigte die B-Wirksamkeit auf Wachstum u. Güte der Zuckerrübe. Auf n. Böden, wo bisher Herzfäule noch nicht auftrat, düngt man die Stecklinge mit 5 kg I/ha, auf leichtem oder alkal. Boden, wo noch keine Herzfäule beobachtet wurde, mit 10 kg/ha, auf Böden, die Herz- u. Trockenfäule vereinzelt verursachen, mit 15 kg/ha, sowie bei Böden mit deutlichem Auftreten beider Erkrankungen mit 20 kg/ha. In den beiden letzten Fällen liegen die I-Werte bei Zuckerrüben um 5 kg/ha niedriger. Bei Auftreten eine der Fäulen düngt man zusätzlich mit 15 kg/ha oder besprengt mit 1000 Liter I-Lsg./ha. Sollten nach diesen I-Dosierungen die Erkrankungen sich weiter ausbreiten, so steigert man die I-Mengen durch Besprühen. (Sborník českoslov. Akad. zemědělských Věd, Řada B **27.** 53—72. Febr. 1954. Praha, Výzk. úst. cukrovarnický.) H. FREYTAG. 7406

C. Pagan-Carlo und **E. J. Morales,** *Heißkalkung in der Centrale von Puerto Rico ergibt klaren Saft von hohem Reinheitsgrad.* Vff. versetzen kalten ungereinigten Zuckersaft bis zu einem p_H-Wert von 8,4 mit $Ca(OH)_2$, erhitzen ihn zum Sieden u. messen die Absetzgeschwindigkeit bei 85°. Als deren Maß wird das Vol. des geklärten Saftes u. des Kalkschlammes nach 30 Min. angeschen. Zum Vgl. wird im Heißkalkungsverf. der Saft zuerst gekocht, dann bis zu einem p_H-Wert von 8,0 mit $Ca(OH)_2$ versetzt u. auf die gleiche Weise untersucht. Es wird festgestellt, daß die letzte Reinigungsmeth. einen klareren u. reineren Saft liefert u. die Absetzgeschwindigkeit größer ist. Da $Ca(OH)_2$ in heißem Saft schwerer lösl. ist, werden außerdem bis zu 30% $Ca(OH)_2$ eingespart. Die in der Zuckerlsg. enthaltenen Phosphate (bis 1000 p.p.m. P_2O_5) fördern die Klärung bei der Heißkalkung, da die aus ihnen u. $Ca(OH)_2$ entstehenden Ca-Phosphate eine andere physico-chem. Struktur als in der Kälte besitzen u. Verunreinigungen wirksamer mitreißen. (Sugar **50.** Nr. 2. 39—40. 59. Febr. 1955. Mayaguez, Centr. Igualdad.) P. FAHRNLAENDER. 7412

W. Dörfeldt und **H. J. Delavier,** *Einfluß verschiedener Faktoren der Saftreinigung auf die Filtrationseigenschaften des 1. Schlammsaftes.* 2. Mitt. (1. vgl. C. **1955.** 941.) Es wurden in einer Versuchsapp. mit jeweils 2 Liter Rohsaft der Einfl. der Temp. u. des p_H der Vorscheidung, des p_H der 1. Saturation u. der D. des Rohsaftes bei gleicher Nichtzuckerzus., auf die Filtrier- u. Dekantiereigg. des 1. Schlammsaftes untersucht. Das umfangreiche Versuchsmaterial wird graph. u. tabellar. gebracht. Die durch den Filtrationskoeff. (Fk) nach BRIEGHEL-MÜLLER ausgedrückte Filtrationsfähigkeit wird durch Senken der CaO-Menge von 2 auf 1% um 100—150% verschlechtert, bei Erhöhung auf 3% im allg. stark verbessert, nicht jedoch bei tiefer Temp. der Vorscheidung. Eine Vorscheidung verbessert den Fk-Wert; ob eine Temp. von 40° oder 80° günstiger ist, hängt von der Rübenart ab. Das Abweichen vom optimalen Vorscheide-p_H 11,1 erhöht bei 40° den Fk-Wert u. ist ohne Einfl. bei 80°. Eine Über- oder Untersaturation erniedrigt den Fk-Wert mehr oder weniger. Das Schlammvol. (Vol.-%) nach 25 Min. wird durch die CaO-Menge kaum beeinflußt. Starke Schrumpfung tritt bei einer Vorscheidung bei 80° ein, nicht dagegen bei 40°. Das Vorscheide-p_H ist fast ohne Einfluß. Die Sedimentationsgeschwindigkeit zeigt bei 1% CaO höhere Werte, sie wird bei ansteigender Vorscheidetemp. zunehmend verbessert. Das p_H ist nur von geringem Einfluß. Die Farbe des 1. Saturationssaftes verschlechtert sich mit steigender Vorscheidetemp., wie auch durch p_H-Abweichungen. Übersaturation wirkt sich stets ungünstig auf die Farbe aus. (Z. Zuckerind. **4** (**79**). 431—37. 20/10. 1954.) M. ULMANN. 7412

W. A. Sambrowski, *Betriebserfahrung bei der Bestimmung der Geschwindigkeit der Saftfiltration auf Filterpressen.* Auf Grund von Betriebserfahrungen wird für die Filtration des Zuckerrübensaftes der 1. Saturation (bei der Vorkalkung mit unfiltriertem, ungenügend gegastem Saturationssaft behandelt) eine Geschwindigkeit von 4 Liter/m²·Min. empfohlen. Wo nach den ersten Filterpressen eine Kontrollfiltration stattfindet, kann die Filtrationsgeschwindigkeit auf 4,5 Liter/m²·Min. erhöht werden. (Сахарная Промышленность [Zucker-Ind.] **29**. Nr. 2. 18—19. 1955.) A. ECKE. 7412

S. D. Holmquist, Lund, Schweden, *Reinigung technischer Lösungen mit Ionenaustauschern.* Die Kationen wenig dissoziierter Lsgg., wie *Zuckersäfte*, werden ganz oder teilweise gegen NH_4-Ionen ausgetauscht u. die Anionen (außer OH-Ionen) durch OH-Ionen ersetzt. Das hierbei gebildete Ammoniak wird durch Erwärmen abgetrieben u. zur Regenerierung der Ionenaustauscher verwendet. (**Schwed. P. 140 684** vom 2/8. 1948, ausg. 2/6. 1953.) K. H. KÄHLER. 7413

Springs Cotton Mills, Lancaster, S. C., V. St. A. (Erfinder: **Furman Hovey Martin**), *Wasserlöslichmachen von Stärke* durch Anrühren der nativen Stärke mit W. u. Erhitzen des Breis durch Wasserdampf mittels Injektorwrkg. in einer Umlaufleitung. Hierbei wird ein Druck erzeugt u. gleichzeitig die M. bis zur vollständigen Umwandlung der Stärke umgepumpt. Bewältigung großer Rohstoffmengen. — Vorr., Zeichnung. (**E. P. 718 465** vom 27/6. 1952, ausg. 17/11. 1954.) H. SCHINDLER. 7449

XV. Gärungsindustrie.

Erich Walter, *Der Einfluß des Extraktgehaltes auf die Alkoholstärke.* Die D. eines Branntweins läßt nicht unmittelbar auf den Alkoholgeh. schließen. Bei Branntweinen mit 1—2 g Extrakt pro 100 ml beträgt die Differenz zwischen wahrer u. scheinbarer A.-Stärke 3—5%. Der gleiche Extraktgeh. wirkt sich bei nieder-%ig. Branntweinen in einer größeren Differenz aus, als bei höher-%igen. Die Bestimmungen wurden in einer Tabelle niedergelegt. (Alkohol-Ind. **68**. 41—43. 15/1. 1955. Berlin.) J. MILLER. 7536

Erich Walter, *Typageauszüge als Ursache von Trübungen in Weinbränden.* Weinbrandtrübungen entstehen durch fehlerhafte Typageauszüge, bes. Pflaumen- oder Walnußauszüge, die vorher keiner Klärung unterworfen wurden. Auch Wässern der Früchte kann Trübungen hervorrufen, da zuviele sich im Auszug nicht absetzende Pektinstoffe zurückbleiben. (Alkohol-Ind. **68**. 10—11. 1/1. 1955. Berlin.) J. MILLER. 7536

Jacques Potentier, *Von Hybriden als Direktträger gewonnene Weine.* Aus verschied. in Algier angepflanzten Hybridensorten wurden auf die übliche Weise Rotweine, Weißweine u. Roséweine gewonnen. Dieselben wurden organolept. beurteilt u. analysiert. Auf Grund der Ergebnisse kommt Vf. zu der Schlußfolgerung, daß die bisher angepflanzten Hybridensorten qualitativ wenig befriedigende Weine liefern. Er spricht sich für ein Verbot der Hybridenanpflanzung aus. (Progr. agric. viticole **141** (**71**). 319—30. 30/5. 1954. Algérie, Inst. Agricole.) E. KIELHÖFER. 7554

E. Vogt, *Die Technik der Weinbereitung.* Überblick über die Maschinen und Geräte, die in der letzten Zeit bei der Weinbereitung Eingang gefunden haben. (Dtsch. Weinbau **9**. 600—01. 5/10. 1954. Freiburg/Br.) E. KIELHÖFER. 7554

G. Troost, *Geschmackliche Veränderungen durch die Gärführung.* Allg. Betrachtungen über die Beeinflussung des Weincharakters u. Weinbuketts durch die Art der Vergärung. (Dtsch. Weinbau **9**. 371—72. 20/7. 1954. Geisenheim.) E. KIELHÖFER. 7554

P. Dupuy, *Die Faktoren der Entwicklung des Essigstiches im Wein.* Vf. prüft den Einfl. verschied. Faktoren auf die Entw. von Acetobacter rancens BEIJERINCK im Wein: Keimzahl, Alkoholgeh., Temp., Tannin, Glucose, Glycerin, p_H-Zahl (unter p_H 3 keine Entw.), Mineralstoffe, organ. Säuren. 100 mg SO_2 im Liter tötet die Bakterien im Entwicklungsstadium, 25—50 mg verhindern ihre weitere Entw., Ascorbinsäure beeinflußt nicht. Die Alkoholoxydation wird durch 100 mg SO_2 bei p_H 4 vollständig, bei p_H 6,1 zu 43% gehemmt. (C. R. hebd. Séances Acad. Agric. France **40**. 269—71. 1954. Narbonne, Stat. Centrale de Rech. sur l'Oenologie, la Cidrerie et les Jus de Fruits.) E. KIELHÖFER. 7554

Léonce Deibner und **Henry Bouzigues**, *Über die Wirkung einiger in der Oenologie benutzter Mittel zur Eisenausscheidung.* Überblick über die in der letzten Zeit zur Entfernung des Fe aus dem Wein vorgeschlagenen Mittel. Eigene Verss. der Vff. mit verschied. Aktivkohlen (**I**), Phytinpräpp. (**II**) u. Weizenkleie (**III**), sowie mit dem Na-Salz der Äthylendiaminessigsäure (*Versene, Sequestrene*) (**IV**). Die Fe-Verminderung durch **I** ist nur gering, bei nachfolgender Schönung mit Gelatine u. Filtration dagegen erheblich größer (bis 85%), womit jedoch teilweise eine beträchtliche Anreicherung an PO_4 verbunden ist. Etwa ebenso wird Fe durch **II** u. **III** vermindert. Die PO_4-Erhöhung hierbei ist gering, außer bei **III**. **IV** bindet Fe zu einem lösl. Komplexsalz. Bei Zusatz von 1,7 ml Lsg. „*Versene Fe-3*" (mit 34% Geh.) je Liter Wein mit ca. 20 mg Fe u. p_H 3,2—3,3 wird eine Trübung verhindert u. der Geschmack nicht nachteilig beeinflußt. Die hygien. Unbedenklichkeit ist noch zu prüfen. (Ind. agric. aliment. **71.** 833—37. Nov. 1954. Narbonne, Stat. Centrale de Rech. sur l'Oenologie, la Cidrerie et les Jus de Fruits.) E. KIELHÖFER. 7554

E. Kielhöfer, *Die Verminderung der schwefligen Säure im Wein.* Es werden verschied. diesbzgl. Möglichkeiten geprüft: Auch durch intensive Feinbelüftung des Weines erfolgt nur eine geringe Verminderung des SO_2-Geh. durch Oxydation während mehrmonatiger Lagerung. Diese Oxydation ist erheblich stärker bei Verwendung von O_2 (Abnahme der freien SO_2 von 114 auf 22 mg/Liter in 104 Tagen bei Kellertemp.). Demgemäß ist auch bei der in der Praxis üblichen Lüftung des Weines (mittels einer Brause) kaum eine SO_2-Abnahme festzustellen. Die wirksamste Verminderung läßt sich durch Erwärmung des Weines in Ggw. von Luft, z. B. bei Lagerung im halbgefüllten Faß, erreichen. Unter den Bedingungen der Praxis wurden hierdurch bereits bei 20—25° Lagertemp. in 21 Tagen eine Verminderung der freien SO_2 von 120 auf 46 mg/Liter erzielt. (Dtsch. Weinbau **9.** 259—62. 20/5. 1954. Trier, Weinforschungsinst.) E. KIELHÖFER. 7554

Pierre Dupuy und **Michel Flanzy,** *Einfluß von Thiamin auf die Gärung von Traubensaft.* Die Vermehrung der Hefe wird durch Thiamin (I) (bis 10 mg/Liter) nicht begünstigt. Der Gärungsverlauf wird nur dann etwas beschleunigt, wenn I während der Hefevermehrungsperiode in Ggw. von Luft zugesetzt wird. Die Alkoholwiderstandsfähigkeit der Hefe wird durch I nicht erhöht. Es wird angenommen, daß die als Gärsubstrat benutzten Traubenmoste von Natur aus genügend I enthalten. (C. R. hebd. Séances Acad. Agric. France **40.** 273—77. 1954.) E. KIELHÖFER. 7554

G. Troost, *Alarm-, Füll- und Meßgeräte in der Kellertechnik.* Beschreibung neuer Geräte, welche akust. anzeigen, wenn ein Faß mit Wein gefüllt ist (REZI-Füllgerät), oder welche darüber hinaus bei Erreichung eines einstellbaren Niveaus automat. den Weinzutritt unterbrechen (Nivostop-Geräte). (Dtsch. Wein-Ztg. **90.** Nr. 24/25. 444—48. 25/8. 1954. Geisenheim, Inst. für Weinbau u. Kellerwirtsch.) E. KIELHÖFER. 7554

Wilhelm Geiß, *Filterschichten für die Kellerwirtschaft.* Angaben über die Wrkg. u. Zus. der bei der Weinfiltration benutzten Filtrierschichten, die Mengenleistung u. Filtrierschärfe verschied. Schichtentypen unter dem Einfl. der Trübung, der Vorbehandlung des zu filtrierenden Weines u. des Filtrierdruckes. Prakt. Ratschläge für die Filtration. (Dtsch. Wein-Ztg. **90.** Nr. 24/25. Wein u. Rebe **36.** 474—84. 25/8. 1954. Kreuznach, Seitz-Werke.) E. KIELHÖFER. 7554

W. Tobler, *Behandlung von Betonbehältern mit Glas- und Ebonauskleidung.* Prakt. Ratschläge. (Schweiz. Z. Obst- u. Weinbau **63.** 268—70. 26/6. 1954.) E. KIELHÖFER. 7554

G. M. Frenkel, *Einige Eigenschaften des Bakteriophagen von Cl. acetobutylicum.* In der Fabrikmaische, in welcher eine Störung der Aceton-Butyl-Gärung beobachtet wurde, konnten Bakteriophagen von *Cl. acetobutylicum* festgestellt werden, die unter aeroben u. anaeroben Bedingungen 4—5 Monate lang lysierende Eigg. aufwiesen. In Nährböden mit reduzierenden Substanzen nahm der Bakteriophagentiter ab. Es wurden sek. phagenresistente Kulturen von Cl. acetobutylicum erhalten. Einige von ihnen zeigten morpholog. u. biochem. Veränderungen. Bei der Gärung wurde die Maische sauer. Andere sek. Kulturen zeigten eine n. Gärung. Als wichtigste Maßnahme gegen das Auftreten der Bakteriophagen im Fabrikationsbetrieb wird die Ausscheidung der lysogenen Sporenkulturen empfohlen. (Мікробіологічний Журнал (Киев) [Mikrobiol. J. (Kiew)] **17.** Nr. 1. 41—45. 1955. Mikrobiol. Inst. der Akad. der Wiss. der UkrSSR.) O. LEBTAG. 7578

Johan Ernst Nyrop, Hellerup, Dänemark, *Altern alkoholischer Flüssigkeiten.* Der Alterungsprozeß von Whisky oder anderen genießbaren Fll. wird dad. beschleunigt, daß durch die Fl., in der Holzmaterial, z. B. Eichenholzspäne u. Aktivkohle oder anderes katalyt. akt. Material mit gleich großer Oberfläche verteilt ist, ein elektr. Strom geleitet wird. (**E. P. 722 815** vom 9/11. 1951, ausg. 2/2. 1955.) J. KETTNER. 7517

XVI. Nahrungs-, Genuß- und Futtermittel.

P. F. Pelshenke und **W. Schäfer,** *Die Qualität der Brotgetreide-Importe 1952.* Analysendaten von Roggen- u. Weizenproben ausländ. Provenienz u. Vgl. derselben mit bei Proben deutscher Provenienz erhaltenen Befunden. (Mühle **90.** 82—86. 12/2. 98—99. 19/2. 1953. Detmold, Bundesanst. für Getreideverarbeitung.) M. WINIKER. 7664

J. Flechsig, *Über die Beziehungen einiger Getreideeigenschaften zur Mehlausbeute.* An 70 Weizensorten deutscher u. amerikan. Herkunft durchgeführte Unterss. ergaben, daß Hektolitergewicht, Tausendkorngewicht, Verhältnis von Furchentiefe zu Korndurchmesser keine Beziehung zum berechneten Schalenanteil haben. Möglichst kleine Furchentiefe ist dennoch in Hinblick auf Bruchfestigkeit u. Mahlfähigkeit erstrebenswert. Geringe bis mittlere Beziehung besteht zwischen Schalenanteil u. Ganzkornasche, die durch eine den Zusammenhang zwischen Ganzkornasche u. Mehlausbeute belegende Tabelle erläutert wird. Der Grießanfall steht in keiner Beziehung zu Tausendkorngewicht u. Hektolitergewicht; er hängt hauptsächlich von Kornhärte u. Endospermstruktur ab. (Getreide u. Mehl **4.** 65—67. Sept. 1954. Beilage zu: Mühle. Detmold, Bundesforschungsanst. für Getreideverarbeitung.) R. BEYTHIEN. 7664

Getchell Dawson, *Eines Müllers Erläuterungen zum Aschegehalt im Mehl.* Ascheg. u. Ausmahlungsgrad werden besprochen. (Northwestern Miller **249.** la. 14/4. 1953.) H. HAEVECKER. 7670

P. F. Obuchow, *Über die Veränderung der physikalischen Eigenschaften von Zwieback unter der Einwirkung niedriger Temperaturen.* Zwieback aus Weizenbrot, der 19 Tage bei niedrigen Tempp. aufbewahrt worden war, hatte im Inneren oft eine mattweiße kreideähnliche Schicht. Das gleiche Phänomen ließ sich auch mit nicht ganz durchgetrocknetem Zwieback im Kühlschrank bei -6^0 beobachten. Vf. nimmt an, daß es sich um eine Kleberdeformation u. Gefrieren von W. im nicht ganz durchgetrockneten Zwieback handelt. (Гигиена и Санитария [Hyg. u. Sanitätswes.] **1954.** Nr. 8. 50. Aug. Molotow, Med. Inst., Lehrstuhl für Ernährungshygiene.) E. RENTZ. 7674

W. G. Burton und **G. Mann,** *Spätlagerung von Kartoffeln in England und Wales.* Verschied. Verff. zur Lagerung von Kartoffeln in den Monaten März—Juni werden besprochen: Kühllagerung, Belüftung mit Kaltluft, Anwendung von Chemikalien, z. B. Amylalkoholdampf. (Agriculture [London] **60.** 466—72. Jan. 1954. Ditton Labor., Dep. of Scient. and Ind. Res.) F. KRUSEN. 7678

J. Gutschmidt und **S. Hesse,** *Über die Eignung einiger deutscher Buschbohnensorten zur Konservenherstellung.* 2. Mitt. *Die Eignung zum Gefrieren.* (1. vgl. C. **1954.** 9645.) (Ind. Obst- u. Gemüseverwert. **39.** 300—01. 19/8. 1954. Karlsruhe, Bundesforschungsanst. für Lebensmittelfrischhaltung.) M. WINIKER. 7690

Hatto Weiss, *Beitrag zur Frage einer Algenmassenzucht in Deutschland.* Chlorella ist eine der wenigen Algengattungen, die für eine wirtschaftliche Algenmassenzucht in Frage kommt. In verschied. großen Kulturgefäßen wurde der Einfl. der CO_2-Begasung, des NaCl-Geh. auf die Chlorellinbldg. u. die Fettbldg. geprüft. Enthielt die Belüftungsluft 2% CO_2, konnten optimale Ergebnisse erzielt werden. Bei Zusatz von 0,4—0,5% NaCl konnte die Schwebefähigkeit der Chlorellazellen bedeutend verbessert werden. Bei kontinuierlicher Ernte wurde eine Chlorellinbldg prakt. vollständig verhindert. Durch einen mehrstd. Wärmestoß, unter gleichzeitigem Entzug der Belüftung, können gespeicherte Kohlenhydrate kurzfristig in Öl umgewandelt werden. Im Gegensatz zu THÜMMLER stellte Vf. fest, daß Chlorella gegen Industrieluft sehr wenig empfindlich ist. (Zbl. Bakteriol., Parasitenkunde, Infektionskrankh. Hyg., II. Abt. **107.** 230—46. 20/10. 1953.) G. FIEDLER. 7690

Gerd Graefe, *Erfahrungen mit Stärke bei der Süßwarenherstellung.* Vf. bespricht die Eigg. der Stärke (I)-Arten u. die Abhängigkeit der Viscosität von I-Lsgg. von Erhitzungsdauer u. p_H-Wert. Als Formpuder hat sich Mais-I am besten bewährt. Vorteile, die durch Verwendung von I bei der Herst. von Dauerbackwaren erzielt werden können, werden mitgeteilt. (Zucker- u. Süßwaren-Wirtsch. **7.** 214—16. 20/3. 343. 10/4. 1954. Hamburg.) F. KRUSEN. 7704

A. Dehmel, *Rationelle Herstellung von Pralinen und anderen überzogenen Körpern.* Fortsetzung zu der C. **1954.** 3827 referierten Arbeit. (Zucker- u. Süßwaren-Wirtsch. **7.** 232. 20/3. 1954.) M. WINIKER. 7704

E. Benk, *Limonaden mit Vitaminzusätzen.* (Dtsch. Drogisten-Ztg. **10.** 34. 36. 15/1. 1955.) EBERHARD MÜLLER. 7706

Eugene F. Jansen und **Rosie Jang,** *Cystein und Glutathion in Orangensaft.* Vff. untersuchen Valencia- u. Nabel-Orangen auf die darin enthaltenen Sulfhydrylverbindungen. Der Hauptteil besteht aus *Cystein* (I) u. *Glutathion* (II), die aus den durch Hg-Salzfällung erhaltenen Konzentraten als kristalline S-Benzylverbb. isoliert u. analysiert wurden. I-Analysen vor u. nach Hydrolyse der Konzentrate zeigten, daß prakt. alle SH-Gruppen aus I u. II stammen. (Arch. Biochem. Biophysics **40.** 358—63. Okt. 1952. Albany, Calif., Western Regional Res. Labor., Enzyme Res. Div.) K. NEHRING. 7706

V. Sreenivasamurthy, M. Swaminathan und **V. Subrahmanyan,** *Vitamin B_{12}-Gehalt einiger tierischer Lebensmittel.* Mit der mikrobiol. Meth. nach THOMPSON unter Verwendung von Lactobacillus leichmanii fanden Vff. in Leber 625 (mγ *Vitamin B_{12}/g* frisches Material), in Muskelfleisch 92—288, in Fischen 39—197 u. in Eiern 86—104.

(Bull. centr. Food technol. Res. Inst., Mysore 3. 225. Juni 1954. Mysore, Indien, Central Food Technol. Res. Inst.) F. KRUSEN. 7746

F. Volf, Vl. Preininger und **L. Opletalová,** *Der Einfluß verschiedener Futtermittel auf die Qualität des Karpfenfleisches und seine Konservierbarkeit.* Unter n. Bedingungen (Fütterungsquotienten) ist eine hohe Durchfettung des Karpfenfleisches (Haut u. Muskeln) zu erzielen. Die besten Ergebnisse (16,35% Fett) wurden mittels Intensivfütterung gewonnen. Der Geschmack des Fleisches wurde vom gereichten Futter nicht beeinflußt. Gefrieren von marktfähigen Karpfen ohne Innereien erhält sie für 9 Monate frisch hinsichtlich der Fleischqualität. Futtermittel waren: Erbse, Roggen, Mais, Gerste, Wicke, Weizen, Lupine, Fische. (Sborník českoslov. Akad. zemědělských Věd, Řada B **27.** 243—52. Mai 1954. Praha, Vyzk. úst. rybařsky odd. pro studium nemod a ctrav ryb. — Olomouce Vyzk. ust. chladirensky a mrazîrensky.) H. FREYTAG. 7752

B. C. Ray Sarkar, Alice J. Rykala und **C. W. Duncan,** *Der Gehalt an essentiellen Aminosäuren in den Milchproteinen von Kuh, Schaf, Sau und Stute.* Unterss. an durch Trichloressigsäurefällung erhaltenen, fettfreien Milchproteinen von Kuh, 3 Schafarten, Sau u. Stute mit mikrobiol. Verff. ergaben keine wesentlichen Unterschiede in den Gehh. an 10 essentiellen Aminosäuren. (J. Dairy Sci. **36.** 859—64. Aug. 1953. East Lansing, Mich., Michigan State Coll., Dep. of Agric. Chem.) F. KRUSEN. 7756

L. R. Arrington und **W. A. Krienke,** *Verhinderung des Oxydationsgeschmackes von Milch durch Chelate.* Der durch *$CuSO_4$* in Milch künstlich hervorgerufene Oxydationsgeschmack kann durch Zusatz der mol. 5fachen Menge von *Na_2-, Na_2Ca-* u. *Na_4-Äthylendiamintetraacetat* völlig u. durch kleinere Mengen teilweise verhindert werden. Pasteurisieren hat keinen Einfl. auf diese Wirkung. (J. Dairy Sci. **37.** 819—24. Juli 1954. Gainsville, Fla., Florida Agric. Exp. Stat., Dep. of Dairy Sci. and Dep. of Animal Husbandry and Nutr.) F. KRUSEN. 7756

Erich Nöbl, *Zur Kenntnis der bakteriologischen Eigenheiten der Milch gealpter Kühe.* Gegenüber Niederungsmilch zeigt Alpenmilch einen weit niedrigeren Keimgeh., der morgens allerdings größer ist als abends. Die Erscheinung wird auf die desinfizierende Wrkg. der in höheren Lagen stärker wirksamen UV-Strahlung zurückgeführt. — 14 Literaturangaben. (Milchwiss. Ber. **4.** 29—46. 1954. Komperdell, Tirol, milchwirtschaftl. Höhenversuchsstat.) F. GÜNTHER. 7756

S. Kuramoto und **J. J. Jezeski,** *Einige Faktoren, die die Wirkung von Benzoylperoxyd bei der Bleichung von Milch und Rahm zur Blauschimmelkäseherstellung beeinflussen.* Nach Unterss. der Vff. wird eine 50%ig. Zerstörung der unerwünschten *Carotinoide* ohne das Auftreten unerwünschten Geschmacks u. Geruchs erreicht, wenn der Rahm 90—120 Min. bei 125—145° F mit 0,0009% *Benzoylperoxyd* behandelt wird. Die Wirksamkeit der Behandlung auf die Carotinoide steigt mit dem Fettgeh. des Rahmes an. (J. Dairy Sci. **37.** 1241—46. Okt. 1954. St. Paul, Minn., Univ. of Minnesota, Dep. of Dairy Husbandry.) F. KRUSEN. 7760

S. Dilanjan und **W. Chatschaturjan,** *Schweizerkäse aus pasteurisierter Milch.* Vff. untersuchten die Eigg. von Schweizerkäse aus roher u. bei 71—74° pasteurisierter Milch. Bei Verwendung von pasteurisierter Milch wird ein Käse höherer Sorte mit großer Ausbeute u. kürzerer Reifezeit erhalten. Es ist aber erforderlich, die Käsebereitung abzuändern, u. zwar in 1. Linie hinsichtlich der Menge an Reinkulturen als auch des $CaCl_2$. Durchschnittlich werden 0,4—0,78% Reinkultur u. 15—32 g $CaCl_2$ auf 100 kg verwendet. In den Monaten Juli/August sind höhere Mengen notwendig. Die Dauer des Gerinnens beträgt 25—35 (Min.), die des Rührens nach der 1. Erwärmung 12—20, die der 2. Erwärmung auf 56—58° 20—25 u. die des Rührens nach der 2. Erwärmung u. Trocknung 30—50. (Молочная Промышленность [Milch-Ind.] **16.** Nr. 1. 26—28. 1955.) R. RICHTER. 7760

Gunnar Sjöström und **Per Olov Liliebladh,** *Eine vergleichende Untersuchung über einige Ausführungsarten der Phosphataseprobe.* Die Laboratoriumsmeth. für die Phosphataseprobe zur Kontrolle der pasteurisierten Trinkmilch von SANDER-SAGER (I) ist wesentlich empfindlicher als die von STEIN (II). Auf Grund der Inaktivierungskurve ergibt sich als Grenzwert für ausreichende Pasteurisierung 0,010 mg abgespaltenes Phenol. Mit diesem Grenzwert stimmen die Ergebnisse überein mit den nach der Schnellmeth. von ASCHAFFENBURG-MULLEN (III) mit Na-Veronal als Puffer erhaltenen; Verss., diesen Puffer durch andere zu ersetzen, ergaben eine Herabsetzung der Empfindlichkeit. Die Schnellmeth. von SCHARER (IV) ist ebenso wie II nicht empfindlich genug; verwendet man dagegen Butanol als Extraktionsmittel, dann erreicht man eine größere Empfindlichkeit als bei der Meth. III. IV mit anschließender Butanolextraktion ist daher dann als Schnellmeth. geeignet, wenn I als offizielle Meth. vorgeschrieben ist. Eine Verlängerung der Inkubationszeit bei Meth. I bis zu 30 Min. ergab keinen Vorteil bei pasteurisierten Proben, erhöhte aber die Empfindlichkeit beim Nachw. einer Beimischung von roher Milch zur pasteurisierten. Milchproben, die nach I untersucht werden, können unbedenklich mit $K_2Cr_2O_7$, Toluol, Chlf. oder H_2O_2 konserviert werden. (Kungl. Lantbruksakad. Tidskr. **90.** 176—96. 1951. Alnarp, Mejerikemiska och bakteriol. inst.) S. BECKMANN. 7856

B. Heinemann, J. Cosimini, E. L. Jack, J. J. Willingham und **B. M. Zakariasen,** *Methoden zur Trockensubstanzbestimmung in Milch mit dem Lactometer.* In mehreren Laboratorien durchgeführte Unterss. an 78 Milchproben ergaben mittlere Trockensubstanzwerte von 12,627% nach der BABCOCK-Berechnungsformel, 12,690% nach HERRINGTON u. 12,706% nach MOJONNIER. Folgende Formeln wurden aus den Unterss. abgeleitet: % Trockensubstanz = 1,0467 + 1,2655 ± 0,0133 (% Fett) + 0,2512 ± 0,0182 (Lactometergrade bei 30°), sowie % TS = 7,3073 + 1,3717 (% Fett). (J. Dairy Sci. **37.** 869—76. Juli 1954. Springfield, Mo., Producers Creamery Comp.) F. KRUSEN. 7856

American Home Products Corp., New York, N. Y., übert. von: **Rudolph Michael Tomarelli,** Lansing, **John Byron Hassinen** und **Gerald Thomas Durbin,** Mason, und **Finn Westelius Bernhart,** Holt, Mich., V. St. A., *Nahrungsmittel für Kleinstkinder.* Nahrungsmittel, z. B. Kuhmilch, werden mit 0,5—5,0% Schweinemagenmucin (I) angereichert. I wird aus Schweinemagen durch wss. Extraktion u. Ausfällen mit organ. Lösungsm. gewonnen u. dient zur Steigerung der Entw. des für die Ernährung von Kleinstkindern wichtigen, in der Darmflora vorkommenden Lactobacillus bifidus. (**A. P. 2 697 663** vom 19/4. 1952, ausg. 21/12. 1954.) W. KRANZ. 7757

XVII. Fette. Seifen. Wasch- u. Reinigungsmittel. Wachse. Bohnermassen usw.

Waldo C. Ault, *Technische Fette und Fettsäuren. Geschichte und technologische Tendenzen.* Überblicksbericht; unter Hinweis auf die früher ausschließliche Verwendung techn. Fette für die Herst. von Kerzen, für Schmiermittel, für textile Hilfsstoffe wird festgestellt, daß bis etwa zum Jahre 1935 wenig Anreiz zu Forschungsarbeiten auf dem Sektor techn. Fett u. Fettsäuren gegeben war, daß man sich vielmehr mit der Verbesserung bekannter Verff. begnügt hat, z. B. Trennung von Fettsäuregemischen im industriellen Ausmaß (fraktionierte Dest., fraktionierte Kristallisation aus Lsg., selektive Extraktion einer Lsg. mittels eines anderen Lösungsm.) sowie der Glyceridgemische der natürlichen Fette u. Öle (selektive Lsg., Molekulardest.). Ausführungen darüber, daß das Streben, einheitlichere Prodd. von Fettsäuren u. Glyceriden herzustellen, vor allem durch die vermehrte rationelle Verwendung derselben als Ausgangsstoffe für chem. Präpp. ausgelöst worden ist; es werden behandelt die Herst. von Fettsäurehaliden, -nitrilen, -aminen (quaternären Ammoniumverbb.), -alkoholen, -aldehyden, -KW-stoffen, -estern, ferner von substituierten gesätt. Fettsäuren, Additionsprodd. aus ungesätt. Fettsäuren, schließlich von Prodd. der Isomerisierung. Erörterungen über den Einsatz u. die weitere Entw. solcher Erzeugnisse in der Wissenschaft u. Praxis; Hinweis auf die Fortschritte in der Analytik der Fette (Mikrometh., UV- u. Infrarotspektrometrie). (J. Amer. Oil Chemist's Soc. **31.** 486—89. Nov. 1954. Philadelphia, Pa., Eastern Res. Labor.) K. TÄUFEL. 7870

Leonard L. Sutker, *Behandlung von Fetten und Fettsäuren.* Auswählende Erörterung einer Reihe von grundsätzlichen Maßnahmen für zweckmäßige Behandlung von Fettrohstoffen u. den daraus gewonnenen Fetten (Niedrighaltung des Geh. an freien Fettsäuren u. Feuchtigkeitsgeh., Unverseifbarem, Ausschaltung von Verfärbungen); Meth. der Gewinnung der Fette, ihrer Raffination; Vorratshaltung von Fettsäuren, ihre Versendung u. Verschiffung mit den dafür erforderlichen apparativen Einrichtungen. (J. Amer. Oil Chemists' Soc. **31.** 513—16. Nov. 1954. Philadelphia, Pa., Wilson and Comp. Wilson-Martin-Div.) K. TÄUFEL. 7870

Donald H. Wheeler, *Pflanzliche Öle. Rohstoffe bzw. Wiedergewinnung von technischen Fetten und Fettsäuren.* Unter tabellar. Hinweis auf die Gesamtproduktion an tier. u. pflanzlichen Fetten u. Ölen in USA werden die für techn. Prodd. hauptsächlich bzw. in größerem Ausmaß herangezogenen Vertreter, nämlich Soja-, Baumwollsaat-, Lein-, Cocos-, Babassu-, Maiskeim-, Ricinus-, Tung-, Palm, Oiticica- u. Saflorööl, hinsichtlich chem. Eigenart, Gewinnung u. Verwendung behandelt. Es schließen sich an Ausführungen über die Produktion von techn. Fettsäuren pflanzlicher Herkunft, wobei vor allem der Soapstock, bei der Entsäuerung anfallend, als Ausgangsmaterial dient; Erörterungen über die Aufarbeitung desselben, der Reinigung durch fraktionierte Dest. im Vakuum, durch Tieftemperaturkristallisation aus Lösung. (J. Amer. Oil Chemists' Soc. **31.** 494—98. Nov. 1954. Minneapolis, Minn., General Mills Inc.) K. TÄUFEL. 7872

Earl T. Anderson und **Keator McCubbin,** *Extraktion von granuliertem Baumwollsaatkuchen mit Lösungsmittel.* Grundsätzliche Ausführungen über die Abtrennung des Öles aus Baumwollsaat bzw. aus den entsprechenden Preßkuchen durch Extraktion; eingehende Beschreibung des seit einigen Jahren eingeführten Verf. nach dem Rotocel-Extraktionssyst., das den mit ca. 10% Öl (6,5—11%) anfallenden Preßkuchen in üblicher Weise grob granuliert u. kontinuierlich mit Hexan extrahiert; Dest. der Miscella bei Tempp. bis zu 220° F. bis zu ca. 90% Ölgeh. mit angeschlossener restloser Abtreibung des Lösungsm. mit Dampf im Vakuum; Befreiung des Kuchens von den Resten des Lösungsm. in einer Spezialapparatur. Zusammenfassend werden die arbeitstechn. u. wirtschaftlichen Vorteile des Verf. erörtert. (J. Amer. Oil Chemists' Soc. **31.** 475—77. Nov. 1954. Chicago, Ill., Blaw-Knox-Co., Chemical Plants Div.) K. TÄUFEL. 7894

S. R. Chakrabarty und **M. M. Chakrabarty,** *Die Zusammensetzung von indischen Teesaatölen.* (Vgl. C. **1954.** 7989.) Kerne von Teesamen aus Darjeeling u. Assam wurden mit PAe. extrahiert u. spektrophotometr. untersucht. Hauptbestandteile beider Sorten: ca. 59%. Ölsäure, ca. 22% Linolsäure u. ca. 19% gesätt. Fettsäuren bei Abwesenheit von Linolensäure. Abweichende Ergebnisse anderer Autoren werden mitgeteilt (Tab.). Erdnußöle haben ähnliche Zusammensetzung. Die Gewinnung von Teesaatölen im techn. Maßstab als Ersatz für Oliven- u. Erdnußöl ist noch nicht eingeführt. (Sci. and Cult. **20.** 186—87. Okt. 1954. Calcutta, Presidency Coll. and Univ. Coll. of Technol., Dep. of Appl. Chem.) W. MEINE. 7894

T. R. Kasturi, N. L. Narayana Murty und **B. H. Iyer,** *Raffination von Nahor-Samenöl.* Der in Indien u. dem benachbarten Inselgebiet heim. Baum (*Mesua ferrea Linn.*) liefert ölreiche Samen, deren Öl infolge des unangenehmen Geruches u. Geschmackes im wesentlichen zur Seifenherst. verwendet wird. Vff. extrahieren die gepulverten Samen mit CCl_4 u. erhalten mit 77% ig. Ausbeute ein rotes, viscoses Öl mit widerlichem Geruch; dasselbe (1 Teil) wird in CCl_4 (5 Teile) gelöst u. durch eine Säule von Al_2O_3 (100 g) filtriert; man erhält ein geruch-, geschmack- u. farbloses Prod.; $D.^{27}{}_{27}$ 0,9381; n^{27} 1,4705; SZ. 0; VZ. 199,8; JZ. (WIJS) 80,8; Unverseifbares 0; HEHNER-Zahl 93,0; Myristin- (0,18%), Palmitin- (12,49), Stearin- (13,50), Öl- (59,84), Linolsäure (13,05); dreifach gesätt. Glyceride 6,39 Mol-%; zweifach gesätt./einfach ungesätt. 18,35; einfach gesätt./zweifach ungesätt. 26,26; dreifach ungesätt. 50,00. (J. sci. ind. Res. [New Delhi] Sect. B **13B.** 453—54. Juni 1954. Bangalore, Indian Inst. f. Sci.) K. TÄUFEL. 7894

R. E. Wendt und **E. F. Wagner,** *Anwendungen von Fettsäuren in Metallseifen.* Unter Hinweis darauf, daß man unter Metallseifen die Verbb. von Alkalien, Erdalkalien u. Schwermetallen mit einbas. komplexen organ. Säuren versteht u. daß man für die Herst. der in der Praxis bedeutsamen Prodd. rund 12 Säuren u. ca. 25 verschied. Metalle heranzieht, werden zusammenfassende Ausführungen grundsätzlicher Art gemacht über die industrielle Produktion (Aufzählung der wichtigsten Verff., Erörterung der Einfl. nehmenden Faktoren), über die Maßnahmen u. Meth. zur analyt. Kontrolle der Ausgangsstoffe; im Vordergrund stehen dabei die Stearate der verschied. Metalle mit ihren charakterist. Eigg.; Hinweis, daß über die Metallseifen ungesätt. Fettsäuren in der Literatur sehr wenig bekannt ist, daß aber auch ihnen eine steigende Bedeutung zukommt. (J. Amer. Oil Chemists' Soc. **31.** 590—93. Nov. 1954. Chicago, Ill., Witco Chem. Comp.) K. TÄUFEL. 7910

A. J. Stirton, *Oberflächenaktive Stoffe auf Fettbasis.* Vortragsbericht; grundsätzliche Ausführungen über oberflächenakt. Stoffe mit W. als Milieu, über ihre Eigg., ihre prakt. Anwendung, über die Bedeutung der Fette bzw. Fettsäuren, als Ausgangsstoffe für die Produktion solcher Mittel. Es werden eingehend behandelt die anionigen (Seifen, carboxyl., sulfat., sulfonat. Verbb., sulfatierte Fettalkohole, Derivv. von solchen Prodd.), die kationigen (Invertseifen, bei denen der hydrophobe Teil das Kation ist; meist stickstoffhaltige Präpp.) sowie die nichtionigen Vertreter (als Reinigungs-, Emulgierungs-, Dispergierungsmittel, als Schaumstabilisator, als Löslichkeitsverbesserer usw. verwendet) Hinweis auf die Kondensationsprodd. unter Verwendung von Äthylenoxyd, von Sorbit (Präpp. Tween, Ethomid usw.); Hinweise auf das einschlägige Schrifttum. (J. Amer. Oil Chemists' Soc. **31.** 579—86. Nov. 1954. Philadelphia, Pa., Eastern Reg. Res. Labor.) K. TÄUFEL. 7912

Glenn R. Wilson, *Fettalkohole.* Kompilator. Bericht an Hand des Schrifttums über die Gewinnung, Eigg. u. Verwendung der Fettalkohole; eingehender werden die beiden zur Zeit wichtigsten Verff. der Herst. nach der Arbeitsweise der Na/Alkohol-Red. der Fettsäureester sowie der Hochtemp./Hochdruck-Hydrierung behandelt; Hinweis, daß ersteres Verf. bei gesätt. u. ungesätt. Fettsäuren u. Estern anwendbar ist u. beim Vorliegen ungesätt. Säuren ungesätt. Fettalkohole liefert, während letzteres vorzugsweise gesätt. Vertreter ergibt, wenn nicht besondere Katalysatoren herangezogen werden; Ausführungen über die Vor- u. Nachteile beider Methoden, über die Verwendung der

Fettalkohole vor allem in der Industrie der Reinigungsmittel, der Schmiermittel, der Wachse, der Feuchthaltemittel, der Emulgatoren. (J. Amer. Oil Chemists' Soc. **31.** 564—68. Nov. 1954. Ferndale, Detroit, Mich., Ethyl Corp.) K. TÄUFEL. 7912

A. Spada, *Sulfurierte anionische Netzmittel.* Übersicht (ca. 40 Zitate) bes. über die Patentliteratur auf dem Gebiet der durch Sulfonierung erhaltenen anion. Netzmittel. (Farmaco [Pavia] **7.** 560—68. Sept./Okt. 1952. Modena, Univ., Ist. di Chim. farmaceut.) H. IPPEN. 7912

F. T. Weiss, A. E. O'Donnell, R. J. Shreve und **E. D. Peters,** *Vollständige Analyse von Natriumalkyl- und Arylsulfonatwaschmitteln.* Vff. entwickeln in Anlehnung an die Meth. ASTM D 855/46 T eine quantitative Analysenmeth. für handelsübliche Waschmittel auf der Basis von Na-Alkyl- u. Arylsulfonaten. Nach einer Diskussion der bisher bekanntgewordenen Verff. werden Arbeitsvorschriften zur Best. u. Abtrennung der freien Basen u. Säuren, der neutralen Ölbestandteile, Na-Sulfonate, anorgan. Salze, Na-Fettsäuren, des enthaltenen H_2O sowie zur Ermittlung der durchschnittlichen Äquivalentgewichte der Na-Sulfonate ausgearbeitet u. mitgeteilt. Vff. veröffentlichen zahlreiche Testanalysen u. diskutieren eingehend Fehlerquellen, Genauigkeit u. Abänderungen ihrer Meth. für gewisse Spezialfälle. (Analytic. Chem. **27.** 198—205. Febr. 1955. Emeryville, Calif., Shell Developm. Co.) K. FRENKLER. 7942

National Cylinder Gas Co., Chicago, Ill., übert. von: **Alton E. Bailey,** Louisville, Ky., V. St. A., *Desodorieren fetter Öle.* Man läßt das Öl durch mehrere, in einem gemeinsamen Zylinder untergebrachte Abteilungen fließen, in deren jeder das Öl erhitzt wird. Die entstehenden Dämpfe werden aus jeder Abteilung gesondert abgeführt. — Zeichnung. (**A. P. 2 691 665** vom 16/10. 1948, ausg. 12/10. 1954.) C. LÜTTGEN. 7875

United States of America, übert. von: **Evald Laurids Skan,** New Orleans, La., V. St. A., *Winterisieren von Baumwollsamenöl.* Man löst das Öl in C_6H_{12}–W.-Gemisch, setzt Aceton (I) bis zum Verhältnis $C_6H_{12} : I = 15 : 85$ zu, kühlt auf -8^0 u. trennt die ausgeschiedenen Festbestandteile ab. (**A. P. 2 684 378** vom 13/2. 1951, ausg. 20/7. 1954.) C. LÜTTGEN. 7895

Wilhelm Diederichs, Deutschland, *Herstellung von Seife.* Das Verf. des Hauptpatents (Verseifen von Tallöl mit NH_3) wird dahin abgeändert, daß man an Stelle von Tallöl Sulfitablaugen der Zellstoffherst. mit $Ca(OH)_2$, NaOH, K_2CO_3, bes. NH_4OH, verseift. Man gewinnt eine Seife von pomadenartiger Konsistenz, welche man verfestigen kann. (**F. P. 56 919** vom 30/10. 1947, ausg. 9/10. 1952. **Zusatz zu F. P. 1 004 308; C. 1954. 1379.**) T. OPPERMANN. 7911

DEHYDAG Deutsche Hydrierwerke G. m. b. H., Düsseldorf (Erfinder: **Winfried Hentrich,** Riehen, Basel, Schweiz, und **Heinz-Joachim Engelbrecht,** Dessau), *Capillaraktive Verbindungen,* dad. gek., daß man Diaminodiarylverbb. der Formel $NH_2 \cdot Ar \cdot SO_2 \cdot NH \cdot CO \cdot Ar \cdot NH_2$ mit acylierenden Mitteln behandelt, wobei Ar gegebenenfalls substituierte aromat. KW-stoffreste, vorzugsweise Benzolreste, bedeutet. — Man löst *(3-Aminobenzoyl)-(3-aminobenzolsulfonyl)-imid* in NaOH, versetzt mit Na-Acetat, Caprylsäurechlorid u. Soda u. erwärmt auf 50^0. Amorph, wasserlösl., zeigt gutes *Waschvermögen.* (**D. B. P. 913 776** Kl. 12q vom 8/6. 1940, ausg. 21/6. 1954. Anmeldung bekanntgemacht 12/11. 1953.) G. LANGER. 7913

Hart Products Corp., übert. von: **B. Robert Schwartz,** Union, N. J., V. St. A., *Polyoxyalkylenäther.* Man erhitzt einen polyhalogenierten Dialkyläther in Ggw. von nichtflüchtigen Alkalien mit einem Polyglykol u. einem Mercaptan, Phenol oder Kresol auf $100-250^0$ nach dem Reaktionsschema: $RSH + ClC_2H_4OC_2H_4Cl + HO(C_2H_4O)_xOH + 2\,NaOH \rightarrow RSC_2H_4OC_2H_4O(C_2H_4O)_xOH + 2\,NaCl + H_2O$ (R = Alkyl, x = 1—100). — Aus Dodecylphenol, $\beta.\beta'$-Dichlordiäthyläther (I) u. Polyäthylenglykol (II) (Mol.-Gew. ca. 400) in Ggw. von NaOH nach 5 std. Erhitzen auf $170^0 \rightarrow$ *Dodecylphenylpolyglykoläther* (enthaltend 10 Glykoleinheiten). — Ferner werden umgesetzt: p-Isooctylphenol, Isononylphenol, Tetradecylphenol mit **I** u. **II** bzw. Polyglykol (Mol.-Gew. ca. 600). — Dodecylmercaptan mit I u. II (Mol.-Gew. ca. 300) zu *Dodecylpolyglykolsulfid.* — Tetradecylmercaptan oder Hexadecylmercaptan mit I u. II (Mol.-Gew. 300 bzw. 600). — *Oberflächenakt. Mittel,* bes. *Waschmittel.* (**A. P. 2 588 771** vom 21/6. 1949, ausg. 11/3. 1952.) G. KRAUSS. 7913

Jerzy Malecki, Providence, V. St. A., *Reinigungsmittel in fester Form.* Eine wss. Dispersion eines Cellulosederiv. (Methyl-, Äthyl-, Carboxyalkylcellulose) wird in Ggw. eines Waschmittels (Seife oder seifenähnliche Mittel, z. B. sulfonierte Fettalkohole), gegebenenfalls unter Zusatz eines Füllmittels, z. B. lösl. Stärke, Dextrin, Zucker, Kaolin, durch Hitze, Einleiten eines heißen Gases oder eines Elektrolyten (NaCl, KOH, Na_2CO_3) koaguliert u. getrocknet. (**E. P. 645 752** vom 15/7. 1946, ausg. 8/11. 1950.) W. MATTHAES. 7917

Henkel & Cie. G. m. b. H., Deutschland, *Putz- und Reinigungsmittel* besteht aus einem Gemisch von in W. unlösl., feingepulverten mineral. Bestandteilen, wie *Quarzmehl*, u. Alkalisalzen, wie Na_2CO_3, $NaHCO_3$ u. Na_2SO_4, sowie gegebenenfalls oberflächenakt. Stoffen. Hierbei soll die Teilchengröße der lösl. Bestandteile geringer sein als die der mineral. Bestandteile. Die mineral. Teilchen sollen durch ein Sieb von der Maschengröße 0,3 mm ohne Rückstand hindurchgehen. Das Mittel ist sehr milde u. greift die Haut nicht an. (**F. P. 1 049 363** vom 11/6. 1951, ausg. 29/12. 1953.) F. MARKHOFF. 7917

XVIIIa. Holz. Cellulose. Zellstoff. Papier. Papierdruck. Celluloid. Linoleum.

Anjahl Kaila, *Beobachtungen über Abfallholzprobleme und über die neueste Hartfaserplatten-Industrie in USA.* Nach Schilderung der Verwertung von Sägewerksabfallholz zur Faserplattenherst. werden das neue „Halbtrocken"- u. das Spanplattenverf. an Hand von Fließbildern beschrieben u. Wirtschaftlichkeitsvgll. mitgeteilt. (Paperi ja Puu **36**. 77—86. 15/3. 1954. Heinola, Finnland, Heinolan Faneritehdas.) E. BORCHERS. 7952

Ján Izák, *Einfluß der Holzbeschaffenheit auf die Beschaffenheit von Cellulose und Papier.* Holz von höherer D. gibt bessere Ausbeuten an Cellulose (I) als Holz von niedriger Dichte. Skandinav. Holz gibt höhere Ausbeuten an I als mitteleuropäisches Holz. Je dichter das Holz, desto größer die Festigkeit der I. Je heller die Holzfarbe, desto heller die Farbe der I. Angefaultes Holz gibt niedrigere Ausbeuten an I als gesundes Holz. Äste u. eingewachsene Rindenteile verschlechtern die Beschaffenheit von I u. Papier. Angefaultes Holz beeinflußt Kochdauer u. Faserlänge im ungünstigen Sinne. Alle Festigkeitseigg. u. bes. die Biegefestigkeit liegen bei gerötetem Holz unter den Normalwerten. (Chem. Zvesti **6**. 83—97. Febr. 1952.) K. STEINER. 7956

Günther, *Der Pappelanbau und seine Bedeutung für die Zellstoffindustrie.* Bericht über die bisherigen Arbeiten hinsichtlich des Pappelanbaus für die Zellstoffindustrie. (Papier u. Druck **2**. Zellstoff u. Papier 103. Juli 1953. Berlin, Dtsch. Akad. der Landwirtschaftswiss.) H.-J. HEINRICHS. 7956

Hiroshi Asaoka und **Koichi Kudo**, *Reyonzellstoff aus Hartholz. 2. Mitt. Über das Pentosan von Buchenholz.* (1. vgl. C. **1953**. 7973.) Buchenzellstoff (BZ.) [bis 6,56% Pentosane (I)] wurde durch folgende stufenweise Behandlung auf 3,84% I gebracht: Cl_2, Alkali u. Cl_2 bei Raumtemp., Alkali 85—90° u. zuletzt NaOCl bei 35°. Aus dem Vgl. von BZ. u. den daraus erhaltenen Viscosen (II) ergibt sich, daß I-Ggw. die Viscosität der II stark beeinflußt. Obige Reinigung erlaubt die Verwendung von BZ. auch für die II-Herstellung. — 8 Tabellen. (J. chem. Soc. Japan, ind. Chem. Sect. [Kōgyō Kagaku Zassi] **56**. 455—57. Juni 1953. Tokyo, Tohoku Zellstoffwerke. [Orig.: japan.]) L. SCHULER. 7956

Jan Rutkowski, *Verbesserung des Kochprozesses auf Grund sowjetischer Fortschritte.* Bericht über neuere russ. Unterss. über den Holzaufschluß. (Przegląd Papierniczy **10**. 263—64. Sept. 1954.) R. K. MÜLLER. 7956

Mikko Tähtinen, *Beobachtungen und Erfahrungen über die Oxydation von Schwarzlauge.* Nach einer Schilderung der Entw. der Oxydation (auch als Stabilisierung bezeichnet) von Schwarzlauge (I) an Hand der Arbeiten von BERGSTRÖM u. TROBECK sowie COLLINS u. TOMLINSON u. anderen Vff. werden die chem. u. reaktionskinet. Vorgänge der Oxydation sowie ihr Einfl. auf die Chemikalienrückgewinnung aus I erörtert. Folgende Gleichung wird angegeben: $2\,Na_2S + 2\,O_2 + H_2O \rightarrow Na_2S_2O_3 + 2\,NaOH + 210{,}26$ kcal. Weiter wird die Oxydationsanlage in der Sulfatzellstoffabrik Oulu, der ersten in Finnland, beschrieben, die nach Syst. BERGSTRÖM-TROBECK gebaut ist. Die hierbei erzielten Ergebnisse über den Oxydationsgrad in Abhängigkeit vom Trockensubstanzgeh. von 22—31% in I werden in Tabellen mitgeteilt. Der bei der Oxydation sich bildende Schaum muß in einem Cyclon niedergeschlagen werden. (Paperi ja Puu **36**. 35—44. 15/2. 1954. Oulu Oy., Nuottasaari Mills.) E. BORCHERS. 7958

S. R. H. Edge, *Zellstoff und Papier.* Fortschrittsbericht 1950 (70 Literaturhinweise) u. 1951 (40 Literaturhinweise). (Rep. Progr. appl. Chem. **35**. 513—24. 1950; **36**. 517—24. 1951.) M. WINIKER. 7974

Bolesław Białobłocki und **Jan Borniński**, *Erfahrungen über Holzschliff aus Pappelholz.* In Vergleichsverss. in techn. Maßstab wird festgestellt, daß die optimalen Bedingungen für die Zerfaserung von Pappelholz für die Zellstoff- u. Papiererzeugung gegeben sind, wenn die Temp. im Defibratortrog $< 50°$ u. das Gewicht auf dem Stein ca. 1 kg/cm² beträgt. (Przegląd Papierniczy **10**. 168—72. Juni 1954.) R. K. MÜLLER. 7974

Rudolf Krug, *Erkenntnisse und Entwicklungen bei Farbpigmenten.* Vf. erörtert die Grundlagen u. Vorzüge der „Flushing" oder „Verbundfarben" (Farben direkt auf der Filterpresse verrieben), die um 1900 von CAJAR (Wien) entwickelt, aber erst heute mittels der neuen Firnisse u. Kunstharze im großen herstellbar wurden. Sie sind feiner, homogener, weicher, leuchtkräftiger, satter, schärfer punktierend, im Offset leichter zu verarbeiten, bedecken das Papier geschlossener u. sind sparsamer. Bes. für Mehrfarbendruck u. Offset sind sie geeignet. (Polygraph 7. 1209—10. 20/12. 1954.) H. L. DU MONT. 7990

A. C. Zettlemoyer, *Rheologie von Druckfarben.* 1. Mitt. Vf. gibt die für die Druckfarbenunters. wichtigsten Grundlagen u. Definitionen der Rheologie für Systeme unter Schubspannung, die Zusammenhänge zwischen scheinbarer Viscosität, plast. Viscosität, verschied. Typen von Fließkurven, Erscheinungen der Thixotropie, „Länge" u. „Kürze" der Farben u. Klebrigkeit, deren Messung noch am besten mit dem Inkometer geschieht. In praxi treten Schwierigkeiten auf, da die idealen Anforderungen bei der Übertragung auf die zu bedruckenden Objekte, bei der Eindringung in das Papier, bei der Verteilung u. dem Verh. im Farbkasten zum Teil gegensätzlich sind. Hohe Schubspannung besteht beim Verteilen auf den Walzen u. beim Übertragen, niederer im Farbkasten u. beim Eindringen in das Papier. (Amer. Ink Maker **31.** Nr. 2. 31—33. 63—65. Febr. 1953. Bethlehem, Pa., Lehigh Univ., Nat. Printing Ink Res. Inst.) H. L. DU MONT. 7990

Fred A. Weymouth, *Die Kontrolle der Druckfarben.* Übersicht über die Technik der Druckfarbenkontrolle im Betrieb u. Laboratorium. Ausführliche Beschreibung der verschied. Apparate u. Methoden mit 19 Abbildungen u. Kurventafeln. (Amer. Ink Maker **33.** Nr. 1. 30—35. 69. Jan. 1955.) A. SANDER. 7990

Olli Ant-Wuorinen, *Über die gravimetrische Bestimmungsmethode von carbocyclichen Säuregruppen in Cellulose.* Die neue gravimetr. Bestimmungsmeth. der carbocycl. Gruppen in Cellulose von FARRAR, NEAL u. WILLIAMSON mit Hilfe von Uranylacetat ergibt irrige Werte, da einmal die Uranylgruppen nicht fest genug an die Cellulose gebunden sind u. sich auswaschen lassen, zum anderen die Salzbldg. zwischen Cellulosecarboxyl- u. Uranylgruppe nicht die einzig möglich Verbindung dieser beiden ist. (Paperi ja Puu **35.** 186—88. 30/4. 1953. Helsinki, Finnland, State Inst. of Technical Res.) H.-J. HEINRICHS. 8006

A. Lees, *Temperaturkontrolle auf Papiermaschinen.* Eine neue Meßmeth. auf. thermoelektr. Grundlage für Papiermaschinen aller Breiten wird beschrieben u. diskutiert (Proc. techn. Sect., Brit. Paper Board Makers' Assoc. (Inc.) **34.** 63—74. Febr. 1953.) H.-J. HEINRICHS. 8010

Conrad Reinemer, Fieberbrunn, Tirol, Österreich, *Herstellung von Holzbildern.* Auf eine glattgeschliffene Platte aus hellem Naturholz oder Holzpreßstoff wird eine heiße wss. Tanninlsg. (I) aufgebracht u. nach dem Trocknen eine verd. Albuminlsg., die ebenso wie I in die Platte eindringt. Zur Bilddarst., z. B. durch Zeichnen oder Drucken, werden durch das eingebrachte Tannin nicht angreifbare Beizen oder Farben verwendet, z. B. chromsaures oder übermangansaures K. Nach Aufbringung des Bildes wird dessen Hintergrund mit wss. NH_3 u./oder Kalkmilch behandelt, wodurch die Maserung des Holzes scharf hervortritt, u. eine im gegensätzlichen Tonwert zum Bild stehende Holztönung hervorgerufen wird. Da das Bild im Holze liegt, kann es mit einer transparenten Hochglanzpolitur versehen werden. (**D. B. P. 851 752** Kl. 75c vom 29/5. 1949, ausg. 9/10. 1952.) F. LAASS. 7953

United States Rubber Co., New York, N. Y., V. St. A., *Klebstoff zur Herstellung von Schichtholz,* bestehend aus einem heißhärtbaren Phenol-CH_2O-Harz (I), einem CH_2O liefernden Härter, einem kautschukartigen Butadien-Acrylnitril-Mischpolymerisat (II), das noch niemals in einem Lösungsm. gelöst war, u. einem Füller, z. B. 26,96 (%) mit Acajouöl modifiziertem I, 41,67 II, 29,41 Kieselgur, 0,49 Antioxydans für II, 0,98 Carnaubawachs u. 0,49 Schmieröl. — Zeichnung. (**E. P. 717 093** vom 20/8. 1952, ausg. 20/10. 1954. A. Prior. 30/11. 1951.) C. LÜTTGEN. 7953

Carl Schmittutz, Pfaffenhofen/Ilm, *Pastenförmiges Konzentrat aus einem pulverförmigen, wasserlöslichen, kristalloiden Holzkonservierungsstoff im Gemisch mit einem konservierenden Öl,* dad. gek., daß es außerdem mindestens einen Emulgator enthält, welcher wasser- u. öllösl. ist u. keine Klebwrkg. besitzt. Alkal. Stoffe, Seifen, Füllstoffe u. Kieselgur können der M. zugesetzt werden. Als Holzkonservierungsmittel kommen wasserlösl. Salze, z. B. Fluoride, Chromate, Hg-, As- u. Cu-Salze, als Öle Teeröle, Phenole, Kresole u. dgl., als Emulgatoren Türkischrotöl, Sulfonsäuren u. Fettsäurekondensate in Betracht. Verhinderung der Auslaugung der Konservierungsmittel aus dem Holz. (**Schwz. P. 301 062** vom 3/8. 1942, ausg. 1/11. 1954. D. Prior. 8/4. 1942.) H. KARST. 7953

Titan Co., Inc. (Erfinder: **M. D. Duane, I. M. Panik** und **W. F. Sullivan**), V. St. A., *Feuerschutzmittel für Holz oder anderes Cellulosematerial,* bestehend aus einem durchsichtigen Gel, das als wirksame Hauptbestandteile $SbCl_3$, $TiCl_4$ u. ein lösl. Phosphat enthält. Man nimmt auf 80,5 (Teile) wss. HCl (36%ig) 37,4 H_3PO_4 (85%ig), mischt mit 925 W. u. fügt 450 Sb_2O_3 u. 850 $TiCl_4$ hinzu. Die 152 g/Liter Ti enthaltende Lsg. wird mit W. auf 60 g/Liter Ti verd., u. der zu imprägnierende Stoff von 238 g/m² Gewicht wird 2 Min. in die Lsg. getaucht, 1½ Std. an der Luft getrocknet u. mit einer Lsg. von 150 g/Liter Na_2CO_3 u. 16 g/Liter Na_2SiO_3 behandelt. Abschließend wird mit W. gewaschen, bis ein p_H von 8,0 erreicht ist. (**F. P. 1 065 193** vom 30/10. 1952, ausg. 20/10. 1954. A. Priorr. 30/10. u. 27/11. 1951.) G. WELTZIEN. 7953

Soc. des Peintures Astral Celluco, Frankreich, *Verbesserung von entflammungshemmenden Präparaten,* dad. gek., daß ihnen ein wasserentziehendes Mittel beigemischt wird. Das Präp. hat z. B. folgende Zus.: 30 (Gewichtsteile) Harnstoff, 50 H_3PO_4, 5—10 Glimmer, 4—10 TiO_2, 20—30 Stärke u. 2—4 Silicagel. Es wird mit W. oder mit anderen Anstrichmitteln auf Holz aufgetragen u. ergibt einen haltbaren Überzug, der sich unter Hitzeeinw. aufbläht. (**F. P. 1 056 780** vom 8/8. 1951, ausg. 2/3. 1954.) G. WELTZIEN. 7953

J. Relier, Frankreich, *Gewinnung von Pflanzencellulose.* Die zur Gewinnung von Zucker oder A. gebräuchlichen Diffusionsbatterien lassen sich auch zur Gewinnung von Papiermasse verwenden. Hierzu muß die Maschengröße der Siebböden verringert werden, damit die bei der Papiermassengewinnung entstehenden Cellulosefasern nicht hindurchtreten können. (**F. PP. 1 000 633** vom 14/3. 1946, ausg. 18/2. 1952, u. **57 025** [Zusatzpatent] vom 30/7. 1946, ausg. 21/10. 1952.) R. GLAFEY. 7955

American Viscose Corp., Wilmington, Del., übert. von: **Ralph T. K. Cornwell,** Rosemont, Pa., V. St. A., *Heißsiegelfähiges Verpackungsmaterial* aus mit wärmehärtbarem Harz gebildetem *Papier* oder Schicht aus regenerierter Cellulose, dad. gek., daß das Harz als wasserlösl. Vorkondensat zugesetzt u. die Bahn nach dem Trocknen u. der Aushärtung des Harzes mit einem Film aus Polyäthylen (Mol.-Gew. 10000—38000; Erweichungspunkt 100—112°) unter Druck u. Kühlung verbunden wird. Das Prod. ist, ohne sich zu trennen, auf Verpackungsmaschinen verarbeitbar. Als Harze dienen Verbb. von CH_2O mit Melamin, Harnstoff, Phenol oder Ketonen. (**A. P. 2 686 744** vom 11/10. 1951, ausg. 17/8. 1954.) G. VOGEL. 7987

Philadelphia Quartz Co., Philadelphia, übert. von: **Chester L. Baker,** Narberth, und **Robert H. Sams,** Darby, Pa., V. St. A., *Wasserfeste Klebstoffe für die maschinelle Herstellung von Pappen,* bestehend aus einer frisch bereiteten, mindestens 10%ig. Lsg. von vegetabil. Eiweiß oder solches enthaltenden Mehlen, Wasserglas ($Na_2O:SiO_2 = 1:2—4$) u. W., die bei der Verarbeitungstemp. eine Viscosität von 0,3—6 P besitzen u. kein zusätzliches Alkali enthalten sollen. — Diagramme. (**A. P. 2 681 290** vom 3/1. 1952, ausg. 15/6. 1954.) C. LÜTTGEN. 7993

Karl Heinz Klemm, Faserrückgewinnung und Wasserhaushalt in Papierfabriken. Wiesbaden: Sändig. 1955. (148 S. m. 62 Abb. u. 12 Taf.) = Papiertechnische Bibliothek. Bd. 3. DM 8,50.

XVIIIb. Textilfasern.

E. D. McLeod, *Textilhilfsmittel aus Fettsäuren und ihren Derivaten.* Vortragsbericht. Ausführungen über die Verwendung von Fetten u. Fettsäuren in der Textilindustrie von der rohen Faser bis zum Fertigprod. (Waschen, Fetten, Geschmeidigmachen, Entschäumen, Glätten, Feuchthalten, Emulgieren), wobei seither im wesentlichen Öl, Fettsäuren sowie Seifen eingesetzt worden sind, während sich in neuerer Zeit vor allem Fettsäurederivv. als sehr wertvoll erwiesen haben. Ausgangsstoffe sind Cocos- u. Tallölfettsäuren, Laurin-, Myristin-, Palmitin-, Stearin-, Öl-, Azelain-, Pelargonsäure; an Hand von Beispielen u. unter Auswertung der Literatur werden behandelt die anionigen, die kationigen u. die nichtionigen Verbb. in ihrer Chemie, Technologie u. Anwendungsmöglichkeit. (J. Amer. Oil Chemists' Soc. 31. 587—89. Nov. 1954.) K. TÄUFEL. 8028

B. C. M. Dorset, *Harzausrüstung und neuere Forschung.* Das Ausrüsten mit Harnstoff u. Melamin–CH_2O-Harzen verursacht häufig Schädigungen an Geweben, die ihren Gebrauchswert herabsetzen (harter Griff u. Gelbfärbung an Wolle, Brüchigkeit bei Cellulose- u. Reyongeweben). Durch Gebrauch geringerer als bisher üblicher Mengen an Harz (bei Wolle nach einer Vorbehandlung mit H_2O_2) lassen sich diese Schäden teilweise mindern. Voraussetzung zur Erzielung optimaler Ausrüsteeffekte ist die Verwendung sorgfältig hergestellter, mol. disperser Imprägniergemische mit bestimmtem Kondensationsgrad, deren Wrkg. durch Zusatz von Weichmachern noch verbessert werden kann, u. eine gleichmäßige Verteilung im Gewebe, die weitgehend von den Trocknungsbedingungen abhängt. Gelegentlich haftet den ausgerüsteten Geweben ein fischiger Geruch an (Bldg. von Alkylaminen). Diese Nebenwrkg. läßt sich verhindern durch Einhaltung bestimmter

Behandlungsvorschriften (werden angegeben) u. Zugabe von Dicyandiamid zur Imprägnierungslösung. (Textile Manufacturer **81.** 198—202. April 1955.)
I. SCHOENMANN. 8032

R. Berthoud, *Das optische Aufhellen von Textilien.* Die Wirkungsweise u. Anwendungsvorschriften opt. Aufheller geeigneter Marken (CIBA) für natürliche (Baumwolle, Hanf, Leinen, Jute, Cocos, Wolle u. Seide) u. Kunstfasern (Viscose, Acetatseide, Polyamide, Polyester u. Polyacrylnitrile). (SVF Fachorgan Textilveredlung **10.** 188—95. April 1955.) I. SCHOENMANN. 8032

K. S. Bhujang, C. Nanjundayya, J. C. Whitwell und **R. F. Schwenker jr.,** *Der Abbau von Baumwolle während der Bearbeitung.* Tabellar. Übersicht der Meßwerte aus Viscositätsbestimmungen von 4 verschied. Baumwollsorten in 0,5%ig. Lsg. „SCHWEITZERS Reagens" nach einer Vorbehandlung in kaltem Bzl.-A.-Gemisch, nach Extraktion in heißem A. u. nach einer solchen mit anschließendem Kochen in schwachalkal. Lösung. (Textile Res. J. **25.** 137—39. Febr. 1955. Matunga, Bombay, India, Indian Central Cotton Committee, Technol. Labor.) I. SCHOENMANN. 8044

Amarendra Nath Saha, *Einfluß polarer Verbindungen auf die Emulgierung von Juteschmälzöl.* Wird Juteschmälzöl mit einem Emulgator aus 80% Leinsamenöl u. 20% Harzseife emulgiert, so tritt keine Inversion ein, wenn sich die Emulsionsgallerte löst. Wohl ist dies aber der Fall, wenn polare Verbb., wie Palmitinsäure, Ölsäure oder Fettalkoholeaus Bienenwachs, zugesetzt werden. Je mehr polare Verbb. zugesetzt werden, um so geringer wird die Oberflächenspannung zwischen Öl u. Seifenlösung. Die Gründe dürften darin liegen, daß 1. saure Seife viel weniger lösl. in W. ist als neutrale, 2. daß die Anwesenheit polarer Verbb. die Löslichkeit von Seife in Öl erhöht, u. 3., daß die Anwesenheit polarer Verbb. die mol. Struktur der Fl. verändert. (J. Indian chem. Soc.; ind. News Edit. **13.** 265—68. 1950. Calcutta, Univ., Coll. of Science, Applied Chemistry.)
E. FRIEDEMANN. 8052

István Rusznák und **Antal Pataki,** *Theoretische Grundlagen der Behandlung von einigen Eiweißstoffen mit salpetriger Säure.* (Vorl. Mitt.) Den Literaturangaben entgegen behaupten Vff., daß bei der Behandlung der *Wolle* mit HNO_2 neben der Desamidierung hauptsächlich Bindung der Säure erfolgt. So wird von der Wolle HNO_2, HNO_3, HCl gebunden, u. bei weiterer Behandlung diazotiert die HNO_2 aus Zersetzungs-Rkk. frei gewordene Amine. Unter geeigneten Umständen wird diese Diazoniumverb. in der Lsg. mit dem nichtdiazotierten Überschuß oder einer anderen diazotierten Mol. gekoppelt. Daher hängt die Farbtiefe von der Menge der gebundenen HNO_2 ab. Wenn die Färbung mit Diaminen, Phenolen oder Naphtholen geschieht, ist die Ausbildung der Farbe Folge der aus dem Eiweißstoff abgespalteten HNO_2 u. HNO_3. Die HNO_2 nitrosiert oder diazotiert, die HNO_3 oxydiert. Auch bei dieser Farbstoffgruppe ist die Farbtiefe von der gebundenen Säure abhängig. (Magyar Kémiai Folyóirat [Ung. Z. Chem.] **60.** 282—83. Sept. 1954. Budapest, Textilind. Forsch. Inst.) J. PLANK. 8060

J. E. Ford und **W. J. Roff,** *Nachweis von Textil- und verwandten Fasern.* Ein neues einfaches Analysenschema für den Nachw. der Textilfasern sieht zuerst die Trennung in Natur- u. Chemiefasern mit dem Mikroskop vor. Naturfasern werden auf Grund morpholog. Merkmale in 6 Gruppen unterteilt (Baumwolle, Kapoktyp, Bast- u. Blattfasern, Wolle u. verwandte tier. Fasern, Seidenfasern, Mineralfasern). Innerhalb der Gruppen werden die einzelnen Fasern chem. oder morpholog. charakterisiert. Die Chemiefasern lassen sich durch die Unters. auf Thermoplastizität, Ggw. von Cl oder N in 6 Gruppen aufteilen (thermoplast. Fasern ohne Cl u. N: Polyvinylalkohol, Celluloseacetat, Polystyrol, Polyäthylen, Terylene u. Glas; thermoplast. ohne N, mit Cl: Polyvinylidenchlorid, Polyvinylchlorid, Copolymere aus Vinylchlorid u. Vinylacetat; thermoplast. Fasern ohne Cl, mit N: Acrylnitrilpolymere, Nylon 6, 11, 66 u. 610 u. Perlon U; thermoplast. Fasern mit Cl u. N: Copolymere aus Acrylnitril u. Vinylchlorid; nicht thermoplast. Fasern ohne Cl u. N: Metallalginate, normale, mit CH_2O behandelte u. mit Glyoxal behandelte regenerierte Cellulose; nichtthermoplast. Fasern mit N, ohne Cl: Regenerierte Proteinfasern, regenerierte Cellulosefasern u. mit Aminoformaldehydpolymeren behandelt). Die Unterscheidung der Chemiefasern in den 6 Gruppen erfolgt hauptsächlich mit chem. Methoden. Die Arbeit erlaubt die Unterscheidung von 40 Natur- u. 30 Chemiefasern. — 64 Mikrophotos von Längsansichten u. Querschnitt sind beigefügt. (J. Textile Inst., Trans. **45.** T 580—623. Aug. 1954. Manchester, Shirley Inst., Brit. Cotton Ind. Res. Assoc.) H. ZAHN. 8096

American Cyanamid Co., New York, N. Y., V. St. A., *Optische Bleichmittel.* In bekannter Weise werden 2 (Mol) 4-Nitro-4'-aminostilben-2.2'-disulfonsäuren mit 1 Cyanurchlorid u. dann mit 1 Anilin oder 1 Phenol kondensiert, die Dinitroverbb. mit Fe-Pulver u. Eisessig zu den entsprechenden Diaminoverbb. red. u. diese schließlich mit je 2 p-Anisoylchlorid, o-Äthoxybenzoylchlorid, 2.4-Dimethoxybenzoylchlorid oder 2.5-Dimethyl-4-methoxybenzoylchlorid kondensiert. (**E. P. 721 281** vom 17/12. 1951, ausg. 5/1. 1955. A. Prior. 18/12. 1950.) A. BRÖSAMLE. 8033

Carl Freudenberg K. G. auf Akt., Deutschland, *Herstellung poröser Platten* für Ledereratz, Dekorationsmaterial, Kleidungsstücke, Filtertücher Man imprägniert Fasermaterial (pflanzlich, tier., mineral., aus Kunstharzen) mit wss. Kautschuk- oder Kunstharzdispersionen in einer oder mehreren Schichten, wobei alle oder einige Schichten feinverteilte Stoffe (Stärke, Albumin, Leim, Gelatine, Zucker, Methylcellulose, Polyvinylalkohol, Na_2SO_4, $MgSO_4$ oder in organ. Lösungsmitteln lösl. Stoffe, wie Kollodium, Wachs, Paraffin) enthalten, die nach Vulkanisation unter W., das auch Seife, Säure, Alkali oder die feinverteilten Stoffe zersetzende Fermente enthalten kann, herausgelöst werden. Die Fasermassen können auch ausgequollen werden; beim Vulkanisieren oder Trocknen schrumpfen sie dann unter Bldg. von Mikroporen. In manchen Fällen ist der Zusatz hydrophiler Stoffe, wie Polyglykol oder Viscose, vorteilhaft, letztere kann auch abwechselnd mit den Kautschuk- oder Kunstharzschichten auf das Gewebe gebracht u. koaguliert werden. Die Fasermassen können zuvor auch zwischen Heißwalzen gepreßt u. dabei gegebenenfalls mit etwas Imprägniermittel überzogen sein, auch können die Fasern mit Salzlsgg. imprägniert sein. Die Kautschuk- usw. -dispersionen können auch in Schaumform aufgebracht werden. — Baumwollfaservlies wird mit einer Schicht schaumförmiger Kunstkautschukdispersion unter Freilassung der Poren aus 100 (Gewichtsteilen) Kunstkautschukdispersion, Igetex, 1 Ultrabeschleuniger, 0,4 5%ig. Igeponlsg., 5 akt. ZnO, v 85%ig. Kolloid-S, 77 W. imprägniert, dann mit einer Mischung aus 100 Igetex, 100 lösl. Maisstärke, 2,5 Nekal A-Paste, 1 Ultrabeschleuniger, 7 Vultamol, 5 akt. ZnO, 3 Kolloid-S, 15 W. überzogen u. durch eine 5%ig. Alaunlsg. koaguliert. Man hält dann 10—30 Min. in W. von 95—100° u. löst den Porenbildner heraus. (**F. P. 1 026 781** vom 20/7. 1950, ausg. 4/5. 1953.) M. PANKOW. 8037

Imperial Chemical Industries Ltd., London, England (Erfinder: **W. Baird, T. Barr** und **A. Lowe,**) *Herstellung von Polycarbamaten.* Man bringt aliphat. oder heterocycl. tert. Amine oder Thioharnstoff mit Halogenmethylverbb. der allg. Formel $R(O-CO-R'-CH_2-X)_n$ zur Reaktion. Es bedeuten R einen aliphat. Rest, R' eine Aminogruppe, X ein Halogenatom u. n eine ganze Zahl >1. Bes. kondensiert man N.N'-Dichlormethyl-[octadecan-1.12-diol-dicarbamat] mit Pyridin. Man erhält eine weiße, wachsartige M., die in Chlf. lösl. ist. Quaternäres Ammoniumsalz gibt klare, schäumende Lsgg., die bes. zur Behandlung von Textilien, wie Wolle, dienen u. deren Schrumpfeigg. verbessern. (**Schwed. P. 134 446** vom 13/8. 1947, ausg. 5/2. 1952. E. Prior. 14/8. 1946.) JÜRGEN SCHMIDT. 8061

Algemeene Kunstzijde Unie N. V., Arnheim, Holland, *Viscosekunstseide.* Man verspinnt eine Viscose mit einem Geh. (0,12—0,24%) an einer stabilen kationakt. Verb. der Formel $RN\langle{}^{(C_nH_{2n}O)_xH}_{(C_nH_{2n}O)_yH}$, in der R ein aliphat. Rest mit mindestens 8 C-Atomen, n 2, 3 oder 4 u. die Summe von x + y mindestens 5 ist, z. B. Kondensationsprodd. von aliphat. tert. Aminen u. Alkylenoxyden („Ethomeen"). Im sauren Fällbad bilden sich auf den Fäden keine Ablagerungen. (**E. P. 709 986** vom 24/11. 1950, ausg. 2/6. 1954. A. Prior. 23/1. 1950.) G. SALZMANN. 8075

P. Schlack, Berlin-Treptow, *Veredeln von mit Polyphenolen, vor allem Tannin, behandelten synthetischen Polyamidfaserstoffen.* Da die mit Polyphenolen, vor allem mit Tannin u. tanninähnlichen organ. Gerbstoffen appretierten Kunstfasern das Tannin beim Waschen mit Seife u. Soda wieder verlieren, werden die pflanzlichen Gerbstoffe der Gallotanningruppe in den damit beladenen Geweben oder Gewirken durch mehrwertige Alkylierungsmittel, z. B. Butadiendioxyd, Diallyldioxyd, Diglycidäther u. andere, fixiert. Es werden z. B. Kunstfasern aus polymerem ε-Caprolactam, die im Flottenverhältnis 1:50 kochend mit 0,2%ig. oxalsäurehaltiger Tanninlsg. behandelt worden sind, in einem geschlossenem Gefäß (20 g Fasern auf 1 Liter Inhalt) 16 Std. bei 80° mit 15% 1.4-Dichlorbuten-(2) u. 15% Propylenoxyd in Ggw. von trockenem K_2CO_3 erwärmt. (**D. P. [DDR] 4 964** Kl. 8k vom 19/12. 1942, ausg. 2/1. 1954 [Ausschließungspatent].) G. WELTZIEN. 8081

— (Erfinder: **Hermann Ludewig** und **Hermann Klare,** Rudolstadt, und **Fritz Wenger,** Landsberg, Warthe), *Versteifen von Fasern aus linearen Hochpolymeren mit Amidgruppen in der Kette, z. B beim Schmälzen in der Spinnerei.* Man behandelt die Fasern mit solchen Lsgg., z. B. von Polyvinylalkoholen, Polyacrylsäure, Harnstoff-CH_2O-Harzen, die beim Eindampfen auf ihnen einen harten, festen, aber biegsamen Film liefern. — Man kocht Polyamidfasern im Flotteverhältnis 1:10 30 Min. in einer wss. Lsg., die pro Liter 30 g Polyvinylalkohol u. 15 g $MgCl_2$ enthält, schleudert u. trocknet.

Polyharnstoffe, Polyurethane oder Polyhydrazide können entsprechend behandelt werden. (**D. P. [DDR] 5 177** Kl. 29b vom 18/2. 1943, ausg. 18/12. 1953 [Ausschließungspatent].) M. PANKOW. 8081

E. I. du Pont de Nemours & Co., Wilmington, Del., übert. von: **Olaf A. Bredeson,** Waynesboro, Va., V. St. A., *Behandlung von Fäden aus linear orientierten gemischten Polyamiden.* Innerhalb eines abgebildeten 3-Stoffdiagramms erhaltene Mischpolymerisate aus unsubstituierten aliphat. Diaminen mit mehr als 4 C-Atomen in gerader Kette, einem N-alkylierten oder -dialkylierten aliphat. Diamin mit mehr als 4 C-Atomen zwischen den Amingruppen u. einer geradkettigen Dicarbonsäure mit mehr als 4 C-Atomen in der Kette werden nach dem Spinnen aus der Schmelze u. Kaltverstreckung mehr als 3 Sek. in W. oder Luft von hohem Feuchtigkeitsgeh. bei 60—80° u. danach 5 Min. bis 1 Std. bei 90—100° gealtert u. fixiert. — Geeignet ist z. B. ein Mischpolymerisat aus 40 (Mol-%) N.N'-Diisobutylhexamethylendiammoniumsebacinat, 20 N-Isobutylhexamethylendiammoniumsebacinat u. 40 Hexamethylendiammoniumsebacinat. (**A. P. 2 670 267** vom 2/5. 1950, ausg. 23/2. 1954.) H. MÖLLERING. 8081

Koppers Co., Inc., V. St. A., übert. von: **Gaetano Francis D'Alelio,** *Kunstharzgegenstände.* Man mischt die nach A. P. 2 658 884; C. **1954.** 10827 hergestellten Epoxyharze mit Kunstharzen, die akt. H besitzen (H, das durch Na ersetzt werden kann oder mit GRIGNARD-Reagentien reagiert), u. härtet durch Erhitzen mit oder ohne Katalysatoren (Säuren, Basen, FRIEDEL-CRAFTS-Katalysatoren). — Man stellt durch Emulsionspolymerisation ein Mischpolymerisat aus Acrylnitril mit 5% Itaconsäure her, löst es in N.N-Dimethylformamid, gibt 2% eines Glycidylätherderiv. eines p-Kresol–CH_2O-Kondensationsprod. mit ca. 2,5 Glycidylgruppen pro Mol Polymeres zu, spinnt zu *Fäden,* trocknet, verestert u. heizt 1 Std. bei 150°. Größere Wärmefestigkeit. Cellulosederivv., Vinyl-, Acrylharze, Polyamide, Phenol-, Harnstoff-, Alkydharze können entsprechend behandelt werden. Man kann diese Harze auch zunächst formen, dann mit den Epoxyharzen imprägnieren u. härten. (**F. P. 1 061 644** vom 25/5. 1951, ausg. 14/4. 1954. A. Prior. 27/5. 1950.) M. PANKOW. 8081

Owens-Corning Fiberglas Corp., Del., übert. von: **Lawrence R. Deardurff,** Central Falls, R. I., V. St. A., *Schlichte für Textilfasern,* bes. aus *Glas,* bestehend aus 30—50 (%) Terphenyl (I) u. 50—70, bes. 35 u. 65, hydriertem I. Das Gut wird z. B. in das auf 138° erwärmte Gemisch eingetaucht u. dann 4 Std. bei 121° abtropfen gelassen, wobei 11—19, im Mittel 15, aufgenommen werden. Die so geschlichteten Glasfäden eignen sich zum Umflechten elektr. Leiter. (**A. P. 2 684 309** vom 16/4. 1951, ausg. 20/7. 1954.) H. MÖLLERING. 8083

XIX. Brennstoffe. Erdöl. Mineralöle.

D. W. van Krevelen, *Physikalische Eigenschaften und chemische Struktur der Steinkohle.* Unter Verwendung der Tatsache, daß das Molekularvol. u. die mol. Refraktion organ. Verbb. additive Größen sind, konnte eine statist. Strukturanalyse von Steinkohle in den verschied. Inkohlungsstadien entwickelt werden. Mittels Dichtemessungen kann man bei gegebener Elementarzus. die Zahl der Ringe je C-Atom u. den Aromatkohlenstoffanteil ableiten u. unter Berücksichtigung des Brechungsindex die mittlere Größe der kondensierten aromat. Ringsysteme errechnen. Steinkohle setzt sich in den ersten Inkohlungsstadien aus kleinen kondensierten aromat. Ringgruppen zusammen, die durch flexible Brückenstrukturen nichtaromat. Charakters verbunden sind. Mit fortschreitender Inkohlung werden die Brücken kürzer u. teils gebrochen; die wabenartigen Aromatlamellen werden größer u. häufen sich zu Kristalliten, bis schließlich graphitoide Strukturen auftreten. Mit dem hier entwickelten Strukturbild können sowohl opt., texturelle, mechan. als auch die chem. Eigg. qualitativ u. teils sogar quantitativ gedeutet werden. (Brennstoff-Chem. **34.** 167—82. 17/6. 1953. Holland, Centraal Labor. Geleen, Staatsmijnen in Limburg.) H. SCHOEBERL. 8126

I. L. Ettinger und **M. M. Protodjakonow,** *Änderungen der Härte von Steinkohlen bei ihrer Sättigung mit Methan.* Es wurde der Vers. unternommen, quantitative Kennzahlen für die Veränderung der Härte von Steinkohlen bei verschied. Sättigungsgraden mit Gas (Methan) zu ermitteln. Zur Best. wurde ein sogenannter pendelnder Härtemesser benutzt u. die Verss. in einem mit dem jeweiligen Gas gefüllten Exsiccator ausgeführt. Die erhaltenen Daten bestätigen die empir. Beobachtungen über die Verringerung der Härte von mit Gas gesätt. Kohlen u. geben die ersten quantitativen Vorstellungen über die Größe dieser Veränderung bei Atmosphärendruck. (Доклады Академии Наук СССР [Ber. Akad. Wiss. UdSSR] [N. S.] **84.** 1235—37. 21/6. 1952.) E. v. PEZOLD. 8126

I. I. Ammossow und **Ss. A. Mussjal,** *Das Reflexionsvermögen als eine der Hauptbesonderheiten fossiler Kohlen.* Es wird die Möglichkeit der Benutzung des Reflexionsvermögens (Rv.) von Kohlen als zu deren schnellen Charakteristik untersucht, die Methodik der Best. des Rv. mittels eines gewöhnlichen Mikroskops geschildert u. die Resultate zahlreicher Unterss., nach Kohlengruppen geordnet, gebracht. Die vorgeschlagene Meth. ist einfach u. gestattet es, das Rv. in weitem Maße bei der Klassifikation fossiler Kohlen, bei der Suche nach Verkokungskohlen u. zur Kontrolle zwecks Analyse angelieferter Kohlenproben sowie des Verhältnisses der Komponenten einer Koksschicht zu verwenden, sofern diese sich stark nach ihren Umwandlungsstadien unterscheiden. (Доклады Академии Наук СССР [Ber. Akad. Wiss. UdSSR] [N. S.] **84.** 1223—26. 21/6. 1952.) E. v. PEZOLD. 8126

D. J. W. Kreulen, *Der Wassergehalt der Kohle.* Bei 100° getrocknete Kohlen enthalten stets noch eine gewisse Menge W., deren Abgabe sich bei höherer Temp. in einem Anstieg der Kurve % W–Temp. geltend macht; dieser ist um so steiler, je jünger die Kohle ist. Verss. bei 30° mit feuchter Kohle (Desorption) u. trockener Kohle (Sorption) zeigen, daß bei Desorption ein höherer Wassergeh. erreicht wird als bei Sorption (Differenz ca. 3%). Bei Braunkohle ist nach Erhitzen über 250° das Feuchtigkeitsaufnahmevermögen deutlich herabgesetzt. Bei 0,002—93 mm Hg werden Isobaren der Wasserdesorption an Braunkohle aufgenommen u. zur Berechnung der Sorptionswärme verwendet (Tabelle). Kohlen mit hohem Geh. an Huminsäuren verlieren beim Erhitzen unter konstanten Feuchtigkeitsbedingungen Wasser. Das schwach gebundene W. ist durch den Gelcharakter u. das Quellvermögen der Kohle bedingt. Das stark gebundene W. läßt sich bei niedriger Temp. (60°) durch Druckverminderung auf 0,000016 mm Hg nicht entfernen. (Combustibles [Zaragoza] **14.** 63—71. März/April 1954. Utrecht, Univ., u. Rotterdam, Labor. v. Kool- en Oliechem.) R. K. MÜLLER. 8126

G. A. Hermann Meyer, *Achtzig Jahre Steinkohlenbrikettierung in Deutschland.* Vf. gibt eine Schilderung über die Entw. der Steinkohlenverpressung in Deutschland seit 1875. (Glückauf **91.** 87—97. 15/1. 1955. Essen.) F. ROSENDAHL. 8136

G. M. Horner, *Gaserzeuger.* Bebilderter Bericht über neuere Entwicklungen auf dem Gebiet der apparativen Ausgestaltung von Gasgeneratoren zur Erzeugung von Gas aus Kohle, Torf, Holz u. anderen landwirtschaftlichen Abfällen. (Chem. in Canada **6.** Nr. 10. 28—32. Okt. 1954. Montreal, Power Gas Canada Ltd.) K. O. MÜLLER. 8148

P. W. Sherwood, *Wasserstoff aus Erdöl und Erdgas.* Bei der Mehrzahl der bestehenden Anlagen führt die Produktion vom KW-stoff (I) über das Synthesegas (II) zum Wasserstoff (III). Diese Herkunftsart des **III** ist von zunehmender Bedeutung schon im Hinblick auf die schnelle Ausweitung der großtechn. Anwendung katalyt. Reforming- u. therm. Crackverfahren. Die indirekte Erzeugung von **III** über **II** ist möglich nach (a) $CH_4 + \frac{1}{2}O_2 \rightleftharpoons CO + H_2$ oder durch Reformieren des **I** durch Wasserdampf nach (b) $CH_4 + H_2O \rightleftharpoons CO + 3H_2$. Die Umwandlung des Methans (IV) nach (a) erfolgt in zwei Stufen. Der Vorgang ist exotherm. Bei der Konvertierung von 1 m^3 **IV** in **II** beläuft sich die gesamte frei gewordene Wärme auf ungefähr 222 kcal. Bei der Reforming-Rk. gemäß (b) wird mit Katalysatoren auf Basis Ni auf Magnesit gearbeitet. Beim Reformieren mit Dampf geht man außer von **IV** auch von anderen **I** u. sogar Gasöl aus. Die Konvertierung des **I** mit Dampf geschieht gemäß (c) $CO + H_2O \rightarrow CO_2 + H_2$. Ein geeigneter Konvertierungskatalysator enthält in % 54 Fe_2O_3, 17 MgO, 6,8 $K_2Cr_2O_4$, zusammen mit geringen Mengen von Al_2O_3 u. Na_2O. Das erhaltene Wassergas muß noch einer Reinigung unterzogen werden. CO_2 wird mit Monoäthanolamin ausgewaschen u. CO in Kupferammoniumformiat absorbiert. Überschüssiges **IV** wird mit verflüssigtem N_2 entfernt. (Erdöl u. Kohle **7.** 626—30. Okt. 1954. White Plains, N. Y.)
K.-H. ANDERS. 8186

Dino Rossi, *Die Radioaktivitätsprüfung der Schlämme und Bohrabfälle („cuttings") als Untersuchungsmethode bei endogenem Wasserdampf.* Die Unters. der γ- u. auch der β-Radioaktivität der erbohrten Feststoffe ermöglicht Schlüsse auf den log γ im Bohrloch u. auf den magmat. Ursprung der Gase u. Dämpfe. (Ind. mineraria **5.** 599—600. Okt. 1954. Bologna, Uff. Tecn. Idocarburi.) R. K. MÜLLER. 8190

Fritz Rosendahl, *Die Verkokung von schweren Erdölrückständen.* (Vgl. C. **1953.** 7701.) Es werden die verschied. Verkokungsverff. beschrieben, u. zwar die Fließverkokung (I), das Dünnschichtverf. (II) u. die Kammerverkokung (III). Nach **I** wird das erhitzte Material mit ca. 1 atü in eine mit feinkörnigem Koks gefüllte Reaktionskammer eingespritzt, wobei der gebildete Koks zurückgehalten wird u. in der fl. Phase bei 550 bis 600° eine Crackung stattfindet. Nach **II** wird das auf 450—470° erhitzte Material über grobkörnigen Koks (6—12 mm) geleitet, wobei der dünne Ölfilm auf der Koksoberfläche verkokt. Der Koks wird abgezogen, wenn der Durchmesser bis auf 25 mm aufgebaut ist. Es wird nur wenig Gas u. Gasolin, aber viel Gasöl erzeugt. Nach **III** wird das auf 340° vorgewärmte Material unter Wasserzusatz (zwecks Verhütung vorzeitiger Koksbldg.) im Röhrenofen weitererhitzt u. in eine Verkokungskammer geleitet. Der entstehende Koks wird mit W. von 100 atü ausgespült. (Erdöl-Ztg. **71.** 37–41. April 1955.) H. SYDOW. 8192

B. H. Shoemaker, E. L. d'Ouville und **Robert F. Marschner,** *Neue Fortschritte im Raffinieren von Petroleum.* Übersicht. Physikal. Trennung (Dest., Extraktion, Auskristallisieren); mol. Umwandlung (katalyt. Cracken, Verkoken, Polymerisieren, Alkylieren, Aromatisieren [reforming], Hydrieren, Isomerisieren); Endbehandlung (Reinigen, Zusätze). – 24 Literaturangaben. (J. chem. Educat. **32.** 30–36. Jan. 1955. Whiting, Ind., Standard Oil Co. [Indiana].) K. BLUMRICH. 8194

P. E. Rousseau, *Ölgewinnung aus Kohle. Das Sasol-Projekt.* Kurze Darst. der Pläne der SASOL in Südafrika. Es soll durch Vergasen von minderwertiger Kohle ein *Synthesegas* erzeugt u. auf katalyt. Wege zu gasförmigen u. fl. Kraftstoffen sowie zu Rohstoffen für andere Industrien verarbeitet werden. (South African J. Sci. **51.** 106. Nov. 1954.) H. SYDOW. 8200

Ben Braae, *Die Erzeugung von Transformatorenöl durch Hydrieren von schwedischem Schieferöl.* Inhaltlich ident. mit der C. **1955.** 493 referierten Arbeit. (Ing. Vetensk. Akad., Handl. **1954.** 1–76.) F. ROSENDAHL. 8218

Thomas L. Byrne, *Temperatureinfluß auf Dampfturbinenöl.* Vf. untersucht an Hand von Betriebsdaten den Einfl. der Temp. auf Dampfturbinenöle mit u. ohne Additives. Zur Vermeidung einer Abnahme der Schmierfähigkeit wird vorgeschlagen, das Öl durch Zentrifugieren von entstandenen Zersetzungsprodd. zu befreien. (Combustion [New York] **24.** Nr. 11. 45–46. Mai 1953.) W. MEYER. 8220

—, *Synthetische Gasturbinenöle.* Es wird auf die Notwendigkeit zur Entw. synthet. Gasturbinenöle für die Flugzeugindustrie sowie auf die notwendigen Eigg., wie hydraul. Wrkg., Startfähigkeit u. Ölverbrauch, hingewiesen, wobei Esso Aviation Turbo Oil 35 als Beispiel eines neuentwickelten synthet. Gasturbinenöls angegeben wurde. (Petroleum [London] **16.** 189–96. Juli 1953.) W. MEYER. 8220

Rudolf Zwez, *Neue Ergebnisse bei der Heißdampfzylinderschmierung von Lokomotiven.* Es wird über Verss. über die Wrkg. von Graphitzusatz zu Schmierölen berichtet, die mit zwei Lokomotiven ausgeführt wurden, deren eine mit absichtlich gedrosselter Zufuhr von Heißdampfzylinderöl zu Zylinder u. Kolbensteuerung, deren andere ebenso, aber unter Zusatz von 2% Kolloid-Graphit-Ölkonzentrat fuhren, beide je insgesamt über 60000 km. Es zeigt sich, daß der Graphitzusatz den Verschleiß der Kolbenringe etwa auf die Hälfte, denjenigen der Schieberringe noch stärker herabsetzt. (Erdöl u. Kohle **8.** 171–74. März 1955.) K. L. WOLF. 8220

S. J. M. Auld und **H. M. Davies,** *Die Praxis der Schmierung von Kühlmaschinen.* Vff. geben einen Überblick über die Verwendung geeigneter Schmieröle bei der Schmierung von Kühlaggregaten mit verschied. Kühlmitteln sowie deren Einfl. auf das Schmieröl. (Proc. Inst. Refrigerat. **47.** 101–33. 1950/51.) W. MEYER. 8220

Willi Presting, Karl Steinbach und **Gerhard Keil,** *Die Destillation des Rohmontanwachses und das Vorkommen von Ozokerit im Destillationspech.* Die techn. Darst. des durch Extraktion von Braunkohle gewonnenen Rohmontanwachses mit dem Ziel der Gewinnung heller Hartwachse ist eine Art Wasserdampf-Vakuum-Destillation. Rohmontanwachse enthalten 80–85% Wachs- u. 10–15% Harzanteile, letztere aus Harzsäuren, Resinolen u. Resenen bestehend. Die bei der üblichen Dest. zwischen 300 u. 350° erfolgenden starken destruktiven Änderungen führen im Destillat zu Montansäure, Paraffinen u. niederen Fettsäuren. Die Peche enthalten 55–60% wachsartige Stoffe, aber kaum Ozokerit. Sie wären als wertvolle Prodd. mittels selektiver Extraktion von der Harzkomponente des Rohmontanwachses u. der eigentlichen Pechsubstanz abtrennbar. – 24 Literaturangaben. (Bergakademie [Freiberg] **5.** 231–38. Juni 1953. Halle, Inst. für organ.-chem. Industrie, Abt. Wachse u. Schmierstoffe.) F. HEINRICH. 8226

Walter Radmacher und **Paul Mohrhauer,** *Die indirekte titrimetrische Sulfatbestimmung und ihre Anwendung in der Brennstoffanalytik.* Vff. untersuchen die von ANDREWS [1889] vorgeschlagene Chromatmeth. auf ihre Eignung für die Brennstoffanalytik. Die Versuchsbedingungen werden modifiziert, bes. hinsichtlich der Ausfällung von Ba-Chromat, damit ein Mitreißen von Chromationen ausgeschlossen u. Blindwerte vermieden werden. Analyseverff. zur Best. des Gesamt-S, des Bomben-S, des Pyrit-S u. des lösl. Sulfat-S können durch Anwendung der Chromattitration abgekürzt werden. Die Meth. kann auch im Anschluß an eine potentiometr. Best. der Cl-Ionen angewendet werden. – Analysenbeispiele u. Literaturhinweise. (Brennstoff-Chem. **34.** 33–37. 18/2. 1953.) K. O. MÜLLER. 8242

—, *Probenahme und Analyse gasförmiger Kraftstoffe.* Bericht über die letzte Ausgabe (Februar 1954) der „ASTM Standards on Gaseous Fuels". Es wird die Probenahme u. die Best. des S-Geh., Heizwerts, spezif. Gewichts, Feuchtigkeitsgeh. u. Dampfdrucks von Flüssiggas besprochen. (Petroleum Times **59.** 133—34. 4/2. 1955.) H. SYDOW. 8250

Heinrich Koppers G. m. b. H. (Erfinder: **Friedrich Totzek**), Essen, *Erzeugung von Synthesegas für katalytische Reaktionen durch Vergasen von staubförmigen bituminösen Brennstoffen in der Schwebe.* Der Brennstaub wird vor dem Einblasen in die Reaktionskammer (K) mit O_2 gemischt, in K Wasserdampf von 1000—1200° eingeführt u. die Temp. von K oberhalb des Zersetzungspunktes der hochmol. teerigen Stoffe u. schädlichen S-Verbb. gehalten. — Zeichnung. (**D. B. P. 885 767** Kl. 24c vom 16/12. 1941, ausg. 6/8. 1953. Anmeldung bekanntgemacht 18/9. 1952.) W. v. HUHN. 8149

Mij. voor Kolenbewerking Stamicarbon N. V., Heerlen, Holland, *Entschwefelungsmasse zur Entfernung von organischen Schwefelverbindungen aus Gasen und Dämpfen.* Man wäscht den Rotschlamm [erhalten bei der Herst. von $Al(OH)_3$ durch Schmelzen von Bauxit mit Soda, im Handel „red mud" genannt] mit W., bis darin enthaltene lösl. Salze genügend entfernt sind, um die akt. Oberfläche der zurückbleibenden Eisenoxydmasse zu vergrößern. (**E. P. 721 506** vom 1/10. 1952, ausg. 5/1. 1955. Holl. Prior. 6/10. 1951.) P. UNGER. 8173

Dimitri Balachowsky, Seine, Frankreich, *Katalytische Herstellung von Kohlenwasserstoffen aus Mineralölen jeglicher Herkunft.* Man befreit stark asphalt- u. paraffinhaltige Rückstandsöle der pyrogenen Spaltung gegebenenfalls unter Zusatz einer geringen Menge leichter Öle (z. B. Gasöl) auf katalyt. Wege von asphalt., teerigen Substanzen u. von S. Die schwereren Prodd. gehen in den Kreislauf zurück, die leichteren Prodd. (Petroleum-Gasöl-Fraktionen) wandelt man in Ggw. von verschied. Katalysatoren (Oxydations-, Reduktions-, Polymerisations-, Isomerisations-, Depolymerisationskatalysatoren) in Bzn. um. — Vorrichtung. (**F. P. 56 052** vom 9/10. 1945, ausg. 12/9. 1952. **Zusatz zu F. P. 899 258; C. 1946. I. 823.**) T. OPPERMANN. 8195

N. V. de Bataafsche Petroleum Mij., Holland, *Herstellung von komplexen Verbindungen* zur Entfernung von organ. S-Verbb. aus Mineralölen. Man bringt die in den Ölen enthaltenen organ. S-Verbb. (z. B. Dialkyl-, Benzylalkyl-, Alkylarylsulfide, Benzothiophen, Dibenzothiophene) in Kontakt mit einer Lsg. von HPF_6 u./oder Substanzen, welche diese Säure zu bilden vermögen, in SO_2. — Z. B. verd. man 100 (Gewichtsteile) eines mexikan. Gasöls (Kp. 255—355°, S-Geh. 2,21 Gew.-%) mit 300 Pentan u. versetzt die auf 0° abgekühlte Lsg. in 10 Min. mit einer Lsg. von 25 HPF_6 in SO_2. Durch Filtrieren des Reaktionsgemisches erhält man 29,5 feste Komplexverbb. der HPF_6 mit den organ. S-Verbindungen. Die Komplexverbb. zers. man durch Zugabe einer wss. NaOH-Lsg. im Überschuß. Es entstehen zwei Schichten, von denen die obere 12,7 (Gewichtsteile) organ. S-Verbb. enthält. Die Aufarbeitung des von den S-Verbb. befreiten Gasölfiltrats ergibt 84,1 Raffinat (S-Geh. 0,23%). (**F. P. 1 065 848** vom 3/11. 1952, ausg. 31/5. 1954. Holl. Prior. 5/11. 1951.) T. OPPERMANN. 8195

Universal Oil Products Co., Chicago, übert. von: **Ralph B. Thompson,** Hinsdale, Ill., V. St. A., *Stabilisieren von Benzin, eßbaren Fetten und Ölen, Butadien, Styrol, ungesättigten Säuren, Ketonen usw.* Man setzt 0,001—0,5% Verbb. der allg. Formeln I—IV

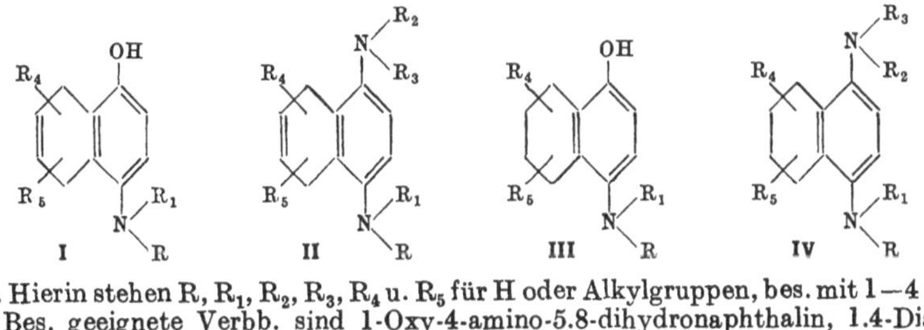

I II III IV

hinzu. Hierin stehen R, R_1, R_2, R_3, R_4 u. R_5 für H oder Alkylgruppen, bes. mit 1—4 C-Atomen. Bes. geeignete Verbb. sind 1-Oxy-4-amino-5.8-dihydronaphthalin, 1.4-Diamino-5.8-dihydronaphthalin, 1-Oxy-4-amino-5.6.7.8-tetrahydronaphthalin oder 1.4-Diamino-5.6.7.8-tetrahydronaphthalin sowie N-sek.-Butyl-N-methyl-1-oxy-4-amino-5.8-dihydronaphthalin. (**A. P. 2 633 425** vom 16/9. 1950, ausg. 31/3. 1953.) R. SCHWECHTEN. 8201

Standard Oil Co., Chicago, Ill., übert. von: **Arthur P. Lien,** Highland, und **Harold Shalit,** East Chicago, Ind., V. St. A., *Entschwefelung von Leichtölen mit HF-aktiviertem Al_2O_3.* Man behandelt hoch S-haltiges olefin. Bzn. mit HF bei —60 bis +30° F, wobei man eine geringe Menge Extrakt (bestehend aus viel S) u. viel Raffinat (bestehend aus Polymeren des Behandlungsgutes) erhält. Man entfernt die Hauptmenge des HF vom Raffinat, erhitzt auf 600—900° F u. behandelt bei dieser Temp. mit HF-aktiviertem Al_2O_3, um weitere Entschwefelung u. eine Umwandlung der meisten Polymeren u. Alkylate in KW-stoffe des Benzinsiedebereiches zu bewirken. — Zeichnung. (**A. P. 2 677 648** vom 17/11. 1951, ausg. 4/5. 1954.) P. UNGER. 8201

Sun Oil Co., übert. von: **Robert M. Kennedy** und **Abraham Schneider,** Philadelphia, Pa., V. St. A., *2.3-Dimethylbutan* erhält man bei der Rk. von Isobutan (I) mit C_2H_4 (II) in homogener Phase bei Ggw. einer Mischung von BF_3 u. Alkylfluoriden (III) mit mehr als 1 C-Atom im Mol. bei Tempp. zwischen —90 u. 150°, je nach Art von III. Das Verhältnis I:II kann zwischen weiten Grenzen schwanken, vorteilhaft ist es jedoch 1:1 bis 8:1. Ist die Menge an I hoch, so tritt leicht Selbstkondensation zu C_8-KW-stoffen ein. Vorteilhaft ist ein Überschuß von 0,05 Mol. III, bezogen auf II. Bei der Alkylierung von I erhält man entsprechend der Reaktionstemp. Nebenprodd., wie Isopentan, 2-Methylpentan, welche Antiklopfeigg. aufweisen, C_7- u. höher sd. Iso-KW-stoffe, die bes. als Fliegerbenzine geeignet sind. Die einzelnen KW-stoffe gewinnt man durch Dest. in verschied. Abschnitten. — Skizze. (**A. P. 2 557 114** vom 15/9. 1948, ausg. 19/6. 1951.) G. KÖNIG. 8201

Standard Oil Development Co., übert. von: **Walter R. F. Cuyer,** Roselle, **John P. Thorn,** Elizabeth, und **Erving Arundale,** Westfield, N. J., V. St. A., *Platinhaltige Katalysatoren.* Die zum *Hydroformieren* dienenden Katalysatoren werden durch Anrühren akt. Tonerde mit wss. HF zu einer Paste erhalten, wobei die Menge HF so bemessen wird, daß 0,25—3,0 (%) HF auf ein Teil Tonerde entfallen. Nach Stehen bei n. Temp. wird die Paste getrocknet u. mit so viel einer Pt-Salzlsg. vermischt, daß 0,1—2,0 Pt auf Al_2O_3 entfallen, nach Behandeln mit H_2S wird nochmals getrocknet (250° F), calciniert (800 bis 1000° F) u. mit H_2 bei 900—1100° F reduziert. (**A. P. 2 667 461** vom 21/12. 1950, ausg. 26/1. 1954.) W. MATTHAES. 8201

Albert Alexandre Augustin Darche und **Eugénie Delemotte,** Seine, Frankreich, *Herstellung von Kraftstoffgemischen für Explosionsmotoren.* Die Herst. gemäß F. P. 1 001 449 von Kraftstoffgemischen aus mindestens einem Alkohol (z. B. A., Methanol, Butanol), Gasöl u. gegebenenfalls einer nitrierten Verb. (z. B. Mononitrobenzol) wird dahin abgeändert, daß man zur Herst. dieser Gemische außerdem noch Ae. u. Bzn. verwendet. Ein derartiges Kraftstoffgemisch hat z. B. die Zus.: Bzn. 6,25 (%), A. 5,5, Methanol 5, Gasöl 1, Ae. 1. Die Alkohole können W. enthalten. (**F. P. 56 535** vom 20/5. 1946, ausg. 26/9. 1952. **Zusatz zu F. P. 1 001 449; C. 1954. 2093.**) T. OPPERMANN. 8205

Standard Oil Development Co., Elizabeth, N. J., V. St. A., *Stabile Heizölzusammensetzung,* enthaltend Bestandteile aus Spaltoperationen (bestehend aus einem kleineren Destillationsrückstand einer säurebehandelten u. neutralisierten Schmierölfraktion eines naphthen. Rohöls) u. einem Alkali- oder Erdalkalisalz eines Alkylphenolsulfids oder einem Phosphorsulfidreaktionsprod. eines solchen Salzes. — Zeichnung. (**E. P. 714 625** vom 21/2. 1952, ausg. 1/9. 1954. A. Prior. 31/3. 1951.) P. UNGER. 8217

Standard Oil Co., Chicago, Ill., übert. von: **Helen Sellei Beretvas,** V. St. A., *Emulsionsfestes Schmiermittel,* bestehend aus einem Mineralöl mit einem Geh. von 3—20 (Gew.-%) öllösl. Pb-Seife (I), 3—20 eines S-haltigen Hochdruckzusatzes (II), 0—10 einer hochmol. Fettsäure mit mindestens 12 C-Atomen (III), 1—25 Asphalt, 0—25 eines aromaten- u. naphthenreichen Solventextraktes (IV) eines Mineralöls, 0,25—3 eines öllösl. sulfonsauren Erdalkalisalzes (V), 0,25—2 Ricinusölsulfonat. — Beispiele für **I**: Pb-Naphthenat, -Oleat, -Palmitat; für **II**: sulfurierte fette Öle, z. B. Schmalzöl, sulfurierte Ester (Spermöl) u. Olefine, für **III**: Öl- u. Palmitinsäure; für **IV**: Chlorex-, Phenol-, Furfurolextrakte von Mineralölen; für **V**: Erdalkalisalze von Erdölsulfonsäuren. — Beispiel: 10 Pb-Naphthenat, 5 Spermöl (sulfuriert), 2 Ölsäure, 3 Asphalt, 3 Chlorexextrakt, 1 Ca-Salz von Erdölsulfonat, 75 Mineralöl. — Demulgierbarkeitsteste. (**A. P. 2 640 811** vom 26/3. 1951, ausg. 2/6. 1953.) E. DREWS. 8221

Standard Oil Co., Chicago, Ill., übert. von: **Lawson W. Mixon,** Hammond, und **Roger W. Watson,** Highland, Ind., V. St. A., *Schmieröl* mit einem Geh. von 0,1 bis 20 Gew.-% eines Mischpolymeren vom Mol.-Gew. 1000—50000 aus einem Dialkylitaconat (I) u. einem Alkylmethacrylat (II). I ist ein Ester eines gesätt. Alkohols mit 4—30 C-Atomen in den Alkoholresten. II hat einen C_{4-18}-Alkylrest. — Beispiel: Polymeres vom Mol.-Gew. 7000 aus dem Monomerengemisch von Dioctylitaconat u. Octylmethacrylat 1:1 in Ggw. von Benzoylperoxyd in N_2-Atmosphäre. Erhöhung des Viscositätsindex der Schmieröle. (**A. P. 2 672 446** vom 30/11. 1949, ausg. 16/3. 1954.) E. DREWS. 8221

Standard Oil Development Co., Del., übert. von: **Jeffrey H. Bartlett**, Westfield, N. J., V. St. A., *Schmieröl* mit niedrigem Fließpunkt auf Mineralölbasis, enthaltend 0,01—5 (Gew.-%) eines Copolymerisats aus Vinylacetat u. Estern der allg. Formel I, in der R ein geradkettiger C_{8-18}-Rest ist, z. B. „Lorol-B" (Gemisch aus C_{8-18}-Alkoholen) oder der Rest eines durch Verseifung von Cocosnußöl erhaltenen ca. $C_{13.5}$-Alkoholgemisches. — Beispiel: Mineralöl + 0,2 Copolymeres aus Vinylacetat u. Allyl-Lorol B-Carbonat. (**A. P. 2 673 185** vom 2/12. 1948, ausg. 23/3. 1954.) E. DREWS. 8221

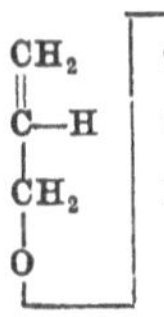

I

Standard Oil Development Co., Del., übert. von: **Paul V. Smith jr.** und **Louis A. Mikeska**, Westfield, N. J., und **Alexander H. Popkin**, New York, N. Y., V. St. A., *Schmieröl* auf Mineralölbasis, gek. durch einen Geh. von 1—20 Gew.-% eines Esters der allg. Formel $(R_1—COO—R_2—OOC—R_3—)_2S$. Hierin bedeutet R_1 einen aliphat. C_{1-8}-Rest, R_2 einen aliphat. C_{2-8}-Rest, der S-Atome enthalten kann, R_3 einen Alkylrest mit mindestens 8 C-Atomen. In dem Ester soll die Menge C:S nicht größer als 25:1 sein. — Beispiel: Ester aus 2 (Mol) Butter-, 1 Thiodipropionsäure u. 2 Thiodiglykol. (**A. P. 2 683 119** vom 16/11. 1949, ausg. 6/7. 1954.) E. DREWS. 8221

Standard Oil Development Co., Elizabeth, N. J., V. St. A., *Neutrale Schmieröle.* Synthet. Schmieröle, die durch Polykondensation aus einem Glykol, einem 1 wertigen Alkohol bzw. einer Monocarbonsäure u. einer Dicarbonsäure, z. B. aus Butandiol-(1.3), Caprylsäure u. Adipinsäure, erhältlich sind, werden bei 150—300° mit einem Olefinoxyd (Propylen- oder Äthylenoxyd) unter Druck behandelt, bis die Säurezahl $< 0,5$ gesunken ist. (**E. P. 708 035** vom 24/5. 1951, ausg. 28/4. 1954.) R. HERBST. 8221

Standard Oil Development Co., Elizabeth, N. J., übert. von: **William Denis Ervine** und **John Harold Putman**, V. St. A., *Schmieröl und Metallbearbeitungsmittel* bestehend aus einem „lösl. Öl" [Gemisch aus Mineralöl mit 2—30 (Gew.-%) Alkali-Petroleum-Sulfonaten oder Alkalinaphthenaten] mit einem Geh. von 0,5—25 chlorhaltigen Verbb., z. B. chlorierten Mineralölen u. Wachsen, oder Chlorphenolen, die durch Einleiten von Chlor in die Ausgangsstoffe hergestellt werden. Das Mittel kann Antikorrosionsmittel, z. B. Alkalisalze der Benzoe-, Bernstein- oder Salicylsäure, enthalten. — Beispiel: Lösl. Öl aus 77,5 Spindelöl, 12,4 Na-Petroleumsulfonat (mit 70 Sulfonatgeh.) u. Salz aus 2,38 Naphthensäuren mit 0,38 NaOH, 5 chloriertem Wachs, 0,5 Na-Benzoat, 0,005 Antischaummittel auf Siliconbasis. Emulsionsteste in Tabellen. (**E. P. 719 633** vom 6/11. 1951, ausg. 8/12. 1954.) E. DREWS. 8221

Standard Française des Pétroles (Soc. An.), Seine, Frankreich (Erfinder: **Marcel André**), *Herstellung von Schmierölen aus Schieferöl.* Die gemäß **F. PP.** 991 724 u. 55 771; C. **1955.** 7817 in dem durch Dest. von Ölschiefer gewonnenen Schieferöl enthaltene u. durch fraktionierte Dest. daraus gewinnbare, über 320° sd. Schmierölfraktion wird mittels fl. Butan oder fl. Propan bei 20—120° von unbeständigen, verharzenden Prodd. befreit, entparaffiniert u. in Ggw. von NaOH destilliert. Man kann das erhaltene Schmieröl auch noch mit H_2SO_4 in Ggw. von Butan oder Propan behandeln u. durch Extraktion mit selektiven Lösungsmitteln (z. B. 0—30% W. enthaltendem Phenol oder 0—15% W. enthaltendem Furfurol) in schweres u. leichtes Schmieröl zerlegen. (**F. P. 55 788** vom 1/8. 1944, ausg. 5/9. 1952. **Zusatz zu F. P. 991 724; C. 1954. 7566.**) T. OPPERMANN. 8221

Standard Oil Development Co., V. St. A., *Schmierölkompositionen* für Flugmotoren, bes. für Strahlturbinen. Die Kompositionen bestehen aus einem Estergemisch, welches man dadurch erhält, daß man, gegebenenfalls in Ggw. eines die Veresterung fördernden Katalysators, eine oder mehrere aliphat. Dicarbonsäuren oder analoge Verbb. mit einem oder mehreren Glykolen oder mit einem oder mehreren Polyglykolen u. mit einem oder mehreren aliphat. Alkoholen in stöchiometr. Mengen miteinander reagieren läßt. — Z. B. kocht man 250 Min. bei 120—173° ein Gemisch von 11 kg Sebacinsäure, 4,925 kg Polyglykol, 1,89 Liter Toluol (wasserentziehendes Mittel) u. 123 g $NaHSO_4$ (Katalysator). Das dest. Reaktionsprod. versetzt man mit 8,425 kg 2-Äthylhexanol u. erhitzt das Ganze noch 320 Min., wobei die Temp. von 110 auf 198° steigt. Das gebildete Prod. rektifiziert man durch Dest. bis zu einer Dampftemp. von 178° bei 0,2 mm Hg. Falls man derartige Estergemische bei höheren Tempp. verwendet, ist es vorteilhaft, ihnen eine geringe Menge eines O_2-Inhibitors zuzusetzen. (z. B. 2.6-Di-tert.-butyl-4-methylphenol). — Tabellen. (**F. P. 1 065 409** vom 2/8. 1951, ausg. 25/5. 1954.) T. OPPERMANN. 8221

Texaco Development Corp., New York, N. Y., V. St. A., *Schmieröle*, bes. für Dieselmotoren, enthaltend geringe Mengen eines fl. Silicons oder eines SiO_2-Esters mit einer Viscosität von mindestens 900 cp bei 77° F, sowie ca. 16,5 Vol.-% eines bas. Ba-Sulfonats, Ba-Dithiophosphats u. eines sulfonierten Terpens. (**Ind. P. 48 462** vom 20/11. 1952, ausg. 10/3. 1954.) O. MÜLLER-MEININGEN. 8221

Standard Oil Development Co., Elizabeth, N. J., V. St. A., *Stabilisierung von Mineralölen.* Oxydierbare u. polymerisierbare Mineralölfraktionen versetzt man mit einem Oxydationsverhinderer. Letzteren erhält man durch Rk. von äquimol. Mengen einer Verb. der Formeln I, II oder III (R_1—R_9=H, KW-stoffgruppen mit 1 bis 20 C-Atomen, Oxy-, Sulfhydryl-, Alkoxy- oder Mercaptidgruppen mit Alkylresten mit 1—20 C-Atomen, NO_2-Gruppen oder Halogenatome) mit einer Verb. der Formel RCOX, worin R ein KW-stoffrest mit 1—30 C-Atomen u. X ein Halogen bedeuten, bei 0—100°. — Beispiel: Umsetzungsprod. aus *2.6-Lutidin, Chinolin* oder *8-Oxychinolin* mit Acetylchlorid bei n. Temperatur. (**E. P. 695 809** vom 14/9. 1950, ausg. 19/8. 1953. A. Prior. 3/7. 1950.) P. UNGER. 8221

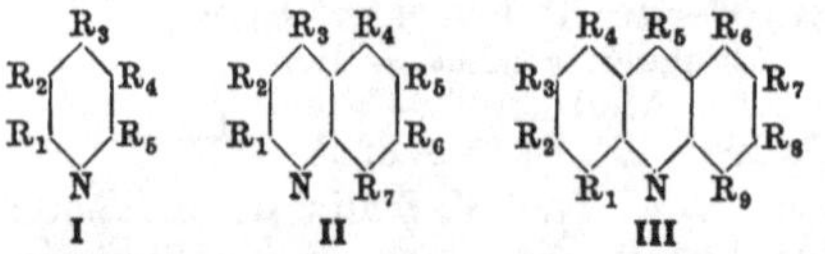

I II III

Standard Oil Development Co., V. St. A. (Erfinder: **Alexander H. Popkin**), *Herstellung von Schmierölzusätzen,* welche den Stockpunkt der Öle erniedrigen u. die Viscosität der Öle verbessern. Die Schmierölzusätze sind Mischpolymerisate, welche man dadurch erhält, daß man Ester von in α.β-Stellung ungesätt. Polycarbonsäuren (z. B. Fumarsäure) oder Anhydride solcher Säuren (z. B. Maleinsäureanhydrid) mit Vinylverbb. von niedrigem Mol.-Gew. (z. B. Vinylacetat) bei 38—93° in Ggw. eines Peroxydkatalysators (z. B. Benzoylperoxyd) u. ca. 0,02—5 Gew.-% einer starken Säure (z. B. H_2SO_4, Toluolsulfonsäure) als Modifikationsmittel in 3—24 Std. mischpolymerisiert. (**F. P. 1 065 388** vom 23/7. 1952, ausg. 24/5. 1954. A. Prior. 18/8. 1951.) T. OPPERMANN. 8221

Badische Anilin- & Soda-Fabrik Akt.-Ges., Ludwigshafen/Rh. (Erfinder: **Hans Engel,** Heidelberg, **Fritz Christmann** und **Walter Simon,** Ludwigshafen/Rh.), *Herstellung von Schmierölverbesserungsmitteln.* Man läßt auf öllösl. Sulfonsäuren oder auf ihre neutral oder sauer reagierenden Salze mehrwertiger Metalle solche Mengen von Erdalkaliverbb. von Alkylphenolsulfiden einwirken, daß das Reaktionsprod. alkal. reagiert. — Beispiel: Isobutylphenolsulfid wird mit $Ca(OCH_3)_2$ u. dann mit einer Zn-Sulfonatlsg. (aus einer Alkylbenzolsulfonsäure, Öl u. ZnO) umgesetzt. (**D. B. P. 922 533** Kl. 12q vom 19/11. 1952, ausg. 17/1. 1955. Anmeldung bekanntgemacht 10/6. 1954.) K. FABEL. 8221

Tide Water Associated Oil Co., übert. von: **John D. Spivack,** Bayonne, N. J., V. St. A., *Rostschutzmittel,* bestehend aus N-Di-(carboxyalkyl)-alkancarbonsäureamiden, deren Alkancarbonsäurerest aus einem langkettigen Fettsäurerest besteht. — Beispiele: N.N-Di-(carboxyäthyl)-stearinsäureamid, hergestellt durch Verseifung des Dinitrils mit KOH; N.N-Di-(carboxyäthyl)-laurinsäureamid, oder Mischungen aus beiden. — Zusätze zu *Schmierölen* u. *Turbinenölen* in Mengen von 0,005—1 Gew.-%. (**A. P. 2 687 376** vom 13/9. 1951, ausg. 24/8. 1954.) E. DREWS. 8221

Tide Water Associated Oil Co., Bayonne, übert. von: **Stanley P. Waugh,** Westfield, N. J., V. St. A., *Schneidöl,* bestehend aus einem Mineralöl mit einem Geh. von 2—50 (Gew.-%) des Öls an öllösl. sulfuriertem Tallöl u. 0,1—10 des Schneidöls an öllösl. Metallsalzen von Estern der Thiophosphorsäure. Ein Lösungsvermittler für das Estersalz, z. B. Na-Mahoganysulfonat, kann in Mengen von 2—25 anwesend sein. Das Mineralöl kann sulfuriert sein. — Beispiel: 64 sulfuriertes Tallöl, 8—12 Zn- oder Ba-Salz des Di-(alkylcyclohexyl)-dithiophosphorsäureesters, 12—15 Na-Mahoganysulfonat, Rest Mineralöl. (**A. P. 2 631 129** vom 2/6. 1949, ausg. 10/3. 1953.) E. DREWS. 8221

Shell Development Co., Emeryville, übert. von: **Denham Harman,** Orinda, Calif., V. St. A., *Organophosphorverbindungen* der allg. Formel I, wobei R den Rest eines mehrwertigen Alkohols der Formel $R(XH)_x$, R′X den Rest einer Verb. der Formel RXH, die ein Alkohol oder ein Phenol ist, u. R″ einen organ., mit C an P gebundenen Rest darstellt; X ist O oder S, x u. y sind ganz kleine Zahlen, y ist nicht größer als x, m ist 1 oder 2 sowie n = 2 — m. Zwecks Herst. setzt man 1 Mol eines Halogenameisensäureesters von einem mehrwertigen Alkohol mit einem Triester bzw. dem Na-Salz eines Diesters der phosphorigen Säure um, wobei man den Diorganophosphonoameisensäureester des mehrwertigen Alkohols erhält, z. B. nach der Gleichung: $2\,P(OC_2H_5)_3 + Cl{-}OCOCH_2CH_2OCH_2CH_2OCO{-}Cl \rightarrow (C_2H_5O)_2P(O){-}C(=O)OCH_2CH_2OCH_2CH_2OC(=O)P(O)(OC_2H_5)_2 + 2\,C_2H_5Cl$. Man kann auch einen Chlorameisensäuremonoester eines Glykols mit einem Diester der phosphonigen Säure umsetzen, wobei man einen Monoester erhält, z. B. entsprechend: $C_2H_5OCH_2CH_2{-}S{-}CH_2CH_2{\cdot}OC(=O)Cl + C_6H_5{-}P(OC_4H_9)_2 \rightarrow C_2H_5{-}O{-}CH_2CH_2SCH_2CH_2OC(=O){-}P(=O)(C_6H_5)(OC_4H_9) + C_4H_9Cl$.

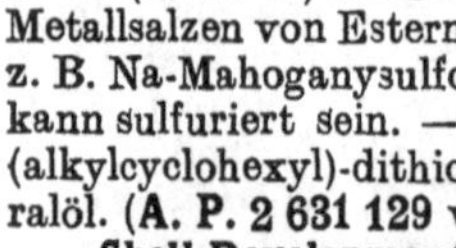

Die Umsetzung erfolgt im allg. bei 100—150°. Die Diphosphonsäureester kann man auch durch Kondensieren von 2 Mol eines ω-halogenierten Monophosphonoformiats mit Ag_2O erhalten. — Zu 406 Teilen Diäthylenglykol-bis-(formylchlorid) (aus Diäthylenglykol u. $COCl_2$) gibt man 1200 Tri-n-butylphosphit u. erhitzt die Mischung 48 Std. unter N_2 auf 115—125°. Bei 207° u. 1 mm Hg werden die niedriger sd. flüchtigen Bestandteile entfernt. Man erhält 930 *Diäthylenglykol-bis-[(di-n-butylphosphono)-formiat]*, farblose Fl. (Ausbeute 96,5%). Weitere Verbb.: Aus Diäthylenglykol-bis-(thioformylchlorid) u. Tri-n-butylphosphit *Diäthylenglykol-bis-[(-di-n-butylphosphono)-thioformiat]*; *Pentamethylenglykol-bis-[(methylbenzolphosphono)-formiat]* aus Pentamethylenglykol-bis-(formylchlorid) u. Dimethylbenzolphosphonit; *Dithioglykol-bis-[(isobutylthiobenzolthiophosphono)-thioformiat]* aus Diisobutylbenzoldithiophosphonit u. Thioglykol-bis-(chlorthioformylchlorid). *Triäthylenglykol-bis-[(di-2-methoxyäthylphosphono)-formiat]* aus Tris-(2-methoxyäthyl)-phosphit u. Triäthylenglykol-bis-(formylchlorid); *Thiodiglykol-bis-[(dioctylphosphono)-formiat]* aus Thiodiglykol-bis-(formylchlorid) u. Trioctylphosphit; *Glycerin-α.β-diäthyläther-(dibutylphosphono)-formiat*, aus dem Formylchlorid des α.β-Diäthyläthers von Glycerin u. Tributylphosphit. Weitere Verbb.: *Äthylenglykol-bis-[(diallylphosphono)-formiat]*; *Trimethylenglykol-bis-[(butylbenzolphosphono)-formiat]*; *Diäthylenglykol-bis-[(dimethylphosphono)-formiat]*; *Propylenglykol-bis-[(diäthylphosphono)-formiat]*; *Triäthylenglykol-bis-[(allylbenzolphosphono)-formiat]*; *Pentamethylenglykol-bis-[(dioctylphosphono)-formiat]*. *Thiodiglykol-bis-[(diphenäthylphosphono)-formiat]*; *4-Thia-1.7-heptandiol-bis-[(octyl-p-methoxybenzolphosphono)-formiat]*; *3-Aza-1.5-pentandiol-bis-[(dibutylphosphono)-formiat]*; *Diäthylenglykol-bis-[(allyl-2-propanphosphono)-formiat]*; *Thiodiglykol-bis-[(butyltrichlormethanphosphono)-formiat]*; *3-Oxa-2.4-diäthyl-1.5-pentandiol-bis-[(3-methoxypropylbutylphosphono)-formiat]*; *Diäthylenglykol-bis-[(dibutylthiophosphono)-formiat]*; *Trimethylenglykol-bis-[(dioctylthiophosphono)-formiat]*; *Thiodiglykol-bis-[(2.3-dichlorpropylthiophosphono)-formiat]*; *Triäthylenglykol-(diphenylthiophosphono)-formiat*; *Diäthylenglykol-bis-[(dibutylphosphono)-thioformiat]*; *Tetramethylendithiol-bis-[(dioctylphosphono)-thioformiat]*; *3-Aza-1.5-pentandiol-bis-[{bis-(3.5.5-trimethylhexyl)-phosphono}-thioformiat]*; *4-Oxa-1.7-heptandiol-bis-[(dihexylphosphono)-thioformiat*; *Pentamethylenglykol-bis-[(dibutylthiophosphono)-thioformiat]*; *Diäthylenglykol-bis-[(dinonylthiophosphono)-thioformiat]*; *2-Äthoxy-1.3-propandiol-bis-[(dibutylphosphono)-formiat]*; *Glycerin-β-äthylmonoäther-bis-[(dibutylphosphono)-formiat]*; *Diglycerinmono-[(octylbenzolphosphono)-formiat]*; *2.3 Carbonyldioxypropyl-(dioctylthiophosphono)-formiat*; *2.3-Dichlorpropyl-(butylbenzolphosphono)-formiat*; *Pentaerythrit-momo-[(dinonylphosphono)-thioformiat]*; *2-Propionoxy-1.3-propandiol-(dibutylphosphono)-formiat*; *2.3-Diallyloxypropyl-(äthyl-p-methoxybenzolphosphono)-formiat*; *Glycerin-tris-[(dibutylphosphono)-formiat]*; *Diäthylenglykol-bis-(äthylbenzolthiophosphono)-formiat*; *Trimethylenglykol-bis-(propylbutanphosphono)-thioformiat*; *Butan-1.4-dithiol-bis-(isobutylbenzolthiophosphono)-thioformiat*; *4-Thia-1.7-heptandithiol-bis-(isobutyl-p-chlorbenzolphosphono)-thioformiat*; Die Verbb. stellen viscose Fll. bis wachsartige oder harte Stoffe dar. *Schmiermittel*, Zusätze zu Schmierölen, *hydraul. Flüssigkeiten.* (**A. P. 2 629 731** vom 7/3. 1951, ausg. 24/2. 1953.) J. MÜHLEISEN. 8223

N. V. de Bataafsche Petroleum Mij., Holland (Erfinder: **Samuel K. Talley, Stewart J. Beaubien** und **Leonard P. Richardson**), *Schmiermittel für die Bearbeitung von Metallen.* Sie bestehen aus W. oder Öl-in-Wasser-Emulsion mit einem geringen Zusatz von Nitrit (z. B. $NaNO_2$, Dicyclohexyl-, Diisopropylammoniumnitrit), einer Puffersubstanz (z. B. Na_2HPO_4) u. einer oberflächenakt. nichtion. Substanz, z. B. dem Reaktionsprod. aus 30—80 (%) Polyoxypropylenglykol u. 70—20 Äthylenoxyd oder dem Monopropyl- bzw. Monobutyläther des Mischpolymerisats von Äthylen- u. Propylenoxyd oder dem Monobutyläther des Reaktionsprod. von 70% Polyoxypropylenglykol u. 30 Äthylenoxyd. Außerdem kann das Schmiermittel noch geringe Mengen an desodorisierenden oder odorisierenden oder Schaumbldg. verhütenden Mitteln sowie Lösungsvermittlern u. dgl. enthalten. Ein derartiges Schmiermittel hat z. B. die Zus.: 98,5 (%) W. u. je 0,5 „Pluronic F 68“, $NaNO_2$ u. Na_2HPO_4. (**F. P. 1 065 376** vom 18/7. 1952, ausg. 24/5. 1954. A. Priorr. 18/7. 1951 u. 12/1. 1952.) T. OPPERMANN. 8223

Texas Co., New York, N. Y., übert. von: **Vernon H. Kane** und **George R. Bellville jr.**, Port Arthur, Tex., V. St. A., *Entparaffinieren mit Harnstoff.* Man verteilt in einer Behandlungszone eine M., bestehend aus 5—35 (%) Harnstoff u. 65—95 eines festen Adsorbens, u. bringt die fl. KW-stoffmischung mit dieser M. in Berührung, u. zwar in Ggw. einer geringen Menge eines polaren Lösungsm. mit einer unterschiedlichen Löslichkeit für Harnstoff u. KW-stoffe, bestehend aus W. u. oxydierten KW-stoffen. Die Behandlung geschieht bei 180° F, wobei die komplexbildenden Anteile der KW-stoffmischung sich mit dem Harnstoff umsetzen. Aus der Behandlungszone zieht man eine KW-stoffmischung ab, die von komplexbildenden Bestandteilen frei ist. — Zeichnung. (**A. P. 2 676 141** vom 30/6. 1950, ausg. 20/4. 1954.) P. UNGER. 8227

DEHYDAG Deutsche Hydrierwerke G. m. b. H., Düsseldorf (Erfinder: **Christoph Grundmann**, O., V. St. A., und **Kurt Stickdorn**, Dessau-Roßlau), *Herstellung beständiger wässeriger Emulsionen* von Teerölen, Carbolineum, bituminösen Flüssigkeiten. Als Emulgatoren werden oberflächenakt. Stoffe bzw. deren Neutralisationsprodd. verwendet, die durch Einw. von Aldehyden, bes. CH_2O, auf Nitroparaffin-KW-stoffe u. Einführung saurer wasserlöslichmachender Reste in die erhaltenen höhermol. Nitroparaffinalkohole hergestellt sind. — Beispiel: Eine Mischung aus 82 (Teilen) Steinkohlenteercarbolineum mit 18 Na-Salz eines durch Nitrierung eines Paraffin-KW-stoffgemisches u. Kondensation mit CH_2O erhaltenen Nitroalkohols, der mit konz. H_2SO_4 behandelt wurde, ergibt in 1000 W. eine beständige Emulsion. (**D. B. P. 919 495** Kl. 23c vom 22/6. 1941, ausg. 25/10. 1954. Anmeldung bekanntgemacht 25/3. 1954.) E. DREWS. 8231

Standard Oil Co., Cleveland, übert. von: **Philip C. Doyle**, Rocky River, O., und **Kenneth H. Rudd**, Mount Lebanon, Pa., V. St. A., *Bituminöse Dachziegel.* Diese bestehen aus mineral. Füllstoffen u. einer plast. Mischung (I) mit F. zwischen 200 u. 350° F. I wird aus 3 Grundstoffen bereitet: 1. Aus 5—20 (Gewichtsteilen) Gilsonit (II), Gasölpech (III), Cumaronharzen, Polystyrol oder dgl. Stoffen oder Mischungen hiervon mit F. zwischen 230 u. 245° F, D. zwischen 1,090 u. 1,120, einer JZ. zwischen 30 u. 60 u. die in Ketonen, Alkoholen u. Glykolen unlösl., in Estern, Terpentin u. Mineralölen teilweise lösl. u. in Naphtha, trocknenden, halbtrocknenden oder nichttrocknenden pflanzlichen Ölen vollständig lösl. sind; 2. aus 2—10 Wachsrückständen (IV) mit einem Erweichungspunkt zwischen 100 u. 120° F; 3. aus 1—4 eines pflanzlichen Ölpeches. — Z. B. werden 22,1 einer Mischung aus 8,0 II mit F. zwischen 275 u. 290° F, 5,3 III mit F. 210° F, 5,7 IV mit einem Erweichungspunkt zwischen 100 u. 110° F u. 3,1 Leinsamenölpech mit F. 130° F mit 77,9 eines gebräuchlichen Füllstoffes u. 2,7 eines Pigments in der Wärme vermengt, worauf die M. ausgewalzt u. zu Ziegeln zerschnitten wird. (**A. P. 2 635 054** vom 30/6. 1948, ausg. 14/4. 1953.) HANS HOFFMANN. 8241

XXI. Leder. Gerbstoffe.

P. Chambard, *Bericht über Salzungsversuche mit Kalbfellen, ausgeführt im Jahr 1953 im Institute de Recherches.* In Fortsetzung früherer Arbeiten (vgl. C. **1953.** 7215) wurden vergleichende Konservierungsverss. an Kalbfellen mit 1. reinem NaCl, 2. NaCl + 1% Naphthalin (I), 3. NaCl + 1% I + 2,5% Na_2CO_3, 4. NaCl + 1% I + 2,5% $NaHCO_3$ u. 5. NaCl + 0,15% p-Nitrophenol ausgeführt. Die beste Konservierung wurde bei Vers. 3 u. 4 erreicht. Die Zahl der Bakterien pro g Haut war bei den Verss. 2—5 erheblich geringer als bei 1. Das beste Leder wurde aus den Fellen der Verss. 1 u. 3 erhalten. Vf. schließt sich der Auffassung von KÜNTZEL an, wonach die Salzflecken nicht von Bakterien erzeugt werden. — 9 Tabellen. (Bull. Assoc. franç. Chimistes Ind. Cuir Doc. sci. techn. Ind. Cuir **16.** 68—74. April/Juni 1954. Beilage zu: Rev. techn. Ind. Cuir.) O. ENGEL. 8334

H. Borden Marshall und **Mary Krizsan**, *Die Herstellung und gerbenden Eigenschaften von Phenolderivaten von Ligninsulfosäure.* 1. Mitt. Es wird die Herst. einer Anzahl von Reaktionsprodd. aus kalkfreiem Sulfitcelluloseextrakt u. verschied. phenol. Verbb., wie Phenolen, Kresolen, Resorcin u. Brenzcatechin, u. Pyrogallol beschrieben u. auf ihre gerber. Eigg. geprüft. Die Kondensationsbedingungen sind bei einer Behandlung einer 30% Sulfitablauge mit der gleichen Gewichtsmenge an phenol. Verb. während 3,5 bis 4 Std. bei 125° am günstigsten. Die erhaltenen Gerbverss. haben gezeigt, daß mit zunehmender Phenolierung u. bei Verwendung von mehrwertigen Phenolen die gerber. Eigg. deutlich verbessert werden. Eine weitere Verbesserung der gerber. Eigg. erreicht man durch Mischen obiger Kondensationsprodd. mit Quebracho. Die Herst. der Kondensationsprodd. sowie die Ausführung der Gerbverss. sind ausführlich beschrieben. (J. Amer. Leather Chemists Assoc. **50.** 85—96. Febr. 1955. Toronto, Can., Ontario Res. Found.) H. G. FRÖHLICH. 8336

Herausgeber u. verantwortlich für den Inhalt: Prof. Dr. Maximilian Pflücke, Berlin NW 7, Schiffbauerdamm 19, Fernsprecher: 42 55 71. Redaktion: Chefredakteure Dr. Eugen Klever und Prof. Dr. Maximilian Pflücke. Verlag: Akademie-Verlag GmbH, Berlin W 8, Mohrenstraße 39 (Fernsprecher 200386, Postscheckkonto Berlin 35021), u. Verlag Chemie, GmbH, Weinheim/Bergstraße (Postscheckkonto Frankfurt/M. 145314 u. Berlin [West] 7480, Fernsprecher: Weinheim 2017). Bestell- u. Verlags-Nr. dieses Heftes: 1007/126/40. Das Chemische Zentralblatt erscheint wöchentlich. Satz u. Druck: VEB Leipziger Druckhaus, Leipzig, III/18/203. X. 55.
Veröffentlicht unter der Lizenznummer 1212 des Amtes für Literatur und Verlagswesen der Deutschen Demokratischen Republik.
Printed in Germany. DDR.

Nr. 47 | 1959
S. 14931–15238 | 25. November

Chemisches Zentralblatt

Vollständiges Repertorium für alle Zweige der reinen und angewandten Chemie

1830 gegründet. 1897—1945 von der Deutschen Chemischen Gesellschaft fortgeführt. Im Auftrage der Deutschen Akademie der Wissenschaften zu Berlin, der Chemischen Gesellschaft in der DDR, der Akademie der Wissenschaften zu Göttingen und der Gesellschaft Deutscher Chemiker (in der BRD)

herausgegeben von Prof. Dr. Heinrich Bertsch und Prof. Dr. Dr. h. c. Wilhelm Klemm

130. Jahrgang

1959

Chefredakteure: Dr. Eugen Klever und Dr. Heinz Walter

Akademie-Verlag GmbH., Berlin — Verlag Chemie, GmbH., Weinheim/Bergstr.

Inhalt

Postverlagsort: Berlin

FSC
www.fsc.org
MIX
Papier | Fördert
gute Waldnutzung
FSC® C083411

Zeitfracht Medien GmbH
Ferdinand-Jühlke-Straße 7
99095 Erfurt, Deutschland
produktsicherheit@kolibri360.de